Sources and Studies in the History of Mathematics and Physical Sciences

Managing Editor
J.Z. Buchwald

Associate Editors
J.L. Berggren and J. Lützen

Advisory Board
C. Fraser, T. Sauer, A. Shapiro

For further volumes:
http://www.springer.com/series/4142

The *Liber mahameleth*
A 12th-century mathematical treatise

Part One
General Introduction, Latin Text

Jacques Sesiano

Jacques Sesiano
Département de Mathématiques
Ecole polytechnique fédérale
Lausanne, Switzerland

ISSN 2196-8810 ISSN 2196-8829 (electronic)
ISBN 978-3-319-03939-8 ISBN 978-3-319-03940-4 (eBook)
DOI 10.1007/978-3-319-03940-4
Springer Cham Heidelberg New York Dordrecht London

Library of Congress Control Number: 2014930575

© Springer International Publishing Switzerland 2014
This work is subject to copyright. All rights are reserved by the Publisher, whether the whole or part of the material is concerned, specifically the rights of translation, reprinting, reuse of illustrations, recitation, broadcasting, reproduction on microfilms or in any other physical way, and transmission or information storage and retrieval, electronic adaptation, computer software, or by similar or dissimilar methodology now known or hereafter developed. Exempted from this legal reservation are brief excerpts in connection with reviews or scholarly analysis or material supplied specifically for the purpose of being entered and executed on a computer system, for exclusive use by the purchaser of the work. Duplication of this publication or parts thereof is permitted only under the provisions of the Copyright Law of the Publisher's location, in its current version, and permission for use must always be obtained from Springer. Permissions for use may be obtained through RightsLink at the Copyright Clearance Center. Violations are liable to prosecution under the respective Copyright Law.
The use of general descriptive names, registered names, trademarks, service marks, etc. in this publication does not imply, even in the absence of a specific statement, that such names are exempt from the relevant protective laws and regulations and therefore free for general use.
While the advice and information in this book are believed to be true and accurate at the date of publication, neither the authors nor the editors nor the publisher can accept any legal responsibility for any errors or omissions that may be made. The publisher makes no warranty, express or implied, with respect to the material contained herein.

Printed on acid-free paper

Springer is part of Springer Science+Business Media (www.springer.com)

Preface

I began studying the *Liber mahameleth* in 1974/75, while still a PhD student at Brown University in the United States. There, I shared my first impressions with Prof. E. S. Kennedy, who was very interested in what I considered at the time to be a translation from the Arabic. The present work was finally ready for the publisher in 2012, a couple of years after I retired from teaching at the Ecole Polytechnique Fédérale in Lausanne. That is, it took me almost forty years to complete it, no doubt more than its author spent writing it. I am not ashamed to admit this; after all, the publication of Euler's complete works began in 1911 and still remains to be finished a hundred years later, a length of time which far exceeds Euler's active life.

I have to admit, though, that my work on the *Liber mahameleth* was not continuous. There were times when it was a relief to put it aside for a while. Yet sooner or later I felt the need to return to it, either as a duty to its author or on being urged to do so by someone else. First of all, there was my former professor at Brown University, Gerald Toomer, to whom I owe my whole training in the history of mathematics, my interest in Greek, Latin and Arabic mathematical manuscripts, and my awareness of the need for caution when dealing with critical editions. Second, my colleague Ahmed Djebbar gave me on many occasions the opportunity to present my findings, in France or in Algeria. Meanwhile, Janice McLennan read and reread the English text until she could not find anything more to change, from which I gathered that I had reached a presentable version. Finally, my former student Christophe Hebeisen was of considerable help in establishing the text: he initiated me in the use of TeX and EDMAC and was always available in case of problems.

During all those years, I had to make frequent visits to the Bibliothèque Nationale in Paris and the Biblioteca Capitolare in Padua in order to check my reading of the manuscripts. There I always met with a cordial reception, particularly in the second, smaller library. Finally, all possible facilities were granted me during my career at the EPFL and, if I no longer have the privilege of teaching there, the present work, the fruit of a career-long study, will remain as a reminder of that pleasant time.

Geneva,
Switzerland,
June 2012.

Table of contents
Part One
General Introduction

1. The rebirth of mathematics in mediaeval Europe xiii
   1.1 Early mediaeval times xiii
   1.2 The twelfth and thirteenth centuries. xiii
2. The *Liber mahameleth* xv
   2.1 Contents xv
   2.2 Origin and autorship xvii
3. Manuscripts of the *Liber mahameleth* xix
   3.1 Manuscript $\mathcal{A}$ xx
      3.1.1 The two copyists xxi
      3.1.2 The two readers xxiv
   3.2 Manuscript $\mathcal{B}$ xxvi
      3.2.1 The copyist xxvii
      3.2.2 The reader xxix
      3.2.3 Further reader's notes xxxi
   3.3 Manuscript $\mathcal{C}$ xxxiii
      3.3.1 The copyist xxxiii
      3.3.2 The reader xxxiv
   3.4 Manuscript $\mathcal{D}$ xxxvi
   3.5 The disordered text xxxviii
   3.6 The ordered text lv
4. Transmission of the *Liber mahameleth* lvii
   4.1 Early readers lvii
   4.2 Mediaeval traces lx
5. Mathematics in the *Liber mahameleth* lxii
   5.1 Particular prerequisites lxii
      5.1.1 Euclid's *Elements* lxii
      5.1.2 Abū Kāmil's *Algebra* lxiii
      5.1.3 Formulae of practical geometry lxiv
      5.1.4 Other topics lxiv
   5.2 Operations on proportions lxv
      5.2.1 Simple operations on one proportion lxv
      5.2.2 Transformation of one proportion lxvi

  5.2.3 Relations between several proportions lxvii
 5.3 Algebra lxvii
  5.3.1 Algebraic language lxvii
  5.3.2 Linear equations lxix
  5.3.3 Determinate systems of two linear equations lxx
  5.3.4 Indeterminate system of two linear equations lxxiii
  5.3.5 Quadratic equations lxxiii
  5.3.6 Quadratic systems lxxvii
 5.4 Summation of series lxxvii
  5.4.1 Arithmetic series lxxvii
  5.4.2 Infinite geometric series lxxvii
  5.4.3 Other summations lxxviii
 5.5 Practical geometry lxxviii
  5.5.1 Plane figures lxxviii
  5.5.2 Solid figures lxxviii
 5.6 Metrology lxxviii
  5.6.1 Volumes (dry measures) lxxviii
  5.6.2 Volumes (liquid measures) lxxix
  5.6.3 Lengths lxxix
  5.6.4 Weights lxxix
  5.6.5 Coins lxxix
6. The edited Latin text lxxix

Edition of the Latin text

Incipit liber mahameleth 1
De numeris 1
Capitulum de hiis que debent preponi practice arimethice 8
Capitulum de multiplicatione 28
 De multiplicatione digitorum in se et in alios digitos 30
 Capitulum de impositione note 33
 Capitulum de multiplicatione numerorum integrorum inter se secundum notam, exceptis compositis 37
 Capitulum de scientia multiplicandi differentias secundum regulas 47
 De multiplicatione compositorum ex digito et articulo inter se . . . 48
 De multiplicatione milium inter se 52
 Capitulum de accipiendo fractiones de iteratis milibus 62
Capitulum de divisione 66

Capitulum de dividendo aliter 70
Capitulum de denominationibus 74
De capitulo multiplicandi in fractionibus 84
Capitulum de multiplicatione fractionis in integrum 84
De multiplicatione fractionis in fractionem 92
Capitulum de conversione fractionum in alias fractiones 98
Capitulum de multiplicatione fractionis in integrum et fractionem 105
Capitulum de irregularibus fractionibus que ventilantur inter arimethicos 117
Capitulum de agregatione fractionum cum fractionibus 131
Item de eodem 138
Item de agregatione 141
Capitulum de pecuniis in agregando 143
Aliud capitulum 147
Capitulum de minuendo 152
Questiones de minuendo 160
Item de minuendo 162
Capitulum de pecuniis in minuendo 163
Capitulum de divisione fractionum inter se, sive cum integris sive non 170
Capitulum de denominandis fractionibus ab invicem, sive cum integris sint sive non 173
Item. Aliud capitulum. Capitulum dividendi maius per minus .. 175
Capitulum de dividendo aliter 178
Item. Regule de multiplicatione et divisione, agregatione et diminutione fractionum inter se, brevius quam supra 189
Item de divisione 190
Capitulum de inventione radicum, et de multiplicatione et divisione et diminutione et agregatione inter se, et de aliis huiusmodi ... 194
Capitulum de inventione radicum 194
De multiplicatione radicum inter se 197
Capitulum de agregatione radicum inter se 198
Capitulum de diminutione radicum inter se 200
Capitulum de divisione radicum inter se 201
Capitulum de multiplicandis radicibus radicum 205
Capitulum de agregandis radicibus radicum inter se 208
Capitulum de minuendis radicibus radicum inter se 210
Capitulum de dividendis radicibus radicum inter se 211

Item de radicibus 215
Incipit pars secunda 221
Capitulum de emendo et vendendo 224
    Capitulum de ignoto in emendo et vendendo 234
    Item. Aliud capitulum de eodem, cum rebus 238
    Item. Aliud capitulum de ignoto in emendo et vendendo 243
    Capitulum aliud de modiis diversorum pretiorum 260
Capitulum de lucris 267
    Capitulum de lucris in quo nominantur ea que venduntur vel emuntur 271
    Aliud capitulum de lucris 284
    Item. Capitulum de ignotis lucris 293
Capitulum de lucro participum 300
Capitulum de divisione secundum portiones 306
    Capitulum de massis 311
    Item de alio 312
Capitulum de cortinis 316
    Item de eodem aliter 320
Capitulum de linteis 324
    Item de eodem aliter 328
    Item de alio 332
Capitulum de molare 333
    Item de eodem 340
    Item de eodem, secundum augmentationem aliud capitulum 341
Capitulum de coquendo musto 345
Capitulum de mutuando 356
Capitulum de conductis 360
    Capitulum de ignoto in conducendo pro rebus 361
    Item de eodem aliter 391
    Item de eodem aliter 395
    Item de eodem aliter 410
Capitulum de varietate mercedis operariorum 420
    Item de eodem aliter 425
Capitulum de conducendis vectoribus 430
Capitulum de conducendis incisoribus lapidum 448
    Item de eodem aliter 454
    Capitulum de alio 459
Capitulum de impensa olei lampadarum 464

Item de eodem 471
Capitulum de impensa animalium 475
    Capitulum de ignotis animalibus 481
    Capitulum de alio 485
Capitulum de expensa hominum in pane 487
    Item de eodem aliter, ubi ponuntur mensure diversarum terrarum 493
Capitulum de cambio morabitinorum 495
    Item de eodem 500
    Item de eodem 508
Capitulum de cisternis 535
    Item de eodem 536
    Item 541
Capitulum de scalis 543
    Item de alio 554
    Item 559
    Aliud 561
    Item 562
    Item. De scientia inveniendi altitudinem turris vel arboris 566
Item de alio 567
Capitulum de nuntiis 569
Capitulum de alio 573

General introduction

1. The rebirth of mathematics in mediaeval Europe.

1.1 Early mediaeval times.

The European Middle Ages are often considered to have seen no, or hardly any, scientific achievements, at least in the field of pure science. Besides being a sweeping judgment, this overlooks the circumstances which led to the demise of science in early mediaeval times. Apart from the politically unfavourable situation, access to Greek culture was no longer possible since contact with the Eastern empire of Byzantium had been cut off. Now what late antiquity had left of Greek science in Latin translation was very little. Mathematics, since that concerns us here, was particularly affected. From higher mathematics, by which is meant the geometrical and mechanical works by Archimedes, the study of conic sections by Apollonios, and the algebra of Diophantos, nothing had been translated. Of the fundamental work for mathematical training and thinking, the *Elements of geometry* by Euclid, only extracts remained, namely definitions and propositions taken from the first five Books but, except for the first three theorems, without the demonstrations; thus the main mathematical treatise of ancient Greece was reduced to little more than a primer of properties and formulae. Next, a book by Nicomachos on the elementary properties of integers, thus on number theory, which had a certain success in antiquity, inspired Boëtius, who around 500 made a Latin adaptation of it; that was the only Greek mathematical work to have survived in its entirety. Otherwise only land-surveyors' formulae were transmitted along with various problems, dealing with mensuration of areas and recreational mathematics, from which Alcuin, then at the court of Charlemagne, drew his 'Propositions to sharpen the wits of young people' (*Propositiones ad acuendos iuvenes*). In short, nothing that reflected the major achievements of Greek science was extant in the early Middle Ages. On the other hand, there occurred in Italy around 1500 the most impressive step forward in algebra since ancient times, namely solving the third-degree equation.

1.2 The twelfth and thirteenth centuries.

In Europe, the rebirth of mathematics began in the 12th century, when the partial reconquest of Spain gave the Christians access to scientific manuscripts in Arabic (of texts originally either in Greek or in Arabic), while contacts with the Byzantine Empire resulted in the transmission of some Greek manuscripts. Thus, Euclid's *Elements* were translated, from the Arabic several times, once from the Greek also, together with commentaries of Arabic origin.* In the field of arithmetic, the introductory work

---

* For an overview, see Murdoch's article *Euclid* in the *Dictionary of Scientific Biography*.

written ca. 820 by Muḥammad al-Khwārizmī, which had played a pioneering rôle in the Islamic world by spreading the use of the Indian numerals, was twice translated into Latin, thus coming to play the same rôle in the Christian world four centuries later.[†] In the field of algebra, the work by al-Khwārizmī (also intended for a general public) was translated —once again several times— but not in its entirety: the two sections following the algebraic reckoning and its application to trade, namely the use of algebra in geometry and inheritance calculation, were left out. We also find translations of a few collections of problems, either of a computational or geometrical nature, with or without the use of algebra. In addition to these translations, the 12th century saw the writing of two works which were original but heavily relied on Arabic sources. The first is an introduction to arithmetic, with a few complements, notably on algebra, by Johannes Hispalensis (John of Seville).[||] The second is the *Liber mahameleth*, which now deals not only with the basics of reckoning and use of algebra but also with their application to daily and commercial life (trade, hiring, sharing).

This was one of the two ways arithmetic and algebra reached Christian Europe. The other, later, one was through the work of Leonardo Fibonacci, who flourished around 1220. As he himself tells us at the beginning of his *Liber abaci*, he went while still a child for a short time to Bejaia, in Algeria, where his father was in charge of the Pisan merchants. There he was taught elementary reckoning with the Indian numerals (from which we gather that towards 1180 the works translated in Spain cannot have been widely known in Italy). As a merchant, Fibonacci was able to travel all around the Mediterranean, in particular in the Moslem East and the Byzantine Empire. There he apparently met with mathematicians and was thus able to widen his scientific knowledge. The result was a certain number of works, five of which are still extant. Two are of considerable length: the *Liber abaci* already mentioned, devoted to arithmetic, algebra and their applications to commercial and daily life problems, and the *Practica geometrie* on geometry and geometrical problems. Fibonacci's sources were Eastern Arabic (apparently not Hispano-Arabic), and also Byzantine; his predilection for solving linear systems of n equations with n unknowns, which occupy a sizeable, almost disproportionate, place in his *Liber abaci*, seems to have originated in the contacts he had in Byzantium, in particular with a mathematician named Moschos.[°]

The fate of these two transmissions, one from Spain in the mid 12th century, the other from Italy in the early 13th century, was to be more or

---

[†] First edited by B. Boncompagni, *Trattati d'aritmetica, I*; reproduction of the manuscript in a new edition by K. Vogel; reedition, together with edition and reproduction of the manuscript of another version, by M. Folkerts.

[||] On John of Seville, see the excellent study by L. Thorndike. The *Liber algorismi* was first edited by Boncompagni, *Trattati d'aritmetica, II* (but with many errors).

[°] See our *Introduction to the History of Algebra*, p. 103.

less as follows. Arithmetic developed in Europe from the Spanish heritage originating with al-Khwārizmī. In the 13th century, John of Holywood (Johannes de Sacrobosco), an Englishman, wrote in Paris an elementary treatise, based (directly or not) on al-Khwārizmī's *Arithmetic*, which happened to be widely read, as was the *Carmen de algorismo* —a mnemonic in verse form on the various arithmetical rules— by Alexandre de Villedieu (Alexander de Villa Dei). Incidentally, note that by the 13th century the name al-Khwārizmī had already become a common noun, and up until the end of the 15th century *algorismus* continued to designate reckoning, while another transcription, *algoritmus*, paved the way to the modern 'algorithm'.

For the application of mathematics to daily and commercial life, however, the *Liber abaci* was almost the only source for the next three centuries. This is attested not only by the number of problems which later on are drawn from Fibonacci but also, and again, by a common noun: *abaco* came to mean 'commercial mathematics' in Italy, as we see with the denomination of *trattati d'abaco* for the treatises teaching it and *botteghe d'abaco* for the places where it was taught. Only a few sections in a few Italian treatises escape that influence, perhaps on account of some originality in their authors, more probably through access to other sources, including the *Liber mahameleth*. But, on the whole, the Spanish influence on this branch of mathematics remained negligible and so also that of the *Liber mahameleth*, which even fell into oblivion right up until the present time.*

2. The *Liber mahameleth*.

2.1 Contents.

Like the *Liber abaci* and its successors, the *Liber mahameleth* presents first the arithmetical theory and then a variety of application problems such as buying and selling, profit, partnership, hiring and other questions related to daily and commercial life. This is quite in line with Arabic treatises on the same subject, where the teaching of elementary reckoning is followed by its application to the science of 'transactions' (Arabic *muʻāmalāt*). Whence their designation as 'books on muʻāmalāt', and that of our treatise with *mahameleth* roughly transcribing the Arabic. Arithmetical reckoning and applications thus form two distinct parts of the treatise. We shall call them Book A and Book B.‡ Book A is divided into nine chapters (our A–I to A–IX), and Book B, a notably larger part, into twenty-three chapters of very unequal length. We shall now indicate their subjects, and in addition (except for the short chapter A–I) our numbering of the problems

---

* Namely until the time of our first researches on it. See Kennedy's study of Bīrūnī's *On shadows*, II, p. 57 and our first publications in 1987, 1988, 2000. Dr. Anne-Marie Vlasschaert has recently published the whole Latin text (2010). Her edition differs in many respects from ours.

‡ In the text itself the second part is headed *pars secunda*, while in one problem (B.278) Book A is referred to as *liber primus*.

they contain (or the theorems for A–II); this gives a rough indication of the respective sizes of these chapters. A detailed conspectus of contents and mathematical methods to be used opens each of these chapters in our mathematical commentary.

Book A

A–I (and **Introduction**): Numbers: General characterization; formation of the successive positive integers and their verbal expression in the decimal system.

A–II: Premisses (our P_1 to P_9) and application of the first theorems from Book II of Euclid's *Elements* to numerical quantities (our PE_1 to PE_{10}). All this is said to be required for later demonstrations, and indeed is.[†]

A–III (A.1–51): Multiplication of integers.

A–IV (A.52–89): Division of integers.

A–V (A.90–144): Multiplication of expressions containing fractions.

A–VI (A.145–186): Addition of expressions containing fractions; solving linear equations (by means of one false position); summing consecutive natural integers, squares, cubes.

A–VII (A.187–214): Subtraction of expressions containing fractions; further linear equations.

A–VIII (A.215–274): Division of expressions containing fractions.

A–IX (A.275–326): Operations with square and fourth roots; extraction of the square root of a binomial expression.

Book B

Introduction: Rule of three.

B–I (B.1–53): Buying and selling (relation between quantities and prices). We are also taught the fundamentals of solving problems using proportions and algebra, recurrently used in the subsequent chapters.

B–II (B.54–103): Selling with profit.

B–III (B.104–116): Partnership and profit.

B–IV (B.117–120): Sharing according to prescribed parts.

B–V (B.121–125): Metallic masses: price and weight, for pure and composite masses; crown problem (of Archimedes).

B–VI (B.126–138): Pieces of cloth of various sizes.

B–VII (B.139–154): Pieces of linen of various sizes.

B–VIII (B.155–174): Cost of grinding.

B–IX (B.175–189): Reducing a quantity of must by boiling.

B–X (B.190–194): Borrowing with a certain capacity measure and returning with another.

B–XI (B.195–243): Wages of workers hired (kind of work not specified).

[†] Except for P_9 and $PE_8 - PE_{10}$.

B–XII (B.244–253): Wages in arithmetical progression.

B–XIII (B.254–263): Hiring a carrier (with wage depending on quantity carried and distance).

B–XIV (B.264–275): Hiring stone-cutters (with wage depending on quantity of stones, time, number of workers); other kinds of work (tending sheep, digging holes).

B–XV (B.276–285): Consumption of lamp-oil (with quantities of oil depending on number of lamps and nights).

B–XVI (B.286–299): Food consumed by animals (with quantities of bushels depending on number of animals and days). B.298–299 are about the conversion of capacity units.

B–XVII (B.300–306): Consumption of bread (with quantities of loaves depending on number of men and days). B. 306 is about the conversion of capacity units.

B–XVIII (B.307–330): Exchanging moneys.

B–XIX (B.331–341): Cistern problems.

B–XX (B.342–362): Ladder and other problems, mainly involving the Pythagorean theorem.

B–XXI (B.363–367): Bundles of rods of various sizes.

B–XXII (B.368–374): Pursuit and travelling.

B–XXIII (B.375–381): Mutual lending within a group of partners.

From B–XIX on, many problems tend to be of a recreational nature. This had become traditional at the time for mathematical treatises.

Remark. In Book B the problems are thus mostly grouped by subject and not by mathematical methods (exceptions are B.153–154 in B–VII). Therefore, when a particular treatment or a formula has been seen in a previous chapter, the problem is reformulated in terms of the types of quantities involved there. This reformulation of problems, with bushels becoming men or inversely (B.269, B.302) or meals becoming wages (B.297), may seem strange to us. But such a way of proceeding is in itself hardly surprising: in the absence of symbolism, a formula cannot be expressed in synthetic form, and the author thus has recourse to analogy.*

2.2 Origin and authorship.

As for mathematical treatises of the time, the basic theory, in particular for demonstrations, is Greek (Euclid's *Elements*), whereas the arithmetical reckoning and applications are unmistakably Arabic. This latter influence becomes evident in some places. First, the metrology and the coinage are mostly Arabic, or more precisely Hispano-Arabic. Secondly, and more characteristic, there is the Islamic background of some of the subjects; thus B–IX, on reducing must, originates in the prohibition of alcoholic beverages, while B–IV, on sharing parts, has to do with the Koranic

---

* Numerous examples; see Index (Part Three), 'analogy of formulae'.

rules on heritages. Thirdly, some assertions by our author are true for the Arabic language, but do not hold for Latin; thus,° saying (*ll.* 73–74 & 138–39) that all numerals are formed verbally from only twelve names does not apply to Latin (*viginti* is a thirteenth name); nor is in Latin 10^{3k} expressed by repeating k times *mille* (note 214); again, the alleged ambiguous formulation in problems involving multiplication, addition or subtraction of fractional expressions (A.135–135′, A.138–139, A.154, A.201) may be true for Arabic, but the wording in Latin is quite unequivocal. Finally, in the problems on computing with fractions we often find pairs of examples of the same kind, the first involving 'elementary' fractions (denominators ≤ 10) and the other 'non-elementary' fractions (denominators > 10); now the way of expressing these two classes of fractions is indeed different in Arabic, but not at all in Latin.

The *Liber mahameleth* thus clearly relies on Arabic sources, and this is hardly surprising for the time and place of its writing. But we may even affirm that the *Liber mahameleth* was (initially) *written in an Arabic environment*. Indeed, its reader was supposed to have, or to be able to have, access to some Arabic treatises and read them in the original. For the author refers him five times to the *Algebra* of Abū Kāmil (not yet translated, see below, p. lxiii) and once to a book pertaining to '*taccir*', that is, on practical geometry (below, p. lxiv). It is thus clear that the author, when writing the book, must have been living in the (still) Arabic part of Spain. On the other hand, he was not himself an Arab, since on one occasion he refers to what 'the Arabs' mostly do, telling us that, although finding it illogical, he will follow their example (in the introduction to A–III, *l*. 632); finally, it is hardly likely that a Moslem would propose a problem dealing with the quantity of wine in a cask (B.340).

It is from late mediaeval Italian sources that we gather the author's name. During the second half of the 14th century, the *Liber mahameleth* was studied and commented on by Grazia de' Castellani. In the early 15th century, Domenico d'Agostino Vaiaio used this commentary for his teaching. All this we know from the manuscript written by one of the latter's students around 1450, which is this time preserved. For this manuscript contains a set of problems taken from the *Liber mahameleth* (or, rather, from Grazia de' Castellani *via* Domenico d'Agostino), in the last of which (our B.185) we read: *Benché in molti modi si possa asolvere tale chaso, chome nella 16 quistione della 4ᵃ parte del libro di Maestro Gratia sopra l'Arismetricha d'Ispano, niente di meno Domenicho l'asolve per l'algebra, in questo modo diciendo (...).*∥ Now *Ispano* is no doubt translating His-

---

° References are to notes in the Translation and, when preceded by *l.* or *ll.*, to the lines in the Latin text (or the corresponding critical remarks). For the location of specific words, see the Glossary in Part Two.

∥ My Milanese colleague Ettore Picutti drew my attention to this passage on fol. 422^{r-v} of the Florentine MS Palat. 573. A second mention of Grazia de' Castellani in connection with the *Arismetricha d'Ispano* is found in the Siena MS L.IV.21; see Arrighi's note on it, p. 147 in his

paniensis ('Spanish') for Hispalensis ('Sevillian'): the confusion between these two similar words is frequent. And both are commonly found in connection with the man we have already mentioned (p. xiv) as being a well-known author and translator of the mid 12th century. In his *Liber algorismi*, on practical arithmetic, there are in fact numerous passages almost identical to parts of the *Liber mahameleth*.‡ Of him, we know that he was working in Toledo. But his name indicates that he was originally from, or lived at some time in, Seville, where there was at the beginning of the 12th century a large Christian community.** Our treatise might thus have been originally written for the educated Christians who lived in the Moorish part of Spain and could read Latin —just as Jews wrote, or translated Arabic treatises, in Hebrew for the benefit of their own community— and later have accompanied its author to Toledo.

But two problems remain, both to do with the form of the text. First, whereas the Latin language in the *Liber mahameleth* is that of an educated person, that of other treatises attributed to a 12th-century author or translator named Johannes is of uneven quality; true, all these 'Johanneses' from the Iberian peninsula may not necessarily be one and the same person. Second, it would seem that the author of the *Liber mahameleth*, whilst in Toledo, could not find the time to complete it; at least, there are numerous indications that the version we have did not receive its final touch: the text is in disorder and there are important omissions, as we shall see in the coming section.

3. Manuscripts of the *Liber mahameleth*.

Our knowledge of the *Liber mahameleth* relies on only four manuscripts, two of which —our $\mathcal{A}$ and $\mathcal{B}$— are almost complete, one —our $\mathcal{C}$— contains less than a half, and another —our $\mathcal{D}$— has only a small selection of problems. Of these, $\mathcal{A}$ is by far our best source. The two manuscripts $\mathcal{B}$ and $\mathcal{C}$ contain a sequence of *disconnected* parts of the work, without any unity of length or of content (listed below, 3.5). Indeed, the text may break off at the end of a paragraph or even do so in the middle of a reasoning; at best, a fragment may be linked to the next but one. There is, though, quite an elaborate if not very helpful device to direct the reader to what should come next: a system of marginal signs, each of which occurs at the end of a piece and at the beginning of the one which is supposed to follow it. There is no doubt that these signs were already in the ancestor of MSS

Scritti scelti. Finally, another mid 15th-century Italian manuscript, which has three problems from the *Liber mahameleth*, confirms this connection, for we read (MS Vat. Ottob. lat. 3307, fol. 138^v): *E molti chasi se possono proporre, chome scrive Maestro Gratia nella praticha d'arismetricha dello Spano, nella 4^a parte del suo trattato.*

‡ See Translation, notes 15, 18, 28, 34, 119, 121, 123–126, 135, 138, 141, 142, 182, 198, 492, 521, 670, 691, 694, 845.

** See Lévy-Provençal, *Séville musulmane*, p. 160.

$\mathcal{B}$ and $\mathcal{C}$: the sequence of many pieces corresponds and the reference signs are the same.

Since $\mathcal{C}$ preserves only part of the work while such signs have been inserted in only half of $\mathcal{B}$, these would be of limited help had we not manuscript $\mathcal{A}$ which represents, except for a few misplaced parts, what must correspond to the intended disposition. The disordered version was, it seems, the only text transmitted, and it was then put in order in MS $\mathcal{A}$: indeed, at times we find the copyist starting to reproduce a fragment of this disordered text (see below, p. xxiii).

The origin of this disorder is not easily accounted for. Clearly, some is due to later additions and complements inserted by the author himself. But reworking alone does not explain why some problems break off in the middle; in one case the proof of the treatment even precedes the treatment itself (A.151). Furthermore, there are misplaced problems even within the disordered fragments (note 500 in the Translation). This explains our belief, expressed at the end of the last section, that the *Liber mahameleth*, or at least the version transmitted, was not in its final form. There are further indications in favour of it, this time to do with the presentation of the subject (below, 3.6).

Remark. MS $\mathcal{D}$ (older than $\mathcal{A}$), with its few extracts, follows the correct order since it places B.352 and B.368 as the reordered text does. This is certainly not an initiative taken by the copyist, who did his work without any kind of discernment. So the text at his disposal might have been a reordered one —at least in part since no general conclusions can be drawn from such a tiny selection.

Finally, note that, as was traditional in (classical, non arithmetical) Arabic mathematical texts, the numerals are written in words; numerical symbols appear rarely, at most —again as in Arabic texts— in illustrations (beginning with the table in A–I). This verbal expression still occurs mostly in MSS $\mathcal{B}$ and $\mathcal{C}$, but not in $\mathcal{A}$. In some places where it does not, we have clear indications that some copyists themselves changed words to numerals (see below, 3.1 to 3.4). But we see that in a few other places the three main manuscripts all have the numeral form, which suggests that this was already the case in their common progenitor. The numerals are then either Roman (e.g. *ll*. 919, 920, 2959, 10719–20) or Indo-Arabic (examples in A.124–138, A.145 *seqq*.).[‖] In one case, the Indo-Arabic numeral is wrong in all three MSS (*ll*. 3088–89), and this points to an error in the common progenitor.

3.1 Manuscript $\mathcal{A}$.

Our $\mathcal{A}$ is the manuscript Fonds latin 7377A of the Bibliothèque Nationale de France; the part concerning the *Liber mahameleth* covers fol. 99^r – 204^v (end of the manuscript), roughly the second half. Manuscript $\mathcal{A}$ is

---

[‖] See also *ll*. 5822, 7579, 8117, 8680, 10717, 10727, 15410–11.

a quarto codex written in the 14th century on paper.[†] Between quires, parchment leaves are inserted: for our part, these are fol. 108, 109, 118, 119, 129, 130, 139, 148, 149, 157, 158, 167, 168, 177, 178, 187, 188, 196, 197, 204 and fly-leaf; 122 and 190 (parchment) are inserted fragments. Pages have been numbered —in the 19th century— twice, first in pencil and then in ink. These two foliations differ only at the very end of the codex, where pencil gives a very small inserted piece of parchment its own number (fol. 190) whereas ink makes it fol. 189bis. We have opted for the first numbering, since in a similar situation another fragment receives a number in both foliations (fol. 122). Note also that the paper is, particularly at the beginning of our treatise, of rather poor quality; as a consequence, many stains give the false impression that there are corrections. Finally, we may observe that the leaves must have been clipped since some words are no longer visible (*ll.* 1070, 1425).

MS $\mathcal{A}$ has been copied by various hands, surely in Italy considering the writing. In any event, by the second half of the 17th century we find it in France, in the Library of J.-B. Colbert. From there it went to what was known at the time as the King's Library, but subsequently underwent various (and recurrent) changes in name according to the political situation —with *royale* being replaced then replacing *nationale* or *impériale*— to become what is now the Bibliothèque Nationale de France, where it remained. It contains mathematical treatises of Spanish origin, all but the last translated from Arabic texts. The texts translated are: part of the commentary on Book X of the *Elements* attributed to Anaritius (al-Nairīzī) (fol. $1^r - 33^v$); the partial translation of al-Khwārizmī's *Algebra* (fol. $34^r - 43^v$, 7); the *Liber mensurationum Ababuchri*, thus by Abū Bakr (fol. 43^v, $8 - 56^v$, 32); the *Liber Saydi Abuohtmi* (*sic*), thus by Sa'īd Abū 'Uthmān (fol. $56^v 32 - 57^v$, 2); the *Liber Aderameti* (fol. 57^v, $2 - 58^v$, 15); the *Liber augmenti et diminutionis* (fol. 58^v, $16 - 68^r$, 23); part of the commentary by Pappus on the tenth book of the *Elements*, in an *editione ab Othmen damasceni*, that is, from the Arabic translation by Abū 'Uthmān al-Dimashqī (fol. 68^r, $24 - 70^v$); the partial translation of Abū Kāmil's *Algebra* (fol. $71^v - 97^r$; 71^r, 97^v and 98 are blank).[*] These translations are followed by the *Liber mahameleth*; the last and larger part of the codex thus consists of the *Liber mahameleth*, which ends on line 7 of fol. 204^r.

3.1.1 The two copyists.

The text of the *Liber mahameleth* is written by two different hands, one copying the first part (our Book A) and the other the second (Book

---

[†] Short description of this manuscript in the fourth volume of the old *Catalogus* (1744), p. 349.

[*] The texts translated from the Arabic have now all been published: al-Nairīzī's Commentary by Curtze (pp. 252–386 in *Euclidis Opera*, Suppl.); al-Khwārizmī's *Algebra* by Libri in his *Histoire des sciences mathématiques en Italie*, I, pp. 253–297, then by Hughes; the three mensuration texts by Busard; the *Liber augmenti et diminutionis* by Libri, *ibid*. pp. 304–371; Pappus's *Commentary* by Junge; Abū Kāmil's *Algebra* by R. Lorch *et al.*

B). A blank page (fol. 147) separates the two parts (and now contains, on the verso, a reader's note). The number of lines on each page varies: from 28 to 42 (1st hand) and 38 to 46 (2nd hand).

This first copyist (referred to in the critical notes as *1^a m.*) is certainly not ignorant of mathematics, but not very competent either (see, e.g., *ll.* 427, 4032, 4067 *seqq.*). He cannot have been very attentive since he has copied the end of A.210 again at the end of A.212 only half a page further on.

The second copyist (our *2^a m.*) is also the principal one. For he has not only copied the longer part but also revised (though not systematically) the work of the first hand, filling in lacunas and amending the text where it was unclear or contained errors. See *ll.* 256, 929, 938, 1171, 1317, 2045, 2055, 2319, 2348, 2350, 2351, 2556, 3195, 3411, 4283, 4346–47 (unnecessary, see Translation, note 608), 4531–32, 4724, 4996, 5005–6 (note 701), 5012, 5013–14, 5069, 5111, 5120, 5169, 5175, 5177, 5179, 5241, 5348 (incorrect addition, note 757), 5461, 5552, 5567, 5574–75, 5756. It appears from this enumeration that he was particularly interested in the chapter on roots, the most difficult part of Book A. In Book B, he shows himself to be a careful copyist. He corrects the text as he goes along, for computational (*l.* 6068) or textual reasons (*ll.* 6277 (cf. 6286), 6789, 8258); thus he does not blindly reproduce the progenitor, at least not as a rule (*ll.* 6574, 6676). He abbreviates frequently repeated expressions, like *d. v.* for *demonstrare voluimus* (*l.* 6012; cf. *l.* 15439), or drops the case-endings of recurring words such as *longitudo* and *latitudo* (*ll.* 8623, 8626), *sextarii* (*ll.* 6760, 9571), *caficii* (*ll.* 7870, 13479), *morabitini* (*l.* 13604–5), *solidi* (*l.* 13625).‡ But he mostly does it in such a way that the case-ending may be inferred from the context; for instance, *cafic̄* is followed by *ignoti* (*l.* 9073), by *ignotis* (*l.* 9066), or preceded by *molendo* (*l.* 9143), or *sextar̄* is followed by *ignotos* (*l.* 9573).⋆ Still, towards the end of his work (from around B.208 on), the second copyist becomes less conscientious; there is an increasing number of omissions, and, more significantly, repetitions (see *ll.* 8030–32, 8225–26, 9476–77, 9506–7, 10139–40, 10262–63, 10272–73, 10887–88, 10978–80, 11125–27, 11166–67, 11198–99, 11401–2, 11517–18, 11605–6, 11980–1, 12092, 12097–98, 12112–14, 12220–21, 12357–59, 12475–76, 12628, 12737–38, 12756, 12800–1, 12802–3, 12877, 14276, 14379, 14724–25, 14773–74, 15126–28, 15135, 15168–69, 15225, 15458–59, 15557–59, 15572–73, 15629–30); in *l.* 9927, he seems to have copied one line of his exemplar twice. Obviously, he then did not check the solutions nor did he reread and check his copy with the original.

This second copyist is also responsible for adding the figures in the spaces left blank. This explains the use of our numerals, with which the first hand is not very familiar, in the figures found in Book A (e.g. tables in

---

‡ We did not note these occurrences systematically in the critical apparatus.

⋆ Note that abbreviations are also found in the other MSS: *ll.* 1760, 7586, 7870, 7902, 7903, 7906, 8565–66, 12647, 13627.

A–I, in A.40 and A.80). This also explains why a figure was first copied in the wrong place (A.148). At times he checked the figures against the text (figure of the second proof in A.124a) but not always (B.346, 2nd figure). But, unlike the copyist of $\mathcal{B}$ and $\mathcal{C}$, he draws the figures carelessly and rarely uses, if ever, a ruler.

As already mentioned (p. xx), the numerals must have been originally written in words. In MS $\mathcal{A}$, however, numbers are mostly written in symbols. The difference between the two hands is also illustrated by this: in the first case, lack of familiarity with Indo-Arabic numerals may explain why the first hand prefers to use Roman numerals and has thus transcribed many numerals (sometimes partly, see e.g. ll. 2561, 3036–37). The second hand, on the contrary, seems to be quite at ease with our numerals: practically all integers, and also the fractions, are expressed in them.$^{\|}$ Obviously, the second hand of $\mathcal{A}$ is responsible for the transformation: there are numerous instances confirming the original use of words, either because the copyist initially wrote the first letter(s) of the number expressed in words (ll. 6641, 8782, 9126, 12412, 13554) or because he initially transcribed only the first word(s) of the numerical expression: characteristic examples for integers in ll. 5949 (200 for 252), 7567, 9578, 9953, 9957, 10028, 10033–34, 10513–14, 11819–20, 11953, 12003, 12013, 12395, 12464–65, 12489, 12666, 12698, 12705, 13492–93, 13597, 13695, 14295, 14606, 15199, 15220; and for fractions in ll. 7358, 8979, 10898–99, 11149, 13590, 13764, 13803, 14126, 14135–36, 14139, 14178, 14241–42, 14244–45, 14291, 14605, 14872, 14873, 14876, 14892, 15331–32, 15780; note also the difference when one passage is erroneously repeated (l. 10888). The fractions are written numerically only in $\mathcal{A}$, and always by the second hand; the case-ending is often found in the numerator when the fraction is aliquot, otherwise as exponent.

As we mentioned earlier (p. xx), $\mathcal{A}$ presents, unlike MSS $\mathcal{B}$ and $\mathcal{C}$, the subjects in the right order. That its progenitor was also in disorder is apparent in three places. First, after the heading *Capitulum de impositione note*, in A–III, the copyist wrote, then deleted, the somewhat contradictory heading *Item aliter de multiplicatione integrorum numerorum inter se absque nota* (ll. 781 & 1089–90); now $\mathcal{B}$ (not $\mathcal{C}$) does indeed jump from one subject to the other (fol. 9rb, 9–10). Second, at the end of B.321, $\mathcal{A}$ has omitted a few lines and jumped to similar words in B.325 (l. 14472); now B.325 indeed immediately follows B.321 in the disordered version (in $\mathcal{B}$, the gap would correspond to a jump from line 10 to line 17 on fol. 70va). Finally, at the end of B.359, $\mathcal{A}$ has copied two words which belong to the demonstration in B.360 (l. 15422); now this corresponds exactly to the disordered text. The disorder in the transmitted text may also account for other similar errors (not verifiable using $\mathcal{B}$ since the text there is lacunary). Indeed, we see the second hand of $\mathcal{A}$ correcting a few misplace-

---

$^{\|}$ Exceptions e.g. in ll. 6281, 6319, 9754, 10567, 14831, 14913. A few errors, as in ll. 8346, 11798, 11811, 12073, 15593, 15594; see also a few instances of Roman numerals in ll. 5822, 8680, 10719–20 (corrected; clearly already in the progenitor).

ments, such as putting B.211 just after B.201 (see *ll.* 9865, 9866, 9902, 10216) and B.329 after B.326 (see *ll.* 14618, 14632, 14652). This copyist further omits the whole first section of B–XVI (B.286–293), jumping directly to the section mentioned in the chapter's introductory words. But this is exceptional, and on the whole $\mathcal{A}$'s rearrangement can be considered as reliable. We have therefore followed it in the edition, departing from its order only for A.264 (placed with A.124), B.118–120 (which conclude MS $\mathcal{A}$), B.181 (note 1288).

Thus the text in MS $\mathcal{A}$ has been reordered according to the reference signs while, as we have seen, the second copyist corrects here and there the first part. Therefore, unlike the copyists of MSS $\mathcal{B}$ and $\mathcal{C}$, he does more than merely reproduce what he sees regardless of the content. All this suggests that he was not only a copyist but also a mathematician interested in the subject of the treatise. It further appears that he was also a translator of Arabic mathematical texts, for he is the author of the (autograph) Latin version of the *Algebra* of Abū Kāmil found in the same codex (fol. 71^v–97^r). His notes and complements there when the Arabic text of his exemplar is lacunary enable us to guess his identity, for they are signed. His name (written there in full or abbreviated) is Guillelmus.*
Finally, since this same (Italian) hand has also amended here and there the other treatises found in the codex, it is reasonable to suppose that Guillelmus himself may have instigated and directed the writing of MS $\mathcal{A}$.

3.1.2 The two readers.

The text of the *Liber mahameleth* in MS $\mathcal{A}$ had, already in the 14th century as it seems, at least two readers. (We find traces of their studying also in other parts of the manuscript.)
- The first reader (our 'other hand', *al. m.*) is responsible, as far as our text is concerned, for
— two glosses: a problem inserted on the (originally left blank) fol. 147^v (*l.* 5801) and a remark to the demonstration in B.351*a* (*l.* 15280);
— the repetition of an intermediate result in B.124 (*l.* 8333) and of the results of B.381 (*l.* 15781), also the correction of an omission in the solution of this same problem (*l.* 15761);
— writing *nota* about the need to know Euclid's *Elements*, just before PE_1 (*l.* 440);
— numerous signs in the margins, mostly ¶ (or, more precisely, ⹊) —with a weaker form (⌈) and a stronger one (⌈⃓)—, and †, all drawing attention to new subjects, remarks, rules, certain problems or, generally, points of particular interest to him. In Book A, these occur at the following places (marked with ¶ if not indicated otherwise): *Primus autem*, referring in A–I to the first (integral) number (*l.* 52); *ad similitudinem priorum*, about the successive orders of numbers (*l.* 114); *Postquam autem*, closing A–II (strong form, *l.* 621); in A–III, *Capitulum de impositione note* (strong, *l.*

---

* We conjectured that this might be the translator Guglielmo de Lunis. See the introduction to our partial edition of the Latin Abū Kāmil.

781); *Hoc autem capitulum multum utile est* (before A.44, *l.* 1478); *Capitulum de divisione* (heading of A–IV; strong, *l.* 1633); ¶ in the text, and *nota istud capitulum* at the bottom of the page, both for the *Capitulum de denominationibus* (*l.* 1882); ¶ and *nota* for A.99 (*l.* 2339); heading before A.159 (*l.* 3444); A.169 (weak, *l.* 3554); heading before A.170 (strong, *l.* 3568); A.184–186 (weak; *ll.* 3678, 3684, 3688); beginning of the chapter A–IX (*l.* 4928) and † for the definition of root (*l.* 4941). In Book B we find ¶ in the (reader's) interpolated problem (147^v, *l.* 5801), then in B.1 (strong, *l.* 5860); ¶ and † for the heading of B–III (*ll.* 7957–58); again ¶ and † at the beginning of B–V (*ll.* 8253–54), then ¶ and †, with the word *nota* added and ¶ repeated within the text (B.124, *l.* 8289), next † in the margin and ¶ within the text (*Quasi ergo inveneris*, *l.* 8306), and finally ¶ and † for the *de scientia cognoscendi* (B.125, *l.* 8334); ¶ for the heading of B–XVIII (*ll.* 13604–5) and for two problems in it, namely B.316 and B.318 (which are indeed particularly interesting problems; *ll.* 13979, 14264); same sign again for the cistern problems B.331–333, B.334 (here †) and B.335 (*ll.* 14745, 14757, 14768, 14780, 14811); for the beginning of the *capitulum de scalis* and thus B.342 (strong), then B.342*b*, B.343, B.344 (*ll.* 14972, 14989 (weak), 15003, 15025); finally for the very last chapter, beginning with B.375 (*l.* 15645), and † at the end of B.381 (*l.* 15781). The same hand has also drawn a vertical line in the margin for A.145 *b*, one short vertical line in the margin for A.178 and, also in the margin, for square root approximation formulae (*ll.* 3204, 3630, 4948, 4951); finally another mark —namely: (— is found twice in B.118*b* (*ll.* 8180, 8196), thus at the end of the *manuscript*.

It appears therefore that the first reader must have been particularly interested in denominating and searching for integral divisors, in recreational problems (cisterns, ladders), but above all in problems on masses —which is in keeping with his main gloss; of equal note is his study of the last problem in Book B (B.381; see above), which shows him to be a fairly competent reader.

Remark. His interventions in the remainder of the codex are of the same kind, for instance in the Latin Abū Kāmil (fol. 73^r, 81^v, 94^r, 94^v; the last two comments are taken from, or inspired by, Leonardo Fibonacci's *Practica geometrie*†).

• The second reader, our *lector*, has left his mark here and there, in the form of marginal notes and vertical lines drawing attention to what he deemed particularly important, or else underlining parts of the text.

It is he who numbers the theorems in A–I, namely for P_1 (also introducing a numerical example), P_3, P'_3, P_7, P'_7 (*ll.* 176 & 182, 228, 254, 350, 382); he draws attention to the proof in A.32 (*probatio multiplicationis*, *l.* 1335), repeats, but with numerals, the numbers expressed in words in A.33 and in A.72 (*ll.* 1351, 1919); in this latter section, where divisibility is considered, he repeats in the margin the divisors 6, 5, 4, 3 for rules *xxiii–xxvi* (*ll.* 1969, 1978, 1982, 1987) and writes *partes* for rule *xxxi* (*l.* 2025); he

---

† See Lorch's Abū Kāmil, p. 225*n*.

again draws attention to A.90*b* (*nota*, *l.* 2166), to A.108–111 (vertical line in the margin and *Nota* next to the heading, *ll.* 2513–14, 2516) and works out numerical examples in A.108–109 (*ll.* 2525–26, 2532); to A.117*b* and following rule *i*, he draws a vertical line in the margin and adds, about the rule, *Nota* and *cum duobus et pluribus* (*ll.* 2580, 2585); he again draws a vertical line for the rules and problems A.225–226 (*l.* 4264); to A.230 and previous heading, he notes *de fractionum denominatione* (*ll.* 4312–13); he draws a hand with a finger pointing to the title before A.236 (*ll.* 4348–50); for A.265 and preceding rules *i* and *ii* we again find vertical lines (*ll.* 4780–811), and once again a hand and a mark at the beginning of A–IX (*l.* 4928).

That he had some mathematical background is seen from his referring to theorems of Euclid (*prima secundi* in PE_1, *septima secundi* in the proof of A.44; *ll.* 443, 1506), or to known rules (*per regulam quatuor proportionabilium* in A.108, *l.* 2520); he illustrates an assertion in A.288 (*l.* 5071).

He has also underlined, and in a rather careless way, various headings, presumably when the subject was of particular interest to him, namely: those of A–II, A–VI, A–VII, A–VIII and A–IX, and the initial words of some rules on divisibility of integers, namely *xix–xxii* (*ll.* 1913, 1916, 1925, 1939) and the subsequent *xxiii–xxix* and *xxxi* (*ll.* 1969, 1978, 1982, 1987, 1991, 1995, 2010, 2025 —writing in this last case *partes* in the margin, see above); the headings of the sections preceding, and/or the initial words of, A.90 (*ll.* 2141–42), A.90*a*, *alia causa* (*l.* 2158), A.90*b* (*l.* 2166), A.90*c* (*l.* 2170), A.92 (*l.* 2187), A.93 (*ll.* 2203–6), A.95 (*l.* 2278), A.96 (*ll.* 2299–300), A.108 (*l.* 2515), A.112 (*ll.* 2539–40), A.115 (*ll.* 2558–59), A.117 (*ll.* 2571–72), A.121 (*ll.* 2616–17), A.123 (*ll.* 2635–36), A.124 (*ll.* 2655–56), A.124*b* (*l.* 2713), A.124*c* (*l.* 2731), A.125 (*l.* 2743), A.126 (*l.* 2758–59), A.126*c* (*l.* 2795), A.127 (*ll.* 2803–4), A.128*b* (*l.* 2827), A.129 (*l.* 2845), A.129*b* (*l.* 2860), A.130 (*ll.* 2877–78), A.131 (*ll.* 2899–900), A.131*d* (*l.* 2928), A.132*d* (*l.* 2944), A.138 (*l.* 3077), A.145 (*ll.* 3193–94), A.145*b* (*l.* 3204), A.159 (*l.* 3444), A.187 (*ll.* 3694–95), A.189 (*ll.* 3720–21), A.190 (*ll.* 3734–35), A.191 (*l.* 3748–49), A.193 (*ll.* 3813–14), A.194 (*ll.* 3834–35), A.195 (*ll.* 3858–59), rule before A.225 (*l.* 4264), A.230 (*ll.* 4312–13, see above), A.236 (*ll.* 4348–50), A.239 (*l.* 4371), A.240 (*ll.* 4398–99), A.242 (*l.* 4441), A.255 (*ll.* 4604–5), A.257 (*l.* 4631), A.258 (*ll.* 4647), A.260 (*ll.* 4673–75), A.262 (*ll.* 4718–19), A.267 (*l.* 4829), A.284 (*l.* 5032), A.291 (*l.* 5148), A.293 (*l.* 5187), A.303 (*l.* 5302), A.311 (*l.* 5407).

Sometimes only the first problems or pages on a particular subject bear traces of his passage: he seems to lose his enthusiasm rather quickly. Nevertheless, we see the attention of this second reader caught by the conversion of fractions and the criteria for denominating numbers or fractions. All of this concerns Book A. Indeed, in Book B there is no sign of him, whereas such traces are seen earlier in the MS (as in 2^v, 55^v, 57^v).

3.2 Manuscript $\mathcal{B}$.

Our $\mathcal{B}$ is the manuscript D.42 of the Biblioteca Capitolare in Padua;

the *Liber mahameleth* covers fol. $1^r - 86^v$ (end of the manuscript). Manuscript $\mathcal{B}$ is a folio codex written on parchment, in the 14th century.† MS $\mathcal{B}$ is written in double columns of 48 lines to a page (47 on fol. $5^v - 6^r$). The foliation is by a 15th-century hand. The end of the manuscript is missing. There are two fly-leaves at the beginning, just one at the end. The leaves containing the text are stitched in eleven quires of eight leaves each, except for the fifth (fol. 33–38). As already mentioned (p. xix), the *Liber mahameleth* in $\mathcal{B}$ consists of fragments, the logical sequence of which is only partly indicated by reference signs; apart from the occasional omission of reference signs, figures, headings (below, 3.2.1), it is a faithful copy of what must have been its progenitor. It was once in the possession of Bishop Pietro Barozzi, and went to the Biblioteca Capitolare after his death (1507).‡

3.2.1 The copyist.

Unlike the other manuscripts, $\mathcal{B}$ seems to have been entirely devoted to the *Liber mahameleth*. The writing, by a single hand, is good and the copying, meticulous. The pointing finger drawing attention to certain places in the progenitor has thus been conscienciously reproduced; we find it in $1^{rb}, 7$ (*Unitas autem non est numerus*; l. 41), $1^{rb}, 23$ (*Primus autem numerus*; l. 52); then in $4^{rb}, 33$ (with *nota*; between P_9 and PE_1, about knowledge of Euclid's *Elements* as prerequisite; l. 440), $33^{vb}, 31$ (B.10, *fiet ei facilius qui ignorat*; l. 5989), $41^{vb}, 32$ (within B.171a; l. 9170), $42^{va}, 44$ (B.175; l. 9235), $45^{ra}, 18$ (B.199; l. 9762), $51^{vb}, 44$ (*Experientia*, B.233c; l. 10896), $72^{rb}, 13$ (*quoniam ab Antiquis*, B.341; l. 14965). So also the *nota*, reproduced from the progenitor on fol. $1^{rb}, 7$ (*Unitas autem non est numerus*; l. 41), some references to Euclid left in the margins (P_5, P_9, PE_1, PE_5, demonstration following A.13 and corollaries, A.44; ll. 322–23, 324–25, 425, 453, 515, 1004, 1039, 1050, 1506). All these additions go back

---

† Description in Ferdinando Maldura's handwritten catalogue of 1830, *Index codicum manuscriptorum qui in Bibliotheca Reverendissimi Capituli Cathedralis Ecclesiæ Patavinae asservantur*, where we read on p. 168: "D.42...Mahameleth: De numeris. Opus sic incipit: *Omnium que sunt, alia sunt ex artificio hominis, alia non*. Folia aliquot extrema desiderantur. Codex Sęculi XV membranaceus, duplici columna exaratus". In the chronological list of the MSS at the end, we read: "Mahameleth De Numeris". Obviously, Mahameleth (or 'Mahamelet', as written in the *index nominum*) was taken to be the name of the author while the heading of the first chapter was considered to be the title of the whole work. This description is now superseded by Bernardinello's, pp. 598–599 of the first volume of his *Catalogo*. Bernardinello puts it in the 13th century, as had also the present writer (in *Le Liber mahameleth* and *Survivance médiévale*). Some additions by the same copyist rereading his text, where he departs from his calligraphy, point to a later time.

‡ As recorded in the list of Barozzi's books; see Govi's edition, p. 147, No 61 (60 in the original manuscript).

to a reader of one progenitor and cannot be attributed to our copyist. For he is no mathematician and at times seems to be quite unaware of what he is supposed to be copying. A few instances will illustrate this. He read *pro omnibus* for *probationibus* (*lect. alt. ll.* 621–25), *ita* for *quinta* (*l.* 1151), *ZG* for 45 (*l.* 2217), *sex agrega tres* for *sexaginta tres* (*l.* 4864), *seculorum* for *secundorum* and *nominum* for *hominum* (*ll.* 4898–99), *ita dicunt* for *radicum* (*l.* 6753), *incognita* for *octoginta* (*l.* 8392), *quasi tam* for *quartam* (*l.* 8795), *parentes* for *partes* (*l.* 8895), *ter eius* for *tertius* (*l.* 8965), *Rex* for *Res* (*l.* 9724), *numis* for *mensis* (*l.* 10599), *evasit in numis* for *evasit immunis* (*l.* 10768), *propinque* for *pro quinque* (*l.* 11273), *et erit tres viginti sex* for *et erit res viginti sex* (*l.* 11340).∥ Still, in many cases this first hand did eventually correct his initial errors or omissions.

Indeed, most miscopying was corrected whenever this same hand went back to revise the text. The first revision checked the copy and added various signs. We thus find, in a different (light-brown) ink, first, the addition of the characteristic reference signs (those putting order in the disordered fragments) which had not yet been inserted, and, second, the indications of where a heading should later be written in red ink (the sign is commonly $\mathcal{R}$, for *rubrica*, a few times †), with these headings noted elsewhere on the page (top, bottom, sometimes margin); most of them are still, wholly or partly visible, but some have disappeared altogether when the pages were clipped for binding (see, e.g., *ll.* 2258–59). Checking the copy during this first revision meant correcting within the text (as in *ll.* 797, 1018, 1475, 1507, 1826–27, 3815, 4062, 4639, 6329) or in the margin (as in *ll.* 1458, 1463, 1477, 1621, 1727, 4142, 4152–53, 4188–89, 4448–49). Very occasionally, these corrections actually give a better reading than the other MSS (except when the second hand in $\mathcal{A}$ has corrected the error); see *ll.* 938, 1272–73, 1681, 3137, 3743, 6869, 9767.

In a second revision, the figures were added in the spaces left blank. Once, when no space had been left, the word *Figura* was used to indicate the appropriate place and the figure added in the margin (figure before A.22, fol. 15rb). That the figures were added later than the first revision is again clear from the difference in ink. Note also that in three cases this led to some confusion: twice, during different revisions, a figure was repeated on the following page (those to the Premisses P_1 and PE_1), once it was inserted in the wrong place (that to A.139 in A.138). A few things omitted during the first revision were also added during the second, e.g. signs for connecting the disordered fragments (there are ones on fol. 10va), marginal notes (such as the allusion to Euclid before PE_1, *l.* 440) or words (*l.* 2671).

A change occurs from fol. 25^r on, that is, at the beginning of the fourth quire: the two revisions become one, with figures and corrections being both in the same ink. This, however, is only the first indication that the copyist was becoming less thorough: first, after fol. 32^r, he stopped indicating the headings (*l.* 4371 is the last); then, from fol. 39^r on (beginning of the sixth

---

∥ Other examples: *ll.* 300, 1150, 2548, 3477, 3480, 4872, 4902, 6001, 6872, 7337, 9766, 11346, 13383.

quire), he gave up revising altogether. Only in the last extant leaves (fol. 71–86), and even then not always, did he add, whilst doing the copy, a few of the figures (to B.30 on fol. 79va, B.31 on 79vb, B.32 on 80rb, B.35 on 81ra, B.41a on 82ra), subheadings in the margin (B.66–70, B.72–76 and B.78–79 on 83vb–84va), rubrication signs (74ra–84va) and reference signs for the fragments (81va–84vb). He also indicated two main headings by their intended place in the text ($l.$ 14745, 71ra, 29; $l.$ 14972, 72rb, 23), as he had done once before ($ll.$ 900–1, 6rb, 14).

There was no final revision. As a result, the main headings are never inserted in the text, nor are the initial letters of new chapters, all of which were supposed to be added in red. This was thus not done, except for the title of the work on the first line. The only other use of red lettering is by a later reader (see below).

Since the copyist did not understand much of the text anyway, it is hardly surprising that he incorporated into the text what were originally marginal glosses; we shall discuss these when we come to the history of the text.

Although inferior to $\mathcal{A}$ and incomplete at the end, $\mathcal{B}$ appears to be a reliable source for the text, and indeed our only source for a major group of problems (B.286–293) and some minor ones (A.141–144, A.236, B.216–218).

3.2.2 The reader.

The manuscript had apparently just one reader, towards the end of the 15th century, who made various annotations in two different inks (black and pink). The handwriting suggests that it was Pietro Barozzi himself, the owner of the manuscript, whose interest in mathematical questions is attested by his contemporaries.* His interventions are of the following kinds:

— He puts marks, such as

the sign +, when passages are of interest to him: A.19 (*Duo igitur*, 9va, 45; $l.$ 1150); B.217b (*Vel aliter*, 47vb, 32; $l.$ 10341); B.227a (*Oportet igitur*, 49vb, 20 —barely visible; $l.$ 10570); B.230a (*qui sunt triginta*, 50rb, 30; $l.$ 10653); B.230b (*nam dictum est*, difficult reasoning, 51ra, 13; $l.$ 10743); B.232b (*maius est eo*, about the explanation of the meaning of the problem —text misplaced—, 51rb, 16; $l.$ 10811); B.233c (*Experientia*, 51vb, 44 —barely visible; $l.$ 10896; there is already a hand by the copyist);

the sign ¶, within the text: 1ra (*Practice autem species*; $l.$ 24); 1rb (*Primus autem numerus*, just like the *al. m.* in MS $\mathcal{A}$; $l.$ 52); in the enumeration of the successive *ordines* and *differentie* ($ll.$ 75 to 111, 121 to 131 (*sicut*)) and of the *note* ($ll.$ 158 to 161) and *nomina* ($ll.$ 162 to 166). This same sign is also commonly found marking off paragraphs or important steps, or problems of particular interest to him, such as: A.165–167 on 11vb–12ra; A.205b and A.211 on 13ra; A.214 on 13rb; the beginning of the chapter on division of integers (13va, 20; the reader of MS $\mathcal{C}$ did the

---

* See Gaeta's short biography of Barozzi.

same); the first commercial problems according to the disordered MS (B.21, B.22, B.26, B.29, B.43, B.44, B.46 on $34^{rb}-35^{rb}$); some problems where he added headings (see below), namely to B.275 (59rb), B.306 (65va), B.244 (66ra), B.309 (67rb), B.341 (72ra), B.342 (72rb), B.352 (75rb), B.361 (75va), B.366 & A.140 (75vb), A.266 (76va); the *Regula* preceding A.269 (76vb); A. 180 (78ra); A.185, B.18 and the definition of *radix numeri* (78rb); the title *Prima species* following B.58 (83rb, 39); B.66 (83vb, 8); B.78 (84ra, 38); B.72 (84va, 5); *He sunt viginti species* after B.82 (84vb, 10); B.85 (84vb, 17), which is our reader's last intervention.

Remark. He has sometimes added the initial letters of a new section or a problem, left out by the copyist since they were supposed to be added later in red; it begins at line 4, with the O of *Omnium*, and then in A.169, A.170, A.184, A.271, B.272, beginning of B–XV, B.297, B.331, B.334, B.342*b*, B.350, B.363. That is, of course, in all the places which particularly attracted his attention.

— He notes the occurrence of two particular words: *agebla* in B.198 (44vb, 15; *l.* 9737) and *census* in B.257*b* (55ra, 19; *l.* 11924). This proves that he read certain parts of the text even though they bear no other traces of his.

— He notes abrupt beginnings in the disordered text: jumps from A.21 to A.93 (9vb, 28, noted by three crosses; *ll.* 1172 & 2213, *ad viginti octo*), from B.297 to B.346 (misplacement commented in the margin, 74rb,47; *ll.* 15118–19). He tries to put cross-references, thus for the succession of orders (1va; *l.* 90); the treatment of note which is announced at the end of A–I (2rb; *l.* 168); B.143′ (40rb; *l.* 8689) referring to fol. (*carta*) 59, 72 (the present foliation was already there); B.342 (72rb; *l.* 14972); B.354 (73va; *l.* 15346); B.359 (73vb; *l.* 15404); B.363 (74ra; *l.* 15492). This shows him to have read fol. 72^r–74^r particularly attentively.

— He draws attention at the beginning to the kinds of practical arithmetic (1ra, 31 – 1rb, 2, with a vertical line in the margin; *ll.* 24 to 36). He indicates what a passage (theoretical explanations or problem) is about: some general facts about numbers (1rb; *ll.* 43, 57, 69), the figure representing the orders (2ra), B.143′ (40rb; *l.* 8689), B.271 (58vb; *l.* 12509), B.272 & 272′ (59ra; *l.* 12555), B.275 (59rb; *l.* 12614), B–XV (59va; *ll.* 12648–49), B–XVI (62ra; *l.* 12972), B–XXII (64rb; *l.* 15540), B.298 (64va; *ll.* 13343–44), B–XVII (64vb; *ll.* 13373–74), B.306 (65va; *l.* 13556), B–XII (66ra; *ll.* 11386–87), B–XVIII = B.309 (67rb; *l.* 13623), B–XIX (71ra; *l.* 14745), B.341 (72ra; *l.* 14954), B–XX (72rb; *l.* 14972), B.350 (72vb; *l.* 15231), B.354 (73va; *l.* 15346), B.359 (73vb; *l.* 15404), B.363 (74ra; *l.* 15492), B.297 (74rb; *l.* 13313), B.352 (75rb; *l.* 15312), B.361 (75va; *l.* 15440), B.366 & A.140 (75vb; *ll.* 15526 & 3138), A.266 (76va; *l.* 4812), A.271 (77ra; *l.* 4881), A.169 & A.170 (77rb; *ll.* 3553 & 3568), A.176 (77vb; *l.* 3609), A.180 & A.184 (78ra; *ll.* 3649 & 3677), definition of *Radix numeri* at the beginning of A–IX & B.18 (78rb; *ll.* 4940 & 6180).

— Finally, he amends, and occasionally comments on, the text in various ways: rewriting badly written words (1rb, 20; *l.* 51, cf. *ll.* 3511 & 3512) and distinguishing diphthongs (A–I, five times; *ll.* 59, 60–62, 169); writing notes on the text in 1va (triadic succession of the orders, l. 90), 2rb (to P_1; ll. 182, 211), 2va (to P_2; ll. 212–14, 227); in 7vb (A.45), he supplies missing words (l. 1542) and gives numerical results in a figure; he enumerates the 28 kinds of multiplication at the beginning of A–III and supplies missing words ($8^{rb}, 44-8^{va}, 27$; ll. 661–63 to 684–86); further interventions of the same kind are found for B.66 ($83^{vb}, 18$; l. 7291), B.69 ($84^{ra}, 8$; l. 7325; he also adds a new problem, $83^{vb}, 13$; ll. 7329–30), B.70 ($84^{ra}, 31$ & 38; ll. 7346, 7351).

Signs are conspicuously absent from 13vb to 33va, mostly concerned with arithmetical operations on integers or fractions, which he did not read, or if so without much interest. That Barozzi was an attentive reader is apparent from some of his emendations as well as his noting the occurrence of particular words and the intrusion of a misplaced problem. This, together with his paragraph-marks, points to where his interests lay: in classification such as that of the various kinds of product; in progressions, measurement of figures and the recreational problems at the end, which he systematically provided with subheadings; but not so much in commercial problems apart from the first ones.

3.2.3 Further reader's notes.

This reader is also responsible for having filled the second initial fly-leaf with various notes of mathematical nature, mostly irrelevant to the subjects treated in the *Liber mahameleth*, which are as follows.*

— Some remarks on perfect numbers, with reference to Boëtius (in his *De institutione arithmetica*, in particular 2.2.4), beginning with the remark *perfectos numeros invenire Boetius docet, partes eorum aliquotas invenire non docet*. To find these parts, the author considers Euclid's theorem (*Elements* IX.36) that $N = 2^{n-1}(2^n - 1)$ is perfect if $2^n - 1$ is prime. He can thus find the divisors of N by a repeated halving until he arrives, after $n - 1$ such halvings, at a prime result. The text illustrates this for $N = 6, 28, 496, 8128, 130\,816, 2\,096\,128$, thus for $n = 2, 3, 5, 7, 9, 11$, with the divisors in columns as mentioned in the instructions. The last two columns, which do not produce perfect numbers, have been deleted; indeed, successive halving leads to 511 and 2047, not prime.

— A table of the squares and cubes of the integers from 1 to 10, in three columns, with the respective headings *Radix, Quadratorum, Cubicorum*. Below that, with the heading *Pariter pares numeri*, a 10×6 table giving, in the lines, the successive duplications of 1 and the square fractions $\frac{9}{4} = 2+\frac{1}{4}$, $\frac{25}{16} = 1+\frac{9}{16}$, $\frac{49}{16} = 3+\frac{1}{16}$, $\frac{81}{16} = 5+\frac{1}{16}$, each of which is doubled nine times to, respectively, 512, 1152, 800, 1568, 2587; the third line indicates alternately '4^{tus}' (for *quadratus*) and '*non*', that is, the result is a square only for an even number of duplications. Some copying errors make it obvious that this table was not calculated by Barozzi.

— Some numerical properties.

---

* The first fly-leaf is blank except for one computation on its verso. The last fly-leaf is blank.

Comparing the sum $a+a$ and the product $a \cdot a$, we shall have

$$a+a >, =, < a \cdot a \quad \text{according to whether} \quad a <, =, > 2.$$

Taking a square, we draw its diagonal (*diametrum*), then form the square on it, take its diagonal, and so on; each square is thus twice the one before, while the resulting figure is known as fish-bone (*hoc 'spinam piscium' vocant*).

— On square and cube roots.

After stating that the product of two squares or cubes is, respectively, a square or a cube, the root of which is the product of their roots, the author gives a (rather odd) method for finding approximate roots of non square or non cubic numbers. Let the number considered be N and a the root of the largest integral square or cube below N. Then

$$\sqrt{N} \cong a\left(\frac{a^2}{N} + \frac{N-a^2}{a^2}\right) \cong a\left(1 + \frac{N-a^2}{a^2}\right).$$

For instance (his example), if $N = 5$, so $\sqrt{N} \cong 2 + \frac{1}{2}$.
Similarly

$$\sqrt[3]{N} \cong a\left(\frac{a^3}{N} + \frac{N-a^3}{a^3}\right) \cong a\left(1 + \frac{N-a^3}{a^3}\right).$$

For instance (his example), if $N = 9$, so $\sqrt[3]{N} \cong 2 + \frac{1}{4}$.

Note that these approximations are of little value, since they reduce to

$$\sqrt{N} \cong a + \frac{N-a^2}{a} = \frac{N}{a}, \quad \sqrt[3]{N} \cong a + \frac{N-a^3}{a^2} = \frac{N}{a^2}.$$

— Calculate the diameter of a circle having the same area as a given square. If a^2 is the given square and d the required diameter, then

$$d \cong \sqrt{a^2 + 3 \cdot \frac{a^2}{11}},$$

and, after drawing the circle, *habebis circumferentiam illius quadrati ad circulum reducti, verę quam proximam*. Thus, for $a = 2$ (and using another root approximation than the one above),

$$d \cong \sqrt{5 + \frac{1}{11}} \cong 2 + \frac{1}{4}, \quad \text{and circumference} = \left(3 + \frac{1}{7}\right)\left(2 + \frac{1}{4}\right) = 7 + \frac{1}{14}.$$

Remark. We have

$$\pi \cdot \frac{1}{4} d^2 = a^2, \quad \text{thus} \quad d = a\sqrt{\frac{4}{\pi}} \quad \text{and} \quad d \cong a\sqrt{\frac{14}{11}} = \sqrt{a^2 + 3 \cdot \frac{a^2}{11}}$$

with the Archimedean approximation $\pi \cong 3 + \frac{1}{7}$ used throughout mediaeval times.

These notes conclude by remarking that, for a integer, $a^2 \pm 2a + 1$ gives the next integral squares to a^2 while the square on the diagonal of a^2 is $2a^2$.

We considered it necessary to reproduce the content of these notes in order to give some idea of the mathematical interests of the reader of MS $\mathcal{B}$. His theoretical knowledge is limited, but he is able to follow computations. And he will do so throughout, apparently not discouraged by the complete lack of order of his copy.

3.3 Manuscript $\mathcal{C}$.

Our manuscript $\mathcal{C}$ is the manuscript Fonds latin 15461 of the Bibliothèque Nationale de France; the *Liber mahameleth*, or, rather, part of it, occupies fol. $26^{ra}-50^{rb}$ (end of the manuscript). Manuscript $\mathcal{C}$ is a beautiful 13th-century folio codex, written on parchment in double columns of 59 lines to a page, with headings in red ink.[∥] MS $\mathcal{C}$ contains successively: the *Liber algorismi*, already mentioned (p. xiv), by Johannes Hispalensis (fol. $1^{ra}-14^{ra}$); a comput treatise (fol. $15^{ra}-25^{ra}$), dating from the mid-twelfth century, for, we are told, *a nativitate Christi usque in presens tempus (...) sunt anni 1143* (fol. 19^v) and also *a nativitate vero Christi usque in presens tempus (...) sunt anni 1159* (fol. 21^v); part of the *Liber mahameleth*, beginning on fol. 26ra and ending abruptly on line 26 of fol. 50rb.

The origin and subsequent locations of MS $\mathcal{C}$ may be followed fairly well. It was copied in Italy in the first half of the 13th century. Then it went to France, being acquired by Richard de Fournival, after whose death, around 1260, it passed, together with his library, into Gérard d'Abbeville's hands.[†] Now Gérard d'Abbeville had close ties with the Sorbonne: first of all, he was a friend of its founder, Robert de Sorbon, secondly he had worked there as a *magister in theologia*. Thus it is not surprising that in his testament, dated 19th October 1271, Gérard d'Abbeville bequeathed his collection of almost three hundred books to the Sorbonne, which arrived there immediately after his death on 8th November 1272.° Inscriptions on the fly-leaf and at the end of MS $\mathcal{C}$ record this bequest; thus we read on fol. 50^v: *Iste liber est collegii pauperum magistrorum studentium (de domo Sorbone) in theologia parisiensi, ex legato Magistri Geroudi de Abbatis villa.* In 1796, along with the other Sorbonne manuscripts, MS $\mathcal{C}$ joined the Latin collection at the Bibliothèque Nationale.[⋆]

3.3.1 The copyist.

MS $\mathcal{C}$ has been copied, text as well as figures, with the greatest care and is thus very reliable for our text. That the copyist was conscientious is

---

[∥] Short description in Delisle's *Inventaire*.

[†] See Birkenmajer, *Bibljoteka Ryszarda de Fournival*, p. 12; Rouse, *Manuscripts belonging to Richard de Fournival*, pp. 256–57.

° The necrologist of the Sorbonne wrote: *Obiit magister Geraudus de Abbatisvilla, qui nobis legavit quasi trecenta volumina librorum tam in theologia quam in philosophia*; see Birkenmajer's *Bibljoteka*, pp. 12–13. The exact year of death (Birkenmajer has *8-go listopada 1271 lub 1272*) is given in Grand, *Quodlibet XIV*, p. 213.

[⋆] Delisle, *Etat des manuscrits latins*, p. 30.

seen from the fact that once, when in doubt about a word-ending, he noted the two possibilities (A.95; *l.* 2288 —see 2289); another time, a small letter has been corrected in the margin to the capital of the progenitor (A.158; *l.* 3435). More important to us is the fact that if he puts something in the margin, this is because it was there, and not in the text, in the progenitor. Thus, a gloss in A.46, found in the text in MSS $\mathcal{A}$ and $\mathcal{B}$, has been left in the margin in $\mathcal{C}$ (*l.* 1575). More characteristically, in A.45, a gloss initially incorporated into the text has been indicated as belonging in the margin (*ll.* 1536–37) while in A.109 words initially copied in the wrong place in the margin have been rewritten where they should be (*l.* 2529). Therefore the marginal annotations in $\mathcal{C}$ are almost undoubtedly those of its source. All that has been of great help in identifying interpolations or confirming them as such. There are, nevertheless, a few exceptions to this faithfulness to the previous copy: a few former glosses, clearly of the same kind as the others, have been incorporated into the text (by the present or the progenitor's copyist): see $P_3 a$ (*ex eodem*, *l.* 245), P_4 (*ex premisso*, *l.* 306), PE_3 (*l.* 515), B.55 (*ll.* 7062–64); there is also an absurd mistake in A.9 (*l.* 916). But this does not alter the general impression of reliability.

The copyist therefore did not attempt to put any order in the text which, like that of $\mathcal{B}$, consisted of fragments of various length and content (often, though not always, the same as in $\mathcal{B}$; see below, 3.5). His task was to copy, so he just reproduced the marginal reference signs where he found them. Another reference sign, this time to clarify the text in the demonstration following A.13 (*l.* 1055), probably does not originate with him. Some of the numerals are in symbols; $\mathcal{B}$ often has the same ones in the same place. But the copyist of $\mathcal{C}$ did occasionally change words to symbols; see *ll.* 2583, 3400, 8249. This must be the only kind of initiative he took. Note finally that the rubrication was added later by the copyist; thus some of the headings in red overlap the margin (*ll.* 1221–22) while some initial letters, which should also be in red, are missing (as for $\mathcal{B}$, we chose not to mention that in the critical apparatus).

3.3.2 The reader.

Despite the disorder, MS $\mathcal{C}$ had one attentive reader, traces of whom are found throughout the codex. We may only conjecture about his time and identity. In the second part, on the comput, he has transcribed in our numerals the Roman numerals of the year 1324 occurring in a table (fol. 20^v; the previous and next entries in the table are the years 1296 and 1352); whatever he had in mind, this seems to indicate that he did it in the 14th century. On the last page (fol. 50^v), we find the numbers 364 and 24. We would like to think that he has been once again noting the year of his birth (1324), and possibly the current year 1364. On the bottom of fol. 35rb, he has written the words *metre* (sic) *gui de neli* together with the beginning of the alphabet, while on the bottom of fol. 37rb we read *metre gui de*. This could give us his identity.

That he read the text carefully is indicated by the presence of † at the three occurrences of the word *mahameleth* and at the mention of an *alius actor* (see below). His use of *res* for the unknown in A.166a shows that he had some knowledge of algebra. Furthermore, his addition to A.260, where he distinguishes between *communis* and *prelatus*, which is not altogether clear from the text in the chapter on division, is the mark of an attentive reader. Unfortunately, some of his notes are no longer fully extant since the manuscript's margins were clipped for the final binding (1–2 cm.).

Of all the various traces of him (which appear throughout the manuscript) those found in the *Liber mahameleth* are listed below and situated in the manuscript (which is relevant, for, as in $\mathcal{B}$, the subjects are not presented in logical order) and in the lines of the edited text.

— The sign † draws attention to important passages. It is found several times in A–I ($26^{ra}, 18, 30, 35, 36, 57$ and $26^{va}, 15 = ll.$ 16, 27, 30–31, 31, 52, 121–22). In the next chapter, we see it marking the beginning of the premises P_1 ($26^{vb}, 39$; *l.* 176), P_2 ($27^{ra}, 24$; *l.* 212), P_3 ($27^{ra}, 45$; *l.* 228), P_3b ($27^{rb}, 15$; *l.* 254), P_4 ($27^{rb}, 55$; *l.* 293), P_5 ($27^{va}, 14$; *l.* 312), P_6 ($27^{va}, 28$; *l.* 327), P'_7 ($27^{vb}, 35$; *l.* 382), PE_2 ($28^{rb}, 20$; *l.* 466); we also find it, as said, at the three occurrences of the word *mahameleth*, namely between and at the end of the two sets of theorems ($28^{ra}, 37$ & 46; *ll.* 434, 442, then $29^{ra}, 33$; *l.* 624). In A–III, † marks first some of the rules presented just after the multiplications of digits, namely *i* ($29^{va}, 45$; *l.* 743), *ii* ($29^{va}, 56$; *l.* 753), *iii* ($29^{vb}, 2$; *l.* 757), *iv* ($29^{vb}, 4$; *l.* 759), then we find it at the very beginning of the demonstration subsequent to A.13 ($30^{ra}, 47$; *l.* 991) and in the following demonstration by an *alius actor* ($30^{va}, 4$ & 15; *ll.* 1057, 1068). Next, in A–V: in A.90 (31va, three times; *ll.* 2149, 2158, 2170), A.99 ($31^{vb}, 46$; *l.* 2342), A.108 ($31^{vb}, 58$; *l.* 2516), A.112 ($32^{ra}, 10$; *l.* 2541), A.131 ($41^{ra}, 51$; *l.* 2901). Finally, in the introductory part of Book B (beginning of the examples to rule *i*, $46^{va}, 11$; *l.* 5820), within B.1 ($46^{vb}, 1$, see below; *ll.* 5868–69) and at B.15 ($47^{rb}, 10$; *l.* 6119).

— The sign ¶ occurs in the heading of chapter A–IV ($34^{ra}, 31$, together with a pointing finger; *l.* 1633 —new subject) and at the beginning of problems B.5 ($46^{vb}, 33$; *l.* 5904), B.7 ($47^{ra}, 27$; *l.* 5954), B.9 ($47^{ra}, 38$; *l.* 5965). A finger points to the heading before A.90 ($38^{rb}, 57$, which is another beginning of A–V in the disordered manuscript; *ll.* 2139–40). Finally, a small cross (or ×) is found at the beginning of A.100 ($39^{ra}, 20$; *l.* 2352), A.187 ($43^{ra}, 15$; *l.* 3696), and to mark his corrections in the demonstration subsequent to A.13 (see below; *l.* 993).

— The reader also draws attention to certain points with a *nota* (alone or with other words) or *sic* in the margin. The first is found in the following places: introduction to the second set of premises ($28^{ra}, 37$, *nota commentarium*, with †; *l.* 434), A.6 ($36^{va}, 23$; *l.* 878), A.12 ($36^{va}, 47$; *l.* 942), rule *ii* at the beginning of A–IV ($34^{ra}, 57$; *ll.* 1659–61), rule before A.95 ($38^{vb}, 13$; *l.* 2274), heading before A.202 (twice: $43^{vb}, 47$ & bottom; *l.* 3982), rule *iii'* before A.225 ($46^{ra}, 48$; *l.* 4266), rule *i* at the beginning of Book B ($46^{rb}, 52$; *l.* 5804), introductory explanation at the beginning of B–I (*nota 3 modos*, $46^{va}, 41$-42; *l.* 5847) as well as in the solution of B.1 ($46^{vb}, 1$, together with †; *ll.* 5868–69), then in the section beginning after B.58 ($48^{va}, 41$; *l.* 7147), finally in B.65 ($48^{vb}, 39$; *l.* 7254). The second has been written for PE_2 (fol. $28^{rb}, 20$, together with †; *l.* 466), PE_4 ($28^{rb}, 54$; *l.* 491) and PE_7 ($28^{va}, 54$; *l.* 542).

The reader has also made more substantial contributions, in the form of illustrations, clarifications, emendations, additions and corrections. He indicates in the margin the occurrence of a new subject (new at least according to *his* manuscript): heading of A–V (*Capitulum fractionum*, $31^{va}, 28$; *ll.* 2139–49 *lect. alt.*; also completing the original text, see below); A.165 (*Nota questiones*, 33ra; *l.* 3503), A.192 (*Substratio*, 33ra; *l.* 3767), A.211 (*Questiones*, 33vb; *l.* 4108), B.11 (*Questiones*, 34va; *l.* 5991). He makes additions to the text of P'_3 ($27^{rb}, 17$ & 20; *ll.* 256 & 260) and to the heading of A–V, and corrects an error in P_5 (*l.* 317). He adds numerical examples to P_1 (26vb, bottom; *l.* 181), to P_4 (numerical example in the figure), to rule v following the multiplication of digits (29vb; *l.* 767), to *Elements* IX.12 in the demonstration following A.13, comments on the proof (*ll.* 995, 1001) and is the only one of our MSS readers to note an error in the figure (30ra and figure in 30rb; *l.* 993). He also comments or adds computations in problems A.86–87 (37rb; *ll.* 2112, 2116), A.90 (*lect. alt.*, 31va), A.91 (38va; *ll.* 2175–77), A.93 (31vb & 38va, with a critical observation in A.93c; *ll.* 2211, 2221–22, 2246), A.94 (38^{va-vb}; *l.* 2260), A.95 (38vb; *ll.* 2281, 2282–83, 2289), A.99–100 (31vb; *ll.* 2340, 2346–47), A.165—168 (33ra; *ll.* 3508–10, 3519–20 & 3520, 3533, 3538), A.192 (33rb, with a critical observation in A.192b; *ll.* 3773, 3809–11), A.241 (34rb; *ll.* 4429 to 4437), A.260 (34rb; *ll.* 4675 to 4480), B.2 (46vb; *l.* 5884).

He thus appears to have been mainly interested in the solution of problems, as seen from the several occurrences of *questiones* in the margins (A.165, A.211, B.11) and the additional computations to A.165–167 where determination of the answer was left to the reader. He also paid particular attention to the multiplication of fractions, which is all the more evident from the fact that he annotated similar problems, even though they occur in different parts of the codex: A.90–95 on fol. 31 & 38. He has his light-hearted moments: on fol. 37rb, where he has started to write what might have been his name, and where the word *repetite* recurs, he has noted at the bottom *repetite magistri*; on the last page of the manuscript (fol. 50^v) there is a large, well-drawn table reproducing the first figure in the *Liber mahameleth*, together with the legend *Tabula abaci de opere practico numerorum*, to which the same reader has added above *iterum quadratum primum* and below *cui si sciatur non est similis in valore* and, as already mentioned in the general description of $\mathcal{C}$, the numbers 364 and, underneath, 24.

3.4 Manuscript $\mathcal{D}$.

The last of our manuscripts is also from the Bibliothèque Nationale de France, namely Fonds latin 15120; of its 77 leaves, fol. $57^v - 66^v$ are relevant to our subject. Manuscript $\mathcal{D}$ is a small-size manuscript, written in the 13th century on parchment; there are two fly-leaves in paper, added during the last binding in the 19th century.** At one time and since at

---

** Short description in Delisle's *Inventaire*. What follows here is from

least the 14th century, it was in the Abbey of Saint-Victor; then in 1796 it joined the Latin manuscripts at the Bibliothèque Nationale. The size of the leaves is 140 × 95 mm, except for the part previously edited by us: there is considerable variation in length (between 140 and 100 mm) and width (between 90 and 70 mm); the number of lines varies accordingly, from 19 to 41. Furthermore, the parchment is of poor quality. There have been two foliations: one in the 15th century and the other in the 19th, which was first written in pencil and then repeated in red ink during the last inspection of the manuscript in 1888. There are differences between the modern foliation and the 15th-century one: the quires which formed fol. $50^r - 58^v$ and $62^r - 77^v$ have disappeared, so that the former fol. 78 is now fol. 53; furthermore, fol. 1 is now the last (fol. 77 with the modern foliation), and fol. 80 and 81 have changed places, and are now inappropriately fol. 56 and 55.

On the last leaf (which was originally the first) we find an anathema formula (*Iste liber est Sancti Victoris Parisiensis. Quicumque eum furatus fuerit vel celaverit vel titulum istum deleverit anathema sit*), followed by the table of contents, which was then reproduced in the 1514 handwritten catalogue:‖ *Que secuntur hic habent, scilicet: Radulphi Laudunensis de abaco, 2. De semytonio, 42. Glose super tabulam compoti, 50. Quedam alia, 58. Pulvis mathematici, 62. Quedam de algorismo, 93*. The actual contents are (with, in brackets, the 15th-century foliation): *Liber Radulfi Laudunensis de abaco* ($1^r - 37^v$ [$2^r - 38^v$]; edited by A. Nagl from this manuscript); blank leaves ($38^r - 40^v$ [$39^r - 41^v$]) are followed by *De semitonio*, probably by the same author ($41^r - 46^r$ [$42^r - 47^r$]; see Nagl, p. 87); after more blank leaves ($46^v - 48^v$ [$47^r - 49^v$]) and a first lacuna, namely the *Glose super tabulam compoti* ([50^r seqq.]), there is an incomplete text on the *Perfecta pyramis* ($49^r - 52^r$ [$58^r - 61^r$]); then after a blank folio (52^v [61^v]) and a lost part ([$62^r - 77^v$]), we find, by a different hand, still from the 13th century, a collection of problems taken from the *Liber augmenti et diminutionis* and the *Liber mahameleth*, ending with the section of al-Khwārizmī's *Algebra* dealing with commercial applications ($53^r - 67^r$ [$78^r - 92^r$]; see our edition of this part in *Un recueil du XIIIe siècle*); after a few notes (67^v [92^v]; see *ibid.*, p. 74), the *Arithmetic* of Sacrobosco, partly paraphrased ($68^r - 74^v$ [$93^r - 99^v$]; see *ibid.*, pp. 74–75); the manuscript ends with blank pages ($75^r - 76^v$ [101^{v-r}, 100^{v-r}]; on the first, an act signed Nivelle), now followed by the table of contents (77^r [1^r]; verso blank except for the shelf-mark *fff 28*, also found in the 1514 catalogue).

As far as the collection of problems is concerned, there are first eight problems taken from the *Liber augmenti et diminutionis*.* Then we find

---

our earlier work on this manuscript, see below.

‖ Now edited by G. Ouy and V. Gerz-von Büren.

* See our previous edition. Libri's *editio princeps* of the *Liber augmenti et diminutionis* has already been mentioned (p. xxi, footnote). We gather from the 15th-century foliation and table of contents that sixteen leaves are missing at the beginning of this extract, which presumably would have contained more problems from the *Liber augmenti et diminutionis*.

(57^v, 22–66^v, 12) forty-three ones from the *Liber mahameleth*.‡ But this part of MS $\mathcal{D}$ leaves much to be desired: apart from the poor quality of the material support, the selection of problems appears to be quite arbitrary, or at least made without any discernment since references are sometimes copied without the problem referred to; furthermore, if there are several ways of solving, only one is reproduced. MS $\mathcal{D}$ is nonetheless of use as our only source for one (surely genuine) problem, namely B.253, also for three others, possibly genuine (our B.357 & B.358 and B.362); it is also our second source for the last problems B.369–381 since MS $\mathcal{D}$ reproduces in its entirety the end of the treatise —which happens to be missing in MS $\mathcal{B}$. Furthermore, even if there are only a few fragments, these appear to be in the right order (thus $\mathcal{D}$, unlike $\mathcal{B}$, places B.352 before B.368). Note finally that the copyist of $\mathcal{D}$ seems to have converted some numerical (verbal) expressions into our numerals; see *ll.* 14657, 15424, 15534, 15603, 15607, 15608, 15618, 15619, 15633–34, 15643, 15770 *seqq.*

Unlike the problems taken from the *Liber augmenti et diminutionis*, those from the *Liber mahameleth* do not seem to have aroused any readers' interest: the only extraneous annotations are totally irrelevant to their object (*ll.* 15009, 15636).

3.5 The disordered text.

The following list gives, according to the lines of the edited text, the location of the fragments in the various manuscripts. The numbers in square brackets indicate the sequence of the fragments in MSS $\mathcal{B}$ (256 altogether) and $\mathcal{C}$ (168). It will be seen that, considering the parts which ought to be common, each of the three manuscripts contains passages not found in the other two. Thus, $\mathcal{A}$ differs from $\mathcal{BC}$ in *ll.* 151–68, 842–875, 1173–1191, 1882–2079, 2212–2246, 2326–2335, 4196–4263, 4385–4397, 4442–4461, 4533–4542, 4702–4717, 5904–5911, 5964–5973, (6305–6317), (6994–7009), (7022–7032), 8134–8144.† $\mathcal{B}$ differs from $\mathcal{AC}$ in *ll.* 2166–2169, 4196–201.° $\mathcal{C}$ differs from $\mathcal{AB}$ in *ll.* 96, 141–151, 5954–5957.‖ Note too that there are clearly copying mistakes common to all manuscripts (e.g. *ll.* 909, 5809, 6825, 11566, 12051), or early glosses found in all three main manuscripts (see below, 'early readers'). On the other hand, there are early glosses which are found only in one, or in two, but not in all three (*ll.* 1633, 1658, 3095–96, 3359).

Remark. We have also indicated the passages found in MS $\mathcal{D}$. Remember that they are only small extracts, except for the last part (*ll.* 15588–15783).

---

‡ Our B.253, B.258, B.264, B.270–272, B.275, B.298, B.329, B.331–332, B.340–344, B.350, B.352, B.357–358, B.359–361, B.362, B.363–381.

† See also isolated instances in *ll.* 322, 349, 482, 507, 1170, 1176, 2929, 3304, 4271, 4731, 8130; 12231–68.

° See also isolated instances in *ll.* 478, 1878, 2708, 3137, 3743, 4037, 4040, 4156, 6092; 12719–36.

‖ See also isolated instances in *ll.* 314–16, 350, 351–52, 919, 2204–5, (2232–35), 4303, 5873, 5986, 7062–64.

Book A

1–140	$99^r, 1 - 100^r, 36$ $\mathcal{A}$	
	$1^{ra}, 1 - 2^{ra}, 26$ $\mathcal{B}$ [1]	$26^{ra}, 1 - 26^{va}, 59$ $\mathcal{C}$ [1]
141–151	not found in $\mathcal{A}$	
	not found in $\mathcal{B}$	$26^{vb}, 1 - 12$ $\mathcal{C}$ [2]
151–168	not found in $\mathcal{A}$	
	$2^{ra}, 27 - 2^{rb}, 5$ $\mathcal{B}$ [2]	$26^{vb}, 12 - 33$ $\mathcal{C}$ [3]
169–620	$100^v, 1 - 104^v, 13$ $\mathcal{A}$	
	$2^{rb}, 5 - 5^{vb}, 20$ $\mathcal{B}$ [3]	$26^{vb}, 34 - 29^{ra}, 28$ $\mathcal{C}$ [4]
621–780	$104^v, 14 - 105^v, 30$ $\mathcal{A}$	
	$8^{ra}, 38 - 9^{rb}, 9$ $\mathcal{B}$ [16]	$29^{ra}, 29 - 29^{vb}, 24$ $\mathcal{C}$ [5]
	$5^{vb}, 21 - 26$ $\mathcal{B}$ [4]	
	$5^{vb}, 26 - 30$ $\mathcal{B}$ [5]	
781–841	$105^v, 30 - 106^r, 27$ $\mathcal{A}$	
	$5^{vb}, 31 - 6^{rb}, 13$ $\mathcal{B}$ [6]	$29^{vb}, 25 - 30^{ra}, 27$ $\mathcal{C}$ [6]
842–875	not found in $\mathcal{A}$	
	$17^{ra}, 30 - 17^{rb}, 17$ $\mathcal{B}$ [59]	$36^{rb}, 51 - 36^{va}, 22$ $\mathcal{C}$ [59]
		30ra, marg. [7]
876–899	$106^r, 27 - 106^v, 2$ $\mathcal{A}$	
	$17^{rb}, 17 - 44$ $\mathcal{B}$ [60]	$36^{va}, 22 - 46$ $\mathcal{C}$ [60]
900–939	$106^v, 3 - 25$ $\mathcal{A}$	
	$6^{rb}, 13 - 6^{va}, 18$ $\mathcal{B}$ [7]	$31^{ra}, 1 - 42$ $\mathcal{C}$ [10]
940–971	$106^v, 25 - 107^r, 8$ $\mathcal{A}$	
	$17^{rb}, 44 - 17^{va}, 38$ $\mathcal{B}$ [61]	$36^{va}, 46 - 36^{vb}, 17$ $\mathcal{C}$ [61]
972–1088	$107^r, 8 - 108^r, 21$ $\mathcal{A}$	
	$6^{va}, 19 - 7^{rb}, 37$ $\mathcal{B}$ [8]	$30^{ra}, 27 - 30^{va}, 38$ $\mathcal{C}$ [8]
1089–1172	$108^r, 21 - 108^v, 34$ $\mathcal{A}$	
	$9^{rb}, 10 - 9^{vb}, 28$ $\mathcal{B}$ [17]	$30^{va}, 38 - 31^{ra}, 1$ $\mathcal{C}$ [9]
1173–1191	not found in $\mathcal{A}$	
	$15^{rb}, 11 - 32$ $\mathcal{B}$ [51]	$35^{ra}, 53 - 35^{rb}, 13$ $\mathcal{C}$ [50]
1192–1306	$109^r, 1 - 109^v, 28$ $\mathcal{A}$	
	$15^{rb}, 33 - 16^{ra}, 28$ $\mathcal{B}$ [52]	$35^{rb}, 14 - 35^{vb}, 9$ $\mathcal{C}$ [51]
1307–1311	$109^v, 29 - 31$ $\mathcal{A}$	
	$17^{ra}, 25 - 30$ $\mathcal{B}$ [58]	$35^{vb}, 10 - 14$ $\mathcal{C}$ [52]
		$36^{ra}, 57 - 36^{rb}, 2$ $\mathcal{C}$ [57]
1312–1350	$109^v, 32 - 110^r, 24$ $\mathcal{A}$	
	$16^{va}, 40 - 16^{vb}, 48$ $\mathcal{B}$ [56]	$36^{rb}, 3 - 50$ $\mathcal{C}$ [58]
1351–1367	$110^r, 25 - 110^v, 5$ $\mathcal{A}$	

	$16^{ra}, 29 - 16^{rb}, 5$ $\mathcal{B}$ [53]	$35^{vb}, 15 - 34$ $\mathcal{C}$ [53]
1368–1385	$110^v, 6 - 17$ $\mathcal{A}$	
	$16^{va}, 16 - 39$ $\mathcal{B}$ [55]	$36^{ra}, 17 - 35$ $\mathcal{C}$ [55]
1386–1424	$110^v, 18 - 111^r, 9$ $\mathcal{A}$	
	$16^{rb}, 6 - 16^{va}, 15$ $\mathcal{B}$ [54]	$35^{vb}, 35 - 36^{ra}, 16$ $\mathcal{C}$ [54]
1425–1441	$111^r, 9 - 21$ $\mathcal{A}$	
	$17^{ra}, 1 - 24$ $\mathcal{B}$ [57]	$36^{ra}, 36 - 56$ $\mathcal{C}$ [56]
		$31^{ra}, 43 - 46$ $\mathcal{C}$ [11]
1442–1481	$111^r, 21 - 111^v, 16$ $\mathcal{A}$	
	$17^{va}, 39 - 18^{ra}, 1$ $\mathcal{B}$ [62]	$36^{vb}, 17 - 59$ $\mathcal{C}$ [62]
1482–1493	$111^v, 16 - 24$ $\mathcal{A}$	
	$7^{rb}, 37 - 7^{va}, 6$ $\mathcal{B}$ [9]	$31^{ra}, 47 - 57$ $\mathcal{C}$ [12]
	$18^{ra}, 1 - 7$ $\mathcal{B}$ [63]	$37^{ra}, 1 - 7$ $\mathcal{C}$ [63]
1493–1500	$111^v, 24 - 30$ $\mathcal{A}$	
	$18^{ra}, 8 - 19$ $\mathcal{B}$ [64]	$37^{ra}, 7 - 15$ $\mathcal{C}$ [64]
		$31^{ra}, 57 - 31^{rb}, 4$ $\mathcal{C}$ [13]
1500–1566	$112^r, 1 - 112^v, 21$ $\mathcal{A}$	
	$7^{va}, 6 - 8^{ra}, 9$ $\mathcal{B}$ [10]	$31^{rb}, 4 - 31^{va}, 27$ $\mathcal{C}$ [14]
1567–1632	$112^v, 22 - 113^v, 2$ $\mathcal{A}$	
	$18^{ra}, 19 - 18^{va}, 10$ $\mathcal{B}$ [65]	$37^{ra}, 16 - 37^{rb}, 26$ $\mathcal{C}$ [65]
1633–1663	$113^v, 3 - 21$ $\mathcal{A}$	
	$13^{va}, 20 - 13^{vb}, 9$ $\mathcal{B}$ [45]	$34^{ra}, 31 - 59$ $\mathcal{C}$ [44]
1664–1692	$113^v, 22 - 114^r, 7$ $\mathcal{A}$	
	$32^{va}, 9 - 48$ $\mathcal{B}$ [136]	$46^{rb}, 19 - 47$ $\mathcal{C}$ [141]
1693–1722	$114^r, 7 - 26$ $\mathcal{A}$	
	$18^{va}, 45 - 18^{vb}, 35$ $\mathcal{B}$ [67]	$46^{rb}, 48$ $\mathcal{C}$ [142]
		$37^{va}, 28 - 29$ $\mathcal{C}$ [70]
		$37^{vb}, 8 - 40$ $\mathcal{C}$ [73]
1723–1749	$114^r, 27 - 114^v, 9$ $\mathcal{A}$	
	$18^{va}, 11 - 44$ $\mathcal{B}$ [66]	$37^{va}, 29 - 57$ $\mathcal{C}$ [71]
1750–1758	$114^v, 10 - 15$ $\mathcal{A}$	
	$18^{vb}, 36 - 46$ $\mathcal{B}$ [68]	$37^{va}, 58 - 37^{vb}, 7$ $\mathcal{C}$ [72]
1759–1881	$114^v, 15 - 115^v, 13$ $\mathcal{A}$	
	$19^{rb}, 24 - 20^{ra}, 48$ $\mathcal{B}$ [73]	$37^{vb}, 41 - 38^{rb}, 56$ $\mathcal{C}$ [74]
1882–2079	$115^v, 13 - 117^r, 33$ $\mathcal{A}$	
	not found in $\mathcal{B}$	not found in $\mathcal{C}$
2079–2094	$117^r, 33 - 117^v, 6$ $\mathcal{A}$	
	$18^{vb}, 46 - 19^{ra}, 16$ $\mathcal{B}$ [69]	$37^{rb}, 27 - 41$ $\mathcal{C}$ [66]

2095–2111	$117^v, 7 - 18$ $\mathcal{A}$	
	$19^{ra}, 17 - 38$ $\mathcal{B}$ [70]	$37^{rb}, 54 - 37^{va}, 14$ $\mathcal{C}$ [68]
		$40^{va}, 50 - 40^{vb}, 4$ $\mathcal{C}$ [98]
2112–2122	$117^v, 19 - 24$ $\mathcal{A}$	
	$19^{ra}, 39 - 19^{rb}, 5$ $\mathcal{B}$ [71]	$37^{rb}, 42 - 53$ $\mathcal{C}$ [67]
2123–2138	$117^v, 25 - 33$ $\mathcal{A}$	
	$19^{rb}, 6 - 24$ $\mathcal{B}$ [72]	$37^{va}, 14 - 28$ $\mathcal{C}$ [69]
2139–2149	$117^v, 33 - 118^r, 3$ $\mathcal{A}$	
	$8^{ra}, 10$ $\mathcal{B}$ [11]	$38^{rb}, 57 - 38^{va}, 4$ $\mathcal{C}$ [75]
		$31^{va}, 28 - 35$ $\mathcal{C}$ [15]
2149–2165	$118^r, 3 - 12$ $\mathcal{A}$	
	$8^{ra}, 10 - 30$ $\mathcal{B}$ [12]	$31^{va}, 35 - 53$ $\mathcal{C}$ [16]
2166–2169	$118^r, 12 - 14$ $\mathcal{A}$	
	not found in $\mathcal{B}$	$38^{va}, 4 - 7$ $\mathcal{C}$ [76]
2170–2173	$118^r, 14 - 16$ $\mathcal{A}$	
	$8^{ra}, 30 - 32$ $\mathcal{B}$ [13]	$31^{va}, 53 - 57$ $\mathcal{C}$ [17]
	$8^{ra}, 34 - 37$ $\mathcal{B}$ [15]	
2174–2211	$118^r, 17 - 35$ $\mathcal{A}$	
	$20^{rb}, 1 - 20^{va}, 7$ $\mathcal{B}$ [74]	$38^{va}, 7 - 43$ $\mathcal{C}$ [77]
2212–2242	not found in $\mathcal{A}$	
	$8^{ra}, 32 - 34$ $\mathcal{B}$ [14]	$31^{va}, 57 - 31^{vb}, 29$ $\mathcal{C}$ [18]
	$9^{vb}, 28 - 10^{ra}, 6$ $\mathcal{B}$ [18]	
	$10^{ra}, 12 - 22$ $\mathcal{B}$ [20]	
2243–2246	not found in $\mathcal{A}$	
	$10^{ra}, 22 - 23$ $\mathcal{B}$ [21]	$31^{vb}, 29$ $\mathcal{C}$ [19]
	$10^{ra}, 6 - 12$ $\mathcal{B}$ [19]	$31^{vb}, \mathrm{marg.}$ $\mathcal{C}$ [20]
2246–2253	$118^r, 35 - 118^v, 1$ $\mathcal{A}$	
	$20^{va}, 7 - 16$ $\mathcal{B}$ [75]	$38^{va}, 43 - 51$ $\mathcal{C}$ [78]
2254–2268	$118^v, 2 - 9$ (A.94c om.) $\mathcal{A}$	
	$20^{va}, 17 - 33$ $\mathcal{B}$ [76]	$38^{va}, 51 - 38^{vb}, 7$ $\mathcal{C}$ [79]
2269–2278	$118^v, 9 - 13$ $\mathcal{A}$	
	$20^{vb}, 14 - 22$ $\mathcal{B}$ [78]	$38^{vb}, 7 - 17$ $\mathcal{C}$ [80]
2278–2298	$118^v, 14 - 25$ $\mathcal{A}$	
	$20^{va}, 34 - 20^{vb}, 13$ $\mathcal{B}$ [77]	$38^{vb}, 17 - 37$ $\mathcal{C}$ [81]
2299–2325	$118^v, 26 - 119^r, 4$ $\mathcal{A}$	
	$20^{vb}, 23 - 21^{ra}, 11$ $\mathcal{B}$ [79]	$38^{vb}, 37 - 39^{ra}, 8$ $\mathcal{C}$ [82]
2326–2335	not found in $\mathcal{A}$	
	$21^{ra}, 12 - 24$ $\mathcal{B}$ [80]	$39^{ra}, 9 - 18$ $\mathcal{C}$ [83]

2336–2351	$119^r, 5-12$ $\mathcal{A}$	
	$10^{ra}, 44 - 10^{rb}, 15$ $\mathcal{B}$ [23]	$39^{ra}, 18-20$ $\mathcal{C}$ [84]
		$31^{vb}, 41-57$ $\mathcal{C}$ [22]
2352–2358	$119^r, 13-17$ $\mathcal{A}$	
	$21^{ra}, 25-34$ $\mathcal{B}$ [81]	$39^{ra}, 20-28$ $\mathcal{C}$ [85]
2359–2367	$119^r, 17-22$ $\mathcal{A}$	
	$10^{ra}, 23-44$ $\mathcal{B}$ [22]	$31^{vb}, 30-40$ $\mathcal{C}$ [21]
2368–2480	$119^r, 22-120^r, 16$ $\mathcal{A}$	
	$21^{ra}, 34 - 21^{vb}, 40$ $\mathcal{B}$ [82]	$39^{ra}, 28 - 39^{va}, 34$ $\mathcal{C}$ [86]
2481–2488	$120^r, 16-21$ $\mathcal{A}$	
	$22^{ra}, 44 - 22^{rb}, 7$ $\mathcal{B}$ [85]	$39^{va}, 34-43$ $\mathcal{C}$ [87]
2489–2515	$120^r, 22 - 120^v, 3$ $\mathcal{A}$	
	$21^{vb}, 40 - 22^{ra}, 28$ $\mathcal{B}$ [83]	$39^{va}, 44 - 39^{vb}, 14$ $\mathcal{C}$ [88]
2516–2526	$120^v, 3-9$ $\mathcal{A}$	
	$10^{rb}, 16-30$ $\mathcal{B}$ [24]	$31^{vb}, 58 - 32^{ra}, 9$ $\mathcal{C}$ [23]
2527–2538	$120^v, 10-17$ $\mathcal{A}$	
	$22^{ra}, 28-44$ $\mathcal{B}$ [84]	$39^{vb}, 15-27$ $\mathcal{C}$ [89]
	$22^{rb}, 7-20$ $\mathcal{B}$ [86]	$39^{vb}, 27-35$ $\mathcal{C}$ [90]
2539–2540	$120^v, 18$ $\mathcal{A}$	
	$22^{rb}, 20-21$ $\mathcal{B}$ [87]	$39^{vb}, 36-37$ $\mathcal{C}$ [91]
2541–2545	$120^v, 18-21$ $\mathcal{A}$	
	$10^{rb}, 30-36$ $\mathcal{B}$ [25]	$32^{ra}, 10-14$ $\mathcal{C}$ [24]
2546–2579	$120^v, 21-39$ $\mathcal{A}$	
	$22^{rb}, 22 - 22^{va}, 21$ $\mathcal{B}$ [88]	$39^{vb}, 37 - 40^{ra}, 10$ $\mathcal{C}$ [92]
2580–2594	$121^r, 1-9$ $\mathcal{A}$	
	$10^{rb}, 37 - 10^{va}, 10$ $\mathcal{B}$ [26]	$32^{ra}, 15-29$ $\mathcal{C}$ [25]
2595–2601	$121^r, 10-14$ $\mathcal{A}$	
	$22^{va}, 22-32$ $\mathcal{B}$ [89]	$40^{ra}, 11-19$ $\mathcal{C}$ [93]
2602–2607	$121^r, 15-17$ $\mathcal{A}$	
	$10^{va}, 10-17$ $\mathcal{B}$ [27]	$32^{ra}, 30-35$ $\mathcal{C}$ [26]
2608–2634	$121^r, 17-33$ $\mathcal{A}$	
	$22^{va}, 33 - 22^{vb}, 25$ $\mathcal{B}$ [90]	$40^{ra}, 19-48$ $\mathcal{C}$ [94]
2635–2654	$121^r, 33 - 121^v, 11$ $\mathcal{A}$	
	$10^{va}, 17-46$ $\mathcal{B}$ [28]	$32^{ra}, 35-56$ $\mathcal{C}$ [27]
2655–2675	$121^v, 11-21$ $\mathcal{A}$	
	$22^{vb}, 25 - 23^{ra}, 2$ $\mathcal{B}$ [91]	$40^{ra}, 49 - 40^{rb}, 7$ $\mathcal{C}$ [95]
2676–2712	$121^v, 21 - 123^r, 14$ $\mathcal{A}$	
	$10^{va}, 47 - 11^{ra}, 9$ $\mathcal{B}$ [29]	$32^{ra}, 57 - 32^{rb}, 45$ $\mathcal{C}$ [28]

2713–2775	$123^r, 14 - 123^v, 19$ $\mathcal{A}$		
	$23^{ra}, 2 - 23^{rb}, 41$ $\mathcal{B}$ [92]	$40^{rb}, 7 - 40^{va}, 14$ $\mathcal{C}$ [96]	
2776–2794	$123^v, 19 - 32$ $\mathcal{A}$		
	$23^{rb}, 41 - 23^{va}, 24$ $\mathcal{B}$ [93]	$40^{vb}, 25 - 47$ $\mathcal{C}$ [100]	
2795–2826	$123^v, 32 - 124^r, 12$ $\mathcal{A}$		
	$23^{va}, 25 - 23^{vb}, 26$ $\mathcal{B}$ [94]	$40^{va}, 15 - 50$ $\mathcal{C}$ [97]	
2827–2842	$124^r, 12 - 23$ $\mathcal{A}$		
	$23^{vb}, 26 - 24^{ra}, 4$ $\mathcal{B}$ [95]	$40^{vb}, 5 - 24$ $\mathcal{C}$ [99]	
2843–2906	$124^r, 24 - 124^v, 26$ $\mathcal{A}$		
	$24^{ra}, 5 - 24^{va}, 5$ $\mathcal{B}$ [96]	$40^{vb}, 48 - 41^{ra}, 56$ $\mathcal{C}$ [101]	
2907–2925	$124^v, 26 - 37$ $\mathcal{A}$		
	$11^{ra}, 10 - 36$ $\mathcal{B}$ [30]	$32^{rb}, 46 - 32^{va}, 10$ $\mathcal{C}$ [29]	
2926–2965	$124^v, 37 - 125^r, 17$ $\mathcal{A}$		
	$24^{va}, 6 - 24^{vb}, 17$ $\mathcal{B}$ [97]	$41^{ra}, 57 - 41^{rb}, 37$ $\mathcal{C}$ [102]	
2966–2986	$125^r, 17 - 30$ $\mathcal{A}$		
	$11^{ra}, 37 - 11^{rb}, 18$ $\mathcal{B}$ [31]	$32^{va}, 11 - 34$ $\mathcal{C}$ [30]	
2987–2993	$125^r, 31 - 34$ $\mathcal{A}$		
	$24^{vb}, 18 - 28$ $\mathcal{B}$ [98]	$41^{rb}, 38 - 44$ $\mathcal{C}$ [103]	
2994–3002	$125^r, 35 - 125^v, 3$ $\mathcal{A}$		
	$11^{rb}, 18 - 28$ $\mathcal{B}$ [32]	$32^{va}, 35 - 44$ $\mathcal{C}$ [31]	
3003–3046	$125^v, 4 - 31$ $\mathcal{A}$		
	$24^{vb}, 29 - 25^{ra}, 44$ $\mathcal{B}$ [99]	$41^{rb}, 45 - 41^{va}, 34$ $\mathcal{C}$ [104]	
3047–3076	$125^v, 32 - 126^r, 14$ $\mathcal{A}$		
	$11^{rb}, 29 - 11^{va}, 24$ $\mathcal{B}$ [33]	$32^{va}, 45 - 32^{vb}, 17$ $\mathcal{C}$ [32]	
3077–3137	$126^r, 14 - 126^v, 17$ $\mathcal{A}$		
	$25^{ra}, 45 - 25^{va}, 33$ $\mathcal{B}$ [100]	$41^{va}, 35 - 41^{vb}, 38$ $\mathcal{C}$ [105]	
3138–3155	$126^v, 18 - 28$ $\mathcal{A}$		
	$75^{vb}, 40 - 76^{ra}, 13$ $\mathcal{B}$ [229]	not found in $\mathcal{C}$	
3156–3192	not found in $\mathcal{A}$		
	$76^{ra}, 14 - 76^{rb}, 14$ $\mathcal{B}$ [230]	not found in $\mathcal{C}$	
3193–3302	$126^v, 29 - 127^v, 23$ $\mathcal{A}$		
	$25^{va}, 34 - 26^{rb}, 37$ $\mathcal{B}$ [101]	$41^{vb}, 39 - 42^{rb}, 31$ $\mathcal{C}$ [106]	
3303–3316	$127^v, 23 - 32$ $\mathcal{A}$		
	$11^{va}, 24 - 11^{vb}, 1$ $\mathcal{B}$ [34]	$32^{vb}, 18 - 35$ $\mathcal{C}$ [33]	
3317–3339	$127^v, 32 - 128^r, 11$ $\mathcal{A}$		
	$26^{rb}, 38 - 26^{va}, 21$ $\mathcal{B}$ [102]	$42^{rb}, 32 - 53$ $\mathcal{C}$ [107]	
3340–3354	$128^r, 12 - 20$ $\mathcal{A}$		
	$11^{vb}, 1 - 24$ $\mathcal{B}$ [35]	$32^{vb}, 36 - 49$ $\mathcal{C}$ [34]	

3355–3431	$128^r, 21 - 128^v, 35$ $\mathcal{A}$
	$26^{va}, 22 - 27^{ra}, 26$ $\mathcal{B}$ [103] $42^{rb}, 54 - 42^{vb}, 11$ $\mathcal{C}$ [108]
3432–3443	$129^r, 1 - 7$ $\mathcal{A}$
	$11^{vb}, 25 - 40$ $\mathcal{B}$ [36] $32^{vb}, 50 - 33^{ra}, 1$ $\mathcal{C}$ [35]
3444–3502	$129^r, 8 - 129^v, 2$ $\mathcal{A}$
	$27^{ra}, 26 - 27^{va}, 3$ $\mathcal{B}$ [104] $42^{vb}, 12 - 43^{ra}, 14$ $\mathcal{C}$ [109]
3503–3552	$129^v, 3 - 36$ $\mathcal{A}$
	$11^{vb}, 41 - 12^{rb}, 13$ $\mathcal{B}$ [37] $33^{ra}, 2 - 54$ $\mathcal{C}$ [36]
3553–3693	$129^v, 36 - 131^r, 8$ $\mathcal{A}$
	$77^{rb}, 30 - 78^{rb}, 18$ $\mathcal{B}$ [235] not found in $\mathcal{C}$
3694–3719	$131^r, 8 - 25$ $\mathcal{A}$
	$27^{va}, 4 - 39$ $\mathcal{B}$ [105] $43^{ra}, 14 - 42$ $\mathcal{C}$ [110]
3720–3733	$131^r, 26 - 34$ $\mathcal{A}$
	$27^{vb}, 22 - 40$ $\mathcal{B}$ [107] $43^{rb}, 7 - 19$ $\mathcal{C}$ [112]
3734–3766	$131^v, 1 - 20$ $\mathcal{A}$
	$28^{rb}, 43 - 28^{va}, 34$ $\mathcal{B}$ [115] $43^{rb}, 28 - 43^{va}, 1$ $\mathcal{C}$ [114]
3767–3812	$131^v, 21 - 132^r, 13$ $\mathcal{A}$
	$12^{rb}, 14 - 12^{va}, 33$ $\mathcal{B}$ [38] $33^{ra}, 55 - 33^{rb}, 50$ $\mathcal{C}$ [37]
3813–3833	$132^r, 13 - 26$ $\mathcal{A}$
	$27^{va}, 40 - 27^{vb}, 22$ $\mathcal{B}$ [106] $43^{ra}, 43 - 43^{rb}, 6$ $\mathcal{C}$ [111]
3834–3857	$132^r, 27 - 132^v, 4$ $\mathcal{A}$
	$12^{va}, 34 - 12^{vb}, 20$ $\mathcal{B}$ [39] $33^{rb}, 50 - 33^{va}, 20$ $\mathcal{C}$ [38]
3858–3867	$132^v, 5 - 10$ $\mathcal{A}$
	$28^{rb}, 31 - 42$ $\mathcal{B}$ [114] $43^{rb}, 19 - 28$ $\mathcal{C}$ [113]
3868–3895	$132^v, 10 - 28$ $\mathcal{A}$
	$28^{va}, 34 - 28^{vb}, 24$ $\mathcal{B}$ [116] $43^{va}, 1 - 32$ $\mathcal{C}$ [115]
3896–3902	$132^v, 28 - 33$ $\mathcal{A}$
	$12^{vb}, 20 - 29$ $\mathcal{B}$ [40] $33^{va}, 20 - 28$ $\mathcal{C}$ [39]
3903–3935	$132^v, 34 - 133^r, 19$ $\mathcal{A}$
	$28^{vb}, 24 - 29^{ra}, 22$ $\mathcal{B}$ [117] $43^{va}, 32 - 43^{vb}, 9$ $\mathcal{C}$ [116]
3936–3953	$133^r, 19 - 30$ $\mathcal{A}$
	$12^{vb}, 29 - 13^{ra}, 4$ $\mathcal{B}$ [41] $33^{va}, 29 - 49$ $\mathcal{C}$ [40]
	$29^{ra}, 23 - 30$ $\mathcal{B}$ [118] $43^{vb}, 10 - 16$ $\mathcal{C}$ [117]
3954–4054	$133^r, 31 - 134^r, 13$ $\mathcal{A}$
	$29^{ra}, 31 - 29^{vb}, 24$ $\mathcal{B}$ [119] $43^{vb}, 17 - 44^{rb}, 14$ $\mathcal{C}$ [118]
4055–4065	$134^r, 13 - 19$ $\mathcal{A}$
	$13^{ra}, 5 - 18$ $\mathcal{B}$ [42] $33^{va}, 50 - 33^{vb}, 2$ $\mathcal{C}$ [41]
4066–4107	$134^r, 20 - 134^v, 7$ $\mathcal{A}$

LIBER MAHAMELETH　　　xlv

	$29^{vb}, 25 - 30^{ra}, 28$ $\mathcal{B}$ [120]	$44^{rb}, 15 - 44^{va}, 1$ $\mathcal{C}$ [119]
4108–4121	$134^{v}, 8 - 16$ $\mathcal{A}$	
	$13^{ra}, 18 - 34$ $\mathcal{B}$ [43]	$33^{vb}, 3 - 18$ $\mathcal{C}$ [42]
4122–4132	$134^{v}, 17 - 23$ $\mathcal{A}$	
	$30^{ra}, 29 - 43$ $\mathcal{B}$ [121]	$44^{va}, 2 - 15$ $\mathcal{C}$ [120]
4133–4193	$134^{v}, 24 - 135^{r}, 24$ $\mathcal{A}$	
	$13^{ra}, 35 - 13^{va}, 19$ $\mathcal{B}$ [44]	$33^{vb}, 19 - 34^{ra}, 30$ $\mathcal{C}$ [43]
4194–4195	$135^{r}, 25$ $\mathcal{A}$	
	$30^{ra}, 43 - 44$ $\mathcal{B}$ [122]	$44^{va}, 15 - 16$ $\mathcal{C}$ [121]
4196–4263	not found in $\mathcal{A}$	
	$30^{ra}, 45 - 30^{va}, 28$ $\mathcal{B}$ [123]	$44^{va}, 54 - 44^{vb}, 58$ $\mathcal{C}$ [124]
4264–4265	$135^{r}, 25 - 26$ $\mathcal{A}$	
	$27^{vb}, 41 - 44$ $\mathcal{B}$ [108]	$44^{va}, 17 - 19$ $\mathcal{C}$ [122]
4266–4275	$135^{r}, 27 - 31$ $\mathcal{A}$	
	$32^{rb}, 20 - 30$ $\mathcal{B}$ [134]	$46^{ra}, 48 - 55$ $\mathcal{C}$ [139]
4276–4311	$135^{r}, 31 - 135^{v}, 12$ $\mathcal{A}$	
	$27^{vb}, 44 - 28^{ra}, 37$ $\mathcal{B}$ [109]	$44^{va}, 19 - 54$ $\mathcal{C}$ [123]
		$44^{vb}, 59 - 45^{ra}, 2$ $\mathcal{C}$ [125]
4312–4323	$135^{v}, 13 - 18$ $\mathcal{A}$	
	$28^{ra}, 38 - 28^{rb}, 3$ $\mathcal{B}$ [110]	$45^{ra}, 2 - 4$ $\mathcal{C}$ [126]
		$45^{ra}, 14 - 24$ $\mathcal{C}$ [128]
4324–4333	$135^{v}, 19 - 23$ $\mathcal{A}$	
	$28^{rb}, 20 - 31$ $\mathcal{B}$ [113]	$45^{ra}, 4 - 13$ $\mathcal{C}$ [127]
4334–4347	$135^{v}, 24 - 31$ $\mathcal{A}$	
	$76^{rb}, 47 - 76^{va}, 16$ $\mathcal{B}$ [232]	not found in $\mathcal{C}$
4348–4350	$135^{v}, 31 - 32$ $\mathcal{A}$	
	$28^{rb}, 3 - 6$ $\mathcal{B}$ [111]	not found in $\mathcal{C}$
	$76^{va}, 17 - 19$ $\mathcal{B}$ [233]	
4351–4358	not found in $\mathcal{A}$	
	$28^{rb}, 7 - 19$ $\mathcal{B}$ [112]	not found in $\mathcal{C}$
4359–4384	$135^{v}, 33 - 136^{r}, 8$ $\mathcal{A}$	
	$31^{vb}, 37 - 32^{ra}, 22$ $\mathcal{B}$ [131]	$45^{vb}, 45 - 46^{ra}, 12$ $\mathcal{C}$ [136]
4385–4397	not found in $\mathcal{A}$	
	$32^{ra}, 22 - 39$ $\mathcal{B}$ [132]	$46^{ra}, 13 - 25$ $\mathcal{C}$ [137]
4398–4421	$136^{r}, 8 - 136^{r}, 21$ $\mathcal{A}$	
	$32^{ra}, 39 - 32^{rb}, 19$ $\mathcal{B}$ [133]	$46^{ra}, 25 - 47$ $\mathcal{C}$ [138]
4422–4441	$136^{r}, 21 - 33$ $\mathcal{A}$	
	$14^{ra}, 12 - 33$ $\mathcal{B}$ [48]	$34^{rb}, 45 - 34^{va}, 6$ $\mathcal{C}$ [47]

4442–4461	not found in $\mathcal{A}$	
	$32^{rb}, 31 - 32^{va}, 8$ $\mathcal{B}$ [135]	$46^{ra}, 56 - 46^{rb}, 18$ $\mathcal{C}$ [140]
4462–4510	$136^{r}, 34 - 136^{v}, 26$ $\mathcal{A}$	
	$14^{ra}, 34 - 14^{rb}, 48$ $\mathcal{B}$ [49]	$34^{va}, 6 - 56$ $\mathcal{C}$ [48]
4511–4521	$136^{v}, 26 - 32$ $\mathcal{A}$	
	$30^{va}, 29 - 41$ $\mathcal{B}$ [124]	$45^{ra}, 24 - 35$ $\mathcal{C}$ [129]
4522–4532	$136^{v}, 33 - 137^{r}, 2$ $\mathcal{A}$	
	$14^{ra}, 2 - 12$ $\mathcal{B}$ [47]	$34^{rb}, 36 - 45$ $\mathcal{C}$ [46]
4533–4542	not found in $\mathcal{A}$	
	$30^{va}, 42 - 30^{vb}, 5$ $\mathcal{B}$ [125]	45ra, marg. $\mathcal{C}$ [130]
4543–4630	$137^{r}, 2 - 137^{v}, 13$ $\mathcal{A}$	
	$30^{vb}, 5 - 31^{rb}, 14$ $\mathcal{B}$ [126]	$45^{ra}, 35 - 45^{va}, 9$ $\mathcal{C}$ [131]
4631–4672	$137^{v}, 14 - 138^{r}, 1$ $\mathcal{A}$	
	$31^{va}, 31 - 31^{vb}, 36$ $\mathcal{B}$ [130]	$45^{vb}, 3 - 44$ $\mathcal{C}$ [135]
	$31^{rb}, 15$ $\mathcal{B}$ [127]	$45^{va}, 10$ $\mathcal{C}$ [132]
4673–4701	$138^{r}, 2 - 20$ $\mathcal{A}$	
	$13^{vb}, 9 - 14^{ra}, 1$ $\mathcal{B}$ [46]	$34^{ra}, 59 - 34^{rb}, 35$ $\mathcal{C}$ [45]
4702–4717	not found in $\mathcal{A}$	
	$31^{rb}, 16 - 38$ $\mathcal{B}$ [128]	$45^{va}, 11 - 28$ $\mathcal{C}$ [133]
4718–4750	$138^{r}, 20 - 37$ $\mathcal{A}$	
	$31^{rb}, 38 - 31^{va}, 30$ $\mathcal{B}$ [129]	$45^{va}, 28 - 45^{vb}, 2$ $\mathcal{C}$ [134]
4751–4777	$122^{r}, 1 - 13$ $\mathcal{A}$	
	$76^{rb}, 15 - 46$ $\mathcal{B}$ [231]	not found in $\mathcal{C}$
4778–4804	$138^{r}, 38 - 138^{v}, 19$ $\mathcal{A}$	
	$47^{ra}, 34 - 47^{rb}, 23$ $\mathcal{B}$ [186]	not found in $\mathcal{C}$
4805–4927	$138^{v}, 20 - 139^{v}, 12$ $\mathcal{A}$	
	$76^{va}, 19 - 77^{rb}, 30$ $\mathcal{B}$ [234]	not found in $\mathcal{C}$
4928–4940	$139^{v}, 13 - 19$ $\mathcal{A}$	
	not found in $\mathcal{B}$	not found in $\mathcal{C}$
4941–4954	$139^{v}, 20 - 27$ & marg. $\mathcal{A}$	
	$78^{rb}, 19 - 36$ $\mathcal{B}$ [236]	not found in $\mathcal{C}$
4954–5800	$139^{v}, 28 - 146^{v}, 21$ $\mathcal{A}$	
	not found in $\mathcal{B}$	not found in $\mathcal{C}$
<u>**Book B**</u>		
5801–5903	$148^{r}, 1 - 148^{v}, 12$ $\mathcal{A}$	
	$32^{vb}, 1 - 33^{rb}, 26$ $\mathcal{B}$ [137]	$46^{rb}, 49 - 46^{vb}, 33$ $\mathcal{C}$ [143]
5904–5911	not found in $\mathcal{A}$	
	$33^{rb}, 26 - 36$ $\mathcal{B}$ [138]	$46^{vb}, 33 - 41$ $\mathcal{C}$ [144]

5912–5954	$148^v, 12 - 31$ $\mathcal{A}$	
	$33^{rb}, 37 - 33^{va}, 40$ $\mathcal{B}$ [139]	$46^{vb}, 42 - 47^{ra}, 27$ $\mathcal{C}$ [145]
5954–5957	not found in $\mathcal{A}$	
	not found in $\mathcal{B}$	$47^{ra}, 27 - 31$ $\mathcal{C}$ [146]
5958–5963	$148^v, 31 - 34$ $\mathcal{A}$	
	$33^{va}, 40 - 48$ $\mathcal{B}$ [140]	$47^{ra}, 31 - 37$ $\mathcal{C}$ [147]
5964–5973	not found in $\mathcal{A}$	
	$33^{va}, 48 - 33^{vb}, 11$ $\mathcal{B}$ [141]	$47^{ra}, 38 - 46$ $\mathcal{C}$ [148]
5974–5990	$148^v, 34 - 149^r, 3$ $\mathcal{A}$	
	$33^{vb}, 11 - 32$ $\mathcal{B}$ [142]	$47^{ra}, 47 - 47^{rb}, 4$ $\mathcal{C}$ [149]
5991–6113	$149^r, 3 - 149^v, 23$ $\mathcal{A}$	
	$14^{va}, 1 - 15^{rb}, 10$ $\mathcal{B}$ [50]	$34^{va}, 57 - 35^{ra}, 53$ $\mathcal{C}$ [49]
6114–6179	$149^v, 23 - 150^r, 16$ $\mathcal{A}$	
	$33^{vb}, 33 - 34^{rb}, 24$ $\mathcal{B}$ [143]	$47^{rb}, 5 - 47^{va}, 10$ $\mathcal{C}$ [150]
6180–6247	$150^r, 16 - 150^v, 11$ $\mathcal{A}$	
	$78^{rb}, 37 - 78^{vb}, 30$ $\mathcal{B}$ [237]	not found in $\mathcal{C}$
6248–6304	$150^v, 12 - 151^r, 2$ $\mathcal{A}$	
	$34^{rb}, 25 - 34^{vb}, 3$ $\mathcal{B}$ [144]	$47^{va}, 11 - 47^{vb}, 4$ $\mathcal{C}$ [151]
		47va marg. $\mathcal{C}$ [151']
6305–6317	$151^r, 2 - 10$ $\mathcal{A}$	
	not found in $\mathcal{B}$	not found in $\mathcal{C}$
6318–6330	$151^r, 10 - 18$ $\mathcal{A}$	
	$34^{vb}, 4 - 20$ $\mathcal{B}$ [145]	$47^{vb}, 5 - 19$ $\mathcal{C}$ [152]
6331–6357	$151^r, 18 - 33$ $\mathcal{A}$	
	$81^{va}, 36 - 81^{vb}, 22$ $\mathcal{B}$ [243]	not found in $\mathcal{C}$
6358–6372	$151^r, 33 - 41$ $\mathcal{A}$	
	$34^{vb}, 21 - 39$ $\mathcal{B}$ [146]	$47^{vb}, 20 - 36$ $\mathcal{C}$ [153]
6373–6694	$151^r, 41 - 153^v, 12$ $\mathcal{A}$	
	$79^{rb}, 31 - 81^{va}, 35$ $\mathcal{B}$ [242]	not found in $\mathcal{C}$
6695–6740	$153^v, 12 - 38$ $\mathcal{A}$	
	$82^{vb}, 5 - 83^{ra}, 24$ $\mathcal{B}$ [245]	not found in $\mathcal{C}$
6741–6858	$154^r, 1 - 154^v, 29$ $\mathcal{A}$	
	$81^{vb}, 23 - 82^{vb}, 4$ $\mathcal{B}$ [244]	not found in $\mathcal{C}$
6859–6948	$154^v, 29 - 155^r, 41$ $\mathcal{A}$	
	$34^{vb}, 40 - 35^{va}, 16$ $\mathcal{B}$ [147]	$47^{vb}, 37 - 48^{rb}, 18$ $\mathcal{C}$ [154]
6949–6983	$155^r, 41 - 155^v, 19$ $\mathcal{A}$	
	$78^{vb}, 31 - 79^{ra}, 28$ $\mathcal{B}$ [238]	not found in $\mathcal{C}$
6984–6993	$155^v, 19 - 24$ $\mathcal{A}$	

	$79^{rb}, 3-14$ $\mathcal{B}$ [240]	not found in $\mathcal{C}$	
6994–7009	$155^v, 24-33$ $\mathcal{A}$		
	not found in $\mathcal{B}$	not found in $\mathcal{C}$	
7010–7021	$155^v, 34-40$ $\mathcal{A}$		
	$79^{rb}, 15-31$ $\mathcal{B}$ [241]	not found in $\mathcal{C}$	
7022–7032	$155^v, 40-156^r, 4$ $\mathcal{A}$		
	not found in $\mathcal{B}$	not found in $\mathcal{C}$	
7033–7080	$156^r, 5-26$ $\mathcal{A}$		
	$35^{va}, 16-35^{vb}, 25$ $\mathcal{B}$ [148]	$48^{rb}, 19-48^{va}, 3$ $\mathcal{C}$ [155]	
7081–7094	$156^r, 26-33$ $\mathcal{A}$		
	$83^{ra}, 25-43$ $\mathcal{B}$ [246]	not found in $\mathcal{C}$	
7095–7131	$156^r, 34-156^v, 13$ $\mathcal{A}$		
	$35^{vb}, 26-36^{ra}, 30$ $\mathcal{B}$ [149]	$48^{va}, 4-39$ $\mathcal{C}$ [156]	
7132–7144	$156^v, 13-21$ $\mathcal{A}$		
	$83^{ra}, 44-83^{rb}, 16$ $\mathcal{B}$ [247]	not found in $\mathcal{C}$	
7145–7199	$156^v, 21-157^r, 7$ $\mathcal{A}$		
	$36^{ra}, 31-36^{va}, 14$ $\mathcal{B}$ [150]	$48^{va}, 40-48^{vb}, 35$ $\mathcal{C}$ [157]	
	$83^{rb}, 17-40$ $\mathcal{B}$ [248]		
7199–7249	$157^r, 7-30$ $\mathcal{A}$		
	$83^{rb}, 41-83^{vb}, 8$ $\mathcal{B}$ [249]	not found in $\mathcal{C}$	
7250–7283	$157^r, 30-157^v, 5$ $\mathcal{A}$		
	$36^{va}, 14-36^{vb}, 9$ $\mathcal{B}$ [151]	$48^{vb}, 36-49^{ra}, 12$ $\mathcal{C}$ [158]	
7283–7351	$157^v, 5-35$ $\mathcal{A}$		
	$83^{vb}, 8-84^{ra}, 38$ $\mathcal{B}$ [250]	not found in $\mathcal{C}$	
7352–7389	$157^v, 35-158^r, 10$ $\mathcal{A}$		
	$36^{vb}, 10-37^{ra}, 3$ $\mathcal{B}$ [152]	$49^{ra}, 13-48$ $\mathcal{C}$ [159]	
7389–7439	$158^r, 10-32$ $\mathcal{A}$		
	$84^{va}, 5-84^{vb}, 9$ $\mathcal{B}$ [252]	not found in $\mathcal{C}$	
7440–7460	$158^r, 32-40$ $\mathcal{A}$		
	$37^{ra}, 3-24$ $\mathcal{B}$ [153]	$49^{ra}, 49-49^{rb}, 8$ $\mathcal{C}$ [160]	
7460–7512	$158^r, 40-158^v, 21$ $\mathcal{A}$		
	$84^{ra}, 38-84^{va}, 4$ $\mathcal{B}$ [251]	not found in $\mathcal{C}$	
7513–7517	$158^v, 21-24$ $\mathcal{A}$		
	$84^{vb}, 10-16$ $\mathcal{B}$ [253]	not found in $\mathcal{C}$	
7518–7572	$158^v, 24-159^r, 9$ $\mathcal{A}$		
	$37^{ra}, 24-37^{rb}, 44$ $\mathcal{B}$ [154]	$49^{rb}, 9-49^{va}, 7$ $\mathcal{C}$ [161]	
7573–7641	$159^r, 9-41$ $\mathcal{A}$		
	$84^{vb}, 17-85^{rb}, 6$ $\mathcal{B}$ [254]	not found in $\mathcal{C}$	

7642–7664	$159^r, 41 - 159^v, 10$ $\mathcal{A}$	
	not found in $\mathcal{B}$	not found in $\mathcal{C}$
7665–7814	$159^v, 10 - 160^v, 8$ $\mathcal{A}$	
	$85^{rb}, 7 - 86^{rb}, 37$ $\mathcal{B}$ [255]	not found in $\mathcal{C}$
7815–7827	$160^v, 8 - 14$ $\mathcal{A}$	
	not found in $\mathcal{B}$	not found in $\mathcal{C}$
7828–7910	$160^v, 14 - 161^r, 17$ $\mathcal{A}$	
	$86^{rb}, 38 - 86^{vb}, 48$ $\mathcal{B}$ [256]	not found in $\mathcal{C}$
7911–7956	$161^r, 17 - 41$ $\mathcal{A}$	
	not found in $\mathcal{B}$	not found in $\mathcal{C}$
7957–8033	$161^v, 1 - 36$ $\mathcal{A}$	
	$37^{rb}, 44 - 38^{ra}, 14$ $\mathcal{B}$ [155]	$49^{va}, 8 - 49^{vb}, 29$ $\mathcal{C}$ [162]
8034–8110	$161^v, 36 - 162^r, 31$ $\mathcal{A}$	
	not found in $\mathcal{B}$	not found in $\mathcal{C}$
8111–8133	$162^r, 31 - 41$ & $203^v, 1$ $\mathcal{A}$	
	$38^{ra}, 15 - 38^{rb}, 2$ $\mathcal{B}$ [156]	$49^{vb}, 30 - 48$ [163] $\mathcal{C}$
		49vb, marg. [163′]
8134–8144	not found in $\mathcal{A}$	
	$38^{rb}, 3 - 23$ $\mathcal{B}$ [157]	$49^{vb}, 49 - 50^{ra}, 2$ $\mathcal{C}$ [164]
8145–8213	$203^v, 2 - 32$ $\mathcal{A}$	
	not found in $\mathcal{B}$	not found in $\mathcal{C}$
8214–8252	$203^v, 32 - 204^r, 7$ $\mathcal{A}$	
	$38^{rb}, 24 - 38^{va}, 39$ $\mathcal{B}$ [158]	$50^{ra}, 3 - 43$ $\mathcal{C}$ [165]
8253–8265	$162^v, 1 - 6$ $\mathcal{A}$	
	$38^{va}, 40 - 38^{vb}, 10$ $\mathcal{B}$ [159]	$50^{ra}, 44 - 58$ $\mathcal{C}$ [166]
8266–8370	$162^v, 6 - 163^r, 16$ $\mathcal{A}$	
	not found in $\mathcal{B}$	not found in $\mathcal{C}$
8371–8392	$163^r, 17 - 27$ $\mathcal{A}$	
	$38^{vb}, 10 - 43$ $\mathcal{B}$ [160]	$50^{ra}, 58 - 50^{rb}, 22$ $\mathcal{C}$ [167]
8393–8407	$163^r, 27 - 35$ $\mathcal{A}$	
	not found in $\mathcal{B}$	not found in $\mathcal{C}$
8408–8425	$163^r, 35 - 163^v, 5$ $\mathcal{A}$	
	$38^{vb}, 44 - 39^{ra}, 18$ $\mathcal{B}$ [161]	$50^{rb}, 23 - 26$ $\mathcal{C}$ [168]
8426–8450	$163^v, 5 - 18$ $\mathcal{A}$	
	not found in $\mathcal{B}$	
8451–8491	$163^v, 18 - 39$ $\mathcal{A}$	
	$39^{ra}, 19 - 39^{rb}, 21$ $\mathcal{B}$ [162]	
8492–8505	$163^v, 39 - 164^r, 2$ $\mathcal{A}$	

	not found in $\mathcal{B}$
8506–8595	$164^r, 2 - 164^v, 5$ $\mathcal{A}$
	$39^{rb}, 22 - 39^{vb}, 45$ $\mathcal{B}$ [163]
8596–8614	$164^v, 5 - 14$ $\mathcal{A}$
	not found in $\mathcal{B}$
8615–8628	$164^v, 15 - 21$ $\mathcal{A}$
	$39^{vb}, 45 - 40^{ra}, 13$ $\mathcal{B}$ [164]
8629–8635	$164^v, 21 - 25$ $\mathcal{A}$
	not found in $\mathcal{B}$
8636–8746	$164^v, 25 - 165^r, 39$ $\mathcal{A}$
	$40^{ra}, 14 - 40^{vb}, 8$ $\mathcal{B}$ [165]
8747–8752	$165^r, 39 - 165^v, 3$ $\mathcal{A}$
	not found in $\mathcal{B}$
8753–8797	$165^v, 3 - 25$ $\mathcal{A}$
	$40^{vb}, 8 - 41^{ra}, 15$ $\mathcal{B}$ [166]
8798–8883	$165^v, 25 - 166^r, 27$ $\mathcal{A}$
	not found in $\mathcal{B}$
8884–8901	$166^r, 27 - 38$ $\mathcal{A}$
	$41^{ra}, 16 - 36$ $\mathcal{B}$ [167]
8902–8912	$166^r, 38 - 166^v, 3$ $\mathcal{A}$
	not found in $\mathcal{B}$
8913–8918	not found in $\mathcal{A}$
	$41^{ra}, 37 - 44$ $\mathcal{B}$ [168]
8919–8966	$166^v, 3 - 26$ $\mathcal{A}$
	$41^{ra}, 44 - 41^{va}, 8$ $\mathcal{B}$ [169]
8967–8981	$166^v, 26 - 33$ $\mathcal{A}$
	not found in $\mathcal{B}$
8982–8994	$166^v, 33 - 39$ $\mathcal{A}$
	$41^{va}, 9 - 13$ $\mathcal{B}$ [170]
8995–9018	$166^v, 39 - 167^r, 9$ $\mathcal{A}$
	$41^{va}, 13 - 46$ $\mathcal{B}$ [171]
9019–9070	$167^r, 9 - 35$ $\mathcal{A}$
	not found in $\mathcal{B}$
9071–9140	$167^r, 35 - 167^v, 25$ $\mathcal{A}$
	$42^{ra}, 48 - 42^{va}, 43$ $\mathcal{B}$ [173]
9141–9216	$167^v, 25 - 168^r, 16$ $\mathcal{A}$
	$41^{va}, 47 - 42^{ra}, 48$ $\mathcal{B}$ [172]
9217–9233	$168^r, 17 - 25$ $\mathcal{A}$

	$79^{ra}, 29 - 79^{rb}, 2$ $\mathcal{B}$ [239]
9234–9287	$168^r, 26 - 168^v, 8$ $\mathcal{A}$
	$42^{va}, 43 - 43^{ra}, 6$ $\mathcal{B}$ [174]
9288–9297	$168^v, 17 - 22$ $\mathcal{A}$
	$43^{vb}, 2 - 15$ $\mathcal{B}$ [178]
9298–9350	$168^v, 22 - 169^r, 3$ $\mathcal{A}$
	not found in $\mathcal{B}$
9351–9367	$168^v, 9 - 16$ $\mathcal{A}$
	$43^{va}, 26 - 43^{vb}, 1$ $\mathcal{B}$ [177]
9368–9396	$169^r, 3 - 17$ $\mathcal{A}$
	not found in $\mathcal{B}$
9397–9456	$169^r, 17 - 169^v, 7$ $\mathcal{A}$
	$43^{ra}, 6 - 43^{rb}, 40$ $\mathcal{B}$ [175]
9456–9486	$169^v, 7 - 25$ $\mathcal{A}$
	not found in $\mathcal{B}$
9487–9511	$169^v, 25 - 37$ $\mathcal{A}$
	$43^{rb}, 41 - 43^{va}, 25$ $\mathcal{B}$ [176]
9512–9549	$169^v, 37 - 170^r, 12$ $\mathcal{A}$
	not found in $\mathcal{B}$
9550–9865	$170^r, 13 - 171^v, 35$ $\mathcal{A}$
	$43^{vb}, 16 - 45^{vb}, 5$ $\mathcal{B}$ [179]
9866–9900	$171^v, 40 - 172^r, 16$ $\mathcal{A}$
	not found in $\mathcal{B}$
9901–9919	$172^r, 17 - 25$ $\mathcal{A}$
	$46^{rb}, 9 - 32$ $\mathcal{B}$ [182]
9920–10053	$172^r, 25 - 173^r, 11$ $\mathcal{A}$
	$47^{vb}, 41 - 48^{vb}, 35$ $\mathcal{B}$ [189]
10054–10092	$173^r, 11 - 31$ $\mathcal{A}$
	$46^{rb}, 33 - 46^{va}, 38$ $\mathcal{B}$ [183]
10093–10129	$173^r, 31 - 173^v, 6$ $\mathcal{A}$
	$46^{vb}, 32 - 47^{ra}, 33$ $\mathcal{B}$ [185]
10130–10161	$173^v, 6 - 21$ $\mathcal{A}$
	$46^{va}, 39 - 46^{vb}, 32$ $\mathcal{B}$ [184]
10162–10215	$173^v, 21 - 174^r, 5$ $\mathcal{A}$
	$45^{vb}, 33 - 46^{rb}, 9$ $\mathcal{B}$ [181]
10216–10225	$171^v, 35 - 40$ $\mathcal{A}$
	not found in $\mathcal{B}$
10226–10248	$174^r, 5 - 15$ $\mathcal{A}$

	$45^{vb}, 5 - 33$ $\mathcal{B}$ [180]
10249–10256	$174^r, 15 - 19$ $\mathcal{A}$
	not found in $\mathcal{B}$
10257–10295	$174^r, 20 - 38$ $\mathcal{A}$
	$47^{rb}, 23 - 47^{va}, 23$ $\mathcal{B}$ [187]
10296–10346	not found in $\mathcal{A}$
	$47^{va}, 24 - 47^{vb}, 40$ $\mathcal{B}$ [188]
10347–10392	not found in $\mathcal{A}$
	$48^{vb}, 36 - 49^{ra}, 48$ $\mathcal{B}$ [190]
10393–10436	$174^r, 38 - 174^v, 21$ $\mathcal{A}$
	not found in $\mathcal{B}$
10437–10457	$174^v, 21 - 31$ $\mathcal{A}$
	$49^{rb}, 1 - 29$ $\mathcal{B}$ [191]
10458–10465	$174^v, 32 - 35$ $\mathcal{A}$
	not found in $\mathcal{B}$
10466–10507	$174^v, 35 - 175^r, 15$ $\mathcal{A}$
	$49^{rb}, 30 - 49^{va}, 43$ $\mathcal{B}$ [192]
10508–10550	$175^r, 16 - 35$ $\mathcal{A}$
	not found in $\mathcal{B}$
10551–10768	$175^r, 35 - 176^v, 19$ $\mathcal{A}$
	$49^{va}, 43 - 51^{ra}, 43$ $\mathcal{B}$ [193]
10769–10791	$176^v, 19 - 30$ $\mathcal{A}$
	not found in $\mathcal{B}$
10792–10980	$176^v, 30 - 177^v, 40$ $\mathcal{A}$
	$51^{ra}, 44 - 52^{va}, 12$ $\mathcal{B}$ [194]
10981–11108	$177^v, 40 - 178^v, 22$ $\mathcal{A}$
	not found in $\mathcal{B}$
11109–11176	$178^v, 22 - 179^r, 10$ $\mathcal{A}$
	$52^{va}, 13 - 53^{ra}, 5$ $\mathcal{B}$ [195]
11177–11270	$179^r, 11 - 179^v, 16$ $\mathcal{A}$
	not found in $\mathcal{B}$
11271–11371	$179^v, 16 - 180^r, 31$ $\mathcal{A}$
	$53^{ra}, 6 - 53^{va}, 46$ $\mathcal{B}$ [196]
11372–11385	$180^r, 31 - 40$ $\mathcal{A}$
	not found in $\mathcal{B}$
11386–11626	$180^r, 41 - 181^v, 7$ & marg. $\mathcal{A}$
	$66^{ra}, 2 - 67^{rb}, 26$ $\mathcal{B}$ [205]
11627–11661	$181^v, 7 - 27$ $\mathcal{A}$

	not found in $\mathcal{B}$	
11662–11675	not found in $\mathcal{A}$	
	not found in $\mathcal{B}$	$57^v, 22 - 58^r, 7$ $\mathcal{D}$
11676–11741	$181^v, 28 - 182^r, 19$ $\mathcal{A}$	
	$53^{va}, 46 - 54^{ra}, 35$ $\mathcal{B}$ [197]	
11742–11791	$182^r, 19 - 182^v, 5$ $\mathcal{A}$	
	not found in $\mathcal{B}$	
11792–12177	$182^v, 5 - 184^v, 25$ $\mathcal{A}$	
	$54^{ra}, 36 - 56^{vb}, 27$ $\mathcal{B}$ [198]	$58^r, 8 - 16$ $\mathcal{D}$
12178–12196	$184^v, 25 - 35$ $\mathcal{A}$	
	not found in $\mathcal{B}$	
12197–12977	$184^v, 36 - 189^r, 1$ $\mathcal{A}$	
	$56^{vb}, 27 - 62^{ra}, 9$ $\mathcal{B}$ [199]	$58^r, 17 - 59^v, 11$ $\mathcal{D}$
12978–13219	not found in $\mathcal{A}$	
	$62^{ra}, 10 - 63^{va}, 43$ $\mathcal{B}$ [200]	
13221–13312	$189^r, 1 - 189^v, 2$ $\mathcal{A}$	
	$63^{va}, 43 - 64^{rb}, 19$ $\mathcal{B}$ [201]	
13313–13342	$189^v, 2$ & 190^r $\mathcal{A}$	
	$74^{rb}, 8 - 47$ $\mathcal{B}$ [224]	
13343–13424	$189^v, 3 - 42$ $\mathcal{A}$	
	$64^{va}, 41 - 65^{ra}, 40$ $\mathcal{B}$ [203]	$59^v, 12 - 60^r, 4$ $\mathcal{D}$
13425–13482	$189^v, 42 - 191^r, 28$ $\mathcal{A}$	
	not found in $\mathcal{B}$	
13483–13603	$191^r, 28 - 192^r, 1$ $\mathcal{A}$	
	$65^{ra}, 41 - 66^{ra}, 2$ $\mathcal{B}$ [204]	
13604–13622	$192^r, 2 - 9$ $\mathcal{A}$	
	not found in $\mathcal{B}$	
13623–13815	$192^r, 9 - 193^r, 13$ $\mathcal{A}$	
	$67^{rb}, 26 - 68^{va}, 36$ $\mathcal{B}$ [206]	
13816–13889	$193^r, 13 - 193^v, 8$ $\mathcal{A}$	
	not found in $\mathcal{B}$	
13889–13905	$193^v, 8 - 17$ $\mathcal{A}$	
	$68^{va}, 42 - 68^{vb}, 16$ $\mathcal{B}$ [208]	
13906–13977	193^v, marg. & $193^v, 17 - 194^r, 5$ $\mathcal{A}$	
	$68^{va}, 37 - 42$ $\mathcal{B}$ [207]	
	$68^{vb}, 17 - 69^{rb}, 21$ $\mathcal{B}$ [209]	
13978–14017	$194^r, 5 - 24$ $\mathcal{A}$	
	$69^{rb}, 22 - 28$ $\mathcal{B}$ [210]	

14017–14049	$194^r, 24 - 42$ $\mathcal{A}$	
	$69^{rb}, 28 - 69^{va}, 25$ $\mathcal{B}$ [211]	
14050–14080	not found in $\mathcal{A}$	
	$69^{va}, 26 - 69^{vb}, 31$ $\mathcal{B}$ [212]	
14081–14334	$194^r, 42 - 195^v, 40$ $\mathcal{A}$	
	not found in $\mathcal{B}$	
14335–14371	not found in $\mathcal{A}$	
	$69^{vb}, 32 - 70^{ra}, 29$ $\mathcal{B}$ [213]	
14372–14414	$195^v, 40 - 196^r, 17$ $\mathcal{A}$	
	not found in $\mathcal{B}$	
14414–14472	$196^r, 17 - 44$ $\mathcal{A}$	
	$70^{ra}, 30 - 70^{va}, 11$ $\mathcal{B}$ [214]	
14473–14556	$196^r, 44 - 196^v, 36$ $\mathcal{A}$	
	not found in $\mathcal{B}$	
14557–14617	$196^v, 36 - 197^r, 19$ $\mathcal{A}$	
	$70^{va}, 11 - 70^{vb}, 39$ $\mathcal{B}$ [215]	
14618–14651	$197^v, 5 - 21$ $\mathcal{A}$	
	not found in $\mathcal{B}$	
14652–14713	$197^r, 19 - 197^v, 5$ $\mathcal{A}$	
	not found in $\mathcal{B}$	$60^r, 5 - 23$ $\mathcal{D}$
14714–14908	$197^v, 21 - 198^v, 24$ $\mathcal{A}$	
	$70^{vb}, 39 - 72^{ra}, 45$ $\mathcal{B}$ [216]	$60^v, 1 - 17$ $\mathcal{D}$
14909–14953	$198^v, 24 - 199^r, 2$ $\mathcal{A}$	
	not found in $\mathcal{B}$	$60^v, 18 - 24$ $\mathcal{D}$
14954–15057:	$199^r, 2 - 199^v, 10$ $\mathcal{A}$	
	$72^{ra}, 46 - 72^{vb}, 44$ $\mathcal{B}$ [217]	$61^r, 1 - 61^v, 7$ $\mathcal{D}$
15058–15118	$199^v, 10 - 43$ $\mathcal{A}$	
	not found in $\mathcal{B}$	
15118–15230	$199^v, 43 - 200^v, 13$ $\mathcal{A}$	
	$74^{rb}, 47 - 75^{rb}, 12$ $\mathcal{B}$ [225]	
15231–15311	$200^v, 14 - 201^r, 8$ $\mathcal{A}$	
	$72^{vb}, 44 - 73^{va}, 27$ $\mathcal{B}$ [218]	$61^v, 8 - 13$ $\mathcal{D}$
15312–15345	$201^r, 9 - 24$ $\mathcal{A}$	
	$75^{rb}, 13 - 75^{va}, 12$ $\mathcal{B}$ [226]	$61^v, 14 - 19$ $\mathcal{D}$
15346–15367	$201^r, 24 - 34$ $\mathcal{A}$	
	$73^{va}, 28 - 73^{vb}, 14$ $\mathcal{B}$ [219]	
15368–15387	$201^r, 34 - 43$ $\mathcal{A}$	
	not found in $\mathcal{B}$	

15388–15403	not found in $\mathcal{A}$	
	not found in $\mathcal{B}$	$61^v, 20 - 62^r, 8$ $\mathcal{D}$
15404–15421	$201^v, 1 - 7$ $\mathcal{A}$	
	$73^{vb}, 15 - 38$ $\mathcal{B}$ [220]	$62^r, 9 - 14$ $\mathcal{D}$
15421–15439	$201^v, 8 - 15$ $\mathcal{A}$	
	$74^{ra}, 6 - 15$ $\mathcal{B}$ [222]	$62^r, 15 - 20$ $\mathcal{D}$
	$73^{vb}, 39 - 74^{ra}, 5$ $\mathcal{B}$ [221]	
15440–15479	$201^v, 16 - 33$ $\mathcal{A}$	
	$75^{va}, 13 - 75^{vb}, 22$ $\mathcal{B}$ [227]	$62^r, 21 - 62^v, 15$ $\mathcal{D}$
15480–15491	not found in $\mathcal{A}$	
	not found in $\mathcal{B}$	$62^v, 16 - 63^r, 7$ $\mathcal{D}$
15492–15525	$201^v, 33 - 202^r, 5$ $\mathcal{A}$	
	$74^{ra}, 15 - 74^{rb}, 7$ $\mathcal{B}$ [223]	$63^r, 8 - 63^v, 12$ $\mathcal{D}$
15526–15539	$202^r, 5 - 11$ $\mathcal{A}$	
	$75^{vb}, 23 - 39$ $\mathcal{B}$ [228]	$63^v, 13 - 64^r, 1$ $\mathcal{D}$
15540–15587	$202^r, 12 - 36$ $\mathcal{A}$	
	$64^{rb}, 19 - 64^{va}, 41$ $\mathcal{B}$ [202]	$64^r, 2 - 7$ $\mathcal{D}$
15588–15783	$202^r, 37 - 203^v, 1$ $\mathcal{A}$	
	not found in $\mathcal{B}$	$64^r, 8 - 66^v, 13$ $\mathcal{D}$

3.6 The ordered text.

The most striking feature of the Latin text is its quality: it is extremely clear and elaborate. We are left in no doubt as to the mathematical meaning and any kind of ambiguity —which may easily occur in verbal mathematics— is avoided. Some examples of that are pointed out in the Translation (notes 633, 906, 909, 912, 1028, 1029, 1094, 1107, 1175; see also the *ternarius* instead of *tres* to avoid ambiguity in *l*. 1990). The structure of the treatise, though, could have been better. Indeed, the reader may be confused by the use of *capitulum* indicating both a main chapter and any kind of section or subsection; likewise, *modus* is used for both 'subcase' and 'solving method' (*ll*. 5860, 5864; see also note 1051 for *species*). There seems too to have been some hasty writing. This may be the origin of, first, the change of persons in places, with the first person singular becoming the third person or even the second in the same problem (see note 874 and references there). There is also the occurrence of 'you will find' when an utterly trivial operation is involved (note 636 and references there) or when we are told to proceed as before to calculate the results though they are already known from a previous problem (notes 967–969, 1099). On the other hand, omitting to specify in the formulation what is required may have been deliberate since the scope of the problem is clear (notes 985, 1279, 1311, 1358, 1392, 1463, 1954).

But these are mere details compared with other, more serious shortcomings. Indeed, even after putting the fragments in order, we are left with the impression that the treatise is incomplete. Various inconsistencies suggest this.

• Some mathematical treatments or methods are used without first being taught.

— The author usually makes a point of demonstrating new formulae. However, this is not always done when a formula is first used. This occurs with the three kinds of problem 'involving unknowns' (*de ignoto*): they are solved in B.15–17 while the formula used is demonstrated in B.56–58.

— There are instances in Book A of quadratic equations. They are solved without any explanation (A.184, A.186, A.271–272) except once, where we are given a demonstration of the solution (A.214). For a consistent treatment we shall have to await A–IX and B–I.

— Determinate systems of linear equations are studied thoroughly in B–XVIII, where the validity of the treatment and the condition for positive solutions are demonstrated. But such systems have already appeared, and if the condition is mentioned there is no proper justification (B.46–47).

— The reduction in B.51 of an indeterminate system to a determinate one seems, without the explanations to come in B–XVIII, totally arbitrary.

— The same applies to problems involving arithmetical progressions, the formulae of which are carefully demonstrated in B–XII but used without explanation earlier (B.52–53).

— In B.381 the author refers to what 'has been said in mucabala', although this operation, indeed used before, has never been designated thus.

— Often a problem is reduced to an earlier one, which is mathematically of the same kind but has been treated in another chapter (p. xvii, remark). On one occasion, though, the analogous problem is found later on (B.45, reduced to the type of B.104; see also B.52 in $\mathcal{B}$, *lect. alt.*), as if the order of the chapters had yet to be decided.

All these instances suggest that the treatise as we have it cannot have been in its final form. Further instances should suffice to confirm that.

• Some methods already taught are explained again. Thus:

— B.95 correctly refers to A–IX (A.284) for the rule $\sqrt{a \cdot b} = \sqrt{a} \cdot \sqrt{b}$; but in B.205*b* the reader is referred to Abū Kāmil and the rule seen in A–IX (A.285) is explained again (but see note 1362).

— A conversion in principle known from before is justified (note 1890).

— A relation is demonstrated in B.346 although it has just been established, in B.344 (note 1956).

• Rules or generalizations are given but never applied.

This is the case for the rules in, or by, A.95 (note 346), A.117*b*, A.161, A.207, A.264′, B.14, B.198*b* (*ll.* 9736–40). It would seem that these rules, or generalizations, were added later on, certainly by the author, probably in the margins. That could be why the *regula generalis* in B.198*b* is misplaced in all MSS.

• Various complements also seem to have been added by the author without being incorporated into the disordered fragments, which again suggests that this treatise is not in its final form.

— Marginal additions were probably B.22b and the remark concluding B–III (both still in the margin of $\mathcal{C}$); in the first case, this would explain the misplacement of the concluding words ($l.$ 6286).

— Some of the general introductions to chapters are misplaced (B–X in MS $\mathcal{A}$, B–XVI, $ll.$ 12973–75, in MSS $\mathcal{A}$, $\mathcal{B}$) or still in the margin (B–X & B–XI in MS $\mathcal{B}$), or a particular statement takes the place of a general introduction (that of B–V applies only to its first problem), while the titles of B–XIV, B–XX and B–XXII apply only to the first problems. Furthermore, the conclusion of B–III has been left in the margin of MS $\mathcal{C}$.

— Additions made later in the course of writing might also account for certain inconsistencies, such as the sudden change in unit of measurement (notes 922, 956 & 959, 1751),[†] or when night-time feeding or eating become day-time activities (notes 1734, 1751). Finally, if this is not due to early readers, there are some unaccountable changes in vocabulary: *prelatus* instead of *communis* (MS $\mathcal{C}$), *aliquid* instead of *res* or *habitus* instead of *census* (MS $\mathcal{B}$), a few times *prelatus* becoming *divisor* and vice versa (note 1202).

— Apart from those additions which take the form of fragments in the disordered text, or which were once in the margins of these fragments, there are some groups of problems belonging to Book A which appear on their own at the end of MS $\mathcal{B}$, as if they were a further set of complements added at another stage (A.140–144, A.169–186, A.234–235, A.264, A.265–274).

Remark. There are, though, some occasional departures from the general clarity for which the disordered state of the transmitted text can hardly be held responsible. First, some treatments are totally incomprehensible since the solution is computed without any explanation (e.g. A.274, B.18c & B.19c, B.93–94, B.204). Second, the reader may be confused when the choice of one optional quantity happens to be the same as that of a given quantity (B.118c, B.320a; see also B.115, B.297). There are also errors: in a figure (notes 161 & 163), in a formula (B.143′ & B.152, though correct in B.341), in computations (A.203′, A.238b, A.240, A.257, B.29, B.140, B.228, B.229, B.329).

4. Transmission of the *Liber mahameleth*.

4.1 Early readers.

The earliest marginal comments on the text were no doubt made before the early 13th century, date of MS $\mathcal{C}$, for we find glosses which are common

---

[†] This incidentally shows that no reliance should be placed on our text as a guide to the relative values of measure units in use at the time (see below, p. lxxviii).

to all manuscripts.* Glosses are, as usual, particularly numerous in the first pages since that is where the number of readers reaches its peak. As is often the case with marginal glosses, these may be inserted in the wrong place: see notes 84, 86 ($\mathcal{AC}$), 87, 180, 417, 729, 1152, 1328, 1367, 1387, 1561, 1749, 1808, 1814. The existence of several reworkings is attested by the presence of different glossators (see the glosses to glosses in, e.g., notes 12, 13, 56, 75, 171, 178, 239, 395, 1673). Glosses were written, as expected, in the margins of the disordered text, since it was thus transmitted (notes 519, 623, 1083, 1267). Most of them are short; longer interpolations are found in A–I, A–III (demonstration by an *alius actor* after A.13, see note 178), section following A.21 (note 193, $\mathcal{BC}$ only), A.179, A.293, B.6d, B.7 ($\mathcal{C}$ only), B.145, B.155' ($\mathcal{B}$ only), B.277b ($\mathcal{B}$ only), B.347'.

These interpolations are of the following kinds (we refer to notes in the translation or to problems —or, for A–II, propositions).

(*a*) *References*. References are mostly to Euclid's theorems; others are internal. They are frequent in the demonstrations in A–II (P_2–P_6, P_9, PE_1–PE_3, PE_5), less so in the subsequent chapters (notes 163, 171, 176, 179, 218, 243, 269, 394 & 395, 409, 417, 486, 554, 623, 729, 784, 806, 841, 863 (vague reference), 876, 881, 957, 1013, 1031 (MS $\mathcal{B}$), 1037 (MS $\mathcal{C}$), 1083, 1198, 1249, 1267, 1515, 1673, 1677, 1692, 1726, 1943, 1979, 2003, 2009). A few concern the disorder: note 984 (*post folium*, $\mathcal{B}$ only), at the beginning of A–IV (*capitulum ponendum in principio divisionis iteratorum milium*, $\mathcal{C}$ only; *require in fine divisionis integri et fractionis*, $\mathcal{BC}$), in A.42 (*case scazi*, $\mathcal{BC}$, referring to a table following the group A.60–71). Two make the connection between fairly distant parts (notes 574, 605).

(*b*) *Notes on the text*:

— Indicating contents, see notes 19, 49, 78, end of part *a* in the demonstration following A.13 (see also note 155), 1061, 1150, 1326, 1328, 1622.

— Inserting subheadings and creating subsections,† see notes 324, 354, 381, 396, 542, 1051; some subheadings are inappropriate or incomplete: notes 127 ($\mathcal{AB}$ only), 155, 173, 174 ($\mathcal{A}$ only), 177, 195, 202, 211, 237, 334 ($\mathcal{C}$ only), 1051. Like other glosses, the subheadings were clearly inserted in the disordered text (notes 529 & 542) and, furthermore, at an early stage since they are considered as part of the text by the copyist of $\mathcal{C}$ (and we find them incorporated into the text, even rubricated in some cases). However, this was not done systematically: none are found in A–VIII. Once (note 324, $\mathcal{BC}$) an early reader noted that the alleged number of subsections is wrong.

---

* Since they appear as part of the text, at least in $\mathcal{A}$ and $\mathcal{B}$, we have left them there, bracketing them in the Latin text and, in addition, putting them in italics in the translation. As a rule, we have not left in the text glosses found in only one manuscript.

† Only the most inappropriate subheadings have been bracketed in the text.

(c) *Complements*:°

— Completing the text itself by adding explanations to reasonings or computations, as in notes 26, 29 (not in $\mathcal{A}$), 39, 46, 51, 73, 84, 87, 90, 95, 120, 149, 172, 259, 279, 302, 432 (not in $\mathcal{A}$), 446, 463, 476, 716, 945, 983, 997, 1037 ($\mathcal{C}$ only), 1064, 1267, 1351, 1381, 1447, 1552, 1555, 1579, 1621, 1682, 1716, 1794 ($\mathcal{B}$), 1796, 1814; making clear the sense either of a passage, as in notes 2, 3, 4, 39, 54, 86 ($\mathcal{AC}$), 239, 298, 387, 418, 461, 1058, 1367, 1684, 1772, 1808, 1855, 1863, 1890, 1937, 2017, or of a technical term, as in 1155, 1166, 1178, 1197 ($\mathcal{A}$), 1207; summarizing the computations, as in notes 242, 1622; repeating either a theorem, as in notes 76, 554, 1190, 1203, 1673, 1979, or an earlier statement, as in notes 193 ($\mathcal{BC}$), 245, 270, 312.**

— Attempting to improve the text when it is unclear or erroneous, as in notes 410, 1323, 1631, or when it is lacunary (gap in the common progenitor), as in notes 598, 600, 1012, 1084, 1091, 1095, 1258, 1326, 1388, 1756, 1932.

— Introducing real additions, namely: suggesting another way (note 1566); inserting further problems (903 ($\mathcal{BC}$), 1228 ($\mathcal{B}$ only), 1966); drawing from or alluding to other sources (notes 178, 863); making critical observations (notes 12, 180, 574, 605, 698, 784, 1152, 1552, 1566, 1621, 1631; *ll*. 3095–96 ($\mathcal{B}$ only), 4850–51 (*hoc non est deletum*, $\mathcal{B}$ only)); giving advice to the reader (notes 80, 893 (*ab introducendo quoniam sine magistro disci non potest*, $\mathcal{B}$ only), 934, B.309b).

— Finally, there are occasional illustrative tables indicating the numerical quantities occurring in problems on the multiplication and addition of fractions (A–V, A–VI, note 326; or Mathematical Commentary, p. 1200). They were possibly added by readers in accordance with the recapitulating rules following A.264′; in any event, these figures are not found in the next two chapters, on subtraction and division of fractions, nor are they alluded to at all in the text itself —whereas in the *Liber algorismi* similar figures are frequently referred to in the text. We also find a few such illustrations in Book B —with the initial rules and first problems— which must be readers' additions (note 861; note 1146 for a later single occurrence).

Remarks. (1) Throughout the text, the demonstrations end with 'this is what we intended to demonstrate' (mostly *demonstrare* in $\mathcal{A}$ but *monstrare* in $\mathcal{BC}$). But at times this formal conclusion is omitted (notes 1299, 1427), or else appears for no reason (as if some reader or copyist had introduced it: B.41b, B.101–103, B.178–179, B.186a, B.254d, B.274–275, B.353′), or

---

° Mainly mentioned here are those referred to in the notes to the translation.

** In general, these additions are not very helpful. There are as a matter of fact many others, which if not superfluous (notes 118, 193 ($\mathcal{BC}$), 312, 332 ($\mathcal{C}$), 363, 372, 748, 823, 871 ($\mathcal{C}$), 945 & 983, 972, 1002, 1208, 1230, 1376, 1377, 1485, 1490, 1548, 1561, 1677, 1831, 1832, 1861, 1909, 1915, 1918, 1931) are inappropriate or incorrect (notes 10, 16, 41, 118, 245, 302, 321, 370, 490, 503 ($\mathcal{A}$), 861, 867, 891, 966, 1004, 1033, 1229, 1402, 1491, 1989).

is in the wrong place (note 1494).

(2) Further traces of former readers, but this time not common to all three manuscripts, are to be found in the hand pointing to a particular place in the text. We mentioned this sign when describing $\mathcal{B}$ (p. xxvii); since such hands are not seen in $\mathcal{C}$ in the same places, they cannot be attributed to a common early reader.

4.2 Mediaeval traces.

The first traces left by the *Liber mahameleth* are found in 12th-century Spain. Apart from the extracts found in, or added to, Johannes Hispalensis's *Liber algorismi*, parts of the initial passage from the introduction to Book A on the nature and rôle of number (*ll.* 4–36 in the Latin text) are from then on repeatedly found in general discussions about arithmetic. This starts with the *De divisione philosophiae* of Dominicus Gundissalinus or Gundisalvus (Domingo Gundisalvo), who was also working in Toledo in the middle of the 12th century. Indeed, in the section on arithmetic, we find a very similar text, and the enumeration of the types of problem ends with the remark that all this is sufficiently treated in the book *which is called, in Arabic manner, mahameleth.*†

The French Dominican Vincent de Beauvais (d. 1264) produced a sizeable compilation, drawing on all sources available to him, which was to cover universal knowledge of his time, the *Speculum maius*. The three parts (*Speculum naturale, doctrinale, historiale*) cover respectively the created world, knowledge, and the whole of history from Creation to the time of Louis IX. Book XVI of the *Speculum doctrinale* deals with the mathematical sciences, its chapter V with arithmetic. Following, he says, the philosopher al-Fārābī, de Beauvais more or less repeats what Gundissalinus has, and concludes by referring to the treatise *which is called among the Arabs mahalche.**

There is a Latin version of al-Fārābī's *Opusculum de scientiis* which differs in some respects from the known original Arabic text and its 12th-century Latin translation. Guillelmus Camerarius (William Chalmers) found it *die quodam, Deo sic disponente*, in a very old manuscript (*manuscriptus antiquissimus*) belonging to the library of the Saint-Aubin Abbey in Angers. He edited it in 1638. In its third chapter, we find enumerated the various mathematical and physical sciences. It begins with arithmetic, pure and applied; this second Latin version departs from the known text of this section at the end, where the reader is referred to the treatise *which is among the Arabs.*°

---

† *De quibus omnibus sufficienter tractatur in libro qui arabice mahameleth vocatur.* See p. 93 in L. Baur's edition (the *arabice* could be an addition).

* *De quibus plenissime habetur in libro qui apud Arabes Mahalche dicitur.* See vol. II, col. 1506 of the 1624 Douai edition.

° *De quibus plenissimè habetur in libro qui est apud Arabes.* See Camerarius' edition, p. 15 (or Wiedemann's *Beitrag XI*, pp. 76–77 & 82–83).

Isolated traces of an influence in the form of problems are then attested in Italy, and some of these passed from Italy to France at the close of the Middle Ages.

The *Liber mahameleth* had reached Italy by the early 13th century, when the earliest extant copy was made (MS $\mathcal{C}$). MS $\mathcal{A}$, our best source, was produced, as said (p. xxi), during the 14th century in Italy. The late mediaeval filiation then becomes clearer. As seen above (p. xviii), the *Liber mahameleth* was studied and commented on during the second half of the 14th century by Grazia de' Castellani. In the early 15th century, Domenico d'Agostino Vaiaio used this commentary for part of his teaching, and that is how a few of the *Liber mahameleth*'s problems found their way into the manuscript, still extant, later written by one of his students. From the quotations from this and another manuscript reported above (pp. xviii, xix$n$), it appears that in the mid 15th century the *Liber mahameleth* was still attributed to *Ispano*. But this is to be regarded as an exception: in none of the other extant texts, contemporary or later, where some of its problems appear is there any indication of an author's name. This is the case in the 15th-century *Tractato d'abbacho* by Pier Maria Calandri, as also in the treatise of the same name by Benedetto da Firenze, both containing problem B.175 on reducing must.$^{\parallel}$ We find, however, an indirect reference in the manuscript which Luca Pacioli prepared for his teaching in Perugia in the years 1476–1480. When he comes to the subject of progressions, he begins by underlining the importance of this topic to various 'modern' and 'ancient' mathematicians. Among the latter —which for him meant, in addition to Greek and Roman, Arab (genuine or legendary) ones— who had sung its praises, he includes *Melchimellech*.** We do not know if Pacioli had in fact read any of the *Liber mahameleth*, in particular the treatment of progressions in A–VI, or if he had just heard about it through one of his numerous sources or correspondents. In view of his version of the name, the latter is more likely. As he did for *algebra*, Pacioli took the subject to be a person.

Here we appear to be involved in a game of Chinese whispers: what the last player transmits has become unintelligible.

$^{\parallel}$ See Calandri's *Tractato d'abbacho*, pp. 116–17; Arrighi, *Scritti scelti*, p. 352.

** *Dela qual materia apresso a ogni gran filosofo sempre è stato facto grand' estima, cum sit che 'la sia un parte disparata. Da quala maxime fra gli altri ne scrive el tuo Giovanni de Sacro Buscho nel suo algorismo che gomenza 'Omnia que a primeva etate etc.' nella 8 spetie che lui mette; e per lo simile anche ne scrive Prodocimo de' Beldomandis de Padua; e anche un altro moderno chiamato el Bianchino; e senza questi anche gli antichi commo Geber, Algebra, Melchimellech, Euclide, e Boetio in certi loro fragmenti separati da lor libri ordinarii quali più volte me ricordo aver lecti, e anche Ptholomeo. Quali sonno stati tuti grandi mathematici, zoè astrologi, arithmetici, e geometri, e sutilmente anno intesa questa arte* (MS Vat. lat. 3129, fol. 157^r; autograph).

There is no doubt that it was from Italian sources that the Frenchman Nicolas Chuquet, who wrote in 1484 the *Triparty en la science des nombres*, received two problems which appear in very concise form towards the end of his work and which are characteristic of the *Liber mahameleth* (our B.175 and B.218).‡ This is all that can be said at present about an influence of the *Liber mahameleth* in France. Although two (partial) copies of it are known for sure to have been in French libraries at the end of the Middle Ages (our MSS $\mathcal{C}$ and $\mathcal{D}$), one of which was read, and annotated in places, they do not seem to have left any trace in mathematical writing.

5. Mathematics in the *Liber mahameleth*.

The *Liber mahameleth* is not complete in the sense that previous knowledge by the reader is required. For the theory, there is one main requisite, namely familiarity with Euclid's *Elements*; this is necessary for understanding the demonstrations and the operations involving ratios. It further appears that the reader of the *Liber mahameleth* should know, or have access to, Abū Kāmil's treatise on algebra (p. xviii). The reader should also be able to consult, when needed, (Arabic) treatises on practical geometry. Finally, it is assumed that he knows the elements of what the Arabs called Indian reckoning, that is, arithmetic with the decimal place-value system.

5.1 Particular prerequisites.
5.1.1 Euclid's *Elements*.

That knowledge of the *Elements* is a prerequisite is obvious: the purpose of the first part of A–II, on Premisses, is precisely to introduce a few propositions not found in the *Elements*. The requirement of knowing the *Elements* also appears from several passages. Thus, the proof of Premiss P'_7, being in Euclid, is not repeated; in introducing the second part of the premisses, the author informs the reader that to demonstrate them theorems from Book VII will be used; as mentioned in the introduction to A–IX, the reader is supposed to be familiar with Book X; finally, operating with proportions, which is in constant use, is supposed to be known. Generally, frequent use is made of theorems from Euclid's *Elements*, but with no reminder of content; when there is, it seems to be mostly by a reader (see p. lxiii). The variety of Euclid's theorems used in the *Liber mahameleth* shows that the whole of the *Elements* is supposed to be known:

Book *I*: I.33 (B.359–361); I.34 (B.244); I.47 (B.342 *seqq.*).

Book *II*: II.1–10 are Premisses PE_1–PE_{10} (see individual references in the mathematical commentary to A–II); II.14 is used in A.323b, A.324b.

---

‡ Bibliothèque Nationale de France, MS français 1346, fol. 204^r & 162^v; the first is found in the extract published by A. Marre (No 147, p. 454); the text of the second, written in the margin of the manuscript and thus (?) not reported by Marre, is found in our mathematical commentary to B.218.

Book III: III.3 (B.351*b*); III.35 (B.351*b*).

Book V: V.9 (B.255); V.12 (B.32); V.24 (see P_7').

Book VI: VI.1 (B.218, B.339); VI.14 (B.32, 218, 230*a*, B.232*a*, B.258*a*); VI.15 (B.255, B.258); VI.23 (B.32); VI.28 (A.323*b*, A.324*b*).

Book VII: VII.17–19 (constantly in A–II); then one or the other in A.124*a*, A.244*a*, A.260*a*, A.284, A.298*a*, rule *i* at the beginning of Book B, B.11*a*, B.13*a*, B.41*a*, B.56.

Book VIII: VIII.8 (theory following A.13; VIII.5 and VIII.11 in interpolations); converse of VIII.26 (A.288).

Book IX: IX.1 (A.288); IX.11 (in the theory following A.13).

Book X: X.6 (rule *i* before A.311); X.9 (rule *i* & *ii* before A.289 & rule *i* before A.311); X.15 (rule *i* before A.289 and rule *i* before A.311); X.19 (rule *i* before A.311, A.311); X.23 (rule *i* before A.311); X.24 (rule *ii'* before A.310); X.25 (rules before A.307); X.36 (A.298*a*); X.37 (A.325); X.40 (rule *ii* before A.312); X.41 (rule *iii* before A.313); X.54 (A.320*a*, A.323 (rule *i* & dem.), A.324*b*); X.55–59 (A.323*a*); X.56 (A.325); X.91–96 (A.324*a*).

Book XI: XI.25 (B.339); XI.32 (B.339).

Book XII: XII.2 (B.149, B.363, B.365).

At times the content, or even the wording, of theorems from Euclid appears when they are used: I.34 in B.244; III.3 and III.35 in B.351*b*; VI.14 in B.230*a* and B.258*a*; VII.19 in P_9 (note 76); X.54–55 in A.323*a*; X.91–96 in A.324*a*; XI.25 in B.339. The presence of some of these quotations may be appropriate, but many must be readers' additions. The same holds for repetition of the enunciations of some Premises and theorems from Euclid's Book II (all included in A–II): A.93*b*, A.200*a*, B.141, B.219, B.257*b*, B.351*a*. Note too that when $PE_1 - PE_{10}$ are used, the reference is always to Euclid and only once to the Premises (B.327). Indeed, their introduction in A–II is merely to prove their applicability to numerical quantities.

5.1.2 Abū Kāmil's *Algebra*.

Noteworthy too are the references to Abū Kāmil, to our knowledge not existing in Latin translation at the time.[††] The very fact that our author cites Abū Kāmil suggests that the reader must have had access to the work. This is quite clear in B.381, where the author tells us he will solve this problem by algebra, but not in the way Abū Kāmil did; what is the interest of that for a reader unable to consult Abū Kāmil's treatise? Then, while on the subject of roots, he tells us that he will ameliorate and complete what Abū Kāmil did, which again implies that the reader could consult, or may have studied, the *Algebra*. Another time, in B.205, reference is made to the computation involving roots expounded by Abū Kāmil. We may thus safely conclude that the intended readers of the

---

[††] The autograph of the (partial) Latin translation by Guillelmus, of the 14th century, is extant (see our edition). It appears to have had no influence.

Liber mahameleth were able to read, or at least follow the reasonings of, mathematical texts written in Arabic.

Remark. Although, in his *Algebra*, Abū Kāmil praised his predecessor al-Khwārizmī, he made every effort to render the latter's work superfluous.[†] Our author does just the same. Abū Kāmil's proposition (Premiss P'_3) is not only reasserted, but proved in another manner, and his study on roots is incorporated in our author's study. Thus, actually having Abū Kāmil's *Algebra* to hand was not really necessary. But knowing it will obviously be to the reader's advantage for understanding both the algebraic treatments and the demonstrations in the *Liber mahameleth*.

5.1.3 Formulae of practical geometry.

The usual mediaeval approximation $\pi \cong 3 + \frac{1}{7}$, originally from Archimedes' *Dimensio circuli*, is found in B.150–152, B.341, B.354. For the measurement of plane figures in general the reader is referred (once, B.143′) to a book on *taccir*, that is, any (Arabic) treatise on practical geometry. (The formulae used in our treatise are listed in 5.5 below.)

5.1.4 Other topics.

The *Liber mahameleth* could be considered as a (for the time) fairly complete textbook on mathematics and its applications were there not some striking omissions. We mentioned shortcomings which probably originated in the way the work was composed and transmitted (p. lvi). But a few important, and necessary, topics are neither dealt with nor mentioned as being a prerequisite.

— **Numerical symbols.**

These symbols are required for some operations —at least from A.28 on— and also occur in some illustrations, first in A–I —a figure which is certainly not a reader's addition for we find it mentioned in the text. Yet they are never presented by the author, unlike in other contemporary textbooks such as the *Liber algorismi* (by Johannes Hispalensis) or the Moorish treatise by al-Ḥaṣṣār.[°] There is no mention, either, of the Indian origin of these numerical symbols and the corresponding decimal positional system as there is in the *Liber algorismi*.

— **Arithmetical operations.**

Some fundamental operations for integers are not taught at all. This is the case for addition and subtraction —unlike in the *Liber algorismi* and despite what we are led to expect at the beginning of A–III.* Multiplication

---

[†] See our *Introduction to the History of Algebra*, pp. 63–64.

[°] See Suter's summary. We have also consulted the Arabic text of MS Rabat, Bibliothèque Générale Q 917, a reproduction of which was kindly lent to us by A. Djebbar.

* See Translation, note 117. Nor are the particular cases of duplication and mediation, usually found in contemporary textbooks but merely named in the introduction to the *Liber mahameleth*.

and division of integers are taught, yet with so few examples that the two operations could not be learnt from them. (There are far more examples with huge numbers which the reader is unlikely ever to encounter.)

For square roots of non square integers, the reader is taught only approximation methods; and as these imply prior determination of the integral square closest to the quantity considered, they will be of little help in practice. Just one page would have sufficed, as in the *Liber algorismi* or the treatise by al-Ḥaṣṣār, to explain exact square root extraction. There is not even any allusion to a prerequisite of basic arithmetic, as taught, for instance, in al-Khwārizmī's *Arithmetic*.

Remark. This omission of square root extraction is all the more inexplicable in that, in the extant text, we are taught at length how to extract the root of a binomial expression, thus of the sum of a rational number and a root, or of two roots. Incidentally, the chapter on roots (A–IX) is, in all other aspects, one of the finest parts of the whole work, for this rather difficult subject is quite clearly explained, both from the theoretical point of view and by the illustrative examples.

— **Basic algebra.**

There are frequent allusions to 'what has been taught before in algebra', yet we do not find properly taught the basic operations of reduction of an equation: they are used from B.22 on —true, progressively— but without the nature and purpose of each one ever actually explained (below, 5.3.1). The same applies to the rules for solving quadratic equations: when the formula is clearly applied (A.184, A.186), this is done before we are given any explanation of the solving method (below, 5.3.5) —and even without stating the equation. Here again, a single page would have sufficed, as in the *Liber algorismi*; or else it could have been explicitly stated that knowledge of Abū Kāmil's *Algebra* was, like that of the *Elements*, a prerequisite.

5.2 Operations on proportions.

The foremost tool of the *Liber mahameleth* in treating problems is the use of proportions. Thus, knowing that $a:b=c:d$, we may be given three of these, say a, b and either c or d, or just two, say a and b, but in addition $c+d$, or $c-d$, or $c \cdot d$. These are the 'five (fundamental) problems' which recur from B–I on. The first two are solved by the rule of three, but not the other three (also called problems *de ignoto*): for these as well as for demonstrations, familiarity with the use of proportions is assumed; indeed, no transformation of a proportion is ever, not even incidentally, commented on. Here again, familiarity with Euclid's *Elements* is necessary.

5.2.1 Simple operations on one proportion.

Let the four quantities a, b, c, d be in proportion. The following operations are considered as known. If $a:b=c:d$, then

$$\frac{a}{k \cdot b} = \frac{c}{k \cdot d}, \qquad \frac{\sqrt{a}}{\sqrt{b}} = \frac{\sqrt{c}}{\sqrt{d}}, \qquad \frac{a^2}{b^2} = \frac{c^2}{d^2}.$$

See B.90 & B.185c, B.97, A.293. On the third operation, see Mathematical Commentary, p. 1323n.

5.2.2 Transformation of one proportion.

Various kinds of transformation of ratios, traditionally known by their Latin names, lead to other forms of proportionality, derived from

$$\frac{a}{b} = \frac{c}{d}.$$

All these transformations are defined and explained in Book V of the *Elements*.

(*i*) From the above relation, *invertendo* (by inversion, *Elements* V.4),

$$\frac{b}{a} = \frac{d}{c}.$$

Expressed in the *Liber mahameleth* by the verb *commutare* (B.230d, B. 257c) or *convertere* ($P_6 - P_8$, B.259a).

Remark. Both these terms are ambiguous since they are also used for other operations; see below, *ii* and *v*.

(*ii*) Again, *alternando* (by alternation, *Elements* V.16),

$$\frac{a}{c} = \frac{b}{d}.$$

Expressed in the *Liber mahameleth* by *permutare* (B.175a, B.224), *transmutare* (B.218) or also *commutare* (B.92, B.177, *commutatio* in B.32; see above, *i*).

(*iii*) *Componendo* (by composition, *Elements* V.18) takes the two forms

$$\frac{a+b}{b} = \frac{c+d}{d} \quad \& \quad \frac{a}{a+b} = \frac{c}{c+d}.$$

Expressed in the *Liber mahameleth* by *componere*.

From these transformations it follows that

$$\frac{a}{b} = \frac{a+c}{b+d}$$

(or generally that if there is a sequence of equal ratios then any of them equals the ratio having as its terms the sum of any number of antecedents and the sum of the corresponding consequents). See B.32, B.104.

(*iv*) *Separando* (by separation, *Elements* V.17) also takes the two forms

$$\frac{a-b}{b} = \frac{c-d}{d} \quad \& \quad \frac{a}{b-a} = \frac{c}{d-c},$$

according to whether $a > b$ or $b > a$. Expressed in the *Liber mahameleth* by *disiungere* (P_6, B.91, B.221', B.221'') or *dispergere* (B.198a, B.213, B.221, B.222, B.224, B.259a).

Remark. But the term *dispergere* is also used for the next transformation.

(*v*) *Convertendo* (by conversion, *Elements* V.19) again takes the two forms

$$\frac{a}{a-b} = \frac{c}{c-d} \quad \& \quad \frac{b-a}{b} = \frac{d-c}{d},$$

according to whether $a > b$ or $b > a$. Expressed in the *Liber mahameleth* by *dispergere* (B.57, B.97'; see above, *iv*) or *convertere* (B.236; see above, *i*).

5.2.3 Relations between several proportions.

(*vi*) Proportion of equality (*ex æquali*, *Elements* V.22). If

$$\frac{a}{b} = \frac{c}{d}, \quad \frac{b}{e} = \frac{d}{f}, \quad \text{then} \quad \frac{a}{e} = \frac{c}{f}.$$

Expressed in the *Liber mahameleth* by *proportio equalitatis* (P_6) or *secundum equam proportionalitatem* (B.90). See also B.241.

(*vii*) As seen in P_6 and P'_7, if

$$\frac{a}{b} = \frac{c}{d}, \quad \frac{e}{b} = \frac{f}{d} \quad \text{then} \quad \frac{|a-e|}{b} = \frac{|c-f|}{d} \quad \& \quad \frac{a+e}{b} = \frac{c+f}{d};$$

more generally (extension of P'_7), if

$$\frac{a}{b} = \frac{a'}{b'}, \quad \frac{c}{b} = \frac{c'}{b'}, \quad \frac{e}{b} = \frac{e'}{b'}, \quad \text{then} \quad \frac{a+c+e}{b} = \frac{a'+c'+e'}{b'}.$$

See PE_1, A.151*a*.

(*viii*) If quantities are in continued proportion, that is if

$$\frac{a}{b} = \frac{b}{c} = \frac{c}{d}, \quad \text{then} \quad \frac{a}{c} = \left(\frac{a}{b}\right)^2 \quad \& \quad \frac{a}{d} = \left(\frac{a}{b}\right)^3;$$

the results are then the 'duplicate' and 'triplicate' ratio of a to b, respectively. See A.168, B.255*a*, B.264*a*.

5.3 Algebra.

5.3.1 Algebraic language.

What the author means by 'algebra' is on the one hand use of a designated unknown and on the other reduction of the problem equation to one of the six standard forms known since antiquity, all with positive coefficients and positive solutions.* The use of the word *algebra* in the first aspect is

---

* $ax^2 = bx$; $ax^2 = c$; $bx = c$; $ax^2 = bx + c$; $ax^2 + bx = c$; $ax^2 + c = bx$ (the last three being usually considered in their reduced form $x^2 = bx + c$; $x^2 + bx = c$; $x^2 + c = bx$). Since only positive solutions for x are acceptable, there can be no equality to zero when the terms are positive.

evident when some alternative, 'algebraic' solutions are just identical to a previous one except for the name attributed to the required quantity (see the instances mentioned in the *Remark* below, p. lxix). But whenever the author says to 'proceed as explained in algebra', he is referring to the use of the algebraic operations of reduction of an equation (to be explained below); see Translation, notes 1341, 1364, 1379 (and subsequent ones), 1438, 1461.

— **Algebraic designations.**

Mediaeval algebra uses no symbols, only specific common names for the unknown and its powers, and the reasonings are purely verbal. The main unknown, our x, is designated by *res* ('thing', thus *res* translating the Arabic *shay'*; sometimes *aliquid*, 'something': notes 1260, 1266). Its square, x^2, is *census* (Arabic *māl*; sometimes rendered by *habitus*, see notes 1260, 1736), while the cube, x^3, is *cubus*, which appears only twice (B.263, B.296). A further unknown in a linear problem is designated by a coin name, namely here *dragma* (B.41, B.42); this is in keeping with the Arabic tradition (note 1002). Again in keeping with the Arabic tradition is the use of the coin name *nummus* (Arabic *dirham*) to designate each unit in the constant term of an algebraic expression (notes 1120, 1527, 1593, 1738, 1827). As usual at that time, a negative solution is not admitted; the problem becomes then a *questio falsa*. The same generally holds for a solution equal to zero; this is the case not only for a single unknown (B.87, see Mathematical Commentary) but also if there are several (see the solving conditions in B.46, B.47, B.51, B.312c, B.313a). An indeterminate problem is *interminatus*; the same word, together with *multiplex*, is used to designate a problem where any number may be the solution (see notes 1313, 1987).

Although Book A contains some linear problems (A.159–169, A.204–213) and even quadratic ones (A.184, A.186, A.214, A.271, A.272), algebra as such, with a designated unknown, is actually taught, in smooth progression, in Book B. The 'thing' first appears in B.21. To begin with, though, it does not represent the usual unknown x but the value of some unspecified object (see Mathematical Commentary, p. 1362). It is only in B.41b (notes 1000, 1001) that it does so.

— **Algebraic operations.**

In order to arrive at the final equation, we have to posit the equality of two (verbal) expressions, which are then said to be equal (*equare*), equivalent (*equivalere*), or equated (*adequare*). After two expressions have been put 'side by side' (*in duobus ordinibus*, B.205b), we can apply the operations of reduction, which will lead us to the final equation in one of the six standard forms. These operations, being fundamental for algebra, are explicitly defined by the Greek algebraist Diophantos.‖

‖ Edition of the Greek text, I, p. 14, 11–20; repeated in the Arabic translation, p. 88.

- Restoring the sides, that is, adding the amount of the negative terms to both sides; this leaves, as desired, only positive terms. This is expressed in our text by *restaurare* (note 930) or *complere* (notes 921, 1369).**
- Removing the common quantities found on both sides; this leaves, as desired, just one term for each power of the unknown. This is expressed by *demere quod est iteratum* (note 921) or *minuere additum* (note 928).
- For a quadratic equation, there is the further, common but not necessary, operation of transforming the coefficient of x^2 into unity. This is expressed by *reducere* if this coefficient is larger than 1 (B.102, B.174), by *complere* or *restaurare* if it is a proper fraction (notes 1309, 1371).

Diophantos did not have proper designations for the two main operations, but Arab texts did: the first was *al-jabr*, the second *al-muqābala*.† That is why treatises on algebra were called 'treatises on *al-jabr* and *al-muqābala*' (later on 'treatises on *al-jabr*' only, whence our *algebra* by Latin transcription).

Remark. In the *Liber mahameleth*, the use of algebra generally facilitates the treatment, or at least shortens it. However, in some instances it adds nothing, for it merely reproduces a previous treatment, the only difference being designation of the unknown as *res*. See B.166–168, B.171, B.190–191, B.256, B.279, B.325–326.

5.3.2 Linear equations.

The two fundamental algebraic operations first appear in the opening chapter of Book B. We find them applied to the following kinds of first-degree equation:

$a_1 \cdot x + b_1 = a_2 \cdot x + b_2$ (B.22a, B.199, B.228, B.229)

$a_1 \cdot x + b_1 = a_2 \cdot x - b_2$ (B.23b, B.26, B.200, B.209, B.210, B.216, B.227)

$a_1 \cdot x + b_1 = b_2 - a_2 \cdot x$ (B.28b, B.207, B.208, B.315b)

$a_1 \cdot x - b_1 = a_2 \cdot x - b_2$ (—)

$a_1 \cdot x - b_1 = b_2 - a_2 \cdot x$ (B.29, B.212)

$b_1 - a_1 \cdot x = b_2 - a_2 \cdot x$ (—)

$a_1 \cdot x + b_1 = a_2 \cdot x$ (B.21a, B.198, B.215, B.232, B.259d, B.368c)

$a_1 \cdot x - b_1 = a_2 \cdot x$ (B.214, B.259)

$b_1 - a_1 \cdot x = a_2 \cdot x$ (B.27b, B.230, B.232, B.258c–d, B.259c, B.269, B.320b, B.330b, B.368)

$a_1 \cdot x + b_1 = b_2$ (B.201, B.205a, B.232d, B.242d, B.246b, B.248b, B.250b, B.313b, B.315b)

$a_1 \cdot x - b_1 = b_2$ (B.217, B.221, B.222, B.224, B.242b–c, B.245b)

** Although no proper algebra is involved as yet, *restaurare* for eliminating a subtractive quantity is already found in Book A (note 580).

† The third one, less necessary, also had specific designations (*al-radd*, *al-ikmāl*).

$b_1 - a_1 \cdot x = b_2$ (B.211, B.313, B.315, B.316b, B.351c).°

5.3.3 Determinate systems of two linear equations.

Consider the system
$$\begin{cases} \alpha_1 \cdot y_1 + \alpha_2 \cdot y_2 = \gamma \\ \beta_1 \cdot y_1 + \beta_2 \cdot y_2 = \delta. \end{cases}$$

Writing $x_i = \beta_i \cdot y_i$ and $\epsilon_i = \dfrac{\alpha_i}{\beta_i}$, the system takes the form
$$\begin{cases} \epsilon_1 \cdot x_1 + \epsilon_2 \cdot x_2 = \gamma \\ x_1 + x_2 = \delta. \end{cases}$$

We shall consider this latter form, where the second equation is just the sum of the two unknowns. The text frequently presents a geometric construction of the solution, the purpose of which is to demonstrate or illustrate the solution formulae. This construction varies according to the sign between the two terms (the coefficients themselves always being taken as positive).

(a) First case.
$$\begin{cases} a_1 \cdot x_1 + a_2 \cdot x_2 = b \quad (a_1 > a_2) \\ x_1 + x_2 = c. \end{cases}$$

Draw (Fig. i) the segment of straight line $c = x_1 + x_2$, and erect at the meeting point of x_1 and x_2 a perpendicular of length a_1, on which is marked off the smaller length a_2. Complete the rectangles as in the figure. We then have $I = a_1 \cdot x_1$, $II = a_2 \cdot x_2$. Since $I + II = b$, according to the equation, while $I + II + III = a_1 \cdot c$, we have on the one hand $III = (I+II+III)-(I+II) = a_1 \cdot c - b$ and on the other $III = (a_1-a_2)\,x_2$, whence
$$x_2 = \frac{a_1 \cdot c - b}{a_1 - a_2}.$$

See B.46, B.47, B.313, B.329 for such systems, B.314 for the geometric solution.

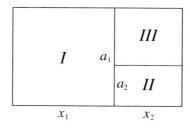

Fig. i

° The form $ax = b$ is directly obtained in B.230, B.240, B.256, B.344, B.351.

- The construction for the case
$$\begin{cases} a_1 \cdot x_1 - a_2 \cdot x_2 = b \\ x_1 - x_2 = c. \quad \text{(thus } x_1 > x_2) \end{cases}$$
would be similar. We have only to consider that x_1 is the whole horizontal line, the representation of the other quantities remaining unchanged. Then $I = a_1(x_1 - x_2) = a_1 \cdot c$, while, as before, $II = a_2 \cdot x_2$ and $III = (a_1 - a_2)x_2$. Since $b = a_1 \cdot x_1 - a_2 \cdot x_2 = I + III = a_1 \cdot c + (a_1 - a_2)x_2$, we find
$$x_2 = \frac{b - a_1 \cdot c}{a_1 - a_2}.$$

(b) Second case.
$$\begin{cases} a_1 \cdot x_1 - a_2 \cdot x_2 = b \\ x_1 + x_2 = c. \end{cases}$$
Draw again c as before, but (Fig. ii) erect the two perpendiculars a_1, a_2 in opposite directions, and complete the figure. We then have on the one hand $II + IV = (a_1 + a_2)x_2$ and on the other $II + IV = (I + IV) - (I - II) = a_1 \cdot c - b$, whence
$$x_2 = \frac{a_1 \cdot c - b}{a_1 + a_2}.$$
See B.315; but in the geometric demonstration, a rectangle equal to $II = a_2 \cdot x_2$ is drawn within I, whence also $I - II = b$ and $a_1 \cdot c - b = I + IV - (I - II) = x_2(a_1 + a_2)$.

I	a_1	IV
x_1		x_2
III	a_2	II

Fig. ii

- The case
$$\begin{cases} a_1 \cdot x_1 + a_2 \cdot x_2 = b \\ x_1 - x_2 = c. \quad (x_1 > x_2) \end{cases}$$
is solved in the same way. We have just to consider that x_1 is the whole horizontal line, so that $I = a_1(x_1 - x_2) = a_1 \cdot c$ and $a_1 \cdot x_1 + a_2 \cdot x_2 = I + IV + II = b$; since $II + IV = (a_1 + a_2)x_2 = I + II + IV - I$, we find
$$x_2 = \frac{b - a_1 \cdot c}{a_1 + a_2}.$$

(c) Third case.

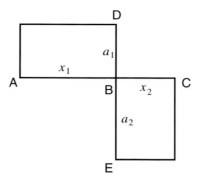

Fig. iii

Consider the system with sum and ratio given
$$\begin{cases} a_1 \cdot x_1 = a_2 \cdot x_2 \\ x_1 + x_2 = c. \end{cases}$$
Let (Fig. iii) $AB = x_1$, $BC = x_2$, thus $AC = c$, and $BD = a_1$, $BE = a_2$. Since the two rectangles have equal areas, then $AB \cdot BD = BE \cdot BC$, which means that
$$\frac{AB}{BC} = \frac{BE}{BD}, \quad \text{or} \quad \frac{x_1}{x_2} = \frac{a_2}{a_1},$$
whence, by composition,
$$\frac{AB + BC}{BC} = \frac{BD + BE}{BD}, \quad \text{or} \quad \frac{x_1 + x_2}{x_2} = \frac{a_1 + a_2}{a_1},$$
and
$$\frac{AB}{AB + BC} = \frac{BE}{BD + BE}, \quad \text{or} \quad \frac{x_1}{x_1 + x_2} = \frac{a_2}{a_1 + a_2},$$
thus, respectively, $AC : BC = ED : BD$ and $AB : AC = BE : ED$, and
$$BC = x_2 = \frac{BD \cdot AC}{ED} = \frac{a_1 \cdot c}{a_1 + a_2}, \quad AB = x_1 = \frac{BE \cdot AC}{ED} = \frac{a_2 \cdot c}{a_1 + a_2}.$$

See for such systems and geometric demonstrations B.230a, B.232a, B.258a; incidental occurrences of this system in B.233a, B.319d, B.320c.

Remark. Sometimes the figure is reduced to two parallel lines as seen in Fig. iv, with $AB : BC = EF : FD$. See B.236. (The two above equal rectangles would then be $AB \cdot FD$ and $BC \cdot EF$.)

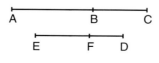

Fig. iv

- The system with difference and ratio given
$$\begin{cases} a_1 \cdot x_1 = a_2 \cdot x_2 \\ x_1 - x_2 = c \end{cases}$$
is represented in the same manner but solved by separation or conversion. See B.259a (then, in Fig. iv, $AC = x_1$, $AB = x_2$, $EF = a_1$, $ED = a_2$).

5.3.4 Indeterminate system of two linear equations.
Consider now the system
$$\begin{cases} x_1 + x_2 + \ldots + x_n = c \\ a_1 \cdot x_1 + a_2 \cdot x_2 + \ldots + a_n \cdot x_n = b. \end{cases}$$

To reduce such an indeterminate system to a determinate one like that in the first case above, the author either identifies $n-1$ of the x_i, putting, say, $x_1 = x_2 = \ldots = x_{n-1} = x_0$, which gives
$$\begin{cases} (n-1) x_0 + x_n = c \\ \left(\sum_{1}^{n-1} a_i \right) x_0 + a_n \cdot x_n = b; \end{cases}$$
or he chooses arbitrarily the values of $n-2$ of the x_i, say $x_i = C_i$ for the $n-2$ first unknowns, whereby he is left with
$$\begin{cases} x_{n-1} + x_n = c - \sum_{1}^{n-2} C_i \\ a_{n-1} \cdot x_{n-1} + a_n \cdot x_n = b - \sum_{1}^{n-2} a_i \cdot C_i, \end{cases}$$
in which the right sides are known quantities. See B.51, B.316, B.316′, B.317, B.318.

5.3.5 Quadratic equations.
As already mentioned, quadratic (trinomial) equations, each with positive coefficients and a positive solution, admit only the forms $ax^2 = bx+c$, $ax^2 + bx = c$, $ax^2 + c = bx$. The first two always have one positive solution, the last has two, but only if the discriminant is not negative. We shall consider here their normal form (coefficient of x^2 reduced to unity), as was then customary (above, 5.3.1).[†] In the *Liber mahameleth* the solution is seldom calculated as we would do it, by means of a formula only. For in most cases the quadratic equation is considered in the form of a quadratic system, the solution of which is calculated by means of two identities, which is just how the Mesopotamians solved such systems.[*] But in our text this procedure

---

[†] The simpler form $ax^2 = c$ is encountered in B.41, B.257, B.260, B.261, B.295, B.343, the form $ax^2 = bx$ in B.103, B.186, B.223, B.294.

[*] This archaic way is indeed attested in other Arabic treatises from Islamic Spain, such as the one by Ibn 'Abdūn (see Djebbar's edition). That author's problem No 15, where area and difference between the sides of a rectangle are given, is a typical example.

is often illustrated by a geometric demonstration relying on *Elements* II.5 and II.6.

(a) First case: $x^2 = px + q$.

This is equivalent to $x(x - p) = q$, with $q > 0$ and therefore $x > p$. Putting $u = x$ and $v = x - p$, we consider the two quantities u, v of which we know the product $u \cdot v = q$ and the difference $u - v = p$; the required quantity x is then the larger of the two terms. We are therefore to solve
$$\begin{cases} u - v = p \\ u \cdot v = q. \end{cases}$$
Since
$$\left(\frac{u+v}{2}\right)^2 = \left(\frac{u-v}{2}\right)^2 + u \cdot v = \left(\frac{p}{2}\right)^2 + q,$$
we now know
$$\frac{u+v}{2} = \sqrt{\left(\frac{p}{2}\right)^2 + q}, \qquad \frac{u-v}{2} = \frac{p}{2},$$
and so we can now determine
$$u = x = \frac{u+v}{2} + \frac{u-v}{2} = \sqrt{\left(\frac{p}{2}\right)^2 + q} + \frac{p}{2}.$$

That is how x is calculated. The (often appended) geometric demonstration, on the model of the following, confirms this. Let (Fig. v) $x = AB$, $p = AC$, so $x - p = CB$ with $AB \cdot CB = q$. Let D be the mid-point of AC. Thus AC is bisected at D and to the segment of straight line AC is added CB. Then, by *Elements* II.6,
$$AB \cdot CB + DC^2 = DB^2.$$
We know $AB \cdot CB = q$, $DC = \dfrac{p}{2} = AD$, so we can determine DB, whence
$$x = AB = AD + DB = \frac{p}{2} + \sqrt{\left(\frac{p}{2}\right)^2 + q}.$$

See A.214, B.31, B.37, B.185c (each with a geometric demonstration). Pure reckoning in A.272, B.205b.

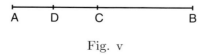

Fig. v

(b) Second case: $x^2 + px = q$.

This is equivalent to $x(x+p) = q$. Putting $u = x$ and $v = x + p$ ($v > u$ since $p, x > 0$), we consider the two quantities u, v of which we know the product $u \cdot v = q$ and the difference $v - u = p$; the required quantity x is then the lesser of the two terms. We are therefore to solve

$$\begin{cases} v - u = p \\ u \cdot v = q. \end{cases}$$

Since
$$\left(\frac{v+u}{2}\right)^2 = \left(\frac{v-u}{2}\right)^2 + u \cdot v = \left(\frac{p}{2}\right)^2 + q,$$

we now know
$$\frac{v+u}{2} = \sqrt{\left(\frac{p}{2}\right)^2 + q}, \qquad \frac{v-u}{2} = \frac{p}{2}$$

and so can determine
$$u = x = \frac{v+u}{2} - \frac{v-u}{2} = \sqrt{\left(\frac{p}{2}\right)^2 + q} - \frac{p}{2}.$$

That is how x is calculated. The often appended geometric demonstration, on the model of the following, confirm this. Indeed, let (Fig. vi) $x = AB$, $p = AC$, so $x + p = CB$ with $AB \cdot CB = q$. Let D be the mid-point of CA. Thus CA is bisected at D and to the segment of straight line CA is added AB. Then, by *Elements* II.6,

$$AB \cdot CB + DC^2 = DB^2.$$

We know $AB \cdot CB = q$, $DC = \frac{p}{2} = DA$, so we can determine DB, whence

$$x = AB = DB - DA = \sqrt{\left(\frac{p}{2}\right)^2 + q} - \frac{p}{2}.$$

See B.38, B.42a, B.138 (and B.145′), B.251, B.324, B.345 (all with a geometric demonstration). Pure reckoning in A.184, A.186, B.102, B.130.

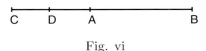

Fig. vi

(c) Third case $x^2 + q = px$.

This is equivalent to $x(p - x) = q$. Putting $u = x$ and $v = p - x$ ($p > x$), we consider the two quantities u, v of which we know the product $u \cdot v = q$ and the sum $u + v = p$; since u and v are interchangeable, the required quantity x may be, in theory, either of the two terms. We are then to solve
$$\begin{cases} u + v = p \\ u \cdot v = q. \end{cases}$$

Since
$$\left(\frac{u-v}{2}\right)^2 = \left(\frac{u+v}{2}\right)^2 - u \cdot v = \left(\frac{p}{2}\right)^2 - q,$$

we now know
$$\frac{u-v}{2} = \sqrt{\left(\frac{p}{2}\right)^2 - q}, \qquad \frac{u+v}{2} = \frac{p}{2}$$

and so can determine

$$u = x = \frac{u+v}{2} + \frac{u-v}{2} = \frac{p}{2} + \sqrt{\left(\frac{p}{2}\right)^2 - q}.$$

But we may also consider, using the minus sign,

$$v = \frac{u+v}{2} - \frac{u-v}{2} = \frac{p}{2} - \sqrt{\left(\frac{p}{2}\right)^2 - q}.$$

The geometric demonstration, on the model of the following, confirms this way of computing. Indeed, let (Fig. vii) $x = AB$, $p = AC$, so $p - x = BC$ with $AB \cdot BC = q$. Let D be the mid-point of AC. Thus AC is divided into equal parts at D and into unequal parts at B. Then, by *Elements* II.5,

$$AB \cdot BC + DB^2 = AD^2.$$

We know $AB \cdot BC = q$, $AD = \dfrac{p}{2}$, so we can determine DB, whence

$$x = AB = AD + DB = \frac{p}{2} + \sqrt{\left(\frac{p}{2}\right)^2 - q}.$$

See B.30, B.92, B.185a, B.252, B.346 (all with a geometric demonstration). Pure reckoning in A.271, B.206, B.342b. The solution with the minus sign is used in B.92, B.206, B.252, B.342b; in the last three instances the larger solution is not admissible while in the first the two unknowns are required.

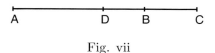

Fig. vii

- *Application of this third case: Extracting the root of a binomial expression.*

This is found in A.323b, A.324b, A.325, with a geometric construction in the first two cases. Consider the two expressions $\sqrt{A} \pm \sqrt{B}$, with $\sqrt{A}$ and $\sqrt{B}$ incommensurable and A, B rational (at least one not a square). Required are their square roots, thus u and v with

$$\sqrt{\sqrt{A} \pm \sqrt{B}} = \sqrt{u} \pm \sqrt{v}.$$

Since

$$\sqrt{A} \pm \sqrt{B} = u + v \pm 2\sqrt{uv}$$

we may put (since $\sqrt{A} > \sqrt{B}$ and $u + v > 2\sqrt{uv}$)

$$\begin{cases} u + v = \sqrt{A} \\ u \cdot v = \dfrac{1}{4}B. \end{cases}$$

Therefore
$$\left(\frac{u-v}{2}\right)^2 = \left(\frac{u+v}{2}\right)^2 - uv = \frac{1}{4}(A-B)$$
whence
$$u, v = \frac{u+v}{2} \pm \frac{u-v}{2} = \frac{\sqrt{A} \pm \sqrt{A-B}}{2},$$
so that
$$\sqrt{\sqrt{A} \pm \sqrt{B}} = \sqrt{u} \pm \sqrt{v} = \sqrt{\frac{\sqrt{A}+\sqrt{A-B}}{2}} \pm \sqrt{\frac{\sqrt{A}-\sqrt{A-B}}{2}}.$$

The possible reductions of this expression are examined in depth by the author in A–IX.

5.3.6 Quadratic systems.

The quadratic systems
$$\begin{cases} x_1 + x_2 = p \\ x_1 \cdot x_2 = q \end{cases} \quad \text{and} \quad \begin{cases} x_1 - x_2 = p \\ x_1 \cdot x_2 = q \end{cases} (x_1 > x_2)$$
are solved in the above way, using identities. See B.30–31, B.348–349.

5.4 Summation of series.

5.4.1 Arithmetic series.

Let $a_1, a_2, a_3, \ldots, a_n$ with the common difference δ, thus $a_2 = a_1 + \delta$, $a_3 = a_1 + 2\delta, \ldots, a_n = a_1 + (n-1)\delta$. Then

$$S = \sum_1^n a_i = n \cdot a_1 + \frac{n(n-1)}{2}\delta = \frac{n}{2}[2a_1 + (n-1)\delta] = \frac{n}{2}[a_1 + a_n].$$

See P_1 (basis of the formula), A.170, A.268–269, B.52, B.53, B.197, B.244 seqq. (that is, B–XII), B.297.

5.4.2 Infinite geometric series.

Let $a_1, a_2, a_3, \ldots$, with the common ratio r $(r < 1)$, thus $a_2 = a_1 \cdot r$, $a_3 = a_1 \cdot r^2, \ldots$. Then

$$S_a = \sum_1^\infty a_i = a_1\left[1 + r + r^2 + r^3 + \ldots\right] = a_1 \cdot f.$$

Let also $b_1, b_2, b_3, \ldots$, with $b_2 = b_1 \cdot r$, $b_3 = b_1 \cdot r^2, \ldots$ (same r as above). Then

$$S_b = \sum_1^\infty b_i = b_1\left[1 + r + r^2 + r^3 + \ldots\right] = b_1 \cdot f.$$

From this our author infers (B.117, B.118) that

$$\frac{S_a}{S_b} = \frac{a_1 \cdot f}{b_1 \cdot f} = \frac{a_1}{b_1},$$

thus removing the common infinite series.

Remark. The sum of a finite geometric series occurs in *Elements* IX.35.

5.4.3 Other summations.

The sum of consecutive natural numbers (already mentioned, 5.4.1), consecutive squares and cubes, as well as the restriction to either even or odd terms only, is treated in A.170–183.

5.5 Practical geometry.

The formulae for the areas of figures are used only when needed: the purpose of the *Liber mahameleth* is not to teach them, and the reader is at one point referred to specialized treatises (books on *taccir*, thus mensuration, see B.143′).

5.5.1 Plane figures.

— Area of a rectangular figure with sides a, b: B.126–146, B.150, B.152, B.154, B.275.

— Circumference or area of a circle with radius r $(\pi \cong 3 + \frac{1}{7})$: B.143′, B.150, B.152, B.272′, B.341, B.354.

5.5.2 Solid figures.

— Volume of a parallelepiped with sides a, b, c: B.272–274, B.334–338, B.341.

— Volume of a sphere with radius r (proportional to r^3): B.122–123.

— Volume of a cylinder: B.272′, B.341.

5.6 Metrology.

We can hardly put much faith in the relative values of the measures used in the *Liber mahameleth*, as a few examples will show. First, the *modius* may become a *caficius* in another group of problems in the same chapter, the price per unit remaining unchanged (B.65, B.71). Next, forty loaves are made from an *arrova* in B.301 and from a *caficius* in B.302, the size of the loaf being nearly the same. To a 'measure' of liquid is given a precise volume in cubits in B.341, namely half a cubic cubit, but the proportion is 1 : 10 in B.337 and 1 : 5 in B.338. Next, a *morabitinus* is worth 10 *nummi* in B.326, but ten *solidi*, thus 120 *nummi*, in B.329; even taking into account the locally varying values of the different morabitini, a ratio 1 : 12 seems excessive. Considering the very bad proportion given in B.124 for the specific weights of gold and silver, it is clear that our author did not care very much about such practical details.

5.6.1 Volumes (dry measures).

— *Almodi.* B.65, B.77, B.286. One almodi is equivalent to 12 caficii (B.65, B.286c).

— *Arrova.* B.300–301, B.304–305′; B.306 (in Toledo).

— *Caficius*. B.60, B.62–88, B.90–92, B.96, B.98–103, B.132, B.155–172, B.286–296, B.302–303; B.298–299 (in Toledo; one caficius in Toledo is equivalent to $\frac{3}{4}$ of a modius in Segovia according to B.298).†

— *Emina*. B.306 (one emina in Segovia is equivalent to $\frac{6}{5}$ of an arrova of Toledo).

— *Modius*. B.9–10, B.15–17, B.21–23, B.26–29, B.33 (notes 956 & 959), B.39–40, B.43–47, B.59, B.65, B.190–194; B.298-299 (in Segovia).

— *Sextarius*. A–IV introd., B.1–8, B.11–14, B.18–20, B.24–25, B.30–B.38, B.41–42, B.48–53, B.89, B.173–174, B.190–194, B.227–229, B.254–263, B.297.

5.6.2 Volumes (liquid measures).

— *Arrova*. B.276–285. Customarily in use is its 'eighth' (*octava*, *thumn*).

— '*Mensura*'. B.175–189, B.334–341. Two 'measures' are said to fill a volume of one cubic cubit in B.341.

5.6.3 Lengths.

— *Cubitus*. B.126–154, B.272–275, B.334–B.364, B.366–367, B.372, B.374.

— *Palmus*. B.122–123, B.365.

— *Miliarium*. B.254–263, B.368–370.

5.6.4 Weights.

— *Nummus*. B.330.

— *Libra* (only in the introduction to the group B.59–82).

— *Uncia*. B.121, B.124–138.

5.6.5 Coins.

— *Morabitinus*. A.60–68, B.307–330; particular kinds of morabitini are the *baetes* and the *melequini* (B.329).

— *Nummus*. A–IV introd., A.160–164, A.166, A.206–214, A.268–273, B.1–B.29, B.39–51, B.59–80, B.83–92, B.96, B.98, B.100–104, B.116–120, B.254–275, B.307–326, B.330, B.365, B.367, B.377–378.

— *Obolus*. A.210, A.212, B.10, B.43, B.46, B.120.

— *Solidus*. B.59, B.65, B.71, B.309–310, B.327–329. One solidus is worth 12 nummi (B.65, B.71, B.309*b*).

6. The edited Latin text.

In the text we have used square brackets, [ ], to indicate interpolations (in italics in the translation) and angular brackets, ⟨ ⟩, for words missing in the manuscripts. In the (Latin) critical notes our comments appear in italics, the rest in Roman type. The abbreviations are the usual ones and

---

† A *caficius* in Seville is said by contemporary sources to correspond to what a carrier could bear on his back (see Lévy-Provençal, *Séville musulmane*, p. 91).

require no explanation, except for those concerning the omission of the titles in MS $\mathcal{B}$ (remember that it was supposed to be inserted later on in red ink): *spat. rel.* means that a blank space has been left intentionally while *spat. hab.* means that the situation is ambiguous, the blank being smaller than the title and thus perhaps not left on purpose; this may have some importance for the history of the text. Of importance is also the cause of the error; it has been, as far as possible, indicated in these critical notes. Finally, observe that there are, apart from these notes, two further kinds of note; first those reproducing longer variant readings of some portion of the text, then those indicating the location of the edited text in the manuscripts (remember that the text in $\mathcal{B}$ and $\mathcal{C}$ is disordered).

In order to establish the text, we sometimes had to opt for one spelling when some word was written by the copyists in different ways. There was also the question of whether or not to note some erroneous writings of lesser importance repeatedly occurring for the same word. Here are examples of how we proceeded in both cases.

— All manuscripts commonly write *agregare* instead of *aggregare*, with few exceptions (e.g. *ll.* 27, 1326, 2874), and this is the writing we have adopted throughout. But instead of the correct mediaeval abbreviation *aǵǵ* for *agreg-* we often find the erroneous *aǵǵ-*, *aǵǵ-* or *agg-*. The first, being a very frequent and rather insignificant error since a slip in writing the accent may easily occur, has been noted at its first occurrence only (*l.* 185). The second, less frequent, has been noted at its first occurrence, for *agregare* (or related words), or when the different readings of the manuscripts are compared (*ll.* 39, 1248, 1326). But the third one, being really an omission, has been regularly indicated (e.g. *ll.* 202, 388, 660, 1248, 1487). Other cases are noted (*l.* 3213).

— The word *nummus* is commonly written like that in $\mathcal{A}$ (more so by the second hand), while $\mathcal{B}$ and particularly $\mathcal{C}$ have mostly *numus* (with exceptions, e.g. *ll.* 4067 *seqq.*). We have corrected and noted the occurrences of the second writing.

— We have chosen the *scriptio difficilior hee* instead of *he* (both of which are attested in the MSS, see e.g. *ll.* 7640, 12656, 12840), and *hiis* instead of *his* although the former is found only in $\mathcal{A}$ (e.g. *ll.* 174, 1189, 5807, 5850), though not always (e.g. *ll.* 13, 1000, 1124), while *hii* only occurs (twice: *ll.* 6636, 9211).

— Like $\mathcal{A}$ & $\mathcal{B}$, we shall write *quatuor*. $\mathcal{B}$ only occasionally has *quattuor* (*ll.* 6749, 8512, 8522, 8710, 8930, 9203, 9211, 9436). But $\mathcal{C}$ almost always writes *quattuor*, *quattuordecim*; exceptions in *ll.* 828–30, 1148, 1232, 2119, 3807, (...), 7970, 7982.

Remark. Other instances of alternative writings are to be found in the Glossary (Part II); see *algebra, cupa, demonstrare, equidistans, mahameleth, sextarius, mucabala.*

Some writings are found occasionally, and in one manuscript only and may thus be attributed to its copyist. Thus the first hand in $\mathcal{A}$ commonly has *eqū* for *equum* —an admissible abbreviation; but since *eqū* also occurs (e.g. *ll.* 213, 216, 235), we have systematically noted the first writing in the critical notes (*ll.* 219 *seqq.*). In $\mathcal{B}$ certain words have been broken up: *ad equare* (6796), *an nona* (9208), *de inde* (6197), *equi distans* (15483), *post ponere* (2428), *quo modo* (9983), *quot quot* (2585), *quis quis* (12150), *re integrare* (4199-200), *super esse* (3482); this being merely copyist's negligence (see *l.* 10138 and the critical note to *ll.* 10138–39), we have noted it at the first occurrence and when the separation is marked or the sense might be affected (*quomodo*, 10142). In $\mathcal{B}$ again we may find the abbreviation $\bar{\imath}$ (meaning thus *in* or *im*) where we would expect $\acute{\imath}$ (thus *i*); the origin being again carelessness (of the copyist while adding signs during the revision of his copy: see above, p. xxviii), we have disregarded this kind of error (as in *l.* 2320, where *dımıdıa* has become *dímídıā*), except when the result is less banal (e.g. *l.* 2425).

Letters in the text referring to letters in figures appear between dots with a stroke above (.ā., *ll.* 296, 15215; transcribed *A* by us); the absence of this stroke has been systematically noted (e.g. *ll.* 307, 1508, 7142). It should also be noted that the sequence of the letters in a figure follows, more or less, the Arabic (or Greek) alphabetical order; the most extensive collections are found in P_1 (20 letters, including Ç), A.323 (14), A.324 (15), B.90 (16), B.244 (26, including the double-letters SO, OS). Errors or variants in a figure are indicated just below this figure and not in the critical notes. Observe finally, about these figures, that their orientation may be either left to right or right to left. In the *original* manuscript the figures drawn in the outer margins were probably oriented towards the text, and thus their orientation was different on recto and verso sides, an orientation which later copyists did not bother to adapt.

Incipit liber mahameleth

De numeris

Omnium que sunt, alia sunt ex artificio hominis, alia non. Que autem non sunt ex artificio hominis, alia cadunt sub motu, alia non, ut Deus et angelus. Eorum autem que cadunt sub motu, alia non possunt esse sine motu [et materia], ut humanitas et quadratura, alia possunt esse absque hoc. Eorum autem que non habent esse sine motu, alia nec possunt esse nec intelligi absque materia propria, ut humanitas, alia possunt intelligi absque materia propria et si non habeant esse nisi in materia, ut quadratura. Ea autem que commiscentur motui et possunt esse sine illo sunt ut unitas et numerus et causalitas et huiusmodi.

Numerus ergo est de hiis que utroque modo considerantur, in se scilicet et in materia. Numerus enim in se consideratur cum eius natura vel proprietas tantum [per se] attenditur secundum quod est par vel impar, et cetera huiusmodi que docentur in arimethica Nicomachi; in materia vero consideratur cum [prout est in subiecto] attenditur [ut tres vel quatuor] secundum quod ad multiplicandum et dividendum et cetera huiusmodi humanis usibus suffragatur, quod docetur in arimethica Alcorizmi et mahameleth. Illa autem consideratio qua numerus per se attenditur dicitur theorica vel speculativa, qua vero in materia dicitur practica vel activa. Et quoniam artis arimethice est utroque modo de numero tractare, ideo arimethica alia est theorica, alia practica.

Practice autem species multe sunt, quoniam alia est scientia coniungendi numeros, alia disiungendi, alia est scientia negotiandi, alia est scientia

---

1–140 Incipit liber mahameleth ... subiecta figura declarat] 99^r, $1 - 100^r$, 36 $\mathcal{A}$; 1ra, 1-$2 - 2^{ra}$, 3-26 (cum fig.) $\mathcal{B}$; 26ra, 1-$3 - 26^{va}$, 36-59 $\mathcal{C}$.

1–2 Incipit liber mahameleth] *rubro col.* $\mathcal{B}$, *om.* $\mathcal{AC}$ *(spat. rel.* $\mathcal{C})$ **3** De numeris] *rubro col.* $\mathcal{B}$, *om.* $\mathcal{AC}$ *(spat. rel.* $\mathcal{C})$; *in summa pag. etiam* Incipit liber mahamelet *(sic)* de numeris $\mathcal{B}$ **4** Omnium] *om. sed spat. rel. et in marg. hab.* $\mathcal{C}$ **4** alia sunt] que *add. et del.* $\mathcal{C}$ **6** angelus] agelus *(corr. ex* agelis*)* $\mathcal{B}$ **6** Eorum] *corr. ex* eorum $\mathcal{A}$ **7** esse] *post hoc aliquid in ras.* $\mathcal{B}$ **10** habeant] hn̄ant $\mathcal{BC}$ *(pr.* n *in ras.* $\mathcal{B})$ **11** commiscentur] conmiscentur $\mathcal{B}$ **12** causalitas] caliditas $\mathcal{B}$ **13** hiis] his *codd.*   **13** considerantur] cum eius vel proprietas *add. et del.* $\mathcal{A}$ **14** enim] autem *codd.*   **15** secundum] sicut *codd.*   **15** vel impar] *om. in textu* $\mathcal{B}$, *& add. in marg.*: et impar   **16** arimethica] armechita *ut vid.* $\mathcal{B}$ **16** Nicomachi] nichomachi $\mathcal{A}$ **16** Nicomachi; in materia] *sign. lectoris in marg.* $\mathcal{C}$ *(†)*   **16** vero] autem $\mathcal{A}$ **17** in] *om.* $\mathcal{C}$ **17** tres] t *add. supra* $\mathcal{B}$ **17** quatuor] quattuor $\mathcal{C}$ **18** cetera] *contr. pr. scr. et corr. supra* $\mathcal{B}$ **18–19** humanis usibus suffragatur] suffragatur humanis usibus $\mathcal{A}$ **19** arimethica] h *add. supra* $\mathcal{A}$ **19** Alcorizmi] alcouçini $\mathcal{A}$, alcouzini $\mathcal{B}$ **20** consideratio] conderatio *pr. scr. et corr. supra* $\mathcal{B}$ **20** numerus] numrus $\mathcal{A}$ **21** qua] *mut. in* que $\mathcal{B}$ **21** Et] *om.* $\mathcal{A}$ **22** est *(post* arimethice*)*] *om.* $\mathcal{C}$ **24** Practice autem ...] *lector scr. in marg.* $\mathcal{B}$: Praxeos arithmeticę species multę   **25** est *(post* disiungendi, alia*)*] *add. supra* $\mathcal{A}$ **25** negotiandi] per numeros *add. in marg.* $\mathcal{B}$ **25–26** scientia per numeros occulta] occulta scientia per numeros $\mathcal{A}$, scientia per numeros occulta *(sed* per numeros *del.)* $\mathcal{B}$, scientia occulta per numeros $\mathcal{C}$

per numeros occulta inveniendi, et multe alie. Illa autem que docet numeros coniungere alia est agregandi, alia duplandi, alia multiplicandi, que vero disiungere alia est diminuendi, alia mediandi, alia dividendi; scientia autem radices numerorum inveniendi sub utraque continetur, quoniam radix utroque modo invenitur, scilicet coniungendo et disiungendo quia multiplicando et minuendo. Scientia vero negotiandi alia est vendendi et emendi, alia est mutuandi et accomodandi, alia est conducendi et locandi, alia ⟨est⟩ expendendi et conservandi, et multe alie de quibus in sequentibus tractabitur. Scientia vero per numeros occulta inveniendi et est in predictis speciebus negotiandi et est in inveniendo pondere rerum vel profunditate vel capacitate ex cognita earum longitudine vel latitudine, vel e converso.

[Numerus autem alius est integer, alius fractio. Numerus vero integer alius est digitus, alius articulus, alius limes, alius compositus. Digiti sunt primi numeri ex solis unitatibus agregati, ut sunt omnes ab uno usque ad novem.]

Unitas autem non est numerus, sed est origo et principium numeri; ex ipsa enim omnis numerus componitur et in eandem resolvitur, ipsa vero non dividitur. [Si enim poneremus eam dividi, sequeretur non esse [cum autem dividimus, ipsa habet esse; dicimus enim 'unam partem' et 'duas partes']; igitur, si divideretur, haberet simul esse et non esse in eodem tempore, quod est impossibile. Omnis autem numerus potest dividi, numerus enim est id quod ex unitatibus componitur; unitas igitur non est numerus.] [Sed nec numerus est unitas, nec numerus est etiam res numerata. Cum enim dicimus 'tres', 'decem', 'centum', 'mille', solos numeros significamus, cum vero res numeratas significare volumus statim illis suos numeros apponimus, dicentes 'tres homines', 'decem equi', 'centum sextarii', et 'mille nummi', et huiusmodi. Numerus igitur non est res numerata.] Primus autem numerus qui ex unitatibus componitur binarius est, unde est primus omnium et minimus. Binario vero addita unitate fit ternarius. Et ternario addita unitate fit quaternarius. Et ita semper per additionem unitatis numerus crescit in infinitum.

Unde singuli numeri non potuerunt propriis nominibus designari. Cum enim in omni lingua certa et terminata sint loquendi instrumenta et eorum

---

26 que] quę 𝒜   26–27 numeros] nūos *hic et sæpius* 𝒜   27 numeros coniungere] *sign. lectoris in marg.* 𝒞 (†)   27 est] *om.* 𝒜   27 agregandi] aggregandi 𝒞   27 alia duplandi, alia multiplicandi] alia dupplandi alia multiplicandi 𝒜, alia multiplicandi alia dupplicandi ℬ   28 mediandi] mech *pr. scr. et corr.* ℬ   30 scilicet] sed 𝒜   30–31 quia multiplicando] *sign. lectoris in marg.* 𝒞 (†)   31 Scientia vero] *sign. lectoris in marg.* 𝒞 (†)   33 expendendi] expendendendi 𝒜   34 occulta] oculta ℬ   34–35 et est ... negotiandi] *uncis inclus. lector* ℬ   35 et] *in ras.* ℬ   38 est] *om.* 𝒜   39 agregati] agregrati *(sc., ut sæpius,* aggati *scr.)* 𝒜   41 Unitas] nota *scr. in marg.* ℬ *(et manum delineavit)*   41 principium] pncipium *hic et sæpe scr.* 𝒜   43 Si enim ...] *lector scr. in marg.* ℬ: Quare unitas dividi nequeat   44 dividimus] dividamus *codd. (corr.* ℬ𝒞*)*   45 haberet] fiet 𝒜   46 quod] *corr. ex* quo ℬ   46 impossibile] inpossibile ℬ   50 volumus] voluimus 𝒞   51 tres] *rescr. lector* ℬ   51 sextarii] sexstarii ℬ   51 nummi] numi 𝒜𝒞   52 Primus autem numerus ...] *sign.* (¶) *ab al. m. in marg.* 𝒜; *manum delin. in marg. (et sign. lectoris* ¶ *hab.)* ℬ; *sign. lectoris in marg.* 𝒞 (†)   54 addita *(post* ternario*)] corr. ex* additai 𝒜   56 crescit] cresit 𝒜   57 Unde singuli ...] *lector scr. in marg.* ℬ: Quare propriis nominibus singuli numeri non vocentur   57 designari] assignari 𝒜ℬ   58 sint] *quasi* fiunt ℬ   58 loquendi] loqṅdi 𝒞

definite naturaliter modulationes quibus vox articulata formatur, unde [et litterarum figure apud omnes gentes] et earum compositiones secundum ordinem preponendi et postponendi ad representanda rerum omnium nomina varie sed definite sunt. Idcirco, cum numeri sint infiniti, nomina non potuerunt nec debuerunt habere singuli, precipue cum homines in omni pene re numeris utentes nimis impedirentur si in numerationibus suis infinitam numeralium nominum multitudinem in promptu semper habere numerandi necessitate cogerentur. Unde necesse fuit infinitam numerorum progressionem certis limitibus terminare ⟨et illos⟩ paucis nominibus designare ne cogeretur homo in numerando per novas additiones tam numerorum quam nominum semper procedere. Et quoniam omnes numeros habere nomina fuit impossibile, et aliquos necesse, et quoniam necesse erat eos inter se multiplicari, idcirco dispositi sunt per ordines sive differentias.

[Unusquisque autem ordo continet novem numeros preter primum.] Primum autem ordinem instituerunt ab uno usque ad novem; qui habet novem nomina et dicitur ordo unorum sive digitorum; cuius principium sive limes est unitas. Ad instar autem huius primi ordinis constitutus est etiam secundus ordo, continens novem numeros, qui sunt a decem usque ad centum. Cuius ordinis principium sive limes est denarius, ex quo geminato et multiplicato nascuntur omnes sui ordinis numeri sicut prius ex unitate geminata et multiplicata nascebantur primi ⟨numeri⟩; et dicitur ordo decenorum sive articulorum. Articuli autem sunt omnes decupli digitorum consequenter a decem usque ad nonaginta; decem enim decuplus est unitatis, et viginti decuplus est binarii, et triginta ternarii, et ita ceteri ceterorum decupli sunt consequenter usque ad nonaginta. Tertium vero ordinem instituerunt a centum usque ad mille. Cuius principium sive limes est centum, ex quo geminato et multiplicato nascuntur omnes sui ordinis numeri ad instar primi et secundi, ut ducenti, trescenti, et ⟨ita ceteri⟩ usque ad nongenta; et dicitur ordo centenorum. Quartum ordinem instituerunt a mille usque ad novem milia. Cuius principium sive limes est mille, ex quo geminato et multiplicato secundum primos digitos nascuntur ceteri sui

---

59 definite] *mut. in* definitę *lector* B, definita A   **59** et *(post* unde*)*] *add. supra* B
60 litterarum] littarum A   **60** figure] *mut. in* figurę *lector* B   **60** gentes] gn̄s B
60–62 compositiones secundum ... definite sunt] varie *(mut. in* varię *lector* B*)* sed definite *(*diffinite BC, *mut. in* diffinitę *lector* B*)* sunt secundum ordinem preponendi et postponendi *(corr. ex* post ponendi B*)* ad representanda rerum *(pro* representanda rerum *pr. scr.* representandarum *et corr.* A*)* omnium nomina *(*nota, *corr. ex* nata, A*)* compositiones *(*compōnēs A, comp'ones B*) codd.*   **62** Idcirco] iccirco AC   **63** habere] h *pr. scr. et exp.* A   **63** singuli] numeri *add. et exp.* B   **65** in promptu] inpropmtu A, inpromtu B   **66** cogerentur] cognentur C   **67** terminare] e *corr.* A   **67** paucis] pancis *pr. scr. et corr. supra* B   **68** additiones] addictiones A, addietiones B   **69** Et quoniam ...] *lector scr. in marg.* B: Ordo numerorum quare inventus   **71** idcirco] iccirco C
71 dispositi] disspositi A   **72** numeros] no *pr. scr. et corr.* A   **74** ordo] *om.* A
74 unorum] numerorum *pr. scr. et exp.* B   **76** etiam] etiam et AC   **76** novem] *om.* A   **76** a] ad *pr. scr. et corr.* B   **80–81** decupli digitorum] decuplidigitorum AB *(corr.* B*)*   **81** ad] *om.* BC   **82** unitatis, et viginti decuplus est] unitatis et XX decuplus est *marg.* B   **83** ceterorum] cetorum C   **83** ad] *om.* BC   **84** ad] *om.* BC
85 multiplicato] mltiplicato B   **87** nongenta] nonaginta A, nongenti *pr. scr. et corr.* B   **88** usque] iter. B   **88** novem] decem A   **88** milia] millia C   **89** multiplicato] triplicato *codd.*

ordinis numeri; et dicitur ordo millenorum. [Ab hoc ordine inceperunt sequentes ordines iterari, et est principium iterationis.] Quintum instituerunt a decem milibus usque ad nonaginta milia.

Et ita in infinitum crescunt ordines numerorum, sequentes semper decupli priorum. Sicut enim decem decuplus est unitatis [et viginti decuplus est binarii, et ita ceteri usque ad nonaginta], sic centum, qui est limes centenorum, decuplus est limitis decenorum, mille vero, qui est limes millenorum, decuplus est ⟨limitis⟩ centenorum. Similiter quintus limes decuplus est quarti, quia decem milia decuplus est milium [et viginti milia decuplus duorum milium, et triginta milia decuplus est trium milium, et ita de ceteris consequenter usque ad nonaginta milia. Deinde in sexta differentia sequitur limes centenorum milium, decuplus quinti; sicut enim centum milia decuplus est decem milium, ita ducenta milia decuplus est viginti milium, et trescenta milia decuplus est triginta milium, et sic per ordinem consequenter usque ad nongenta milia. Deinde in septima differentia sequitur limes milies milium, decuplus sexti, per ordinem consequenter usque novies milies mille. Octava autem differentia sequitur limes articulorum milies milium, ut decies milies mille, vel vigies, vel trigies, vel quadragies milies mille, et ita per ordinem sequuntur decupli precedentium usque nonagies milies mille. Nona autem differentia sequitur limes centenorum milies milium, decupli precedentium usque nongenties milies mille. Decima autem differentia sequitur limes milies milies milium, decupli priorum usque novies milies milies mille].

Et ita in infinitum poteris procedere, ponendo sequentes decuplos precedentium ad similitudinem priorum, post tertiam autem differentiam semper inchoando quasi prius; ut, sicut primus limes est unitas, secundus decem, tertius centum, ita primus limes sit mille, secundus decies mille, tertius centies mille, similiter etiam primus sit milies mille, secundus decies milies mille, tertius centies milies mille, ita etiam primus sit milies

---

90 ... dicitur ordo millenorum] *lector scr. in marg. B:* Hinc satis patet ordinem hunc, qui ad similitudinem digitorum exoritur, potius iterationis principium dici debere quam quintum qui sequitur, et per consequens secundam diferentiam *(sic)* facere ut in paragr. 'ut sicut' *(v. infra, post* 'Et ita in infinitum poteris ... quasi prius'*)* **90** inceperunt] ceperunt *codd.* **90–91** sequentes] seqn̄tes *scr. (hic et sæpe infra)* 𝒜 **92** ad] *om.* ℬ𝒞 **93** numerorum] *e corr.* 𝒜 **94** unitatis] unitatatis 𝒜 **95** centum] 𝒞 𝒜 **95** qui] qui *(corr. ex* quandoque*)* 𝒜, quandoque ℬ, quoque 𝒞 **95** est *(post* qui*)*] *om.* 𝒞 **96** mille] M 𝒜 **96** qui] qui 𝒜𝒞 *(corr. ex* quandoque 𝒜*),* quandoque ℬ **96** limes] primus limes 𝒜𝒞 **98** decem] X 𝒜 **98** est *(post* decuplus*)*] *om.* ℬ **98** viginti] XX 𝒜 **101** centum] 𝒞 𝒜 **102** decem] X 𝒜 **102** ducenta] CC 𝒜 **102** decuplus] ded *pr. scr. et corr.* 𝒞 **102** viginti] XX 𝒜 **103** trescenta] CCC 𝒜, trescentum ℬ **103** triginta] XXX 𝒜 **104** consequenter] *add. supra* 𝒜 **104** ad] *om.* ℬ𝒞 **104** nongenta] nonaginta *codd. (corr.* 𝒞*)* **106** limes] milies *pr. scr. et exp.* ℬ **106** articulorum] articlorum ℬ **107** milies mille] millies M 𝒜, milices mille 𝒞 **108** mille] M 𝒜 **108** sequuntur] secuntur 𝒜ℬ **108** precedentium] precedentium ℬ **109** milies mille] milies M 𝒜, millies mille ℬ **110** milium] millium 𝒜 **110** nongenties] nonagies 𝒜, nongies ℬ𝒞 **110** mille] M 𝒜, milium *pr. scr. et exp.* ℬ **112** mille] M 𝒜 **114** ad similitudinem priorum ...] *sign.* (¶) *ab al. m. in marg.* 𝒜 **114** tertiam autem differentiam] autem differentiam *(*differentia *in cod.)* tertiam *pr. scr. et corr.* 𝒜 **115** inchoando] incoando *codd.* **116** decem] X 𝒜 **116** centum] 𝒞 𝒜 **116** mille] M 𝒜 **116** mille *(post* decies*)*] M 𝒜 **117** tertius] tercies *pr. scr. et corr.* 𝒞 **117** mille *(post* centies*)*] M 𝒜 **117** mille] M 𝒜 **118** mille] M 𝒜 **118** centies] tri *pr. scr. et corr.* 𝒞 **118** mille *(ante* ita*)*] M 𝒜, milies *pr. scr. et del.* ℬ **118** sit] fit *ut vid.* 𝒜

milies mille, secundus decies milies milies mille, tertius centies milies milies mille, et ita in infinitum, semper quidem post tertiam differentiam quasi incipiens a digitis, per articulos usque ad centenos perveniendo. [Sicut enim prima differentia est digitorum in unitatibus, ita quarta sit digitorum in milibus; ut, sicut in prima differentia digitorum dicitur unus, duo, tres et ita consequenter usque ad novem, ita in quarta differentia, que est milium, dicatur unum mille, duo milia, tria milia et sic per ordinem usque ad novem per primos digitos enumerando mille. Sicut autem secunda differentia est articulorum in decenis, ita quinta differentia sit articulorum in milibus; ut, sicut in secunda differentia dicitur decem, viginti, triginta et sic per ordinem usque ad nonaginta, sic in quinta differentia dicatur decem milia, viginti milia, triginta milia et sic usque ad nonaginta, enumerando mille per primos articulos. Sicut autem in tertia differentia dicitur centum, ducenta, trescenta et sic usque ad nongenta, ita in sexta differentia dicatur centum milia, ducenta milia, trescenta milia et ita per ordinem, centum milia enumerando per primos digitos usque nongenta milia. Sic deinceps in infinitum de omnibus sequentibus, ut semper post tertiam prima sit unitatum, secunda decenorum, tertia centenorum, ⟨et⟩ prima enumeretur per digitos, secunda per articulos, tertia per centenos.] Unde principia vel limites tantum quatuor ordinum habent nomina propria, videlicet unus, decem, centum, mille, ceterorum vero principia ab istis generantur et ad istorum instar ordinantur. Quod ut clarius fiat subiecta figura declarat.

[Compositi vero numeri dicuntur qui inter ipsos vel limites interiacent; et sunt compositi semper ex digito et articulo vel limite, ut duodecim, viginti duo, ducenti, duo milia, et huiusmodi.]

[Unicuique autem ordini apposuerunt notam vel signum per quod dinoscatur. Primi igitur ordinis notam posuerunt unitatem; nam quia primus ordo est unitatum et principium ceterorum ordinum, ita et nota eius convenientius unitas esse debuit principium et origo reliquarum notarum. Notam vero secundi ordinis posuerunt duo, notam tertii tres, et sic uniuscuiusque ordinis nota tantum distat ab uno quantum ipse ordo distat a primo. Quia autem nota primi ordinis fuit unum, ideo nota cuiusque ordinis maior est nota precedentis uno. Significatio autem note est ostendere cuius ordinis

---

141–151 Compositi vero numeri ... precedentis uno] $\mathcal{AB}$ deficiunt; $26^{vb}, 1 - 12\ \mathcal{C}$.
151–168 Significatio autem note ... in sequentibus assignabimus] $\mathcal{A}$ deficit; $2^{ra}, 27 - 2^{rb}, 5\ \mathcal{B}$; $26^{vb}, 12 - 33\ \mathcal{C}$.

---

119 milies *(post* decies milies*)*] millies $\mathcal{B}$ **120** quasi] quasi semper *codd.*   **121–122** Sicut enim] *sign. lectoris in marg.* $\mathcal{C}$ (†)   **124** que] quę $\mathcal{A}$ **125** milia *(post* duo*)*] millia $\mathcal{C}$ **125** milia] millia $\mathcal{C}$ **126** mille] M $\mathcal{A}$ **127** decenis] milibus *pr. scr. et del.* $\mathcal{C}$ **127** sit] est *codd.*   **128** decem] X $\mathcal{A}$ **128** viginti] XX $\mathcal{A}$ **128** triginta] XXX $\mathcal{A}$ **129** ad] *om.* $\mathcal{BC}$ **129** quinta] V $\mathcal{A}$ **129** decem] X $\mathcal{A}$ **130** viginti] XX $\mathcal{A}$ **130** triginta] XXX $\mathcal{A}$ **130** enumerando] multiplicando *codd.*   **131** centum] C $\mathcal{A}$, cenc *pr. scr. et corr.* $\mathcal{B}$ **132** nongenta] nonaginta $\mathcal{B}$ **133** centum] C $\mathcal{A}$ **133** ducenta milia] CC milia *(corr. ex* mila*)* $\mathcal{A}$ **133** trescenta] CCC *(sic, sc.* CC.C *in cod.)* $\mathcal{A}$ **133** centum] C $\mathcal{A}$ **134** enumerando] multiplicando *codd.*   **134–135** in infinitum] infinitum $\mathcal{A}$ **135** semper] *add. in marg.* $\mathcal{B}$ **135** post] postquam *pr. scr. & quam eras.* $\mathcal{B}$ **135–136** unitatum] *corr. ex* imitatum $\mathcal{A}$, unorum $\mathcal{B}$ **138** quatuor] quattuor $\mathcal{C}$ **138** videlicet] ut *codd.*   **139** centum] C $\mathcal{A}$ **139** mille] M $\mathcal{A}$ **142** compositi] copositi *cod.*   **150** autem] enim *cod.*

sit quilibet numerus cognitus. Unde si nota ordinis fuerit decem, et numerus erit in decimo ordine; si vero undecim, et numerus erit in undecimo ordine.]

decem 9	8	7	6	5	4	3	2	1
1	1	1	1	1	1	1	1	1
2	2	2	2	2	2	2	2	2
3	3	3	3	3	3	3	3	3
4	4	4	4	4	4	4	4	4
5	5	5	5	5	5	5	5	5
6	6	6	6	6	6	6	6	6
7	7	7	7	7	7	7	7	7
8	8	8	8	8	8	8	8	8
9	9	9	9	9	9	9	9	9
milies milies millenorum	centum milies millenorum	decem milies millenorum	milies millenorum	centum millenorum	decem millenorum	millenorum	centenorum	decenorum	ordo digitorum

De ordinibus: *Figura inven. in* $\mathcal{A}$ *(100^r, 16 – 36),* $\mathcal{B}$ *(2ra, 4 – 26),* $\mathcal{C}$ *(26va, 37 – 59); tit. infra verticales* $\mathcal{A}$; *ad primam lineam scr. lector* $\mathcal{B}$: Notę significatio.

ordo digitorum] *om.* $\mathcal{B}$. decenorum] *om.* $\mathcal{B}$. centenorum] *om.* $\mathcal{B}$. millenorum] mille $\mathcal{B}$. decem millenorum *usque ad* milies milies millenorum] *pro* millenorum *scr.* milias $\mathcal{B}$, milia $\mathcal{C}$; *pro* milies *scr.* mille $\mathcal{A}$. centum milies millenorum] centum mill millenorum $\mathcal{A}$, centies milies milias $\mathcal{B}$, centies milies milia $\mathcal{C}$. milies milies millenorum] milłe mille millenorum $\mathcal{A}$. *Similem fig. repet. lector* $\mathcal{C}$ *in ult. pag. cod. cum tit.*: Tabula abaci de opere practico numerorum *(add. infra:* cui si sciatur non est similis in valore*).*

155 [Digiti, deceni, centeni, milleni, decies mille, centies mille, milies mille, decies milies mille, centies milies mille, milies milies mille, et sic in infinitum.]

[Nota unorum vel digitorum est unum; nota decenorum, duo; nota centenorum, tres; nota millenorum, quatuor; nota de decies mille, quinque;

---

152 fuerit] fiunt *(ut sæpe infra)* $\mathcal{B}$ **154** ordine] *post hoc spat. unius lin. pro tit. rel.* $\mathcal{BC}$ **155** milies] millies $\mathcal{B}$ **158** vel] *supra lin.* $\mathcal{C}$ **159** quatuor] quattuor $\mathcal{C}$

nota de centies mille, sex; nota de milies mille, septem; nota de decies milies mille, octo; nota de centies milies mille, novem; nota de milies milies mille, decem.   Et e converso: nomen unius, unum; nomen duorum, decem; nomen trium, centum; nomen de quatuor, mille; nomen de quinque est decies mille; nomen de sex, centum milia; nomen de septem, milies mille; nomen de octo, decies milies mille; nomen de novem est centies milies mille; nomen de decem est milies milies mille. Et sic in infinitum. Regulas autem cognoscendi notam cognito numero, vel cognoscendi numerum cognita nota, in sequentibus assignabimus.]

Quoniam autem que de multiplicatione et divisione et ceteris prepositis speciebus dicenda sunt probare proponimus, ideo quedam que ad probationem sequentium necessaria sunt premittere volumus, ut quisquis hec prius cognoverit in sequentium probationibus expeditior sit. Que autem premittuntur hec sunt.

169–620 Quoniam autem ... monstrare voluimus] $100^v, 1 - 104^v, 13$ $\mathcal{A}$; $2^{rb}, 5 - 5^{vb}, 19$-20 $\mathcal{B}$; $26^{vb}, 34 - 29^{ra}, 26$-$28$ $\mathcal{C}$.

---

160 de *(ante* centies*)*] *om.* $\mathcal{B}$ **162** e converso] ecoverso $\mathcal{C}$ **162** unius] unins $\mathcal{B}$ **163** quatuor] quattuor $\mathcal{C}$ **164** milia] millia $\mathcal{C}$ **165** milies *(post* centies*)*] millies $\mathcal{B}$ **168** assignabimus] *lector scr. in marg.* $\mathcal{B}$: 'Assignabimus', scilicet in charta 6 paragr. 'postquam autem' *(fol. 5vb, 21, sc. post PE_{10})* usque ad c*(apitulum)* de multiplicatione *(infra, post reg. (ii) insequentem A.8)*   **169** que] *mut. in* quę *lector* $\mathcal{B}$ **169** multiplicatione] mĩtiplic̄oē *hic et sæpissime* $\mathcal{A}$ **169** prepositis] propositis *codd.*   **170** probare] *corr. ex* prop $\mathcal{A}$ **172** sit] fiat $\mathcal{A}$

Capitulum de hiis que debent preponi practice arimethice

(P_1) Omnes numeri, quotquot fuerint, eadem differentia se superantes, si fuerint in numero pari tantum reddunt duo extremi sibi agregati quantum quilibet duo medii quorum unus tantum distet a primo quantum alter ab ultimo; si vero fuerint in numero impari similiter etiam erit, hoc adiecto quod tantum reddent primus et ultimus sibi agregati quantum medius duplatus.

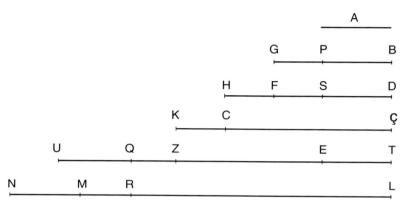

Ad P_1: *Figura inven. in* A *(100^v, 25 − 33)*, B *(bis: 2va, 13 − 17 & 2^r, ima pag.)*, C *(27ra, 17 − 23)*.

A: Ç] Z.

B, 1^a: PB = SD = ET < A *(pr. E inter C et Ç scr. et del.).* FD = CÇ < GB *(sc. C sub F).* K *&* Z *sub* H. M *sub* U. Ç] *quasi* Z.

B, 2^a: *om.* S, U, E. M *pro* N *&* N *inter* R *&* L. *Lector illustravit:* A = 2, BG = 4, DH = 6, ÇK = 8, TQ = 10, LM = 12.

C: ÇK = TQ *(Q sub K & Z sub C).* M *sub* U. Ç] Z.

Verbi gratia. Sint numeri A, BG, DH, $ÇK$, TQ, LM, et in numero pari et superantes se eadem differentia [que sit PG]. Dico igitur quod agre-

174–175 *tit.*] *om. sed spat. rel.* BC, *lineam subter dux.* A   **175** arimethice] arimetice *pr. scr. corr. supra in* arithmetice A   **176** (P_1)] I *in marg.* AC *(1 repet. in altera marg. lector* A*); sign. lectoris* (†) *in marg.* C   **176** quotquot] quot quot BC   **176** fuerint] fiunt B   **177** numero] unero B   **177** quantum] quanq *pr. scr. et corr.* A   **179** numero] unero B   **179** impari] im *add. supra* AB   **180** reddent] reddunt B   **182** Verbi gratia] *exempla add. lector* A: 2 4 6 8 10 12 *(ubi sc.* 2 + 12 = 4 + 10 = 6 + 8*) et* 1 3 5 7 9 11 13 *(ubi sc.* 1 + 13 = 3 + 11 = 5 + 9 = 2 · 7*); similiter lector* B *(in pr. fig.):* 2 4 6 8 10 12; *similiter lector* C: 2 4 6 8 10 12 14 *(ubi sc.* 2 + 14 = 4 + 12 = 6 + 8 = 2 · 8 = 16*); & etiam scr. lector in marg.* B: *Huius propositionis exemplum pone ut hic (descr. tabulam progressionum in forma quadrata, quasi multiplicatoriam cum productis a* 1 · 1 *usque ad* 10 · 10*)*   **182** ÇK] ZK ABC   **182** numero] uno B   **183** pari] impari A

gatus primus, qui est A, cum ultimo, qui est LM, tantum reddit quantum
agregati quilibet duo ex illis quorum unus tantum distet a primo quantum
secundus ab ultimo, qui sunt vel BG cum TQ, vel DH cum $ÇK$. Id autem
in quo BG superat A sit PG, id vero quo DH superat BG sit numerus
FH, sed id in quo $ÇK$ superat DH sit numerus CK, id vero in quo TQ
superat $ÇK$ sit numerus ZQ, et LM superet TQ in numero qui sit RM;
et omnes iste differentie quibus se superant sint equales. Dico igitur quod
agregatus A cum LM tantum reddit quantum agregati BG et TQ. Quod
sic probatur. Cum enim protraxerimus MN equalem ad A, profecto monstrabitur quod RN equalis est ad BG: A enim equalis est ad BP, et est
equalis ad MN, igitur BP equalis est ad MN; sed PG equalis est ad RM;
igitur RN equalis est ad BG. Monstrabitur etiam quod RL equalis est
ad TQ: nam id in quo LM vincit TQ est RM. Ergo totus LN equalis
est [utrique] BG et TQ simul acceptis. Totus autem LN equalis est ad
A et LM. Totus igitur A cum LM equalis est ad BG cum TQ [scilicet
ad TQ adiecta linea equali ad BG, sicut prius ad LM MN equalis ad A].
Similiter etiam monstrabitur quod equalis est ad DH cum $ÇK$.

Sint etiam in numero impari, scilicet sint A, BG, DH, $ÇK$, TQ. Monstrabitur ergo quod A agregatus cum TQ tantum reddit quantum BG cum
$ÇK$ sicut premonstratum est. Dico etiam quod tantum reddit A agregatus
cum TQ quantum duplatus DH. Quod sic probatur. Nos enim protrahemus QU equalem ad A, et de TQ accipiemus equalem ad A, que est TE, et
ex DH sumemus equalem ad A, que est DS. Manifestum est igitur quod
in QE sunt quatuor superhabundantie et in SH due. Igitur QE dupla est
ad SH. Et manifestum est etiam quod TE et QU dupla est ad DS. Totus
igitur TU duplus est ad totum DH. Totus autem TU equalis est toti A et
TQ. Igitur totus A et TQ duplus est ad DH. Et hoc est quod monstrare

---

185 agregati] aggti A *(saepius infra AB)* **185** duo] duci A **185** quorum] quatuor
pr. scr. et corr. B **185** unus] *corr. forsan ex* uni A **186** TQ] *post hoc hab. aliquid
supra* A **186** $ÇK$] ZK BC **187** BG *(post* superat*)*] HG A **188** $ÇK$] ZK BC
188 DH] DG A **189** superat] supperat A **189** $ÇK$] ZK ABC **192** probatur]
proatur A **192** MN] PG *in ras.* B **193** quod RN equalis est] RN *(FD in ras.*
B) equalis esse *codd.* **194** equalis *(post* et est*)*] *corr. ex* equalus A **194** MN *(ante*
igitur*)*] NL *in ras.* B **194** BP] FD *in ras.* B **194** MN *(ante* sed*)*] BG *in ras.*
B, NM *pr. scr. et del.* C **194** RM] RM *in ras.* B, IM C **195** RN] *in ras.*
B **195** BG] BP *in ras.* B **195** RL] RS A **195** est *(post:* RL equalis*)*] *om.* A
196 LN equalis] LM qualis B **197** BG] MR *in ras.* B **197** TQ] est totus *add. et
exp.* A **197** LN] LM AB **198** A] BG *in ras.* B **198** LM] RM A, DG *(vel RQ)
in ras.* B **198–199** scilicet ad TQ ... ad A] *add. codd. in marg.* **199** BG] HG C
200 est] *om.* B **200** $ÇK$] ZK BC **201** A] AD *pr. scr. et corr.* B **201** $ÇK$] ZK
ABC **202** agregatus] aggatus A **203** $ÇK$] ZK ABC **203** premonstratum] premostratum B **203** tantum] demonstratum est *add. et exp.* B **204** duplatus] dupplatus
AB **204–205** protrahemus] protraemus BC *(corr. ex* protrax C) **205** equalem *(post:
QU)*] qualem A, equale B **205** equalem *(post* accipiemus*)*] equale B **205** TE, et]
TEL *(ut vid.)* A, talis B, TE vel C **206** equalem] equale B **206** DS] ds A **207**
quatuor] quattuor C **207** superhabundantie] sunt habundantie AB **207** SH] SQ
pr. scr. et corr. B **207** QE *(ante* dupla*)*] Q E *(sc. in cod.* q̄ ē *pro* q̄ē*)* C **207**
dupla] dupla ABC **208** SH] due. Igitur QE dupla *(sic)* est ad SH *(quæ postea
iter.) del.* B **208** et QU] *add. in marg.* C **208** dupla] dupla AB **208** DS] ds
A **209** est *(post* equalis*)*] *om.* B **210** A] AU *pr. scr. et U exp.* A **210** duplus]
dupplus BC

proposuimus.

(P₂) Omnium trium numerorum id quod fit ex ductu primi in secundum et ex ductu inde producti in tertium equum est ei quod fit ex ductu tertii in secundum et ex ductu producti inde in primum.

```
        D                           H
  _____                 _____
   A              B              G
  _____   _____   _____
```

Ad P_2: *Figura inven. in* $\mathcal{A}$ *(100^v, ima pag.),* $\mathcal{B}$ *(2va, 42 – 44),* $\mathcal{C}$ *(27ra, 42 – 44).*

Lector $\mathcal{B}$ *illustravit:* A = 2, B = 3, G = 4; H = 12, D = 6 (*D exiguitatis causa mut. in* 6).

215   Verbi gratia. Sint tres numeri super quibus sint A, B, G. Dico igitur quia id quod fit ex ductu A in B et producti inde in G equum est ei quod fit ex ductu G in B et producti inde in A. Id autem quod fit ex ductu A in B sit D, et quod fit ex ductu G in B sit H. Dico igitur quia id quod fit ex ductu A in H equum est ei quod fit ex ductu G in D. Quod sic probatur. Ex
220   ductu enim A in B provenit D [ex ypotesi], et ex ductu G in B provenit H. Ex ductu igitur A et G in aliquem numerum proveniunt D et H. Talis est igitur comparatio unius producti ad aliud productum qualis est comparatio unius multiplicati ad alium multiplicatum, sicut dixit Euclides in septimo libro [X°VIII° theoremate]. Talis est igitur comparatio de A ad G qualis

---

211 proposuimus] *ad hoc scr. lector in marg.* $\mathcal{B}$: Huic etiam teoremati *(sic)* addi potest quod de progressione dicitur, scilicet: Omnes numeri, quotquot fuerint, eadem differentia se superantes, si fuerint in numero pari tantum reddunt duo extremi simul iuncti multiplicati per numerum medietatis partium quantum aggregatio omnium illorum in unum, si vero fuerint in numero impari similiter etiam erit si numerus qui in medio est, vel dimidium eius quod profluit ex aggregatione extremorum, quod idem est, aggregetur producto ex multiplicatione extremorum per medietatem numeri paris minoris.   Aliud etiam addi potest, quod huic simillimum est, de numero pariter pari. Omnes enim numeri dupla se, vel tripla vel alia proportione, superantes si fuerint in numero pari tantum reddunt duo extremi in se ipsos ducti quantum quilibet duo medii quorum unus tantum distet a primo quantum alter ab ultimo. Si vero fuerint in numero impari, similiter etiam erit, hoc adiecto quod tantum reddit medius in se ipsum ductus quantum primus et ultimus in se ducti.   **212** (P_2)] II *in marg.* $\mathcal{C}$, *om.* $\mathcal{AB}$; *sign. lectoris (†) in marg.* $\mathcal{C}$ **212–214** Omnium ... in primum] Omnium trium numerorum cum multiplicatur primus in secundum et secundus in tertium, vel e converso tertius in secundum et secundus in primum *(et secundus in primum om., add. lector in marg.)* numerum, id quod fit ex ductu unius producti in aliud productum numerum equum est ei quod fit ex ductu producti numerum quemlibet *hab.* $\mathcal{B}$ **212** quod] qui $\mathcal{A}$ **213** tertium] id quod provenit *add. codd.*   **214** producti] productu *pr. scr. et corr.* $\mathcal{A}$ **216** producti] productu *pr. scr. et corr.* $\mathcal{A}$ **216** fit] *add. supra lin.* $\mathcal{A}$ **217–218** Id autem quod fit ex ductu A in B sit D] Quod sic probatur (proatur, $\mathcal{A}$). Sed prius: id quod fit ex ductu A in B sit (proveniat, $\mathcal{A}$) D *codd.*   **218** et] *om.* $\mathcal{A}$ **218** quia] quod $\mathcal{A}$ **219** equum] equm *(sc.* eqū*)* $\mathcal{A}$ **219** D] $\mathcal{B}$ *pr. scr. et exp.* $\mathcal{B}$ **219** probatur] proatur $\mathcal{A}$ **220** enim] *om.* $\mathcal{A}$ **220** ex ypotesi] *om.* $\mathcal{A}$, ex ipotesi *in textu* $\mathcal{B}$, ex ypotesi *add. in marg.* $\mathcal{C}$ **221** et] *in pr. scr. et corr.* $\mathcal{A}$ **221** et H] &H *(sc.* $\overline{\&H}$ *in cod.)* $\mathcal{C}$ **221** Talis] Et alia $\mathcal{A}$ **222** unius producti] producti unius *codd.*   **222** ad] *supra* $\mathcal{B}$ **223** ad alium] ad aliud *bis scr. post. del.* $\mathcal{B}$, in aliud $\mathcal{C}$ **224** X°VIII° theoremate] *om.* $\mathcal{AB}$, *add. in marg.* $\mathcal{C}$ **224** Talis] Et alis *pr. scr. et* E *del.* $\mathcal{B}$ **224** comparatio] coparatio $\mathcal{A}$

est comparatio de D ad H. Ergo sunt quatuor proportionalia. Quod igitur fit ex ductu A in H equum est ei quod fit ex ductu G in D, sicut dixit Euclides [in X°VIIII° septimi]. Et hoc est quod monstrare proposuimus.

(P_3) Omnium quatuor numerorum id quod fit ex ductu primi in secundum et tertii in quartum et unius producti in aliud productum equum est ei quod fit ex ductu primi in tertium et secundi in quartum et producti in productum.

(a) Verbi gratia. Sint quatuor numeri super primum quorum sit A, super secundum B, super tertium G, super quartum D. Dico igitur quia id quod fit ex ductu A in B et G in D et producti ex illis in productum ex istis equum est ei quod fit ex ductu A in G et B in D et producti ex illis in productum ex istis. Id autem quod fit ex ductu A in B sit H, et quod fit ex ductu G in D sit Z, et quod fit ex ductu A in G sit K, quod vero fit ex ductu B in D sit T. Dico igitur quia quod fit ex ductu H in Z equum est ei quod fit ex ductu K in T. Quod sic probatur. Ex ductu enim A in B provenit H [ex ypotesi], et ex ductu B in D provenit T [et e converso illud idem]. Ex ductu igitur A et D in B proveniunt H et T. Talis est igitur comparatio H ad T qualis est comparatio A ad D [ex X°VIII° septimi]. Similiter etiam [monstrabitur quod] ex ductu A et D in G proveniunt K et Z. Comparatio igitur de K ad Z est sicut comparatio de A ad D [ex eodem]. Comparatio autem de A ad D iam erat sicut comparatio de H ad T. Comparatio igitur de H ad T est sicut comparatio de K ad Z. Sunt igitur quatuor numeri proportionales [H et T et K et Z];

228–231 Omnium quatuor ... in productum] *sic in textu C; lect. alt. hab. AB et in marg. C:* Omnium quatuor (quattuor, *C*) numerorum cum multiplicatur primus in secundum et tertius in quartum, id quod fit ex ductu unius producti in aliud productum equum est ei quod fit ex ductu (ductutu *scr. et corr. B*) producti ex multiplicatione primi in tertium in productum ex multiplicatione secundi in quartum.

---

225 quatuor] IIII^{or} *A,* quattuor *C* **226** equum] equm *A* **227** in X°VIIII° septimi] in X°VIIII° *(in textu) A,* in XVIIII septimi *in marg. B,* in X°VIIII° septimi *in marg. C* **227** monstrare] demonstrare *C* **227** proposuimus] *hic hab. B a lectore in marg.:* Ex quatuor proportionalibus numeris qui in hoc theoremate continentur colligi non insulse potest quod de fractionum diversarum denominatione ad unam comunem denominationem reductione dicitur. Nam cum duo numeri per tertium multiplicantur, tanta est proportio inter productum unius istorum ex multiplicatione in tertium et productum alterius ex multiplicatione in eundem tertium quanta est proportio inter unum et alium. Unde si $\frac{1}{3}$ et $\frac{1}{4}$ ad eandem voluero reducere denominationem, tria per quatuor multiplicabo, et fient 12 quę erit comunis denominatio; quod si quęram quot de ista comuni denominatione sint in $\frac{1}{3}$, sicut tria per 4 multiplicavi ita unum per quatuor multiplicabo, et erunt quatuor numeri proportionales, videlicet 1 et 3, 4 et 12. Tanta igitur est proportio inter numerantem $\frac{1}{3}$ et eius denominatorem quanta est proportio inter 4 et duodecim; quia totiens in 12 4 continentur quotiens in tribus unitas est, et totiens 4 1 continerat quotiens in 4 unitas est. **228** (P_3)] *in marg. hab.* III *C,* 2 *add. lector A; sign. lectoris* (†) *in marg. C* **228** quatuor] quattuor *C* **232** quatuor] IIII^{or} *C* **233** *G*] *B pr. scr. et exp. B* **233** quartum] quatum *C* **235** ductu] *corr. ex* ductum *B* **238** *T*] *ter pr. scr. A* **239** est] etiam *B* **239** probatur] proatur *A* **240** enim] *add. supra A, om. B* **240** ex ypotesi] *om. A,* ex ipotesi *in textu B,* ex ypotesi *in marg. C* **240–241** et e converso] Ex e converso *A* **242** est] etiam *B* **242** ad *(post: H)*] et *B* **242** est *(post* qualis)*] etiam *B* **242–243** ex X°VIII° septimi] *in textu A, om. B, in marg. C* **244** Comparatio] Conparatio *B* **245** de *(post* comparatio)*] *D scr.* **245** ex eodem] Ex eodem *(in textu) B* **245** de *(post* autem)*] *D scr. B* **246** Comparatio] Conparatio *B* **247** quatuor] IIII^{or} *A,* quattuor *C* **247** et *(post T)*] *om. AC*

quod igitur fit ex ductu H in Z equum est ei quod fit ex ductu K in T [per decimum nonum septimi]. Manifestum est igitur quod omnium quatuor numerorum id quod fit ex ductu primi in secundum et tertii in quartum et producti in productum equum est ei quod fit ex ductu primi in tertium et secundi in quartum et producti in productum. Et hoc est quod monstrare proposuimus.

Ad $P_3 a$–b: Figura inven. in $\mathcal{A}$ (101^r, 17 – 18), $\mathcal{B}$ (2vb, 33 – 37), $\mathcal{C}$ (27rb, 11 – 14).
Q & T lineatæ in $\mathcal{A}$, K & H & Z lineatæ in $\mathcal{A}$.

(**b**) Hoc etiam monstrabitur ex eo quod dixit Avoquemel in tertia parte libri gebla et mugabala, scilicet quod:

($\boldsymbol{P_3'}$) Omnes duo numeri si dividantur singuli per aliquem numerum et deinde eorum que de utriusque divisione exeunt si multiplicetur unum in alterum, tunc id quod provenit equum est ei quod exit ex divisione producti ex multiplicatione unius divisorum in alterum per productum ex ductu unius dividentis in alterum.

Verbi gratia. Nam ex ductu A in B provenit H [ex ypotesi]; igitur si dividatur H per B exibit A [per hanc regulam: Cum aliquis numerus multiplicatur in alium, si productus dividatur per aliquem eorum exibit alter. Ut si quatuor multiplicentur in tres, vel e converso, provenient duodecim; per quemcumque igitur eorum dividantur duodecim, exibit alter. Et sic in omnibus.]. Similiter, ex ductu G in D provenit Z; si igitur dividatur Z per D, exibit G. Habemus igitur quod ex divisione H per B exit A, et ex divisione Z per D exit G. Cum ergo diviserimus id quod fit ex ductu H in Z per productum ex ductu B in D, exibit id quod provenit ex ductu A in

---

248 equum] equm $\mathcal{A}$ **248–249** per decimum nonum septimi] om. $\mathcal{AB}$, add. in marg. $\mathcal{C}$ **249** quatuor] IIII^{or} $\mathcal{A}$, quattuor $\mathcal{C}$ **251** equum] equm $\mathcal{A}$ **252** secundi] secundum pr. scr. et corr. $\mathcal{A}$ **254** Hoc etiam] hic add. lector 3 in marg. $\mathcal{A}$; sign. lectoris (†) in marg. $\mathcal{C}$ **254** Avoquemel] avoqueniel $\mathcal{AB}$ **255** gebla et mugabala] gebleam ugabala $\mathcal{A}$, gebleamu gabala $\mathcal{BC}$ **255** scilicet] Secundum $\mathcal{A}$, Solus $\mathcal{B}$ **256** dividantur] dividant et $\mathcal{B}$ **256** per aliquem numerum] id est unus per unum et alius per alium, et sic erunt duo dividentes et duo divisi add. in marg. 2^a m. $\mathcal{A}$, vel aliquos numeros add. in marg. lector $\mathcal{C}$; ante numerum hab. aliquid in ras. $\mathcal{B}$ **257** eorum que] eorumque $\mathcal{A}$ **258** alterum] alterrum (sc. altr̄u) $\mathcal{B}$ **258** provenit] proveniunt $\mathcal{B}$ (fit pr. scr. et exp.)   **258** equum] equm $\mathcal{A}$ **259** alterum] alterrum $\mathcal{B}$ **259** per productum] productum (corr. ex preductum) $\mathcal{B}$ **260** in alterum] in altm̄ $\mathcal{B}$; vel eiusdem in se ipsum add. in marg. lector $\mathcal{C}$ **261** ex ypotesi] om. $\mathcal{A}$, ex ipotesi in textu $\mathcal{B}$, ex ypotesi marg. $\mathcal{C}$ **261–262** si dividatur] sividatur $\mathcal{B}$ **262–266** per hanc regulam … omnibus] in textu $\mathcal{B}$, in marg. $\mathcal{C}$, add. debuit (sign. hab.) $\mathcal{A}$ **264** quatuor] quattuor $\mathcal{C}$ **266** provenit] proveniet $\mathcal{BC}$ **267** H] corr. ex Z $\mathcal{A}$

G [sicut premonstratum est]. Id ergo quod provenit ex ductu H in Z sit Q. Scimus etiam quod ex ductu B in D provenit T, et quod provenit ex ductu A in G est K. Si igitur dividatur Q per T, exibit K. Id ergo quod provenit ex ductu K in T erit Q. Sed ex ductu H in Z est etiam Q. Id ergo quod fit ex ductu H in Z equum est ei quod fit ex ductu K in T. Et hoc est quod monstrare proposuimus.

(*c*) Postquam autem monstratum est quod proposuimus hoc modo [de hac questione quam proposuit Avoquemel, et est necessaria nobis] iterum, inducam probationem de eo quod dixit Avoquemel multo faciliorem ea quam ipse posuit.

Verbi gratia. Ex divisione A per B exeat G, et ex divisione D per H exeat Z, ex ductu autem A in D proveniat K, et ex ductu B in H proveniat T, et ex ductu G in Z proveniat Q. Dico igitur quod ex divisione K per T exibit Q. Quod sic probatur. Ex ductu G in B provenit A, et ex ductu G in Z provenit Q. Ergo talis est comparatio de A ad Q qualis est comparatio de B ad Z. Similiter etiam, ex ductu B in H provenit T, et ex ductu Z in H provenit D. Talis est igitur comparatio de B ad Z qualis est comparatio de T ad D. Iam autem erat comparatio de B ad Z sicut comparatio de A ad Q. Igitur comparatio de A ad Q est sicut comparatio de T ad D. Quod igitur fit ex ductu A in D equum est ei quod fit ex ductu Q in T. Quod autem provenit ex ductu A in D est K. Igitur ex ductu Q in T provenit K. Si igitur dividatur K per T exibit Q. Et hoc est quod demonstrare proposuimus.

A	K	D
B	T	H
G	Q	Z

Ad P_3c: *Figura inven. in $\mathcal{A}$ ($101^v, 9 - 11$), $\mathcal{B}$ ($3^{ra}, 45 - 48$), $\mathcal{C}$ ($27^{rb}, 50 - 54$).*

(**P_4**) Cum aliquis numerus dividitur per alium et quod exit dividitur per tertium, tunc id quod exit equum est ei quod exit ex divisione primi per productum ex ductu secundi in tertium.

Verbi gratia. Ex divisione A per B exeat G, et ex divisione G per D exeat H. Dico igitur quod si dividatur A per productum ex ductu

---

270 premonstratum] premonstrabitur *pr. scr. et corr.* $\mathcal{A}$, premonstratum $\mathcal{B}$ **271** Scimus] c *add. supra* $\mathcal{A}$, Simus $\mathcal{B}$ **271** etiam] *om.* $\mathcal{B}$ **272** ductu] ducto *(quod corr.)* $\mathcal{B}$ **274** equum] equm $\mathcal{A}$ **276–277** de hac ... nobis] *in textu* $\mathcal{AB}$, *in marg.* $\mathcal{C}$ **277** Avoquemel] avoqueniel $\mathcal{A}$ **278** de] quam *pr. scr. et del.* $\mathcal{C}$ **278** Avoquemel] avoqueniel $\mathcal{A}$ **280** Verbi gratia] Age *codd.* **283** ductu *(post* Ex*)*] ductuctu *pr. scr. et corr.* $\mathcal{A}$ **285** ductu *(ante B)*] *in add. et exp.* $\mathcal{B}$ **286** B] H *codd.* **287** comparatio] copartio *pr. scr.* a *(tantum)* *add. supra* $\mathcal{A}$ **289** equum] equm $\mathcal{A}$ **289** Q] *corr. ex* quod $\mathcal{A}$ **291** demonstrare] demonstra *pr. scr. & re add. supra* $\mathcal{C}$ **293** (P_4)] IIII *in marg.* $\mathcal{ABC}$; *sign. lectoris* (†) *in marg.* $\mathcal{C}$ **294** equum] equm $\mathcal{A}$ **294** exit ex] exit de $\mathcal{A}$ **295** productum] producti $\mathcal{C}$ **296** A] .a. pro .ā. $\mathcal{C}$ **296** et ex divisione G] *in marg.* $\mathcal{B}$

B in D exibit H. Quod sic probatur. Ex divisione enim G per D exit H [ex ypotesi]; ex ductu igitur H in D proveniet G [per hanc regulam: Omnium duorum numerorum cum dividitur alter per alterum, si id quod exit multiplicetur in dividentem, proveniet divisus]. Et ex divisione A per B exit G; ex ductu igitur G in B proveniet A. Ex ductu igitur H in D et inde producti in B proveniet A. Iam autem ostendimus quod omnium trium numerorum id quod fit ex ductu primi in secundum et ex ductu inde producti in tertium equum est ei quod fit ex ductu tertii in secundum et ex ductu inde producti in primum [ex premisso]. Quod igitur fit ex ductu H in D et inde producti in B equum est ei quod fit ex ductu B in D et inde producti in H. Id autem quod fit ex ductu H in D et producti in B est A. Quod igitur fit ex ductu B in D et producti in H est A. Si igitur dividatur A per productum ex ductu B in D, exibit H. Et hoc est quod monstrare voluimus.

$$\begin{array}{c} \underline{\quad A \quad} \\ \underline{\quad B \quad} \\ \underline{\quad G \quad} \\ \underline{\quad D \quad} \\ \underline{\quad H \quad} \end{array}$$

Ad P_4: *Figura inven. in* $\mathcal{A}$ *($101^v, 21 - 22$),* $\mathcal{B}$ *($3^{rb}, 27 - 32$),* $\mathcal{C}$ *($27^{va}, 13 - 17$).*

Lector $\mathcal{C}$ *add. numeros, vid.:* 24 (= A), 3, 8, 4, 32 *(sic); similiter in* $\mathcal{A}$, *2 & 1 (= H & D) tantum exstant.*

(P_5) Cum aliquis numerus dividitur per alium et quod exit multiplicatur in tertium, tunc id quod provenit equum est ei quod exit de divisione producti ex ductu divisi in multiplicantem per dividentem. [Sic intellige ut productum ex multiplicatione exeuntis ex prima divisione equum sit exeunti ex secunda divisione producti ex secunda multiplicatione.]

Verbi gratia. Ex divisione A per B exeat G, et ex ductu G in D proveniat H. Dico igitur quia ex ductu A in D et ex divisione producti

---

298 exibit] *corr. ex* exit $\mathcal{A}$ **299** ex ypotesi] ex ipotesi *in textu* $\mathcal{AB}$, ex ypotesi *marg.* $\mathcal{C}$ **299–301** per hanc ... divisus] *in textu* $\mathcal{AB}$, *marg.* $\mathcal{C}$ **300** Omnium] Quoniam $\mathcal{B}$ **300** dividitur] *corr. ex* dividatur $\mathcal{A}$ **301** proveniet] *om.* $\mathcal{A}$, *prove pr. scr. et del.* $\mathcal{B}$ **301** divisus] dividsi *pr. scr. et corr.* $\mathcal{B}$ **302** exit] exivit $\mathcal{BC}$ **302** G *(post* igitur*)*] *corr. ex* igitur $\mathcal{A}$ **303** ostendimus] per secundam huius *add. in marg.* $\mathcal{B}$ **305** equum] equm $\mathcal{A}$ **305** et] *om.* $\mathcal{A}$ **306** ex premisso] *om.* $\mathcal{A}$, *in textu* $\mathcal{BC}$ **307** D] B *pr. scr. & corr. et rescr.* $\mathcal{C}$ **307** B *(post* in*)*] H $\mathcal{AC}$ **307** equum] equm $\mathcal{A}$ **307** B *(ante* in*)*] H *pr. scr.* $\mathcal{A}$, h *(sc.* h *pro* h̄ *in cod.)* $\mathcal{C}$ **307** in *(post:* B*)*] *om.* $\mathcal{A}$ **308** B] H *codd.*   **311** monstrare] demonstrare $\mathcal{C}$ **311** voluimus] *corr. ex* volumus $\mathcal{A}$ **312** (P_5)] V *in marg.* $\mathcal{AC}$; *sign. lectoris* (†) *in marg.* $\mathcal{C}$ **313** provenit] pervenit $\mathcal{B}$ **313** equum] equm $\mathcal{A}$ **313–314** quod exit ... per dividentem] *in textu* $\mathcal{AB}$; *marg.* $\mathcal{C}$, *in textu hab.:* quod fit ex ductu primi in tertium, et ex divisione producti inde per secundum   **314** multiplicantem] multiplicatione $\mathcal{AB}$ *(corr.* $\mathcal{B}$*)*   **314–316** Sic ... multiplicatione] *add. in marg.* 1^a *m.* $\mathcal{AB}$, *om.* $\mathcal{C}$ **317** A] autem $\mathcal{C}$ *(A add. supra lector* $\mathcal{C}$*)*   **317** et] quia $\mathcal{A}$ **318** quia] quod $\mathcal{C}$

per B exibit H. Cuius probatio hec est. Ex divisione enim A per B exit G; ex ductu igitur G in B proveniet A. Sed ex ductu G in D provenit H. Ex ductu igitur G in B et in D proveniunt A et H. Talis est igitur comparatio de B ad D qualis est comparatio de A ad H [ex X°VII° septimi libri]. Sunt igitur quatuor numeri proportionales. Quod igitur fit ex ductu A in D equum est ei quod fit ex ductu B in H [ex X°VIII° eiusdem]. Ergo si multiplicetur A in D et productum dividatur per B exibit H. Et hoc est quod monstrare voluimus.

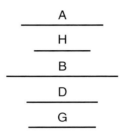

Ad P_5: Figura inven. in A (101^v, $30 - 31$), B (3rb, $48 - $ ima pag.), C (27va, $27 - 32$).

(P_6) Cum fuerint sex numeri quorum primus sic se habeat ad secundum sicut tertius ad quartum, et sic se habeat quintus ad secundum sicut sextus ad quartum, tunc id in quo superat primus quintum [vel superatur a quinto] sic se habebit ad secundum sicut id in quo superat tertius sextum [vel superatur a sexto] habet se ad quartum.

Verbi gratia. Sint sex numeri AB, G, DH, Z, AK, DT, et comparatio primi, qui est AB, ad secundum, qui est G, sit sicut comparatio tertii, qui est DH, ad quartum, qui est Z, et comparatio quinti, qui est AK, ad G, qui est secundus, sit sicut comparatio sexti, qui est DT, ad quartum, qui est Z. Dico igitur quia id in quo superat primus quintum, et sit hoc KB, sic se habebit ad secundum, qui est G, sicut id in quo superat tertius sextum, et sit hoc TH, ad quartum, qui est Z. Cuius probatio hec est. Nam comparatio AK ad G est sicut comparatio DT ad Z; cum autem converterimus, comparatio de G ad AK erit sicut comparatio Z ad DT [ex X°VI°

---

320 in B] in H codd. **321** B] corr. ex H A **321** in D] D A **321** igitur (post est)] om. A **322** est (post qualis)] om. BC **322–323** ex X°VII° ... proportionales] totum in textu A, ex X°VII° septimi libri marg. post 'proportionales' ponenda indic. B, totum in marg. C **323** quatuor] IIII°r A, quattuor C **323** numeri] libri pr. scr. et exp. B **324** equum] equm A **324–325** ex X°VIII° ... exibit H] ex X°VIII° eiusdem in textu Ergo si ... exibit H om. A, ex X°VIII° eiusdem in marg. post 'exibit H' ponenda indic. B, totum hab. in marg. C **326** voluimus] volumus A **327** (P_6)] VI in marg. A; sign. lectoris (†) in marg. C **327** fuerint] fuerit C **328** tertius] tertium pr. scr. et corr. B **329** quartum] Verbi gratia add. (v. infra) et del. A **329–330** vel superatur a quinto] in textu AB (q'nto scr. A), in marg. C **330** tertius] primus pr. scr. et del. A **331** vel superatur a sexto] in textu AB, in marg. C **331** a sexto] a sesto (corr. ex a se octo) B **332** sex] VI A **334** DH] ad DH B **334** quinti, qui est] qui est quinti B **336** hoc] add. supra A **338** hoc] om. A **338–339** Cuius ... Z] per homœotel. om. A **340** ad AK] ad K C **340–341** ex X°VI° quinti] in textu A, marg. BC

quinti]. Habemus igitur comparationem de AB ad G sicut comparationem de DH ad Z et comparationem de G ad AK sicut comparationem Z ad DT. Secundum proportionalitatem igitur equalitatis erit comparatio de AB ad AK sicut comparatio de DH ad DT. Cum autem disiunxerimus [et converterimus], erit comparatio de BK ad AK sicut comparatio de HT ad TD. Comparatio autem de AK ad G est sicut comparatio DT ad Z. Ergo, secundum proportionalitatem equalitatis, comparatio de BK ad G erit sicut comparatio TH ad Z. Et hoc est quod monstrare voluimus.

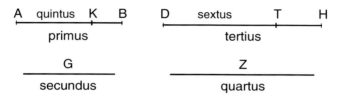

Ad P_6: Figura inven. in $\mathcal{A}$ (102^r, $10 - 12$), $\mathcal{B}$ (3va, $32 - 35$), $\mathcal{C}$ (27va, $52 - 55$).

secundus] secondus $\mathcal{B}$. tertius] om. $\mathcal{C}$. quartus] quarttus (quod corr.) $\mathcal{B}$.

Ex hoc autem quod premisimus monstrabitur etiam quod:

(P_7) Cum quilibet duo numeri diversi dividuntur per aliquem numerum, tunc id in quo exiens de divisione maioris superat aliud, exiens de divisione minoris, equum est ei quod exit ex divisione eius quo superat alter alterum numerorum per dividentem.

Verbi gratia. Sint igitur duo numeri diversi AB et AK. [Id autem in quo alter superat alterum sit KB.] Dividatur autem AB per G et exeat DH, et dividatur AK per G et exeat DT. Id autem quo superat AB AK est KB, id vero quo superat DH DT est TH. Dico igitur quod cum diviseris KB, que est differentia duorum numerorum divisorum, per G exibit TH, que est differentia duorum exeuntium de duabus divisionibus. Quod sic probatur. Dividitur enim AB per G et exit DH. Si igitur multiplicaveris DH in G, proveniet AB. Igitur G totiens numerat AB quotiens unitas est in DH. Unitas autem numerat DH quotiens est in eo unitas. Comparatio igitur unius ad DH est sicut comparatio G ad AB. Cum

---

343–344 Secundum ... ad DT] per homœotel. om. $\mathcal{C}$ **344** disiunxerimus] disiungerimus $\mathcal{A}$ **345** comparatio (post erit)] coparatio $\mathcal{C}$ **345** BK] corr. ex BH $\mathcal{C}$ **345** HT] corr. ex BT $\mathcal{A}$ **346** Comparatio] Conparatio $\mathcal{B}$ **347** proportionalitatem] proportionalem $\mathcal{AC}$ (corr. $\mathcal{A}$) **348** voluimus] corr. ex volumus $\mathcal{A}$ **349** quod] quidem $\mathcal{BC}$ **350** (P_7)] VI vel VII (V tantum remanet in marg.) & 7 add. lector $\mathcal{A}$, VI in marg. $\mathcal{BC}$ **350** diversi] inequales $\mathcal{A}$, equales pr. scr. et in add. supra $\mathcal{B}$, diversi in textu et equales (sic) add. in marg. $\mathcal{C}$ **351–352** exiens de divisione minoris] om. et Verbi gratia hab. (v. infra) $\mathcal{A}$, add. in marg. $\mathcal{C}$ **352** minoris] corr. ex maioris $\mathcal{B}$ **352** equum] equm $\mathcal{A}$ **352** quo] corr. ex qua $\mathcal{A}$ **354** Verbi gratia] om. et hic hab. (v. supra) exiens de divisione maioris $\mathcal{A}$, om. $\mathcal{C}$ **354** diversi] divisi $\mathcal{B}$ **357** est (ante KB)] om. $\mathcal{B}$ **357** vero] om. $\mathcal{A}$ **357** DH] corr. ex DB $\mathcal{A}$ **357** TH] corr. ex TB $\mathcal{A}$ **358** KB] q pr. scr. et del. $\mathcal{C}$ **360** DH] corr. ex DB $\mathcal{A}$ **361** proveniet] perveniet $\mathcal{B}$ **363** Comparatio] Conparatio $\mathcal{B}$

autem converterimus, erit comparatio AB ad G sicut comparatio DH ad unum. Similiter etiam monstrabitur quod comparatio AK ad G est sicut comparatio DT ad unum. Igitur comparatio AB, qui est primus, ad G, qui est secundus, est sicut comparatio DH, qui est tertius, ad unum, qui est quartus, et comparatio AK, qui est quintus, ad G, qui est secundus, est sicut comparatio DT, qui est sextus, ad unum, qui est quartus. Comparatio igitur KB, que est id quo primus superat quintum, ad G, qui est secundus, est sicut comparatio HT, que est id quo tertius superat sextum, ad unum, qui est quartus. Comparatio igitur KB ad G est sicut comparatio TH ad unum. Cum autem converterimus, tunc comparatio unius ad TH erit sicut comparatio de G ad KB. Unum igitur numerat TH quotiens G numerat KB. Unum autem numerat TH quotiens unum est in TH. Igitur G numerat KB quotiens unum est in TH. Unde si multiplicaveris G in TH proveniet KB. Cum igitur diviseris KB per G, exibit TH. Et hoc est quod monstrare voluimus.

Ad P_7: *Figura inven. in* $\mathcal{A}$ *(102^r, 30 – 31)*, $\mathcal{B}$ *(3vb, 29 – 33)*, $\mathcal{C}$ *(27vb, 27 – 31); loco* DH *præb. codd. duas lineas:* DTH *& alteram infra æq.* DH.

primus] prima $\mathcal{A}$, orima $\mathcal{BC}$ (r *corr. ex* ri, $\mathcal{B}$). quartus] trapetas *ut vid.* $\mathcal{B}$. 1] *quasi* L $\mathcal{A}$.

Hec etiam propositio agitatur in capitulo minuendi. Inducam autem aliam similem illi, que [similiter] agitatur in capitulo agregandi, in quam incidit [etiam] id quod Euclides dixit in quinto libro, quod est hec ⟨regula⟩: (P_7') Cum fuerit proportio primi ad secundum sicut proportio tertii ad quartum et proportio quinti ad secundum fuerit sicut proportio sexti ad quartum, tunc proportio primi et quinti simul acceptorum ad secundum erit sicut proportio tertii et sexti simul acceptorum ad quartum.

Cuius regule probationem quoniam Euclides posuit nos pretermittimus. Dicam igitur quod intendimus, scilicet probare propositionem que agitatur in capitulo agregandi et in quam incidit preposita regula.

365 etiam] et $\mathcal{B}$ **365** monstrabitur] manifestabitur *codd.* **366** Igitur] manifestum *add. et exp.* $\mathcal{B}$ **368** quartus] quantus $\mathcal{B}$ **369** comparatio] coparatio $\mathcal{A}$ **372** qui est] *bis scr.* $\mathcal{A}$ **381** Euclides] euchides $\mathcal{ABC}$ **381** libro] li *in fin. lin.* libro *in seq.* $\mathcal{C}$ **382** (P_7')] *in marg. add. lector* 8 $\mathcal{A}$, VII *marg.* $\mathcal{B}$; *sign. lectoris* (†) *in marg.* $\mathcal{C}$ **382** fuerit] fuīt *(& sæpius)* $\mathcal{A}$, fiuī $\mathcal{B}$ **382** proportio] propositio *pr. scr. et corr.* $\mathcal{B}$ **382** sicut] si est *(sc. si* ē *pro* sīc*)* $\mathcal{AB}$ **383** proportio] propor $\mathcal{B}$ **383** fuerit] fuint $\mathcal{B}$ **386** regule] theorematis $\mathcal{AB}$; regule *in textu &* theorematis *in marg.* $\mathcal{C}$ **387** scilicet probare] probare scilicet $\mathcal{B}$, probare *pr. scr. et del., post quod* scilicet probare *scr.* $\mathcal{C}$ **387** propositionem] proportionem $\mathcal{A}$ **388** agitatur] incidit *codd.* **388** agregandi] aggandi $\mathcal{B}$ **388** preposita regula] preposita regula theorem $\mathcal{A}$, prepositam theorema $\mathcal{B}$, prepositam theoremam $\mathcal{C}$

(P_8) Cum quilibet duo numeri dividuntur per aliquem numerum, tunc ea que de utraque divisione exeunt, simul accepta, equalia sunt ei quod exit de divisione utriusque numeri per dividentem simul accepti.

Verbi gratia. AB dividatur per G et exeat DH, et dividatur BK per G et exeat HT. Dico igitur quod si dividatur totus AK per G, exibit totus DT. Cuius probatio hec est. Cum enim AB dividitur per G, exit DH. Si igitur multiplicetur DH in G, proveniet AB. Igitur G numerat AB quotiens est unum in DH. Unum autem numerat DH quotiens unum est in eo. Comparatio igitur unius ad DH est sicut comparatio G ad AB. Cum autem converterimus, comparatio de AB ad G erit sicut comparatio de DH ad unum. Similiter etiam monstrabitur quod comparatio de BK ad G est sicut comparatio HT ad unum. Comparatio igitur AB, qui est primus, ad G, qui est secundus, est sicut comparatio DH, qui est tertius, ad unum, qui est quartus, et comparatio de BK, qui est quintus, ad G, qui est secundus, est sicut comparatio de HT, qui est sextus, ad unum, qui est quartus. Comparatio igitur totius AK, qui est primus et quintus, ad G, qui est secundus, est sicut comparatio totius DT, qui est tertius et sextus, ad unum, qui est quartus. Cum autem converterimus, tunc comparatio unius ad TD erit sicut comparatio G ad AK. Quandoquidem autem ita est, tunc cum multiplicaveris DT in G proveniet AK, sicut ostendimus in questione que hanc precedit [simili huic]. Cum igitur diviseris AK per G, exibit DT. Et hoc est quod monstrare voluimus.

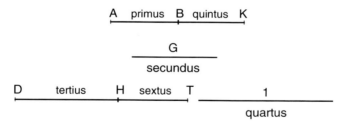

Ad P_8: *Figura inven. in* $\mathcal{A}$ *(102^v, 17 – 20),* $\mathcal{B}$ *(4ra, 30 – 35),* $\mathcal{C}$ *(28ra, 6 – 9); quartam lineam (de 1) om.* $\mathcal{B}$.

(P_9) Cum aliquis numerus dividitur per alium, et per id quod exit dividitur alius, tunc id quod de ultima divisione exit equum est ei quod exit de divisione producti ex ductu secundi divisi in dividentem primum per primum divisum.

---

389 (P_8)] VII *marg.* $\mathcal{AC}$ **390** quod] qui $\mathcal{A}$ **390** exit] exet *codd.* **391** dividentem] dimidentem $\mathcal{B}$ **396** DH] *corr. ex* D H $\mathcal{C}$ **396–397** Unum autem ... in eo] *marg.* $\mathcal{AC}$ **397** Comparatio] Conparatio $\mathcal{B}$ **398** AB] A *pr. scr. et corr.* $\mathcal{B}$ **398** G] AG $\mathcal{C}$ **399** BK] HK $\mathcal{C}$ **400** HT] habet $\mathcal{B}$ **400** AB] AH $\mathcal{C}$ **401** DH] ad H $\mathcal{C}$ **402** comparatio] compatio $\mathcal{B}$ **402** qui *(post: BK)*] *corr. ex* que $\mathcal{A}$ **403** qui *(post* unum*)*] *marg.* $\mathcal{B}$ **407** Quandoquidem] quandoqdem $\mathcal{A}$ **408** cum] *add. supra* $\mathcal{B}$ **408** multiplicaveris] multiplicaverim *pr. scr. et corr.* $\mathcal{B}$ **409** simili] similis *codd.* **409** diviseris] diviseritis $\mathcal{A}$ **411** (P_9)] VIII *in marg.* $\mathcal{ABC}$ **412** divisione] volu *pr. scr. et exp.* $\mathcal{B}$ **412** equum] equm $\mathcal{A}$ **413** de *(post* exit*)*] *om.* $\mathcal{B}$

Verbi gratia. Dividatur A per B et exeat G, et dividatur D per G et exeat H. Dico igitur quod si multiplicetur D, qui est secundus divisus, in B, qui est primus dividens, et productus dividatur per A, qui est primus divisus, exibit H, quod est id quod exivit de divisione D per G. Cuius probatio hec est. Divisimus enim A per B et exivit G; si ergo multiplicetur G in B, proveniet A. [Id autem quod fit ex ductu G in B equum est ei quod fit ex ductu B in G.] Divisimus etiam D per G et exivit H; si ergo multiplicetur H in G, proveniet D. Ex ductu igitur G in B et in H proveniunt A et D. Comparatio igitur de H ad B est sicut comparatio D ad A. Quod igitur fit ex ductu H in A equum est ei quod fit ex ductu D in B [sicut ostendit Euclides in libro septimo [theoremate X°VIIII°] dicens: 'Omnium quatuor numerorum proportionalium primus ductus in quartum tantum reddit quantum secundus in tertium']. Postquam autem id quod fit ex ductu D in B equum est ei quod fit ex ductu H in A, tunc manifestum est quod si multiplicetur D in B et productum diviserimus per A, exibit H. Et hoc est quod monstrare voluimus.

```
        A                              B
  ───────────────              ───────────────
  primus divisus    secundus    primus dividens
                    divisus  D
        G                              H
  ───────────────              ───────────────
  secundus dividens
```

Ad P_9: *Figura inven. in* $\mathcal{A}$ *($102^v, 33 - 34$),* $\mathcal{B}$ *($4^{rb}, 17 - 20$),* $\mathcal{C}$ *($28^{ra}, 31 - 34$);* D *recte in* $\mathcal{AB}$.

[Hic finiunt prepositiones]

Iam explevimus cum Dei adiutorio ea que debuerunt preponi, non sumpta quidem de libro Euclidis sed utilia ei qui vult habere scientiam mahameleth secundum probationes. Ad que tamen probanda multa inducuntur de libro Euclidis [quod nobis necessarium est]; ipse enim est origo adinveniendi probationes istius scientie. Deinde visum fuit nobis ut post hec adiceremus ea que Euclides dixit in libro secundo, ut que assignavit in

---

416 H] G *pr. scr. et exp.* $\mathcal{B}$ **418** exivit] exvit $\mathcal{B}$, exit *pr. scr. et corr.* $\mathcal{C}$ **418** D] A $\mathcal{C}$ **419** ergo] vero $\mathcal{B}$ **420** G in B *(post* multiplicetur*)*] G per B *codd.* **420** equum] equm $\mathcal{A}$ **421** etiam] autem *pr. scr. et exp.* $\mathcal{A}$ **421** et] *add. supra* $\mathcal{B}$ **423** proveniunt] provenerunt $\mathcal{C}$ **423** igitur] *corr. ex:* G $\mathcal{B}$ **424** equum] equm $\mathcal{A}$ **425** theoremate X°VIIII°] *in textu* $\mathcal{A}$, *in marg.* $\mathcal{C}$, theoremate *in textu &* X°VIIII° *in marg.* $\mathcal{B}$ **426** Omnium] quod fit ex ductu D in B *add. (v. infra) et exp.* $\mathcal{B}$ **426** quatuor] quattuor $\mathcal{C}$ **427** quantum] quintum $\mathcal{A}$ **428** equum] equm $\mathcal{A}$ **429** manifestum] manistum $\mathcal{A}$ **431** Hic finiunt prepositiones] *om.* $\mathcal{A}$, *in textu* $\mathcal{C}$, Hic finiunt propositiones *in summa pag.* $\mathcal{B}$ **433** qui] *supra lin.* $\mathcal{B}$ **434** mahameleth] mahamelet *codd.; sign.* † *et (ad* qui vult ... probationes*) nota commentarium add. lector in marg.* $\mathcal{C}$ **434** que] qua $\mathcal{A}$ **434–435** multa inducuntur de libro Euclidis] inducuntur *(corr. ex* inducentur*)* multa de libro euclidis $\mathcal{B}$, multa de libro euclidis inducuntur $\mathcal{C}$ **436** adinveniendi] ad inveniendum $\mathcal{B}$ **437** assignavit] assignantur $\mathcal{A}$, assignavitur $\mathcal{B}$ **437** in *(ante* lineis*)*] *bis scr. (sc.* ī in*)* $\mathcal{C}$

lineis nos assignemus similia in numeris. Ad que ⟨probanda⟩ necessarium est inducere quedam de libro septimo; Euclides enim non est locutus de numero nisi in septimo libro et in duobus sequentibus. [Ideo Euclides prius est legendus et perfecte cognoscendus, et deinde accedendum est ad hunc librum mahameleth.]

(**PE₁**) Cum fuerint duo numeri quorum unus dividatur in quotlibet partes, tunc id quod fit ex ductu unius numeri in alium equum est eis, simul acceptis, que fiunt ex ductu indivisi in singulas partes divisi.

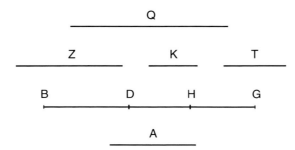

Ad PE_1: *Figura inven. in* $\mathcal{A}$ *(103ʳ, 21 – 24)*, $\mathcal{B}$ *(bis: 4rb, ima pag. & 4va, 22 – 27)*, $\mathcal{C}$ *(28rb, 15 – 19)*.
Z *(1^a fig.)*] Ç $\mathcal{B}$.

Verbi gratia. Sint duo numeri A et BG, quorum unus, scilicet BG, dividatur in partes, que sint BD et DH et HG. Dico igitur quia id quod fit ex ductu A in BG equum est eis, simul, que fiunt ex ductu A in BD et DH et HG. Cuius probatio est hec. Multiplicetur enim A in BG et proveniat Q; et ex ductu A in BD proveniat Z, et ex ductu A in DH proveniat K, et ex ductu A in HG proveniat T. Ex ductu igitur A in BG provenit Q et ex ductu eiusdem in BD provenit Z; igitur comparatio Z ad Q est sicut comparatio BD ad BG [ex X°VIII° septimi]. Ex ductu autem A in DH provenit K et eiusdem in BG provenit Q; comparatio igitur DH ad BG est sicut comparatio K ad Q. Comparatio igitur DB ad BG est sicut comparatio Z ad Q, comparatio autem DH ad BG est sicut comparatio K ad Q. Igitur comparatio de BH ad BG est sicut comparatio de Z et K

---

438 in] *supra lin.* $\mathcal{B}$ **438** numeris] numerus $\mathcal{B}$ **440** et] *om.* $\mathcal{A}$ **440** Ideo Euclides ...] Nota *add. al. m. in marg.* $\mathcal{A}$, Nota quod liber euclidis debet precedere hunc librum *add. in marg. (cum manu delineata)* $\mathcal{B}$ **441** legendus] eligendus $\mathcal{C}$ **441–442** hunc librum] librum hunc $\mathcal{C}$ **442** mahameleth] mahabelet $\mathcal{A}$, mahamelet $\mathcal{BC}$; *sign. lectoris (†) in marg.* $\mathcal{C}$ **443** (PE_1)] *in marg. hab.* I *(et a lectore:* prima 2^{di}) $\mathcal{A}$, I *marg.* $\mathcal{C}$ **443** unus] unius $\mathcal{B}$ **443** quotlibet] qua *pr. scr. et corr.* $\mathcal{B}$ **444** equum] equm $\mathcal{A}$ **444** eis] s *supra lin.* $\mathcal{B}$ **445** fiunt] fiut $\mathcal{B}$ **445** partes] parartes $\mathcal{A}$ **447** BD] BG *pr. scr. et corr.* $\mathcal{A}$ **447** et HG] *om.* $\mathcal{C}$, et et HG *pr. scr. poster. et exp.* $\mathcal{A}$ **448** equum] equm $\mathcal{A}$ **448** que] *marg.* $\mathcal{B}$ **448** fiunt] fiūnt $\mathcal{A}$ **449** et *(ante: HG)*] *add. supra* $\mathcal{A}$ **450** proveniat *(post et)*] perveniat $\mathcal{B}$ **452** comparatio] *om.* $\mathcal{A}$ **453** sicut] *add. supra* $\mathcal{A}$ **453** ex XVIII° septimi] *in textu* $\mathcal{A}$ *& in marg.* $\mathcal{C}$ **454** comparatio] Conparatio $\mathcal{B}$ **455** BG *(post: DH ad)*] BK *pr. scr. et corr.* $\mathcal{A}$ **455** Comparatio] Conparatio $\mathcal{B}$ **455** DB] DH *ut vid.* $\mathcal{A}$ **456** comparatio *(ante: K)*] coparatio $\mathcal{C}$

ad Q, sicut Euclides dixit in quinto. Similiter etiam, ex ductu A in HG provenit T, et ex ductu A in BG provenit Q; comparatio igitur de HG ad BG est sicut comparatio de T ad Q. Habemus igitur quod comparatio de BH ad BG est sicut comparatio de Z et K ad Q, comparatio autem de HG ad BG est sicut comparatio T ad Q. Totius igitur BD et DH et HG comparatio ad BG est sicut comparatio totius Z et K et T ad Q. Sed BD et DH et HG equales sunt ad BG. Igitur Z et K et T equales sunt ad Q. Et hoc est quod monstrare voluimus.

(**PE$_2$**) Cum aliquis numerus dividitur in quotlibet partes, idem est ipsum multiplicare in se quod in omnes partes eius.

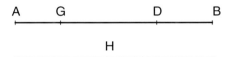

Ad PE_2: Figura inven. in $\mathcal{A}$ (103^r, 30 – 31), $\mathcal{B}$ (4va, ima pag.), $\mathcal{C}$ (28rb, 32 – 34).

B] quasi H $\mathcal{C}$.

Verbi gratia. Numerus AB dividatur in partes, que sint AG et GD et DB. Dico igitur quia idem fit ex ductu AB in se quod ex ductu eius in AG et GD et DB. Cuius probatio est hec. Ponatur enim alius numerus equalis ad AB, qui sit H. [Ostensum est autem quia id quod fit ex ductu AB in se equum est ei quod fit ex ductu eius in H.] Quod autem fit ex ductu AB in H equum est ei quod fit ex ductu AG in H et GD in H et DB in H, sicut ostendimus in eo quod precessit. Sed H equalis est ad AB. Ergo id quod fit ex ductu AB in se equum est ei quod fit ex ductu AB in AG et in GD et in DB. Et hoc est quod monstrare voluimus.

(**PE$_3$**) Cum aliquis numerus dividitur in duas partes, id quod provenit ex ductu totius in unam [in quam multiplicatum est totum] suarum partium equum est eis que fiunt ex ductu ipsius partis in se ipsam et alterius partis in alteram.

Verbi gratia. Numerus AB dividatur in duas partes, quarum una sit AG et altera GB. Dico igitur quia id quod fit ex ductu AB in GB equum

---

459 HG] $H G \mathcal{C}$ **460** sicut] om. $\mathcal{A}$ **461** et K] add. supra $\mathcal{A}$, in marg. $\mathcal{C}$ **463** Z] G pr. scr. et del. $\mathcal{C}$ **464** equales (post: HG)] equale $\mathcal{BC}$ **464** equales (post: T)] equale $\mathcal{BC}$ **464** Q] K pr. scr. et del. $\mathcal{C}$ **466** (PE_2)] II marg. $\mathcal{AC}$ (sign. † & sic scr. lector $\mathcal{C}$) **466** dividitur] dividī̄ $\mathcal{B}$ (dividr̄ $\mathcal{A}$) **468** AB] BG pr. scr. et exp. $\mathcal{B}$ **468** in partes] in partes duas (mut. in duas partes) quarum una pr. scr. (v. infra, PE_3) et superfl. del. $\mathcal{A}$ **469** quia] quiia $\mathcal{A}$ **469** ductu] ducͭtu $\mathcal{A}$ **469** ductu (ante eius)] ducltu $\mathcal{A}$ **470** DB] BD pr. scr. et corr. $\mathcal{A}$ **470** Ponatur enim] ponat $\mathcal{A}$ **471** sit H] sit hec $\mathcal{AB}$ **471** quia id] qui aid $\mathcal{A}$ **473** AB in] marg. $\mathcal{C}$ **473** equum] equm $\mathcal{A}$ **473** GD] GK $\mathcal{A}$ **474** quod] qd $\mathcal{B}$ **474** H (post Sed)] hec $\mathcal{B}$ **475** quod fit] iter. $\mathcal{A}$ **475** equum] equm $\mathcal{A}$ **475** ex (post ei quod fit)] iter. $\mathcal{B}$ **477** (PE_3)] III marg. $\mathcal{AC}$ **477** partes] parates $\mathcal{B}$ **478** in quam ... totum] om. $\mathcal{B}$ (in textu $\mathcal{AC}$) **479** equum] equm $\mathcal{A}$ **479** fiunt] fuerit $\mathcal{C}$ **482** quia] quod $\mathcal{A}$ **482** quod] iter. $\mathcal{BC}$ (pr. del. $\mathcal{B}$) **482** equum] equm $\mathcal{A}$

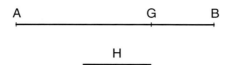

Ad PE_3: *Figura inven. in* $\mathcal{A}$ *(103^v, 3; lineatæ)*, $\mathcal{B}$ *(4vb, 16 – 18)*, $\mathcal{C}$ *(28rb, 49 – 51)*.

est eis, simul acceptis, que fiunt ex ductu GB in se ipsam et ex ductu eiusdem in AG. Cuius probatio hec est. Ponatur H equalis ad GB. [Et monstratum est quia id quod fit ex ductu AB in BG equum est ei quod fit ex ductu H in AB.] Id autem quod fit ex ductu H in AB equum est ei quod fit ex ductu H in AG et in GB, id vero quod fit ex ductu H in GB equum est ei quod fit ex ductu GB in se. Igitur id quod fit ex ductu AB in BG equum est ei quod fit ex ductu AG in GB et GB in se ipsam. Et hoc est quod monstrare voluimus.

(**PE_4**) Cum aliquis numerus dividitur in duas partes, tunc id quod fit ex ductu totius in se ipsum equum est eis que fiunt et ex ductu utriusque partis in se ipsam et alterius in alteram bis.

```
A                    G          B
|--------------------|----------|
```

Ad PE_4: *Figura inven. in* $\mathcal{A}$ *(103^v, 13)*, $\mathcal{B}$ *(4vb, 39)*, $\mathcal{C}$ *(28va, 10 – 11)*.

Verbi gratia. Numerus AB dividatur in duas partes, quarum una sit AG et altera GB. Dico igitur quia id quod fit ex ductu AB in se ipsam equum est eis, simul acceptis, que fiunt et ex ductu AG in se et GB in se et ex ductu AG in GB bis. Cuius probatio hec est. Id enim quod fit ex ductu AB in se ipsam equum est ei quod fit ex ductu AB in AG et ei quod fit ex ductu AB in GB, simul. Id autem quod fit ex ductu AB in AG equum est ei quod fit ex ductu AG in se ipsam et ei quod fit ex ductu AG in GB, id vero quod fit ex ductu AB in BG equum est ei quod fit ex ductu BG in se ipsam et BG in AG. [Quod autem fit ex ductu BG in AG equum est ei quod fit ex ductu AG in GB.] Igitur id quod fit ex ductu AB in se ipsam equum est ei quod fit ex ductu AG in se ipsam et GB in se ipsam et AG in GB bis. Et hoc est quod monstrare voluimus.

---

483 eis] que *add. et del.* $\mathcal{C}$ **483** acceptis] aceptis $\mathcal{A}$ **483** que] *e corr.* $\mathcal{B}$ **483** GB] GH $\mathcal{B}$ **485** equum] equm $\mathcal{A}$ **486** equum] equm $\mathcal{A}$ **487** fit ex ductu *(ante:* H in AG*)*] ex ductu *om.* $\mathcal{A}$, *hab. sed fit supra lin.* $\mathcal{B}$ **487** GB *(post et in)*] GH $\mathcal{A}$ **488** equum] equm $\mathcal{A}$ **489** equum] equm $\mathcal{A}$ **491** (PE_4)] *in marg.:* IIII $\mathcal{AC}$, IIII^{or} $\mathcal{B}$; *sic scr. lector* $\mathcal{C}$ **491** id] illud *codd.* **492** equum] equm $\mathcal{A}$ **492** que] quod *pr. scr. et corr.* $\mathcal{B}$ **492** et ex ductu] *om.* $\mathcal{A}$ **494** Numerus AB] AB *pr. scr. et del.* $\mathcal{A}$ **496** equum] equm $\mathcal{A}$ **496** que fiunt] *add. in marg.* $\mathcal{B}$ **497** et ex ductu] et eis que fiunt ex ductu *codd.* **498** equum] equm $\mathcal{A}$ **499** simul] sint $\mathcal{A}$ **499** autem] *iter.* $\mathcal{B}$ **500** equum] equm $\mathcal{A}$ **501–502** AG in GB ... ei quod fit ex ductu] *add. in marg.* $\mathcal{B}$ **501** equum] equm $\mathcal{A}$ **503** equum] equm $\mathcal{A}$ **503** fit *(post ei quod)*] *om.* $\mathcal{B}$ **504** equum] equm $\mathcal{A}$ **504** ei] *supra lin.* $\mathcal{A}$

(PE_5) Cum aliquis numerus dividitur in duas partes equales et in duas inequales, tunc id quod fit ex ductu unius partis equalis in se ipsam equum est ei quod fit ex ductu unius inequalium in alteram et ei quod fit ex ductu eius quo excedit una equalium minorem inequalium in se ipsum.

A   G   D   B

Ad PE_5: Figura inven. in $\mathcal{A}$ ($103^v, 25$), $\mathcal{B}$ ($5^{ra}, 19$), $\mathcal{C}$ ($28^{va}, 32 - 33$).

Verbi gratia. Numerus AB dividatur in duo equalia, scilicet in puncto G, et in duo inequalia, scilicet in puncto D. Dico igitur quia id quod fit ex ductu GB in se ipsam equum est ei quod fit ex ductu AD in DB et ei quod fit ex ductu GD in se ipsam. Cuius probatio hec est. Id enim quod fit ex ductu GB in se ipsam equum est ei quod fit ex ductu GB in GD et GB in DB [ex secundo huius]. Id autem quod fit ex ductu GB in DB equum est ei quod fit ex ductu AG in DB. Igitur id quod fit ex ductu GB in se ipsam equum est ei quod fit ex ductu GD in GB et AG in DB. Sed id quod fit ex ductu GB in GD equum est ei quod fit ex ductu GD in se ipsam et GD in DB. Productus ergo ex ductu GB in se ipsam equalis est ei quod fit ex ductu AG in DB et ex GD in DB et ex GD in se ipsam. Id autem quod fit ex ductu AG in DB et ex GD in DB equum est ei quod fit ex ductu AD in DB. Id ergo quod fit ex ductu GB in se ipsam equum est ei quod fit ex ductu AD in DB et ex GD in se ipsam. Et hoc est quod monstrare voluimus.

(PE_6) Cum aliquis numerus dividitur in duo equalia additurque ei alius numerus, tunc id quod fit ex ductu dimidii cum addito in se equum est ei quod fit ex ductu primi numeri cum addito in additum et dimidii in se.

A   G   B   D

Ad PE_6: Figura inven. in $\mathcal{A}$ ($103^v, 36$), $\mathcal{B}$ ($5^{ra}, 44$), $\mathcal{C}$ ($28^{va}, 52$).

Verbi gratia. Numerus AB dividatur per medium in puncto G; deinde addatur ei numerus BD. Dico igitur quia id quod fit ex ductu GD in se ipsam equum est ei quod fit ex ductu AD in DB et ex GB in se ipsam. Cuius probatio hec est. Id enim quod fit ex ductu GD in se ipsam equum

---

506 (PE_5)] V marg. $\mathcal{ABC}$ 507 tunc] et tunc $\mathcal{BC}$ 507 equum] equm $\mathcal{A}$ 508 inequalium] par pr. scr. et exp. $\mathcal{B}$ 510 dividatur] dividitur pr. scr. et corr. $\mathcal{B}$ 512 equum] equm $\mathcal{A}$ 513 hec est] est hec $\mathcal{A}$ 514 equum] equm $\mathcal{A}$ 514 GD] i add. et del. $\mathcal{C}$ 515 ex secundo huius] in textu $\mathcal{AC}$, marg. $\mathcal{B}$ 515 Id autem quod] Quod autem $\mathcal{B}$ 516 equum] equm $\mathcal{A}$ 517 equum] equm $\mathcal{A}$ 518 equum] equm $\mathcal{A}$ 521 DB] corr. ex DH $\mathcal{A}$ 521 equum] equm $\mathcal{A}$ 522 quod] om. $\mathcal{B}$ 522 equum] equm $\mathcal{A}$ 525 (PE_6)] VI marg. $\mathcal{ABC}$ 526 equum] equm $\mathcal{A}$ 528 Verbi gratia] Verbi gratia. Age $\mathcal{AC}$, Verbi gratia age $\mathcal{B}$ 529 ei] om. $\mathcal{B}$ 529 BD] AB $\mathcal{A}$ 530 equum] equm $\mathcal{A}$ 531 ductu] ducta (corr. ex ductu) $\mathcal{A}$ 531 equum] equm $\mathcal{A}$

est ei quod fit ex ductu GD in GB et in DB. Id autem quod fit ex ductu GD in GB equum est ei quod fit ex ductu GB in se ipsam et in BD. Id ergo quod fit ex ductu GD in se ipsam equum est ei quod fit ex ductu GD in DB et ei quod fit ex ductu GB in DB et ei quod fit ex ductu GB in se ipsam. Sed GB equalis est ad AG. Id ergo quod fit ex ductu GD in se equum est ei quod fit ex ductu AG in DB et GD in DB et GB in se ipsam. Id autem quod fit ex ductu AG in DB et ex GD in DB equum est ei quod fit ex ductu AD in DB. Id igitur quod fit ex ductu GD in se equum est ei quod fit ex ductu AD in DB et ei quod fit ex ductu GB [qui est medietas numeri] in se. Et hoc est quod monstrare voluimus.

(PE_7) Cum aliquis numerus dividitur in duas partes, tunc id quod fit ex ductu totius numeri in se, et quod fit ex ductu alterutrius partis in se, equum est et ei quod fit ex ductu totius numeri in eandem partem bis et ei quod fit ex ductu alterius partis in se ipsam.

Ad PE_7: *Figura inven. in* $\mathcal{A}$ *(104^r, 11),* $\mathcal{B}$ *(5rb, 22),* $\mathcal{C}$ *(28vb, 11 – 12).*

Verbi gratia. Numerus AB dividatur in duas partes in puncto G. Dico igitur quia id quod fit ex ductu AB in se et GB in se equum est eis que fiunt et ex ductu AB in GB bis et AG in se ipsam. Cuius probatio hec est. Id enim quod fit ex ductu AB in se equum est et ei quod fit ex ductu AG in se et ex ductu GB in se et ex ductu AG in GB bis. Sit autem commune id quod fit ex ductu GB in se. Id igitur quod fit ex ductu AB in se et GB in se equum erit ei quod fit ex ductu AG in se et GB in se bis et AG in GB bis. Id autem quod fit ex ductu GB in se bis et AG in GB bis equum est ei quod fit ex ductu AB in BG bis [id enim quod fit ex ductu GB in se semel et AG in GB semel equum est ei quod fit ex ductu AB in GB semel]. Id ergo quod fit ex ductu AB in se et BG in se equum est ei quod fit ex ductu AB in BG bis et AG in se. Et hoc est quod monstrare voluimus.

(PE_8) Cum aliquis numerus dividitur in duas partes eique addatur numerus equalis uni partium, tunc id quod fit ex ductu totius numeri cum addito in se ipsum equum erit eis que fiunt et ex ductu prioris numeri in additum quater et ex ductu alterius partis in se ipsam.

---

532 GB] *e corr.* $\mathcal{A}$ **533** GD] *corr. ex* GB $\mathcal{B}$ **533** equum] equm $\mathcal{A}$ **533** ipsam] ipsum *codd.* **534** ipsam] ipsum *codd.* **534** equum] equm $\mathcal{A}$ **536** Id ergo] *corr. ex* Igitur $\mathcal{A}$ **537** equum] equm $\mathcal{A}$ **537** et GD] et ex GD *pr. scr. et corr.* $\mathcal{B}$ **538** equum] equm $\mathcal{A}$ **539** GD] GB *ut vid.* $\mathcal{B}$ **539** equum] equm $\mathcal{A}$ **542** (PE_7)] VII *marg.* $\mathcal{ABC}$; *sic add. lector* $\mathcal{C}$ **544** equum] equm $\mathcal{A}$ **544** et ei] ei $\mathcal{B}$ **544** ex] *om.* $\mathcal{A}$ **546** duas] divas *pr. scr. et corr.* $\mathcal{B}$ **547** equum] equm $\mathcal{A}$ **548** et *(post* fiunt*)*] *om.* $\mathcal{A}$ **549** equum] equm $\mathcal{A}$ **549** et ei] ei $\mathcal{B}$ **551** commune] *corr. ex* comime $\mathcal{A}$ **552** equum] equm $\mathcal{A}$ **552** ei] autem *add.* $\mathcal{B}$ **554** equum] equm $\mathcal{A}$ **554** AB] et *add.* $\mathcal{B}$ **555** equum] equm $\mathcal{A}$ **556** equum] equm $\mathcal{A}$ **556** ei] *om.* $\mathcal{A}$ **559** (PE_8)] VIII *marg.* $\mathcal{ABC}$ **559** aliquis numerus] numerus aliquis $\mathcal{B}$ **560** equalis] equaliɯ *pr. scr. et corr.* $\mathcal{C}$ **561** equum] equm $\mathcal{A}$ **561** erit] est *pr. scr. et del.* $\mathcal{C}$ **562** alterius] alteri $\mathcal{B}$

```
A              G    B    D
├──────────────┼────┼────┤
```

Ad PE_8: Figura inven. in $\mathcal{A}$ $(104^r, 19)$, $\mathcal{B}$ $(5^{rb}, 41)$, $\mathcal{C}$ $(28^{vb}, 25)$.

Verbi gratia. Numerus AB dividatur in duas partes in puncto G; cui addatur alius numerus equalis ad GB, qui sit BD. Dico igitur quia id quod fit ex ductu AD in se equum est ei quod fit ex ductu AB in BD quater et AG in se. Cuius probatio hec est. Id enim quod fit ex ductu AD in se equum est ei quod fit ex ductu AB in se et BD in se et AB in BD bis. Id autem quod fit ex ductu AB in se et BD in se equum est ei quod fit ex ductu AB in BD bis et AG in se. Id igitur quod fit ex ductu AD in se equum est ei quod fit ex ductu AB in BD quater et AG in se. Et hoc est quod monstrare voluimus.

(PE_9) Cum aliquis numerus dividitur in duo equalia duoque inequalia, tunc id quod fit ex ductu utriusque inequalium in se equum est ei quod fit ex ductu unius equalium in se bis et ei quod fit ex ductu eius in se bis quo una equalium superat minorem inequalium.

```
A              G         D         B
├──────────────┼─────────┼─────────┤
```

Ad PE_9: Figura inven. in $\mathcal{A}$ $(104^v, 2)$, $\mathcal{B}$ $(5^{va}, 40)$, $\mathcal{C}$ $(29^{ra}, 2-3)$.

Verbi gratia. Numerus AB dividatur in duo equalia in puncto G et in duo inequalia in puncto D. Dico igitur quia id quod fit ex ductu AD in se et DB in se equum est ei quod fit ex ductu AG in se bis et GD in se bis. Cuius probatio hec est. Quadratus enim de AB equalis est quadrato de AG bis accepto et quadrato de GB bis accepto. Quadratus autem de GB bis acceptus est equalis quadrato de GD bis accepto et quadrato de DB bis accepto et ei quod provenit ex ductu GD in DB quater; quadratus enim de GB est equalis et quadrato de GD et quadrato de DB et ei quod fit ex ductu GD in DB bis. Igitur quadratus de AB est equalis quadrato de AG bis accepto et quadrato de GD bis accepto et quadrato de DB bis accepto et ei quod fit ex ductu GD in DB quater. Quadratus autem de AB equalis est quadrato de AD et quadrato de DB et ei quod fit ex ductu AD in DB bis. Igitur quadratus de AD et quadratus de DB et id quod fit ex ductu AD in DB bis sunt equalia eis que fiunt ex ductu AG in se bis et GD in se bis et DB in se bis et ei quod fit ex ductu GD in DB quater. De eo igitur quod fit ex ductu GD in DB quater sumpto ⟨eo⟩ quod bis

---

565 equum] equm $\mathcal{A}$ **566** quater] q̄uater $\mathcal{B}$ **567** equum] equm $\mathcal{A}$ **567** ei] om. $\mathcal{A}$ **568** equum] equm $\mathcal{A}$ **569** Id igitur] corr. ex Igitur $\mathcal{A}$ **570** equum] equm $\mathcal{A}$ **570** fit] om. $\mathcal{B}$ **572** (PE_9)] VIIII marg. $\mathcal{ABC}$ **572** equalia] e corr. $\mathcal{A}$ **573** equum] equm $\mathcal{A}$ **574** eius] supra lin. $\mathcal{A}$ **577** ductu] duta pr. scr. et c add. supra $\mathcal{A}$ **578** equum] equm $\mathcal{A}$ **578** ei] om. $\mathcal{A}$ **578** et (post bis)] supra lin. $\mathcal{A}$ **583** quadrato] e corr. $\mathcal{A}$ **585** de GD bis accepto et quadrato] om. $\mathcal{B}$ **585** DB] D in G corr. $\mathcal{B}$ **588** AD (post de)] AB codd. **590** et DB in se bis] add. in marg. $\mathcal{B}$ **591** in] et $\mathcal{A}$ **591** sumpto] corr. ex sumto $\mathcal{A}$

provenit et addito super quadrato de DB bis accepto, tunc fiet equum ei quod fit ex ductu GB in BD bis. Id autem quod fit ex ductu GB in BD bis equum est ei quod fit ex ductu AG in BD bis. Quod igitur fit ex ductu AD in se et DB in se et AD in DB bis fiet equum ei quod fit ex ductu AG in se bis et GD in se bis et ei quod fit ex ductu AG in DB bis et ei quod fit ex ductu GD in DB bis. Id autem quod fit ex ductu AG in DB bis et ex GD in DB bis equum est ei quod fit ex ductu AD in DB bis. Reiecto igitur communi, quod est id quod fit ex ductu AD in DB bis, remanebit id quod fit ex ductu AD in se et ex DB in se equum ei quod fit ex ductu AG in se bis et ex GD in se bis. Et hoc est quod monstrare voluimus.

(**PE_{10}**) Cum aliquis numerus dividitur in duo equalia eique alius numerus addatur, tunc id quod fit ex ductu totius numeri cum addito in se, et quod fit ex ductu additi in se simul acceptum, duplum est et ei quod fit ex ductu dimidii numeri in se et ex ductu dimidii cum addito in se.

Verbi gratia. Numerus AB dividatur per medium in puncto G; cui addatur alius, qui sit BD. Dico igitur quia quod fit ex ductu AD in se et BD in se duplum est et ei quod fit ex ductu AG in se et ei quod fit ex ductu GD in se, simul acceptis. Cuius probatio hec est. Sit DH equalis ad BD, et GZ sit equalis ad BD. Igitur AG est medietas de AB et GZ est medietas de BH. Totus igitur AZ est medietas totius AH. Numerus ergo AH divisus est per medium in puncto Z et in duo inequalia in puncto D. Quadratus ergo de AD, et de DH, duplus est quadrato de AZ, et de ZD. Sed AZ equalis est ad GD; nam AG equalis est ad GB et BD equalis est ad GZ, igitur AZ equalis est ad GD. Et etiam AG equalis est ad ZD; nam GZ equalis est ad BD; sit autem ZB communis, igitur GB erit equalis ad ZD; sed GB est equalis ad AG, igitur AG equalis est ad ZD. Et etiam DH equalis est ad BD. Id igitur quod fit ex ductu AD in se et BD in se duplum est et ei quod fit ex ductu AG in se et ei quod fit ex ductu GD in se. Et hoc est quod monstrare voluimus.

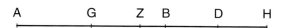

Ad PE_{10}: *Figura inven. in* $\mathcal{A}$ *(104^v, 13)*, $\mathcal{B}$ *(5vb, 20)*, $\mathcal{C}$ *(29ra, 27 – 28)*.

G, Z, B *rescr. (nam pr. non hab.* G *in medio* AB *et* DH = BD = GZ*)* $\mathcal{A}$.

---

592 equum] equm $\mathcal{A}$ **594** equum] equm $\mathcal{A}$ **595** equum] equm $\mathcal{A}$ **595** ductu] ducto $\mathcal{A}$ **597** fit *(ante* ex ductu GD*)*] q *add. et exp.* $\mathcal{A}$ **598** bis *(ante equum)*] *add. in marg.* $\mathcal{B}$ **598** equum] equm $\mathcal{A}$ **600** et] *om.* $\mathcal{A}$ **600** equum] equm est $\mathcal{A}$, equum est $\mathcal{BC}$ **602** *(PE_{10})*] X *marg.* $\mathcal{ABC}$ **602** equalia] media *codd.*   **603–604** et quod fit ex ductu additi in se] *add. in marg.* $\mathcal{B}$ **604** et ei] ei $\mathcal{B}$ **605** et ex ductu] ex ductu et $\mathcal{B}$ **606** puncto] pucto $\mathcal{B}$ **608** et *(post* est*)*] *om.* $\mathcal{A}$ **610** BD *(ante:* et GZ*)*] DB $\mathcal{C}$ **610** et *(post* AB*)*] ad *pr. scr. et exp.* $\mathcal{A}$ **612** AH] *corr. ex:* AB $\mathcal{C}$ **612** et in duo inequalia] in equalia *hab.* $\mathcal{B}$ **616** GB] *add. in marg.* $\mathcal{B}$ **617** ad *(ante:* AG*)*] *iter.* $\mathcal{C}$ **617** igitur AG] *per homœotel. om.* $\mathcal{B}$ **618** Id igitur] Igitur *pr. scr. et corr. (in marg.)* $\mathcal{A}$ **619** et *(post* est*)*] *om.* $\mathcal{A}$

Postquam autem preposuimus ea que ad sequentium probationem necessaria videbantur et assignavimus in numeris quod Euclides in lineis, redibimus ad propositum, scilicet ad agendum de predictis speciebus practice arimethice artis, et demonstrabimus que continentur in libro mahameleth probationibus necessariis.

625

621–780 Postquam autem ... totius arimethice artis] $104^v, 14 - 105^v, 30$ $\mathcal{A}$; $8^{ra}, 38 - 9^{rb}, 9$ $\mathcal{B}$; $29^{ra}, 29 - 29^{vb}, 24$ $\mathcal{C}$.

621–625 Postquam autem ... necessariis] *lect. alt. hab.* $\mathcal{B}$, *fol.* $5^{vb}, 21 - 26$: Postquam autem iam ostendimus quod promisimus *(sic)* in hoc capitulo, secundum *(sic)* ostendimus in numeris quod Euclides in lineis, et hoc pro omnibus *(sic)* evidentissimis, ideo redibimus ad propositum, scilicet ad demonstrandum ea que continentur in libro mahameleth pro omnibus *(sic)* necessariis.

---

621 Postquam autem ...] *sign.* (⁊) *ab al. m. in marg.* $\mathcal{A}$ **621** que] quę $\mathcal{A}$ **623** ad] *bis* $\mathcal{B}$ **623** scilicet] *sed* $\mathcal{A}$ **624** artis] *om.* $\mathcal{BC}$ **624** mahameleth] mahamelleth $\mathcal{A}$; *sign. lectoris* (†) *in marg.* $\mathcal{C}$

⟨Capitulum de multiplicatione⟩

Inter omnes autem predictas species arimethice artis species coniungendi numeros priores sunt. Nichil enim dividitur nisi quod coniunctum est. Ideo species coniungendi numeros speciebus disiungendi necessario priores sunt. Inter omnes autem species coniungendi numeros agregatio prior est; in omni enim duplatione et multiplicatione est agregatio, sed non convertitur. Unde de ipsa prius agendum esset. Sed quoniam maiores Arabum a multiplicatione numerorum incipiunt, nos quoque, sequentes eos, ab ipsa prius inchoabimus.

Sciendum est autem quod numerus aliquando consideratur per se, sine respectu alterius, et dicitur integer, aliquando in comparatione alterius, scilicet ut pars vel partes, et dicitur fractio, aliquando veluti pars ⟨vel partes⟩ partis aliquote et dicitur fractio fractionis. Integer vero aut est digitus, aut limes, aut articulus, aut compositus. Limes vero aut est digitorum, ut unum, aut est decenorum vel primorum articulorum, ut decem, aut centenorum, ut centum, aut millenorum, ut mille; et sic in infinitum crescunt limites, precedentium semper decupli sequentes. Compositus vero numerus alius est compositus ex digito et articulo, ut viginti duo, alius ex digito et limite, ut centum et octo, alius ex articulo et limite, ut centum triginta. Limes vero alius est simplex, ut quatuor primi, scilicet unitas, decem, centum et mille, alius est compositus, ut decem milia. [Compositus autem limes alius est compositus ex secundo et quarto limite, ut decem milia, alius ex tertio et quarto, ut centum milia, alius ex quarto geminato vel sepius repetito, ut milies mille vel milies milies mille, et sic deinceps in infinitum.] Fractio vero, ut predictum est, alia est fractio integri, alia est fractio fractionis.

Cum igitur hec tria, scilicet integer, et fractio, et fractionis fractio, multiplicantur inter se, necesse est viginti octo species multiplicationis provenire. Quotiens enim quelibet tria multiplicantur inter se: aut mul-

---

628 coniunctum] coniuntum *A* **630** coniungendi] coniungandi *A* **631** et multiplicatione est agregatio] *om. A* **632** esset] *corr. ex* est *A* **633** ab ipsa] *corr. ex* abipsa *C* **634** inchoabimus] incoabimus *AB*, inchoabimus *C* **636** et] *supra lin. A* **636** integer] inte *AB (corr. B)* **637** scilicet ut pars vel partes] *marg. C* **637** scilicet ut] *in textu, relinq.* 2ᵃ *m. A sed add. supra lin.: sicut* **637** veluti] vel *in pr. scr. et in exp. & ut add. supra lin. A, ut (add. supra) B* **638** partis] *corr. ex* partes *AC* **638** aliquote] aliquando *scr. et del. A*, aliquando *scr. et eras. B*, aliquota *C* **638** et] *supra lin. A* **638** fractionis] ex articulo et limite, ut centum triginta *add. codd., in alium locum ponenda (v. infra) indic. A, del. BC* **639** aut compositus] *add. in marg. B* **640** unum] uno *AB (corr. B)* **641** centum] *C A* **641** mille] M *A* **642** Compositus] Conpositus *B* **643** et] *om. B* **643** viginti duo] XX II *A* **644** centum et octo] C et VIIIᵗᵒ *A* **644–645** alius ex ... triginta] alius *supra lin. (remanentia in hunc locum ponenda (v. supra) indic.) A, om. B, in marg. C* **645** simplex] sinplex *B* **645** quatuor] quattuor *C* **645** unitas] *post hoc aliquid (forsan* d*) addere voluit & exp. C* **645–646** decem] X *A* **646** centum] *C A* **646** mille] M *A* **646** decem milia] X milia *A*, decem millia *C* **647–648** decem milia] X milia *A* **648** alius] Alius *A* **648** centum milia] C milia *A* **649** mille] M *A* **649** mille *(ante et)*] M *A* **650** ut] *in pr. scr. et corr. supra B* **650** est *(ante fractio integri)*] *om. A* **652** igitur] integer *add. et del. C* **653** multiplicantur] *post lituram A* **653** viginti octo] XXVIII *A* **654** tria] n *add. et del. C*

tiplicantur singula in se, et sunt tres modi; aut singula in alia singula, et sunt alii tres modi; aut multiplicantur singula in se bina, quod fit novem modis; aut singula in se terna, quod fit tribus modis; aut multiplicabuntur bina in se bina, quod fit sex modis; aut multiplicabuntur bina in se terna, quod fit tribus modis; aut terna in se terna, quod fit semel. Qui omnes modi simul agregati fiunt viginti octo.

Singula enim in se singula multiplicantur cum aut multiplicatur integer in integrum, aut fractio in fractionem, aut fractio fractionis in fractionem fractionis. Singula autem in alia singula ⟨multiplicantur⟩ cum aut multiplicatur integer in fractionem aut in fractionem fractionis, aut fractio in fractionem fractionis. Singula autem in se bina multiplicantur cum aut integer multiplicatur in integrum cum fractione, aut in fractionem cum fractione fractionis, aut in integrum cum fractione fractionis; vel cum fractio in integrum et fractionem, vel in integrum et fractionem fractionis, vel in fractionem et fractionem fractionis; vel cum fractio fractionis in integrum et fractionem, vel in integrum et fractionem fractionis, vel in fractionem et fractionem fractionis. Singula vero in se terna multiplicantur cum aut integer ⟨multiplicatur⟩ in integrum cum fractione et fractione fractionis, aut fractio in integrum cum fractione et fractione fractionis, aut fractio fractionis in integrum cum fractione et fractione fractionis. Bina vero in se bina multiplicantur cum integer cum fractione multiplicatur in integrum cum fractione, aut in fractionem cum fractione fractionis, aut in integrum cum fractione fractionis; aut fractio cum fractione fractionis in fractionem cum fractione fractionis, aut in integrum cum fractione fractionis; aut mul-

---

655 aut] *corr. ex* autem *A*   **656** multiplicantur] *corr. ex* multipla *A*   **656** singula in se] *corr. ex* in se singula *A*   **656** quod] quot *A*   **658** sex] VI *A*   **659** Qui] Quorum autem *A*   **660** agregati] aggati *B*   **660** viginti octo] XXVIII *A*   **661–663** Singula enim ... fractionis] *lector scr. in marg. B:* Modi tres *quos supra verbum* 'aut' *enumeravit (*1, 2, 3*)*   **662–663** in fractionem fractionis] in fractione *(sic)* fractionis *hab. in marg. B*   **663–665** Singula autem ... fractionis] *lector scr. in marg. B:* tres modi *quos supra* 'aut' *enumeravit (*4, 5, 6*)*   **664** fractionem *(post* aut in*)*] in *add. et exp. B*   **665–671** Singula autem ... fractionis] *lector scr. in marg. B:* Novem modi *quos supra* 'aut' *vel* 'vel' *enumeravit (*7, ..., 15*)*   **666** multiplicatur] *add. supra A*   **666** integrum] integer *B*   **666** fractione] fracione *A*   **666** aut in] aut *e corr. & in add. supra A*   **666–667** cum fractione *(post* fractionem*)*] *add. supra A*   **667** aut *(post* fractionis*)*] fractio *add. et del. A*   **667** fractione *(post* integrum cum*)*] et fractionem *add. et del. A*   **667** fractionis *(ante* vel*)*] aut fractio fractionis in integrum *(*integr *scr.)* cum fractione et fractione fractionis. Bina vero in se bina multiplicantur *add. (v. infra) et del. A*   **668** fractionem *(ante* vel in*)*] frationem *(corr. ex* fratione*) B*   **668** in *(post* fractionem vel*)*] *om. B*   **669** et *(post* in fractionem*)*] *add. infra lin. B*   **669** fractionem *(post* fractionem et*)*] *om. A, add. supra lector B*   **669** fractionis *(post* fractio*)*] *add. supra lector B*   **670** in *(post* fractionem vel*)*] *om. B*   **670** integrum] fractionis *add. et exp. B*   **670** vel *(post* fractionis*)*] et *A*   **671** fractionem *(post* fractionem et*)*] fract *AB*   **671–674** Singula vero ... fractionis] *lector scr. in marg. B:* Tres modi *quos supra* 'aut' *enumeravit (*16, 17, 18*)*   **671** multiplicantur] multiplicatur *B*   **672** integer] integrum *BC*   **672** in] *om. B*   **674** fractione *(post* et*)*] fractionis *pr. scr. et corr. B*   **674–679** Bina vero ... fractionis] *lector scr. in marg. B:* Sex modi *quos supra* 'aut' *vel* 'vel' *enumeravit (*19, ..., 24*)*   **675** integer] integrum *B*   **676** fractione *(ante* fractionis*)*] *add. supra A*   **676** aut in *(ante* integrum cum*)*] aut cum multiplicantur *pr. scr. et del.* aut in supra *add. A*   **677–679** aut fractio ... fractionem fractionis] *marg. A, om. BC; suppl. in marg. lector B:* aut integrum et fractio fractionis multiplicantur in integrum et fractionem fractionis, aut in fractionem et fractionem fractionis, aut fractio et fractio fractionis in fractionem et fractionem fractionis   **677** fractio] fractionis *add. A*   **678** fractione *(post* integrum cum*)*] *add. supra A*

tiplicantur integer et fractio fractionis in integrum et fractionem fractionis. Bina autem in se terna multiplicantur cum multiplicantur integer et fractio in integrum cum fractione et fractione fractionis, aut cum multiplicantur fractio et fractionis fractio in integrum cum fractione et fractione fractionis, aut cum multiplicantur integer et fractio fractionis in integrum cum fractione et fractione fractionis. Terna autem in se terna multiplicantur semel, cum multiplicatur integer cum fractione et fractione fractionis in integrum cum fractione et fractione fractionis. Totidem etiam dividendi et agregandi et minuendi species possunt inveniri, de quibus in sequentibus tractabitur.

Sed quia omnis integer vel est digitus, vel articulus, vel limes, vel compositus, idcirco cum multiplicatur integer in integrum, necesse est ut aut multiplicentur singuli in se vel in alios singulos [aut singuli in binos, aut singuli in ternos, aut singuli in quaternos; aut bini in binos, vel ternos, vel quaternos; aut terni in ternos, vel quaternos; aut quaterni in quaternos. Quoniam aut multiplicatur digitus in digitum, et articulus in articulum, et limes in limitem, et compositus in compositum; aut digitus in articulum et limitem, aut articulus in limitem et compositum, aut compositus in compositum; aut articulus et limes in articulum et limitem, aut multiplicantur limes et compositus in limitem et articulum vel compositum.] De quibus omnibus modis plene in sequentibus tractabitur.

Cum autem multiplicatur digitus in digitum, aut provenit tantum digitus, aut tantum denarius, aut digitus cum denario semel vel aliquotiens, aut denarius multotiens. Quorum multiplicationem quisquis memoriter et in promptu non habuerit, scientiam multiplicandi numeros nunquam plene assequi poterit. Unde, causa introducendi, multiplicationem cuiusque digiti in se vel in alium quasi in foribus prescribimus, ut quisquis ad ulteriora venire desiderat hanc prius memorie commendare contendat.

De multiplicatione digitorum in se et in alios digitos

— Et prius de uno. Cum unum multiplicatur in unum, non provenit nisi unum; cum unum multiplicatur in duo, non nisi duo proveniunt; unum ductum in tres non efficit nisi tres. Et sic in omnibus: omnis enim numerus qui multiplicatur in unum [vel in quem unum] nunquam geminatur vel excrescit.

---

679 in integrum] *om.* A   **680–684** Bina autem ... fractionis] *lector scr. in marg.* B: Tres modi *quos supra* 'cum' *vel* 'aut' *enumeravit (*25, 26, 27*)*   **680** multiplicantur *(post* terna*)*] mltiplicantur A   **681** cum *(post* integrum*)*] et *pr. scr. et del. &* cum *add. in marg.* C   **683** cum *(post* aut*)*] *om.* B   **683** integer] integrum B   **684–686** Terna autem ... fractionis] *lector scr. in marg.* B: Unus modus *quem supra* 'cum' *enumeravit (*28*)*   **684–685** multiplicantur semel] semel multiplicantur C   **685** multiplicatur] multiplicantur *codd.*   **685** integer] integr̄ *(et sæpe infra hab.)* BC   **686** Totidem] Totiens *in textu (quod del.) &* Totidem *in marg.* B   **687** et *(post* dividendi*)*] *om.* AB   **689** omnis] oms̄ B   **690** idcirco] iccirco C   **694** digitus] *iter.* A   **694** articulus] *corr. ex* articulos B   **695** in *(post* limes*)*] *corr. ex* et B   **697** et limitem] et in limitem BC   **697** multiplicantur] multiplicatur *codd.*   **702–703** et in promptu] et in promtu A, et in promitu B, impromtu C   **704** causa] *om.* A   **704** introducendi] introducendis *(add.* s *supra)* A   **707–708** De multiplicatione ... de uno] *om. sed spat. rel.* B, *rubro col.* C; I *in marg. hab. codd.*   **711** quem] quam B   **711** nunquam] numquam B   **712** excrescit] excresit A

— De duobus. Duo ducti in duo fiunt quatuor; duo vero in tres fiunt sex; duo ducti in quatuor fiunt octo; duo multiplicati in quinque efficiunt decem; duo vero in sex fiunt duodecim; duo in septem, quatuordecim; duo in octo, sexdecim; duo in novem, decem et octo; duo in decem, viginti.
— De tribus. Tres multiplicati in tres fiunt novem; tres ducti in quatuor efficiunt duodecim; tres in quinque fiunt quindecim; tres in sex fiunt decem et octo; tres in septem fiunt viginti unum; tres in octo fiunt viginti quatuor; tres in novem fiunt viginti septem; tres in decem fiunt triginta.
— De quatuor. Quatuor ducti in quatuor fiunt sexdecim; ducti in quinque fiunt viginti; ducti in sex fiunt viginti quatuor; ducti in septem fiunt viginti octo; quatuor ducti in octo fiunt triginta duo; quatuor ducti in novem fiunt triginta sex; ducti vero in decem fiunt quadraginta.
— De quinque. Quinque multiplicati in quinque fiunt viginti quinque; multiplicati vero in sex fiunt triginta; ducti in septem fiunt triginta quinque; ducti in octo faciunt quadraginta; ducti in novem fiunt quadraginta quinque; ducti in decem fiunt quinquaginta.
— De sex. Sex multiplicati in sex fiunt triginta sex; ducti vero in septem fiunt quadraginta duo; ducti in octo fiunt quadraginta octo; sex in novem fiunt quinquaginta quatuor; sex in decem fiunt sexaginta.
— De septem. Septem ducti in septem fiunt quadraginta novem; ducti in octo fiunt quinquaginta sex; ducti in novem fiunt sexaginta tres; ducti in decem faciunt septuaginta.
— De octo. Octo ducti in octo fiunt sexaginta quatuor; ducti in novem

---

713 De duobus] *om. sed spat. rel.* $\mathcal{B}$, *rubro col.* $\mathcal{C}$; X II *(sc. ultimum productum antecedentis numeri et numerum sequentem) hab. in marg.* $\mathcal{ABC}$ *(alterum latere altero* $\mathcal{A}$*)* **713** quatuor] quattuor $\mathcal{C}$ **713** tres] sex *pr. scr. et del.* $\mathcal{A}$ **714** ducti in] *corr. ex* ductu n $\mathcal{A}$ **714** quatuor] quattuor $\mathcal{C}$ **714** octo] quatuor *pr. scr. et exp.* $\mathcal{B}$ **714** quinque] V $\mathcal{A}$ **715** decem] X $\mathcal{A}$ **715** duodecim] XII $\mathcal{A}$ **715** septem] VII $\mathcal{A}$ **715** quatuordecim] quattuordecim $\mathcal{C}$ **716** sexdecim] XVI $\mathcal{A}$ **716** decem et octo] X et VIII $\mathcal{A}$ **716** decem] X $\mathcal{A}$ **716** viginti] XX $\mathcal{A}$ **717** De tribus] *om.* $\mathcal{B}$, *rubro col.* $\mathcal{C}$; XX III *hab. in marg.* $\mathcal{ABC}$ **717** ducti in] *corr. ex* ductu n $\mathcal{A}$ **717** quatuor] quattuor $\mathcal{C}$ **718** duodecim] XII $\mathcal{A}$ **718** quinque] V $\mathcal{A}$ **718** quindecim] XV $\mathcal{A}$ **719** viginti unum] XX unum $\mathcal{A}$ **719** viginti quatuor] XXIIII^{or} $\mathcal{A}$, viginti quattuor $\mathcal{C}$ **720** novem] i *add. et exp.* $\mathcal{A}$ **720** viginti septem] XXVI *(vere:* XXVÍ´ *pro* XXVÍÍ*)* $\mathcal{A}$ **720** decem] X $\mathcal{A}$ **720** fiunt *(post* decem*)*] *add. supra* $\mathcal{A}$ **720** triginta] XXX $\mathcal{A}$ **721** De quatuor] *om. sed spat. hab.* $\mathcal{B}$, De quattuor *rubro col.* $\mathcal{C}$; XXX IIII *hab. in marg. codd.* (XXX *om.* $\mathcal{A}$*)* **721** Quatuor] Quattuor $\mathcal{C}$ **721** quatuor] quattuor $\mathcal{C}$ **721** sexdecim] XVI $\mathcal{A}$ **722** viginti] XX $\mathcal{A}$ **722** fiunt viginti quatuor] fiunt XXIIII^{or} $\mathcal{A}$, viginti quatuor fiunt $\mathcal{B}$, fiunt viginti quattuor $\mathcal{C}$ **722–723** viginti octo] XXVIII $\mathcal{A}$ **723** quatuor *(post* octo*)*] Quattuor $\mathcal{C}$ **723** fiunt *(post* octo*)*] fiüt $\mathcal{B}$ **723** triginta duo] XXXII $\mathcal{A}$ **723** quatuor] Quattuor $\mathcal{C}$ **724** triginta sex] XXXVI $\mathcal{A}$ **724** decem] X $\mathcal{A}$ **724** fiunt] fiuẗ $\mathcal{B}$ **725** De quinque] *om. sed spat. hab.* $\mathcal{B}$, *rubro col.* $\mathcal{C}$; XL V *hab. in marg.* $\mathcal{ABC}$ (XL^{ta} *scr.* $\mathcal{A}$*)* **725** Quinque multiplicati in quinque] Quinque mltiplicati *(sic)* in V $\mathcal{A}$, Quinque in quinque multiplicati $\mathcal{C}$ **725** viginti quinque] XXV $\mathcal{A}$ **726** triginta] XXX $\mathcal{A}$ **726** triginta quinque] XXXV $\mathcal{A}$, triginta qnque $\mathcal{B}$ **727** quadraginta] XL^{ta} $\mathcal{A}$ **727–728** quadraginta quinque] quadraginta V $\mathcal{A}$ **728** quinquaginta] L $\mathcal{A}$ **729** De sex] *om.* $\mathcal{B}$, *rubro col.* $\mathcal{C}$; L VI *hab. in marg.* $\mathcal{BC}$ (VI *superest in* $\mathcal{A}$*)* **729** triginta] trigita $\mathcal{C}$ **730** quadraginta duo] XLII $\mathcal{A}$ **730** quadraginta octo] quadraginto octo $\mathcal{B}$ **731** quinquaginta quatuor] LIIII^{or} $\mathcal{A}$, quinqua.ginta quatuor $\mathcal{B}$, quinquaginta quattuor $\mathcal{C}$ **731** sexaginta] LX $\mathcal{A}$ **732** De septem] *om. sed spat. hab.* $\mathcal{B}$, *rubro col.* $\mathcal{C}$; LX VII *hab. in marg.* $\mathcal{BC}$ (VII $\mathcal{A}$*)* **732** quadraginta novem] XL novem $\mathcal{A}$ **733** quinquaginta sex] LVI $\mathcal{A}$ **733** sexaginta tres] LXIII $\mathcal{A}$ **734** septuaginta] LXX $\mathcal{A}$ **735** De octo] *om. sed spat. hab.* $\mathcal{B}$, *rubro col.* $\mathcal{C}$; LXX VIII *hab. in marg.* $\mathcal{BC}$ (VIII $\mathcal{A}$*)* **735** sexaginta quatuor] LXIIII $\mathcal{A}$, sexaginta quattuor $\mathcal{C}$

fiunt septuaginta duo; ducti in decem fiunt octoginta.

— De novem. Novem ducti in novem fiunt octoginta unum; ducti in decem faciunt nonaginta.

— De decem. Decem multiplicatus in decem efficit centum.

740 REGULE QUIBUS DEPREHENDITUR MULTIPLICATIO DIGITORUM IN SE ET IN ALIOS DIGITOS.

ET PRIUS IN SE.

(i) Omnis digitus in se ductus tantum reddit quantum duo primi circumpositi in se ducti et insuper unum.

745 (i') Omnis digitus in se ductus tantum reddit quantum duo circumpositi, et circumpositi circumpositorum usque ad unitatem, sed adiectis differentiis in se ductis quas habet medius ad extremos. [Tantum enim fit ex ductu quinarii in se quantum ex ductu quaternarii in senarium cum differentiis in se ductis, que sunt due unitates; vel quantum ex ductu ternarii in septe-
750 narium cum differentiis in se ductis, que sunt duo binarii; vel quantum ex ductu binarii in octonarium cum differentiis in se ductis, que sunt duo ternarii; et sic usque ad unum.]

(ii) Omnis digitus in se ductus tantum reddit quantum quilibet duo in se ducti equa proportione ab illo distantes. [Tantum enim efficit quater-
755 narius in se ductus quantum binarius ductus in octonarium, qui eadem proportione a quaternario distant, scilicet dupla.]

(iii) Item. Omnis digitus in se ductus tantum efficit quantum due partes eius si utraque in se ducatur et altera in alteram bis.

(iv) Item. Omnis digitus ductus in se efficit summam sue denominatio-
760 nis decuplate, subtracta inde multiplicatione differentie ipsius ad denarium facta in se ipsum. [Senarius enim ductus in se dicatur efficere sexaginta, que est eius denominatio decuplata; sed differentia ipsius ad denarium est quatuor; que ducta in ipsum senarium efficit viginti quatuor; quibus subtractis de sexaginta remanent triginta sex, et tantum reddit senarius ductus
765 in se.]

DE MULTIPLICATIONE DIGITORUM IN ALIOS DIGITOS.

---

736 septuaginta duo] LXXII A **736** octoginta] octuaginta B **737** De novem] *om. sed spat. hab.* B, *rubro col.* C; LXXX VIIII *hab. in marg.* BC (VIIII A) **737** octoginta unum] LXXXI A, otaginta unum B **738** faciunt] fiunt *(cod.:* fint*)* B **739** De decem] De X A, *om. sed spat. hab.* B, *rubro col.* C; IC   X et C *sub* IC *scr.* BC (X *hab.* A) **739** decem *(post* in*)*] X A **739** efficit] *corr. ex* effec A **739** centum] C A **740–741** *tit.*] *rubro col.* C **742** Et prius in se] *om. sed spat. hab.* B, *rubro col.* C **743** (i)] *sign. lectoris (†) in marg.* C **746** differentiis] diferentiis A **749** unitates] *supra lin.* A **749–750** septenarium] septem *codd.* **750** differentiis] differentis *pr. scr. et corr. supra* A **751** que] quę A **751** duo] *om.* A **753** (ii)] *sign. lectoris (†) in marg.* C **754** proportione] a quaternario *add. (v. infra) et exp.* B **754** efficit] n *pr. scr. et eras.* B **754–755** quaternarius] quatuor *codd. (etiam* C*)* **757** (iii)] *sign. lectoris (†) in marg.* C **758** bis] *exp. et post* 'in se ducatur' *add.* B **759** (iv)] *sign. lectoris (†) in marg.* C **759** sue] se *pr. scr. et corr. in marg.* B **759–760** denominationis] dominationis ABC **762** que] quę A **763** quatuor] quattuor C **763** viginti quatuor] XXIIII A, viginti quattuor C **764** sexaginta] LX A **764** triginta sex] XXXVI A **766** De multiplicatione digitorum in alios digitos] *om. sed spat. rel.* B, *rubro col.* C

(v) Item. Cum digitus multiplicat alium digitum, tantum provenit quantum si idem multiplicet limitem, subtracto de summa eo quod differentia multiplicati ad limitem ducta per multiplicantem efficit.

(vi) Item. Omnis digitus ductus in alium digitum tantum efficit quantum ductus in omnes partes eius. [Tantum enim efficit ternarius ductus in quaternarium quantum ductus in duos binarios, qui sunt partes eius, et uterque productus agregetur.]

[REGULE DE MULTIPLICATIONE DIGITORUM IN ARTICULOS, LIMITES ET COMPOSITOS.]

Sed quoniam nostra intentio est hic assignare regulas multiplicandi numeros secundum notam, idcirco primum de quo loquemur est capitulum de nota. Hoc enim principium est scientie multiplicandi numeros inter se, sive sint magni sive parvi, scientia vero multiplicandi numeros inter se origo est totius arimethice artis.

CAPITULUM DE IMPOSITIONE NOTE

Scias ergo quod origo numeri unum est, ex quo geminato fiunt duo, qui est primus numerus et minor; deinde addito uno duobus facti sunt tres, et sic, addito uno et uno, numerus crescit in infinitum. Sed quia necesse fuit numeros in se multiplicari, ita dispositi sunt per ordines, et unicuique ordini assignaverunt notam per quam dinoscatur. Primum autem ordinem constituerunt ab uno usque ad novem; cuius notam posuerunt unum. Si autem aliquid aliud preter unum notam eius ponerent, concederetur; sed unum convenientius fuit, quoniam unorum ordo est primus. Secundum vero ordinem instituerunt a decem usque ad nonaginta; cuius notam posuerunt duo. Tertium vero ordinem instituerunt a centum usque nongenta; cuius notam posuerunt tres. Similiter etiam a mille usque ad novem milia

---

781–841 Capitulum de impositione ... similiter in omnibus] $105^v, 30 - 106^r, 27$ $\mathcal{A}$; $5^{vb}, 31 - 6^{rb}, 13$ $\mathcal{B}$; $29^{vb}, 25 - 30^{ra}, 27$ $\mathcal{C}$.

777–780 primum ... artis] *lect. alt. præb.* $\mathcal{B}$, *fol.* $5^{vb}, 26 - 30$: Primum autem de quo loquimur est capitulum de nota, quod est principium scientie multiplicandi numeros inter se sive sint magni sive parvi, scientia vero multiplicandi numeros inter se origo est *(origo est in marg.)* totius arimethice.

767 (v)] *exemplum in numeris præb. lector in marg.* $\mathcal{C}$ (*sc.:* $24 = 3 \cdot 8 = 30 - 2 \cdot 3$) **768** de summa eo] eo de summa *codd.* **768** quod] quam $\mathcal{B}$ **768** differentia] differtia *scr. et corr. supra* $\mathcal{B}$ **769** multiplicantem] mltiplicantem $\mathcal{A}$ **772** duos] duo $\mathcal{A}$ **774–775** tit.] *om.* $\mathcal{C}$ **777** numeros] ños $\mathcal{B}$ **777** idcirco] iccirco $\mathcal{AC}$ **777** loquemur] loquimur $\mathcal{A}$ **778** scientie] *supra lin.* $\mathcal{A}$ **778** multiplicandi] multiplicadi $\mathcal{B}$ **779** sint magni] magni sint $\mathcal{AC}$ *et* $\mathcal{B}$ 1^a *lect.* **780** arimethice] arimetice $\mathcal{C}$ **781** Capitulum de impositione note] *om. sed spat. rel.* $\mathcal{B}$, *rubro col.* $\mathcal{C}$; *sign. ab al. m.* (ק) *in marg.* $\mathcal{A}$ **781** impositione] inpositione $\mathcal{A}$ **781** note] Item aliter de multiplicatione integrorum numerorum inter se absque nota, hoc modo hab. $\mathcal{A}$ *in textu, quæ 2^a ut vid. m. verbo* 'vacat' *del.* **782** quod] quia $\mathcal{BC}$ **783** minor] numerus crescit in infinitum *add. (v. infra) et exp.* $\mathcal{B}$ **785** ita] ut $\mathcal{B}$ **785** dispositi] disspositi $\mathcal{A}$ **786** ordini] ordinini *pr. scr. et corr.* $\mathcal{A}$ **787** Si] *corr. ex* Se $\mathcal{A}$ **789** unum *(post sed)*] *corr. ex* unus $\mathcal{B}$ **789** unorum ordo est primus] unum est primus ordo *codd.* **790** decem] X^{em} $\mathcal{A}$ **790** usque ad] usque $\mathcal{AB}$ **790–791** cuius notam ... nongenta] *marg.* $\mathcal{B}$ **791** centum] C $\mathcal{A}$ **791** nongenta] nonaginta $\mathcal{A}$ **792** mille] M $\mathcal{A}$ **792** usque ad] usque $\mathcal{A}$ **792** milia] millia $\mathcal{C}$

instituerunt quartum ordinem; cuius notam vocaverunt quatuor. Et quia notam primi ordinis posuerunt unum et nota cuiusque ordinis maior est nota precedentis ordinis uno, et sic uniuscuiusque ordinis nota tantum distat ab uno quantum ipse ordo distat a primo, unde significatio note est ostendere in quo ordine sit numerus. Si enim eius nota fuerit decem, tunc numerus erit in ordine decimo, si vero undecim, erit in ordine undecimo.

Et quandoquidem hoc ita est, ergo inquiram regulam qua sciatur ordo numeri cum numerus fuerit cognitus, videlicet cum quesitum fuerit 'hic vel ille numerus in quo ordine est' quomodo sciam si est ordinis sexti vel septimi vel alicuius alterius ordinis, et e converso regulam cognoscendi numerum cognita nota.

Dico igitur quoniam primum ordinem posuerunt unorum, secundum vero decenorum, tertium autem centenorum; et cum transilierunt centenos, qui est ordo tertius, posuerunt quartum millenorum, quintum vero decem milium, sextum autem de centum milibus; et postquam transilierunt ordinem sextum, addiderunt prime iterationi unam iterationem, dicentes 'milies mille', qui est septimus ordo; cum autem transilierunt tres ordines alios, addiderunt unam iterationem; cum vero transilierunt alios tres ordines, addiderunt unam iterationem. Et sic post tres ordines addiderunt prioribus unam iterationem.

REGULA DE COGNOSCENDA NOTA COGNITO NUMERO.

(A.1) Cum igitur aliquis quesierit: Milies mille iterata quater, que est nota eorum, scilicet in quo ordine sunt?

Nos autem scimus quod post tres ordines semper additur una iteratio. Idcirco tunc multiplicabimus numerum iterationis in tres, sicut hic quatuor in tres, et fient duodecim, qui est numerus omnium ordinum precedentium ordinem in quo sunt milies milia iterata quater. Quibus addito uno fiunt tredecim. Differentia igitur milies milium iteratorum quater est tredecima; cuius nota est tredecim.

---

793 ordinem] *corr. ex* ordinum $\mathcal{B}$ 793 quatuor] IIII^{or} $\mathcal{A}$, quattuor $\mathcal{C}$ 794 notam] *marg.* $\mathcal{B}$ 794 et] ideo *codd.*   795 precedentis] precedenti $\mathcal{C}$ 795 uno] *om.* $\mathcal{B}$ 797 numerus] *corr. ex* nus $\mathcal{B}$ 797 decem] X $\mathcal{A}$ 797 tunc] et *codd.*   798 undecim] XI $\mathcal{A}$ 798 undecimo] ondecimo $\mathcal{A}$ 799 quandoquidem] quando quidem $\mathcal{B}$ 799 qua] que $\mathcal{C}$ 800 cognitus] congnitus *(g add. supra)* $\mathcal{A}$ 800 videlicet] vidẽc $\mathcal{C}$ 801 sexti] sexsti $\mathcal{B}$ 802–803 regulam ... nota] *tit. fec. & scr. rubro col.* $\mathcal{C}$ 802 cognoscendi] congnoscendi $\mathcal{A}$ 803 cognita] cogta $\mathcal{C}$ 805 transilierunt] transsilierunt $\mathcal{B}$, transiverunt $\mathcal{C}$ 806 tertius] tertias $\mathcal{A}$ 806 quartum] quartam $\mathcal{A}$ 806 millenorum] milenorum *(me pr. scr. et corr.)* $\mathcal{A}$ 806 quintum] quintam $\mathcal{A}$ 807 sextum] sextam $\mathcal{A}$ 807 transilierunt] transsilierunt *codd.*   808 iterationi] iterrationi $\mathcal{A}$, tráctioni $\mathcal{B}$, itationi $\mathcal{C}$ 808 iterationem] iterrationem $\mathcal{A}$, ́tranctionem $\mathcal{B}$ 809 milies] *corr. ex* miles $\mathcal{A}$ 809 mille] M $\mathcal{A}$ 809 transilierunt] transsilierunt $\mathcal{AC}$ 810 iterationem] iterrationem $\mathcal{A}$, iterractionem $\mathcal{B}$ 810 transilierunt] transsilierunt $\mathcal{A}$, trasierunt $\mathcal{B}$, transierunt $\mathcal{C}$ 811 iterationem] iterrationem $\mathcal{A}$, iterractionem $\mathcal{A}$ 812 iterationem] iterrationem $\mathcal{A}$, itractionem $\mathcal{B}$ 813 tit.] *marg.* $\mathcal{A}$, *post* nota eorum *(probl. A.1)* $\mathcal{B}$, *rubro col.* $\mathcal{C}$ 814 mille] M $\mathcal{A}$ 814 iterata] iterrata $\mathcal{A}$, i *supra lin. in* $\mathcal{B}$ 814–815 que est nota eorum] iter. $\mathcal{A}$ *(pr. que scr. quẹ)*   815 scilicet in quo ordine sunt] *in marg.* $\mathcal{C}$, scilicet *om.* $\mathcal{A}$, sunt *om.* $\mathcal{B}$ 816 iteratio] iterratio $\mathcal{A}$ 817 Idcirco] iccirco $\mathcal{AC}$ 817 iterationis] iterrationis $\mathcal{A}$ 817 quatuor] quattuor $\mathcal{C}$ 818 duodecim] XII $\mathcal{A}$ 819 iterata] iterrata *(corr. ex* intrata*)* $\mathcal{A}$ 819 fiunt] fient $\mathcal{BC}$ 820 tredecim. Differentia] tredecima differentia. $\mathcal{B}$ 820 iteratorum] iterratorum $\mathcal{A}$ 820 quater] quatum $\mathcal{B}$

(**A.1′**) Si autem essent decem milies milia iterata quater, adderes duo ad duodecim.

(**A.1″**) Si vero essent centum milies milia iterata quater, ad duodecim adderes tres.

CAPITULUM CONTRARIUM PRIORI, SCILICET: REGULA DE COGNOSCENDO NUMERO COGNITA NOTA.

(**A.2**) Monstrabitur etiam ex premissis ut, cum quesitum fuerit 'quatuordecim, cuius numeri nota est?', modus inveniendi fit per conversam prioris. Scilicet ut dividamus quatuordecim per tres, et exibunt quatuor, et remanebunt duo, qui sunt nota decenorum. Dicemus igitur quod quatuordecim nota est de decem milies mille iteratis quater.

(**A.2′**) Si autem de divisione remansisset unum, diceremus numerum divisum notam esse milies milium iteratorum quater.

(**A.2″**) Si vero numerus ille esset divisibilis per tres, scilicet si numerus esset quindecim, vel numerus alius qui dividitur per tres, diceremus illum esse notam de centum milies milibus iteratis quater, vel totiens quotiens unitas est in numero exeunte de divisione minus uno. Sicut cum quindecim dividitur per tres exeunt quinque; de quibus minue unum, et remanent quatuor; ergo quindecim nota est de centum milies mille iteratis quater.

Et similiter in omnibus.

DE COGNOSCENDO QUILIBET NUMERUS COGNITUS DE QUA DIFFERENTIA SIT.

(**A.3**) Si volueris scire de qua differentia sunt tria milia quinquies iterata.

Multiplica semper numerum iterationis in tres, et provenient sicut hic quindecim. Quibus adiunge notam trium, scilicet unum; fient sexdecim, a quo denominatur differentia quesita. De sexta decima igitur differentia est predictus numerus.

(**A.4**) Similiter si scire volueris de qua differentia sunt decem milia octies repetita.

842–875 De cognoscendo ... considera] $\mathcal{A}$ deficit; 17ra, 30-31 – 17rb, 17 $\mathcal{B}$; 36rb, 51 – 36va, 22 $\mathcal{C}$.

---

822 iterata quater] quater iterata $\mathcal{BC}$ **822** adderes] addes $\mathcal{B}$ **824** centum] $\mathcal{C}$ $\mathcal{A}$ **824** duodecim] XII^{cim} $\mathcal{A}$ **826–827** tit.] marg. $\mathcal{A}$, om. sed spat. rel. $\mathcal{B}$, rubro col. $\mathcal{C}$ **828** premissis] primisis $\mathcal{A}$, premisis $\mathcal{B}$ **828** ut] etiam pr. scr. et exp. $\mathcal{B}$ **828** fuerit] fiunt $\mathcal{B}$ **828–829** quatuordecim] XIIII^{cim} $\mathcal{A}$ **830** quatuordecim] XIIII^{cim} $\mathcal{A}$ **830** per tres] corr. ex partes $\mathcal{A}$ **830** quatuor] IIII^{or} $\mathcal{A}$, quattuor $\mathcal{C}$ **831** qui] que $\mathcal{A}$ **831–832** quatuordecim] quattuordecim $\mathcal{C}$ **832** est] etiam $\mathcal{B}$ **832** decem] X $\mathcal{A}$ **832** iteratis] iterratis $\mathcal{A}$, corr. ex iterateris $\mathcal{B}$ **833** remansisset] remansissent $\mathcal{B}$ **833** diceremus] dicemus $\mathcal{B}$ **834** notam] nota $\mathcal{B}$ **834** iteratorum] iterratorum (corr. ex iterrarum) $\mathcal{A}$ **836** vel numerus ... per tres] om. hic (v. infra) $\mathcal{B}$ **836** numerus] nus $\mathcal{A}$ **836** diceremus] dicemus $\mathcal{B}$ **837** quater, vel] om. $\mathcal{AC}$, vel in textu quater supra lin., post quæ hab. supra omissa numerus qui dividitur per tres $\mathcal{B}$ **840** quatuor] IIII^{or} $\mathcal{AC}$ **840** ergo] igitur $\mathcal{A}$ **840** centum] $\mathcal{C}$ $\mathcal{A}$ **840** mille] M $\mathcal{A}$ **842–843** tit.] om. sed spat. hab. $\mathcal{B}$, rubro col. $\mathcal{C}$ **844** sunt] sit pr. scr. et del. $\mathcal{C}$ **847** De] ade $\mathcal{B}$, ad $\mathcal{C}$ **849** sunt] sint codd.

Numerum iterationis, qui est octo, multiplica in tres, et fient viginti quatuor. Quibus adde notam decenorum, scilicet duo, et provenient viginti sex. De vicesima sexta igitur differentia est predictus numerus.

ITEM.

855 **(A.5)** Si scire volueris de qua differentia sunt centum milia iterata sexies.

Numerum iterationis, qui est sex, multiplica in tres, et fient decem et octo. Quibus adde notam [differentie] centenorum, que est tres [de tertia enim differentia sunt centum], et proveniunt viginti unum. Igitur vicesima prima est differentia de qua est predictus numerus.

860 ⟨*i*⟩ Similiter de omni proposito numero cuius differentie sit scire poteris. Videlicet, ut numerum iterationis multiplices semper in tres et producto addas numerum differentie de qua est numerus adiunctus iterationi; et a numero qui inde fit denominatur differentia de qua queritur.

Causa autem huius rei manifesta est ex primo capitulo libri, de com-
865 positione numeri. Quoniam omnis iteratio numerorum habet tres differentias, unorum scilicet et decenorum et centenorum, et ideo omnis iteratio numerorum fit post tertiam differentiam, ut post primam, que est unorum, et secundam, que est decenorum, et tertiam, que est centenorum, sequitur quarta, que est prima sequentis iterationis [et sic omnis differentia unorum
870 habet duas differentias ante se, decenorum et centenorum]; unde cum multiplicaveris numerum iterationis in tres, colligentur omnes differentie que precedunt ipsam de qua queritur. Unde si numerus fuerit de unis iterationis, tunc adde producto unum; si vero fuerit de decenis eius, adde duo; si vero fuerit de centenis eius, adde tres.

875 Intellige hoc et ⟨secundum hoc cetera⟩ considera.

CAPITULUM CONTRARIUM PRIORI, SCILICET: COGNITA DIFFERENTIA COGNOSCERE QUIS NUMERUS EIUS SIT.

876–899 Capitulum contrarium ... Intellige et considera] $106^r, 27 - 106^v, 2$ $\mathcal{A}$; 17rb, $17\text{-}19 - 44$ $\mathcal{B}$; $36^{va}, 22 - 46$ $\mathcal{C}$.

860–875 Similiter ... considera] *lect. alteram hab. in marg.* $\mathcal{C}$ *(fol. 30ra):* Similiter de omni proposito numero poteris scire de qua nota sit. Videlicet, ut numerum iteratio⟨n⟩is semper multiplices in tres et producto addas numerum differentie de qua est numerus adiunctus iterationi; et a numero qui inde fit denominatur nota de qua queritur. Omnis enim iteratio numerorum fit post tertium ordinem; ut post primum, qui est digitorum, et secundum, qui est decenorum, ⟨et⟩ tertium, qui est centenorum, sequitur quartus, qui est primus sequentis iterationis. Et quia omnis iteratio numerorum habet tres ordines, unorum, decenorum et centenorum, iccirco ordo unorum habet duos ordines ante se, decenorum et centenorum. Unde cum multiplicaveris numerum iterationis in tres, colligentur omnes differentie precedentes ipsam de qua queritur. Unde si numerus fuerit de unis iterationis, tunc adde producto unum; si vero fuerit de decenis eius, adde duo; si de centenis eius, adde tres. Intellige et secundum hoc cetera considera.

852 quatuor] quattuor $\mathcal{C}$ **852–853** viginti sex] 26 $\mathcal{C}$ **856** qui] *corr. ex* que $\mathcal{B}$ **858** vicesima] vicesimum $\mathcal{B}$; differentia *add. et exp.* $\mathcal{C}$ **863** qui inde] quem $\mathcal{B}$ **865–866** omnis ... et ideo] *per homœotel. om. add. in marg.* $\mathcal{C}$ **866** unorum scilicet] *add. in marg.* $\mathcal{B}$ **866** decenorum] decimorum $\mathcal{C}$ **868** secundam] secunda $\mathcal{B}$ **868** tertiam] tertia $\mathcal{B}$ **869** sequentis] seq̄uetis $\mathcal{B}$ **871** omnes] tres *add. et del.* $\mathcal{B}$ **872** fuerit] fuit $\mathcal{B}$ **873** fuerit *(post vero)*] fiut $\mathcal{B}$ **874** tres] *supra lin.* $\mathcal{B}$ **875** Intellige] *corr. ex* Intelligere $\mathcal{B}$ **876–877** tit.] *om. sed spat. rel.* $\mathcal{B}$, *rubro col.* $\mathcal{C}$ **876** scilicet] *om.* $\mathcal{A}$

(**A.6**) Si volueris scire undecim cuius numeri est nota.

Divide undecim per tres, ⟨et exibunt tres⟩ et remanebunt duo, qui significant decenos; tres autem qui exeunt de divisione sunt numerus iterationis. Dices ergo quod undecim est nota decem milium ter iteratorum.

Item.

(**A.7**) Si volueris scire tredecim cuius numeri nota est.

Divide tredecim per tres, et exibunt quatuor et remanebit unum; quod significativum est unorum de milibus iteratis quater. Tredecim igitur nota est milium iteratorum quater.

(**A.8**) Si volueris scire decem et octo cuius numeri nota est.

Divide decem et octo per tres, et exibunt quinque, remanentibus tribus, qui tres significativi sunt centenorum. Igitur decem et octo nota sunt centum milium quinquies iteratorum.

(*ii*) Similiter facies in omnibus ad sciendum numerum cuius notam cognoveris. Scilicet, divides semper notam cognitam per tres et quod exierit de integris erit numerus iterationis; quod vero remanserit si fuerit unum est significativum unorum milium iteratorum totiens quantus est numerus exiens de divisione, si vero remanserint duo est significativum decem milium iteratorum totiens quantus est numerus qui de divisione exivit; si vero nota fuerit divisibilis per tres, pretermissis de ea tribus residuum eius divide per tres, qui tres pretermissi significabunt centum milia totiens iterata quotiens unitas fuerit in numero qui de divisione residui exit.   Intellige et considera.

Capitulum de multiplicatione numerorum integrorum inter se secundum notam, exceptis compositis

Cum igitur volueris multiplicare integros numeros exceptis compositis inter se secundum notam: Vide quotus sit uterque numerus in suo ordine, scilicet an sit secundus, vel tertius, et deinceps, et numeros denominatos suorum locorum inter se multiplica, et summam inde provenientem retine; deinde agrega notas utriusque numeri et de agregatione subtrahe unum, et

---

900–939 Capitulum de multiplicatione ... similiter in aliis] 106^v, $3 - 25$ $\mathcal{A}$; 6rb, 13-15 $- 6^{va}$, 18 $\mathcal{B}$; 31ra, $1 - 42$ $\mathcal{C}$.

878 (A.6)] nota *scr. in marg. lector* $\mathcal{C}$ **878** est] e (*sc.* e⟨st⟩) $\mathcal{A}$, sit $\mathcal{B}$ **881** Dices] Dicens $\mathcal{B}$ **881** decem] *om.* $\mathcal{C}$ **881** ter] *om.* $\mathcal{A}$ **884** quatuor] quattuor $\mathcal{C}$ **884** remanebit] *corr. ex* remanebunt $\mathcal{B}$ **885** de milibus iteratis quater] *om.* $\mathcal{B}$ **885** nota] nata $\mathcal{A}$ **886** est] *om.* $\mathcal{A}$ **887** decem et octo] decem octo *codd.*   **888** et *(ante* exibunt*)*] *om.* $\mathcal{A}$ **889** significativi] significati $\mathcal{A}$ **891** in omnibus] *om.* $\mathcal{A}$ **891** notam] nota $\mathcal{B}$ **892** Scilicet] secundum $\mathcal{B}$ **892** exierit] exerit $\mathcal{A}$ **893** unum] *om.* $\mathcal{A}$ **894** significativum] significat$\overline{\text{m}}$ *hic et infra* $\mathcal{A}$ **895** exiens] exic *pr. scr. et corr.* $\mathcal{C}$ **895** est significativum] significativum est $\mathcal{BC}$ (est *add.* $\mathcal{B}$ *etiam ante* significativum *supra et postea del.*)   **895** decem] X $\mathcal{A}$ **897** pretermissis] pretermisis $\mathcal{A}$ **897** ea] eo *codd.*   **898** pretermissi] pretermssi $\mathcal{A}$ **898** centum] C $\mathcal{A}$ **898** quotiens] quoties $\mathcal{A}$ **899** considera] conscidera $\mathcal{B}$ **900–901** *tit.*] *om. sed spat. rel.* $\mathcal{B}$ (Capitulum de multiplicatione *add. in marg.* 1^a *m.), rubro col.* $\mathcal{C}$ **900** multiplicatione] mltiplicatione $\mathcal{A}$ **902** volueris] voluit $\mathcal{B}$ **902** multiplicare] *corr. ex* multipla $\mathcal{A}$ **904** secundus] secundo $\mathcal{B}$ **904** deinceps] inceps $\mathcal{A}$ **904** et *(ante* numeros*)*] quod *add.* $\mathcal{B}$ **904** denominatos] denominaterios $\mathcal{B}$, denominationis $\mathcal{C}$ **905** se] *om.* $\mathcal{AB}$ **906** numeri] numerum $\mathcal{B}$ **906** unum] numerum $\mathcal{B}$

quod remanet vide cuius ordinis nota est; deinde quotiens fuerit digitus in numero retento, si ibi fuerit, pone totiens numerum note, et quotiens fuerit articulus, si ibi fuerit, pone totiens numerum sequentem notam.

(A.9) Verbi gratia. Si volueris multiplicare tres in quadraginta.

Vide quotus sit uterque numerus in suo ordine. Sed tres est tertius in ordine digitorum, et quadraginta quartus est in ordine articulorum. Multiplica igitur numeros denominatos suorum locorum inter se, scilicet tres in quatuor, et fient duodecim. Hos retine. Deinde agrega notas numerorum, que sunt unum et duo; et fiunt tres. De quibus subtrahe unum, et remanent duo. Duo autem nota est decenorum. Quotiens igitur in retento numero fuerit digitus, totiens pone decem, et quotiens articulus, totiens pone numerum sequentem predictam notam [qui est centum]. Sed in numero retento, qui est duodecim, duo sunt digitus; ergo totiens pone decem, qui fiunt viginti. Et semel est ibi articulus, qui est decem; ergo totiens pone numerum qui sequitur predictam notam, scilicet centum. Ex multiplicatione igitur trium in quadraginta proveniunt centum viginti.

(A.10) Similiter si volueris multiplicare articulum in articulum, ut triginta in quinquaginta.

Multiplica numeros suorum locorum, scilicet tres in quinque, et fiunt quindecim. Deinde agrega notas utriusque ⟨numeri⟩, que sunt duo et duo; et fiunt quatuor. De quibus subtrahe unum, et remanent tres, qui sunt nota centenorum. Sed in quindecim est digitus et articulus. Quotiens igitur unitas est in digito, totiens centum, ergo quinque. Et semel est articulus, ergo totiens numerus qui sequitur notam, qui est mille. Ex ductu igitur triginta in quinquaginta fiunt mille et quingenta.

(A.11) Similiter si volueris multiplicare articulum in aliquem centenorum, ut viginti in quingentos.

Sed viginti secundus est in suo ordine, et quingenta quintus est. Multiplica igitur numeros suorum locorum, scilicet duo in quinque, et fient decem. Deinde agrega notas utriusque numeri, que sunt duo et tres; et

---

907 vide] inde A **907** quotiens] quoties B **907** fuerit] sit AB **908** totiens] quotiens B **908** fuerit *(post* quotiens*)*] fiunt B **909** fuerit *(post* ibi*)*] fiunt III A, fuit III B, fuerit $\overline{\text{III}}$ C **910** quadraginta] XL A **911** quotus] quantus AB *(corr. ex* quantum $B)$ **911** suo ordine] ordine suo A **911–912** in ordine] ordi$\overline{\text{n}}$ C **912** quadraginta] XL A **912** quartus] quantus AB **912** in ordine] *add. in marg.* B **914** quatuor] quattuor C **914** duodecim] XII A **915** subtrahe] *add. supra* A, subtrae B **916** duo] unum *pr. scr. et exp.* B **916** decenorum] de centenorum C **917** fuerit] fiunt B **917** decem] qui fiunt XX, et semel est ibi articulus, qui est ergo totiens, pone numerum *add. (v. infra) et del.* B **918** centum] C A **919** duodecim] XII *codd.* **919** digitus] digito AB, digiti C **919** decem] X A **920** fiunt] fuerit A **920** viginti] XX *codd.* **920** decem] C *(sic)* A, X C, *om. et spat. rel.* B **920** ergo] igitur C **921** centum] C A **922** quadraginta] XL A **922** proveniunt] perveniunt A **922** centum viginti] C XX A **923** triginta] XXX^{ta} AB **924** quinquaginta] L^{ta} AB **925** quinque] V A **926** quindecim] XV A **927** quatuor] IIII^{or} A, quattuor C **927** subtrahe] subtrae A **927** unum] I *codd.* **927** tres] IIIes A **929** centum] $\overline{\text{C}}$ *(sic)* A **929** Et semel] et *scr. et del. &* autem *post* semel *add.* 2^a *m. supra lin.* A **930** totiens] *supra lin.* A **930** mille] M A **931** triginta] XXX^{ta} AB **931** quinquaginta] XL^{a} A, quadraginta B **931** mille] M A **933** viginti] XX^{ti} A **933** quingentos] quingentis *codd.* **934** viginti] XX^{ti} A **934** est *(post* quintus*)*] *om.* BC **935** quinque] V A **936** decem] X AC

fiunt quinque. De quibus subtrahe unum, et remanent quatuor, que sunt nota milium. Ex ductu igitur viginti in quingentos fiunt decem milia. Et similiter in aliis.

POST HEC: DE MULTIPLICATIONE ITERATORUM MILIUM INTER SE SECUNDUM NOTAM.

(A.12) Si volueris multiplicare centum milia ter iterata in quinque milia quater iterata.

Pone centum milia ter iterata quasi loco unius [nam in ordine suo talia sunt hec qualis est unus in suo, scilicet primus], et quinque milia iterata quater pone quasi loco de quinque [nam quinque milia quater iterata talia sunt in suo ordine quales sunt quinque in suo, scilicet quintus numerus]. Deinde multiplica unum in quinque, et fient quinque. Quos retine in una manu. Deinde accipe notam de quinque milibus quater iteratis, que est tredecim, et agrega eam ad notam de centum milibus ter iteratis, que est duodecim, et fient viginti quinque. A quibus uno reiecto remanent viginti quatuor. Cognosce ergo cuius numeri nota est viginti quatuor sicut predictum est, et invenies per id quod ostensum est supra quod est nota centum milium septies iteratorum. Pro unaquaque autem unitate digiti qui provenerit, sicut hic quinque, accipies centum milia septies iterata. Summa ergo que ex multiplicatione provenit erit quingenta milia septies iterata.

(A.13) Si volueris multiplicare octo milia quater iterata in quadringenta milia septies iterata.

Pone octo milia quater iterata quasi octo, et quadringenta milia septies iterata quasi quatuor. Postea multiplica octo in quatuor, et fient triginta duo. Quos retine in manu tua. Deinde notam de octo milibus quater iteratis, que est tredecim, agrega ad notam quadringentorum milium septies iteratorum, que est viginti quatuor, et fient triginta septem. A quibus uno

---

940–971 Post hec ... undecies iterata] $106^v, 25 - 107^r, 8$ A; $17^{rb}, 44\text{-}46 - 17^{va}, 38$ B; $36^{va}, 46 - 36^{vb}, 17$ C.

---

937 quinque] V A **937** subtrahe] subtrae AB **937** quatuor] IIII^{or} codd. **938** milium] miliium B **938** ductu] e corr. A **938** viginti] XX^{ti} A **938** decem] quatuor in textu, del. et decem add. supra AB (2^a m. A), quattuor C **940–941** tit.] om. sed spat. rel. B, De multiplicatione iteratorum milium inter se (fol. $31^{ra}, 43$, rubro col.) et De multiplicatione iteratorum milium inter se secundum notas (fol. $36^{va}, 46\text{-}47$, rubro col.) C **942** (A.12)] nota scr. lector in marg. C **942** centum] C A **944** centum] C A **944–945** nam ... primus] in textu AB, marg. C **945** scilicet] om. A **945** iterata] i in textu terata add. supra C **946–947** nam ... numerus] in textu AB, marg. C **946** quinque (post nam)] V A **947** quinque] V A **947** quintus] qntus scr. A **948** quinque (post in)] V A **948** quinque] V A **949** manu] corr. ex manum B **950** centum] C A **951** duodecim] XII^{cim} A **951** viginti quinque] XX^{ti} V A **951–952** viginti quatuor] XX^{ti} IIII^{or} A, viginti quattuor C **952** viginti quatuor] XX^{ti} IIII^{or} A, viginti quattuor C **953** ostensum est supra] supra ostensum est AC **954** centum] C A **954** septies iteratorum] ter iteratorum pr. scr. ter del. & septies post iteratorum add. C **954** Pro] De A **954** unaquaque] una quaque B **955** quinque] V A **955** centum] C A **957** quadringenta] quadraginta ABC (corr. AC, mut. in quadringinta B) **959** quadringenta] quadraginta A **960** iterata] e corr. A **960** quatuor (post quasi)] quattuor C **960** octo] add. in marg. B **960** quatuor] IIII^{or} A, quattuor C **960–961** triginta duo] XXX^{ta} II A **963** viginti quatuor] XX^{ti} IIII^{or} A, viginti quattuor C **963** triginta septem] XXX^{ta} VII A

dempto quod remanet vide cuius numeri nota est, et invenies quod triginta sex nota est centum milium undecies iteratorum. Pro unaquaque autem unitate digiti qui provenerit accipe centum milia undecies iterata; et quotiens decem fuerit in articulo, totiens accipe milies milia duodecies iterata. Sed superius provenerant triginta duo. Et quia in digito sunt due unitates et in articulo ter denarius, tunc summa que ex predictorum multiplicatione provenit est tria milia duodecies iterata et ducenta milia undecies iterata.

CAPITULUM DE ASSIGNANDA CAUSA PROPTER QUAM MINUITUR UNUM DE NOTA.

Postquam autem premisimus id quod dictum est de cognoscenda nota numerorum et de regula multiplicationis numerorum secundum notam, dicam nunc causam propter quam minuitur unum de duabus notis duorum numerorum inter se multiplicatorum sibi agregatis et quod remanet est nota producti ex eis, scilicet: cum unusquisque numerorum inter se multiplicatorum fuerit primus omnium numerorum sui ordinis [sicut unus vel decem sunt primi in ordinibus suis] similiter etiam et productus ex illis erit primus numerorum sui ordinis; deinde dicam qualiter erit agendum cum ita non fuerit, scilicet cum unusquisque numerorum inter se multiplicatorum non fuerit primus sed secundus vel tertius vel quartus et deinceps in ordine suo, similiter etiam ostendam qualiter sit productus ex eis; deinde etiam dicam qualiter erit agendum cum volueris multiplicare quemlibet numerum in se, sive sit primus sive secundus sive tertius vel deinceps in ordine suo. Et apponam probationes omnium que dixero necessarias.

(a) Ponam igitur de unoquoque ordine primum numerum, scilicet de primo ordine, unitatum, unum, de ordine vero decenorum decem, de centenis vero centum, et de millenis mille, et sic de singulis ordinibus primum quousque voluero. Sit igitur unum A, decem vero B, sed centum sit G, mille vero sit D, H vero sit decem milia, Z vero sit centum milia, K autem sit milies

---

972–1088 Capitulum de assignanda ... et ita invenies] $107^r, 8 - 108^r, 21$ A; $6^{va}, 19$-$22 - 7^{rb}, 37$ B; $30^{ra}, 27 - 30^{va}, 38$ C.

964–965 triginta sex] XXXVI A **965** centum] C A **965** iteratorum] iteratarum ABC **965** unaquaque] unoquoque B **966** qui] add. supra A **966** provenerit] provenit codd.   **966** centum] C A **967** decem] X A **967** fuerit] corr. ex fuerint A **967** milia] milies codd.   **967** duodecies] duo decies A **968** iterata] iterrata A **968** provenerant] proveniunt A, provenient B **968** triginta duo] XXX^{ta} II A **969** ex] ēx A **970** duodecies] duo decies A **972–973** tit.] om. sed spat. rel. B, rubro col. C **972** causa] nota pr. scr. et exp. C **974** premisimus] premisimus A **974–975** nota numerorum] corr. ex notanumerorum C **975** et de regula ... notam] et de multiplicatione numerorum secundum notam in textu B, Regula de multiplicatione, scilicet numerorum, secundum notam marg. C **978** cum] supra lin. B **978** unusquisque] uniusquisque B **979** fuerit] fuit B **979** sui ordinis] add. in marg. B **979–980** sicut unus ... suis] in textu AB, marg. C **980** et] om. B **981–987** deinde ... necessarias] uncis quadratis secl. 1^a m. AC **981** dicam] iter. C **982** fuerit] fiunt B **982** scilicet] sed A **983** sed secundus vel tertius] vel tertius A, tertius B, sed tertius C **984** similiter etiam] et in textu & similiter in marg. B **984** sit] similiter add. et del. B **987** necessarias] neccessaria A, necessaria B **989** decem] X^{cem} A **989** centenis centemus B **990** centum] C A **990** millenis] milenis B **990** mille] M A **991** Sit] Si B; sign. lectoris (†) in marg. C **991** unum] supra lin. A **991** centum] C A

milia, T vero decem milies mille, Q autem centum milies mille, L autem sit milies milies mille. Patet igitur quod numeri isti consequuntur se ab uno usque ad ultimum proportionaliter. Comparatio igitur unius, quod est A, ad B est sicut comparatio de B ad G, et sicut comparatio de G ad D, et sicut comparatio de D ad H, et sicut comparatio de H ad Z, et sic de aliis consequenter usque ad L. Patet etiam quod si aliquis istorum numerorum multiplicetur in quemlibet aliorum, productus ex eis erit unus ex hiis vel alius consequens istos eadem proportione qua isti, scilicet primus sui ordinis; cum enim fuerint aliqui numeri incipientes ab uno consequentes se proportionaliter, tunc minor numerat maiorem secundum aliquem numerum in illa proportionalitate dispositum, sicut dixit Euclides in nono libro [theoremate XII°]. [Scimus autem quod nota de A est unum, nota autem de B est duo, nota autem de G est tres, et sic nota uniuscuiusque ordinis superat notam precedentem uno.] Si igitur aliquis istorum numerorum multiplicetur in alium aliquem eorum, utpote si D multiplicetur in K et proveniat inde M, scimus quod hic M est aliquis istorum prepositorum numerorum vel alius ab eis qui tamen est eis proportionalis [sicut est A ad B]. Ignoramus autem cuius ordinis est productus; sed cum cognoverimus notam eius, sciemus cuius ordinis sit sicut supra ostendimus. Dico igitur quod ex ductu D in K provenit M. K igitur numerat M quotiens unum est in D. Unum autem numerat D quotiens unum est in eo. Igitur comparatio unius, quod est A, ad D est sicut comparatio K ad M. Habemus igitur K et M proportionalia sibi sicut A et D. Interveniunt autem duo numeri inter A et D et fiunt omnes proportionales similiter; similiter igitur intervenient duo numeri inter K et M consequentes se eadem proportione cum illis, sicut Euclides dixit [in octavo octavi]. Quandoquidem autem ita est, tunc necesse est ut tantum distet D ab A quantum distat M a K. Supra diximus autem notas istorum ordinum vincere se uno, et accepimus duos numeros qui eque distant ab extremis; tunc id quod fit ex agregatis extremis equum est ei quod fit ex agregatis ipsis duobus numeris, sicut in premissis ostendimus. Quod igitur provenit ex agregatis notis ⟨de⟩ D et K equum est ei quod provenit ex agregatis notis de A et M. Id autem quod provenit ex agregatis notis ⟨de⟩ D et K est undecim; ergo ex agregatis no-

---

993 decem milies mille] X^{cem} milies M $\mathcal{A}$ **993** centum milies mille] C milies M $\mathcal{A}$
993–994 L ... mille] *add. supra* $\mathcal{B}$ **993** L] *add. lector in marg.* $\mathcal{C}$: Debet dicere: M *(cum sign.* ×, *& add.* 'vel M' *ad* L *in figura et sign.* × *iter.)*   **994** milies milies mille] milies milies M $\mathcal{A}$ **994** consequuntur] consecuntur $\mathcal{AB}$ **995** proportionaliter] *add. lector in marg.* $\mathcal{C}$: Utrobique est proportio decupla *et in ima pag.*: Videlicet sicut 1 ad 10 sic 10 ad 100 et centum ad mille etc.   **995** Comparatio] Conparatio $\mathcal{B}$
995 unius] uniuus $\mathcal{A}$ **996** est *(post:* B*)*] *om.* $\mathcal{B}$ **997** H *(post* de*)*] *corr. ex* B *in* $\mathcal{A}$ **998** consequenter] conseqnter $\mathcal{C}$ **1000** hiis] his *codd.*   **1001** fuerint] fiunt $\mathcal{B}$ **1001** cum enim fuerint ...] *in summa pag. scr. lector* $\mathcal{C}$: 1 2 4 8 16 (...) 2048 (sc. 2^k) *et subter* 1 2 3 4 5 (...) 12 *(sc.* k*)*   **1003** proportionalitate] propotionalitate $\mathcal{A}$ **1003** nono] IX *add. in marg.* $\mathcal{B}$ **1004** theoremate XII°] *in textu* $\mathcal{A}$, *marg.* $\mathcal{C}$, theoremate *in textu* XII° *in marg.* $\mathcal{B}$ **1005** sic] *sæpe quasi sit* $\mathcal{A}$ **1008** inde] in $\mathcal{B}$
1008 istorum] *om.* $\mathcal{C}$ **1009** tamen] inde $\mathcal{C}$ **1013** in *(ante* eo*)*] e *pr. scr. et del.* $\mathcal{B}$ **1015** Interveniunt] Intervenerunt $\mathcal{C}$ **1016** et fiunt] et M fiunt $\mathcal{B}$ **1016** omnes] autem $\mathcal{B}$ **1017** intervenient] interveniunt $\mathcal{A}$, intervenient $\mathcal{C}$ **1018** cum illis] *iter.* $\mathcal{B}$ *(poster. del.)*   **1020** notas] notis $\mathcal{C}$ **1020** ordinum] ordinem $\mathcal{B}$ **1020** vincere] *om. sed spat. rel.* $\mathcal{C}$ **1021** extremis] estremis $\mathcal{A}$ **1022** equum] equm $\mathcal{A}$ **1023** premissis] premisis $\mathcal{A}$ **1023** provenit] pvenit $\mathcal{C}$ **1024** equum] equm $\mathcal{A}$

tis de A et M provenit undecim. Subtracta autem de undecim nota de A, que est unum, remanebunt decem, qui est nota de M; M igitur est primus numerus qui est in ordine decimo. Et hoc est quod monstrare voluimus.

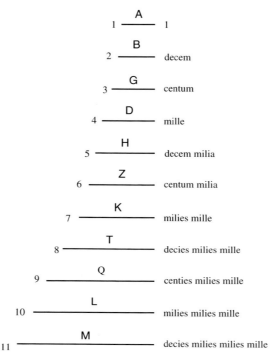

Ad regulam de nota producti: *Figura inven. in A (107^v, 16 − 28), B (7ra, 8 − 18), C (30rb, 33 − 44); nomina sinistra parte & figuras dextra parte hab. A (lineas de 1 usque 5 curtavit).*

decies milies mille] decies millies *(sic)* M A. centies milies mille] centies milies M A. milies milies mille] milies milies M A. 10] *(recte) om. C.* 11] 12 B, *(recte) om. C.* L] vel M *add. in marg. (recte) lector C.*

[Superius docuit de multiplicatione ipsorum limitum inter se sicut in subiecta figura. Amodo docet de multiplicatione eorum que in ordinibus ipsorum limitum continentur, secundo vel tertio vel quarto graduum et deinceps, que dicuntur dupla vel tripla vel quadrupla limitum, ut triginta ad decem, et tria milia ad mille, et sic in ceteris.]

(b) Manifestum est igitur ex premissis regulis quod si volueris multiplicare

1030

1027 decem] X A **1027** qui] que *codd.* **1029–1033** Superius ... ceteris] *in textu* AB, *marg. C* **1030** figura] fugura A **1031** continentur] continetur B **1031** graduum] gradum *codd.* **1032** dicuntur] dant A, dicunt B **1032** dupla] duppla AC **1032** tripla] trippa A, trippla C **1032** quadrupla] quadruppla C **1034** est] *supra lin. A* **1034** premissis] premisis A

triplum de D in quadruplum de K [ut tria milia in quatuor milies mille], sic facies. Scimus enim quod ex ductu D in K provenit M. Ergo ex quadruplo de K ducto in triplum de D proveniet duodecuplum de M [omnium enim duorum numerorum compositorum comparatio inter se composita est ex duabus comparationibus suorum laterum [ex quinto octavi]]. Duodecuplum autem de M est unum in ordine sequenti et duplum de M [primus enim numerus cuiusque ordinis decuplus est precedentis].

[DE MULTIPLICATIONE CUIUSLIBET LIMITIS IN SE.]

(c) Manifestum est etiam ex premissis quod si volueris aliquem prepositorum numerorum multiplicare in se, duplabis notam eius et de summa minues unum, et quod remanet erit nota quadrati illius numeri.

[DE MULTIPLICATIONE ARTICULORUM IN SE.]

Si autem triplum eius volueris multiplicare in triplum eius, proveniet, sicut preostensum est, nocuplus quadrati eius [omnium enim duorum quadratorum proportio unius ad alterum est proportio lateris unius ad latus alterius duplicata [ex VIIII° octavi]].

[DE MULTIPLICATIONE ARTICULORUM IN ALIOS ARTICULOS EIUSDEM LIMITIS.]

Si autem duplum eius volueris multiplicare in triplum eius, proveniet sexcuplus quadrati eius; vel si quincuplum eius in triplum eius, proveniet quindecuplus quadrati eius, qui est unus vel primus in ordine sequenti ordinem quadrati et quincuplus quadrati.

[ITEM, SECUNDUM ALIUM ACTOREM BREVIUS. CAUSA PROPTER QUAM MINUITUR UNUM DE NOTIS DUORUM NUMERORUM INTER SE MULTIPLICATORUM HEC EST.]

Multiplicare enim numerum in numerum hoc est: totiens repetere multiplicandum quotiens unitas fuerit in multiplicante. Cum igitur vis multi-

---

1035 triplum de ... milies mille] ut tria milia in quatuor (quattuor C) milies mille triplum (tripplum $\mathcal{AC}$) de D in quadruplum de K hab. $\mathcal{AC}$, $\mathcal{B}$ vero tripplum de D ut tria milia in quatuor milies mille in quadruplum de K (a nobis in textu uncis inclusa præb. in marg. C) **1036–1037** quadruplo] quadrupplo $\mathcal{AC}$ **1037** triplum] tripplum $\mathcal{AC}$ **1037** proveniet] provenit pr. scr. et corr. supra $\mathcal{A}$ **1037** duodecuplum] duodecupplum $\mathcal{A}$, duo decupplum $\mathcal{B}$ **1039** laterum] laterium $\mathcal{A}$ **1039** ex quinto octavi] ex V° octavi in textu $\mathcal{A}$, marg. $\mathcal{B}$, ex quinto octavi marg. C **1039–1040** Duodecuplum] Duodecupplum $\mathcal{A}$, Duo decupplum $\mathcal{B}$ **1040** duplum] dupplum codd. **1041** decuplus] decupplus $\mathcal{AB}$ **1042** tit.] om. sed spat. rel. $\mathcal{B}$, in marg. C (atram. nigro in fig. rectangula rubro col.) **1043** Manifestum] manistum pr. scr. et supra lin. corr. $\mathcal{A}$ **1043** premissis] premisis $\mathcal{A}$ **1044** duplabis] dupplabis codd. **1044** summa] suma $\mathcal{B}$ **1045** illius numeri] numeri illius (corr. ex numeriillius) C **1046** tit.] om. sine spat. $\mathcal{BC}$ **1050** latus] om. C **1050** duplicata] dupplicata codd. **1050** ex VIIII° octavi] in textu $\mathcal{A}$, marg. $\mathcal{BC}$ **1051–1052** tit.] om. sed spat. rel. $\mathcal{B}$, rubro col. C **1053** eius] ei C **1055** qui est unus vel primus] vel primus qui est numerus $\mathcal{B}$, qui est unus in textu vel primus marg. C; sign. supra qui ref. ad idem sign. supra quindecuplus in C (eadem m.) **1055–1056** ordinem] om. $\mathcal{A}$, ordine $\mathcal{B}$ post quod add. et del. tamen **1057** Item, secundum alium actorem brevius] om. $\mathcal{B}$ **1057** Causa] q add. et exp. $\mathcal{B}$; sign. lectoris (†, ad alium actorem) in marg. C **1058** notis] corr. ex notas $\mathcal{B}$ **1059** hec] hoc C **1060** in numerum] om. $\mathcal{A}$ **1061** multiplicante] multiplicare $\mathcal{B}$ **1061–1062** multiplicare] multiplicantem $\mathcal{B}$

plicare centum in decem, nichil aliud vis nisi totiens iterare centum quotiens unitas est in decem, igitur decies; in decem enim decem unitates sunt. Talis est igitur comparatio unius ad decem qualis est comparatio de centum ad quesitum. Sunt igitur quatuor numeri proportionales. Quod igitur fit ex ductu primi, qui est unus, in quartum, qui est quesitum, equum est ei quod fit ex ductu secundi, qui est decem, in tertium, qui est centum [ex X°VIIII° septimi]. Et quia tantum fit ex ductu primi in quartum quantum ex ductu secundi in tertium, profecto sequitur ut nota unius producti sit equalis note alterius producti. [Hoc nondum probatum est.] Note igitur primi et quarti simul iuncte equales sunt notis secundi et tertii simul iunctis [nota enim producti sumpta est ex notis numerorum inter se multiplicatorum]. Cum igitur manifestum sit notas primi et quarti simul acceptas equari notis secundi et tertii simul acceptis, ergo, cum minueris notam primi, que est unum, de notis secundi et tertii, remanebit nota quarti, qui queritur. Ideo igitur sic agendum est ut semper minuas unum de duabus notis duorum numerorum inter se multiplicatorum, et remanebit nota producti ex ductu unius in alterum. Et hoc est quod monstrare voluimus.

Unde manifestum est ⟨etiam⟩ quod si nota digitorum esset duo et nota cuiusque ordinis vinceret precedentem duobus, tunc de duabus notis duorum numerorum inter se multiplicatorum minueres duo, qui sunt nota digitorum. Si autem nota digitorum esset tres et nota cuiusque ordinis vinceret precedentem tribus, tu quoque de duabus notis duorum numerorum inter se multiplicatorum minueres tres, qui sunt nota digitorum. Non enim minuimus notam primi nisi ut remaneat nota quarti qui queritur. Si autem velles multiplicare numerum in se, duplares notam eius et de summa minueres notam digitorum.]

Cetera autem sic considera, et ita invenies.

ITEM ALITER. DE MULTIPLICATIONE INTEGRORUM NUMERORUM INTER SE ABSQUE NOTA, HOC MODO:

1089–1172 Item aliter ... milies milies mille] 108^r, $21 - 108^v$, 34 $\mathcal{A}$; 9rb, $10 - 9^{vb}$, 28 $\mathcal{B}$; 30va, $38 - 31^{ra}$, 1 $\mathcal{C}$.

1062 centum in decem] C in X $\mathcal{A}$, unum in decem *pr. scr. et exp.* $\mathcal{C}$ **1062** vis] est *pr. scr. et exp.* $\mathcal{C}$ **1062** centum] C $\mathcal{A}$ **1063** decem] X $\mathcal{A}$ **1063** decem *(ante* enim*)*] X $\mathcal{A}$ **1063** decem] X $\mathcal{A}$ **1063** unitates] unitas *pr. scr. et corr. supra* $\mathcal{B}$ **1064** igitur] *om.* $\mathcal{A}$ **1064** decem] X $\mathcal{A}$ **1064** est comparatio] est compatio $\mathcal{A}$, comparatio est $\mathcal{BC}$ **1064** centum] C $\mathcal{A}$ **1065** quatuor] IIII^{or} $\mathcal{A}$, quattuor $\mathcal{C}$ **1066** equum] equm $\mathcal{A}$ **1067** est *(ante* decem*)*] *supra lin.* $\mathcal{A}$ **1067** decem] X $\mathcal{A}$ **1067** centum] C $\mathcal{A}$ **1067–1068** ex X°VIIII° septimi] Ex XVIIII° septimi *in textu* $\mathcal{A}$, *marg.* $\mathcal{BC}$ (ex XVIIII° septimi *hab.* $\mathcal{C}$) **1068** Et quia] *sign. lectoris* (†) *in marg.* $\mathcal{C}$ **1069** profecto] *om.* $\mathcal{B}$, *marg. (sine ref.)* $\mathcal{C}$ **1070** note *(ante* alterius*)*] nota $\mathcal{A}$ **1070** Hoc nondum probatum est] hoc nondum proba *(hæc tantum supersunt) in marg.* $\mathcal{A}$, hoc nondum probatum *in textu* $\mathcal{B}$, hoc nundum *(sic)* probatum est *in marg.* $\mathcal{C}$ *(ad seq. sententiam ref. signum in* $\mathcal{AC}$*)* **1071** sunt] s *add. et exp.* $\mathcal{B}$ **1072** notis] *corr. ex* nota $\mathcal{A}$ **1073** acceptas] acceptis $\mathcal{AB}$ **1074** que] qui $\mathcal{AC}$ **1075** queritur] quere *pr. scr. et corr.* $\mathcal{A}$ **1077** nota] pro duo *(sic)* de duabus notis duorum numerorum *add. et exp.* $\mathcal{B}$ **1079** Unde] nota *add. et exp.* $\mathcal{B}$ **1080** precedentem] precedente $\mathcal{C}$ **1080** duobus] duabus $\mathcal{A}$ **1080** notis] *corr. ex* notas $\mathcal{A}$ **1081** sunt] duo *add. et exp.* $\mathcal{B}$ **1083** quoque] quaque $\mathcal{B}$ **1084–1088** Non enim ... ita invenies] 'vacat' *indic. 1^a m.* $\mathcal{A}$ **1086** duplares] dupplares $\mathcal{AC}$ **1089–1090** Item ... hoc modo] *marg., atram. nigro in orthogonio ambitu rubro col. (aliter add. supra, de om.)* $\mathcal{C}$

Regule de multiplicatione digitorum in articulos, limites et compositos.

(*i*) Cum digitum in aliquem articulorum qui sunt usque ad centum multiplicare volueris, figuram in figuram multiplica; et quotiens fuerit unitas in digito qui provenerit, totiens erit decem; et quotiens decem in articulo, totiens erit centum.

(**A.14**) Verbi gratia. Cum multiplicare volueris septem in septuaginta.

Multiplica septem in septem, et provenient quadraginta novem. In quadraginta autem, qui est articulus, quater est decem; ergo totiens centum, qui sunt quadringenti. In digito vero, qui est novem, novies est unitas; ergo totiens decem, qui sunt nonaginta. Ex ductu igitur septenarii in septuaginta proveniunt quadringenti nonaginta.

Et ita fiet semper cum digitus multiplicatur in aliquem articulorum qui sunt usque ad centum.

(*ii*) Cum digitum in aliquem centenorum multiplicare volueris, figuram in figuram multiplica; et quotiens fuerit unitas in digito qui provenerit, totiens erit centum; et quotiens decem in articulo, totiens mille.

(**A.15**) Verbi gratia. Cum multiplicare volueris septem in trescentos.

Multiplica septem in tres, et fient viginti unum. Bis autem est decem in articulo, qui est viginti, ergo totiens mille. Et semel est unitas in digito, qui est unum, ergo totiens centum. Ex ductu igitur septenarii in trescentos proveniunt duo milia et centum.

Et ita fiet semper cum multiplicatur digitus in aliquem centenorum.

(*iii*) Cum digitum in aliquem millenorum vel quotienslibet milium iteratorum multiplicare volueris, figuram in figuram multiplica et digitum, si provenerit, pone in differentia multiplicantis, articulum vero in sequenti.

(**A.16**) Verbi gratia. Si volueris multiplicare sex in triginta milia.

Multiplica sex in tres, et provenient decem et octo. Digitum ergo, qui est octo, pone in differentia multiplicantis, que est quinta, et articulum, qui est decem, in sequenti; fient igitur centum octoginta milia.

Et ita in omnibus consimilibus.

De multiplicatione articulorum in se et inter se et in centenos et millenos.

1091–1092 Regule ... compositos] *om. AB (forsan olim in ima pag. B), rubro col. C*   **1093** articulorum] *corr. ex* articulum *B*   **1094** volueris] voleris *B*   **1095** decem *(post* erit*)*] X *A*   **1096** erit] erunt *AC*   **1098** quadraginta novem] XL novem *A*   **1099** quater] *marg. A*   **1099** decem] X *A*   **1100** quadringenti] quadringenti *A*, quadragenti *B*   **1101** decem] X *A*   **1102** quadringenti] quadrigenti *A*, quadragentum *pr. scr., mut. in* quadragenti, *totum del. et* quadragenti *rescr. B*   **1105** digitum] *corr. ex* digitus *B*   **1105** centenorum] articulorum *pr. scr. et exp. B*   **1106** fuerit] fiunt *codd.*   **1107** centum] C *A*   **1107** mille] M *A*   **1109** viginti unum] XX unum *A*   **1110** viginti] XX^{ti} *A*   **1110** mille] M *A*   **1111** centum] C *A*   **1111** trescentos] trrescentos *A*, *corr. ex* trescentum *B*   **1112** milia] millia *C*   **1116** multiplicantis] mu̓ltiplicantis *C*   **1117** triginta] *corr. ex* triginti *A*   **1118** provenerit] provenit *B*   **1118** decem et octo] X et octo *A*   **1118** Digitum] *corr. ex* digitus *B*, Digitus *AC*   **1119** que est quinta] que *(corr. ex* qui*)* est sex *A*, qui est sex *BC*   **1122–1123** tit.] *om. sed spat. rel. (et in marg. hab.) B, rubro col. C*   **1123** et millenos] *supra A*

(iv) Cum multiplicaveris articulum in se vel in alium articulum de hiis qui sunt a decem usque ad centum, figuram in figuram multiplica, et quotiens fuerit unitas in digito, totiens erit centum; et quotiens decem in articulo, totiens mille.

(A.17) Verbi gratia. Si multiplicare volueris triginta in septuaginta.

Multiplica tres in septem, et provenient viginti unum. Bis est autem decem in articulo, qui est viginti, ergo totiens mille; et semel est unitas in digito, qui est unum, ergo totiens centum. Igitur ex triginta ductis in septuaginta proveniunt duo milia et centum.

Similiter in omnibus huiusmodi.

(v) Cum multiplicaveris aliquem articulorum qui sunt a decem usque ad centum in aliquem centenorum qui sunt usque ad mille, figuram in figuram multiplica; et quotiens unitas fuerit in digito qui provenerit, totiens erit mille; et quotiens decem in articulo, totiens decem milia.

(A.18) Verbi gratia. Si multiplicaveris triginta in quingentos.

Multiplica tres in quinque, et fient quindecim. In articulo autem non est nisi semel decem, ergo sunt decem milia; in digito vero est quinquies unitas, igitur sunt totiens milia. Ex multiplicatione igitur predictorum proveniunt quindecim milia.

Similiter agendum est in omnibus consimilibus.

(vi) Cum multiplicaveris aliquem articulorum in aliquem millenorum vel quotienslibet repetitorum milium, multiplica figuram in figuram, et digitum, si provenerit, pone in differentia secunda a multiplicante, articulum vero in tertia differentia ab ipso.

(A.19) Verbi gratia. Cum multiplicaveris triginta in quatuor milia.

Multiplica figuram in figuram, scilicet tres in quatuor, et fient duodecim. Duo igitur, qui est digitus, pone in differentia secunda a multiplicante, que est quinta, et est decem milium; et articulum, qui est decem, pone in differentia tertia a multiplicante, que est hic sexta, et est centum milium. Et fient centum viginti milia.

1124 multiplicaveris] *corr. ex* multiplicare *A*   **1124** articulum] articulum in articulum *A*   **1124** articulum *(post* alium*)*] *om. A*   **1124** hiis] his *codd.*   **1125** a decem] ad decem *AB*   **1126** fuerit] fiunt *C*   **1126** centum] C *A*   **1126** decem] X *A*   **1129** Multiplica] multica *pr. scr. corr. supra C*   **1129** in] *supra lin. A*   **1129** provenient] proveniunt *B*   **1129** viginti unum] XX unum *A*   **1130** mille] M *A*   **1131** totiens] toties *C*   **1131** centum] C *A*   **1132** proveniunt] perveniunt *B*   **1132** milia] millia *C*   **1134** multiplicaveris] mltiplicaveris *B*   **1134** articulorum] articulum *B*   **1134** a decem] ad decem *A*   **1134–1135** ad centum] *add. in marg. B*   **1135** aliquem] aliquim̄ *A*   **1135** mille] M *A*   **1136** fuerit] fiunt *C*   **1136** provenerit] provenit *BC*   **1136** totiens] q *pr. scr. et corr. A*   **1136** erit] erunt *codd.*   **1137** decem] X *A*   **1137** decem milia] X milia *A*   **1139** quindecim] XV *A*   **1142** quindecim milia] XV milia *A*   **1143** in] *om. BC*   **1145** quotienslibet] quotieslibet *B*   **1145** multiplica] multipla *pr. scr. et corr. supra B*   **1145** in figuram] in figa *pr. scr. et corr. A*   **1146** differentia] diferentia *A*   **1148** triginta] XXX^{ta} *A*   **1149** quatuor] quattuor *C*   **1150** Duo igitur] *sign. lectoris (+) in marg. B*   **1150** secunda] secundum *B*   **1151** que] qui *B*   **1151** quinta] ita *B*   **1151–1152** et articulum ... tertia a] *post* centum milium *(v. lin. seq.) inser. sed a om. B*   **1151** decem] centum *pr. scr. et exp. B*   **1153** fient] fiunt *C*   **1153** centum viginti] C XX^{ti} *A*

De multiplicatione centenorum inter se et in millenos.

(*vii*) Cum multiplicaveris inter se centenos, qui sunt usque ad mille, multiplica figuram in figuram, et quotiens fuerit unitas in digito qui provenerit, totiens erunt decem milia; et quotiens decem in articulo, totiens centum milia.

(**A.20**) Verbi gratia. Cum multiplicaveris trescentos in quingentos.

Multiplica tres in quinque, et fient quindecim. Quinquies autem est unitas in digito, totiens igitur sunt decem milia; et semel est decem in articulo, totiens igitur est centum milia. Ex ductu ergo trescentorum in quingentos proveniunt centum quinquaginta milia.

Similiter in omnibus huiusmodi.

(*viii*) Cum multiplicaveris aliquem centenorum in aliquem millenorum vel quotienslibet sepe iteratorum milium, figuram in figuram multiplica, et digitum, si provenerit, pone in differentia tertia a multiplicante, articulum vero in quarta ab eo.

(**A.21**) Verbi gratia. Cum multiplicaveris ducenta in quinquies milies mille.

Multiplica duo in quinque; et quoniam articulus tantum provenit, ponatur in quarta differentia a multiplicante qui est quinquies milies mille, qui est hic in decima differentia; et provenient milies milies mille.

Capitulum de scientia multiplicandi differentias secundum regulas

[(*i'*) Cum multiplicaveris digitum in articulum, pro unaquaque unitate digiti qui provenerit erunt tot decenarii; et quotiens decem fuerit in articulo, tot erunt centenarii.

(*ii'*) Cum multiplicaveris digitum in aliquem centenorum, pro unaquaque unitate digiti erunt tot centenarii; et quotiens decem in articulo, totiens erit mille.

(*iv'*) Cum multiplicaveris articulum in articulum, quotiens unitas fuerit in digito, totiens erit centum, et quotiens decem in articulo, totiens erit mille.

1173–1191 Capitulum de scientia ... ut predictum est] A deficit; 15rb, 11-12 – 32 B; 35ra, 53 – 35rb, 13 C.

1154 De multiplicatione ... millenos] in summa pag. hab. B, rubro col. C **1156** fuerit] fiunt AC **1157** decem milia] X milia A **1157** decem *(post* quotiens*)*] X A **1157** centum] $C A$ **1159** trescentos] tres centos B **1160** quindecim] XV A **1161** decem milia] X milia A **1162** trescentorum] tres centenorum B **1163** quingentos] quingntos C **1163** centum quinquaginta] C L A, centum quinquagita C **1164** huiusmodi] huius modi A **1165** millenorum] milenorum A **1169** mille] milia *codd.* **1170** Multiplica] muł B **1170** articulus] articulo BC **1171** qui est quinquies milies mille] que est quinquies milis M *pr. scr.*, quinquies *del. et* milies *add. supra* 2^a *m., et alt.* milies *supra corr.* 1^a *m.* A **1172** hic] *marg.* C **1173–1174** tit.] *om. sed spat. rel. et in summa pag. hab.* B, *rubro col.* C **1173** scientia] et *add.* B **1174** differentias] differentia *scr.* B **1175** unaquaque unitate] unique unitate B, unicuique unitate *(corr. ex* unitati*)* C **1176** provenerit] pro B **1176** decenarii] denarii BC **1176** fuerit] fiunt B **1177** centenarii] cetenanarii *(sic)* B **1178** aliquem] alium B **1179** centenarii] cetenarii B

(*v'*) Cum multiplicaveris articulum in aliquem centenorum, quotiens fuerit unitas in digito, totiens mille; et quotiens decem in articulo, totiens decem milia.

(*vii'*) Cum multiplicaveris centena inter se, quot unitates fuerint in digito, totiens erunt decem milia; et quotiens decem in articulo, totiens centum milia.

In hiis autem regulis hoc observa ut numerorum figuras in figuras multiplices et productorum digitos vel articulos, si provenerint, pro decem vel centum vel mille computes ut predictum est.]

(*ix*) Ex multiplicatione additi in additum non provenit nisi additus.

(*x*) Ex multiplicatione additi in diminutum non provenit nisi diminutus, ex multiplicatione vero diminuti in additum diminutus.

(*xi*) Ex multiplicatione diminuti in diminutum non provenit nisi additus.

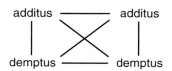

Ad regulas *ix–xi*: *Figura inven. in* A *(109ʳ, sum. pag.),* B *(15ʳᵇ, 40 – 43 marg.),* C *(35ʳᵇ, 15 – 18 marg.).*

demptus *(bis)*] Depmtus C.

DE MULTIPLICATIONE COMPOSITORUM EX DIGITO ET ARTICULO INTER SE

(**A.22**) Cum volueris multiplicare tredecim in quatuordecim.

(*a*) Multiplica decem in decem, et proveniunt centum; deinde tres in decem, et fient triginta; deinde quatuor in decem, et provenient quadraginta; deinde quatuor in tres, et fient duodecim. Deinde agrega hec omnia in manu tua. [Agregatio autem mille ⟨et centum⟩ fit in una manu, digiti vero et articuli in altera manu.]

(*b*) Vel multiplica hic decem in decem ⟨et fient centum⟩; et postea agrega quatuor et tres, et fient septem, quos multiplica in articulum, qui est hic decem, et fient septuaginta; deinde multiplica tres in quatuor, et fient duo-

---

1192–1306 Ex multiplicatione additi ... iteratio suorum nominum] *109ʳ, 1 – 109ᵛ, 28* A*; 15ʳᵇ, 33 – 16ʳᵃ, 28* B*; 35ʳᵇ, 14 – 35ᵛᵇ, 9* C.

1189 hiis] his BC **1192–1195** Ex multiplicatione ... nisi additus] *bis hab.* C **1194** in] a *pr. scr. et corr.* A **1196–1197** *tit.*] *om. sed spat. rel.* B, *rubro col.* C **1198** tredecim] tresdecim C **1198** quatuordecim] quattuordecim C **1199** decem in decem] X in X A **1199–1200** decem] X A **1200** triginta] XXXᵗᵃ A **1200** quatuor] quattuor C **1200** decem] X A **1200** quadraginta] XL A **1201** quatuor] quattuor C **1201** duodecim] XIIᶜⁱᵐ A **1202** Agregatio] Agregationis *codd.* **1202** mille] M A **1204** Vel] Videlicet C **1204** hic] in *add. et exp.* C **1205** quatuor] quattuor C **1205** quos] quas C **1205** multiplica] multiplicam C **1205** articulum, qui est hic] *marg.* C **1205** hic] *verba* altera manu *add. (v. supra) et del.* B **1206** quatuor] quattuor C **1206–1207** duodecim] XII A

decim. Que omnia simul agrega, et proveniet summa quam queris. Hec autem regula non est nisi cum idem fuerit articulus in utroque numero sicut hic.

DE MULTIPLICATIONE COMPOSITI EX DIGITO ET ARTICULO IN ARTICULUM TANTUM.

(**A.23**) Cum volueris multiplicare triginta octo in quadraginta.

(*a*) Vel multiplica ea sicut predictum est, scilicet octo in quadraginta et triginta in quadraginta.

(*b*) Vel, quia scis quod triginta octo sunt quadraginta minus duobus, tunc multiplica quadraginta minus duobus in quadraginta, hoc modo. Scilicet, multiplica quadraginta in quadraginta, et provenient mille sexcenta. Deinde multiplica duo, que desunt, in quadraginta, et provenient octoginta diminuta. Quos minue de mille et sexcentis additis, et remanebunt mille quingenta viginti. Et hoc est quod ex multiplicatione provenit.

DE MULTIPLICATIONE COMPOSITORUM EX DIVERSIS DIGITIS ET ARTICULIS.

(**A.24**) Si volueris multiplicare septuaginta novem in triginta duo.

Multiplica ea quasi octoginta minus uno in triginta duo. Scilicet, multiplica octoginta in triginta duo, et provenient duo milia et quingenta et sexaginta. A quibus minue productum ex multiplicatione unius diminuti in triginta duo, scilicet triginta duo ⟨dempta⟩, et remanebunt duo milia quingenta viginti octo.

ITEM.

(**A.25**) Si volueris multiplicare septuaginta novem in quinquaginta octo.

Multiplica ea quasi octoginta minus uno in sexaginta minus duobus. Videlicet, multiplica octoginta in sexaginta, et provenient quatuor milia octingenta. Deinde unum demptum multiplica in sexaginta, et fient sexaginta dempta. Deinde multiplica duo dempta in octoginta, et provenient centum sexaginta dempta. Quibus agrega sexaginta dempta, et fient ducenta et viginti dempta. Quos minue de quatuor mille et octingentis, et remanent quatuor milia quingenta et octoginta. Deinde multiplica unum demptum in duo dempta, et fient duo additi. Quos adde priori summe, et quod

---

1207 proveniet] provenient *C*   **1207** queris] *add. in marg.* *B*   **1208** fuerit] fiut *B*   **1208–1209** numero sicut hic] *scr. in marg.* *A*   **1210–1211** tit.] *marg.* *A*, *om. sed spat. rel. et in summa pag. hab.* *B*, *rubro col.* *C*   **1210** digito] digiti *C*   **1214** triginta] XXX^ta *A*   **1214** quadraginta] XL *A*   **1215** quadraginta] XL *A*   **1217** quadraginta in quadraginta] XL in XL *A*, 40 in 40 *C*   **1217** mille] M *A*, mulle *B*   **1218** quadraginta] 40 *C*   **1219** mille] M *A*   **1219–1220** mille quingenta viginti] M quingenta XX *A*, mille quinquaginta viginti *B*   **1221–1222** tit.] *marg.* *A*, *om. sed spat. rel. (et in marg. hab.)* *B*, *rubro col.* *C* (*et articulis scr. in marg. post fin. lin.*)   **1221** multiplicatione] mltiplicatione *C*   **1223** multiplicare] mltiplicare *B*   **1223** septuaginta] septuagintivaginta *(quod corr.)* *B*   **1224** triginta duo] XXX duo *A*   **1225** milia] millia *C*   **1225** quingenta] quingennta *B*   **1225–1226** et sexaginta] sexaginta *B*   **1227** scilicet triginta duo] *per homœotel. om.* *A*   **1227–1228** milia quingenta] millia quingnta *C*   **1228** viginti] XX *A*   **1232–1233** octingenta] *corr. ex* octoginta *A*   **1234** centum] *C A*   **1236** viginti] XX *A*   **1236** quatuor] quattuor *C*   **1236** octingentis] octingenta *BC*   **1237** quatuor milia] quatuormilia *B*, quattuor milia *C*   **1237** et *(post* quingenta*)*] *bis* *B*

ex predictorum multiplicatione provenit est quatuor mille et quingenta et octoginta duo.

DE MULTIPLICATIONE COMPOSITORUM EX DIVERSIS LIMITIBUS ET ARTICULIS.

(A.26) Si volueris multiplicare trescenta viginti in sex centum quadraginta.

Multiplica trescenta in sexcenta, et provenient centum octoginta milia; quos retine in una manu. Deinde multiplica trescenta in quadraginta, et provenient duodecim milia. Deinde multiplica sexcenta in viginti, et provenient duodecim milia. Deinde multiplica quadraginta in viginti, et provenient octingenta. Que omnia agrega, et agregationis summa est ducenta milia et quatuor milia et octingenta. Et hoc est quod ex multiplicatione provenit.

DE MULTIPLICATIONE EIUSDEM COMPOSITI IN SE, SED COMPOSITI EX EODEM LIMITE ET EODEM ARTICULO.

(A.27) Si volueris multiplicare trescenta nonaginta in trescenta nonaginta.

(a) Vel multiplica ea ad modum priorum.

(b) Vel multiplica ea quasi quadringenta minus decem in quadringenta minus decem. Videlicet, multiplica quadringenta in quadringenta, et provenient centum sexaginta milia. Deinde multiplica decem, que desunt, bis in quadringenta, et provenient octo milia dempta. Quos minue de centum sexaginta milibus, et remanent centum quinquaginta duo milia. Deinde multiplica decem dempta in decem dempta, et provenient centum addita. Que agrega priori summe, et erit summa totius multiplicationis centum quinquaginta duo milia et centum. Et hoc est quod ex multiplicatione provenit.

DE MULTIPLICATIONE COMPOSITORUM EX LIMITE ET ARTICULO ET DIGITO INTER SE.

(A.28) Si volueris multiplicare septingenta et viginti octo in quadringenta et sexaginta quatuor.

1239 quatuor mille] quatuor M $\mathcal{A}$, quattuor mille $\mathcal{C}$ **1241–1242** *tit.*] De multiplicatione compositorum ex eodem limite et diversis articulis $\mathcal{AC}$ *(in marg.* $\mathcal{A}$, *om. sed spat. rel. (et olim in ima pag. hab.)* $\mathcal{B}$, *rubro col.* $\mathcal{C}$)   **1243** viginti] XX $\mathcal{A}$ **1244** provenient] proce *pr. scr. et corr.* $\mathcal{B}$ **1244** centum] C $\mathcal{A}$ **1246** in] *bis scr.* $\mathcal{B}$ **1246** viginti] XX $\mathcal{A}$ **1247** quadraginta] 40 $\mathcal{C}$ **1247** viginti] XX $\mathcal{A}$, 20 $\mathcal{C}$ **1248** agrega] agga $\mathcal{C}$ **1248** agregationis] agregrationis $\mathcal{B}$ **1248** summa est] suma $\mathcal{B}$ **1248** ducenta] duceta $\mathcal{B}$ **1249** quatuor] quattuor $\mathcal{C}$ **1249** ex] *supra add.* $\mathcal{A}$ **1251–1252** *tit.*] *in marg.* $\mathcal{A}$, *om. sed spat. rel. et in summa pag. hab.* $\mathcal{B}$, *rubro col.* $\mathcal{C}$ **1252** eodem] eode $\mathcal{B}$ **1255** quadringenta *(post* quasi*)*] quadrigenta $\mathcal{A}$, quadragenta $\mathcal{B}$, quadringinta $\mathcal{C}$ **1255** quadraginta] quadrigenta $\mathcal{AB}$ **1256** quadraginta] quadrigenta $\mathcal{A}$, quadragenta $\mathcal{B}$ **1256** quadringenta *(post* in*)*] quadrigenta $\mathcal{AB}$ **1256–1257** provenient] proveniunt $\mathcal{B}$ **1257** centum sexaginta] C sexaginta $\mathcal{A}$, centum sexagita $\mathcal{B}$ **1257** decem] X $\mathcal{A}$ **1258** quadringenta] quadrigenta $\mathcal{A}$, quadragita $\mathcal{B}$ **1258** provenient] proveniunt $\mathcal{B}$ **1259** centum quinquaginta duo] C L duo $\mathcal{A}$ **1260** decem] X $\mathcal{A}$ **1260** decem *(post* in*)*] X $\mathcal{A}$ **1260** centum] C $\mathcal{A}$ **1261** multiplicationis] mltiplicationis $\mathcal{B}$ **1261–1262** centum quinquaginta duo] C L II $\mathcal{A}$ **1262** multiplicatione] mltiplicatione $\mathcal{B}$ **1264–1265** *tit.*] *om. sed spat. rel.* $\mathcal{B}$, *rubro col.* $\mathcal{C}$ **1266** quadringenta] XL *(sic)* $\mathcal{A}$, quadrigenta $\mathcal{B}$ **1267** quatuor] quattuor $\mathcal{C}$

In hac questione et in consimilibus necesse est numeros describere qui provenient tibi, eo quod manus non possunt omnes retinere. Unde cum volueris eos multiplicare, pone questionem in duobus ordinibus. Deinde multiplica unumquemque numerum uniuscuiusque ordinis in unumquemque numerum alterius ordinis. Scilicet, multiplica quadringenta in septingenta; et proveniunt ducenta et octoginta milia. Deinde quadringenta multiplicabis in viginti octo, et provenient undecim milia et ducenta. Et hec omnia scribe, unusquisque autem numerus ponatur cum numero sui generis. Deinde multiplica sexaginta quatuor in septingenta, et provenient quadraginta quatuor milia et octingenta. Deinde multiplica viginti octo in sexaginta quatuor sicut predictum est in multiplicatione digitorum et decenorum inter se, quorum summam agrega in manibus tuis; que erit mille septingenta et nonaginta duo. Quos describe, et sit unusquisque numerus cum numero sui generis, sicut predixi. Deinde agrega illud totum, scilicet prius digitos digitis, post decenos decenis, postea centenos centenis, ad ultimum millenos millenis [postea decies mille].

Et secundum hoc facies agregationem, et multiplicationem, in ceteris omnibus.

[DE MULTIPLICATIONE LIMITIS IN COMPOSITUM EX ARTICULO ET DIGITO.]

(**A.29**) Si volueris multiplicare nongenta et nonaginta novem inter se.

(***a***) Vel multiplica ea ad modum priorum.

(***b***) Vel multiplica ea quasi mille minus uno in mille minus uno, hoc modo: Scilicet, multiplica mille in mille, et provenient milies mille. Deinde multiplica unum demptum in mille, et erit unum mille demptum. Deinde multiplica mille in unum demptum, et erit unum mille demptum; quem agrega priori mille dempto, et fient duo milia dempta. Que minue de milies mille, et remanebunt nongenties milia et nonagies octies mille. Deinde multiplica unum demptum in unum demptum, et proveniet unus additus. Quem agrega priori summe, et erit summa que ex tota multiplicatione

---

1268 consimilibus] conscimilibus *B*   **1270** eos] *om. B*   **1272** alterius] aliterius *B*   **1272–1273** septingenta] sexcenta *codd.*, septingenta *add. in marg. B*   **1273** proveniunt] provenunt *B*   **1273** octoginta] quadraginta *C*   **1274** viginti octo] XX octo *A*   **1275** unusquisque] Uniusquisque *B*   **1275** numero] uno *B*   **1276** generis] ordinis *pr. scr. et del. A*   **1276** quatuor] quattuor *C*   **1276–1277** et provenient quadraginta quatuor] et provenient XL IIII^{or} *A*, quattuor *tantum hab. C*   **1277** octingenta] milia *add. codd.*   **1277–1278** viginti octo] XX octo *A*   **1278** sexaginta quatuor] sexaginta IIII^{or} *A*, sexaginta quattuor *C*   **1279** agrega] agregra *ut sæpius infra B*   **1279** mille] M *A*   **1280** nonaginta] nonagenta *A*   **1280** unusquisque] uniusquisque *B*   **1282** prius] post *A*   **1283** millenos] milenos *A*   **1283** millenis] milenis *A*   **1283** decies mille] decies M *A*   **1284** agregationem] aggationem *B*   **1286–1287** tit.] *in marg. A, om. sed spat. rel. et in summa pag. scr. B, rubro col. C*   **1286–1287** et digito] in digito *B*   **1288** Si] quis *add. et exp. B*   **1288** multiplicare] mltiplicare *B*   **1288** nongenta] nonag *pr. scr. et corr. A*   **1288** et] in *codd.*   **1288** nonaginta] *corr. ex* nonagenta *A*   **1289** Vel] *add. in marg. B*   **1290** mille] M *A*   **1290** mille *(post in)*] M *A*   **1291** mille in mille] M in mille *A*   **1291** milies] millies *B*   **1291–1292** multiplica] mltiplica *B*   **1293** mille *(post* multiplica*)*] M *A*, *om. B*   **1293** unum mille] unum M *A*   **1294** et] *om. C*   **1294** milia] millia *C*   **1295** nongenties] noncenties *codd.*   **1295** milia] mille *mut. in* millia *C*

provenit nongenties milia et nonaginta octo milia et unum. Et hoc est quod requiris.

De multiplicatione milium inter se

(A.30) Si volueris multiplicare mille in mille, dic 'milies mille'. Si autem volueris multiplicare milies mille in mille, dic 'milies milies mille', ter. Et sic semper facies in multiplicando milia inter se [vel cum aliis numeris, ut milies mille in centum fiunt centum milies mille; et sic in ceteris huiusmodi]; et tanta erit semper multiplicatio milium simplicium quanta fuerit agregatio vel iteratio suorum nominum.

(A.31) Si autem volueris multiplicare sex milies milies milia in septem milies milia.

Multiplica sex in septem, et provenient quadraginta duo. Quibus appone iterationem dimissam, scilicet iteratum mille, et fient quadraginta duo milia quinquies iterata.

(A.32) Si autem volueris multiplicare centum milies milia iterata ter et viginti milia et sex in quinquaginta milies milia bis iterata et centum milia.

Sic facies. Pone multiplicandum numerum in uno latere et multiplicantem in alio, sicut prediximus, hoc modo:

| Centum milia iterata ter | Viginti milia | Sex |
| Quinquaginta milies milia, iterata bis | | Centum milia |

Multiplica igitur quinquaginta milies milia bis iterata in sex, et provenient trescenta milies milia. Deinde multiplica quinquaginta milies milia in viginti milia, et provenient milies milia iterata quater. Postea multiplica quinquaginta milies milia in centum milies milia ter iterata, et provenient quinque milies milia iterata sexies. Deinde multiplica centum milia

---

1307–1311 Si autem volueris ... quinquies iterata] $109^v, 29 - 31$ $\mathcal{A}$; $17^{ra}, 25 - 30$ $\mathcal{B}$; bis C: $35^{vb}, 10 - 14$ & $36^{ra}, 57 - 36^{rb}, 2$.
1312–1350 Si autem volueris ... probabis in consimilibus] $109^v, 32 - 110^r, 24$ $\mathcal{A}$; $16^{va}, 40 - 16^{vb}, 47$-$48$ $\mathcal{B}$; $36^{rb}, 3 - 46$-50 C.

1298 nongenties] noncenties codd.   **1299** requiris] querimus $\mathcal{B}$ **1300** tit.] om. sed spat. rel. $\mathcal{B}$, rubro col. C **1301** mille in mille] M in M $\mathcal{A}$ **1301** milies mille] milies M $\mathcal{A}$ **1302** milies (post multiplicare)] millies add. in marg. $\mathcal{B}$ **1302** in mille] in M $\mathcal{A}$ **1302** ter] om. $\mathcal{A}$ **1303** facies] om. $\mathcal{A}$ **1303** cum] om. $\mathcal{A}$ **1304** milies mille] milies $\mathcal{B}$, milies M C **1304** fiunt] fuerit $\mathcal{A}$ **1304** milies mille] milies pr. scr. M add. supra $\mathcal{A}$ **1304–1305** huiusmodi] huius modi $\mathcal{A}$ **1305** et] quia $\mathcal{B}$, Quia C **1305** erit] e corr. $\mathcal{A}$ **1305** semper] add. in marg. $\mathcal{B}$ **1305** simplicium] sinplicium $\mathcal{A}$ **1307** autem] supra lin. $\mathcal{A}$ **1307** sex milies] sexmilies $\mathcal{A}$ **1309** quadraginta duo] XL duo $\mathcal{A}$ **1310** mille] M $\mathcal{A}$ **1310** fient] fiunt C (1ª lect.)   **1310** quadraginta duo] XL duo $\mathcal{A}$ **1312** centum] C $\mathcal{A}$ **1313** viginti] XX^{ti} $\mathcal{A}$ **1313** quinquaginta] L $\mathcal{A}$ **1313** centum] C $\mathcal{A}$ **1314** Sic] Sĩc (pro Síc) $\mathcal{B}$ **1315** sicut prediximus] marg. $\mathcal{A}$ **1317** Quinquaginta] pr. post Sex scr. 1^a m. $\mathcal{A}$, quod 2^a m. del. et L add. ante milies   **1317** iterata bis] om. $\mathcal{BC}$; om. etiam $\mathcal{A}$ 1^a m. sed add. 2^a m. (centum milia del. et rescr. post additamentum)   **1318** quinquaginta] L $\mathcal{A}$ **1319** trescenta] trecenta $\mathcal{A}$ **1320** viginti] corr. ex viginta $\mathcal{A}$ **1321** quinquaginta] L $\mathcal{A}$ **1321** milia (ante in)] mille pr. scr. et corr. $\mathcal{B}$ **1321** centum] C $\mathcal{A}$ **1322** multiplica] multiplicata $\mathcal{A}$

in centum milia ter iterata, et provenient decem milia iterata quinquies. Deinde multiplica centum milia in viginti milia, et fient duo milia ter iterata. Deinde multiplica sex in centum milia, et provenient sexcenta milia. Deinde agrega omnia, et summa que ex agregatione excreverit est id quod ex supra positorum numerorum multiplicatione provenit, scilicet quinque milies milia iterata sexies et decem milia iterata quinquies et milies milia iterata quater et duo milia iterata ter et trescenta milies milia et sexcenta milia.

Similiter facies in omnibus figuris consimilibus. Scilicet, multiplicabis unumquemque numerum uniuscuiusque ordinis in singulos numeros alterius ordinis, et omnia que provenerunt agregabis; et agregatum est id quod ex tota multiplicatione provenit.

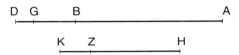

Ad A.32: *Figura inven. in* $\mathcal{A}$ *($110^r, 24 - 25$),* $\mathcal{B}$ *($16^{vb}, 48 - 50$),* $\mathcal{C}$ *($36^{rb}, 47$-$48 - 50$).*

Cuius rei probatio hec est. Sint centum milies milia iterata ter AB, viginti autem milia sint BG, sex vero GD; deinde quinquaginta milies milia, iterata bis, sint HZ, sed centum milia ZK. Volo autem scire quomodo AD multiplicetur in HK. Dico igitur quia id quod fit ex ductu AD in HK equum est eis que fiunt ex ductu HZ in AB et ex HZ in BG et ex HZ in GD et cum eo quod fit ex ductu ZK in AB et ex ZK in BG et ex ZK in GD. Cuius probatio hec est. Scimus enim [ex primo secundi Euclidis] quia id quod fit ex ductu HK in AD equum est ei quod fit ex ductu HZ in AD et ex ZK in AD. Id autem quod fit ex ductu HZ in AD equum est eis que fiunt et ex ductu HZ in AB et ex HZ in BG et ex HZ in GD. Similiter etiam monstrabitur quia id quod fit ex ductu ZK in AD equum est ei quod fit ex ductu ZK in AB et ex ZK in BG et ex ZK in GD. Igitur id quod fit ex ductu HK in AD equum est ei quod fit ex ductu HZ in AB et ex HZ in BG et ex HZ in GD et ex ZK in AB et ex ZK in BG et ex ZK in GD. Et hoc est quod monstrare voluimus.

1323 provenient] *e corr.* $\mathcal{A}$ **1323** quinquies] quinqes $\mathcal{A}$ **1325** Deinde] *corr. ex* X° *(sc. 'decimo')* $\mathcal{A}$ **1325** in] *add. supra lin.* $\mathcal{B}$ **1326** agrega] aggrega $\mathcal{A}$ *(quod corr.)*, agregrega $\mathcal{B}$ **1327** quinque] *corr. ex* quinquies $\mathcal{A}$ **1328** decem] X $\mathcal{A}$ **1329** et *(post* ter*)*] *om.* $\mathcal{A}$ **1329–1330** sexcenta milia] sexcenta mila $\mathcal{A}$ **1331** consimilibus] conscimilibus $\mathcal{B}$ **1331** multiplicabis] multiplica bis $\mathcal{A}$ **1332** singulos] singlōs $\mathcal{B}$ **1333** provenerunt] proveniunt $\mathcal{A}$, provenint $\mathcal{B}$, provenit $\mathcal{C}$ **1333** agregatum] agregatum $\mathcal{B}$ **1335** Cuius rei probatio] *lector scr. in marg.* $\mathcal{A}$: probatio multiplicationis **1335** centum] C $\mathcal{A}$ **1335** ter] *ut pr. scr. et add.* ter *supra* $\mathcal{A}$ **1337** centum] C $\mathcal{A}$ **1337** AD] AD *repet. in marg. eadem m.* $\mathcal{C}$ **1339** equum] equm $\mathcal{A}$ **1339** fiunt] fuerint $\mathcal{A}$ **1339** et ex HZ *(post:* AB*)*] et HZ $\mathcal{A}$, ex HZ $\mathcal{B}$ **1340** ex *(post:* BG et*)*] *om.* $\mathcal{A}$ **1341** ex primo secundi Euclidis] *in textu* AB, *in marg.* $\mathcal{C}$ **1342** equum] equm $\mathcal{A}$ **1343** equum] equm $\mathcal{A}$ **1344** et ex ductu] ex ductu $\mathcal{A}$, *et add. supra* $\mathcal{B}$ **1344** et ex HZ *(post* AB*)*] et x HZ *pr. scr. e add. supra* $\mathcal{A}$ **1345** equum] equm $\mathcal{A}$ **1347** equum] equm $\mathcal{A}$ **1348–1349** et ex ZK in BG et ex ZK in GD] et ex ZK in GD et ex ZK in AB *(sic) pr. scr. et* D *&* B *invert.* $\mathcal{A}$

1350 Et secundum hanc probationem probabis in consimilibus.

(A.33) Si autem volueris multiplicare quatuor milia in sex milia.

Reiecto de utroque hoc nomine 'mille', remanebunt quatuor et sex; quorum alterum multiplica in alterum, et provenient viginti quatuor. Deinde multiplica mille in mille, et proveniet quantum est summa agregationis nominum, scilicet milies mille. Quos adde ad viginti quatuor, et fient viginti quatuor milies mille. Et hec est summa quam requiris.

(A.34) Si autem volueris multiplicare septem milia in duo milia.

Multiplica duo in septem, et fient quatuordecim. Quibus adiunge nomina milium, et fient quatuordecim milies mille.

(A.35) Si volueris multiplicare decem milia in decem milia.

Reiecto utroque nomine milium, remanebit multiplicare decem in decem, et fient centum. Cui adde utrumque nomen milium, et fient centies milies mille. Et hec est summa que ex eorum multiplicatione provenit.

(A.36) Si volueris multiplicare sex milia in quadraginta milia.

Reice nomen iteratum. Deinde multiplica quadraginta in sex, et provenient ducenta quadraginta. Quorum utrique adde nomen iteratum de mille, et fiet summa ducenta milies mille et quadraginta milies mille.

(A.37) Si autem volueris centum milies mille iterata ter multiplicare in quinque milies milia iterata quater.

(*a*) Aut fac sicut predocuimus.

(*b*) Aut sic. Nos scimus quod centum milies milia iterata ter proveniunt ex multiplicatis centum in milies milia iterata ter, et quinque ⟨milies⟩ milia iterata quater proveniunt ex multiplicatis quinque in milies milia iterata quater. Volumus igitur centum multiplicare in milies milia iterata ter et quinque in milies milia iterata quater et productum in productum. Id autem quod fit ex centum ductis in milies milia iterata ter, et quod fit ex

---

1351–1367 Si autem volueris ... quadraginta milies mille] $110^r, 25 - 110^v, 5$ A; $16^{ra}, 29 - 16^{rb}, 5$ B; $35^{vb}, 15 - 34$ C.
1368–1385 Si autem volueris ... est quod voluisti] $110^v, 6 - 17$ A; $16^{va}, 16 - 39$ B; $36^{ra}, 17 - 35$ C.

1350 hanc] hianc A, *corr. ex* hoc B **1351** (A.33)] $\frac{6000}{4000}$ *add. in marg. lector* A **1351** quatuor] quattuor C **1352** de] *corr. ex* quid A **1352** quatuor] quattuor C **1353** viginti quatuor] XX IIII^{or} A, viginti quattuor C **1354** mille in mille] mille in M A **1354** proveniet] provenient AB **1355** milies mille] milies M A **1355** viginti quatuor] XXIIII^{or} A, viginti quattuor C **1355–1356** viginti quatuor] XX IIII^{or} A, viginti quattuor C **1356** requiris] queris B **1358** quatuordecim] quattuordecim C **1359** quatuordecim] quattuordecim C **1359** milies mille] milies M A **1361** Reiecto] regecto *pr. scr. et corr.* A **1361–1362** decem in decem] X^{cem} in X^{cem} A **1362** centum] C A **1362** utrumque] in uterque B **1362** et fient *(post* milium*)*] fient C **1365** quadraginta] XL A **1367** milies *(post* ducenta*)*] millies B **1367** milies *(post* quadraginta*)*] millies B **1368** centum milies mille] C milies M A **1370** predocuimus] *corr. ex* predocl C **1371** Aut] Aud A **1371** sic] *corr. ex* sicut A **1371** scimus] cs *pr. scr. et exp.* C **1372** centum] C A **1372** milies] millies *pr. scr. et corr.* B **1372** quinque] *bis scr. pr. del.* A **1374** centum] C A **1375** quinque in milies] quinque milies B **1376** centum] C A

quinque ductis in milies milia iterata quater, et quod fit ex ductu producti in productum, hoc totum simul equum est et ei quod fit ex quinque ductis in centum, et ei quod fit ex milies mille iteratis ter ductis in milies milia iterata quater, et ei quod fit ex ductu producti in productum, omnibus simul acceptis. Sed milies milia iterata ter et milies milia iterata quater sunt milies milia iterata septies, quinque vero ducti in centum fiunt quingenti. Igitur multiplica quingentos in milies milia iterata septies; videlicet agrega nomina eorum, et provenient quingenta milies milia iterata septies. Et hoc est quod voluisti.

(**A.38**) Si volueris quindecim milia multiplicare in quindecim milia.

Multiplica quindecim in quindecim, et provenient ducenta viginti quinque. Quorum utrique adiunge utrumque mille, et fient ducenta milies milia et viginti quinque milies mille.

DE MULTIPLICATIONE MILLENORUM ET CENTENORUM IN MILLENOS ET CENTENOS.

(**A.39**) Si volueris sex milia et quadringenta multiplicare in tria milia et octingenta.

Ad A.39: *Figura ter inven. in* $\mathcal{A}$ *(ad A.36:* $110^v, 3 - 4$ *marg. (quod del.) & refecit 1 – 2 marg.; ad A.39:* $110^v, 21 - 22$ *marg.),* $\mathcal{B}$ *(*$16^{rb}, 12 - 14$*-*16*),* $\mathcal{C}$ *(*$35^{vb}, 40 - 42$ *marg.).*

M *(bis)*] $\bar{\text{M}}$ $\mathcal{A}$ *(ter).* M *(inf.)*] $\bar{\text{M}}$ $\mathcal{B}$.

Multiplica sex milia in tria milia, hoc modo: Scilicet, multiplica sex in tria, et fient decem et octo; quibus adde iteratum mille, et fient decem et octo milies mille. Deinde multiplica tria milia in quadringenta; videlicet, multiplica tres in quadringenta, et provenient mille et ducenta; quibus adde mille quod pretermisisti, et fient milies mille et ducenta milia. Deinde multiplica sex milia in octingenta; videlicet, multiplica sex in octingenta, et

---

1386–1424 Si volueris quindecim ... ex multiplicatione provenit] $110^v, 18 - 111^r, 9$ $\mathcal{A}$; $16^{rb}, 6 - 16^{va}, 15$ $\mathcal{B}$; $35^{vb}, 35 - 36^{ra}, 16$ $\mathcal{C}$.

1378 equum] equm $\mathcal{A}$ **1378** et ei] ei *pr. scr. et add. supra* $\mathcal{BC}$ **1378** ex quinque] quinque $\mathcal{A}$ **1379** centum] C $\mathcal{A}$ **1381** acceptis] *corr. supra ex* aceptis $\mathcal{A}$ **1382** ducti in] *corr. ex* ductu $\mathcal{A}$ **1382** centum] C $\mathcal{A}$ **1383** milia] *corr. ex* milies $\mathcal{A}$, *om.* $\mathcal{B}$ **1386** in quindecim] in XV $\mathcal{A}$, etiam quindecim $\mathcal{B}$ **1387** quindecim in quindecim] XV in XV $\mathcal{A}$ **1387–1388** viginti quinque] XX V $\mathcal{A}$ **1388** Quorum] *exp.* $\mathcal{C}$ **1388** utrumque] utrique $\mathcal{B}$ **1388** mille] M $\mathcal{A}$ **1389** viginti quinque] XX V $\mathcal{A}$ **1390–1391** *tit.*] *spat. rel. et scr. in summa pag.* $\mathcal{B}$, *rubro col.* $\mathcal{C}$ **1390** in] et $\mathcal{B}$ **1390** millenos] milenos $\mathcal{A}$ **1392** sex milia] sexmilia $\mathcal{A}$ **1392** quadringenta] quadraginta $\mathcal{B}$ **1393** octingenta] octoginta $\mathcal{C}$ **1395** mille] M $\mathcal{A}$ **1396** milies mille] milies M $\mathcal{A}$ **1396** quadringenta] quadrigenta $\mathcal{B}$ **1397** ducenta] milia *add. et exp.* $\mathcal{B}$ **1398** quod] qui $\mathcal{B}$ **1398** pretermisisti] p̄tm̄isti $\mathcal{A}$, pretermisti $\mathcal{B}$ **1399** octingenta] octigenta $\mathcal{B}$, *post quod* milia *add. et exp.*

1400 provenient quatuor milia et octingenta; quibus adde pretermissum mille, et fient quatuor milies milia et octingenta milia. Deinde multiplica quadringenta in octingenta, et provenient trescenta milia et viginti milia. Quos agrega prioribus; et summa que fit est id quod ex multiplicatione predictorum provenit.

1405 DE MULTIPLICATIONE MILLENORUM ET CENTENORUM ET DECENORUM ET DIGITORUM IN MILLENOS ET CENTENOS ET DECENOS ET DIGITOS.

(A.40) Si volueris multiplicare sex milia et quadringenta et sexaginta octo in quatuor milia et quingenta et sexaginta quatuor.

$$\begin{matrix} 6 \\ M \end{matrix} \quad 468$$

$$\begin{matrix} 4 \\ M \end{matrix} \quad 564$$

Ad A.40:   *Figura inven.   in* $\mathcal{A}$ *(110^v, 30 – 31 marg.),* $\mathcal{C}$ *(35vb, 56 – 58 marg.), om.* $\mathcal{B}$. M *(bis)*] M̄ $\mathcal{A}$.

2	9	5	1	9	9	5	2
2	4	6	7	2	6	5	2
	1	2	3	4	3		
	3	2	8	4			
		3	2	5			
				4			

Ad A.40 iterum: *Figura inven.   in* $\mathcal{A}$ *(110^v, ima pag.),* $\mathcal{B}$ *(16rb, 41 – 47),* $\mathcal{C}$ *(36ra, 1 – 7 marg.); bis hab.* $\mathcal{A}$, *priorem (propter marginis exiguitatem imperfectam) del.* 99 *(sup.)*] 63 $\mathcal{A}$ *(1^a fig.).*   43 *(3^a lin.)*] 47 $\mathcal{A}$ *(1^a fig.).*   4 *(infra)*] 24 $\mathcal{A}$ *(2^a fig.; in 325 enim hab. 2 in ras.).*

Multiplica sex milia in quatuor milia sicut predocuimus, et provenient
1410 viginti quatuor milies mille. Deinde multiplica quatuor milia in quadringenta, et provenient milies mille et sexcenta milia. Deinde multiplica qua-

1400 quatuor] quattuor $\mathcal{C}$ **1400** mille] M $\mathcal{A}$ **1401** quatuor milies milia] quater milies mille *codd.*   **1402** in] *corr. ex* et $\mathcal{A}$ **1402** trescenta] tres centa $\mathcal{B}$ **1402** viginti] XX $\mathcal{A}$ **1403** prioribus] *add. post fin. lin.* $\mathcal{B}$ **1403** et summa] summa *pr. scr. et add. in marg.* $\mathcal{B}$ **1405–1406** tit.] *om. sed spat. rel.* $\mathcal{B}$, *rubro col.* $\mathcal{C}$ **1405** et decenorum] *add. supra* $\mathcal{A}$ **1406** millenos] milenos $\mathcal{A}$ **1407** et *(post* milia*)*] in $\mathcal{B}$ **1408** quatuor *(ante* milia*)*] quattuor $\mathcal{C}$ **1408** quatuor] quattuor $\mathcal{C}$ **1409** quatuor] quattuor $\mathcal{C}$ **1409** et] *om.* $\mathcal{B}$ **1410** viginti quatuor] XX IIII^{or} $\mathcal{A}$, viginti quattuor $\mathcal{C}$ **1410** milies mille] milies M $\mathcal{A}$ **1410** multiplica] mltiplica $\mathcal{B}$ **1410** quatuor *(ante* milia*)*] quattuor $\mathcal{C}$ **1411** milies mille] milies M $\mathcal{A}$ **1411–1412** quatuor] IIII^{or} $\mathcal{A}$, quattuor $\mathcal{C}$

tuor milia in sexaginta octo, et provenient ducenta milia et septuaginta duo milia. Deinde multiplica quingenta in sex milia, et provenient tria milies milia. Postea multiplica quingenta in quadringenta, et provenient ducenta milia. Postea multiplica quingenta in sexaginta octo, et provenient triginta quatuor milia. Postea multiplica sexaginta quatuor in sex milia, et provenient trescenta milia et octoginta quatuor milia. Postea multiplica sexaginta quatuor in quadringenta, et provenient viginti quinque milia et sexcenta. Deinde multiplica sexaginta quatuor in sexaginta octo sicut predictum est, et provenient quatuor milia et trescenta quinquaginta duo. Que omnia simul agrega, hoc modo: unumquemque cum numero sui generis, sed ubicumque digitus nascitur, remaneat, articulus vero semper ad sequentem differentiam transeat. Et summa que excrescit est id quod ex multiplicatione provenit.

DE MULTIPLICATIONE ITERATORUM MILIUM INTER SE.

(A.41) Si volueris multiplicare trescenta milies milia et quadraginta milia in quadringenta milies milia et quinque milies milies mille, ter.

Multiplica trescenta milies milia in quinque milies mille mille, ter, hoc modo: Videlicet, multiplica trescenta in quinque, et provenient mille et quingenta; quibus appone repetitionem de mille quam dimisisti, et proveniet summa milies milia sexies iterata et quingenta milies, quinquies repetitum milies. Deinde multiplica trescenta milies milia in quadringenta milies milia, hoc modo: Videlicet, multiplica trescenta in quadringenta, et provenient centum milia et viginti milia; quibus utrisque appone iterationem, et fient centum milies quinquies iteratum et viginti milies quinquies iteratum. Deinde multiplica quadraginta milia in quinque milies ter iteratum, et provenient ducenta milia repetita quater. Postea multiplica quadraginta milia in quadringenta milies milia, et provenient sex milies milia quater repetita et decem milies quater repetita milia. Que omnia simul agrega, et agregatum ex omnibus est summa que ex predictorum multiplicatione provenit.

1425–1441 De multiplicatione ... multiplicatione provenit] 111^r, 9 – 21 $\mathcal{A}$; 17ra, 1-2 – 24 $\mathcal{B}$; 36ra, 36 – 56 (& tit. 31ra, 43; 44-46 vac.) $\mathcal{C}$.

1412 et (post milia)] om. $\mathcal{A}$ **1413** quingenta] quingeta $\mathcal{B}$ **1415** Postea] post hoc aliquid add. et del. $\mathcal{A}$, Poste $\mathcal{C}$ **1415–1416** triginta quatuor] triginta IIII^{or} $\mathcal{A}$, triginta quattuor $\mathcal{C}$ **1416** quatuor (ante in)] quattuor $\mathcal{C}$ **1417** trescenta] pr. scr. sexcenta, del. sex et add. in marg. tres $\mathcal{B}$ **1417** quatuor] quattuor $\mathcal{C}$ **1418** quatuor] quattuor $\mathcal{C}$ **1418** quadringenta] quadrigenta $\mathcal{B}$ **1418** viginti quinque] XXV $\mathcal{A}$ **1419** quatuor] quattuor $\mathcal{C}$ **1420** quatuor] quattuor $\mathcal{C}$ **1422** sequentem] sequemtem $\mathcal{A}$ **1423** excrescit] excresit $\mathcal{A}$ **1425** tit.] spat. rel. et in summa pag. scr. $\mathcal{B}$, rubro col. $\mathcal{C}$; iteratorum ... in⟨ter se⟩ add. post fin. lin. $\mathcal{A}$ **1426** milia (ante in)] milies milia $\mathcal{ABC}$ (corr. $\mathcal{A}$)   **1427** quadringenta] quadraginta $\mathcal{B}$ **1428** milies mille mille] milies M M $\mathcal{ABC}$ (milies in m ut vid. $\mathcal{B}$, M̂ bis scr. $\mathcal{A}$)   **1428–1429** hoc modo] add. in marg. $\mathcal{C}$ **1429** mille] M $\mathcal{A}$ **1430** mille] M $\mathcal{A}$ **1431** milia] milies codd.   **1431–1432** repetitum] repetita $\mathcal{A}$, repetito $\mathcal{BC}$ **1434** centum] $\mathcal{C}$ $\mathcal{A}$ **1434** viginti] XX $\mathcal{A}$, vigiti $\mathcal{B}$ **1435** centum] $\mathcal{C}$ $\mathcal{A}$ **1435** viginti] XX $\mathcal{A}$ **1435** quinquies] quines $\mathcal{A}$ **1436** quadraginta] XL $\mathcal{A}$ **1436** quinque] corr. ex quinquies $\mathcal{A}$ **1438** milies (post sex)] corr. ex milia $\mathcal{B}$

DE MINUENDIS ITERATIS MILIBUS INTER SE.

(**A.42**) Verbi gratia. Si volueris minuere unum de milies milies mille.

Solve milies milia mille quousque pervenias ad numerum de quo possis minuere unum, hoc modo: Scilicet, solve milies milies mille, ter iteratum, in nongies milies mille et in centum milies mille; deinde solve centum milies mille in nonaginta novem milies mille et in milies mille; deinde milies mille solve in nongenta milia et centum milia; postea solve centum milia in nonaginta novem milia et in mille; postea solve mille in nongenta et in centum; deinde centum solve in nonaginta et decem. De decem vero minue unum predictum, remanentibus novem per se, reliquos autem omnes numeros dimitte ita ut sunt in locis suis. Quod ergo ex diminutione remanet est nongies milies mille et nonaginta novem milies mille et nongenta milia et nonaginta novem milia et nongenta nonaginta novem. Et hec est summa que provenit.

(**A.43**) Si autem volueris minuere viginti milies mille de triginta milies mille quinquies iteratis.

Accipe de triginta milies mille quinquies iteratis unum milies mille quinquies iteratum, et remanebunt viginti novem milies mille quinquies iterata. Deinde unum milies mille quinquies iteratum solve in nongenta milies mille quater iterata, et centum milia iterata quater. Deinde solve centum milia mille iterata quater in nonaginta novem milies mille iterata quater et in milies mille quater iterata. Deinde hoc milies mille quater iteratum solve in nongenta milies mille ter iterata et centum milia iterata ter.

1442–1481 De minuendis ... in differentiis] $111^r, 21 - 111^v, 16$ A; $17^{va}, 39\text{-}41 - 18^{ra}, 1$ B; $36^{vb}, 17 - 59$ C.

1442–1443 De minuendis ... gratia] om. B, tit. rubro col. C **1443** Verbi gratia] marg. (nigro col.) C, post quæ eadem m. (etiam B olim in ima pag.) Capitulum de scientia multiplicandi casas scazi quere in fine (subter hæc tria lin. duxit); hoc ref. ad fol. 38rb infra, ubi invenitur fig. de sacellis, domibus et morabitinis (quæ magis pertinet ad divisionem iteratorum milium) **1444** Solve milies milia mille] solve milies milia M A, om. B, solve milies milia in C (ex m fecit ín) **1444** possis] corr. ex possit A **1445** milies milies mille] milies milies M A **1446** centum milies mille] C milies M A **1446–1447** centum milies mille] C milies M A **1447** milies mille] milies M A **1447** et in milies mille] et in M M supra lin. A, et in mililies mille B **1447** milies mille] milies M A **1448** nongenta] nonagenta (corr. ex nonaginta) B post quod add. (v. supra) et exp. novem milies mille **1448** centum milia] C milia A **1448** centum milia] C milia A **1448–1449** nonaginta] nonagenta B **1449** novem] add. supra A **1449** in mille] in M A **1449** mille (post solve)] M A **1450** deinde centum] Deinde C A **1450** et decem] et X A **1451** omnes] supra lin. A **1451** numeros] numero C **1452** dimitte] dimite B **1452** est] om. A **1453** milies mille (post nongies)] milies M A **1453** milies mille] milies M A **1456** autem] supra lin. A **1456** viginti milies mille] XX milies M A **1456–1457** triginta milies mille] XXX milies M A **1458** Accipe de ... iteratis] add. in marg. B **1458** triginta milies mille] XXX^{ta} milies M A, XXX milies mille B **1458** unum milies mille] unum milies M A **1459** viginti novem milies mille] XX novem milies M A **1460** unum milies mille] unum milies M A **1460–1461** nongenta milies mille] nongenta milies M A **1461** centum milia] C milia A **1462** centum milia mille] C milia m (m postea mut. in ín) A, centum milia in B, centum milia m (m mut. postea in ín) C **1462** quater] etiam add. in marg. B **1462** milies mille] milies M A **1463** et in ... iterata] add. in marg. B **1463** milies mille (post in)] milies M A **1464** solve] solvē C **1464** milies mille] milies M A **1464** centum milia] C milia A

Deinde hoc centum milies mille ter iteratum solve in nonaginta novem milies mille ter iteratum et milies mille ter iteratum. Deinde solve ⟨milies⟩ mille ter iteratum in nongenta milies mille et centum milies mille. De quibus centum milies mille minue viginti milies mille que proposuisti minuenda, et remanebunt octoginta milies mille, dimitte autem unumquemque numerum ⟨alium⟩ ita ut est. Quos coniunge cum octoginta milies mille, et erit ⟨eius⟩ quod remanet ex diminutis viginti milies mille de triginta milies mille quinquies iteratis summa viginti novem milies mille quinquies iterata et nongenta milies mille quater iterata et nonaginta novem milia iterata quater et nongenta milia ter iterata et nonaginta novem milia ter iterata et nongenta milies milia et octoginta milies milia. Et hec est summa que ex diminutione restat.

Similiter facies in omnibus huiusmodi.

Hoc autem capitulum multum utile est ad quasdam alias questiones, que sunt de multiplicatione iteratorum milium. Contingit enim in illis multiplicationem facilius fieri per hoc capitulum, sicut iam predictum est in differentiis.

[ITEM. SECUNDUM ALIUM ACTOREM BREVIUS.]

(A.44) Verbi gratia. Si quis dicat: Multiplica novem milia et nongenta et nonaginta novem in se.

Tu, si volueris multiplicare illa sicut supra ostensum est, nimis prolixum erit, quamvis bene fiat. Unde sic facies. Iam scis quod agregato uno ad nonaginta novem proveniunt centum, et agregatis centum ad non-

---

1482–1493 Item. Secundum alium ... centum milies milia] 111^v, $16 - 24$ $\mathcal{A}$; 7rb, $37 - 7^{va}$, 6 $\mathcal{B}$; 31ra, $47 - 57$ $\mathcal{C}$.

1483–1493 Verbi gratia ... centum milies milia] *lect. alt. hab.* $\mathcal{B}$ *fol.* 18ra, $1 - 7$ *&* $\mathcal{C}$ *fol.* 37ra, $2 - 7$: Verbi gratia. Si quis dicat: Multiplica novem milia et nongenta et nonaginta novem in se *(in marg. hab.* $\mathcal{C}$ *eadem m.:* $\frac{9999}{9999}$; *etiam* $\mathcal{B}$, *v. infra).* Hic autem numerus est decem mille minus uno. Si ergo volueris (volunt, $\mathcal{B}$) illa (illi, $\mathcal{B}$) multiplicare pro decem mille minus uno in decem mille minus uno facilius fiet sic, videlicet ut multiplices decem milia in decem milia, et provenient centum milies mille.

1465–1466 milies mille] milies M $\mathcal{A}$ **1466** milies mille *(post* et*)*] milies M $\mathcal{A}$ **1466** iteratum *(ante* Deinde*)*] itatum $\mathcal{B}$ **1466** mille] M $\mathcal{A}$ **1467** milies mille] milies M $\mathcal{A}$ **1467** centum milies mille] $\mathcal{C}$ milies M $\mathcal{A}$ **1468** centum milies mille] $\mathcal{C}$ milies M $\mathcal{A}$ **1468** minue] mu *pr. scr. et (partim) corr.* $\mathcal{A}$ **1468** viginti milies mille] XX milies M $\mathcal{A}$ **1469** milies mille] milies M $\mathcal{A}$ **1470** coniunge] iunge *pr. scr. et con add. supra* $\mathcal{A}$ **1470** octoginta milies mille] octogenta *(sic)* milies M $\mathcal{A}$ **1471** diminutis] dimittis $\mathcal{B}$ **1471** viginti milies mille] XX milies M $\mathcal{A}$ **1471–1472** triginta milies mille] XXX milies M $\mathcal{A}$ **1472** quinquies] quines *pr. scr. et qui add. supra* $\mathcal{A}$ **1472** summa] suma $\mathcal{B}$ **1472** viginti novem] XX novem $\mathcal{A}$ **1473** milies mille] milies M $\mathcal{A}$ **1474** ter iterata *(ante et nongenta)*] iterata ter $\mathcal{C}$ **1475** et *(ante octoginta)*] *add. supra lin.* $\mathcal{B}$ **1476** restat] restant $\mathcal{B}$ **1477** facies] *add. in marg.* $\mathcal{B}$ **1477** huiusmodi] huius modi (h *add. supra*) $\mathcal{A}$ **1478** Hoc autem capitulum ...] *sign.* (¶) *ab al. m. in marg.* $\mathcal{A}$ **1478** capitulum] capl *pr. scr. et corr.* $\mathcal{A}$ **1479** que] quę $\mathcal{A}$ **1479** Contingit] Contigit $\mathcal{B}$ **1479** illis] *e corr.* $\mathcal{A}$ **1480** per] *om.* $\mathcal{C}$ **1482** tit.] *om.* $\mathcal{A}$, *om. sed spat. hab. (fol. 31ra, 45-46 & 37ra, 1; forsan in ima pag. habebat)* $\mathcal{C}$ **1482** actorem] b *(pro* brevius*) pr. scr. et exp.* $\mathcal{B}$ **1485** Tu, si] Si $\mathcal{A}$ **1487** proveniunt] provenient $\mathcal{C}$ **1487** centum *(post* proveniunt*)*] $\mathcal{C}$ $\mathcal{A}$ **1487** agregatis] aggatis $\mathcal{C}$ **1487** centum] $\mathcal{C}$ $\mathcal{A}$

genta fiunt mille, agregatis autem mille ad novem milia fiunt decem milia. Hec igitur novem milia et nongenta nonaginta novem sunt decem milia minus uno. [Si ergo volueris illa multiplicare [pro decem milibus minus uno in decem milia minus uno], facilius fiet.] Multiplica igitur decem milia minus uno in decem milia minus uno, hoc modo: Videlicet, multiplica decem milia in decem milia, et provenient centum milies milia. Deinde multiplica unum demptum in decem milia bis, et provenient viginti milia dempta; que minue de centum milies mille sicut predocuimus in minuendo, et remanebunt nonaginta novem milies mille et nongies mille et octoginta milia. Postea multiplica unum demptum in unum demptum, et proveniet unus additus. Quem adde priori summe. Summa ergo que ex multiplicatione provenit est nonaginta novem milies mille et nongies mille et octoginta milia et unum. Et hoc est quod scire voluisti. [Vel: de centum milies mille minue id quod fit bis ex ductu unius in decem milia, et ei quod remanet agrega id quod fit ex ductu unius in se, et erit summa quam queris.]

$$A \quad\quad\quad G \quad\quad B$$

Ad A.44: *Figura inven. in* $\mathcal{A}$ *($112^r, 10$),* $\mathcal{B}$ *($7^{va}, 24$ marg.),* $\mathcal{C}$ *($31^{rb}, 20 - 21$).*

Cuius probatio hec est. Sint decem milia AB, unum autem sit BG. Nos autem volumus scire quid proveniat ex ductu AG in se. Scimus autem quia id quod fit ex ductu AB in se et ex BG in se equum est ei quod fit ex ductu AB in BG bis et ex AG in se [ex VII° secundi]. Multiplica igitur AB in se et producto agrega id quod fit ex ductu GB in se, et ex agregato

---

1493–1500 Deinde multiplica ... quod scire voluisti] $111^v, 24 - 30$ $\mathcal{A}$; $18^{ra}, 8 - 19$ $\mathcal{B}$; $37^{ra}, 7 - 15$ $\mathcal{C}$.
1500–1566 Vel de centum milies ... quod monstrare voluimus] $112^r, 1 - 112^v, 21$ $\mathcal{A}$; $7^{va}, 6 - 8^{ra}, 6$-9 $\mathcal{B}$; $31^{rb}, 4 - 31^{va}, 24$-27 $\mathcal{C}$.

1493–1500 Deinde multiplica ... quod scire voluisti] *lect. alt. hab.* $\mathcal{C}$ *fol.* $31^{ra}, 57 - 31^{rb}, 4$: Deinde multiplica decem milia in minus uno, et proveniunt decem milia diminuta. Et iterum multiplica decem milia in minus uno, et proveniunt decem milia diminuta. Et minus uno in minus uno facit unum additum. Ex priori igitur multiplicatione proveniunt centum milies milia decem et novem milibus diminutis.

1488 fiunt *(post* nongenta*)*] fient $\mathcal{A}$, fierent $\mathcal{B}$ **1488** mille *(post* fiunt*)*] M $\mathcal{A}$ **1488** fiunt] fient $\mathcal{A}$, fierent $\mathcal{B}$ **1488** decem milia] X milia $\mathcal{A}$ **1489** decem milia] X milia $\mathcal{A}$ **1490–1491** Si ergo ... facilius fiet] *add. in marg.* $\mathcal{C}$ **1490** illa] *om.* $\mathcal{B}$ **1490** decem milibus] X milibus $\mathcal{A}$ **1491** decem milia] X milia $\mathcal{A}$ **1491** Multiplica] multipl̃ tiplica $\mathcal{B}$ **1493** decem milia in decem milia] X milia in decem milia $\mathcal{A}$ **1493** provenient] proveniet $\mathcal{B}$ **1493** centum milies milia] C milies milia $\mathcal{A}$ **1494** Deinde multiplica] *hic hab. in textu* $\mathcal{B}$: $\frac{9999}{9999}$ **1494** decem milia] X milia $\mathcal{A}$ **1495** centum milies mille] C milies M $\mathcal{A}$ **1496** milies mille] milies M $\mathcal{A}$ **1496** nongies mille] nongies M $\mathcal{A}$ **1496** octoginta] octogenta $\mathcal{A}$ **1497** Postea] Poste $\mathcal{C}$ **1499** milies mille] milies M $\mathcal{A}$ **1499** nongies mille] nongies M $\mathcal{A}$ **1499** octoginta] octogenta $\mathcal{A}$ **1500–1501** milies mille] milies M $\mathcal{A}$ **1501** minue id quod fit bis] bis minue id quod fit $\mathcal{C}$ **1501** decem milia] X milia $\mathcal{A}$ **1503** decem milia] X milia $\mathcal{A}$ **1503** sit] fit $\mathcal{B}$ **1504** volumus] voluimus $\mathcal{B}$ **1504** autem] etiam *codd.* **1505** equum] equm $\mathcal{A}$ **1506** ex VII° secundi] *in textu* $\mathcal{A}$, *in marg.* $\mathcal{BC}$ (ex XII° secundi *hab.* $\mathcal{B}$); 7^a 2^{di} *rep. in marg. lector* $\mathcal{A}$ **1507** agregato] *corr. ex* aggato $\mathcal{B}$

minue id quod fit bis ex ductu AB in BG, et remanebit id quod fit ex ductu AG in se. Ob hoc igitur multiplicamus decem milia, que sunt AB, in se, et de producto ex illis minuimus id quod fit bis ex ductu unius in decem milia, quod est id quod fit ex ductu AB in BG bis, et ei quod remanet agregamus id quod fit ex ductu GB in se. Et quod ex agregatione fit est id quod ex multiplicatione provenit.

(**A.45**) Si volueris multiplicare quadraginta octo milies milia iterata sexies et nongenta milia iterata quinquies et nonaginta novem milia iterata quinquies et nongenta milia iterata quater et nonaginta novem milia iterata quater et nongenta milia iterata ter et sexaginta milia iterata ter in viginti milia iterata quater et nongenta milia iterata ter et nonaginta novem milia iterata ter et nongenta milia bis iterata et nonaginta novem milia iterata bis et nongenta milia et octoginta milia.

Si volueris multiplicare hec sicut in precedentibus ostensum est, magnus erit labor. Sed ex predictis scimus quod quadraginta octo milies milia sexies iterata et nongenta milies milia iterata quinquies cum ceteris omnibus numeris multiplicandi ordinis sunt quadraginta novem milies milia iterata sexies minus quadraginta milies milibus iteratis ter, multiplicantis vero ordinis omnes numeri sunt viginti unum milies milia iterata quater minus viginti milibus. Multiplica igitur quadraginta novem ⟨milies⟩ milia iterata sexies minus quadraginta milies milibus iteratis ter in viginti unum milies milia iterata quater minus viginti milibus, hoc modo. Videlicet, multiplica viginti unum milies milia iterata quater in quadraginta novem ⟨milies milia⟩ iterata sexies, et productum retine. De quo producto minue et id quod fit ex ductu viginti milium in quadraginta novem milies milia iterata sexies et id quod fit ex ductu quadraginta ⟨milies⟩ milium ter iteratorum in viginti unum milies milia iterata quater. Et ei quod remanet adde id quod provenit ex ductu viginti milium in quadraginta milies milia iterata ter [nam ex ductu additi in demptum provenit demptus et ex ductu diminuti in diminutum provenit additus]. Et quod inde excreverit est summa quam requiris, scilicet milies milia iterata undecies et viginti octo milies milia iterata decies et nongenta milies milia iterata novies et nonaginta novem ⟨milies⟩ milia iterata novies et nongenta milies milia iterata octies et nonaginta octo milies milia iterata octies et centum milies milia iterata septies

---

1508 AB *(sc.* $\overline{ab}$ *in codd.)*] *ab (sc. hic* ab*)* C **1509** decem milia] X milia A **1510** producto] *e corr. ut vid.* C **1510–1511** decem milia] X milia A **1511** id] *supra lin.* A, *om.* C **1511** remanet] fi *pr. scr. et exp.* B **1514** milia] mille *pr. scr. et corr.* B **1516** et *(ante* nonaginta*)*] *om.* B **1517** ter] T AB *(sæpius infra* A)   **1519** iterata *(ante* bis*)*] itata C **1522** erit] est A **1523** milia *(ante* iterata*)*] mille *pr. scr. et corr.* B **1525** quadraginta] novem *add. (v. supra) codd. (del.* A)   **1525** milies milibus] milia milibus A **1526** viginti unum] XX unum A **1527** viginti] XX A **1528** quadraginta] XL A **1528** viginti unum] XX unum A **1529** viginti] XX A **1530** viginti unum] XX unum A **1530** quadraginta novem] XL novem A **1532** viginti] XX A **1532** quadraginta novem] XL novem A **1533** et] etiam B **1533** quadraginta] XL A **1533–1534** viginti unum] XX unum A **1534** quater] *e corr.* A **1534** remanet] fit *pr. scr. et del.* A **1535** viginti] XX A **1535** quadraginta] XL A **1536–1537** nam ... additus] *in textu* ABC, *sed postea glossam esse censuit et indic.* C **1536** diminuti] diminuiti B **1538** scilicet] viginti *add. et exp.* C **1538** viginti octo] XX octo A **1540–1541** nonaginta octo] nonaginta et octo *codd.*   **1541** centum] C A

⟨et octoginta milies milia iterata septies⟩ et octingenta milies milia iterata quater.

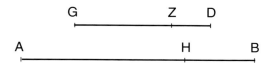

Ad A.45: *Figura inven. in* $\mathcal{A}$ *(112^v, 22 – 23),* $\mathcal{B}$ *(8ra, 7 – 9),* $\mathcal{C}$ *(31va, 25 – 27).*

Cuius probatio hec est. Quadraginta novem milies milia iterata sexies sint AB, et quod deest illis, scilicet quadraginta milies milia iterata ter, sit HB, sed viginti unum milies milia iterata quater sint GD, quod autem deest illis, scilicet viginti milia, sit ZD. Nos autem volumus scire quid proveniat ex ductu AH in GZ. Scimus autem quia id quod fit ex ductu AB in GD equum est ei quod fit ex ductu AH in GZ et ex AH in ZD et ei quod fit ex ductu HB in GZ et ex HB in ZD. Id autem quod fit ex ductu HB in ZD sit commune. Id ergo quod fit ex ductu AB in GD et ex HB in ZD equum est ei quod fit ex ductu AH in GZ et ex AH in ZD et ex HB in ZG et ⟨ex⟩ HB in ZD bis. Id autem quod fit ex ductu HB in GZ et HB in ZD semel est equum ei quod fit ex ductu HB in GD, sed id quod fit ex ductu AH in ZD et HB in ZD semel est equum ei quod fit ex ductu ZD in AB. Igitur id quod fit ex ductu AB in GD et ex HB in ZD equum est ei quod fit ex ductu AH in GZ et ex AB in ZD et ex GD in HB. Cum ergo volueris scire quid proveniat ex ductu AH in GZ, et fuerit AB cognitum et GD cognitum et ZD cognitum et HB cognitum, multiplicabis AB in GD, et producto addes id quod provenit ex ductu HB diminuti in ZD diminutum [manifestum est igitur quia [id quod fit] ex ductu diminuti in diminutum provenit additus]; deinde minue de producto id quod fit ex ductu ZD in AB et ex HB in GD, et remanebit id quod fit ex ductu AH in GZ [iam igitur manifestum est etiam quia [id quod provenit] ex ductu diminuti in additum est diminutus]. Et hoc est quod monstrare voluimus.

CAPITULUM DE ACCIPIENDO FRACTIONES DE ITERATIS MILIBUS

(A.46) Si volueris scire que est tertia de milies mille iterato ter.

1567–1632 Capitulum de accipiendo ... et ita invenies] $112^v, 22 - 113^v, 2$ $\mathcal{A}$; 18ra, $19\text{-}21 - 18^{va}$, 10 $\mathcal{B}$; $37^{ra}, 16 - 37^{rb}, 26$ $\mathcal{C}$.

1542 et octoginta ... septies] *per homœotel. om.* $\mathcal{ABC}$, *sed add. in marg. lector* $\mathcal{B}$ **1545** sint] t *add. supra* $\mathcal{B}$ **1545** quadraginta] XL $\mathcal{A}$ **1546** sit] sint $\mathcal{A}$ **1546** viginti unum] XX unum $\mathcal{A}$ **1547** deest] minus est *codd.* *(pro* 'minus' *numerus pr. scr. et del. & minus add. in marg.* $\mathcal{B}$) **1547** viginti] XX $\mathcal{A}$ **1549** equum] equm $\mathcal{A}$ **1552** equum] equm $\mathcal{A}$ **1553** ZG] *corr. ex* ZD $\mathcal{B}$ **1554** est equum] est equm $\mathcal{A}$, equum est $\mathcal{B}$ **1554** GD] DG $\mathcal{A}$ **1555** AH] AB *codd.* **1555** equum] equm $\mathcal{A}$ **1557** equum] equm $\mathcal{A}$ **1558** quid] quid *scr. tamen* i *add. supra* $\mathcal{A}$ **1559** fuerit] fiunt $\mathcal{B}$ **1559** et ZD cognitum et HB cognitum] *om.* $\mathcal{B}$, *marg.* $\mathcal{C}$ **1564** AH] *corr. ex* AB $\mathcal{A}$ **1567** tit.] *om. sed spat. rel. et in ima pag. hab.* $\mathcal{B}$, *rubro col.* $\mathcal{C}$ **1568** Si] Sci $\mathcal{B}$ **1568** milies mille] milies M $\mathcal{A}$

Multiplicandus GZ				48	999	999	960	000	000	000
Multiplicans AH						20	999	999	980	000
1	028	999	998	180	000	000	800	000	000	000	000
11	10	9	8	7	6	5	4	3	2	1	0
					49	000	000	000	000	000	000
							21	000	000	000	000
1	029	000	000	000	000	000	000	000	000	000	000
				980	000	000	000	000	000	000	000
1	028	999	999	020	000	000	000	000	000	000	000
				840	000	000	000	000	000	000	000
1	028	999	998	180	000	000	000	000	000	000	000
							800	000	000	000	000
1	028	999	998	180	000	000	800	000	000	000	000

	7	6	5	4	3	2	1	0
AB	49	000	000	000	000	000	000	
ZD						20	000	
	980	000	000	000	000	000	000	000
GD			21	000	000	000	000	
HB				40	000	000	000	
	840	000	000	000	000	000	000	000
				40	000	000	000	
						20	000	
				800	000	000	000	000

Ad A.45 iterum: *Figura lectoris inven. in B (7ᵛ, ima pag.). Infra columnas iterum (sed cum 8, 7, ... , 1) enumeravit. GZ pro AH, AH pro GZ sic in cod.*

Sume tertiam unius mille, que est trescenta et triginta tres et tertia, et multiplica illam in id quod remansit de iteratione, quod est milies mille, vel adde ei id quod remansit de iteratione, scilicet milies mille, bis, et erit trescenta milies mille et triginta tria milies milia et tertia de milies mille. Deinde accipe tertiam de milies mille, hoc modo. Scilicet ut ad tertiam de mille, que est trescenta et triginta tria et tertia, apponas semel dictum mille quod remansit [vel multiplica eam in mille, quod idem est], et erit trescenta milia et triginta tria milia et tertia de mille, que est trescenta et triginta tria et tertia. Tertia igitur de milies milies mille, ter iterato, est trescenta milies mille et triginta tria milies milia et trescenta milia et triginta tria milia et trescenta et triginta tres et tertia unius. Et hoc est quod scire voluisti.

Cuius probatio hec est. Iam scimus quod milies milia ter iterata prove-

1569 Sume] Summe B **1569** mille] M A **1569** que] quę A **1569** tertia] tertiam B **1570** et multiplica ... milies mille] *marg.* C **1570** et multiplica] vel multiplica BC **1570** illam] illa AB, illud C **1571** adde ei] eadem ea B **1571** id] *om.* A, id C **1571** milies mille] milies M A **1572** milies mille *(post* trescenta*)*] milies M A **1572** milies mille] milies M A **1573** milies mille] milies M A **1573** hoc] et hoc A **1574** mille] M A **1574** triginta tria] XXX tria A **1574** dictum] dicttum *(corr. ex* dce) A **1575** mille *(post* dictum*)*] M *supra lin.* A **1575** vel multiplica ... idem est] *ante* apponas *in textu* AB, *marg.* C; *ad* 'apponas' *ref. indic.* C, *post* 'remansit' *legenda indic.* A **1575** mille] M A **1576** triginta tria] XXXᵗᵃ et tria A **1576** mille] M A **1577** milies milies mille] milies milies M A **1578** milies mille] milies M A **1578** triginta tria] XXX tria A **1579** triginta tria] XXX tria A **1579** et *(post* trescenta*)*] *bis scr. (in fin. lin. et init. seq.)* B

niunt ex multiplicatione milium in milies mille. Vis ergo accipere tertiam producti ex ductu milium in milies mille; videlicet, voluisti illud dividere per tres. Idem est autem multiplicare mille in milies mille et productum dividere per tres quod est dividere mille per tres et quod exit multiplicare in milies mille, bis, sicut predictum est in capitulo prepositionum. Propter hoc igitur sumis tertiam unius mille et multiplicas eam in id quod remansit de iteratione. Similiter fit probatio de accipienda tertia de milies mille. Et hoc est quod monstrare voluimus.

(**A.47**) Si volueris scire que est nona de milies mille ter iterato.

Accipe nonam unius mille, que est centum et undecim et nona unius. Cui appone iterationem remanentem, scilicet milies mille, bis, et erunt centum milies mille et undecim milies mille et nona de milies mille. Nonam autem de milies mille invenies secundum eandem regulam; que est centum milia et undecim milia et nona de mille. Nona vero de mille est centum et undecim et nona. Nona igitur de milies mille ter iterato est centum milies mille et undecim milies mille et centum milia et undecim milia et centum et undecim et nona unius.

ITEM.

(**A.48**) Si volueris scire que sunt quinque sexte de decem milies mille ter iterato.

Accipe quinque sextas de decem, que sunt octo et tertia, et appone eis iterationem totam, nichil enim inde accepisti; et erunt octo milies mille ter iteratum et tertia de milies milies mille, ter iterato. Tertiam autem de milies ⟨mille⟩ ter iterato inveni secundum predictam regulam; quam agrega priori summe. Quinque igitur sexte de decem milies mille ter iterato sunt octo milies mille ter iteratum et trescenta milies milia, bis, et triginta tria milies mille, bis, et trescenta milia et triginta tria milia et trescenta et triginta tria et tertia. Et hec est summa quam requiris.

(**A.49**) Si autem volueris scire que sunt tres quinte de octo milies mille.

1582 milies mille] milies M 𝒜 **1583** milies mille] milies M 𝒜 **1583** illud] illa 𝒜 **1584** tres] quod est dividere mille per tres *add. (v. infra) et del.* 𝒜 **1584** mille] M 𝒜 **1584** milies mille] milies M 𝒜, millies mille ℬ **1585** dividere *(ante* per*)] corr. ex* dividere 𝒜 **1585** quod] quid 𝒜 **1585** est] autem *add. et exp.* 𝒜 **1585** dividere *(post* est*)*] pro *add. et exp.* ℬ **1585** mille] M 𝒜 **1587** hoc] *add. in marg.* ℬ **1587** mille] M 𝒜 **1588** milies mille] milies M 𝒜 **1589** voluimus] voluisti *codd.* **1590** milies mille] milies M 𝒜 **1591** mille] M 𝒜 **1591** centum] C 𝒜 **1592** appone] aprop *pr. scr. et eras.* C **1592** milies mille] milies M 𝒜 **1592–1593** centum milies mille] C milies M 𝒜 **1593** milies mille] milies M 𝒜 **1593** milies mille] milies M 𝒜 **1594** milies mille] milies M 𝒜 **1594** centum] C 𝒜 **1595** undecim milia et] *add. (v. infra)* centum et undecim et *& exp. tantum* centum et undecim ℬ **1595** mille] M 𝒜 **1595** mille *(ante* est*)*] M 𝒜 **1595** centum] C 𝒜 **1596** milies mille] milies M 𝒜 **1596–1597** milies mille] milies M 𝒜 **1597** milies mille] milies M 𝒜 **1597** centum *(ante* milia*)*] C 𝒜 **1597** centum] C 𝒜 **1600** decem milies mille] X milies M 𝒜 **1602** Accipe] Acipe ℬ **1602** decem] X 𝒜 **1603** milies mille] milies M 𝒜 **1604** iteratum] itatum ℬ **1604** milies milies mille] milies milies M 𝒜 **1605** milies ⟨mille⟩ ter] milies iter *pr. scr. et corr.* ℬ **1606** summe] sume ℬ **1606** decem milies mille] X milies M 𝒜 **1607** milies mille] milies M 𝒜 **1607** triginta tria] XXX^{ta} tria 𝒜 **1608** milies mille] milies M 𝒜 **1608** triginta tria] XXX^{ta} tria 𝒜 **1608** trescenta et] et *post* trescenta *bis scr. (pr. in fin. col., alt. in init. seq.)* C **1610** milies mille] milies M 𝒜

Ad tres quintas de octo, que sunt quatuor et quatuor quinte, appone iterationem, et erunt quatuor milies mille et quatuor quinte de milies mille. Quatuor autem quinte de milies mille sunt octingenta milia. Tres igitur quinte de octo milies mille sunt quatuor milies mille et octingenta milia. Et hec est summa quam requiris.

(**A.50**) Si autem volueris scire que sunt quinque octave de centum milies mille quater iterato.

Reiecta iteratione, remanent centum. Ad cuius quinque octavas, que sunt sexaginta duo et dimidium, appone totam iterationem, quoniam nichil sumpsisti ex ea. Fient igitur sexaginta duo milia quater iterata et dimidium milies milium iteratorum quater. Hoc autem dimidium est quingenta milia iterata ter. Quinque igitur octave de centum milies mille quater iterato sunt sexaginta duo milia quater iterata et quingenta milia ter iterata.

(**A.51**) Si autem volueris scire que sunt quinque septime de viginti milies milibus iteratis ter.

Hic non vis aliud nisi de eo quod fit ex multiplicatione viginti in milies milia ter iterata accipere quinque septimas, quod idem est sicut si acciperes quinque septimas de viginti et multiplicares eas in milies milia ter iterata. Accipe igitur quinque septimas de viginti, et multiplica eas in milies milia ter iterata. Et prosequere deinceps sicut premonstratum est, et exibit quod voluisti.

Cetera huiusmodi considera secundum hoc, et ita invenies.

1611 quatuor et quatuor] quattuor et quattuor C **1612** quatuor] quattuor C **1612** milies mille] milies M $\mathcal{A}$ **1612** quatuor *(post* et*)*] quattuor C **1612** milies mille] milies M $\mathcal{A}$ **1613** Quatuor] Quattuor C **1613** milies mille] milies M $\mathcal{A}$ **1613** milia] *om.* $\mathcal{B}$ **1614** quatuor] quattuor C **1614** milies mille] milies M $\mathcal{A}$ **1616–1617** centum milies mille] C milies M $\mathcal{A}$ **1618** centum] C $\mathcal{A}$ **1619** appone] *corr. ex* apponem C **1619** totam] *corr. ex* tantam C **1620** sumpsisti] supsisti C **1621** milia] *add. in marg.* $\mathcal{B}$ **1622** centum milies mille] C milies M $\mathcal{A}$ **1623** iterata *(post* ter*)*] *marg. (in fine lin.)* $\mathcal{A}$ **1624** viginti] XX $\mathcal{A}$ **1626** multiplicatione] multiplicante *(corr. ex* multiplicānte*)* C **1626** viginti] XX^{ti} $\mathcal{A}$ **1627** milia] milium *pr. scr. et corr.* C **1627** accipere] accipe $\mathcal{A}$ **1627** acciperes] aciperes *pr. scr. et corr. supra* $\mathcal{A}$ **1628** viginti] XX $\mathcal{A}$ **1629** viginti] XX $\mathcal{A}$ **1630** premonstratum] premostratum $\mathcal{B}$ **1632** huiusmodi] huius modi $\mathcal{A}$

Capitulum de divisione

Quisquis dividit numerum per numerum unum duorum intendit. Aut enim intendit scire quid accidat uni, scilicet, cum dividit rem unam per aliam alterius generis; veluti cum dividit decem nummos per quinque homines non intendit nisi scire quid accidat uni illorum. Aut intendit scire que est comparatio unius ad alterum, scilicet dividendi ad dividentem, cum dividit unam rem per aliam eiusdem generis; veluti si vellet dividere viginti sextarios per decem sextarios non vult scire nisi quam comparationem habent viginti sextarii ad decem. In hiis autem duobus modis modus agendi idem est.

(i) Scias autem quod cum multiplicatur id quod exit de divisione in dividentem proveniet dividendus.

Veluti si velis dividere decem nummos per quinque homines. [Non intendit hic aliud nisi scire quid accidat uni illorum.] Accidunt autem uni duo nummi. Unicuique igitur illorum competunt duo nummi, omnes autem illi quinque sunt. Cum igitur multiplicaveris duo in quinque provenient decem; que est summa proposita ad dividendum per quinque. Si igitur id quod exit de divisione multiplicetur in dividentem, proveniet dividendus secundum hanc intentionem.

Similiter etiam secundum aliam, veluti si velis dividere decem sextarios per quatuor sextarios, exibunt duo et dimidium [nam decem dupli sunt quatuor et insuper dimidium]. Si igitur multiplices quatuor in duo et dimidium, provenient decem.

Si igitur id quod de divisione exit multiplicetur in dividentem, semper exibit dividendus secundum utramque intentionem. Unde modus agendi in eis idem est.

1633–1663 Capitulum de divisione ... observande erunt] $113^v, 3 - 21$ $\mathcal{A}$; $13^{va}, 20 - 13^{vb}, 9$ $\mathcal{B}$; $34^{ra}, 31 - 59$ $\mathcal{C}$.

1633 Capitulum de divisione] *in marg. scr. (et initium capituli signo discrevit)* 1^a *m.* $\mathcal{A}$, *om.* $\mathcal{B}$ *(spat. hab. fol.* $18^{va}, 11$*)*, De divisione. Capitulum ponendum in principio di⟨visi⟩onis iteratorum milium *eadem m. rubro col.* $\mathcal{C}$; *sign. ab al. m.* (⸓) *in marg.* $\mathcal{A}$, *sign.* (⸓) *scr. & manum delineavit in marg. lector* $\mathcal{C}$ **1635** quid] quod $\mathcal{A}$ **1636** decem] X $\mathcal{A}$ **1636** nummos] numos *codd.* **1636** quinque] V $\mathcal{A}$, 5 $\mathcal{C}$ **1637** que] quę $\mathcal{A}$ **1639–1640** viginti] XX $\mathcal{A}$, 20^{ti} $\mathcal{C}$ **1640** sextarios] sexstarios $\mathcal{B}$ **1640** per decem sextarios] *per homœotel. om.* $\mathcal{B}$ **1640** decem] X $\mathcal{A}$ **1641** viginti] XX $\mathcal{A}$ **1641** sextarii] sexstarii $\mathcal{B}$ **1641** decem] X $\mathcal{A}$ **1641** hiis] his *codd.* **1641** modis] modi $\mathcal{B}$ **1642** idem] 1 $\mathcal{B}$ **1643** Scias autem quod] *om.* $\mathcal{BC}$ **1643** in] per *codd.* **1645** decem] X $\mathcal{A}$ **1645** nummos] numos *codd.* **1645** quinque] V $\mathcal{A}$, 5 $\mathcal{C}$ **1647** nummi] numi *codd.* **1647** nummi *(ante omnes)*] numi *codd.* **1648** quinque *(post illi)*] V $\mathcal{A}$ **1648–1649** decem] X $\mathcal{A}$ **1649** quinque] V $\mathcal{A}$, 5 $\mathcal{C}$ **1652** Similiter] Siliter $\mathcal{B}$ **1652** si velis] suielis $\mathcal{B}$ **1652** decem] X $\mathcal{A}$ **1652–1653** sextarios] *corr. supra ex* sexarios $\mathcal{A}$ **1653** quatuor] IIII^{or} $\mathcal{A}$, quattuor $\mathcal{C}$ **1653** sextarios *(post quatuor)*] sexstarios $\mathcal{B}$ **1653** dupli] duppli $\mathcal{C}$ **1654** quatuor] 4 $\mathcal{C}$ **1654** quatuor *(post multiplices)*] IIII^{or} $\mathcal{A}$, quattuor $\mathcal{C}$ **1655** decem] X $\mathcal{A}$ **1656** in] per *codd.* **1658** idem est] Sciendum *add. et del.* $\mathcal{B}$ *(v. infra, ii), post quæ hab.* require in fine divisionis integri et tractionis *(sic) eadem m. in textu* $\mathcal{B}$, Require in fine divisionis integri et fractionis *in marg. eadem m.* $\mathcal{C}$ *(hæc ref. ad fin. A.229)*

(*ii*) Sciendum autem quod in utraque divisione aut dividitur maius per minus, et hec dicitur proprie divisio; aut minus per maius, et dicitur denominatio; aut equale per equale, in qua non exit nisi unum.

[Cum igitur diviseris maiorem numerum per minorem, iste regule observande erunt.]

(**A.52**) Si volueris dividere viginti per quatuor.

(*a*) Quere numerum in quem multiplicati quatuor fiunt viginti; et hic est quinque. Et hoc est quod de divisione exit.

(*b*) Vel denomina unum de quatuor, scilicet quartam. Tanta igitur pars accepta de viginti, scilicet quarta, que est quinque, est id quod de divisione exit.

Cuius probatio manifesta est. Nam talis est comparatio unius ad dividentem qualis est comparatio quesiti ad dividendum. Cum igitur denominaveris unum de dividente, tunc talis pars dividendi est id quod de divisione exit.

(*c*) Experientia autem talis est hic: Videlicet, multiplica quinque in quatuor, et fient viginti. Redit igitur dividendus. Cum enim multiplicatur id quod de divisione exit in dividentem exit dividendus, sicut predictum est.

(**A.53**) Cum autem volueris dividere sexaginta per octo.

Sic facies. Quere numerum in quem multiplicatis octo proveniant sexaginta. Aut in quem multiplicatis octo proveniat numerus minor quam sexaginta cuius tamen differentia ad sexaginta sit minor quam octo, sicut est septem: ex cuius ductu in octo proveniunt quinquaginta sex, cuius differentia ad sexaginta est quatuor. Quos denomina de octo, scilicet medietatem. Quam adde ad septem, et fiet septem et dimidium. Et hoc est quod de divisione exit.

(*iii*) Cum volueris numerum dividere per numerum, vide si sit aliqua una fractio numerans eos; et tunc accipe ipsam fractionem de utroque numero, et divide alteram per alteram, et id quod exit est id quod de divisione numerorum provenit.

(**A.54**) Verbi gratia. Si volueris dividere viginti quatuor per octo.

1664–1692 Si volueris dividere ... per octo dividis] 113^v, 22 – 114^r, 7 *A*; 32va, 9 – 46-48 *B*; 46rb, 19 – 47 *C*.

1659–1661 Sciendum ... nisi unum] Nota *scr. lector in marg. C*   **1659** aut] aud *A*   **1659** dividitur] divitur *pr. scr. et supra corr. A*   **1660** aut] Aud *A*   **1660–1661** denominatio] denominatio *B*   **1661** aut] Aud *A*   **1664** viginti] XX *A*   **1664** quatuor] quattuor *C*   **1665** quatuor] quattuor *C*   **1665** fiunt] fuerit *A*   **1665** viginti] XX *A*   **1667** quatuor] quattuor *C*   **1668** viginti] XX *A*   **1668** est id] et id *A*   **1670** comparatio] conparatio *B*   **1674** quinque] V *A*   **1674–1675** quatuor] quattuor *C*   **1675** viginti] XX *A*   **1675** dividendus] sicut predictum est *add. (v. infra) et (partim) del. A*   **1679** Aut] Aud *A*   **1681** octo] scilicet medietatem *add. (v. infra) et del. A*   **1681** quinquaginta sex] L VI *A*, sexaginta sex *pr. scr.* sexaginta *del. et* quinquaginta *add. in marg. B*   **1682** ad] de *B*   **1682** quatuor] quattuor *C*   **1682–1683** medietatem] midietatem *A*   **1683** ad] *om. C*   **1686** et tunc] *om. A*   **1686** ipsam fractionem] numerum ipsius fractionis *codd.*   **1687** alteram *(post* per*)*] altera *C*   **1687** divisione] exit *add. (v. supra) et exp. B*   **1689** dividere] divide *codd.*   **1689** viginti quatuor] XX IIII^{or} *A*, viginti quattuor *C*

Vide que fractio communis numerat eos; scilicet, quarta. Quartam igitur de viginti quatuor, que est sex, divide per quartam de octo, que est duo, et exibunt tres. Et hoc idem exit cum viginti quatuor per octo dividis.

DE DIVISIONE ITERATORUM MILIUM INTER SE.

(A.55) Si autem volueris dividere centum milies milia quinquies iterata per quindecim milies milia, bis iterata.

Sic facies. Minue duo de quinque, et remanebunt tres. Deinde divide centum milies milia ter per quindecim. Scilicet, divide centum per quindecim, et exibunt sex et due tertie; quos multiplica in milies milia ter iterata, et provenient sex milies milia iterata ter et due tertie de milies milibus ter iteratis. Duas igitur tertias de milies mille iterato ter agrega ad sex milies milia iterata ter, et summa que excrescit est id quod ex divisione exit.

Cuius probatio hec est. Iam scimus quod quindecim milies milia proveniunt ex quindecim ductis in milies milia, et centum milies milia iterata quinquies proveniunt ex centum milies milibus iteratis ter ductis in milies mille. Habemus igitur quod ex quindecim ductis in milies mille proveniunt quindecim milies milia, et ex centum milies mille iteratis ter ductis in milies mille proveniunt centum milies milia quinquies iterata. Sunt igitur isti duo numeri ex quibus ductis in unum numerum proveniunt duo numeri. Talis est igitur comparatio producti ad productum qualis est comparatio unius multiplicati ad aliud, sicut Euclides dixit [in X°VIII° septimi]. Comparatio igitur de centum milies milibus quinquies iteratis ad quindecim milies milia est sicut comparatio de centum milies milibus ter iteratis ad quindecim. Id ergo quod exit ex divisione centum milies milium quinquies iteratorum per quindecim milies milia equum est ei quod exit ex divisione centum milies milium ter iteratorum per quindecim. [Nam comparatio est divisio.] Cum igitur diviseris centum milies milia iterata ter per quindecim, exibit quod queris. Dividere autem centum milies milia iterata ter per quindecim idem

---

1693–1722 De divisione iteratorum ... quod monstrare voluimus] 114^r, $7 - 26$ $\mathcal{A}$; 18va, $45 - 18^{vb}$, 35 $\mathcal{B}$; 46rb, 48 & 37va, $28 - 29$ (tit.), 37vb, $8 - 40$ $\mathcal{C}$.

1690 Quartam] Quarta $\mathcal{B}$ **1691** viginti quatuor] XX *pr. scr. add.* IIII^{or} *supra lin.* $\mathcal{A}$, viginti $\mathcal{B}$, viginti quattuor $\mathcal{C}$ **1692** viginti quatuor] XX IIII^{or} $\mathcal{A}$, viginti quattuor $\mathcal{C}$ **1693** tit.] *in summa pag.* $\mathcal{B}$ *(& spat. hab. fol.* 18va, 11 & 32va, 47–48), uterque rubro col. $\mathcal{C}$ **1693** inter se] *marg. in fine lin.* $\mathcal{A}$ **1694** autem] *om.* $\mathcal{BC}$ **1694** centum] $\mathcal{C}$ $\mathcal{A}$ **1696** et] *om.* $\mathcal{B}$ **1697** centum] $\mathcal{C}$ $\mathcal{A}$ **1697** Scilicet] *corr. ex* secundo $\mathcal{A}$ **1697** centum] $\mathcal{C}$ $\mathcal{A}$ **1697–1698** quindecim] XV $\mathcal{A}$ **1700** milies mille] milies (*s supra lin.*) M $\mathcal{A}$ **1700** iterato] itato $\mathcal{C}$ **1701** excrescit] excresit $\mathcal{A}$ **1703** ex] *corr. ex* X $\mathcal{A}$ **1703** centum] $\mathcal{C}$ $\mathcal{A}$ **1704** centum] $\mathcal{C}$ $\mathcal{A}$ **1704–1705** milies mille] milies M $\mathcal{A}$ **1705** quindecim] XV $\mathcal{A}$ **1705** milies mille] milies M $\mathcal{A}$ **1706** centum milies mille] $\mathcal{C}$ milies M $\mathcal{A}$ **1706–1707** milies mille] milies M $\mathcal{A}$ **1707** provenient] provenient *codd.* (proveniient $\mathcal{B}$)   **1707** centum] $\mathcal{C}$ $\mathcal{A}$ **1707** isti] *om.* $\mathcal{A}$ **1708** proveniunt] provenient $\mathcal{A}$, provenerunt $\mathcal{C}$ **1709** ad] in $\mathcal{A}$ **1710** ad] in *pr. scr. et exp.* $\mathcal{A}$ **1710** in X°VIII° septimi] *in textu* $\mathcal{A}$, X°VIII° primi *in marg.* $\mathcal{B}$, in X°VIIII° *(sic)* septimi *in marg.* $\mathcal{C}$ **1711** centum] $\mathcal{C}$ $\mathcal{A}$ **1712** centum] $\mathcal{C}$ $\mathcal{A}$ **1713** centum] $\mathcal{C}$ $\mathcal{A}$ **1713** quinquies] *in marg.* $\mathcal{B}$, quin *in textu* & quies *add. supra lin.* $\mathcal{A}$ **1714** equum] equm $\mathcal{A}$ **1714** exit ex divisione] fit ex ductu *pr. scr.* ductu *exp. et divisione add.* $\mathcal{B}$ **1714** centum] $\mathcal{C}$ $\mathcal{A}$ **1716** centum] $\mathcal{C}$ $\mathcal{A}$ **1716** quindecim] XV $\mathcal{A}$ **1717** Dividere] Divide $\mathcal{A}$ **1717** centum] $\mathcal{C}$ $\mathcal{A}$ **1717** quindecim] XV $\mathcal{A}$ **1717–1718** idem est] id est $\mathcal{B}$, nichil aliud est *pr. scr. et corr. (superfl. exp.)* $\mathcal{C}$

est quod multiplicare centum in milies milia ter iterata et productum dividere per quindecim. Idem est autem multiplicare centum in milies milia ter iterata et productum dividere per quindecim quod est dividere centum per quindecim et quod exit multiplicare in milies mille ⟨ter iteratum⟩. Et hoc est quod monstrare voluimus.

(**A.56**) Si vero volueris dividere centum milies mille per duodecim.

Sic facies. Accipe centum per se, sine iteratione, et divide per duodecim; et exibunt octo et tertia. Quibus appone iterationem, et fient octo milies mille et tertia de milies mille. Tertiam autem de milies mille inveni secundum quod predictum est. Quam agrega ad octo milies mille. Summa ergo que de divisione exit est octo milies mille et trescenta milia et triginta tria milia et trescenta et triginta tria et tertia.

ITEM.

(**A.57**) Si volueris dividere quinquaginta milies milia iterata quater per octo milia.

Reiecto mille ab octo et reiecto tantumdem a quinquaginta, remanebit dividere quinquaginta milies milia ter iterata per octo. Fac secundum quod predictum est in eo quod antecedit. Scilicet ut accipias quinquaginta per se, absque iteratione, et dividas per octo; et exibunt sex et quarta. Quibus appone iterationem dimissam, et fient sex milies mille ter iterata et quarta de milies mille ter iterato. Quarta vero de mille ter iterato sunt ducenta milies milia et quinquaginta milies mille. Quos agrega priori summe, et agregatum est summa que ex divisione exit.

ITEM.

(**A.58**) Si volueris dividere octo milies milia ter iterata per quadringenta.

(**a**) Divide octo cum mille semel accepto per quadringenta, et exibunt viginti. Quibus appone quod remansit de iteratione, scilicet bis mille; fient viginti milies mille. Et hoc est quod de divisione exit.

(**b**) Vel, si volueris, accipe de octo milies mille ter iterato unum mille; quem divide per quadringenta, et exibunt duo et dimidium. Quos multiplica in id

---

1723–1749 Si vero volueris ... de divisione exit] $114^r, 27 - 114^v, 9$ $\mathcal{A}$; $18^{va}, 11 - 44$ $\mathcal{B}$; $37^{va}, 29 - 57$ $\mathcal{C}$.

1718 quod] *om.* $\mathcal{A}$ **1718** centum] $\mathcal{C}$ $\mathcal{A}$ **1718** milies] *bis scr. post. del.* $\mathcal{A}$ **1718** ter] *supra lin.* $\mathcal{A}$ **1718–1719** dividere] divide $\mathcal{A}$ **1719** quindecim] XV $\mathcal{A}$ **1719** Idem] Id $\mathcal{B}$ **1719** centum] $\mathcal{C}$ $\mathcal{A}$ **1720** centum] $\mathcal{C}$ $\mathcal{A}$ **1721** exit] exet $\mathcal{B}$ **1721** milies mille] milies M $\mathcal{A}$ **1723** vero] *om.* $\mathcal{B}$ **1723** centum milies mille] C milies M $\mathcal{A}$ **1723** duodecim] XII $\mathcal{A}$ **1724** centum] $\mathcal{C}$ $\mathcal{A}$ **1725** exibunt] *corr. ex* exibit $\mathcal{C}$ **1726** milies mille] milies M $\mathcal{A}$ **1726** milies mille *(post* tertia de*)*] milies M $\mathcal{A}$ **1726** Tertiam] Tertia $\mathcal{B}$ **1726** milies mille] milies M $\mathcal{A}$ **1727** ad] de *pr. scr., exp. & ad add. in marg.* $\mathcal{B}$ **1727** milies mille] milie *(sic)* M $\mathcal{A}$, milies milia *pr. scr. et corr.* $\mathcal{C}$ **1728** milies mille] milies M $\mathcal{A}$ **1728–1729** triginta tria] XXX tria $\mathcal{A}$ **1731** quinquaginta] L $\mathcal{A}$ **1731** iterata] *bis scr.* $\mathcal{B}$ **1734** quinquaginta] L $\mathcal{A}$ **1735** eo] ea $\mathcal{C}$ **1735** antecedit] antcedit $\mathcal{B}$ **1735** quinquaginta] L $\mathcal{A}$ **1737** milies mille] milies M $\mathcal{A}$ **1738** milies mille] milies M $\mathcal{A}$ **1738** Quarta] quartam $\mathcal{B}$, Quartam $\mathcal{C}$ **1738** mille] M $\mathcal{A}$ **1739** quinquaginta milies mille] L milies M $\mathcal{A}$ **1743** mille] M $\mathcal{A}$ **1743** et] *om.* $\mathcal{A}$ **1743–1744** viginti] XX $\mathcal{A}$ **1745** viginti milies mille] XX milies M $\mathcal{A}$ **1746** accipe] accipere $\mathcal{B}$ **1746** milies mille] milies M $\mathcal{A}$ **1746** mille *(post* unum*)*] M $\mathcal{A}$

quod remansit, scilicet octo milies mille, et provenient viginti milies mille. Et hoc est quod de divisione exit.

1750 (**A.59**) Si volueris dividere sex ⟨milies⟩ milia iterata quater per ducenta milies milia.

Reiecta tota iteratione a dividente et reiecto tantumdem a dividendo, restabit ad dividendum sex milies mille, bis, per ducenta. Divide ergo ea sicut predictum est in antecedenti: aut sex cum mille semel accepto, 1755 scilicet sex milia, per ducenta divide, et ei quod exit appone iterationem remanentem; aut divide mille unum de suis per ducenta, et quod exierit multiplica in sex cum reliqua iteratione, et productum inde est id quod de divisione exit.

Capitulum de dividendo aliter

1760 (**A.60**) Verbi gratia. Si volueris scire in viginti milies mille morabitinis quot sacelli sunt.

In sacello autem continentur quingenti morabitini.

(**a**) Sic facies. Divide viginti milies mille per quingenta sicut premonstratum est in capitulo divisionis, et exibunt quadraginta milia, qui est numerus 1765 sacellorum de quibus queritur.

(**b**) Vel aliter:

(**i**) Semper reice ab iteratione unum mille, et quod remanserit duplica; et duplatum erit quod queris.

Sicut hic, si reieceris de viginti milies mille unum mille, remanebunt 1770 viginti milia, que duplicata fiunt quadraginta milia. Et hec est summa quam requiris.

Hoc autem ideo fecimus quoniam quemcumque numerum iteratorum ⟨milium cum⟩ volueris dividere per quingenta, accipies de eo unum mille, quod divides per quingenta, et quod exierit multiplicabis in id quod

---

1750–1758 Si volueris dividere ... de divisione exit] $114^v, 10 - 15$ A; $18^{vb}, 36 - 46$ B; $37^{va}, 58 - 37^{vb}, 7$ C.
1759–1881 Capitulum de dividendo ... quam facere debes] $114^v, 15 - 115^v, 13$ A; $19^{rb}, 24$-$25 - 20^{ra}, 29$-ad fin. (fig.) B; $37^{vb}, 41 - 38^{rb}, 36$-$56$ (cum fig.) C.

1748 milies mille] milies M A **1748** viginti milies mille] XX milies M A **1750** ducenta] ducentas *pr. scr. et s exp.* B **1752** iteratione] tteratione B **1752** a dividente] *corr. ex* ad dividentem (d *exp.*, m *del.*) A **1753** milies mille] milies M A **1754** mille] M A **1755** scilicet sex milia] *add. in marg.* C **1755** iterationem] itationem B **1756** aut] *corr. ex* aud A **1756** mille unum de suis] M unum de suis A, unum de suis mille C **1759–1760** Capitulum ... gratia] *om. sed spat. hab.* B, *tit. rubro col.* C **1760** Verbi gratia] *add. in marg. (nigro col.)* C **1760** viginti milies mille] XX milies M A **1760** morabitinis] morab̃ AC *(add. supra lin. A)*, inorab B **1762** sacello] sallo B **1762** continentur] continetur B **1762** morabitini] morab̃ti *(vel* morab̃*) hic et infra AC (& infra B)*, morabiti *hic* B **1763** viginti] XX A **1763–1764** premonstratum] premostratum B **1767** mille] M A **1767** duplica] dupplica *codd.*   **1768** duplatum] dupplatum AC **1769** Sicut] Sic C **1769** viginti milies mille] XX milies M A, viginti millies *(quod corr.)* C **1769** mille] M A **1769** remanebunt] et remanebunt A **1770** viginti] XX A **1770** quadraginta] XL A **1772** quoniam quemcumque] quam *pr. scr.* quoniam *add. in marg. &* quam *in* quemcumque *mut.* B **1773–1774** mille] M A **1774** multiplicabis] *corr. ex* multiplicabus A

de numero remansit. Cum autem diviseris mille per quingenta, exibunt duo; quos duos cum multiplicaveris in id quod remansit provenit duplum remanentis. [Cuius probatio hec est. Iam scimus quod viginti milies mille proveniunt ex mille ductis in viginti mille. Volumus igitur multiplicare mille in viginti mille et productum dividere per quingentos; quod idem est tamquam si dividamus mille per quingentos et quod exit multiplicemus in viginti milia. Ex divisione autem milium per quingentos exeunt duo. Igitur multiplica duo in viginti ⟨milia⟩, et provenient quadraginta ⟨milia⟩, qui est numerus sacellorum. Et hoc est quod monstrare voluimus.]

(**A.61**) Si quis autem querat: In sexcentis milies ⟨milibus⟩ iteratis quater ⟨morabitinorum⟩ quot sacelli sunt?

(***a***) Vel divide per quingenta, qui sunt unus sacellus, sicut premonstratum est.

(***b***) Vel minue de iteratione unum ⟨mille⟩, et remanebunt sexcenta milia ter iterata. Que duplicata fient milies milia quater iterata et ducenta milies milia iterata ter. Et hoc est quod scire voluisti.

ET E CONVERSO.

(**A.62**) Si quis querat: In ducentis milibus sacellorum quot morabitini sunt?

In sacello autem sunt quingenti morabitini.

(***a***) Multiplica ducenta milia in quingenta, et provenient centum milies mille. Et hoc est quod voluisti.

(***b***) Vel per contrarium prioris:

(*i′*) Scilicet, medietati numeri adde mille semel acceptum.

Dimidium autem ducentorum milium est centum milia. Quibus adde mille; fient centum milies mille. Et hoc est quod scire voluisti.

Hoc autem ⟨ideo⟩ fecimus quoniam quingenta medietas sunt de mille. Quasi ergo querat: multiplicare ducenta milia in medietatem milium. Tu, multiplica dimidium in ducenta, et provenient centum; quibus adde iterationem que est cum dimidio et cum ducentis; fiet quod requiris.

(**A.63**) Si quis querat: In tribus milies milibus sacellorum quot morabitini sunt?

(***a***) Multiplica eos in quingenta sicut predocuimus, et provenient milies milies mille, ter, et quingenta milies milia, bis. Et hoc est quod voluisti.

1775 mille] M 𝓐   **1776** duplum] dupplum 𝓑   **1777–1778** viginti milies mille] XX milies M 𝓐   **1778** mille] M 𝓐   **1778** viginti mille] XX M 𝓐   **1779** mille] M 𝓐 **1779** viginti mille] XX M 𝓐   **1779** dividere] *corr. ex* divide 𝓑   **1779** quingentos] quindecim *pr. scr. et del.* 𝒞   **1780** mille] M 𝓐   **1781** viginti] XX 𝓐   **1781** quingentos] quingintos 𝓐   **1782** viginti] XX 𝓐   **1782** quadraginta] XL 𝓐   **1791** converso] coverso 𝓑   **1795–1796** milies mille] milies M 𝓐; semel acceptum *add.* (*v. infra*) *et exp.* 𝓑   **1798** medietati] midietati 𝓐   **1798** mille] M 𝓐   **1799** autem] aut 𝒞   **1800** centum milies mille] 𝒞 milies M 𝓐   **1803** centum] 𝒞 𝓐   **1804** requiris] queris 𝓑   **1805** tribus] quinque *pr. scr. et del.* 𝒞   **1805** sacellorum] sacellis *codd.* **1807** quingenta] quingentis *codd.*   **1807–1808** milies milies mille] milies milies M 𝓐   **1808** quingenta] quingeta 𝓑

(**b**) Vel, si aliter volueris. Accipe dimidium de tribus milies mille, quod est milies mille et quingenta milia. Cui adde mille semel, et proveniet summa milies milies mille et quingenta milies milia. Et hoc est quod scire voluisti.

CAPITULUM DE DOMIBUS PECUNIARUM.

(**A.64**) Si quis querat: In decem milies milies milibus, ter iteratis, morabitinorum quot domus pecuniose sunt?

Domus autem pecuniosa est in qua habentur milies milia morabitinorum.

(**a**) Divide ergo illud, scilicet decem milia ter iterata, per milies mille sicut predocuimus in capitulo divisionis, et exibunt decem milia domorum pecuniosarum.

(*ii*) Divisio autem numeri per milies mille semper est ut reicias ab eo geminatum mille, et quod remanet est id quod de divisione exit.

(**b**) Vel aliter. A numero morabitinorum reice geminatum mille, et quod remanet est numerus domorum pecuniosarum que sunt in illis.

(**A.65**) Si quis autem querat: In centum milies mille quater iteratis ⟨morabitinis⟩ quot domus pecuniarum sunt?

Reice geminatum mille a predicto numero, et remanebunt centum milies mille; et hic numerus est domorum pecuniarum que continentur in predicto numero.

DE CONVERSA ISTIUS.

(**A.66**) Si quis querat: In decem milibus domorum pecuniarum quot morabitini sunt?

(**a**) Multiplica predictum numerum in numerum morabitinorum unius domus, qui sunt milies mille, et provenient decem milies mille ter iterata. Et hic numerus est morabitinorum qui sunt in decem milibus domorum pecuniarum.

(*ii'*) Multiplicatio autem numeri in milies mille semper fit per additionem supra ipsum geminati mille.

1809 milies mille] milies M 𝐴   **1810** milies mille] milies M 𝐴, milies mile 𝐵   **1810** quingenta] quingen 𝐵   **1810** milia] *corr. ex* miṇa 𝐴   **1810** mille] M 𝐴   **1811** milies mille] milies milies M 𝐴   **1812** tit.] *om. sed spat. rel. et in ima pag. scr.* 𝐵, *rubro col.* C   **1812** pecuniarum] pecuniarum C   **1813–1814** morabitinorum] moraborum *et sæpius infra* 𝐴𝐵C   **1814** pecuniose] peccuniose 𝐵C   **1815** pecuniosa] peccuniose 𝐵, peccuniosa C   **1816** milies mille] milies M 𝐴   **1817** decem] X 𝐴   **1817–1818** pecuniosarum] peccuniosarum 𝐴𝐵C   **1819** milies mille] milies M 𝐴   **1819** reicias] *corr. ex* reiecias 𝐴   **1820** mille] M 𝐴   **1821** numero] *corr. ex* numerorum 𝐵   **1821** mille] M 𝐴   **1822** pecuniosarum] peccuniosarum 𝐴𝐵C   **1823** centum milies mille] C milies milies 𝐴, centum milies milies 𝐵   **1823** iteratis] iterateriis *scr. et er tantum del.* 𝐵   **1824** pecuniarum] peccuniarum 𝐵C *(e corr.* 𝐵*)*   **1825** mille] M 𝐴   **1825–1826** centum milies mille] C milies M 𝐴, cetum milies mille C   **1826** pecuniarum] peccuniarum C   **1826–1827** in predicto numero] numero *pr. scr.*, in *add. supra &* predicto *post* numero *inser.* 𝐵   **1828** tit.] *om.* 𝐴, *spat. hab. et in summa pag. scr.* 𝐵, *rubro col.* C   **1829** decem] X 𝐴   **1829** pecuniarum] pec 𝐴, peccuniarum 𝐵C   **1832** milies mille] milies M 𝐴   **1832** decem milies mille] X milies M 𝐴   **1833** decem] X 𝐴   **1833** milibus] mib *pr. scr. et corr.* C   **1834** pecuniarum] p *codd.*   **1835** Multiplicatio autem] Multiplicationum 𝐵   **1835** in] per *codd.*   **1835** milies mille] milies M 𝐴   **1835** additionem] aditionem 𝐵   **1836** mille] M 𝐴

(*b*) Vel ut numero domorum pecuniarum addas semper geminatum mille; et erit numerus morabitinorum qui sunt in domibus.

(**A.67**) Veluti si aliquis diceret: In centum milies mille domibus pecuniarum quot morabitini sunt?

Adde huic numero mille bis iteratum, et fient centum milia quater iterata; qui est numerus morabitinorum contentorum in centum milies milibus domorum pecuniarum.

QUOT SACELLI SUNT IN DOMIBUS PECUNIARUM.

(**A.68**) Si quis querat: In trescentis domibus pecuniarum quot sacelli sunt?

(*a*) Iam nosti quod in unaquaque domo pecunie sunt milies milia morabitinorum; sed in milies mille morabitinis sunt duo milia sacellorum, ergo duo milia sacellorum sunt in una domo pecunie. Multiplica ergo semper numerum domorum pecuniarum in duo milia, et exibit numerus sacellorum qui sunt in illis domibus. [Sunt autem in hac questione sexcenta milia sacellorum.]

(*iii*) Multiplicatio autem numeri in duo milia semper fit ut duplices numerum et duplato addas mille semel.

(*b*) Tunc, si volueris, hic duplica numerum domorum et duplato adde mille; et erit numerus sacellorum qui sunt in domibus illis.

(**A.69**) Veluti si aliquis querat: In sexcentis mille domibus quot sacelli sunt?

Duplica sexcenta milia, et fient milies milia et ducenta milia. Quibus adde semel mille, et fient milies milies milia et ducenta milies milia; et hic est numerus sacellorum qui sunt in predictis domibus.

DE CONVERSA HUIUS.

(**A.70**) Si quis querat: In sexcentis mille sacellis quot domus pecuniarum sunt?

(*a*) Divide propositum numerum per numerum sacellorum in una domo contentorum, qui est duo milia; et exibunt trescente domus pecuniarum.

(*iii′*) Divisio autem numeri per duo milia semper fit per diminutionem unius iterationis ab ipso et per acceptionem medietatis de residuo.

1837 pecuniarum] pec *codd.* **1837** mille] M *A* **1839** centum milies mille] C milies M *A* **1839–1840** pecuniarum] pec *codd.* **1840** sunt] *om. A* **1841** mille] M *A* **1841** centum] C *A* **1841–1842** iterata] itata *B* **1842** contentorum] centenorum *B* **1842** centum] C *A* **1842** milies] *marg. (in fin. lin.) B* **1843** pecuniarum] pec *codd.* **1844** tit.] *spat. hab. et in ima pag. scr. B* **1844** pecuniarum] pec *A*, peccuniarum *C* **1845** pecuniarum] pec *codd.* **1846** pecunie] pec *codd.* **1846–1847** morabitinorum] moraborum *C* **1847** milies mille] milies M *A* **1847** milia] millia *C* **1848** pecunie] peccunie *BC* **1848** semper] *supra lin. A* **1849** pecuniarum] pec *codd.* **1852** Multiplicatio] Multiplica tio *B* **1852** duplices] dupplices *BC* **1852–1853** numerum] *add. supra lin.* in, *post* et, *quæ eras. A* **1853** duplato] dupplato *codd.* **1853** addas] ut addas *pr. scr. et ut exp. C* **1853** mille semel] semel mille *BC* **1854** duplica] dupplica *codd.* **1854** duplato] dupplato *codd.* **1854** mille] M *A* **1858** Duplica] dupplica *BC* **1859** mille] M *A* **1860** predictis] *corr. ex* predis *A* **1861** tit.] *marg. A, om. (spat. hab.) BC* **1862** mille] M *A* **1862** sacellis] *corr. ex* sacelis *A* **1862** pecuniarum] pec *codd.* **1864** domo] *corr. ex* domorum *A* **1865** contentorum] centetrorum *B* **1865** trescente] trescentam *B*, trescentum *C* **1865** pecuniarum] pec *A*, peccuniarum *BC* **1867** iterationis] itationis *B*

(*b*) Unde, si volueris, hic minue de numero sacellorum unam iterationem; et medietas residui est id quod scire voluisti.

(**A.71**) Veluti si aliquis quereret: In centum milies mille sacellis quot domus sunt?

Diminue de illis unam iterationem, et remanebunt centum milia. Quorum medietas, que est quinquaginta milia, est numerus domorum que sunt in centum milies mille sacellis.

Ut autem melius intelligas predicta de sacellis et de domibus et de morabitinis, figuram oculis subieci. Ubi, cum volueris supra positorum alia in alia convertere, repone unum digitum super illud quod convertere volueris, et alium digitum pone super illud in quod convertere volueris. Deinde deprime digitum superiorem in directum, et concurrat alius in directum; et in loco in quo concurrerint, ibi docetur predicta regula secundum quam facere debes.

Capitulum de denominationibus

Preponenda sunt quedam manifesta per que cognoscas denominare numeros ab aliis numeris. Sunt autem hec.

(*i*) Omnis numerus carens medietate caret etiam quarta et sexta ⟨et⟩ octava et decima.

(*ii*) Omnis numerus carens tertia caret etiam sexta et nona.

(*iii*) Omnis numerus carens quarta caret etiam octava.

(*iv*) Omnis numerus carens quinta caret etiam decima.

(*v*) Omnis numerus habens decimam habet quintam et medietatem.

(*vi*) Omnis numerus habens nonam habet tertiam.

(*vii*) Quicumque numerus habet octavam habet quartam et medietatem.

(*viii*) Quicumque habet sextam habet tertiam ⟨et medietatem⟩.

(*ix*) Quicumque habet quartam habet medietatem.

(*x*) Nullus impar habet fractionem denominatam a numero pari.

(*xi*) Omnis numerus quem numerat novem habet nonam; si fuerit par habet sextam et tertiam [et ceteras partes paris], si vero fuerit impar non habet

---

1882–2079 Capitulum de denominationibus ... maiorem evidentiam talia] $115^v, 13$ – $117^r, 33$ $\mathcal{A}$; $\mathcal{BC}$ deficiunt.

1868 iterationem] itationem $\mathcal{B}$ **1870** centum milies mille] C milies milies $\mathcal{A}$, centum milies milies $\mathcal{B}$ **1872** centum] C $\mathcal{A}$ **1873** quinquaginta] L $\mathcal{A}$ **1874** milies mille] milies M $\mathcal{A}$ **1875** intelligas] ·ntelligas $\mathcal{B}$ **1876** oculis] occulis $\mathcal{B}$ **1876** subieci] subiecti $\mathcal{AB}$ *(corr. $\mathcal{A}$)*   **1876** Ubi] Ut *codd.*   **1877** repone] u *pr. scr. et exp.* $\mathcal{B}$ **1878** illud] aliud $\mathcal{AC}$ **1879** deprime] de prime $\mathcal{A}$ **1879** concurrat] concurat $\mathcal{A}$ **1880** concurrerint] concurerint $\mathcal{A}$ **1881** debes] fac *pr. scr. et del.* $\mathcal{A}$ **1882** Capitulum de denominationibus] Nota istud capitulum *add. in ima pag. et sign.* (¶) *in textu scr. al. m.* $\mathcal{A}$ **1883** que] qua $\mathcal{A}$ **1891** habet tertiam] *om. cod.; hic hab. verba* si fuerit par ... nonam et tertiam *quæ infra (sub xi) desiderantur*   **1896–1898** si fuerit par ... et tertiam] *hic om. sed supra (sub vi) hab. cod.*

Quod	debet	converti		
Morabitini	Sacelli	Domus pecunie	O	
Minue de numero morabitinorum duas iterationes, et quod remanserit est numerus domorum pecuniarum	Minue de numero sacellorum unam iterationem, et residui medietas erit numerus domorum pecunie	O	Domus pecunie	
Minue de numero morabitinorum unam iterationem et duplica id quod remanet, et duplatum est id quod scire voluisti	O	Duplica numerum domorum pecuniarum et duplato adde unam iterationem, et quod provenit est numerus sacellorum qui sunt in illis domibus	Sacelli	
O	Supra medietatem numeri sacellorum adde unam iterationem, et quod provenit est numerus morabitinorum	Supra numerum domorum adde duas iterationes, et quod provenit est numerus morabitinorum qui sunt in illis	Morabitini	

In cuius genus aliud convertitur

Ad regulas A.60–71: *Figura inven. in* $\mathcal{A}$ *(115^v, 14 – 29),* $\mathcal{B}$ *(20^r, 30 – ima pag.),* $\mathcal{C}$ *(38rb, 37 – 56).*

converti] convesti $\mathcal{B}$. In cuius ... convertitur] *om.* $\mathcal{B}$. Morabitini *(11, sc. in prima cellula supra)*] Morabit(in)um $\mathcal{B}$. pecunie *(13, 22, 24)*] peccunie $\mathcal{BC}$. pecuniarum *(21, 33)*] peccuniarum $\mathcal{BC}$. duas *(21, 43)*] 2 $\mathcal{A}$. unam *(22, 31, 33, 42)*] 1 $\mathcal{A}$. iterationem *(22)*] iterationnēm $\mathcal{B}$. domorum *(22)*] *quasi* dmorum $\mathcal{B}$. duplica *(31)*] dupplica $\mathcal{B}$. duplato *(33)*] *corr. ex* dupli $\mathcal{C}$. est *(33)*] et $\mathcal{B}$. est *(42)*] et $\mathcal{B}$.

nisi nonam et tertiam. Si vero ultra novem remanserint sex et fuerit par habebit sextam et tertiam, si vero remanserint tres habebit tertiam.

(*xii*) Omnis numerus quem numerat octo habet octavam et quartam et medietatem. Si vero ultra octo remanserit aliquid, non habebit octavam; si autem quatuor remanserint, habebit quartam.

(*xiii*) Nullus habet septimam nisi quem numerat septem.

(*xiv*) Similiter nullus habet sextam nisi quem numerat sex. Si vero ultra sex remanserint tres, habebit tertiam.

(*xv*) Nullus habet quintam nisi quem numerat quinque.

(*xvi*) Nullus ⟨habet⟩ quartam nisi quem numerat quatuor.

(*xvii*) Nullus habet tertiam nisi quem numerat tres.

(*xviii*) Numerus qui non habet fractionem denominatam ab aliquo digitorum usque ad unum non habet fractionem nisi denominatam a numeris compositis imparibus quos non numerat nisi sola unitas, ut undecim, tredecim, decem et septem, et similia.

(*xix*) Ad inveniendum autem si aliquis numerus habet decimam. Considera si est in eo digitus aut non. Omnis enim numerus in quo non est digitus habet decimam, in quo vero est digitus non habet decimam.

(*xx*) Ad inveniendum si aliquis numerus habet nonam. De unoquoque articulo vel limite qui ibi fuerit accipe unum; et agregatum ex acceptis unis cum digito, si ibi fuerit, si numeraverit novem habebit nonam, aliter non.

(**A.72**) Verbi gratia. Si volueris scire an centum quinquaginta quatuor habet nonam.

De hoc limite, qui est centum, accipe unum; et de unoquoque articulo qui est in quinquaginta accipe unum, igitur accipies quinque. Qui agregati cum accepto uno de centum et cum digito, qui est quatuor, fiunt decem. Quos quia non numerat novem tunc predictus numerus non habet nonam.

(*xxi*) Ad inveniendum vero si habet octavam. De unoquoque denario accipe duos, et de unoquoque centenario qui ibi fuerit accipe quatuor; et agregatum ex illis acceptis cum digito, si ibi fuerit, si numerat octo, habet octavam, aliter non.

(**A.73**) Verbi gratia. Si volueris scire an ducenti sexaginta quatuor habeat octavam.

De unoquoque centenario accipe quatuor, igitur de ducentis accipies octo; et de unoquoque denario duos, igitur de sexaginta accipies duodecim. Qui agregati cum prioribus octo et cum digito qui erat ibi, scilicet quatuor, fient viginti quatuor. Quos quoniam octonarius ter numerat predictus numerus octavam habet. De millenario autem, quotiens ibi fuerit, nichil accipies, eo quod omnis millenarius octavam habet. Omnem enim millenarium numerat octonarius centies vigies quinquies [nam centum viginti quinque octies, mille sunt].

(*xxii*) Ad inveniendum autem si aliquis numerus habet septimam. De unoquoque denario accipe tres, et de unoquoque centenario duos, et de unoquoque millenario sex, et de unoquoque decies mille quatuor, et de uno-

---

1912 decem et septem] X et septem 𝒜 **1913** Ad inveniendum ... decimam] *lineam subter duxit* 𝒜 **1913** aliquis] *corr. ex* alique 𝒜 **1913** habet] haberet 𝒜 **1915** est] non est *pr. scr. et corr.* 𝒜 **1916** Ad inveniendum ... nonam] *lineam subter dux.* 𝒜 **1916** habet] haberet 𝒜 **1916** unoquoque] uno quoque *sic etiam sæpius infra* 𝒜 **1917** ex acceptis] exceptis 𝒜 **1919** centum quinquaginta quatuor] C L quatuor *in textu et* 154 *add. in marg. lector* 𝒜 **1921** centum] C 𝒜 **1922** quinquaginta] L 𝒜 **1923** centum] C 𝒜 **1923** fiunt] fuerit 𝒜 **1923** decem] X 𝒜 **1925** Ad inveniendum ... octavam] *lin. subter dux.* 𝒜 **1934** viginti quatuor] XX IIII⁰ʳ 𝒜 **1937–1938** centum viginti quinque] C XX V 𝒜 **1939** Ad inveniendum ... septimam] *lin. subter dux.* 𝒜 **1941** decies mille] decies M 𝒜

quoque centies mille accipe quinque, et de unoquoque milies mille accipe unum; et sic deinceps: de unoquoque mille cuius iteratio fuerit par accipe unum, et de unoquoque decies mille cuius iteratio fuerit par accipe tres, et de unoquoque centies mille cuius iteratio fuerit par accipe duos; de unoquoque autem mille cuius iteratio fuerit impar accipe sex, et de unoquoque ⟨decies mille cuius iteratio fuerit impar accipe quatuor, et de unoquoque⟩ centies mille cuius iteratio fuerit impar accipe quinque. Et accepta ab eis agrega cum digito qui ibi fuerit; et agregatum si numeraverit septem habet septimam, aliter non.

(**A.74**) Verbi gratia. Si volueris scire an duo milia trescenta quadraginta octo habet septimam.

Accipe de unoquoque denario tres, igitur de quadraginta accipies duodecim; et de unoquoque centenario duos, igitur de trescentis accipies sex; et de unoquoque millenario sex, igitur de duobus milibus accipies duodecim. Quos agrega cum prioribus duodecim et cum sex, et cum digito qui ibi erat, scilicet octo; fient triginta octo. Quos quoniam non numerat septenarius ideo predictus numerus non habet septimam.

ITEM.

(**A.75**) Si volueris scire an triginta milies mille et quadringenti milies mille et quatuor milies milies mille habet septimam.

De unoquoque decies mille cuius iteratio fuerit par accipe tres, igitur de triginta milies mille accipies novem; et de unoquoque centies mille cuius iteratio fuerit par accipe duos, igitur de quadringentis milies mille accipies octo; et de unoquoque mille cuius iteratio fuerit impar accipe sex, igitur de quatuor milies milies mille accipies viginti quatuor. Que omnia accepta simul agrega, et fient quadraginta unum. Quos quoniam septenarius non numerat predictus numerus septimam non habet.

(*xxiii*) Ad inveniendum autem si aliquis numerus habet sextam. De unoquoque articulo sive limite accipe quatuor, et accepta agrega cum digito, si ibi fuerit; et si agregatum ex illis numerat sex, habet sextam, aliter non.

(**A.76**) Verbi gratia. Si volueris scire an duo milia trescenti viginti quatuor habet sextam.

De unoquoque articulo accipe quatuor, igitur de viginti accipe octo; et de unoquoque limite quatuor, igitur de duobus milibus octo et de trescentis duodecim. Que omnia accepta cum digito agrega, et fient triginta duo. Quos quoniam senarius non numerat predictus numerus non habet sextam.

1942 centies mille] centies M 𝒜   **1942** quinque] V 𝒜   **1942** milies mille] milies M 𝒜   **1943** mille] M 𝒜   **1944** decies mille] decies M 𝒜   **1945** centies mille] centies M 𝒜   **1946** mille] M 𝒜   **1957** triginta octo] XXX VIII 𝒜   **1960** milies mille] milies M 𝒜   **1960** milies mille *(post* quadringenti*)*] milies *(corr. ex* mlies*)* M 𝒜   **1961** milies milies mille] milies milies M 𝒜   **1961** habet] habeat *cod.*   **1962** decies] deicias 𝒜   **1963** triginta milies mille] XXX milies M 𝒜   **1963** centies mille] centies M 𝒜   **1964** quadringentis milies mille] quadringintis *(sic)* milies M 𝒜   **1966** milies milies mille] milies milies M 𝒜   **1966** viginti quatuor] XX IIII^{or} 𝒜   **1966** accepta] s *(pro* simul*) pr. scr. et exp.* 𝒜   **1967** quadraginta unum] XL unum 𝒜   **1969** Ad inveniendum ... sextam] *lin. subter dux., et* 6^a *add. in marg. lector* 𝒜   **1970** sive] sunt 𝒜   **1972** viginti quatuor] XX IIII^{or} 𝒜   **1974** viginti] XX 𝒜   **1976** triginta duo] XL *(sic)* 𝒜

(*xxiv*) Ad inveniendum autem an aliquis numerus habeat quintam. Considera si in numero illo sit digitus ⟨preter quinque⟩. Omnis enim numerus in quo fuerit digitus preter quinque non habet quintam, ceteri omnes habent quintam.

(*xxv*) Ad inveniendum autem si aliquis numerus habeat quartam. De unoquoque articulo accipe duos, et accepta simul cum digito, si ibi fuerit, agrega; et agregatum si numeraverit quatuor, habet quartam, aliter non. De centum autem et deinceps [scilicet articulis] nichil accipies, omnes enim [articuli centenorum et supra] quartam habent.

(*xxvi*) Ad inveniendum autem si aliquis numerus habeat tertiam, ita facies sicut de nona. De unoquoque, scilicet articulo sive limite, accipies unum, et accepta omnia cum digito, si ibi fuerit, simul agregabis; et agregatum si numeraverit ternarius habebit tertiam, aliter non.

(*xxvii*) Ad inveniendum autem si habeat medietatem. Vide si est par vel impar. Omnis enim par, et nullus impar, habet medietatem.

[In hiis autem omnibus denominationibus non intelligimus 'partes' nisi que sunt integri numeri.]

(*xxviii*) Cum autem constiterit numerum habere decimam et volueris scire que est eius decima. Retrahe ipsum numerum una differentia versus dextram, et retractus erit decima pars sui qui erat antequam retraheretur.

(**A.77**) Verbi gratia. Si queris: Que est decima mille ducentorum?

Retrahe mille ducenta una differentia retro, et fient centum viginti, qui sunt decima pars mille ducentorum.

Item.

(**A.78**) Si volueris scire que est decima de centum viginti.

Retrahe eos una differentia retro, et fient duodecim, qui sunt pars decima de centum viginti. [Ipsi autem duodecim, quoniam digitum habent, per predictam regulam decimam habere non possunt. Sed quoniam duodenarium numerat novenarius et remanent tres, et est par, habet dimidiam et tertiam et quartam et sextam.]

Sic in omnibus potest inveniri decima ubi potest retro mutari ⟨una⟩ differentia.

(*xxix*) Si autem volueris scire que est quinta alicuius numeri. Vide si sit ibi digitus an non. Si non fuerit ibi digitus, retrahe ipsum numerum sicut predictum est una differentia retro, et invenies eius decimam; quam duplica, et habebis quintam. Si vero fuerit ibi digitus quinque, reice digitum et

---

1978 Ad inveniendum ... quintam] *lin. subter dux., et* 5ᵃ *add. in marg. lector* 𝒜   **1980** quinque] V 𝒜   **1982** Ad inveniendum ... aliquis n] *lin. subter dux., et* 4ᵃ *add. in marg. lector* 𝒜   **1986** centenorum] C 𝒜   **1987** Ad inveniendum ... tert] *lin. subter dux., et* 3ᵃ *add. in marg. lector* 𝒜   **1988** articulo] artil *pr. scr. et corr.* 𝒜   **1991** Ad inveniendum ... medietatem] *lin. subter dux.* 𝒜   **1993** hiis] his 𝒜   **1995** Cum autem ... deci] *lin. subter dux.* 𝒜   **1996–1997** dextram] dexteram 𝒜   **1997** retractus] *e corr.* 𝒜   **1998** mille] M 𝒜   **1999** mille] M 𝒜   **1999** centum viginti] C XX 𝒜   **2000** mille] M 𝒜   **2002** centum viginti] C XX 𝒜   **2004** centum viginti] C XX 𝒜   **2010** Si autem ... quinta] *lineam subter dux.* 𝒜

residui inveni decimam per predictam regulam; quam dupla et duplate adde unum, et fiet quinta.

(**A.79**) Verbi gratia. Si volueris scire que est quinta de viginti quinque.

Reice digitum, qui est quinque, et residui mutata una differentia retro, invenies decimam, scilicet duo. Quos duplica, et fient quatuor. Quibus adde unum, et fient quinque; qui sunt quinta.

Et ita in omnibus aliis.

(xxx) De nona autem vel octava vel septima et de ceteris cum scire volueris, ipsum numerum cuius fractionem queris per numerum unde denominatur fractio quam queris divide; et id quod exierit est fractio illius numeri quam requiris.

($xxxi$) Cum autem numerum de numero denominare volueris, numerum denominandum pone prius; illum vero de quo vis denominare pone sub eo, et considera quas partes habeat incipiens a decima usque ad medietatem; et quam primum inveneris, eius numerum pone sub numero de quo vis denominare. Deinde considera numerum ipsius partis quas partes habeat, incipiens a decima usque ad medietatem; et quam primum inveneris, eius numerum sub ipso numero cuius pars est notabis. Et similiter facies de ipsa et de ceteris quousque tibi occurrat unitas. Hoc facto, illud quod primum denominare voluisti divide per numerum fractionis quo primum maius fuerit, et quod exierit numerus illius fractionis erit per quam dividis. Postea, si aliquid de divisione remanserit, divide per numerum fractionis quo primum maius fuerit, et quod exierit numerus illius fractionis per cuius numerum dividis erit. Si autem adhuc aliquid remanserit, ita facies quousque nichil remaneat. Deinde agregabis fractiones omnes, et agregatum est id quod queris.

(**A.80**) Verbi gratia. Denominare mille octingentos triginta sex de quinque milibus quadraginta.

Pone denominandum numerum prius, et sub eo denominantem, hoc modo:
      Mille octingenti triginta sex
      Quinque milia quadraginta.
Deinde considera quas partes habeat denominans, qui est inferior, incipiens a decima usque ad medietatem; et invenies per predictam regulam eius decimam, que est quingenti quatuor; quos pone sub ipso. Deinde considera quas partes habeat hec decima, incipiens a decima usque ad medietatem; et invenies secundum predicta quod habet nonam, que est quinquaginta sex; quos pone sub quingentis quatuor. Deinde considera quas partes habeat hec nona; et invenies eius octavam, que est septem; quos pone sub quinquaginta sex. Deinde septimam de septem, que est unum, pone sub septem.

2016 viginti quinque] XX V $\mathcal{A}$ **2017** quinque] V $\mathcal{A}$ **2018** duplica] dupplica $\mathcal{A}$ **2019** quinque] V $\mathcal{A}$ **2025** Cum autem ... volueris] *lin. subter dux. et add. in marg. lector* $\mathcal{A}$: partes   **2029** partis] paratis $\mathcal{A}$ **2029** partes] *corr. ex* parte $\mathcal{A}$ **2032** occurrat] occurat $\mathcal{A}$ **2044–2045** Mille ... quadraginta] $\frac{1836}{5040}$ *in textu, quæ in marg. rescr. 2ª m.* $\mathcal{A}$ **2046** denominans] denominas $\mathcal{A}$ **2048** quingenti quatuor] quinginti (*sic*) IIII$^\text{or}$ $\mathcal{A}$ **2049** incipiens] incipieñs $\mathcal{A}$ **2051** quingentis] quingintis $\mathcal{A}$ **2052** et] *supra lin.* $\mathcal{A}$

Hoc facto, divide illud primum denominandum per numerum fractionis quo primo loco maius est, scilicet per quingentos quatuor, et exibunt tres, qui sunt tres decime, et remanebunt trescenti viginti quatuor. Quos divide per numerum fractionis quo primo loco fuerit maius, scilicet per quinquaginta sex, et exibunt quinque, qui sunt quinque none unius decime, et remanent quadraginta quatuor. Quos divide per numerum fractionis quo sunt maius, scilicet septem, et exibunt sex, qui sunt sex octave unius none unius decime, et remanent duo. Quos denomina de septem, scilicet duas septimas unius octave unius none unius decime. Deinde agrega has omnes partes, et fient tres decime et quinque none unius decime et sex octave unius none unius decime et due septime octave none decime. Et talis pars est denominandum denominantis, quod subiecta figura declarat.

(*xxxi'*) In ordine autem istarum fractionum maiores denominationes, si volueris, prepone, quamvis sint minores fractiones. Idem enim est decima unius septime quod septima unius decime, et idem est octava none quod nona octave [idem enim provenit ex septies decem quod ex decies septem, et similiter in aliis, sicut Euclides dixit]. [Cum autem de divisione aliquid remanserit et quota pars numeri dividentis illud sit ignoraveris, per hanc predictam regulam illud de dividente numero denominabis. Illud enim quod remanet denominandum primum pones, sub eo denominantem, scilicet dividentem; deinde per predictas regulas quas partes habeat dividens considerabis, incipiens a decima usque medietatem; et quam primum inveneris sub dividente locabis, et deinde cetera ut supra posita sunt prosequeris.]

		1836	denominandus
		5040	denominans
tres decime		504	decima
quinque none		56	nona
sex octave		7	octava
due septime		1	septima

Ad A.80: *Figura inven. in* $\mathcal{A}$ *(117^r, 23 – 28).*

tres decime] 3 decime *cod., corr. ex* 5 none *(a summo pr. inc.:* tres decime *in linea sup. scr. et del., v. adn. seq.).*
quinque none] 5 none *(corr. ex* 6 octave*) cod.* sex octave] 6 octave *cod.*

Et hec omnia consideranda sunt in divisione que denominatio dicitur, in qua scilicet minus per maius dividitur. Ad cuius maiorem evidentiam

---

2055 quingentos] *corr. ex* quingenti *2ª m.* $\mathcal{A}$ **2055** qui] *corr. ex* que $\mathcal{A}$ **2056** remanebunt] romanebunt $\mathcal{A}$ **2056** viginti quatuor] XX IIII^{or} $\mathcal{A}$ **2057–2058** quinquaginta sex] L sex $\mathcal{A}$ **2058** quinque] V $\mathcal{A}$ **2059** quadraginta quatuor] XL IIII^{or} $\mathcal{A}$ **2063** quinque] V $\mathcal{A}$ **2064** denominandum] denominañdum $\mathcal{A}$ **2065** denominantis] denominañtis $\mathcal{A}$ **2067** prepone] preponere $\mathcal{A}$ **2070** aliquid] aliqd *ut vid.* $\mathcal{A}$ **2072** Illud] Illūd $\mathcal{A}$ **2074** quas] quotas $\mathcal{A}$ **2075** quam] quas $\mathcal{A}$ **2078** minus per maius] maius per minus *pr. scr. et corr.* $\mathcal{A}$

talia subiciemus exempla.

(**A.81**) Verbi gratia. Si volueris denominare unum de duodecim.

Tu scis quod duodecim fiunt ex ductu trium in quatuor; ergo tres sunt quarta duodecim, et quatuor tertia eius. Unum autem est tertia trium. Ergo unum est tertia quarte duodecim. Item. Scis etiam quod duodecim fiunt ex ductu sex in duo; ergo sex est medietas duodecim, et duo sexta eius. Unum autem est medietas duorum. Ergo unum est medietas sexte duodecim [vel sexta medietatis eius].

(**A.82**) Si autem volueris denominare unum de tredecim.

Tu scis autem quod tredecim non provenit ex multiplicatione alicuius numeri. Ergo unum est tredecima pars eius.

(**A.83**) Similiter si volueris denominare unum de quatuordecim.

Tu scis quod quatuordecim fiunt ex ductu septenarii in duo; ergo septem est medietas eius, et duo septima eius. Unum autem medietas est duorum. Ergo unum est medietas septime quatuordecim.

Similiter in aliis digitis invenies.

(**A.84**) Cum volueris denominare unum de mille.

Tu scis quod centum est decima de mille, et decem decima de centum, unum vero decima est de decem. Ergo dic quod unum est decima decime decime, ter repetita, ⟨de mille⟩. Cum autem volueris denominare unum de milies mille, dic quod est decima decime sexies repetite. Mille enim de milies mille est decima decime decime, unum vero de mille est decima decime decime; unum igitur de milies mille est decima decime sexies repetite.

2079–2094 subiciemus exempla ... aliis digitis invenies] *117ʳ, 33 – 117ᵛ, 6 A; 18ᵛᵇ, 46 – 19ʳᵃ, 16 B; 37ʳᵇ, 27 – 41 C.*
2095–2111 Cum volueris ... ad octoginta milia] *117ᵛ, 7 – 18 A; 19ʳᵃ, 17 – 38 B; 37ʳᵇ, 54 – 37ᵛᵃ, 14 C.*

2095–2105 Cum ... iterabis (A.84)] lect. alt. hab. *C*, fol. *40ᵛᵃ, 50 – 40ᵛᵇ, 3 (verbo 'vacat' totum delendum indic. eadem m. et uncis secl.)*: Capitulum de denominandis iteratis milibus sive numeris aliis ab iteratis milibus. *(hic tit. rubro col.)* Scias quia una pars de mille est decima decime decime, ter iterate, et unum de milies mille decima decime decime, sexies iterate. Unum autem de milies milies mille, ter, decima decime decime, novies iterate. Sic ergo cum volueris scire quota pars est unum de mille, dic: decima decime decime, ter iterate. Et unum similiter quota pars est de milies mille, dic: decima decime ⟨decime⟩, sexies iterate. Et sic quotiens mille iteraveris, totiens unicuique iterationi decimam decime decime, ter iterate, appone, ut si semel mille dicitur.

2079 subiciemus] Subieciemus *B*, Subicimus *C* **2079** exempla] exepla *B* **2081** quatuor] quattuor *C* **2082** quatuor] quattuor *C* **2083** quod] *male scr., exp. et re-scr. C* **2084** est medietas] medietas est *A* **2090** quatuordecim] quattuordecim *C* **2091** quatuordecim] quattuordecim *C* **2092** et] *corr. ex* in *A* **2093** unum] *om. B* **2093** quatuordecim] quattuordecim *C* **2095** Cum] Si *A* **2095** denominare] dividere *pr. scr. et corr. supra B* **2095** mille] M *A* **2096** centum] C *A* **2096** mille] M *A* **2096** decem] X *A* **2096** centum *(post* de*)*] C *A* **2097** unum] et unum *C* **2097** decem] X *A* **2097–2098** decima decime decime] decima decime *B* **2099** milies mille] milies M *A* **2099** repetite] *in ima pag. scr.* lector repetite magistri *C* **2100** milies mille] milies M *A* **2100** mille] M *A* **2101** milies mille] milies M *A*

De milies vero milies mille, ter, erit decima decime novies repetite, sed de milies mille iterato quater erit decima decime duodecies repetite. Et secundum hanc considerationem semper: quotiens mille repetieris, totiens, pro unaquaque repetitione, decimam decime decime, ter, iterabis.

(**A.85**) Si autem volueris denominare unum de octoginta milibus.

Sic facies. Accipe octoginta per se, et denomina unum ab octoginta, scilicet octavam decime. Cui adde totiens 'decime' quotiens debetur pro unoquoque mille; et quia semel est ibi mille, dicetur octava decime decime quater repetite. Et hec est comparatio quam habet unum ad octoginta milia.

(**A.86**) Si autem volueris denominare duodecim de viginti septem.

Tu scis quod viginti septem fiunt ex ductu trium in novem. Tres ergo nona est de viginti septem [et novem tertia eius]. Duodecim autem quadruplum est trium. Ergo duodecim est quatuor none de viginti septem.

(**A.87**) Si autem volueris denominare quatuordecim de quadraginta quinque.

Tu scis autem quod quadraginta quinque fiunt ex ductu novenarii in quinque; ergo quinque est nona de quadraginta quinque. Sed quatuordecim est duplus ad quinque et quatuor quinte eius. Ergo quatuordecim est due none de quadraginta quinque et quatuor quinte none eius.

Et similiter in omnibus aliis fiet, sive articulis sive compositis.

CAPITULUM DE DENOMINANDIS ITERATIS MILIBUS SIVE NUMERIS ALIIS AB ITERATIS MILIBUS.

(**A.88**) Si autem volueris denominare quinque milia de quadraginta milies milibus ter iteratis.

Reiecto mille quod est cum quinque, et reiecto tantumdem de iteratione que est cum quadraginta, remanebunt quadraginta milies mille; a

---

2112–2122 Si autem volueris ... sive compositis] 117^v, 19 – 24 A; 19ra, 39 – 19rb, 5 B; 37rb, 42 – 53 C.
2123–2138 Capitulum de denominandis ... in omnibus aliis] 117^v, 25 – 33 A; 19rb, 6-7 – 24 B; 37va, 14 – 28 C.

2102 milies mille *(post* vero*)*] milies M A **2102** ter] repetite *add. et exp.* C **2102** novies] *corr. ex* noves A **2103** milies mille] milies M A **2103** duodecies] decies *pr. scr. et* duo *add. supra lin.* A **2104** mille] M A **2105** repetitione] *corr. ex* repetione A **2106** octoginta] octinginta A **2108–2109** debetur pro unoquoque] exigit BC **2109** mille] M A **2109** mille *(post* ibi*)*] M A **2109** dicetur] *e corr.* A **2110** ad] *supra lin. add.* B **2112** ad (A.86)] *in marg. scr. lector* C: dic: $\frac{12}{27}$, scilicet $\frac{4}{9}$ **2112** viginti septem] XX septem A **2113** viginti septem] XX septem A **2114** viginti septem] XX septem A **2115** quatuor] quattuor C **2115** viginti septem] XX septem A **2116** ad (A.87)] *in marg. scr. lector* C: dic $\frac{14}{45}$ **2116** quatuordecim] quattuordecim C **2118** quadraginta quinque] XL V A **2119** quinque] V A **2119** quinque *(post* ergo*)*] V A **2119** quadraginta quinque] XL V A **2120** duplus] dupplus AB **2120** quatuor] quattuor C **2120** quatuordecim] quattuordecim C **2121** de] et B **2121** quadraginta quinque] XL V A **2121** quatuor] quattuor C **2123–2124** Capitulum ... milibus] *sic alt. lect.* C (*v. supra);* Capitulum de denominandis iteratis milibus ab iteratis milibus AC (*rubro col.* C), *om. sed spat. rel.* B **2123** ab] *bis, prius exp.* C **2125** quadraginta] XL A **2126** milibus] milies *codd.* **2127** mille] M A **2127** reiecto] *corr. ex* reieto A **2128** quadraginta *(post* cum*)*] XL A **2128** quadraginta milies mille] XL milies M A

quibus denominabis quinque. Denomina igitur quinque de quadraginta, scilicet octavam. Cui adde 'decime' totiens quotiens debetur pro unoquoque mille; et quia bis dicitur 'mille', erit octava decime decime sexies repetite. Et hoc est quod scire voluisti.

(**A.89**) Si autem volueris denominare quadringenta de decem milies mille.

Denomina quadringenta de decem milibus, scilicet duas quintas decime. Quibus appone decimam totiens quotiens debetur pro uno mille remanenti, scilicet decima decime ter. Erit ergo denominatio due quinte decime decime quater repetite. Et hoc est quod voluisti.

Similiter in omnibus aliis.

2129 quadraginta] XL $\mathcal{A}$ **2131** mille *(ante* et*)*] M $\mathcal{A}$ **2131** mille] M $\mathcal{A}$ **2133** volueris] voluis $\mathcal{A}$ **2133** decem milies mille] X milies M $\mathcal{A}$ **2134** decem] X $\mathcal{A}$ **2135** decimam totiens] totiens decimam $\mathcal{BC}$ **2135** mille] M $\mathcal{A}$ **2137** decime *(ante* quater*)*] eius *pr. scr. et corr.* $\mathcal{B}$ **2138** Similiter in omnibus aliis] *om.* $\mathcal{C}$

De capitulo multiplicandi in fractionibus

CAPITULUM DE MULTIPLICATIONE FRACTIONIS IN INTEGRUM
Que fit quatuor modis.

PRIMUS. DE MULTIPLICATIONE PLURIUM FRACTIONUM IN DIGITUM.

(A.90) Si volueris multiplicare tres quartas in septem.

(a) Sic facies. A numero unde denominatur quarta, scilicet quatuor, accipe tres quartas eius, que sunt tres. Quas multiplica in septem, et provenient viginti unum. Quos divide per quatuor, et exibunt quinque et quarta. Et hoc est tres quarte de septem.

3	7
4.	
3	7
21	
4	

Ad A.90a: Figura inven. in $\mathcal{A}$ $(118^r, 16 - 19$ marg.$)$, $\mathcal{B}$ $(20^{rb}, 8 - 14$ marg.$)$, $\mathcal{C}$ $(38^{rb}, 58 -$ ima pag. marg.$)$.
$\genfrac{}{}{0pt}{}{3}{4.}$] $\frac{3}{4}$ $\mathcal{A}$, $\genfrac{}{}{0pt}{}{3}{.4}$ $\mathcal{B}$, $\frac{3}{4}$ $\mathcal{C}$.   3 (inf.)] 5 $\frac{1}{4}$ $\mathcal{A}$, 4 $\mathcal{BC}$.

Cuius probatio hec est. Talis est enim comparatio trium, qui est numerus fractionum, ad quatuor, qui est numerus denominationis, qualis est

---

2139–2149 De capitulo ... probatio hec est] $117^v, 33 - 118^r, 3$ $\mathcal{A}$; $8^{ra}, 10$ (pars tituli tantum) $\mathcal{B}$; $38^{rb}, 57 - 38^{va}, 4$ (tres quarte de septem) & $31^{va}, 28 - 35$ (v. infra) $\mathcal{C}$. **2149–2165** Talis est enim ... quinque et quarta] $118^r, 3 - 12$ $\mathcal{A}$; $8^{ra}, 10 - 30$ $\mathcal{B}$; $31^{va}, 35 - 53$ $\mathcal{C}$.

2139–2149 De capitulo ... hec est] lect. alt. hab. $\mathcal{C}$, fol. $31^{va}, 28 - 35$: De capitulo multiplicandi (rubro col.; in fractionibus add. lector et, in marg., Capitulum fractionum). Si volueris multiplicare tres quartas in septem. Sic facies. Inquire aliquem numerum cuius quarta sit numerus integer. Sit ergo quattuor. Cuius tres quartas, que sunt tres, multiplica in septem et productum divide per quattuor; et exibunt quinque et quarta. Et hoc ⟨est⟩ tres quarte de septem (a lectore in marg.: 7 $\frac{3}{4}$ (et, supra, quod fit, sc.:) $\frac{21}{4}$ 5 $\frac{1}{4}$). Cuius probatio hec est. Cum enim invenitur numerus cuius quarta sit integer numerus et acceperimus eius tres quartas

---

2139–2140 De capitulo multiplicandi in fractionibus] om. $\mathcal{A}$ & $\mathcal{C}$ (sed v. lect. alt.); manum delin. in marg. lector $\mathcal{C}$ (fol. $38^{rb}, 57$)   **2140–2149** in fractionibus ... hec est] om. $\mathcal{B}$ **2141–2142** Capitulum ... modis] lin. subter dux. $\mathcal{A}$, rubro col. $\mathcal{C}$ **2142** quatuor] IIII^{or} $\mathcal{A}$ **2143** Primus ... in digitum] om. $\mathcal{A}$, Primus de multiplicatione plurium fraction de digitum digitum (sic!) hab. in marg. $\mathcal{C}$ **2144** volueris] voluis $\mathcal{A}$ **2145** quatuor] quattuor $\mathcal{C}$ **2147** viginti unum] XX unum $\mathcal{A}$ **2147** quatuor] quattuor $\mathcal{C}$ **2149** Cuius probatio hec est] sign. lectoris in marg. $\mathcal{C}$ († ; lect. alt.)   **2149** enim] om. $\mathcal{B}$ **2150** quatuor] quattuor $\mathcal{C}$ **2150** est (post qualis)] om. $\mathcal{BC}$

comparatio trium quartarum de septem, que sunt numerus inquisitus, ad septem. Unde sunt isti quatuor numeri proportionales. Tantum igitur fit ex ductu primi in quartum quantum ex ductu secundi in tertium. Si igitur primus, scilicet tres, qui est numerus fractionum, multiplicetur in quartum, qui est septem, et productus dividatur per numerum denominationis, qui est quatuor, exibit tertius, qui queritur. Et hoc est quod monstrare voluimus.

Item alia causa de eodem. Omnis enim numerus multiplicatus in unum non est nisi ipsemet. Si igitur quarta multiplicetur in unum, non proveniet nisi ipsa quarta; si vero tres quarte multiplicentur in unum, non provenient nisi tres quarte. Si vero multiplicentur in septem, provenient viginti una quarte; que sunt tres quarte de septem. Volumus autem scire quotiens unum est in eis. In uno autem sunt quatuor quarte. Si igitur viginti una quarte dividantur per quatuor, quod exierit est id quod scire voluisti, scilicet quinque et quarta.

(*b*) Vel aliter. Multiplica numerum fractionum, qui est tres, in numerum integrum, qui est septem, et productum divide per quatuor unde denominatur quarta, et exibit quod scire voluisti. Cuius probatio patet ex premissis.

(*c*) Item alia regula de eodem. Accipe ab integro tantam partem quanta est denominatio fractionis, scilicet quartam integri, et multiplica eam in numerum fractionis, sicut hic in tres; et productum inde est summa quesite multiplicationis.

DE MULTIPLICATIONE PLURIUM FRACTIONUM IN COMPOSITUM.

(**A.91**) Si volueris multiplicare tres quintas in quadraginta septem.

2166–2169 Vel aliter ... ex premissis] *118^r, 12 – 14 A; B deficit; 38va, 4 – 7 C.*
2170–2173 Item alia regula ... quesite multiplicationis] *118^r, 14 – 16 A; 8ra, 30 – 32 (scilicet quartam) & 34 (et multiplica eam) – 37 B; 31va, 53 – 57 C.*
2174–2202 De multiplicatione plurium ... est quod voluisti] *118^r, 17 – 31 A; 20rb, 1-2 – 43 B; 38va, 7 – 35 C.*

2151 comparatio] cōmparatio *C* **2151** numerus] nūs *(pro nūs) hab. hic et sæpe infra A* **2151** inquisitus] inquesitus *A* **2152** quatuor] IIII^{or} *A*, quattuor *C* **2155** denominationis] dendericus *ut vid. B* **2156** quatuor] quattuor *C* **2158** Item ... eodem] *subter lin. dux. A; om. sed spat. rel. B; sign. lectoris* (†) *in marg. C* **2160** nisi] *add. in marg. B* **2160–2161** si vero ... tres quarte] *add. in marg. B* **2161** Si vero] tres quarte *add. et del. B* **2161** viginti una] XX I *A* **2162** quarte *(post* una*)*] quarta *codd.* **2162** Volumus] voluimus *B* **2163** quatuor] quattuor *C* **2163–2164** viginti una] XX I *A* **2164** dividantur] *corr. ex* divides *B* **2164** quatuor] IIII^{or} *A*, quattuor *C* **2165** quarta] quartam *C* **2166** Vel aliter ... fractionum] *subter lin. dux. et nota add. in marg. lector A* **2167** quatuor] IIII^{or} *A*, quattuor *C* **2168–2169** Cuius probatio ... premissis] *om. C* **2170** Item alia regula de eodem] *subter lin. dux. A (& sign. ad idem sign. in marg. ref.); sign. lectoris* (†) *in marg. C* **2170–2171** quanta] quantam *BC* **2171** quartam] quarta *A* **2171** integri] *om. B, et hic hab. (fol. 8ra, 32-34):* Cuius probatio hec est *(*hec est *del.)* patet ex premissis. Nam comparatio trium quartarum septime de viginti *(v. A.93a)* **2171** et] *om. A* **2172** productum] *hic add.* intigri *(sic) B* **2172** est] *corr. ex* ex *A* **2172** summa] suma *B* **2174** tit.] Item *A, spat. rel. et in summa pag. hab. B, rubro col. C* **2175** Si] Si vo *B*, & Primus *hab. in marg.* **2175–2177** in quadraginta ... tres quintas] *per homœotel. om. C; in marg. suppl. lector (ad* 'Si volueris multiplicare tres quintas'*):* per 47. Sume $\frac{3}{5}$ de 45.
2175 quadraginta septem] XL septem *A*

(***a***) Vel multiplica ea secundum predictas regulas.

(***b***) Vel accipe tres quintas de quadraginta quinque, qui est propinquior numerus ad quadraginta septem habens quintam sine fractione, scilicet viginti septem, et retine; deinde accipe suas tres quintas duorum remanentium, qui sunt differentia ipsorum numerorum, scilicet unum et quintam; que agrega ad viginti septem retenta, et provenient viginti octo et quinta. Et hec est summa que provenit.

[Vel accipe unam quintam de quadraginta septem et multiplica eam in tres; et productum erit id quod queris.]

3	47
5.	
27	45

Ad A.91*b*: *Figura inven. in* $\mathcal{A}$ *(118^r, 19 – 21 marg.),* $\mathcal{B}$ *(20rb, 15 – 18 marg.),* $\mathcal{C}$ *(38va, 7 – 11 marg.).*
$\frac{3}{5.}$] $\frac{3}{5}$ $\mathcal{A}$, $\frac{3}{5}$ $\mathcal{C}$.   27] 21 $\mathcal{C}$.

DE MULTIPLICATIONE PLURIUM FRACTIONUM COMPOSITARUM IN COMPOSITUM.

(**A.92**) Si volueris multiplicare octo tredecimas in quadraginta sex.

(***a***) Sic facies. De numero a quo denominatur tredecima accipe octo tredecimas eius, que sunt octo. Quas multiplica in quadraginta sex, et provenient trescenta sexaginta octo. Quos divide per tredecim, et exibunt viginti octo et quatuor tredecime. Et hoc est quod scire voluisti.

8	46
13.	
8	46
	368

Ad A.92*a*: *Figura inven. in* $\mathcal{A}$ *(118^r, 23 – 25 marg.),* $\mathcal{B}$ *(20rb, 22 – 26),* $\mathcal{C}$ *(38va, 17 – 22 marg.); lineola iung. 8 & 46 in* $\mathcal{B}$.

$\frac{8}{13.}$] $\frac{8}{13}$ $\mathcal{A}$, $\frac{8}{13}$ $\mathcal{BC}$.

2177 quadraginta quinque] XL V $\mathcal{A}$ **2178** quadraginta septem] XL septem $\mathcal{A}$ **2178–2179** viginti septem] XX septem $\mathcal{A}$ **2180** numerorum] *om.* $\mathcal{AC}$; *in marg. add. lector* $\mathcal{C}$ *(ad 'remanentium'):* inter 45 et 47   **2181** viginti septem] XX septem $\mathcal{A}$ **2181** viginti octo] XX octo $\mathcal{A}$ **2182** que] quę $\mathcal{A}$ **2183–2184** Vel accipe ... quod queris] *om.* $\mathcal{AB}$, 'vacat' *indic.* $\mathcal{C}$ **2185–2186** *tit.*] *om.* $\mathcal{A}$, *spat. rel. et in summa pag. hab.* (*partim*) $\mathcal{B}$, *rubro col.* $\mathcal{C}$ **2185–2186** compositum] compositione $\mathcal{B}$ **2187** Si volueris ... tredecimas] *lin. subter dux.* $\mathcal{A}$ **2187** quadraginta sex] XL VI $\mathcal{A}$ **2188** De numero] numerus $\mathcal{A}$ **2189** quadraginta sex] XL sex $\mathcal{A}$ **2189** provenient] proveniunt $\mathcal{C}$ **2190** viginti octo] XX octo $\mathcal{A}$ **2191** quatuor] quattuor $\mathcal{C}$ **2191** scire] monstrare $\mathcal{B}$

(*b*) Vel aliter. Multiplica octo, qui est numerus fractionum, in quadraginta sex, et productum divide per numerum a quo denominatur tredecima, et exibit quod queris.

(*c*) Vel aliter. Accipe octo tredecimas de triginta novem, qui numerus est propinquior ad quadraginta sex, ex omnibus qui sub eo sunt, habens tredecimam sine fractione; que octo tredecime sunt viginti quatuor. Deinde accipe octo tredecimas de numero qui est differentia ipsorum, scilicet septem, hoc modo. Scilicet, multiplica octo in septem et productum divide per tredecim; et exibunt quatuor et quatuor tredecime. Quas agrega ad viginti quatuor; fiunt viginti octo et quatuor tredecime. Et hoc est quod voluisti.

SECUNDUS. DE MULTIPLICATIONE FRACTIONIS FRACTIONIS IN INTEGRUM.

[PRIUS: DE ⟨MULTIPLICANDIS⟩ FRACTIONIBUS FRACTIONIS DIGITI IN COMPOSITUM.]

(**A.93**) Si volueris multiplicare tres quartas septime in quindecim.

(*a*) Sic facies. Ex numeris denominationum quarte et septime multiplicatis inter se fac viginti octo, qui est numerus communis. Postea tres quartas septime eius, que sunt tres, multiplica in quindecim, et provenient quadraginta quinque. Quos divide per communem, et exibit unum et quatuor septime et quarta septime.

Cuius probatio patet ex premissis. Nam comparatio trium quartarum septime de viginti octo ad viginti octo est sicut comparatio quesiti, qui est tres quarte unius septime de quindecim, ad quindecim. Tantum igitur fit ex ductu primi in quartum quantum ex ductu secundi in tertium. Si igitur multiplicetur primus, qui est tres, in quartum, qui est quindecim, et productus, qui est quadraginta quinque, dividatur per secundum, exibit tertius, qui est id quod querimus.

2203–2211 Secundus ... et quarta septime] $118^r, 31 - 35$ $\mathcal{A}$; $20^{rb}, 44\text{-}46 - 20^{va}, 7$ $\mathcal{B}$; $38^{va}, 35 - 43$ $\mathcal{C}$.
2212–2242 Cuius probatio ... ex premissis] $\mathcal{A}$ deficit; $31^{va}, 57 - 31^{vb}, 29$ $\mathcal{C}$; $\mathcal{B}$ confuse: $8^{ra}, 32 - 34$ (Cuius probatio ... de viginti ⟨octo⟩), $9^{vb}, 28 - 10^{ra}, 6$ (ad viginti octo ... Vel aliter), Multiplica semper ... exibit quod voluisti deficit, $10^{ra}, 12 - 22$ (Cuius probatio hec est ... manifestum est ex premissis).

2192 fractionum] tractionum $\mathcal{B}$ 2192–2193 quadraginta sex] XL sex $\mathcal{A}$ 2195 triginta novem] XXX^{ta} novem $\mathcal{A}$ 2196 quadraginta sex] XL sex $\mathcal{A}$ 2197 que] quę $\mathcal{A}$ 2197 viginti quatuor] XX IIII^{or} $\mathcal{A}$, viginti quattuor $\mathcal{C}$ 2198 est] supra lin. $\mathcal{A}$ 2200 tredecim] 13 $\mathcal{C}$ 2200 quatuor] quattuor $\mathcal{C}$ 2200 quatuor (post et)] quattuor $\mathcal{C}$ 2201 viginti quatuor] XX IIII^{or} $\mathcal{A}$, viginti quattuor $\mathcal{C}$ 2201 fiunt] fient $\mathcal{AB}$ 2201 viginti octo] XX octo $\mathcal{A}$ 2201 quatuor (post et)] quattuor $\mathcal{C}$ 2203 Secundus] om. $\mathcal{A}$, in marg. $\mathcal{BC}$ 2203–2206 De multiplicatione fractionis ... tres quartas septime] lin. subter dux. $\mathcal{A}$ 2203 De multiplicatione ... in integrum] om. sed spat. rel. $\mathcal{B}$, rubro col. $\mathcal{C}$ 2203 integrum] compo pr. scr. et exp. $\mathcal{C}$ 2204–2205 Prius ... compositum] om. $\mathcal{AB}$, marg. $\mathcal{C}$ 2206 quindecim] XV $\mathcal{A}$ 2208 inter se] in se $\mathcal{B}$ 2208 fac] om. $\mathcal{A}$ 2208 viginti octo] XX octo $\mathcal{A}$ 2208 communis] denominationum codd.   2208 tres] tras $\mathcal{A}$ 2209 septime] corr. ex septimas $\mathcal{B}$ 2209 quindecim] XV $\mathcal{A}$ 2209–2210 quadraginta quinque] XL V $\mathcal{A}$, 45 $\mathcal{C}$ 2210 quatuor] quattuor $\mathcal{C}$ 2211 quatuor septime et quarta septime] in marg. scr. lector $\mathcal{C}$: scilicet $\frac{17}{28}$ 2212 Cuius probatio] hec est add. et del. $\mathcal{B}$ 2213 octo (ante ad)] om. $\mathcal{B}$ 2213 qui] que $\mathcal{C}$ 2215 in (post primi)] bis $\mathcal{B}$ 2217 quadraginta quinque] ZG $\mathcal{B}$, 45 $\mathcal{C}$

2220 Vel alia causa de hoc quod nos non multiplicamus numerum fractionum, qui est tres, in quindecim, et proveniunt quadraginta quinque, que sunt quarte septime, nisi ad sciendum que sunt tres quarte unius septime de quindecim. Quicquid enim multiplicatur in unum non provenit nisi idem ipsum. Si igitur multiplicentur tres quarte unius septime in unum, non provenient nisi ipse eedem. Que si multiplicentur in quindecim, prove-
2225 nient quadraginta quinque quarte unius septime. Que si dividantur per septem, exibunt quarte, si vero per quatuor, exibunt septime; nam omnes septem septime quarte sunt una quarta, et omnes quatuor quarte septime sunt una septima. [Deinde, si fuerint septime, divide id quod exit per septem, si vero fuerint quarte, divide per quatuor, et exibit numerus integer.]
2230 Quod autem exit est tres quarte septime de quindecim. Et hoc est quod monstrare voluimus.

(**b**) Vel aliter. Multiplica semper numerum fractionum, sicut in hac questione tres, in numerum multiplicantem, qui est hic quindecim; et productum divide per numerum productum ex multiplicatione unius denomina-
2235 tionis in aliam, et exibit quod voluisti.

Cuius probatio hec est. Oportebat enim ut quadraginta quinque divideremus per quatuor et quod exit divideremus per septem; vel e converso, prius per septem et deinde per quatuor, sicut antea diximus. Quod idem est tamquam si divideremus quadraginta quinque per productum ex qua-
2240 tuor ductis in septem. Nam dividere unum numerum per alium et id quod exit dividere per tertium idem est quod dividere primum per productum ex ductu unius dividentis in alium. Quod iam manifestum est ex premissis.

(**c**) Item alia regula de eodem est hec. Multiplica numerum fractionis, qui est tres, in quindecim, et provenient quadraginta quinque. Quos divide per
2245 unamquamlibet denominationum, et quod exierit iterum divide per aliam, et quod de ultima divisione exierit est summa que provenit. [Vel aliter. Multiplica numerum fractionum, scilicet tres, in quindecim, et provenient

---

2243–2246 Item alia regula ... summa que provenit] A deficit; $10^{ra}, 6 - 12\ B$; 31vb, marg. C.
2246–2253 Vel aliter ... exibit quod queris] $118^r, 35 - 118^v, 1\ A$; $20^{va}, 7 - 16\ B$; $38^{va}, 43 - 51\ C$.

2219 non] *om.* B **2220** proveniunt] provenient B **2220** quadraginta quinque] 45 C **2221–2222** tres quarte unius septime de quindecim] *in marg. scr. lector:* $\frac{3^{es}}{4^e}\frac{1^{us}}{7^e}$ 15^{im} valent $1\ \frac{17}{28}\ C$ **2224** eedem] eodem *pr. scr. o exp. B*, edem C **2224** multiplicentur] mltiplicentur B **2225** quadraginta quinque] 45 C **2225** quarte] qrte B **2226** quatuor] quattuor C **2227** quatuor] quattuor C **2228–2229** per septem] per sex *add. et del. B*   **2229** quatuor] quattuor C **2232–2235** Multiplica ... quod voluisti] *om. B*   **2236** quadraginta quinque] 45 C **2237** quatuor] 4 C **2237** septem] 7 C **2238** septem] 7 C **2238** quatuor] 4 C **2239** quadraginta quinque] 45 C **2239–2240** quatuor] 4 C **2240** per] *corr. ex pre* C **2241** tertium] alium *pr. scr. et exp. B*   **2243** Item alia regula de eodem est hec] *sic C in textu (fol. $31^{vb}, 29$)*, Item alia regula de eodem hec est B *(fol. $10^{ra}, 22$–23)*, Item de eodem alia regula est hec B *(fol. $10^{ra}, 6$–7) & C (fol. 31vb, marg.)*   **2244** quadraginta quinque] 45 BC **2244** Quos] *corr. ex quociens* B **2246** est summa que provenit] *hanc regulam commentavit in summa pag. lector C, de quibus hæc tantum supersunt:* exit unum integrum et $\frac{17}{28}$. Et iste est X^{us} *(in marg. invenitur enim ad loc. signum X) modus. Verba autem huius actoris non sunt michi clara.*   **2247** numerum] undecim et quarta *add. (v. infra) et del. A*   **2247** quindecim] XV A

quadraginta quinque, que sunt quarte septime.] Quos divide per quatuor, et exibunt undecim et quarta. Quos divide per septem, et exibit unum et quatuor septime et quarta septime. Et hoc est quod scire voluisti.

(*d*) Vel, si volueris, multiplica tres quartas in quindecim sicut predocuimus in precedenti capitulo, et provenient undecim et quarta. Quos divide per septem, et exibit quod queris.

ITEM. ALIUD EXEMPLUM DE MULTIPLICANDIS FRACTIONIBUS FRACTIONIS IN COMPOSITUM.

(**A.94**) Si volueris multiplicare tres septimas undecime in triginta sex.

(*a*) Ex multiplicatis numeris denominationum, qui sunt septem et undecim, provenient septuaginta septem, qui est numerus communis. Cuius undecime tres septimas multiplica in triginta sex et productum divide per communem, et exibit unum et quatuor undecime et tres septime undecime. Et hoc est quod scire voluisti.

(*b*) Vel aliter. Multiplica tres in triginta sex et productum divide per denominationem septime, et quod exierit erunt undecime; si vero divisisses per undecime denominationem, quod exiret essent septime. Tunc divide per quam prius volueris, et quod exierit divide per aliam, et exibit quod queris.

(*c*) Vel aliter. Tres septimas de triginta sex divide per undecim, et exibit quod queris.

ITEM. ALIUD EXEMPLUM, DE FRACTIONIBUS FRACTIONIS FRACTIONIS MULTIPLICANDIS IN COMPOSITUM.

Cum autem fractionem fractionis fractionis, et quantumlibet iterate, in integrum multiplicare volueris, multiplica primam denominationem in secundam, et productum inde multiplica in tertiam, et productum inde in quartam, et sic usque ad ultimam faciendo; ⟨et⟩ quod provenerit, numerus

---

2254–2268 Item aliud exemplum ... exibit quod queris] *118^v, 2 - 9 A (sine A.94c); 20va, 17-18 - 33 B; 38va, 51 - 38vb, 7 C.*
2269–2278 Item aliud exemplum ... Verbi gratia] *118^v, 9 - 13 A; 20vb, 14 - 22 B; 38vb, 7 - 17 C.*

2248 quadraginta quinque] XL V *A*, 45 *C*   **2248** sunt] tres *add. et exp.* B   **2248** quatuor] 4 *C*   **2249** undecim] quindecim *pr. scr. et exp.* B   **2249** septem] 7 *C*   **2250** quatuor] quattuor *C*   **2250** septime *(post* quatuor*)*] sep *in fin. lin. pr. scr. et totum rescr. in lin. seq.* B   **2251** quindecim] XV *A*   **2254–2255** tit.] *om. sed spat. rel. et in summa pag. hab.* B, *rubro col.* C   **2254** multiplicandis] multiplicatione *C*   **2254** fractionis] compositi *add.* AC   **2256** Si volueris ... sex] *subter lin. dux.* A   **2256** multiplicare] multiplica *A*   **2256** triginta sex] XXX^{ta} sex *A*, 36 *C*   **2257** qui] que B   **2257** et] *om.* B   **2258** provenient] et provenient *A*, proveniet *C*   **2258** septuaginta septem] 77 *C*   **2259** triginta sex] XXX sex *A*   **2260** exibit] exibunt *BC (corr.* C*)*   **2260** quatuor] quattuor *C*   **2260** quatuor undecime et tres septime undecime] scilicet $\frac{31}{77}$ *add. lector in marg.* C   **2262** productum] 108 *scr. supra lector* C   **2263** exierit] exiebit *A*   **2263** divisisses] divississes *mut. in* divississes *A*   **2264** essent] esseni *pr. scr. et corr.* A   **2267–2268** Vel aliter ... queris] *om.* A   **2269** Item aliud exemplum de fractionibus fractio] *subter lin. dux.* A   **2269–2270** tit.] *om. sed spat. rel. (fol. 20va, 33–34)* B, *rubro col.* C   **2271** fractionis fractionis] fractionis B   **2273** secundam] secunda B   **2274** faciendo] nota *add. lector in marg.* C   **2274** provenerit] proveīt *A*

2275 denominationis erit. Deinde multiplica numerum fractionis in integrum, et productum inde divide per numerum denominationis; et quod exierit est summa quam requiris.

(A.95) Verbi gratia. Si volueris multiplicare tres septimas quinte octave in quinquaginta novem.

2280 (*a*) Ex multiplicatis numeris denominationum, que sunt septima et quinta et octava, facies ducenta octoginta. Cuius quinte octave tres septimas, que sunt tres, multiplica in quinquaginta novem; et productum divide per communem, si autem fuerit minus eo denomina ab eo, et denominatum erit quod queris.

2285 (*b*) Vel aliter. Multiplica numerum fractionum, qui est tres, in quinquaginta novem, et provenient centum septuaginta septem. Quos divide per denominationem quinte, et exibunt triginta quinque et due quinte. Quos divide per denominationem septime, et exibunt quinque et due quinte septime; et sunt octave, sunt igitur quinque octave et due quinte septime 2290 octave. Et hoc est quod voluisti. Si autem divisisses prius centum septuaginta septem per denominationem septime, et deinde quod exiret divisisses per denominationem quinte, et deinde quod exiret divisisses per denominationem octave, bene fieret: prepone divisionem per quam denominationem prius volueris et per quam posterius volueris.

2295 (*c*) Vel, si volueris, tres septimas de quinquaginta novem divide per denominationem quinte, et quod exierit divide per denominationem octave.

Omnibus hiis modis recte fit. Si autem iteratur fractio fractionis quater vel sepius, fac ibi secundum quod predictum est.

Tertius. De multiplicatione fractionis et fractionis fractionis
2300 in integrum.

(A.96) Si volueris multiplicare quinque septimas et tres quartas septime in decem.

2278–2298 Si volueris ... quod predictum est] 118^v, $14 - 25$ A; 20va, 34-$35 - 20^{vb}$, 13 B; 38vb, $17 - 37$ C.
2299–2325 Tertius. De multiplicatione fractionis ... quod scire voluisti] 118^v, $26 - 119^r$, 4 A; 20vb, $23 - 21^{ra}$, 10-11 B; 38vb, $37 - 39^{ra}$, 8 C.

2276 quod] *supra lin.* A **2277** quam] quã *sic sæpissime scr.* A **2278** Si volueris ... octave] *subter lin. dux.* A **2279** quinquaginta novem] L novem A, 59 C **2281** ducenta octoginta] *add. etiam in marg. lector:* 280 C **2282** multiplica] Mumltiplica B **2282** quinquaginta novem] L novem A **2282–2283** et productum divide per communem] *add. in marg. lector:* $\frac{177}{280}$ C **2285–2286** quinquaginta novem] L novem A, 59 C **2286** centum] C A **2287–2288** triginta ... exibunt] *per homœotel. prius om. add. in marg.* C *(locum interiectionis etiam indic. lector)* **2287** triginta quinque] XXX^{ta} V A **2288** quinque] V A **2288** et due] et *om. et post* due *add.* B, *post* due *pr. scr. & eras. et ante* due *supra add.* C **2288** quinte] quintæ C *(de loco dubitans scr.* quinta *&* quinte *simul)* **2289** due quinte] quinta ABC, *del. et* $\frac{2}{5}$ *add. in marg. lector* C **2290** centum] C A **2291** divisisses] divississes A **2295** volueris] nolueris B **2295** quinquaginta novem] L novem A **2296** quinte] septime *codd.* **2297** hiis] his *codd.* **2297** iteratur] *corr. ex* iteratus A, itatur B **2298** vel sepius] *om.* A **2299** Tertius] *om.* A, *marg.* BC **2299–2300** De multiplicatione ... in integrum] *subter lin. dux.* A, *om.* B, *rubro col.* C **2302** decem] X A

(***a***) Ex denominationibus, que sunt quarta et septima, facies numerum communem, qui est viginti octo. Cuius quinque septimas agrega ad tres quartas septime eius, et agregatum multiplica in decem; et productum divide per communem, et exibunt octo et septima et dimidia septima. Et hoc est quod scire voluisti. Cuius probatio est eadem que precessit.

(***b***) Vel aliter. Multiplica numerum fractionum, scilicet quinque et tres quartas, in decem, et provenient quinquaginta septem et dimidium. Que omnes sunt septime. Quas divide per denominationem septime, et exibunt octo et septima et dimidia. Que sunt quinque septime et tres quarte septime de decem, et hoc est quod voluisti.

(**A.97**) Si autem addideris fractiones, ita ut ⟨si⟩ velis multiplicare tres septimas decime et quartam septime decime in quinquaginta quatuor.

(***a***) Sic facies. Ex multiplicatis inter se numeris denominationum, que sunt septima et decima et quarta, proveniunt ducenta octoginta, qui est numerus communis. Cuius decime tres septimas agrega ad quartam septime decime eius, et fient tredecim. Quos multiplica in quinquaginta quatuor, et provenient septingenta duo. Quos divide per communem, et exibunt duo et quinque decime et dimidia septima decime. Et hoc est quod voluisti.

(***b***) Vel multiplica numerum fractionum, qui est tres et quarta, in quinquaginta quatuor, et provenient centum septuaginta ⟨quinque⟩ et dimidium. Quos divide per denominationem septime, et exibunt viginti quinque et dimidia septima. Quos divide per denominationem decime, et exibunt duo et quinque decime et dimidia septima decime. Et hoc est quod scire voluisti.

(**A.98**) Si autem volueris multiplicare quatuor undecimas et quintam undecime in triginta sex.

(***a***) Ex denominationibus, que sunt undecima et quinta, facies numerum communem, qui est quinquaginta quinque. Cuius quatuor undecimas agrega ad quintam undecime eius, et agregatum multiplica in triginta sex, et productum divide per communem; et exibunt de divisione tredecim et octo undecime ⟨et quinta undecime⟩. Et hoc est quod voluisti scire.

2326–2335 Si autem volueris ... exibit quod queris] $\mathcal{A}$ *deficit;* 21ra, 12 – 24 $\mathcal{B}$; 39ra, 9 – 18 $\mathcal{C}$.

2304 viginti octo] XX octo $\mathcal{A}$ **2305** multiplica] multiplicā $\mathcal{C}$ **2305** decem] X $\mathcal{A}$ **2309** decem] X $\mathcal{A}$ **2309** quinquaginta septem] L septem $\mathcal{A}$, 57 $\mathcal{C}$ **2310** septime *(post* sunt*)*] *corr. ex* septem $\mathcal{B}$ **2311** et *(post* octo*)*] *om.* $\mathcal{A}$ **2311** dimidia] dimidia septima *pr. scr. et* septima *del.* $\mathcal{B}$ **2311** Que sunt] et hoc *pr. scr. et exp.* $\mathcal{C}$ **2312** decem] X $\mathcal{A}$ **2314** septime decime] septimedecime *pr. scr. et corr.* $\mathcal{C}$ **2314** quinquaginta quatuor] quinquaginta IIII$^\text{or}$ $\mathcal{A}$, quinquaginta quattuor $\mathcal{C}$ **2315** multiplicatis] multiplicatio *pr. scr. et corr.* $\mathcal{C}$ **2315** inter se] in in se *pr. scr. et corr.* $\mathcal{A}$ **2316** et *(ante* decima*)*] *add. supra lin.* $\mathcal{A}$ **2318** Quos] quas *codd.*   **2318** quinquaginta quatuor] L IIII$^\text{or}$ $\mathcal{A}$, quinquaginta quattuor $\mathcal{C}$ **2318–2319** provenient] proveniet $\mathcal{C}$ **2319** septingenta duo] sexcenta duo $\mathcal{ABC}$, *del. et* 702 *supra lin. add.* 2^a *m.* $\mathcal{A}$ **2320** quinque] V $\mathcal{A}$ **2321** quarta] quartam *codd.*   **2321–2322** quinquaginta quatuor] L quatuor $\mathcal{A}$, quinquaginta quattuor $\mathcal{C}$ **2322** centum] C $\mathcal{A}$ **2323** denominationem] denomina $\mathcal{A}$ **2323** viginti quinque] XX V $\mathcal{A}$ **2326** (A.98)] *ante hoc hab. spat. pro tit.* $\mathcal{B}$ **2326** quatuor] quattuor $\mathcal{C}$ **2327** in triginta] *pr. scr. (v. infra) et exp.:* in triginta quinque. Cuius quatuor $\mathcal{B}$ **2329** quatuor] quattuor $\mathcal{C}$ **2331** tredecim] tres *codd.*

(**b**) Vel aliter. Multiplica quatuor et quintam, qui est numerus fractionum, in triginta sex, et provenient centum et quinquaginta unum et quinta. Quas divide per denominationem undecime, et exibit quod queris.

De multiplicatione fractionis in fractionem

Que similiter fit quatuor modis.

Primus.

(**A.99**) ⟨Si volueris multiplicare unam quartam in unam octavam.⟩

Cum vis multiplicare unam quartam in unam octavam, nichil aliud vis nisi de octava accipere talem comparationem qualem habet quarta ad unum. Patet igitur ex hoc quod ex multiplicatione fractionis in fractionem id quod provenit est veluti si nomen unius adiungas alii et unum pendeat ex alio. Cum igitur multiplicatur quarta in octavam, non aliud provenit quam quarta octave. Et similiter in omnibus.

[Oportet igitur ut, cum multiplicatur triplum quarte, quod est tres quarte, in quincuplum octave, quod est quinque octave, proveniat quindecuplum quarte unius octave. [Et ob hoc cum multiplicamus numerum fractionis in numerum fractionis proveniunt quindecim, que sunt quarte unius octave.] Quas si diviseris per octo, exibunt quarte; si vero per quatuor, exibunt octave, sicut in premissis ostendimus.]

(**A.100**) Si volueris multiplicare tres quartas in quinque octavas.

(**a**) Unumquemque numerum denominationis, qui sunt quatuor et octo, pone sub suo latere. Ex quibus inter se multiplicatis provenient triginta duo, qui est numerus prelatus. Deinde suas tres quartas numeri denominationis quarte, que sunt tres, multiplica in quinque octavas denominationis

---

2336–2351 De multiplicatione fractionis ... in premissis ostendimus] $119^r, 5 - 12$ $\mathcal{A}$; $10^{ra}, 44$-45 – $10^{rb}, 15$ $\mathcal{B}$; $39^{ra}, 18$-20 (tit.) & $31^{vb}, 41 - 57$ $\mathcal{C}$.
2352–2358 Si volueris multiplicare ... quod voluisti] $119^r, 13 - 17$ $\mathcal{A}$; $21^{ra}, 25 - 34$ $\mathcal{B}$; $39^{ra}, 20 - 28$ $\mathcal{C}$.

2333 quatuor] quattuor $\mathcal{C}$ **2334** triginta sex] 36 $\mathcal{C}$ **2334** centum et quinquaginta unum] 151 $\mathcal{C}$ **2335** denominationem] denoiationem $\mathcal{B}$ **2335** quod queris] Quartus (sc. modus) hic deest hab. in marg. eadem m. $\mathcal{BC}$ (ad init. A.98 pr. scr. Quartus 1^a m. $\mathcal{C}$ et eras.) **2336–2337** De multiplicatione ... quatuor modis] om. $\mathcal{A}$, spat. hab. ante A.98 et Similiter fit IIII modis in marg. ad A.100 scr. $\mathcal{B}$, rubro col. $\mathcal{C}$ **2337** quatuor] quattuor $\mathcal{C}$ **2338** Primus] om. $\mathcal{A}$, marg. (ad A.100) $\mathcal{BC}$ (pr. ad A.98 scr. et del. $\mathcal{B}$) **2339** (A.99)] Nota et sign. (¶) scr. al. m. in marg. $\mathcal{A}$ **2340** Cum vis] Cum aliquis vis $\mathcal{B}$ **2340** Cum vis ... octavam] in marg. add. $\frac{1^a}{4}$ $\frac{1^{us}}{8^e}$ lector $\mathcal{C}$ **2341** quarta] quartam $\mathcal{B}$ **2342** Patet igitur] sign. lectoris (†) in marg. $\mathcal{C}$ **2342** ex (post quod)] supra lin. $\mathcal{B}$ **2343** si nomen] sinomen pr. scr. et corr. $\mathcal{C}$ **2343** pendeat] corr. ex pendet $\mathcal{C}$ **2344** quarta] quartam $\mathcal{C}$ **2345** octave] bis scr. $\mathcal{C}$ **2345** similiter] corr. ex simile $\mathcal{C}$ **2346** Oportet] Oporte $\mathcal{A}$ **2346–2347** cum multiplicatur triplum quarte ... in quincuplum octave] in marg. add. lector $\mathcal{C}$: $\frac{3}{4}$ $\frac{5}{8}$ (et infra) $\frac{15}{32}$ **2348** unius octave] septime unius $\mathcal{AB}$ (corr. $\mathcal{A}$: septime del. et octave add. supra 2^a m.), unius septime $\mathcal{C}$ **2348** multiplicamus] corr. ex multiplicatur $\mathcal{A}$ **2349** quindecim] XV $\mathcal{A}$, 15^{cim} $\mathcal{C}$ **2350** octo] septem $\mathcal{ABC}$, octo add. supra 2^a m. $\mathcal{A}$ **2350–2351** quatuor] quattuor $\mathcal{C}$ **2351** octave] septime $\mathcal{ABC}$, del. et octave add. supra 2^a m. $\mathcal{C}$ **2351** ostendimus] ostndimus $\mathcal{B}$ **2352** (A.100)] in marg. hab. Primus $\mathcal{BC}$ (etiam, ut supra diximus, Similiter fit IIII modis $\mathcal{B}$); sign. lectoris (×) hab. in marg. $\mathcal{C}$ **2353** quatuor] IIII^{or} $\mathcal{A}$, quattuor $\mathcal{C}$ **2354–2355** triginta duo] XXX duo $\mathcal{A}$ **2355** prelatus] prolatus $\mathcal{A}$ **2356** quinque] V $\mathcal{A}$

octave, que sunt quinque, et provenient quindecim. Quos denomina a prelato, et erunt tres octave et tres quarte octave. Et hoc est quod voluisti.

Cuius probatio hec est. Sit denominatio quarte A, denominatio vero octave sit B, tres autem quarte denominationis quarte sint G, quinque vero octave denominationis octave sint D. Si igitur diviseris G per A, exibunt tres quarte; si vero diviseris D per B, exibunt quinque octave. Nos autem volumus multiplicare tres quartas in quinque octavas, quod idem est quod dividere G per A et D per B et eorum que exeunt de utraque divisione multiplicare unum in aliud; et hoc etiam idem est quod dividere productum ex multiplicatione G in D per productum ex multiplicatione A in B. Et hoc est quod monstrare voluimus.

$$\text{A}$$
$$\text{B}$$
$$\text{G}$$
$$\text{D}$$

Ad A.100a: *Figura inven. in* $\mathcal{A}$ *(119^r, 22 − 25),* $\mathcal{B}$ *(10ra, 38-39 − 42-44),* $\mathcal{C}$ *(31vb, 40 − 44-45).*

(**b**) Vel multiplica numerum quartarum in numerum octavarum, scilicet quinque in tres, et provenient quindecim. Quos divide per denominationem quarte, et exibunt tres et tres quarte. Quas divide per octo; et omnes sunt octave, sunt ergo tres octave et tres quarte octave. Si autem prius divisisses eas per denominationem octave, quod exiret essent quarte.

Cuius probatio manifesta est. Scimus namque quod multiplicare fractionem in integrum vel in aliam fractionem idem est quod accipere de multiplicante talem comparationem qualem habet multiplicandus ad unum [verbi gratia: multiplicare enim duas quintas in octo nichil aliud est quam accipere duas quintas de octo, que sunt in eadem comparatione ad octo in qua sunt due quinte ad unum], sicut prediximus.

(**A.101**) Si autem volueris multiplicare tres septimas in novem tredecimas.

(**a**) Denominationem septime pone sub suo latere, et denominationem tredecime similiter sub suo latere. Quarum alteram multiplica in alteram,

---

2359–2367 Cuius probatio ... monstrare voluimus] *119^r, 17 − 22* $\mathcal{A}$; *10ra, 23 − 37 -44* $\mathcal{B}$; *31vb, 30 − 40* $\mathcal{C}$.
2368–2480 Vel multiplica ... septima undecime] *119^r, 22 − 120^r, 16* $\mathcal{A}$; *21ra, 34 − 21vb, 40* $\mathcal{B}$; *39ra, 28 − 39va, 34* $\mathcal{C}$.

2357 quinque] V $\mathcal{A}$ **2357** quindecim] XV $\mathcal{A}$ **2357–2358** prelato] prolato $\mathcal{A}$, communi *add.* $\mathcal{BC}$ (prelatocommuni *scr. & postea sep.* $\mathcal{B}$, communi *exp.* $\mathcal{C}$) **2362** quinque] V $\mathcal{A}$ **2363** volumus] voluimus $\mathcal{B}$ **2363** quinque] V $\mathcal{A}$, 5 $\mathcal{C}$ **2364** eorum] *add. in marg.* $\mathcal{C}$ **2366** per] et per $\mathcal{A}$ **2369** quindecim] XV $\mathcal{A}$ **2377** comparatione] comparationem $\mathcal{B}$ **2381** Quarum] Quorum $\mathcal{A}$

scilicet septem in tredecim, et provenient nonaginta unum, qui est numerus communis. Deinde tres septimas de septem, que sunt tres, multiplica in novem tredecimas de tredecim, que sunt novem, et provenient viginti septem. Quos denomina a numero communi, et erunt tres tredecime et sex septime unius tredecime. Et hoc est quod scire voluisti.

(*b*) Vel aliter. Multiplica tres, qui est numerus septimarum, in novem, qui est numerus tredecimarum, et provenient viginti septem. Quos divide per denominationem septime, et exibunt tres et sex septime; que sunt tredecime. Si autem divisisses prius viginti septem per denominationem tredecime, exirent duo et una tredecima; que sunt septime.

SECUNDUS. DE MULTIPLICATIONE FRACTIONIS FRACTIONIS IN FRACTIONEM.

(**A.102**) Si volueris multiplicare tres quartas quinte in septem octavas.

(*a*) Ex denominationibus fractionum unius lateris, que sunt quarta et quinta, multiplicatis inter se proveniunt viginti. Quos pone sub suo latere. Deinde numerum denominationis alterius lateris, qui est octo, pone sub suo latere. Deinde multiplica viginti in octo, et provenient centum sexaginta, qui sunt numerus prelatus. Deinde tres quartas quinte de viginti, scilicet tres, multiplica in septem octavas de octo, et provenient viginti unum. Quos denomina a numero prelato; et invenies quod sunt octava et quarta quinte octave. Et hoc est quod scire voluisti. Cuius probatio manifesta est ex premissis.

(*b*) Vel aliter. Multiplica numerum fractionum in numerum aliarum fractionum, et provenient viginti unum, que sunt quarte quinte octave; nam cum multiplicatur quarta quinte in octavam, non provenit nisi quarta quinte octave, cum igitur multiplicantur tres quarte quinte in septem octavas, proveniunt viginti una quarte quinte octave. Quos divide per denominationem quarte, et exibunt quinque et quarta. Quos iterum divide per denominationem quinte, et exibit unum et quarta quinte. Quos iterum divide per denominationem octave, et exibunt octava et quarta quinte octave. Et hoc est quod scire voluisti. Divide autem viginti unum per quam prius vel posterius denominationem volueris, et idem proveniet.

2383 Deinde tres septimas de septem, que sunt tres] *codd.*: Cuius tres septimas de septem, que sunt tres, deinde *(hoc in marg. C)* tres *(hoc om. BC)* **2384–2385** viginti septem] XX septem *A* **2386** unius tredecime] tredecime unius *codd.* **2387** septimarum] fractionum *codd.* **2388** viginti septem] XX septem *A* **2390** tredecime] sep *pr. scr. et del. A* **2390** viginti septem] XX VII *A* **2391** tredecima] tredeciima *(quod corr.) A* **2392** Secundus] *om. A, marg. BC* **2392–2393** De multiplicatione ... in fractionem] *om. sed spat. rel. B, rubro col. C* **2396** viginti] XX *A* **2396–2397** Deinde numerum] Deinde multiplica viginti *pr. scr. (v. infra) superfl. del. et add.* numerum *in marg. B* **2397** suo] alio *BC* **2398** viginti] XX *A* **2398** centum] C *A* **2399** sunt] *bis prius del. B* **2399** prelatus] prolatus *A* **2399** viginti] XX *A* **2400** viginti unum] XX I *A* **2401** prelato] prolato *A* **2401** quod] que *B* **2404** fractionum] fractionis *B* **2404** numerum *(post* in*)*] unum *(partim corr.) B* **2404** aliarum] *add. supra A* **2405** viginti unum] XX I *A* **2406** octavam] octave *B* **2407** igitur] *om. B* **2407** in septem] septime *pr. scr. (& rel.) et* in *add. supra B* **2408** proveniunt] provenient *B* **2408** viginti una] XX *A*, viginti unam *B* **2408** quarte] *corr. in* quarta *C* **2409** quinque] V *A*, *corr. ex* quinte *C* **2410** denominationem] denoiationem *B* **2410** Quos] quas *B*, Quas *C* **2411** denominationem] denoiationem *B* **2412** viginti unum] XX I *A* **2413** denominationem] denoiationem *B*

Et ita in omnibus consimilibus.

(**A.103**) Si volueris multiplicare quatuor quintas undecime in unam nonam.

(*a*) Ex denominationibus fractionum que sunt quinta et undecima facies quinquaginta quinque. Quos pone sub suo latere. Deinde numerum unde denominatur nona alterius lateris, scilicet novem, pone sub suo latere. Deinde multiplica novem in quinquaginta quinque. Et productus est numerus prelatus. Deinde quatuor quintas ⟨undecime⟩ de quinquaginta quinque, que sunt quatuor, multiplica in unam nonam ⟨de novem⟩, et provenient quatuor. Quos denomina a numero prelato, et denominatum erit quod voluisti.

(*b*) Vel multiplica unum in quatuor, et non erunt nisi quatuor. Quos divide per quinque, et quod exit per novem, et quod exit per undecim, et exibunt quatuor quinte unius none unius undecime. Vel, si volueris, dic 'quatuor quintas unius undecime unius none': poteris preponere denominationem cuius volueris fractionis et postponere quam volueris, et idem provenit.

TERTIUS. DE MULTIPLICATIONE FRACTIONIS FRACTIONIS IN FRACTIONEM FRACTIONIS.

(**A.104**) Si volueris multiplicare tres quartas quinte in septem octavas sexte.

(*a*) Ex denominationibus que sunt quarta et quinta ⟨multiplicatis inter se⟩ fient viginti. Quos pone sub suo latere. Deinde ex denominationibus alterius lateris, que sunt octava et sexta, multiplicatis inter se fient quadraginta octo. Quos multiplica in viginti, et fient nongenta et sexaginta, qui est numerus prelatus. Deinde tres quartas quinte de viginti, que sunt tres, multiplica in septem octavas sexte de quadraginta octo, que sunt septem, et provenient viginti unum. Quos denomina a numero prelato, et erunt una octava sexte et quarta quinte octave sexte. Cuius probatio patet ex premissis.

(*b*) Vel aliter. Multiplica numerum fractionum qui est septem in tres, et provenient viginti unum, que sunt quarte quinte sexte octave. Quas divide per quam prius denominationem fractionis volueris. Si autem prius diviseris

---

2415 quatuor] quattuor $\mathcal{C}$ **2417** quinquaginta quinque] L V $\mathcal{A}$ **2417** numerum] num $\mathcal{C}$ **2418** denominatur] denoiatur $\mathcal{B}$ **2419** quinquaginta quinque] L V $\mathcal{A}$, 55 $\mathcal{C}$ **2420** prelatus] prolatus $\mathcal{A}$ **2420** quatuor] quattuor $\mathcal{C}$ **2420–2421** quinquaginta quinque] L V $\mathcal{A}$ **2421** quatuor] quattuor $\mathcal{C}$ **2422** quatuor] quattuor $\mathcal{C}$ **2422** prelato] prolato $\mathcal{A}$ **2422** denominatum] denoiatum $\mathcal{B}$ **2424** quatuor] quattuor $\mathcal{C}$ **2424** quatuor *(post* nisi*)*] quattuor $\mathcal{C}$ **2425** exit *(ante* per undecim*)*] *quasi* exiī $\mathcal{B}$ **2426** quatuor *(ante* quinte*)*] quattuor $\mathcal{C}$ **2426** undecime] decime $\mathcal{C}$ **2426** quatuor] quattuor $\mathcal{C}$ **2427** preponere] pponere $\mathcal{C}$ **2427** denominationem] comparationem $\mathcal{AB}$, coparationem $\mathcal{C}$ **2428** postponere] post ponere $\mathcal{B}$ **2429** Tertius] *om.* $\mathcal{A}$, *marg.* $\mathcal{BC}$ **2429–2430** De multiplicatione ... fractionis] *om. sed spat. hab. et in summa pag. scr.* $\mathcal{B}$, *rubro col.* $\mathcal{C}$ **2429** fractionis fractionis] fractionis onis *(et add. supra* ti*)* $\mathcal{A}$ **2434** viginti] XX $\mathcal{A}$ **2434** Quos] quas $\mathcal{C}$ **2435** fient] *corr. ex* fit $\mathcal{A}$ **2435–2436** quadraginta octo] XL octo $\mathcal{A}$ **2436** viginti] XX $\mathcal{A}$ **2437** prelatus] prolatus $\mathcal{A}$ **2437** viginti] XX $\mathcal{A}$ **2438** sexte] *add. in marg.* $\mathcal{C}$ **2438** quadraginta octo] XL octo $\mathcal{A}$ **2439** prelato] prolato $\mathcal{A}$ **2440** una] una *pr. scr.* XX *add. supra* $\mathcal{A}$ **2440** patet] pate $\mathcal{A}$ **2441** premissis] pmissis $\mathcal{B}$ **2443** viginti unum] XX I $\mathcal{A}$ **2444** denominationem] denoiationem $\mathcal{B}$

2445 per quatuor, exibunt quinque et quarta; quas iterum divide per quinque, et exibit unum et quarta quinte; deinde hos divide per sex, et quod exierit divide per octo, et erunt ad ultimum sexta octave et quarta quinte sexte octave. [Si vero prius divideres per sex, exirent tres et dimidium; quos tres et dimidium divide per quatuor, et exirent septem octave; que divise per
2450 quinque exirent septem octave quinte.]

(**A.105**) Si volueris multiplicare quatuor quintas none in septimam undecime.

(*a*) Multiplica sicut predictum est ad faciendum numerum communem.

(*b*) Vel multiplica unum in quatuor, et provenient quatuor, que sunt qua-
2455 tuor quinte none septime undecime. [Quas divide per quam prius denominationem volueris, et quod ad ultimum exierit erit quatuor quinte none septime undecime.] Vel, si volueris, dic quod sunt quatuor septime none quinte undecime.

Et omnibus hiis modis recte provenit. Et secundum hoc fac quotiens
2460 fractionem fractionis iterare volueris.

QUARTUS. DE MULTIPLICATIONE FRACTIONIS CUM SUA FRACTIONE IN FRACTIONEM.

(**A.106**) Si volueris multiplicare quinque septimas et tres quartas septime in decem undecimas.

2465 (*a*) Ex denominationibus fractionum que sunt septima et quarta multiplicatis inter se provenient viginti octo. Quos multiplica in denominationem undecime, que est undecim, et provenient trescenta octo, qui est numerus prelatus. Deinde quinque septimas de viginti octo agrega ad tres quartas septime eius, et fient viginti tres. Quas multiplica in decem undecimas de
2470 undecim, et provenient ducenta et triginta. Quos denomina a prelato, et erunt octo undecime et septima undecime et dimidia septima undecime. Et hoc est quod voluisti. Cuius probatio consimilis est precedenti nec different in aliquo.

(*b*) Vel aliter. Multiplica quinque et tres quartas, qui est numerus sep-
2475 timarum, in decem, qui est numerus undecimarum, et provenient quinquaginta septem et dimidium, que sunt septime undecimarum. Quas si diviseris per septem, erunt undecime; si vero per undecim, erunt septime. Igitur divide eas per denominationem septime, et exibunt octo et septima

---

2445 quatuor] quattuor *C*   **2445** exibunt] *bis B*   **2445** quinque (*post* per)] V *A*
2446 et (*post* unum)] *om. A*   **2448** divideres] divides *AB*   **2448** quos] Quas *C*
2449 quatuor] quattuor *C*   **2451** quatuor] quattuor *C*   **2454** quatuor] quattuor
C   **2454** quatuor (*post* provenient)] quattuor *C*   **2454–2455** quatuor] quattuor *C*
2456 quatuor] quattuor *C*   **2457** quatuor] quattuor *C*   **2459** omnibus] omibus *B*
2459 hiis] his *codd.*   **2460** iterare] iterate *A*   **2461** Quartus] *om. A, in marg. BC*
2461–2462 De multiplicatione ... in fractionem] *om. A, spat. rel. B, rubro col. C*
2463 quinque] V *A*   **2464** decem] X *A*   **2466** viginti octo] XX octo *A*   **2468** prelatus] prolatus *A*, prelatus communis *C*   **2468** quinque] V *A*   **2468** viginti octo] XX
octo *A*   **2469** viginti tres] XX tres *A*   **2469** decem] X *A*   **2470** triginta] XXX^{ta} *A*
2470 prelato] prolato *A*   **2470** et (*post* prelato)] *supra lin. B*   **2471** undecime (*ante* et dimidia)] undecima *A*   **2475** decem] X *A*   **2475–2476** quinquaginta septem] L septem *A*   **2476** si] *post lituram A*   **2477** erunt] *e corr. A*

et dimidia septima. Quas divide per denominationem undecime, et erunt octo undecime et septima undecime et dimidia septima undecime.

(*c*) Vel aliter. Multiplica decem undecimas in quinque et tres quartas sicut supra docuimus, et que provenient erunt undecime. Quas divide per septem, et exibit quod volueris.

(*d*) Vel aliter. Multiplica quinque septimas in decem undecimas, et erunt septem undecime et septima undecime. Deinde multiplica tres quartas septime in decem undecimas, et proveniet una undecima et dimidia septima undecime. Quam agrega prioribus, et fient octo undecime et septima undecime et dimidia septima undecime. Et hoc est quod voluisti.

(**A.107**) Similiter si velles multiplicare tres quintas septime et quartam quinte septime in quinque sextas octave.

(*a*) Ex denominationibus que sunt quinta et septima et quarta inter se multiplicatis provenient centum quadraginta; quos pone sub suo latere. Deinde ex denominationibus alterius lateris, que sunt sexta et octava, inter se multiplicatis provenient quadraginta octo; quos pone sub suo latere. Deinde multiplica alterum in alterum, et productus erit numerus prelatus. Deinde tres quintas septime de centum quadraginta agrega ad quartam quinte septime eius, et agregatum multiplica in quinque sextas octave de quadraginta octo. Et productum denomina a prelato, et erit quod voluisti.

(*b*) Vel multiplica tres et quartam in quinque, et provenient sexdecim et quarta, que sunt quinte sexte septime octave. Quas divide per quamcumque denominationem prius volueris, et quod exierit per aliam, et sic usque ad ultimam. Si autem prius diviseris per quinque, exibunt tres et quarta, que sunt tres septime sexte octave et quarta septime sexte octave. Si vero prius diviseris per sex, et deinde per octo, et postea per quinque, et postea per septem, exibunt due octave quinte septime et quatuor sexte octave quinte septime et quarta sexte octave quinte septime. Et hoc est quod voluisti.

Cetera huiusmodi considera secundum hoc.

Amodo incipiam agere de conversione fractionum inter se, quod necessarium est ad ea que restant de fractionibus multiplicandis ei qui illas

---

2481–2488 Vel aliter ... est quod voluisti] $120^r, 16 - 21$ A; $22^{ra}, 44 - 22^{rb}, 7$ B; $39^{va}, 34 - 43$ C.
2489–2515 Similiter si velles ... in fractionem] $120^r, 22 - 120^v, 2\text{-}3$ A; $21^{vb}, 40 - 22^{ra}, 26\text{-}28$ B; $39^{va}, 44 - 39^{vb}, 14$ C.

2479 undecime] *corr. ex* tredecime C **2480** septima *(post* et*)*] *corr. ex* septime B **2481** decem] X A **2481** quinque] V A **2482** divide] *corr. ex* dvide A **2484** quinque] V A **2484** decem] X A **2486** decem] X A **2486** proveniet] provenient B **2489** quintas] quartas *pr. scr. et corr.* C **2492** centum quadraginta] C XL A **2494** quadraginta octo] XL octo A **2494** suo] *corr. ex* sub A **2495** alterum *(ante* in*)*] unum *pr. scr. et del.* A **2495** prelatus] prolatus A **2496** centum quadraginta] C XL A **2497** de] d A **2498** quadraginta octo] XL octo A **2498** prelato] prolato A **2499** quinque] V A **2500** quarta] quartam B **2501** et sic] sic A **2502** ultimam] *corr. ex* ultimum A **2502** quinque] V A **2502** quarta] quarte *codd.* **2504** et deinde] deinde B **2504** quinque] V *(pr. scr. octo et del.)* A **2505** exibunt due octave] et exibit octava A, exibit octava BC **2505** quatuor] quattuor C **2506** sexte] quinte *pr. scr. et del.* C **2509** multiplicandis] *corr. ex* multiplicabis C

2510 multiplicare voluerit secundum regulas alias. De quo prius loqui non potui, nam fractiones de quibus hucusque egimus alie pendent ex aliis; unde convenientius est hic loqui de conversione earum inter se.

CAPITULUM DE CONVERSIONE FRACTIONUM IN ALIAS FRACTIONES
Que fit quinque modis.

2515 PRIMUS. DE CONVERSIONE FRACTIONIS IN FRACTIONEM.

(A.108) Si volueris scire tres quarte quot quinte sunt.

Sensus huius questionis est quod aliquid unum dividitur in quatuor partes et iterum in quinque partes, et ideo vis scire tres illarum partium per quas aliquid unum dividitur in quatuor quot istarum partium sunt per 2520 quas illud unum dividitur in quinque. Quod cum ita sit, manifestum est quod comparatio trium partium ad quatuor partes, que sunt unum integrum, est sicut comparatio partium quesitarum ad quinque partes, que sunt unum integrum similiter. Multiplica igitur has tres in quinque et productum divide per quatuor partes, et exibunt tres et tres quarte, qui 2525 est numerus quintarum que sunt in tribus quartis, que scilicet sunt tres quinte et tres quarte quinte.

(A.109) Si autem volueris scire tres octave quot decime sunt.

Sic facies. Semper multiplicabis numerum fractionum convertendarum, unius sive plurium, in denominationem fractionis in quam sunt con-2530 vertende; sicut hic, multiplica tres in decem, et provenient triginta. Quas divide per octo, et exibunt tres et tres quarte. Quas iterum divide per decem, et exibunt tres decime et tres quarte decime.

2516–2526 Si volueris scire ... tres quarte quinte] *120^v, 3 – 9 A; 10rb, 16 – 30 B; 31vb, 58 – 32ra, 9 C.*
2527–2538 Si autem volueris ... quod voluisti] *120^v, 10 – 17 A; 22ra, 28 – 44 B; 39vb, 15 – 27 C.*

2512 loqui] *in marg.* B **2513–2515** Capitulum ... in fractionem] *om. sed spat. rel.* B, *rubro col.* C **2513–2514** Capitulum ... quinque] *subter lin. dux. & Nota scr. lector in marg.* A **2514** quinque] V A **2514** modis] *et add. et exp.* C **2515** Primus] *marg.* BC (*ad A.109, B), in textu cum lin. subter* Primus ... fractionem *ducta* A **2516** (A.108)] *sign.* (†) *scr. in marg. lector* C; *ad A.108–A.111 lin. dux. in marg. lector* A **2516** quinte] in *(vel* inde*)* quinte B **2517** quatuor] quattuor C **2518** quinque] V A **2518** partes] parates A **2518** illarum partium] allarum paratium B **2519** aliquid unum] unum aliud C **2519** quatuor] quattuor C **2519** partium] paratium A **2520** quinque] V A **2520** manifestum est] *a lectore in marg.* A: *per regulam* 4^{or} *proportionabilium* **2521** quatuor] quattuor C **2521–2522** integrum] Similiter *add. (v. infra) et del.* B **2522** quinque] V A **2523** unum] ini *pr. scr. et corr.* C **2523** has] *corr. ex* his C **2523** quinque] V A **2524** quatuor] quattuor C **2524** et exibunt] exibunt A **2524–2526** et tres quarte ... et tres quarte quinte] et tres quarte quinte *pr. scr., qui est numerus* ... *et tres quarte quinte add. in marg. et hoc* quinte *del.* B **2525** scilicet] *om.* AC **2525–2526** tres quinte et tres quarte quinte] *add. in marg. lector* A: $\frac{3}{4}\backslash\frac{3}{5}$ $\frac{3}{4}\frac{1}{5}$ *(sic)* **2527** (A.109)] Primus ... *hab. hic (v. supra) in marg.* B **2528** numerum] *add. in marg.* C **2528–2529** convertendarum] convertenda C **2529** unius sive plurium] *in textu* A, *om.* B, *add. in marg. (bis: etiam add. infra, ad fin. probl., et del.)* C **2529** in denominationem] et denominationem *codd.* **2530** triginta] XXX A, 30 C **2531** divide *(post* Quas*)] corr. ex* dvide A **2532** tres decime et tres quarte decime] *add. in marg. lector* A: $\frac{3}{8}\backslash\frac{3}{10}$ *(sic) et comput.:* $\frac{30}{8}$ $\overset{6}{3}$ *(sc. æq. 3 & reman. 6).*

(**A.110**) Si autem volueris scire quatuor septime quot sexte sunt.

Multiplica quatuor septimas in sex, et provenient tres et tres septime, que sunt tres sexte et tres septime sexte.

(**A.111**) Si volueris scire una quinta quot tredecime est.

Multiplica quintam in tredecim, et provenient duo et tres quinte, que sunt due tredecime et tres quinte tredecime. Et hoc est quod voluisti.

$$\begin{array}{c} 1 \underline{} 13 \\ 5 \cdot \\ \hline 5 \underline{} 13 \end{array}$$

Ad A.111: *Figura inven. in* $\mathcal{A}$ *(120^v, $16 - 18$ marg.), $\mathcal{B}$ (22rb, $14 - 17$), $\mathcal{C}$ (39vb, $31 - 33$ marg.).*
$\frac{1}{5\cdot}$] $\frac{1}{5}$ $\mathcal{A}$, $\frac{1}{5}$ $\mathcal{C}$.   13] 13· $\mathcal{C}$.

SECUNDUS. CAPITULUM DE CONVERTENDA FRACTIONE ET FRACTIONIS FRACTIONE IN FRACTIONEM.

(**A.112**) Si volueris scire quinque septime et due tertie septime quot undecime sunt.

Tu scis quod comparatio quinque et duarum tertiarum ad septem est sicut comparatio quesiti ad undecim. Multiplica igitur quinque et duas tertias in undecim et productum divide per septem, et exibit quod voluisti.

(**A.113**) Similiter si scire volueris tres octave et dimidia octava quot decime sunt.

2539–2540 *tit.*] 120^v, *18* $\mathcal{A}$; 22rb, *20 – 21 (spat.) & summa pag.* 22rb $\mathcal{B}$; 39vb, *36 – 37* $\mathcal{C}$.
2541–2545 *Si volueris scire ... quod voluisti*] 120^v, *18 – 21* $\mathcal{A}$; 10rb, *30 – 36* $\mathcal{B}$; 32ra, *10 – 14* $\mathcal{C}$.
2546–2579 *Similiter si ... sexte unius decime*] 120^v, *21 – 39* $\mathcal{A}$; 22rb, *22 – 22va, 21* $\mathcal{B}$; 39vb, *37 – 40ra, 10* $\mathcal{C}$.

2535–2538 *que sunt tres sexte ... est quod voluisti (A.110 – 111)*] *lect. alt. præb.* $\mathcal{B}$, *fol.* 22rb, *7 – 20, & etiam* $\mathcal{C}$ *(et del. significavit 1^a m.), fol.* 39vb, *27 – 35 (post fin. A.111): Quos divide per denominationem convertendarum, scilicet septem, et exibunt tres et tres septime. Quas iterum divide per sex, et exibunt tres sexte et tres septime unius sexte. Et hec (*hoc, $\mathcal{C}$*) sunt quatuor (*quattuor, $\mathcal{C}$*) septime.*

*Similiter si volueris scire una quinta quot tredecime est. Multiplica numerum fractionis, scilicet unum (*numerum, $\mathcal{B}$*) in tredecim; et non sunt nisi tredecim. Quos divide per quinque, et exibunt duo et tres quinte. Quos (*signum ab eadem m. in* $\mathcal{C}$ *ref. ad 'duo et tres quinte') iterum divide per tredecim, et exibunt tres (*sic*) tredecime et tres quinte unius tredecime. Et hoc est una quinta.*

2533 *quatuor*] quattuor $\mathcal{C}$ **2534** *quatuor*] quattuor $\mathcal{C}$ **2537** *quintam*] qnta $\mathcal{B}$ **2539** Secundus] *marg.* $\mathcal{A}$ *& (v. infra)* $\mathcal{BC}$ **2539–2540** Capitulum ... in fractionem] *lin. subter dux.* $\mathcal{A}$, *spat. rel. et in summa pag. (fol. 22rb) hab.* $\mathcal{B}$, *rubro col.* $\mathcal{C}$ **2541** (A.112)] *sign. lectoris* (†) *in marg.* $\mathcal{C}$ **2543** *quinque*] V $\mathcal{A}$ **2544** *igitur*] *om.* $\mathcal{A}$ **2546** (A.113)] Secundus *hab. hic in marg.* $\mathcal{BC}$ **2546** *volueris*] voluis $\mathcal{B}$

Multiplica tres octavas et dimidiam octavam in decem, a quo denominatur decima, et provenient quatuor et tres octave; que divide per decem, et exibunt quatuor decime et tres octave unius decime. Et hoc sunt tres octave et dimidia octava.

$$\begin{array}{|c|}\hline \begin{array}{c} \frac{3}{8}\cdot \\ \frac{2}{8}\cdot \end{array} \diagup 10 \\ \hline 4 \\ \frac{3}{8}\cdot \\ \hline \end{array}$$

Ad A.113:   *Figura inven. in $\mathcal{A}$ ($120^v, 20 - 25$ marg.), $\mathcal{B}$ ($22^{rb}, 24 - 29$), $\mathcal{C}$ ($39^{vb}, 38 - 44$ marg.).*
$\frac{3}{8}.$ *(sup.)*] $\frac{3}{8}$ $\mathcal{A}$, $\frac{3}{4}$ $\mathcal{B}$.   2·] 2 $\mathcal{AB}$.   8· *(med.)*] 8 $\mathcal{AB}$.   *lin. inter* 4 *et* 3 *om.* $\mathcal{AB}$. $\frac{3}{8}.$ *(inf.)*] $\frac{3}{8}$ $\mathcal{A}$, $\frac{3}{8}$ $\mathcal{B}$.

(A.114) Si autem volueris scire quatuor undecime et tertia unius undecime quot octave sunt.

Multiplica quatuor undecimas et tertiam in octo, et proveniunt tres integri et una undecima et due tertie unius undecime; que divide per octo, et exibunt tres octave et ⟨undecima unius octave et due⟩ tertie undecime unius octave. Et hoc sunt quatuor undecime et tertia undecime.

TERTIUS.   CAPITULUM DE CONVERTENDA FRACTIONE FRACTIONIS IN FRACTIONEM.

(A.115) Si volueris scire tres quarte unius decime quot sexte sunt.

Multiplica tres quartas decime in sex, et provenient decem et octo quarte unius decime, que sunt quatuor decime et dimidia decima. Quas divide per sex, et exibunt quatuor decime unius sexte et dimidia decima sexte.

(A.116) Si autem volueris scire tres quinte unius undecime quot octave sunt.

2548 decem] X $\mathcal{A}$ **2548** a quo] et quot $\mathcal{B}$ **2549** quatuor] quattuor $\mathcal{C}$ **2549** que] quod $\mathcal{A}$ **2549–2550** decem] X $\mathcal{A}$ **2550** quatuor] IIII^{or} $\mathcal{A}$, quattuor $\mathcal{C}$ **2552** quatuor] quattuor $\mathcal{C}$ **2554** quatuor] quattuor $\mathcal{C}$ **2554** octo] octavo $\mathcal{B}$ **2555** integri] *post* undecima *hab.* $\mathcal{A}$ **2556** et exibunt] 2^a *m. scr. in marg.:* et $\frac{1}{11}\frac{e}{8}$ et $\frac{2}{3}\frac{e}{11}\frac{e}{8}$ $\mathcal{A}$ **2556** tertie] tertia *codd.*   **2557** quatuor] quatuo $\mathcal{A}$, quattuor $\mathcal{C}$ **2558** Tertius] *marg.* $\mathcal{ABC}$ **2558–2559** Capitulum … in fractionem] *om. sed spat. rel. (olim in ima pag. habebat)* $\mathcal{B}$, *rubro col.* $\mathcal{C}$; *subter* Capitulum de convertenda fra *(fin. lin.) lin. subter dux.* $\mathcal{A}$ **2561** decem et octo] X et octo $\mathcal{A}$ **2562** quatuor] quattuor $\mathcal{C}$ **2563** quatuor] quattuor $\mathcal{C}$ **2565** autem] *supra lin.* $\mathcal{B}$

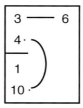

Ad A.115: *Figura inven. in* $\mathcal{A}$ *(120^v, 28 – 30 marg., sine ambitu),* $\mathcal{B}$ *(22rb, 40 – 44 & marg.),* $\mathcal{C}$ *(39vb, 49 – 52 marg.).*
$\frac{3}{4.}$] $\frac{3}{4}$ $\mathcal{A}$, $\frac{3}{4}$ $\mathcal{BC}$. $\frac{1}{10.}$] $\frac{1}{10}$ $\mathcal{A}$, $\frac{1}{10}$ $\mathcal{BC}$.

Multiplica tres quintas unius undecime in octo, et provenient viginti quatuor ⟨quinte unius undecime⟩, que sunt quatuor undecime et quatuor quinte unius undecime. Quas divide per octo, et exibunt quatuor undecime unius octave et quatuor quinte unius undecime unius octave.

$$\begin{array}{cc} 3 \!\!-\!\!\!\!-\!\! & 8 \\ 5\cdot & \\ \hline 1 & \\ 11\cdot & \\ \hline 24 & 8 \end{array}$$

Ad A.116: *Figura inven. in* $\mathcal{A}$ *(120^v, 31 – 34 marg.),* $\mathcal{B}$ *(22va, 3 – 6),* $\mathcal{C}$ *(39vb, 55 – 59 marg.).*
$\frac{3}{5.}$] $\frac{3}{5}$ $\mathcal{AC}$ *(5 bis scr. post. del.* $\mathcal{A}$*).* $\frac{1}{11.}$] $\frac{1}{11}$ $\mathcal{AC}$.

QUARTUS. CAPITULUM DE CONVERTENDA FRACTIONE FRACTIONIS IN FRACTIONEM FRACTIONIS.

(A.117) Si volueris scire tres septime unius octave quot sexte unius decime sunt.

(a) Multiplica tres septimas octave in numerum provenientem ex multiplicatis denominationibus inter se, scilicet sexaginta [sexies enim decem sexaginta fiunt], et provenient tres et septima et dimidia septima. Quas divide per sexaginta, et exibunt tres sexte unius decime et septima sexte unius decime et dimidia septima unius sexte unius decime.

2567–2568 viginti quatuor] XX IIII^{or} $\mathcal{A}$, viginti quattuor $\mathcal{C}$ 2568 quatuor] quattuor $\mathcal{C}$ 2568 quatuor *(post* et*)*] quattuor $\mathcal{C}$ 2569 quatuor] quattuor $\mathcal{C}$ 2570 quatuor] quattuor $\mathcal{C}$ 2571 Quartus] *marg.* $\mathcal{ABC}$ 2571–2572 Capitulum ... fractionis] *subter lin. dux.* $\mathcal{A}$, *om. sed spat. rel. et in summa pag. scr.* $\mathcal{B}$, *rubro col.* $\mathcal{C}$ 2576 sexaginta] septimas *pr. scr. et exp.* $\mathcal{B}$ 2576 sexies] Sexagini *pr. scr. et corr.* $\mathcal{B}$ 2577 provenient] proveniunt $\mathcal{BC}$ 2577 dimidia septima] dimidia septime $\mathcal{B}$ 2578 sexaginta] 60 $\mathcal{C}$

$$\begin{array}{cc} 3 & 6\cdot \\ \dfrac{7\cdot}{1} & \dfrac{1}{10\cdot} \\ 8\cdot & \\ 60 & \end{array}$$

Ad A.117a: Figura inven. in $\mathcal{A}$ $(120^v, 36 - 38$ marg.$)$, $\mathcal{B}$ $(22^{va}, 14 - 17)$, $\mathcal{C}$ $(40^{ra}, 5 - 8$ marg.$)$; lin. infra 10· om. $\mathcal{A}$.
$\frac{3}{7\cdot}$] $\frac{3}{7}$ $\mathcal{AB}$.   6·] 6 $\mathcal{A}$. $\frac{1}{10\cdot}$] $\frac{1}{12}$ $\mathcal{A}$, $\frac{1}{11\cdot}$ $\mathcal{B}$, $\frac{1}{11}$ $\mathcal{C}$. $\frac{1}{8\cdot}$] 8 $\mathcal{A}$, $\frac{1}{8}$ $\mathcal{B}$.   60] 60· $\mathcal{C}$.

2580 **(b)** Vel aliter. Ex ductu septem in octo, qui numeri sunt denominationum, proveniunt quinquaginta sex; deinde ductis inter se numeris aliarum denominationum, que sunt sexta et decima, proveniunt sexaginta. Postea multiplica tres in sexaginta, et productum divide per quinquaginta sex, et exibit quod voluisti.

2585 **(i)** Similiter facies quotquot fuerint fractiones, sive tres sive plures. Scilicet, ex denominationibus omnium fractionum convertendarum ductis in se fac numerum unum et ex aliis in quas sunt convertende similiter alium. Deinde dic: 'Tot vel tot partes talis vel talis numeri quot partes sunt huius vel illius numeri?'. Tunc multiplica primum numerum, qui est numerus fractionum
2590 convertendarum, in ultimum sive quartum, qui est numerus productus ex numeris denominantibus fractiones in quas convertantur ductis in se, et productum inde divide per secundum, qui est numerus productus ex numeris denominantibus fractiones convertendas ductis in se; et exibit tertius, qui queritur.

2595 **(A.118)** Si autem volueris scire quinta unius septime quot octave unius undecime est.

   Multiplica quintam septime in octoginta octo, qui numerus provenit ex

---

2580–2594 Vel aliter ... qui queritur] 121^r, $1 - 9$ $\mathcal{A}$; 10rb, $37 - 10^{va}$, 10 $\mathcal{B}$; 32ra, $15 - 29$ $\mathcal{C}$.
2595–2601 Si autem ... octave unius undecime] 121^r, $10 - 14$ $\mathcal{A}$; 22va, $22 - 32$ $\mathcal{B}$; 40ra, $11 - 19$ $\mathcal{C}$.

2580 (b)] ad A.117b & reg. (i) lin. dux. in marg. lector $\mathcal{A}$ **2580** octo] octa (post quod spat. hab.) $\mathcal{C}$ **2581** proveniunt] et proveniunt $\mathcal{A}$ **2581** quinquaginta sex] L VI $\mathcal{A}$, quinquagita sex $\mathcal{C}$ **2582–2583** Postea multiplica] Multiplica postea $\mathcal{AB}$ **2583** quinquaginta sex] L sex $\mathcal{A}$, 50ta pr. scr. et del. post quod quinquaginta sex scr. $\mathcal{C}$ **2585** quotquot] quot quot $\mathcal{B}$; a lectore in marg. $\mathcal{A}$: Nota et cum 2^{bus} et pluribus   **2586** denominationibus] denomciationibus $\mathcal{B}$ **2586** convertendarum] contendant $\mathcal{B}$ **2587** et] om. $\mathcal{B}$ **2587** sunt] add. in marg. $\mathcal{B}$ **2588** dic: 'Tot vel] om. $\mathcal{A}$ **2588** partes (post tot)] parates $\mathcal{A}$, parartes (quod corr.) $\mathcal{B}$ **2589** fractionum] con pr. scr. et del. $\mathcal{A}$ **2591** denominantibus] denominationibus $\mathcal{A}$, denominatibus $\mathcal{B}$ **2591** convertantur] converdatur $\mathcal{B}$ **2591** ductis] ductus $\mathcal{B}$ **2593** denominantibus] denominationibus $\mathcal{A}$, denominatibus $\mathcal{B}$ **2595** scire] m (pro multiplicare) pr. scr. et exp. $\mathcal{C}$ **2596** undecime] decime $\mathcal{C}$ **2597** octoginta] corr. ex octingenta $\mathcal{A}$

multiplicatione denominationum inter se, et provenient duo et tres septime et tres quinte unius septime. Quas divide per octoginta octo, et exibunt due octave unius undecime et tres septime unius octave unius undecime et tres quinte unius septime unius octave unius undecime.

$$\frac{\begin{array}{cc} 5\cdot & 8\cdot \\ 1 & 1 \end{array}}{\begin{array}{cc} 7\cdot & 11\cdot \end{array}}$$

Ad A.118: *Figura inven. in $\mathcal{A}$ (121^r, 10 – 12 marg.), $\mathcal{B}$ (22va, 24 – 27), $\mathcal{C}$ (40ra, 12 – 14 marg.).*
5·] 5 $\mathcal{AC}$. 8·] 8 $\mathcal{AC}$. $\frac{1}{7\cdot}$] $\frac{1}{7}$ $\mathcal{A}$. $\frac{1}{11\cdot}$] $\frac{1}{11}$ $\mathcal{AC}$.

(*ii*) Si autem in hiis et in illis fractionibus utriusque ordinis aliqua una fractio repetitur, pretermittetur.

(A.119) Veluti si queras: Quinque sexte octave septime quot undecime quinte octave sunt?

Reicies octavam pro octava, et dices: 'Quinque sexte septime quot undecime unius quinte sunt?'. Tunc facies sicut supra ostensum est.

(A.120) Vel si quesieris: Tres quarte unius sexte quot sexte unius septime sunt?

$$\frac{\begin{array}{cc} 3 & 6\cdot \\ 4\cdot & 1 \\ & 7\cdot \\ 1 & \\ 6\cdot & \end{array}}{}$$

Ad A.120: *Figura inven. in $\mathcal{A}$ (121^r, 17 – 19 marg.), $\mathcal{B}$ (22va, 35 – 38), $\mathcal{C}$ (40ra, 19 – 22 marg.).*
$\frac{3}{4\cdot}$] $\frac{3}{.4}$ $\mathcal{AC}$, $\frac{3}{.4}$ $\mathcal{B}$. 6· (*sup.*)] 6 $\mathcal{AB}$. $\frac{1}{7\cdot}$] $\frac{1}{7}$ $\mathcal{A}$. $\frac{1}{6\cdot}$] $\frac{1}{6}$ $\mathcal{AC}$, $\frac{1}{.6}$ $\mathcal{B}$.

2602–2607 Si autem ... ostensum est] 121^r, 15 – 17 $\mathcal{A}$; 10va, 10 – 17 $\mathcal{B}$; 32ra, 30 – 35 $\mathcal{C}$.
2608–2634 Vel si quesieris ... in omnibus aliis] 121^r, 17 – 33 $\mathcal{A}$; 22va, 33 – 22vb, 25 $\mathcal{B}$; 40ra, 19 – 48 $\mathcal{C}$.

2598 multiplicatione] multiplicati *in fin. lin.* plitione *in init. seq.* $\mathcal{B}$ **2598** denominationum] denoiationum $\mathcal{B}$ **2598** provenient] proveniet $\mathcal{B}$ **2598–2599** tres septime et tres quinte unius septime] tres quinte unius septime et tres septime *codd.* **2599** exibunt] *e corr.* $\mathcal{A}$ **2602** hiis] his *codd.* **2602** et] *om.* $\mathcal{A}$ **2603** repetitur] repetatur $\mathcal{A}$ **2604–2605** undecime quinte octave sunt] undecime sunt quinte octave *codd.* **2606** Reicies] *corr. ex* Reices $\mathcal{C}$ **2606** pro octava] *om.* $\mathcal{A}$ **2606** septime] octa *pr. scr. et del.* $\mathcal{C}$

Quia in utraque parte sunt fractiones consimiles, pretermittes eas, sicut hic sextam et sextam, et restabit ut multiplices tres quartas in septem, et provenient quinque et quarta. Quas divide per quadraginta duo, qui numerus provenit ex multiplicatione denominationum in se, scilicet sexte et septime, et exibunt quinque sexte unius septime et quarta sexte unius septime.

QUINTUS. DE CONVERTENDO FRACTIONEM FRACTIONIS ET FRACTIONEM FRACTIONIS FRACTIONIS IN FRACTIONEM FRACTIONIS.

(A.121) Si volueris scire tres octave unius decime et dimidia octava unius decime quot sexte unius septime sunt.

Multiplica tres octavas decime et dimidiam octave decime in quadraginta duo, qui numerus provenit ex ductu denominationum in se, scilicet sexte et septime, et provenient unum integrum et octo decime et tres octave unius decime. Quas divide per quadraginta duo, et exibit una sexta septime et octo decime sexte septime et tres octave decime sexte septime.

3	6 ·
8 ·	1
1	7 ·
10 ·	
et 2 ·	
8 ·	
1	
10 ·	

Ad A.121: *Figura inven. in* $\mathcal{A}$ *(121^r, 23 − 27 marg.),* $\mathcal{B}$ *(22vb, 0 − 5),* $\mathcal{C}$ *(40ra, 29 − 36 marg.).*
$\frac{3}{8\cdot}$] $\frac{3}{8}$ $\mathcal{AB}$. 6·] 6 $\mathcal{ABC}$. $\frac{1}{7\cdot}$] $\frac{1}{7}$ $\mathcal{AB}$. $\frac{1}{10\cdot}$] $\frac{1}{10}$ $\mathcal{A}$. et 2·] 12 $\mathcal{A}$.
8· *(inf.)*] 8 $\mathcal{A}$. $\frac{1}{10\cdot}$ *(inf.)*] $\frac{1}{10}$ $\mathcal{A}$, $\frac{1\cdot}{10}$ $\mathcal{BC}$.

(A.122) Si autem volueris scire quatuor septime unius decime et dimidia septima decime quot decime unius tredecime sunt.

Pretermitte decimam cum decima quoniam similes sunt, sicut predictum est, et multiplica quatuor septimas et dimidiam septimam in tredecim

---

2610 pretermittes] pretermites *pr. scr. et corr. supra* $\mathcal{A}$ **2612** divide] divides $\mathcal{BC}$
2612 quadraginta duo] XL duo $\mathcal{A}$ **2614–2615** quarta sexte unius septime] quarta sexte septime $\mathcal{A}$ **2616** Quintus] *marg.* $\mathcal{ABC}$ **2616–2617** De convertendo ... in fractionem fractionis] *lin. subter dux.* $\mathcal{A}$, *om. sed spat. rel. (olim in ima pag. habuit)* $\mathcal{B}$, *rubro col.* $\mathcal{C}$ **2616–2617** et fractionem fractionis] et fractionem fractis *pr. scr. et corr.* $\mathcal{A}$; *post* fractionem *scr.* fractionis *ter (ult. del.)* $\mathcal{C}$ **2620–2621** quadraginta duo] XL II $\mathcal{A}$ **2622** sexte et septime] sexte septime $\mathcal{B}$ **2622** unum] numerum $\mathcal{B}$
2623 quadraginta duo] XL duo $\mathcal{A}$, 42 $\mathcal{C}$ **2625** quatuor] quattuor $\mathcal{C}$ **2628** quatuor] quattuor $\mathcal{C}$ **2628** dimidiam] decimam *pr. scr. & del.* et dimidiam *add. in marg.* $\mathcal{B}$

4	10·
7·	1
1	13·
10·	
et 2·	
7·	
10·	

Ad A.122: *Figura inven. in A (121^r, 29 – 32 marg.), B (22vb, 12 – 17), C (40ra, 38 – 44 marg.); sine claustr. in parte sinistra A.*

$\frac{4}{7\cdot}$] $\frac{4}{7}$ AC, $\frac{4\cdot}{7\cdot}$ B. 10· *(sup.)*] 10 AC. $\frac{1}{13\cdot}$] $\frac{1}{13}$ AB. $\frac{1}{10\cdot}$] $\frac{1}{10}$ AC, $\frac{1\cdot}{10\cdot}$ B. et 2·] 12 AC, 2· B. 7·] 7 A. 10· *(inf.)*] 10 A.

unde denominatur tredecima, et provenient octo et due septime et dimidia septima. Quas divide per centum triginta, qui numerus provenit ex ductu denominationum in se, scilicet decem et tredecim, et exibunt octo decime unius tredecime et due septime decime unius tredecime et dimidia septima decime tredecime.

Similiter facies in omnibus aliis.

Capitulum de multiplicatione fractionis in integrum et fractionem

(A.123) Si volueris multiplicare quinque septimas in sex et duas tertias.

(a) Sic facies. Numeros denominantes fractiones, que sunt septima et tertia, duc in se, et provenient viginti unum, qui sunt prelatus. Cuius quinque septimas, que sunt quindecim, multiplica in sex et duas tertias, et productum divide per prelatum, et exibit quod voluisti.

Cuius probatio manifesta est. Nam comparatio quinque septimarum de viginti uno ad viginti unum est sicut comparatio quinque septimarum de sex et duabus tertiis ad sex et duas tertias. Cum igitur multiplicaveris quinque septimas de viginti uno in sex et duas tertias et productum diviseris per viginti unum, exibit quod queritur.

2630

2635

2640

2645

2635–2654 Capitulum ... primo theoremate] *121^r, 33 – 121^v, 11 A; 10va, 17-19 – 46 B; 32ra, 35 – 56 C.*

2630 centum triginta] C XXX *A* **2630** ductu] duc *in fin. lin. ctu in init. seq. B* **2633** tredecime] et tredecime *B* **2635–2636** tit.] *om. sed spat. rel. B, rubro col. C; subter* Capitulum de multiplicatione *(fin. lin.) lineam dux. A* **2637** quinque] V *A* **2638** denominantes] *corr. ex* denominantos *B* **2638** que] qui *codd.* **2638** et] *om. B* **2639** duc] ductis *C* **2639** viginti unum] XX unum *A* **2639** qui] que *A* **2639** sunt] sint *codd.* **2643** viginti uno] XX I *A* **2643** viginti unum] XX unum *A* **2643** quinque] V *A* **2645** viginti uno] XX uno *A* **2646** viginti unum] XX unum *A*

(**b**) Vel aliter. Multiplica quinque in sex et duas tertias et productum divide per septem, et exibit quod queritur. Cuius probatio patet ex premissis.

(**c**) Vel aliter. Multiplica quinque septimas in sex, et exibunt quatuor et due septime. Deinde multiplica quinque septimas in duas tertias, et exibunt tres septime et tertia septime. Quas agrega ad quatuor et duas septimas, et erunt quatuor et quinque septime et tertia septime. Et hoc est quod voluisti. Cuius probatio patet ex premissis [in capitulo de multiplicatione iteratorum milium [et ex secundi libri Euclidis primo theoremate]].

CAPITULUM DE MULTIPLICATIONE INTEGRI ET FRACTIONIS IN INTEGRUM ET FRACTIONEM.

Multiplicatio integri et fractionis in integrum et fractionem quinque modis fit.

PRIMUS.

(**A.124**) Cum volueris quatuor et quinque octavas multiplicare in novem et tres quintas.

(**a**) Sic facies. Multiplica denominationem unius fractionis in denominationem alterius, sicut hic octo in quinque, et fiunt quadraginta, qui est numerus prelatus. Deinde integrum multiplicandi lateris et fractionem eius converte in ultimum genus sue denominationis, scilicet octavas, hoc modo: Multiplica integrum multiplicandi lateris, scilicet quatuor, in numerum sue denominationis, scilicet octo, et fiunt triginta duo; quibus additis quinque, qui est numerus fractionis, fiunt triginta septem. Quos pone per se. Deinde aliud latus converte in quintas simili modo: Scilicet, multiplica integrum, quod est novem, in quinque, qui est numerus sue denominationis, et fiunt quadraginta quinque; quibus additis tribus, qui sunt numerus fractionis, fiunt quadraginta octo. Quos multiplica in triginta septem alterius lateris; fient mille septingenta septuaginta sex. Quos divide per communem numerum, scilicet quadraginta, et exeunt quadraginta quatuor integri et due quinte. Et hoc est quod ex multiplicatione supra positorum provenit.

2655–2675 Capitulum ... supra positorum provenit] 121^v, $11 - 21$ A; 22vb, 25-27 – 23ra, 2 B; 40ra, $49 - 40^{rb}$, 7 C.

2649 quinque septimas] *iter. (posteriora del.)* A **2649** quatuor] quattuor C **2650** in duas] *iter. (priora exp.)* C **2651** quatuor] quattuor C **2652** quatuor] quattuor C **2653–2654** multiplicatione] multiplicatio B **2655–2656** tit.] *subter lin. dux.* A, *om. sed spat. rel.* B, *rubro col.* C; *signum in* A *ref. ad A.264 quod 1^a m. hic inseruit (fol. 122, fragm.)*   **2655** integri] *bis* C **2657–2658** Multiplicatio integri ... quinque modis fit] *om.* A, *in marg.* BC **2659** Primus] *om.* A, *add. in marg.* BC **2660** quatuor] quattuor C **2660** quinque] V A **2662** denominationem] denoiationem B **2662–2663** denominationem] denoiationem B **2663** in quinque] et quinque B **2663** fiunt] fuerit B **2663** quadraginta] XL A **2666** quatuor] quattuor C **2667** et] *add. supra* B **2667** triginta duo] 3 2 *(sc. in cod.: 3.2)* A, 32 BC **2668** triginta septem] XXX^{ta} septem A **2670** sue denominationis] fractionis *codd.*   **2671** quadraginta quinque] 4 5 A, 45 BC **2671** fractionis] fractionum ABC *(corr. A)*; 45 quibus additis tribus, que *(sic)* sunt numerus fractionum *iter. in marg.* B **2672** fiunt] et fiunt *codd.*   **2672** quadraginta octo] 4 8 A, 48 BC **2672** triginta septem] 3 7 A, 37 BC **2672** alterius] *et pr. scr. et eras.* B **2673** mille septingenta septuaginta sex] 1776 A, 1776 BC **2674** quadraginta] 4 0 A, 40 BC **2674** quadraginta quatuor] 4 4 A, 44 BC **2675** ex] *om.* A **2675** supra positorum] suppositorum C

LIBER MAHAMELETH 107

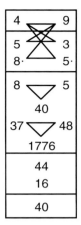

Ad A.124a: *Figura inven. in A (121^v, 14 – 23 marg.), B (22vb, 41 – ima pag.), C (40rb, 5 – 18 marg.); lin. subter 4 & 9 om. A.*

$\frac{5}{8.}$] $\frac{5}{8}$ *ABC*. $\frac{3}{5.}$] $\frac{3}{5}$ *ABC*. 1776] 1770 *ABC (corr. B)*.

Cuius probatio patet ex hiis que dicta sunt in capitulo de multiplicatione fractionis in fractionem, sed tamen repetam ut magis commendetur memorie. Ostendam etiam quomodo potest induci hec probatio in unoquoque capitulo de multiplicatione fractionum.

```
                    H
        ─────────────────────────
         A              G
         ─────          ─────
         B              D
         ─────          ─────

                    Z
         ─────────────────────────
```

Ad A.124a (probatio prima): *Figura inven. in A (121^v, ima pag.), B (10vb, 23 – 27), C (32rb, 15 – 20).*

Quatuor ergo et quinque octave sint A, novem vero et tres quinte sint B, id vero unde denominatur octava sit G, denominatio vero quinte sit D. Multiplicetur autem A in G et proveniat H, et B in D et proveniat Z. Ex ductu igitur A in G provenit H; cum igitur diviseris H per G, exibit A. Ex ductu autem B in D provenit Z; si igitur diviseris Z per D, exibit

2680

2676–2712 Cuius probatio ... multiplicationes fractionum] *121^v, 21 – 123^r, 14 (122^r alio ponendum, v. A.264) A; 10va, 47 – 11ra, 9-14 B; 32ra, 57 – 32rb, 45-49 C.*

2676 ex] *corr. ex* el *A*   **2676** hiis] his *codd.*   **2677** magis] mag *A*   **2677** commendetur] conmendetur *B*   **2680** Quatuor] Quattuor *C*   **2681** B] *post lituram* *A*   **2682** autem] *om. A*   **2682** in G] IG (sc. $\overline{\text{ig}}$ *in cod.*) *A*   **2682** proveniat (ante Z)] proveniet *A*   **2683** provenit] proveniet *A*   **2683** H (ante per)] *hec pr. scr., corr., del. et rescr. in marg.* *C*   **2684** A] A B A *scr. & A B exp.* *B*

2685 B. Nos autem volumus multiplicare A in B, quod idem est quod dividere H per G et dividere Z per D et eorum que de utraque divisione exeunt multiplicare unum in aliud; quod etiam idem est quod dividere id quod provenit ex ductu H in Z per productum ex ductu G in D. Idem est igitur multiplicare A in B quod multiplicare H in Z et productum dividere per 2690 productum ex multiplicatione G in D. Et hoc est quod monstrare voluimus.

In hoc autem capitulo est etiam alia probatio facilior. Videlicet ut quatuor et quinque octave sint A, novem vero et tres quinte sint B. Multiplicetur autem A in B et proveniat G, et est id quod queritur. Deinde denominatio octave sit D. In quam multiplicentur quatuor et quinque oc-
2695 tave, et proveniat H. Ex ductu igitur A in B provenit G et ex ductu eius in D provenit H. Talis est igitur comparatio de G ad H qualis est comparatio de B ad D. Deinde denominatio quinte sit K. In quam multiplicentur novem et tres quinte, et proveniat Z. Et ex ductu D, que est denominatio octave, in K, que est denominatio quinte, proveniat T. Ex ductu
2700 igitur B in K provenit Z, et ex ductu D in K provenit T. Talis est igitur comparatio de Z ad T qualis est comparatio de B ad D. Iam autem erat comparatio de B ad D sicut comparatio de G ad H. Igitur comparatio de G ad H est sicut comparatio de Z ad T. Id igitur quod fit ex ductu Z in H equum est ei quod fit ex ductu G in T. Si igitur multiplicetur Z, qui
2705 est productus ex multiplicatione novem et trium quintarum in quinque, in H, qui est productus ex multiplicatione quatuor et quinque octavarum in octo, et productus dividatur per T, qui est productus ex multiplicatione denominationum duarum fractionum, exibit G, qui est id quod querimus. Et hoc est quod monstrare voluimus.

2710 Quisquis autem has duas probationes diligenter attenderit et plene cognoverit, poterit eas inducere ad probandas omnes multiplicationes fractionum.

(**b**) Vel aliter. Si volueris, secundum differentias predicta multiplicabis. Videlicet, multiplicando quatuor in novem, et fient triginta sex. Deinde
2715 multiplicando quinque octavas in novem, et fiunt quadraginta quinque oc-

---

2713–2775 Vel aliter ... duabus probationibus] $123^r, 14 - 123^v, 19$ A; $23^{ra}, 2 - 23^{rb}, 41$ B; $40^{rb}, 7 - 40^{va}, 14$ C.

2685 volumus] voluimus muluimus *(post. del.)* B **2686** eorum] eru *pr. scr. et corr.* A **2686** exeunt] *om.* C **2688** provenit] exit A **2688** in D] *ID ut vid.* A **2692** quatuor] quattuor C **2692** sint *(post* octave*)*] et sint *pr. scr. & et eras.* A, sunt B **2692** B] HB **2693** A] in A *scr.* A **2693** proveniat] *corr. ex* proveniant A **2693** est] sit *codd.* **2694–2695** sit D ... octave] et proveniat H *pr. scr., et in s mut., & per homœotel. omissa add. in marg.* B **2694** quam] quem AB **2694** quatuor] *quattuor* C **2695** et proveniat] et proveniant A, et *add. in marg.* B **2695** provenit] et provenit B **2699** proveniat] proveniant A **2703** de Z ad T] de B ad D *pr. scr. (v. supra) et exp.* B **2703** Id] *om.* A **2704** equum] equm A **2704** Z] Z in H *scr.* A, H in Z *scr. et ordinem invert.* B, in H *add. in marg.* C *(cum signo eadem m., v. infra)* **2705** quintarum] quartarum A **2705–2706** in H] *hic om. (alio addita, v. supra)* AB, *in textu* C *(cum eodem signo ut supra)* **2706** multiplicatione] mltiplicatione B **2706** quatuor] quattuor C **2707** multiplicatione] mltiplicatione B **2708** qui] que AC **2708** id] idem A **2711** ad probandas] *add. in marg.* B **2713** Vel aliter. Si volueris] *lin. subter dux.* A **2714** quatuor] quattuor C **2714** triginta sex] 36 ABC **2715** quadraginta quinque] 45 ABC

G	quod queritur	37	H
B	9 et 3 5^e	8	D
A	4 et 5 8^e	5	K
Z	48	40	T

Ad A.124a (probatio secunda): *Figura inven. in A (123^r, 14 – 17), B (11ra, 10 – 14), C (32rb, 45 – 49); numeros alios præbb. codd., sc. multiplicationis* $3 + \frac{8}{11}$ *per* $2 + \frac{5}{7}$.
9 et 3 5^e] 3 et 8 11· *ABC(corr. A in* 9 *et* $\frac{3}{5}$*).* 4 et 5 8^e] 2 et 5 7· *ABC* (7·] 7̇ *C*, 7 *AB, quasi* 1 *B), corr. A in* 4 *et* $\frac{5}{8}$. 48] 41 *ABC (corr. A).* 37] 19 *ABC (corr. A).* 8] 7 *ABC (corr. A).* 5] 11 *ABC (corr. in* 5^e *A).* 40] 77 *ABC (corr. A).* T] I *ut vid. B.*

tave, que sunt quinque integra et quinque octave; digitum autem, qui est quinque, pones cum triginta sex, sed quinque octavas pones separatim. Deinde multiplicabis quinque octavas in tres quintas, et proveniunt tres octave. Postea multiplicabis tres quintas in quatuor, et fiunt duo et due quinte. Duas autem quintas et tres priores octavas pones cum predictis quinque octavis, sed duo cum priore integro. Completa vero multiplicatione et singulis appositis cum numeris sui generis, scilicet integro cum integro et fractione cum fractione et fractionibus fractionum cum fractionibus fractionum, et conversis fractionibus in alias ut omnes fiant similes, sicut hic convertendo duas quintas in octavas, et fiunt tres octave et quinta unius octave, agregabis eas sibi, scilicet tres octavas cum tribus octavis et quinque octavis prioribus, et fiunt unum et tres octave; deinde hoc unum agregabis prioribus integris, et fiunt quadraginta quatuor. Quod ergo ex multiplicatione predictorum provenit est quadraginta quatuor et tres octave et quinta unius octave.

(**c**) Vel aliter in hac questione. Multiplica novem et tres quintas in quatuor, et proveniunt triginta octo et due quinte. Pone autem integrum per se et duas quintas per se separatim. Deinde multiplica quinque octavas in novem et tres quintas, et proveniunt sex. Quos agrega priori integro, et fiunt quadraginta quatuor. Quod ergo provenit ex multiplicatione propositorum est quadraginta quatuor ⟨et due quinte⟩.

2717 pones] pone *A* **2717** triginta sex] 36 *ABC* **2717** sed] scilicet *B* **2717** separatim] superatim *B* **2719** quatuor] quattuor *C* **2725** quintas] quinta *C* **2726** eas] ea *BC* **2727** octavis] *corr. ex* octavas *A* **2728** quadraginta quatuor] XL IIII^{or} *A*, quadraginta quattuor *C* **2729** quadraginta quatuor] XL IIII^{or} *A*, 44 *C* **2730** quinta] quintam *C* **2731** Vel aliter in hac questione] *lin. subter dux. A, in hac questione add. in marg. B* **2731** quatuor] quattuor *C* **2732** triginta octo] 3 8 *A*, 38 *BC* **2733–2734** novem] nove *B* **2735** quadraginta quatuor] XL IIII^{or} *A*, quadraginta quattuor *C* **2736** quadraginta quatuor] XL IIII^{or} *A*, 44 *C*

Sic facies in omnibus huiusmodi. Scilicet ut integrum multiplicandi lateris multiplices in integrum et fractiones secundi lateris, deinde unamquamque fractionem primi lateris multiplices in integrum ⟨et fractiones⟩ secundi lateris. Postea agregatis omnibus sicut predictum est proveniet summa quam queris. [Hoc etiam probatur per primum theorema secundi libri Euclidis.]

(A.125) Si autem volueris multiplicare septem et duas quintas in octo et quatuor undecimas.

Multiplica octo integra et quatuor undecimas in integrum alterius lateris, quod est septem, et provenient quinquaginta octo et sex undecime. Deinde multiplica duas quintas in octo et quatuor undecimas; multiplicando scilicet duas quintas in octo, et exeunt duo integri quos agrega ad quinquaginta octo et fiunt sexaginta, deinde tria, que remanent de octo, et quatuor undecimas converte in undecimas, et fiunt omnes triginta septem undecime, quarum due quinte sunt quatuordecim undecime et quatuor quinte unius undecime, quibus adiunge sex supra dictas undecimas, et fiunt viginti undecime et quatuor quinte unius undecime, que sunt unum integrum et novem undecime et quatuor quinte unius undecime. Summa ergo que ex multiplicatione supra positorum provenit est sexaginta unum et novem undecime et quatuor quinte unius undecime. Et hec est summa que queritur.

7	8
2	4
5·	11·
5	11

Ad A.125: *Figura inven. in* $\mathcal{A}$ *(123^v, 1 – 4 marg.),* $\mathcal{B}$ *(23rb, 4 – 7),* $\mathcal{C}$ *(40rb, 40 – 43 marg.); lin. inf. om.* $\mathcal{C}$.
$\frac{2}{5·}$] $\frac{2}{5}$ $\mathcal{A}$, $\frac{2}{5}$ $\mathcal{BC}$. $\frac{4}{11·}$] $\frac{4}{11·}$ *(sic)* $\mathcal{A}$, $\frac{4}{11}$ $\mathcal{BC}$.

SECUNDUS. DE MULTIPLICATIONE FRACTIONIS ET FRACTIONIS FRACTIONIS IN FRACTIONEM ET FRACTIONEM FRACTIONIS.

2737 ut] *om.* $\mathcal{AB}$ **2737** integrum] et fractiones *(quæ infra omittuntur) add. in marg.* $\mathcal{A}$, *in textu hab. hic* $\mathcal{C}$ **2738** deinde] mul *add. et exp.* $\mathcal{B}$ **2738–2739** unamquamque] unam quamque $\mathcal{B}$ **2739** fractionem] fractione $\mathcal{B}$ **2739** primi] secundi *codd.*   **2740** secundi] primi *codd.*   **2740** est] *om.* $\mathcal{B}$ **2741–2742** Hoc etiam ... Euclidis] *in textu* $\mathcal{AB}$, *add. in marg.* $\mathcal{C}$ **2743** Si autem ... et duas quin] *lin. subter dux.* $\mathcal{A}$ **2744** quatuor] quattuor $\mathcal{C}$ **2745** integra] integr̄ $\mathcal{B}$ **2745** quatuor] quattuor $\mathcal{C}$ **2746** quinquaginta octo] 5 8 $\mathcal{A}$, 58 $\mathcal{BC}$ **2747** quatuor] quattuor $\mathcal{C}$ **2748** duo integri] tres integri et quinta *codd.*   **2749** quinquaginta octo] 58 $\mathcal{ABC}$ *($\mathcal{A}$ pr. scr. quasi* q.8 *et ideo del. et rescr.* 58 *supra)*   **2749** sexaginta] 6 1 $\mathcal{A}$, 61 $\mathcal{BC}$ **2750** quatuor] quattuor $\mathcal{C}$ **2750–2751** triginta septem] 37 $\mathcal{ABC}$ **2751** quatuordecim] 24 *(sic)* $\mathcal{ABC}$ **2751** quatuor] quattuor $\mathcal{C}$ **2752** sex] tres $\mathcal{C}$ **2753** viginti] 30 $\mathcal{ABC}$ *(corr. in* 20 $\mathcal{A}$)   **2753** quatuor] 4 $\mathcal{C}$ **2754** quatuor] 4 $\mathcal{C}$ **2755** sexaginta unum] 6 1 $\mathcal{A}$, 61 $\mathcal{BC}$ **2756** quatuor] 4 $\mathcal{C}$ **2758** Secundus] *marg.* $\mathcal{AB}$, Secundo *marg.* $\mathcal{C}$ **2758–2759** De multiplicatione ... fractionem fractionis] *lin. subter dux.* $\mathcal{A}$, *om. sed spat. rel.* $\mathcal{B}$, *rubro col.* $\mathcal{C}$ **2758** et] *bis (in fin. lin. et init. seq.)* $\mathcal{A}$

(**A.126**) Cum volueris multiplicare quinque octavas et duas tertias octave in sex septimas et tres quartas septime.

(***a***) Ex denominationibus fractionum primi lateris multiplicatis in se, scilicet octo in tres, facies viginti quatuor, qui est numerus denominationis. Deinde multiplicatis denominationibus alterius lateris, scilicet septem in quatuor, fiunt viginti octo, qui similiter est numerus denominationis. Quem multiplica in alium, scilicet in viginti quatuor, et proveniunt sexcenti septuaginta duo, qui est numerus prelatus per quem dividimus. Deinde quinque octavas et duas tertias octave de viginti quatuor, que sunt decem et septem, pone per se; et ex alia parte similiter sex septimas et tres quartas septime ⟨de viginti octo⟩, que sunt viginti septem, pone per se. Quas multiplica in decem et septem alterius lateris, et proveniunt quadringenti quinquaginta novem. Quos denomina a numero prelato [scilicet sex undecimas et quintam undecime et sextam quinte undecime], et ⟨quod exierit⟩ hoc est quod ex supra positorum multiplicatione provenit. Cuius probatio patet ex premissis duabus probationibus.

5	6
8·	7·
2	3
3·	4·
8·	7·
24	28
672	
17	27
459	

Ad A.126*a*: *Figura inven. in* $\mathcal{A}$ *(123^v, 11 − 18 marg.), $\mathcal{B}$ (23rb, 22 − 31), $\mathcal{C}$ (40va, 1 − 12 marg.).*
$\tfrac{5}{8·}$] $\tfrac{5}{8}$ $\mathcal{A}$, $\tfrac{5·}{8}$ $\mathcal{B}$. $\tfrac{6}{7·}$] $\tfrac{6}{7}$ $\mathcal{A}$, $\tfrac{6}{7}$ $\mathcal{B}$. $\tfrac{2}{3·}$] $\tfrac{2}{3}$ $\mathcal{A}$, $\tfrac{2}{3}$ $\mathcal{B}$. $\tfrac{3}{4·}$] $\tfrac{3}{4}$ $\mathcal{AB}$, $\tfrac{3}{·4}$ $\mathcal{C}$. 8· *(inf.)*] 8 $\mathcal{AB}$. 7· *(inf.)*] 7 $\mathcal{ABC}$. 672] 632 $\mathcal{ABC}$.

(***b***) Vel aliter. Multiplica quinque octavas et duas tertias octave in sex septimas sicut supra docuimus, et erunt quatuor octave et sex septime

---

2776–2794 Vel aliter ... libri Euclidis] 123^v, 19 − 32 $\mathcal{A}$; 23rb, 41 − 23va, 24 $\mathcal{B}$; 40vb, 25 − 47 $\mathcal{C}$.

2760 quinque] 5 $\mathcal{C}$ **2763** viginti quatuor] 24 $\mathcal{AC}$, 34 $\mathcal{B}$ **2765** quatuor] 4 $\mathcal{C}$ **2765** viginti octo] 2 8 $\mathcal{A}$, 28 $\mathcal{BC}$ **2765** denominationis] denominations $\mathcal{B}$ **2766** viginti quatuor] 24 $\mathcal{ABC}$ **2766–2767** sexcenti septuaginta duo] 6 3 2 $\mathcal{A}$, 632 $\mathcal{BC}$ **2767** prelatus] prolatus $\mathcal{A}$ **2768** viginti quatuor] 24 $\mathcal{C}$ **2768–2769** decem et septem] 17 $\mathcal{ABC}$ **2770** viginti septem] 2 7 $\mathcal{A}$, 27 $\mathcal{BC}$ **2771** decem et septem] 17 $\mathcal{ABC}$ *(mut. postea in* 17 $\mathcal{C}$) **2771** proveniunt] *corr. ex* provenit $\mathcal{A}$ **2771–2772** quadringenti quinquaginta novem] 45 9 $\mathcal{A}$, 459 $\mathcal{BC}$ **2775** premissis] pmissis $\mathcal{B}$ **2775** probationibus] propositionibus $\mathcal{B}$, propor *pr. scr. mut. in* probationibus $\mathcal{C}$ **2777** quatuor] quatuorum $\mathcal{B}$, quattuor $\mathcal{C}$

octave. Deinde multiplica tres quartas septime in quinque octavas et duas tertias octave, hoc modo: Scilicet, multiplica tres quartas septime in quinque octavas, et provenient tres octave septime et tres quarte octave septime; deinde multiplica tres quartas septime in duas tertias octave, et proveniet dimidia octava septime. Deinde agrega hec omnia. Scilicet, agrega dimidiam octavam septime tribus quartis octave septime, et fient octava septime et quarta octave septime. Quas agrega sex septimis octave, que sunt sex octave septime, et fient septem octave septime et quarta octave septime. Quas agrega quatuor octavis, hoc modo: Scilicet, converte prius quatuor octavas in octavas septime, et fient viginti octo octave septime; quas agrega ad septem octavas septime et ad quartam octave septime, et fient triginta quinque octave septime et quarta octave septime. Quibus agrega tres octavas septime, et fient triginta octo octave septime et quarta octave septime. Quas divide per octo, et exibunt septime, que erunt quatuor septime et sex octave septime et quarta octave septime.

Cetera huiusmodi considera secundum hoc. [Probatio autem huius ⟨habetur⟩ ex primo theoremate secundi libri Euclidis.]

(*c*) Vel aliter. Numerum octavarum predictarum multiplicabis in numerum septimarum, scilicet quinque et duas tertias in sex et tres quartas, et provenient triginta octo et quarta. Que sunt septime octavarum. Quas [triginta et octo et quartam] si diviseris per octo exibunt septime, si vero per septem exibunt octave. Divide igitur per septem, et exibunt quinque et tres septime et quarta septime; que omnes sunt octave. Quod igitur provenit ex multiplicatione supra positorum sunt quinque octave et tres septime unius octave et quarta unius septime unius octave.

ITEM.

(**A.127**) Si volueris septem undecimas et tertiam undecime multiplicare in quatuor quintas et quartam quinte.

Sic facies. Multiplica septem et tertiam in quatuor et quartam, et proveniunt triginta unum et sexta. Quas divide per quinque; et quod exierit

---

2795–2826 Vel aliter ... duabus precedentibus] *123^v, 32 – 124^r, 12 A; 23va, 25 – 23vb, 26 B; 40va, 15 – 50 C.*

2778 quinque] V *A* **2779** Scilicet] *om. C* **2779–2780** quinque] V *A*, 5 *C* **2780** octavas] *om., octave add. in marg. B* **2780** septime] in quinque octavas *add. (supra desiderabantur) et del. B* **2781** in] et *B* **2781–2782** proveniet] provenient *B* **2784** septime *(post* octava*)*] *corr. ex* septima *B* **2784** quarta] *corr. ex* quartam *C* **2784–2785** que sunt sex octave] *per homœotel. om. B* **2785** septem] 7 *C* **2786** quatuor] quattuor *C* **2787** quatuor] quattuor *(sic) add. in marg. B*, quattuor *C* **2787** octavas *(post* in*)*] octaviis *A*, octavis *B* **2787** viginti octo] XX octo *A* **2788** septime *(post* octavas*)*] *corr. ex* septem *B* **2789** triginta quinque] XXX V *A* **2789** quarta] quartam *B* **2790** octavas] octas *A*, octave *pr. scr. et corr. C* **2790** triginta octo] XXX^{ta} et octo *A*, triginta et octo *B*, 38 *C* **2791–2792** quatuor] quattuor *C* **2794** libri Euclidis] *om. A* **2795** Vel aliter] *lin. subter dux. A* **2796** quartas] septime *add. codd.* **2797** triginta octo] XXX^{ta} octo *A* **2797** octavarum] octar̄ *A* **2797–2798** Quas ... et quartam] triginta (XXX^{ta}, *A*) et octo et quartam quas *codd.* **2801** supra positorum] suppositorum *B* **2801** tres septime] septime tres *pr. scr. et corr. A* **2802** octave] otave *A* **2803–2804** Item ... tertiam undecime] *lin. subter dux. A* **2805** quatuor] quattuor *C* **2806** quatuor] quattuor *C* **2807** triginta unum] 31 *ABC (e corr. A)* **2807** quinque] 5 *C*

erunt undecime. Quod ergo ex multiplicatione supra positorum provenit sunt sex undecime et quinta undecime et sexta quinte undecime.

7	4
11·	5·
3·	4·
11·	5·

Ad A.127: *Figura inven. in* $\mathcal{A}$ *(123^v, 37 – 39 marg.),* $\mathcal{B}$ *(23va, 41 – 44),* $\mathcal{C}$ *(40va, 26 – 30 marg.).*
$\frac{7}{11}$·] $\frac{7}{11}$ $\mathcal{A}$, $\frac{7}{11}$ $\mathcal{B}$. $\frac{4}{5}$·] $\frac{4}{5}$ $\mathcal{A}$, $\frac{4}{5}$ $\mathcal{B}$. 3·] 3 $\mathcal{ABC}$. 4·] 4 $\mathcal{ABC}$. 11·] 11 $\mathcal{AB}$. 5·] 5 $\mathcal{A}$.

TERTIUS. DE MULTIPLICATIONE INTEGRI ET FRACTIONIS ET FRACTIONIS FRACTIONIS IN INTEGRUM ET FRACTIONEM.

(A.128) Cum volueris multiplicare duo et quinque septimas et duas tertias septime in quatuor et tres octavas.

(*a*) Sic facies. Multiplicatis inter se denominationibus fractionum, que sunt septem et tres, fiunt viginti unum, qui est numerus denominationis. Deinde ex alio latere octo erit numerus denominationis. Quos multiplica in viginti unum; fient centum sexaginta octo, qui est numerus prelatus. Deinde reduc primum latus ad ultimum genus fractionum, scilicet ad tertias septimarum, multiplicando singula in suum numerum denominationis, qui est viginti unum, et provenient quinquaginta novem. Deinde reliquum latus converte in octavas, singula multiplicando in octo, qui est suus numerus denominationis, et provenient triginta quinque. Quos multiplica in quinquaginta novem, et provenient duo milia sexaginta quinque. Quos divide per numerum prelatum, et exibunt duodecim et due octave et due septime unius octave et tertia septime octave. Et hoc est quod ex propositorum multiplicatione provenit. Cuius probatio habetur ex duabus precedentibus.

(*b*) Vel aliter. Secundum differentias multiplica. Scilicet, duo in quatuor, et fiunt octo. Postea multiplica quinque septimas et duas tertias septime

---

2827–2842 Vel aliter ... tertia septime octave] *124^r, 12 – 23* $\mathcal{A}$; *23vb, 26 – 24ra, 4* $\mathcal{B}$; *40vb, 5 – 24* $\mathcal{C}$.

2808 erunt] *om.* $\mathcal{B}$ **2809** et quinta undecime] *per homœotel. om.* $\mathcal{C}$ **2810** Tertius] *om.* $\mathcal{A}$, *marg.* $\mathcal{BC}$ **2810–2811** De multiplicatione ... et fractionem] *om. sed spat. rel. et in ima pag. hab.* $\mathcal{B}$, *rubro col.* $\mathcal{C}$ **2813** quatuor] quattuor $\mathcal{C}$ **2815** viginti unum] 21 $\mathcal{ABC}$ **2817** viginti unum] 21 $\mathcal{ABC}$ **2817** centum sexaginta octo] 168 $\mathcal{ABC}$ **2818** primum] *e corr.* $\mathcal{A}$ **2820** viginti unum] 21 $\mathcal{ABC}$ **2820** quinquaginta novem] 59 $\mathcal{ABC}$ *(corr. ex* 39 $\mathcal{A}$) **2820** reliquum] reliquum $\mathcal{A}$ **2822** triginta quinque] 35 $\mathcal{ABC}$ **2822–2823** quinquaginta novem] 59 $\mathcal{ABC}$ **2823** duo milia sexaginta quinque] 2065 $\mathcal{ABC}$ **2824** duodecim] 12 $\mathcal{C}$ **2825–2826** multiplicatione] multiplicationem $\mathcal{B}$ **2826** precedentibus] precedentibus *corr. ut vid. in* preceduntibus $\mathcal{A}$ **2827** Vel aliter ... differentias] *subter lin. dux.* $\mathcal{A}$ **2827** quatuor] quattuor $\mathcal{C}$ **2828** quinque] V $\mathcal{A}$

2	4
5	3
7·	8·
2	
3·	
7·	
21	8
168	
59	35
2065	

Ad A.128a: *Figura inven. in $\mathcal{A}$ ($124^r, 2 - 9$ marg.), $\mathcal{B}$ ($23^{vb}, 5 - 17$), $\mathcal{C}$ ($40^{va}, 35 - 47$ marg.); lin. supra 21 & 8 om. $\mathcal{A}$.*
$\genfrac{}{}{0pt}{}{5}{7\cdot}$] $\genfrac{}{}{0pt}{}{5}{7}$ $\mathcal{AB}$. $\genfrac{}{}{0pt}{}{3}{8\cdot}$] $\genfrac{}{}{0pt}{}{3}{8}$ $\mathcal{AB}$. $\genfrac{}{}{0pt}{}{2}{3\cdot}$] $\genfrac{}{}{0pt}{}{2}{3}$ $\mathcal{AB}$. *7· (inf.)*] 7 $\mathcal{AB}$. *168*] *om.* $\mathcal{B}$. *59*] *59·* $\mathcal{C}$.

in quatuor, et provenient tres et septima et due tertie septime. Deinde multiplica duo in tres octavas, et provenient sex octave. Postea multiplica quinque septimas et duas tertias septime in tres octavas, et provenient due octave et tres septime octave. Deinde appone unumquemque numerum cum numero sui generis, scilicet integrum cum integro, fractionem cum fractione, et fractionem fractionis cum fractione fractionis. Deinde converte fractiones in alias, sicut hic septimam et duas tertias septime in octavas, et fient octava et sex septime unius octave et tertia unius septime octave. Deinde agrega sex septimas octave cum tribus septimis octave, et fient una octava et due septime octave. Quam octavam agrega cum sex octavis et duabus octavis et una octava, et fient unum et due octave. Hoc autem unum agrega cum integris prioribus. Et ex tota multiplicatione supra positorum proveniet hec summa, scilicet duodecim et due octave et due septime octave et tertia septime octave.

QUARTUS. DE MULTIPLICATIONE INTEGRI ET FRACTIONIS ET FRACTIONIS FRACTIONIS IN INTEGRUM ET FRACTIONEM ET FRACTIONEM FRACTIONIS.

(A.129) Cum volueris quinque et septem octavas et duas tertias octave multiplicare in quatuor et decem undecimas et dimidiam undecime.

2843–2906 Quartus. De multiplicatione ... summa quam requiris] *$124^r, 24 - 124^v, 26$ $\mathcal{A}$; $24^{ra}, 5$-$7 - 24^{va}, 5$ $\mathcal{B}$; $40^{vb}, 48 - 41^{ra}, 56$ $\mathcal{C}$.*

2829 quatuor] *4 $\mathcal{C}$* **2831** quinque] *V $\mathcal{A}$* **2834** fractione] *fractone $\mathcal{C}$* **2837** agrega] *octavam cum prioribus octavis et add. codd.* **2839** unum *(post autem)*] *numerum pr. scr. et del., in marg. corr. $\mathcal{B}$* **2842** septime octave] *time octave add. post fin. lin. in marg. $\mathcal{C}$* **2843** Quartus] *marg. $\mathcal{ABC}$* **2843–2844** De multiplicatione ... fractionem fractionis] *om. sed spat. rel. et in summa pag. hab. $\mathcal{B}$, rubro col. $\mathcal{C}$* **2845** Cum ... octavas] *subter lin. dux. $\mathcal{A}$* **2845** et *(post quinque)*] *bis scr. prius exp. $\mathcal{B}$* **2846** quatuor] *quatuo $\mathcal{A}$, quattuor $\mathcal{C}$*

(*a*) Sic facies. Multiplicatis denominationibus uniuscuiusque lateris per se fit suus cuiusque numerus denominationis, primi lateris viginti quatuor, secundi lateris viginti duo. Quorum alterum multiplica in alterum, et proveniet quingenta viginti octo, qui est numerus prelatus. Deinde, ut omnia redeant ad ultimum genus fractionum quod est in unoquoque latere, multiplica quinque et septem octavas et duas tertias octave in viginti quatuor, et provenient centum quadraginta tres tertie octavarum; deinde ex alio latere multiplica quatuor et decem undecimas et dimidiam undecimam in viginti duo, et provenient centum et novem dimidie undecimarum. Quas multiplica in predictas centum quadraginta tres, et provenient quindecim milia quingenta octoginta septem. Quas divide per prelatum numerum, qui est quingenta viginti octo, et quod exierit, hoc quesita summa erit. Huius autem probatio habetur ex duabus precedentibus.

5	4
7	10
8·	11·
2	2·
3·	11·
8·	
24	22
528	
143	109
15587	

Ad A.129*a*: *Figura inven. in $\mathcal{A}$ ($124^r, 23 - 31$ marg.), $\mathcal{B}$ ($24^{ra}, 11 - 19$), $\mathcal{C}$ ($40^{vb}, 50 - 59$ marg.); dextera media pars def. in $\mathcal{C}$.*
$\frac{7}{8.}$] $\frac{7}{8}$ $\mathcal{A}$, $\frac{7}{8}$ $\mathcal{B}$. $\frac{10}{11·}$] $\frac{10}{11}$ $\mathcal{A}$, $\frac{10}{11}$ $\mathcal{B}$, *om. $\mathcal{C}$. lineolam sub* 11·] *om. $\mathcal{C}$.* $\frac{2}{3·}$] $\frac{2}{3}$ $\mathcal{AB}$. 2·] 2 $\mathcal{AB}$, *om. $\mathcal{C}$.* 11· *(inf.)*] 11 $\mathcal{AB}$, *om. $\mathcal{C}$.* 8· *(inf.)*] 8 $\mathcal{AB}$.

(*b*) Vel aliter. Secundum differentias multiplica. Scilicet, quatuor in quinque, et fient viginti. Deinde multiplica septem octavas et duas tertias octave in quatuor, et provenient tres et sex octave et due tertie octave.

2848 viginti quatuor] 24 $\mathcal{ABC}$ **2849** viginti duo] 22 $\mathcal{ABC}$ **2849** Quorum] Qorum $\mathcal{B}$ **2850** quingenta viginti octo] 528 $\mathcal{ABC}$ **2850** prelatus] *communis pr. scr., del. et supra lin. corr.* $\mathcal{B}$ **2852** quinque] V $\mathcal{A}$, 5 $\mathcal{C}$ **2852** viginti quatuor] XX IIII^{or} $\mathcal{A}$, viginti quattuor $\mathcal{C}$ **2853** centum quadraginta tres] 143 $\mathcal{ABC}$ **2854** quatuor] quattuor $\mathcal{C}$ **2854–2855** viginti duo] XX duo $\mathcal{A}$ **2855** centum et novem] 109 $\mathcal{ABC}$ **2856** in predictas] impredictas $\mathcal{B}$ **2856** centum quadraginta tres] 143 $\mathcal{ABC}$ **2856–2857** quindecim milia quingenta octoginta septem] 15587 $\mathcal{ABC}$ **2858** quingenta viginti octo] 528 $\mathcal{ABC}$ **2860** Vel aliter] *lin. subter dux.* $\mathcal{A}$ **2860** multiplica] septem octavas *add. (v. infra) et exp.* $\mathcal{B}$ **2860** quatuor] 4 $\mathcal{C}$ **2860–2861** quinque] V $\mathcal{A}$, 5 $\mathcal{C}$ **2861** viginti] XX $\mathcal{A}$, 20 $\mathcal{C}$ **2861** septem] 7 $\mathcal{C}$ **2862** quatuor] quattuor $\mathcal{C}$

Deinde multiplica decem undecimas et dimidiam undecime in quinque, et provenient quatuor integra et octo undecime et dimidia. Deinde multiplica decem undecimas et dimidiam in septem octavas et duas tertias octave sicut predocuimus: Scilicet ut multiplices decem et dimidium in septem et duas tertias, et provenient octoginta et dimidium; quas divide per denominationem octave, et exit decem et dimidia octave; has autem iterum divide per denominationem alterius lateris, scilicet undecim, et exibunt decem undecime et dimidia octava undecime. Facta autem multiplicatione, appone unumquemque numerum cum numero sui generis, scilicet integrum cum integro, et fractionem cum fractione, et fractiones fractionum cum fractionibus fractionum, et converte fractiones inter se ut fiant similes. Deinde agrega eas incipiens a minima usque ad maximam, et summa agregationis est summa multiplicationis. [Huius probatio habetur ex primo theoremate secundi libri Euclidis.]

Quintus. De multiplicatione integri cum duabus fractionibus in integrum cum duabus fractionibus.

(**A.130**) Cum volueris sex et quintam et tertiam multiplicare in octo et quinque sextas et quartam.

6	8
5·	5
3·	6·
	4·
15	24
360	
98	218
21364	
59	
124	
360	

Ad A.130a: *Figura inven. in A (124^v, 9 – 18 marg.), C (41ra, 28 – 38 marg.), om. sed spat. rel. B (24rb, 14 – 25).*

5·] 5 $\mathcal{A}$.   3·] 3 $\mathcal{AC}$. $\frac{5}{6·}$] $\frac{5}{6}$ $\mathcal{A}$.   4·] 4 $\mathcal{AC}$.

(**a**) Ex denominationibus fractionum fac numeros denominationum. Multiplica enim tres in quinque, et fiunt quindecim. Deinde multiplica quatuor

---

2863 quinque] V $\mathcal{A}$ **2864** quatuor] 4 $\mathcal{C}$ **2864** octo] VIII *(quasi* LIII*)* $\mathcal{A}$, 8 $\mathcal{C}$ **2865** decem] X $\mathcal{A}$ **2865** septem] 7 $\mathcal{C}$ **2866** ut] *om.* $\mathcal{B}$ **2866** in septem] *supra lin.* $\mathcal{A}$ **2867** dimidium] dimidia *codd.*   **2869** denominationem] octave *add. (v. supra) et exp.* $\mathcal{B}$ **2869** decem] X $\mathcal{A}$ **2874** agrega] aggrega $\mathcal{B}$ **2874** incipiens] incipies $\mathcal{B}$ **2874** summa] suma $\mathcal{B}$ **2874** agregationis] aggregationis $\mathcal{B}$, *quasi* agregateronis $\mathcal{C}$ **2877** Quintus] *om.* $\mathcal{A}$, *marg.* $\mathcal{BC}$ **2877–2878** De multiplicatione ... fractionibus] *lin. subter dux.* $\mathcal{A}$, *om. sed spat. rel.* $\mathcal{B}$, *rubro col.* $\mathcal{C}$ **2881** numeros] *corr. ex* numerus $\mathcal{A}$ **2882** tres] 3 $\mathcal{C}$ **2882** quinque] 5 $\mathcal{C}$ **2882** quindecim] 15 $\mathcal{C}$ **2882** quatuor] 4 $\mathcal{C}$

in sex, et fiunt viginti quatuor. Quos multiplica in quindecim, et proveniunt trescenta sexaginta, qui est numerus prelatus. Deinde multiplica sex et quintam et tertiam in quindecim, et provenient nonaginta octo. Postea multiplica octo et quinque sextas et quartam in viginti quatuor. Et quod provenerit multiplica in nonaginta octo, et productum inde divide per prelatum numerum. Et quod exierit, hoc est quod ex supra positorum multiplicatione provenit.

(*b*) Vel aliter. Converte tertiam in quintas, et fient quinta et due tertie unius quinte. Quas agrega cum sex et quinta, et fient sex et due quinte et due tertie unius quinte. Deinde converte quartam in sextas, et fient sexta et dimidia. Quas agrega quinque sextis, et fient unum integrum et dimidia sexta, quod integrum adiunge ad octo; et fient novem integra et dimidia sexta. Quasi ergo voluisses multiplicare sex et duas quintas et duas tertias quinte in novem et dimidiam sexte. Sic facies hic ut premonstratum est.

Similiter facies in omnibus capitulis supra posite divisionis que sunt de multiplicatione fractionum [in integrum].

Capitulum de irregularibus fractionibus que ventilantur inter arimethicos

(**A.131**) Cum volueris multiplicare tres quartas de quinque in septem.

(*a*) Hic quatuor, unde denominatur quarta, est numerus denominationis et prelatus. Cuius tres quartas, scilicet tres, multiplica in quinque, et provenient quindecim. Hos autem quindecim multiplica in septem, et provenient centum et quinque. Quos divide per prelatum, qui est quatuor, et exibunt viginti sex et quarta. Et hec est summa quam requiris.

Cuius probatio manifesta est. Scilicet, quoniam oportebat multiplicare tres in quinque et productum dividere per quatuor ut exirent tres quarte de quinque, quas iterum debemus multiplicare in septem; sed dividere quin-

---

2907–2925 Cuius probatio ... quod queritur] $124^v, 26 - 36\text{-}37$ A; $11^{ra}, 10 - 36$ B; $32^{rb}, 46 - 32^{va}, 10$ C.

2883 sex] 6 C **2883** viginti quatuor] XX IIII^{or} A, 24 C **2883** quindecim] XV A, 15 C **2884** trescenta sexaginta] 360 ABC **2885** quindecim] XV A, 15 C **2885** provenient] proveniunt C **2885** nonaginta octo] 98 C **2886** quinque] V A; et provenient add. et exp. B **2886** viginti quatuor] XX IIII^{or} A, 24 C **2887** provenerit] proenerit A, provenit C **2887** in] per codd. **2887** nonaginta octo] 98 C **2887** inde] add. in marg. B **2887–2888** prelatum] communem bis (in textu et in marg., sc. ubi prelatum desiderabatur) C **2891** quinte] quinq pr. scr. et corr. B **2891** agrega] aggrega B **2891** et fient] fient B **2891** sex] 6 C **2892** fient] fiet AC **2893** agrega] aggrega B **2893** unum] corr. ex numerum B **2895** sexta] corr. ex sextam B **2896** premonstratum est] supra premonstratum est A **2898** integrum] integra C **2899–2900** tit.] subter lin. dux. A, om. sed spat. rel. et scr. in ima pag. B, rubro col. C **2901** (A.131)] sign. lectoris (†) in marg. C **2901** quinque] V A **2902** quatuor] quattuor C **2902** denominationis] denoiationis B **2903** quinque] V A, 5 C **2903–2904** provenient] proveniunt C **2904** quindecim (post provenient)] XV A, 15 C **2905** centum et quinque] 105 ABC **2905** quatuor] 4 C **2906** viginti sex] XX sex A, 26 C **2908** quinque] V A **2908** quatuor] 4 C **2908** ut] et codd. **2908** exirent] exeunt B **2908** quarte] quarta (corr. ex quartas, sed s tantum exp.) C **2909** septem] idem est add. (v. infra) et exp. B **2909–2910** quindecim] XV A

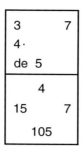

Ad A.131a: Figura inven. in $\mathcal{A}$ $(124^v, 21 - 26$ marg.$)$, $\mathcal{C}$ $(41^{ra}, 51 - 56$ marg.$)$, om. sed spat. rel. $\mathcal{B}$ $(24^{rb}, 43 - 48)$; lin. med. incompl. $\mathcal{C}$.

$\genfrac{}{}{0pt}{}{3}{4\cdot}$] $\genfrac{}{}{0pt}{}{3}{4}$ $\mathcal{AC}$.

2910 decim per quatuor et id quod exit multiplicare in septem idem est quod multiplicare septem in quindecim et productum dividere per quatuor. Et hoc est quod monstrare voluimus.

(*b*) Vel aliter. Multiplica quinque in septem, et provenient triginta quinque. Quasi ergo velis multiplicare tres quartas in triginta quinque; facies
2915 sicut supra docuimus.

Cuius probatio patet. Scilicet, quoniam multiplicare tres quartas de quinque in septem nichil aliud est quam multiplicare tres quartas in quinque et productum in septem, quod est idem quod multiplicare quinque in septem et productum multiplicare in tres quartas. Ob hoc igitur multiplicamus
2920 quinque in septem et productum in tres quartas et provenit quod voluimus.

(*c*) Vel aliter. Procede secundum verba questionis. Scilicet, tres quartas de quinque, que sunt tres et tres quarte, multiplica in septem, hoc modo: Scilicet, multiplica tres in septem, et provenient viginti unum; quas agrega ad id quod provenit ex ductu trium quartarum in septem, quod est quinque
2925 et quarta; et provenient viginti sex et quarta. Et hoc est quod queritur.

[Vel aliter. Tres quartas de quinque, que sunt tres et tres quarte, multiplica in septem, et quod provenerit est summa quam queris.]

(*d*) Vel aliter. Tres quartas de septem multiplica in quinque, et quod

---

2926–2965 Vel aliter ... summa quam requiris] $124^v, 37 - 125^r, 17$ $\mathcal{A}$; $24^{va}, 6 - 24^{vb}, 17$ $\mathcal{B}$; $41^{ra}, 57 - 41^{rb}, 37$ $\mathcal{C}$.

2910 quatuor] 4 $\mathcal{C}$ **2910** septem] 7 $\mathcal{C}$ **2911** septem] 7 $\mathcal{C}$ **2911** quindecim] XV $\mathcal{A}$, 15 $\mathcal{C}$ **2911** quatuor] 4 $\mathcal{C}$ **2913** Multiplica] Multiplicare $\mathcal{C}$ **2913** quinque] V $\mathcal{A}$ **2913–2914** triginta quinque] XXX V $\mathcal{A}$ **2914** triginta quinque] XXX V $\mathcal{A}$ **2914** facies] *corr. ex fact* $\mathcal{A}$ **2916** de] *post lituram* $\mathcal{A}$ **2917** in *(post quinque)*] *add. in marg.* $\mathcal{B}$ **2917** quinque] V $\mathcal{A}$ **2918** quinque] V $\mathcal{A}$ **2918** in *(post quinque)*] *add. supra lin.* $\mathcal{B}$ **2918–2919** septem] 7 $\mathcal{C}$ **2919** tres] 3 $\mathcal{C}$ **2920** quinque] V $\mathcal{A}$, 5 $\mathcal{C}$ **2920** septem] 7 $\mathcal{C}$ **2922** quinque] V $\mathcal{A}$ **2922** septem] 7 $\mathcal{C}$ **2923** tres] 3 $\mathcal{C}$ **2923** septem] 7 $\mathcal{C}$ **2923** viginti unum] XX unum $\mathcal{A}$, 21 $\mathcal{C}$ **2924** quinque] 5 $\mathcal{C}$ **2925** viginti sex] XXVI $\mathcal{A}$, 26 $\mathcal{C}$ **2926–2927** Vel aliter ... quam queris] *om.* $\mathcal{A}$ **2926** quinque] *corr. ex* quindecim $\mathcal{B}$ **2927** provenerit] provenit $\mathcal{B}$ **2928** Vel aliter ... septem multi] *subter lin. dux.* $\mathcal{A}$ **2928** quinque] V $\mathcal{A}$

$$\begin{array}{|cc|}\hline 3 & 7 \\ \hline \frac{3}{4}\cdot & \\ \hline\end{array}$$

Ad A.131c: *Figura inven. in* $\mathcal{A}$ *(124^v, 32 – 34 marg.), $\mathcal{C}$ (41ra, 57 – 59 marg.), om. sed spat. rel. $\mathcal{B}$ (24va, 8 – 10).*
$\frac{3}{4.}$] $\frac{3}{4}$ $\mathcal{AC}$.

provenerit est summa quam queris.

(A.132) Si volueris quatuor quintas de sex et tertia multiplicare in octo. 2930

(*a*) Ex denominationibus fractionum facies numerum denominationis, scilicet quindecim, qui simul erit numerus denominationis et prelatus. Cuius quatuor quintas, scilicet duodecim, multiplica in sex et tertiam, et provenient septuaginta sex. Quas multiplica in octo, et quod provenerit divide per numerum prelatum, scilicet quindecim, et quod exierit est summa quam 2935 queris.

$$\begin{array}{|cc|}\hline 4 & 8 \\ 5\cdot & \\ \text{de } 6 & \\ \text{et } 3\cdot & \\ \hline & 15 \\ 76 & 8 \\ & 608 \\ \hline\end{array}$$

Ad A.132a: *Figura inven. in* $\mathcal{A}$ *(124^v, 35 – 40 marg.), $\mathcal{C}$ (41rb, 2 – 9 marg.), om. sed spat. rel. $\mathcal{B}$ (24va, 16 – 22).*
$\frac{4}{5.}$] $\frac{4}{5}$ $\mathcal{A}$. de 6] de 6· $\mathcal{C}$. et 3·] 3 $\mathcal{AC}$.

(*b*) Vel aliter. Multiplica quatuor quintas in sex et tertiam. Scilicet, multiplica quatuor in sex et tertiam; et quod provenerit divides per quinque, et exibunt quinque et tertia quinte; et hoc est quatuor quinte de sex et tertia.

2929 provenerit] provenit $\mathcal{B}$ **2929** queris] *hic add.* $\mathcal{BC}$: Vel aliter. Multiplica quinque (5, $\mathcal{C}$) in septem (7, $\mathcal{C}$), et quod provenit est summa quam queris. **2930** quatuor] 4 $\mathcal{C}$ **2930** octo] 8 $\mathcal{C}$ **2931** fractionum] fac numerum *pr. scr. et exp.* $\mathcal{C}$ **2932** quindecim] XV $\mathcal{A}$, 15 $\mathcal{C}$ **2933** quatuor] quattuor $\mathcal{C}$ **2933** duodecim] 12 $\mathcal{ABC}$ *(corr. ex, vel in,* 13 $\mathcal{B}$*)* **2934** septuaginta sex] 76 $\mathcal{C}$ **2934** multiplica] divide *pr. scr. et exp.* $\mathcal{C}$ **2935** prelatum] *om.* $\mathcal{A}$, comunem *(sic) in textu* prelatum *ante hoc ponendum add. in marg.* $\mathcal{C}$ **2937** quatuor] 4 $\mathcal{C}$ **2937** sex] 6 $\mathcal{C}$ **2937–2938** Scilicet ... tertiam] *per homœotel. om.* $\mathcal{A}$ **2938** quatuor] 4 $\mathcal{C}$ **2938** sex] 6 $\mathcal{C}$ **2938** quinque] V $\mathcal{A}$, 5 $\mathcal{C}$ **2939** quinque *(post* exibunt*)*] V $\mathcal{A}$, 5 $\mathcal{C}$ **2939** tertia *(ante* quinte*)*] tertiam $\mathcal{B}$ **2939** hoc] hec $\mathcal{C}$ **2939** quatuor] quattuor $\mathcal{C}$ **2939** sex] 6 $\mathcal{C}$

2940 Quinque vero et tertiam quinte multiplica in octo; et quod provenerit est summa quam requiris.

(*c*) Vel aliter. Quatuor quintas de octo multiplica in sex et tertiam; et quod provenerit est summa quam requiris.

(*d*) Vel aliter. Sex et tertiam multiplica in octo, et eius quod provenerit
2945 quatuor quinte sunt summa quam requiris.

(**A.133**) Si autem volueris quatuor septimas de quinque et tertia multiplicare in octo et dimidium.

Ex denominationibus, scilicet septima et tertia, fac numerum denominationis, qui est viginti unum. Deinde duo, qui est numerus denominationis
2950 alterius lateris, multiplica in viginti unum, et provenient quadraginta duo, qui est numerus prelatus. Quatuor autem septimas de viginti uno, que sunt duodecim, multiplica in quinque et tertiam, et provenient sexaginta quatuor. Deinde multiplica octo et dimidium in duo, qui est numerus denominationis eius lateris, et provenient decem et septem. Quos multiplica
2955 in sexaginta quatuor, et productum divide per numerum prelatum; et quod exierit est summa quam queris. Et hic facies similiter secundum omnes paulo supra positas regulas.

4	8
7·	2·
de 5	
et 3·	
21	2
42	
64	17
1088	

Ad A.133: *Figura inven. in* $\mathcal{A}$ *(125^r, 4 – 11 marg.),* $\mathcal{C}$ *(41rb, 18 – 26 marg.), om. sed spat. rel.* $\mathcal{B}$ *(24va, 39 – 47); lin. med. om.* $\mathcal{A}$.

$\frac{4}{7.}$] $\frac{4}{7}$ $\mathcal{A}$. 2·] 2 $\mathcal{AC}$. et 3·] 3 $\mathcal{A}$, 3· $\mathcal{C}$. 21] *corr. ex* 22 $\mathcal{A}$. 1088] 1087 $\mathcal{AC}$.

2940 Quinque] Qunque $\mathcal{B}$ **2940** octo] 8 $\mathcal{C}$ **2941** requiris] queris $\mathcal{B}$ **2942** Quatuor] quattuor $\mathcal{C}$ **2944** Vel aliter. Sex] *subter lin. dux.* $\mathcal{A}$ **2944** octo] 8 $\mathcal{C}$ **2945** quatuor] quattuor $\mathcal{C}$ **2945** summa] suma $\mathcal{A}$ **2946** quatuor] 4 $\mathcal{C}$ **2946** quinque] V $\mathcal{A}$, 5 $\mathcal{C}$ **2947** octo] 8 $\mathcal{C}$ **2949** viginti unum] 21 $\mathcal{ABC}$ **2949** duo, qui est numerus denominationis] dimidium, qui *(que,* $\mathcal{AC}$*)* est denominatio $\mathcal{ABC}$ **2950** viginti unum] 21 $\mathcal{ABC}$ **2950** quadraginta duo] 42 $\mathcal{ABC}$ **2951** prelatus] communis *in textu* prelatus *add. supra* $\mathcal{C}$ **2951** Quatuor] Quattuor $\mathcal{C}$ **2951** viginti uno] XX uno $\mathcal{A}$ **2952** duodecim] 12 $\mathcal{ABC}$ **2952** quinque] V $\mathcal{A}$, 5 $\mathcal{C}$ **2952–2953** sexaginta quatuor] 64 $\mathcal{C}$ **2953** duo] 2 $\mathcal{C}$ **2954** decem et septem] 17 $\mathcal{ABC}$ **2955** sexaginta quatuor] 64 $\mathcal{C}$ **2955** divide] dividere $\mathcal{ABC}$ *(corr. ex* dive $\mathcal{A}$*)*   **2955** prelatum] commune *(sic) in textu* prelatum *add. supra* $\mathcal{C}$ **2956** queris] requiris $\mathcal{A}$

LIBER MAHAMELETH 121

(**A.134**) Si autem volueris duas tertias de quatuor multiplicare in quinque octavas de septem.

(**a**) Ex tribus et octo, qui sunt hic numeri denominationum, multiplicatis in se fiunt viginti quatuor, qui est numerus prelatus. Duas autem tertias de tribus, que sunt duo, multiplica in quatuor, et provenient octo. Deinde quinque octavas de octo, que sunt quinque, multiplica in septem, et provenient triginta quinque. Quos multiplica in octo, et productum divide per prelatum numerum; et quod exierit est summa quam requiris.

2	5
3·	8·
de 4	de 7
3	8
24	
8	35
280	

Ad A.134a: *Figura inven. in* $\mathcal{A}$ *(125^r, 13 – 17 marg.), $\mathcal{C}$ (41rb, 29 – 37), om. sed spat. rel. $\mathcal{B}$ (24vb, 15 – 23).*
$\frac{2}{3}$.] $\frac{2}{3}$ $\mathcal{AC}$. $\frac{5}{8}$.] $\frac{5}{8}$ $\mathcal{A}$.   de 4] 4 $\mathcal{A}$.   de 7] de 7· $\mathcal{C}$.

Cuius probatio hec est. Iam scimus quod multiplicare duas tertias de quatuor in quinque octavas de septem idem est quod multiplicare duas tertias in quatuor et quinque octavas in septem et productum ex illis in productum ex istis. Multiplicare autem duas tertias in quatuor nichil aliud est quam de numero denominante tertiam, qui est tres, sumptas eius duas tertias, que sunt duo, multiplicare in quatuor et productum dividere per tres. Multiplica igitur duo in quatuor, et fient octo; unde si diviseris octo per tres, exibunt due tertie de quatuor. Similiter etiam est multiplicare quinque octavas in septem; scilicet, de numero denominante octavam, qui

---

2966–2986 Cuius probatio ... monstrare voluimus] *125^r, 17 – 30 $\mathcal{A}$; 11ra, 37 – 11rb, 18 $\mathcal{B}$; 32va, 11 – 34 $\mathcal{C}$.*

2958 de] et $\mathcal{B}$ **2958** quatuor] 4 $\mathcal{C}$ **2958** quinque] V $\mathcal{A}$, 5 $\mathcal{C}$ **2959** septem] VII $\mathcal{ABC}$ **2960** denominationum] denominationis *codd.*   **2961** viginti quatuor] 24 $\mathcal{ABC}$ **2961** prelatus] communis *in textu* prelatus *add. supra* $\mathcal{C}$ **2962** quatuor] 4 $\mathcal{C}$ **2962** octo] 8 $\mathcal{C}$ **2963** quinque *(post* sunt*)*] V $\mathcal{A}$, 5 $\mathcal{C}$ **2963** septem] 7 $\mathcal{C}$ **2963–2964** provenient] proveniunt $\mathcal{C}$ **2964** triginta quinque] 35 $\mathcal{ABC}$ **2964** octo] 8 $\mathcal{C}$ **2965** prelatum] communem *in textu* prelatum *add. supra* $\mathcal{C}$ **2967** quatuor] quattuor $\mathcal{C}$ **2967** quinque] V $\mathcal{A}$ **2968** quatuor] quattuor $\mathcal{C}$ **2968** quinque] V $\mathcal{A}$, 5 $\mathcal{C}$ **2968** septem] 7 $\mathcal{C}$ **2969** quatuor] quattuor $\mathcal{C}$ **2970** denominante] denominand *pr. scr. et corr.* $\mathcal{A}$ **2970** tertiam] tertia $\mathcal{C}$ **2970** qui] que $\mathcal{A}$ **2970** tres] 3 $\mathcal{C}$ **2970** sumptas] suptas $\mathcal{A}$ **2971** duo] 2° $\mathcal{C}$ **2971** quatuor] 4 $\mathcal{C}$ **2972** fient] fieret $\mathcal{B}$ **2972** octo] 8 $\mathcal{C}$ **2972** si] quasi $\mathcal{A}$ **2972** octo] 8 $\mathcal{C}$ **2973** tres] quatuor $\mathcal{AB}$, 4 $\mathcal{C}$ **2973** de quatuor] trium *codd.*   **2974** quinque] V $\mathcal{A}$, 5 $\mathcal{C}$ **2974** septem] 7 $\mathcal{C}$ **2974** denominante] denominare $\mathcal{B}$

2975 est octo, sumptas quinque octavas eius, que sunt quinque, multiplicare in septem et productum dividere per octo. Quod autem fit ex ductu quinque in septem est triginta quinque; igitur si dividantur triginta quinque per octo, exibunt quinque octave de septem. Manifestum est igitur quod multiplicare duas tertias de quatuor in quinque octavas de septem idem est
2980 quod dividere octo per tres et triginta quinque per octo et eorum que de utraque divisione exeunt multiplicare unum in aliud. Hoc autem idem est quod dividere productum ex octo ductis in triginta quinque per productum ex ductu trium in octo, sicut ostensum est in capitulo prepositionum. Igitur multiplicare duas tertias de quatuor in quinque octavas de septem
2985 idem est quod dividere productum ex octo ductis in triginta quinque per productum ex tribus ductis in octo. Et hoc est quod monstrare voluimus.

(*b*) Vel aliter. Duas tertias de quatuor, que sunt duo et due tertie, multiplica in quinque octavas de septem, que sunt quatuor et tres octave; et quod provenerit est summa quam requiris.

2990 (*c*) Vel aliter. Multiplica quatuor in septem, et provenient viginti octo. Deinde multiplica duas tertias in quinque octavas, et provenient tres octave et tertia octave. Quas multiplica in viginti octo, et quod provenerit est summa quam requiris.

Cuius probatio hec est. Multiplicare enim duas tertias de quatuor
2995 in quinque octavas de septem idem est quod multiplicare duas tertias in quatuor et quinque octavas in septem et productum ex illis in productum ex istis. Hoc autem idem est quod multiplicare duas tertias in quinque octavas et quatuor in septem et productum in productum, sicut in principio ostendimus. Igitur multiplicare duas tertias de quatuor in quinque octavas
3000 de septem idem est quod multiplicare duas tertias in quinque octavas et

---

2987–2993 Vel aliter ... summa quam requiris] *125^r, 31 – 34 A; 24vb, 18 – 28 B; 41rb, 38 – 44 C.*
2994–3002 Cuius probatio ... monstrare voluimus] *125^r, 35 – 125^v, 3 A; 11rb, 18 – 28 B; 32va, 35 – 44 C.*

2975 octo] 8 *C*   **2975** sumptas] sumptatas *(s prius corr. ex* q*) A*   **2975** quinque] V *A*, 5 *C*   **2975** quinque *(post* sunt*)*] 5 *C*   **2976** septem] 7 *C*   **2976** octo] 8 *C*   **2976** autem] autem aut *B*   **2976–2977** quinque] V *A*, 5 *C*   **2977** septem] 7 *C*   **2977** triginta quinque *(post* est*)*] XXX V *A*, 35 *C*   **2977** triginta quinque] XXX^{ta} V *A*, 35 *C*   **2978** quinque] V *A*, 5 *C*   **2979** quatuor] quattuor *C*   **2979** quinque] 5 *C*   **2980** octo] 8 *C*   **2980** tres] 3 *C*   **2980** triginta quinque] XXX^{ta} V *A*   **2980** octo] 8 *C*   **2982** octo] 8 *C*   **2982** triginta quinque] XXX V *A*, 35 *C*   **2982–2983** productum] productam *B*   **2984** quatuor] 4 *C*   **2984** quinque] V *A*, 5 *C*   **2984** septem] 7 *C*   **2985** octo] 8 *C*   **2985** triginta quinque] XXX V *A*, 35 *C*   **2987** quatuor] 4 *C*   **2988** quinque] V *A*   **2988** quatuor] quattuor *C*   **2990** quatuor] 4 *C*   **2990** septem] 7 *C*   **2990–2991** viginti octo] 28 *ABC*   **2991** multiplica] *e corr. B*   **2991** duas] 2 *C*   **2991** quinque] V *A*, 5 *C*   **2991** tres] 3 *C*   **2992** viginti octo] 28 *ABC*   **2994** duas tertias de quatuor] duas de quatuor tertias *pr. scr. et corr. A*   **2994** de] *in pr. scr. et corr. B*   **2994** quatuor] quattuor *C*   **2996** quatuor] quattuor *C*   **2996** quinque] V *A*   **2997** quinque] V *A*   **2998** quatuor] quattuor *C*   **2999** tertias] tertis *pr. scr. et corr. B*   **2999–3000** de quatuor ... in quinque octavas] *pr. scr. (post* duas tertias*)* in quinque ocotavas et quatuor *(v. supra), postea* in quinque ocotavas *del., et corr. partim supra partim in marg. B*   **2999** quatuor] quattuor *C*   **2999** in] et *B*   **2999** quinque] V *A*   **3000** septem] VII *B*   **3000** quinque] V *A*

quatuor in septem et productum in productum. Et hoc est quod monstrare voluimus.

(**A.135**) Si autem volueris duas tertias de quinque et quarta multiplicare in duas septimas de sex et dimidio.

(*a*) Ex denominationibus unius lateris, que sunt tres et quatuor, multiplicatis in se fac numerum denominationis, qui est duodecim. Deinde ex septima et dimidio alterius lateris fac similiter numerum denominationis, qui est quatuordecim. Quos multiplica in duodecim, et provenient centum sexaginta octo, qui est numerus prelatus. Deinde duas septimas de quatuordecim, que sunt quatuor, multiplica in sex et dimidium, et provenient viginti sex. Deinde duas tertias de duodecim, que sunt octo, multiplica in quinque et quartam, et provenient quadraginta duo. Quos multiplica in viginti sex, et quod provenerit divide per prelatum numerum; et quod exierit est summa quam requiris.   Cuius probatio eadem est que precessit.

$\frac{2}{3.}$	$\frac{2}{7.}$
de 5	de 6
et 4·	et 2·
12	14
168	
42	26
1092	

Ad A.135*a*: *Figura inven. in* $\mathcal{A}$ *(125^v, 2 – 8 marg.)*, $\mathcal{C}$ *(41rb, 45 – 53 marg.), om. sed spat. rel.* $\mathcal{B}$ *(24vb, 31 – 39)*.
$\frac{2}{3.}$] $\frac{2}{3}$ $\mathcal{AC}$. $\frac{2}{7.}$] $\frac{2}{7}$ $\mathcal{A}$.   de 5] d 5 $\mathcal{C}$.   et 4·] 74 $\mathcal{AC}$.   et 2·] 72 $\mathcal{AC}$.   1092] 1072 $\mathcal{A}$.

(*b*) Vel aliter. Duas tertias de quinque et quarta, que sunt tres et dimidium, accipe. Deinde accipe duas septimas de sex et dimidio, que sunt unum et

---

3003–3046 Si autem volueris ... faciendum sit in illis] 125^v, 4 – 31 $\mathcal{A}$; 24vb, 29 – 25ra, 44 $\mathcal{B}$; 41rb, 45 – 41va, 34 $\mathcal{C}$.

3001 quatuor] quattuor $\mathcal{C}$ **3001** in *(post* productum*)*] im $\mathcal{B}$ **3005** Ex] et $\mathcal{B}$ **3005** quatuor] quattuor $\mathcal{C}$ **3007** denominationis] *corr. ex* denominationibus $\mathcal{B}$ **3008** quatuordecim] 14 $\mathcal{C}$ **3008** duodecim] 12 $\mathcal{ABC}$ **3008–3009** centum sexaginta octo] 168 $\mathcal{ABC}$ **3009** prelatus] communis *in textu* prelatus *add. supra* $\mathcal{C}$ **3009–3010** quatuordecim] 14 $\mathcal{C}$ **3010** quatuor] 4 $\mathcal{C}$ **3010** sex] 6 $\mathcal{C}$ **3011** viginti sex] XX VI $\mathcal{A}$, 26 $\mathcal{C}$ **3011** duodecim] 12 $\mathcal{C}$ **3011** octo] 8 $\mathcal{C}$ **3012** quinque] 5 $\mathcal{C}$ **3012** quadraginta duo] 42 $\mathcal{ABC}$ **3013** viginti sex] XX VI $\mathcal{A}$, 26 $\mathcal{C}$ **3013** provenerit] provenit $\mathcal{C}$ **3013** prelatum] communem *in textu* prelatum *add. supra* $\mathcal{C}$ **3015** quinque] V $\mathcal{A}$, 5 $\mathcal{C}$ **3015** que] quę $\mathcal{A}$ **3016** duas] 2 $\mathcal{C}$ **3016** sex] 6 $\mathcal{C}$ **3016** unum] numeri $\mathcal{B}$

sex septime. Que multiplicabis inter se sicut multiplicas integrum cum fractione in integrum et fractionem.

(*c*) Vel aliter. Duas tertias de sex et dimidio, que sunt quatuor et tertia, multiplica in duas septimas de quinque et quarta, que sunt unum et dimidium; et quod provenerit est summa quam requiris.

(*d*) Vel aliter. Duas tertias multiplica in duas septimas, et proveniet septima et tertia septime. Deinde multiplica quinque et quartam in sex et dimidium, et provenient triginta quatuor et octava. Et productorum ex utrisque multiplica alterum in alterum, et provenient sex et tres septime et dimidia septima. Et hoc est quod voluisti.

(**A.135′**) Hoc etiam multis modis potest fieri aliter quam superius. Videlicet, si volueris multiplicare duas tertias de quinque et quartam unius in duas septimas de sex et dimidium unius.

(*a*) Tunc de numero denominationis qui est duodecim duas tertias, que sunt octo, multiplica in quinque, et provenient quadraginta; et item quartam eiusdem numeri denominationis, que est tres, agrega prioribus quadraginta; et fiunt quadraginta tres. Deinde ex alio latere duas septimas de quatuordecim, que sunt quatuor, multiplica in sex, et provenient viginti quatuor; deinde medietatem de quatuordecim, que est septem, agrega prioribus viginti quatuor, et fient triginta unum. Hos autem multiplica in quadraginta tres, et quod provenerit divide per prelatum numerum; et quod exierit est summa quam queris.

(*b*) Vel aliter. Due tertie de quinque, que sunt tres et tertia, cum addita una quarta fiunt tres et tres sexte et dimidia sexta. Similiter due septime de sex, que sunt unum et quinque septime, cum addito dimidio unius fiunt duo et septima et dimidia septima. Quasi ergo velles multiplicare tres et tres sextas et dimidiam sextam in duo et septimam et dimidiam septimam. Multiplicabis illa secundum regulam fractionum cum integris.

Sunt autem plures alii modi qui contingunt in fractionibus; de quibus loquar et assignabo qualiter faciendum sit in illis.

3017 multiplicabis] multiplicatis *B* **3017** cum] in *pr. scr., exp. &* cum *add. supra* C **3018** in] per *codd.* **3018** et fractionem] in *(corr. ex et)* fractionem *A*, in fractione *B*, cum *(mut. in in)* fractione *(sic etiam)* C **3019** quatuor] 4 C **3019–3020** tertia] in *add. BC (exp. C)* **3020** multiplica] multiplicatis *pr. scr. et corr.* C **3020** quinque] V *A*, 5 C **3020–3021** unum et dimidium] numerum et dimidium *(hoc corr. ex* dimd) *B* **3023** quinque] V *A* **3023** quartam] quarta *B* **3024** triginta quatuor] XXX IIII^or *A*, triginta quattuor C **3025** utrisque] utriusque *B* **3025** alterum in alterum] altr̄u in alt̄m *B* **3025** provenient] provenirt C **3025** sex] 6 C **3025** tres] 3 C **3028** quinque] 5 C **3028** quartam] quarta *AB* **3029** dimidium] in dimidium *BC* **3030** duodecim] 12 C **3031** octo] 8 C **3031** quinque] 5 C **3031** quadraginta] 40 *ABC* **3032** agrega] aggrega *B* **3032** quadraginta] XL *A*, 40 C **3033** quadraginta tres] 43 *ABC* **3033–3034** quatuordecim] 14 C **3034** quatuor] quattuor C **3034** sex] 6 C **3034** viginti quatuor] 24 *ABC* *(34 ut vid. B)* **3035** quatuordecim] 14 C **3035** septem] 7 C **3035–3036** viginti quatuor] XX IIII^or *A*, viginti quattuor C **3036** triginta unum] XXX unum *A*, viginta numerum *B*, 31 C **3036** Hos] Has *B* **3036–3037** quadraginta tres] XL tres *A*, 43 C **3037** prelatum] *hic in textu, & communem scilicet add. in marg.* C **3037** exierit] exsierit *A* **3038** queris] requiris *A* **3046** faciendum sit] sit faciendum *A* **3046** in illis] *corr. ex* milles *B*

Scias quod quisquis perfecte intellexerit ea que dicta sunt de multiplicatione fractionum et diligenter attenderit probationes earum, quicquid acciderit de multiplicatione fractionum facile poterit invenire.

(**A.136**) Sicut si quis querat a te ut duas nonas et duas septimas multiplices in decem undecimas.

(*a*) Ex hiis autem que dicta sunt in multiplicatione fractionum monstrabitur etiam solutio huius questionis. Scilicet, ut unam duarum fractionum reducas ad genus alterius sicut supra ostensum est in capitulo de conversione fractionum in alias; deinde agrega eas, et fient fractio et fractio fractionis; quas multiplica in decem undecimas sicut supra ostensum est ⟨in capitulo⟩ de multiplicatione huiusmodi.

(*b*) Vel aliter. Multiplica duas nonas in decem undecimas sicut supra ostensum est. Deinde multiplica duas septimas in decem undecimas et productum agrega ad id quod provenit ex duabus nonis ductis in decem undecimas. Et agregatum est id quod voluisti.

(**A.137**) Si autem volueris quinque octavas et duas tertias octave multiplicare in sex et duas septimas et tres quartas septime.

Sic facies. Multiplica quinque octavas et duas tertias octave in sex sicut supra ostendimus, et id quod provenerit retine. Deinde multiplica quinque octavas et duas tertias octave in duas septimas et tres quartas septime; et quod provenerit agrega cum prius retento. Et agregatum est id quod voluisti.

[Quisquis autem intelligit ea que dicta sunt de conversione fractionum, et novit probationes earum, facile adinveniet predictas questiones, et alias multas que dicte non sunt hic, et sciet probationes omnium illarum, et non egebit ut aliquid aliud addatur preter id quod dictum est.]

Possunt autem fieri multe alie questiones de multiplicatione fractionum que habent se ad plures sensus. Quas placuit nobis cum modis suis agendi

---

3047–3076 Scias quod ... huiusmodi, scilicet] $125^v, 32 - 126^r, 14$ *A*; $11^{rb}, 29 - 11^{va}, 24$ *B*; $32^{va}, 45 - 32^{vb}, 17$ *C*.

3047 perfecte] parafecte *B*   **3047** intellexerit] intelligit *codd.*   **3047–3048** multiplicatione] multiplicatíoe (*pro* multiplicatiōe) *A*   **3048** probationes earum] proponas dant *pr. scr.*, proponas *mut. in* propositiones, *del.* dant, *add.* earum *in marg.* *B*   **3049** acciderit] attenderit *A*   **3049** fractionum] *e corr.* *B*   **3049** facile] facl *pr. scr. et corr.* *A*   **3050** ut] *om.* *A*   **3052** hiis] his *codd.*   **3052** in] *supra add.* *B*   **3052** multiplicatione] multicatione *B*   **3053** solutio] solicio *B*   **3053** Scilicet] Secundum *pr. scr. et del. et corr. supra* *B*   **3053** ut] *add. supra* *A*   **3054** reducas] reduas *pr. scr. et corr. supra* *B*   **3054** genus] fractionum *add. et del.* *A*   **3054** capitulo] capl *pr. scr. et corr.* *A*   **3056** supra] *add. in marg.* *B*   **3058** Multiplica] Multiplicas *B*   **3059** duas] *add. post fin. lin.* *B*   **3060** agrega] *add. in marg.* *A*   **3060** decem] X *A*   **3062** quinque] V *A*, 5 *C*   **3062** duas] 2 *C*   **3063** in] *om.* *B*   **3063** sex] 6 *C*   **3064** quinque] V *A*, 5 *C*   **3064** duas] 2 *C*   **3064** sex] 6 *C*   **3066** quinque] V *A*, 5 *C*   **3066** duas] 2 *C*   **3066** tres] 3 *C*   **3067** agregatum] aggatum *B*   **3069** fractionum] fractionis *B*   **3070** novit] noverit *A*   **3070** facile] fact *pr. scr. et corr.* *A*   **3070** adinveniet] adinveniat *B*   **3071** illarum] aliarum *B*

et diversitate significandi ponere in fine multiplicandi. Que sunt huiusmodi, scilicet:

Capitulum aliud de eodem.

(A.138) Si volueris quartam de quinque et duas quintas de sex multiplicare in decimam trium et octavam de quatuor.

Hoc duobus modis potest fieri.

(*a*) Uno ut si volueris unam quartam de quinque agregare cum duabus quintis de sex et agregatum multiplicare in agregatum ex decima trium et ex octava de quatuor.

Si hoc inquirere volueris, sic facies. Ex denominationibus fractionum que sunt quarta et quinta multiplicatis inter se fac numerum denominationis, qui est viginti. Deinde, ex alio latere, ex decima et octava similiter fac numerum denominationis, qui est octoginta. Quos multiplica in viginti oppositi lateris; et quod provenerit est numerus prelatus, scilicet mille sexcenta. Deinde quartam de viginti, que est quinque, multiplica in quinque; et fiunt viginti quinque. Deinde duas quintas de viginti, que sunt octo, multiplica in sex, et fient quadraginta octo. Quos agrega ad viginti quinque, et fient septuaginta tres. Deinde, ex alio latere, decimam de octoginta, scilicet octo, multiplica in tres, et provenient viginti quatuor. Deinde octavam eiusdem, scilicet decem, multiplica in quatuor, et provenient quadraginta. Quos agrega ad viginti quatuor, et fient sexaginta quatuor. Quos multiplica in septuaginta tres, et quod provenerit divide per prelatum; et quod exierit quesita summa erit.

(*b*) Alter est, scilicet si volueris duas quintas de sex agregare ad quinque et agregati accipere quartam, deinde suam octavam de quatuor agregare cum tribus et agregati decimam multiplicare in quartam predictam.

Si hoc inquirere volueris, sic facies. A viginti, qui est numerus denominationis, sumptam quartam multiplicabis in quinque, et provenient viginti

---

3077–3137 Capitulum aliud ... preter hos] *126ʳ, 14 – 126ᵛ, 17 A; 25ʳᵃ, 45 – 25ᵛᵃ, 33 B; 41ᵛᵃ, 35 – 41ᵛᵇ, 38 C.*

3075 significandi] segregandi *B*   **3077** tit.] *lin. subter dux. A, om. sed spat. rel. B, rubro col. C*   **3078** Si] Si autem *C*   **3078** quinque] V *A*   **3079** trium] trium *C*   **3079** quatuor] quattuor *C*   **3081** quinque] V *A*   **3083** quatuor] quattuor *C*   **3084** inquirere] inquam *(vel* in quam*) ABC*   **3086** viginti] XX *A*   **3086** ex *(ante* decima*)*] et *B*   **3087** viginti] XX *A*   **3088** prelatus] communis *in textu &* prelatus *add. supra C*   **3088–3089** mille sexcenta] 160 *(sic) ABC*   **3089** viginti] XX *A*, 20 *C*   **3089** que] qui *B*   **3089** quinque] V *A*, 5 *C*   **3089** quinque *(post* in*)*] V *A*, 5 *C*   **3090** viginti quinque] 25 *ABC*   **3090** viginti] XX *A*, 20 *C*   **3090** octo] 8 *C*   **3091** sex] 6 *C*   **3091** quadraginta octo] 48 *ABC*   **3091** viginti quinque] XXV *A*, 25 *C*   **3092** fient] fiet *C*   **3092** septuaginta tres] 73 *ABC*   **3092** octoginta] 80 *C*   **3093** multiplica] *e corr. A*   **3093** viginti quatuor] 24 *ABC*   **3094** quatuor] 4 *C*   **3094** quadraginta] XL *A*, 40 *C*   **3095** viginti quatuor] XX IIII⁰ʳ *A*, 24 *C*   **3095** sexaginta quatuor] 64 *ABC*   **3095–3096** Quos multiplica in septuaginta tres] *om. B et hab. in textu eadem m.:* et hic est numerus colectionis *(sic)* alterius lateris. Quos multiplica in alium numerum collectionis.   **3096** septuaginta tres] 73 *AC*   **3096** prelatum] communem *in textu & supra add.* prelatum *C*   **3098** quinque] V *A*, 5 *C*   **3099** accipere] *corr. ex* accpere *A*   **3099** quatuor] 4 *C*   **3101** inquirere] inquam *(vel* in quam*) ABC*   **3102** sumptam] sumpta *B*   **3102** multiplicabis] multiplicabus *B*   **3102** quinque] V *A*   **3102–3103** viginti quinque] 25 *ABC*

1 $\frac{1}{4}\cdot$ de 5 et 2 $5\cdot$ de 6	1 $\frac{1}{10}\cdot$ de 3 et 1 $8\cdot$ de 4
20	80
1600	
73	64

Ad A.138a: *Figura inven. in* $\mathcal{A}$ *($126^r, 14 - 20$ marg.), $\mathcal{B}$ (25ra, ima pag., v. fig. seq.), $\mathcal{C}$ ($41^{va}, 35 - 44$ marg.); lin. infimam om. $\mathcal{BC}$. Nota: pro $\frac{1}{4}$. & $\frac{1}{10}$. & $\frac{1}{8}$. habetur in textu quarta & decima & octava.*

$\frac{1}{4}.$] $\frac{1}{4}$ $\mathcal{A}$, $\frac{1}{4}$ $\mathcal{B}$, $\frac{3}{4}$. *(sic)* $\mathcal{C}$. $\frac{1}{10}.$] $\frac{1}{10}$ $\mathcal{A}$, $\frac{1}{19}$ *(sic)* $\mathcal{B}$.   de 5] de 5· $\mathcal{C}$.   de 3] de 3· $\mathcal{AC}$.   5·] 5 $\mathcal{AB}$.   8·] 8 $\mathcal{AB}$.   de 6] de 6· $\mathcal{C}$.   de 4] de 4· $\mathcal{C}$.   1600] 160 $\mathcal{ABC}$.

quinque. Postea sumptam quartam de duabus quintis eiusdem, que sunt duo, multiplicabis in sex, et provenient duodecim. Quas agrega cum viginti quinque, et fient triginta septem. Deinde a numero denominationis alterius lateris, qui est octoginta, decimam sumptam multiplica in tres, et fient viginti quatuor. Deinde decimam sue octave, que est unum, multiplica in quatuor, et provenient quatuor. Quos agrega ad viginti quatuor, et fient viginti octo. Quos multiplica in triginta septem alterius lateris, et productum divide per prelatum; et quod exierit est summa que provenit.

(A.139) Cum aliquis dicit ut duas tertias de septem et dimidio et duas quintas de sex et tertia multiplices in duas septimas de quatuor et decima et tres quartas de novem et nona.

Hoc quatuor modis poterit fieri.

(*a*) Duo sunt de quibus iam paulo ante prediximus. Scilicet ut aut duas tertias de septem et dimidio agreges ad duas quintas de sex et tertia, et deinde duas septimas de quatuor et decima agreges ad tres quartas de novem et nona, et hoc agregatum multiplices in prius agregatum. Et deinde cetera sicut iam predocuimus.

3104 duodecim] 12 $\mathcal{ABC}$ **3104–3105** viginti quinque] 25 $\mathcal{ABC}$ **3105** triginta septem] 37 $\mathcal{ABC}$ **3105** Deinde] De $\mathcal{A}$ **3105–3106** denominationis alterius lateris] denominationis *(corr. ex* denominatonis*)* alterius $\mathcal{C}$ **3106** octoginta] 80 $\mathcal{ABC}$ **3106** in tres] in 3 $\mathcal{ABC}$ *(corr. ex* in3 $\mathcal{C}$*)*   **3107** viginti quatuor] 24 $\mathcal{ABC}$ **3107** unum] numerum *pr. scr., del.* & unum *add. in marg.* $\mathcal{B}$ **3108** quatuor] quattuor $\mathcal{C}$ **3108** quatuor *(post* provenient*)*] 4 $\mathcal{C}$ **3108** viginti quatuor] 24 $\mathcal{ABC}$ **3108–3109** viginti octo] 28 $\mathcal{ABC}$ **3109** triginta septem] XXX septem $\mathcal{A}$ **3110** prelatum] communem *in textu,* prelatum *add. supra* $\mathcal{C}$ **3110** provenit] prevenit $\mathcal{B}$ **3112** quatuor] quattuor $\mathcal{C}$ **3114** quatuor] quattuor $\mathcal{C}$ **3117** septimas] *et add. et exp.* $\mathcal{B}$ **3117** quatuor] quattuor $\mathcal{C}$

2 3· de 7 et 2·	2 7· de 4 et 10·
et 2 5· de 6 et 3·	et 3 4· de 9 et 9·

Ad A.139: *Figura inven. in $\mathcal{A}$ (126^v, $1 - 7$ marg.), $\mathcal{B}$ (25rb, $2 - 9$ ad A.138; spat. rel. 25va, $6 - 12$ sc. ad A.139), $\mathcal{C}$ (41vb, $11 - 18$ marg.); lin. sub et 10· incompl. $\mathcal{C}$.*
$\frac{2}{3\cdot}$] $\frac{2}{3}$ $\mathcal{B}$. $\frac{2}{7\cdot}$] $\frac{2}{7}$ $\mathcal{ABC}$. de 4] de 14 $\mathcal{ABC}$. 2·] 2 $\mathcal{AB}$. 10·]
10 $\mathcal{AB}$. $\frac{2}{5\cdot}$] $\frac{2}{5}$ $\mathcal{ABC}$. et $\frac{3}{4\cdot}$] $\frac{3}{4}$ $\mathcal{ABC}$. et 3·] et 3 $\mathcal{AB}$. et 9·]
et 9 $\mathcal{ABC}$.

3120 **(b)** Aut ut duas quintas de sex et tertia agreges ad septem et dimidium et agregati accipias duas tertias, deinde tres quartas de novem et nona agreges ad quatuor et decimam et agregati duas septimas multiplices in duas tertias prioris agregati. Deinde cetera qualiter fiant iam premonstravimus.

(c) Tertius vero modus est ut duabus tertiis de septem agreges dimidium
3125 unius, et duabus quintis de sex agreges tertiam unius, et ex duobus agregatis efficias unum agregatum; deinde, ex alio latere, duabus septimis de quatuor agreges decimam unius, et tribus quartis de novem agreges nonam unius, et ex duobus agregatis conficias unum agregatum; quod agregatum multiplices in agregatum alterius lateris. Deinde cetera sicut paulo ante
3130 docuimus.

(d) Quartus vero modus est ut duabus tertiis de septem agreges dimidium et duas quintas de sex et tertia; deinde, ex alio latere, duabus septimis de quatuor agreges decimam [de novem et nona] et tres quartas de novem et nona, hoc autem agregatum multiplices in primum agregatum. Et deinde
3135 cetera sicut iam predocuimus.

Omnes igitur regule in hiis iam manifeste sunt intelligenti ea que predicta sunt de fractionibus. [Potest etiam hoc fieri aliis modis preter hos.]

(A.140) Si volueris multiplicare tres quartas quatuor quintarum quinque

---

3138–3155 Si volueris ... est quod voluisti] 126^v, $18 - 28$ $\mathcal{A}$; 75vb, $40 - 76^{ra}$, 13 $\mathcal{B}$; $\mathcal{C}$ *deficit.*

3120 duas] ad duas *codd.* **3121** novem] sex *codd.* **3122** quatuor] quattuor $\mathcal{C}$ **3124** septem] septima *codd.* **3126** unum] numerum *pr. scr. et del.*, unum *add. in marg.* $\mathcal{B}$ **3127** quatuor] quattuor $\mathcal{C}$; et decima *add. codd.* **3128** duobus] duabus $\mathcal{B}$ **3128** agregatum *(post* quod*)*] agrega $\mathcal{B}$, agregatur $\mathcal{C}$ **3133** quatuor] quattuor $\mathcal{C}$; *add.* et decima $\mathcal{ABC}$ *(in marg.* $\mathcal{C}$*)* **3133** agreges] *bis scr.* $\mathcal{C}$ **3133** novem *(post* decimam *de)*] sex *codd.* **3133** novem] sex *codd.* **3136** hiis] his *codd.* **3137** hoc] *om.* $\mathcal{AC}$ **3138** (A.140)] *hic scr. tit. lector* $\mathcal{B}$: De multiplicatione fractionum et fractionum fractionum septies *(v. enim lacunam)* repetitarum breviter facienda sextarum sex septimarum septem octavarum in quatuor quintas quinque sextarum sex septimarum septem octavarum octo nonarum novem decimarum.

Si volueris facere procreando numeros denominationum ex denominationibus fractionum, prolixum erit. Sed est alius modus agendi. Scilicet, multiplica numerum unde denominatur octava in numerum unde denominatur decima, et provenient octoginta. Quos pone prelatum. Deinde accipe septem octavas de octo, que sunt septem; de quorum sex septimis, que sunt sex, accipe quinque sextas, que sunt quinque; de quibus accipe quatuor quintas, que sunt quatuor; de quibus accipe tres quartas, que sunt tres, et retine. Postea de decem accipe novem decimas, que sunt novem; de quibus accipe octo nonas, que sunt octo; de quibus accipe ⟨septem octavas, que sunt septem; de quibus accipe⟩ sex septimas, que sunt sex; de quibus accipe quinque sextas, que sunt quinque; de quibus accipe quatuor quintas, que sunt quatuor. Quos multiplica in tria retenta, et fient duodecim. Quos divide per octoginta, et exibit decima et dimidia decima. Et hoc est quod voluisti.

(A.141) Si volueris tres quartas minus una sexta multiplicare in quinque et tertiam.

Sic facies. Numeros denominationum, qui sunt quatuor et sex, multiplica inter se, et fient viginti quatuor. De quibus accipe tres quartas eorum, que sunt decem et octo. De quibus minue sextam de viginti quatuor, que est quatuor, et remanebunt quatuordecim. Quos multiplica in quinque et tertiam et quod provenit divide per viginti quatuor. Et quod exierit est id quod scire voluisti.

(A.142) Si volueris tres quartas minus tertia cui desit octava multiplicare in septem et dimidium.

Sic facies. Numeros denominationum, qui sunt quatuor et tres, multiplica inter se, et fient duodecim. De quibus accipe tres quartas eorum, que sunt novem. Deinde accipe tertiam de duodecim, que est quatuor. De qua minue octavam de duodecim, que est unum et dimidium, et remanebunt duo et dimidium. Que duo et dimidium minue de novem, et remanebunt sex et dimidium. Que sex et dimidium multiplica in septem et dimidium, et provenient quadraginta octo et tres quarte. Quos divide per duodecim, et exibunt quatuor et dimidia octava. Et hoc est quod queris.

(A.143) Si volueris tres quartas de quinque sextis de septem et quinta multiplicare in novem decimas de quatuor minus dimidia octava de novem et tribus quintis.

3156–3192 Si volueris ... quod scire voluisti] $\mathcal{AC}$ *deficiunt;* 76ra, *14* – 76rb, *14* $\mathcal{B}$.

3139–3140 in quatuor ... octavarum] *per homœotel. om.* $\mathcal{B}$ **3139** quinque] V $\mathcal{A}$ **3140** sex septimarum] *om.* $\mathcal{A}$ **3140** nonarum] novarum $\mathcal{B}$ **3142** procreando] procreandi $\mathcal{B}$ **3142–3143** denominationibus] de nominationibus $\mathcal{A}$ **3145** Quos] quas $\mathcal{A}$ **3147** quinque] V $\mathcal{A}$ **3147** quinque *(post* sunt*)*] V $\mathcal{A}$ **3148** quartas] quintas *pr. scr. et del.* $\mathcal{B}$ **3149** decem] X $\mathcal{A}$ **3152** quinque] V $\mathcal{A}$ **3152** quinque *(post* sunt*)*] V $\mathcal{A}$ **3154** dimidia decima] dimidia $\mathcal{B}$ **3167** duodecim] XII *cod.* **3170** Que] quos *cod.*

Sic facies. Accipe tres quartas de quinque sextis de septem et quinta, que sunt quatuor et dimidium, et multiplica eas in novem decimas de quatuor minus dimidia octava de novem et tribus quintis, que sunt tres, et provenient tredecim et dimidium. Et hoc est quod scire voluisti.

(**A.144**) Si volueris novem decimas minus eo quod fit ex ductu dimidie septime in undecim multiplicare in id quod fit ex ductu quinque nonarum unius quarte de tribus in quintam duodenarii.

Sic facies. Quere numerum qui habeat decimam et dimidiam septimam; qui est septuaginta. Cuius dimidiam septimam, que est quinque, multiplica in undecim, et productum minue de novem decimis de septuaginta, que sunt sexaginta tres, et remanebunt octo. Deinde quintam de duodecim, que est duo et due quinte, multiplica in tres, et provenient septem et quinta. De quorum quarta, que est unum et quatuor quinte, accipe quinque nonas, que sunt unum, et multiplica in octo, et productum denomina de septuaginta, scilicet decimam et septimam decime. Et hoc est quod scire voluisti.

3182 septime] sexte *cod.* **3182** nonarum] novarum *cod.* **3183** quintam] quinta *cod.* **3183** duodenarii] duo denarii *cod.* **3185** septuaginta] septuginta *cod.* **3189** quarta] quartam *cod.*

Capitulum de agregatione fractionum cum fractionibus

Fractio fractioni quinque modis agregatur.

PRIMUS.

(**A.145**) Si volueris agregare tres octavas quatuor quintis.

(***a***) Sic facies. Multiplica inter se denominationes fractionum, et fient quadraginta, qui est numerus prelatus. Deinde tres octavas numeri prelati, que sunt quindecim, agrega cum quatuor quintis eiusdem numeri prelati, que sunt triginta duo, et fiunt quadraginta septem. Quos divide per prelatum, et exibit unum et octava et due quinte octave. Et hec est summa que ex propositorum agregatione provenit.

3	4
8·	5·
8	5
40	
15	32
47	

Ad A.145a: *Figura inven. in* $\mathcal{A}$ *($126^v, 30 - 35$ marg.),* $\mathcal{B}$ *($25^{va}, 40 - 44$ & marg.),* $\mathcal{C}$ *($41^{vb}, 41 - 47$ marg.).* $\frac{3}{8.}$] $\frac{3}{8}$ $\mathcal{AB}$. $\frac{4}{5.}$] $\frac{4}{5}$ $\mathcal{AB}$. 8 40 5 *lineata* $\mathcal{ABC}$. 47] 147. $\mathcal{A}$.

(***b***) Vel aliter. Converte fractiones unius lateris in alias, scilicet quatuor quintas in octavas, et fient sex octave et due quinte octave. Quas agrega cum tribus octavis, et fient novem octave, que sunt unum et octava, et due quinte octave. Et hec est summa quam queris.

3193-3302 Capitulum de agregatione ... quesita summa erit] $126^v, 29 - 127^v, 23$ $\mathcal{A}$; $25^{va}, 34$-$35 - 26^{rb}, 37$ $\mathcal{B}$; $41^{vb}, 39 - 42^{rb}, 31$ $\mathcal{C}$.

3193-3194 tit.] *lin. subter dux.* $\mathcal{A}$, *om. sed spat. rel.* $\mathcal{B}$, *rubro col.* $\mathcal{C}$ **3193** agregatione] aggatione $\mathcal{C}$ **3195** Fractio fractioni quinque modis agregatur] *in marg.* $\mathcal{ABC}$ (2^a *m. in* $\mathcal{A}$; *pro* quinque *scr.* 5) **3195** fractioni] fractionis $\mathcal{A}$ **3196** Primus] *in marg.* $\mathcal{ABC}$ **3197** quatuor] quattuor $\mathcal{C}$ **3198-3199** quadraginta] 40 $\mathcal{ABC}$ **3199** qui] quis $\mathcal{BC}$ **3199** prelatus] *communis in textu &* prelatus *add. in marg.* $\mathcal{C}$ **3199** prelati] *communis in textu &* prelati *add. supra* $\mathcal{C}$ **3200** quindecim] 15 $\mathcal{C}$ **3200** quatuor] 4 $\mathcal{C}$ **3200** prelati] *communis in textu &* prelati *add. supra* $\mathcal{C}$ **3201** triginta duo] XXX duo $\mathcal{A}$ **3201** quadraginta septem] 47 $\mathcal{ABC}$ **3201** prelatum] communem *in textu &* prelatum *add. supra* $\mathcal{C}$ **3203** propositorum] priorum *codd.* **3203** agregatione] aggatione $\mathcal{B}$ **3204** (*b*)] *ad hanc partem lin. dux. in marg. al. m.* $\mathcal{A}$ **3204** Vel aliter. Conv] *lin. subter dux.* $\mathcal{A}$ **3204** fractiones] fractioes $\mathcal{B}$ **3204** alias] alteram *pr. scr. et del.* $\mathcal{C}$ **3204** quatuor] quattuor $\mathcal{C}$ **3205** sex] 6 $\mathcal{C}$ **3205** quinte] *corr. ex* quinque $\mathcal{A}$ **3205** agrega] agga $\mathcal{B}$ **3206** novem] VIIII $\mathcal{B}$, 9 $\mathcal{C}$ **3206** sunt] sut $\mathcal{C}$ **3206** octava] octave $\mathcal{B}$ **3207** summa] suma $\mathcal{B}$

(A.146) Si volueris tres septimas agregare ad decem undecimas.

(*a*) Sic facies. Numeros denominantes fractiones, qui sunt septem et undecim, multiplica in se, et fiet numerus prelatus, qui est septuaginta septem. Ad cuius tres septimas, que sunt triginta tres, agrega eius decem undecimas, que sunt septuaginta, et fient centum et tres. Quos divide per prelatum, et quod exierit est summa que ex supra positorum agregatione provenit.

3	10
7·	11·

7	11
77	
33	70
103	

Ad A.146*a*: *Figura inven. in* A *(126^v, $36 - 40$ marg.),* B *(25vb, $3 - 9$),* C *(41vb, $52 - 58$ marg.).*
$\frac{3}{7\cdot}$] $\frac{3}{7}$ ABC. $\frac{10}{11\cdot}$] $\frac{10}{11}$ AB, $\frac{10\cdot}{11\cdot}$ C. 7] 7· C. 11] 11· BC. 77] 77· C.

(*b*) Vel aliter. Converte tres septimas in undecimas, et fient quatuor undecime et quinque septime unius undecime. Quas agrega decem undecimis prioribus. Et quod excrescit est summa que provenit.

(*c*) Vel e converso. Converte undecimas in septimas, et ei quod inde provenit agrega tres septimas; et agregatum est summa que queritur.

SECUNDUS. CAPITULUM DE AGREGANDA FRACTIONE ET FRACTIONIS FRACTIONE AD FRACTIONEM.

(A.147) Si volueris tres quintas et quartam quinte agregare ad quinque octavas.

(*a*) Regula talis est. Ex denominationibus fractionum, scilicet quarta et quinta, multiplicatis in se facies numerum denominationis, qui est viginti. Quo multiplicato in octo fiunt centum sexaginta, qui est numerus prelatus.

3208 decem] X A **3209–3210** undecim] undecim̄ *(quod corr.)* B **3210** multiplica] multiplicatis A **3210** prelatus] communis *in textu &* prelatus *add. in marg.* C **3211** triginta tres] 33 ABC **3212** septuaginta] 70 C **3212** centum et tres] C et tres A, 103 C **3212** prelatum] communem *in textu &* prelatum *add. in marg.* C **3213** supra positorum] *quasi* suprepositorum B **3213** agregatione] aggóne C **3214** quatuor] quattuor C **3215** quinque] V A **3216** excrescit] excresit A **3218** agregatum] aggatum C **3218** que queritur] *corr. ex* queritur que A **3219** Secundus] *marg.* ABC **3219–3220** Capitulum ... ad fractionem] *om. sed spat. rel.* B, *rubro col.* C **3221** agregare] aggare C **3221** quinque] V A **3223** Ex] *om.* B **3223** fractionum] fractonum C **3223** quarta] quartam B **3224** viginti] XX A, 20 C **3225** multiplicato] *iter.* B **3225** octo] 8 C **3225** centum sexaginta] C LX A, cetum sexaginta B, 160 C **3225** est] *om.* A **3225** prelatus] communis *in textu &* prelatus *scr. supra* C

Cuius tres quintas et quartam quinte, que sunt centum et quatuor, agrega ad quinque octavas eius, que sunt centum, et fient ducenta quatuor. Quos divide per prelatum, et quod exierit summa requisita erit.

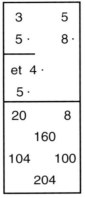

Ad A.147a: *Figura inven. in A (127^r, 8 – 13 marg.), B (25vb, 25 – 30), C (42ra, 7 – 16 marg.); lineam sup. ad alt. partem extensa in A, lineam med. om. A.*

$\frac{3}{5\cdot}$] $\frac{3}{5}$ *ABC*. $\frac{5}{8\cdot}$] $\frac{5}{8}$ *AB*. 4·] 4 *ABC*. 5· *(inf.)*] 5 *AC, om. B*. 160] 190 *B*.

(**b**) Vel aliter. Converte tres quintas et quartam quinte in octavas, et provenient quinque octave et quinta octave. Quas agrega ad quinque octavas, et fient unum et due octave et quinta octave. Et hoc est quod queris.

(**c**) Vel, si volueris, converte quinque octavas in quintas, et fient tres quinte et octava quinte. Quas agrega tribus quintis et quarte unius quinte, et proveniet unum et quinta et tres octave unius quinte. Et hoc est quod queritur.

TERTIUS. CAPITULUM DE AGREGANDA FRACTIONE ET FRACTIONIS FRACTIONE AD FRACTIONEM ET FRACTIONIS FRACTIONEM.

(**A.148**) Si volueris duas quintas et tres quartas quinte agregare ad duas septimas et duas tertias septime.

Sic facies sicut in prioribus, scilicet:

(**a**) Ex denominationibus fractionum cuiusque lateris per se ⟨inter se⟩ multiplicatis facies numeros denominationum utriusque lateris; quorum altero multiplicato in alterum fiet numerus prelatus, qui est quadringenti et vigin-

---
3226 centum et quatuor] *C* et quatuor *A*, cetum et quatuor *B*, centum et 4 *C* **3227** quinque] 5 *C* **3227** centum] *C A*, 100 *C* **3227** quatuor] quattuor *C* **3228** prelatum] communem *in textu &* prelatum *supra scr. C* **3230** quinque] V *A* **3230** quinque *(post* ad*)*] V *A* **3232** quinque] V *A* **3232** octavas] q *pr. scr. et exp. B* **3233–3234** proveniet] provenient *B* **3234** quod] *om. B* **3235** Tertius] *marg. ABC* **3235–3236** Capitulum ... fractionem] *om. sed spat. rel. B, rubro col. C* **3237** tres] 3 *add. supra A* **3238** duas] *corr. ex* das *A* **3240** cuiusque] *corr. ex* cuiuscumque *A* **3242** alterum] altero *codd.* **3242** prelatus] communis *in textu &* prelatus *add. in marg. C* **3242** quadringenti] quadragenti *B* **3242–3243** viginti] XX *A*

ti. Cuius duas quintas et tres quartas quinte, que sunt ducenta et triginta unum, agrega ad eius duas septimas et duas tertias septime, que sunt centum sexaginta, et agregatum ex hiis divide per prelatum; et quod exierit est summa quam queris.

2	2
5 ·	7 ·
et 3	et 2
4 ·	3 ·
5 ·	7 ·
20	21
420	
231	160
391	

Ad A.148a: Figura inven. in $\mathcal{A}$ (bis: 127^r, 16 – 23 & 34 – ima pag.), $\mathcal{B}$ (26ra, 4 – 11 & marg.), $\mathcal{C}$ (42ra, 24 – 33 marg.); bis $\mathcal{A}$: altera imperfecta (sinistr. & med. part. tantum hab.) ad A.149.
$\frac{2}{5.}$] $\frac{3}{5}$ $\mathcal{A}$ (1^a), $\frac{2}{5}$ $\mathcal{A}$ (2^a) & $\mathcal{B}$. $\frac{2}{7.}$] $\frac{2}{7}$ $\mathcal{A}$.   4·] 4 $\mathcal{AB}$ ($\mathcal{A}$ bis).
3·] 3 $\mathcal{A}$.   5· (inf.)] 5 $\mathcal{AB}$ ($\mathcal{A}$ bis).   7· (inf.)] 7 $\mathcal{A}$.

(**b**) Vel, si volueris, duas quintas et tres quartas quinte converte in septimas, et provenient tres septime et quatuor quinte unius septime et quarta quinte septime. Deinde agrega duas septimas tribus septimis, et fient quinque septime; duas autem tertias septime agrega ad quatuor quintas septime et quartam quinte unius septime, convertendo alias in alias sicut premonstratum est, et provenient septima et due quinte septime et tres sexte unius quinte unius septime et dimidia sexta quinte septime. Quas agrega prioribus quinque septimis, et fient sex septime et due quinte unius septime et tres sexte quinte septime et dimidia sexte unius quinte unius septime. Et hec est summa quam queris.

QUARTUS.   CAPITULUM DE AGREGANDA FRACTIONE FRACTIONIS AD FRACTIONEM FRACTIONIS.

3243–3244 triginta unum] XXX I $\mathcal{A}$ **3244** tertias] tertie $\mathcal{B}$ **3244–3245** centum sexaginta] C LX $\mathcal{A}$ **3245** agregatum] aggatum $\mathcal{B}$ **3245** hiis] his *codd.*   **3245** prelatum] communem *in textu &* prelatum *add. in marg.* $\mathcal{C}$ **3247** Vel] Vel aliter *pr. scr. et corr.* $\mathcal{B}$ **3248** quatuor] quattuor $\mathcal{C}$ **3249–3250** quinque] V $\mathcal{A}$ **3250** quatuor] quattuor $\mathcal{C}$ **3252** proveniet] proveniet $\mathcal{B}$ **3253** sexta] sex *pr. scr. et mut. in* septima $\mathcal{B}$ **3254** quinque] V $\mathcal{A}$ **3256** summa] suma $\mathcal{B}$ **3257** Quartus] *marg.* $\mathcal{ABC}$ **3257–3258** Capitulum ... fractionis] *om. sed spat. rel.* $\mathcal{B}$, *rubro col.* $\mathcal{C}$

(**A.149**) Cum volueris quinque sextas octave agregare ad quatuor septimas undecime.

(***a***) Sic facies. Ex denominationibus fractionum agregandi lateris inter se multiplicatis, que sunt sex et octo, fient quadraginta octo, qui est numerus denominationis. Deinde, ex alio latere, multiplicatis inter se septem et undecim fient septuaginta septem, qui similiter est numerus denominationis. Quem multiplica in alium alterius lateris, et fient tria milia sexcenta nonaginta sex, qui est numerus prelatus. Deinde quinque sextas octave ipsius, que sunt trescenta octoginta quinque, agrega ad ipsius quatuor septimas undecime, que sunt centum nonaginta duo, et provenient quingenta septuaginta septem. Qui numerus, quoniam minor est, denomina eum a prelato, et denominatus numerus erit summa que ex agregatione provenit.

5	4
6 ·	7 ·
8 ·	11 ·
48	77
3696	
385	192
577	

Ad A.149a: *Figura inven. in $\mathcal{A}$ (127^r, ima pag.), $\mathcal{B}$ (26ra, 29 - 36), $\mathcal{C}$ (42ra, 48 - 56 marg.).*

$\substack{5\\6.}$] $\substack{5\\6}$ $\mathcal{AB}$. $\substack{4\\7.}$] $\substack{4\\7}$ $\mathcal{AB}$.   8·] 8 $\mathcal{AB}$.   11·] 11 $\mathcal{AB}$.   385] 305 $\mathcal{A}$.

(***b***) Vel aliter. Converte fractiones in idem genus, scilicet ut sexte octave fiant septime undecime, secundum premissas regulas, et fient octo septime undecime et sexta octave septime undecime; quibus agrega quatuor septimas undecime, et agregatum est summa que provenit.

QUINTUS. DE AGREGANDA FRACTIONE ET FRACTIONIS FRACTIONE AD FRACTIONEM FRACTIONIS.

(**A.150**) Si volueris quatuor quintas et tertiam quinte agregare ad quinque sextas undecime.

3259 quinque] V $\mathcal{A}$ **3259** agregare] ad *pr. scr. et corr.* $\mathcal{B}$ **3259** quatuor] quattuor $\mathcal{C}$ **3262** sex] VI $\mathcal{A}$ **3262** quadraginta octo] XL octo $\mathcal{A}$, 48 $\mathcal{C}$ **3264** septuaginta septem] 77 $\mathcal{C}$ **3265** Quem] que $\mathcal{B}$ **3265–3266** tria milia sexcenta nonaginta sex] 3696 $\mathcal{ABC}$ **3266** prelatus] comunis *(sic) in textu &* prelatus *add. in marg.* $\mathcal{C}$ **3266** quinque] V $\mathcal{A}$ **3267** sunt] alterius lateris *add. et exp.* $\mathcal{B}$ **3267** trescenta octoginta quinque] 385 $\mathcal{ABC}$ **3267** quatuor] quattuor $\mathcal{C}$ **3268** centum nonaginta duo] 192 $\mathcal{ABC}$ **3268–3269** quingenta septuaginta septem] 577 $\mathcal{ABC}$ **3269** denomina] denoia $\mathcal{C}$ **3269** a prelato] prelatum *pr. scr. et corr. in marg.* $\mathcal{B}$, a communi *in textu &* prelato *add. in marg.* $\mathcal{C}$ **3270** denominatus] de$\overline{\text{nat}}$us $\mathcal{A}$ **3273** undecime *(ante quibus)*] *om.* $\mathcal{A}$ **3273** quatuor] 4 $\mathcal{C}$ **3275** Quintus] *marg.* $\mathcal{ABC}$ **3275–3276** De agreganda ... fractionis] *om. sed spat. rel.* $\mathcal{B}$, *rubro col.* $\mathcal{C}$ **3277** quatuor] quattuor $\mathcal{C}$ **3277** agregare] aggare $\mathcal{B}$ **3277** quinque] V $\mathcal{A}$

(*a*) Sic facies. Multiplicatis in se denominationibus agregandi lateris, que sunt quinque et tres, facies quindecim, qui est numerus denominationis. Deinde ex alio latere multiplicatis sex in undecim fient sexaginta sex, qui similiter est numerus denominationis. Quem multiplica in alium alterius lateris, et productum est numerus prelatus. Cuius quatuor quintas et tertiam quinte agrega ad quinque sextas undecime eius, et agregatum divide per prelatum; et quod exierit quesita summa erit.

```
   4      5
   5 ·    6 ·
  et 3 ·  11 ·
   5 ·
   15     66
        990
```

Ad A.150*a*:   *Figura inven. in* $\mathcal{A}$ *(127^v, 7 – 12 marg.),* $\mathcal{B}$ *(26rb, 6 – 11),* $\mathcal{C}$ *(42rb, 6 – 12 marg.);* 15, 66, 990 *sine 3 claustris in* $\mathcal{BC}$.
$^4_5$] $^4_5$ $\mathcal{ABC}$. $^5_{6·}$] $^5_6$ $\mathcal{ABC}$.   11·] 11 $\mathcal{ABC}$.   3·] 3 $\mathcal{ABC}$.   5·] 5 $\mathcal{ABC}$.   15] 16 $\mathcal{A}$.   990] 930 $\mathcal{ABC}$.

(*b*) Vel aliter. Converte ⟨quatuor⟩ quintas et tertiam quinte in undecimas, et fient novem undecime et due quinte undecime et due tertie quinte undecime. Deinde duas quintas undecime et duas tertias quinte undecime converte in sextas undecime, et fient tres sexte undecime et quinta sexte undecime. Quas agrega prioribus quinque sextis undecime, et fient una undecima et due sexte undecime ⟨et quinta sexte undecime⟩; agrega igitur unam undecimam predictis novem. Et fient decem undecime et due sexte undecime et quinta sexte undecime. Et hec est summa que provenit.

ITEM DE EODEM.

(**A.151**) Si volueris duas nonas et tres octavas et decem undecimas agregare inter se.

3279 denominationibus] de nominationibus $\mathcal{A}$ **3279** agregandi] aggandi $\mathcal{B}$ **3280** quinque] V $\mathcal{A}$, 5 $\mathcal{C}$ **3280** tres] 3 $\mathcal{C}$ **3280** quindecim] 15 $\mathcal{ABC}$ **3280** qui] que $\mathcal{C}$ **3280** denominationis] *corr. ex* denominatonis $\mathcal{C}$ **3281** sex] ex $\mathcal{B}$ **3281** sexaginta sex] LX VI $\mathcal{A}$, 66 $\mathcal{C}$ **3282** denominationis] *corr. ex* denominatonis $\mathcal{C}$ **3282** Quem] qui $\mathcal{B}$ **3282** alium] aliam $\mathcal{A}$ **3282** alterius] altius $\mathcal{B}$ **3283** prelatus] *corr. ex* prolatus $\mathcal{A}$, communis *in textu &* prelatus *in marg.* $\mathcal{C}$ **3283** quatuor] quattuor $\mathcal{C}$ **3284** agrega] agga $\mathcal{B}$ **3284** quinque] V $\mathcal{A}$ **3285** prelatum] communem *in textu &* prelatum *in marg.* $\mathcal{C}$ **3289** quinta] quinte $\mathcal{A}$ **3290** quinque] V $\mathcal{A}$ **3292** undecimam] *quasi* undocimam $\mathcal{C}$ **3292** decem] X $\mathcal{A}$ **3293** hec est] hecest *pr. scr. et sep.* $\mathcal{C}$ **3294** *tit.*] *om. sed spat. rel.* $\mathcal{B}$, *rubro col.* $\mathcal{C}$ **3295–3296** agregare] aggare $\mathcal{B}$

$$\frac{2}{9}\cdot$$

$$\frac{3}{8}\cdot$$

$$\frac{8}{10}\cdot$$

$$\frac{11}{\ }\cdot$$

Ad A.151:   *Figura inven. in* $\mathcal{A}$ *(127^v, 19 – 22 marg.),* $\mathcal{B}$ *(26rb, 29 – 34 marg.),* $\mathcal{C}$ *(42rb, 24 – 28 marg.); sine lin. inf.* $\mathcal{A}$.

$\frac{2}{9}.$] $\frac{2}{9}$ $\mathcal{ABC}$. $\frac{3}{8}.$] $\frac{3}{8}$ $\mathcal{ABC}$. $\frac{10}{11}.$] $\frac{10}{11}$ $\mathcal{AB}$.

(*a*) Sic facies. Denominationes multiplica inter se, scilicet nonam et octavam et undecimam, et provenient septingenta nonaginta duo, qui est numerus prelatus. Cuius duas nonas, que sunt centum septuaginta sex, et eiusdem tres octavas, scilicet ducenta nonaginta septem, et eiusdem decem undecimas, scilicet septingenta viginti, agrega inter se; et agregatum divide per prelatum, et quod exierit quesita summa erit.

3300

Cuius probatio est hec. Pone duas nonas AB, tres vero octave sint BG, sed decem undecime sint GD; unum autem sit H, denominatio vero omnium fractionum, qui est prelatus numerus, sit Z, due vero none eius, que sunt centum septuaginta sex, sint KT, tres vero octave eius, que sunt ducenta nonaginta septem, sint TQ, decem vero undecime eius, que sunt septingenta viginti, sint QL. Comparatio igitur AB ad H est sicut comparatio KT ad Z, comparatio vero BG ad H est sicut comparatio TQ ad Z, comparatio vero GD ad H est sicut comparatio QL ad Z. Sequitur ergo ut comparatio AD ad H sit sicut comparatio KL ad Z. Id igitur quod fit ex ductu linee AD in Z equum est ei quod fit ex ductu linee KL in H. H autem unum est. [Sed quicquid multiplicatur in unum non augetur.] Igitur id quod fit ex ductu linee AD in Z est KL. Si igitur diviseris KL per Z,

3305

3310

3303–3316 Cuius probatio ... de agregatione fractionum] *127^v, 23 – 32* $\mathcal{A}$; *11va, 24 – 11vb, 1* $\mathcal{B}$; *32vb, 18 – 35* $\mathcal{C}$.

3297 se] *e corr.* $\mathcal{A}$ **3298** provenient] *corr. ex* provenit $\mathcal{A}$, proveniet $\mathcal{C}$ **3298** septingenta nonaginta duo] 792 $\mathcal{ABC}$ **3299** numerus] nus $\mathcal{A}$ **3299** prelatus] communis *in textu &* prelatus *add. in marg.* $\mathcal{C}$ **3299** centum septuaginta sex] 176 $\mathcal{AB}$, 179 $\mathcal{C}$ **3300** eiusdem tres] *bis scr., pr. in fine lin. eras. (spat. pro fig. rel. voluit)* $\mathcal{B}$ **3300** ducenta nonaginta septem] 297 $\mathcal{ABC}$ **3300** eiusdem *(ante* decem*)] corr. ex* ex $\mathcal{A}$ **3301** septingenta viginti] 720 $\mathcal{ABC}$ **3302** prelatum] communem *in textu &* prelatum *add. supra* $\mathcal{C}$ **3303** est hec] hec est $\mathcal{A}$ **3304** unum] scilicet cuius sunt fractiones *add. in marg. 1^a m.* $\mathcal{BC}$ **3305** prelatus] g *pr. scr. et corr.* $\mathcal{B}$ **3306** centum] C $\mathcal{A}$ **3306** sint] *om.* $\mathcal{B}$ **3308** septingenta] septinginta $\mathcal{B}$ **3308** viginti] XX $\mathcal{A}$ **3308** Comparatio] Conparatio $\mathcal{B}$ **3309** comparatio *(ante vero* BG*)] Conparatio $\mathcal{B}$ **3310** comparatio *(ante vero* GD*)] Conparatio $\mathcal{B}$ **3310** vero] *om.* $\mathcal{B}$ **3310** ad *(post* GD*)] bis scr. (in fin. lin. et init. seq.)* $\mathcal{B}$ **3310** QL] *e corr.* $\mathcal{A}$ **3311** ad *(post* AD*)] add. in marg.* $\mathcal{B}$ **3311** sit] *om.* $\mathcal{C}$ **3312** equum] equm $\mathcal{A}$ **3314** AD] *corr. ex* AB $\mathcal{A}$

3315 exibit AD. Et hoc est quod monstrare voluimus. Hec autem probatio est omnium precedentium capitulorum de agregatione fractionum.

Ad A.151a iterum: Figura inven. in $\mathcal{A}$ $(127^v, 33 - 34)$, $\mathcal{B}$ $(11^{va}, 45 - 47)$, $\mathcal{C}$ $(32^{vb}, 32 - 34)$.

(**b**) Vel aliter. Converte omnes fractiones in genus cuius fractionis volueris, velut in octavas. Converte ergo duas nonas in octavas, et proveniet una octava et septem none unius octave; et converte ⟨decem⟩ undecimas in
3320 octavas, et provenient septem octave et tres undecime octave. Agregatis autem omnibus octavis, proveniet unum et tres octave; et agregatis septem nonis octave ad tres undecimas octave sicut predocuimus erit tota summa unum et quatuor octave et quinque undecime unius none unius octave. Et hec est summa quam quesivisti. Melius est autem convertere fractiones
3325 huiusmodi in genus fractionis que inter omnes minor fuerit, sicut hic est undecima.

[Si autem in agregando apposueris digitos, agrega digitos per se et fractiones per se. Si vero ex agregatione fractionum provenerit digitus, agrega illum prioribus digitis, et quod provenerit quesita summa erit.]

3330 ITEM DE EODEM

(**A.152**) Cum volueris tres quintas de sex agregare ad septem octavas de novem.

$$\begin{array}{|cc|}\hline \frac{3}{5}\cdot & \frac{7}{8}\cdot \\ \text{de } 6 & \text{de } 9 \\ \hline\end{array}$$

Ad A.152: Figura inven. in $\mathcal{A}$ $(128^r, 8 - 10$ marg.$)$, $\mathcal{B}$ $(26^{va}, 15 - 18)$, $\mathcal{C}$ $(42^{rb}, 47 - 49$ marg.$)$.

$\frac{3}{5}.$] $\frac{3}{5}$ $\mathcal{ABC}$. $\frac{7}{8}.$] $\frac{7}{8}$ $\mathcal{AB}$. de 6] 6 $\mathcal{BC}$ (de add. in marg. $\mathcal{B}$).

3317–3339 Vel aliter ... summa que provenit] $127^v, 32 - 128^r, 11$ $\mathcal{A}$; $26^{rb}, 38 - 26^{va}, 21$ $\mathcal{B}$; $42^{rb}, 32 - 53$ $\mathcal{C}$.

3315–3316 Hec autem ... fractionum] *in textu* $\mathcal{BC}$, *add. in ima pag.* $\mathcal{A}$ **3316** capitulorum] capitutulorum $\mathcal{B}$ **3317** in] ut $\mathcal{B}$ **3318** velut] vel ut $\mathcal{C}$ **3320** septem] 7 $\mathcal{C}$ **3321** proveniet] et proveniet $\mathcal{B}$ **3321** septem] 7 $\mathcal{C}$ **3323** quatuor] quattuor $\mathcal{C}$ **3323** quinque] V $\mathcal{A}$ **3324** summa] suma $\mathcal{B}$ **3324** convertere] *corr. ex* converter $\mathcal{B}$ **3325** fuerit] sit $\mathcal{A}$, *om.* $\mathcal{B}$, fuerint $\mathcal{C}$ **3326** undecima] undecim $\mathcal{A}$ **3329** illum] illur $\mathcal{B}$ **3329** summa erit] *in marg. post finem lin.* $\mathcal{A}$, suma erit $\mathcal{B}$ **3330** tit.] *om. sed spat. rel.* $\mathcal{B}$, *rubro col.* $\mathcal{C}$ **3331** septem] 7 $\mathcal{C}$

(*a*) Sic facies. Multiplica numeros denominationum, scilicet quinque et octo, et fient quadraginta, qui est numerus prelatus. Cuius tres quintas, que sunt viginti quatuor, multiplica in sex, et provenient centum quadraginta quatuor. Deinde eiusdem septem octavas, que sunt triginta quinque, multiplica in novem, et provenient trescenta quindecim. Quos agrega prioribus centum quadraginta quatuor, et fient quadringenta quinquaginta novem. Quos divide per prelatum, et quod exierit est summa que provenit.

Cuius probatio est hec. Oportebat enim accipere tres quintas de sex et agregare eas ad septem octavas de novem. Accipere autem tres quintas de sex est invenire quemlibet numerum qui habeat quintam, veluti quadraginta; horum igitur tres quintas, que sunt viginti quatuor, multiplica in sex, et provenient centum quadraginta quatuor; si igitur diviseris centum quadraginta quatuor per quadraginta, exibunt tres quinte de sex. Similiter etiam accipiuntur septem octave de novem, nam inveni numerum qui habeat octavam, veluti quadraginta; cuius septem octavas, que sunt triginta quinque, multiplica in novem, et provenient trescenta quindecim; hos igitur si diviseris per quadraginta, exibunt septem octave de novem. Oportebat igitur dividere centum quadraginta quatuor per quadraginta, et trescenta quindecim similiter dividere per quadraginta, et agregare que de utraque divisione exeunt; quod idem est quod agregare centum quadraginta quatuor ad trescenta quindecim et agregatum dividere per quadraginta, sicut ostensum est in capitulo prepositionum.

(*b*) Vel aliter. Tres quintas de sex, que sunt tres et tres quinte, agrega septem octavis de novem, que sunt septem et septem octave, et agregatum est summa que provenit.

(**A.153**) Si autem volueris duas quintas de quatuor et dimidio agregare ad

---

3340–3354 Cuius probatio ... in capitulo prepositionum] 128^r, $12 - 20$ A; 11vb, $1 - 24$ B; 32vb, $36 - 49$ C.
3355–3431 Vel aliter ... erit quod queris] 128^r, $21 - 128^v$, 35 A; 26va, $22 - 27^{ra}$, 26 B; 42rb, $54 - 42^{vb}$, 11 C.

3333 quinque] V A **3334** quadraginta] 40 ABC **3334** prelatus] platus B, communis *in textu & prelatus in marg.* C **3335** viginti quatuor] 24 ABC **3335–3336** centum quadraginta quatuor] C XL IIII^{or} A, 144 C **3336** septem] 7 C **3336–3337** triginta quinque] 35 ABC **3337** novem] 9 C **3337** trescenta quindecim] 315 ABC **3338** centum quadraginta quatuor] C XL IIII^{or} A, 144 C **3338–3339** quadringenta quinquaginta novem] 459 ABC **3339** prelatum] communem *in textu* prelatum *add. in marg.* C **3340** accipere] *corr. ex* accpere A **3342** quemlibet] quilibet B **3342** quintam] *e corr.* A **3343** viginti quatuor] XX IIII^{or} A, viginti quattuor C **3344** centum quadraginta quatuor] C XL IIII^{or} A, 144 C **3345** centum quadraginta quatuor] C XL IIII^{or} A, 144 C **3345** quadraginta] XL A, 40 C **3346** de] *corr. ex* ad B **3347** quadraginta] XL A, 40ta C **3348** triginta quinque] XXX V A **3348** trescenta quindecim] trescenta XV A, 315 C **3349** quadraginta] XL A, 40 C **3350** igitur] autem C **3350** centum quadraginta quatuor] C XL IIII^{or} A, centum quadraginta quattuor C; quatuor *corr. ex* que B **3350** quadraginta] XL A, 40 C **3351** trescenta quindecim] trescenta XV A, trescenta quindecim B, 315 C **3351** quadraginta] XL A, 40 C **3352–3353** centum quadraginta quatuor] C XL IIII^{or} A, 144 C **3353** trescenta quindecim] trescenta XV A, 315 C **3353** agregatum] aggatum B **3353** quadraginta] XL A, 40 C **3355** de sex] *bis scr.* B, de 6 C **3356** septem] 7 C **3356** novem] 9 C **3356** septem] 7 C **3356** septem *(post et)*] 7 C **3358** quatuor] quattuor C

tres octavas de sex et tertia.

2	3
$\frac{5}{5.}$	$\frac{8}{8.}$
de 4	de 6
et 2·	et 3·

Ad A.153: *Figura inven. in $\mathcal{B}$ (26va, 30 – 33), $\mathcal{C}$ (42rb, 57 – 60 marg.), om. $\mathcal{A}$.*
$\frac{2}{5.}$] $\frac{2}{5}$ $\mathcal{B}$, $\frac{3}{5}$ $\mathcal{C}$. $\frac{3}{8.}$] $\frac{3}{8}$ $\mathcal{B}$. de 4] 4 $\mathcal{B}$, de 4· $\mathcal{C}$. de 6] de 6· $\mathcal{C}$. et 2·] et 2 $\mathcal{B}$. et 3·] 3 $\mathcal{B}$.

3360 **(a)** Sic facies. Ex denominationibus, ut supra dictum est, facies numerum prelatum, qui est ducenta quadraginta. Cuius duas quintas multiplicabis in quatuor et dimidium, et fient quadringenta triginta duo. Deinde eiusdem tres octavas multiplicabis in sex et tertiam, et provenient quingenta septuaginta. Quas agregabis prioribus quadringentis triginta duobus, et quod 3365 excreverit divide per prelatum numerum; et quod exierit erit summa quam queris. Cuius probatio patet ex premissis.

(b) Vel aliter. Duas quintas de quatuor et dimidio, que sunt unum et quatuor quinte, agregabis ad tres octavas de sex et tertia, que sunt duo et tres octave; et agregatum est summa que queritur.

3370 **(A.154)** Si autem agregare volueris duas quintas de quatuor et dimidium unius ad tres octavas de sex et tertiam unius.

(a) Sic facies. Ex denominationum numeris in se multiplicatis facies prius numerum prelatum; qui est ducenta quadraginta. Cuius duas quintas multiplica in quatuor, et producto agrega dimidium numeri prelati; et quod 3375 excreverit retine. Deinde eiusdem numeri prelati tres octavas multiplica in sex, et producto ex eis agrega tertiam eiusdem numeri prelati. Et quod excrescit agrega priori summe retente, et agregatum ex illis divide per prelatum; et quod exierit est summa quam queris.

3359 sex] 6 $\mathcal{C}$ **3359** et tertia] Hoc duobus modis potest intelligi. Uno si velis duas quintas de 4 et dimidio agregare ad 3 octavas de sex et tertia. Sic fa *(sic, in fin. lin.)* facies; *hæc omnia add. in marg. et verbo* 'vacat' *del.* $\mathcal{C}$ **3360** Sic facies] *om. in textu (v. adn. præc.)* $\mathcal{C}$ **3361** prelatum] communem *in textu &* prelatum *add. supra* $\mathcal{C}$ **3361** ducenta quadraginta] 240 $\mathcal{ABC}$ **3362** quatuor] 4 $\mathcal{C}$ **3362** quadringenta triginta duo] 432 $\mathcal{AC}$, 4 32 $\mathcal{B}$ **3363** tres] 3 $\mathcal{C}$ **3363–3364** quingenta septuaginta] 570 $\mathcal{ABC}$ **3364** Quas] divide per prelatum numerum et quod exierit *add. (v. infra) et exp.* $\mathcal{B}$ **3364** quadringentis triginta duobus] 432 $\mathcal{ABC}$ **3365** prelatum] communem *in textu &* prelatum *add. in marg.* $\mathcal{C}$ **3366** queris] requiris $\mathcal{AB}$ **3367** quatuor] quattuor $\mathcal{C}$ **3367–3368** quatuor] quattuor $\mathcal{C}$; et dimidium unius *add. (v. infra) et del.* $\mathcal{A}$ **3369** que] quam *pr. scr., corr. in marg.* $\mathcal{C}$ **3370** quatuor] quattuor $\mathcal{C}$ **3370** dimidium] *corr. ex* dimidiam $\mathcal{A}$ **3373** prelatum] communem *in textu &* prelatum *add. in marg.* $\mathcal{C}$ **3373** ducenta quadraginta] 240 $\mathcal{ABC}$ **3374** quatuor] 4 $\mathcal{C}$ **3374** numeri] *corr. ex* numerum $\mathcal{B}$, unum *pr. scr. et del.* $\mathcal{C}$ **3374** prelati] communis *in textu &* prelati *add. in marg.* $\mathcal{C}$ **3375** numeri] *bis scr. post. del.* $\mathcal{B}$, *om.* $\mathcal{C}$ **3375** prelati] communis *in textu &* prelati *add. supra* $\mathcal{C}$ **3376** sex] 6 $\mathcal{C}$ **3376** prelati] communis *in textu &* prelati *scr. supra* $\mathcal{C}$ **3377** excrescit] excresit $\mathcal{A}$ **3377–3378** prelatum] communem *in textu &* prelatum *add. in marg.* $\mathcal{C}$

(**b**) Vel aliter. Duabus quintis de quatuor agrega dimidium unius. Et tribus octavis de sex agrega tertiam unius. Et hoc agregatum agrega priori agregato; et agregatum ex utrisque est summa que provenit.

Scias autem tot modis fieri agregationem quot et multiplicatio fit. Hoc autem observandum est in omnibus: ut tantum accipias de numero prelato quantum sunt omnes fractiones utriusque lateris et agregatum dividas per ipsum prelatum; et quod exierit summa requisita erit.

Item de agregatione

(**A.155**) Si volueris agregare quatuor quintas de novem et tres quartas eius.

Sic facies. Ex multiplicatis denominationibus, scilicet quatuor et quinque, facies viginti, qui est numerus prelatus. Deinde agrega quatuor quintas, et tres quartas, eius; et provenient triginta unum. Quos multiplica in novem et productum divide per prelatum; et quod exierit quesita summa erit.

Hec autem regula sumpta est de comparatione [quam dicit Euclides in sexto libro]. Scilicet, quod comparatio de triginta uno ad viginti talis est qualis comparatio requisiti ad novem. Hic autem tertius terminus est incognitus et divisio fit per secundum. Igitur si multiplicatur primus, qui est triginta unum, in quartum, qui est novem, et productum dividitur per secundum, qui est viginti, provenit incognitus, qui queritur.

Aut si velles dividere triginta unum per prelatum, et quod exiret multiplicares in novem, proveniret incognitus. Aut divides novem per prelatum, et quod exierit multiplicabis in triginta unum, et producetur incognitus. Omnibus hiis modis recte fit.

(**A.156**) Si autem volueris agregare quatuor quintas de novem et tres quartas eius et agregato agregare dimidium eius, et volueris scire summam totius.

3379 quintis] qunitis *C*   **3379** quatuor] quattuor *C*   **3379** unius] *om.* *B*   **3381** agregatum] aggatum *B*   **3381** utrisque] utriusque *B*   **3382** agregationem] aggationem *B*   **3383** accipias] *post* de numero prelato *scr. B, add. in marg. (& post tantum ponendum indic.) C*   **3383** prelato] communi *in textu & prelato add. in marg. C*   **3384** et agregatum] *add. in marg. C*   **3385** prelatum] communem *in textu & prelatum add. in marg. C*   **3385** et] *om.* *B*   **3386** tit.] *om. sed spat. hab. et in summa pag. scr. B, rubro col. C*   **3386** agregatione] agggatione *C*   **3387** quatuor] quattuor *C*   **3389** quatuor] quattuor *C*   **3389–3390** quinque] V *A*   **3390** viginti] XX *A*, 20 *C*   **3390** prelatus] platus *B*, communis *in textu & prelatus add. supra C*   **3390** agrega] agga *B*   **3390** quatuor] quartum *A*, quattuor *C*   **3391** triginta unum] XXX I *A*   **3392** novem] 9 *C*   **3392** prelatum] communem *in textu & prelatum add. in marg. C*   **3395** libro. Scilicet] libris *pr. scr. et corr. supra B*   **3395** de triginta uno ad viginti] XX ad XXX^{ta} I *A*, viginti ad triginta unum *B*, 20 ad triginta ti *(quod del.)* unum *C*   **3397** incognitus] *corr. ex* incognitus *B*   **3398** triginta unum] 31 *C*   **3398** novem] 9 *C*   **3399** viginti] XX *A*, 20 *C*   **3400** triginta unum] XXX^{ta} I *A*, 30 *pr. scr. et del. C*   **3400** prelatum] communem *in textu & prelatum add. in marg. C*   **3400–3401** multiplicares] multiplica res *A*   **3401** novem] 9 *C*   **3401** novem per prelatum] prelatum per novem *AB*, communem *(in textu & prelatum add. supra)* per 9 *C*   **3402** triginta unum] XXX I *A*   **3402** incognitus] incognit *A*, incognit *C*   **3403** hiis] his *codd.*   **3404** quatuor] quattuor *C*   **3405** scire] *om.* *B*   **3405** summam] summa *B*

Sic facies. Ex ⟨multiplicatis⟩ denominationibus omnium, scilicet quarta et quinta et dimidio, fac numerum prelatum, qui est quadraginta. Cuius quatuor quintas et tres quartas agrega, et fiunt sexaginta duo; quibus adde medietatem eorum, scilicet triginta unum, et fient nonaginta tres. Talis est igitur comparatio nonaginta trium ad prelatum qualis est comparatio quesiti ad novem. Igitur nonaginta tres multiplica in novem et productum divide per prelatum; et quod exierit, erit quod queris. Aut, si volueris, divide unumquodlibet multiplicantium per prelatum et quod exierit multiplica in alterum; et proveniet quod queris.

(A.156′) Si autem velles in hac questione ⟨agregato agregare⟩ dimidium residui, esset falsum, nam acceptis quatuor quintis et tribus quartis de novem nichil remanet; non enim erit verum in huiusmodi nisi cum fractiones proposite agregate fuerint minus uno.

(A.157) Si volueris agregare duas quintas de novem et quartam eius et tertiam residui eius et volueris scire summam totius.

Sic facies. Ex multiplicatis denominationibus, scilicet quinta et quarta et tertia, fient sexaginta, qui est numerus prelatus. Cuius due quinte et quarta agregate fiunt triginta novem. Quos minue de sexaginta, et residuum est viginti unum. Cuius tertiam, que est septem, agrega ad triginta novem, et provenient quadraginta sex. Horum igitur talis est comparatio ad prelatum, qui est sexaginta, qualis est comparatio inquisiti ad novem. Igitur quadraginta sex, quod est agregatum, multiplica in novem, et productum divide per prelatum, et exibit quod queris. Aut, si volueris, unumquodlibet multiplicantium divide per prelatum et quod exierit multiplica in alterum, et productus erit quod queris.

Similiter etiam facies si fuerit fractio cum integro.

3432–3443 Similiter etiam ... et ita invenies] 129^r, 1 - 7 A; 11vb, 25 - 40 B; 32vb, 50 - 33ra, 1 C.

3408 fac numerum prelatum, qui est quadraginta] *codd.*: qui fiunt (fuerit BC) quadraginta (XL A, 40 C) fac numerum prelatum (communem *in textu &* prelatum *add. in marg.* C) **3409** quatuor] quattuor C **3409** sexaginta duo] LX II A, 62 C **3410** triginta unum] XXX unum A **3410** nonaginta tres] 93 C **3411** nonaginta trium] XXX trium *(del. et* 93 *add. supra* 2^a *m.)* A, triginta trium BC **3411** prelatum] communem *in textu &* prelatum *add. supra* C **3411–3412** quesiti] quesita C **3412** novem] 9 C **3412** novem] 9 C **3413** prelatum] perlatum *et* prelatum *simul* A, communem *in textu &* prelatum *add. supra* C **3413** erit quod queris] quod queris erit AB **3414** unumquodlibet] unum quodlibet AB **3414** prelatum] communem *in textu &* prelatum *add. supra* C **3415** proveniet] *corr. (in marg.) ex* proniet B **3417** quatuor] quattuor C **3417–3418** novem] 9 C **3418** erit] *corr. ex* erat B **3418** verum] numerum C **3422–3423** quinta et quarta et tertia] quintam et quartam et tertiam B **3423** sexaginta] 60 C **3423** prelatus] communis *in textu &* prelatus *add. supra* C **3424** agregate] agregate B **3424** sexaginta] 60 C **3425** viginti unum] XX I A, 21 C **3425** tertiam] tertia B **3425** septem] 7 C **3425–3426** triginta novem] XXX novem A, 39 C **3426** quadraginta sex] XL VI A, 46 C **3426** est] *add. supra* A **3427** prelatum] communem *in textu &* prelatum *add. in marg.* C **3427** sexaginta] LX A, 60 C **3427** est *(post* qualis*)*] etiam A **3428** novem] 9 C **3429** prelatum] communem *in textu &* prelatum *add. in marg.* C **3430** multiplicantium] multiplicatum C **3430** prelatum] communem *in textu &* prelatum *add. in marg.* C

LIBER MAHAMELETH 143

(**A.158**) Veluti si velis quinque octavas de septem et dimidio agregare ad duas tertias eius et quartam totius summe.

Sic facies. Numeros denominantes fractiones, scilicet octavam [et dimidium] et tertiam et quartam, inter se multiplica, et provenient nonaginta sex. Cuius quinque octavas agrega ad duas tertias eius, et agregato adde quartam eius, et provenient centum quinquaginta quinque. Horum igitur talis erit comparatio ad nonaginta sex qualis est comparatio quesiti ad septem et dimidium. Unde si multiplicaveris centum quinquaginta quinque in septem et dimidium et productum diviseris per nonaginta sex, exibit quesitus.

Cetera autem huiusmodi considera secundum hoc, et ita invenies.

Capitulum de pecuniis in agregando

(**A.159**) Si quis interrogaverit: Quanta est pecunia cuius tertia et quarta agregate fiunt decem?

Sic invenies. Multiplica inter se denominationes partium, scilicet tertie et quarte, et provenient duodecim. Huius autem numeri tertiam et quartam agrega, et fient septem; qui numerus sit hic prelatus. Manifestum est igitur quod comparatio de septem ad duodecim est sicut comparatio de decem ad pecuniam. Multiplica igitur summam propositam, scilicet decem, in productum, scilicet duodecim, et productum divide per prelatum, scilicet septem, et exibunt decem et septem et septima. Et tanta est pecunia cuius tertia et quarta agregate fiunt decem. Vel, si volueris, divide unum duorum multiplicantium, scilicet decem vel duodecim, per prelatum, et quod exierit multiplica in reliquum; et productum erit pecunia de qua interrogatur.

(**A.160**) Si quis vero interrogat: Quanta est pecunia cuius tertia et quarta agregate cum duobus nummis fiunt decem?

3444–3502 Capitulum de pecuniis ... intellexerit ut hec] $129^r, 8 - 129^v, 2$ A; 27ra, 26-$27 - 27^{va}, 3$ B; $42^{vb}, 12 - 43^{ra}, 14$ C.

3433 dimidio] dimedio B **3434** summe] sume BC **3435** Numeros] numeros *pr. scr.*, *cum* N *in marg. corr.* C **3435** denominantes] denominatos B **3438** centum quinquaginta quinque] CLV *(*CLXXXX *pr. scr. et del.)* A, 155 C; quinquaginta *corr. ex* quanquaginta B **3439** nonaginta sex] 96 C **3439–3440** septem] VII A **3440** dimidium] *add. (v. infra) et exp. et productum diviseris* B **3440** centum quinquaginta quinque] CLV A **3441** nonaginta sex] 96 C **3443** autem] aut C **3443** invenies] conveniens *pr. scr.* con *mut. in* B **3444** *tit.*] *subter lin. duxit (& sign. (¶) scr. al. m. in marg.)* A, *om. sed spat. hab.* B, *rubro col.* C **3444** pecuniis] peccuniis C **3445** pecunia] peccunia BC **3447** partium] paratium A **3447–3448** tertie et quarte] tertiam et quartam *codd.*   **3448** et *(ante* provenient*)*] *om.* B **3448** provenient] proveniet BC **3448** duodecim] 12 C **3449** septem] 7 C **3450** igitur] autem *pr. scr. et del.* C **3451** decem] X A **3451** pecuniam] peccuniam ABC **3453** septem] 7 C **3453** decem et septem] X et septem A **3453–3454** est ... agregate] peccunia agregate. Cuius tertia et quarta B **3453** est] e *add. et exp.* C **3453–3454** pecunia] peccunia AC **3454** fiunt] fuerint A, fuerit B **3456** in] per *codd.*   **3456** reliquum] reliquum A **3456** pecunia] peccunia ABC *(corr. ex* peccua A)   **3458** interrogat] interrograt A **3458** pecunia] peccunia ABC **3459** nummis] numeris A, nummis *(corr. ex* numeris*)* B, numis C

Sic invenies. Minue duos de summa proposita, scilicet decem, et remanent octo. Octo igitur sunt tertia et quarta pecunie de qua interrogatur. Quasi ergo diceretur: 'Que est pecunia cuius tertia et quarta agregate fiunt octo?'. Fac secundum predictam regulam.

(A.161) Si quis vero interrogat: Quanta est pecunia cuius tertia et quarta agregate minus duobus nummis fiunt decem?

Sic invenies. Adde duo que desunt summe proposite, que est decem, et fient duodecim. Duodecim ergo sunt tertia et quarta pecunie. Quasi ergo dicatur: 'Quanta est pecunia cuius tertia et quarta agregate fiunt duodecim?'. Secundum predictam regulam inveni.

Sic facies in omnibus huiusmodi questionibus, vel addendo summe proposite ea que desunt, vel minuendo que supersunt, et summa que inde fit est proposite partes sumpte de pecunia.

(A.162) Si quis vero interrogat: Quanta est pecunia cuius tertia cum nummo uno et eius quarta minus tribus nummis agregate fiunt decem?

Sic invenies. Agrega unum additum tribus diminutis, et erunt duo diminuta. Quasi ergo dicatur: 'Que est pecunia cuius tertia et quarta minus duobus nummis fiunt decem?'. Tu, secundum predictam regulam inveni.

(A.163) Si quis querat: Que est pecunia cuius tertia cum additis duobus nummis et quarta dempto uno nummo et medietas residui cum additis quatuor nummis simul agregate faciunt decem?

Sic facies. Duos additos agrega uni dempto, et supererit unus additus. Qui de residuo pecunie erit demptus. Cuius dempti dimidium, scilicet dimidium unius demptum, agrega cum quatuor nummis, et erunt tres nummi et dimidius additi. Quos agrega priori addito, et fient quatuor et dimidius additi. Quasi ergo queratur: 'Que est pecunia cuius tertia et quarta et medietas residui cum quatuor nummis et dimidio simul agregate efficiunt decem?'. Sic facies. Minue quatuor nummos et dimidium de decem, et cetera deinceps fac sicut premonstravimus.

(A.164) Si quis vero querat: Que est pecunia cuius tertia minus quinque nummis et quarta cum duobus additis et medietas residui minus uno simul

---

3461 pecunie] peccunie ABC 3462 diceretur] dicetur BC 3462 pecunia] peccunia ABC 3464 pecunia] peccunia ABC 3465 agregate minus duobus nummis] minus duobus numis (nummis A, corr. ex numeris) agregate ABC 3467 pecunie] peccunie ABC 3468 pecunia] peccunia ABC 3471 summa que] summaque C 3472 partes] parates B 3472 sumpte] sūte B 3472 pecunia] peccunia ABC 3473 pecunia] peccunia ABC 3473–3474 nummo] nuo (pro numero) scr. et add. supra semel m A, numero B 3474 nummis] nūmis B, numis C 3476 pecunia] peccunia ABC 3477 nummis] numis ABC 3477 decem?'. Tu] decem A, ducentum B 3479 pecunia] pecccunia A, peccunia BC 3480 dempto] deposito B 3480 nummo] numo BC 3481 quatuor] quattuor C 3481 agregate] agregata A 3482 supererit] super erit B 3483 pecunie] peccune A, peccunie BC 3483 dempti] depti B 3484 quatuor] quattuor C 3484–3485 nummi] numi C 3485 quatuor] 4 C 3486 pecunia] peccunia ABC 3487 quatuor] 4 C 3487 nummis] numis AC 3488 Minue] iter. B 3488 quatuor] quattuor C 3488 nummos] numos BC 3488 decem] X A 3490 pecunia] peccunia ABC 3490 minus] unius pr. scr. et del. & in marg. corr. B 3490 quinque] V A 3491 nummis] numis AC 3491 residui] residii A

agregate efficiunt decem?

Sic facies. Agrega quinque demptos duobus additis, et erunt tres dempti. Qui residuo pecunie erunt additi. Quorum medietatem, que est unus et dimidius additus, agrega superiori uni dempto, et supererit dimidius additus. Quem agrega tribus prioribus demptis, et erunt duo et dimidius dempti. Quasi ergo queratur: 'Que est pecunia cuius tertia et quarta et medietas residui, duobus et dimidio demptis, simul agregate efficiunt decem?'. Sic facies. Adde duos et dimidium ad decem, et fient duodecim et dimidium. Et cetera fac ut premonstratum est.

Fiunt autem hic multe alie prolixiores questiones, quas facile deprehendet quisquis ea que predicta sunt intellexerit [ut hec].

(A.165) Si quis querat: Que est pecunia cuius tertia et quinta, et quarta residui, fiunt viginti?

Sic facies. Numeros denominationum, que sunt tertia et quinta et quarta, inter se multiplica, et provenient sexaginta. Cuius tertiam et quintam, que sunt triginta duo, agrega ad quartam residui, et provenient triginta novem. Comparatio igitur triginta novem ad sexaginta est sicut comparatio de viginti ad pecuniam quesitam. Si igitur multiplices sexaginta in viginti et productum dividas per triginta novem, exibit quesita pecunia.

(A.166) Si quis querat: Que est pecunia cuius quinta cum duobus nummis et medietas residui cum quatuor nummis, simul agregate, fiunt decem?

(a) Sic facies. Tu scis quod subtracta quinta de aliquo et duobus nummis remanent quatuor quinte minus duobus nummis; quarum medietas est due quinte minus uno nummo; quibus agrega quatuor nummos, et fient due quinte pecunie et tres nummi. Manifestum est igitur quod cum agregaveris

---

3503–3552 Si quis querat ... quod monstrare voluimus] 129^v, 3 – 36 $\mathcal{A}$; 11vb, 41 – 12rb, 13 $\mathcal{B}$; 33ra, 2 – 54 $\mathcal{C}$.

3492 agregate] agregata $\mathcal{AC}$ **3493** quinque] V $\mathcal{A}$ **3493–3494** dempti] depti $\mathcal{A}$ **3494** pecunie] peccunie $\mathcal{ABC}$ **3496** demptis] deptis $\mathcal{B}$ **3497** pecunia] peccunia $\mathcal{ABC}$ **3498** medietas] meditas $\mathcal{B}$ **3498** agregate] agregata codd. **3501–3502** deprehendet] deprehendit codd. **3502** que] om. $\mathcal{B}$ **3502** ut hec] om. $\mathcal{BC}$ **3503** (A.165)] lector scr. in summa pag. $\mathcal{C}$: Nota questiones (prima est enim de pecuniis in cod.) **3503** pecunia] peccīa $\mathcal{A}$, peccunia $\mathcal{BC}$ **3503** quinta] qua pr. scr. et corr. $\mathcal{C}$ **3504** viginti] XX $\mathcal{A}$ **3506** sexaginta] LX $\mathcal{A}$, 60 $\mathcal{C}$ **3506** tertiam] tertia $\mathcal{B}$ **3506–3507** quintam] quinta $\mathcal{B}$ **3507** que] simul agregatas (aggatas $\mathcal{B}$) que codd. **3507** triginta duo] XXX II $\mathcal{A}$, 32 $\mathcal{C}$ **3507** agrega] adgrega $\mathcal{B}$ **3507–3508** triginta novem] XXX novem $\mathcal{A}$ **3508–3510** Comparatio igitur ... quesita pecunia] add. in marg. lector $\mathcal{C}$: Vel $\frac{13}{20}$; sicut 13 ad 20 ita 20 ad summam, que est 30 $\frac{10}{13}$ et in summa pag. supersunt: et 20, fient 30 $\frac{10}{13}$, que est summa peccunie. Quod fit: sicut $\frac{13}{20}$ ad 1, ita 20 ad u ('unam', sc. summam integram, v. enim adn. eiusdem lectoris ad A.166; v. etiam adn. ad B.2); duc ergo etc. **3508** triginta novem] XXX novem $\mathcal{A}$ **3508** sexaginta] LX $\mathcal{A}$ **3509** viginti] XX $\mathcal{A}$ **3509** pecuniam] peccuniam $\mathcal{ABC}$ **3509** multiplices] multiplicas pr. scr. et corr. supra $\mathcal{A}$ **3509** sexaginta] LX $\mathcal{A}$, 60 $\mathcal{C}$ **3510** viginti] XX $\mathcal{A}$, 20 $\mathcal{C}$ **3510** triginta novem] XXX novem $\mathcal{A}$, 39 $\mathcal{C}$ **3510** exibit] exbit $\mathcal{A}$ **3510** pecunia] peccunia $\mathcal{ABC}$ **3511** pecunia] peccunia $\mathcal{ABC}$ **3511** nummis] numis $\mathcal{ABC}$ (corr. lector $\mathcal{C}$) **3512** quatuor] quattuor $\mathcal{C}$ **3512** nummis] numis $\mathcal{ABC}$ (corr. lector $\mathcal{C}$) **3512** fiunt] fuerit $\mathcal{B}$ **3513** scis] sis $\mathcal{B}$ **3513** nummis] numis $\mathcal{ABC}$ **3514** quatuor] quattuor $\mathcal{C}$ **3514** nummis] numis $\mathcal{ABC}$ **3515** nummo] numo $\mathcal{AB}$, nummo pr. scr. et corr. eadem m. $\mathcal{C}$ **3515** quatuor] quattuor $\mathcal{C}$ **3515** nummos] numos $\mathcal{ABC}$ **3516** pecunie] peccunie $\mathcal{B}$ **3516** nummi] numi $\mathcal{ABC}$

quintam pecunie cum duobus nummis et duas quintas et tres nummos sunt decem nummi. Agrega igitur duos nummos tribus nummis, et fient quinque. Quos minue de decem, et remanent quinque. Quasi ergo queratur: 'Que est pecunia cuius tres quinte fiunt quinque?'. Fac sicut premonstratum est.

(*b*) Vel aliter. Tu scis quod si agreges eius quintam et duos nummos isti duo nummi additi sunt agregato, et sunt dempti de residuo pecunie; de huius igitur residui medietate est unus nummus demptus. Sed iam habebamus quatuor nummos additos. Supple igitur illum demptum, et remanebunt tres additi. Quos agrega prioribus duobus additis, et fient quinque additi. Quasi ergo queratur: 'Que est pecunia cuius quinta et medietas residui et quinque nummi agregata fiunt decem?'. Fac sicut supra docui, et proveniet quod queris.

(**A.167**) Si quis querat: Que est pecunia cuius tertia et quarta agregate si multiplicentur in se proveniunt quadraginta novem?

Sic facies. Accipe radicem de quadraginta novem. Que, scilicet septem, est tertia pecunie et quarta. Quasi ergo querat: 'Que est pecunia cuius tertia et quarta agregate fiunt septem?'. Fac sicut supra docuimus.

(**A.168**) Si quis querat: Que est pecunia cuius tertia et quarta agregate si multiplicentur in se et productum dividatur per pecuniam exibunt quatuor et dimidia sexta?

Sic facies. Agrega tertiam et quartam, et provenient tres sexte et dimidia sexta. Per quas semper divide unum, et exibit unum et quinque

---

3517 pecunie] peccunie $\mathcal{ABC}$ **3517** nummis] numis $\mathcal{ABC}$ **3517** nummos] numos $\mathcal{ABC}$ **3517** sunt] fient $\mathcal{A}$ **3518** nummi] numi $\mathcal{ABC}$ **3518** nummos] numos $\mathcal{ABC}$ **3518** nummis] numis $\mathcal{ABC}$ **3518** quinque] V $\mathcal{A}$ **3519** minue] divide *pr. scr. et del.* $\mathcal{A}$ **3519** quinque] V $\mathcal{A}$, 5 $\mathcal{C}$ **3519–3520** Que est ... fiunt quinque] *add. lector in marg.* $\mathcal{C}$: illa est 8 $\frac{1}{3}$ **3520** pecunia] peccunia $\mathcal{BC}$ **3520** tres quinte] agregate *add. codd.*   **3520** quinque] V $\mathcal{A}$, 5 $\mathcal{C}$ **3520** Fac sicut premonstratum est] *add. in ima pag. lector* $\mathcal{C}$: Multiplica 5 in se, et sunt 25; cuius $\frac{3}{5}$ sunt 15. Duc ergo 5 in 25 et productum divide per 15; exit 8 $\frac{1}{3}$. Cuius $\frac{3}{5}$ sunt 5. Vel sic. Duc 5 in se, et sunt 25; quem divide per 3, et sunt 8 $\frac{1}{3}$. Illa est peccunia quesita. Cuius $\frac{3}{5}$ sunt 5. Aliter, ab uno *(sc. ab integra summa)* incipiendo. Deme $\frac{1}{5}$ 2 nummos; remanet $\frac{4}{5}$ 2 nummis diminutis. Cuius medietas est $\frac{2}{5}$ 1 nummo diminuto. Cui adde 4 nummos, et sunt $\frac{2}{5}$ 3 nummos. Iunge hoc totum cum $\frac{1}{5}$ et 2 nummis, et exit $\frac{3}{5}$ et 5 nummi; que equantur 10. Oppone ergo 5 contra 10, et remanet $\frac{3}{5}$ equales 5. Ergo reduc ad unum integrum, et exit quod una res, scilicet summa, valet 8 $\frac{1}{3}$.   **3521** nummos] numos $\mathcal{ABC}$ **3522** nummi] numi $\mathcal{ABC}$ **3522** de *(post* dempti*)*] et $\mathcal{B}$ **3522** pecunie] peccunie $\mathcal{BC}$ **3523** igitur residui] *in marg.* $\mathcal{C}$ **3523** nummus] numus $\mathcal{ABC}$ **3523** demptus] deptus $\mathcal{C}$ **3524** quatuor] quattuor $\mathcal{C}$ **3524** nummos] numos $\mathcal{ABC}$ **3525** quinque] V $\mathcal{A}$ **3526** est] *add. supra* $\mathcal{B}$ **3526** pecunia] peccunia $\mathcal{BC}$ **3526** et *(post* quinta*)*] *om.* $\mathcal{B}$ **3527** quinque] V $\mathcal{A}$ **3527** nummi] numi $\mathcal{ABC}$ **3527** proveniet] provenient $\mathcal{B}$ **3529** pecunia] peccunia $\mathcal{ABC}$ **3530** multiplicentur] multiplicetur $\mathcal{C}$ **3530** in se] *om.* $\mathcal{A}$ **3530** quadraginta novem] XL novem $\mathcal{A}$, 49 $\mathcal{C}$ **3531** de] *add. supra* $\mathcal{B}$ **3531** quadraginta novem] XL novem $\mathcal{A}$ **3531–3532** Que, scilicet septem, est tertia pecunie et quarta] que est tertia pecunie *(*peccunie $\mathcal{BC})$ et quarta, scilicet septem *codd.*   **3532** pecunia] peccunia $\mathcal{BC}$ **3533** Fac sicut supra docuimus] *add. lector in marg.* $\mathcal{C}$: $\frac{1}{3}$ $\frac{1}{4}$ sunt $\frac{7}{12}$. Que 12 duc in 7, et sunt 84. Que divide per 7, exit 12, scilicet peccunia. *In ima pag. etiam:* Aliter. $\frac{1}{3}$ $\frac{1}{4}$ valent $\frac{7}{12}$ rei, scilicet summe. Quas duc in se; sunt $\frac{49}{144}$. Que equantur 49. Ergo una res est 12, quod est propositum.   **3534** pecunia] peccunia $\mathcal{BC}$ **3534** agregate] agregare $\mathcal{B}$ **3535** pecuniam] peccuniam $\mathcal{BC}$ **3535** quatuor] quattuor $\mathcal{C}$ **3537** provenient] proveniunt $\mathcal{C}$ **3537–3538** tres sexte et dimidia sexta] *add. lector in marg.* $\mathcal{C}$: $\frac{7}{12}$ **3538** quinque] V $\mathcal{A}$

septime. Quos multiplica in se, et productum multiplica in quatuor et dimidiam sextam; et id quod provenit est pecunia de qua queris.

Cuius probatio hec est. Scimus quod multiplicare tres sextas pecunie et dimidiam sextam ⟨eius⟩ in se idem est quod multiplicare pecuniam in quatuor et dimidiam sextam. Comparatio igitur pecunie ad tres sextas et dimidiam est sicut comparatio trium sextarum et dimidie ad quatuor et dimidiam sextam. Comparatio igitur pecunie ad quatuor et dimidiam sextam est sicut comparatio unius ad tres sextas et dimidiam geminata repetitione. Comparatio autem unius ad tres sextas et dimidiam est unum et quinque septime. Igitur comparatio eiusdem ad quatuor et dimidiam sextam est dupla et sex septime et quatuor septime septime. Multiplica igitur quatuor et dimidiam sextam in duo et sex septimas et quatuor septimas septime, et provenient duodecim; et hec est pecunia. Et hoc est quod monstrare voluimus.

Capitulum de eodem diversum a prioribus.

(**A.169**) Cum sint duo inequales numeri quorum unius tertia agregata cum quarta alterius et fiunt decem, quantus est unusquisque illorum numerorum?

(*a*) Hec questio [similiter] interminata est. In qua sic facies. Numeros denominantes fractiones, qui sunt tres et quatuor, multiplica inter se, et provenient duodecim. Sint autem isti duodecim quilibet duorum predictorum numerorum; sint igitur ille cuius tertia agregatur. Eius igitur tertiam, que est quatuor, minue de decem, et remanebunt sex. Isti igitur sex sunt quarta alterius numeri; alter igitur numerus est viginti quatuor. Cum igitur agregaveris tertiam de duodecim et quartam de viginti quatuor, fient decem; sic enim positum fuit.

(*b*) Vel aliter, ut regula sit generalior. Divide decem in duo inequalia, quorum unum multiplica in quatuor et alterum in tria; et duo producta sunt duo quesiti numeri.

Aliud capitulum

3553–3693 Capitulum de eodem ... numerus quem queris] $129^v, 36 - 131^r, 8$ 𝒜; $77^{rb}, 30\text{-}31 - 78^{rb}, 18$ ℬ; 𝒞 *deficit*.

3539 quatuor] 4 𝒞 **3540** pecunia] peccunia ℬ𝒞 **3541** pecunie] peccunie ℬ𝒞 **3542** est] *om.* ℬ **3542** pecuniam] peccuniam ℬ𝒞 **3543** quatuor] quattuor 𝒞 **3543** sextam] *add. in marg.* ℬ **3543** Comparatio] Conparatio ℬ **3543** pecunie] peccunie ℬ𝒞 **3544** quatuor] quattuor 𝒞 **3545** Comparatio] Conpatio ℬ **3545** pecunie] peccunie ℬ𝒞 **3545** quatuor] quattuor 𝒞 **3546** unius] pēc 𝒜, pareccunie ℬ, peccunie 𝒞 **3546** geminata] geminatum *codd.* **3547** unius] pecunie 𝒜, peccunie ℬ𝒞 **3548** quinque] V 𝒜 **3548** quatuor] quattuor 𝒞 **3549** dupla] duppla eius *codd.* **3549** sex septime] eiusdem *add.* 𝒜𝒞, sit eiusdem *add.* ℬ **3549** quatuor] quattuor 𝒞 **3550** quatuor *(post* igitur*)*] quattuor 𝒞 **3550** quatuor] quattuor 𝒞 **3551** duodecim] 12 𝒞 **3551** pecunia] peccunia ℬ𝒞 **3552** monstrare] mostrare ℬ **3553** *tit.*] *om. sed spat. hab.* ℬ *& lector scr.:* Inequalium numerorum per additionem cognitio **3554** (A.169)] *sign.* (⌈) *ab al. m. in marg.* 𝒜 **3554** inequales] in equales ℬ **3557** interminata] intermitata 𝒜 **3558** qui] *corr. ex* que 𝒜 **3559** quilibet] quelibet ℬ **3561** decem] X 𝒜 **3562** viginti quatuor] XX IIII^{or} 𝒜 **3563** viginti quatuor] XX IIII^{or} 𝒜 **3565** decem] X 𝒜 **3565** inequalia] in equalia 𝒜ℬ **3566** alterum] altera ℬ **3568** *tit.*] Item de eodem *in textu &* Aliud capitulum *in marg. (cum signo* ⌈ *ab al. m.)* 𝒜, *om.* ℬ *sed lector scr.:* De progressione numerorum

(**A.170**) Si ex omnibus numeris ab uno usque ad viginti continue se sequentibus sibi agregatis vis scire quanta summa reddatur.

Ultimo in quem desiisti adde unum, et fient viginti unum. Quos multiplica in medietatem de viginti, que est decem, et provenient ducenti et decem. Et hec est summa que ex predictis numeris sibi agregatis provenit.

(**A.171**) Si ex numeris qui sunt a novem usque ad viginti continue sibi agregatis vis scire quanta summa reddatur.

Ultimo in quem desiisti, scilicet viginti, adde unum, et fient viginti unum. Quos multiplica in medietatem de viginti, que est decem, et fient ducenti decem. Deinde minue unum de primo a quo incepisti, sicut hic de novem, et remanebunt octo. Quorum medietatem, que est quatuor, multiplica in novem, et provenient triginta sex. Quos minue de ducentis et decem, et remanebunt centum septuaginta quatuor. Et hec est summa que ex predictorum agregatione provenit.

(**A.172**) Si ex imparibus continue positis ab uno usque ad decem et novem sibi agregatis vis scire quanta summa reddatur.

Sic facies. Adde unum ad decem et novem, et fient viginti. Quorum medietatem, que est decem, multiplica in se, et provenient centum. Et tanta summa provenit ex agregatione supra positorum imparium.

(**A.173**) Si ex imparibus continue dispositis a novem usque ad viginti novem sibi agregatis vis scire quanta summa reddatur.

Adde unum ultimo in quem desiisti, sicut hic ad viginti novem, et fient triginta. Quorum medietatem multiplica in se, et provenient ducenti viginti quinque. Deinde minue unum de primo a quo incepisti, sicut hic de novem, et remanebunt octo. Quorum medietatem multiplica in se, et provenient sexdecim. Quos minue de ducentis viginti quinque, et remanebunt ducenti et novem. Et tantum provenit ex agregatione supra positorum imparium.

(**A.174**) Si ex omnibus paribus continue dispositis a duobus usque ad viginti sibi agregatis vis scire quanta summa reddatur.

Adde duos ad viginti, et fient viginti duo. Quorum medietatem, que est undecim, multiplica in medietatem de viginti. Et quod provenerit est id quod ex agregatione supra positorum parium fit.

(**A.175**) Si ex paribus qui sunt a decem usque ad triginta sibi agregatis vis scire quanta summa reddatur.

3569 ad] *om.* $\mathcal{B}$ **3569** viginti] XX $\mathcal{A}$ **3570** vis] volueris *codd.*   **3570** summa] suma $\mathcal{B}$ **3571** viginti unum] XX unum $\mathcal{A}$ **3572** viginti] XX $\mathcal{A}$ **3573** summa] suma $\mathcal{B}$ **3573** numeris] numis $\mathcal{B}$ **3573** provenit] *post fin. lin. scr.* $\mathcal{A}$ **3574** ad] *om.* $\mathcal{B}$ **3574** viginti] XX $\mathcal{A}$ **3576** viginti] XX $\mathcal{A}$ **3576–3577** viginti unum] XXI $\mathcal{A}$ **3577** viginti] XX $\mathcal{A}$ **3578** incepisti] in cepisti $\mathcal{A}$ **3580** triginta sex] XXX VI $\mathcal{A}$ **3581** centum] C $\mathcal{A}$ **3581** summa] suma $\mathcal{B}$ **3583** imparibus] inparibus $\mathcal{B}$ **3583** continue] contine *pr. scr. et* u *add. supra* $\mathcal{A}$, continere $\mathcal{B}$ **3585** viginti] XX $\mathcal{A}$ **3586** centum] C $\mathcal{A}$ **3587** imparium] inparium $\mathcal{B}$ **3588** ex] *om.* $\mathcal{A}$ **3588** ad] *om.* $\mathcal{B}$ **3588–3589** viginti novem] XX novem $\mathcal{A}$ **3590** sicut hic] sicuti $\mathcal{AB}$ **3590** viginti novem] XX novem $\mathcal{A}$ **3591** triginta] XXX^{ta} $\mathcal{A}$ **3591–3592** viginti quinque] XX V $\mathcal{A}$ **3594** viginti quinque] XX V $\mathcal{A}$ **3596** omnibus] *add. supra* $\mathcal{A}$ **3596** paribus] *corr. ex* imparibus $\mathcal{A}$ **3596** ad] *om.* $\mathcal{B}$ **3596–3597** viginti] XX $\mathcal{A}$ **3598** viginti] XX $\mathcal{A}$ **3598** viginti duo] XX II $\mathcal{A}$ **3599** viginti] XX $\mathcal{A}$ **3601** ad] *om.* $\mathcal{B}$ **3601** triginta] XXX $\mathcal{A}$

Adde duos semper ultimo, sicut hic ad triginta, et fient triginta duo. Quorum medietatem multiplica in medietatem de triginta, et provenient ducenti quadraginta. Deinde minue duos de decem, et remanebunt octo. Quorum medietatem multiplica in medietatem de decem, et provenient viginti. Quos minue de ducentis quadraginta, et remanebunt ducenti viginti. Et tantum fit ex agregatione predictorum.

(**A.176**) Si ex omnibus quadratis qui sunt a quadrato unius usque ad quadratum de decem sibi agregatis vis scire quanta summa reddatur.

(*a*) Sic facies. Semper adde unum ad numerum ultimum, sicut hic ad decem, et fient undecim. Quos multiplica in medietatem de decem, et provenient quinquaginta quinque. Deinde duabus tertiis ultimi numeri, sicut hic de decem, semper adde tertiam unius, et fient septem. Quos multiplica in quinquaginta quinque, et provenient trescenti octoginta quinque. Et tanta summa efficitur ex agregatione supra positorum quadratorum.

(*b*) Vel aliter. Semper adde unum ultimo numero, sicut hic ⟨ad⟩ decem, et id quod fit multiplica in medietatem de decem, scilicet ultimi numeri, et productum retine. Deinde semper minue unum de ultimo numero, sicut hic de decem. Deinde duabus tertiis remanentis semper adde unum, sicut hic ⟨ad sex⟩, et fient septem. Quos multiplica in summam superius retentam. Et quod provenerit est id quod queris.

(**A.177**) Si ex omnibus quadratis imparium qui sunt a quadrato unius usque ad quadratum de novem sibi agregatis vis scire quanta summa reddatur.

Sic facies. Adde duos ad novem; et fiunt undecim. Quos multiplica in medietatem sequentis paris, que est quinque, et fient quinquaginta quinque. Quos multiplica in tertiam ultimi imparis, sicut hic novem, que est tres, et provenient centum sexaginta quinque. Et hoc est quod scire voluisti.

(**A.178**) Si ex omnibus quadratis parium numerorum qui sunt a quadrato duorum usque ad quadratum de decem sibi agregatis vis scire quanta summa reddatur.

Sic facies. Ultimo numero semper adde duos, sicut hic ad decem, et fient duodecim. Quorum medietatem multiplica in medietatem ultimi paris, sicut hic decem, que est quinque, et fient triginta. Quos multiplica in duas

---

3603 semper] senper *B*   **3603** triginta] XXX *A*   **3603** triginta duo] XXX II *A*   **3604** medietatem multiplica] multiplica medietatem *pr. scr. et corr. A*   **3604** triginta] XXX *A*   **3605** ducenti quadraginta] CC XL *A*   **3605** decem] X *A*   **3606–3607** viginti] XX *A*   **3607** quadraginta] XL *A*   **3607** ducenti viginti] CC XX *A*   **3609** (A.176)] *tit. add. lector B:* Quadratorum numerorum quorunlibet *(sic)* per progressionis modum similem in unum additorum inventio   **3613** quinquaginta quinque] X *pr. scr. et eras., postea* L V *scr. A*   **3615** quinquaginta quinque] L V (L *corr. ex* XL) *A*   **3615** trescenti octoginta quinque] CCC octoginta V *A*   **3616** summa] suma *B*   **3618** decem] X *A*   **3619** unum] *post* numero *infra lin. add. A*   **3621** summam] sumam *B*   **3622** id] *om. A*   **3623** imparium qui sunt] *add. in marg. B;* que sunt *pr. scr.,* que *in* qui *mut.,* imparium *add. supra lin., eras., deinde rescr. in marg. A*   **3624** sibi] si *B*   **3627** quinque] V *A*   **3627** quinquaginta quinque] L V *A*   **3628** imparis] paris *pr. scr. et* im *add. supra A*   **3629** centum sexaginta quinque] C LX V *A*   **3630** (A.178)] *sign. ab al. m.* (|) *in marg. A*   **3631** decem] X *A*   **3635** quinque] V *A*   **3635** triginta] XXX *A*

tertias ultimi paris, additis sibi duabus tertiis unius. Et quod provenerit est id quod scire voluisti, sicut hic ducenti et viginti.

[**(A.179)** Si ex omnibus quadratis qui sunt continue a quatuor usque ad decem sibi agregatis vis scire quanta summa reddatur.

Semper adde unum ultimo numero, sicut hic ad decem, et fient undecim. Quos multiplica in medietatem ultimi paris, sicut hic decem, et fient quinquaginta quinque. Quos multiplica in duas tertias ultimi paris, sicut hic decem, addita tertia unius. Et quod provenerit retine. Deinde minue unum de pari a quo incepisti, sicut hic de quatuor, et remanebunt tres. Quorum medietatem multiplica in quatuor, et productum multiplica in duas tertias trium remanentium de quatuor, addita tertia unius. Et productum minue de supra retento. Et quod remanserit erit id quod scire voluisti.]

(A.180) Si ex omnibus cubis qui sunt a cubo unius usque ad cubum de decem sibi agregatis vis scire quanta summa reddatur.

Sic facies. Semper adde unum ultimo, sicut hic ad decem, et id quod fit multiplica in medietatem de decem, et provenient quinquaginta quinque. Quos multiplica in se, et provenient tria milia viginti quinque. Et hec est summa quam scire voluisti.

(A.181) Si ex omnibus cubis qui sunt a cubo de quinque usque ad cubum de decem sibi agregatis vis scire quanta summa reddatur.

Adde unum ultimo, sicut hic ad decem, et fient undecim. Quos multiplica in medietatem de decem, et provenient quinquaginta quinque. Quos multiplica in se, et provenient tria milia viginti quinque; quos retine. Deinde minue unum de eo a quo incepisti, sicut hic de quinque, et remanebunt quatuor. Quorum medietatem in quinque multiplica, et productum multiplica in se, et provenient centum. Quos minue de tribus milibus viginti quinque, et remanebunt duo milia et nongenti viginti quinque. Et hec est summa quam requiris.

(A.182) Si ex omnibus cubis imparium numerorum qui sunt ab uno usque ad novem sibi agregatis vis scire quid fiat.

Adde unum ultimo, sicut hic ad novem, et fient decem. Quorum medietatem multiplica in se, et productum multiplica in duplum eius minus uno. Et quod provenit est id quod scire voluisti, scilicet mille ducenti viginti quinque.

3636 duabus] *add. supra* $\mathcal{A}$ **3636** quod] *om.* $\mathcal{B}$ **3637** ducenti et viginti] CC et XX $\mathcal{A}$ **3642** quinquaginta quinque] L V $\mathcal{A}$ **3643** quod] *om.* $\mathcal{B}$ **3649** (A.180)] *tit. scr. lector* $\mathcal{B}$: Cuborum numerorum plurium per progressionis modum similem compendiosa additio   **3650** decem] X $\mathcal{A}$ **3652** decem] X $\mathcal{A}$ **3652** quinquaginta quinque] L V $\mathcal{A}$ **3653** Quos] *e corr.* $\mathcal{A}$ **3653** viginti quinque] XX V $\mathcal{A}$ **3655** quinque] V $\mathcal{A}$ **3655** ad] *add pr. scr. et corr.* $\mathcal{A}$ **3656** decem] X $\mathcal{A}$ **3657** decem] X $\mathcal{A}$ **3658** decem] X $\mathcal{A}$ **3658** quinquaginta quinque] LV $\mathcal{A}$ **3659** viginti quinque] XX V $\mathcal{A}$ **3660** quinque] V $\mathcal{A}$ **3662** centum] C $\mathcal{A}$ **3662** milibus] mililibus $\mathcal{B}$ **3662–3663** viginti quinque] XX V $\mathcal{A}$ **3663** nongenti viginti quinque] nonginti *(sic)* XX V $\mathcal{A}$ **3665** qui] *corr. ex* que $\mathcal{A}$ **3666** fiat] *corr. ex* fit $\mathcal{A}$ **3667** decem] X $\mathcal{A}$ **3668** duplum] dupplum $\mathcal{A}\mathcal{B}$ **3670** quinque] V $\mathcal{A}$

(**A.183**) Si ex omnibus cubis parium qui sunt a duorum cubo usque ad cubum de decem sibi agregatis vis scire quanta summa reddatur.

Semper adde duos ultimo, sicut hic ad decem, et producti medietatem multiplica in medietatem de decem, et provenient triginta. Quos multiplica in duplum sui, quod est sexaginta, et provenient mille octingenti. Et hec est summa quam requiris.

ITEM DE EODEM.

(**A.184**) Si ex omnibus numeris continue ab uno usque ad aliquem ignotum sibi agregatis proveniunt quinquaginta quinque, tunc quis est numerus ille?

Sic facies. Semper dupla summam, sicut hic quinquaginta quinque, et fient centum et decem. Quibus adde semper quartam unius. Et eius quod inde fit accipe radicem; que est decem et dimidium. Reiecto autem dimidio remanent decem. Et hic est numerus quem queris.

(**A.185**) Si ex omnibus numeris imparibus qui sunt ab uno usque ad aliquem imparem sibi agregatis proveniunt centum, quis est ille impar?

Sic facies. De duplata radice de centum minue unum, et quod remanet est numerus quem queris.

(**A.186**) Si ex omnibus paribus qui sunt a duobus usque ad aliquem parem sibi agregatis proveniunt centum et decem, quis est ille par?

Sic facies. Semper multiplica summam in quatuor, sicut hic centum et decem, et provenient quadringenti quadraginta. Quibus semper adde unum, et eius quod inde fit accipe radicem, que est viginti unum. De qua subtracto uno remanet numerus quem queris.

3672 decem] X $\mathcal{A}$ **3672** summa] suma $\mathcal{B}$ **3674** triginta] XXX $\mathcal{A}$ **3675** duplum] dupplum $\mathcal{A}$ **3675** sexaginta] LX $\mathcal{A}$ **3677** tit.] om. sed spat. hab. $\mathcal{B}$ & lector scr.: Additorum ex additis per progressionem cognitio   **3678** (A.184)] sign. (⌐) ab al. m. in marg. $\mathcal{A}$ **3679** quinquaginta quinque] LV $\mathcal{A}$ **3680** dupla] duppla $\mathcal{AB}$ **3680** quinquaginta quinque] LV $\mathcal{A}$ **3681** centum et decem] C et X $\mathcal{A}$ **3681** semper] senper $\mathcal{B}$ **3682** accipe] acccipe $\mathcal{A}$ **3684** (A.185)] sign. (⌐) ab al. m. in marg. $\mathcal{A}$ **3684** numeris] numerus $\mathcal{A}$ **3684** imparibus] inparibus $\mathcal{B}$ **3685** centum] C $\mathcal{A}$ **3686** duplata] dupplata $\mathcal{AB}$ **3686** centum] C $\mathcal{A}$ **3688** (A.186)] sign. (⌐) ab al. m. in marg. $\mathcal{A}$ **3689** centum et decem] C et X $\mathcal{A}$ **3690** summam] sumam $\mathcal{B}$ **3690**–**3691** centum et decem] C et X $\mathcal{A}$ **3691** quadraginta] XL $\mathcal{A}$ **3691** semper] senper $\mathcal{B}$ **3692** viginti unum] XX I $\mathcal{A}$

Capitulum de minuendo

3695 PRIMUS. DE DIMINUTIONE FRACTIONIS DE FRACTIONE.

(A.187) Cum volueris tres octavas minuere de quatuor quintis.

(*a*) Sic facies. Numeros denominantes octavam et quintam inter se multiplica, et fient quadraginta, qui est numerus prelatus. Cuius tres octavas, que sunt quindecim, diminue de quatuor quintis eiusdem, que sunt triginta duo, et remanebunt decem et septem. Quos denomina a numero prelato, et erunt tres octave et due quinte octave. Et hoc est quod remansit.

(*b*) Vel aliter. Converte quatuor quintas in octavas, et provenient sex octave et due quinte octave. De quibus minue tres octavas, et remanent tres octave et due quinte octave, idem scilicet quod supra remansit.

(*c*) Vel converte tres octavas in quintas, et provenient quinta et septem octave unius quinte. Quas minue de quatuor quintis, et remanent due quinte et octava quinte. Que sunt tres octave et due quinte octave, idem scilicet quod supra.

(A.188) Si autem volueris tres septimas minuere de decem undecimis.

(*a*) Sic facies. Numeros denominantes fractiones, qui sunt septem et undecim, in se multiplica, et fient septuaginta septem, qui est numerus prelatus. Cuius tres septimas minue de ⟨eiusdem⟩ decem undecimis, et remanent triginta septem. Quos denomina a numero prelato, et erunt quinque undecime et due septime undecime. Et hoc est quod remanet.

(*b*) Vel aliter. Converte tres septimas in undecimas, et quod provenerit minue de decem undecimis. Et quod remanserit est id quod ex diminutione provenit.

(*c*) Vel converte undecimas in septimas, et de eo quod provenerit minue tres septimas. Et quod remanserit est id quod ex diminutione provenit.

3720 TERTIUS. DE MINUENDA FRACTIONE ET FRACTIONIS FRACTIONE DE FRACTIONE.

3694–3719 Capitulum de minuendo ... ex diminutione provenit] 131^r, 8 − 25 $\mathcal{A}$; 27va, 4-5 − 39 $\mathcal{B}$; 43ra, 14 − 42 $\mathcal{C}$.
3720–3733 Tertius. De minuenda fractione ... ex diminutione remansit] 131^r, 26 − 34 $\mathcal{A}$; 27vb, 22-23 − 40 $\mathcal{B}$; 43rb, 7 − 19 $\mathcal{C}$.

3694–3695 Capitulum ... fractione *(sine 'Primus')*] *subter lin. dux.* $\mathcal{A}$, *om. sed spat. rel. et in summa pag. (partim) hab.* $\mathcal{B}$, *rubro col.* $\mathcal{C}$ **3695** Primus] *om.* $\mathcal{A}$, *marg.* $\mathcal{BC}$ **3696** (A.187)] *sign. lectoris* (×) *in marg.* $\mathcal{C}$ **3696** quatuor] quattuor $\mathcal{C}$ **3697** denominantes] denominantis $\mathcal{C}$ **3698** quadraginta] XL $\mathcal{A}$, 40 $\mathcal{C}$ **3698** prelatus] communis *in textu &* prelatus *supra scr.* $\mathcal{C}$ **3699** quindecim] XV $\mathcal{A}$ **3699** quatuor] quattuor $\mathcal{C}$ **3699–3700** triginta duo] XXX duo $\mathcal{A}$, 32 $\mathcal{C}$ **3700** decem et septem] X et VII $\mathcal{A}$ **3700** numero] nūmo *(corr. ex* numo*)* $\mathcal{B}$ **3700** prelato] communi *in textu &* prelato *in marg.* $\mathcal{C}$ **3702** Converte] Coverte $\mathcal{B}$ **3702** quatuor] quattuor $\mathcal{C}$ **3704** idem scilicet] scilicet idem $\mathcal{B}$ **3706** quatuor] quattuor $\mathcal{C}$ **3711–3712** prelatus] communis *in textu &* prelatus *supra scr.* $\mathcal{C}$ **3713** triginta septem] XXX VII $\mathcal{A}$, 37 $\mathcal{C}$ **3713** prelato] communi *in textu &* prelato *add. in marg.* $\mathcal{C}$ **3713** quinque] V $\mathcal{A}$ **3715** provenerit] *et* q *add. et exp.* $\mathcal{B}$ **3716** decem] X $\mathcal{A}$ **3718** in] *om.* $\mathcal{B}$ **3718** et] *om.* $\mathcal{B}$ **3719** tres septimas] de decem undecimis *pr. scr. (v. supra) et exp. & corr. in marg.* $\mathcal{B}$ **3720** Tertius] *om.* $\mathcal{A}$, *marg.* $\mathcal{BC}$ **3720–3721** De minuenda ... fractione] *subter lin. dux.* $\mathcal{A}$, *om. sed spat. rel.* $\mathcal{B}$, *rubro col.* $\mathcal{C}$

(**A.189**) Si volueris tres octavas et dimidiam octavam minuere de sex septimis.

(***a***) Sic facies. Numeros denominationum, que sunt octava et dimidia et septima, inter se multiplica, et provenient centum et duodecim, qui est numerus prelatus. Cuius tres octavas et dimidiam, que sunt quadraginta novem, minue de eiusdem sex septimis, que sunt nonaginta sex, et remanent quadraginta septem. Quas denomina a numero prelato, et quod fuerint est id quod ex diminutione remansit.

(***b***) Vel aliter. Converte tres octavas et dimidiam in septimas, et fient tres septime et dimidia octava septime. Quas minue de sex septimis, et remanebunt due septime et septem octave septime et dimidia octava septime. Et hoc est quod ex diminutione remansit.

QUARTUS. DE MINUENDA FRACTIONE ET FRACTIONIS FRACTIONE DE FRACTIONE ET FRACTIONIS FRACTIONE.

(**A.190**) Cum volueris tres quintas et duas tertias quinte minuere de septem octavis et dimidia.

(***a***) Sic facies. Ex denominationibus inter se multiplicatis, ut supra docuimus, facies numerum prelatum, qui est ducenta quadraginta. Cuius tres quintas et duas tertias quinte eius minue de eiusdem septem octavis et dimidia. Quod autem remanserit denomina a prelato, et quod fuerit est id quod ex diminutione remansit.

(***b***) Vel aliter. Converte tres quintas et duas tertias quinte in octavas, et fient quinque octave et quatuor quinte octave et tertia quinte octave. Quas minue de septem octavis, et remanebit octava et due tertie quinte octave. Quas agrega dimidie octave que erat cum septem octavis. Et quod provenerit est id quod ex diminutione remansit.

DE MINUENDA FRACTIONE ET FRACTIONE FRACTIONIS DE INTEGRO ET FRACTIONE ET FRACTIONE FRACTIONIS.

(**A.191**) Si autem volueris tres quintas et duas tertias quinte minuere de uno et quatuor undecimis et dimidia.

3734–3766 Quartus. De minuenda fractione ... in ceteris] *131ᵛ, 1 – 20 A; 28ʳᵇ, 43-44 – 28ᵛᵃ, 34 B; 43ʳᵇ, 28 – 43ᵛᵃ, 1 C.*

3722–3723 septimis] est denominationum que sunt octava *add. et exp.* B **3725** centum] C A **3726** prelatus] communis *in textu &* prelatus *add. in marg.* C **3726–3727** quadraginta novem] XL novem A, 49 C **3727** nonaginta sex] 96 C **3728** quadraginta septem] XL VII A, 47 C **3728** prelato] communi *in textu &* prelato *add. in marg.* C **3729** diminutione] denominatione B **3732** septem] 7 C **3733** ex diminutione remansit] *add. infra (post ult. lin.)* A, ex denominatione remansit B **3734** Quartus] *om.* AB, *marg.* C **3734–3735** De minuenda ... fractione] *subter lin. dux.* A, *om. sed spat. rel.* B, *rubro col.* C **3739** prelatum] communem *in textu &* prelatum *add. in marg.* C **3739** ducenta quadraginta] ducenta XL A, 240 C **3740** minue] minues BC **3741** prelato] communi *in textu &* prelato *add. in marg.* C **3741** fuerit] fiunt A **3742** diminutione] denominatione B **3743** aliter] *om.* AC **3744** quinque] V A **3744** quatuor] quattuor C **3746** dimidie] dimidia B **3748–3749** tit.] *subter lin. dux.* A, *om. sed spat. rel. (et olim in summa pag. hab.)* B, *rubro col.* C **3750** quinte] quintæ *(corr. ex* quinta*)* B **3751** et *(post* uno*)*] et de codd. *(de add. supra* A*)* **3751** quatuor] quattuor C

(**a**) Sic facies. Ex multiplicatis denominationibus, sicut predictum est, facies numerum prelatum. Deinde multiplica unum et quatuor undecimas et dimidiam in numerum prelatum. Ab eo autem quod provenerit minue eiusdem numeri prelati tres quintas, et duas tertias quinte eius. Quod autem remanserit divide per prelatum. Et quod exierit est id quod scire voluisti.

(**b**) Vel, si volueris, converte tres quintas et duas tertias quinte in undecimas, et quod provenerit minue de uno et quatuor undecimis et dimidia, que sunt quindecim undecime et dimidia. Et quod remanserit est id quod scire voluisti.

(**c**) Vel, tres quintas et duas tertias quinte minue de uno, et remanebit quinta et tertia quinte. Quas agrega ad quatuor undecimas et dimidiam sicut premonstratum est in agregatione. Et quod provenerit est id quod ex diminutione remansit.

Et secundum hoc operaberis in ceteris.

(**A.192**) Si autem volueris duas septimas et tres decimas minuere de decem undecimis.

(**a**) Sic facies. Numeros a quibus denominantur septima et decima et undecima multiplica inter se, et provenient septingenti septuaginta, quos pone prelatum. Cuius duas septimas agrega ad eius tres decimas, et agregatum minue de eius decem undecimis. Et quod remanserit denomina de prelato, et quod fuerit est id quod voluisti.

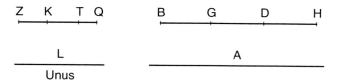

Ad A.192a: *Figura inven. in* $\mathcal{A}$ *(131^v, ima pag.)*, $\mathcal{B}$ *(12rb, 41 – 43)*, $\mathcal{C}$ *(33rb, 18 – 20)*. *Nota:* unus *in figura,* unum *in textu codd. (v. fig. ad A.194 a & A.260 a).*

Cuius probatio hec est. Sit prelatus numerus A, eius autem due septime sint BG, et eius tres decime GD, eius vero decem undecime BH; due

---

3767–3812 Si autem volueris ... invenies quod quesieris] $131^v, 21 - 132^r, 12\text{-}13$ $\mathcal{A}$; $12^{rb}, 14 - 12^{va}, 33$ $\mathcal{B}$; $33^{ra}, 55 - 33^{rb}, 50$ $\mathcal{C}$.

3753 prelatum] communem *in textu &* prelatum *add. in marg.* $\mathcal{C}$ **3753** quatuor] 4 $\mathcal{C}$ **3754** numerum] num̃ $\mathcal{B}$ **3754** prelatum] communem *in textu &* prelatum *add. in marg.* $\mathcal{C}$ **3755** prelati] communis *in textu &* prelati *add. in marg.* $\mathcal{C}$ **3755** quinte] quinq *pr. scr. et corr.* $\mathcal{B}$ **3756** prelatum] communem *in textu &* prelatum *add. in marg.* $\mathcal{C}$ **3757** voluisti] voluiste *pr. scr. et corr.* $\mathcal{C}$ **3758** Vel] *add. in marg.* $\mathcal{A}$ **3759** quatuor] quattuor $\mathcal{C}$ **3760** quindecim] XV $\mathcal{A}$ **3763** quatuor] quattuor $\mathcal{C}$ **3765** diminutione] denominatione $\mathcal{B}$ **3766** operaberis] probabis *codd.*   **3767** (A.192)] Substratio (sic) *add. in marg. lector* $\mathcal{C}$ *(primum enim problema de subtractione fractionum hoc est in cod.)*   **3767** decem] X $\mathcal{A}$ **3768** undecimis] indecimis $\mathcal{B}$ **3773** quod fuerit] *in marg. scr. lector* $\mathcal{C}$: $\frac{249}{770}$ **3773** quod] f *(pro* fit*) add. et exp.* $\mathcal{A}$ **3775** decem] X $\mathcal{A}$

vero septime sint ZK, tres vero decime sint KT, decem vero undecime totus ZQ, igitur TQ est id quod queritur; unum autem sit L. Comparatio igitur linee ZK ad L est sicut comparatio linee BG ad A, comparatio vero linee KT ad L est sicut comparatio linee GD ad A; comparatio igitur linee ZT ad L est sicut comparatio linee BD ad A. Comparatio autem totius ZQ ad L est sicut comparatio totius BH ad A; comparatio igitur residui, quod est TQ, ad L est sicut comparatio DH ad A, sicut predocuimus in capitulo prepositionum. Quod igitur fit ex ductu unius in DH equum est ei quod fit ex ductu TQ, quod est quesitum, in A. Quod autem fit ex ductu unius in DH non est nisi DH; igitur quod fit ex ductu linee TQ in A est DH. Si igitur diviseris DH per A, exibit TQ. Et hoc est quod monstrare voluimus.

(*b*) Vel aliter. Converte duas septimas in undecimas sicut docuimus in capitulo convertendi fractiones, et converte etiam tres decimas in undecimas; et agrega omnia, et agregatum minue de decem undecimis. Cum enim converteris duas septimas in undecimas, provenient tres undecime et septima undecime; cum vero converteris tres decimas in undecimas, provenient tres undecime et tres decime unius undecime. Agrega igitur tres undecimas cum tribus prioribus undecimis, et fient sex undecime. Deinde agrega septimam undecime tribus decimis undecime, hoc modo: Scilicet, converte quaslibet earum in genus aliarum. Veluti si convertas septimam undecime in decimas undecime. Quasi ergo queratur: 'Una septima undecime quot decime undecime est?'. Dimitte undecimam pro undecima. Dices ergo: 'Una septima quot decime est?'. Multiplica igitur unum in decem et productum divide per septem, et exibit unum et tres septime, quod est una decima undecime et tres septime decime undecime. Quas agrega tribus decimis undecime, et fient quatuor decime undecime et tres septime decime unius undecime. Quas agrega ad sex undecimas, et erunt sex undecime et quatuor decime unius undecime et tres septime unius decime unius undecime. Quas minue de decem undecimis. Scilicet, minue sex undecimas de decem undecimis, et remanebunt quatuor undecime; de quibus minue unam, et remanebunt tres, de una vero minue quatuor decimas undecime et tres septimas decime undecime, et remanebunt quinque decime undecime et quatuor septime decime unius undecime; quas agrega tribus undecimis, et fient tres undecime et quinque decime unius undecime et quatuor septime unius decime unius undecime. Et hoc est quod voluisti.

Similiter facies in omnibus huiusmodi, et invenies quod quesieris.

3778 comparatio *(post: A)*] Conparatio $\mathcal{B}$ **3779** KT] TK $\mathcal{B}$ **3779** igitur] add. supra $\mathcal{A}$, imperfecte scr. $\mathcal{C}$ **3780** ZT] e corr. $\mathcal{A}$ **3780** Comparatio] Conparatio $\mathcal{B}$ **3781** comparatio *(post: A)*] comparat $\mathcal{A}$ **3783** in DH] non est nisi DH add. (v. infra) et del. $\mathcal{A}$ **3783–3784** equum est ... in A] add. in marg. $\mathcal{A}$ (equm & duuctu scr., poster. corr.) **3784–3785** Quod autem ... nisi DH] add. in ima pag. $\mathcal{A}$ **3786** monstrare] monstra $\mathcal{B}$ **3792–3793** tres undecime] tres undecimas $\mathcal{B}$ **3793** decime] undecime $\mathcal{B}$ **3796** decimas] decimam codd. **3797** undecime *(post* decimas*)*] undecimi mut. in undecim ut vid. $\mathcal{A}$ **3798** undecima] undecimam $\mathcal{BC}$ **3799** decem] X $\mathcal{A}$ **3802** quatuor] quattuor $\mathcal{C}$ **3803** quatuor] quattuor $\mathcal{C}$ **3805** decem *(post* minue de*)*] X $\mathcal{A}$ **3805** decem] X $\mathcal{A}$ **3806** quatuor] $_4$ $\mathcal{C}$ **3808** quinque] V $\mathcal{A}$ **3809–3811** et fient tres undecime ... unius undecime] in marg. add. lector $\mathcal{C}$: melius esset reducere ad idem genus fractionis **3809** tres] $_3$ $\mathcal{C}$ **3810** quinque] V $\mathcal{A}$, $_5$ $\mathcal{C}$ **3810** quatuor] $_4$ $\mathcal{C}$

Secundus. Capitulum de diminuendo fractionem de integro et fractione.

3815 (**A.193**) Cum volueris octo undecimas minuere de uno et tribus octavis.

(**a**) Sic facies. Numeros denominantes fractiones, qui sunt undecim et octo, multiplica inter se, et provenient octoginta octo, qui est numerus prelatus. Cuius octo undecime sunt sexaginta quatuor. Deinde multiplica unum et tres octavas in numerum prelatum, et provenient centum viginti unum.
3820 De quibus minue sexaginta quatuor, et remanent quinquaginta septem. Quos denomina a numero prelato, et quod fiunt est id quod ex diminutione remansit.

(**b**) Vel aliter. Converte octo undecimas in octavas, et fient quinque octave et novem undecime octave. Quas minue ab uno et tribus octavis, que sunt
3825 undecim octave, et remanebunt quinque octave et due undecime octave.

(**c**) Vel converte tres octavas in undecimas, et fient quatuor undecime et octava undecime. Undecim autem undecimas, que sunt in uno, agrega ad quatuor undecimas et octavam undecime, et fient quindecim undecime et octava undecime. De quibus minue octo undecimas, et remanebunt septem
3830 undecime et octava undecime. Et hoc est quod ex diminutione remansit.

(**d**) Vel, si volueris, minue octo undecimas ab uno, et remanebunt tres undecime. Quas agrega tribus octavis que sunt supra unum. Et quod excreverit est id quod ex diminutione remansit.

Capitulum de minuendo integrum et fractionem de integro et
3835 fractione.

(**A.194**) Si volueris duo et tres quartas minuere de quinque et octo nonis.

(**a**) Sic facies. Numeros denominantes quartam et nonam inter se multiplica, et provenient triginta sex; quos pone prelatum. Quem multiplica in duo et tres quartas, et productum retine. Deinde multiplica prelatum in
3840 quinque et octo nonas, et de producto minue aliud productum; et quod remanet divide per prelatum, et exibit quod voluisti.

3813–3833 Secundus. Capitulum de diminuendo ... ex diminutione remansit] 132^r, 13 – 26 A; 27va, 40-41 – 27vb, 22 B; 43ra, 43 – 43rb, 6 C.
3834–3857 Capitulum de minuendo ... est quod voluisti] 132^r, 27 – 132^v, 4 A; 12va, 34-36 – 12vb, 20 B; 33rb, 50 – 33va, 20 C.

3813 Secundus] *om.* A, *marg.* BC **3813–3814** Capitulum ... et fractione] *subter lin. dux.* A, *om. sed spat. rel.* B, *rubro col.* C **3815** volueris] *corr. ex* voluis B **3815** minuere] minue A **3816** Sic facies] *om.* C **3817** octoginta octo] 88 C **3817** prelatus] communis *in textu &* prelatus *add. supra* C **3818** sexaginta quatuor] LX IIII^{or} A, 64 C **3819** numerum] nũmum B **3819** prelatum] communem *in textu &* prelatum *add. in marg.* C **3819** centum viginti unum] 121 ABC **3820** De quibus] *om.* B **3820** sexaginta quatuor] LX IIII^{or} A, 64 C **3820** quinquaginta septem] L VII A, 57 C **3821** prelato] communi *in textu &* prelato *add. in marg.* C **3821** quod] *supra add.* A **3821** fiunt] fuerit *pr. scr. et corr.* A **3821** diminutione] denominatione B **3823** quinque] V A, 5 C **3824** novem] 9 C **3825** quinque] V A **3826** quatuor] 4 C **3828** quatuor] quattuor C **3828** quindecim] XV A **3829** undecimas] *ab uno add. (v. infra) et del.* B **3829** septem] 7 C **3830** undecime *(post* septem*)*] undecimem *(quod corr.)* B **3830** remansit] remanet *codd.* **3831** Vel] aliter *add. et del.* A **3833** diminutione] diminutioione A **3834–3835** tit.] *subter lin. dux.* A, *om. sed spat. rel.* B, *rubro col.* C **3836** quinque] V A **3838** triginta sex] XXX VI A, 36 C **3840** quinque] V A **3840** et *(ante* quod*)*] *add. supra* B

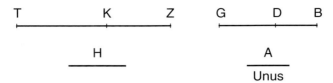

Ad A.194a: *Figura inven. in* $\mathcal{A}$ *(132^v, sum. pag.),* $\mathcal{B}$ *(12vb, 13 – 14),* $\mathcal{C}$ *(33va, 13 – 15);* unus *in figura,* unum *in textu* codd.

Cuius probatio hec est. Sit unum A, duo vero et tres quarte sint BD, quinque autem et octo none sint BG, igitur GD est id quod queritur, prelatus autem sit H; quod autem fit ex ductu H in duo et tres quartas sit ZK, quod autem fit ex ductu H in quinque et octo nonas sit ZT. Manifestum est igitur quod comparatio de BG ad A est sicut comparatio de ZT ad H. Sed comparatio de BD ad A est sicut comparatio de ZK ad H. Igitur comparatio residui quod est GD ad A est sicut comparatio residui quod est KT ad H. Quod igitur fit ex ductu GD in H equum est ei quod fit ex ductu unius in KT. Quod autem fit ex ductu unius in KT non est nisi KT; quod igitur fit ex ductu de GD in H est KT. Si igitur divideris KT per H, exibit quesitum, scilicet GD. Et hoc est quod monstrare voluimus.

(**b**) Vel aliter. Minue duo et tres quartas de quinque, et remanebunt duo et quarta. Quos agrega ad octo nonas, hoc modo: Scilicet, agrega quartam ad octo nonas, et fiet unum et nona et quarta none; hec autem agrega ad duo, et fient tria et nona et quarta none. Et hoc est quod voluisti.

DE MINUENDO FRACTIONEM ET FRACTIONEM FRACTIONIS DE INTEGRO ET FRACTIONE.

(**A.195**) Si autem volueris quatuor quintas et tertiam quinte minuere de uno et quatuor tredecimis.

(**a**) Sic facies. Ex denominationibus in se multiplicatis facies numerum prelatum. Et cetera ut predictum est prosequere.

(**b**) Vel convertes quatuor quintas et tertiam quinte in tredecimas; et quod provenerit minue de uno et quatuor tredecimis, que sunt decem et sep-

---

3858–3867 De minuendo fractionem ... quod scire voluisti] 132^v, 5 – 10 $\mathcal{A}$; 28rb, 31- 33 – 42 $\mathcal{B}$; 43rb, 19 – 28 $\mathcal{C}$.

3845 fit] *add. in marg.* $\mathcal{A}$ **3845** ex ductu H] in duo et tres quartas *add. (v. supra) et exp.* $\mathcal{B}$ **3845** quinque] V $\mathcal{A}$ **3847** BD] DB $\mathcal{B}$ **3847** de ZK] residui quod *pr. scr. (v. infra) et eras.* $\mathcal{A}$ **3848** ad H] Quod igitur *(sic)* fit ex ductu unius in KT non est nisi KT *add. (v. infra) et del.* $\mathcal{A}$ **3849** est *(ante KT)] om.* $\mathcal{A}$ **3849** ex] *e pr. scr. et corr.* $\mathcal{B}$ **3849** equum] equm $\mathcal{A}$ **3851** quod] Id *pr. scr. et corr.* $\mathcal{B}$, Idem $\mathcal{C}$ **3853** voluimus] volumus $\mathcal{A}$ **3854** quinque] V $\mathcal{A}$ **3858–3859** *tit.*] *subter lin. dux.* $\mathcal{A}$, *om. sed spat. rel.* $\mathcal{B}$, *rubro col.* $\mathcal{C}$ **3858** De minuendo fractionem] De minuenda fractione $\mathcal{C}$ **3858** fractionis] frac $\mathcal{A}$ **3859** et *(ante* fractione*)] add. supra* $\mathcal{A}$ **3860** quatuor] IIII^{or} $\mathcal{A}$, quattuor $\mathcal{C}$ **3861** quatuor] quattuor $\mathcal{C}$ **3861** tredecimis] *corr. ex* tredecem $\mathcal{A}$ **3863** prelatum] communem *in textu &* prelatum *add. in marg.* $\mathcal{C}$ **3864** quatuor] quattuor $\mathcal{C}$ **3865** quatuor] quattuor $\mathcal{C}$ **3865–3866** decem et septem] X et septem $\mathcal{A}$

tem tredecime, sicut paulo ante monstravimus. Et remanebit quod scire voluisti.

QUINTUS. CAPITULUM DE MINUENDA FRACTIONE FRACTIONIS DE FRACTIONE FRACTIONIS.

(**A.196**) Si volueris tres quintas octave minuere de quinque septimis sexte.

(*a*) Sic facies. Ex denominationibus, inter se multiplicatis, que sunt quinta et octava provenient quadraginta, et ex septima et sexta provenient quadraginta duo. Quos multiplica in alios quadraginta, et provenient mille sexcenta et octoginta, qui est numerus prelatus. Cuius tres quintas octave eius, que sunt centum viginti sex, minue de eiusdem quinque septimis sexte, que sunt ducenta, et remanebunt septuaginta quatuor. Quos denomina a prelato, et erit quod voluisti.

(*b*) Vel aliter. Converte tres quintas octave in septimas sexte, et provenient tres septime sexte et octava septime sexte et quinta octave septime sexte. Quas minue de quinque septimis sexte, et remanebunt septima sexte et sex octave septime sexte et quatuor quinte octave septime sexte. Et hoc est quod scire voluisti.

DE MINUENDA FRACTIONE FRACTIONIS DE INTEGRO ET FRACTIONE.

(**A.197**) Si autem volueris tres quartas quinte minuere de uno et undecima.

(*a*) Sic facies. Ex multiplicatis inter se denominationibus, que sunt quarta et quinta et undecima, fiet numerus prelatus, qui est ducenta et viginti. In quem multiplica unum et unam undecimam, et provenient ducenta et quadraginta. A quibus minue tres quartas quinte numeri prelati, que sunt triginta tres, et remanebunt ducenta et septem. Quos denomina a numero prelato, et apparebit quod queris.

(*b*) Vel aliter. Converte tres quartas quinte in undecimas, et provenient una undecima et tres quinte undecime et quarta quinte undecime. Quas minue ab uno et undecima, que sunt duodecim undecime, et remanebunt decem undecime et quinta undecime et tres quarte quinte undecime. Et hoc est quod scire voluisti.

3868–3895 Quintus. Capitulum de minuenda ... quod scire voluisti] *132^v, 10 – 28 A; 28va, 34-36 – 28vb, 24 B; 43va, 1 – 32 C.*

3868 Quintus] *om. A, marg. BC* **3868** Capitulum] *om. A* **3868–3869** Capitulum de minuenda ... fractionis] *om. sed spat. rel. B, rubro col. C* **3872** quadraginta] XL *A*, 40 *C* **3872** septima] *corr. ex* septime *A* **3872–3873** quadraginta duo] XL duo *A*, 42 *C* **3873** quadraginta] XL *A*, 40 *C* **3873** mille] M *A* **3874** prelatus] communis *in textu &* prelatus *add. in marg. C* **3875** centum viginti sex] C XX VI *A* **3876** septuaginta quatuor] XL *(sic)* IIII^{or} *A*, sexaginta quatuor *B*, sexaginta quattuor *C* **3877** prelato] communi *in textu &* prelato *add. in marg. C* **3877** et] *add. supra A* **3880** quinque] V *A* **3881** quatuor] quattuor *C* **3883** tit.] *om. sed spat. rel. B, rubro col. C* **3886** prelatus] communis *in textu &* prelatus *add. in marg. C* **3886** ducenta et viginti] CC et XX *A* **3887** unam undecimam] unam undecima *C* **3887–3888** ducenta et quadraginta] CC et XL *A* **3888** prelati] communis *in textu & prelati add. in marg. C* **3889** triginta tres] XXX tres *A*, 33 *C* **3889** ducenta] CC *A* **3890** prelato] communi *in textu &* prelato *add. in marg. C* **3891** Converte] coverte *B* **3894** decem] X *A* **3894** quinte] *om. B*

De minuendo integro et fractione et fractione fractionis de integro et fractione et fractione fractionis.

(**A.198**) Si autem volueris minuere duo et duas septimas et tres quartas septime de duobus et quinque octavis et duabus tertiis octave.

Sic facies. Dimitte duo pro duobus. Quasi ergo dicatur: 'Minue duas septimas et tres quartas septime de quinque octavis et duabus tertiis octave'. Fac sicut supra docuimus, et exibit quod scire voluisti.

Capitulum de minuendo multiplicitatem fractionum de aliis.

(**A.199**) Si volueris tres quintas et quatuor septimas minuere de uno et septem octavis.

(**a**) Sic facies. Ex multiplicatis omnium fractionum denominationibus facies numerum prelatum, qui est ducenta et octoginta. Cuius tres quintas, scilicet centum sexaginta octo, agrega ad eiusdem quatuor septimas, que sunt centum sexaginta, et fient trescenta viginti octo. In prelatum autem multiplica unum et septem octavas, et provenient quingenta et viginti quinque. A quibus minue trescenta viginti octo, et remanebunt centum nonaginta septem. Quos denomina a prelato, et erit quod scire voluisti.

(**b**) Vel, converte quintas et septimas in octavas, et provenient unum et octava et due septime octave et tres quinte septime octave. Que minue de uno et predictis septem octavis, et remanebunt quinque octave et quatuor septime octave et due quinte septime octave. Sic autem minues: Scilicet, unum ab uno et octavam de septem octavis, et remanebunt sex octave. A quibus minue unam octavam, et remanebunt quinque octave; quam octavam converte in septimas octave, et provenient septem septime octave; a quibus minue duas septimas octave, et remanebunt quinque septime octave. A quibus minue unam septimam octave, et remanebunt quatuor septime octave; quam septimam ⟨octave⟩ converte in quintas septime octave, et fient quinque quinte septime octave; a quibus minue tres quintas septime octave, et remanebunt due quinte septime octave. Quod ergo remanet est quinque octave et quatuor septime octave et due quinte septime octave. Et hoc est quod scire voluisti.

3896–3902 De minuendo integro ... quod scire voluisti] *132^v, 28 – 33 A; 12vb, 20 – 29 B; 33va, 20 – 28 C.*
3903–3935 Capitulum de minuendo ... quod requiris] *132^v, 34 – 133^r, 19 A; 28vb, 24-26 – 29ra, 22 B; 43va, 32 – 43vb, 9 C.*

3896 minuendo] minuenda BC   **3896** et fractione et fractione] et fractione et fractione et fractione A   **3896–3897** tit.] rubro col. C   **3900** Dimitte] Dimite A   **3903** tit.] om. sed spat. rel. B, rubro col. C   **3904** quatuor] quattuor C   **3907** prelatum] communem *in textu &* prelatum *add. in marg.* C   **3907** ducenta] decenta A   **3908** centum sexaginta octo] C LX VIII^{to} A   **3908** quatuor] quattuor C   **3909** centum sexaginta] C LX A, 160 C   **3909** fient] fiunt C   **3909** trescenta viginti octo] CCC XX octo A, 328 C   **3909** prelatum] communem *in textu &* prelatum *add. in marg.* C   **3910–3911** viginti quinque] XX V A   **3911** trescenta viginti octo] CCC et XX octo A   **3911** centum] C A   **3912** prelato] communi *in textu &* prelato *add. in marg.* C   **3914** Que] quas *codd.*   **3915** quatuor] quattuor C   **3918** quinque] V A   **3920** quinque] V A   **3921** quatuor] quattuor C   **3923** quinque] V A   **3924–3925** Quod ergo ... quinte septime octave] *iter. & priora del.* B   **3925** quatuor] quattuor C   **3925** septime (*post* quatuor)] *bis scr.* A

Questiones de minuendo

(**A.200**) Si volueris duas tertias de quatuor minuere de quinque septimis de sex.

(*a*) Sic facies. Ex denominationibus, scilicet tertia et septima, multiplicatis inter se fiet numerus prelatus, scilicet viginti unum. Cuius duas tertias multiplica in quatuor, et provenient quinquaginta sex. Deinde eiusdem numeri prelati quinque septimas multiplica in sex, et provenient nonaginta. De quibus minue quinquaginta sex, et remanebunt triginta quatuor. Quos denomina a prelato, et quod fuerint, hoc est quod requiris.

Cuius probatio manifesta est. Si enim duas tertias prelati multiplicaveris in quatuor et productum diviseris per prelatum, exibunt due tertie de quatuor. Similiter etiam si quinque septimas prelati multiplicaveris in sex et productum diviseris per prelatum, exibunt quinque septime de sex. Oportet igitur dividere id quod fit ex ductu duarum tertiarum prelati in quatuor ⟨per prelatum⟩ et quod exit minuere de eo quod exit ex divisione producti ex ductu quinque septimarum prelati in sex per prelatum. Hoc autem idem est quod minuere id quod fit ex ductu duarum tertiarum prelati in quatuor de producto quinque septimarum prelati in sex et residuum dividere per prelatum, sicut ostendimus in primo capitulo prepositionum [scilicet quoniam omnium duorum numerorum diversorum si dividitur unusquisque per aliquem alium, tunc id in quo unum exeuntium de divisionibus superat aliud equum est ei quod fit ex divisione eius quo superat alter alterum numerorum per dividentem]. Et hoc est quod monstrare voluimus.

(*b*) Vel aliter. Procede secundum verba questionis. Videlicet, duas tertias de quatuor, que sunt duo et due tertie, minue de quinque septimis de sex,

---

3936–3953 Cuius probatio ... id quod voluisti] *133ʳ, 19 – 30 A; 12ᵛᵇ, 29 – 13ʳᵃ, 4 B; 33ᵛᵃ, 29 – 49 C.*

3951–3953 Vel aliter ... quod voluisti] *lect. alt. hab. B (fol. 29ʳᵃ, 23 – 30) & C (fol. 43ᵛᵇ, 10 – 16, delenda indic. in marg. 1ᵃ m.):* Vel aliter, secundum ordinem verborum. Accipe duas tertias de quatuor *(quattuor C)*, que sunt duo *(duo om. B)* et due tertie, et accipe quinque septimas de sex, que sunt quatuor *(quattuor C)* et due septime. Quasi ergo volueris duo et duas tertias minuere de quatuor *(quattuor C)* et duabus septimis. Minue duo et duas tertias de quatuor *(quattuor C)*, et remanebit unum et tertia. Quod unum et tertiam *(Quod ... tertiam om. C)* agrega ad duas septimas, et quod provenerit est id quod scire voluisti.

3927 tit.] *om. sed spat. rel.* B, *rubro col.* C   **3928** tertias] tcias C   **3928** quatuor] quattuor C   **3928** quinque] V A   **3930** septima] c *pr. scr. et exp.* C   **3931** prelatus] communis *in textu &* prelatus *add. in marg.* C   **3931** viginti unum] XX unum A, viginti nuī B, 21 C   **3932** quatuor] 4 C   **3932** quinquaginta sex] L VI A, 56 C   **3933** prelati] communis *in textu &* prelati *add. in marg.* C   **3933** quinque] V A, 5 C   **3933** sex] 6 C   **3933–3934** nonaginta] 90 C   **3934** quinquaginta sex] 56 C   **3934** triginta quatuor] XXX IIIIᵒʳ A, 34 C   **3935** prelato] communi *in textu &* prelato *add. in marg.* C   **3935** requiris] queris A   **3937** quatuor] quattuor C   **3937** per] pre *pr. scr. et corr.* A   **3938** quatuor] quattuor C   **3939** diviseris] erit *pr. scr. et del.* A   **3939** per] pre *pr. scr. et corr.* A   **3939** quinque] V A   **3941** quatuor] quattuor C   **3944** quatuor] quattuor C   **3944** quinque] V A   **3946** prepositionum] prepronum A   **3946** scilicet] e *corr.* A   **3948** aliud] ali *pr. scr. in fin. lin. et exp.* B   **3948** equum] equm A   **3948** fit] *om.* A C   **3952** de *(ante* quatuor*)*] quod A   **3952** quatuor] quattuor C   **3952** quinque] V A que sunt quatuor et due septime, sicut predocuimus, et erit id quod voluisti.

(**A.201**) Si autem volueris duas quintas de quatuor et dimidio minuere de sex septimis de octo et tertia.

(***a***) Sic facies. Ex denominationibus omnium fractionum, que sunt quinta et dimidia et septima et tertia, fac numerum prelatum, qui est ducenta et decem. Cuius duas quintas multiplica in quatuor et dimidium, et provenient trescenta septuaginta octo. Deinde eiusdem numeri prelati sex septimas multiplica in octo et tertiam, et provenient mille quingenta. A quibus minue trescenta septuaginta octo, et remanebunt mille et centum viginti duo. Quos divide per prelatum, et quod exierit est id quod ex diminutione provenit. Cuius probatio patet ex premissis.

(***b***) Vel secundum ordinem verborum. Accipe duas quintas de quatuor et dimidio, quod est unum et quatuor quinte, et accipe sex septimas de octo et tertia ⟨quod est septem et septima⟩. Et quasi volueris unum et quatuor quintas minuere de septem et septima. Fac sicut predictum est, et proveniet quod scire voluisti.

(**A.201′**) Si autem volueris duas quintas de quatuor et dimidium unius minuere de sex septimis de octo et de tertia unius.

(***a***) Sic facies. Ex denominationibus omnium fractionum inter se multiplicatis facies prius numerum prelatum, qui est ducenta et decem. Cuius duas quintas multiplica in quatuor, et producto adde dimidium numeri prelati, et agregatum retine. Deinde sex septimas numeri prelati multiplica in octo, et producto adde tertiam ipsius numeri prelati. Et ab hoc agregato minue primum agregatum, et quod remanserit divide per prelatum. Et quod exierit erit quod queris.

(***b***) Vel aliter. Duabus quintis de quatuor adde dimidium unius, et agregatum retine. Deinde sex septimis de octo adde tertiam unius. Et ab hoc agregato minue primum agregatum sicut predocuimus, et quod remanserit erit quod scire voluisti.

3954–4054 Si autem volueris ... summa que queritur] *133ʳ, 31 – 134ʳ, 13 A; 29ʳᵃ, 31 – 29ᵛᵇ, 24 B; 43ᵛᵇ, 17 – 44ʳᵇ, 14 C.*

3953 quatuor] quattuor *C* **3954** quatuor] quattuor *C* **3957** prelatum] communem *in textu & *prelatum *in marg.* *C* **3957–3958** ducenta et decem] CC et X *A* **3958** quatuor] 4 *C* **3959** trescenta septuaginta octo] CCC LXX octo *A*, 378 *C* **3959** prelati] communis *in textu & *prelati *in marg.* *C* **3960** mille] M *A* **3961** trescenta septuaginta octo] CCC LXX octo *A* **3961–3962** mille et centum viginti duo] M et C XX II *A* **3962** prelatum] communem *in textu & *prelatum *in marg.* *C* **3962** ex] de *A* **3963** diminutione] denominatione *B* **3963** ex premissis] *add. in marg. post fin. lin.* *A* **3964** Vel] aliter *add. et exp.* *B* **3964** quatuor] 4 *C* **3965** quod] que *BC* **3965** unum] I *(scr. supra) A* **3965** quatuor] 4 *C* **3966–3967** quatuor] quattuor *C* **3969** quatuor] quattuor *C* **3969** dimidium] dimidio *codd.* **3970** unius] *corr. ex* unu *A* **3971–3972** multiplicatis] multiplicantium *B* **3972** prelatum] communem *in textu & *prelatum *in marg.* *C* **3972** ducenta et decem] CC et X *A* **3973** quatuor] quattuor *C* **3973** producto] productum *C* **3973** adde] *ad pr. scr. et corr.* *B* **3973–3974** prelati] communis *in textu & *prelati *in marg.* *C* **3974** sex] ex *B* **3974** prelati] communis *in textu & *prelati *in marg.* *C* **3975** prelati] communis *in textu & *prelati *in marg.* *C* **3976** prelatum] communem *in textu & *prelatum *in marg.* *C* **3977** queris] scire voluisti *pr. scr. (v. infra) et exp.* *B* **3978** quatuor] quattuor *C* **3981** scire] scrre *ut vid.* *A*

Item de minuendo

(A.202) Si volueris de sex eius septimam et nonam minuere et scire quantum remaneat.

Sic facies. Ex denominationibus fractionum multiplicatis inter se facies numerum prelatum, qui est sexaginta tres. De quo minue ipsius septimam et nonam, et remanebunt quadraginta septem. Quos multiplica in sex, et productum divide per prelatum, et exibunt quatuor et tres septime et tertia septime. Et hoc est quod voluisti scire.

Et hec regula sumpta est a proportione. Taliter enim se habent quadraginta septem ad sexaginta tres qualiter quesitum ad sex. Est igitur terminus tertius incognitus et divisio fit per secundum.

Vel aliter. Denomina quadraginta septem a numero prelato, scilicet sex nonas et quinque septimas none. De sex autem accipe tantas partes; que erunt summa quam requiris.

Vel aliter. Denomina sex a prelato, et erunt due tertie septime. Ergo due tertie septime de quadraginta septem sunt summa quam requiris.

(A.203) Si quis querit: Subtractis de novem quinta et duabus septimis eius et addita residuo medietate ipsius, quanta fit summa residui?

Sic invenies. Ex denominationibus fractionum, que sunt quinta et septima et medietas, multiplicatis inter se facies septuaginta, qui est numerus prelatus. Cuius quintam et duas septimas, que sunt triginta quatuor, minue ab ipso prelato et remanent triginta sex. Quibus adde dimidium ipsorum, sicut dixit, quod est decem et octo, et fiet summa quinquaginta quatuor. Manifestum est igitur quod comparatio horum quinquaginta quatuor ad septuaginta est sicut comparatio quesiti ad novem. Hos igitur quinquaginta quatuor multiplica in novem et productum divide per prelatum; et quod exierit erit quod scire voluisti. Vel aliter. Divide unum multiplicantium per numerum prelatum et quod exierit multiplica in alterum; et quod

---

3982 *tit.*] om. sed spat. rel. *B*, Item de diminuendo *(rubro col.)* *C*; Nota *scr.* lector *C* *in marg.* (nota *repet. in ima pag.*) **3983** de sex eius septimam et nonam minuere] septimam et nonam minuere de sex *codd.* **3986** prelatum] communem *in textu &* prelatum *in marg. C* **3986** sexaginta tres] LX tres *A* **3987** quadraginta septem] XL et septem *A*, quadraginta et septem *BC* **3988** prelatum] communem *in textu &* prelatum *in marg. C* **3988** quatuor] quattuor *C* **3990–3991** quadraginta septem] XL VII *A* **3991** sexaginta tres] LXX tres *hab. A*, septuaginta tres *BC* **3991** sex] tres *pr. scr. et exp. B* **3992** terminus] teri *pr. scr. et corr. B* **3993** quadraginta septem] XL VII *A* **3993** prelato] communi *in textu &* prelato *in marg. C* **3993** scilicet] eius *add. codd.* **3994** sex] se *pr. scr. &* x *add. supra C* **3994** none] e corr. *A* **3994** partes] parates *A* **3995** requiris] queris *A* **3996** prelato] communi *in textu &* prelato *in marg. C* **3996** septime] eius *add. codd.* **3997** quadraginta septem] XL VII *A* **3997** summa] *corr. ex* summam *B* **3998** Subtractis] de termnis *(sic)* subtractis *B* **3999** medietate] *e corr. A* **3999** summa residui] residui summa *BC* **4002** prelatus] communis *in textu &* prelatus *in marg. C* **4002** quintam] *corr. ex* quintas *B* **4002** triginta quatuor] XXX IIII^{or} *A*, triginta sex *pr. scr. (v. infra) et corr. B*, 34 *C* **4003** prelato] comuni *(sic) in textu &* prelato *in marg. C* **4003** triginta sex] XXX VI *A*, 36 *C* **4004** quinquaginta quatuor] L IIII^{or} *A*, 54 *C* **4005** quinquaginta quatuor] L IIII^{or} *A*, quinquaginta quattuor *C* **4006** septuaginta] LXX *A* **4006–4007** quinquaginta quatuor] L IIII^{or} *A*, quinquaginta quattuor *C* **4007** novem] 9 *C* **4007** prelatum] communem *in textu &* prelatum *in marg. C* **4008** erit] *corr. ut vid. ex ere A* **4008–4009** multiplicantium] multiplicatum *C* **4009** prelatum] comunem *(sic) in textu &* prelatum *in marg. C* **4009** in] per *codd.*

provenerit erit quod requiris.

(**A.203′**) Si quis querat: Subtractis de novem quinta et duabus septimis eius et de residuo subtracta tertia eius, quid remaneat.

Sic facies. Tu, ex denominationibus omnium fractionum facies prius prelatum numerum, qui est centum quinque. Cuius quintam et duas septimas eiusdem minue de ipso, et residuum est triginta tres. De quo residuo minue tertiam eius, sicut predictum est, et remanebunt viginti duo. Manifestum est igitur quod comparatio horum viginti duorum ad centum quinque est sicut comparatio quesiti ad novem. Hos igitur viginti duo multiplica in novem et productum divide per prelatum, et quod exierit est summa quam requiris.   Vel aliter. Alterum multiplicantium, quod est novem, vel viginti duo, divide per prelatum, et quod exierit multiplica in alterum; et productum est summa quam requiris.

In huiusmodi autem questionibus si plures fuerint fractiones idem tamen erit modus agendi. In huiusmodi autem quotiens fractiones excesserint unum, questio falsa erit.

(**A.203″**) Sicut si aliquis querat: Subtractis de octo duabus tertiis et duabus quintis eius, quid remanet?

Hec questio non recipitur, quoniam due tertie et due quinte alicuius plus sunt quam unum; unde cum accipiuntur de octo predicte fractiones, amplius sunt quam octo [non potest autem maius minui de minore]. Quod patebit cum acceperis fractiones de numero prelato; fient enim maior summa quam sit ipse.

Capitulum de pecuniis in minuendo

(**A.204**) Si quis querat: Quanta est pecunia de qua dempta eius tertia et quarta remanent decem?

Sic facies. Ex denominationibus, que sunt tertia et quarta, inter se multiplicatis facies duodecim. Cuius tertiam et quartam minue de ipso, et remanebunt quinque. Manifestum est igitur quod comparatio ⟨de⟩ quinque ad duodecim est sicut comparatio de decem ad quesitum. Igitur multiplica decem in duodecim et productum divide per prelatum, qui est quinque; et

---

4012 eius] *corr. ex* eius *A*   4012 quid] quod *B*   4013 Tu] *om. AB*   4013 denominationibus] denoiationibus *B*   4014 prelatum] communem *in textu &* prelatum *in marg. C*   4014 centum quinque] C V *A*   4014–4015 septimas] tertias *pr. scr. et exp. B*   4015 triginta tres] XXX^a tres *A*, 33 *C*   4016 viginti duo] XX II *A*, 22 *C*; vi *bis scr. (in fin. lin. et in seq.) B*   4017 viginti duorum] XX duorum *A*   4017–4018 centum quinque] C XX V *A*, centum viginti quinque *BC*   4018 est sicut] sicut est *codd.*   4018 comparatio] coparatio *B*   4018 viginti duo] XX II *A*   4019 novem] 9 *C*   4019 prelatum] communem *in textu &* prelatum *in marg. C*   4020 Alterum] alterrum *B*   4021 viginti duo] XX II *A*   4021 prelatum] communem *in textu &* prelatum *in marg. C*   4021 in] per *codd.*   4024 erit modus] modus erit *codd.*   4024 quotiens] questiones *pr. scr. et exp. B*   4024–4025 excesserint] excesserint *A*   4025 erit] est *codd.*   4029 accipiuntur] minuuntur *codd.*   4031 prelato] communi *in textu &* prelato *in marg. C*   4032 ipse] in se *A*   4033 tit.] *om. sed spat. rel. B, rubro col. C*   4033 pecuniis] peccuniis *C*   4034 pecunia] peccunia *BC*   4037 facies] *om. A, add. in marg. C*   4037 tertiam] tertia *B*   4037 quartam] quarta *B*   4038 quinque *(ante* ad*)*] V *A*   4039 decem] X *A*   4040 prelatum, qui est] *om. AC*

exibunt viginti quatuor, et hec est pecunia. Vel divide unum multiplicantium per prelatum, et quod exierit multiplica in alterum; et productum est quantitas pecunie requisite.

(**A.205**) Si quis querat: Quanta est pecunia de qua dempta tertia et quarta eius et medietate residui remanent decem?

(*a*) Sic facies. Multiplica denominationes fractionum, que sunt tertia et quarta et dimidia, et fient viginti quatuor. De quo minue tertiam eius et quartam, et remanebunt decem. De quibus minue dimidium ipsorum, et remanebunt quinque. Manifestum est igitur quod comparatio ⟨de⟩ quinque ad viginti quatuor est sicut comparatio de decem ad quesitum. Igitur multiplica decem in viginti quatuor et productum divide per prelatum; et quod exierit erit summa quam queris. Vel divide alterum multiplicantium per prelatum et quod exierit multiplica in alterum, et productum est summa que queritur.

(*b*) Vel aliter. Iam enim scis quod si minueris de pecunia tertiam eius et quartam et medietatem residui et remanserint decem, scis quod isti decem medietas sunt residui post subtractionem tertie et quarte sue de pecunia. Duplica ergo eos, et fient viginti, qui sunt residuum pecunie post subtractionem sue tertie et quarte. Quasi ergo dicatur: 'Que est pecunia de qua subtracta eius tertia et quarta remanent viginti?'. Fac sicut predocuimus, et proveniet quod queris.

(**A.205′**) Si autem diceres: 'subtracta tertia residui', profecto decem essent due tertie residui. Adde igitur ad decem dimidium eorum, et fient quindecim, et tantum est residuum pecunie post subtractionem tertie eius et quarte.

4055–4065 Vel aliter ... tertie eius et quarte] *134^r, 13 − 19 A; 13ra, 5 − 18 B; 33va, 50 − 33vb, 2 C*.

4041 et hec est pecunia] *Post hæc habent BC lect. alt. vel potius in textu insertam glossam:* Vel aliter. Divide duodecim per prelatum et quod exierit multiplica in decem, et productum est summa quam requiris. Vel divide decem per prelatum et quod exierit multiplica in duodecim *(dudecim C)*, et productum est summa quam requiris. Hoc autem ideo facimus quoniam talis est proportio quinque ad duodecim qualis est decem ad summam que requiritur. Unde vel multiplica decem in duodecim et productum divide per prelatum, et exibit quod queritur.

4041 viginti quatuor] XX IIII^{or} A, viginti quattuor C   **4041** pecunia] peccunia BC   **4043** pecunie] peccunie BC   **4044** pecunia] peccunia BC   **4045** decem] X A   **4046** denominationes] *corr. ex* denominationis B   **4047** viginti quatuor] XX IIII^{or} A, viginti quattuor C   **4048** decem] X A   **4049** quinque *(ante* ad*)*] V A   **4050** viginti quatuor] XX IIII^{or} A, viginti quattuor C   **4050** de] *om.* C   **4050** decem] X A   **4050** Igitur] *om.* A   **4051** viginti quatuor] viginti IIII^{or} A, 24 C   **4053** in] per *codd.*   **4055** pecunia] peccunia BC   **4055** tertiam] tertia B   **4056** decem] X A   **4057** decem *(post* isti*)*] X A   **4057–4058** pecunia] peccunia BC   **4058** Duplica] *corr. ex* dupla A   **4058** viginti] XX A   **4058** pecunie] peccunie BC   **4059–4060** pecunia] peccunia BC   **4060** viginti] XX A   **4062** diceres] *corr. ex* dicens B   **4062** decem] X A   **4062** essent] *corr. ex* ent A   **4063** tertie] tertii C   **4063–4064** quindecim] XV A, 15 C   **4064** pecunie] peccunie BC   **4064** subtractionem] subtractione C

(**A.206**) Si quis querat: Quanta est pecunia de qua demptis tertia et quarta eius et duobus nummis remanent decem nummi?

Sic facies. Adde duos nummos ad decem, et fient duodecim, qui sunt residuum pecunie post subtractionem tertie eius et quarte. Quasi ergo queratur: 'Quanta est pecunia de qua demptis tertia et quarta eius remanent duodecim?'. Facies sicut iam predocuimus.

(**A.207**) Si quis querat: Quanta est pecunia de qua demptis tertia et quarta eius minus duobus nummis remanent decem?

Sic facies. Minue duos nummos de decem, et remanebunt octo, qui sunt residuum pecunie post subtractionem sue tertie et quarte. Quasi ergo queratur: 'Quanta est pecunia de qua demptis tertia eius et quarta remanent octo?'. Facies sicut predocuimus.

Sic autem facies in huiusmodi, semper addendo additos aut minuendo demptos; et quod provenerit erit residuum pecunie post subtractionem propositarum partium [quod est contrarium ei quod fit in agregatione], sicut iam prediximus.

(**A.208**) Si quis querat: Quanta est pecunia de qua demptis tertia ⟨eius⟩ et uno nummo et quarta ⟨eius⟩ minus tribus nummis remanent decem nummi?

Sic facies. Adde unum nummum additum tribus demptis, et erunt duo dempti. Quasi ergo queratur: 'Quanta est pecunia de qua demptis tertia eius et quarta minus duobus nummis remanent decem?'. Minue duos nummos demptos de decem, et remanebunt octo, qui sunt residuum pecunie post subtractionem suarum tertie et quarte. Et cetera fac sicut predocuimus.

(**A.209**) Si quis querat: Quanta est pecunia de qua demptis tertia eius minus duobus nummis et quarta eius et insuper tribus nummis remanent decem?

Sic facies. Adde tres nummos additos duobus demptis, et supererit unus additus. Quasi ergo queratur: 'Quanta est pecunia de qua demptis tertia et quarta eius et uno nummo remanent decem?'. Fac sicut predocuimus.

4066–4107 Si quis querat … ut supra docuimus] $134^r, 20 - 134^v, 7$ $\mathcal{A}$; $29^{vb}, 25 - 30^{ra}, 28$ $\mathcal{B}$; $44^{rb}, 15 - 44^{va}, 1$ $\mathcal{C}$.

4066 pecunia] peccunia $\mathcal{BC}$ **4066** demptis] deptis $\mathcal{B}$ **4067** nummis] numeris $\mathcal{A}$, numis $\mathcal{C}$ **4067** decem] X $\mathcal{A}$ **4067** nummi] numeri $\mathcal{A}$ **4068** nummos] numeros $\mathcal{A}$ **4068** duodecim] 12 $\mathcal{C}$ **4069** pecunie] peccunie $\mathcal{BC}$ **4070** pecunia] peccunia $\mathcal{BC}$ **4070** remanent] et remanent $\mathcal{A}$ **4072** pecunia] peccunia $\mathcal{BC}$ **4073** nummis] numeris $\mathcal{A}$ **4073** decem] X $\mathcal{A}$ **4074** nummos] numeros $\mathcal{A}$ **4075** pecunie] peccunie $\mathcal{BC}$ **4075** sue tertie] tertie sue $\mathcal{C}$ **4076** pecunia] peccunia $\mathcal{BC}$ **4078** aut] aud $\mathcal{A}$ **4079** demptos] a *pr. scr. et exp.* $\mathcal{B}$ **4079** provenerit] remanserit *pr. scr. et exp.* $\mathcal{C}$ **4079** pecunie] peccunie $\mathcal{BC}$ **4079–4080** propositarum partium] propositorum proportionum *codd.* (*propositorum in* propositarum *supra corr.* $\mathcal{C}$)   **4082** pecunia] peccunia $\mathcal{BC}$ **4083** nummo] numo *codd.*   **4083** nummis] numis $\mathcal{C}$ **4083** decem] X $\mathcal{A}$ **4083** nummi] numeri *(scr. supra)* $\mathcal{A}$ **4084** nummum] numum $\mathcal{C}$ **4085** pecunia] peccunia $\mathcal{BC}$ **4086** nummis] numis $\mathcal{C}$ **4086** decem] X $\mathcal{A}$ **4087** decem] X $\mathcal{A}$ **4088** pecunie] peccunie $\mathcal{BC}$ **4088** subtractionem] subtractione $\mathcal{B}$ **4090** pecunia] peccunia $\mathcal{BC}$ **4091** et insuper] Insuper $\mathcal{B}$ **4092** decem] X $\mathcal{A}$ **4094** pecunia] peccunia $\mathcal{BC}$ **4095** decem] X $\mathcal{A}$

(A.210) Si quis querat: Quanta est pecunia de qua demptis tertia ⟨eius⟩ et duobus nummis et eius quarta minus uno nummo et dimidio residui et quatuor nummis remanent decem?

Sic facies. Adde duos additos uni dempto, et supererit unus additus, qui erit demptus de residuo pecunie. Cuius nummi dimidium, quod est dimidium unius demptum, adde quatuor predictis nummis additis, et supererunt tres et dimidius additi. Quos agrega predicto addito, et fient quatuor et dimidius additi. Quasi ergo queratur: 'Pecunia de qua demptis tertia et quarta eius et medietate residui insuper et quatuor nummis et obolo remanent decem, quanta est?'. Adde quatuor nummos et obolum ad decem, et cetera fac ut supra docuimus.

(A.211) Si quis querat: Pecunia de qua demptis tertia eius et duobus nummis et eius quarta minus uno nummo et dimidio residui minus tribus nummis remanent decem, quanta est?

Iam scis quod, subtracta medietate de residuo minus tribus nummis et remanserint decem, quod medietas residui et tres nummi adequantur decem nummis. Igitur solum dimidium adequatur septem nummis. Totum igitur residuum est quatuordecim nummi. Dices igitur: 'Pecunia de qua demptis tertia eius et duobus nummis et eius quarta minus uno nummo remanent quatuordecim, quanta est?'. Sunt igitur duo nummi additi et unus demptus; quem restaura uno additorum, et remanebit unus additus. Quasi ergo querat: 'Pecunia de qua demptis tertia eius et quarta et uno nummo remanent quatuordecim, quanta est?'. Fac sicut supra docui, et erit pecunia triginta sex.

Et secundum hoc considera cetera huiusmodi, et invenies quod queris.

(A.212) Si quis querat: Pecunia de qua demptis tertia eius minus quinque nummis et eius quarta et duobus nummis et dimidio residui minus uno nummo remanent decem, quanta est?

4108–4121 Si quis querat ... invenies quod queris] 134^v, 8 – 16 A; 13ra, 18 – 34 B; 33vb, 3 – 18 C.
4122–4132 Si quis querat ... sicut premonstravimus] 134^v, 17 – 23 (partim, v. infra) A; 30ra, 29 – 43 B; 44va, 2 – 15 C.

4097 pecunia] pecunia BC **4097** tertia] ttia B **4098** nummis] numis C **4098** minus] *corr. ex* numerus B **4098** nummo] numo AB **4099** quatuor] quattuor C **4099** nummis] numis B **4099** remanent] remanet BC **4099** decem] X A **4101** pecunie] peccunie BC **4101** nummi] numi AB **4102** quatuor] quattuor C **4102** nummis] numis AB **4104** quatuor] quattuor C **4104** Pecunia] peccunia BC **4105** quatuor] quattuor C **4105** nummis] numis A **4106** est] *om.* B **4106** quatuor] quattuor C **4108** (A.211)] *lector scr. in marg.* C: Questiones **4108** Pecunia] peccunia BC **4109** nummis] numis *codd.* **4109** nummo] numo *codd.* **4110** nummis] nums *pr. scr. et* i *add. supra* A, numis BC **4110** decem] X A **4111** residuo] risiduo A **4111** nummis] numis *codd.* **4112** decem] X A **4112** nummi] numi BC *(corr. ex* numer B) **4113** decem] X A **4113** nummis] numis BC **4113** nummis *(post* septem)] nums *pr. scr. et* i *add. supra* A, numis BC **4114** nummi] numi *codd.* **4114** Pecunia] peccunia BC **4115** tertia] *bis scr.* A **4115** nummis] numis *codd.* **4115** nummo] numo *codd.* **4116** nummi] numi *codd.* **4118** Pecunia] peccunia B, *corr. ex* peccunie C **4119** nummo] numo *codd.* **4119** quatuordecim] quattuordecim C **4120** pecunia] peccunia BC **4120** triginta sex] XXX^{ta} VI A **4121** cetera] centera A **4121** huiusmodi] huius modi A **4122** Pecunia] peccunia BC **4122** quinque] V A **4123** nummis] numis AB **4123** nummis *(post* duobus)] numis AB **4124** nummo] numo AB **4124** decem] X A

Sic facies. Adde quinque demptos duobus additis, et erunt tres dempti, qui erunt additi residuo pecunie. Quorum dimidium, quod est unus et dimidius additus, adde uni dempto predicto, et supererit dimidius additus. Quem adde tribus predictis demptis, et fient duo et dimidius dempti. Quasi ergo queratur: 'Pecunia de qua demptis eius tertia et quarta et medietate residui minus duobus nummis et dimidio remanent decem, quanta est?'. Tu, minue duos nummos et obolum de decem, et cetera fac sicut premonstravimus.

(**A.213**) Si quis querat: Quanta est pecunia de qua subtractis tertia eius et duobus nummis et dimidio residui et quinque nummis, et de ultimo residuo subtractis duabus quintis eius minus uno nummo, remanent undecim?

B   K T Z H   D G   A

Ad A.213:   *Figura inven. in* $\mathcal{A}$ *(134^v, 32)*, $\mathcal{B}$ *(13rb, 5)*, $\mathcal{C}$ *(33vb, 35 − 36)*.

Sic facies. Sit pecunia AB, tertia vero eius subtracta sit AG, duo autem nummi sint GD, dimidium vero residui sit DH, quinque vero nummi sint HZ, due vero quinte ultimi residui sint ZK, unus vero nummus demptus sit KT; erit igitur TB undecim. De quo minue KT, qui est nummus unus, et remanebit BK decem. Qui est tres quinte de ZB. Igitur ZB est sexdecim et due tertie. Et HZ est quinque. Igitur HB est viginti unum et due tertie. Qui sunt dimidium de DB. Igitur DB est quadraginta tres et tertia. Sed GD est duo. Igitur BG est quadraginta quinque et tertia. Qui sunt due tertie de AB. Igitur AB est sexaginta octo. Et hoc est quod monstrare voluimus.

(**A.214**) Si quis querat: Quanta est pecunia de qua subtractis eius tertia et duobus nummis et residuo multiplicato in se provenit pecunia et insuper viginti quatuor nummi?

4133–4193 Si quis querat … monstrare voluimus] 134^v, 24 − 135^r, 24 $\mathcal{A}$; 13ra, 35 − 13va, 18-19 $\mathcal{B}$; 33vb, 19 − 34ra, 27-30 $\mathcal{C}$.

4125 facies] cuius *in fin. lin. add.* $\mathcal{B}$ **4126** pecunie] peccunie $\mathcal{BC}$ **4126–4132** quod est unus … premonstravimus] *hic præb.* $\mathcal{A}$ *finem A.210:* quod est dimidium unius demptum, adde quatuor predictis numis additis, et supererunt tres et dimidius additi. Quos agrega predicto addito, et fient quatuor et dimidius additi. Quasi ergo queratur: 'Pecunia de qua demptis tertia et quarta eius et medietate residui insuper et quatuor numis et obolo remanent decem, quanta est?'. Adde quatuor numos et obolum ad decem, et cetera fac ut supra docuimus.   **4129** Pecunia] peccunia $\mathcal{BC}$ **4130** nummis] numis $\mathcal{B}$ **4131** nummos] numos $\mathcal{B}$ **4133** pecunia] peccunia $\mathcal{BC}$ **4134** nummis] numis $\mathcal{AC}$, nunis $\mathcal{B}$ **4134** quinque] V $\mathcal{A}$ **4134** nummis *(post* quinque*)*] numis *codd.*   **4135** nummo] numo *codd.*   **4136** pecunia] peccunia $\mathcal{BC}$ **4137** nummi] numi *codd.*   **4137** nummi *(post* vero*)*] numi *codd.*   **4138** sint] sit $\mathcal{C}$ **4138** due] duo $\mathcal{B}$ **4138** nummus] numus *codd.*   **4138–4139** demptus] deptus $\mathcal{C}$ **4139** nummus] numus *codd.*   **4140** remanebit] remanebunt $\mathcal{A}$ **4141** due tertie] Qui sunt dimidium *add. (v. infra) et del.* $\mathcal{A}$ **4141** viginti unum] XXI $\mathcal{A}$ **4142** Igitur DB] *add. in marg.* $\mathcal{B}$ **4142** quadraginta tres] XL III $\mathcal{A}$ **4143** quadraginta quinque] XL V $\mathcal{A}$ **4144** sexaginta octo] LX octo $\mathcal{A}$ **4146** pecunia] peccuna *pr. scr. et corr.* $\mathcal{B}$, peccunia $\mathcal{C}$ **4147** nummis] numis *codd.*   **4147** multiplicato] multipliato *(c add. supra)* $\mathcal{A}$ **4147** pecunia] peccunia $\mathcal{BC}$ **4148** viginti quatuor] XX IIII° *(sic)* $\mathcal{A}$, 24 $\mathcal{C}$ **4148** nummi] numi *codd.*

Sic facies. Multiplica duos nummos in se, et fient quatuor. Quos minue de viginti quatuor, et remanebunt viginti. Deinde considera numerum in quem multiplicate due tertie fiant unum; et invenies unum et dimidium. Unum igitur et dimidium agrega ad priores quatuor, et fient quinque et dimidium. Quorum medietatem, que est duo et tres quarte, multiplica in se, et provenient septem et quatuor octave et dimidia octave. Quos agrega ad viginti, et fient viginti septem et quatuor octave et dimidia octava. Quorum radicem agrega ad duos et tres quartas, et fient octo, qui sunt due tertie pecunie. Quibus adde dimidium ipsorum, et fient duodecim, qui sunt pecunia quesita.

B G D H Z A

Ad A.214:   *Figura inven. in $\mathcal{A}$ (135^r, 24), $\mathcal{B}$ (13va, 19), $\mathcal{C}$ (34ra, 28 – 30).*

Cuius probatio hec est. Sit pecunia AB, subtracta vero eius tertia sit BG, et remanebit AG due tertie pecunie; de quibus minue duos nummos, qui sint GD, et residuum erit AD. Quod igitur fit ex ductu AD in se equum est ei quod fit ex ductu AG in unum et dimidium insuper additis viginti quatuor nummis. Quod autem fit ex ductu AG in DG bis sit commune. Quod igitur fit ex ductu AD in se et AG in DG bis equum est ei quod fit ex ductu AG in unum et dimidium et AG in DG bis, insuper additis viginti quatuor nummis. ⟨Id autem quod fit ex ductu AD in se et AG in DG bis equum est ei quod fit ex ductu AG in se et DG in se. Id igitur quod fit ex ductu AG in se et DG in se equum est ei quod fit ex ductu AG in unum et dimidium et AG in DG bis insuper additis viginti quatuor nummis.⟩ Id autem quod fit ex ductu AG in DG bis equum est ei quod fit ex ductu AG in quatuor. Id igitur quod fit ex ductu AG in quatuor et in unum et dimidium additis insuper viginti quatuor equum est ei quod fit ex ductu AG in se et DG in se. Id autem quod fit ex ductu DG in se est quatuor. Igitur quod fit ex ductu AG in se additis sibi quatuor equum est ei quod fit ex ductu AG in quatuor et in unum et dimidium insuper additis viginti

---

4149 nummos] numos *codd.*   **4149** quatuor] 4 $\mathcal{C}$ **4150** viginti quatuor] XX IIII^{or} $\mathcal{A}$, 24 $\mathcal{C}$ **4150** viginti] XX $\mathcal{A}$, 20 $\mathcal{C}$ **4150–4151** in quem] *corr. ex* inqui $\mathcal{A}$ **4152** Unum] Duorum *pr. scr. et exp.* $\mathcal{B}$ **4152** igitur] *corr. ut vid. ex* ergo $\mathcal{A}$ **4152** agrega] agga $\mathcal{C}$ **4152** quatuor] quattuor $\mathcal{C}$ **4152** quinque] V $\mathcal{A}$, 5 $\mathcal{C}$ **4152–4153** et dimidium] *add. in marg.* $\mathcal{B}$ **4154** quatuor] quattuor $\mathcal{C}$ **4155** viginti] XX $\mathcal{A}$ **4155** viginti septem] XX septem $\mathcal{A}$, 27 $\mathcal{C}$ **4156** radicem] radice $\mathcal{B}$ **4156** duos] duobus $\mathcal{B}$ **4156** qui] que $\mathcal{B}$ **4157** pecunie] peccunie $\mathcal{BC}$ **4157** duodecim] XII $\mathcal{A}$, 12 $\mathcal{C}$ **4158** pecunia] peccunia $\mathcal{BC}$ **4159** hec est] est hec $\mathcal{B}$ **4159** pecunia] peccunia $\mathcal{BC}$ **4160** pecunie] peccunie $\mathcal{BC}$ **4160** nummos] numos *codd.*   **4161** erit] sit *codd.*   **4161** AD *(post* erit*)*] *corr. ex* AL $\mathcal{B}$ **4161** equum] equm $\mathcal{A}$ **4162** AG] *bis scr. prius del.* $\mathcal{C}$ **4162–4163** viginti quatuor] XX IIII^{or} $\mathcal{A}$, 24 $\mathcal{C}$ **4163** nummis] numis *codd.*   **4164** in DG bis] insuper additis *add. (v. infra) et del.* $\mathcal{A}$ **4164** equum] equm $\mathcal{A}$ **4165** additis] addiditis $\mathcal{A}$ **4165–4166** viginti quatuor] XXIIII^{or} $\mathcal{A}$, 24 $\mathcal{C}$ **4166** nummis] numis *codd.*   **4170** equum] equm $\mathcal{A}$ **4171** quatuor] 4 $\mathcal{C}$ **4171** quatuor *(ante et)*] 4 $\mathcal{C}$ **4171** et *(post* unum*)*] *om.* $\mathcal{A}$ **4172** viginti quatuor] XX IIII^{or} $\mathcal{A}$, 24 $\mathcal{C}$ **4172** equum] equm $\mathcal{A}$ **4173** DG *(post* et*)*] dg $\mathcal{C}$ **4173** quatuor] 4 $\mathcal{C}$ **4174** quatuor] 4 $\mathcal{C}$ **4174** equum] equm $\mathcal{A}$ **4175** quatuor] 4 $\mathcal{C}$ **4175–4176** viginti quatuor] XX IIII^{or} $\mathcal{A}$, 24 $\mathcal{C}$

quatuor. Minue igitur quatuor de viginti quatuor, et remanebunt viginti. Quod igitur fit ex ductu AG in se equum est ei quod fit ex ductu AG in quatuor et in unum et dimidium additis insuper viginti. Igitur AG plus est quam quinque et dimidium. Incide ergo de ea quinque et dimidium, quod sit AH. Id igitur quod fit ex ductu AG in se equum est ei quod fit ex ductu eius in AH additis insuper viginti. Quod autem fit ex ductu AG in se equum est et ei quod fit ex ductu eius in AH et ei quod fit ex ductu eius in HG. Igitur id quod fit ex ductu AG in AH et in HG equum est ei quod fit ex ductu AG in AH additis insuper viginti. Minue igitur de illis id quod fit ex ductu AG in AH, quod est commune, et remanebit id quod fit ex ductu AG in HG viginti. Divide igitur AH per medium in puncto Z. Id igitur quod fit ex ductu AG in GH et ZH in se equum erit ei quod fit ex ductu ZG in se. Id autem quod fit ex ductu AG in GH est viginti, et id quod fit ex ductu ZH in se est septem et dimidium et dimidia octava. Id igitur quod fit ex ductu ZG in se est viginti septem et dimidium et dimidia octava. Igitur ZG est quinque et quarta. Sed AZ est duo et tres quarte. Totus igitur AG est octo. Qui est due tertie pecunie, pecunia igitur est duodecim. Et hoc est quod monstrare voluimus.

4176 quatuor] quattuor C **4176** viginti quatuor *(post* de*)*] XXIIII^{or} A **4176** viginti] XX A, 20 C **4177** equum] equm A **4178** quatuor] 4 C **4178** dimidium] dīm C **4178** viginti] XX A, 20 C **4179** quinque] V A **4180** equum] equm A **4181** viginti] XX A, 20 C **4182** equum] equm A, e rescr. supra B **4182** et *(post* est*)*] om. B **4183** equum] equm A **4184** viginti] XX A, 20 C **4186** AG in] GH et ZH add. *(v. infra)* & etiam Divide igitur divide *quæ exp., et G exp. & 'H et' mut. in 'HG'* B **4186** viginti] XX A **4187** equum] equm A **4187** erit] est B **4187** quod fit *(post* ei*)*] bis scr. B **4188–4189** Id autem ... in se] *add. in marg.* B **4188** viginti] XX A **4189** septem] viginti septem *pr. scr. (v. infra) et corr.* A **4190** viginti septem] XX VII A **4191** quinque] V A **4192** pecunie] peccunie BC **4192** pecunia] Peccunia BC **4193** monstrare] mostra B

Capitulum de divisione fractionum inter se, sive cum integris sive non

Quisquis dividit numerum per numerum vult scire quantum accidat uni, sicut prediximus in divisione integrorum, sive fiat divisio per minus uno sive per maius. Volenti autem dividere ⟨fractiones inter se⟩ utile est scire duo. Unum ut sciat numerum in quem multiplicata fractio reintegratur in unum, alterum ut sciat que est comparatio unius ad quodlibet integrum et fractionem.

(*i*) Id autem per quod reintegratur fractio est sicut hoc cum queritur:

(**A.215**) Quis est numerus in quem multiplicata tertia reintegratur in unum?

Respondemus: per multiplicationem sui in tres. In uno enim sunt tres tertie, predicta autem tertia est tertia unius; que multiplicata in tres fit unum. Quarta vero reintegratur per multiplicationem sui in quatuor, dimidium quoque per multiplicationem sui in duo, sexta autem per multiplicationem sui in sex.

(**A.216**) Si quis ergo querat: Quis est numerus in quem multiplicate due tertie fiunt unum?

Dic quod per multiplicationem sui in unum et dimidium. In uno enim tres tertie sunt, due vero tertie sunt quasi duo; multiplicabuntur ergo duo, ut fiant tria, in unum et dimidium. Sic tres quinte reintegrantur in unum per multiplicationem sui in unum et duas tertias, quinque vero septime reintegrantur in unum per multiplicationem sui in unum et duas quintas, octo quoque undecime per multiplicationem sui in unum et tres octavas.

(**A.217**) Si quis vero querat numerum in quem multiplicata dimidia sexta fit unum.

Dic: per multiplicationem sui in duodecim. Dimidia quoque octava per multiplicationem sui in sexdecim, quarta autem septime per multiplicationem sui in viginti octo.

(**A.218**) Si quis vero querat: Quo numero multiplicantur tres quarte unius quinte ut fiant unum?

4194–4195 tit.] 135^r, 25 A; B om. sed spat. rel. 30ra, 43 – 44; 44va, 15 – 16 C.
4196–4263 Quisquis dividit ... considera secundum hoc] A deficit; 30ra, 45 – 30va, 28 B; 44va, 54 – 44vb, 58 C (init. desideratur, v. infra).

4194–4195 tit.] subter lin. dux. A, om. sed spat. rel. B, rubro col. (verbum Capitulum om.) C 4196–4201 Quisquis dividit ... integrum et fractionem] om. C 4199–4200 reintegratur] re integratur et, mutatis mutandis, sæpius infra B 4200 alterum] additum pr. scr. et exp. B 4201 fractionem] ficiationem B 4202 sicut] comparatio add. et exp. B 4207 quatuor] quattuor C 4208 multiplicationem] multiplicationu pr. scr. et corr. C 4208 in] bis scr. (in fin. lin. et init. seq.) B 4208–4209 multiplicationem] multiplicatione B 4214 Sic] Si codd.   4215 vero] ergo codd.   4215 septime] septimas (tertie pr. scr. et exp.) B

Dic: per multiplicationem sui in sex et duas tertias. Quod ideo fit quoniam in uno sunt viginti quarte quintarum. Proposuit autem tres, multiplicantur vero tres ut fiant viginti in sex et duas tertias.

(**A.219**) Si quis vero querat: Tres quarte unius undecime quo numero multiplicantur ut fiant unum?

Dic: per multiplicationem sui in quatuordecim et duas tertias unius.

(**A.220**) Si quis autem querat: Quo numero multiplicate due septime et dimidia fiunt unum?

Dic: per multiplicationem sui in duo et quatuor quintas. Quod ideo fit quoniam in uno sunt quatuordecim dimidie septime, due autem septime et dimidia de quatuordecim sunt quinque. Unde unum fit quasi quatuordecim; cuius due septime et dimidia sunt quasi quinque. Multiplicantur autem quinque ut fiant quatuordecim in duo et quatuor quintas.
Cetera omnia huius generis considera secundum hoc.

(*ii*) Cum autem quis querit: Que est comparatio unius ad integrum et fractionem? [Hoc querit ut sciat quot fractiones huiusmodi sunt in uno.] ⟨Scias prius quot fractiones huiusmodi sunt in uno.⟩ Et tunc denominabis eas a numero et fractione postquam reduxeris ea in predictam fractionem. Et quod provenerit est id quod queris.

(**A.221**) Verbi gratia. Si quis querit: Que est comparatio unius ad unum et dimidium?

Dic quod due tertie. Unum enim est duo dimidia, unum vero et dimidium sunt tria dimidia, duo vero de tribus sunt due tertie.

(**A.222**) Si quis vero querat: Quam comparationem habet unum ad duo et quartam?

Dic quod quatuor none. Unum enim est quatuor quarte, duo vero et quarta sunt novem quarte, quatuor vero de novem sunt quatuor none.

(**A.223**) Si quis vero querit: Quam comparationem habet unum ad tres et tres undecimas?

Dic quod due none et tres quarte unius none eo quod ⟨unum est undecim undecime, tres vero et tres undecime sunt triginta sex undecime, ergo⟩ denominabuntur undecim [undecime] a triginta sex [undecimis].

(**A.224**) Similiter si quis querit: Unum quota pars est de duobus et quinque septimis et dimidia?

Dic quod quatuor tredecime et due tertie unius tredecime. Unum etenim est quatuordecim dimidie septime, duo vero et quinque septime et

---

4225 ideo] id ideo *B*   **4227** in] per *codd.*   **4229** unum] unam *B*   **4230** per] *om.* *B*   **4233** quatuor] quattuor *C*   **4234** quatuordecim] quatuordecim *C*   **4235**–**4236** quatuordecim *(post* quasi*)*] quattuordecim *C*   **4237** quatuordecim] quattuordecim *C*   **4237** quatuor] quattuor *C*   **4239** comparatio] coparatio *B*   **4242** ea] eam *B*   **4246** dimidia] dimidium *codd.*   **4247** vero] igitur *codd.*   **4250** quatuor] quattuor *C*   **4250** quatuor *(post* est*)*] quattuor *C*   **4251** quatuor *(post* sunt*)*] quattuor *C*   **4252** comparationem] coparationem *B*   **4259** quatuor] quattuor *C*   **4260** quatuordecim] quattuordecim *C*

dimidia sunt triginta novem dimidie septime. Ergo denominabis quatuordecim a triginta novem, et erit quod voluisti.

Cetera vero considera secundum hoc.

4265 Volenti dividere fractiones inter se utile est scire numerum in quem multiplicata fractio reintegretur in unum. Cuius rei regula hec est:

(iii′) Cum volueris invenire numerum in quem fractio, vel fractio et integrum, vel fractio fractionis, multiplicata fiat unum, per ipsum, quicquid sit, divide unum, et quod exierit est numerus in quem fractio, vel quicquid sit, multiplicata fit unum.

4270 (A.225) Verbi gratia. Quero numerum in quem due octave multiplicate fiunt unum.

Divido igitur per ipsas unum, et exeunt quatuor. Quatuor igitur est numerus in quem si due octave multiplicentur fiunt unum.

Similiter fit in omnibus.

4275 Item alia regula hec est:

(iii″) In numerum a quo denominatur fractio multiplica totum quod vis reintegrare in unum, sive sit ibi integrum cum fractione sive non; et per productum divide numerum a quo denominatur fractio; et quod exierit est id in quod si multiplicaveris quod proposuisti fiet unum.

4280 (A.226) Verbi gratia. Si volueris reintegrare tres quintas in unum.

In numerum a quo denominatur fractio, qui est quinque, multiplica tres quintas, et provenient tres; et per tres divide quinque, et exibit unum et due tertie. Et hoc est in quod si multiplicaveris tres quintas reintegrabuntur in unum.

4285 ITEM.

(A.227) Si volueris unum et tertiam reintegrare in unum.

Per predictam regulam sic facies. In numerum a quo denominatur tertia, qui est tres, multiplica unum et tertiam, et provenient quatuor.

4264–4265 Volenti ... regula hec est] $135^r, 25 - 26$ $\mathcal{A}$; $27^{vb}, 41 - 44$ $\mathcal{B}$; $44^{va}, 17 - 19$ $\mathcal{C}$.
4266–4275 Cum volueris ... regula hec est] $135^r, 27 - 31$ $\mathcal{A}$; $32^{rb}, 20 - 30$ $\mathcal{B}$; $46^{ra}, 48 - 55$ $\mathcal{C}$.
4276–4311 In numerum a quo ... dicitur denominatio] $135^r, 31 - 135^v, 12$ $\mathcal{A}$; $27^{vb}, 44 - 28^{ra}, 37$ $\mathcal{B}$; $44^{va}, 19 - 54$ (Superius autem ... dicitur denominatio $44^{va}, 51 - 54$ et inveniuntur etiam $44^{vb}, 59 - 45^{ra}, 2$; priora verbo 'vacat' delenda indic. 1^a m., et uncis seclusit) $\mathcal{C}$.

4261–4262 quatuordecim] quattuordecim $\mathcal{C}$ **4264** Volenti ... inter se] *subter (una cum præced. tit.) lin. dux. (invenitur etiam lin. recta in marg. usque ad fin. pag.)* $\mathcal{A}$ **4265** regula] regulta $\mathcal{B}$ **4266** (iii′)] Nota *scr. in marg. lector* $\mathcal{C}$ **4266** quem] qui $\mathcal{A}$ **4269** multiplicata] multiplicatum *codd.* **4271** fiunt] fiant $\mathcal{BC}$ **4272** quatuor] quattuor $\mathcal{C}$ **4272** Quatuor] Quatttuor *pr. scr. et secundum* t *del.* $\mathcal{C}$ **4273** multiplicentur] mltiplicantur (sic) $\mathcal{B}$ **4273** fiunt] funt $\mathcal{B}$ **4275** tit.] rubro col. $\mathcal{C}$; Item alia regula *iter. in marg.* $\mathcal{B}$ **4275** hec est] est hec $\mathcal{C}$ **4281** qui] quinque *pr. scr. et eras.* $\mathcal{B}$ **4281** quinque] V $\mathcal{A}$ **4282** quinque] V $\mathcal{A}$ **4283** tertie] quinte *pr. scr. et corr. supra* 2^a *m.* $\mathcal{A}$, quinte $\mathcal{BC}$ **4286** unum] in *pr. scr. et exp.* $\mathcal{B}$ **4287** predictam] *corr. ex* predictum $\mathcal{A}$ **4287** numerum] unum $\mathcal{B}$

LIBER MAHAMELETH 173

Et per quatuor divide tres; exibunt tres quarte. Et hoc est in quod si multiplicaveris unum et tertiam reintegrabuntur in unum.

ITEM.

(A.228) Si volueris duo et quatuor septimas reintegrare in unum.

Per predictam regulam sic facies. In numerum a quo denominatur septima, qui est septem, multiplica totum quod proposuisti, scilicet duo et quatuor septimas, et provenient decem et octo. Per quos decem et octo divide numerum denominationis, qui est septem, et exibunt due sexte et tertia sexte. Et hoc est in quod multiplicata duo et quatuor septime reintegrantur in unum.

ITEM.

(A.229) Si volueris duo et tres septimas et dimidiam septimam reintegrare in unum.

Per predictam regulam sic facies. Numeros a quibus denominantur fractiones, scilicet septima et dimidia, qui sunt septem et duo, multiplica inter se, et fient quatuordecim. In quos quatuordecim multiplica duo et tres septimas et dimidiam septimam, et provenient triginta quinque. Per quos triginta quinque divide quatuordecim, et exibunt due quinte. Et hoc est in quod multiplicata duo et tres septime et dimidia septima reintegrantur in unum.

[Superius autem dictum est quod in divisione aut dividitur maius per minus, aut equale per equale, aut minus per maius, que divisio dicitur denominatio.]

CAPITULUM DE DENOMINANDIS FRACTIONIBUS AB INVICEM, SIVE CUM INTEGRIS SINT SIVE NON

(A.230) Si volueris denominare quartam de tertia.

Sic facies. Numeros denominantes quartam et tertiam, qui sunt quatuor et tres, multiplica inter se, et fient duodecim. Quorum quartam, que est tres, denomina de eius tertia, que est quatuor, scilicet tres quartas. Et hoc est quod voluisti.

4312–4323 Capitulum de denominandis ... unius none] 135^v, $13 - 18$ A; 28ra, 38-39 – 28rb, 3 B; 45ra, $2 - 4$ (tit.) & 45ra, $14 - 24$ C.

4289 quatuor] quattuor C **4292** quatuor] quattuor C **4293** numerum] *corr. ex* unum B **4295** quatuor] quattuor C **4295** decem et octo] X et octo A **4295** decem et octo *(post* quos*)*] X et octo A **4297** multiplicata] multiplica B **4297** quatuor] quattuor C **4297–4298** reintegrantur] reintegrabuntur A **4300** tres] et *add.* BC *(in textu* B, *supra* C*)*   **4303** scilicet] *om.* AB **4304** quatuordecim] quattuordecim C **4304** quatuordecim *(post* quos*)*] quattuordecim C **4304** tres] et *add.* BC **4305** triginta quinque] XXX et quinque *(et add. supra)* A, triginta et quinque BC **4306** triginta quinque *(post* quos*)*] XXX V A **4306** in] *add. supra* A **4307–4308** in unum] *corr. ex* inunum C **4309–4311** Superius ... denominatio] *uncis secl.* C *(v. supra)*   **4310** per equale] *om.* B **4312–4313** tit.] *subter lin. dux., et scr. in marg. lector* De fractionum denominatione A, *om. sed spat. rel.* B, *rubro col.* C **4313** sint] sit C **4315** quartam] quarta B **4315–4316** quatuor] quattuor C **4316** duodecim] XII A **4317** denomina de] denominande B **4317** eius] eius et B **4317** quatuor] quattuor C

(**A.231**) Si volueris quinque sextas denominare de sex septimis.

Sic facies. Numeros denominantes sextam et septimam, qui sunt sex et septem, multiplica inter se, et fient quadraginta duo. Quorum quinque sextas, que sunt triginta quinque, denomina de sex septimis eorum, que sunt triginta sex, et erunt octo none et tres quarte unius none.

(**A.232**) Si volueris denominare unum de duobus et dimidio.

Regula talis est. Numerum a quo denominatur dimidium, qui est duo, multiplica in duo et dimidium, et provenient quinque. Deinde multiplica duo in unum, et provenient duo. Que duo denomina de quinque, scilicet duas quintas.

ITEM.

(**A.233**) Si volueris denominare duo de sex et duabus tertiis.

Sic facies. Numerum denominantem tertiam, qui est tres, multiplica in sex et duas tertias, et provenient viginti. Deinde multiplica tres in duo, et provenient sex. Quos sex denomina de viginti, scilicet tres decimas.

(**A.234**) Si volueris denominare unum et dimidium de tribus et tertia.

Sic facies. Numeros denominationum, qui sunt duo et tres, inter se multiplica, et provenient sex. Quos multiplica in tres et tertiam, et fient viginti. Deinde multiplica sex in unum et dimidium, et provenient novem. Quos denomina de viginti, scilicet quatuor decimas et dimidiam decimam. Et hoc est quod voluisti.

(**A.235**) Si volueris denominare tres et tres quartas de quatuor et tribus decimis.

Numeros denominationum, qui sunt quatuor et decem, multiplica inter se, et provenient quadraginta. Quos multiplica in tres et tres quartas, et provenient centum quinquaginta. Deinde multiplica quadraginta in quatuor et tres decimas, et provenient centum septuaginta duo. De quibus denomina centum quinquaginta sicut supra docuimus, et erunt triginta septem et dimidia quadragesime tertie. Et hoc est quod voluisti.

4324–4333 Si volueris … tres decimas] $135^v, 19 - 23$ $\mathcal{A}$; $28^{rb}, 20 - 31$ $\mathcal{B}$; $45^{ra}, 4 - 13$ $\mathcal{C}$.

4334–4347 Si volueris … est quod voluisti] $135^v, 24 - 31$ $\mathcal{A}$; $76^{rb}, 47 - 76^{va}, 16$ $\mathcal{B}$; $\mathcal{C}$ deficit.

4320 qui] que $\mathcal{BC}$ **4321** quadraginta duo] XL II $\mathcal{A}$, 42 $\mathcal{C}$ **4321** quinque] V $\mathcal{A}$ **4322** triginta quinque] XXX V $\mathcal{A}$ **4323** sunt] om. $\mathcal{BC}$ **4323** triginta sex] XXX sex $\mathcal{A}$ **4326** provenient] fient $\mathcal{A}$ **4326** quinque] V $\mathcal{A}$, $_5$ $\mathcal{C}$ **4328** duas quintas] due quinte codd.   **4332** viginti] XX $\mathcal{A}$ **4333** viginti] XX $\mathcal{A}$ **4335** denominationum] denominationu $\mathcal{B}$ **4335** tres] tertia pr. scr. et (partim) corr. $\mathcal{A}$, tertia $\mathcal{B}$ **4337** viginti] XX $\mathcal{A}$ **4338** viginti] XX $\mathcal{A}$ **4339** est] add. supra $\mathcal{A}$ **4342** decem] X $\mathcal{A}$ **4343** quadraginta] XL $\mathcal{A}$ **4344** centum quinquaginta] C L $\mathcal{A}$ **4344** Deinde] quatuor add. et del. $\mathcal{A}$ **4344** quadraginta] XL $\mathcal{A}$ **4345** centum] C $\mathcal{A}$ **4346** centum quinquaginta] C L $\mathcal{A}$ **4346** docuimus] documus $\mathcal{A}$ **4346** et (ante erunt)] om. $\mathcal{B}$ **4346–4347** triginta septem et dimidia quadragesime tertie] XXX VII et dimidia quadragesime tertie pr. scr., post et dimidia del. 2^a m. et add. in marg. (post tertie ponenda): et dimidia quadragesime tertie $\mathcal{A}$

ITEM. ALIUD CAPITULUM. CAPITULUM DIVIDENDI MAIUS PER MINUS
PRIMUM AUTEM CAPITULUM HIC EST DE DIVISIONE FRACTIONIS PER
FRACTIONEM.

(**A.236**) Si volueris dividere quatuor quintas per tres quartas.

Sensus huius questionis talis est. Scilicet quod, cum quatuor quinte acciderint tribus quartis unius rei, sciatur per hoc quantum accidat uni rei.

Regula talis est. Numeros denominantes quintam et quartam, qui sunt quatuor et quinque, multiplica inter se, et provenient viginti. Per quorum tres quartas, que sunt quindecim, divide ⟨eorundem⟩ quatuor quintas, que sunt sexdecim, et exibunt unum et tertia quinte. Et hoc est quod accidit uni postquam quatuor quinte accidunt tribus quartis.

(**A.237**) Cum volueris dividere tres quintas per tertiam.

(**a**) Ex denominationibus, scilicet quinta et tertia, in se multiplicatis fiunt quindecim; cuius tertia est quinque, qui est prelatus. Postea eius tres quintas, que sunt novem, divide per prelatum, et exibit quod queris.

(**b**) Vel considera quis numerus est in quem multiplicata tertia fit unum. Et hic est tres. In quem multiplica dividendum, qui est tres quinte, et provenient unum et quatuor quinte. Et hoc est quod de divisione exit.

(**A.238**) Si autem volueris dividere quinque sextas per octo undecimas.

(**a**) Fac sicut in predictis.

(**b**) Vel considera in quem numerum multiplicate octo undecime fiunt unum. Et hic est unum et tres octave. Quem multiplica in quinque sextas dividendas, et exibit quod scire voluisti.

DE DIVISIONE FRACTIONIS PER FRACTIONEM FRACTIONIS.

(**A.239**) Si autem volueris dividere decem tredecimas per tres quartas quinte.

4348–4350 tit.] $135^v, 31 - 32$ $\mathcal{A}$; $28^{rb}, 3 - 6$ & $76^{va}, 17 - 19$ $\mathcal{B}$; $\mathcal{C}$ deficit. Lect. alt. huius tituli præb. $\mathcal{B}$ fol. $28^{rb}, 3 - 5\text{-}6$: Item. Capitulum dividendi maius per minus. Primum autem capitulum hic est (post quæ spat. hab.).
4351–4358 Si volueris dividere ... tribus quartis] $\mathcal{AC}$ deficiunt; $28^{rb}, 7 - 19$ $\mathcal{B}$.
4359–4384 Cum volueris ... que ex divisione exit] $135^v, 33 - 136^r, 8$ $\mathcal{A}$; $31^{vb}, 37 - 32^{ra}, 22$ $\mathcal{B}$; $45^{vb}, 45 - 46^{ra}, 12$ $\mathcal{C}$.

4348–4350 Capitulum ... fractionem] subter lin. dux. (et manum delin. in marg. lector) $\mathcal{A}$ **4348** Aliud capitulum] aliud exemplum pr. scr. et corr. $\mathcal{A}$ **4348** Capitulum] om. $\mathcal{AB}$ **4350** fractionem] fractione $\mathcal{B}$ **4352–4353** Scilicet ... uni rei] Scilicet quod cum ea post triia produciderint uni quatuor quinte alicuius rei sciant per hoc quot quarte eiusdem rei accidant tribus quartis unius quatuor quinte alicuius rei, tunc quantum illius rei accidat uni cod. **4354** quintam] quintas cod. **4354** qui] que cod. **4355** Per] vel cod. **4355** quorum] quarum cod. **4357** tertia] tertiam cod. **4358** accidunt] corr. ex accidit cod. **4359** (A.237)] ante A.237 hab. $\mathcal{B}$ spat. pro tit. **4361** quindecim] XV $\mathcal{A}$ **4363** quis] qui $\mathcal{C}$ **4365** quatuor] quattuor $\mathcal{C}$ **4365** quinte] corr. ex quinta $\mathcal{C}$ **4365** exit] exiit $\mathcal{C}$ **4366** quinque] V $\mathcal{A}$ **4369** octave] quinte codd. **4369** quinque] V $\mathcal{A}$ **4371** tit.] subter lin. dux. $\mathcal{A}$, om. sed spat. rel. et in summa pag. hab. $\mathcal{B}$, rubro col. $\mathcal{C}$ **4372** decem] dece $\mathcal{C}$

(*a*) Ex numeris denominationum, qui sunt tredecim et quatuor et quinque, multiplicatis in se proveniunt ducenta et sexaginta. Cuius decem tredecimas divide per tres quartas sue quinte, et exibit quod voluisti.

(*b*) Vel reduc utrumque latus, dividendum et dividens, in genus minoris fractionis que est in dividente, ad hoc ut dividens fiat integer, videlicet, utrumque multiplicando in viginti qui fit ex ductu denominationum quarte et quinte; productum vero ex dividendo divide per productum ex dividente. Et quod exierit est summa quam queris.

(*c*) Vel numerum in quem multiplicate tres quarte quinte fiunt unum, qui est sex et due tertie, multiplica in decem tredecimas. Et quod provenerit est summa que ex divisione exit.

(**A.239′**) Vel, si e converso dividere volueris, scilicet tres quartas quinte per decem tredecimas.

(*a*) Fac sicut predictum est. Scilicet, tres quartas quinte numeri producti ex denominationibus, que sunt triginta novem, denomina de ducentis, qui sunt decem tredecime numeri producti ex omnibus denominationibus. Et quote partes eius fiunt est summa que ex divisione exit.

(*b*) Vel numerum in quem multiplicate decem tredecime fiunt unum, qui est unum et tres decime, multiplica in dividendum, qui est tres quarte quinte, hoc modo: Scilicet, multiplica unum et tres decimas in tres, et provenient tres et novem decime. Quas divide per quatuor unde denominatur quarta, et quod exierit divide per quinque unde denominatur quinta, et exibunt tres quarte quinte et novem decime quarte quinte. Et hec est summa quam scire voluisti.

De divisione fractionis per fractionem et fractionem fractionis.

(**A.240**) Si autem volueris dividere quatuor septimas per octavam et duas tertias octave.

(*a*) Ex omnibus numeris denominationum, que sunt septima et octava et tertia, proveniunt centum et sexaginta octo. Cuius quatuor septimas, que

---

4385–4397 Vel, si e converso ... quam scire voluisti] $\mathcal{A}$ *deficit; 32ra, 22 – 39 $\mathcal{B}$; 46ra, 13 – 25 $\mathcal{C}$ (de deletione dubitavit 1^a m.).*
4398–4421 De divisione fractionis ... que de divisione exit] 136^r, 8 – 136^r, 21 $\mathcal{A}$; 32ra, 39-41 – 32rb, 19 $\mathcal{B}$; 46ra, 25 – 47 $\mathcal{C}$.

4374 Ex] *et pr. scr. et eras.* $\mathcal{B}$ **4374** tredecim et] *add. supra lin.* $\mathcal{C}$ **4374** quatuor] quattuor $\mathcal{C}$ **4374–4375** quinque] quinte $\mathcal{B}$ **4375** in] *inter pr. scr. et corr.* $\mathcal{C}$ **4375** ducenta et sexaginta] CC et LX $\mathcal{A}$ **4375** decem] tres $\mathcal{B}$ **4378** dividens] integer *pr. scr. et del.* $\mathcal{A}$ **4379** viginti] XX $\mathcal{A}$ **4379** qui fit ex ductu denominationum] *iter.* $\mathcal{A}$ **4380** productum *(ante vero)*] de ductu $\mathcal{A}$, deductum $\mathcal{B}$ **4380** ex *(post vero)*] *bis scr. prius del.* $\mathcal{B}$ **4383** sex] *om.* $\mathcal{B}$ **4383** decem] X $\mathcal{A}$ **4384** summa] suma $\mathcal{B}$ **4389** omnibus] omibus $\mathcal{B}$ **4393** provenient] proveniunt $\mathcal{B}$ **4394** quatuor] quattuor $\mathcal{C}$ **4394** denominatur] denoiatur $\mathcal{B}$ **4396** quarte *(post decime)*] qui *pr. scr. et corr.* $\mathcal{C}$ **4396** summa] suma $\mathcal{B}$ **4398–4399** tit.] *subter lin. dux.* $\mathcal{A}$, *om. sed spat. rel.* $\mathcal{B}$, *rubro col.* $\mathcal{C}$ **4400** quatuor] quattuor $\mathcal{C}$ **4402** que sunt] *scilicet codd.*   **4403** proveniunt] provenient $\mathcal{AC}$ **4403** centum et sexaginta octo] C et LX octo $\mathcal{A}$; g *add. & eras.* $\mathcal{B}$ **4403** quatuor] quattuor $\mathcal{C}$

sunt sexaginta quatuor, divide per eius octavam et duas tertias sue octave, que sunt triginta quinque, et exibit summa quam queris.

(**b**) Vel reduc dividendum et dividentem in tertias octave, multiplicando utrumque in viginti quatuor sicut predictum est; et tunc ex multiplicatione dividendi provenient tredecim et quinque septime, et ex multiplicatione dividentis quinque. Quorum alterum divide per alterum, et exibit summa quam queris.

(**c**) Vel numerum in quem multiplicate octava et due tertie octave fiunt unum, qui est quatuor et quatuor quinte, multiplica in dividendum, qui est quatuor septime; et productum est summa quam queris.

(**A.240′**) Vel e converso, si volueris dividere octavam et duas tertias octave per quatuor septimas.

(**a**) Fac sicut prius; et pervenies ad hoc ut denomines triginta quinque de sexaginta quatuor.

(**b**) Vel aliter in hac conversa. Numerum in quem multiplicate quatuor septime fiunt unum, qui est unum et tres quarte, multiplica in dividendum, qui est octava et due tertie octave; et quod provenerit est summa que de divisione exit.

DE DIVISIONE FRACTIONIS ET FRACTIONIS FRACTIONIS PER FRACTIONEM ET FRACTIONEM FRACTIONIS.

(**A.241**) Si autem volueris quinque octavas et tres quartas octave dividere per duas septimas et dimidiam septimam.

(**a**) Sic facies. Numeros denominantes quartam et octavam multiplica inter se, et provenient triginta duo; deinde numeros denominantes septimam et dimidiam multiplica inter se, et provenient quatuordecim. Deinde multiplica quatuordecim in triginta duo, et producti duas septimas et dimidiam [simul agregatas] pone prelatum. Deinde eiusdem producti quinque octavas et tres quartas octave eius divide per prelatum, et exibit quod volueris. [Huius autem probatio manifesta est ex precedenti].

(**b**) Vel aliter. De numero qui fit ex denominationibus que sunt septima et dimidia, scilicet quatuordecim, accipe duas septimas eius et dimidiam et

---

4422–4441 De divisione fractionis ... de dividendo aliter] 136^r, $21 - 33$ $\mathcal{A}$; 14ra, 12-$14 - 33$ $\mathcal{B}$; 34rb, $45 - 34^{va}$, 6 $\mathcal{C}$.

4404 sexaginta quatuor] LX IIII^{or} $\mathcal{A}$, sexaginta quattuor $\mathcal{C}$ **4405** triginta quinque] XXX V $\mathcal{A}$, trigita quinque $\mathcal{C}$ **4406** multiplicando] multiplicado $\mathcal{B}$ **4407** in] *om.* $\mathcal{A}$ **4407** viginti quatuor] XX IIII^{or} $\mathcal{A}$, viginti quattuor $\mathcal{C}$ **4408** quinque] quinte *codd.* **4409** summa] summam *pr. scr. et corr.* $\mathcal{C}$ **4412** quatuor] quattuor $\mathcal{C}$ **4412** quatuor *(post et)*] quattuor $\mathcal{C}$ **4413** quatuor] quattuor $\mathcal{C}$ **4415** per] in *codd.* **4415** quatuor] quattuor $\mathcal{C}$ **4416** triginta quinque] XXX V $\mathcal{A}$ **4417** sexaginta quatuor] LX IIII^{or} $\mathcal{A}$, sexaginta quattuor $\mathcal{C}$ **4418** quatuor] quattuor $\mathcal{C}$ **4422–4423** *tit.*] *om. sed spat. rel. & in summa pag. scr.* $\mathcal{B}$, *rubro col.* $\mathcal{C}$ **4423** et *(post* fractionem*)*] in $\mathcal{B}$ **4427** triginta duo] XXX II $\mathcal{A}$, 32 $\mathcal{C}$ **4428** quatuordecim] 14 $\mathcal{C}$ **4428–4429** Deinde multiplica quatuordecim] *add. in marg.* $\mathcal{B}$ **4429** quatuordecim] 14 $\mathcal{C}$ **4429** triginta duo] XXX II $\mathcal{A}$, 32 $\mathcal{C}$ **4429** producti] *lector scr. in marg.* $\mathcal{C}$: 448 **4429–4430** producti duas septimas ... agregatas] *lector scr. in marg.* $\mathcal{C}$: 160 **4430–4431** eiusdem producti quinque octavas et tres quartas octave eius] *lector scr. in marg.* $\mathcal{C}$: 322 **4430** eiusdem] eius $\mathcal{B}$ **4430** quinque] V $\mathcal{A}$ **4431** et *(post* octavas*)*] *om.* $\mathcal{B}$ **4432** ex precedenti] *om.* $\mathcal{C}$ **4433** denominationibus] denoiationibus $\mathcal{B}$ **4434** quatuordecim] quattuordecim $\mathcal{C}$

eas fac prelatum; que sunt quinque. Deinde quinque octavas de quatuordecim et tres quartas octave eius, que sunt decem et dimidia octava, divide per quinque, et exibunt duo et dimidia octava quinte. Ideo autem potius accepimus fractiones dividentis numeri ut prelatus sit sine fractione.

Cetera autem huiusmodi considera secundum hec que dicta sunt, et invenies ita esse.

Capitulum de dividendo aliter

(A.242) Si volueris dividere tres quartas de sex per duas quintas de quatuor.

Ex denominationibus, que sunt quinta et quarta, proveniunt viginti. Cuius tres quartas, que sunt quindecim, multiplica in sex, et provenient nonaginta, qui numerus est dividendus. Deinde duas quintas de viginti, que sunt octo, multiplica in quatuor, et provenient triginta duo. Per quos divide nonaginta, et quod exierit est id quod queris, scilicet duo et sex octave et dimidia octava.

(A.243) Si autem volueris dividere tres quartas de tribus et quinta per duas quintas duorum et dimidii.

Ex denominationibus que sunt quarta et quinta multiplicatis inter se fiunt viginti. [Et similiter ex denominationibus que sunt quinta et dimidium multiplicatis inter se fiunt decem. Cum autem voluimus multiplicare viginti in decem ad faciendum numerum communem et invenimus quod quecumque fractiones sunt in decem sunt etiam in viginti, ideo posuimus viginti numerum communem.] Cuius tres quartas, que sunt quindecim, multiplica in tres et quintam, et provenient quadraginta octo. Qui numerus est dividendus. Deinde duas quintas de viginti, que sunt octo, multiplica in duo et dimidium, et provenient viginti. Per quos divide quadraginta octo, et exibit quod queris, scilicet duo et due quinte.

(A.244) Si volueris septem octavas de sex dividere per duas tertias de quinque.

(*a*) Sic facies. Ex numeris denominationum, que sunt octava et tertia, in se ductis provenient viginti quatuor. Quorum duas tertias multiplica in quinque, et productum pone prelatum. Deinde septem octavas de viginti

---

4442–4461 Si volueris dividere ... duo et due quinte] A *deficit;* $32^{rb}, 31 - 32^{va}, 8\ B;$ $46^{ra}, 56 - 46^{rb}, 18\ C.$
4462–4510 Si volueris septem ... invenies ita esse] $136^r, 34 - 136^v, 26\ A;$ $14^{ra}, 34 - 14^{rb}, 48\ B;$ $34^{va}, 6 - 56\ C.$

4435 quinque *(post* sunt*)*] V A **4435–4436** quatuordecim] quatuodecim A, quattuordecim C **4436** octava] *quasi* octavo A **4437** quinque] V A **4437** duo et dimidia octava quinte] *lector scr. in marg.* C: $2\ \frac{1}{80}$ quociens   **4439** et] *om.* B **4441** tit.] *subter lin. dux.* A, *om. sed spat. hab.* B, *rubro col.* C **4442–4443** quatuor] quattuor C **4447** quatuor] quattuor C **4448–4449** scilicet duo et sex octave et dimidia octava] scilicet duo et VI octave et dimidia octava *add. (partim in marg.)* B **4454** voluimus] *corr. ex* volueris B **4454** multiplicare] multiplica B **4457** quindecim] *corr. ex* quindecl C **4458–4459** numerus est] est numerus B **4463** quinque] V A **4465** viginti quatuor] XX IIII^{or} A, viginti quattuor C **4466** quinque] V A **4466–4467** viginti quatuor] XX IIII^{or} A, viginti quattuor C

quatuor multiplica in sex, et productum divide per prelatum; et proveniet quod queris.

Quod sic probatur. Scimus enim quod nos non voluimus nisi accipere septem octavas de sex et dividere eas per duas tertias de quinque. Septem vero octavas de sex accipere est sicut accipere septem octavas de viginti quatuor et multiplicare ⟨eas⟩ in sex et productum dividere per viginti quatuor. Similiter etiam duas tertias de quinque accipere est sicut accipere duas tertias de viginti quatuor et multiplicare eas in quinque et productum dividere per viginti quatuor. Oportebat igitur dividere centum viginti sex, quod provenit ex ductis septem octavis de viginti quatuor in sex, per viginti quatuor, et quod exit dividere per id quod exit de divisione octoginta, que proveniunt ex ductu duarum tertiarum de viginti quatuor in quinque, per viginti quatuor, et quod exiret esset id quod queritur, quod quidem idem est quod dividere centum viginti sex per octoginta. Quod sic probatur. Nam cum diviseris centum viginti sex per viginti quatuor exibit aliquis numerus quem si multiplices in viginti quatuor provenient centum viginti sex. Similiter etiam si diviseris octoginta per viginti quatuor exibit aliquis numerus quem si multiplices in viginti quatuor provenient octoginta. Igitur ex multiplicatione horum numerorum de divisione exeuntium in viginti quatuor proveniunt centum viginti sex et octoginta. Comparatio igitur dividendi ad dividentem est sicut comparatio centum viginti sex ad octoginta. Dividere igitur dividendum per dividentem idem est quod dividere centum viginti sex per octoginta. Ex divisione autem dividendi per dividentem exit id quod querimus. Igitur ex divisione centum viginti sex per octoginta exibit quod querimus. Et hoc est quod monstrare voluimus.

(**b**) Vel procede secundum verba questionis. Videlicet, accipe septem octavas de sex sicut ostendimus, que sunt quinque et quarta. Deinde accipe duas tertias de quinque, que sunt tres et tertia; per quas divide quinque et quartam; et exibit unum et quinque decime et tres quarte decime. Et hoc est quod voluisti.

4469 nos non] non non C **4469** accipere] e corr. A **4470** tertias] p pr. scr. et del. C **4471** octavas] octave C **4471** sicut] sic B **4471–4472** viginti quatuor] XX quatuor A, viginti quattuor C **4472–4473** viginti quatuor] XX quatuor A, 24 C **4473** duas tertias] due tertie B **4473** de] eiusdem B **4473** quinque] V A **4474** viginti quatuor] XX IIII^{or} A, viginti quattuor C **4474** quinque] V A **4475** viginti quatuor] XX IIII^{or} A, 24 C **4475** centum viginti sex] C XX VI A, 126 C **4476** viginti quatuor] viginti IIII^{or} A, 24 C **4476** sex] 6 C **4476** per] pro (i pr. scr.) B **4476–4477** viginti quatuor] XX quatuor A, viginti quattuor C **4478** viginti quatuor] XX IIII^{or} A, viginti quattuor C **4479** viginti quatuor] XX IIII^{or} A, viginti quattuor C **4480** centum viginti sex] C XX VI A **4481** centum viginti sex] C XX VI A **4481** viginti quatuor] XXIIII^{or} A, 24 C; proveniunt centum add. (v. infra) et exp. B **4482** viginti quatuor] XX IIII° (sic) A, 24 C **4482** provenient] proveniunt B **4482–4483** centum viginti sex] C XX VI A **4483** octoginta] 80 C **4483** viginti quatuor] XX IIII^{or} A, 24 C **4484** viginti quatuor] XX IIII^{or} A, 24 C **4484** octoginta] 80 C **4485–4486** viginti quatuor] XX quatuor A, viginti quattuor C **4486** centum viginti sex] C XX VI A, 126 C **4486** et] et proveniunt codd. **4486** octoginta] 80 C **4487** centum viginti sex] C XX VI A **4488** dividentem] est sicut add. (v. supra) et del. C **4488–4489** centum viginti sex] C XX VI A, 126 C **4489** octoginta] 80 C **4489** divisione] corr. ex divid A **4490–4491** Igitur ... querimus] add. in marg. B **4490** divisione] dvisione A **4490** centum viginti sex] C XX VI A, 126 C **4490** octoginta] 80 C **4493** quinque] V A **4494** quinque (post divide)] V A **4495** exibit] exibit pr. scr. & i add. supra A

(**A.245**) Si volueris septem octavas de sex et duabus tertiis dividere per duas quintas de quatuor et dimidio.

(*a*) Vel procede secundum verba questionis. Scilicet, accipe duas quintas de quatuor et dimidio, que sunt unum et quatuor quinte. Deinde accipe septem octavas de sex et duabus tertiis, que sunt quinque et sex octave et due tertie octave. Quos divide per unum et quatuor quintas, et exibit quod volueris.

(*b*) Vel aliter. Multiplica numeros denominationum, que sunt octava et tertia et quinta et dimidium, et provenient ducenta quadraginta. Quorum duas quintas multiplica in quatuor et dimidium, et productum pone prelatum. Deinde septem octavas de ducentis quadraginta multiplica in sex et duas tertias, et productum divide per prelatum, et exibit quod voluisti. Cuius probatio patet ex precedenti.

Cetera huiusmodi considera secundum hoc, et invenies ita esse.

DE DIVISIONE INTEGRI PER FRACTIONEM.

(**A.246**) ⟨Si volueris dividere decem per quartam.⟩

Quisquis vult dividere decem per quartam vult ut, postquam quarte unius accidunt decem, sciat quid accidat uni integro.

(*a*) Tunc ergo de numero denominationis, qui est quatuor, accipe quartam eius, que est unum, et hic numerus est prelatus per quem fit divisio. Deinde multiplica decem in quatuor, et provenient quadraginta. Quos divide per unum, et quod exierit est id quod scire voluisti.

(*b*) Vel aliter. Quere numerum quo multiplicatur quarta ut fiat unum sicut predictum est; et invenies quod per multiplicationem sui in quatuor. Quatuor igitur multiplica in decem, et quod provenerit est id quod requiris.

(**A.247**) Si volueris viginti dividere per tres quartas.

Et intenderis hic ut, postquam viginti accidunt tribus quartis unius, scias quid accidat uni.

Sic facies. Numerum a quo denominatur quarta, scilicet quatuor, multiplica in tres quartas, et provenient tres, qui est prelatus. Deinde multi-

---

4511–4521 De divisione integri ... id quod requiris] *136^v, 26 – 32 A; 30va, 29 – 41 B; 45ra, 24 – 35 C.*
4522–4532 Si volueris ... multiplicare in viginti] *136^v, 33 – 137^r, 2 A; 14ra, 2 – 12 B; 34rb, 36 – 45 C.*

4497 septem octavas] septem et octavas *B* 4498 duas] 2 *pr. scr. & as supra add. C* 4498 quatuor] quattuor *C* 4498 dimidio] dimidium *pr. scr. et corr. B* 4499 quintas] *corr. ex* quinta *C* 4500 quatuor] quattuor *C* 4500 quatuor] quattuor *C* 4501 quinque] V *A* 4502 quatuor] quattuor *C* 4505 provenient] *corr. ex* proveniunt *B* 4505 ducenta quadraginta] CC XL *A* 4505–4506 Quorum] Quare *B*, Qr̄ *C* 4506 quatuor] quattuor *C* 4506 pone] *quasi* pene *A* 4507 septem] 7 *C* 4507 quadraginta] XL *A* 4507 sex] 6 *C* 4511 tit.] *om. sed spat. rel. B, rubro col. C* 4513 quartam] quatuor *pr. scr. et corr. B* 4514 decem] X *A* 4515 quatuor] quattuor *C* 4517 quatuor] quattuor *C* 4517 provenient] proveniunt *BC* 4517 quadraginta] XL *A* 4520 multiplicationem] multiplicatione *AB* 4520 quatuor] quattuor *C* 4521 Quatuor] Quattuor *C* 4521 decem] X *A* 4522 viginti] XX *A*, 20^{ti} *C* 4523 viginti] XX *A* 4524 scias] Sias (*corr. ex* Si autem) *B* 4525 quatuor] quattuor *C* 4526 tres (*post* provenient)] *om. A*

plica viginti in quatuor, et productum divide per prelatum, et exibit quod volueris.

Vel aliter. Divide quatuor per tres et productum multiplica in viginti, et exibit quod volueris. Cuius probatio manifesta est. Oportebat enim multiplicare quatuor in viginti et productum dividere per tres; quod idem est quod dividere quatuor per tres et quod exit multiplicare in viginti.

(**A.248**) Cum volueris dividere quindecim per quatuor septimas.

(*a*) Sic facies. De numero denominationis, qui est septem, accipe quatuor septimas eius; que sunt quatuor, qui est numerus prelatus per quem dividis. Deinde multiplica septem in quindecim dividenda, et productum divide per quatuor. Et quod exierit est id quod requiris.

(*b*) Vel aliter. Quere numerum in quem multiplicate quatuor septime reintegrantur in unum, et invenies quod per multiplicationem sui in unum et tres quartas. Hunc igitur multiplica in quindecim, et quod provenerit, hoc est quod de divisione exit.

Cetera autem huiusmodi considera secundum hoc.

DE DIVISIONE INTEGRI PER FRACTIONEM FRACTIONIS.

(**A.249**) Cum volueris dividere octo per tertiam quinte.

(*a*) Sic facies. Numeros denominationum, scilicet tertie et quinte, multiplica inter se, et facies quindecim. Quorum tertia quinte unus est, qui est prelatus. Deinde multiplica octo in quindecim, et provenient centum viginti. Quos divide per unum, qui est prelatus, et quod exierit est id quod scire voluisti.

(*b*) Vel aliter. Quere numerum in quem multiplicata tertia quinte fit unum, et invenies quod per multiplicationem sui in quindecim. Hos igitur quindecim multiplica in octo, et productum est id quod de divisione exit.

(**A.250**) Si autem volueris dividere quindecim per quatuor quintas undecime.

4533–4542 Cum volueris ... secundum hoc] $\mathcal{A}$ deficit; 30va, 42 – 30vb, 5 $\mathcal{B}$; 45ra, marg. $\mathcal{C}$.
4543–4630 De divisione integri ... summa quam queris] 137^r, 2 – 137^v, 13 $\mathcal{A}$; 30vb, 5-6 – 31rb, 14 $\mathcal{B}$; 45ra, 35 – 45va, 9 $\mathcal{C}$.

4527 viginti] *om.* $\mathcal{A}$ **4527** quatuor] 4 $\mathcal{C}$ **4529** quatuor] quattuor $\mathcal{C}$ **4529** tres] 3 $\mathcal{C}$ **4529** multiplica] mltiplica $\mathcal{B}$ **4529** viginti] XX $\mathcal{A}$, 20 $\mathcal{C}$ **4531** quatuor] quattuor $\mathcal{C}$ **4531** viginti] XX $\mathcal{A}$ **4531** tres] 3 $\mathcal{C}$ **4531–4532** quod idem ... per tres] quod idem est quod dividere 4 per 3 *add. in marg.* 2^a *m.* $\mathcal{A}$, *om.* $\mathcal{BC}$ **4532** viginti] XX $\mathcal{A}$ **4533** quindecim] cim *add. supra* $\mathcal{B}$ **4533** quatuor] quattuor $\mathcal{C}$ **4534** quatuor] quattuor $\mathcal{C}$ **4535** sunt] est $\mathcal{C}$ **4535** quatuor] quattuor $\mathcal{C}$ **4535** prelatus] platus $\mathcal{B}$ **4536** dividenda] divisa *codd.* **4537** quatuor] quattuor $\mathcal{C}$ **4538** in quem] in quo *codd.* **4538** quatuor] quattuor $\mathcal{C}$ **4539** per] *om.* $\mathcal{B}$ **4540** quod] d *pr. scr. et corr.* $\mathcal{B}$ **4543** *tit.*] *om. sed spat. hab.* $\mathcal{B}$, *rubro col.* $\mathcal{C}$ **4545** tertie et quinte] tertiam et quintam *codd.* **4546** quindecim] XV $\mathcal{A}$ **4547** prelatus] platus $\mathcal{B}$ **4547** quindecim] XV $\mathcal{A}$ **4547–4548** centum viginti] C XX $\mathcal{A}$ **4550** multiplicata tertia] *corr. ex* multiplicatatertia $\mathcal{C}$ **4551** quindecim *(post* in*)*] XV $\mathcal{A}$ **4551** Hos] *corr. ex* hoc $\mathcal{A}$ **4551–4552** quindecim] XV $\mathcal{A}$ **4553** quatuor] quattuor $\mathcal{C}$

4555 (*a*) Ex denominationibus, que sunt quinta et undecima, inter se multiplicatis fient quinquaginta quinque. Quorum quatuor quinte undecime sunt quatuor. Per quos divide id quod provenit ex multiplicatione quindecim in quinquaginta quinque, et exibit summa quam requiris.

4560 (*b*) Vel aliter. Quere numerum in quem multiplicate quatuor quinte undecime fiant unum integrum, et invenies quod ex multiplicatione sui in tredecim et tres quartas. Hos igitur multiplica in quindecim dividenda, et quod provenit est id quod de divisione exit.

DE DIVISIONE INTEGRI PER FRACTIONEM ET FRACTIONEM FRACTIONIS.

(**A.251**) Si autem volueris dividere decem per tres octavas et dimidiam 4565 octavam.

(*a*) Ex denominationibus fractionum, que sunt dimidia et octava, inter se multiplicatis provenient sexdecim. Quorum tres octave et dimidia sunt septem, qui est prelatus. Deinde multiplica sexdecim in decem dividenda, et provenient centum sexaginta. Quos divide per septem, et exibit quod 4570 queris.

(*b*) Vel aliter. Quere in quid multiplicantur tres octave et dimidia ad hoc ut fiant unum integrum, et invenies duo et duas septimas. Hos igitur multiplica in decem dividenda, et quod provenerit est id quod de divisione exit.

4575 (**A.252**) Si autem volueris dividere decem per quinque undecimas et tertiam undecime.

(*a*) Productum ex multiplicatione denominationum, qui est triginta tres, multiplica in numerum dividentem et in dividendum, alterum vero productorum divide per alterum, et exibit summa quam requiris.

4580 (*b*) Vel aliter. Numerum in quem multiplicantur quinque undecime et tertia undecime ⟨ad hoc ut fiant unum integrum⟩, qui est duo et dimidia octava, multiplica in dividendum, et proveniet quod queris.

(**A.253**) Si autem volueris dividere octo per quatuor quintas undecime et duas tertias quinte undecime.

4556 quinquaginta quinque] L V 𝒜   **4556** quatuor] quattuor 𝒞   **4557** quatuor] quattuor 𝒞   **4557** quindecim] XV 𝒜   **4558** quinquaginta quinque] L V 𝒜   **4559** quatuor] quattuor 𝒞   **4560** fiant] *corr. ex* fiunt 𝒜   **4561** quindecim] XV 𝒜   **4561** dividenda] divdidenda *pr. scr. et partim corr.* (i *add. supra*) 𝒜   **4563** tit.] *om. sed spat. rel.* ℬ, *rubro col.* 𝒞   **4564** decem] X 𝒜   **4564–4565** dimidiam octavam] dimidia octava ℬ   **4566** denominationibus] denominatiobus 𝒜   **4567** sexdecim] XVI 𝒜   **4568** septem] 7 𝒞   **4568** sexdecim] XVI 𝒜   **4568** decem] X 𝒜   **4568** dividenda] dimidiam ℬ   **4569** centum sexaginta] C LX 𝒜, 160 𝒞   **4569** septem] 7 𝒞   **4573** decem] X 𝒜   **4573–4574** id quod de divisione exit] *hic invenitur in marg. glossa* 1ᵃ *m.* 𝒞 (*fol. 45*ʳᵇ), *etiam 1*ᵃ *m.* 𝒜ℬ (*fol. 137*ʳ *in ima pag. & 30*ᵛᵇ *etiam in ima pag., ad finem A.250 ref.*): Scias quod cum aliquis numerus dividitur per alium et quod exit de divisione multiplicatur in dividentem exibit dividendus *(ut dictum est supra, reg.* (i) *in init. cap. de divisione integrorum)*. Verbi gratia. Si volueris dividere centum viginti (C XX, 𝒜; cetum viginti, 𝒞) per decem, exibunt duodecim. Quos multiplica in decem, provenient centum viginti (XX, 𝒜).   **4575** quinque] V 𝒜   **4577** Productum] *corr. ex* Deductum 𝒜   **4577** triginta tres] XXX III 𝒜   **4578** multiplica in numerum dividentem et in dividendum] multiplica in numerum per numerum dividentem et per dividendum *codd.* (*per poster. add. supra lin.* 𝒞)   **4578** vero] *om.* ℬ   **4578–4579** productorum] predictorum 𝒜   **4579** requiris] *e corr.* 𝒜   **4580** quinque] V 𝒜   **4583** quatuor] quattuor 𝒞

(**a**) Ex denominationibus, que sunt quinta et undecima et tertia, inter se multiplicatis provenient centum sexaginta quinque. Quorum quatuor quinte undecime et due tertie quinte undecime sunt quatuordecim. Et hic est numerus prelatus per quem dividimus. Deinde multiplica centum sexaginta quinque in octo dividenda, et productum divide per dividentem; et exit quod queris.

(**b**) Vel aliter. Numerum in quem multiplicantur predicte fractiones ad hoc ut sint unum integrum, qui est undecim et quinque septime et dimidia, multiplica in dividendum, et proveniet quod queris.

CAPITULUM DE DIVIDENDO INTEGRO PER INTEGRUM ET FRACTIONEM.

(**A.254**) Cum volueris dividere viginti per duo et duas tertias.

(**a**) Numerum a quo denominatur tertia, scilicet tres, multiplica in dividentem, qui est duo et due tertie, et provenient octo, qui est numerus per quem dividimus. Deinde multiplica tres in numerum dividendum, qui est viginti, et provenient sexaginta. Quos divide per octo, et exibit quod queris.

(**b**) Vel aliter. Inquire quota pars est unum de duobus et duabus tertiis sicut predictum est, et invenies quod est tres octave ipsius. Ergo tres octave de viginti, que sunt septem et dimidium, sunt summa que de divisione exit.

CAPITULUM DE DIVISIONE INTEGRI PER INTEGRUM ET FRACTIONEM FRACTIONIS.

(**A.255**) Si autem volueris dividere triginta per quatuor et dimidiam sextam.

(**a**) Ex denominationibus, que sunt dimidia et sexta, multiplicatis in se fient duodecim. Quos multiplica in dividentem, qui est quatuor et dimidia sexta, et provenient quadraginta novem, qui est numerus prelatus. Deinde multiplica duodecim per dividendum, qui est triginta, et provenient trescenta et sexaginta. Quos divide per prelatum, qui est quadraginta novem, et exibit quod queris.

(**b**) Vel aliter. Scias quota pars est unum de quatuor et dimidia sexta, et invenies quod est septima et quinque septime septime. Quas multiplica in dividendum, qui est triginta, sicut predocuimus in multiplicatione fractionum, et proveniet summa quam queris.

4586 centum sexaginta quinque] C LX V $\mathcal{A}$ 4586 quatuor] quattuor $\mathcal{C}$ 4587 quatuordecim] quattuordecim $\mathcal{C}$ 4588–4589 centum sexaginta quinque] C LX V $\mathcal{A}$ 4591 in quem] in quo *codd.*   4591 predicte] predicticte $\mathcal{A}$ 4592 quinque septime] V septima $\mathcal{A}$, quinque septima $\mathcal{B}$, quinque septimas $\mathcal{C}$ 4594 *tit.*] *om. sed spat. rel.* $\mathcal{B}$, *rubro col.* $\mathcal{C}$ 4595 viginti] XX $\mathcal{A}$ 4595 per] *add. supra* $\mathcal{C}$ 4598 dividendum] divdendum $\mathcal{A}$ 4598 viginti] XX $\mathcal{A}$ 4599 sexaginta] LX $\mathcal{A}$ 4601–4602 ipsius. Ergo tres octave] *per homoeotel. om.* $\mathcal{C}$ 4602 viginti] XX $\mathcal{A}$ 4602 septem] VII $\mathcal{A}$ 4603 exit] exiit $\mathcal{C}$ 4604–4605 *tit.*] *lin. subter dux.* $\mathcal{A}$, *om. sed spat. rel.* $\mathcal{B}$, *rubro col.* $\mathcal{C}$ 4604 et] et per *codd.*   4606 triginta] XXX $\mathcal{A}$ 4606 quatuor] quattuor $\mathcal{C}$ 4609 quatuor] quattuor $\mathcal{C}$ 4610 quadraginta novem] XL novem $\mathcal{A}$ 4610 prelatus] platus $\mathcal{B}$ 4611 triginta] XXX $\mathcal{A}$ 4611–4612 trescenta et sexaginta] CCC et LX (LX *corr. ex* XL) $\mathcal{A}$ 4612 quadraginta novem] XL novem $\mathcal{A}$; *post* quadraginta novem *iter.* qui est numerus prelatus . . . quadraginta novem *et (partim) del.* $\mathcal{B}$ 4614 quatuor] quattuor $\mathcal{C}$ 4615 quinque] V $\mathcal{A}$ 4616 in *(post* multiplica*)*] per *codd.*   4616 dividendum] dividum $\mathcal{B}$ 4616 triginta] XXX^{ta} $\mathcal{A}$

De divisione integri per integrum et fractionem et fractionem fractionis.

(**A.256**) Si autem volueris dividere quadraginta quinque per tres et quatuor undecimas et tertiam undecime.

(***a***) Ex denominationibus, que sunt tertia et undecima, inter se multiplicatis proveniunt triginta tres. Quos multiplica in dividentem, qui est tres et quatuor undecime et tertia undecime; et productum est centum et duodecim, qui est numerus prelatus. Deinde multiplica triginta tres in numerum dividendum, et provenient mille quadringenta et octoginta quinque. Quos divide per prelatum, et exibit quod queris.

(***b***) Vel aliter. Considera quota pars est unum de dividente, et invenies quod est due octave ⟨et due septime octave⟩ et dimidia septime octave. Quod totum multiplica in dividendum, et proveniet summa quam queris.

Capitulum de dividendo integro et fractione per fractionem.

(**A.257**) Si volueris dividere triginta et duas tertias per quatuor quintas.

(***a***) Ductis in se denominationibus, que sunt tertia et quinta, provenient quindecim. Cuius quatuor quinte sunt duodecim, qui est numerus prelatus. Deinde multiplica quindecim in dividendum, et provenient quadringenta quinquaginta quinque. Quos divide per prelatum, qui est duodecim, et exibit quod scire voluisti.

(***b***) Vel aliter. Reduc dividentem et dividendum in quintas, utrumque eorum multiplicando in quinque. Sed dividens fiet quatuor, dividendus vero fiet centum quinquaginta unum et due tertie. Quos divide per quatuor, et exibunt triginta septem et quinque sexte et dimidia. Et hoc est quod scire voluisti.

(***c***) Vel considera quis est numerus in quem multiplicate quatuor quinte fiunt unum. Et hic est unum et quarta. Que multiplica in triginta et duas tertias eo modo quo docuimus in multiplicatione fractionum, et quod provenerit est id quod scire voluisti.

4631–4672 Capitulum de dividendo ... fac secundum hoc] $137^v, 14 - 138^r, 1$ $\mathcal{A}$; $31^{va}, 31$-$32 - 31^{vb}, 36$ $\mathcal{B}$ (pro tit. spat. rel. etiam $31^{rb}, 15$); $45^{vb}, 3 - 44$ (tit. etiam $45^{va}, 10$) $\mathcal{C}$.

4618–4619 tit.] om. sed spat. rel. $\mathcal{B}$, rubro col. $\mathcal{C}$ 4618 fractionem (post integrum et)] fracionem $\mathcal{A}$ 4620 quadraginta quinque] XL V $\mathcal{A}$ 4620–4621 quatuor] quattuor $\mathcal{C}$ 4623 triginta tres] XXX^a tres tres scr. (post. eras.) $\mathcal{A}$ 4624 quatuor] quattuor $\mathcal{C}$ 4624 undecime (post tertia)] undecima pr. scr. et corr. $\mathcal{B}$ 4625 triginta tres] XXX tres $\mathcal{A}$ 4625–4626 numerum] unum $\mathcal{B}$ 4626 provenient] prod pr. scr. & d exp. $\mathcal{C}$ 4626 mille quadringenta et octoginta quinque] M XL et octoginta V $\mathcal{A}$, mille quadraginta et octoginta quinque $\mathcal{BC}$ (quadraginta mut. in quadringenta $\mathcal{C}$) 4628 quota] quomodo $\mathcal{C}$ 4628 invenies] e corr. $\mathcal{A}$ 4631 tit.] subter lin. dux. $\mathcal{A}$, om. sed spat. rel. (bis, v. supra) $\mathcal{B}$, uterque rubro col. $\mathcal{C}$ 4632 volueris] voluis $\mathcal{B}$ 4632 dividere] divide $\mathcal{A}$ 4632 triginta] XXX $\mathcal{A}$ 4632 quatuor] quattuor $\mathcal{C}$ 4633 provenient] proveniet $\mathcal{B}$ 4634 quindecim] XV $\mathcal{A}$, qndecim $\mathcal{B}$ 4634 quatuor] quattuor $\mathcal{C}$ 4634 duodecim] XII $\mathcal{A}$ 4635 quindecim] XV $\mathcal{A}$ 4636 quinquaginta quinque] L V $\mathcal{A}$ 4636 duodecim] XII $\mathcal{A}$ 4639 quinque] V $\mathcal{A}$ 4639 quatuor] quattuor $\mathcal{C}$ 4639 dividendus] corr. ex divide $\mathcal{B}$ 4640 centum quinquaginta unum] C L I $\mathcal{A}$ 4640–4641 quatuor] quattuor $\mathcal{C}$ 4641 triginta septem] XXX VII $\mathcal{A}$, 37 $\mathcal{C}$ 4643 quatuor] quattuor $\mathcal{C}$ 4644 triginta] XXX $\mathcal{A}$ 4644 et (post triginta)] om. $\mathcal{BC}$ 4645–4646 in multiplicatione ... voluisti] om. $\mathcal{C}$ 4645 in] om. $\mathcal{B}$

DE DIVISIONE INTEGRI ET FRACTIONIS PER FRACTIONEM FRACTIONIS.

(**A.258**) Si autem volueris dividere viginti tres et tres quartas per duas tertias quinte.

(*a*) Ex multiplicatis omnibus denominationibus, scilicet quarta et tertia et quinta, proveniunt sexaginta. Cuius due tertie quinte eius sunt octo, qui est prelatus. Deinde multiplica sexaginta in dividendum, et productum divide per prelatum, et exibit summa quam requiris.

(*b*) Vel reduc dividentem et dividendum in tertias quinte, videlicet multiplicando utrumque in quindecim. Sed ex multiplicatione dividentis provenient duo, et ex multiplicatione dividendi trescenta quinquaginta sex et quarta. Quos divide per duo, et exibit summa quam queris.

(*c*) Vel considera quis est numerus in quem multiplicate due tertie quinte fiunt unum. Et hic est septem et dimidius. In quem multiplica dividendum, qui est viginti tres et tres quarte, et productum est summa quam requiris.

⟨DE DIVISIONE INTEGRI ET FRACTIONIS PER FRACTIONEM ET FRACTIONEM FRACTIONIS.⟩

(**A.259**) Si autem volueris dividere viginti sex et tres quintas per quatuor septimas et dimidiam septimam.

Modus dividendi non differt a predictis.

(*a*) Vel reduc utrumque latus in dimidias septimas. Et dividens fiet novem, et dividendus trescenta septuaginta duo et due quinte; quas divide per novem, et exibit quod scire voluisti.

(*b*) Vel considera quis numerus est in quem multiplicate quatuor septime et dimidia fiant unum. Et hic est unum et quinque none. In quem multiplica dividendum, et productum est id quod de divisione exit.

Et in ceteris huiusmodi fac secundum hoc.

CAPITULUM DE DIVISIONE INTEGRI ET FRACTIONIS PER INTEGRUM ET FRACTIONEM.

(**A.260**) Si volueris dividere duodecim et tres quartas per unum et duas septimas.

4673–4701 Capitulum de divisione ... ex premissa] $138^r, 2 - 20$ $\mathcal{A}$; $13^{vb}, 9$-11 - $14^{ra}, 1$ $\mathcal{B}$; $34^{ra}, 59$ - $34^{rb}, 35$ $\mathcal{C}$.

4647 tit.] subter lin. dux. $\mathcal{A}$, spat. rel. & in summa pag. scr. $\mathcal{B}$, rubro col. $\mathcal{C}$ **4648** viginti tres] XX III $\mathcal{A}$ **4650** quarta et tertia] tertia et quarta pr. scr. et corr. $\mathcal{C}$ **4651** proveniunt] provenient pr. scr. et corr. $\mathcal{A}$ **4651** sexaginta] LX $\mathcal{A}$ **4652** dividendum] dividedum $\mathcal{A}$ **4655** quindecim] XV $\mathcal{A}$ **4655** provenient] provenit̄ $\mathcal{B}$ **4656** trescenta quinquaginta sex] CCC LV (sic) $\mathcal{A}$ **4657** divide] corr. ex dvide $\mathcal{A}$ **4660** viginti tres] XX tres $\mathcal{A}$ **4663** viginti sex] XX sex $\mathcal{A}$ **4663** quatuor] quattuor $\mathcal{C}$ **4664** septimam] om. $\mathcal{B}$ **4666** fiet] corr. ex fient $\mathcal{A}$ **4667** trescenta] C CC (sic) $\mathcal{A}$, trescenta et $\mathcal{BC}$ **4669** quatuor] quattuor $\mathcal{C}$ **4670** unum] corr. ex una $\mathcal{B}$ **4670** quinque] V $\mathcal{A}$ **4670** quem] quod $\mathcal{B}$ **4671** exit] exiit $\mathcal{C}$ **4672** secundum] sic secundum $\mathcal{B}$ **4673–4675** Capitulum ... volueris dividere du] subter lin. (usque ad fin. versus) dux. $\mathcal{A}$ **4673–4674** tit.] om. sed spat. rel. $\mathcal{B}$, rubro col. $\mathcal{C}$ **4675** duodecim et tres quartas] lector scr. in marg. $\mathcal{C}$: dividendus 12 $\frac{3}{4}$ **4675–4676** unum et duas septimas] lector scr. in marg. $\mathcal{C}$: divisor 1 $\frac{2}{7}$

(*a*) Sic facies. Numeros denominationum, que sunt quarta et septima, multiplica inter se, et provenient viginti octo. Quos multiplica in dividentem, et productum pone prelatum. Deinde multiplica viginti octo in dividendum, et productum divide per prelatum, et exibit quod voluisti.

```
         A                        Z
  D
                                      G
     Unus
                 B                       H
```

Ad A.260*a*: *Figura inven. in* $\mathcal{A}$ *(138^r, 14 – 15;* D, A, Z *lineatæ,* Unus *&* B *lineatæ),* $\mathcal{B}$ *(13vb, 34 – 37),* $\mathcal{C}$ *(34rb, 21 – 25);* unus *in figura,* unum *in textu codd.*

Quod sic probatur. Sint duodecim et tres quarte A, unum autem et due septime sint B, sed viginti octo sint G. Dividatur autem A per B et exeat D. Ex ductu igitur D in B exibit A. Igitur B enumerat A quotiens unum est in D. Unum vero enumerat D quotiens est unum in eo. Comparatio igitur unius ad D est sicut comparatio de B ad A. Multiplicetur autem B in viginti octo, qui est G, et proveniat H; et ex ductu A in G proveniat Z. Comparatio igitur de B ad A est sicut comparatio de H ad Z. Sed comparatio de B ad A est sicut comparatio unius ad D. Igitur comparatio unius ad D est sicut comparatio de H ad Z. Quod igitur fit ex ductu unius in Z equum est ei quod fit ex ductu D in H. Sed ex ductu unius in Z non est nisi Z. Igitur ex ductu D in H est Z. Si igitur dividatur Z per H, exibit D. Et hoc est quod monstrare voluimus.

(*b*) Vel, si volueris, una sola denominatio, que est cum numero dividente, sufficiet tibi [pro utraque denominatione] ut prelatus sit integer, sine fractione; quam multiplica in dividentem, et productus sit prelatus; eam etiam multiplica in dividendum numerum, et productum divide per prelatum, et exibit quod volueris. Hic autem sic facies. Numerum unde denominatur septima, scilicet septem, multiplica in unum et duas septimas, et provenient novem. Quem pone prelatum. Deinde multiplica septem in duodecim et tres quartas, et productum divide per prelatum, et exibit quod volueris. Cuius probatio manifesta est ex premissa.

4677 sunt] *om.* $\mathcal{A}$ **4678** viginti octo] XX octo $\mathcal{A}$, 28 $\mathcal{C}$; *lector scr. in marg.* $\mathcal{C}$: communis 28   **4679** prelatum] *lector scr. in marg.* $\mathcal{C}$: prelatus 36   **4679** viginti octo] XX octo $\mathcal{A}$ **4680** productum] *lector scr. in marg.* $\mathcal{C}$: scilicet 357   **4680** exibit quod voluisti] *lector scr. in marg.* $\mathcal{C}$: 9 $\frac{33}{36}$ scilicet $\frac{11}{12}$ **4681** Sint] Sin $\mathcal{B}$ **4682** viginti octo] XX octo $\mathcal{A}$ **4684** est in D] est D $\mathcal{AB}$ **4684** vero] *add. supra* $\mathcal{A}$ **4684** enumerat] numerat $\mathcal{BC}$ **4684–4685** Comparatio] Conparatio $\mathcal{B}$ **4685** de B] DB *scr.* $\mathcal{B}$, D *pr. scr.* voluit *et corr.* $\mathcal{C}$ **4685** Multiplicetur] *corr. ex* Multiplico $\mathcal{B}$ **4686** viginti octo] XX octo $\mathcal{A}$ **4686** et *(ante* proveniat*)*] *om.* $\mathcal{A}$ **4687** Comparatio] Conparatio $\mathcal{B}$ **4689** sicut] com *pr. scr. et del.* $\mathcal{A}$ **4690** equum] equm $\mathcal{A}$ **4690** est ei] *om.* $\mathcal{B}$ **4691** non] *add. in marg.* $\mathcal{B}$ **4693** denominatio] fractio *codd.*   **4696** dividendum] *corr. ex* dividentem $\mathcal{A}$ **4699** novem] 9 $\mathcal{C}$ **4699** pone] *bis scr.* $\mathcal{A}$ **4699** duodecim] 12 $\mathcal{C}$

(**A.261**) Si volueris dividere viginti et tres quartas per duos et tertiam.

(*a*) Ex denominationibus, que sunt quarta et tertia, inter se multiplicatis efficies duodecim; in quem multiplica dividentem, qui est duo et tertia, et provenient viginti octo, qui est numerus prelatus. Deinde multiplica duodecim in dividendum, qui est viginti et tres quarte, et provenient ducenta quadraginta novem. Quos divide per prelatum, et exibit quod queris.

(*b*) Vel aliter. Converte dividendum numerum et dividentem in genus ultime fractionis que est cum dividente, scilicet tertia, ad hoc ut totus dividens fiat integer, sic, videlicet, unumquemque eorum multiplicando in tres unde denominatur tertia. Et provenient ex multiplicatione dividentis septem, qui numerus est prelatus; ex multiplicatione vero dividendi provenient sexaginta duo et quarta. Quos divide per prelatum, et exibit quod queris.

(*c*) Vel aliter. Considera quota pars est unum de dividente, qui est duo et tertia, et invenies quod est tres septime. Quas multiplica in dividendum, qui est viginti et tres quarte; et productum est quod queris.

CAPITULUM DE DIVISIONE INTEGRI ET FRACTIONIS PER INTEGRUM ET FRACTIONEM ⟨ET FRACTIONEM⟩ FRACTIONIS.

(**A.262**) Si autem volueris dividere decem et septem et decem undecimas per tres et septem octavas et dimidiam octavam.

(*a*) Ex denominationibus, que sunt dimidia et octava et undecima, inter se multiplicatis provenient centum septuaginta sex. In quos multiplica dividentem, et provenient sexcenta nonaginta tres, qui est prelatus. Deinde multiplica centum septuaginta sex in dividendum, et provenient tria milia et centum quinquaginta duo. Quos divide per prelatum, et exibit quod queris.

(*b*) Vel aliter. Converte utrumque latus in genus fractionis ultime que est cum dividente, sic, videlicet, multiplicando utrumque in sexdecim, qui fit ex denominationibus dividentis, que sunt dimidia et octava. Sed ex multiplicatione sexdecim in dividentem provenient sexaginta tres, qui est hic numerus prelatus; per quem divides productum ex multiplicatione sexdecim in dividendum, et quod exierit est summa quam requiris.

4702–4717 Si volueris dividere ... est quod queris] $\mathcal{A}$ *deficit*; 31rb, 16 – 38 $\mathcal{B}$; 45va, 11 – 28 $\mathcal{C}$.
4718–4750 Capitulum de divisione ... fac secundum hoc] 138^r, 20 – 37 $\mathcal{A}$; 31rb, 38-40 – 31va, 30 $\mathcal{B}$; 45va, 28 – 45vb, 2 $\mathcal{C}$.

4704 duodecim] 12 $\mathcal{C}$ **4706–4707** ducenta] ducenta et $\mathcal{C}$ **4707** quod] *bis scr.* $\mathcal{B}$ **4708** et] in $\mathcal{C}$ **4710** unumquemque] unumquodque *codd.* **4712** multiplicatione] dividentis *pr. scr. (v. supra) et exp.* $\mathcal{B}$ **4716** est] in *pr. scr., exp., & est add. supra* $\mathcal{C}$ **4718–4719** *tit.*] *subter lin. dux.* $\mathcal{A}$, *om. sed spat. rel.* $\mathcal{B}$, *rubro col.* $\mathcal{C}$ **4720** decem et septem] X et septem $\mathcal{A}$ **4720** decem] X $\mathcal{A}$ **4721** dimidiam octavam] dimidia octava $\mathcal{BC}$ **4723** provenient] proveniet $\mathcal{A}$ **4723** centum] $\mathcal{C}$ $\mathcal{A}$ **4724** sexcenta nonaginta tres] L et nonaginta tres *in textu, del. et* 693 *add. supra lin. 2^a m.* $\mathcal{A}$, quingenta et nonaginta tres $\mathcal{BC}$ **4725** centum] $\mathcal{C}$ $\mathcal{A}$ **4726** centum quinquaginta duo] C L II $\mathcal{A}$ **4729** est] *om.* $\mathcal{A}$ **4729** sexdecim] XVI $\mathcal{A}$ **4730** octava] octavas $\mathcal{B}$ **4731** sexdecim in] XVI in $\mathcal{A}$, *om.* $\mathcal{BC}$ **4731** provenient] proveniet $\mathcal{B}$ **4731** sexaginta tres] LX tres $\mathcal{A}$ **4731** est] *om.* $\mathcal{A}$ **4732–4733** sexdecim] XVI $\mathcal{A}$

(c) Vel aliter. Attende quota pars est unum de dividente, et invenies quod est due none et due septime none. Quas multiplica in dividendum eo modo quo docuimus in multiplicatione fractionum, et productum est summa quam requiris.

⟨Capitulum de divisione integri et fractionis per integrum et fractionem fractionis.⟩

(A.263) Si volueris dividere viginti quinque et quatuor quintas per quatuor et duas tertias septime.

(a) Numerum productum ex omnibus denominationibus multiplica in dividentem et dividendum, et productum ex uno divide per productum ex alio.

(b) Vel secundo modo, qui est facilior. Scilicet, converte utrumque latus in genus minoris fractionis que est in dividente, et summam unius divide per summam alterius; et exibit quod queris.

(c) Vel aliter. Attende quota pars est unum de dividente, et invenies quod est decem quadragesime tertie et dimidia quadragesima tertia. Quas multiplica in dividendum, et proveniet quod queris.

Cetera huiusmodi fac secundum hoc.

(A.264) Quotiens ex multiplicatione integri et fractionis in integrum et fractionem proveniunt quadraginta, quanti sunt multiplicans et multiplicatus numerus?

Sic facies. Integrum et fractionem, scilicet multiplicandum vel multiplicantem, pone quemlibet numerum, verbi gratia quatuor et tres octavas. Per quos divide quadraginta; et exibunt novem et septima, et tantus est alter numerus. Cum igitur multiplicaveris quatuor et tres octavas in novem et septimam, provenient quadraginta, et hoc est quod voluisti.

Si vero numerum primum posueris quinque et tres quintas, divideres per illos quadraginta et exiret secundus numerus septem et septima. Cum igitur multiplicaveris quinque et tres quintas in septem et septimam, provenient quadraginta.

Similiter si posueris numerum primum tres et tres quartas et diviseris per illos quadraginta, exirent decem et due tertie, qui est numerus secundus. Si igitur multiplicaveris tres et tres quartas in decem et duas tertias, provenient quadraginta.

4751–4777 Quotiens ex multiplicatione ... considera secundum hoc] $122^r, 1 - 13$ (fragmentum) $\mathcal{A}$; $76^{rb}, 15 - 46$ $\mathcal{B}$; $\mathcal{C}$ deficit.

4734 Attende quota] adtende quotam $\mathcal{B}$ **4740** viginti quinque] XXV $\mathcal{A}$ **4740** quatuor] quattuor $\mathcal{C}$ **4740** quatuor] quattuor $\mathcal{C}$ **4745** summam] sumam $\mathcal{B}$ **4746** summam] sumam $\mathcal{B}$ **4747** Attende] adtende $\mathcal{B}$ **4748** decem] X $\mathcal{A}$ **4748** quadragesime] quadragisime $\mathcal{A}$ **4748** quadragesima] quadragisima $\mathcal{A}$ **4751** (A.264)] Dominus scr. eadem ut vid. m. in marg. fragmenti $\mathcal{A}$ **4752** quadraginta] XL (e corr.) $\mathcal{A}$ **4752** quanti] quanta $\mathcal{B}$ **4752** multiplicans] mulutiplicans $\mathcal{B}$ **4754** Integrum] Interum $\mathcal{B}$ **4756** quadraginta] XL $\mathcal{A}$ **4758** quadraginta] XL $\mathcal{A}$ **4759** divideres] divides codd.   **4760** quadraginta] XL $\mathcal{A}$ **4760** exiret] exiet codd.   **4764** quadraginta] XL $\mathcal{A}$ **4764** exirent] exient codd.   **4764** decem] X $\mathcal{A}$ **4765** decem] X $\mathcal{A}$

Similiter facies semper. Scilicet alterum numerorum, vel multiplicantem vel multiplicatum, pones quemlibet numerum et quamlibet fractionem; per que divides propositam summam, et exibit alter.

(**A.264′**) Similiter si dicatur quod ex ductu fractionis in integrum et fractionem proveniunt quadraginta.

Sic facies. Pones, scilicet fractionem, quamlibet fractionem, veluti tres quartas. Per quas divides propositam summam, que est quadraginta, et exibunt quinquaginta tres et tertia. Et hic est alter numerus. Si igitur multiplicaveris tres quartas in quinquaginta tres et tertiam, exibunt quadraginta. Et hoc est quod voluisti.

Cetera omnia huiusmodi considera secundum hoc.

ITEM. REGULE DE MULTIPLICATIONE ET DIVISIONE, AGREGATIONE ET DIMINUTIONE FRACTIONUM INTER SE, BREVIUS QUAM SUPRA

(*i*) Cum volueris multiplicare quaslibet fractiones in quaslibet fractiones, sive sint cum integris sive non, dispone multiplicantes in uno latere et multiplicandas in alio. Deinde numeros denominantes fractiones unius lateris, si plures fuerint, unum in alium multiplicando usque ad ultimum, quod provenerit pone sub eodem latere et appella 'summam'; si vero una tantum fractio fuerit, numerum denominantem ipsam pone summam. Similiter facies ex alio latere. Deinde summam unius lateris in summam alterius multiplica, et quod provenerit pone subtus inter duas summas, et appella 'prelatum'. Post hec quicquid fuerit in unoquoque latere de integris et fractionibus, una sive pluribus, multiplica in summam sui lateris, et quod provenerit pone sub sua summa, et appella 'servatum'. Deinde unum servatorum in alterum multiplica, et productum divide per prelatum. Et quod exierit, hoc est quod ex multiplicatione supra positorum provenit.

(*ii*) Si vero dividere vel agregare vel minuere volueris, quicquid est in unoquoque latere multiplicabis, non in suam summam ut facias servatum sicut in multiplicando, sed in prelatum, et productum pones servatum sub suo latere. Deinde, cum dividere volueris, divides servatum dividendi lateris per aliud servatum, et quod exierit est id quod queris [si autem in aliquo laterum nulla fuerit fractio, tunc summa alterius ordinis erit prelatus, et

---

4778–4804 Item. Regule ... est id quod queris] *138ʳ, 38 – 138ᵛ, 19 A; 47ʳᵃ, 34 – 47ʳᵇ, 23 B; C deficit.*

4767–4768 vel multiplicantem] *om.* B   4769 summam] sumam B   4770 si] *om.* B   4771 quadraginta] XL A   4772 Sic] inde AB   4773 quadraginta] XL A   4774 quinquaginta tres] L tres A   4775 in] *corr. ex* et A   4775–4776 quadraginta] XL A   4777 huiusmodi] huius modi *hic ut sæpissime* A   4778 agregatione] aggregatione B   4780–4811 Cum volueris multiplicare ... est id quod voluisti] *lin. dux. in marg. lector* A   4780 volueris multiplicare] multiplicare volueris B   4781 sive *(ante* non*)*] si *pr. scr. & ve add. supra* A   4782 numeros] *corr. ex* nos A   4782 denominantes] que nominantes B   4783 quod] qd B   4785 fuerit] fuit B   4785 numerum] numerrum B   4789 summam] sumam B   4789 quod] quidem B   4790 pone] *om.* B   4790 sub] sūb A   4790 appella] *corr. ex* appellata B   4790–4791 servatorum] servaturum B   4791 alterum] alterrum B   4791 quod] quid B   4792 quod] qui B   4792 supra positorum] suppositorum B   4797 aliud] alium A   4797 quod] quid B   4797 quod] quid B

tunc in multiplicando ipsum integrum erit servatum, sed in dividendo et agregando et minuendo ipsum integrum multiplicabis in prelatum et quod provenerit erit servatum]; cum vero agregare volueris, servata agregabis et agregatum per prelatum divides, et quod exierit, hoc est quod queris; cum vero minuere volueris, unum servatorum ex altero minues et residuum per prelatum divides, et quod exierit est id quod queris.

(A.265) Si volueris dividere decem per septem octavas de quinque et tertia minus tertia duorum et quarte.

Sic facies. Accipe septem octavas de quinque et tertia, que sunt quatuor et due tertie. Deinde accipe tertiam duorum et quarte, que est tres quarte, et minue eas de quatuor et duabus tertiis, et remanebunt tres et quinque sexte et dimidia sexta; per que divide decem. Et id quod exit est id quod voluisti.

(A.266) Si volueris dividere tres quartas trium quintarum de novem per tres decimas unius, et quod exit dividere per duas tertias de septem minus eo quod exit de divisione duorum et octave per septem octavas et dimidiam octavam.

Sic facies. Numeros denominantes quartam et quintam inter se multiplica, et provenient viginti. Quorum trium quintarum tres quartas, que sunt novem, multiplica in novem, et provenient octoginta unum. Deinde considera numerum in quem multiplicate tres decime fiunt unum, et invenies tres et tertiam. Quos multiplica in octoginta unum, et provenient ducenti septuaginta. Quos divide per viginti, et exibunt tredecim et dimidium. Deinde accipe duas tertias de septem, que sunt quatuor et due tertie. Postea quere numerum in quem multiplicate septem octave et dimidia fiant unum, et invenies unum et tertiam quinte. Que multiplica in duo et octavam, et provenient duo et quinta et tertia quinte. Que minue de quatuor et duabus tertiis, et remanebunt duo et due quinte. Per que divide tredecim et dimidium superius retenta, et exibunt quinque et quinque octave. Et hoc est quod voluisti.

Item de divisione

(A.267) Cum diviseris centum per tres et quod exierit per septem et quod exierit per quatuor et quod exierit per quinque et de eo quod exit ab hac ultima divisione volueris scire quantum proveniat unicuique de quinque.

4805–4927 Si volueris ... et viginti unum] 138^v, $20 - 139^v$, 12 $\mathcal{A}$; 76va, $19 - 77^{rb}$, 30 $\mathcal{B}$; $\mathcal{C}$ deficit.

4799 servatum] corr. ex seniatum $\mathcal{B}$ **4800** agregando] aggregando $\mathcal{B}$ **4800** quod] quid $\mathcal{B}$ **4801** vero] ergo codd. **4802** quod (post et)] quid $\mathcal{B}$ **4802** quod (post est)] quid $\mathcal{B}$ **4804** quod (post id)] quid $\mathcal{B}$ **4805** decem] X $\mathcal{A}$ **4805** septem] VII $\mathcal{A}$ **4805** quinque] V $\mathcal{A}$ **4807** quinque] V $\mathcal{A}$ **4810** quinque] V $\mathcal{A}$ **4810** decem] X $\mathcal{A}$ **4812** (A.266)] tit. add. lector $\mathcal{B}$: De divisione fractionum multiplici **4812** quintarum] quartarum $\mathcal{A}$ **4816** quintam] e corr. $\mathcal{A}$ **4817** viginti] XX $\mathcal{A}$ **4821** ducenti septuaginta] CC LXX $\mathcal{A}$ **4821** viginti] XX $\mathcal{A}$ **4822** duas tertias] bis scr. $\mathcal{B}$ **4827** quinque] V $\mathcal{A}$ **4829** tit.] lin. subter dux. $\mathcal{A}$ **4830** centum] C $\mathcal{A}$ **4830** per septem] per quatuor pr. scr. et del. $\mathcal{B}$ **4831** quinque] V $\mathcal{A}$

Sic facies. Multiplica tres in septem, et productum in quatuor, et productum in quinque, et provenient quadringenti viginti. De quibus denomina centum, scilicet septimam et duas tertias septime. Et tantum provenit unicuique de quinque.

(**A.268**) Si volueris dividere nonaginta nummos per novem homines ita ut secundus vincat primum uno nummo, et tertius secundum, usque ad ultimum.

(*i*) Sic facies. Minue semper unum in hac questione de numero hominum, sicut hic de novem, et remanebunt octo. Deinde agrega omnes numeros ab uno usque ad octo, hoc modo: Agrega unum ad octo, et fient novem; quos multiplica in medietatem de octo, et provenient triginta sex, et tantum provenit ex agregatione numerorum ab uno usque ad octo. Deinde hos triginta sex minue de nonaginta, et remanebunt quinquaginta quatuor. Quos divide per numerum hominum, et exibunt sex; et tot conveniunt primo, secundo vero septem, tertio octo, et sic consequenter de singulis usque ad nonum. Hec autem regula non valet nisi in hiis qui se superant uno; in aliis autem non valet.

(*ii*) Regula autem que in hiis valet et in aliis, ubi scilicet omnium eadem differentia est excepta differentia secundi ad primum, hec est. Scilicet, semper minue unum de numero hominum, et quod remanserit retine. Deinde minue duos semper de numero hominum, et quod remanserit multiplica in differentiam qua se superant, et quod provenerit agrega duplo differentie secundi a primo, et agregatum multiplica in medietatem supra retenti; et productum minue de summa nummorum dividendorum, et quod remanserit divide per numerum hominum; et quod exierit est id quod competit primo.

(**A.269**) Verbi gratia. Si volueris dividere centum per octo homines ita ut secundus superet primum tribus nummis, ceteri vero omnes vincant se duobus.

Minue unum de octo, et remanebunt septem. Deinde minue de octo duos, et remanebunt sex. Quos multiplica in duos, et provenient duodecim. Quos agrega ad duplum trium, et fient decem et octo. Quos multiplica in medietatem de septem, et provenient sexaginta tres. Quos minue de centum, et remanebunt triginta septem. Quos divide per octo, et exibunt quatuor et quinque octave, et tantum competit primo.

(*iii*) Cum autem inequales fuerint differentie, agrega omnes differentias,

---

4834 viginti] XX $\mathcal{A}$ 4835 centum] C $\mathcal{A}$ 4837 nummos] numos $\mathcal{AB}$ 4838 nummo] numo $\mathcal{AB}$ 4840 in] de $\mathcal{A}$ 4841 numeros] *quasi* numos $\mathcal{B}$ 4843 triginta sex] XXX VI $\mathcal{A}$ 4844–4845 triginta sex] XXX VI $\mathcal{A}$ 4845 quinquaginta quatuor] L IIII^{or} $\mathcal{A}$ 4848 nonum] novem $\mathcal{AB}$ 4848 hiis] his *codd.* 4848–4849 in aliis] et in aliis $\mathcal{A}$ 4850 hiis] his *codd.* 4850–4851 ubi scilicet ... hec est] ubi scilicet omnium eadem differentia est excepta differentia secundi ad primum vel ubi omnium eadem hec est $\mathcal{A}$, ubi scilicet omnium eadem differentia est hoc non est deletum *(hæc in textu eadem m.)* hec est $\mathcal{B}$ 4852 remanserit] remansit $\mathcal{B}$ 4853 semper] senper $\mathcal{B}$ 4854 duplo] dupplo $\mathcal{AB}$ 4856 nummorum] numorum $\mathcal{AB}$ 4858 centum] C $\mathcal{A}$ 4859 nummis] numis $\mathcal{AB}$ 4859 vincant] vincat $\mathcal{B}$ 4862 duodecim] XII $\mathcal{A}$ 4863 decem et octo] X et octo $\mathcal{A}$ 4864 sexaginta tres] LX tres $\mathcal{A}$, sex agrega tres $\mathcal{B}$ 4864–4865 centum] C $\mathcal{A}$ 4865 triginta septem] XXX septem $\mathcal{A}$

scilicet differentias quibus unusquisque superat primum, et agregatum minue de summa nummorum dividendorum; et quod remanserit divide per numerum hominum, et exibit id quod competit primo.

(A.270) Verbi gratia. Si volueris dividere octoginta per quinque homines ita ut secundus superet primum tribus, tertius vero secundum uno, quartus vero tertium duobus, quintus vero quartum sex.

Sic facies. Secundus enim superat primum tribus, et superatur a tertio in uno, igitur tertius primum superat quatuor; sed a quarto superatur duobus, igitur quartus superat primum sex; sed a quinto superatur sex, igitur quintus superat primum duodecim. Hos igitur agrega ad sex et ad quatuor et ad tres, et fient viginti quinque. Quos minue de octoginta, et remanebunt quinquaginta quinque. Quos divide per numerum hominum, qui est quinque, et exibunt undecim. Et tot competunt primo.

ITEM DE EODEM.

(A.271) Cum diviseris decem et octo nummos per homines aliquot, si ex agregato eo quod competit uni illorum cum numero ipsorum proveniunt novem, tunc quot sunt homines?

Sic facies. Multiplica medietatem de novem in se, et provenient viginti et quarta. De quibus minue decem et octo, et remanebunt duo et quarta. Quorum radicem, que est unum et dimidium, agrega medietati de novem, et fient sex. Et hic est numerus hominum.

(A.272) Similiter cum diviseris quadraginta nummos per aliquot homines, si id quod competit uni illorum minueris de numero eorum et remanserint tres, quantus est numerus hominum?

Sic facies. Medietatem trium, que est unum et dimidium, multiplica in se, et provenient duo et quarta. Quos agrega ad quadraginta, et fient quadraginta duo et quarta. Quorum radicem, que est sex et dimidium, agrega ad unum et dimidium, et fient octo. Et hic est numerus hominum.

(A.273) Cum diviseris nummos ignotos per homines ignotos et deinde additis duobus hominibus iterum per omnes diviseris priores nummos et quod competit uni secundorum fuerit radix eius quod competit uni priorum, tunc quantus est numerus nummorum, et hominum priorum et posteriorum?

Hec questio interminata est. In qua sic agendum est. Pone primos homines quotlibet, verbi gratia quatuor. Quibus adde duos, et fient sex. Quos multiplica in se, et fient triginta sex. Quos divide per quatuor, et exibunt novem, et tot sunt nummi.

4868 quibus] qua *codd. (dubitanter correxi: constr. ad sensum)* 4868 et] etiam B 4868–4869 minue] minne A 4869 nummorum] numorum AB 4871 quinque] V A 4872 superet] superat B 4872 tertius] eius B 4874–4875 tertio] tertia B 4878 tres] sex *pr. scr. et del.* A 4878 viginti quinque] XX V A 4879 quinquaginta quinque] L V A 4880 quinque] V A 4881 *tit.*] *lin. subter dux.* A, *om. sed spat. hab.* B *et lector scr.:* Dividentis per additionem inventio 4882 nummos] numos AB 4883 numero] *e corr.* A 4885 viginti] XX A 4887 radicem] radix A, radix est B 4887 agrega] agga B 4889 nummos] numos B 4896 nummos] numos B 4897 iterum] *om.* B 4897 nummos] numos B 4898 secundorum] seculorum B 4899 nummorum] numorum B 4899 hominum] nominum B 4901 quotlibet] quod *pr. scr. et corr.* A, quoclibet B 4902 Quos *(ante divide)*] suos B 4902 quatuor] IIII[or] A 4903 nummi] numi AB

(**A.273′**) Si autem dixerit in hac questione quod accidit unicuique secundorum hominum triplum radicis eius quod accidit unicuique priorum, facies sicut supra dixi. Deinde multiplica numerum radicum in se, et productum multiplica in id quod de divisione exivit, et id quod provenit numerus nummorum erit.

(**A.274**) Cum numerus unus dividatur per duo et remaneat unum, et dividatur per tres et remaneat unum, et dividatur per quatuor et remaneat unum, et dividatur per quinque et remaneat unum, et dividatur per sex et remaneat unum, et dividatur per septem et nichil remaneat, quis est numerus ille?

Sic facies. Multiplica tres in quatuor et productum in quinque, et fient sexaginta. Quibus adde unum, et fient sexaginta unum. Quos si diviseris vel per duo vel per tria vel per quatuor vel per quinque vel per sex semper remanebit unum, si vero diviseris per septem remanebunt quinque. Positum est autem nichil remanere de divisione facta per septem. Igitur minue unum de quinque, et remanebunt quatuor. Quere igitur numerum in quem multiplicatis quatuor istis, et producto addatur unum, agregatum dividatur per septem. Verbi gratia, quinque sive duodecim: questio enim interminata est. Quasi ergo accipias quinque. Igitur multiplica eos in sexaginta et producto adde unum, et fient trescenti et unum. Hic ergo est numerus qui ⟨cum⟩ dividitur per duo et per tria et per quatuor et per quinque et per sex semper remanet unum, si vero per septem nichil. Si vero multiplices duodecim in sexaginta et producto addas unum, proveniet etiam consimilis numerus qui queritur, qui est septingenti et viginti unum.

4905 radicis] *corr. ex* radices $\mathcal{A}$ **4906** supra dixi] supra dixit $\mathcal{A}$ **4908** nummorum] numorum $\mathcal{B}$ **4909–4910** unum ... remaneat *(post* tres et*)*] *per homœotel. omissa add. in marg.* $\mathcal{B}$ **4911** quinque] V $\mathcal{A}$ **4915** sexaginta] LX $\mathcal{A}$ **4915** sexaginta unum] LX unum $\mathcal{A}$ **4917** remanebit] remanebat $\mathcal{B}$ **4917** quinque] V $\mathcal{A}$ **4918** est] *om.* $\mathcal{A}$ **4919** quinque] V $\mathcal{A}$ **4920** in quem] inquam $\mathcal{B}$ **4920–4921** agregatum] et agregatum $\mathcal{AB}$ **4922** multiplica] multiplicas $\mathcal{B}$ **4923** sexaginta] LX $\mathcal{A}$ **4926** producto] producet $\mathcal{B}$ **4926** proveniet] proveniret $\mathcal{AB}$ **4927** viginti unum] XX unum $\mathcal{A}$

Capitulum de inventione radicum, et de multiplicatione et divisione et diminutione et agregatione inter se, et de aliis huiusmodi

Postquam tractavimus de hiis que superius dicta sunt, restat ut agamus de inventione radicum et earum multiplicatione et divisione inter se, et de aliis huiusmodi. Hoc enim nimis utile est scire, et precipue volenti agere secundum gebra et muchabala. Avochemel enim de aliquibus horum iam pertractavit, sed non aperte declaravit. Nos autem apponemus probationes manifestiores suis. Sed in aliquibus earum necesse erit inducere aliqua de decimo libro Euclidis; in nullo enim librorum Euclidis agitur de radicibus nisi in decimo.

Capitulum de inventione radicum

Radix numeri est numerus ex quo in se multiplicato provenit alius. Verbi gratia. Radix de quatuor sunt duo, et radix de novem sunt tres, et radix de sexdecim sunt quatuor; et ita in aliis numeris qui non sunt surdi radix facile inveniri potest.

(i) Si autem numerus fuerit surdus et eius radicem propinquam invenire volueris, quere numerum propinquiorem ei habentem radicem rationabilem, sive sit maior eo sive minor.

– (i') Si maior eo fuerit, cuius maioris radicem dupla et de duplata denomina differentiam qua se superant, et quod exit minue de radice illius numeri maioris; et quod remanet est radix propinqua surdi numeri.

– (i'') Si autem minor eo fuerit, differentiam maioris surdi et minoris quadrati denomina de duplicata radice minoris et denominatam adde radici minoris; et quod fit est radix surdi numeri propinqua.

4928–4940 Capitulum de inventione ... de inventione radicum] 139^v, 13 – 19 $\mathcal{A}$; $\mathcal{BC}$ deficiunt.
4941–4954 Radix numeri ... Verbi gratia] 139^v, 20 – 27 & marg. $\mathcal{A}$; 78rb, 19 – 36 $\mathcal{B}$; $\mathcal{C}$ deficit.

4928 Capitulum de inventione radicum, et] *subter lin. dux. & sign. (¶) scr. al. m., etiam sign. scr.* (X) *et manum delin. in marg. lector* $\mathcal{A}$ **4930** inter] *et pr. scr. et del.* $\mathcal{A}$ **4931** aliis] *corr. ex* alius $\mathcal{A}$ **4931** huiusmodi] huius *add. supra &* modi *add. in marg.* $\mathcal{A}$ **4932** hiis] his *cod.*   **4933** de *(post* et*)*] *add. supra* $\mathcal{A}$ **4935** muchabala] muchabanla $\mathcal{A}$ **4940** *tit.*] *om.* $\mathcal{B}$, *sed lector scr.:* Radicis quadrate de non quadrato numero propinqua inventio   **4941** Radix numeri] *sign.* (†) *ab al. m. in marg.* $\mathcal{A}$ **4945** fuerit] fiūt $\mathcal{B}$ **4948** (i')] *lin. dux. al. m. in marg.* $\mathcal{A}$ **4948** Si] Si autem $\mathcal{B}$ **4948** cuius maioris radicem] eius *(quod del.)* radicem maioris $\mathcal{B}$ **4948** dupla] duppla $\mathcal{A}$ **4951** (i'')] *lin. dux. al. m. in marg.* $\mathcal{A}$ **4951** eo] *supra scr.* $\mathcal{A}$ **4951–4953** differentiam ... radici minoris] *in marg.* $\mathcal{A}$ **4953** propinqua] propinque $\mathcal{B}$; *in textu hab. hic* $\mathcal{A}$ *verba* Verba gratia, *et lect. alt. quam etiam* $\mathcal{B}$ *præb.:* dupla (duppla, $\mathcal{B}$) similiter radicem minoris (i *pr. add. supra* $\mathcal{A}$) et de duplata (dupplata, $\mathcal{B}$) denomina differentiam qua se superant, et quod exit adde radici minoris. Totum (*etiam* Verbi gratia) *verbo* 'vacat' *delenda indic., immo partim del.* $\mathcal{A}$

(**A.275**) Verbi gratia. Si volueris invenire radicem de quinque.

Sic facies. Numerus propinquior ei habens radicem rationabilem et minor eo est quatuor. Cuius radix est duo [nam si multiplicas duo in se fiunt quatuor], et remanet unum. Quem denomina de duplo duorum, qui est quatuor, scilicet quartam. Quam agrega duobus; et quod provenerit propinqua radix erit, scilicet duo et quarta.

(*ii*) Si autem adhuc radicem propinquiorem invenire volueris, sic facies. Multiplica semper ipsum numerum cuius radicem queris in alium quemlibet numerum habentem radicem, ut quinque in centum, et producti radicem inventam sicut predocui divide per radicem de centum; et quod exierit propinquior radix erit quam superius inventa. Si autem adhuc propinquiorem radicem invenire volueris, sic facies. Ipsum numerum cuius radicem queris in maiorem numerum radicem habentem multiplicabis, ut in decem milia, quanto enim in maiorem multiplicaveris, tanto propinquiorem radicem habebis; deinde cetera secundum quod supra dictum est prosequere.

(**A.276**) Sicut si radicem duorum invenire volueris.

Sic facies. Multiplica duo in decem milia, et provenient viginti milia. Quorum radicem propinquam secundum quod supra dictum est inventam divide per radicem decem milium, et quod exierit duorum propinqua radix erit.

(**A.277**) Si autem radicem de quatuordecim invenire volueris.

Sic facies. Quere numerum integrum propinquiorem ei habentem radicem; qui est sexdecim. Differentiam igitur que est inter eos, scilicet duo, denomina de duplata radice de sexdecim, que est octo, et erit quarta; quam minue de radice de sexdecim, que est quatuor, et remanebunt tres et tres quarte. Et hec est propinqua radix de quatuordecim.

(**A.278**) Si volueris scire que est radix de sex et quarta.

Sic facies. Quere numerum qui habeat radicem et quartam; et sunt quatuor. Cuius radicem, que est duo, fac prelatum. Deinde multiplica sex et quartam in quatuor, et provenient viginti quinque. Quorum radicem, que est quinque, divide per duo, et quod exierit est id quod queris, scilicet duo et dimidium.

(**A.279**) Si autem scire volueris que est radix de quinque et quatuor nonis.

Quere numerum qui habeat radicem et nonam, veluti novem. Cuius radicem, que est tres, pone prelatum. Deinde novem multiplica in quinque

---

4954–5800 Si volueris invenire ... et invenies ita esse *(hic desinit liber A)*] *139^v, 28 – 146^v, 21 A; BC deficiunt.*

4954 Verbi gratia] *hoc loco (v. supra) add. supra lin. A* **4954** invenire] *minuere in textu, quod postea corr. supra A* **4955** Sic facies] multiplica duo in se *add. et del. A* **4963** centum] C *A* **4967** multiplicaveris] multipliveris *A* **4970** viginti] XX *A* **4972** decem] X *A* **4977** et] *add. supra A* **4978** sexdecim] XVI *A* **4981** et (*post* quartam)] *add. supra A* **4982** Cuius] *et pr. scr. et exp. A* **4983** viginti quinque] XX V *A* **4984** quinque] V *A* **4984** exierit] exierít *(quasi exierit) A* **4986** quinque] V *A* **4988** pone] pne *A* **4988** quinque] V *A*

et quatuor nonas, et provenient quadraginta novem. Quorum radicem, que est septem, divide per radicem de novem, que est tres, et exibunt duo et tertia. Et hoc est quod queris.

(**A.280**) Si volueris scire que est radix de sex octavis et octava octave.

Sic facies. Quere numerum qui habeat radicem et octavam et octavam octave, sicut sexaginta quatuor. Cuius radicem, que est octo, pone prelatum. Deinde multiplica sex octavas et octavam octave in sexaginta quatuor, et provenient quadraginta novem. Quorum radicem, que est septem, denomina de prelato [scilicet de radice de sexaginta quatuor, que est octo], scilicet septem octavas. Et hoc est quod scire voluisti.

(**A.281**) Si volueris scire que est radix duorum et dimidii.

Sic facies. Numerum a quo denominatur medietas, scilicet duo, qui non habet radicem, pone prelatum. Deinde multiplica illum in duo et dimidium, et provenient quinque. Quos multiplica in duo, et provenient decem.

(*a*) Quorum radicem inventam sicut supra docui, que est tres et sexta, divide per prelatum, et exibit radix quam queris, scilicet unum et dimidium et dimidia sexta.

[Vel, si volueris, multiplica duo in se, et productum multiplica in duo et dimidium; et cetera prosequere ut predictum est.]

(*b*) Vel aliter. Multiplica decem in centum, et provenient mille. Deinde multiplica duo in radicem de centum, et provenient viginti; quos pone prelatum. Deinde radicem de mille inventam sicut supra docui, que est triginta unum et quinque octave, divide per prelatum, et quod exierit est radix duorum et dimidii, que est unum et dimidium et dimidia decima et quinque octave dimidie decime.

(**A.282**) Si volueris scire que est radix unius et trium quintarum.

Sic facies. Numerum a quo denominatur quinta, scilicet quinque, pone prelatum. In quem multiplica unum et tres quintas, et productum inde iterum multiplica in quinque, et provenient quadraginta.

(*a*) Quorum radicem, que est sex et tertia, divide per prelatum, et exibit unum et quinta et tertia quinte; et hec est radix quam queris.

(*b*) Vel aliter. Multiplica quadraginta in centum, et producti radicem inventam sicut supra docui divide per productum ex multiplicatione quinque in radicem de centum, qui est quinquaginta, et exibit quod queris.

4989 quadraginta novem] XL novem $\mathcal{A}$ **4993** et *(post* octavam*)*] *add. supra* $\mathcal{A}$ **4995** Deinde] *add. supra* $\mathcal{A}$ **4995** sexaginta quatuor] LX IIII^{or} $\mathcal{A}$ **4996** quadraginta novem] quadringenti novem *scr., del. et* 49 *add. supra* 2^a *m.* $\mathcal{A}$ **4997** sexaginta quatuor] LX quatuor $\mathcal{A}$ **4998** octavas] octave $\mathcal{A}$ **5003** decem] X $\mathcal{A}$ **5005–5006** dimidium et dimidia sexta] tres quinte *in textu, quæ del. et* $\frac{7}{12}$ *add.* 2^a *m. in marg.* $\mathcal{A}$ **5009** mille] M $\mathcal{A}$ **5010** centum] C $\mathcal{A}$ **5010** viginti] XX $\mathcal{A}$ **5011** radicem] rade *pr. scr. et corr.* $\mathcal{A}$ **5011** mille] M $\mathcal{A}$ **5012** triginta unum] XXX unum $\mathcal{A}$ **5012** et quinque octave] et V octave *in textu*, V octave *(tantum) del. et add. et* $\frac{39}{62}$ *in marg.* 2^a *m.* $\mathcal{A}$ **5013–5014** et quinque octave dimidie decime] et V octave dimidie decime *in textu, et* $\frac{39}{62}$ *de* $\frac{1}{20}$ *add. in marg.* 2^a *m.* $\mathcal{A}$ **5018** quadraginta] XL $\mathcal{A}$ **5021** quadraginta] XL $\mathcal{A}$ **5021** centum] C $\mathcal{A}$ **5022–5023** quinque] V $\mathcal{A}$ **5023** quinquaginta] L $\mathcal{A}$

(**A.283**) Si volueris scire que est radix trium tredecimarum.

Sic facies. Numerum a quo denominatur tredecima, qui est tredecim, pone prelatum. Cuius tres tredecimas, que sunt tres, multiplica in prelatum, et provenient triginta novem. Quorum radicem, que est sex et quarta, denomina de tredecim, scilicet sex tredecimas et quartam unius tredecime. Et hec est radix quam queris.

Scias autem non esse possibile homini invenire veram radicem numeri surdi.

De multiplicatione radicum inter se

(**A.284**) Si volueris multiplicare radicem de decem in radicem de sex.

Sic facies. Multiplica sex in decem, et provenient sexaginta. Quorum radix est id quod fit ex ductu radicis de sex in radicem de decem.

Cuius probatio hec est. Sint decem A, quorum radix sit B, sex vero sint G, et eorum radix sit D. Volumus igitur scire quid proveniat ex ductu B in D. Ex ductu autem B in D proveniat H, et ex ductu A in G proveniat Z, sexaginta. Dico igitur quod H radix est de Z. Quod sic probatur. Scimus enim quod ex ductu B in se provenit A, ⟨et⟩ ex ductu eiusdem in D provenit H; comparatio igitur de B ad D est sicut comparatio de A ad H. Similiter etiam, ex ductu D in B provenit H, et ex ductu eiusdem in se provenit G; comparatio igitur de B ad D est sicut comparatio de H ad G. Comparatio autem de B ad D iam erat sicut comparatio de A ad H. Igitur comparatio de A ad H est sicut comparatio de H ad G. Quod igitur fit ex ductu A in G equum est ei quod fit ex ductu H in se. Ex ductu autem A in G provenit Z. Igitur ex ductu H in se provenit Z. Sed Z est sexaginta. Igitur H est radix de sexaginta. Et hoc est quod monstrare voluimus.

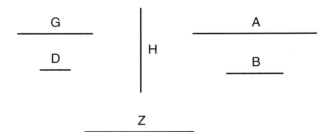

Ad A.284:   *Figura inven. in $\mathcal{A}$ (140^v, 10 – 13).*

(**A.285**) Si autem volueris multiplicare octo in radicem de decem.

Sic facies. Iam scis octo esse radicem de sexaginta quatuor. Quasi ergo multiplicare velis radicem de sexaginta quatuor in radicem de decem. Facies sicut supra docui, et exibit radix de sexcentis quadraginta.

5025 qui] que *cod.*   **5027** triginta novem] XXX novem $\mathcal{A}$ **5032** *tit.*] *subter lin. dux.* $\mathcal{A}$ **5032** radicum] radicium $\mathcal{A}$ **5036** A] *corr. ex* AH $\mathcal{A}$ **5046** equum] equm $\mathcal{A}$ **5048** sexaginta] LX $\mathcal{A}$ **5048** voluimus] volumus $\mathcal{A}$ **5049** decem] X $\mathcal{A}$ **5050** Sic] *add. supra* $\mathcal{A}$ **5050** sexaginta quatuor] LX IIII$^\text{or}$ $\mathcal{A}$ **5051** decem] X $\mathcal{A}$ **5052** quadraginta] XL $\mathcal{A}$

(A.286) Similiter etiam facies si volueris scire tres radices de decem, quod est radix de decem triplicata, cuius numeri sit radix; iam enim scis quoniam hoc idem est quod tres multiplicare in radicem de decem. Fac igitur sicut supra docui, et exibit quod queris.

(A.287) Similiter etiam si volueris tres radices de sex multiplicare in quinque radices de decem.

Sic facies. Quere secundum quod docui tres radices de sex cuius numeri sunt radix; et invenies quod sunt radix de quinquaginta quatuor. Deinde etiam quere quinque radices de decem cuius numeri sunt radix; et invenies quod sunt radix ducentorum quinquaginta. Quasi ergo velis radicem de quinquaginta quatuor multiplicare in radicem ducentorum quinquaginta. Facies sicut supra docuimus, et erit radix tredecim milium et quingentorum. Et hoc est quod scire voluisti.

Scias autem quod cum comparatio unius numeri ad alium numerum fuerit sicut comparatio unius quadrati ad alium quadratum, tunc id quod fit ex ductu radicis unius in radicem alterius erit rationabile.

(A.288) Verbi gratia. Sint duo numeri octo et decem et octo.

Quorum unius comparatio ad alterum est sicut comparatio unius quadrati numeri ad alium numerum quadratum. Quod igitur fit ex ductu radicis unius [scilicet octo] in radicem alterius [scilicet decem et octo] erit numerus rationabilis; qui est duodecim.

Cuius rei probatio manifesta est. Scimus enim quod duo numeri sic se habentes sicut duo quadrati inter se sunt duo ⟨numeri⟩ superficiales et consimiles. Ex ductu autem duorum numerorum superficialium et consimilium unius in alterum provenit quadratus, sicut Euclides dixit in nono libro [igitur ex ductu unius eorum in alium proveniet quadratus]; eius igitur radix est rationabilis [proveniens ex ductu radicis unius numeri in radicem alterius]. Et hoc est quod monstrare voluimus.

Cetera autem huiusmodi que evenerint considera secundum ea que dicta sunt, et invenies ita esse.

Capitulum de agregatione radicum inter se

(i) Scias quod cum duorum numerorum talis fuerit comparatio inter se qualis est duorum quadratorum, tunc agregate radices numerorum erunt radix alicuius numeri.

Quod sic probatur. Scimus enim quod cum comparatio duorum numerorum inter se fuerit sicut comparatio duorum numerorum quadratorum inter se, tunc radices eorum sunt communicantes. Cum igitur fuerint com-

---

5053 scire] add. supra $\mathcal{A}$ **5053** radices de] sex multiplicare in quinque add. (v. infra) et del. $\mathcal{A}$ **5055** decem] X $\mathcal{A}$ **5057–5058** quinque] V $\mathcal{A}$ **5060** sunt (post numeri)] sit $\mathcal{A}$ **5060** sunt (post quod)] sit $\mathcal{A}$ **5060** quinquaginta quatuor] L IIII^{or} $\mathcal{A}$ **5061** quinque] V $\mathcal{A}$ **5061** decem] X $\mathcal{A}$ **5062** quinquaginta] L $\mathcal{A}$ **5063** quinquaginta quatuor] L IIII^{or} $\mathcal{A}$ **5063** quinquaginta] L $\mathcal{A}$ **5069** decem et octo] X et octo pr. scr., 18 add. supra 2^a m. $\mathcal{A}$ **5071** ad] in $\mathcal{A}$ **5071** quadratum] nempe ut 4 ad 9 add. lector in marg. $\mathcal{A}$ **5072** decem et octo] X et octo $\mathcal{A}$ **5083** Capitulum de agregatione] subter hoc tantum (usque marg.) lin. dux. $\mathcal{A}$

municantes, tunc agregatum ex illis radicibus erit communicans utrique earum. Quod cum ita sit, tunc agregatum ex illis radicibus rationale est in potentia. Cum igitur duorum numerorum fuerit comparatio inter se qualis est alicuius numeri quadrati ad alium numerum quadratum, tunc radices numerorum agregate erunt radix alicuius numeri. Et hoc est quod monstrare voluimus.

(*ii*) Scias etiam quod cum e converso fuerit, scilicet ut unus numerus non sic se habeat ad alium sicut unus numerus quadratus ad alium numerum quadratum, tunc nec poterunt radices illorum numerorum agregari nec esse radix alicuius numeri. Cuius rei probatio manifesta est ex decimo libro Euclidis.

Cum igitur radices duorum numerorum agregare volueris, prius considera si comparatio duorum numerorum sit sicut comparatio unius numeri quadrati ad alium numerum quadratum, et tunc poterunt agregari; si vero non, tunc sicut facere volueris, sic pronuntiabis, videlicet, si agregare volueris radicem duorum cum radice de quinque, dices 'radicem duorum cum radice de quinque'.

(*i'*) Cum autem volueris scire si comparatio unius numeri ad alium numerum sit sicut comparatio numeri quadrati ad alium numerum quadratum, multiplicabis alium numerorum in alium; et si provenerit quadratus, tunc sic se habebunt inter se numeri sicut duo quadrati numeri, si vero non provenerit quadratus, tunc non sic se habebunt numeri illi sicut quadrati numeri. Cuius rei probatio patet ex premissis.

(A.289) Si volueris agregare radicem duorum cum radice de octo.

Sic facies. Tu scis radices horum numerorum posse agregari. Nam ex ductu duorum in octo proveniunt sexdecim, qui est quadratus; comparatio igitur quadrati unius earum ad quadratum alterius earum est sicut comparatio duorum numerorum quadratorum; possunt igitur agregari, scilicet esse radix alicuius numeri. Cum igitur volueris scire cuius numeri ambe simul sint radix: Multiplica duo in octo, et fient sexdecim. Quorum duas radices, scilicet radicem duplatam, que est octo, retine. Deinde adde duo ad octo, et fient decem; quos agrega duabus radicibus retentis de sexdecim, que sunt octo, et fient decem et octo. Radix igitur de decem et octo est agregatum ex radice duorum et radice de octo.

Quod sic probatur. Sit radix duorum AB, radix vero de octo sit BG. Volumus igitur scire cuius numeri sit radix AG. Scimus autem quoniam id

---

5091 earum] eorum $\mathcal{A}$ **5091** rationale] rationalis $\mathcal{A}$ **5093** qualis] *corr. ex* equalu $\mathcal{A}$ **5096** Scias] Ostendam *cod.*   **5096** ut] ut cum *cod.*   **5096** unus] *add. supra* $\mathcal{A}$ **5101** duorum] aliquorum $\mathcal{A}$ **5104** sic] *add. supra* $\mathcal{A}$ **5108** comparatio] comparato $\mathcal{A}$ **5109** alium *(post* multiplicabis*)*] in alium *pr. scr. et corr.* $\mathcal{A}$ **5109** alium *(post* in*)*] quadratum alterius *add. et del.* $\mathcal{A}$ **5109** quadratus] *corr. ex* quadatus $\mathcal{A}$ **5111** sicut] *add. supra* 2^a *m.* $\mathcal{A}$ **5111** quadrati] *corr. ex* quadrata $\mathcal{A}$ **5115** sexdecim] XVI $\mathcal{A}$ **5116** earum *(post* unius*)*] eorum $\mathcal{A}$ **5116** earum *(post* alterius*)*] eorum $\mathcal{A}$ **5117** scilicet] *corr. ex* et $\mathcal{A}$ **5118** ambe] *e corr., del. et rescr. supra* $\mathcal{A}$ **5119** sexdecim] XVI $\mathcal{A}$ **5120** adde] *add. in marg.* 2^a *m.* $\mathcal{A}$ **5121** decem] X $\mathcal{A}$ **5121** sexdecim] XVI $\mathcal{A}$ **5122** decem et octo] X et octo $\mathcal{A}$ **5122** decem et octo] X et octo $\mathcal{A}$ **5125** cuius numeri sit] quadratum de AG *pr. scr. (v. infra) et eras.* $\mathcal{A}$

```
A         B              G
├─────────┼──────────────┤
```

Ad A.289:   *Figura inven. in $\mathcal{A}$ (141^r, 23).*

quod fit ex ductu AG in se equum est ei quod fit ex ductu AB in se et BG in se et AB in BG bis. Cum igitur volueris scire quadratum de AG, agregabis quadratum de AB et quadratum de BG et id quod fit ex ductu AB in BG bis, et agregatum erit quod fit ex ductu AG in se. Quadratus autem de AB est duo, et quadratus de BG est octo, multiplicare autem AB in BG bis idem est quod multiplicare ⟨quadratum de⟩ AB in ⟨quadratum de⟩ BG et producti accipere duplatam radicem, que est octo. Igitur cum hec omnia agregaveris, proveniet quadratus de AG. Et hoc est quod monstrare voluimus.

(**A.290**) Si autem volueris agregare radicem de sex ad radicem de decem.

Iam scis has duas ⟨radices⟩ non posse agregari. Nam comparatio de sex ad decem non est sicut comparatio unius numeri quadrati ad alium numerum quadratum. Unde si secundum predictam regulam eas agregare volueris, non poteris. Nam ex ductu sex in decem provenient sexaginta, quorum radix est irrationabilis; igitur non poteris accipere eorum duas radices rationabiles. Si autem volueris ⟨agregare⟩ radices de sex et decem, erit necesse dicere: 'radix agregati ex sexdecim et radice ducentorum quadraginta'. Igitur cum volueris agregare radicem de sex cum radice de decem, facilius erit dicere 'radicem de sex cum radice de decem' quam dicere: 'radix agregati ex sexdecim et radice ducentorum quadraginta'.

Cetera huiusmodi considera secundum hoc, et invenies ita esse.

Capitulum de diminutione radicum inter se

Cum volueris minuere radicem alicuius numeri de radice alterius numeri:

(*i*) Tunc si comparatio unius numeri ad alium numerum fuerit sicut comparatio unius numeri quadrati ad alium numerum quadratum, poterit minui una de alia, ita scilicet ut quod remanet post diminutionem sit radix alicuius numeri.

(*ii*) Si vero comparatio unius numeri ad alium numerum non fuerit sicut unius numeri quadrati ad alium numerum quadratum, non poterit minui una de alia ut predictum est. Cuius rei probatio manifesta est.

(**A.291**) Si volueris minuere radicem de octo de radice de decem et octo.

Tu scis hoc posse fieri, nam sic se habet octo ad decem et octo sicut aliquis numerus quadratus ad alium numerum quadratum. Sic igitur facies. Multiplica octo in decem et octo, et provenient centum quadraginta qua-

---

5126 equum] equm $\mathcal{A}$ **5135** decem] X $\mathcal{A}$ **5138** predictam] *corr. ex* predictum $\mathcal{A}$ **5139** decem] X $\mathcal{A}$ **5139** sexaginta] LX $\mathcal{A}$ **5142** et] et ex $\mathcal{A}$ **5142–5143** quadraginta] XL $\mathcal{A}$ **5143–5144** decem] X $\mathcal{A}$ **5144** decem *(ante* quam*)*] X $\mathcal{A}$ **5145** sexdecim] XVI $\mathcal{A}$ **5145** quadraginta] XL $\mathcal{A}$ **5146** huiusmodi] huius modi $\mathcal{A}$ **5148** Cum volueris m] *subter lin. dux.* $\mathcal{A}$ **5156** decem et octo] X et octo $\mathcal{A}$ **5157** decem et octo] X et octo $\mathcal{A}$ **5158** quadratum] *corr. ex* quadrad $\mathcal{A}$ **5158** igitur] *add. supra* $\mathcal{A}$ **5159–5160** centum quadraginta quatuor] C XL quatuor $\mathcal{A}$

tuor. Quorum due radices, sive radix duplata, sunt viginti quatuor; quos retine. Deinde agrega octo ad decem et octo, et fient viginti sex. De quibus minue viginti quatuor, et remanebunt duo. Igitur radix duorum est id quod remanet post diminutionem radicis de octo de radice de decem et octo.

A   G   B

Ad A.291:   *Figura inven. in* $\mathcal{A}$ *(141^v, 9)*.

Quod sic probatur. Sit radix de decem et octo AB, radix vero de octo sit BG. Volo autem scire cuius numeri sit radix AG. Scimus autem quoniam id quod fit ex ductu AB in se et BG in se equum est ei quod fit ex ductu AB in BG bis et AG in se. Si igitur id quod fit ex ductu AB in BG bis, quod est viginti quatuor, minueris de eo quod fit ex ⟨ductu⟩ AB in se et BG in se, quod est viginti sex, remanebit id quod fit ex ductu AG in se duo. Et hoc est quod monstrare voluimus.

(**A.292**) Si autem volueris radicem de sex minuere de radice de decem.

Hoc non potest fieri ita ut quod remanet sit alicuius numeri radix [sicut monstravit Euclides]. Si vero hoc facere volueris secundum regulam predictam: Multiplicabis sex in decem, et provenient sexaginta. Quorum duas radices, que sunt radix ducentorum quadraginta, minues de sexdecim, et accipies radicem residui. Igitur ad ultimum proveniet radix residui ex sexdecim post diminutam ex eis radicem ducentorum quadraginta. Facilius est autem dicere 'radicem de decem minus radice de sex' quam dicere 'radicem residui de sexdecim post diminutam ex eis radicem ducentorum quadraginta'.

Quotiens autem evenerit questio huiusmodi, considera si comparatio unius duorum numerorum ad alium sit sicut comparatio alicuius quadrati numeri ad alium quadratum numerum, et tunc poterit altera de altera minui ita ut id quod remanserit sit radix alicuius numeri; sin autem sit tua responsio sicut fuit interrogatio: commodius erit sic.

Cetera autem huiusmodi considera secundum hoc, et invenies ita esse.

Capitulum de divisione radicum inter se

(**A.293**) Si volueris dividere radicem de decem per radicem trium.

Sic facies. Divide decem per tres, et eius quod exit radix erit id quod voluisti.

5160 viginti quatuor] XX IIII^{or} $\mathcal{A}$ **5161** viginti sex] XXVI $\mathcal{A}$ **5162** viginti quatuor] XX quatuor $\mathcal{A}$ **5163** decem et octo] X et octo $\mathcal{A}$ **5164** decem et octo] X et octo $\mathcal{A}$ **5166** equum] equm $\mathcal{A}$ **5168** viginti quatuor] XX IIII^{or} $\mathcal{A}$ **5168** ex] *add. supra* $\mathcal{A}$ **5169** viginti sex] XX XX *pr. scr., del. et 26 add. supra* 2^a *m.* $\mathcal{A}$ **5171** decem] X $\mathcal{A}$ **5173** Si] S $\mathcal{A}$ **5175** quadraginta] XL^a $\mathcal{A}$ **5175** sexdecim] X et octo *pr. scr., del. et 16 add. supra* 2^a *m.* $\mathcal{A}$ **5177** sexdecim] X et octo *pr. scr., del. et 16 add. supra* 2^a *m.* $\mathcal{A}$ **5177** quadraginta] XL $\mathcal{A}$ **5178** decem] X $\mathcal{A}$ **5179** sexdecim] decem et octo *pr. scr., del. et 16 add. supra* 2^a *m.* $\mathcal{A}$ **5179** eis] *corr. ex* is $\mathcal{A}$ **5182** numerorum] numorum $\mathcal{A}$ **5183** altera de altera] alter de altero $\mathcal{A}$ **5183–5184** minui] *e corr.* $\mathcal{A}$ **5186** esse] *e corr.* $\mathcal{A}$ **5187** *tit.*] *subter lin. dux.* $\mathcal{A}$ **5188** decem] X $\mathcal{A}$ **5189** decem] X $\mathcal{A}$

[Quod sic probatur.] Scimus enim quod cum aliquis numerus dividitur per alium, idem est accipere radicem eius quod exit quod dividere radicem dividendi per radicem dividentis. [Verbi gratia. Dividatur A per B, et exeat G; quadratus autem de A sit D, quadratus vero de B sit H, quadratus vero de G sit Z. Dico igitur quod si D dividatur per H, exibit Z. Quod sic probatur. Ex divisione enim A per B exit G. Talis est igitur comparatio unius ad G qualis est comparatio de B ad A. Igitur comparatio quadrati unius ad quadratum de G est sicut comparatio quadrati de B ad quadratum de A. Sed quadratus unius est unum, et quadratus de G est Z, et quadratus de B est H, quadratus vero de A est D. Igitur comparatio unius ad Z est sicut comparatio de H ad D. Si igitur dividatur D per H, exibit Z. Et hoc est quod monstrare voluimus.]

$$\begin{array}{c} A \\ \overline{} \\ D \\ \overline{} \\ B \\ \overline{} \\ H \\ \overline{} \\ G \\ \overline{} \\ Z \\ \overline{} \end{array}$$

Ad A.293: *Figura inven. in* $\mathcal{A}$ *(141^v, 30 – 36)*.

(A.294) Si autem volueris dividere decem per radicem de quinque.

Fac sicut supra docui in capitulo ⟨de multiplicatione⟩ radicum. Scilicet, vide cuius numeri sunt radix decem; scilicet, de centum. Quasi ergo velis dividere radicem de centum per radicem de quinque. Facies sicut predictum est, et exibit radix de viginti. Et hoc est quod voluisti.

(A.295) Similiter si volueris dividere radicem de decem per duo: Multiplicabis duo in se, et quasi velis dividere radicem de decem per radicem de quatuor. Facies sicut predictum est.

(A.296) Similiter etiam si volueris duas radices de decem dividere per tres radices de sex.

Prius scias due radices de decem cuius numeri sunt radix, scilicet de quadraginta, et similiter tres radices de sex cuius numeri sunt radix, scilicet de quinquaginta quatuor. Quasi ergo velis dividere radicem de quadraginta

---

5193 per *(ante* radicem*)*] *corr. ex* qui $\mathcal{A}$ **5193–5194** exeat] *e corr.* $\mathcal{A}$ **5194** vero *(ante* de B)] *e corr.* $\mathcal{A}$ **5199** et quadratus de G est Z] *add. in marg.* $\mathcal{A}$ **5203** decem] X $\mathcal{A}$ **5204** sicut] *bis scr.* $\mathcal{A}$ **5206** Facies] Facias $\mathcal{A}$ **5207** viginti] XX $\mathcal{A}$ **5209** decem] X $\mathcal{A}$ **5211** decem] X $\mathcal{A}$ **5213** scias] scies $\mathcal{A}$ **5213** decem] X $\mathcal{A}$ **5213** numeri] *e corr.* $\mathcal{A}$ **5213** sunt] *corr. ex* sec *vel* ser $\mathcal{A}$ **5214** quadraginta] XL $\mathcal{A}$ **5214** sunt] sint $\mathcal{A}$ **5215** quinquaginta quatuor] L IIII^{or} $\mathcal{A}$

per radicem de quinquaginta quatuor. Fac sicut predictum est, et exibit radix sex nonarum et duarum tertiarum unius none.

(A.297) Si autem volueris radicem de sex et radicem de decem dividere per radicem trium.

Sic facies. Divide radicem de sex per radicem trium, deinde divide radicem de decem per radicem trium, et ea que exeunt agrega; et agregatum erit id quod voluisti.

Cum autem evenerit huiusmodi questio, vide si due radices possunt agregari ita ut fiant radix alicuius numeri; quod si ita fuerit, agrega eas, et agregatum divide per dividentem, et exibit quod voluisti. Si vero agregari non possunt, divide unamquamque earum per dividentem et ea que exeunt [si possunt agregari] agrega [sin autem pronuntia eas ut proposite sunt].

Similiter etiam facies si radices fuerint plures quam due. Videlicet, agrega eas omnes si agregari possunt, aut eas tantum que possunt, et agregatum divide; aut si non possunt agregari divide unamquamque per se et que exeunt agrega [omnia si potes, aut si non omnia potes agrega ea que possunt agregari, aut si nulla eorum possunt agregari pronuntia propositas radices ita ut posite sunt].

Cetera huiusmodi considera secundum hoc, et ⟨ita⟩ invenies.

ITEM DE DIVISIONE.

(A.298) Si volueris dividere decem per duo et radicem trium.

(*a*) Sic facies. Tu scis enim quod duo et radix trium simul sunt binomium. Ex ductu autem omnis binomii in suum residuum provenit rationale. Residuum autem duorum et radicis trium est duo minus radice trium. Multiplica igitur duo et radicem trium simul in duo minus radice trium, et proveniet unum. Decem dividendi sint A, duo vero et radix trium simul sit B, dividatur autem A per B et exeat G, qui est id quod queritur; duo autem minus radice trium sit H, id autem quod fit ex ductu duorum minus radice trium in duo et radicem trium sit D, scilicet unum. Habemus igitur quod ex divisione A per B exit G; si igitur multiplicetur G in B, proveniet A. Similiter etiam si multiplicetur H in B, proveniet D. Ex ductu igitur G in B provenit A, et ex ductu H in B provenit D. Comparatio igitur de A ad D est sicut comparatio de G ad H. Sed A est decupla ad D. Igitur G decupla est ad H. Si igitur multiplicetur H in decem, provenient viginti minus radice trescentorum, et hoc est quod querimus et quod probare voluimus.

5216 quinquaginta quatuor] L IIII^{or} $\mathcal{A}$ **5218** decem] X $\mathcal{A}$ **5221** decem] X $\mathcal{A}$ **5227** sin] Sit *pr. scr. et corr.* $\mathcal{A}$ **5232** pronuntia] prop *pr. scr. et corr.* $\mathcal{A}$ **5233** posite] poss *(pro* possunt*) pr. scr. et corr.* $\mathcal{A}$ **5234** considera] cosidera $\mathcal{A}$ **5236** et] et per $\mathcal{A}$ **5237** radix] e *corr.* $\mathcal{A}$ **5238–5239** Residuum] Residuū *quod corr.* $\mathcal{A}$ **5241** Decem dividendi sint A] *scripsi; cod. hab.*: Hoc igitur unum sit Z *(quod del. et add. supra:* D*); 2^a ut vid. m. totum del. et scr. in marg.:* Cuius demonstratio patet *(quod mut. in* est*) ut (hoc add. supra)* 10 dividendi sint **5245** multiplicetur *(post* igitur*)*] *quasi* multiplicentur $\mathcal{A}$ **5245** proveniet] provenit *pr. scr. et corr. supra* $\mathcal{A}$ **5247** H] K *pr. scr. et corr. supra* $\mathcal{A}$ **5247** provenit] provent $\mathcal{A}$ **5249–5250** viginti] XX $\mathcal{A}$

```
A                B      G          D      H
─────────────────   ──────────   ────────  ─
```

Ad A.298a: *Figura inven. in* $\mathcal{A}$ *(142^r, 22).*

(**b**) Assignabo autem probationem qua monstratur quod ex ductu cuiuslibet binomii in suum residuum provenit rationale. Binomium autem sit linea AB, duo autem nomina eius ex quibus componitur sint AG et BG. Manifestum est igitur quod AG et GB in potentia tantum sunt rationales et communicantes. Maius autem eorum sit AG; de quo incidam equale ad BG, quod sit GD. Igitur AD est residuum de AG et GB. Dico igitur quia id quod fit ex ductu AB in AD est rationale. Quod sic probatur. Scimus enim quod DB dividitur per medium in puncto G; cui addita est AD. Id igitur quod fit ex ductu AD in AB et DG in se equum est ei quod fit ex ductu AG in se. Cum igitur volueris multiplicare AB in AD, multiplica AG in se et de producto minue id quod fit ex ductu DG in se. Scimus autem quoniam subtracto eo quod fit ex ductu DG in se de producto ex ductu AG in se quod remanet est rationale; id enim quod fit ex ductu uniuscuiusque eorum in se rationale est, igitur id quod remanet rationale est. Hoc autem quod remanet equale est ei quod fit ex ductu AB in AD. Igitur id quod fit ex ductu AB in AD est rationale. Et hoc est quod monstrare voluimus.

Ad A.298b: *Figura inven. in* $\mathcal{A}$ *(142^r, 33).*

(**A.299**) Si autem volueris dividere radicem de decem per duo et radicem de sex.

Iam scis quod residuum duorum et radicis de sex est radix de sex minus duobus. Si igitur multiplicentur duo et radix de sex in radicem de sex minus duobus, quod provenit est rationale, scilicet duo. Vide ergo que comparatio est radicis de decem ad duo, hoc modo, scilicet divide radicem de decem per duo sicut predocuimus, et exibit radix duorum et dimidii. Si igitur multiplices radicem duorum et dimidii in radicem de sex minus duobus, proveniet id quod queritur, scilicet radix de quindecim minus radice de decem. Et hoc est quod voluisti. Huius autem rei probatio eadem est que precessit nec differunt in aliquo.

(**A.300**) Si autem volueris dividere radicem de decem per radicem duorum et radicem trium.

Sic facies. Residuum radicis duorum et radicis trium, quod est radix trium minus radice duorum, multiplica in radicem duorum et radicem trium; et provenit unum. Divide igitur radicem de decem per unum [ut

---

5254 AB] d *pr. scr. et eras.* $\mathcal{A}$ **5254** BG] *corr. ex* BZ $\mathcal{A}$ **5256** communicantes] comunicantes $\mathcal{A}$ **5259** puncto] pucto $\mathcal{A}$ **5260** equum] equm $\mathcal{A}$ **5263** de producto] et de producto $\mathcal{A}$ **5263** AG] *post lituram* $\mathcal{A}$ **5268** decem] X $\mathcal{A}$ **5268** radicem] radices *pr. scr. et corr.* $\mathcal{A}$ **5274** exibit] exl *pr. scr. et corr.* $\mathcal{A}$ **5276** quindecim] XV $\mathcal{A}$ **5279** decem] X $\mathcal{A}$ **5280** et] et per $\mathcal{A}$ **5282** trium] d *pr. scr. et del.* $\mathcal{A}$ **5283** decem] X $\mathcal{A}$

scias quam comparationem habent decem ad unum] et quod exit multiplica in radicem trium minus radice duorum; ⟨et⟩ proveniet radix de triginta minus radice de viginti. Et hoc est quod queritur. Cuius rei probatio manifesta est.

Item.

(**A.301**) Si volueris dividere decem per duo minus radice trium.

Tu scis quod duo minus radice trium est residuum, et ex eius ductu in binomium suum provenit rationale, sicut supra ostendimus. Si autem multiplicetur in binomium suum, provenit unum. Per quod divide decem, et exibunt decem. Quos multiplica in duo et radicem trium, et provenient viginti et radix trescentorum, quod scilicet queritur.

(**A.302**) Similiter etiam si volueris dividere radicem de decem per radicem de quinque minus radice trium.

Multiplica radicem de quinque minus radice trium in binomium suum, et proveniet rationale, sicut supra ostendimus, scilicet duo. Divide igitur ⟨radicem de⟩ decem per duo et quod exit multiplica in radicem de quinque et radicem trium; et exibit quod queris.

Similiter etiam facies in omnibus consimilibus, et proveniet quod queris.

Capitulum de multiplicandis radicibus radicum

(**A.303**) Si volueris multiplicare radicem radicis de septem in radicem radicis de decem.

Sic facies. Multiplica septem in decem, et provenient septuaginta; quorum radicis radix est id quod voluisti.

A	B	G
D	H	Z
K	T	Q

Ad A.303: *Figura inven. in* $\mathcal{A}$ *(142^v, 24 – 26)*.

K] T *cod.* T] K *cod.*

Cuius rei probatio hec est. Sint decem A, eius autem radix sit B, radix vero de B sit G, igitur G est radix radicis de A; septem sint D, eius autem radix sit H, radix autem de H sit Z, igitur Z est radix radicis de D. Multiplicetur autem A in D et proveniat K, quod est septuaginta, et multiplicetur B in H et proveniat T, et multiplicetur G in Z et proveniat Q.

5284 decem] X $\mathcal{A}$ **5285–5286** triginta] XXX $\mathcal{A}$ **5286** viginti] XX $\mathcal{A}$ **5289** decem] X $\mathcal{A}$ **5291** autem] igitur $\mathcal{A}$ **5292** decem] X $\mathcal{A}$ **5293** decem *(post* exibunt*)*] X $\mathcal{A}$ **5294** viginti] XX $\mathcal{A}$ **5295** decem] X $\mathcal{A}$ **5296** quinque] V $\mathcal{A}$ **5297** quinque] V $\mathcal{A}$ **5298** supra] *corr. ex sic* $\mathcal{A}$ **5299** decem] X $\mathcal{A}$ **5299** quinque] V $\mathcal{A}$ **5302** *tit.*] *subter lin. dux.* $\mathcal{A}$ **5304** decem] X $\mathcal{A}$ **5305** decem] X $\mathcal{A}$ **5305** septuaginta] septe *pr. scr. et corr.* $\mathcal{A}$ **5311** multiplicetur] *e corr.* $\mathcal{A}$

Dico igitur quod Q est radix radicis de K. Quod sic probatur. Scimus enim quod T ⟨est⟩ radix de K. Similiter etiam monstrabitur quod Q est radix de T: nam G est radix de B, sed Z est radix de H, ex ductu autem B in H provenit T, et ex ductu G in Z provenit Q; igitur Q est radix de T. Sed T erat radix de K. Igitur Q est radix radicis de K. Et hoc est quod monstrare voluimus.

(A.304) Si volueris multiplicare radicem de decem in radicem radicis de triginta.

Iam scis quod radix de decem est radix radicis de centum. Multiplica igitur radicem radicis de centum in radicem radicis de triginta, et proveniet radix radicis trium milium.

(A.305) Similiter etiam si volueris multiplicare quinque in radicem radicis de decem.

Scis enim quod quinque radix radicis est sexcentorum viginti quinque. Quasi ergo velis multiplicare radicem radicis sexcentorum viginti quinque in radicem radicis de decem. Fac secundum predicta, et proveniet radix radicis sex milium ducentorum quinquaginta. Et hoc est quod voluisti.

Item.

(A.306) Si volueris multiplicare tres radices radicis de decem in duas radices radicis de sex.

Triplicabis radicem radicis de decem, hoc modo: multiplicabis, scilicet, tres in radicem radicis de decem sicut predocuimus, et proveniet radix radicis octingentorum et decem. Deinde duplabis radicem radicis de sex, et proveniet radix radicis de nonaginta sex. Quasi ergo velis multiplicare radicem radicis octingentorum et decem in radicem radicis de nonaginta sex; multiplicabis octingenta decem in nonaginta sex, et producti radicis radix erit id quod voluisti.

Nota autem quod cum multiplicaveris radicem radicis alicuius numeri in radicem radicis alterius numeri, tunc id quod provenit semper necessario aut erit (i) numerus aut (ii', ii'') radix numeri aut (iii) radix radicis alicuius numeri.

(i, ii') Cum autem multiplicaveris radicem radicis alicuius numeri in radicem radicis alterius numeri et comparatio radicis unius numeri ad radicem alterius numeri fuerit sicut comparatio numeri [quadrati ad numerum quadratum, tunc ipse sunt communicantes in longitudine et quod provenerit ex multiplicatione erit numerus. Si vero fuerit comparatio radicis unius ad radicem alterius sicut comparatio numeri] non quadrati ad numerum

---

5313 etiam] *supra scr.* $\mathcal{A}$ **5314** de H] *corr. ex* DH $\mathcal{A}$ **5315** T *(post* de*)*] Z *cod.*
5318 decem] X $\mathcal{A}$ **5319** triginta] XXX $\mathcal{A}$ **5320** radicis] radidicis *scr. et corr.* $\mathcal{A}$
5320 centum] C $\mathcal{A}$ **5321** triginta] XXX^{ta} $\mathcal{A}$ **5323** quinque] V $\mathcal{A}$ **5324** decem] X $\mathcal{A}$ **5325** viginti quinque] XX V $\mathcal{A}$ **5326** viginti quinque] XX V $\mathcal{A}$ **5327** decem] X $\mathcal{A}$ **5328** ducentorum quinquaginta] CC L $\mathcal{A}$ **5330** decem] X $\mathcal{A}$ **5332** decem] X $\mathcal{A}$ **5333** decem] X $\mathcal{A}$ **5334** duplabis] *corr. ex* dupli $\mathcal{A}$ **5334** radicis] *add. in marg.* $\mathcal{A}$ **5340** provenit] *e corr.* $\mathcal{A}$ **5341** aut *(post* numerus*)*] *corr. ex* at $\mathcal{A}$ **5345**–**5348** quadrati ... numeri] *add.* 2^a *m. in marg.* $\mathcal{A}$ *(pr. ad scr. & eras.)*   **5348** non *(post* numeri*)*] *in ras. (v. supra)* $\mathcal{A}$

non quadratum, tunc id quod ex multiplicatione unius earum in alteram provenit aut erit (*i*) numerus aut (*ii'*) radix numeri tantum.

Cum enim comparatio radicis unius numeri ad radicem alterius numeri fuerit sicut comparatio numeri non quadrati ad numerum non quadratum, tunc radix radicis unius numeri erit non communicans radici radicis alterius numeri in longitudine, sed erit ei communicans in potentia. Cum autem sic fuerint due quantitates, tunc ex ductu unius in alteram proveniet vel rationale vel mediale, quod Euclides ostendit in decimo libro, dicens quod omnis superficies contenta duabus lineis medialibus et in potentia tantum communicantibus aut erit rationalis aut medialis. Ad cuius rei evidentiam duo proponam exempla.

— Quorum primum est hoc.

(**A.307**) Verbi gratia. Si volueris multiplicare radicem radicis trium in radicem radicis de viginti septem.

Iste sunt due quantitates mediales et in potentia tantum communicantes. Comparatio enim quadrati unius earum, qui est radix trium, ad quadratum alterius, qui est radix de viginti septem, est sicut comparatio trium ad novem; sunt igitur in potentia communicantes, in longitudine vero non communicantes. Quod autem fit ex ductu unius earum in alteram est rationale, quod est tres.

— Secundum vero exemplum est hoc.

(**A.308**) Verbi gratia. Si volueris multiplicare radicem radicis de octo in radicem radicis de decem et octo.

Manifestum est etiam quod iste quantitates sunt mediales et in potentia tantum communicantes. Comparatio enim quadrati unius ad quadratum alterius est sicut comparatio de sex ad novem; sunt igitur in potentia communicantes, comparatio enim quadrati unius earum ad quadratum alterius est sicut comparatio numeri ad numerum, et sunt non communicantes in longitudine. Quod autem fit ex ductu unius earum in alteram est mediale, quod est radix de duodecim.

(*iii*) Cum vero multiplicaveris radicem radicis alicuius numeri in radicem radicis alterius numeri et comparatio unius numeri ad alium fuerit non sicut comparatio quadrati numeri ad alium numerum quadratum, tunc id quod ex multiplicatione earum provenit non erit semper nisi radix radicis alicuius numeri.

Cum enim unus numerorum multiplicetur in alium, proveniet numerus non quadratus; quod iam ostendimus in precedenti. Ad cuius rei evidentiam tale subicimus exemplum.

5349 non *(post* numerum*)*] *in ras.* (*v. supra*) 𝐴   **5353** communicans] comunicans 𝐴   **5354** communicans] comunicans 𝐴   **5355** alteram] alterum 𝐴   **5356** decimo] dicimo 𝐴   **5358** communicantibus] comunicantibus 𝐴   **5360** primum] primus 𝐴   **5362** viginti septem] XX septem 𝐴   **5363**–**5364** communicantes] comunicantes 𝐴   **5364** earum] eorum 𝐴   **5365** viginti septem] XX septem 𝐴   **5367** earum] eorum 𝐴   **5367** alteram] alterum *(sc.* alt̄m*)* 𝐴   **5371** decem et octo] X et octo 𝐴   **5375** earum] eorum 𝐴   **5377** earum] eorum 𝐴   **5377** alteram] alterum *(sc.* alt̄m*)* 𝐴   **5378** duodecim] XII 𝐴   **5385**–**5386** evidentiam] eve *pr. scr. et corr.* 𝐴

(**A.309**) Verbi gratia. Si volueris multiplicare radicem radicis de decem in radicem radicis de quindecim. Fac sicut supra docui, et proveniet radix radicis de centum quinquaginta.

(*ii″*) Cum vero multiplicaveris radicem radicis alicuius numeri in radicem radicis alterius numeri et comparatio radicis ⟨unius⟩ numeri ad radicem alterius numeri fuerit sicut comparatio quadrati numeri ad alium quadratum numerum, tunc id quod provenit ex multiplicatione semper erit radix alicuius numeri.

Cuius probatio patet. Scimus enim quod, cum comparatio radicis unius numeri ad radicem alterius numeri fuerit sicut comparatio quadrati numeri ad numerum quadratum, tunc comparatio radicis radicis unius numeri ad radicem radicis alterius numeri erit sicut comparatio numeri ad numerum. Igitur radix radicis unius numeri erit communicans radici radicis alterius numeri. Cum autem unum mediale communicat alii mediali, tunc ex ductu unius in alterum non provenit nisi mediale. Cuius probatio patet legenti decimum librum Euclidis. Ad eius tamen maiorem evidentiam tale subicimus exemplum.

(**A.310**) Verbi gratia. Si volueris multiplicare radicem radicis duorum in radicem radicis triginta duorum. Fac sicut supra docui, et proveniet radix de octo. Et hoc est quod voluisti.

Capitulum de agregandis radicibus radicum inter se

(*i*) Scias quod cum volueris radicem radicis unius numeri agregare ad radicem radicis alterius numeri et comparatio quadrati unius earum, qui est radix unius numeri, ad quadratum alterius, qui est radix alterius numeri, fuerit sicut comparatio numeri quadrati ad numerum quadratum, tunc id quod fit ex agregatione earum semper erit radix radicis alicuius numeri.

Cuius probatio patet. Scimus enim quoniam, cum comparatio quadrati unius earum ad quadratum alterius fuerit sicut comparatio numeri quadrati ad numerum quadratum, tunc comparatio unius ad aliam erit sicut comparatio alicuius numeri ad alium; quod iam ostendit Euclides in decimo libro. Cum vero comparatio unius earum ad aliam fuerit sicut comparatio alicuius numeri ad alium, tunc erunt communicantes; quod iam similiter ostensum est in decimo Euclidis. Cum vero ambe fuerint communicantes, tunc agregatum ex illis erit communicans utrique illarum; quod similiter iam ostensum est ab Euclide. Utraque autem earum est medialis, igitur agregatum ex illis erit mediale; omne enim cui communicat mediale, mediale est; quod similiter monstravit Euclides. Ad eius tamen maiorem evidentiam subiciam exemplum et assignabo regulam agregandi.

5387 decem] X 𝒜 **5388** quindecim] XV 𝒜 **5389** centum quinquaginta] C L 𝒜 **5392** alterius] *pro* altius *hab. cod. hic et bis infra* altius **5395** Cuius] Cum *pr. scr. et corr.* 𝒜 **5397** numerum] *corr. ex* numeri 𝒜 **5397** tunc] tuc 𝒜 **5402** Euclidis] eucludis 𝒜 **5403** exemplum] explum 𝒜 **5404** volueris] voluerit 𝒜 **5405** triginta] trigiinta 𝒜 **5407** tit.] *subter lin. dux.* 𝒜 **5409** earum] eorum 𝒜 **5410** alterius *(post* quadratum*)*] alterius numeri 𝒜 **5414** earum] eorum 𝒜 **5417** earum] *corr. ut vid. ex* eorum 𝒜 **5417** aliam] alium 𝒜 **5420** communicans] *corr. ex* commucans 𝒜 **5420** illarum] illorum 𝒜 **5421** earum] eorum 𝒜 **5424** regulam] ragulam 𝒜

(**A.311**) Verbi gratia. Si volueris radicem radicis trium agregare ad radicem radicis ducentorum quadraginta trium.

$$\text{A} \quad\quad \text{B} \quad\quad\quad\quad\quad \text{G}$$

Ad A.311:   *Figura inven. in* $\mathcal{A}$ *(143^v, 26).*

Radix radicis trium sit AB, radix vero radicis ducentorum quadraginta trium sit BG. Volumus autem scire totus AG cuius numeri sit radix radicis. Scimus autem quoniam id quod fit ex ductu AG in se equum est ei quod fit ex ductu AB in se et BG in se et AB in BG bis. Cum igitur volueris scire quantum proveniat ex ductu AG in se, multiplicabis AB in se et BG in se, et agregatis simul addes id quod fit ex ductu AB in BG bis. Scimus autem quod quadratus de AB est radix trium et quadratus de BG est radix ducentorum quadraginta trium. Agrega igitur radicem trium ad radicem ducentorum quadraginta trium. Necesse est enim illas radices agregari et agregatum alicuius numeri radicem fieri; comparatio enim unius earum ad aliam est sicut comparatio alicuius numeri ad alium [et sunt communicantes], agregatum igitur ex illis erit radix alicuius numeri, scilicet trescentorum. Hanc igitur radicem trescentorum agrega ad id quod fit bis ex ductu radicis radicis trium in radicem radicis ducentorum quadraginta trium, quod est radix de centum et octo. Necesse est radicem de centum et octo agregari ad radicem trescentorum et ⟨agregatum⟩ fieri radicem alicuius numeri; utraque enim illarum communicans est alteri, et ita erit semper: cum enim aliqua quantitas [linea] dividitur in duas partes communicantes, tunc quadrati ipsarum agregati sunt communicantes ei quod fit ex ductu unius earum in alteram bis; cuius probatio patet scienti decimum librum Euclidis. Agrega igitur radicem de centum et octo ad radicem trescentorum, et proveniet radix septingentorum sexaginta octo. Cuius radix, que est radix radicis septingentorum sexaginta octo, est id quod queris. Et hoc est quod monstrare voluimus.

(*ii*) Si autem comparatio quadrati unius earum ad quadratum alterius fuerit sicut comparatio numeri non quadrati ad numerum non quadratum et ex ductu unius eorum in alterum proveniat quadratus, tunc id quod fit ex ipsis agregatis erit radix alicuius numeri agregati cum radice numeri, et est potens supra rationabile et mediale, sicut Euclides monstravit. Ad cuius rei maiorem evidentiam subiciam exemplum.

5427–5428 quadraginta trium] XL trium $\mathcal{A}$ **5429** equum] equm $\mathcal{A}$ **5431** quantum] quantu $\mathcal{A}$ **5432** in *(post* ductu AB*)*] m̄ $\mathcal{A}$ **5434** quadraginta trium] XL trium $\mathcal{A}$ **5435** quadraginta trium] XL trium $\mathcal{A}$ **5435–5436** illas radices] sibi ipsis $\mathcal{A}$ **5437** earum] eorum $\mathcal{A}$ **5437** aliam] alium $\mathcal{A}$ **5438** agregatum] Agregantur $\mathcal{A}$ **5440** ductu] ductuctu *(post.* ctu *exp.)* $\mathcal{A}$ **5440–5441** quadraginta trium] XL trium $\mathcal{A}$ **5441** centum] C $\mathcal{A}$ **5442** centum] C $\mathcal{A}$ **5443** illarum] al *pr. scr. et corr.* $\mathcal{A}$ **5443** communicans] commiunicans $\mathcal{A}$ **5444** erit] *e corr.* $\mathcal{A}$ **5445** communicantes] communicans $\mathcal{A}$ **5446** alteram] alteratam $\mathcal{A}$ **5447** centum] C $\mathcal{A}$ **5448** sexaginta octo] LX octo $\mathcal{A}$ **5449** radix *(ante* que*)*] radicis radix $\mathcal{A}$ **5450** quod *(post* est*)*] *add. supra* $\mathcal{A}$ **5450** monstrare] *corr. ex* monstrab $\mathcal{A}$ **5451** earum] eorum $\mathcal{A}$ **5453** quadratus] rationabile *cod.*   **5454** erit] *corr. ex* erat $\mathcal{A}$

(**A.312**) Verbi gratia. Si volueris agregare radicem radicis trium ad radicem radicis de viginti septem.

Fac sicut supra docui. Scilicet, agrega radicem trium ad radicem de viginti septem, et proveniet radix de quadraginta octo. Cui adde id quod fit bis ex ductu radicis radicis trium in radicem radicis de viginti septem, quod est sex, et provenient sex et radix de quadraginta octo. Quorum agregatorum simul radix est id quod queris, quod est radix agregati ex sex et radice de quadraginta octo.

(*iii*) Si autem ex ductu unius in alterum provenit non quadratus, tunc id quod fit ex agregatis erit radix agregati ex radice numeri cum radice numeri, que ⟨est⟩ potens supra duo medialia, sicut Euclides monstravit in decimo probatione necessaria. Ad eius tamen maiorem evidentiam tale subiciam exemplum.

(**A.313**) Verbi gratia. Si volueris agregare radicem radicis de octo ad radicem radicis de decem et octo.

Agrega eas sicut supra docuimus. Scilicet, agrega radicem de octo ad radicem de decem et octo, et proveniet radix de quinquaginta. Deinde, multiplica radicem radicis de octo in radicem radicis de decem et octo, bis, et proveniet radix de quadraginta octo. Quam debes agregare ad radicem de quinquaginta. Sed non potest fieri ita ut fiant radix alicuius numeri. Necesse erit igitur ut dicas: 'radix agregati ex radice de quadraginta octo cum radice de quinquaginta'. Et hoc est quod voluisti.

(*iv*) Cum autem volueris agregare radicem radicis alicuius numeri ad radicem radicis alterius numeri et comparatio unius numeri ad alium fuerit non sicut comparatio quadrati numeri ad numerum quadratum, tunc ille radices non agregantur nec erunt nisi radix radicis numeri et radicis radicis numeri. [Cuius rei probatio patet ex decimo Euclidis.] Si autem talis questio evenerit, non erit illa illarum agregatio nisi qualis est ipsarum in prolatione ordinatio.

Capitulum de minuendis radicibus radicum inter se

Scias quod minuere radices radicum de radicibus radicum ita est sicut agregare radices radicum cum radicibus radicum, sicut supra docuimus quod minuere radices de radicibus idem erat quod agregare radices inter se. Quisquis igitur novit que dicta sunt de agregando radices radicum inter se et novit quomodo inducitur ad hoc decimus liber Euclidis, poterit

---

5458 viginti septem] XX septem, *corr. ex* XX IIII^{or} (IIII^{or} *del. et* septem *add.*), *post quæ add. et del.* proveniet radix A **5460** viginti septem] XX septem A **5460** quadraginta octo] XL octo A **5461** radicis radicis] radicis *tantum pr. scr. et* radicis *add. supra* 2^a *ut vid. m.* A **5461** radicem radicis] radicis *tantum pr. scr. et* radicis *add. supra* 2^a *ut vid. m.* A **5461** viginti septem] XX septem A **5462** quadraginta octo] XL octo A **5464** quadraginta octo] XL octo A **5466** radice *(post* ex*)*] radidice A **5467** potens] pe *pr. scr. et del.* A **5471** decem et octo] X et octo A **5472** agrega] d *pr. scr. et exp.* A **5473** decem et octo] X et octo A **5473** quinquaginta] L A **5474** decem et octo] X et octo A **5475** quadraginta octo] XL octo A **5476** quinquaginta] L A **5477** quadraginta octo] XL *(sic)* A **5482–5483** radicis radicis] radix radicis A **5485** prolatione] *corr. ex* probatione A **5490** agregando] agregare A

per illa pertingere ad scientiam minuendi radices radicum inter se; sed in minuendo radices radicum inter se ponet residua sicut in agregando posuimus binomia.

Capitulum de dividendis radicibus radicum inter se

(**A.314**) Si volueris dividere radicem radicis de decem per radicem radicis de quinque.

Sic facies. Divide decem per quinque, et eius quod provenerit radix radicis, que est radix radicis duorum, est id quod voluisti.

Cuius probatio patet. Scimus enim quod cum aliquis numerus dividitur per alium, idem est accipere radicem eius quod exit quod dividere radicem dividendi per radicem dividentis. Cum igitur volueris dividere radicem radicis de decem per radicem radicis de quinque, divides quadratum radicis radicis de decem, qui est radix de decem, per quadratum radicis radicis de quinque, qui est radix de quinque, et exibit radix duorum, sicut prediximus; huius igitur radix, que est radix radicis duorum, est id quod voluisti.

(**A.315**) Si autem volueris duas radices radicis de decem dividere per tres radices radicis de octo.

Sic facies. Scias prius due radices radicis de decem cuius numeri sunt radix ⟨radicis⟩; videlicet, multiplica duo in radicem radicis de decem sicut prediximus, et exibit radix radicis de centum sexaginta. Deinde scias tres radices radicis de octo cuius numeri sunt radix ⟨radicis⟩; videlicet, multiplica tres in radicem radicis de octo, et proveniet radix radicis sexcentorum et quadraginta octo. Quasi ergo velis dividere radicem radicis de centum sexaginta per radicem radicis sexcentorum quadraginta octo; divides, denominando, centum sexaginta per sexcentos quadraginta octo, et eius quod exit radicis radix erit id quod voluisti.

(**A.316**) Si autem volueris dividere radicem radicis de decem per duo.

Sic facies. Scias prius cuius numeri duo sunt radix radicis, et invenies quod de sexdecim. Quasi ergo velis radicem radicis de decem dividere per radicem radicis de sexdecim. Fac sicut predocuimus, et exibit radix radicis quinque octavarum.

Cetera autem huiusmodi considera secundum hoc, et invenies ita esse.

Item de eodem.

(**A.317**) Si volueris dividere decem per duo et radicem radicis trium.

5496 decem] X 𝐴 **5497** quinque] V 𝐴 **5498** decem] X 𝐴 **5498** provenerit] venerit 𝐴 **5501** dividere] divid̄ 𝐴 **5503** de *(ante* decem*)*] *corr. ex* p 𝐴 **5503** decem] X 𝐴 **5503** quinque] V 𝐴 **5504** decem *(ante* qui*)*] X 𝐴 **5504** decem *(ante* per*)*] X 𝐴 **5505** quinque *(ante* qui*)*] V 𝐴 **5505** quinque *(ante* et*)*] V 𝐴 **5507** decem] X 𝐴 **5509** decem] X 𝐴 **5510** decem] X 𝐴 **5511** centum sexaginta] C LX 𝐴 **5514** quadraginta octo] XL octo 𝐴 **5514–5515** centum sexaginta] C LX 𝐴 **5515** quadraginta octo] XL octo 𝐴 **5516** centum sexaginta] C LX 𝐴 **5516** quadraginta octo] XL octo 𝐴 **5518** decem] X 𝐴 **5519** duo sunt radix radicis] radicis duo sunt radix 𝐴 **5520** sexdecim] XVI 𝐴 **5520** decem] X 𝐴 **5521** sexdecim] XVI 𝐴 **5522** quinque] V 𝐴 **5523** huiusmodi] huius modi 𝐴 **5525** decem] X 𝐴

(*a*) Prius hec cognoscenda sunt. Scilicet, quod (*i*) cum multiplicatur aliquis numerus et radix radicis numeri in residuum suum, proveniet residuum. Aut, (*ii*) si multiplicetur radix numeri et radix radicis numeri in suum residuum, proveniet etiam residuum. Aut, (*iii*) si multiplicetur radix radicis numeri et radix radicis numeri in suum residuum, proveniet etiam residuum. Assignabo igitur probationem unius horum ex qua cetera cognoscantur.

Ad A.317*a*:   *Figura inven. in* 𝐴 *(144ᵛ, 7).*

Dico igitur quod, cum radix radicis alicuius numeri et radix radicis ⟨alterius⟩ numeri multiplicatur in suum residuum, quod est radix radicis maioris numeri subtracta de ea radice radicis minoris numeri, non proveniet nisi residuum.   Sit igitur radix radicis maioris numeri *AB*, radix vero radicis minoris numeri sit *BG*. Incidam autem de *AB* equale ad *BG*, quod sit *DB*. Igitur *AD* residuum est horum duorum numerorum.   Dico igitur quod ex ductu *AG* in *AD* provenit residuum.   Quod sic probatur. Scimus enim quoniam id quod fit ex ductu *AG* in *AD* et *DB* in se equum est ei quod fit ex ductu *AB* in se. Igitur, si volueris multiplicare *AD* in *AG*, multiplicabis *AB* in se et de producto minues id quod fit ex ductu *DB* in se, et remanebit id quod fit ex ductu *AG* in *AD*. Scimus autem quod id quod fit ex ductu *AB* in se est radix numeri, et id quod fit ex ductu *DB* in se est radix numeri. Igitur id quod fit ⟨ex ductu⟩ *AD* in *AG* est radix numeri sed subtracta de ea radice numeri, quod est residuum. Et hoc est quod monstrare voluimus.

In hac autem maneria tantum possibile ⟨est⟩ ut id quod provenit ex multiplicatione sit radix alicuius numeri, videlicet cum due radices duorum numerorum fuerint communicantes: tunc potuerit altera de altera minui ita ut remaneat radix numeri [tunc id quod remanet erit radix numeri, quod est id quod fit ex ductu radicis radicis numeri et radicis radicis numeri in residuum suum].

In aliis autem maneriis impossibile est esse nisi residuum. Nam ⟨propositum binomium⟩ aut erit numerus et radix radicis numeri, aut radix numeri et radix radicis numeri.   Igitur cum fuerit numerus et radix radicis numeri, tunc si multiplicatur numerus in se, proveniet numerus, et cum multiplicabitur radix radicis numeri in se, proveniet radix numeri; nec est possibile minui radicem numeri de numero, nec numerum de radice numeri, sicut manifestum est, non enim sunt communicantes.   Si autem fuerit radix numeri et radix radicis numeri, similiter etiam erit tunc impossibile, nam ex ductu radicis numeri in se non provenit nisi numerus.

5529 multiplicetur] mltiplicetur 𝐴   **5537** quod] que 𝐴   **5540** equum] equm 𝐴   **5544** ductu *(ante: AB)*] duductu 𝐴   **5548** possibile] posibile 𝐴   **5550** fuerint] *corr. ex* fuit 𝐴   **5550** tunc] et 𝐴   **5551** remaneat] ramaneat 𝐴   **5552** et radicis radicis numeri] *add. in marg.* 2ᵃ *m.* 𝐴   **5559** minui] *e corr.* 𝐴   **5560** enim] *corr. ex* est 𝐴 (***b***) Si autem volueris dividere decem per duo et radicem radicis trium, sic facies. Multiplica duo et radicem radicis trium in duo minus radice radicis trium, et proveniet sicut prediximus residuum, quod est quatuor minus radice trium. Per quos divide decem sicut predocuimus, et exibunt quadraginta et radix trescentorum tredecime. Quas multiplica in duo minus radice radicis trium, et proveniet quod queris.

(**A.318**) Si volueris dividere decem per radicem radicis trium et radicem radicis de duodecim.

Sic facies. Multiplica radicem radicis de duodecim et radicem radicis trium in radicem radicis de duodecim minus radice radicis trium, et proveniet rationale in potentia, quod est radix trium. Per quam divide decem, et exibit radix triginta trium et tertie. Quam multiplica in radicem radicis de duodecim minus radice radicis trium, et proveniet quod queris.

(**A.319**) Si volueris dividere decem per radicem de quinque minus radice radicis duorum.

Sic facies. Multiplica radicem de quinque minus radice radicis duorum in binomium suum, quod est radix de quinque et radix radicis duorum, et proveniet residuum, sicut predictum est, quod est quinque minus radice duorum. Per quos divide decem, et quod exit multiplica in radicem de quinque et radicem radicis duorum, et proveniet quod queris.

Secundum hoc autem considera cetera hiis similia, et invenies ita esse.

ITEM DE DIVISIONE RADICUM.

(**A.320**) Si volueris dividere decem per duo et radicem trium et radicem de decem.

(***a***) Scias prius quod, cum ita posita fuerint tria nomina et unum trium minueris de reliquis duobus in residuum quorum multiplices deinde illa tria, tunc proveniet aut residuum aut binomium aut rationale in potentia.

Ad A.320*a*:   *Figura inven. in* 𝐴 *(145ʳ, 11).*

B *et* H *permut. cod.*

Sint igitur tria nomina *AD*, primum autem eorum sit *AB*, secundum autem sit *BG*, tertium vero sit *GD*. Dico igitur quod, si unum de *AD* minueris de reliquis duobus et in id quod remanet multiplicaveris *AD*, tunc aut

---

5563 decem] X 𝐴   **5563** et] et per 𝐴   **5566** decem] X 𝐴   **5567** quadraginta et radix trescentorum tredecime] XL et radix trescentorum *in textu*, tredecime *add.* 2ᵃ *ut vid. m. supra* 'et radix', *quod postea del., et scr. in marg.:* 300 169ᵃʳᵘᵐ 𝐴   **5567** Quas] Quos 𝐴   **5569** decem] X 𝐴   **5571** duodecim] XII 𝐴   **5572** duodecim] XII 𝐴   **5574** triginta trium] XXX trium 𝐴   **5574–5575** radicem radicis de duodecim] XII *pr. scr.*, r r de *add.* 2ᵃ *m. supra* 𝐴   **5575** radice radicis] radice *pr. scr.*, r *add. supra* 𝐴   **5576** decem] X 𝐴   **5576** quinque] V 𝐴   **5578** quinque] V 𝐴   **5579** quinque] V 𝐴   **5580** quinque] V 𝐴   **5582** quinque] V 𝐴   **5582** radicis] *add. in marg.* 𝐴   **5583** hiis] his *cod.*   **5585** decem] X 𝐴   **5586** decem] X 𝐴   **5592** et] *add. supra* 𝐴   **5592** aut] *corr. ex* autem 𝐴

proveniet residuum aut binomium aut rationale in potentia. Incidam igitur de AG equale ad GD, quod sit HG, et remanebit AH. Dico igitur quod ex ductu AH in AD aut proveniet residuum aut binomium aut rationale in potentia. Quod sic probatur. Linea enim HD divisa est per medium in puncto G et addita est ei linea AH. Quod igitur fit ex ductu AH in AD et HG in se equum est ei quod fit ex ductu AG in se. Si igitur volueris multiplicare AH in AD, multiplicabis AG in se et de producto minues id quod fit ex ductu HG in se; et remanebit id quod fit ex ductu AD in AH. Scimus autem quoniam ex ductu AG in se provenit primum binomium: omne enim binomium cum multiplicatur in se provenit primum binomium; quod monstratur ex decimo Euclidis. Primum autem binomium est numerus et radix numeri. Scimus etiam quoniam ex ductu HG in se provenit numerus. Minue igitur numerum de primo binomio, qui est numerus et radix numeri. (*i*) Si autem numerus quem minuis est minor numero qui est in binomio primo, tunc id quod remanet est numerus et radix numeri, quod est binomium. (*ii*) Si vero numerus quem minuis fuerit maior numero qui est in binomio primo, tunc id quod remanet erit radix numeri minus numero, quod est residuum. (*iii*) Si autem equalis ⟨ei⟩ fuerit, tunc remanebit radix numeri, quod est rationale in potentia. Et hoc est quod monstrare voluimus.

(**b**) Hiis igitur precognitis, si volueris dividere decem per duo et radicem trium et radicem de decem, sic facies. Multiplica duo et radicem trium et radicem de decem in duo et radicem trium minus radice de decem, et proveniet radix de quadraginta octo minus tribus, quod est residuum. Per quod divide decem, et quod exierit multiplica in duo et radicem trium minus radice de decem; et proveniet quod queris. [Cuius rei probatio iam premissa est.]

(**A.321**) Similiter etiam si volueris dividere radicem de decem per radicem de sex et radicem de septem et radicem de octo. Similiter etiam hic facies. Scilicet, multiplicabis radicem de sex et radicem de septem et radicem de octo in radicem de sex et ⟨radicem⟩ de septem minus radice de octo, et provenient quinque et radix de centum sexaginta octo, quod est binomium. Per quod divide radicem de decem sicut predictum est, et quod exierit multiplica in radicem de sex et radicem de septem minus radice de octo; et proveniet quod queris.

(**A.322**) Si volueris dividere decem et radicem de quinquaginta per radicem duorum et radicem trium et radicem de quinque.

Iam scis quod decem et radicem de quinquaginta simul agregata di-

---

5593 in potentia] Quod sic probatur. Linea *add. (v. infra) et del.* $\mathcal{A}$ **5594** remanebit] ramanebit $\mathcal{A}$ **5596** divisa] divisu *pr. scr. et corr.* $\mathcal{A}$ **5598** equum] equm $\mathcal{A}$ **5612** voluimus] volum *pr. scr. et corr.* $\mathcal{A}$ **5613** Hiis] his $\mathcal{A}$ **5613** decem] X $\mathcal{A}$ **5614** decem] X $\mathcal{A}$ **5615** decem *(ante* in*)*] X $\mathcal{A}$ **5615** decem] X $\mathcal{A}$ **5616** quadraginta octo] XL octo $\mathcal{A}$ **5617** decem] X $\mathcal{A}$ **5618** decem] X $\mathcal{A}$ **5618–5619** iam premissa est *pr. scr. et del.* $\mathcal{A}$ **5624** quinque] V $\mathcal{A}$ **5624** centum sexaginta octo] C LX octo $\mathcal{A}$ **5625** decem] X $\mathcal{A}$ **5628** dividere] *e corr.* $\mathcal{A}$ **5628** quinquaginta] L $\mathcal{A}$ **5628–5629** radicem duorum] duo *pr. scr. et* r *et* orum *add. supra* $\mathcal{A}$ **5629** quinque] V $\mathcal{A}$ **5630** quinquaginta] L $\mathcal{A}$

videre per radicem duorum et radicem trium et radicem de quinque simul agregatas idem est quod dividere decem per radicem duorum et radicem trium et radicem de quinque et dividere radicem de quinquaginta per radicem duorum et radicem trium et radicem de quinque et agregare que ex utraque divisione exeunt. Divide igitur decem per radicem duorum et radicem trium et radicem de quinque sicut predocuimus; et etiam divide radicem de quinquaginta per radicem duorum et radicem trium et radicem de quinque; et que de utraque divisione exeunt agrega.

Et secundum hoc considera cetera hiis similia, et invenies ita esse.

Item de radicibus

(**A.323**) Si volueris scire que est radix de octo et radicis de sexaginta simul agregatorum.

(***a***) In huiusmodi questionibus considera id cuius radix queritur.

(*i*) Si fuerit binomium primum, semper erit radix eius cognita binomium. Cuius probatio patet ex decimo Euclidis, ubi dicitur quod, cum aliqua superficies continetur binomio primo et linea rationali, tunc linea potens supra eam est binomium.

(*ii*) Si autem id cuius radix queritur fuerit binomium secundum, tunc erit radix eius primum bimediale. Cum enim superficies continetur linea rationali et binomio secundo, tunc [quecumque] linea [est] potens supra eam est bimediale primum.

Similiter etiam:

(*iii*) Si fuerit binomium tertium, erit radix eius bimediale secundum.

(*iv*) Si autem fuerit binomium quartum, erit radix eius linea maior.

(*v*) Si autem fuerit binomium quintum, erit radix eius id quod potest supra rationale et mediale.

(*vi*) Si autem fuerit binomium sextum, erit radix eius id quod potest supra duo medialia.

(***b***) Assignabo igitur regulam per quam hec omnia possunt inveniri, exemplum autem eius erit id quod premisimus, scilicet: Si volueris scire que est radix agregati ex octo et radice de sexaginta.

Iam scis quod octo et radix de sexaginta simul est binomium primum: octo enim plus sunt quam radix de sexaginta, igitur maior est communi-

---

5631 radicem duorum] duo *pr. scr. et* r *et* orum *add. supra* 𝒜 **5631** et *(post* duorum*)*] et per 𝒜 **5631** quinque] V 𝒜 **5632** agregatas] agregata 𝒜 **5632** decem] X 𝒜 **5632** radicem duorum] duo *cod.* **5633** quinque] V 𝒜 **5633** et *(post* quinque*)*] quod *pr. scr. et corr. supra* 𝒜 **5633** quinquaginta] L 𝒜 **5634** quinque] V 𝒜 **5636** quinque] V 𝒜 **5637** et *(post* trium*)*] et per 𝒜 **5638** quinque] V 𝒜 **5639** hiis] his 𝒜 **5641** sexaginta] LX 𝒜 **5643** huiusmodi] huius modi 𝒜 **5643** considera] si *add.* (*v. adn. seq.*) 𝒜 **5644** Si] *hic om.* 𝒜; *pro* considera id cuius radix queritur. Si fuerit binomium primum *hab. enim cod.:* considera si id cuius radix queritur fuerit binomium primum **5646** continetur] ex *add. cod.* **5648** binomium secundum] contentum binomio secundo et linea rationabili 𝒜 **5653** fuerit] *corr. ex* ser 𝒜 **5654** erit] *corr. ex* erat 𝒜 **5657** binomium sextum] sextum binomium 𝒜 **5660** premisimus] premisimus 𝒜 **5662** sexaginta] XL *pr. scr. & mut. in* LX 𝒜 **5663** sexaginta] LX 𝒜

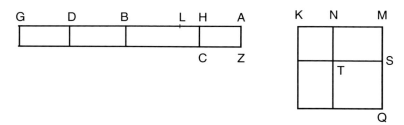

Ad A.323b: *Figura inven. in A (145^v, 23 – 26)*.

cans linee rationabili, minor vero est incommunicans linee rationabili, octo autem possunt supra [radicem de] sexaginta per quadratum duorum, scilicet per additionem quadrati linee illi communicantis; octo igitur et radix de sexaginta simul est primum binomium. Eius igitur radix est binomium. Sint igitur octo AB, radix vero de sexaginta sit BG, linea vero AZ sit unum. Igitur superficies ZG est octo et radix de sexaginta simul. Cuius volumus scire radicem. Dividatur igitur BG per medium in puncto D. Igitur BD est radix de quindecim. Linee autem AB addam superficiem equalem quadrato linee BD ita ut de completione linee desit superficies quadrata equalis ei quod fit ex ductu HB in se. Id igitur quod fit ex ductu AH in HB est quindecim; sed AB est octo. Igitur octo dividitur in duo quorum uno ducto in alterum proveniunt quindecim. Dividatur igitur linea AB per medium in puncto L. Quod igitur fit ex ductu AH in HB et HL in se equum est ei quod fit ex ductu AL in se. Sed id quod fit ex ductu AL in se est sexdecim, et id quod fit ex ductu AH in HB est quindecim; remanet igitur id quod fit ex ductu HL in se unum. Igitur HL est unum. Sed AL est quatuor, igitur remanet AH tres; linea autem HB erit quinque. Habemus igitur quod linea AH est tres, et AZ est unum, superficies igitur ZH est tres. Similiter etiam linea HB est quinque, et CH est unum, superficies igitur CB est quinque. Fiat autem superficies quadrata equalis superficiei ZH, que sit KT, et iterum alia superficies quadrata equalis superficiei CB, que sit TQ. Igitur superficies KT est tres et superficies TQ est quinque. Complebo autem superficiem KQ. Manifestum est igitur quod superficies KQ equalis est superficiei ZG; cuius probationem Euclides posuit in decimo libro. Scimus autem quod superficies KT est tres. Igitur linea KN est radix trium. Superficies autem TQ est quinque. Igitur linea NM, que est equalis linee TS, est radix de quinque. Tota igitur linea KM est [radix superficiei ZG, et potest supra eam] radix trium et radix de quinque [et est binomium]. Et hoc est quod monstrare voluimus.

ITEM DE EODEM.

5665 sexaginta] LX A **5666** additionem] aditionem A **5667** sexaginta] X *pr. scr. mut. in* sexaginta A **5668** sexaginta] seaginta A **5671** quindecim] XV A **5673** HB in se] AH in HB *cod.* **5674** quorum] d *add. et exp.* A **5675** proveniunt] provenerit A **5675** quindecim] XV A **5676** equum] equm A **5678** sexdecim] XVI A **5678** quindecim] XV A **5680** quatuor] unum *pr. scr. et del.* A **5680** HB] *corr. ex* HH A **5680** quinque] V A **5682** quinque *(post:* HB est*)*] V A **5683** CB] *corr. ex* CH A **5687** equalis] *corr. ex* equalu A **5689** quinque] V A **5690** quinque] V A

(***a***) Similiter etiam si acciderit questio de residuis: eodem modo facies quo in binomiis.

(**A.324**) Verbi gratia. Si volueris scire que est radix ducentorum viginti quinque minus radice quinquaginta milium.

(*i*) Scias quoniam hoc est primum residuum. Linea ergo que potest supra illud est residuum. Nam cum aliqua superficies continetur linea rationali et primo residuo, tunc linea que supra illam potest est residuum.

(*ii*) Si autem fuerit residuum secundum, tunc linea que potest supra illud erit residuum mediale primum.

(*iii*) Si vero fuerit tertium, tunc linea que potest supra illud erit residuum mediale secundum.

(*iv*) Si autem fuerit quartum, tunc linea que potest supra illud erit minor.

(*v*) Si autem fuerit quintum, tunc linea supra illud potens erit que coniuncta rationali facit totum mediale.

(*vi*) Si autem fuerit sextum, tunc linea que supra illud potest erit que coniuncta mediali facit totum mediale.

Horum autem omnium probationes iam assignate sunt in decimo Euclidis.

(***b***) Dicam igitur quomodo invenietur radix ducentorum viginti quinque minus radice quinquaginta milium, ut per hoc cognoscantur cetera. Ducenti igitur viginti quinque sint linea AB, et de ipsa sit radix quinquaginta milium BG, igitur AG est ducenti viginti quinque minus radice quinquaginta milium, linea vero AZ sit unum. Et faciam superficiem ZB et superficiem ZG, que est ducenti viginti quinque minus radice quinquaginta milium. Deinde dividam GB per medium in puncto D. Manifestum est igitur quod GD est radix duodecim milium quingentorum. Deinde linee AB addam superficiem equalem quadrato linee GD ita ut de completione linee desit superficies quadrata equalis ei quod fit ex ductu AH in se. Manifestum est igitur quod id quod fit ex ductu AH in HB est duodecim milia et quingenti, et AB est ducenti viginti quinque. Igitur ducenti viginti quinque dividuntur in duas partes et ex ductu unius earum in alteram proveniunt duodecim milia et quingenti. Fac ergo sicut docetur in agebla, et exibit HB centum. Sed AZ est unum; que est equalis ad BN. Superficies igitur NH est centum, et superficies ZH est centum viginti quinque. Fiat igitur superficies quadrata equalis superficiei ZH, que sit QK, super cuius diametrum sit superficies equalis superficiei NH, que est KT, protraham

---

5694 quo] quo et $\mathcal{A}$ **5696–5697** viginti quinque] XX V $\mathcal{A}$ **5697** quinquaginta] L $\mathcal{A}$ **5700** illam] illum, *corr. ex* illam $\mathcal{A}$ **5708–5709** erit que coniuncta mediali facit] coniuncta cum *(corr. ex* est, ē *pro* c̄ *pr. scr.)* mediali erit faciens *cod.* **5712** viginti quinque] XX V $\mathcal{A}$ **5713** quinquaginta] L $\mathcal{A}$ **5714** viginti quinque] XX V $\mathcal{A}$ **5714** et] *supra add.* $\mathcal{A}$ **5714** sit] sint $\mathcal{A}$ **5714** quinquaginta] L $\mathcal{A}$ **5715** viginti quinque] XXV $\mathcal{A}$ **5715** quinquaginta] L $\mathcal{A}$ **5717** ducenti] *corr. ex* ducents $\mathcal{A}$ **5717** viginti quinque] XX V $\mathcal{A}$ **5720** superficiem] superficiem quadratam $\mathcal{A}$ **5721** AH in se] AH in HB *cod.* **5722** HB] B *pr. scr. et corr.* $\mathcal{A}$ **5723** viginti quinque *(ante* Igitur*)*] XXV $\mathcal{A}$ **5723** viginti quinque] XXV $\mathcal{A}$ **5726** Sed] hoc $\mathcal{A}$ **5727** centum viginti quinque] C XX V $\mathcal{A}$ **5727** Fiat] fa *pr. scr. et corr.* $\mathcal{A}$ **5728** super] Superficies *pr. scr. et* ficies *del.* $\mathcal{A}$

autem duas lineas PC et MX. Manifestum est igitur quod superficies QT equalis est superficiei ZG; hoc autem iam monstravit Euclides. Linea igitur potens supra superficiem ZG, que est radix ducentorum et viginti quinque minus radice quinquaginta milium, est CT. Volumus autem scire quanta ipsa est. Monstratum est autem quod superficies KT est centum; linea igitur TP est decem. Superficies autem QK est centum viginti quinque; igitur linea LK, que est equalis linee CP, est radix de centum viginti quinque. Igitur linea CT est radix de centum viginti quinque minus decem. Et hoc est quod monstrare voluimus.

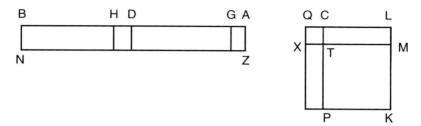

Ad A.324b: *Figura inven. in* $\mathcal{A}$ *(146^r, 18 – 23); bis delin. (pr., quam del., una cum fig. ad A.323b).*

Similiter etiam facies in omnibus huiusmodi, et invenies ita esse.

Iam ergo assignavimus regulam residui primi et binomii primi. Similiter etiam fit in ceteris. De reliquis apponam questionem unam per quam cognoscantur cetera consimilia.

(A.325) Si quis querat: Que est radix de decem et radice de centum octoginta?

Ostendam hic eandem regulam esse que est in binomio primo. Scilicet, multiplica decem in se, et provenient centum. Quorum quartam semper accipe; que est viginti quinque. Deinde divide radicem de centum octoginta ⟨in⟩ duo ex ductu unius ipsorum in alterum proveniunt viginti quinque sicut supra docuimus. Scilicet, accipe dimidium radicis de centum octoginta, que est radix de quadraginta quinque; quam multiplica in se, et provenient quadraginta quinque. De quibus minue viginti quinque, et remanebunt viginti. Quorum radicem, que est radix de viginti, si addideris radici de quadraginta quinque, que est dimidium radicis de centum octoginta, erit pars maior, que est radix de viginti et radix de quadraginta quinque; quas possibile ⟨est⟩

5731 monstravit] monstavit $\mathcal{A}$ **5732** viginti quinque] XXV $\mathcal{A}$ **5733** quinquaginta] L $\mathcal{A}$ **5734** centum] C $\mathcal{A}$ **5735** decem] X $\mathcal{A}$ **5735** centum viginti quinque] C XXV $\mathcal{A}$ **5736–5737** centum viginti quinque] C XXV $\mathcal{A}$ **5737** centum viginti quinque] C XXV $\mathcal{A}$ **5737** decem] X $\mathcal{A}$ **5743** decem] X $\mathcal{A}$ **5743** et] et de $\mathcal{A}$ **5743** centum] C $\mathcal{A}$ **5746** centum] C $\mathcal{A}$ **5747** viginti quinque] XXV $\mathcal{A}$ **5747** centum] C $\mathcal{A}$ **5748** viginti quinque] XX V $\mathcal{A}$ **5749** docuimus] *corr. ex* documus $\mathcal{A}$ **5749** centum] C $\mathcal{A}$ **5750** quadraginta quinque] XL V $\mathcal{A}$ **5750–5751** quadraginta quinque] XL V $\mathcal{A}$ **5751** viginti quinque] XXV $\mathcal{A}$ **5751** viginti] XX $\mathcal{A}$ **5752** viginti] XX $\mathcal{A}$ **5752–5753** quadraginta quinque] XL V $\mathcal{A}$ **5753** centum] C $\mathcal{A}$ **5754** viginti] XX $\mathcal{A}$ **5754** quadraginta quinque] XL V $\mathcal{A}$

coniungi inter se, et alteram ab altera minui. Agrega igitur radicem de viginti ad radicem de quadraginta quinque, et fiet radix de centum viginti quinque. Minue etiam radicem de viginti de radice de quadraginta quinque, et remanebit radix de quinque. Accipe igitur radicem radicis de quinque et radicem radicis de centum viginti quinque; que sunt radix radicis de quinque et radix radicis de centum viginti quinque. Et hoc est bimediale primum: nam id quod fit ex ductu radicis radicis de quinque in radicem radicis de centum viginti quinque est rationabile, quod est quinque. Et quia decem et radix de centum octoginta est binomium secundum, ideo radix eius est bimediale primum. Iam igitur subiecimus oculis quod dixit Euclides.

Probatio autem horum omnium predictorum patet ex hiis que dicta sunt in binomio primo nec differt in aliquo. Similiter etiam fit in binomio tertio: radix enim binomii tertii secundum hanc regulam provenit [bimediale secundum, sicut Euclides dixit]. Quisquis autem intellexerit regulam inveniendi radicem residui primi et probationem eius intelliget regulam inveniendi radicem residui secundi sicut ostendimus regulam agendi in binomio secundo ex regula binomii primi. Similiter etiam cognosces qualiter agendum est in residuo tertio.

Sed in binomio quarto et quinto et sexto si contigerit aliqua questio, talis sit tua responsio qualis fuerit interrogatio. Nam si volueris invenire radicem eius sicut docuimus in binomio primo, secundo, et tertio, exibit radix binomii quarti maior. Maior autem non est nisi radix agregati ex numero et radice numeri et insuper etiam radix numeri post subtractionem de eo radicis alterius numeri. Igitur facilius est dicere: 'radix agregati ex numero et radice numeri' quam dicere 'radicem agregati ex numero et radice numeri agregatam radici numeri post subtractionem de eo radicis alterius numeri'.

(A.326) Verbi gratia. Si quis querat dicens: Que est radix de decem et radicis de octoginta?

Dic: 'radix agregati ex decem et radice de octoginta'; nam hoc est quartum binomium. Si autem hic vellemus agere secundum regulam quam assignavimus in binomio primo et secundo et tertio, proveniret radix agregati ex quinque et radice de quinque agregata radici de quinque post subtractione sue radicis de quinque. Igitur facilius est dicere: 'radix agregati ex decem et radice de octoginta' quam dicere: 'radix agregati ex quinque

---

5756 viginti] XX 𝐴   **5756** quadraginta quinque] XX V *pr. scr., del. et* 45 *add. supra* 2ᵃ *m.* 𝐴   **5756–5757** centum viginti quinque] C XX V 𝐴   **5757** viginti] XX 𝐴   **5757** quadraginta quinque] XLV 𝐴   **5758** quinque *(post* radix de*)*] V 𝐴   **5759** centum viginti quinque] C XX V 𝐴   **5760** quinque] V 𝐴   **5760** centum viginti quinque] centum XX V 𝐴   **5761** quinque] V 𝐴   **5762** centum viginti quinque] C XXV 𝐴   **5762** est *(post* quod*)*] *add. supra* 𝐴   **5763** centum] C 𝐴   **5764** oculis] occulis 𝐴   **5766** hiis] his 𝐴   **5767** differt] difent 𝐴   **5768** enim] autem 𝐴   **5769** intellexerit] intellexer 𝐴   **5774** contigerit] contingerit 𝐴   **5775** interrogatio] inrogatio 𝐴   **5775** invenire] minuere *pr. scr. et corr. supra* 𝐴   **5778** etiam] etiam est 𝐴   **5783** decem] X 𝐴   **5786** vellemus] velemus 𝐴   **5787** assignavimus] ag *pr. scr. et corr. in* asignavimus 𝐴   **5788** quinque] V 𝐴   **5788** quinque *(ante* agregata*)*] V 𝐴   **5788** agregata] *corr. ex* agregati 𝐴   **5788** quinque] V 𝐴   **5788–5789** subtractionem] subtracionem 𝐴   **5789** quinque] V 𝐴   **5790** decem] X 𝐴

et radice de quinque agregata radici de quinque post subtractionem sue radicis de quinque'.

Similiter si quis faciat questionem secundum binomium quintum, sit tua responsio qualis fuerit interrogatio. Illud enim facilius est dicere, scilicet: 'linea potens supra rationale et mediale'. Similiter etiam ⟨fit in binomio sexto.

Similiter etiam⟩ si interrogeris de questione residui quarti vel quinti vel sexti, sit in omnibus semper tua responsio qualis fuerit interrogatio; hoc enim facilius fit et magis habetur ad manum.

Cetera hiis similia considera secundum hoc, et invenies ita esse.

5791 quinque *(ante* agregata*)*] V 𝒜   **5791** quinque *(post* radici de*)*] V 𝒜   **5792** quinque] V 𝒜   **5800** hiis] his 𝒜

Incipit pars secunda

Hic repetimus de quatuor numeris proportionalibus et de hiis que proveniunt ex illis, quamvis superius egimus multotiens secundum illos.

(*i*) Verbi gratia. Si fuerint quatuor numeri proportionales, scilicet ut quomodo se habet primus ad secundum sic se habeat tertius ad quartum, tunc tantum efficit primus ductus in quartum quantum secundus in tertium. In hiis autem quatuor numeris 'socii' dicuntur primus et quartus, secundus et tertius. Unde generaliter si eorum qualiscumque ignoretur, quilibet reliquorum duorum per socium ignoti dividatur et quod exit in socium divisi multiplicetur, et provenit ignotus; vel productus ex aliis duobus per ignoti socium dividatur, et provenit ignotus. Unde si, propositis tribus, quartus tantum fuerit incognitus, multiplica secundum in tertium et quod inde provenerit divide per primum, et quod exierit erit quartus; aut si primus tantum fuerit incognitus, multiplica secundum in tertium et quod inde provenerit divide per quartum, et quod exierit erit primus; aut si secun-

---

5801–5903 Incipit pars secunda ... unum tantum sextarium] $148^r, 1 - 148^v, 12$ A; $32^{vb}, 1 - 33^{rb}, 26$ B; $46^{rb}, 49 - 46^{vb}, 33$ C.

5801 *fol. 147^v A*] *hic invenitur glossa:* Si proponatur questio de massa metallica composita ex diversis metallis, scilicet auro, argento et cupro, sub hac forma: Hec quantitas data si tota esset aurea ponderaret 3 marchas, si vero ex cupro 2 marchas, si vero ex argento marcham unam, nunc autem composita est ex istis tribus et eius pondus est 2 marche et $\frac{1}{2}$ *(sic)*; quantum ergo est in massa predicta de unoquoque illorum trium *(hoc supra lin.)* metallorum? Modus unus procedendi posset esse iste *(ad hæc scr. sign. ¶ in marg.)*. Si tota massa esset ex auro solo composita, pondus eius esset 3 marche, ut predictum est etc. Ponatur ergo quod una talis quantitas vel massa ex auro composita et iterum una talis ex puro cupro et iterum 3^a ex argento solo composita simul coniungantur et fiant una massa. Certum est istam totam massam ponderare 6 marchas, quia 3 marche ex auro, 2 ex cupro et 1 ex argento. Et tunc per regulam 4^{or} numerorum proportionalium posset ulterius processus fieri, quoniam sicut se habet hec tota massa ad suas partes, ita quod quantum continet auri, cupri vel argenti, ita massa data, sed continens duas marchas cum dimidia, se habet ad partes suas suo modo. Et invenitur in casu dato medietas ex auro, scilicet 10 uncie, 3^a ex cupro, scilicet 6 uncie et $\frac{2}{3}$ unius uncie, et ex argento 3 uncie et $\frac{1}{3}$. Et hec simul iuncta sunt in summa 20 uncie, id est 2 marche cum medietate unius marche *(1 marcha = 8 uncie)*.

5801 *tit.*] *litteris grandibus* A, *post* secundum illos *scr.* B, *rubro col. post* Verbi gratia C **5802** Hic repetimus de] Hic repetmus de B, De *in textu (rubro col.) et* Hic repetimus *in marg. (nigro col.)* C **5802–5803** (de) quatuor numeris ... secundum illos] *rubro col.* C **5802** quatuor] 4 A, quattuor C **5802** numeris] 1 *pr. scr. et exp.* B, *corr. ex* numerus C **5802** hiis] his *codd.* **5804** Verbi gratia] *om.* B, *rubro col.* C **5804** Si fuerint ...] Nota *scr. in marg.* lector C **5804** quatuor] 4 A, quattuor C **5804–5805** quomodo] quō B **5805** quartum] qr̄ctū B **5806** quartum] 4^m A **5807** hiis] his BC **5807** autem] aut C **5807** quatuor] 4 A, quattuor C **5807** quartus] 4us A **5808** si] *om.* AC, *add. supra post* ignoretur B **5808** quilibet] *mut. in* quemlibet *et corr.* B **5809** ignoti dividatur] dividatur ignoti A **5809** divisi] dividentis ABC *(supra corr. B)* **5810–5811** per ignoti ... ignotus] *verbo* 'vacat' *delenda signif.* B **5812** tantum fuerit] fuerit tantum *codd.* **5812** multiplica] *abhinc sæpe* mul̄ca *scr.* A **5813** provenerit] provenit BC **5814–5815** quod inde ... primus] productum *(add. in marg.* BC) divide per quartum et exibit primus BC **5815** provenerit] provīt A **5815** quartum] *e corr.* A **5815** primus] *e corr.* A

dus tantum fuerit incognitus, multiplica primum in quartum et productum divide per tertium, et exibit secundus; aut si tertius fuerit incognitus, multiplica primum in quartum et productum divide per secundum, et exibit tertius.

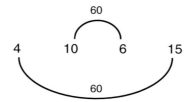

Ad exemplum regulæ *i*: *Figura inven. in A (148^r, 10 – 13 marg.), C (46va, 13 – 17 marg.), om. sed spat. rel. (32vb, 28 – 32) B.*

Ut autem manifestum sit quod dicimus: Sint quatuor numeri proportionales, scilicet quatuor et decem et sex et quindecim. Talis est autem comparatio quaternarii ad decem qualis est senarii ad quindecim. Ex ductu autem quaternarii in quindecim proveniunt sexaginta. Similiter hoc idem provenit ex ductu senarii in decem. Quorum quartus si fuerit ignotus multiplica secundum in tertium, et provenient sexaginta, quos divide per primum, et exibunt quindecim; si vero primus fuerit ignotus, divide sexaginta per quartum, qui est quindecim, et exibit primus. Si vero tertius fuerit ignotus, multiplica primum in quartum, et provenient sexaginta, quos divide per secundum, qui est decem, et exibit tertius, qui est sex; si vero secundus fuerit ignotus, divide sexaginta per tertium, qui est sex, et exibit secundus.

(*ii*) Omnium autem trium numerorum idem est unum multiplicare in alterum et productum dividere per tertium quod est dividere unum multiplicantium per dividentem et quod exierit multiplicare in alterum.

Verbi gratia. Sint tres numeri: quatuor, decem, et sex. Cum ergo multiplicantur sex in decem, proveniunt sexaginta; quos cum dividimus per quatuor, exeunt quindecim. Duo ergo numeri se multiplicantes sunt sex et decem, dividens autem est quatuor.

5816 in] *om.* B   **5818** quartum] 4^m A, q̄uitum B   **5820** Ut autem manifestum sit quod dicimus] *sign.* (†) *scr. lector in marg.* C   **5820** Sint] verbi gratia *add. in marg.* B   **5820** quatuor] 4 A, quattuor C   **5821** quatuor] 4 A, quattuor C   **5821** decem] 10 A   **5821** sex] 6 A   **5821** quindecim] 15 A   **5822** decem] X A   **5822** quindecim] 15 A   **5823** quindecim] 15 A   **5823** sexaginta] 60 AC   **5824** decem] 10 A   **5824** quartus] 4^{tus} A   **5825** sexaginta] 60 A   **5826** quindecim] 15 A   **5826** sexaginta] 60 A   **5827** quartum] 4^{tum} A   **5827** quindecim] 15 A   **5828** quartum] 4^m A; qui est quindeci *(sic) add. et exp.* B   **5828** sexaginta] 60 A   **5829** decem] 10 A   **5829** sex] 6 A   **5829** si vero] *bis scr.* B   **5830** sexaginta] 60 A   **5830** tertium] 3^m A   **5830** sex] 6 A   **5833** productum dividere] productum dividivere *(pr. vi in fin. lin. exp.)* A, dividere productum C   **5835** tres] 3 A   **5835** quatuor] 4 A, quattuor C   **5835** decem] 10 A   **5835** sex] 6 A   **5836** sex] 6 A   **5836** decem] 10 A   **5836** sexaginta] 60 A   **5837** quatuor] 4 A, quattuor C   **5837** quindecim] 15 AC   **5838** sex] 6 A   **5838** decem] 10 A   **5838** quatuor] 4 A, quattuor C

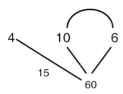

Ad exemplum primum regulæ *ii*: *Figura inven. in A (148^r, 18 – 20 marg.), BC def. (sine spatio B).*

Si autem dividimus sex per quatuor et quod exierit multiplicemus in decem, proveniunt similiter quindecim.   5840

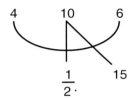

Ad exemplum secundum regulæ *ii*: *Figura inven. in A (148^r, 22 – 23 marg.), C (46va, 33 – 37 marg.), om. sed spat. rel. (32vb, 44–48) B.*
2·] 2 AC.   15 *(et lineolam) om. AC.*

Si autem dividimus decem per quatuor et quod exierit multiplicemus in sex, idem similiter proveniet, scilicet quindecim.

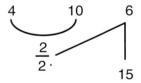

Ad exemplum tertium regulæ *ii*: *Figura inven. in A (148^r, 24 – 26 marg.), C (47va, 38 – 41 marg.), om. (sed spat. hab. in marg.) B.*
2·] 2 A, ·2 C.

Intellige hoc; magna est enim eius utilitas ad ea que sequuntur de emendo et vendendo et ad multa alia.

5839 sex] 6 A   **5839** per quatuor] per 4 A, per octo *pr. scr. et del.* B, per quattuor C   **5839** exierit] exit A   **5839** multiplicemus] multiplicamus BC   **5840** decem] 10 A   **5840** quindecim] 15 A   **5841** decem] 10 A   **5841** quatuor] 4 A, quattuor C   **5841** exierit] exit A   **5841** multiplicemus] multiplicamus B   **5842** sex] 6 A   **5842** quindecim] 15 A   **5843** sequuntur] secuntur AB   **5844** alia] 1 *pr. scr. et exp.* C

Capitulum de emendo et vendendo

Cum in emendo et vendendo queritur de aliquo 'quantum est pretium eius?', sic facies. Multiplica medium in ultimum et productum divide per primum, et exibit quod queritur. Vel divide medium per primum et quod exierit multiplica in ultimum. Aut divide ultimum per primum et quod exierit multiplica in medium. Omnibus hiis modis provenit incognitum quod queritur.

Cum autem queritur de aliquo 'quantum me contingit?' vel 'quantum habebo?', sic facies. Multiplica primum in ultimum et productum divide per medium, et exibit quod queritur. Vel divide primum per medium et quod exierit multiplica in ultimum. Aut divide ultimum per medium et quod exierit multiplica in primum. Omnibus hiis modis provenit quod queritur.

Ut autem manifestius sit quod dicimus, de utroque modo ponamus exemplum.

— Primi autem modi, scilicet 'quantum est pretium eius?', exemplum est hoc.

(B.1) Verbi gratia. Si quis querat: Postquam tres sextarii dantur pro decem nummis, tunc quantum est pretium quatuordecim sextariorum?

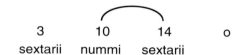

Ad B.1: *Figura inven. in* $\mathcal{A}$ *(148^r, $31 - 33$ marg.),* $\mathcal{C}$ *(46va, $56 - 58$ marg.), om. sed spat. rel. (33ra, $31 - 33$)* $\mathcal{B}$.

nummi] numi $\mathcal{C}$.   o] *om.* $\mathcal{A}$.

Hoc tribus modis invenitur. Talis est enim proportio primorum sextariorum ad suum pretium qualis secundorum ad suum. Qui sunt quatuor numeri proportionales, quorum primus est tres, secundus decem, tertius quatuordecim, quartus est ignotus qui queritur. Multiplica ergo secundum in tertium et productum divide per primum, et exibit quartus. Vel divide unum multiplicantium per primum, qui est dividens, et quod exierit

---

5845 *tit.*] *litt. capitaneis* $\mathcal{A}$, *om. et spat. (parvulum) hab.* $\mathcal{B}$, *rubro col.* $\mathcal{C}$ **5847** sic facies] nota 3 modos *scr. in marg. lector* $\mathcal{C}$ **5848** queritur] qui *pr. scr. et corr.* $\mathcal{C}$ **5850** hiis] his $\mathcal{BC}$ **5850** incognitum] in cognitum $\mathcal{A}$ **5853–5855** et productum ... in ultimum] *per homœotel. om.* $\mathcal{B}$ **5856** in] *add. supra* $\mathcal{B}$ **5856** hiis] his $\mathcal{BC}$ **5858** manifestius] manifestus $\mathcal{BC}$ **5858** sit] sciat $\mathcal{C}$ **5859** exemplum] exeplum $\mathcal{B}$ **5860** Primi autem modi ...] *signum ab al. m.* (▼) *in marg.* $\mathcal{A}$ **5862** tres] 3 $\mathcal{A}$ **5863** decem] 10 $\mathcal{A}$ **5863** nummis] numis $\mathcal{BC}$ **5863** quatuordecim] 14 $\mathcal{A}$, quattuordecim $\mathcal{C}$ **5865** quatuor] 4 $\mathcal{A}$, quattuor $\mathcal{C}$ **5866** tres] 3 $\mathcal{A}$ **5866** decem] 10 $\mathcal{A}$ **5867** quatuordecim] 14 $\mathcal{A}$ **5868** quartus] 4^{tus} $\mathcal{A}$, quantus $\mathcal{B}$ **5868–5869** Vel divide unum multiplicantium ...] nota *et sign.* † *scr. in marg. lector* $\mathcal{C}$ **5869** unum] numeri $\mathcal{B}$

multiplica in alterum multiplicantium, et proveniet quartus qui queritur. Scilicet, divide decem per tres et quod exit multiplica in quatuordecim, et exibit ignotus. Vel divide quatuordecim per tres, et quod exit multiplica in decem. Cuius probatio manifesta est ex premissis; idem enim est multiplicare decem in quatuordecim et productum dividere per tres quod dividere decem per tres et quod exit multiplicare in quatuordecim.

— De secundo autem modo, scilicet 'quantum me contingit?' vel 'quantum habebo?', exemplum est hoc.

(**B.2**) Verbi gratia. Si quis dicat: Postquam tres sextarii dantur pro decem nummis, quantum michi debetur pro sexaginta nummis?

Talis est autem comparatio primorum sextariorum ad suum pretium qualis aliorum ignotorum ad suum, quod est sexaginta. Sunt ergo hic quatuor numeri proportionales: primus, scilicet tres; secundus, decem; tertius est ignotus; quartus vero est sexaginta. Ex multiplicatione igitur primi in quartum et producti divisione per secundum exibit tertius. Vel divide unum multiplicantium per dividentem, qui est secundus, et quod exierit multiplica in alterum multiplicantium, et proveniet tertius qui queritur, sicut prediximus in primis.

Intellige et operare in ceteris secundum hoc.

ITEM. ALIA EXEMPLA VENDENDI ET EMENDI IN PRIMO MODO, SCILICET 'QUANTUM EST PRETIUM EIUS', CUM FRACTIONIBUS.

(**B.3**) Verbi gratia. Si quis querat: Postquam sextarius unus datur pro quinque nummis et tertia, tunc quantum est pretium decem sextariorum?

Sic facies. Tu, multiplica pretium unius sextarii in numerum sextariorum, qui est decem, et provenient quinquaginta tres et tertia. Et hoc est pretium decem sextariorum quod queritur.

ITEM.

(**B.4**) Si quis querat: Postquam sextarius unus datur pro sex nummis et tertia, tunc quantum est pretium decem sextariorum et quarte unius?

5870 quartus] 4^{tus} $\mathcal{A}$ **5871** decem per tres] 10 per 3 $\mathcal{A}$, per tres decem *(quod corr.)* $\mathcal{B}$ **5871** quatuordecim] 14 $\mathcal{A}$ **5872–5873** Vel divide ... in decem] *add. in marg.* $\mathcal{C}$ **5872** quatuordecim] 14 $\mathcal{AC}$, quatuor $\mathcal{B}$ **5872** tres] 3 $\mathcal{A}$ **5873** decem] 10 $\mathcal{A}$ **5873** Cuius] *om.* $\mathcal{AB}$ **5874** decem] 10 $\mathcal{A}$ **5874** quatuordecim] 14 $\mathcal{A}$ **5874** dividere] diivide *pr. scr. et in* divide *mut.* $\mathcal{B}$ **5874** tres] 3 $\mathcal{A}$ **5875** decem] 10 $\mathcal{A}$ **5875** tres] 3 $\mathcal{A}$ **5875** quatuordecim] 14 $\mathcal{AC}$ **5876** modo] *om.* $\mathcal{B}$ **5878** Postquam] *corr. in* cum *in marg.* $\mathcal{B}$ **5878** tres] 3 $\mathcal{A}$ **5878** decem] 10 $\mathcal{A}$ **5879** nummis] denariis $\mathcal{BC}$ *(corr. in marg.* $\mathcal{B}$) **5879** sexaginta] 60 $\mathcal{A}$ **5879** nummis] num *in fine pag.* nummis *in initio sequentis scr.* $\mathcal{A}$, numis $\mathcal{BC}$ **5881** sexaginta] 60 $\mathcal{A}$ **5881–5882** quatuor] 4 $\mathcal{A}$, quattuor $\mathcal{C}$ **5882** tres] 3 $\mathcal{A}$ **5882** decem] 10 $\mathcal{A}$ **5883** est *(post* vero*)*] *om.* $\mathcal{BC}$ **5883** sexaginta] 60 $\mathcal{A}$ **5883** igitur] gi *pr. scr. et exp.* $\mathcal{C}$ **5884** quartum] 4^{tum} $\mathcal{A}$ **5884** exibit tertius] *lector computavit in marg.* $\mathcal{C}$: 3 10 u 60, *deinde subter scr. prod. extremorum, sc.* 180, *infra iter. secundus, sc.* 10, *unde supra* u *quod exit de divisione, sc.* 18 (u *pro 'incognita': v. adn. ad A.165)* **5889–5891** Item ... gratia] *rubro col.* $\mathcal{C}$ **5889–5890** scilicet ... eius] *om.* $\mathcal{B}$ **5891** unus] 1us $\mathcal{A}$ **5892** quinque] 5 $\mathcal{A}$ **5892** nummis] numis $\mathcal{BC}$ **5892** tertia] $\frac{1}{3}$ $\mathcal{A}$ **5892** tunc] *enim* $\mathcal{B}$, *om.* $\mathcal{C}$ **5892** decem] 10 $\mathcal{A}$ **5893** Tu] *om.* $\mathcal{A}$ **5893–5894** sextariorum] *quasi* sextauorum $\mathcal{C}$ **5894** decem] 10 $\mathcal{A}$ **5894** quinquaginta tres] 53 $\mathcal{A}$, quinquagita tres $\mathcal{C}$ **5894** tertia] $\frac{1}{3}$ $\mathcal{A}$ **5894** est *(post* hoc*)*] *quod add.* $\mathcal{B}$ **5895** decem] 10 $\mathcal{A}$ **5897** unus] *add. in marg.* $\mathcal{C}$, 1us $\mathcal{A}$ **5897** sex] 6 $\mathcal{A}$ **5897** nummis] numis $\mathcal{BC}$ **5898** tertia] $\frac{1}{3}$ $\mathcal{A}$ **5898** decem] 10 $\mathcal{A}$ **5898** quarte] $\frac{e}{4}$ $\mathcal{A}$

$$\frac{6}{3\cdot}\qquad \frac{10}{4\cdot}\qquad \text{o}$$

Ad B.4: *Figura inven. in $\mathcal{A}$ (148^v, 7 marg.; ad B.3), $\mathcal{C}$ (46vb, 27 – 28 marg.), om. (sed spat. hab. in marg.) $\mathcal{B}$.*
$\frac{6}{3\cdot}$] $\frac{6}{3}$ $\mathcal{A}$. $\frac{10}{4\cdot}$] $\frac{10}{4}$ $\mathcal{A}$, $\frac{10}{\cdot 4}$ $\mathcal{C}$. o] 9 $\mathcal{A}$.

Sic facies. Tu, multiplica sex nummos et tertiam, quod est pretium sextarii, in decem sextarios et quartam sicut docuimus in multiplicatione integri et fractionis in integrum et fractionem; et proveniet quod queritur.

Sed hic modus est quo agunt inter se homines; non enim proponunt in principio loquendi nisi unum tantum sextarium.

(B.5) Si quis vero querat: Postquam tres sextarii dantur pro decem nummis, quantum est pretium tredecim sextariorum?

Hoc tribus modis invenitur. Primus modus est ut multiplices pretium trium sextariorum, quod est decem, in numerum secundorum sextariorum, quod est tredecim; et productum divide per tres, et exibit quod queris. Vel divide pretium trium sextariorum, quod est decem, per tres, et quod exierit multiplica in tredecim; et proveniet quod queris. Vel divide tredecim per tres et quod exierit multiplica in decem; et proveniet quod queris.

(B.6) Si quis querat: Postquam due tertie sextarii dantur pro duobus nummis et quarta, tunc quantum est pretium decem sextariorum et dimidii?

$$\frac{2}{3\cdot}\qquad \frac{2}{4\cdot}\qquad \text{o}\qquad \frac{10}{2\cdot}$$

Ad B.6: *Figura inven. in $\mathcal{A}$ (148^v, 13 – 14 marg.), om. sed spat. rel. (33rb, 41 – 42) $\mathcal{B}$, om. $\mathcal{C}$.*
$\frac{2}{3\cdot}$] $\frac{2}{3}$ $\mathcal{A}$. $\frac{2}{4\cdot}$] $\frac{2}{4}$ $\mathcal{A}$. $\frac{10}{2\cdot}$] $\frac{10}{2}$ $\mathcal{A}$.

(**a**) Hoc invenitur ad modum prioris. Scilicet, vel ut multiplices duos et quartam, qui terminus est medius, in ultimum, qui est decem et dimidium; et productum divide per primum, qui est due tertie, et exibit quod queris. Vel divide duos et quartam, qui est medius, per primum, qui est due tertie,

---

5904–5911 Si quis vero ... proveniet quod queris] $\mathcal{A}$ *deficit*; 33rb, 26 – 36 $\mathcal{B}$; 46vb, 33 – 41 $\mathcal{C}$.
5912–5954 Si quis querat ... Verbi gratia] 148^v, 12 – 31 $\mathcal{A}$; 33rb, 37 – 33va, 40 $\mathcal{B}$; 46vb, 42-43 – 47ra, 27 $\mathcal{C}$.

5899 facies] *quod est pretium sextarii add. et exp.* $\mathcal{B}$ **5899** Tu] *om.* $\mathcal{A}$ **5899** sex] 6 $\mathcal{A}$ **5899** nummos] numos $\mathcal{BC}$ **5899** tertiam] $\frac{1}{3}$ $\mathcal{A}$ **5900** decem] 10 $\mathcal{A}$ **5900** quartam] $\frac{1}{4}$ $\mathcal{A}$ **5901** in] inte *pr. scr. et exp.* $\mathcal{C}$ **5903** principio] pncipio $\mathcal{C}$ **5904** (B.5)] *sign.* (¶) *scr. lector in marg.* $\mathcal{C}$ **5904–5905** nummis] numis $\mathcal{B}$ **5912** Si quis] *pr. scr. in init. lin. et totam lin. del.* $\mathcal{C}$ **5912–5913** nummis] numis $\mathcal{BC}$ **5913** quarta] $\frac{a}{4}$ $\mathcal{A}$ **5913** decem] 10 $\mathcal{A}$ **5914** ut] t *pr. scr. et exp.* $\mathcal{C}$ **5914** duos] 2 $\mathcal{A}$ **5915** quartam] $\frac{1}{4}$ $\mathcal{A}$ **5915** decem] 10 $\mathcal{A}$ **5915** dimidium] $\frac{1}{2}$ $\mathcal{A}$ **5916** due tertie] $\frac{2}{3}$ $\mathcal{A}$ **5916** exibit] *corr. ex* exibun $\mathcal{B}$ **5917** duos] 2 $\mathcal{A}$ **5917** quartam] $\frac{1}{4}$ $\mathcal{A}$ **5917** due tertie] $\frac{2}{3}$ $\mathcal{A}$

et exibunt tres et tres octave; quas multiplica in decem et dimidium, et proveniet quod queris. Vel divide ultimum, qui est decem et dimidium, per duas tertias, qui est primus, et quod exierit multiplica in duo et quartam; et proveniet quod queris.

(**b**) Hec autem questio solvitur aliter, scilicet per creandum numerum ex denominationibus [sicut iam quidam docuerunt in tractatibus suis]; secundum quem modum operabitur qui ignorat multiplicare fractiones. Scilicet ut multiplicet inter se denominationes ⟨fractionum⟩ primi numeri et secundi, que sunt tertia et quarta, et provenient duodecim. In quos multiplicet primum numerum, et provenient octo; quos ponat sub primo numero, et sint quasi primus. Deinde multiplicet in duodecim numerum secundum, et provenient viginti septem; quos ponat sub medio, et sint quasi medius. Quasi ergo querat: 'Cum octo sextarii dantur pro viginti septem nummis, quantum est pretium decem sextariorum et dimidii?'. Tu, multiplica tunc decem et dimidium in viginti septem et productum divide per octo, et exibit quod queris. Vel divide unum multiplicantium per dividentem, et quod exierit multiplica in alterum multiplicantium, et productus erit summa quam queris.

$$\frac{\begin{array}{cccc} \frac{2}{3}\cdot & \frac{2}{4}\cdot & \circ & \frac{10}{2}\cdot \\ 8 & 27 & \circ & \frac{10}{2}\cdot \end{array}}{}$$

Ad B.6*b*: *Figura inven. in* $\mathcal{A}$ *(148^v, 18 – 20 marg.), $\mathcal{C}$ (46vb, 55 – 57 marg.), om. sed spat. rel. (33va, 5 – 6) $\mathcal{B}$.*
$\frac{2}{3}\cdot$] $\frac{2}{3}$ $\mathcal{A}$, $\frac{2}{3}$ $\mathcal{C}$. $\frac{2}{4}\cdot$] $\frac{2}{4}$ $\mathcal{AC}$. $\frac{10}{2}\cdot$ (*sup.*)] $\frac{10}{2}$ $\mathcal{AC}$. $\frac{10}{2}\cdot$ (*inf.*)] $\frac{19}{2}$ $\mathcal{A}$, $\frac{10}{2}$ $\mathcal{C}$.

(**c**) Vel denominationem prime fractionis multiplica in denominationem ultime, et provenient sex. In quos multiplica primum et ultimum, sed unumquemque productorum pone sub suo multiplicato; unde sub primo erunt quatuor et sub ultimo sexaginta tres. Quasi ergo querat: 'Postquam

---

5918 tres] 3 $\mathcal{A}$ **5918** tres octave] $\frac{3}{8}$ $\mathcal{A}$ **5918** decem] 10 $\mathcal{A}$ **5918** dimidium] $\frac{1}{2}$ $\mathcal{A}$ **5919** decem] 10 $\mathcal{A}$ **5919** dimidium] $\frac{1}{2}$ $\mathcal{A}$ **5920** duas tertias] $\frac{2}{3}$ $\mathcal{A}$ **5920** duo] 2 $\mathcal{A}$ **5920–5921** quartam] $\frac{1}{4}$ *(e corr.)* $\mathcal{A}$ **5923** denominationibus] denoiationibus $\mathcal{B}$ **5925** denominationes] denoiationes $\mathcal{B}$ **5926** quarta] $\frac{1}{4}$ $\mathcal{A}$ **5926** duodecim] 12 $\mathcal{AC}$ **5926–5927** multiplicet] mul *scr. in fine lin. et totum in seq.* $\mathcal{B}$ **5927** octo] 8 $\mathcal{A}$ **5927** ponat] *om.* $\mathcal{B}$ **5928** duodecim] 12 $\mathcal{A}$ **5928** secundum] et secundum $\mathcal{B}$ **5929** viginti septem] 27 $\mathcal{A}$ **5930** octo] 8 $\mathcal{A}$ **5930** viginti septem] 27 $\mathcal{A}$ **5930–5931** nummis] numeris $\mathcal{B}$ **5931** decem] 10 $\mathcal{A}$ **5932** decem] 10 $\mathcal{A}$ **5932** dimidium] $\frac{1}{2}$ $\mathcal{A}$ **5932** viginti septem] 27 $\mathcal{A}$ **5932** octo] 8 $\mathcal{A}$ **5933** dividentem] dividetem $\mathcal{A}$ **5934** quod] *om.* $\mathcal{B}$ **5934** in] per *codd.* **5934** multiplicantium] multiplicatium $\mathcal{A}$ **5936** denominationem *(post* Vel*)*] denominationis $\mathcal{B}$ **5937** sex] 6 $\mathcal{A}$ **5938** unumquemque] unumquodque *codd.* **5938** primo] suo *pr. scr. et exp.* primo *add. in marg.* $\mathcal{B}$ **5939** quatuor] 4 $\mathcal{A}$, quattuor $\mathcal{C}$ **5939** sexaginta tres] 63 $\mathcal{A}$ **5939** querat] querit $\mathcal{A}$

5940 quatuor sextarii dantur pro duobus nummis et quarta, quantum est pretium sexaginta trium sextariorum?'. Fac sicut predocuimus, et proveniet quod queris.

[(*d*) Si autem volueris ut in numeris multiplicantibus non sit fractio: In productum ex omnibus denominationibus, qui est viginti quatuor, mul-
5945 tiplica primum et secundum et tertium, et unumquemque productorum pone sub suo multiplicato. Et tunc sub primo erunt sexdecim, sub secundo quinquaginta quatuor, sub ultimo ducenta quinquaginta duo. Quasi ergo queratur: 'Postquam sexdecim sextarii dantur pro quinquaginta quatuor, quantum est pretium ducentorum et quinquaginta duorum sextariorum?'.
5950 Tu, fac sicut predictum est, et proveniet quod queris.]

POST HOC SEQUITUR CAPITULUM VENDENDI ET EMENDI IN SECUNDO MODO, QUI EST 'QUANTUM HABEBO' VEL 'QUANTUM ME CONTINGIT', CUM FRACTIONIBUS.

(**B.7**) Verbi gratia. [Si quis querat: Postquam sextarius venditur pro sex
5955 nummis, quantum habebo pro quinquaginta nummis? Tu, divide quinquaginta per sex, et exibit quod queris.

ITEM.]

(**B.8**) Si quis querat: Postquam sextarius datur pro sex nummis et dimidio, quantum debetur michi pro quadraginta quatuor et tertia?

5960   Sic facies. Tu, divide quadraginta quatuor et tertiam per sex et dimidium sicut supra docuimus in divisione fractionum, et exibunt sex et decem tredecime et tertia tredecime unius sextarii; et hoc est quantum tibi debetur de sextariis.

ITEM.

5965 (**B.9**) Si quis querat: Postquam tres modii dantur pro decem nummis, quantum debetur michi pro sexaginta quatuor nummis?

    Hec questio tribus modis solvitur. Scilicet, vel ut multiplices primum in ultimum, et provenient centum nonaginta duo, quos divide per medium;

5954–5957 Si quis ... Item] $A\!B$ deficiunt; 47ra, $27 - 31$ C.
5958–5963 Si quis querat ... de sextariis] 148^v, $31 - 34$ A; 33va, 40-$42 - 48$ B; 47ra, $31 - 37$ C.
5964–5973 Item ... precedentes] A deficit; 33va, $48 - 33^{vb}$, 11 B; 47ra, $38 - 46$ C.

5940 quatuor] 4 A, quattuor C **5940** duobus] 2 A **5940** nummis] numis B **5940** quarta] $\frac{1}{4}$ A **5941** sexaginta trium] 63um A **5941** predocuimus] corr. ex predocuimi A **5944** denominationibus] denominationibus A **5944** viginti quattuor] 24 A, viginti quattuor C **5946** sexdecim] 16 A **5947** quinquaginta quattuor] 54 A, quinquaginta quattuor C **5947** ducenta quinquaginta duo] 252 A **5948** sexdecim] 16 A **5948** quinquaginta quatuor] 54 A, quinquaginta quattuor C **5949** ducentorum et quinquaginta duorum] 252^{orum} (corr. ex 20) A **5951** Post hoc sequitur capitulum] litteris capitaneis scr. A **5951–5954** Post hoc ... Verbi gratia] om. sed spat. rel. B, rubro col. C **5954** (B.7)] sign. lectoris (¶) in marg. C **5955** pro] p C **5956** per] pro C **5958** sex] 6 A **5959** quadraginta quatuor] 44 A, quadraginta quattuor C **5959** tertia] $\frac{1}{3}$ A **5960** quadraginta quatuor] 44 A, quadraginta quattuor C **5960** tertiam] $\frac{1}{3}$ A **5960** sex] 6 A **5960–5961** dimidium] $\frac{1}{2}$ A **5961** sex] 6 A **5962** decem tredecime] $\frac{10}{13}$ A **5962** tertia tredecime] $\frac{1}{3}$ tredecime A **5965** (B.9)] sign. lectoris (¶) in marg. C **5966** quatuor] quattuor C **5968** centum nonaginta duo] 192 C

et exibunt decem et novem modii et quinta pars modii. Vel divide tres per decem, et quod exit multiplica in sexaginta quatuor; et proveniet quod queris. Vel divide sexaginta quatuor per decem, et quod exierit multiplica in tres; et proveniet quod queritur. [Horum autem probationes sunt ut precedentes.]

ITEM.

(**B.10**) Si quis querat: Postquam modius et due tertie modii dantur pro decem nummis et obolo, quantum debetur michi pro triginta quatuor et quatuor quintis unius nummi?

(***a***) Sic facies. Tu, vel multiplica primum in ultimum et productum divide per medium, qui est decem et obolus, et exibit quod queritur. Vel divide unum multiplicantium per medium, scilicet dividentem, et quod exit multiplica in alterum, et proveniet quod queritur.

(***b***) Vel multiplica denominationem fractionis medii termini in denominationem fractionis primi vel ultimi et productum multiplica in medium, et productum pone sub eo. Deinde productum ex denominationibus multiplica in numerum cuius fractionis denominationem multiplicasti, qui aut est primus aut est ultimus, et productum pone sub multiplicante. Deinde facies secundum regulas de 'quantum habebo?' vel 'quantum me contingit?', quod idem est, et proveniet quod queris. In huiusmodi autem numerus dividens et alter multiplicantium erunt integra, et fiet ei facilius qui ignorat multiplicationem fractionum et divisionem earum.

(**B.11**) Si quis querat: Postquam quinque sextarii et dimidius dantur pro septem nummis et tertia, tunc quantum est pretium decem sextariorum et quinte?

(***a***) Sic facies. Numeros denominationum, que sunt medietas et tertia et quinta, multiplica inter se, et provenient triginta. Quos multiplica in quinque et dimidium, et productum pone prelatum. Deinde multiplica triginta

---

5974–5990 Item ... divisionem earum] 148^v, 34 – 149^r, 3 $\mathcal{A}$; 33vb, 11 – 32 $\mathcal{B}$; 47ra, 47 – 47rb, 4 $\mathcal{C}$.
5991–6113 Si quis querat ... et ita invenies] 149^r, 3 – 149^v, 23 $\mathcal{A}$; 14va, 1 – 15rb, 9–10 $\mathcal{B}$; 34va, 57 – 35ra, 53 $\mathcal{C}$.

5970 sexaginta quatuor] 64 $\mathcal{C}$ **5971** sexaginta quatuor] 64 $\mathcal{C}$ **5972** tres] 3 $\mathcal{C}$ **5972** ut] in $\mathcal{B}$, et $\mathcal{C}$ **5975** due tertie] $\frac{2}{3}$ $\mathcal{A}$ **5976** decem] 10 $\mathcal{A}$ **5976** nummis] numis $\mathcal{B}$ **5976** triginta quatuor] 34 $\mathcal{AC}$ **5977** quatuor quintis] $\frac{4}{5}$ $\mathcal{A}$, quattuor quintis $\mathcal{C}$ **5977** nummi] numeri $\mathcal{B}$ **5978** vel] add. supra $\mathcal{C}$ **5979** decem] 10 $\mathcal{A}$ **5979** obolus] corr. ex obu $\mathcal{B}$ **5980** scilicet] et $\mathcal{B}$ **5980** dividentem] dividetem $\mathcal{B}$ **5981** in] per codd. **5982** fractionis] fractiones $\mathcal{B}$ **5982** medii] modii $\mathcal{B}$ **5983** primi] termini add. et exp. $\mathcal{C}$ **5984** productum] pone add. (v. infra) et del. $\mathcal{A}$ **5986** est (ante ultimus)] om. $\mathcal{AB}$ **5989** dividens] divides $\mathcal{B}$ **5989** et fiet ei facilius] manum delin. in marg. $\mathcal{B}$ **5990** multiplicationem] multiplican pr. scr. et corr. $\mathcal{B}$ **5991** (B.11)] lector add. in marg. $\mathcal{C}$: Questiones **5991** quinque] 5 $\mathcal{A}$ **5991** sextarii] sexstarii $\mathcal{B}$ **5991** pro] per $\mathcal{C}$ **5992** septem] 7 $\mathcal{AC}$ **5992** nummis] numis $\mathcal{BC}$ **5992** tertia] $\frac{1}{3}$ $\mathcal{A}$ **5992** decem] 10 $\mathcal{A}$ **5992** sextariorum] sexstariorum $\mathcal{B}$ **5993** quinte] $\frac{1}{5}$ $\mathcal{A}$ **5994** medietas] $\frac{as}{2}$ $\mathcal{A}$, dimidium $\mathcal{BC}$ **5994** tertia] $\frac{a}{3}$ $\mathcal{A}$ **5994** et (ante quinta)] bis scr., semel in fine pag. semel in init. seq. $\mathcal{C}$ **5995** quinta] $\frac{a}{5}$ $\mathcal{A}$ **5995** triginta] 30 $\mathcal{A}$, 30ta $\mathcal{C}$ **5995–5996** quinque] 5 $\mathcal{AC}$ **5996** dimidium] $\frac{1}{2}$ $\mathcal{A}$ **5996** triginta] 30 $\mathcal{A}$, 30ta $\mathcal{C}$

in septem et tertiam, et productum in decem et quintam, et productum divide per prelatum; et exibit quod voluisti.

Quod sic probatur. Scimus enim quod comparatio quinque sextariorum et dimidii ad septem nummos et tertiam est sicut comparatio decem et quinte ad quesitum. Cum autem multiplicaveris quinque et dimidium et septem et tertiam in aliquem numerum, tunc comparatio producti ad productum erit sicut comparatio multiplicati ad multiplicatum. Sed id quod fit ex ductu quinque et dimidii in triginta est centum sexaginta quinque, et quod fit ex ductu septem et tertie in triginta est ducenta viginti. Igitur comparatio centum sexaginta quinque ad ducenta viginti est sicut comparatio quinque et dimidii ad septem et tertiam. Comparatio autem quinque et dimidii ad septem et tertiam est sicut comparatio decem et quinte ad quesitum. Igitur comparatio centum sexaginta quinque ad ducenta viginti est sicut comparatio decem et quinte ad quesitum. Si igitur multiplices decem et quintam in ducenta viginti et productum dividas per centum sexaginta quinque, exibit quesitum. Et hoc est quod demonstrare voluimus.

(*b*) Vel aliter. Multiplica decem et quintam in septem et tertiam, et productum divide per quinque et dimidium, et exibit quod queris. [Cuius probatio patet ex precedenti.]

(*c*) Si autem volueris ut prelatus sit sine fractione: Denominationem fractionis que est cum primo numero multiplica in ipsum, et productum pone prelatum. Deinde multiplica eandem denominationem in secundum numerum, et productum in tertium; et productum divide per prelatum, et exibit quod voluisti. Cuius probatio patet ex hiis que dicta sunt in primis.

(*d*) Vel divide unum multiplicantium per dividentem, et quod exit multiplica in alterum, et proveniet quod queris.

(**B.12**) Si quis querat: Postquam quinque octave sextarii dantur pro tribus quartis nummi, tunc quantum est pretium decem undecimarum sextarii?

5997 septem] 7 $\mathcal{AC}$ **5997** et *(post* septem*)*] *supra scr.* $\mathcal{A}$ **5997** tertiam] $\frac{1}{3}$ $\mathcal{A}$ **5997** decem] 10 $\mathcal{A}$ **5997** quintam] $\frac{am}{5}$ $\mathcal{A}$ **5999** quinque] 5 $\mathcal{AC}$ **5999–6000** sextariorum] sexstariorum $\mathcal{B}$ **6000** dimidii] et *add.* $\mathcal{B}$ **6000** septem] 7 $\mathcal{A}$ **6000** nummos] nummos $\mathcal{BC}$ **6000** tertiam] $\frac{am}{3}$ $\mathcal{A}$ **6000** decem] 10 $\mathcal{A}$ **6001** quinte] $\frac{e}{5}$ $\mathcal{A}$ **6001** ad quesitum] et questum $\mathcal{B}$ **6001** quinque] 5 $\mathcal{A}$ **6001** dimidium] $\frac{1}{2}$ $\mathcal{A}$ **6001** et *(post* dimidium*)*] *corr. ex* in $\mathcal{A}$ **6002** septem] 7 $\mathcal{A}$ **6002** tertiam] $\frac{am}{3}$ $\mathcal{A}$ **6003** erit] est *pr. scr. & del. et* erit *add. in marg.* $\mathcal{B}$ **6004** quinque] 5 $\mathcal{A}$ **6004** triginta] 30 $\mathcal{A}$ **6004** centum sexaginta quinque] 165 $\mathcal{AC}$ **6005** septem] 7 $\mathcal{A}$ **6005** tertie] $\frac{e}{3}$ $\mathcal{A}$ **6005** triginta] 30 $\mathcal{AC}$ **6005** ducenta viginti] 220 $\mathcal{AC}$ **6006** centum sexaginta quinque] 165 $\mathcal{A}$, centum sexaginta quinta quinque $\mathcal{B}$ **6006** ducenta viginti] 220 $\mathcal{A}$ **6007** quinque] 5 $\mathcal{A}$ **6007** septem] 7 $\mathcal{A}$ **6007** tertiam] $\frac{am}{3}$ $\mathcal{A}$ **6007** Comparatio] Conparatio $\mathcal{B}$ **6007** quinque] 5 $\mathcal{A}$ **6008** septem] 7 $\mathcal{A}$ **6008** tertiam] $\frac{am}{3}$ $\mathcal{A}$ **6008** decem] 10 $\mathcal{A}$, decenti $\mathcal{B}$ **6008** quinte] $\frac{e}{5}$ $\mathcal{A}$ **6009** centum sexaginta quinque ad ducenta viginti] 165 ad 220 $\mathcal{A}$, 16 *(*160 *pr. scr. & o eras.) post quod spat. rel.* $\mathcal{C}$ **6010** decem] 10 $\mathcal{A}$ **6010** quinte] $\frac{e}{5}$ $\mathcal{A}$ **6010** decem] 10 $\mathcal{A}$ **6011** quintam] $\frac{am}{5}$ $\mathcal{A}$ **6011** ducenta viginti] 220 $\mathcal{A}$ **6011–6012** centum sexaginta quinque] 165 $\mathcal{AC}$ **6012** demonstrare voluimus] d. v. *(vel* d. v̄.*, ambo infra sæpius)* $\mathcal{A}$, monstrare voluimus $\mathcal{BC}$ **6013** decem] 10 $\mathcal{A}$ **6013** quintam] $\frac{am}{5}$ $\mathcal{A}$ **6013** septem] 7 $\mathcal{AC}$ **6013** et *(post* septem*)*] *om.* $\mathcal{B}$ **6013** tertiam] $\frac{am}{3}$ $\mathcal{A}$ **6014** quinque] 5 $\mathcal{AC}$ **6014** dimidium] $\frac{1}{2}$ $\mathcal{A}$ **6016** Si] Sed *pr. scr. et corr.* $\mathcal{B}$ **6018** multiplica] *corr. ex* mltiplica $\mathcal{B}$ **6019** in *(post* productum*)*] *bis* $\mathcal{B}$ **6020** hiis] his $\mathcal{BC}$ **6023** quinque octave] $\frac{5}{8}$ $\mathcal{A}$ **6023** sextarii] sexstarii $\mathcal{B}$ **6023–6024** tribus quartis] $\frac{3}{4}$ $\mathcal{A}$ **6024** nummi] numi $\mathcal{BC}$ **6024** decem undecimarum] $\frac{10}{11}$arum $\mathcal{A}$

LIBER MAHAMELETH 231

(*a*) Sic facies. Numeros denominationum, que sunt octava et quarta et undecima, inter se multiplica, et fient trescenta quinquaginta duo. Quorum quinque octavas pone prelatum. Deinde eorumdem tres quartas multiplica in decem undecimas, et productum divide per prelatum, et exibit quod voluisti.

(*b*) Vel aliter. De numero unde denominatur octava, scilicet octo, quinque octavas accipe et pone prelatum. Deinde tres quartas de octo multiplica in decem undecimas, et productum divide per prelatum, et exibit quod voluisti.

(*c*) Vel aliter. Multiplica tres quartas in decem undecimas, et productum divide per quinque octavas, et exibit quod voluisti. Vel aliter. Divide unum multiplicantium per dividentem, et quod exit multiplica in alterum; et productum est id quod voluisti.

Horum autem omnium probationes eedem sunt que precedentium. Cetera autem huiusmodi considera secundum hec, et invenies ita esse.

ITEM.

(**B.13**) Si quis querat: Postquam duo sextarii et tertia dantur pro septem et dimidio, tunc quantum habebo pro sex et tribus septimis?

(*a*) Sic facies. Numeros denominationum, que sunt tertia et dimidium et septima, multiplica inter se, et provenient quadraginta duo. Quos multiplica in septem et dimidium, et productum pone prelatum. Deinde multiplica quadraginta duo in duo et tertiam, et productum multiplica in sex et tres septimas, et productum divide per prelatum; et exibit quod voluisti.

Cuius probatio hec est. Scimus enim quod comparatio duorum et tertie ad septem et dimidium est sicut comparatio quesiti ad sex et tres septimas. Si autem multiplicaveris duo et tertiam et septem et dimidium in aliquem numerum, comparatio producti ad productum erit sicut comparatio duorum et tertie ad septem et dimidium. Quod autem fit ex ductu duorum et tertie in quadraginta duo est nonaginta octo, quod vero fit ex ductu

---

6025 octava] $\frac{a}{8}$ $\mathcal{A}$ **6025** quarta] $\frac{a}{4}$ $\mathcal{A}$ **6025–6026** undecima] $\frac{a}{11}$ $\mathcal{A}$ **6026** inter se] in se $\mathcal{B}$ **6026** trescenta quinquaginta duo] 352 $\mathcal{A}$, trescenta quinqueginta duo $\mathcal{B}$ **6027** quinque octavas] $\frac{5}{8}$ $\mathcal{A}$ **6027** tres quartas] $\frac{3}{4}$ $\mathcal{A}$ **6028** decem undecimas] $\frac{10}{11}$ as $\mathcal{A}$ **6028** per] pre *pr. scr. et corr.* $\mathcal{B}$ **6030** octava] $\frac{a}{8}$ $\mathcal{A}$ **6030** octo] 8 $\mathcal{A}$ **6030–6031** quinque octavas] $\frac{5}{8}$ $\mathcal{A}$ **6031** tres quartas] $\frac{5}{8}$ *(del. 5)* $\mathcal{A}$, quinque quartas $\mathcal{BC}$ **6031** octo] 8 $\mathcal{A}$ **6032** decem undecimas] $\frac{10}{11}$ as $\mathcal{A}$ **6034** tres quartas] $\frac{3}{4}$ $\mathcal{A}$ **6034** decem undecimas] $\frac{10}{11}$ $\mathcal{A}$ **6034** et] *om.* $\mathcal{B}$ **6035** quinque octavas] $\frac{5}{8}$ $\mathcal{A}$ **6035** Divide] Deinde divide *(add.* 'Deinde' *in marg.)* $\mathcal{B}$ **6038** eedem] eidem $\mathcal{B}$ **6041** duo] 2 $\mathcal{A}$ **6041** sextarii] sexstarii $\mathcal{B}$ **6041** tertia] $\frac{a}{3}$ $\mathcal{A}$ **6041** septem] 7 $\mathcal{A}$ **6042** habebo] habeo $\mathcal{B}$ **6042** sex] 6 $\mathcal{A}$ **6042** tribus septimis] $\frac{3}{7}$is $\mathcal{A}$ **6043** tertia] $\frac{a}{3}$ $\mathcal{A}$ **6044** septima] $\frac{a}{7}$ $\mathcal{A}$ **6044** quadraginta duo] 42 $\mathcal{AC}$, quadragita duo $\mathcal{B}$ **6045** septem] 7 $\mathcal{AC}$ **6045** dimidium] $\frac{m}{2}$ $\mathcal{A}$ **6046** quadraginta duo] 42 $\mathcal{AC}$ **6046** duo] 2 $\mathcal{A}$ **6046** tertiam] $\frac{a}{3}$ $\mathcal{A}$, tertia $\mathcal{BC}$ **6046** sex] 6 $\mathcal{A}$ **6047** tres septimas] $\frac{3}{7}$ $\mathcal{A}$ **6047** per] *corr. ex* pre $\mathcal{A}$ **6048** tertie] $\frac{1}{3}$ $\mathcal{A}$ **6049** septem] 7 $\mathcal{A}$ **6049** dimidium] $\frac{m}{2}$ $\mathcal{A}$ **6049** quesiti] *corr. ex* quesitus $\mathcal{B}$ **6049** sex] 6 $\mathcal{A}$ **6049** tres septimas] $\frac{3}{7}$ $\mathcal{A}$ **6050** duo] 2 $\mathcal{A}$ **6050** tertiam] $\frac{am}{3}$ $\mathcal{A}$, tertia $\mathcal{B}$ **6050** septem] 7 $\mathcal{A}$ **6050** dimidium] 2^m $\mathcal{A}$ **6051–6052** duorum] 2^{orum} $\mathcal{A}$ **6052** tertie] $\frac{e}{3}$ $\mathcal{A}$ **6052** septem] 7 $\mathcal{A}$ **6052** dimidium] 2^m $\mathcal{A}$ **6052** ex ductu] septem et dimidii in quadraginta duo est trescenta nonaginta octo ad *(v. infra)* trescenta quindecim. Comparatio autem duorum et tertie *add. et exp.* $\mathcal{B}$ **6052** duorum] 2^{orum} $\mathcal{A}$, *iter. in marg.* $\mathcal{B}$ **6053** tertie] $\frac{e}{3}$ $\mathcal{A}$ **6053** quadraginta duo] 42 $\mathcal{AC}$; *post hoc add. et exp. et (sic)* trescenta quindecim. Comp $\mathcal{B}$ **6053** nonaginta octo] 98 $\mathcal{AC}$

septem et dimidii in quadraginta duo est trescenta quindecim. Comparatio igitur duorum et tertie ad septem et dimidium est sicut comparatio de nonaginta octo ad trescenta quindecim. Comparatio autem duorum et tertie ad septem et dimidium est sicut comparatio quesiti ad sex et tres septimas. Igitur comparatio de nonaginta octo ad trescenta quindecim est sicut comparatio quesiti ad sex et tres septimas. Si igitur multiplices nonaginta octo in sex et tres septimas et productum dividas per trescenta quindecim, exibit quesitus.

(*b*) Vel aliter. Multiplica duo et tertiam in sex et tres septimas, et productum divide per septem et dimidium, et exibit quod queris. Vel divide unum multiplicantium per dividentem, et quod exit multiplica in alterum.

(*c*) Vel, si volueris ut prelatus sit sine fractione: Numerum a quo denominatur dimidium, scilicet duo, multiplica in septem et dimidium, et productum pone prelatum. Deinde multiplica eadem duo in duo et tertiam, et productum in sex et tres septimas; et productum divide per prelatum, et exibit quod queris.

Horum autem omnium probatio patet ex premissis consideranti ea.

ITEM.

(**B.14**) Si quis querat: Postquam quatuor quinte sextarii dantur pro duabus tertiis nummi, tunc quantum habebo pro septem octavis nummi?

(*a*) Sic facies. Numeros denominationum, que sunt quinta et tertia et octava, multiplica inter se, et provenient centum viginti. Quorum duas tertias, que sunt octoginta, pone prelatum. Deinde quatuor quintas de centum viginti, que sunt nonaginta sex, multiplica in septem octavas, et provenient octoginta quatuor. Quos divide per prelatum, et exibit unum et dimidia decima, et hoc est quod queritur.

(*b*) Vel aliter. De denominatione fractionis que est cum medio, scilicet tres, accipe duas tertias, que sunt duo, et fac eas prelatum. Deinde multiplica

---

6054 septem] 7 $\mathcal{A}$ **6054** quadraginta duo] 42 $\mathcal{AC}$ **6054** trescenta quindecim] 315 $\mathcal{AC}$ **6055** duorum] 2^{orum} $\mathcal{A}$, add. in marg. $\mathcal{B}$ **6055** septem] 7 $\mathcal{A}$ **6055** dimidium] 2^{m} $\mathcal{A}$ **6055–6057** est sicut … et dimidium] per homœotel. om. $\mathcal{A}$ **6055–6056** nonaginta octo] 98 $\mathcal{C}$ **6056** trescenta quindecim] 315 $\mathcal{C}$ **6057** sex] 6 $\mathcal{A}$ **6057–6058** tres septimas] $\frac{3}{7}$ $\mathcal{A}$ **6058** nonaginta octo] 98 $\mathcal{A}$ **6058** trescenta quindecim] 315 $\mathcal{A}$ **6059** sex] 6 ($\frac{e}{7}$ pr. scr. et eras.) $\mathcal{A}$ **6059** tres septimas] $\frac{3}{7}$ $\mathcal{A}$ **6059–6060** nonaginta octo] 98 $\mathcal{A}$ **6060** sex] 6 $\mathcal{A}$ **6060** tres septimas] $\frac{3}{7}$ $\mathcal{A}$ **6060** et productum dividas] om. $\mathcal{B}$ **6060** trescenta quindecim] 315 $\mathcal{A}$ **6062** duo] 2 $\mathcal{A}$ **6062** tertiam] $\frac{am}{3}$ $\mathcal{A}$ **6062** sex] 6 $\mathcal{A}$ **6062** tres septimas] $\frac{3}{7}$ $\mathcal{A}$ **6063** septem] 7 $\mathcal{A}$ **6063** dimidium] $\frac{m}{2}$ $\mathcal{A}$ **6066** dimidium] $\frac{m}{2}$ $\mathcal{A}$ **6066** duo] 2 $\mathcal{A}$ **6066** septem] 7 $\mathcal{A}$ **6067** duo] 2 $\mathcal{A}$ **6067** duo] 2 $\mathcal{A}$ **6067** tertiam] $\frac{am}{3}$ $\mathcal{A}$ **6068** sex et tres septimas] 7 et $\frac{m}{2}$ pr. scr., 6 et $\frac{3}{7}$ add. infra (ima pag.) $\mathcal{A}$, septem et dimidium $\mathcal{BC}$ **6072** quatuor quinte] $\frac{4}{5}$ $\mathcal{A}$, quattuor quinte $\mathcal{C}$ **6072–6073** duabus tertiis] $\frac{2}{3}$^{is} $\mathcal{A}$ **6073** nummi] numi $\mathcal{BC}$ **6073** septem octavis] $\frac{7}{8}$^{is} $\mathcal{A}$ **6073** nummi] numi $\mathcal{BC}$ **6074** denominationum] om. et add. in marg. denominationum que sunt (sic) $\mathcal{B}$ **6074** que] qui $\mathcal{A}$ **6074** quinta] $\frac{a}{5}$ $\mathcal{A}$ **6074** et (post quinta)] om. $\mathcal{A}$ **6074** tertia] $\frac{a}{3}$ $\mathcal{A}$ **6074–6075** octava] $\frac{a}{8}$ $\mathcal{A}$ **6075** centum viginti] 120 $\mathcal{A}$ **6075** duas tertias] $\frac{2}{3}$^{as} $\mathcal{A}$ **6076** octoginta] 80 $\mathcal{A}$ **6076** quatuor quintas] $\frac{4}{5}$ $\mathcal{A}$, quattuor quintas $\mathcal{C}$ **6076–6077** centum viginti] 120 $\mathcal{A}$, centum vīginti $\mathcal{B}$ **6077** nonaginta sex] 96 $\mathcal{A}$ **6077** septem octavas] $\frac{7}{8}$^{as} $\mathcal{A}$ **6078** octoginta quatuor] 84 $\mathcal{A}$, octoginta quattuor $\mathcal{C}$ **6078** unum] 1 $\mathcal{A}$ **6080** De] om. $\mathcal{B}$ **6080** tres] 3 $\mathcal{A}$ **6081** duas tertias] $\frac{2}{3}$ $\mathcal{A}$ **6081** duo] 2 $\mathcal{A}$

septem octavas in tres, et productum in quatuor quintas; et productum divide per duo, et exibit quod voluisti.

Probatio autem horum duorum modorum patet ex premissis.

(*c*) Vel aliter. Multiplica quatuor quintas in septem octavas et productum divide per duas tertias, et exibit quod voluisti. Vel divide unum multiplicantium per dividentem et quod exit multiplica in alterum, et proveniet quod queris. 6085

Probatio autem horum modorum patet ex precedentibus.

Summa autem omnium horum verborum hec est. Scilicet, cum sextarii cogniti dantur pro nummis cognitis et queritur quantum competit pro sextariis cognitis, illa questio dicitur de 'quantum est pretium?'. Multiplica igitur tunc numerum medium in tertium et productum divide per primum, et exibit quod queris. Si autem cum primo numero fuerit fractio, tunc numerum unde denominatur multiplica in primum numerum cum fractione eius et productum pone prelatum; deinde multiplica medium numerum, cum fractione sua, si habuerit, sin autem ipsum, in denominationem primi fractionis, et productum multiplica in tertium numerum, cum fractione sua, si habuerit, sin autem in ipsum, et productum divide per prelatum; et exibit quod queris. Si autem queritur: Cum sextarii noti dentur pro nummis notis ⟨et⟩ querat pro nummis notis quantum competit, questio est de 'quantum habebo?'. Multiplica igitur tunc primum numerum in ultimum et productum divide per medium, et exibit quod queris. Si autem fuerint cum numero ⟨medio⟩ fractiones, denominationem illarum vel numerum ex denominationibus procreatum multiplica in numerum medium cum fractione sua [si habuerit aliquam] et productum pone prelatum. Deinde predictum numerum denominationis multiplica in primum numerum, cum fractione sua si habuerit aliquam, et productum multiplica in ultimum numerum, et productum divide per prelatum; et exibit quod queris. Nota quia in questione de 'quantum est pretium?' ignoratur quartus, in questione autem de 'quantum habebo?' vel 'quantum me contingit?', quod idem est, ignoratur tertius. 6090 6095 6100 6105 6110

Cetera omnia huiusmodi considera secundum hoc, et ita invenies.

6082 septem octavas] $\frac{7}{8}$ $\mathcal{A}$ **6082** tres] 3 $\mathcal{A}$ **6082** quatuor quintas] $\frac{4}{5}$ $\mathcal{A}$, quattuor quintas $\mathcal{C}$ **6083** duo] 2 $\mathcal{A}$, quod *pr. scr. et del.* duo *add. in marg.* $\mathcal{B}$ **6085** quatuor quintas] $\frac{4}{5}$ $\mathcal{A}$, quattuor quintas $\mathcal{C}$ **6085** septem octavas] $\frac{7}{8}$ $\mathcal{A}$ **6085** productum] pro *in textu* ductum *add. in marg.* $\mathcal{B}$ **6086** duas tertias] $\frac{2}{3}$ $\mathcal{A}$ **6086–6087** multiplicantium] multiplicatorum *codd.*   **6090** horum] istorum $\mathcal{C}$ **6090–6091** sextarii] sexstarii $\mathcal{B}$ **6091** nummis] numis $\mathcal{BC}$ **6091** queritur] qritur $\mathcal{A}$ **6092** sextariis] sexstariis $\mathcal{B}$ **6092** de] *exp.* $\mathcal{A}$, *om.* $\mathcal{C}$ **6092–6093** Multiplica igitur tunc numerum medium] Tunc igitur multiplica medium $\mathcal{A}$, Multiplica tunc igitur numerum medium *(tunc add. supra)* $\mathcal{C}$ **6093** in] *om.* $\mathcal{B}$ **6095** numerum *(post* primum*)*] in numerum $\mathcal{A}$ **6096** eius] si habuerit, sin autem ipsum in denominationem prime fractionis, et productum multiplica in tertium numerum cum fractione sua *add. (v. infra)* $\mathcal{A}$ **6096** multiplica] mltiplica $\mathcal{B}$ **6097** habuerit] habuit $\mathcal{C}$ **6097–6099** sin autem ... si habuerit] *marg.* $\mathcal{B}$ **6097** denominationem] denominatione $\mathcal{B}$ **6097–6098** primi] prime *codd.*   **6099** in] *om.* $\mathcal{A}$ **6100** sextarii] sexstarii $\mathcal{B}$ **6100–6101** nummis] numis $\mathcal{BC}$ **6101** nummis] numis $\mathcal{BC}$ **6103** fuerint] fuerit $\mathcal{C}$ **6108** ultimum numerum] alium *pr. scr. et del. &* numerum ultimum *add.* $\mathcal{C}$ **6110** quartus] 4^{tus} $\mathcal{A}$ **6113** invenies] Ab introducendo quoniam sine magistro dixi *(sic, pro* 'disci'*)* non potest *add. in textu eadem m.* $\mathcal{B}$

Capitulum de ignoto in emendo et vendendo

6115 Quod tribus modis fit, quia vel utrumque ignoratur et agregatum scitur, vel utrumque ignoratur et scitur residuum post diminutionem, vel utrumque ignoratur sed scitur id quod fit ex eorum multiplicatione.

— Exemplum autem primi est hoc.

(B.15) Verbi gratia. Si quis querat: Postquam tres modii dantur pro trede-
6120 cim nummis, quot sunt modii empti secundum idem forum qui cum addito eorum pretio efficiunt sexaginta?

Hic queritur quot sunt modii et quantum est eorum pretium.

Ubi sic facies. Agrega tres cum tredecim, et provenient sexdecim, qui erit hic prelatus. Si autem volueris scire quot sunt modii, multiplica tres
6125 in sexaginta et productum divide per prelatum, et exibit numerus modiorum. Si vero volueris scire pretium eorum, multiplica pretium primorum, quod est tredecim, in sexaginta et productum divide per prelatum, et exibit numerus pretii modiorum ignotorum.

Quod ideo sic multiplicamus et dividimus quoniam talis est compa-
6130 ratio trium modiorum ad sexdecim, qui est numerus modiorum et eorum pretii, qualis est modiorum ignotorum ad sexaginta, qui numerus est modiorum ignotorum et pretii eorum. Tertius est ergo ignotus. Multiplica ergo primum, qui est tres, in quartum, qui est sexaginta, et productum divide per secundum, qui est sexdecim, et exibit tertius. Similiter etiam
6135 talis est comparatio tredecim pretii modiorum ad sexdecim, qui est numerus modiorum et pretii eorum, qualis est pretii modiorum ignotorum ad sexaginta, qui est numerus modiorum ignotorum et pretii eorum. Quoniam igitur tertius est ignotus, multiplica et divide sicut predictum est, et proveniet quod queritur.

6140 Vel quanta pars fuerint tredecim de sexdecim, tu, tantum accipe de sexaginta, et hoc erit pretium modiorum ignotorum. Vel divide sexaginta per sexdecim, et exiens multiplica in tredecim, et productum erit

---

6114–6179 Capitulum de ignoto ... fit in ceteris] $149^v, 23 - 150^r, 16$ $\mathcal{A}$; $33^{vb}, 33 - 34^{rb}, 24$ $\mathcal{B}$; $47^{rb}, 5 - 47^{va}, 10$ $\mathcal{C}$.

6114 Capitulum] *capitaneis litteris scr. et (usque* vendendo) *subter lin. duxit eadem ut vid. m.* $\mathcal{A}$ **6114–6119** Capitulum ... Verbi gratia] *rubro col.* $\mathcal{C}$ **6114** *tit.*] *om. sed spat. rel.* $\mathcal{B}$ **6117** multiplicatione] multiplicationem $\mathcal{B}$ **6118** Exemplum] exeplum $\mathcal{B}$ **6118** autem] erunt $\mathcal{B}$ **6119** (B.15)] *sign.* (†) *scr. lector in marg.* $\mathcal{C}$ **6119** querat] qrat $\mathcal{B}$ **6119** tres] 3 $\mathcal{A}$ **6119–6120** tredecim] 13 $\mathcal{A}$ **6120** modii] qui *add.* $\mathcal{C}$ **6120** qui] *om. (v. adn. præced.)* $\mathcal{C}$ **6121** sexaginta] 60 $\mathcal{A}$ **6123** Ubi] Verbi gratia $\mathcal{A}$, *om.* $\mathcal{BC}$ **6123** tres] 3 $\mathcal{A}$ **6123** tredecim] 13 $\mathcal{A}$ **6123** provenient] proveniet $\mathcal{BC}$ **6123** sexdecim] 16 $\mathcal{A}$ **6124** tres] 3 $\mathcal{A}$ **6125** sexaginta] 60 $\mathcal{AC}$ **6125–6126** modiorum] modicorum $\mathcal{B}$ **6126** pretium *(post* scire)] *corr. ex* pretio $\mathcal{B}$ **6127** tredecim] 13 $\mathcal{A}$ **6127** sexaginta] 60 $\mathcal{A}$ **6129** dividimus] dividius $\mathcal{A}$ **6129** est] *om.* $\mathcal{B}$ **6130** sexdecim] 16 $\mathcal{A}$ **6131** sexaginta] 60 $\mathcal{A}$ **6132** est] *om.* $\mathcal{B}$, *post* ergo *scr.* $\mathcal{C}$ **6133** tres] 3 $\mathcal{A}$ **6133** quartum] 4^m $\mathcal{A}$ **6133** sexaginta] 60 $\mathcal{AC}$ **6134** sexdecim] 16 $\mathcal{AC}$ **6134** Similiter] Scimiliter $\mathcal{B}$ **6135** tredecim] 13 $\mathcal{A}$ **6135** sexdecim] 16 $\mathcal{A}$ **6136** est pretii] *om.* $\mathcal{B}$ **6136** ignotorum] ignorum $\mathcal{B}$ **6137** sexaginta] 60 $\mathcal{AC}$ **6137** est numerus] numerus est $\mathcal{C}$ **6137–6138** Quoniam] Cum *codd.* **6140** fuerint] fiunt $\mathcal{B}$ **6140** tredecim] 13 $\mathcal{A}$ **6140** sexdecim] 16 $\mathcal{A}$ **6141** sexaginta] 60 $\mathcal{AC}$ **6141–6142** sexaginta] 60 $\mathcal{AC}$ **6142** sexdecim] 16 $\mathcal{AC}$ **6142** tredecim] 13 $\mathcal{AC}$

pretium modiorum ignotorum. Isti autem duo modi fiunt cum prius dividitur unum multiplicantium per dividentem et quod exit multiplicatur in alterum.

— Exemplum autem secundi est hoc.

(**B.16**) Verbi gratia. Si quis querat: Postquam tres modii dantur pro tredecim nummis, tunc quot sunt modii ignoti empti ad idem forum quibus subtractis de eorum pretio remanent sexaginta?

Hic queritur quot sunt modii ignoti et quantum est eorum pretium.

Ubi sic facies. Minue tres modios de tredecim, et remanebunt decem, qui est prelatus. Si autem volueris scire numerum modiorum ignotorum, multiplica tres in sexaginta predicta, et productum divide per prelatum, et exibit numerus modiorum ignotorum. Si vero volueris scire numerum pretii, multiplica pretium modiorum, scilicet tredecim, in sexaginta, et productum divide per prelatum, et exibit numerus pretii modiorum ignotorum.

Patet autem hic comparatio. Talis est enim comparatio trium modiorum ad decem remanentia qualis est comparatio modiorum ignotorum ad sexaginta remanentia. Et comparatio tredecim, quod est pretium modiorum, ad decem remanentia talis est qualis est comparatio pretii ⟨modiorum⟩ ignotorum ad sexaginta remanentia.

Vel divide unum multiplicantium per dividentem, qui est prelatus, et quod exit multiplica in alterum, sicut predictum est; et proveniet quod requiris.

— Exemplum tertii est hoc.

(**B.17**) Verbi gratia. Si quis querat: Postquam tres modii dantur pro octo nummis, quot sunt modii ignoti empti ad idem forum qui multiplicati in suum pretium efficient ducenta sexdecim?

Sic facies. Cum volueris scire numerum modiorum ignotorum, multiplica tres, primos, in ducenta sexdecim et productum divide per octo, et exibit octoginta unum. Cuius radix, scilicet novem, est numerus modiorum ignotorum. Si vero volueris scire numerum pretii eorum, multiplica pretium primorum modiorum, scilicet octo, in ducenta sexdecim et pro-

---

6143 prius] priius $\mathcal{B}$ **6146** Exemplum] exeplum $\mathcal{B}$ **6147** tres] 3 $\mathcal{A}$ **6147**–**6148** tredecim] 13 $\mathcal{A}$ **6148** modii] mdi $\mathcal{B}$ **6148** ignoti empti ad idem forum quibus] empti pr. scr. (et del.), post quod præb. ignotis emptis ad idem forum quibus $\mathcal{A}$, ignotis emptis ad (quod scr. supra) idem forum quibus hab. $\mathcal{B}$, ignotis quibus emptis ad idem forum $\mathcal{C}$ **6149** sexaginta] 60 $\mathcal{A}$ **6150** modii] modi $\mathcal{B}$ **6151** tres] 3 $\mathcal{A}$ **6151** tredecim] 13 $\mathcal{A}$ **6151** decem] 10 $\mathcal{A}$ **6153** tres] 3 $\mathcal{A}$ **6153** sexaginta] 60 $\mathcal{A}$ **6155** tredecim] 13 $\mathcal{A}$ **6155** sexaginta] 60 $\mathcal{AC}$ **6157** comparatio (post hic)] coparatio $\mathcal{B}$ **6157** comparatio (post enim)] coparatio $\mathcal{B}$ **6157** trium] 3 $\mathcal{A}$ **6158** decem] 10 $\mathcal{A}$ **6159** sexaginta] 60 $\mathcal{AC}$ **6159** comparatio] coparatio $\mathcal{B}$ **6159** tredecim] 13 $\mathcal{A}$ **6160** decem] 10 $\mathcal{A}$ **6160** est (post qualis)] add. supra $\mathcal{A}$, om. $\mathcal{BC}$ **6160** comparatio] coparatio $\mathcal{B}$ **6161** sexaginta] 60 $\mathcal{AC}$ **6163** alterum] altum $\mathcal{A}$ **6164** requiris] queris $\mathcal{B}$ **6165**–**6166** Exemplum ... gratia] om. sed spat. hab. $\mathcal{B}$, rubro col. $\mathcal{C}$ **6166** tres] 3 $\mathcal{A}$ **6166** modii] mdii $\mathcal{B}$ **6166** octo] 8 $\mathcal{A}$ **6167** nummis] numis $\mathcal{BC}$ **6167** empti ad idem forum] ad idem forum empti $\mathcal{C}$ **6168** ducenta sexdecim] 216 $\mathcal{AC}$ **6170** tres] 3 $\mathcal{A}$ **6170** ducenta sexdecim] 216 $\mathcal{AC}$ **6170** octo] 8 $\mathcal{A}$ **6171** octoginta unum] 81 $\mathcal{A}$ **6171** novem] 9 $\mathcal{A}$ **6173** octo] 8 $\mathcal{A}$ **6173** ducenta sexdecim] 216 $\mathcal{AC}$

ductum divide per tres, et exibit quingenta septuaginta sex. Cuius radix, que est viginti quatuor, est pretium modiorum ignotorum.

Si autem questio fuerit implicita et numerus cuius radicem queris caruerit radice, inventa tamen eius radix propinquior sicut premonstratum est erit quasi numerus modiorum ignotorum et quasi numerus pretii ipsorum. Similiter fit in ceteris.

(**B.18**) Si quis querat: Cum quatuor sextarii dentur pro novem nummis, tunc quot sunt sextarii ignoti, sed empti ad idem forum, ex quorum radice agregata cum radice sui pretii fiunt septem et dimidius?

(***a***) Sic facies. Agrega radicem de quatuor, que est duo, cum radice de novem, que est tres, et fient quinque. Per quos divide septem et dimidium, et exibit unum et dimidium. Et hoc quod exit multiplica in duo, qui est radix de quatuor, et fient tres, et tanta est radix ignotorum sextariorum. Igitur ignoti sextarii sunt novem. Deinde id quod exit de divisione, scilicet unum et dimidium, multiplica in tres, qui sunt radix de novem qui sunt numerus pretii; et proveniunt quatuor et dimidium. Quos multiplica in se, et provenient viginti et quarta, et tantum est pretium.

(***b***) Vel aliter. Divide novem per quatuor, et exibunt duo et quarta. Quorum radici adde unum, et fient duo et dimidium. Per que divide septem et dimidium, et exibunt tres. Quos multiplica in se, et provenient novem, et tot sunt sextarii.

(***c***) Vel aliter. Duplica septem et dimidium, et fient quindecim. Deinde multiplica septem et dimidium in se, et fient quinquaginta sex et quarta. Deinde divide novem per quatuor, et de eo quod exit minue unum, et re-

---

6180–6247 Si quis querat ... exibit quod voluisti] 150^r, 16 – 150^v, 11 $\mathcal{A}$; 78rb, 37 – 78vb, 30 $\mathcal{B}$; $\mathcal{C}$ deficit.

6174 tres] 3 $\mathcal{A}$ **6174** quingenta septuaginta sex] 576 $\mathcal{A}$ **6175** viginti quatuor] 24 $\mathcal{AC}$ **6175** ignotorum] *post hæc hab.* $\mathcal{B}$ *(in marg.* $\mathcal{C}$): Multiplica tredecim et dimidium in se, et proveniunt (proveniut, $\mathcal{B}$) centum octoginta duo et quarta. Quasi ergo querat (queratur, $\mathcal{B}$) dicens: 'Postquam quatuor (quattuor, $\mathcal{C}$) modii dantur pro novem nummis, quot sunt modii empti ad idem forum quorum radice multiplicata in radicem (radice, $\mathcal{B}$) pretii eorum proveniunt (provenient, $\mathcal{C}$) centum (cetum $\mathcal{B}$) octoginta (ocl *pr. scr. & del.* $\mathcal{C}$) duo et quarta?'. Tu, fac sicut supra (su *add. supra* $\mathcal{B}$) docui et exibit quod queris.   **6176** implicita] inpredicta $\mathcal{B}$ **6176** numerus] nūms *(corr. ex* ni) $\mathcal{B}$ **6177** radice] radicem $\mathcal{BC}$ **6177** radix propinquior] radicem propinquiorem *codd.* (radix *pr. scr. et corr.* $\mathcal{C}$, radicem *tantum mut. (in* radix) $\mathcal{A}$)   **6178** ignotorum] ignorum $\mathcal{B}$ **6180** (B.18)] *tit. add. lector* $\mathcal{B}$: Rei numerus per rei et pretii radicis additionem quomodo cognoscatur   **6180** quatuor] 4 $\mathcal{A}$ **6180** novem] 9 $\mathcal{A}$ **6180** nummis] numis $\mathcal{B}$ **6182** septem] 7 $\mathcal{A}$ **6183** quatuor] 4 $\mathcal{A}$ **6183** duo] 2 $\mathcal{A}$ **6184** novem] 9 $\mathcal{A}$ **6184** tres] 3 $\mathcal{A}$ **6184** quinque] 5 $\mathcal{A}$ **6184** septem] 7 $\mathcal{A}$ **6184** dimidium] $\frac{m}{2}$ $\mathcal{A}$ **6185** duo] 2 *post quod add. et del. (v. infra)* scilicet unum et dimidium $\mathcal{A}$ **6185** qui] que $\mathcal{A}$ **6186** quatuor] 4 $\mathcal{A}$ **6186** tres] 3 $\mathcal{A}$ **6187** novem] 9 $\mathcal{A}$ **6188** tres] 3 $\mathcal{A}$ **6188–6189** qui sunt radix ... pretii] *om.* $\mathcal{B}$ **6188** novem] 9 $\mathcal{A}$ **6189** quatuor] 4 $\mathcal{A}$ **6190** viginti] 20 $\mathcal{A}$ **6190** quarta] $\frac{a}{4}$ $\mathcal{A}$ **6191** novem] 9 $\mathcal{A}$ **6191** quatuor] 4 $\mathcal{A}$ **6191** duo] 2 $\mathcal{A}$ **6191** quarta] $\frac{1}{4}$ $\mathcal{A}$ **6192** unum] 1 $\mathcal{A}$ **6192** duo] 2 $\mathcal{A}$ **6192** dimidium] $\frac{m}{2}$ $\mathcal{A}$ **6192** septem] 7 $\mathcal{A}$ **6193** dimidium] $\frac{m}{2}$ $\mathcal{A}$ **6193** tres] 3 $\mathcal{A}$ **6193** novem] 9 $\mathcal{A}$ **6195** septem] 7 $\mathcal{A}$ **6195** dimidium] $\frac{m}{2}$ $\mathcal{A}$ **6195** quindecim] 15 $\mathcal{A}$ **6196** septem] 7 $\mathcal{A}$ **6196** dimidium] $\frac{m}{2}$ $\mathcal{A}$ **6196** quinquaginta sex] 56 $\mathcal{A}$ **6196** quarta] $\frac{1}{4}$ $\mathcal{A}$ **6197** Deinde] de inde *hic et sæpius* $\mathcal{B}$ **6197** novem] 9 $\mathcal{A}$ **6197** quatuor] 4 $\mathcal{A}$ **6197** unum *(post* minue)] 1 $\mathcal{A}$

manebunt unum et quarta. Per que divide quindecim, et exibunt duodecim. Deinde divide quinquaginta sex et quartam per unum et quartam, et exibunt quadraginta quinque. Deinde dimidium de duodecim multiplica in se, et provenient triginta sex. Quos agrega ad quadraginta quinque, et de agregati radice minue medietatem de duodecim; et quod remanserit multiplica in se, et productus erit numerus sextariorum. Cum autem pretium scire volueris, multiplica sextarios in duo et quartam que exierunt ex dividendo novem per quatuor, et quod provenit est pretium sextariorum.

(**B.19**) Si quis querat: Cum quatuor sextarii dentur pro novem nummis, tunc quot sunt sextarii ignoti, sed empti ad idem forum, quorum radice diminuta de radice sui pretii remanet unum et dimidium?

(***a***) Sic facies. Minue radicem de quatuor, que est duo, de radice de novem, que est tres, et remanebit unum. Per quem divide unum et dimidium, et exibit unum et dimidium. Quod multiplica in duo, et provenient tres. Et tanta est radix ignotorum sextariorum. Igitur sextarii ignoti sunt novem. Deinde unum et dimidium quod exivit de divisione multiplica in tres, et fient quatuor et dimidium. Et tanta est radix pretii eorum. Pretium igitur est viginti et quarta.

(***b***) Vel aliter. Divide novem per quatuor, et de radice eius quod exit semper minue unum; et remanebit medietas. Per quam divide unum et dimidium, et quod exit multiplica in se, et provenient novem. Et tot sunt sextarii.

(***c***) Vel aliter. Duplica unum et dimidium, et fient tres. Deinde multiplica unum et dimidium in se, et provenient duo et quarta. Deinde divide novem per quatuor, et exibunt duo et quarta; de quibus minue unum, et remanebit unum et quarta. Per que divide tres, et exibunt duo et due quinte. Deinde divide etiam id quod fit ex ductu unius et dimidii in se per unum et quartam, et exibit unum et quatuor quinte. Deinde medietatem duorum et duarum quintarum, que est unum et quinta, multiplica in se, et

6198 unum] 1 𝒜   **6198** quarta] ¼ *(corr. ex* a/4*)* 𝒜   **6198** quindecim] 15 𝒜   **6198** duodecim] 12 𝒜   **6199** quinquaginta sex] 56 𝒜   **6199** quartam] ¼ 𝒜   **6199** unum] 1 𝒜   **6199** quartam] ¼ 𝒜   **6200** quadraginta quinque] 45 𝒜   **6200** duodecim] 12 𝒜   **6201** triginta sex] 36 𝒜   **6201** quadraginta quinque] 45 𝒜   **6202** duodecim] 12 𝒜   **6204** duo] 2 𝒜   **6204** quartam] ¼ 𝒜   **6204** exierunt] exierit *pr. scr. et corr.* 𝒜   **6205** novem] 9 𝒜   **6205** quatuor] 4 𝒜   **6206** quatuor] 4 𝒜   **6206** novem] 9 𝒜   **6206** nummis] numis ℬ   **6208** dimidium] m/2 𝒜   **6209** quatuor] 4 𝒜   **6209** duo] 2 𝒜   **6209** novem] 9 𝒜   **6210** tres] 3 𝒜   **6210** unum] 1 𝒜   *(post quod et* m/2 *scr. (v. infra) et del.)*   **6210** unum] 1 𝒜   **6210** dimidium] m/2 𝒜   **6210–6211** et exibit unum et dimidium] *per homœotel. om.* ℬ   **6211** dimidium] ½ 𝒜   **6211** Quod] quđ ℬ   **6211** duo] 2 𝒜   **6211** tres] 3 𝒜   **6212** novem] 9 𝒜   **6213** exivit] *corr. ex* exit 𝒜   **6213** tres] 3 𝒜   **6214** quatuor] 4 𝒜   **6214** dimidium] ½ 𝒜   **6215** viginti] 20 𝒜   **6215** quarta] ¼ 𝒜   **6216** novem] 9 𝒜   **6216** quatuor] 4 𝒜   **6217** unum] 1 𝒜   **6217** medietas] ½ 𝒜   **6217** unum] 1 𝒜   **6218** dimidium] ½ 𝒜   **6218** novem] 9 𝒜   **6220** dimidium] ½ 𝒜   **6220** tres] 3 𝒜   **6221** unum] 1 𝒜   **6221** dimidium] ½ 𝒜   **6221** duo] 2 𝒜   **6221** quarta] ¼ 𝒜   **6221–6222** novem] 9 𝒜   **6222** quatuor] 4 𝒜   **6222** duo] 2 𝒜   **6222** quarta] ¼ 𝒜   **6222** unum] 1 𝒜   **6223** unum] 1 𝒜   **6223** quarta] ¼ 𝒜   **6223** tres] 3 𝒜   **6223** exibunt] *om.* ℬ   **6223** duo] 2 𝒜   **6223–6224** due quinte] 2/5 𝒜   **6225** unum] 1 𝒜   **6225** quartam] am/4 𝒜   **6225** unum] 1 𝒜   **6225** quatuor quinte] 4/5 𝒜   **6226** duorum] 2^{orum} 𝒜   **6226** duarum quintarum] 2/5^{arum} 𝒜   **6226** unum] 1 𝒜   **6226** quinta] a/5 𝒜 productum adde ad unum et quatuor quintas, et agregati radicem agrega ad unum et quintam. Et quod fit est radix sextariorum. Quam multiplica in se, et proveniet numerus sextariorum. Cum autem scire volueris pretium sextariorum, multiplica numerum sextariorum in id quod exit ex dividendo novem per quatuor, et productus est pretium.

(**B.20**) Cum quatuor sextarii dentur pro novem nummis, tunc quot sunt sextarii empti ad idem forum ex quorum radice multiplicata in radicem sui pretii proveniunt viginti quatuor?

(*a*) Sic facies. Multiplica radicem de quatuor in radicem de novem, et provenient sex. Per quos divide viginti quatuor, et quod exit multiplica in quatuor; et productus est numerus sextariorum, qui est sexdecim. Multiplica etiam id quod de divisione exit in novem, et proveniet pretium, quod est triginta sex.

(*b*) Vel aliter. Divide novem per quatuor, et per radicem eius quod exit, que est unum et dimidium, divide viginti quatuor. Et quod exit est numerus sextariorum.

(*c*) Vel aliter. Multiplica viginti quatuor in se, et provenient quingenti septuaginta sex. Quasi ergo dicatur: 'Cum quatuor sextarii dentur pro novem nummis, tunc quot sunt sextarii ex quibus multiplicatis in suum pretium proveniunt quingenti septuaginta sex?'. Fac sicut supra docuimus, et exibit quod voluisti.

ITEM. ALIUD CAPITULUM DE EODEM, CUM REBUS

(**B.21**) Si quis querit: Postquam tres modii dantur pro decem nummis et una re, sed hec una res est pretium unius modii, tunc quantum est pretium illius rei?

(*a*) Modus solutionis hic talis est ut scias quantum est pretium trium modiorum secundum quod venditur modius unus pro una re, et invenies tres res. Pretium autem eorum erant decem nummi et una res. Ergo tres res equantur decem nummis et uni rei, hec autem res equatur uni trium

---

6248–6304 Item aliud capitulum ... quod scire voluisti] 150^v, 12 – 151^r, 2 $\mathcal{A}$; 34rb, 25-26 – 34vb, 3 $\mathcal{B}$; 47va, 11 – 47vb, 4 & (B.22b) *marg*. 47va $\mathcal{C}$.

6227 quatuor quintas] $\frac{4}{5}$ $\mathcal{A}$ **6228** unum] 1 $\mathcal{A}$ **6228** quintam] $\frac{am}{5}$ $\mathcal{A}$ **6231** novem] 9 $\mathcal{A}$ **6231** quatuor] 4 $\mathcal{A}$ **6232** quatuor] 4 $\mathcal{A}$ **6232** novem] 9 $\mathcal{A}$ **6232** nummis] numis $\mathcal{B}$ **6233** idem] id $\mathcal{B}$ **6233** ex quorum] *om*. $\mathcal{A}$, quorum $\mathcal{B}$ **6234** viginti quatuor] 24 $\mathcal{A}$ **6235** Multiplica] Multiplica $\mathcal{B}$ **6235** quatuor] 4 $\mathcal{A}$ **6235** novem] 9 $\mathcal{A}$ **6236** sex] 6 $\mathcal{A}$ **6236** viginti quatuor] 24 $\mathcal{A}$ **6237** quatuor] 4 $\mathcal{A}$ **6237** sexdecim] 16 $\mathcal{A}$ **6238** novem] 9 $\mathcal{A}$ **6238** pretium] *corr. ex* pretiu $\mathcal{A}$ **6239** triginta sex] 36 $\mathcal{A}$ **6240** novem] 9 $\mathcal{A}$ **6240** quatuor] 4 $\mathcal{A}$ **6241** unum] 1 $\mathcal{A}$ **6241** dimidium] $\frac{m}{2}$ $\mathcal{A}$ **6241** viginti quatuor] 24 $\mathcal{A}$ **6243** viginti quatuor] 24 $\mathcal{A}$ **6243–6244** quingenti septuaginta sex] 576 $\mathcal{A}$ **6244** quatuor] 4 $\mathcal{A}$ **6244** novem] 9 $\mathcal{A}$ **6245** nummis] numis $\mathcal{B}$ **6246** quingenti septuaginta sex] 576 $\mathcal{A}$, quingen septuaginta sex $\mathcal{B}$ **6248** Item. Aliud capitulum] Aliud capitulum *(ambo litteris grandibus)*. Item $\mathcal{A}$ **6248** *tit.*] *om. sed spat. rel.* $\mathcal{B}$, *rubro col.* $\mathcal{C}$ **6249** querit] querat *pr. scr. et corr.* $\mathcal{C}$ **6249** tres] 3 $\mathcal{A}$ **6249** decem] 10 $\mathcal{A}$ **6249** nummis] numis $\mathcal{B}$ **6252–6253** trium modiorum] modiorum trium $\mathcal{A}$ **6253** venditur] veditur $\mathcal{B}$ **6253** unus] 1us $\mathcal{A}$, unius $\mathcal{B}$ **6253** tres] 3 $\mathcal{A}$ **6254** eorum] earum $\mathcal{C}$ **6254** decem] 10 $\mathcal{A}$ **6254** una] *quasi* uni $\mathcal{C}$ **6254** res] *e corr.* $\mathcal{A}$ **6254** tres] 3 $\mathcal{A}$ **6255** equantur] *corr. (partim) ex* equalis $\mathcal{B}$, equantur ad $\mathcal{C}$ **6255** decem] 10 $\mathcal{A}$ **6255** nummis] nummi $\mathcal{B}$ **6255** trium] *corr. ex* triu $\mathcal{A}$

predictarum rerum; et remanent due res, que equipollent decem nummis. Ergo una res valet quinque nummos. Et hoc est quod queris.

(***b***) Vel aliter. Minue unum modium de tribus modiis, et remanebunt duo. Deinde rem unam minue de decem nummis et re, et remanebunt decem nummi. Deinde denomina unum modium demptum de duobus, scilicet dimidium. Dimidium ergo de decem, quod est quinque, est pretium illius rei.

(**B.22**) Si quis querat dicens: Cum quatuor modii dantur pro viginti nummis et duabus rebus, sed modius et dimidius datur pro duabus rebus et tribus nummis, tunc quantum valet illa res?

(***a***) Sic facies. Secundum pretium modii et dimidii venditi pro duabus rebus et tribus nummis inveni quantum debeatur pro quatuor modiis, hoc modo. Scilicet, quere numerum in quem multiplicatum unum et dimidium fiat quatuor sicut predocuimus. Hic autem est duo et due tertie. Quos multiplica in duas res et tres nummos, et fient quinque res et tertia rei et octo nummi. Et hoc est pretium quatuor modiorum. Horum autem iam fuerat pretium viginti nummi et due res. Tunc quinque res et tertia rei et octo nummi equipollent viginti nummis et duabus rebus. Minue ergo duas res de quinque rebus et tertia rei, et minue octo nummos de viginti nummis; et restat ut duodecim nummi equipolleant tribus rebus et tertie rei. Ergo illa res equivalet tribus nummis et tribus quintis nummi. Et hoc est quod requiris.

(***b***) Vel aliter. Minue modium et dimidium de quatuor modiis, et remanebunt duo et dimidius. Deinde minue duas res et tres nummos de viginti nummis et duabus rebus, et remanebunt decem et septem nummi. Deinde

---

6256 due] 2 $\mathcal{A}$ **6256** equipollent] equippollent $\mathcal{B}$ **6256** decem] 10 $\mathcal{A}$ **6257** quinque] 5 $\mathcal{A}$ **6257** nummos] nuos $\mathcal{B}$ **6258** unum] 1 $\mathcal{A}$ **6258** tribus] 3 $\mathcal{A}$ **6258** duo] 2 $\mathcal{A}$ **6259** decem] 10 $\mathcal{A}$ **6259** nummis] numis $\mathcal{BC}$ **6259** decem] 10 $\mathcal{A}$ **6260** nummi] numi $\mathcal{B}$ **6260** demptum] emptum *codd.*   **6260** duobus] 2^{obus} $\mathcal{A}$ **6260–6261** dimidium. Dimidium] dimidiumdimidium *pr. scr. et corr.* $\mathcal{C}$ **6261** decem] 10 $\mathcal{A}$ **6261** quod] qui $\mathcal{B}$ **6261** quinque] 5 $\mathcal{A}$ **6263** dicens] decem *pr. scr. et exp.* $\mathcal{B}$ **6263** quatuor] 4 $\mathcal{A}$, quattuor $\mathcal{C}$ **6263** modii] *bis scr.* $\mathcal{B}$ **6263–6264** viginti ... et duabus rebus] duabus rebus et tribus numis, tunc quantum valet *scr.* $\mathcal{B}$ **6263** viginti] 20 $\mathcal{A}$ **6263–6264** nummis] numis $\mathcal{C}$ **6264** duabus *(post et)*] 2 $\mathcal{A}$ **6265** nummis] numis $\mathcal{C}$ **6265** res] aliquid *add.* $\mathcal{B}$ **6266** pretium] *corr. ex* pretii $\mathcal{B}$ **6267** tribus] 3 $\mathcal{A}$ **6267** nummis] numis *codd.*   **6267** quatuor] 4 $\mathcal{A}$, quattuor $\mathcal{C}$ **6268** dimidium] $\frac{1}{2}$ $\mathcal{A}$ **6269** fiat] fit $\mathcal{B}$ **6269** quatuor] 4 $\mathcal{A}$, quattuor $\mathcal{C}$ **6269** duo] 2 $\mathcal{A}$ **6269** due tertie] $\frac{2}{3}$ $\mathcal{A}$ **6270** duas] 2 $\mathcal{A}$ **6270** tres] 3 $\mathcal{A}$ **6270** nummos] numos $\mathcal{B}$ **6270** quinque] 5 $\mathcal{A}$ **6270** tertia] $\frac{1}{3}$ $\mathcal{A}$ **6271** octo] 8 $\mathcal{A}$ **6271** nummi] numeri $\mathcal{B}$ **6271** quatuor] 4 $\mathcal{A}$, quattuor $\mathcal{C}$ **6272** viginti] 20 $\mathcal{A}$ **6272** nummi] numeri $\mathcal{B}$ **6272** due] 2 $\mathcal{A}$ **6272** quinque] 5 $\mathcal{A}$ **6272** tertia] $\frac{1}{3}$ $\mathcal{A}$ **6273** octo] 8 $\mathcal{A}$ **6273** nummi] numi $\mathcal{BC}$ **6273** viginti] 20 $\mathcal{A}$ **6273** nummis] numis $\mathcal{B}$ **6273** et *(post nummis)*] restat *add. (v. infra) et exp.* $\mathcal{B}$ **6273** duabus] 2^{abus} $\mathcal{A}$ **6274** duas] 2 $\mathcal{A}$ **6274** quinque] 5 $\mathcal{A}$ **6274** tertia] $\frac{1}{3}$ $\mathcal{A}$ **6274** octo] 8 $\mathcal{A}$ **6274** nummos] numos $\mathcal{BC}$ **6274** viginti] 20 $\mathcal{A}$ **6275** nummis] numis $\mathcal{AB}$ **6275** duodecim] 12 $\mathcal{A}$ **6275** nummi] numi $\mathcal{A}$ **6275** tribus] 3^{bus} $\mathcal{A}$ **6276** nummis] numis $\mathcal{BC}$ **6276** tribus quintis] $\frac{3\text{is}}{5}$ (5 *pr. scr. mut. in* $\frac{3}{5}$ *et totum del. et rescr.)* $\mathcal{A}$ **6276** nummi] numi $\mathcal{B}$ **6277** requiris] Experire autem has duas (2, $\mathcal{A}$) questiones, et invenies ita esse ut dicimus *add. (v. infra) codd. (del.* $\mathcal{A}$)   **6278–6285** Vel aliter ... equales] *in marg.* $\mathcal{C}$ **6278** modium et dimidium] modium et dium et dimidium $\mathcal{B}$, modium et dimididium $\mathcal{C}$ **6278** quatuor] 4 $\mathcal{A}$, quattuor $\mathcal{C}$ **6279** duo] 2 $\mathcal{A}$ **6279** duas] 2 $\mathcal{A}$ **6279** tres] 3 $\mathcal{A}$ **6279** nummos] numos $\mathcal{BC}$ **6279** viginti] 20 $\mathcal{A}$ **6280** nummis] numis $\mathcal{BC}$ **6280** duabus] 2^{bus} $\mathcal{A}$ **6280** decem et septem] 17 $\mathcal{A}$ **6280** nummi] numi $\mathcal{C}$

denomina unum et dimidium de duobus et dimidio, scilicet tres quintas. Deinde de tribus quintis de decem et septem, que sunt decem et quinta, minue tres nummos, et remanebunt septem et quinta. Et tantum valent due res. Ergo una res valet tres et tres quintas. Hec autem regula non valet nisi cum res que sunt cum utroque pretio sunt equales.

Experire autem has duas questiones, et invenies ita esse ut dicimus.

(**B.23**) Si quis querat: Cum octo modii vendantur pro viginti nummis et una re, emit autem duos modios pro re una minus nummo, tunc quantum est pretium illius rei?

(*a*) Sic facies. Minue duos modios de octo, et remanebunt sex. Deinde minue unam rem minus nummo de viginti nummis et una re, et remanebunt viginti et unus nummi; unus enim demptus addetur super viginti. Deinde denomina duos modios de sex modiis, scilicet tertiam. Postea tertie de viginti uno, que est septem, agrega unum nummum, qui erat demptus, et fient octo, et tantum est pretium rei. Si autem loco unius rei essent due res, tunc octo esset pretium duarum rerum.

(*b*) Vel aliter. Tu scis quod comparatio de octo ad duo est quadrupla; ergo viginti et res sunt quadrupla rei minus uno nummo, comparatio enim modiorum ad modios est sicut comparatio pretii ad pretium. Multiplica ergo unam rem minus uno nummo in quatuor, et provenient quatuor res minus quatuor nummis, que equantur ad viginti et ad unam rem. Comple ergo quod est demptum et deme quod est iteratum, et restabunt viginti quatuor qui equantur tribus rebus. Res ergo valet octo, et hoc est quod scire voluisti.

(**B.24**) Cum sex sextarii dentur pro decem nummis et re, et aliquis accipit duos sextarios pro re, tunc quantum valet illa res?

Sic facies. Minue duos sextarios de sex, et remanebunt quatuor. Deinde minue rem de decem nummis et re, et remanebunt decem. Deinde de-

---

6305–6317 Cum sex sextarii ... est pretium rei] 151^r, 2 – 10 $\mathcal{A}$; $\mathcal{BC}$ deficiunt.

6281 unum] 1 $\mathcal{A}$ **6281** dimidium] $\frac{1}{2}$ $\mathcal{A}$ **6281** de duobus] et duabus $\mathcal{B}$ **6281** tres quintas] $\frac{3}{5}$ $\mathcal{A}$ **6282** decem et septem] 17 $\mathcal{A}$ **6282** decem] 10 $\mathcal{A}$ **6282** quinta] $\frac{1}{5}$ $\mathcal{A}$ **6283** tres] 3 $\mathcal{A}$ **6283** nummos] numos $\mathcal{B}$ **6283** septem] 7 $\mathcal{A}$ **6283** quinta] $\frac{1}{5}$ $\mathcal{A}$ **6284** due] 2 $\mathcal{A}$ **6284** tres] 3 $\mathcal{A}$ **6284** tres quintas] $\frac{3}{5}$ $\mathcal{A}$ **6286** Experire ... dicimus] *hic om. (v. supra) $\mathcal{BC}$ (in textu $\mathcal{A}$)*   **6286** duas] 2 $\mathcal{A}$ **6287** octo] 8 $\mathcal{A}$ **6287** vendantur] *quasi* venidantur $\mathcal{A}$ **6287** viginti] 20 $\mathcal{A}$ **6287** nummis] numis $\mathcal{BC}$ *(corr. ex* nummis $\mathcal{B}$*)*   **6288** duos] 2 $\mathcal{A}$ **6288** nummo] numo $\mathcal{BC}$ **6290** duos] 2 $\mathcal{A}$ **6290** modios] modius $\mathcal{A}$ **6290** octo] 8 $\mathcal{A}$ **6290** sex] 6 $\mathcal{AC}$ **6291** unam] 1 $\mathcal{A}$ **6291** nummo] numo $\mathcal{BC}$ **6291** viginti] 20 $\mathcal{A}$ **6291** nummis] numis $\mathcal{B}$ **6292** viginti et unus] 21 $\mathcal{A}$ **6292** nummi] numi $\mathcal{BC}$ **6292** viginti] 20 $\mathcal{A}$ **6293** sex] 6 $\mathcal{A}$ **6293** tertie] $\frac{e}{3}$ $\mathcal{A}$ **6294** viginti uno] 21 $\mathcal{A}$ **6294** septem] 7 $\mathcal{A}$ **6294** nummum] numerum $\mathcal{B}$, numum $\mathcal{C}$ **6294** qui] que $\mathcal{B}$ **6295** octo] 8 $\mathcal{A}$ **6295** due] 2 $\mathcal{A}$ **6296** octo] 8 $\mathcal{A}$ **6297** scis] scias $\mathcal{B}$ **6297** octo] 8 $\mathcal{A}$ **6297** duo] 2 $\mathcal{A}$ **6298** viginti] 20 $\mathcal{A}$ **6298** sunt] est *codd.*   **6298** nummo] numo $\mathcal{BC}$ **6299** modiorum] modicorum $\mathcal{B}$ **6300** uno nummo] numo $\mathcal{AB}$, uno $\mathcal{C}$ **6300** quatuor] 4 $\mathcal{A}$, quattuor $\mathcal{C}$ **6300** provenient] provient $\mathcal{A}$ **6300** quatuor *(ante* res*)*] 4 $\mathcal{A}$, quattuor $\mathcal{C}$ **6301** quatuor] 4 $\mathcal{A}$, quattuor $\mathcal{C}$ **6301** nummis] numis $\mathcal{BC}$ **6301** viginti] 20 $\mathcal{A}$ **6302** demptum] deptum $\mathcal{B}$ **6302–6303** viginti quatuor] 24 $\mathcal{A}$, viginti quattuor $\mathcal{C}$ **6303** octo] 8 $\mathcal{A}$ **6305** sex] 6 $\mathcal{A}$ **6305** decem] 10 $\mathcal{A}$ **6306** duos] 2 $\mathcal{A}$ **6307** duos] 2 $\mathcal{A}$ **6307** sex] 6 $\mathcal{A}$ **6307** quatuor] 4 $\mathcal{A}$ **6308** decem] 10 $\mathcal{A}$ **6308** decem] 10 $\mathcal{A}$

nomina duos sextarios de quatuor, et tanta pars accepta de decem, scilicet dimidium, quod est quinque, est id quod res valet.

(**B.25**) Cum sex sextarii dentur pro decem nummis et re, et aliquis accipit duos sextarios pro re et uno nummo, tunc quantum valet res?

Minue duo de sex, et remanebunt quatuor. Deinde minue rem et nummum de decem nummis et re, et remanebunt novem nummi. Deinde denomina duos sextarios de quatuor, et tantam partem accipe de novem, scilicet dimidium, quod est quatuor et dimidium; de qua minue nummum unum, et remanent tres et dimidium, et hic est pretium rei.

(**B.26**) Si quis querit: Cum tres modii dentur pro viginti nummis et una re, sed dimidius modius emitur pro duabus tertiis illius rei minus duobus nummis, tunc quantum valet illa res?

Sic facies, intra te dicens: 'Si dimidius modius datur pro duabus tertiis rei minus duobus nummis, tunc quantum est pretium trium modiorum?'. Invenies quod est quatuor res minus duodecim nummis. Pretium autem trium modiorum iam erant viginti nummi et una res; tunc duo numeri ⟨pretii⟩ equipollent. Minue tunc unam rem unius lateris de quatuor rebus alterius lateris, et remanent tres res, et agrega duodecim nummos demptos unius lateris ad viginti nummos additos alterius lateris, et provenient triginta duo. Tres ergo res equipollent triginta duobus nummis. Illa ergo res valet decem nummos et duas tertias nummi. Proba autem hoc, et invenies ita esse ut dicimus.

(**B.27**) Si quis querat: Cum sex modii vendantur pro decem nummis minus una re, emit autem duos modios pro una re, quantum ergo valet res illa?

(*a*) Sic facies. Agrega duos ad sex, et fient octo. Deinde agrega rem ad decem minus re, et fient decem. Postea denomina duos modios de octo modiis, scilicet quartam; quarta igitur de decem, que est duo et dimidium, est pretium rei. Si vero res essent due, vel tres, tunc duo et dimidium esset pretium illarum. Hec autem regula non valet nisi cum res que sunt cum utroque pretio sunt equales.

(*b*) Generalis autem regula hec est. Iam scis quod comparatio de sex ad duo tripla est; ergo decem minus re triplum est rei. Ergo decem minus re equantur tribus rebus. Decem ergo post completionem equantur quatuor rebus. Ergo pretium rei est duo et dimidium. Et hoc est quod scire voluisti.

(**B.28**) Si quis querat: Cum quatuor modii vendantur pro octo nummis minus re, emit autem duos modios pro re et uno nummo, tunc quantum valet res illa?

(*a*) Sic facies. Agrega duo ad quatuor, et fient sex. Deinde agrega rem et nummum ad octo minus re, et erunt novem. Deinde denomina duo de sex, scilicet tertiam. Tertia igitur de novem, que est tres, minus uno nummo [qui fuit demptus], et fiunt duo, est pretium rei. Si autem essent due res vel plures, tunc duo esset pretium illarum. Hec autem regula non valet nisi cum res que sunt cum utroque pretio sunt equales.

(*b*) Regula autem generalis hec est. Iam scis quod comparatio quatuor modiorum ad duos modios est dupla. Ergo comparatio pretii ad pretium est dupla; octo igitur minus re dupli sunt rei et unius nummi. Due igitur res et duo nummi equantur ad octo minus re. Comple igitur diminutum et minue additum, et restabunt sex; qui equantur tribus rebus. Res igitur valet duo. Et hoc est quod scire voluisti.

(**B.29**) Si quis querit: Cum quatuor modii venduntur pro viginti nummis minus duabus rebus, sed modius et dimidius venditur pro duabus rebus minus tribus nummis, tunc quantum valet illa res?

Sic facies hic ut in precedentibus. Scilicet ut dicas intra te: 'Si modius et dimidius datur pro duabus rebus minus tribus nummis, tunc quantum

---

6358–6372 Si quis querit ... introducendo sufficiant] $151^r, 33 - 41$ $\mathcal{A}$; $34^{vb}, 21 - 39$ $\mathcal{B}$; $47^{vb}, 20 - 36$ $\mathcal{C}$.

6335 quartam] $\frac{am}{4}$ $\mathcal{A}$ **6335** quarta] quartam $\mathcal{A}$ **6335** decem] 10 $\mathcal{A}$ **6335** duo] 2 $\mathcal{A}$ **6335** dimidium] dimium $\mathcal{B}$ **6336** due] 2 $\mathcal{A}$ **6336** tres] 3 $\mathcal{A}$ **6336** tunc duo et dimidium] tunc 2 et $\frac{m}{2}$ *iter. (post. del.)* $\mathcal{A}$ **6339** sex] 6 $\mathcal{A}$ **6340** duo] 2 $\mathcal{A}$ **6340** decem] 10 $\mathcal{A}$ **6340** decem] 10 $\mathcal{A}$ **6341** equantur] equatur $\mathcal{B}$ **6341** tribus] 3^{bus} $\mathcal{A}$ **6341** Decem] 10 $\mathcal{A}$ **6341** equantur] equatur $\mathcal{B}$ **6341** quatuor] 4 $\mathcal{A}$ **6342** duo] 2 $\mathcal{A}$ **6342** dimidium] $\frac{m}{2}$ $\mathcal{A}$ **6343** quatuor] 4 $\mathcal{A}$ **6343** pro] per $\mathcal{B}$ **6343** octo] 8 $\mathcal{A}$ **6343** nummis] numis $\mathcal{B}$ **6344** duos] 2 $\mathcal{A}$ **6344** modios] modos $\mathcal{B}$ **6344** nummo] numo $\mathcal{B}$ **6346** duo] 2 $\mathcal{A}$ **6346** quatuor] 4 $\mathcal{A}$ **6346** sex] 6 $\mathcal{A}$ **6346** et *(post* rem*)] add. supra lin.* $\mathcal{A}$ **6347** nummum] numum $\mathcal{AB}$ **6347** octo] 8 $\mathcal{A}$ **6347** novem] 9 $\mathcal{A}$ **6347** duo] 2 $\mathcal{A}$ **6347** sex] 6 $\mathcal{A}$ **6348** novem] 9 $\mathcal{A}$ **6348** tres] 3 $\mathcal{A}$ **6348–6349** minus uno ... fiunt duo] *post* tunc duo *(v. infra) hab.* $\mathcal{A}$, *om.* $\mathcal{B}$ **6349** duo] 2 $\mathcal{A}$ **6349** due] 2 $\mathcal{A}$ **6350** vel plures] *om.* $\mathcal{B}$ **6350** duo] 2 $\mathcal{A}$ **6350** esset] essent $\mathcal{B}$ **6352** quatuor] 4 $\mathcal{A}$ **6353** duos] 2 $\mathcal{A}$ **6353** dupla] duppla $\mathcal{B}$ **6353–6354** Ergo ... dupla] *per homœotel. om.* $\mathcal{B}$ **6354** octo] 8 $\mathcal{A}$ **6354** dupli] duppli $\mathcal{B}$ **6354** nummi] numi $\mathcal{B}$ **6354** Due] 2 $\mathcal{A}$ **6355** duo] 2 $\mathcal{A}$ **6355** nummi] numi $\mathcal{AB}$ **6355** octo] 8 $\mathcal{A}$ **6356** sex] 6 $\mathcal{A}$ **6356** qui] que *codd.* **6356** tribus] 3 $\mathcal{A}$ **6357** duo] 2 $\mathcal{A}$ **6357** hoc] hic *ut vid.* $\mathcal{A}$ **6358** quatuor] 4 $\mathcal{A}$, quattuor $\mathcal{C}$ **6358** viginti] 20 $\mathcal{A}$ **6358** nummis] numis $\mathcal{B}$ **6359** duabus] 2 $\mathcal{A}$, *corr. ex* duobus $\mathcal{C}$ **6359** duabus *(post* pro*)] 2 $\mathcal{A}$ **6360** tribus] 3 $\mathcal{A}$ **6362** duabus] 2 $\mathcal{A}$ **6362** tribus] 3 $\mathcal{A}$ **6362** nummis] numis $\mathcal{BC}$

est pretium quatuor modiorum?'. Invenies quod quinque res et tertia rei minus octo nummis. Hoc autem equatur ad viginti nummos minus duabus rebus. Tunc restaura unumquodque diminutum et pone tantumdem ex alia parte, et fient quinque res et tertia rei equivalentia triginta duobus nummis. Deinde divide numerum nummorum, qui est triginta duo, per numerum rerum, qui est quinque et tertia, et tunc illa res valebit quatuor nummos et quatuor undecimas nummi.

[Scientiam autem huiusmodi questionum quam plurimum non comprehendunt nisi qui se exercent in elgabre vel in libro Euclidis. Que autem dicta sunt de hiis introducendo sufficiant.]

ITEM. ALIUD CAPITULUM DE IGNOTO IN EMENDO ET VENDENDO

(B.30) Si quis querat dicens: Cum sextarii ignoti dentur pro nonaginta tribus, quibus sextariis ignotis additis pretio unius eorum fient triginta quatuor, quot sunt illi sextarii?

Sic facies. Medietatem de triginta quatuor, que est decem et septem, multiplica in se, et provenient ducenta octoginta novem. De quibus minue nonaginta tres, et remanebunt centum nonaginta sex. Quorum radici, que est quatuordecim, agrega decem et septem, et fient triginta unum. Quos minue de triginta quatuor, et remanebunt tres. Si igitur numerus sextariorum ignotorum maior est numero pretii cuiuslibet eorum, dic quoniam sextarii sunt triginta unus, pretium autem uniuscuiusque eorum est tres. Si vero numerus pretii uniuscuiuslibet eorum maior est numero eorum, dic quod sextarii sunt tres et pretium uniuscuiusque eorum est triginta unus.

Cuius rei probatio hec est. Sextarii ignoti sint AB, pretium vero uniuscuiusque eorum sit BG; totus igitur AG est triginta quatuor. Ex ductu autem AB in BG proveniunt nonaginta tres; si enim multiplicetur pretium cuiuslibet sextariorum in numerum sextariorum proveniunt nonaginta tres, qui sunt pretium sextariorum. Incidatur autem AG per medium; si autem numerus sextariorum maior fuerit pretio unius eorum erit in puncto D, si

---

6373–6694 Item. Aliud capitulum ... que precessit] $151^r, 41 - 153^v, 12$ $\mathcal{A}$; $79^{rb}, 31$-$32 - 81^{va}, 35$ $\mathcal{B}$; $\mathcal{C}$ deficit.

6363 quatuor] 4 $\mathcal{A}$, quattuor $\mathcal{C}$ **6363** quinque] 5 $\mathcal{A}$ **6363** tertia] $\frac{1}{3}$ $\mathcal{A}$ **6364** octo] 8 $\mathcal{A}$ **6364** nummis] numis $\mathcal{BC}$ **6364** viginti] 20 $\mathcal{A}$ **6364** nummos] numos *(mut. in* mimos*)* $\mathcal{B}$ **6364–6365** duabus] 2 $\mathcal{A}$ **6366** quinque] 5 $\mathcal{A}$ **6366** tertia] $\frac{1}{3}$ $\mathcal{A}$ **6366** triginta duobus] 32^{bus} $\mathcal{A}$ **6367** nummis] numis $\mathcal{BC}$ **6367** nummorum] numorum $\mathcal{ABC}$ *(corr. ex* nummorum $\mathcal{A}$*)*   **6367** triginta duo] 32 $\mathcal{A}$ **6368** quinque] 5 $\mathcal{A}$ **6368** tertia] $\frac{1}{3}$ $\mathcal{A}$ **6368** quatuor] 4 $\mathcal{A}$, quattuor $\mathcal{C}$ **6369** nummos] numos $\mathcal{B}$ **6369** quatuor undecimas] $\frac{4}{11}$ $\mathcal{A}$, quattuor undecimas $\mathcal{C}$ **6369** nummi] nūm $\mathcal{A}$, numi $\mathcal{BC}$; *post hæc refert signum ad alium locum* $\mathcal{C}$ **6370** quam plurimum] *om.* $\mathcal{A}$, quam plurium $\mathcal{B}$, quamplurimum $\mathcal{C}$ **6371** exercent] exercuit $\mathcal{B}$, exercivit $\mathcal{C}$ **6371** elgabre] elgabre^e $\mathcal{A}$, elgabre $\mathcal{BC}$ **6372** hiis] his $\mathcal{BC}$ **6373** Item] *capitaneis litteris* $\mathcal{A}$ **6373** tit.] *om.* $\mathcal{B}$; et vendendo *add. infra lin. (in fin. pag.)* $\mathcal{A}$ **6374–6375** nonaginta tribus] 93^{bus} $\mathcal{A}$ **6375–6376** triginta quatuor] 34 $\mathcal{A}$ **6377** triginta quatuor] 34 $\mathcal{A}$ **6377** decem et septem] 17 $\mathcal{A}$ **6378** ducenta octoginta novem] 289 $\mathcal{A}$, ducenta et octoginta novem $\mathcal{B}$ **6379** nonaginta tres] 93 $\mathcal{A}$ **6379** centum nonaginta sex] 196 $\mathcal{A}$ **6380** quatuordecim] 14 $\mathcal{A}$ **6380** decem et septem] 17 $\mathcal{A}$ **6380** triginta unum] 31 $\mathcal{A}$ **6381** triginta quatuor] 34 $\mathcal{A}$ **6381** tres] 3 $\mathcal{A}$ **6382** pretii] pretio $\mathcal{A}$ **6383** triginta unus] 31 $\mathcal{A}$ **6383** tres] 3 $\mathcal{A}$ **6385** triginta unus] 31 $\mathcal{A}$ **6386** Sextarii] *om.* $\mathcal{B}$ **6387** triginta quatuor] 34 $\mathcal{A}$ **6388** nonaginta tres] 93 $\mathcal{A}$ **6389** nonaginta tres] 93 $\mathcal{A}$

vero pretium unius eorum maius fuerit numero sextariorum fiet in puncto H.

Sint autem primum sextarii plures pretio unius eorum, et incisio fiat in puncto D. [Ex ductu autem AB in BG proveniunt nonaginta tres.] Igitur quod fit ex ductu AB in BG et DB in se equum est ei quod fit ex ductu DG in se. Ex ductu autem DG in se proveniunt ducenta octoginta novem. De quibus minue id quod fit ex ductu AB in BG, quod est nonaginta tres, et remanebit id quod fit ex ductu DB in se, quod est centum nonaginta sex. Igitur DB est quatuordecim. Sed AD est decem et septem. Igitur AB est triginta unum, qui est numerus sextariorum ignotorum. Sed DG est decem et septem, pars autem eius que est DB est quatuordecim. Remanet igitur BG tres, qui est numerus pretii uniuscuiusque sextarii.

Si autem pretium uniuscuiusque sextarii fuerit maius numero eorum, fiet incisio in puncto H, et id quod fit ex ductu GB in BA et BH in se equum erit ei quod fit ex ductu AH in se. Id autem quod fit ex ductu AH in se est ducenta octoginta novem. De quibus minue id quod fit ex ductu GB in BA, quod est nonaginta tres, et remanebit id quod fit ex ductu BH in se centum nonaginta sex. Igitur BH est quatuordecim. Sed GH est decem et septem. Igitur BG est triginta unum, quod est pretium uniuscuiusque sextarii. Sed AH est decem et septem, et BH quatuordecim. Igitur AB erit tres, qui est numerus sextariorum ignotorum. Et hoc est quod demonstrare voluimus.

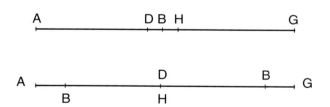

Ad B.30: *Duas figuras hic præbui: sup. inven. in $\mathcal{A}$ (151^v, 21) & inf. in $\mathcal{B}$ (79va, 39 – 40).*

ITEM.

(B.31) Si quis querat: Postquam sextariorum ignotorum pretium est nonaginta tres, quorum sextariorum numero subtracto de pretio cuiuslibet eorum remanent viginti octo, quot sunt illi sextarii?

6392 maius] maior $\mathcal{A}$ **6395** puncto] puncta $\mathcal{B}$ **6395** nonaginta tres] 93 $\mathcal{A}$ **6397** ducenta octoginta novem] 289 $\mathcal{A}$ **6398** nonaginta tres] 93 $\mathcal{A}$ **6399** quod *(post* id*)*] *bis scr.* $\mathcal{B}$ **6399–6400** centum nonaginta sex] 196 $\mathcal{A}$ **6400** quatuordecim] 14 $\mathcal{A}$ **6400** decem et septem] 17 $\mathcal{A}$ **6401** triginta unum] 31 $\mathcal{A}$ **6402** decem et septem] 17 $\mathcal{A}$ **6402** que] *corr. ex* quod $\mathcal{B}$ **6402** quatuordecim] 14 $\mathcal{A}$ **6403** tres] 3 $\mathcal{A}$ **6407** ducenta octoginta novem] 289 $\mathcal{A}$ **6407–6408** ex ductu] BH in se *add.* (v. infra), BH *mut. in* GB, *postea totum del. et rescr.* $\mathcal{A}$ **6408** nonaginta tres] 93 $\mathcal{A}$ **6409** centum nonaginta sex] 196 $\mathcal{A}$ **6409** quatuordecim] 14 $\mathcal{A}$ **6410** decem et septem] 17 $\mathcal{A}$ **6410** triginta unum] 31 $\mathcal{A}$ **6411** decem et septem] 17 $\mathcal{A}$ **6411–6412** quatuordecim] 14 (e corr.) $\mathcal{A}$ **6412** tres] 3 $\mathcal{A}$ **6413** demonstrare] monstrare $\mathcal{B}$ **6415–6416** nonaginta tres] 93 $\mathcal{A}$ **6417** viginti octo] 28 $\mathcal{A}$

Sic facies. Medietatem de viginti octo multiplica in se, et provenient centum nonaginta sex. Quibus adiunge nonaginta tres, et fient ducenta octoginta novem. Quorum radici, que est decem et septem, si addideris medietatem de viginti octo, que est quatuordecim, proveniet pretium cuiusque sextariorum, scilicet triginta unus. Si vero de radice minueris quatuordecim, remanebit numerus sextariorum, qui est tres.

Cuius probatio hec est. Pretium cuiusque sextariorum sit AB, numerus vero ignotorum sextariorum sit GB. Erit igitur AG viginti octo. Ex ductu autem AB in BG proveniunt nonaginta tres, sicut prediximus. Incidatur autem AG per medium in puncto D. Id igitur quod fit ex ductu AB in BG et DG in se equum erit ei quod fit ex ductu DB in se. Ex ductu autem AB in BG proveniunt nonaginta tres, et ex ductu DG in se proveniunt centum nonaginta sex. Igitur id quod fit ex ductu DB in se est ducenta octoginta novem. Igitur DB est decem et septem. Sed DG est quatuordecim. Igitur remanet GB tres, qui est numerus sextariorum. Sed DB est decem et septem et AD est quatuordecim. Igitur totus AB est triginta unus, qui est numerus pretii cuiusque eorum. Et hoc est quod demonstrare voluimus.

A   D   G B

Ad B.31: *Figura inven. in* $\mathcal{A}$ *(151^v, 33),* $\mathcal{B}$ *(79vb, 19 – 20).*

(**B.31′**) Si autem dixerit quod de numero sextariorum subtracto pretio cuiuslibet eorum remanent viginti octo, similiter etiam ages, et provenient sextarii triginta unus; pretium autem cuiusque eorum est tres. Cuius rei probatio eadem est que precessit.

ITEM.

(**B.32**) Si quis querat: Cum ignotorum sextariorum pretium sit ignotum et alii sextarii ignoti dentur pro pretio similiter ignoto, sed ad forum pretii primorum sextariorum, sed primis sextariis multiplicatis in suum pretium proveniunt sex et secundis sextariis multiplicatis in suum pretium proveniunt viginti quatuor, agregatis autem primis et eorum pretio cum secundis et eorum pretio fiunt quindecim, tunc quot sunt utrique et eorum pretium?

6418 viginti octo] 28 $\mathcal{A}$ **6419** centum nonaginta sex] 196 $\mathcal{A}$ **6419** nonaginta tres] 93 $\mathcal{A}$ **6419–6420** ducenta octoginta novem] 289 $\mathcal{A}$ **6420** decem et septem] 17 $\mathcal{A}$ **6421** viginti octo] 28 $\mathcal{A}$ **6421** quatuordecim] 14 $\mathcal{A}$ **6422** triginta unus] 31 $\mathcal{A}$ **6422–6423** quatuordecim] 14 $\mathcal{A}$ **6423** tres] 3 $\mathcal{A}$ **6425** viginti octo] 28 $\mathcal{A}$ **6426** nonaginta tres] 93 $\mathcal{A}$ **6427** fit] *corr. ex* eit $\mathcal{A}$ **6428** erit] est $\mathcal{B}$ **6429** BG] et DG in se equum erit ei quod fit ex ductu DB in se *iter. et posteriora verbo* 'vacat' *delenda significavit* $\mathcal{A}$ **6429** nonaginta tres] 93 $\mathcal{A}$ **6430** centum nonaginta sex] 196 $\mathcal{A}$ **6431** ducenta octoginta novem] 289 $\mathcal{A}$ **6431** decem et septem] 17 $\mathcal{A}$ **6432** quatuordecim] 14 $\mathcal{A}$ **6432** tres] 3 $\mathcal{A}$ **6433** decem et septem] 17 $\mathcal{A}$ **6433** quatuordecim] 14 $\mathcal{A}$ **6434** triginta unus] 31 $\mathcal{A}$ **6435** demonstrare] monstrare $\mathcal{B}$ **6437** viginti octo] 28 $\mathcal{A}$ **6438** triginta unus] 31 $\mathcal{A}$ **6438** est] *om.* $\mathcal{B}$ **6438** tres] 3 $\mathcal{A}$ **6444** proveniunt] provient $\mathcal{A}$, provenient $\mathcal{B}$ **6444** sex] 6 $\mathcal{A}$ **6444** pretium] *corr. ex* pretiu $\mathcal{A}$ **6445** viginti quatuor] 24 $\mathcal{A}$, viginti quatuorum $\mathcal{B}$ **6445** pretio] pretia $\mathcal{B}$ **6446** quindecim] 15 $\mathcal{A}$

Sic facies. Divide viginti quatuor per sex, et exibunt quatuor. Quorum radici, que est duo, semper adde unum, et fient tres. Per quos divide quindecim, et exibunt quinque. Et hic est numerus primorum sextariorum agregatorum cum suo pretio. Quorum medietatem, que est duo et dimidium, multiplica in se, et provenient sex et quarta. De quibus minue sex, et remanebit quarta. Cuius radicem, que est dimidium, minue de duobus et dimidio, et remanebunt duo. Deinde predictam radicem adde duobus et dimidio, et fient tres. Si igitur numerus sextariorum fuerit maior pretio omnium eorum, dic quod sextarii sunt tres, pretium autem eorum duo. Si vero sextarii fuerint pauciores pretio suo, dic quod sextarii sunt duo, sed eorum pretium est tres.

Si autem volueris scire numerum secundorum sextariorum et eorum pretium: Divide sex per viginti quatuor denominando, et exibit quarta. Cuius radici, que est dimidium, semper adde unum, et fiet unum et dimidium. Per que divide quindecim, et exibunt decem. Et tot sunt secundi sextarii agregati cum suo pretio. Medietatem ergo de decem, que est quinque, multiplica in se, et provenient viginti quinque. De quibus minue viginti quatuor, et remanebit unum. Cuius radicem, que est unum, agrega ad quinque, qui sunt medietas de decem, et fient sex. Deinde predictam radicem minue de quinque, et remanebunt quatuor. Si igitur primi sextarii fuerint tres et eorum pretium duo, necessario secundi sextarii erunt sex et eorum pretium quatuor [nam sic positum fuit ut pretium uniuscuiusque primorum et secundorum unum esset]. Si autem primi sextarii fuerint duo et eorum pretium tres, tunc necessario secundi erunt quatuor et eorum pretium sex [nam pretium uniuscuiusque eorum unum est].

Dicam igitur probationem inveniendi numerum primorum sextariorum et pretium eorum; ex qua manifestabitur probatio inveniendi numerum secundorum et eorum pretium. Primi sextarii sint AB, eorum autem pretium sit BG. Multiplicetur autem AB in BG, et proveniat D. Igitur D est sex. Secundi autem sextarii sint HZ, pretium autem eorum sit ZK. Multiplicetur autem HZ in ZK, et proveniat T. Igitur T est viginti quatuor. Constat autem quod comparatio de AB ad HZ est sicut comparatio de BG ad ZK. Igitur D et T sunt due superficies similes, quoniam latera earum sunt proportionalia. Comparatio igitur unius earum ad alteram est sicut comparatio lateris unius ad latus alterius geminata repe-

6447 viginti quatuor] 24 $\mathcal{A}$ **6447** quatuor] 4 $\mathcal{A}$ **6448** duo] 2 $\mathcal{A}$ **6448** semper] senper $\mathcal{B}$ **6448** unum] 1 $\mathcal{A}$ **6448** tres] 3 $\mathcal{A}$ **6448–6449** quindecim] 15 $\mathcal{A}$ **6449** quinque] 5 $\mathcal{A}$ **6450** duo] 2 $\mathcal{A}$ **6450–6451** dimidium] $\frac{m}{2}$ $\mathcal{A}$ **6451** sex] 6 $\mathcal{A}$ **6451** quarta] $\frac{a}{4}$ $\mathcal{A}$ **6451** sex] 6 $\mathcal{A}$ **6452** remanebit] remanebunt $\mathcal{B}$ **6452** quarta] $\frac{a}{4}$ $\mathcal{A}$ **6453** duo] 2 $\mathcal{A}$ **6454** tres] 3 $\mathcal{A}$ **6454** maior] maiorum $\mathcal{B}$ **6455** duo] 2 $\mathcal{A}$ **6456** duo] 2 $\mathcal{A}$ **6457** tres] 3 $\mathcal{A}$ **6459** sex] 6 $\mathcal{A}$ **6459** viginti quatuor] 24 $\mathcal{A}$ **6459** quarta] $\frac{a}{4}$ $\mathcal{A}$ **6460** unum] 1 $\mathcal{A}$ **6460** unum *(post* fiet*)*] 1 $\mathcal{A}$ **6461** quindecim] 15 $\mathcal{A}$ **6461** decem] 10 $\mathcal{A}$ **6462** decem] 10 $\mathcal{A}$ **6462–6463** quinque] 5 $\mathcal{A}$ **6463** viginti quinque] 25 $\mathcal{A}$ **6463–6464** viginti quatuor] 24 $\mathcal{A}$ **6464** unum] 1 $\mathcal{A}$ **6464** unum *(post* est*)*] 1 $\mathcal{A}$ **6464–6465** quinque] 5 $\mathcal{A}$ **6465** decem] 10 $\mathcal{A}$ **6465** sex] 6 $\mathcal{A}$ **6466** quinque] 5 $\mathcal{A}$ **6466** quatuor] 4 $\mathcal{A}$ **6467** tres] 3 $\mathcal{A}$ **6467** duo] 2 $\mathcal{A}$ **6468** quatuor] 4 $\mathcal{A}$ **6470** tres] 3 $\mathcal{A}$ **6470** quatuor] 4 $\mathcal{A}$ **6470** sex] 6 $\mathcal{A}$ **6476** sex] 6 $\mathcal{A}$ **6476** sint] sunt $\mathcal{A}$ **6477** ZK] ZH $\mathcal{A}$ **6477–6478** viginti quatuor] 24 $\mathcal{A}$ **6479** due] 2 $\mathcal{A}$ **6480** proportionalia] proportioalia $\mathcal{A}$ **6480** Comparatio] Conparatio $\mathcal{B}$ **6481** geminata] geminati in *codd.*   **6481–6482** repetitione] repetio *pr. scr. et corr.* $\mathcal{B}$

titione nominis. Comparatio igitur de T ad D est sicut comparatio de HZ ad AB geminata repetitione nominis. Sed T quadruplum est ad D. Igitur HZ duplum est ad AB. Manifestum est autem quod, quoniam comparatio de HZ ad AB est sicut comparatio de ZK ad BG, tunc comparatio de HZ ad AB erit sicut comparatio totius HK ad totum AG. Totus igitur HK duplus est ad totum AG. Totus igitur HK et AG est triplus AG. Sed HK et AG est quindecim. Igitur AG est quinque. Iam autem divisus est AG in puncto B, ex ductu autem unius partis in alteram proveniunt sex. Igitur scies [sicut dictum est in principio questionis] quod si numerus sextariorum maior est pretio eorum, tunc AB erit maior quam BG; si igitur dividatur AG per medium tunc incisio fiet in AB. Et quoniam [dictum est pretium uniuscuiusque eorum esse unum, et] comparatio de AB ad HZ est sicut comparatio de BG ad ZK, tunc, per commutationem, comparatio de AB ad BG erit sicut comparatio de HZ ad ZK. Sed AB maior est quam BG, igitur HZ maior est quam ZK. Igitur AB erit tres, qui est numerus sextariorum, et BG erit duo, quod est pretium eorum; sed HZ erit sex, qui est numerus sextariorum, et ZK quatuor, quod est pretium eorum.

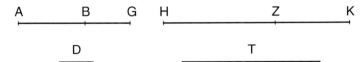

Ad B.32: *Figura inven. in* $\mathcal{A}$ *(152^r, $33 - 34$),* $\mathcal{B}$ *(80rb, $17 - 19$ & marg.);* D & T *superf. rectangularibus figurantur in* $\mathcal{B}$ *(add. in marg.; v. etiam fig. ad B.35).*

Si autem volueris scire numerum aliorum sextariorum ⟨et pretium eorum⟩ post cognitionem primorum et pretii eorum: Dices quod numerus primorum et eorum pretium est quinque. Positum autem erat quod agregatis primis cum pretio suo cum secundis et eorum pretio proveniunt quindecim. Minue igitur quinque de quindecim, et remanebunt decem, qui est numerus sextariorum et pretii eorum. Prosequere autem cetera questionis secundum id quod prediximus.

(B.33) Si quis querat: Cum sextariorum ignotorum pretium sit ignotum et alii sextarii ignoti dentur pro pretio ignoto ad forum pretii primorum, multiplicatis autem primis in suum pretium proveniunt decem et multiplicatis secundis in suum pretium proveniunt triginta, et agregatis primis et

---

6483 geminata] geminatum *codd.* **6483** repetitione nominis] nominis repetitione $\mathcal{A}$ **6486** ad totum AG] *add. in marg.* $\mathcal{B}$ **6487** duplus] dupplus $\mathcal{B}$ **6487** AG] *add. in marg.* $\mathcal{B}$ **6488** HK *(post* Sed*)*] *corr. ex* AK $\mathcal{A}$ **6488** quindecim] 15 $\mathcal{A}$ **6488** quinque] 5 $\mathcal{A}$ **6489** sex] 6 $\mathcal{A}$ **6491** igitur] autem *codd.* **6493** uniuscuiusque] uniucuiusque $\mathcal{B}$ **6496** tres] 3 $\mathcal{A}$ **6497** duo] 2 $\mathcal{A}$ **6497** sex] 6 $\mathcal{A}$ **6498** sextariorum] et BG erit duo, quod est pretium eorum. Sed HZ *add. et del.* $\mathcal{B}$ **6498** quatuor] 4 $\mathcal{A}$ **6500** cognitionem] cognitione $\mathcal{B}$ **6501** quinque] 5 $\mathcal{A}$ **6501** erat] fuit *codd.* **6502** proveniunt] provenerunt $\mathcal{A}$, provenient $\mathcal{B}$ **6502**–**6503** quindecim] 15 $\mathcal{A}$ **6503** quinque] 5 $\mathcal{A}$ **6503** quindecim] 15 $\mathcal{A}$ **6503** decem] 10 $\mathcal{A}$ **6504** cetera] cēta $\mathcal{B}$ **6508** decem] 10 $\mathcal{A}$ **6508**–**6509** multiplicatis] *corr. ex* multiplicatas $\mathcal{B}$ **6509** triginta] 30 $\mathcal{A}$

eorum pretio cum secundis et eorum pretio fiunt viginti, quot sunt utrique et eorum pretium?

Sic facies sicut ostendimus in questione que hanc precedit. Scilicet ut, cum volueris scire numerum primorum et eorum pretii simul, dividas triginta per decem, et exibunt tres. Quorum radici, que est radix trium, adde semper unum, et fiet radix trium et insuper unum. Per que divide viginti sicut docuimus in capitulo de radicibus, et exibit radix trescentorum minus decem. Et hic est numerus primorum sextariorum simul cum pretio eorum. Quam radicem minus decem, si volueris, minue de viginti, et remanebit numerus secundorum sextariorum et pretii eorum simul, qui est triginta minus radice trescentorum.   Vel, si volueris, fac secundum premissam regulam ad inveniendos modios secundos et eorum pretium simul [sicut fecisti in inveniendo primos et eorum pretium simul]. Scilicet, divide decem per triginta denominando, et exibit tertia. Cuius radici semper adde unum, et proveniet radix tertie et insuper unum. Per que divide viginti sicut ostendimus in capitulo radicum, et exibunt triginta minus radice trescentorum.

Sic ergo deprehenditur numerus primorum modiorum et pretii eorum simul, et numerus secundorum simul cum pretio eorum. Si autem separatim numerum modiorum per se et numerum pretii eorum per se scire volueris, sic facies.

Et primum de primis modiis per se et de eorum pretio per se. Et quoniam positum erat quod ex multiplicatis primis sextariis in suum pretium proveniunt decem, ideo radix trescentorum minus decem dividetur in duo ex quorum uno multiplicato in alium proveniunt decem. Igitur medietatem radicis trescentorum minus decem, que est radix de septuaginta quinque minus quinque, multiplica in se, et provenient inde centum minus radice septem milium et quingentorum. De quibus minue decem, et remanebunt nonaginta minus radice septem milium et quingentorum. Accipe radicem de nonaginta minus radice septem milium et quingentorum; que est radix de nonaginta excepta radice septem milium et quingentorum de nonaginta,

---

6510 viginti] 20 𝐴   **6513** dividas] divide *codd.*   **6514** triginta] 30 𝐴, de triginta 𝐵   **6514** decem] 10 𝐴   **6514** tres] 3 𝐴   **6515** et insuper] insuper et 𝐵   **6515** unum] 1 𝐴   **6516** viginti] 20 𝐴   **6516–6517** trescentorum] 300^{orum} 𝐴   **6517** decem] 10 𝐴   **6517** primorum] porum 𝐴   **6518** minus] *corr. ex* minuimus 𝐴   **6518** decem] 10 𝐴   **6518** viginti] 20 𝐴   **6519** pretii] preti 𝐵   **6519** simul] *corr. ex* simili 𝐵   **6519** qui] que 𝐵   **6520** triginta] 30 𝐴   **6520** trescentorum] 300^{rum} 𝐴   **6520** fac] c *add. supra* 𝐵   **6520–6521** premissam] premisam *pr. scr. et corr. supra* 𝐵   **6521** et eorum pretium simul] *add. supra* 𝐴   **6523** decem] 10 𝐴   **6523** triginta] 30 𝐴   **6523** tertia] $\frac{a}{3}$ 𝐴   **6524** unum] 1 𝐴   **6524** insuper] in sunt 𝐵   **6524** unum] 1 𝐴   **6524–6525** viginti] 20 𝐴   **6525** triginta] 30 𝐴   **6526** trescentorum] 300^{orum} 𝐴   **6528–6529** separatim numerum] separati numeri 𝐵   **6533** decem] 10 𝐴   **6533** trescentorum] 300^{orum} 𝐴   **6533** decem] 10 𝐴   **6533** duo] 2 𝐴   **6534** alium] alio *codd.*   **6534** decem] 10 𝐴   **6535** trescentorum] 300^{orum} 𝐴   **6535** decem] 10 𝐴   **6535** septuaginta quinque] 75 𝐴   **6536** quinque] 5 𝐴   **6536** centum] 100 𝐴   **6536** minus] *bis scr. (in fin. lin. et in init. seq.)* 𝐴   **6537** septem milium et quingentorum] 7500^{orum} 𝐴   **6537** decem] 10 𝐴   **6538** nonaginta] 90 𝐴   **6538** septem milium et quingentorum] 7500 𝐴   **6539** de *(post* radicem*)*] *add. supra* 𝐵   **6539** nonaginta] 90 𝐴   **6539** septem milium et quingentorum] 7500 𝐴   **6540** nonaginta] 900 *pr. scr. et corr.* 𝐴   **6540** septem milium et quingentorum] 7500^{orum} 𝐴   **6540** nonaginta] 90 𝐴

nam ipsa est binomium quartum. Quam minue de medietate radicis trescentorum minus decem, que medietas est radix de septuaginta quinque minus quinque; et tunc remanebit radix de septuaginta quinque, radix, dico, minus quinque et minus radice de nonaginta minus radice septem milium et quingentorum. Et predictum binomium adde illi medietati, et proveniet radix de septuaginta quinque minus quinque adiuncta sibi radice de nonaginta minus radice septem milium et quingentorum. Si igitur primi sextarii sint plures pretio eorum, dic quod primi sextarii sunt radix de septuaginta quinque minus quinque adiuncta sibi radice de nonaginta minus radice septem milium quingentorum; eorum vero pretium erit radix de septuaginta quinque minus quinque et minus radice de nonaginta minus radice septem milium quingentorum. ⟨ Si vero primi sextarii sint pauciores pretio eorum, dic quod primi sextarii sunt radix de septuaginta quinque minus quinque et minus radice de nonaginta minus radice septem milium quingentorum; pretium autem eorum erit radix de septuaginta quinque minus quinque adiuncta sibi radice de nonaginta minus radice septem milium quingentorum. ⟩

Similiter etiam facies ad sciendum numerum de secundis sextariis per se et eorum pretio. Scilicet, medietatem de triginta minus radice trescentorum, que est quindecim minus radice de septuaginta quinque, multiplica in se, et provenient trescenta minus radice sexaginta septem milium quingentorum. De quibus minue triginta, et remanebunt ducenta septuaginta minus radice sexaginta septem milium quingentorum. Quorum radicem, que est ducenta septuaginta minus radice sexaginta septem milium quingentorum sumpta radice eorum, minue de medietate de triginta minus radice trescentorum, et adde illi. Si vero primi sextarii fuerint radix de septuaginta quinque minus quinque et minus radice de nonaginta minus radice septem milium quingentorum, et eorum pretium fuerit radix de septuaginta quinque minus quinque addita sibi radice de nonaginta minus radice septem milium quingentorum, tunc secundi sextarii erunt quindecim minus radice

---

6541 quartum] 4^{tum} $\mathcal{A}$; *post* quartum *add.* scilicet $\mathcal{B}$ **6541–6542** trescentorum] 300^{orum} $\mathcal{A}$ **6542** decem] 10 $\mathcal{A}$ **6542** medietas est] medietas *(hoc add. supra eadem m.)* e *(sc.* e⟨st⟩*)* $\mathcal{A}$, est medietas $\mathcal{B}$ **6542** septuaginta quinque] 75 0 *(sic)* $\mathcal{A}$ **6543** quinque] 5 $\mathcal{A}$ **6543** septuaginta quinque] 75 $\mathcal{A}$ **6544** quinque] 5 $\mathcal{A}$ **6544** nonaginta] 90 $\mathcal{A}$ **6544–6545** septem milium et quingentorum] 7500^{orum} $\mathcal{A}$ **6545** binomium] binonium $\mathcal{B}$ **6546** septuaginta quinque] 75 $\mathcal{A}$ **6546** quinque] 5 $\mathcal{A}$ **6547** nonaginta] 90 $\mathcal{A}$ **6547** septem milium et quingentorum] 7500^{orum} $\mathcal{A}$ **6548** quod] quid $\mathcal{B}$ **6549** septuaginta quinque] 75 $\mathcal{A}$ **6549** quinque] 5 $\mathcal{A}$ **6549** radice] *supra lin. add.* $\mathcal{A}$ **6549** nonaginta] 90 $\mathcal{A}$ **6550** septem milium quingentorum] 7500^{orum} $\mathcal{A}$ **6551** septuaginta quinque] 75 $\mathcal{A}$ **6551** quinque] 5 $\mathcal{A}$ **6551** nonaginta] 90 $\mathcal{A}$ **6552** septem milium quingentorum] 7500^{orum} $\mathcal{A}$ **6559** triginta] 30 $\mathcal{A}$ **6559–6560** trescentorum] 300^{orum} $\mathcal{A}$ **6560** quindecim] 15 $\mathcal{A}$ **6560** septuaginta quinque] 75 $\mathcal{A}$ **6561** trescenta] 300 $\mathcal{A}$ **6561–6562** sexaginta septem milium quingentorum] 67500^{orum} $\mathcal{A}$ **6562** triginta] 30 $\mathcal{A}$ **6562** ducenta septuaginta] 270 $\mathcal{A}$ **6563** sexaginta septem milium quingentorum] 67500^{orum} $\mathcal{A}$ **6563** radicem] radiem $\mathcal{B}$ **6564** ducenta septuaginta] 270 $\mathcal{A}$ **6564–6565** sexaginta septem milium quingentorum] 67500 $\mathcal{A}$ **6565** triginta] 30 $\mathcal{A}$ **6566** trescentorum] 300^{orum} $\mathcal{A}$ **6566–6567** septuaginta quinque] 75 $\mathcal{A}$ **6567** quinque] 5 $\mathcal{A}$ **6567** nonaginta] 90 $\mathcal{A}$ **6568** septem milium quingentorum] 7500^{orum} $\mathcal{A}$ **6568–6569** septuaginta quinque] 75 $\mathcal{A}$ **6569** quinque] 5 $\mathcal{A}$ **6569** addita sibi radice] addit sibi radicem $\mathcal{B}$ **6569** nonaginta] 90 $\mathcal{A}$ **6569–6570** septem milium quingentorum] 7500^{orum} $\mathcal{A}$ **6570** quindecim] 15 $\mathcal{A}$

de septuaginta quinque exceptis ducentis septuaginta minus radice sexaginta septem milium quingentorum accepta radice eorum, pretium autem eorum erit quindecim minus radice de septuaginta quinque additis sibi ducentis septuaginta minus radice sexaginta septem milium quingentorum accepta radice eorum. Si autem primi sextarii fuerint radix de septuaginta quinque minus quinque sibi additis nonaginta minus radice septem milium quingentorum accepta radice eorum, et pretium eorum fuerit radix de septuaginta quinque minus quinque subtractis de ea nonaginta minus radice septem milium quingentorum accepta radice eorum, tunc necessario secundi erunt quindecim minus radice de septuaginta quinque sibi additis ducentis septuaginta minus radice sexaginta septem milium quingentorum accepta radice eorum, et pretium eorum erit quindecim minus radice de septuaginta quinque subtractis de ea ducentis septuaginta minus radice sexaginta septem milium quingentorum accepta radice eorum.

Probatio autem horum omnium predictorum patet ex premissis in precedenti questione.

(B.34) Si quis querat: Cum sextarii ignoti dentur pro pretio ignoto, aliorum quoque ignotorum sit pretium ignotum sed ad forum pretii primorum, sed ex multiplicatis primis in suum pretium proveniunt sex et ex multiplicatis secundis in suum pretium proveniunt viginti quatuor, subtractis vero primis et eorum pretio de secundis et eorum pretio remanent quinque, tunc quot ⟨sunt⟩ utrique et eorum pretium?

Sic facies. Divide viginti quatuor per sex, et exibunt quatuor. De quorum radice, que est duo, minue semper unum, et remanebit unum. Per quem divide quinque, et exibunt quinque. Et hic est numerus primorum sextariorum et pretii eorum simul. Quibus adde alios quinque, et fient decem. Et hic est numerus secundorum sextariorum et pretii eorum simul. Deinde prosequere questionem sicut in precedenti docuimus. Que si quis bene intellexit facile intelliget hec.

(B.35) Si quis querat: Cum sextariorum ignotorum sit pretium ignotum

---

6571 septuaginta quinque] 75 $\mathcal{A}$ **6571** ducentis septuaginta] 270 $\mathcal{A}$, ducentis et septuaginta $\mathcal{B}$ **6571–6572** sexaginta septem milium quingentorum] 675 (sic) $\mathcal{A}$ **6572** accepta] excepta codd.   **6573** quindecim] 15 $\mathcal{A}$ **6573** septuaginta quinque] 75 $\mathcal{A}$ **6573** additis] addidis pr. scr. et corr. supra $\mathcal{B}$ **6573–6574** ducentis septuaginta] 270 $\mathcal{A}$ **6574** sexaginta septem milium quingentorum] 77500^{orum} $\mathcal{A}$, septuaginta septem milium quingentorum $\mathcal{B}$ **6575** accepta] excepta codd.   **6575–6576** septuaginta quinque] 75 $\mathcal{A}$ **6576** quinque] 5 $\mathcal{A}$ **6576** nonaginta] 90 $\mathcal{A}$ **6576–6577** septem milium quingentorum] 7500^{orum} $\mathcal{A}$, septemmilium quingentorum $\mathcal{B}$ **6577** accepta] excepta codd.   **6578** septuaginta quinque] 75 $\mathcal{A}$ **6578** quinque] 5 $\mathcal{A}$ **6578** nonaginta] 90 $\mathcal{A}$ **6579** septem milium quingentorum] 7500^{orum} $\mathcal{A}$ **6579** accepta] excepta codd.   **6580** quindecim] 15 $\mathcal{A}$ **6580** septuaginta quinque] 75 $\mathcal{A}$ **6581** ducentis septuaginta] 270 $\mathcal{A}$; ante septuaginta add. et del. tua $\mathcal{B}$ **6581** sexaginta septem milium quingentorum] 67500^{orum} $\mathcal{A}$ **6582** accepta] excepta codd.   **6582** radice eorum] eorum radice $\mathcal{B}$ **6582** quindecim] 15 $\mathcal{A}$ **6583** septuaginta quinque] 75 $\mathcal{A}$ **6583** ducentis septuaginta] 270 $\mathcal{A}$ **6584** sexaginta septem milium quingentorum] 67500^{orum} $\mathcal{A}$ **6584** accepta] excepta codd.   **6589** sex] 6 $\mathcal{A}$ **6590** viginti quatuor] 24 $\mathcal{A}$ **6591** quinque] 5 $\mathcal{A}$ **6593** viginti quatuor] 24 $\mathcal{A}$ **6593** sex] 6 $\mathcal{A}$ **6593** quatuor] 4 $\mathcal{A}$ **6594** duo] 2 $\mathcal{A}$ **6594** semper] senper $\mathcal{B}$ **6594** minue (ante sem.)] 1 $\mathcal{A}$ **6594** unum] 1 $\mathcal{A}$ **6595** quinque (ante et)] 5 $\mathcal{A}$ **6595** quinque] 5 $\mathcal{A}$ **6595** est] cum pr. scr. et corr. $\mathcal{B}$ **6596** quinque] 5 $\mathcal{A}$ **6596–6597** decem] 10 $\mathcal{A}$ **6598** prosequere] persequere $\mathcal{B}$

et aliorum ignotorum sit pretium ignotum ad forum pretii primorum, ex multiplicatis vero primis in suum pretium proveniunt sex, ex multiplicatis vero secundis in suum pretium proveniunt viginti quatuor, ex agregatis vero primis et eorum pretio id quod fit si multiplicetur in id quod fit ex agregatis secundis et eorum pretio proveniunt quinquaginta, tunc quot sunt illi et isti et eorum pretia?

Sic facies. Divide viginti quatuor per sex, et exibunt quatuor. Per quorum radicem, que est duo, divide quinquaginta, et exibunt viginti quinque. Quorum radix, que est quinque, sunt sextarii primi cum suo pretio simul. Deinde prosequere questionem sicut supra docuimus, et erunt sextarii aut tres aut duo. Si autem volueris scire secundos sextarios et eorum pretium simul: Tu scis quod ex primis cum suo pretio multiplicatis in secundos cum eorum pretio proveniunt quinquaginta, primi vero et eorum pretium sunt quinque. Divide igitur quinquaginta per quinque, et exibunt secundi et eorum pretium, scilicet decem. Deinde prosequere questionem sicut supra docuimus. Si vero primi sextarii fuerint duo et eorum pretium tres, ⟨tunc⟩ secundi erunt quatuor et eorum pretium sex. Si vero primi fuerint tres et eorum pretium duo, tunc secundi erunt sex et eorum pretium quatuor.

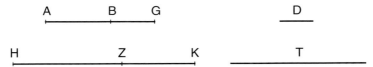

Ad B.35: *Figura inven. in* A *(153^r, 17 – 19 marg., lin. D & lin. T supra lin. AG),* B *(81ra, 36 – 39 & ima pag.);* D *&* T *superf. rectangularibus (*D̄ *et* T̄ *hic scr.) figurantur in* B *(add. in ima pag.; v. etiam fig. ad B.32).*

Quorum probatio hec est. Sint primi sextarii AB, eorum vero pretium sit BG. Multiplicetur autem AB in BG, et proveniat D, qui est sex. Secundi vero sint HZ, sed eorum pretium ZK. Multiplicetur autem HZ in ZK, et proveniat T, qui est viginti quatuor. Comparatio autem de T ad D est sicut comparatio de HZ ad AB geminata repetitione nominis. Sed T est quadruplum ad D. Igitur HZ duplum est ad AB, et totus HK erit duplus totius AG secundum quod supra docuimus. Ex ductu autem AG in HK proveniunt quinquaginta. Igitur ex ductu AG in duplum suum proveniunt quinquaginta. Si igitur multiplicetur in se, provenient viginti

---

6602 sex] 6 A **6603** viginti quatuor] 24 A **6605** quinquaginta] 50 A **6607** viginti quatuor] 24 A **6607** sex] 6 A **6607** quatuor] 4 A **6608** duo] 2 A **6608** quinquaginta] 50 A **6608** viginti quinque] 25 A **6609** quinque] 5 A **6611** duo] 2 A **6611** pretium] pretii B **6612** cum *(post* secundos*)*] in B **6613** proveniunt] pro- *&* per- *simul scr.* B **6613** quinquaginta] 50 A **6614** quinque] 5 A **6614** quinquaginta] 50 A **6614** quinque] 5 A **6614** et *(ante* exibunt*)*] *om.* B **6616** duo] 2 A **6616** tres] 3 A **6617** quatuor] 4 A **6617** sex] 6 A **6617** primi] postremi *pr. scr. et corr.* A **6617** fuerint] fuint B **6617** tres] 3 A **6618** duo] 2 A **6618** sex] 6 A **6618** quatuor] 4 A **6620** sex] 6 A **6622** viginti quatuor] 24 A **6624** est quadruplum] est quadruplum est B **6626** quinquaginta] 50 A **6626** AG] *corr. ex* AB B **6627** quinquaginta] 50 A **6627–6628** viginti quinque] 25 A

quinque. Igitur AG radix est de viginti quinque, igitur est quinque, sed HK est decem [ex ductu enim AG in HK est quinquaginta].

6630 Cetera vero questionis prosequere secundum quod supra docuimus.

(B.36) Si quis querat: Cum sint sextarii ignoti et eorum pretium ignotum, ⟨et⟩ sint etiam alii ignoti et eorum pretium ignotum ad forum pretii primorum, ex multiplicatis vero primis in suum pretium proveniunt decem, ex secundis vero multiplicatis in suum pretium proveniunt viginti, ex multipli-
6635 catis vero primis cum suo pretio in secundos cum suo pretio provenit radix quinque milium septingentorum sexaginta, quot sunt hii et illi, et quantum est eorum pretium?

Sic facies hic sicut in precedenti, nec modus agendi hic differt ab illo. Nam divides viginti per decem, et exibunt duo. Per quorum radicem, que
6640 est radix duorum, divide radicem quinque milium septingentorum sexaginta, et exibit radix duorum milium octingentorum octoginta. Quorum radix, que est radix radicis duorum milium octingentorum octoginta, est numerus primorum sextariorum et pretii eorum. Positum autem erat quod ex ductu primorum sextariorum in suum pretium proveniunt decem. Accipe igitur
6645 dimidium radicis radicis duorum milium octingentorum octoginta, quod est radix radicis de centum octoginta; et multiplica eam in se, et proveniet radix de centum octoginta. De qua minue decem, et remanebit radix de centum octoginta minus decem. De qua accipe radicem sicut ostendimus in capitulo de radicibus, et erit radix radicis de centum viginti quinque
6650 minus radice radicis de quinque. Quam agrega medietati radicis radicis duorum milium octingentorum octoginta, que est radix radicis de centum octoginta, et erit summa radix radicis de centum octoginta et radix radicis de centum viginti quinque minus radice radicis de quinque. Vel minue eam de medietate radicis radicis duorum milium octingentorum octoginta, et
6655 remanebit radix radicis de centum octoginta et radix radicis de quinque minus radice radicis de centum viginti quinque. Si autem primi sextarii fuerint plures eorum pretio, dic quod primi sunt radix radicis de centum octoginta et radix radicis de centum viginti quinque minus radice radicis de quinque, pretium autem eorum est radix radicis de centum octoginta et

6628 viginti quinque] 25 A **6628** quinque] 5 A **6629** decem] 10 A **6629** quinquaginta] 50 A **6632** ignotum] incognitum B **6633** decem] 20 A, viginti B **6634** viginti] 10 A, decem B **6636** quinque milium septingentorum sexaginta] 5760 A **6639** viginti] 20 A **6639** decem] 10 A **6639** duo] 2 A **6640** duorum] 2^{orum} A **6640–6641** quinque milium septingentorum sexaginta] 5760 A **6641** duorum milium octingentorum octoginta] 2880 (d pr. scr. et exp.) A **6642** duorum milium octingentorum octoginta] 2880 A **6644** in suum pretium] et pretii eorum pr. scr. (v. supra) et del., deinde in suum pretium bis scr. A **6644** decem] 10 A **6645** duorum milium octingentorum octoginta] 288 (sic) A **6646** centum octoginta] 180 A **6646–6647** et multiplica ... octoginta] per homœotel. om. B **6647** centum octoginta] 180 (corr. ex 100) A **6647** decem] 10 A **6648** centum octoginta] 180 A **6648** decem] 10 A **6649** centum viginti quinque] 125 A **6650** quinque] 5 A **6651** duorum milium octingentorum octoginta] $28^{\text{orum}}80$ A **6651–6652** centum octoginta] 180 A **6652** summa] suma B **6652** centum octoginta] 180 A **6653** centum viginti quinque] 125 (corr. ex 120) A **6653** quinque] 5 A **6654** duorum milium octingentorum octoginta] 2880 A **6655** centum octoginta] 180 A **6655** quinque] 5 A **6656** centum viginti quinque] 125 A **6657** radicis (post sunt radix)] radici B **6657–6658** centum octoginta] 180 A **6658** centum viginti quinque] 125 A **6659** quinque] 5 A **6659** centum octoginta] 180 A

radix radicis de quinque minus radice radicis de centum viginti quinque. Si vero primi fuerint pauciores eorum pretio, dic quod sunt radix radicis de centum octoginta et radix radicis de quinque minus radice radicis de centum viginti quinque, pretium autem eorum erit radix radicis de centum octoginta et radix radicis de centum viginti quinque minus radice radicis de quinque.

Si autem volueris scire secundos et eorum pretium, divide radicem de quinque milibus et septingentis sexaginta per radicem radicis duorum milium et octingentorum octoginta sicut ostendimus in capitulo radicum, et exibit radix radicis undecim milium et quingentorum viginti, et est secundi sextarii simul cum pretio eorum. Positum est autem quod ex ductu secundorum in suum pretium proveniunt viginti. Accipe igitur medietatem radicis radicis undecim milium et quingentorum viginti, que est radix radicis septingentorum viginti, et multiplica eam in se; et proveniet radix septingentorum viginti. De qua minue viginti, et remanebit radix septingentorum viginti minus viginti. De qua accipe radicem eius sicut iam supra docuimus, et erit radix radicis quingentorum minus radice radicis de viginti. Quam agrega ad radicem ⟨radicis⟩ septingentorum viginti, et minue eam de ea. Si autem primi sextarii fuerint radix radicis de centum octoginta et radix radicis de centum viginti quinque minus radice radicis de quinque, et eorum pretium fuerit radix ⟨radicis⟩ de centum octoginta et radix radicis de quinque minus radice radicis de centum viginti quinque, tunc secundi erunt radix radicis septingentorum viginti et radix radicis quingentorum minus radice radicis de viginti, pretium autem eorum erit radix radicis septingentorum viginti et radix radicis de viginti minus radice ⟨radicis⟩ quingentorum. Si autem primi fuerint radix radicis de centum octoginta et radix radicis de quinque minus radice radicis de centum viginti quinque, et eorum pretium fuerit radix radicis de centum octoginta et radix radicis de centum viginti quinque minus radice radicis de quinque, tunc secundi erunt radix radicis septingentorum viginti et radix radicis de viginti minus radice radicis quingentorum, et eorum pretium erit radix radicis septingen-

---

6660 quinque] 5 $\mathcal{A}$ **6660** centum viginti quinque] 125 $\mathcal{A}$ **6662** centum octoginta] 180 $\mathcal{A}$ **6662** quinque] 5 $\mathcal{A}$ **6663** centum viginti quinque] 125 $\mathcal{A}$ **6663–6664** centum octoginta] 180 $\mathcal{A}$ **6664** centum viginti quinque] 125 *(corr. ex 120)* $\mathcal{A}$ **6665** quinque] 5 $\mathcal{A}$ **6667** quinque milibus et septingentis sexaginta] 5760 $\mathcal{A}$ **6667** radicem] rā *pr. scr. et corr.* $\mathcal{A}$ **6667–6668** duorum milium et octingentorum octoginta] 2880 $\mathcal{A}$ **6669** undecim milium et quingentorum viginti] 11520 $\mathcal{A}$ **6671** viginti] 20 $\mathcal{A}$ **6672** undecim milium et quingentorum viginti] 11520 $\mathcal{A}$ **6673** septingentorum viginti] 720 $\mathcal{A}$, sexcentorum viginti $\mathcal{B}$ **6673–6674** septingentorum viginti] 720 $\mathcal{A}$ **6674** viginti] 20 $\mathcal{A}$ **6674–6675** septingentorum viginti] 720 $\mathcal{A}$, septingentorum et viginti $\mathcal{B}$ **6675** viginti] 20 $\mathcal{A}$ **6676** quingentorum] 720 $\mathcal{A}$, septingentorum viginti $\mathcal{B}$ **6676** viginti] 20 $\mathcal{A}$ **6677** septingentorum viginti] 720 $\mathcal{A}$ **6678** centum octoginta] 180 $\mathcal{A}$ **6679** centum viginti quinque] 125 $\mathcal{A}$ **6679** quinque] 5 $\mathcal{A}$ **6680** centum octoginta] 180 $\mathcal{A}$ **6681** quinque] 5 $\mathcal{A}$ **6681** centum viginti quinque] 125 $\mathcal{A}$ **6682** septingentorum viginti] 720 $\mathcal{A}$ **6682** quingentorum] 500^{orum} $\mathcal{A}$ **6683** viginti] 20 $\mathcal{A}$ **6684** septingentorum viginti] 720 $\mathcal{A}$ **6684** viginti] 20 $\mathcal{A}$ **6685** quingentorum] 500^{orum} $\mathcal{A}$ **6685** centum octoginta] 180 $\mathcal{A}$ **6686** quinque] 5 $\mathcal{A}$ **6686** centum viginti quinque] 125 $\mathcal{A}$ **6687–6688** et eorum ... centum viginti quinque] *per homœotel. om.* $\mathcal{A}$ **6687** radix radicis] radix radix radicis $\mathcal{B}$ **6688** quinque] 5 $\mathcal{A}$ **6689** septingentorum viginti] 700^{orum} $\mathcal{A}$, septingentorum $\mathcal{B}$ **6689** viginti] 20 $\mathcal{A}$ **6690** quingentorum] 500 $\mathcal{A}$ **6690** radix radicis] radix radix radicis $\mathcal{B}$ **6690–6691** septingentorum viginti] 720 $\mathcal{A}$

torum viginti et radix radicis quingentorum minus radice radicis de viginti. [Nam positum est uniuscuiusque horum et illorum sextariorum esse unum pretium.]

Horum autem omnium que dicta sunt probatio eadem est que precessit.

(B.37) Si quis querat: Cum sextarii ignoti sint quorum pretii radix sit tripla numeri sextariorum, subtracto autem numero sextariorum de pretio eorum remanebunt triginta quatuor.

Sic facies. Divide radicem, quasi unum, per tres, quoniam dixit: 'tripla numeri'; et exibit tertia. Cuius medietatem, que est sexta, multiplica in se, et proveniet sexta sexte; quam agrega ad triginta quatuor, et provenient triginta quatuor et sexta sexte. Quorum radici, que est quinque et quinque sexte, agrega sextam, et fient sex, qui sunt radix pretii; quos divide per tres, et exibunt sextarii duo et eorum pretium triginta sex.

Cuius probatio hec est. Sint sextarii AB, radix vero pretii eorum GD; igitur id quod fit ex ductu GD in se est pretium sextariorum. Scimus autem quod GD triplum est ad AB, quod igitur fit ex ductu GD in tertiam est AB, cum vero minueris AB de quadrato de GD remanebunt triginta quatuor; cum igitur minueris de eo quod fit ex ductu GD in se id quod fit ex ductu eiusdem in tertiam remanebunt triginta quatuor. Incidam igitur de GD tertiam unius, que sit GH. Igitur id quod fit ex ductu GD in se, subtracto eo quod fit ex ductu GD in GH, quod remanet est triginta quatuor. Sed id quod fit ex ductu GD in se subtracto eo quod fit ex ductu eiusdem in GH est equum ei quod fit ex ductu GD in DH. Igitur id quod fit ex ductu GD in DH est triginta quatuor. Incidatur igitur GH per medium in puncto L. Id igitur quod fit ex ductu GD in DH et LH in se equum est ei quod fit ex ductu LD in se. Id autem quod fit ex ductu GD in DH est triginta quatuor, et id quod fit ex ductu LH in se est sexta sexte. Igitur id quod fit ex ductu LD in se est triginta quatuor cum sexta sexte. Igitur LD est quinque et quinque sexte. Sed GL est sexta. Igitur GD est sex, qui sunt radix ⟨pretii⟩, sed AB est tertia radicis. Igitur AB est duo, pretium vero est triginta sex. Et hoc est quod demonstrare voluimus.

6695–6740 Si quis querat ... et A duo] 153^v, 12 – 38 $\mathcal{A}$; 82vb, 5 – 83ra, 22-24 $\mathcal{B}$; $\mathcal{C}$ deficit.

6691 quingentorum] 500^{orum} $\mathcal{A}$ **6691** viginti] 20 $\mathcal{A}$ **6692** horum] illorum *pr. scr.*, horum et *add. supra, deinde totum del. et rescr.* $\mathcal{A}$ **6694** precessit] post folium *add. eadem m. in textu hic (fol. 81va)* $\mathcal{B}$ *(sc. problema sequens B.37 invenitur in seq. fol. 82vb)* **6695** sint] sit $\mathcal{B}$ **6697** triginta quatuor] 34 $\mathcal{A}$ **6698** unum] 1 $\mathcal{A}$ **6698** tres] 3 $\mathcal{A}$ **6699** sexta] $\frac{a}{6}$ $\mathcal{A}$ **6700** sexta sexte] $\frac{a\ e}{6\ 6}$ $\mathcal{A}$ **6700** triginta quatuor] 34 $\mathcal{A}$ **6700** provenient] provient $\mathcal{A}$ **6701** triginta quatuor] 34 $\mathcal{A}$ **6701** sexta sexte] $\frac{a\ e}{6\ 6}$ $\mathcal{A}$ **6701** quinque] 5 $\mathcal{A}$ **6701–6702** quinque sexte] $\frac{5}{6}$ $\mathcal{A}$ **6702** sextam] $\frac{am}{6}$ $\mathcal{A}$ **6702** fient] sunt $\mathcal{B}$ **6702** sex] 6 $\mathcal{A}$ **6703** tres] 3 $\mathcal{A}$ **6703** duo] 2 $\mathcal{A}$ **6703** triginta sex] 36 $\mathcal{A}$ **6705** ductu] ductum $\mathcal{B}$ **6706** tertiam] $\frac{am}{3}$ $\mathcal{A}$ **6707** quadrato] 40 *pr. scr. et del.* $\mathcal{A}$ **6707** triginta quatuor] 34 $\mathcal{A}$ **6709** tertiam] $\frac{am}{3}$ $\mathcal{A}$ **6709** triginta quatuor] 34 $\mathcal{A}$ **6710** unius] eius *codd.* **6711** eo] *bis scr. pr. del.* $\mathcal{A}$ **6711–6712** GD in GH ... ex ductu eiusdem] *pr. scr.* GD in *deinde* GD *exp. et in mut. in* eiusdem *(& reliquia om.)* $\mathcal{A}$ **6714** triginta quatuor] 34 $\mathcal{A}$ **6714** GH] GD *codd.* **6716–6717** triginta quatuor] 34 $\mathcal{A}$ **6717** sexta sexte] $\frac{a\ e}{6\ 6}$ $\mathcal{A}$ **6717–6718** Igitur ... sexta sexte] *per homœotel. om.* $\mathcal{A}$ **6718** cum] est $\mathcal{B}$ **6719** quinque] 5 $\mathcal{A}$ **6719** quinque sexte] $\frac{5}{6}$ $\mathcal{A}$ **6719** sexta] $\frac{a}{6}$ $\mathcal{A}$ **6719** sex] 6 $\mathcal{A}$ **6720** tertia] $\frac{a}{3}$ $\mathcal{A}$ **6720** duo] 2 $\mathcal{A}$ **6721** triginta sex] 36 $\mathcal{A}$ **6721** demonstrare] monstrare $\mathcal{B}$

Ad B.37: *Figura inven. in A (153ᵛ, 28 – 29 & marg.), om. sed spat. rel. (82ᵛᵇ, 42 – 44) B.*

(B.38) Si quis vero querat: Cum sint sextarii ignoti, radix autem pretii eorum dupla est numeri eorum, agregatis autem sextariis et eorum pretio fiunt decem et octo.

Sic facies. Divide radicem, quasi unum, per duo, quoniam dixit: 'dupla est', et exibit dimidium. Medietatem igitur huius dimidii, que est quarta, semper multiplica in se, et proveniet dimidia octava; quam agrega ad decem et octo, et fient decem et octo et dimidia octava. De quorum radice, que est quatuor et quarta, minue quartam, et remanebunt quatuor, qui sunt radix pretii sextariorum. Igitur pretium sextariorum est sexdecim. Divide vero quatuor per duo, et exibit numerus sextariorum.

Cuius probatio hec est. Sint sextarii *A*, radix vero pretii eorum sit *BG*. Igitur *BG* duplus est ad *A*. Igitur ex ductu *BG* in dimidium provenit *A*. Scimus autem quod id quod fit ex ductu *BG* in se addito *A* est decem et octo. Igitur ex ductu *BG* in se et in dimidium proveniunt decem et octo. Protraham autem lineam *BD*, que sit dimidium. Igitur ex ductu *BG* in se et in *BD* proveniunt decem et octo; quod est equum ei quod fit ex ductu *DG* in *BG*, igitur ex ductu *DG* in *BG* proveniunt decem et octo. Divide igitur *BD* per medium; et deinde prosequere cetera questionis secundum ea que ostendimus. Et exibit *BG* quatuor, et *A* duo.

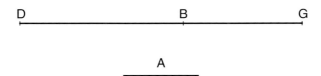

Ad B.38: *Figura inven. in A (153ᵛ, ima pag.), om. sed spat. rel. (83ʳᵃ, 23 – 24) B.*

(B.39) Si quis querat: Cum sex modii vendantur pro quatuor nummis

---

6741–6858 Si quis querat ... proveniet quod voluisti] *154ʳ, 1 – 154ᵛ, 29 A; 81ᵛᵇ, 23 – 82ᵛᵇ, 4 B; C deficit.*

6723 dupla] duppla *B* **6724** decem et octo] 18 *A* **6725** unum] 1 *A* **6725** duo] 2 *A* **6726** quarta] ᵃ⁄₄ *A* **6727** octava] ᵃ⁄₈ *A* **6727–6728** decem et octo] 18 *A* **6728** decem et octo] 18 *A* **6728** octava] ᵃ⁄₈ *A* **6729** quatuor] 4 *A* **6729** quarta] ᵃ⁄₄ *A* **6729** quartam] ᵃᵐ⁄₄ *A* **6729** et *(post* quartam*)*] *om. B* **6729** quatuor] 4 *A* **6729** sunt] *bis scr. B* **6730** sexdecim] 16 *A* **6731** quatuor] 4 *A* **6731** duo] 2 *A* **6734–6735** decem et octo] 18 *A* **6735** decem et octo] 18 *A* **6737** proveniunt] provenient *B* **6737** decem et octo] 18 *A* **6738** decem et octo] 18 *A* **6740** quatuor] 4 *A* **6740** duo] 2 *A* **6741** sex] 6 *A* **6741** quatuor] 4 *A*, sex quatuor *B* **6741** nummis] numis *B*

et re, emit autem duos modios pro tribus radicibus predicti pretii, tunc quantum valet illa res?

Sic facies. Divide sex per duos, et exibunt tres. Quos multiplica in tres, qui sunt numerus radicum, et provenient novem. Quos multiplica in se, et provenient octoginta unum. De quibus minue quatuor, et remanebunt septuaginta septem, et tantum est pretium rei. Si autem plures essent res, profecto septuaginta septem esset pretium illarum.

(**B.40**) Si quis querat: Cum sex modii vendantur pro re minus quatuor nummis, emit autem duos modios pro tribus radicibus predicti pretii, quantum ergo valet predicta res?

Sic facies. Divide sex per duos, et exibunt tres. Quos multiplica in tres, qui est numerus radicum pretii, et provenient novem. Quos multiplica in se, et provenient octoginta unum. Quibus agrega quatuor qui fuerunt dempti, et fient octoginta quinque, et tantum valet res. Si autem essent plures res, profecto octoginta quinque esset pretium illarum.

(**B.41**) Si quis querat: Cum tres sextarii vendantur pro duabus rebus inequalibus, ex ductu autem unius earum in alteram proveniunt viginti unum, unus autem sextarius emptus est pro minore re et eius nona.

(*a*) Sic facies. Divide tres sextarios per unum sextarium, et exibunt tres. Quos multiplica in unum et nonam, et provenient tres et tertia. De quibus semper minue unum, et remanebunt duo et tertia. Per quos divide viginti unum, et exibunt novem. Quorum radix, que est tres, est minor res. Per hos autem tres divide viginti unum, et exibunt septem, et sunt maior res.

Probatio autem horum omnium hec est. Sint tres sextarii AB, due vero res impares sint DH et HZ. Ex positione autem scimus quod ex ductu DH in HZ proveniunt viginti unum; sint igitur viginti unum KT. Manifestum est igitur quod totum pretium trium sextariorum est DZ, quod est res minor et maior. Unus autem sextarius emptus est pro re minore, que est HZ, et eius nona. [Igitur comparatio sextarii ad tres sextarios est sicut comparatio de HZ et eius nona ad totum DZ. Igitur id quod exit de divisione trium sextariorum per unum equum est ei quod exit de

---

6742 duos] 2 A **6744** sex] 6 A **6744** duos] 2 A **6744** tres] 3 A **6745** tres] 3 A **6745** novem] 9 A **6745** multiplica] in tres, qui sunt numerus *add. et del.* B **6746** octoginta unum] 81 A **6746** quatuor] 4 A **6747** septuaginta septem] 77 A **6748** septuaginta septem] 77 A **6749** sex] 6 A **6749** quatuor] 4 A, quattuor B **6750** nummis] numis B **6750** duos] 2 A **6752** sex] 6 A **6752** duos] 2 A **6752** tertia] 3 A **6753** tres *(post* in*)*] 3 A **6753** radicum] ita dicunt B **6753** provenient] proveniunt B **6753** novem] 9 A **6754** octoginta unum] 81 A **6754** agrega] aggrega B **6754** quatuor] 4 A **6755** octoginta quinque] 85 *(corr. ex* 80*)* A **6755**–**6756** essent plures] plures essent *pr. scr. et corr.* B **6756** octoginta quinque] 85 A **6756** esset] essent B **6757** tres] 3 A **6757** duabus] 2 A **6758**–**6759** viginti unum] 21 A **6759** est] *add. supra lin.* A **6759** nona] $\frac{a}{9}$ A **6760** tres] 3 A **6760** sextarium] sextar̄ A **6760** tres] 3 A **6761** unum] 1 A **6761** nonam] in $\frac{am}{9}$ A **6761** tres] 3 A **6761** tertia] $\frac{a}{3}$ A **6762** unum] 1 A **6762** duo] 2 A **6762** tertia] $\frac{a}{3}$ A **6762**–**6763** viginti unum] 21 A **6763** novem] 9 A **6763** tres] 3 A **6764** tres] 3 A, res B **6764** viginti unum] 21 A **6764** septem] 7 A **6765** tres] 3 A **6766** impares] inpares B **6766** Ex positione] Expone B **6767** viginti unum] 21 A **6767** viginti unum] 21 A **6768** trium] 3 A **6770** nona] $\frac{a}{9}$ A **6770** tres] 3 A **6771** nona] $\frac{a}{9}$ A **6772** exit] fit *pr. scr. et corr. (*fi *exp.,* t *in* e *mut.) A **6772** trium] 3 A **6772** unum] 1 A

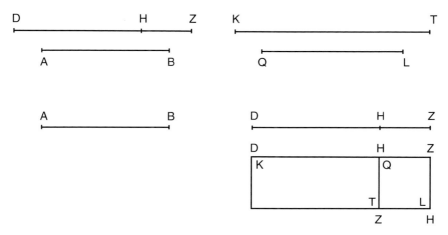

Ad B.41a: *Duas figuras hic præbui: sup. inven. in A (154^r, 30 – 31) & inf. in B (82ra, 48 – ima pag.).*

divisione totius DZ per HZ et eius nonam; nam comparatio idem est quod divisio. Sed ex divisione trium sextariorum per unum exeunt tres. Igitur ex divisione DZ per HZ et eius nonam exeunt tres.] Ex ductu igitur HZ et eius none [quod est unum et eius nona] in tres id quod fit equum est ad DZ. Ex ductu autem HZ in unum et nonam id quod fit si multiplicetur in tres productum equum est ei quod fit ex ductu trium in unum et nonam et producti in HZ. Ex ductu autem trium in unum et nonam proveniunt tres et tertia. Quod igitur fit ex ductu HZ in tres et tertiam equum est ad DZ. Totus igitur DZ triplus est et tertia de HZ. Et remanebit ut HD sit duplus ad HZ et eius tertia. Ex ductu autem HZ in DH est viginti unum. Igitur ex ductu HZ in duplum eius et tertiam proveniunt viginti unum. Multiplicetur igitur HZ in se, et proveniat QL. Ex ductu igitur HZ in se provenit QL, et ex ductu eiusdem in duplum eius et tertiam eius proveniunt viginti unum, que sunt KT. Comparatio igitur de KT ad QL est sicut comparatio de DH ad HZ. Sed DH est duplus et tertia ad HZ. Igitur KT est duplus et tertia ad QL. Si igitur diviseris KT per duo et tertiam exibit QL. ⟨Igitur QL est novem.⟩ Qui est quadratus de HZ, igitur HZ est tres. Et hoc est quod demonstrare voluimus.

6775

6780

6785

6790

6773 nonam] $\frac{am}{9}$ *A* **6773** quod] de *B* **6774** trium] 3 *A* **6774** unum] 1 *A* **6774** tres] 3 *A* **6775** nonam] $\frac{am}{9}$ *A* **6775** tres] 3 *A* **6776** none] $\frac{e}{9}$ *A* **6776** unum] 1 *A*, trium *B* **6776** nona] $\frac{a}{9}$ *A* **6776** tres] 3 *A* **6777** unum] 1 *A* **6777** nonam] $\frac{am}{9}$ *A* **6778** tres] 3 *A* **6778** ductu] ductum *B* **6778** unum] 1 *A* **6778** nonam] $\frac{am}{9}$ *A* **6779** producti] productu *B* **6779** autem] in *add. et exp. B* **6779** trium] 3um *A* **6779** unum] 1 *A* **6779** nonam] $\frac{am}{9}$ *A* **6780** tres] 3 *A* **6780** tertia] $\frac{a}{3}$ *A* **6780** tres] 3 *A* **6780** tertiam] $\frac{am}{3}$ *A* **6780** est *(post* equum*)*] *om. B* **6781** tertia] $\frac{a}{3}$ *A* **6782** HZ] *corr. ex* BZ *A* **6782** tertia] $\frac{a}{3}$ *A* **6782–6783** viginti unum] 21 *A* **6783** tertiam] $\frac{am}{3}$ *A* **6783–6784** viginti unum] 21 *A* **6785** duplum] dupplum *B* **6785** tertiam eius] $\frac{am}{3}$ eius *A*, eius tertiam *B* **6786** proveniunt] provenit *AB* **6786** viginti unum] 21 *A* **6786** que] qui *B* **6787** duplus] dupplus *B* **6787** tertia] $\frac{a}{3}$ *A* **6788** duplus] dupplus *B* **6788** tertia] $\frac{a}{3}$ *A* **6788** duo] 2 *A* **6789** tertiam] $\frac{am}{3}$ *A* **6789** Qui est] 9 et qui est *add. supra (v. lacunam) A* **6790** tres] 3 *A* **6790** demonstrare] monstrare *B*

(***b***) Vel aliter secundum algebra. Scilicet, rem minorem pone rem, maiorem vero unam dragmam; pretium igitur trium sextariorum erit una res et una dragma. Positum est autem unum sextarium emptum esse pro re minore et eius nona, quod est res et nona rei; que adequantur tertie pretii ⟨trium sextariorum⟩, que est tertia rei et tertia dragme. Habes igitur quod tertia rei et tertia dragme adequantur rei et none rei. Minue igitur tertiam rei de re et nona rei; remanebunt septem none rei, que adequantur tertie unius dragme. Igitur integra dragma adequatur duabus rebus et tertie rei. [Manifestum est igitur quod dragma dupla est rei et tertie rei.] Multiplica igitur rem in duas res et tertiam ⟨rei⟩, et provenient duo census et tertia census; que adequantur ad viginti unum. Census igitur est novem, res vero tres, que est res minor; dragma vero est dupla et tertia rei, igitur dragma est septem, que est res maior. [Et hoc est quod demonstrare voluimus.]

(**B.42**) Si quis querat: Cum quinque sextarii dentur pro duabus rebus inequalibus, ex ductu autem unius earum in alteram proveniunt centum quadraginta quatuor, unus autem sextarius emptus est pro tertia minoris rei et duobus nummis.

(***a***) Sic facies. Divide quinque sextarios per unum, et provenient quinque. Quos multiplica in duos nummos, et provenient decem. Deinde accipe tertiam de quinque, quoniam dixit 'tertiam minoris rei', que est unum et due tertie, de qua semper minue unum, et remanebunt due tertie. Per quas divide centum quadraginta quatuor, et exibunt ducenta sexdecim. Deinde decem superiora divide per duas tertias, et exibunt quindecim. Quorum medietatem, que est septem et dimidium, multiplica in se, et provenient quinquaginta sex et quarta; quos agrega ad ducenta sexdecim, et fient ducenta septuaginta duo et quarta. De quorum radice, que est sexdecim et dimidium, minue medietatem rerum, que est septem et dimidium, et remanebunt novem, qui sunt res minor. Per quos divide centum quadraginta quatuor, et exibunt sexdecim, qui sunt res maior.

6791 algebra] agebla $\mathcal{B}$; $\mathcal{A}$ *hic et quasi semper* algebr̄ *(aliquando* algebra *vel* algeb̃*)* **6792** unam] 1 $\mathcal{A}$, unum $\mathcal{B}$ **6792** dragmam] dragma $\mathcal{B}$ **6792** trium] 3 $\mathcal{A}$ **6793** Positum] Poitum $\mathcal{A}$ **6794** nona] $\frac{a}{9}$ $\mathcal{A}$ **6794** nona] $\frac{a}{9}$ $\mathcal{A}$ **6794** pretii] *corr. ex* pretiu $\mathcal{A}$ **6795** tertia] $\frac{a}{3}$ $\mathcal{A}$ **6795** tertia] $\frac{a}{3}$ $\mathcal{A}$ **6795–6796** tertia] $\frac{a}{3}$ $\mathcal{A}$ **6796** tertia] $\frac{a}{3}$ $\mathcal{A}$ **6796** adequantur] ad equatur $\mathcal{B}$ **6796** none] $\frac{e}{9}$ $\mathcal{A}$ **6796** tertiam] $\frac{am}{3}$ $\mathcal{A}$ **6797** nona] $\frac{a}{9}$ $\mathcal{A}$ **6797** septem none] $\frac{7}{9}$ $\mathcal{A}$ **6798** tertie] $\frac{e}{3}$ $\mathcal{A}$ **6799** dupla] duppla $\mathcal{B}$ **6800** duas] 2 $\mathcal{A}$ **6800** tertiam] $\frac{am}{3}$ $\mathcal{A}$ **6800** duo] 2 $\mathcal{A}$ **6800** tertia] $\frac{a}{3}$ $\mathcal{A}$ **6801** viginti unum] 21 $\mathcal{A}$ **6801** novem] 9 $\mathcal{A}$ **6802** dupla] duppla $\mathcal{B}$ **6802** tertia] $\frac{a}{3}$ $\mathcal{A}$ **6803** septem] 7 $\mathcal{A}$ **6803** est *(post* hoc*)*] *om.* $\mathcal{A}$ **6803** demonstrare] monstrare $\mathcal{B}$ **6804** quinque] 5 $\mathcal{A}$ **6804** duabus] 2 $\mathcal{A}$ **6804–6805** rebus inequalibus] *bis scr. poster. del.* $\mathcal{B}$ **6805–6806** centum quadraginta quatuor] 144 $\mathcal{A}$ **6806** tertia] $\frac{a}{3}$ $\mathcal{A}$ **6807** duobus] 2 $\mathcal{A}$ **6807** nummis] numis $\mathcal{B}$ **6808** quinque] 5 $\mathcal{A}$ **6808** unum] 1 $\mathcal{A}$ **6808** quinque] 5 $\mathcal{A}$ **6809** duos] 2 $\mathcal{A}$ **6809** nummos] numos $\mathcal{B}$ **6809** et *(post* nummos*)*] *om.* $\mathcal{B}$ **6809** decem] 10 $\mathcal{A}$ **6809–6810** tertiam] $\frac{am}{3}$ $\mathcal{A}$ **6810** quinque] 5 $\mathcal{A}$ **6810** tertiam] $\frac{am}{3}$ $\mathcal{A}$ **6810** unum] 1 $\mathcal{A}$ **6810–6811** due tertie] $\frac{2}{3}$ $\mathcal{A}$ **6811** semper] senper $\mathcal{B}$ **6811** unum] 1 $\mathcal{A}$ **6811** due tertie] $\frac{2}{3}$ $\mathcal{A}$ **6812** centum quadraginta quatuor] 144 $\mathcal{A}$ **6812** ducenta sexdecim] 216 $\mathcal{A}$ **6813** decem] 10 $\mathcal{A}$ **6813** duas tertias] $\frac{2}{3}$ $\mathcal{A}$ **6813** quindecim] 15 $\mathcal{A}$ **6814** septem] 7 $\mathcal{A}$ **6815** quinquaginta sex] 56 $\mathcal{A}$ **6815** quarta] $\frac{a}{4}$ $\mathcal{A}$ **6815** ducenta sexdecim] 216 $\mathcal{A}$, ducentos sexdecim $\mathcal{B}$ **6816** ducenta septuaginta duo] 272 $\mathcal{A}$ **6816** quarta] $\frac{a}{4}$ $\mathcal{A}$ **6816** sexdecim] 16 $\mathcal{A}$ **6817** septem] 7 $\mathcal{A}$ **6817** dimidium] $\frac{m}{2}$ $\mathcal{A}$ **6818** novem] 9 $\mathcal{A}$ **6818–6819** centum quadraginta quatuor] 144 $\mathcal{A}$, centum quadraginta quadraginta quatuor *(hoc corr. ex* quator*)* $\mathcal{B}$ **6819** sexdecim] 16 $\mathcal{A}$

Cuius probatio hec est. Sint quinque sextarii AB, due vero res inequales sint DZ, sed minor sit ZH et maior DH, emptus vero sextarius AG. Scimus autem quod comparatio sextarii, qui est AG, ad quinque sextarios, qui sunt AB, est sicut comparatio tertie de HZ additis duobus nummis ad totum DZ. Sed AG est quinta de AB. Igitur tertia de HZ additis duobus nummis est quinta totius DZ. Quod igitur fit ex ductu tertie de HZ additis duobus nummis in quinque equum est toti DZ. Sed id quod fit ex ductu tertie de HZ additis duobus nummis in quinque equum est et ei quod fit ex ductu duorum nummorum in quinque et ei quod fit ex ductu tertie de HZ in quinque. Quod autem fit ex ductu tertie de HZ in quinque equum est ei quod fit ex ductu tertie de quinque in HZ, ex ductu vero duorum nummorum in quinque proveniunt decem; tertia autem de quinque est unum et due tertie. Igitur id quod fit ex ductu unius et duarum tertiarum in HZ additis decem equum est toti DZ. [Igitur DZ subtractis decem est equum ad HZ et duabus tertiis eius. Igitur DH subtractis decem est due tertie de HZ.] Manifestum est igitur ⟨quod due tertie de HZ additis decem nummis sunt DH. Ex ductu autem DH in HZ proveniunt centum quadraginta quatuor. Manifestum est igitur⟩ quod ex ductu HZ in duas tertias eius et in decem proveniunt centum quadraginta quatuor; si igitur multiplicetur in se et quindecim provenient ducenta sexdecim [sicut ostendimus in precedenti]. Protraham igitur lineam de quindecim, que sit linea ZQ. Quod igitur fit ex ductu ZH in se et in ZQ est ducenta sexdecim. Sed id quod fit ex ductu HZ in se et in ZQ est equum ei quod fit ex ductu HZ in HQ. Igitur id quod fit ex ductu HZ in HQ est ducenta sexdecim. Dividatur igitur linea ZQ per medium in puncto L. Et prosequere questionem sicut predocuimus, et erit quod voluisti.

Ad B.42a: *Figura inven. in* $\mathcal{A}$ *(154^v, 22 – 24 & marg.), om. sed spat. rel. (82va, 35)* $\mathcal{B}$.

(*b*) Vel aliter secundum algebra. Scilicet, minor res sit res, maior autem

6820 quinque] 5 $\mathcal{A}$ 6822 quinque] 5 $\mathcal{A}$ 6824 nummis] numis $\mathcal{AB}$ 6824 quinta] 5 *(sic)* $\mathcal{A}$ 6825 duobus nummis] 2 nummis *post quæ add. (v. supra) et del.* ad totum DZ $\mathcal{A}$, duobus numis *post quæ add.* ad totum DZ. Sed AG ... duobus numis $\mathcal{B}$ 6826 duobus] 2 $\mathcal{A}$ 6826 nummis] numis $\mathcal{B}$, *post quod add. et del.* est quinta totius DZ 6826 quinque] 5 $\mathcal{A}$ 6827 duobus] 2 $\mathcal{A}$ 6827 nummis] numis $\mathcal{B}$ 6827 quinque] 5 $\mathcal{A}$ 6827–6828 et ei] ei $\mathcal{B}$ 6828 nummorum] numorum $\mathcal{AB}$ 6828 quinque] 5 $\mathcal{A}$ 6829 de HZ] DZ $\mathcal{B}$ 6829 quinque] 5 $\mathcal{A}$ 6829–6830 quinque] 5 $\mathcal{A}$ 6830 quinque] 5 $\mathcal{A}$ 6831 nummorum] numorum $\mathcal{AB}$ 6831 quinque] 5 $\mathcal{A}$ 6831 decem] 10 $\mathcal{A}$ 6831–6832 quinque] 5 $\mathcal{A}$ 6832 unum] 1 $\mathcal{A}$ 6832 due tertie] $\frac{2}{3}$ $\mathcal{A}$ 6833 decem] 10 $\mathcal{A}$ 6834 decem] 10 $\mathcal{A}$ 6834 equum] equm $\mathcal{B}$ 6834 duabus tertiis] $\frac{2}{3}^{is}$ $\mathcal{A}$ 6834–6835 decem] 10 $\mathcal{A}$ 6835 due tertie] $\frac{2}{3}$ $\mathcal{A}$ 6838 duas tertias] $\frac{2}{3}$ $\mathcal{A}$ 6838 decem] 10 $\mathcal{A}$ 6838 centum quadraginta quatuor] 144 $\mathcal{A}$ 6839 quindecim] 15 $\mathcal{A}$ 6839 ducenta sexdecim] 216 $\mathcal{A}$ 6840 quindecim] 15 $\mathcal{A}$ 6841–6842 ducenta sexdecim] 216 *(1 pr. scr. et exp.)* $\mathcal{A}$ 6843–6844 ducenta sexdecim] 216 $\mathcal{A}$ 6846 algebra] agebla $\mathcal{B}$

sit dragma. Pretium igitur quinque sextariorum erit una res et ⟨una⟩ dragma. Positum est autem sextarium unum emptum esse pro tertia minoris rei et duobus nummis, que sunt tertia rei et duo nummi; que adequantur quinte rei et quinte unius dragme. Minue igitur quintam rei de tertia rei; et remanebunt due tertie quinte rei et duo nummi, que adequantur quinte unius dragme. Integra igitur dragma adequatur duabus tertiis rei et decem nummis. [Manifestum est igitur quod due tertie minoris rei additis decem nummis adequantur maiori rei. Cum igitur posuerimus minorem rem, maior erit due tertie rei et decem nummi.] Si igitur multiplicaveris rem in duas tertias rei et decem nummos, productum erit equum ad centum quadraginta quatuor. Cetera fac sicut docuimus in algebra, et proveniet quod voluisti.

Capitulum aliud de modiis diversorum pretiorum

(B.43) Si quis querat dicens: Cum de una annona detur modius pro sex nummis, et de alia detur pro octo nummis et de alia pro novem nummis, sed, de triginta nummis quos habebam, de prima annona emi modium et quartam et de secunda modium et duas tertias modii; tunc de tertia annona quantum proveniet michi pro residuo triginta nummorum?

Sic facies. Quere quantum est pretium modii et quarte secundum quod modius venditur pro sex nummis; et invenies quod est septem nummi et obolus. Deinde quere quantum est pretium modii et duarum tertiarum secundum quod venditur modius pro octo nummis; et invenies quod sunt tredecim nummi et tertia nummi. Quibus agrega septem et obolum, et fient viginti et quinque sexte nummi. Sequitur ergo ut emerit annonam pro vi-

---

6859–6948 Capitulum aliud ... essent de ordeo] $154^v, 29 - 155^r, 41$ A; $34^{vb}, 40$-41 – $35^{va}, 16$ B; $47^{vb}, 37 - 48^{rb}, 18$ C.

6847 quinque] 5 A   6847–6848 dragma] dracma B   6848 Positum] Poitum A   6848 unum] 1 A   6849 duobus] 2^{bus} A   6849 nummis] numis AB   6849 sunt] est AB   6849 duo] 2 A   6849 nummi] numi AB   6850 quinte] $\frac{e}{5}$ A   6850 quinte] $\frac{e}{5}$ (sic) A   6850 quintam] $\frac{am}{5}$ A   6850 tertia] $\frac{a}{3}$ A   6851 due tertie quinte] $\frac{2}{3}\frac{e}{5}$ A   6851 duo] 2 A   6851 nummi] numi A   6851 quinte] $\frac{e}{5}$ A   6852 duabus tertiis] $\frac{e}{3}$ A, tertie B   6852 decem] 10 A   6853 nummis] numis B   6853 due tertie] $\frac{2}{3}$ A   6853–6854 decem] 10 A   6854 nummis] pr. scr. nummis et in numis corr. A, numis B   6854 posuerimus] posuimus B   6854 minorem] maiorem B   6855 due tertie] $\frac{2}{3}$ A   6855 decem] 10 A   6855 nummi] numi B   6856 duas tertias] $\frac{2}{3}$ A   6856 decem] 10 A   6856 nummos] numos B   6856–6857 centum quadraginta quatuor] 144 A   6857 algebra] agebla B   6859 tit.] om. sed spat. rel. B, rubro col. C; Capitulum aliud de modiis ante tit. hab. A   6860 sex] 6 A   6861 nummis] numis corr. in modiis A, numis B   6861 octo] 8 A   6861 nummis] nummis (post octo)] numis BC   6861 novem] 9 A   6861 nummis] numis B   6862 triginta] 30 A   6862 nummis] numis BC   6862 habebam] habebant A, habebat BC   6862 emi] emit pr. scr. et corr. A   6862–6863 et quartam] de quartam B   6863 duas tertias] $\frac{2}{3}$ A   6864 triginta] 30 A   6864 nummorum] numorum AB   6865 quarte] $\frac{e}{4}$ A   6865 secundum] et secundum B   6866 sex] 6 A   6866 nummis] numis codd.   6866 septem] 7 A   6868 octo] 8 A   6868 nummis] numis AB   6869 tredecim] 13 A   6869 nummi] numi A   6869 et tertia] et $\frac{2}{3}$ A, et due tertie BC (del. et et tertia scr. supra B)   6869 septem] 7 A   6869 fient] inde add. B   6870 viginti et quinque sexte] 20 de (quod add. supra) et 5 sexte A, viginti et de quinque sexte B, viginti de et quinque sexte C   6870 ut] quod codd.   6870–6871 viginti] 20 A

ginti nummis et quinque sextis nummi; et de triginta nummis remanserunt novem nummi et sexta. Vide ergo de annona cuius modius venditur pro novem nummis quantum sibi proveniat pro novem nummis et sexta. Et invenies quod modius et sexta unius none unius modii; et hoc est quod provenit pro residuo triginta nummorum.

Et ita poteris scire de duabus vel tribus vel pluribus annonis.

(**B.44**) Si quis querat: Cum de una annona modius detur pro sex nummis et de alia pro octo et de alia pro decem, et pro decem et octo nummis volo emere de tribus annonis equaliter.

Sic facies. Agrega pretia unius modii de singulis annonis, et erit summa viginti quatuor. Per quos divide decem et octo nummos, et exibunt tres quarte. De unaquaque igitur annona emit tres quartas modii. Et hoc est summa quam requiris.

(**B.45**) Si quis dicat: Cum de una annona modius detur pro sex nummis et de alia pro octo, sed de utraque volo emere tres modios pro equali pretio, tunc quantum accipiam de unaquaque?

(***a***) Sic facies. Quere numerum qui dividatur per sex et per octo; et hic est viginti quatuor. Quem divide per sex, et exibunt quatuor; quos pone loco de sex. Deinde divide viginti quatuor per octo, et exibunt tres; quos pone pro octo. Deinde dic: 'Duorum consortium alter apposuit quatuor nummos, alter tres, et lucrati sunt tres modios; quomodo divident eos inter se?'. Ei qui quatuor apposuit accidunt modius et quinque septime, et ei qui tres modius et due septime modii. De annona igitur cuius modius venditur pro sex accipies modium et quinque septimas modii, quorum pretium est decem nummi et due septime nummi, de alia vero annona cuius modius datur pro octo accipies modium et duas septimas modii, quorum pretium est decem nummi et due septime nummi. Et hoc est quod scire voluisti.

6871 quinque sextis] $\frac{5}{6}$ $\mathcal{A}$, quinque sexte $\mathcal{B}$, quinque sextis *corr. ex* quinque sexte $\mathcal{C}$
6871 triginta] 30 $\mathcal{A}$ **6871** nummis] numis $\mathcal{BC}$ **6872** novem] 9 $\mathcal{A}$ **6872** nummi] numi $\mathcal{A}$ **6872** sexta] $\frac{a}{6}$ $\mathcal{A}$ **6872** Vide] Utile $\mathcal{B}$ **6872** de] *om.* $\mathcal{B}$ **6873** novem] 9 $\mathcal{A}$ **6873** nummis] numis $\mathcal{C}$ **6873** novem] 9 $\mathcal{A}$ **6873** nummis *(ante et)*] numis $\mathcal{AC}$ **6873** sexta] $\frac{a}{6}$ $\mathcal{A}$ **6874** sexta] $\frac{a}{6}$ $\mathcal{A}$ **6874** none] *add. supra* $\mathcal{A}$, novem $\mathcal{B}$ **6874** unius modii] modii unius $\mathcal{A}$ **6875** triginta] 30 $\mathcal{A}$ **6875** nummorum] numorum $\mathcal{AB}$ **6877** pro] per $\mathcal{C}$ **6877** sex] 6 $\mathcal{A}$, sex *bis scr.* $\mathcal{C}$ **6877** nummis] numis $\mathcal{B}$ **6878** octo] 8 $\mathcal{A}$ **6878** decem] 10 $\mathcal{A}$ **6878** decem et octo] 18 $\mathcal{A}$ **6878** nummis] numis $\mathcal{B}$ **6879** tribus] 3^{bus} $\mathcal{A}$ **6880–6881** summa] *de add. et exp.* $\mathcal{A}$, suma $\mathcal{B}$ **6881** viginti quatuor] 24 $\mathcal{AC}$ **6881** Per] vel $\mathcal{B}$ **6881** decem et octo] 18 $\mathcal{A}$ **6881** nummos] nummos *pr. scr. et corr. in* numos $\mathcal{A}$, numos $\mathcal{B}$ **6882** tres quarte] 3 $\frac{e}{4}$ $\mathcal{A}$ **6882** tres quartas] $\frac{3}{4}$ $\mathcal{A}$ **6883** summa] suma $\mathcal{B}$ **6884** sex] 6 $\mathcal{A}$ **6884** nummis] numis $\mathcal{B}$ **6885** octo] 8 $\mathcal{A}$ **6885** tres] 3 $\mathcal{A}$ **6887** sex] 6 $\mathcal{A}$ **6887** octo] 8 $\mathcal{A}$ **6887** et *(ante hic)*] *om.* $\mathcal{A}$ **6888** viginti quatuor] 24 $\mathcal{AC}$ **6888** sex] 6 $\mathcal{A}$ **6888** quatuor] 4 $\mathcal{A}$, quattuor $\mathcal{C}$ **6889** de] *add. supra* $\mathcal{A}$ **6889** divide] et *add. et del.* $\mathcal{A}$ **6889** viginti quatuor] 24 $\mathcal{AC}$ **6889** per] pro *pr. scr. et corr.* $\mathcal{B}$ **6889** octo] 8 $\mathcal{AC}$ **6889** tres] 3 $\mathcal{A}$ **6890** pro] per $\mathcal{BC}$ **6890** octo] 8 $\mathcal{A}$ **6890** quatuor] 4 $\mathcal{A}$, quattuor $\mathcal{C}$ **6891** nummos] numos $\mathcal{B}$ **6891** tres] 3 $\mathcal{A}$ **6891** tres *(post sunt)*] 3 $\mathcal{A}$ **6892** quatuor] 4 $\mathcal{A}$, quattuor $\mathcal{C}$ **6892** quinque septime] $\frac{5}{7}$ $\mathcal{A}$ **6893** tres] 3 $\mathcal{A}$ **6893** due septime] $\frac{2}{7}$ $\mathcal{A}$ **6894** pro] per $\mathcal{BC}$ **6894** sex] 6 $\mathcal{A}$ **6894** quinque septimas] $\frac{5}{7}$ $\mathcal{A}$ **6895** decem] 10 $\mathcal{A}$ **6895** nummi] numi $\mathcal{A}$ **6895** due septime] $\frac{2}{7}$ $\mathcal{A}$ **6895** nummi *(ante de)*] numi $\mathcal{B}$ **6896** octo] 8 $\mathcal{A}$ **6896** duas septimas] $\frac{2}{7}$ $\mathcal{A}$ **6897** decem] 10 $\mathcal{A}$ **6897** nummi *(post decem)*] numi $\mathcal{B}$ **6897** due septime] $\frac{2}{7}$ $\mathcal{A}$ **6897** nummi] *quasi* nurmi $\mathcal{B}$

(*b*) Aut, si volueris scire quantum accepit de annona cuius modius datur pro sex nummis, divide sex per se et per octo, et quod ex utraque divisione exierit [scilicet unum et tres quartas] agrega et per agregatum divide tres, et exibit quod queris. Aut, si volueris scire quantum accepit de annona cuius modius datur pro octo nummis, divide octo per se et per sex et quod exierit ex utroque agrega, et per agregatum divide tres; et exibit quod queris.

Si autem annone fuerint plures quam due, fac utroque modo sicut predictum est, et exibit quod queris.

(**B.46**) Si quis querat dicens: Cum de una annona modius datur pro sex nummis et de alia modius pro octo nummis, volo autem de utraque annona accipere modium unum pro sex nummis et obolo, quantum accipiam de unaquaque?

Considera hic si pretium quo vult emere, scilicet sex et obolus, sit inter utrumque predictorum pretiorum, que sunt sex et octo, et tunc questio erit vera; si autem fuerit minus minore eorum aut maius maiore eorum, erit falsa. Hic autem sex et obolus est inter utrumque pretiorum, et est questio vera.

Sic facies igitur hic. Accipe differentiam predictorum pretiorum, que est duo, et sit tibi numerus prelatus. Si autem volueris scire quantum accipiet de annona cuius modius datur pro sex nummis: Accipe differentiam que est inter octo et pretium quo vis emere; que est unus nummus et dimidius. Quem divide per prelatum, et exibunt tres quarte. Tantum igitur accipies de annona sex nummorum, scilicet tres quartas modii. Si vero volueris scire quantum accipiet de annona octo nummorum: Accipe differentiam que est inter sex et pretium quo vis emere, scilicet obolum. Quem divide per prelatum, et exibit quarta. Tantum igitur debet accipere de annona octo nummorum, scilicet quartam unius modii. Provenit igitur modius pro sex et obolo de utraque annona.

(**B.47**) Si quis dicat: Decem erant modii de ordeo et tritico, sed unumquemque modium ordei vendidi pro sex nummis et unumquemque tritici pro decem nummis, et ex omnibus provenerunt michi octoginta octo num-

---

6898 accepit] accipit B **6899** sex] 6 A **6899** nummis] numis B **6899** sex] 6 A **6899** per *(ante* octo)] *add. supra* A **6899** octo] 8 A **6900** unum] 1 A **6900** tres quartas] $\frac{3}{4}$ A **6900** tres] 3 A **6901** accepit] accipit B **6902** octo *(post* pro)] 8 A **6902** nummis] numis B **6902** octo] 8 A **6902** sex] 6 A **6903** tres] 3 A **6907** sex] 6 A **6908** nummis] numis B **6908** octo] 8 A **6908** nummis] numis B **6909** sex] 6 A **6909** nummis] numis B **6909** et] *bis, prius del.* C **6911** hic] *om.* B **6911** sex] 6 A **6911** sit] et sit A **6912** sex] 6 A **6912** octo] 8 A **6913** fuerit] fiunt B **6913** minus] unius B **6913** maius] minus B **6914** sex] 6 A **6916** igitur hic] hic igitur B **6917** duo] 2 A **6917–6918** accipiet] accepit *codd.*   **6918** sex] 6 A **6918** nummis] numis B **6919** octo] 8 A **6919** que *(post* emere)] qui B **6919** nummus] numerus B **6920** tres quarte] $\frac{3}{4}$ A **6921** sex] 6 A **6921** nummorum] numerorum B **6921** tres quartas] $\frac{3}{4}$ A **6922** octo] 8 A **6922** nummorum] numorum B **6923** sex] 6 A **6924** quarta] $\frac{1}{4}$ A **6925** octo] 8 A **6925** nummorum] numorum B **6925** quartam] $\frac{am}{4}$ A **6926** sex] 6 A **6926** obolo] *corr. ex* obolus B **6927** Decem] 10 A **6928** sex] 6 A **6928** nummis] numis B **6929** decem] 10 A **6929** nummis] numis B **6929** omnibus] omibus B **6929** octoginta octo] 88 A **6929–6930** nummi] numi B

mi; tunc quot fuerunt modii de ordeo vel quot de tritico?

Sic facies hic. Accipe differentiam utriusque pretii, que est quatuor; qui sit tibi prelatus. Si autem volueris scire quot fuerint modii tritici: Scias quantum esset pretium decem modiorum si omnes essent de ordeo, hoc modo, scilicet ut multiplices sex, qui sunt pretium unius modii, in decem, qui est numerus modiorum, et provenient sexaginta. Quos minue de octoginta octo, et remanebunt viginti octo. Quos divide per prelatum, et exibunt septem. Tot igitur fuerunt modii tritici. Si vero volueris scire quot fuerunt modii ordei: vide quantum esset pretium decem modiorum si omnes essent tritici; et invenies centum. De quibus minue octoginta octo, et remanebunt duodecim. Quos divide per prelatum, et exibunt tres. Tot igitur sunt modii ordei. Et hoc est quod scire voluisti.

Et hic similiter considera si pretium quod de tota venditione colligitur, sicut hic octoginta octo, sit inter utrumque pretiorum quod esset si omnes ⟨modii⟩ essent de ordeo vel omnes de tritico. Si enim illa summa fuerit maior maiore eorum aut minor minore eorum, questio erit falsa, sicut si hic diceret de tota venditione provenisse sibi aut plus quam centum aut minus quam sexaginta; si enim diceret provenisse sibi centum nummos, omnes modii essent de tritico, si vero sexaginta, omnes essent de ordeo.

(**B.48**) Si quis querat: Cum de una annona sextarius detur pro tribus nummis et de alia pro quatuor et de alia pro quinque, aliquis autem pro duobus nummis vult accipere de unaquaque annona equaliter, quantum accipiet de unaquaque earum?

Sic facies. Agrega tres et quatuor et quinque, et fient duodecim. De quibus denomina duos, scilicet sextam; et tantum accipit de unoquoque sextario. De sextario igitur trium nummorum accipit sextam eius pro dimidio nummo, et de sextario quatuor nummorum accipit sextam eius pro duabus tertiis nummi, et de sextario quinque nummorum accipit sextam eius pro

---

6949–6983 Si quis querat ... tertiam sextarii] $155^r, 41 - 155^v, 19$ $\mathcal{A}$; $78^{vb}, 31 - 79^{ra}, 28$ $\mathcal{B}$; $\mathcal{C}$ deficit.

6930 quot *(post* tunc*)*] quod $\mathcal{BC}$ 6930 fuerunt] fuerint $\mathcal{B}$ 6931 quatuor] 4 $\mathcal{A}$, quattuor $\mathcal{C}$ 6933 decem] 10 $\mathcal{A}$ 6934 sex] 6 $\mathcal{A}$ 6935 decem] 10 $\mathcal{A}$ 6935 numerus] nūms $\mathcal{B}$ 6935 sexaginta] 60 $\mathcal{AC}$, *corr. ex* seginta $\mathcal{B}$ 6936 octoginta octo] 88 $\mathcal{A}$ 6936 viginti octo] 28 $\mathcal{AC}$ 6937 septem] 7 $\mathcal{A}$ 6938 decem] 10 $\mathcal{A}$ 6939 centum] 100 $\mathcal{A}$ 6939 octoginta octo] 88 $\mathcal{AC}$ 6940 et remanebunt] et re *in fine pag. & totum rescr. in init. seq.* $\mathcal{B}$ 6940 duodecim] 12 $\mathcal{AC}$ 6940 tres] 3 $\mathcal{A}$ 6942 si] ut *codd.*   6943 hic] est *codd.*   6943 octoginta octo] 88 $\mathcal{AC}$ 6945 aut minor minore eorum] *per homœotel. om.* $\mathcal{B}$ 6946 centum] 100 $\mathcal{A}$ 6947 sexaginta] 60 $\mathcal{A}$ 6947 centum] 100 $\mathcal{A}$ 6947 nummos] numos $\mathcal{B}$ 6948 sexaginta] 60 $\mathcal{A}$; m *add. et exp.* $\mathcal{B}$ 6949 Cum de una annona sextarius] Cum unus sextarius *pr. scr., de add. supra (ante* unus*) et* annona *supra* sextarius 1^a *m.* $\mathcal{B}$ 6949 tribus] 3 $\mathcal{A}$ 6949–6950 nummis] numis $\mathcal{B}$ 6950 de *(post* nummis et*)*] *supra lin.* $\mathcal{B}$ 6950 quatuor] 4 $\mathcal{A}$ 6950 de *(post* quatuor et*)*] *supra lin.* $\mathcal{B}$ 6950 quinque] 5 $\mathcal{A}$ 6950 duobus] 2 $\mathcal{A}$ 6951 nummis] numis $\mathcal{B}$ 6951 unaquaque] unoquoque $\mathcal{B}$ 6953 tres] 3 $\mathcal{A}$ 6953 quatuor] 4 $\mathcal{A}$ 6953 quinque] 5 $\mathcal{A}$ 6953 duodecim] 12 $\mathcal{AC}$ 6954 duos] 2 $\mathcal{A}$ 6955 trium] 3 $\mathcal{A}$ 6955 nummorum] numorum $\mathcal{B}$ 6956 nummo] numo $\mathcal{B}$ 6956 et] *om.* $\mathcal{A}$ 6956 quatuor] 4 $\mathcal{A}$ 6956 nummorum] numorum $\mathcal{B}$ 6956 pro] dimidio nummo *add. et del.* $\mathcal{A}$ 6956–6957 duabus tertiis] $\frac{2}{3}$ $\mathcal{A}$ 6957 nummi] numi $\mathcal{B}$ 6957 quinque] 5 $\mathcal{A}$ 6957 nummorum] numorum $\mathcal{B}$ 6957 sextam] $\frac{am}{6}$ $\mathcal{A}$

quinque sextis nummi. De tribus igitur annonis accepit dimidium sextarium pro duobus nummis.

Cuius probatio hec est. Id quod accipit de annona cuius sextarius est trium nummorum sit A, et hoc est quod accipit de unaquaque reliquarum; pretium autem eius [scilicet A] secundum quod sextarius datur pro tribus nummis sit BG, secundum autem pretium eius [scilicet A] secundum quod datur pro quatuor sit GD, sed tertium secundum quod datur pro quinque sit DH. Totus igitur BH est duo nummi, secundum quod proposuit. Constat autem quod comparatio de A ad unum est sicut comparatio de BG ad tria. Quod igitur fit ex ductu A in tria equum est ei quod fit ex ductu unius in BG. Quod autem fit ex ductu unius in BG est BG. Igitur quod fit ex ductu A in tria est BG. Comparatio autem de A ad unum est sicut comparatio de GD ad quatuor. Quod igitur fit ex ductu A in quatuor equum est ei quod fit ex ductu unius in GD. Ex ductu autem unius in GD non provenit nisi GD. Igitur ex ductu A in quatuor provenit GD. Similiter etiam monstrabo quod ex ductu A in quinque provenit DH. Igitur ex ductu A in tria provenit BG et ex ductu eiusdem in quatuor provenit GD et ex ductu eiusdem in quinque provenit DH. Manifestum est igitur quod ex ductu A in duodecim provenit totus BH, qui est duo. Divide igitur duo per duodecim, et exibit sexta, et tantum accipit de unoquoque trium sextariorum. Et hoc est quod demonstrare voluimus.

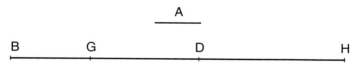

Ad B.48: *Figura inven. in A (155^v, 16 – 17 & marg.), om. sed spat. rel. (79ra, 20 – 22) B.*

(B.49) Cum de una annona detur sextarius pro tribus nummis et de alia pro quatuor et de alia pro quinque, aliquis autem vult accipere de illis tribus simul unum sextarium, sed de singulis equaliter.

Hec questio aperta est. Nam sextarius dividitur in tria equalia, et de unaquaque annona accipit tertiam sextarii.

6958 quinque sextis] $\frac{5}{6}$ A **6958** nummi] numis *pr. scr.* s *del.* B **6959** nummis] numis B **6961** trium] 3 A **6961** nummorum] numorum AB **6961** est] *om.* A **6961** unaquaque reliquarum] unoquoque reliquorum B **6962–6963** tribus] 3 A **6963** nummis] numis B **6964** quatuor] 4 A **6965** quinque] 5 A **6965** duo] 2 A **6965** nummi] numi B **6965–6966** proposuit] posuit A **6967** tria *(post* ad*)*] 3 A **6969** tria] 3 A **6970** quatuor] 4 A **6970** igitur] *om.* B **6970** quatuor] 4 A **6972** GD *(post* nisi*)*] *corr. ex* GB B **6972** quatuor] 4 A **6973** quinque] 5 A **6973–6974** ductu] duc *in fine lin. pr. scr. et exp.* A **6974** tria] 3 A **6974** quatuor] 4 A **6975** eiusdem] eius AB **6975** quinque] 5 A **6976** duodecim] 12 A **6976** duo] 2 A **6977** duo] 2 A **6977** duodecim] 12 A **6977** sexta] $\frac{am}{6}$ *pr. scr. et corr.* A **6977** trium] *om.* B **6978** demonstrare] monstrare B **6979** de *(ante* una*)*] *om.* B **6979** tribus] 3 A **6979** nummis] numis B **6980** quatuor] 4 A **6980** quinque] 5 A **6981** tribus] 3^{bus} A **6981** unum] 1 A **6981** sextarium] sextar̄ A **6982** tria] 3 A

(B.50) Si quis querat: Cum de una annona detur sextarius pro tribus et de alia pro quatuor et de alia pro quinque, aliquis ⟨autem⟩ emit de tribus simul sextarium unum et dimidium, et de singulis accipit equaliter; tunc pro quot nummis emit illum?

Sic facies. Agrega tria et quatuor et quinque, et fient duodecim. Deinde denomina unum sextarium et dimidium de tribus, ⟨scilicet dimidium,⟩ et tanta pars accepta de duodecim, que est sex, est numerus nummorum. Cum autem volueris scire quantum accepit de unaquaque annona, denomina unum et dimidium sextarium de tribus, scilicet dimidium; et tantum accipit de unoquoque sextario.

(B.51) Cum de una annona detur sextarius pro tribus nummis et de alia pro septem et de alia pro duodecim, et aliquis de tribus simul accepit sextarium unum pro decem nummis, quantum accepit de unoquoque sextario?

Hec questio est non terminata. In qua sic facies. Agrega tres et septem, et fient decem. Deinde dupla duodecim, et fient viginti quatuor. Ideo autem duplasti pretium tertie annone quoniam agregasti pretia duarum; si autem agregasses tria, tunc triplicares ultimum. Deinde minue decem agregatum de duplicato, qui est viginti quatuor, et remanebunt quatuordecim. Deinde minue decem pro quibus emit sextarium de duodecim, qui sunt pretium tertii sextarii, et remanebunt duo. Quos denomina de quatuordecim, scilicet septimam, et tantum accipit de sextario trium nummorum, et tantumdem de sextario septem nummorum. Id autem quod remanet accipit de tertio sextario duodecim nummorum, scilicet quinque septimas sextarii.

Si autem in hac questione diceretur emisse sextarium pro duodecim nummis vel pluribus, vel pro tribus vel paucioribus, esset questio falsa.

(B.52) Si quis querat: Cum aliquis emit decem sextarios, sed primum pro tribus et pretium cuiusque sequentis vincit pretium sui precedentis quaternario, tunc quantum est pretium ultimi, et omnium?

6984–6993 Si quis querat ... unoquoque sextario] $155^v, 19 - 24$ $\mathcal{A}$; $79^{rb}, 3 - 14$ $\mathcal{B}$; $\mathcal{C}$ deficit.
6994–7009 Cum de una annona ... esset questio falsa] $155^v, 24 - 33$ $\mathcal{A}$; $\mathcal{BC}$ deficiunt.
7010–7021 Si quis querat ... est triginta novem] $155^v, 34 - 40$ $\mathcal{A}$; $79^{rb}, 15 - 31$ (lect. alt., v. infra) $\mathcal{B}$; $\mathcal{C}$ deficit.

7010–7021 Si quis ... triginta novem] lect. alt. hab. $\mathcal{B}$: Si quis querat: Cum sint

6984 annona] ānoā (hic et infra) $\mathcal{A}$ **6984** tribus] 3 $\mathcal{A}$ **6985** quatuor] 4 $\mathcal{A}$ **6985** quinque] 5 $\mathcal{A}$ **6985** tribus] 3 $\mathcal{A}$ **6986** unum] 1 $\mathcal{A}$, om. $\mathcal{B}$ **6986** dimidium] $\frac{m}{2}$ $\mathcal{A}$ **6987** nummis] numis $\mathcal{B}$ **6988** tria] 3 $\mathcal{A}$ **6988** quatuor] 4 $\mathcal{A}$ **6988** quinque] 5 $\mathcal{A}$ **6988** duodecim] 12 $\mathcal{A}$ **6989** tribus] 3 $\mathcal{A}$ **6990** duodecim] 12 $\mathcal{A}$ **6990** sex] 6 $\mathcal{A}$ **6990–6991** nummorum] numorum $\mathcal{B}$ **6992** unum] 1 $\mathcal{A}$ **6992** dimidium] $\frac{1}{2}$ $\mathcal{A}$ **6992** tribus] 3 $\mathcal{A}$ **6994** annona] ānna $\mathcal{A}$ **6994** tribus] 3 $\mathcal{A}$ **6995** septem] 7 $\mathcal{A}$ **6995** duodecim] 12 $\mathcal{A}$ **6995** tribus] 3 $\mathcal{A}$ **6996** unum] 1 $\mathcal{A}$ **6996** decem] 10 $\mathcal{A}$ **6997** terminata] termata cod. **6997** tres] 3 $\mathcal{A}$ **6997–6998** septem] 7 $\mathcal{A}$ **6998** decem] 10 $\mathcal{A}$ **6998** duodecim] 12 $\mathcal{A}$ **6998** viginti quatuor] 24 $\mathcal{A}$ **6999** agregasti] aggasti $\mathcal{A}$ **7000** tria] 3 $\mathcal{A}$ **7000** decem] 10 $\mathcal{A}$ **7001** viginti quatuor] 24 $\mathcal{A}$ **7001–7002** quatuordecim] 14 $\mathcal{A}$ **7002** decem] 10 $\mathcal{A}$ **7002** duodecim] 12 $\mathcal{A}$ **7003** duo] 2 $\mathcal{A}$ **7003–7004** quatuordecim] 14 $\mathcal{A}$ **7004** septimam] $\frac{am}{7}$ $\mathcal{A}$ **7004** nummorum] numorum $\mathcal{A}$ **7005** septem] 7 $\mathcal{A}$ **7005** nummorum] numorum $\mathcal{A}$ **7006** duodecim] 12 $\mathcal{A}$ **7006** quinque septimas] $\frac{5}{7}$ $\mathcal{A}$ **7008** duodecim] 12 $\mathcal{A}$ **7010** decem] 10 $\mathcal{A}$ **7011** tribus] 3 $\mathcal{A}$

Sic facies. Semper minue unum de numero sextariorum, et remanebunt sicut hic novem. Quos multiplica in differentiam qua se superant, que est quatuor, et producto adde duplum pretii primi, quod est sex, et fient quadraginta duo. Quos multiplica in dimidium numeri sextariorum, quod est quinque, et provenient ducenta et decem; et tantum est pretium omnium sextariorum. Si autem volueris scire pretium ultimi, qui est hic decimus, multiplica differentiam in numerum sextariorum minus uno, et producto adde pretium primi; et quod provenerit pretium ultimi erit, quod est triginta novem.

(B.53) Cum aliquis emat duodecim sextarios et quartam, sed primum pro tribus, et omnes superant se quinario, tunc quantum est pretium omnium?

Sic facies. De numero integro sextariorum minue semper unum; et remanebunt undecim. Quos multiplica in differentiam qua se superant, et producto adde duplum pretii primi, et id quod fit multiplica in medietatem de duodecim; et fient trescenta sexaginta sex. Deinde multiplica duodecim in differentiam et producto adde pretium primi sextarii, et fiet sexaginta tres. Quorum quarta, que est quindecim et tres quarte, est pretium quarte partis ⟨ultimi⟩ sextarii; quam adde trescentis sexaginta sex, et fient trescenta octoginta unum et tres quarte, et tantum est pretium duodecim sextariorum et quarte.

7022–7032 Cum aliquis ... et quarte] $155^v, 40 - 156^r, 4$ $\mathcal{A}$; $\mathcal{BC}$ deficiunt.

---

decem modii pretium primi est tres et reliqui sequentes superant se et primum quatuor, tunc quantum est pretium decem modiorum? Sic facies. De numero modiorum senper (sic) minue unum, et remanebunt sicut hic novem. Quos multiplica in differentiam qua (que, cod.) se superant, que est quatuor, et fient triginta sex. Quibus agrega dupplum pretii primi, quod est sex, et fient quadraginta duo. Quos multiplica in medietatem modiorum, que est quinque, et provenient ducenta et decem; et tantum est pretium omnium modiorum. Si autem volueris scire pretium ultimi modii, ⟨qui est hic decimus,⟩ multiplica differentiam in numerum modiorum minus uno, et provenient triginta sex. Quibus agrega pretium primi modii, et fient triginta novem, et tantum est pretium ultimi modii. [Hec questio valet in operariis eodem pretio (!) conductis.]

7013 unum] 1 $\mathcal{A}$ **7014** sicut] sic $\mathcal{A}$ **7014** novem] 9 $\mathcal{A}$ **7015** quatuor] 4 $\mathcal{A}$ **7015** sex] 6 $\mathcal{A}$ **7016** quadraginta duo] 42 $\mathcal{A}$ **7016** dimidium] e corr. $\mathcal{A}$ **7017** quinque] 5 $\mathcal{A}$ **7017** ducenta et decem] 210 $\mathcal{A}$ **7019** decimus] 10^{mus} $\mathcal{A}$ **7021** triginta novem] 39 $\mathcal{A}$ **7022** duodecim] 12 $\mathcal{A}$ **7022** quartam] $\frac{1}{4}$ $\mathcal{A}$ **7022** sed] et $\mathcal{A}$ **7023** tribus] 3 $\mathcal{A}$ **7024** unum] 1 $\mathcal{A}$ **7025** undecim] 11 $\mathcal{A}$ **7025** differentiam] diffriā $\mathcal{A}$ **7027** duodecim] 12 $\mathcal{A}$ **7027** trescenta sexaginta sex] 366 (1 pr. scr. et exp.) $\mathcal{A}$ **7027** duodecim] 12 $\mathcal{A}$ **7028–7029** sexaginta tres] 63 $\mathcal{A}$ **7029** quindecim] 11 (sic) $\mathcal{A}$ **7029** tres quarte] $\frac{3}{4}$ $\mathcal{A}$ **7030** quarte] 4^e $\mathcal{A}$ **7030** trescentis sexaginta sex] 366 $\mathcal{A}$ **7031** trescenta octoginta unum] 381 $\mathcal{A}$ **7031** tres quarte] $\frac{3}{4}$ $\mathcal{A}$ **7031** duodecim] 12 $\mathcal{A}$ **7032** quarte] $\frac{e}{4}$ $\mathcal{A}$

Capitulum de lucris

Hoc capitulum habet quinque species, que sequuntur.

— Quarum prima est cum capitale scitur et lucrum ignoratur.

(B.54) Verbi gratia. Si quis querat dicens: Cum in eo quod emi pro quinque [nummis] lucratus sim tres, tunc quantum lucrabor in eo quod emi pro octoginta?

Sic facies. Multiplica octoginta, quod est secundum capitale, in tres, quod est primum lucrum, et productum divide per primum capitale, quod est quinque, et exibit quod queris.

Hec autem regula sumpta est ex comparatione. In lucris enim talis est comparatio primi lucri ad primum capitale qualis est comparatio lucri secundi ad capitale secundum; vel, si volueris, prepone capitale, ⟨scilicet⟩ ut comparatio primi capitalis ad primum lucrum sit sicut comparatio secundi capitalis ad lucrum secundum. In predicta vero questione comparatio primi capitalis, scilicet quinque, ad tres, quod est lucrum eius, est sicut comparatio secundi capitalis, quod est octoginta, ad lucrum eius incognitum. Quartus igitur est incognitus. Unde oportet multiplicare secundum, qui est tres, in tertium, qui est octoginta, et productum dividere per primum, qui est quinque, et exibit quartus, qui queritur; vel dividere unum multiplicantium per dividentem et quod exierit multiplicare in alterum, sicut iam predictum est, et exibit quod queritur.

— Conversa autem istius secunda species est, cum lucrum scitur et capitale ignoratur.

(B.55) Verbi gratia. Si quis querat dicens: Cum in empto pro quinque lucratus sim tres et postea ex alio lucratus sim quadraginta, tunc quantum fuit illud capitale ex quo lucratus sum quadraginta?

Scimus autem quod comparatio capitalis primi ad suum lucrum est sicut comparatio quesiti ad quadraginta. Multiplica igitur quartum, qui est

---

7033–7080 Capitulum de lucris ... lucrum quod queris] 156^r, 5 – 26 $\mathcal{A}$; 35va, 16-17 – 35vb, 25 $\mathcal{B}$; 48rb, 19 – 48va, 3 $\mathcal{C}$.

7033 tit.] om. sed spat. hab. $\mathcal{B}$, rubro col. $\mathcal{C}$ **7034–7036** Hoc capitulum ... gratia] marg. $\mathcal{B}$ **7034** Hoc] ⟨H⟩ic $\mathcal{C}$ **7034** quinque] 5 $\mathcal{AC}$ **7034** sequuntur] secuntur $\mathcal{AB}$, sciuntur $\mathcal{C}$ **7036–7037** quinque] 5 $\mathcal{A}$ **7037** nummis] numis $\mathcal{B}$ **7037** tres] 3 $\mathcal{A}$ **7038** octoginta] 80 $\mathcal{A}$ **7039** octoginta] 80 $\mathcal{A}$ **7039** tres] 3 $\mathcal{A}$ **7041** quinque] 5 $\mathcal{AC}$ **7042** comparatione] compatione $\mathcal{A}$, coparatione $\mathcal{B}$ **7043** comparatio (ante primi)] coparatio $\mathcal{B}$ **7043** est] e corr. $\mathcal{A}$, om. $\mathcal{BC}$ (sed qualis scr. $\mathcal{B}$) **7044** ut] qualis est pr. scr. (v. supra) et exp. & ut add. supra $\mathcal{A}$, ut in textu $\mathcal{BC}$ **7045** comparatio] coparatio $\mathcal{B}$ **7045** comparatio (post sicut)] coparatio $\mathcal{B}$ **7047** quinque] 5 $\mathcal{A}$ **7047** tres] 3 $\mathcal{A}$ **7048** octoginta] 80 $\mathcal{A}$ **7048** incognitum] in cognitum (ut sæpe) $\mathcal{A}$ **7049** igitur] om. $\mathcal{B}$ **7049** multiplicare] multiplicari codd. **7050** tres] 3 $\mathcal{A}$ **7050** tertium] $\frac{m}{3}$ $\mathcal{A}$ **7050** octoginta] 80 $\mathcal{A}$ **7051** quinque] 5 $\mathcal{A}$ **7051** quartus] $\frac{tus}{4}$ $\mathcal{A}$ **7054** Conversa autem istius] om. $\mathcal{B}$, Conversa autem isti (sic) rubro col. $\mathcal{C}$ **7054–7056** secunda ... gratia] marg. $\mathcal{B}$ **7056** pro] et pro $\mathcal{B}$ **7056** quinque] 5 $\mathcal{A}$ **7057** sim] sum codd. **7057** tres] 3 $\mathcal{A}$ **7057** quadraginta] 40 $\mathcal{A}$ **7058** sum] sunt $\mathcal{C}$ **7058** quadraginta] 40 $\mathcal{AC}$ **7059–7060** Scimus ... quadraginta] add. in marg. $\mathcal{C}$ **7059** comparatio] coparatio $\mathcal{B}$ **7060** comparatio] coparatio $\mathcal{B}$ **7060** quadraginta] 40 $\mathcal{A}$

quadraginta, in primum capitale, quod est quinque, et productum divide per primum lucrum, quod est tres, et exibit tertius. [Sic enim convenit, semper aliquid multiplicari in rem alterius generis, scilicet nec lucrum in lucrum, nec capitale in capitale, sed lucrum in capitale et e converso.] Hec autem regula manifesta est ex comparatione cum dispositi fuerint numeri sicut predocuimus.

CAPITULUM DE IGNOTIS LUCRIS.

— Quod est tertia species, cum utrumque ignoratur sed ex utroque agregatum notum proponitur.

(B.56) Verbi gratia. Si quis querat: Cum in empto pro quinque lucratus sim tres et ex alio lucratus sim tantum quod ex lucro et capitali simul agregatis fiunt centum, tunc de hiis centum quantum fuit lucrum et quantum capitale?

Sic facies. Agrega quinque et tres, qui sunt lucrum eorum, et fient octo; qui sit tibi prelatus. Si autem volueris scire de centum predictis quantum fuerit capitale, multiplica primum capitale, scilicet quinque, in centum et productum divide per prelatum; et exibit capitale quod queris. Si vero volueris scire de illis quantum fuit lucrum, multiplica primum lucrum, scilicet tres, in centum et productum divide per prelatum; et exibit lucrum quod queris.

Cuius probatio est hec. Sint quinque AB, tres autem sint BG; capitale vero ignotum sit DH, lucrum vero HZ, totus igitur DZ est centum. Comparatio autem de AB ad BG est sicut comparatio de DH ad HZ. Cum autem composueris, tunc comparatio de AG ad GB ⟨erit⟩ sicut comparatio de DZ ad ZH. Unde sunt quatuor numeri proportionales. Tantum igitur fit ex ductu primi in quartum quantum ex ductu secundi in tertium. Si igitur multiplices secundum in tertium et productum dividas per primum, qui est octo, exibit quartus, qui est lucrum. Et hoc est quod demonstrare voluimus.

Similiter etiam fiet probatio ad inveniendum capitale. Manifestum est enim quod talis est comparatio de AG ad AB qualis est comparatio

---

7081–7094 Cuius probatio ... demonstrare voluimus] $156^r, 26 - 33$ A; $83^{ra}, 25 - 41$-43 B; C *deficit.*

7061 quadraginta] 40 A **7061** quinque] 5 AC **7062** tres] 3 A **7062–7064** Sic enim ... e converso] *om.* AB, 1^a *m. in textu* C **7065** comparatione] compatione A **7067** Capitulum de ignotis lucris] *om. sed spat. hab.* B, *rubro col.* C **7068–7070** Quod est ... gratia] *add. in marg.* BC *(*quod est *et* tertia species est *(sic)* cum ... gratia *separatim in marg. add.* C)   **7068** Quod] quid B **7068** species] spes A **7070** quinque] 5 A **7071** tres] 3 A **7071** ex alio] *a pr. scr. et exp.* C **7071–7072** agregatis] agrega quinque *pr. scr. (v. infra)* tis *add. supra lin. et* quinque *exp.* B **7072** centum] 100 A **7072** tunc de hiis centum] *per homœotel. om.* C **7072** hiis] his B **7072** centum] 100 A **7074** quinque] 5 A **7074** tres] 3 A **7074** octo] 8 A **7075** sit] sunt B **7075** centum] 100 A **7076** quinque] 5 A, qūnque B **7076** centum] 100 A **7077–7078** vero] *om.* B **7078** lucrum *(post* fuit*)*] lu *in fin. lin.* lucrum *in init. seq.* B **7079** tres] 3 A **7079** centum] 100 A **7079** prelatum] platum C **7081** est hec] hec est B **7081** quinque] 5 A **7082** centum] 100 A **7085** quatuor] 4 A **7086** quartum] $\frac{m}{4}$ A **7086** quantum] quartum B **7088** qui] que B **7088** octo] 8 A **7088** quartus] 4^{tus} A **7088** demonstrare] monstrare B **7091** quod] quoniam B

de DZ ad DH. Si igitur multiplices AB, secundum, in DZ, tertium, et productum diviseris per AG, primum, exibit DH, quartus. Et hoc est quod demonstrare voluimus.

A B G D   H   Z

Ad B.56: *Figura inven. in $\mathcal{A}$ (156^r, 33), om. sed spat. rel. (83ra, 42 – 43) $\mathcal{B}$.*

— Quarta species est cum utrumque ignoratur sed post diminutionem residuum notum proponitur.

(**B.57**) Verbi gratia. Si quis querat dicens: Cum in empto pro sex lucratus sim unum et dimidium, et sublato lucro eius ex alio capitali remaneant nonaginta, tunc quantum fuit lucrum et quantum capitale?

Sic facies. Minue de sex lucrum eorum, et remanebunt quatuor et dimidium; qui est prelatus. Si autem volueris scire quantum fuit capitale ignotum, multiplica primum capitale, scilicet sex, in nonaginta, et productum divide per prelatum, et exibit capitale. Si vero volueris scire lucrum ignotum, multiplica lucrum primum, scilicet unum et dimidium, in nonaginta, et productum divide per prelatum, et exibit lucrum.

Huius autem probatio patet consideranti; similis est enim precedenti, nisi quia hec fit dispergendo comparationem, illa vero componendo. Iam autem assignavimus hos modos in modiis et sextariis incognitis et ostendimus comparationem in illis.

Si autem volueris, divide hic sex per prelatum, et quod exit multiplica in nonaginta, et exibit capitale; et divide unum et dimidium per prelatum, et quod exit multiplica in nonaginta, et proveniet lucrum. Vel, si volueris, divide nonaginta per prelatum; et quod exit multiplica in sex, et proveniet capitale, et multiplica illud in unum et dimidium, et proveniet lucrum. Isti autem duo modi fiunt cum precedit divisio et sequitur multiplicatio, sicut iam predictum est in omnibus duobus se multiplicantibus et tertio dividente.

— Quinta species est cum utrumque ignoratur sed productum ex ductu unius in alterum notum proponitur.

7095–7131 Quarta species ... et exibit capitale] 156^r, 34 – 156^v, 13 $\mathcal{A}$; 35vb, 26 – 36ra, 30 $\mathcal{B}$; 48va, 4 – 39 $\mathcal{C}$.

7092 multiplices] multiples $\mathcal{B}$ **7093** DH] HZ codd. **7094** demonstrare] monstrare $\mathcal{B}$ **7095–7097** Quarta ... gratia] add. in marg. $\mathcal{BC}$ **7095** diminutionem] diminut̄om $\mathcal{A}$ **7097** empto] ēmpto $\mathcal{A}$ **7097** sex] 6 $\mathcal{A}$ **7098** unum] 1 $\mathcal{A}$ **7099** nonaginta] 90 $\mathcal{A}$ **7100** sex] 6 $\mathcal{A}$ **7100** quatuor] 4 $\mathcal{A}$, quattuor $\mathcal{C}$ **7100–7101** dimidium] $\frac{1}{2}$ $\mathcal{A}$ **7102** sex] 6 $\mathcal{A}$ **7102** nonaginta] 90 $\mathcal{A}$ **7103** volueris] voluis $\mathcal{B}$ **7104** lucrum primum] primum lucrum $\mathcal{B}$ **7104–7105** nonaginta] 90 $\mathcal{AC}$ **7110** divide] dividere pr. scr. et corr. $\mathcal{B}$ **7110** sex] 6 $\mathcal{A}$ **7111** nonaginta] 90 $\mathcal{AC}$ **7111** unum] 1 $\mathcal{A}$ **7111** dimidium] $\frac{1}{2}$ $\mathcal{A}$ **7112** nonaginta] 90 $\mathcal{AC}$ **7112** volueris] volui pr. scr. et corr. $\mathcal{B}$ **7113** nonaginta] 90 $\mathcal{AC}$ **7113** sex] 6 $\mathcal{AC}$ **7114** unum] 1 $\mathcal{A}$ **7114** dimidium] $\frac{1}{2}$ $\mathcal{A}$ **7115** duo] 2 $\mathcal{A}$ **7116** duobus] 2^{bus} $\mathcal{A}$ **7118–7120** Quinta ... gratia] add. in marg. $\mathcal{BC}$ **7118** sed] scilicet $\mathcal{BC}$

$_{7120}$ **(B.58)** Verbi gratia. Si quis querat dicens: Cum in empto pro quinque lucratus sim tres et ex alio capitali multiplicato in suum lucrum proveniant sexaginta, tunc quantum fuit lucrum et quantum capitale?

Modum autem hunc iam assignavimus in ignotis modiis. Scilicet, cum volueris scire capitale ignotum, multiplica quinque, quod est primum capi-
$_{7125}$ tale, in sexaginta et productum divide per tres, quod est primum lucrum; et eius quod exit radix est id quod queris. Aut, si volueris scire lucrum, multiplica primum lucrum, scilicet tres, in sexaginta, et productum divide per quinque; et eius quod exit radix est id quod queris.

Vel, cum inveneris capitale prius, divide per illud sexaginta et exibit
$_{7130}$ lucrum. Vel, si prius inveneris lucrum, divide per illud sexaginta et exibit capitale.

Probatio autem eius quod primum diximus est hec. Sint quinque, qui sunt primum capitale, A, tres vero, qui sunt primum lucrum, sint B, capitale vero quesitum sit G, lucrum vero secundum D. Multiplicetur autem
$_{7135}$ G in D, et proveniat H; H igitur est sexaginta. Multiplicetur autem G in se, et proveniat Z; et multiplicetur D in se, et proveniat K. Manifestum est igitur quod Z et H et K continuantur per comparationem de G ad D. Comparatio autem de G ad D est sicut comparatio de A ad B. Igitur Z et H et K continuantur per comparationem de A ad B. Comparatio igitur
$_{7140}$ de A ad B est sicut comparatio de Z ad H. Si igitur multiplices A in H et productum diviseris per B, exibit Z; qui est quadratus de G, radix igitur de Z est G. Similiter etiam erit comparatio de A ad B sicut comparatio de H ad K. Si igitur multiplices B in H et productum dividas per A, exibit K; cuius radix est D. Et hoc est quod demonstrare voluimus.

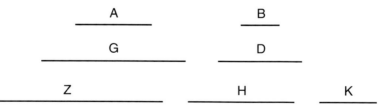

Ad B.58: *Figura inven. in $\mathcal{A}$ (156^v, 20 – 23 marg.), om. sed spat. rel. (83rb, 15 – 16) $\mathcal{B}$.*

7132–7144 Probatio autem ... demonstrare voluimus] $156^v, 13 - 21$ $\mathcal{A}$; $83^{ra}, 44 - 83^{rb}, 14$-$16$ $\mathcal{B}$; $\mathcal{C}$ deficit.

7120 quinque] 5 $\mathcal{A}$ **7121** tres] 3 $\mathcal{A}$ **7121** proveniant] proveniat $\mathcal{A}$, et proveniant $\mathcal{B}$ **7122** sexaginta] 60 $\mathcal{AC}$ **7124** quinque] 5 $\mathcal{AC}$ **7125** sexaginta] 60 $\mathcal{AC}$ **7125** tres] 3 $\mathcal{A}$ **7126** quod *(post eius)*] *om.* $\mathcal{B}$ **7127** tres] 3 $\mathcal{AC}$ **7127** sexaginta] 60 $\mathcal{AC}$ **7128** quinque] 5 $\mathcal{AC}$ **7129** sexaginta] 60 $\mathcal{AC}$ **7130** sexaginta] 60 $\mathcal{AC}$ **7132** quinque] 5 $\mathcal{A}$ **7133** tres] 3 $\mathcal{A}$ **7133** sint] sit $\mathcal{AB}$ **7135** sexaginta] 60 $\mathcal{A}$ **7138** Comparatio] Conparatio $\mathcal{B}$ **7140** de *(ante: A)*] *e corr.* $\mathcal{A}$ **7141** igitur] *corr. ex* ergo $\mathcal{B}$ **7142** Z] z *(z pro $\bar{z}$ in cod.)* $\mathcal{A}$ **7144** demonstrare] monstrare $\mathcal{B}$

Capitulum de lucris in quo nominantur ea que venduntur vel emuntur

Hoc autem capitulum quatuor habet species; quas exemplificamus in modiis, que similiter fiunt in libris et in aliis habentibus pretium.

(*i*) Prima autem species est lucrum nummorum ex nummis. Verbi gratia. Cum quis emit modium pro quinque nummis quem postea vendit pro octo nummis, tunc quot nummos lucrabitur ex centum nummis?

(*ii*) Secunda est lucrum nummorum ex modiis. Verbi gratia. Cum quis modium emptum pro quinque vendit pro octo nummis, tunc quot nummos lucrabitur ex centum modiis?

(*iii*) Tertia autem species est lucrum modiorum ex nummis. Verbi gratia. Cum quis modium emptum pro quinque nummis vendit pro octo, quot modios lucrabitur ex centum nummis?

(*iv*) Quarta vero species est lucrum modiorum ex modiis. Verbi gratia. Cum quis modium emptum pro quinque nummis vendit pro octo, quot modios lucrabitur ex centum modiis?

In unamquamque autem harum quatuor specierum incidunt duo modi paulo ante predicti, quorum primus est scire lucrum per capitale, secundus

---

7145–7199 Capitulum de lucris ... Verbi gratia] 156^v, 21 – 157^r, 7 $\mathcal{A}$; 36ra, 31-32 – 36va, 14 $\mathcal{B}$; 48va, 40 – 48vb, 35 $\mathcal{C}$.

7147–7174 Hoc autem capitulum ... nummorum ex nummis] *lect. alt. hab.* $\mathcal{B}$, *fol.* 83rb, 17 – 40: Possunt etiam he quatuor species aliter fieri. (*i*) Ut si quis dicat, secundum primam speciem que est lucrum numorum ex numis, hoc modo: Cum quis emit tres caficios pro decem numis et vendit quatuor pro viginti, tunc quot numos lucrabitur ex centum numis? (*ii*) Secunda vero species, que est lucrum numorum ex caficiis, fit hoc modo: Cum quis emit tres caficios pro decem numis et vendit quatuor pro viginti, tunc quot numos lucrabitur ex centum caficiis? (*iii*) Tertia vero species, que est lucrum caficiorum ex caficiis, fit hoc modo etiam, si quis dicat: Emi tres caficios pro decem et vendidi quatuor pro viginti, tunc quot caficios lucrabor ex centum caficiis? (*iv*) Quarta vero species, que est lucrum caficiorum ex numis, fit hoc modo, veluti si quis dicat: Emi tres caficios pro decem et vendidi quatuor pro viginti, tunc quot caficios lucrabor ex centum numis? Unaqueque autem harum quatuor specierum dividitur in quinque species quemadmodum capitulum primum de lucris. Omnes igitur modi sive species huius capituli sunt viginti. Due autem species quatuor primarum oriuntur ex questione que est 'quantum est pretium?', relique vero due ex 'quantum habebo?'. Prima species est lucrum numorum ex numis.

7145–7146 *tit.*] *om. sed spat. rel.* $\mathcal{B}$, *rubro col.* $\mathcal{C}$ **7146** vel emuntur] et e *pr. scr. et exp.* $\mathcal{C}$ **7147** Hoc autem capitulum ...] nota *scr. in marg. lector* $\mathcal{C}$ **7147** quatuor] 4 $\mathcal{A}$, quattuor $\mathcal{C}$ **7147** quas] quos $\mathcal{B}$ **7147** exemplificamus] exemplificavimus $\mathcal{A}$ **7149** Prima] Primum $\mathcal{B}$ **7149** autem species] species autem *pr. scr. et corr.* $\mathcal{A}$ **7149** nummorum] numorum *codd.* **7149** nummis] numis *codd.* **7150** quinque] 5 $\mathcal{A}$ **7150** nummis] numis $\mathcal{BC}$ **7150** octo] 8 $\mathcal{A}$ **7151** nummis *(post* octo*)*] numis $\mathcal{B}$ **7151** nummos] numos $\mathcal{BC}$ **7151** centum] 100 $\mathcal{A}$ **7151** nummis] numis $\mathcal{B}$ **7152** nummorum] numorum *codd.* **7153** quinque] 5 $\mathcal{A}$ **7153** octo] 8 $\mathcal{A}$ **7153** nummis] numis $\mathcal{B}$ **7154** centum] 100 $\mathcal{A}$ **7155** nummis] numis $\mathcal{A}$, modis *(sic)* $\mathcal{B}$ **7156** quinque] 5 $\mathcal{AC}$ **7156** nummis] numis $\mathcal{BC}$ **7156** octo] 8 $\mathcal{A}$ **7157** centum] 100 $\mathcal{A}$ **7157** nummis] numis $\mathcal{B}$ **7159** quinque] 5 $\mathcal{A}$ **7159** nummis] numis $\mathcal{B}$ **7159** octo] 8 $\mathcal{A}$ **7160** centum] 100 $\mathcal{A}$ **7161** autem] h *pr. scr. et eras.* $\mathcal{B}$ **7161** quatuor] 4 $\mathcal{A}$, quattuor $\mathcal{C}$ **7161** duo] 2 $\mathcal{A}$ **7161** modi] modii $\mathcal{B}$ **7162** est] *e corr.* $\mathcal{A}$

est scire capitale per lucrum, et etiam tres modi predicti in capitulo de ignoto lucro, primus quorum est scire capitale et lucrum eius ex cognito agregato ⟨ex utroque⟩, secundus est scire utrumque ex cognito residuo post diminutionem unius eorum ab altero, tertius est scire lucrum et capitale ex cognito producto ex multiplicatione unius in alterum. Omnes igitur modi sive species huius capituli sunt viginti. Due autem species quatuor specierum primarum oriuntur ex questione que est 'quantum est pretium?', relique vero due ex questione que est 'quantum habebo?'. Amodo autem proponam exemplum uniuscuiusque quinque specierum harum quatuor primarum.

(*i*) Prima species primarum quatuor est lucrum nummorum ex nummis.

(B.59) Verbi gratia. Si quis querit: Cum modium emptum pro sex vendo pro septem et dimidio, quot nummos lucrabor ex centum nummis?

Hec species, sicut prediximus, descendit ex questione de 'quantum est pretium?'. In qua sic facies. Iam nosti quod nummus et dimidius est hic lucrum ex [modio et] sex nummis. [Ergo hic de lucro nummorum ex nummis queritur et capitale scitur.] Quasi ⟨ergo⟩ dicat: 'Cum in empto pro sex nummis lucratus sim nummum et dimidium, tunc quantum lucrabor ex eo quod emi pro centum?'. Fac hic sicut predictum est, et provenient viginti quinque nummi. Et hoc est quod voluisti. Si autem centum essent solidi, similiter etiam viginti quinque essent solidi.

Similiter etiam si e converso nominaret lucrum et inquireret de capitali, faceres sicut premonstratum est.

Similiter etiam aptabis tres predictos modos ad hoc, scilicet, vel si dicat 'agregatis lucro et capitali proveniunt tot vel tot nummi vel solidi, tunc quantum est lucrum vel quantum est capitale?'; vel si dicat 'subtracto suo lucro nummorum de suo capitali nummorum, remanent tot vel tot, tunc quantum est lucrum eius vel capitale eius?', vel 'subtracto suo lucro soli-

---

7163 est *(post* secundus*)*] *om. BC*   **7163** et etiam] in unumquemque autem horum predictorum modorum incidunt *hab. codd.*   **7163** tres] 3 *A*   **7168** viginti] 20 *A*   **7168** autem species] species autem *B*   **7168–7169** quatuor specierum] 4 *A*, quatuorum *B*, quattuor primarum specierum *pr. scr.*, primarum *del. et add. post* specierum *C*   **7169** oriuntur] et specierum *add. (supra desiderabatur) B*   **7171–7172** quinque specierum harum quatuor primarum] harum 4 specierum 5 ipsarum *A*, horum *(sic)* quatuor quinque *B*, harum quattuor specierum quinque ipsarum *C*   **7173** primarum quatuor] primarum 4 *A*, *om. C*   **7173** nummorum] numorum *BC*   **7173** ex] est *A*   **7174** nummis] numis *codd.*   **7175** sex] 6 *A*   **7176** septem] 7 *A*   **7176** nummos] numos *B*   **7176** centum] 100 *A*   **7176** nummis] numis *AB*   **7177** prediximus] *corr. ex* predic *B*   **7177** quantum] *corr. ex* quar *B*   **7178** nummus] numus *B*   **7179** modio et] *corr. ex* modior *B*   **7179** sex] 6 *A*   **7179** nummis] numis *BC*   **7179** de] pro *codd.*   **7179** nummorum] numorum *codd.*   **7179–7180** ex nummis queritur] *om. B*   **7179–7180** nummis] numis *C*   **7180** sex] 6 *A*   **7181** nummis] numis *B*   **7181** nummum] numum *codd.*   **7182** centum] 100 *A*   **7182–7183** viginti quinque] 25 *AC*   **7183** nummi] numi *B*   **7183** Et] *om. B*   **7183** centum] 100 *A*   **7184** similiter etiam] similiter et *codd.*   **7184** viginti quinque] 25 *A*   **7185** si e converso] si econverso si *(pr. si exp., alt. post* converso *supra add.) A*, si *scr., ante* quod *spat. hab. B*, e converso si *C*   **7185–7186** de capitali, faceres] de capitali facies *B*, de capitalifaceres *pr. scr. et corr. C*   **7187** tres] 3 *A*   **7188** nummi] numi *BC*   **7190** nummorum] numorum *codd.*   **7190** nummorum *(post* capitali*)*] numorum *BC*   **7190** vel tot] *iter.* numi vel solidi … suo lucro solidorum *(quod exp.)* numorum … vel tot *B*

dorum de suo capitali solidorum'; vel si dicat 'multiplicato suo lucro in suum capitale provenit tantum vel tantum, tunc quantum est eius capitale vel lucrum?', vel 'multiplicato suo lucro solidorum in suum capitale solidorum'.

Modus agendi patet hic ex hiis que supra docuimus. Ad maiorem autem evidentiam apponam exemplum uniuscuiusque quinque specierum per quas dividitur prima quatuor primarum.

(B.60) Verbi gratia. Si quis querat: Cum emerim tres caficios pro decem nummis et vendiderim quatuor pro viginti, quot nummos lucrabor ex centum nummis?

Hec species, sicut prediximus, venit ex questione de 'quantum est pretium?'. Dices igitur: 'Postquam quatuor caficii pro viginti, tunc quantum est pretium trium?'. Scilicet, quindecim. Dices igitur: 'Emi tres caficios pro decem et vendidi eos pro quindecim'. In decem igitur nummis lucror quinque nummos. Dices igitur: 'Si in empto pro decem lucratur quinque, tunc quantum lucrabitur in empto pro centum?'. Fac sicut predocui, et exibunt quinquaginta, et tot lucratur in empto pro centum. [Hec est prima de quinque speciebus per quas dividitur unaqueque primarum quatuor.]

— Secunda vero species de quinque est hec.

(B.61) Cum quis emit tres pro decem et vendit quatuor pro viginti, tunc quinquaginta nummos quos lucratus est ex quot nummis lucratur?

Sic facies. Dices enim: 'Postquam quatuor pro viginti, tunc quantum est pretium trium?'. Scilicet, quindecim. Emit igitur tres pro decem et vendidit pro quindecim; in decem igitur lucratur quinque. Dices igitur: 'Cum in decem lucretur quinque, tunc quinquaginta quos lucratur in quot lucratur?'. Fac sicut supra docui, et exibunt centum; et tot sunt nummi ex quibus lucratur quinquaginta.

— Tertia vero species de quinque est hec.

7199–7249 Si quis querat ... et lucrum quinquaginta] 157^r, 7 - 30 A; 83rb, 41 - 83vb, 8 B; C deficit.

7196 patet] patet *in fin. lin.* tet *in init. seq. repet.* B **7196** hiis] his BC **7197** quinque] 5 A **7198** prima] unaqueque *codd.* **7198** quatuor] 4 A, quattuor C **7199** emerim] emerit B **7199** tres] 3 A **7199–7200** decem] 10 A **7200** nummis] numis B **7200** quatuor] 4 A **7200** viginti] 20 A **7200** nummos] numos B **7201** centum] 100 A **7201** nummis] numis B **7203** Postquam] sunt *add. supra* A **7203** quatuor] 4 A **7203** viginti] 20 A **7204** trium] 3um A **7204** quindecim] 15 A **7204** tres] 3 A **7205** decem] 10 A **7205** quindecim] 15 A **7205** decem *(post* In*)*] 10 A **7205** nummis] numis B **7206** lucror] lucrorum B **7206** quinque] 5 A **7206** nummos] numos B **7206** decem] 10 A **7207** quinque] 5 A **7207** centum] 100 A **7208** quinquaginta] 50 A **7208** centum] 100 A **7209** quinque] 5 A **7210** quatuor] 4 A **7211** quinque] 5 A **7212** tres] 3 A **7212** decem] 10 A **7212** quatuor] 4 A **7212** viginti] 20 A **7213** quinquaginta] 50 A **7213** nummos] numos B **7213** nummis] numis B **7214** quatuor] 4 A **7214** viginti] 20 A **7215** quindecim] 15 A **7215** tres] 3 A **7215** decem] 10 A **7216** quindecim] 15 A **7216** decem] 10 (lu *pr. scr. vol. et exp.*) A **7216** quinque] 5 A **7217** decem] 10 A **7217** quinque] 5 A **7217** quinquaginta] 50 A **7218** centum] 100 A **7218** nummi] numi AB **7219** quinquaginta] 50 A **7220** Tertia ... est hec] *om. sed spat. hab.* B **7220** quinque] 5 A

(B.62) Si quis dicat: Cum quis emit tres caficios pro decem et vendit quatuor pro viginti, agregato autem suo lucro nummorum cum suo capitali nummorum proveniunt centum quinquaginta, quantum est lucrum vel capitale?

Sic facies. Dices enim: 'Postquam quatuor dantur pro viginti, quantum est pretium trium?'. Scilicet, quindecim. Emit igitur tres caficios pro decem et vendit pro quindecim. In decem igitur nummis lucratur quinque nummos. Dices igitur: 'Si in empto pro decem lucratur quinque, et ex agregato lucro cum capitali proveniunt centum quinquaginta'. Fac sicut supra docui, et exibit capitale centum, lucrum vero quinquaginta.

— Quarta vero species de quinque est hec.

(B.63) Si quis dicat: Cum quis emit tres caficios pro decem nummis et vendit quatuor pro viginti nummis, subtracto vero lucro nummorum de capitali nummorum remanent quinquaginta nummi.

Sic facies. Dices enim: 'Postquam quatuor pro viginti, tunc quantum est pretium trium?'. Scilicet, quindecim. Emit igitur tres caficios pro decem et vendidit pro quindecim. In decem igitur nummis lucratur quinque nummos. Dices igitur: 'Si in empto pro decem lucratur quinque, subtracto vero lucro de capitali remanent quinquaginta'. Fac sicut supra docui, et exibit capitale centum, lucrum vero quinquaginta.

— Quinta vero species predictarum est hec.

(B.64) Si quis dicat: Cum quis emit tres caficios pro decem et vendit quatuor pro viginti, ex ductu autem lucri nummorum in suum capitale nummorum proveniunt quinque milia.

Sic facies. Dices enim: 'Postquam quatuor pro viginti, tunc quantum est pretium trium?'. Scilicet, quindecim. Constat ergo quia in decem lucratus est quinque. Dices igitur: 'Si in empto pro decem lucratur quin-

---

7221 tres] 3 $\mathcal{A}$ **7221** decem] 10 $\mathcal{A}$ **7222** quatuor] 4 $\mathcal{A}$ **7222** viginti] 20 $\mathcal{A}$ **7222** agregato] agregatis $\mathcal{A}$, aggregatis $\mathcal{B}$ **7222** nummorum] numorum $\mathcal{AB}$ **7223** nummorum] numorum $\mathcal{B}$ **7223** centum quinquaginta] 150 $\mathcal{A}$ **7225** quatuor] 4 $\mathcal{A}$ **7225** viginti] 20 $\mathcal{A}$ **7226** quindecim] 15 $\mathcal{A}$ **7226** tres] 3 $\mathcal{A}$ **7226–7227** decem] 10 $\mathcal{A}$ **7227** quindecim] 15 $\mathcal{A}$ **7227** decem] 10 $\mathcal{A}$ **7227** nummis] numis $\mathcal{B}$ **7227** quinque] 5 $\mathcal{A}$ **7228** nummos] numos $\mathcal{B}$ **7228** Dices] deces $\mathcal{B}$ **7228** decem] 10 $\mathcal{A}$ **7228** quinque] 5 $\mathcal{A}$ **7229** cum] est $\mathcal{B}$ **7229** centum quinquaginta] 150 $\mathcal{A}$ **7230** centum] 100 $\mathcal{A}$ **7230** quinquaginta] 50 e $corr.$ $\mathcal{A}$ **7231** Quarta ... est hec] $om.$ sed $spat.$ $hab.$ $\mathcal{B}$ **7231** quinque] 5 $\mathcal{A}$ **7232** tres] 3 $\mathcal{A}$ **7232** decem] 10 $\mathcal{A}$ **7232** nummis] numis $\mathcal{B}$ **7233** vigint i] 20 $\mathcal{A}$ **7233** nummis] numis $\mathcal{B}$ **7233** lucro] $supra$ $add.$ $\mathcal{A}$ **7233** nummorum] numorum $\mathcal{AB}$ **7234** nummorum] numorum $\mathcal{B}$ **7234** quinquaginta] 50 $\mathcal{A}$ **7234** nummi] numi $\mathcal{B}$ **7235** quatuor] 4 $\mathcal{A}$ **7235** viginti] 20 $\mathcal{A}$ **7236** trium] 3um $\mathcal{A}$ **7236** quindecim] 15 $\mathcal{A}$ **7236** tres] 3 $\mathcal{A}$ **7236–7237** decem] 10 $\mathcal{A}$ **7237** quindecim] 15 $\mathcal{A}$ **7237** decem] 10 $\mathcal{A}$ **7237** nummis] numis $\mathcal{B}$ **7237** quinque] 5 $\mathcal{A}$ **7238** nummos] numos $\mathcal{B}$ **7238** decem] 10 $\mathcal{A}$ **7238** quinque] 5 $\mathcal{A}$ **7239** quinquaginta] 50 $\mathcal{A}$ **7239** supra] sb $pr.$ $scr.$ et $exp.$ $\mathcal{A}$ **7240** centum] 100 $\mathcal{A}$ **7240** quinquaginta] 50 $\mathcal{A}$ **7241** Quinta ... est hec] $om.$ sed $spat.$ $rel.$ $\mathcal{B}$ **7241** Quinta] V^a $\mathcal{A}$ **7241** vero] $add.$ $supra$ $\mathcal{A}$ **7242** dicat] dica $\mathcal{B}$ **7242** tres] 3 $\mathcal{A}$ **7242** decem] 10 $\mathcal{A}$ **7242** vendit] pro $add.$ et $exp.$ $\mathcal{A}$ **7243** quatuor] 4 $\mathcal{A}$ **7243** viginti] 20 $\mathcal{A}$ **7243** nummorum $(post$ $lucri)]$ numorum $\mathcal{B}$ **7244** nummorum] numorum $\mathcal{B}$ **7244** quinque milia] 5000 $\mathcal{A}$ **7245** enim] tamen $\mathcal{B}$ **7245** quatuor] 4 $\mathcal{A}$ **7245** viginti] 20 $\mathcal{A}$ **7246** trium] 3um $\mathcal{A}$ **7246** quindecim] 15 $\mathcal{A}$ **7246** decem] 10 $\mathcal{A}$ **7247** quinque] 5 $\mathcal{A}$ **7247** decem] 10 $\mathcal{A}$ **7247–7248** quinque] 5 $\mathcal{A}$

que, ex ductu autem capitalis in lucrum proveniunt quinque milia'. Fac sicut predocui, et exibit capitale centum et lucrum quinquaginta.

(*ii*) SECUNDA AUTEM SPECIES PRIMARUM QUATUOR EST LUCRUM NUMMORUM EX MODIIS.

(**B.65**) Si quis querat: Cum modium emptum pro sex nummis vendiderim pro septem et dimidio, tunc quot nummos lucrabor ex centum modiis?

Hic ex lucro nummorum, quod est nummus et dimidius, quod lucratus est ex uno modio, vult scire quantum lucrabitur ex centum modiis. Quasi ergo querat: 'Cum in uno modio lucratus sim nummum et dimidium, quot lucrabor in centum modiis?'. Dic: centum quinquaginta nummos.

Si autem questio fuerit talis ut dicat: 'Cum in uno caficio lucratus sim nummum et dimidium, quantum lucrabor in centum almodis?'. In uno autem caficio lucratus est nummum et dimidium; ergo lucrabitur ex duodecim caficiis, qui sunt unum almodi, decem et octo nummos. Hoc igitur lucrum ex uno almodi multiplica in centum, et quod provenerit est lucrum quod lucratur ex centum almodis.

Si autem nominaret lucrum [quod est nummus et dimidius] et quereret de capitali caficiorum, proponeret hoc modo: 'Cum lucratus sim in uno caficio nummum et dimidium et lucratus sim tot vel tot nummos ex aliis caficiis, tunc quot fuerunt illi caficii?'. Fac sicut predocuimus, et quod provenerit erunt caficii.

Si autem sic proposuerit dicens: 'Cum lucratus sim centum solidos, ex quot caficiis lucratus sum?'. Vide prius ex quot caficiis lucretur centum nummos; et multiplica eos in duodecim, et productus est id quod queris. Hoc autem ideo facimus quoniam centum solidi sunt duodecies tantum.

Similiter deducere poteris tres modos ignoti in hanc speciem, veluti si dicat 'agregato suo lucro nummorum cum capitali suo caficiorum, et fuerunt tot vel tot'; vel 'subtracto suo capitali de suo lucro, et remansit tantum vel

---

7250–7283 Secunda autem ... Verbi gratia] $157^r, 30 - 157^v, 5\;A;\; 36^{va}, 14 - 36^{vb}, 9\;B;\; 48^{vb}, 36 - 49^{ra}, 12\;C$.

7248 quinque milia] 50 (*sic*) A **7249** centum] 100 A **7249** quinquaginta] 50 A **7250** quatuor] 4 A, quattuor C **7250–7251** nummorum] numorum *codd.*   **7252** sex] 6 A **7252** nummis] numis B **7253** septem] 7 A **7253** nummos] numos BC **7253** centum] 100 A **7254** Hic ex lucro nummorum] nota *scr. in marg. lector* C **7254** nummorum] numorum BC **7254** nummus] numus BC **7255** centum] 100 A **7256** querat] queratur *pr. scr. et corr.* B **7256** nummum] numum BC **7257** centum] 100 A **7257** centum quinquaginta] 150 A **7257** nummos] numos BC **7258** caficio] caficio B **7259** nummum] numum BC **7259** centum] 100 A **7260** nummum] numum BC **7260–7261** duodecim] 12 A **7261** decem et octo] 18 A **7261** nummos] numos B **7262** centum] 100 A **7262** provenerit] proveniet B **7263** centum] 100 A **7264** nummus] numus BC **7265** caficiorum] cafiçiorum AB **7266** caficio] cafiçio B **7266** nummum] numum BC **7266** nummos] numos *codd.*   **7267** caficiis] cafiçiis AB (*corr. ex* caficiis A)   **7267** caficii] cafizii A **7267** predocuimus] predocumus B **7268** caficii] cafiçii AB (*corr. ex* caficii A)   **7269** centum] 100 A **7270** caficiis (*ante* lucratus)] cafiçiis B **7270** Vide] Unde B **7270** caficiis] cafiziis A, cafiçiis B **7270** centum] 100 A **7271** nummos] numos B **7271** duodecim] 12 A **7272** centum] 100 A **7272** duodecies] $12^{es}\;A$ **7273** tres] 3 A **7274** nummorum] numerorum BC **7274** caficiorum] cafiziorum A, cafiçiorum B

tantum', quoniam in hac questione numerus capitalis caficiorum minor est numero lucri nummorum; vel 'multiplicato suo capitali caficiorum in suum lucrum nummorum, et provenit tantum vel tantum'.

Modus agendi in hiis omnibus patet ex predictis. Sed tamen ad maiorem evidentiam apponam exemplum cuiusque quinque specierum per quas dividitur hec species secunda quatuor primarum.

[Hic capitale scitur sed lucrum ignoratur.]

(**B.66**) Verbi gratia. Si quis dicat: Cum quis emit tres caficios pro decem nummis et vendit quatuor pro viginti, tunc quot nummos lucrabitur ex centum caficiis?

Sic facies. Dices enim: 'Cum quatuor dentur pro viginti nummis, tunc quantum est pretium trium?'. Scilicet, quindecim. Emit igitur tres caficios pro decem et vendidit eos pro quindecim. In tribus igitur caficiis lucratur quinque nummos. Dices igitur: 'Cum quis in tribus caficiis lucratur quinque, tunc quot lucrabitur in centum?'. Fac sicut supra docui, et exibunt centum sexaginta sex et due tertie, et tot lucratur nummos in centum caficiis. [Et hec est prima quinque specierum per quas dividitur unaqueque quatuor primarum.]

— Secunda vero de quinque hec est.

[Hic lucrum scitur et capitale ignoratur.]

(**B.67**) Cum quis emit tres caficios pro decem nummis et vendit quatuor pro viginti, tunc centum nummos quos lucratus est ex quot caficiis lucratur eos?

Sic facies. Dices enim: 'Cum quatuor caficii dentur pro viginti nummis, tunc quantum est pretium trium?'. Scilicet, quindecim. Emit igitur hos tres caficios pro decem nummis et vendidit eos pro quindecim. In

---

7283–7351 Si quis dicat … et duabus tertiis] 157^v, 5 – 35 A; 83vb, 8 – 84ra, 38 B; C deficit.

7276 caficiorum] cafiziorum A, cafiçiorum B **7277** nummorum] numorum B **7277** caficiorum] cafiziorum A **7278** nummorum] numorum B **7279** Modus] autem add. B **7279** hiis] his BC **7280** quinque] 5 A **7280** specierum] species BC **7281** quatuor] quattuor C **7282** Hic … ignoratur] marg. AB (fol. 83vb, B), om. C **7283** Verbi gratia] post quatuor primarum scr. (v. adn. præced.) BC **7283** tres] 3 A **7283** caficios] cafizios A **7283** decem] 10 A **7284** nummis] numis B **7284** quatuor] 4 A **7284** viginti] 20 A **7284** nummos] numos B **7285** centum] 100 A **7285** caficiis] cafiziis A **7286** quatuor] 4 A **7286** viginti] 20 A, vginti B **7286** nummis] numis B **7287** trium] 3um A **7287** quindecim] 15 A **7287** tres] 3 A **7288** caficios] cafizios A **7288** decem] 10 A **7288** quindecim] 15 A **7288–7289** caficiis] cafiziis A **7289** quinque] 5 A **7289** nummos] numos B **7289** tribus] 3 A **7289** caficiis] cafiziis A **7290** quinque] 5 A **7290** centum] 100 A **7291** centum sexaginta sex] 160 A, centum sexaginta pr. scr. et sex add. lector in marg. B **7291** due tertie] $\frac{2}{3}$ A **7291** nummos] numos B **7292** centum] 100 A **7292** quinque] 5 A **7293** quatuor] 4 A **7294** quinque] 5 A **7294** hec est] est hec B **7295** Hic … ignoratur] marg. AB **7295** capitale] capitalis B **7296** tres] 3 A **7296** caficios] cafizios A **7296** decem] 10 A **7296** nummis] numis B **7296** quatuor] 4 A **7297** pro (post quatuor)] p B **7297** viginti] 20 A **7297** centum] 100 A **7299** quatuor] 4 A **7299** viginti] 20 A **7299–7300** nummis] numis B **7300** trium] 3um A **7300** quindecim] 15 A **7301** tres] 3 A **7301** caficios] cafizios A **7301** decem] 10 A **7301** nummis] numis B **7301** quindecim] 15 A

tribus ergo caficiis lucratus est quinque nummos. ⟨Dices igitur: 'Cum quis in tribus caficiis lucratus est quinque nummos,⟩ tunc centum [nummos] quos lucratur, ex quot caficiis lucratur eos?'. Fac sicut predictum est, et exibunt sexaginta.

Hoc autem poteris experiri sic. Tu scis eum emisse sexaginta caficios, tres ex illis pro decem nummis; ergo pro ducentis nummis emit eos. Et vendidit eos pro trescentis; nam quatuor vendidit pro viginti. Igitur in sexaginta caficiis lucratur centum nummos secundum forum quod posuit.

— Tertia vero species hec est.

[Hic utrumque ignoratur sed agregatum ex utroque scitur.]

(B.68) Cum quis emit tres caficios pro decem nummis et vendit quatuor pro viginti, agregato vero lucro nummorum cum capitali caficiorum proveniunt centum, quantum est lucrum nummorum et capitale caficiorum?

Sic facies. Dices enim: 'Postquam quatuor dantur pro viginti, tunc quantum est pretium trium?'. Scilicet, quindecim. De quibus minue decem, et remanebunt quinque. Quasi ergo dicatur: 'Cum in tribus caficiis lucretur quinque nummos, ex agregato autem lucro cum capitali proveniunt centum'. Fac sicut supra ostendimus, et exibit lucrum nummorum sexaginta duo et dimidius, capitale vero caficiorum triginta septem et dimidius.

— Quarta vero species est hec.

[Hic utrumque ignoratur sed per diminutionem cognoscitur.]

(B.69) Si quis dicat: Cum quis emit tres caficios pro decem et vendit quatuor pro viginti, subtracto vero capitali caficiorum de suo lucro nummorum remanent centum.

Si vero diceretur lucrum nummorum subtrahi de capitali caficiorum, falsum esset; lucrum enim nummorum maius est capitali caficiorum. Quoniam, cum fecerimus sicut predocuimus, apparebit eum lucrari in tribus

---

7302 caficiis] cafiziis A **7302** quinque] 5 A **7302** nummos] numos B **7303** centum] 100 A **7303** nummos] numos B **7305** sexaginta] 60 A **7306** sexaginta] 60 A **7306** caficios] cafizios A **7307** tres] 3 A **7307** decem] 10 A **7307** nummis] numis B **7307** ducentis] 200 A **7307** nummis] numis B **7308** trescentis] 300 A **7308** quatuor] 4 A **7308** viginti] 20 A **7309** sexaginta] 60 A **7309** centum] 100 A **7309** nummos] numos B **7309** posuit] proposuit B **7310** Tertia ... hec est] om. sed spat. rel. B **7311** Hic ... scitur] marg. AB **7312** tres] 3 A **7312** caficiis] cafizios A **7312** decem] 10 A **7312** nummis] numis B **7312** quatuor] 4 A **7313** viginti] 20 A **7313** nummorum] numorum B **7313** caficiorum] cafiziorum A **7314** centum] 100 A **7314** nummorum] numorum B **7315** quatuor] 4 A **7315** viginti] 20 A **7316** trium] corr. ex triuum (u pr. exp.) A **7316** quindecim] 15 A **7316–7317** decem] 10 A **7317** quinque] 5 A **7317** tribus] 3 A **7317** caficiis] cafiziis A **7318** quinque] 5 A **7318** nummos] numos B **7319** centum] 100 A **7319** nummorum] numorum B **7319–7320** sexaginta duo] 62 (corr. ex 60) A **7320** capitale] et capitale B **7320** vero] s add. et del. B **7320** caficiorum] cafiziorum A **7320** triginta septem] 37 A **7322** Hic ... cognoscitur] marg. AB **7322** utrumque] om. A **7323** tres] 3 A **7323** caficios] cafizios A **7323** decem] 10 A **7323–7324** quatuor] 4 A **7324** viginti] 20 A **7324** caficiorum] cafiziorum A **7324** nummorum] numorum B **7325** remanent] et remanent codd.   **7325** centum] 20 A, viginti del. et scr. in marg. lector triginta B **7326** nummorum] numorum B **7326** caficiorum] cafiziorum A **7327** nummorum] numorum B **7327** maius] corr. ex mau A **7327** caficiorum] cafiẓiorum (sic) A **7328** tribus] 3 A

caficiis quinque nummos, lucrum igitur nummorum maius est capitali caficiorum. Si igitur minueris suum capitale caficiorum de suo lucro nummorum et remanserint centum, erit tunc questio vera. Et exibit suum capitale caficiorum centum quinquaginta, lucrum vero nummorum ducenti quinquaginta.

Cetera autem hiis similia considera secundum hoc. Sed cum lucrum nummorum fuerit maius capitali caficiorum et proponatur lucrum minui de capitali, tunc questio erit falsa; si vero lucrum nummorum minus fuerit capitali caficiorum et proponatur capitale caficiorum minui de lucro nummorum, erit similiter questio falsa.

— Species autem quinta hec est.

[Hic utrumque ignoratur sed per multiplicationem unius in alterum cognoscitur.]

(B.70) Cum quis emit tres caficios pro decem nummis et vendidit quatuor pro viginti nummis, ex ductu autem lucri nummorum in suum capitale caficiorum proveniunt centum.

Sic facies. Dices enim: 'Cum quatuor dentur pro viginti, tunc quantum est pretium trium?'. Scilicet, quindecim. De quibus minue decem, et remanebunt quinque. Constat igitur hos quinque lucratum esse in tribus caficiis. Dices igitur: 'Cum quinque lucretur in tribus caficiis sed ex ductu lucri in capitale proveniunt centum'. Fac sicut supra ostensum est, et proveniet suum capitale caficiorum radix de sexaginta, lucrum vero nummorum radix de centum sexaginta sex et duabus tertiis.

(*iii*) Tertia vero species primarum quatuor est lucrum caficiorum ex nummis.

(B.71) Verbi gratia. Si quis querat dicens: Cum caficium emptum pro sex nummis vendiderim pro septem et dimidio, tunc quot caficios lucrabor ex

---

7352–7389 Tertia vero species ... Verbi gratia] $157^v, 35 - 158^r, 10$ $\mathcal{A}$; $36^{vb}, 10 - 37^{ra}, 3$ $\mathcal{B}$; $49^{ra}, 13 - 48$ $\mathcal{C}$.

7329 quinque] 5 $\mathcal{A}$ **7329** nummos] numos $\mathcal{B}$ **7329** nummorum] numorum $\mathcal{B}$ **7329–7330** caficiorum] *Hic add. in marg. lector* $\mathcal{B}$: Item. Si quis querat dicens: Cum quis emit tres caficios pro decem numis *(sic)* et vendit quatuor pro viginti, subtracto vero capitali caficiorum de lucro nummorum remanent centum, erit questio vera. **7329–7330** caficiorum] cafiziorum $\mathcal{A}$ **7330–7331** nummorum] numorum $\mathcal{B}$ **7331** centum] 100 $\mathcal{A}$ **7332** centum quinquaginta] 150 $\mathcal{A}$ **7332** nummorum] numorum $\mathcal{B}$ **7332–7333** ducenti quinquaginta] 250 $\mathcal{A}$ **7334** Cetera] Ceter $\mathcal{B}$ **7334** hiis] his $\mathcal{B}$ **7334** Sed] scilicet $\mathcal{AB}$ **7335** nummorum] numorum $\mathcal{B}$ **7336** nummorum] numorum $\mathcal{AB}$ **7337** minui] numi $\mathcal{B}$ **7337–7338** nummorum] numorum $\mathcal{B}$ **7339** quinta] $\frac{a}{5}$ $\mathcal{A}$ **7340–7341** Hic ... cognoscitur] *marg.* $\mathcal{AB}$ **7342** tres] 3 $\mathcal{A}$ **7342** caficios] cafizios $\mathcal{A}$ **7342** decem] 10 $\mathcal{A}$ **7342** nummis] numis $\mathcal{B}$ **7342** quatuor] 4 $\mathcal{A}$ **7343** viginti] 20 $\mathcal{A}$ **7343** nummis] numis $\mathcal{B}$ **7343** nummorum] numorum $\mathcal{AB}$ **7344** centum] 100 $\mathcal{A}$ **7345** quatuor] 4 $\mathcal{A}$ **7345** viginti] 20 $\mathcal{A}$ **7346** trium] *add. lector supra* $\mathcal{B}$ **7346** quindecim] 15 $\mathcal{A}$ **7346** decem] 10 $\mathcal{A}$ **7347** quinque] 5 $\mathcal{A}$ **7347** quinque] 5 $\mathcal{A}$ **7347** tribus] 3 $\mathcal{A}$ **7348** quinque] 5 $\mathcal{A}$ **7348** lucretur] lucratur $\mathcal{B}$ **7349** centum] 100 $\mathcal{A}$ **7350** capitale caficiorum] lucrum nummorum $\mathcal{A}$, lucrum numorum $\mathcal{B}$ **7350** sexaginta] 60 $\mathcal{A}$ **7350** lucrum vero nummorum] capitale verum $\mathcal{B}$ **7351** centum sexaginta sex] 160 $\mathcal{A}$, centum sexaginta $\mathcal{B}$ *sed sex add. supra lector* $\mathcal{B}$ **7351** duabus tertiis] $\frac{2}{3}^{is}$ $\mathcal{A}$ **7352** quatuor] 4 $\mathcal{A}$, quattuor $\mathcal{C}$ **7353** nummis] numis *codd.* **7354** sex] 6 $\mathcal{A}$ **7355** nummis] numis $\mathcal{B}$ **7355** septem] 7 $\mathcal{A}$

centum nummis?

Manifestum est quod, secundum hoc quod caficius datur pro septem nummis et dimidio, quod pro sex nummis dabuntur quatuor quinte eius, et remanebit de eo [quod valet nummum et dimidium, scilicet] lucrum, quod est quinta pars caficii. Unde in sex nummis lucratur quintam caficii. Quasi ergo querat: 'Cum in sex nummis lucratus sim quintam caficii, tunc quantum lucrabor ex centum nummis?'. Fac sicut predictum est, et provenient tres et tertia. Ergo tres caficios et tertiam caficii lucratus est ex centum nummis.

Si autem essent centum solidi, tu, multiplicares tres et tertiam caficii in duodecim, qui est numerus ⟨nummorum unius⟩ solidi, et proveniret numerus eius quod lucratur ex centum solidis. Vel, quia iam ⟨nosti quod⟩ ex sex nummis lucratus est quintam caficii, sex autem est medietas solidi, dices tunc: 'Cum ex medietate lucratus sit quintam, quantum lucrabitur ex centum?'. Fac sicut predocuimus, et exibit quot caficios lucratur ex centum solidis.

Si autem hic quereret: 'Cum lucratus sim decem caficios, ex quot nummis lucratus sum, vel ex quot solidis?'. Iam nosti quintam caficii esse lucrum eius ex sex nummis, qui sunt medietas solidi. Dices ergo: 'Postquam ex sex nummis lucratus est quintam caficii et ex alio capitali lucratus est decem, tunc quantum est illud capitale?'. Fac sicut predocuimus, et proveniet quantum fuerit illud capitale nummorum. ⟨Deinde⟩ converte eos in solidos. Vel, si volueris, dic: 'Cum in medietate solidi lucratus sit quintam, tunc decem ex quanto lucratus est?'. Fac sicut predictum est, et provenient solidi.

Similiter etiam aptabis illos tres modos huic parti, sive dicat ex agregatis simul suo lucro caficiorum et suo capitali nummorum, vel subtracto suo lucro caficiorum de suo capitali nummorum, vel multiplicato ⟨uno in alterum⟩, quantum fuit ⟨utrumque⟩. Fac sicut predictum est, et proveniet quod queris.

7356 centum] 100 $\mathcal{A}$ **7356** nummis] numis $\mathcal{B}$ **7357** secundum] si $\mathcal{B}$ **7357** septem] 7 $\mathcal{A}$ **7358** nummis] numis $\mathcal{B}$ **7358** sex] 6 $\mathcal{A}$ **7358** nummis] numis $\mathcal{B}$ **7358** quatuor quinte] 4 quinte $\mathcal{A}$, quattuor quinte $\mathcal{C}$ **7359** nummum] numum $\mathcal{BC}$ **7360** quinta] $\frac{a}{5}$ $\mathcal{A}$ **7360** pars] pās $\mathcal{B}$ **7360** sex] 6 $\mathcal{A}$ **7360** nummis] ñuīs $(pro\ nummis,\ corr.\ ex\ numeris)$ $\mathcal{A}$, numeris $\mathcal{B}$ **7360** quintam] $\frac{am}{5}$ $\mathcal{A}$ **7360–7361** caficii $(post\ quintam)$] caficii $\mathcal{B}$ **7361** sex] 6 $\mathcal{A}$ **7361** nummis] numis $\mathcal{B}$ **7361** lucratus] luctus $\mathcal{C}$ **7361** quintam] $\frac{am}{5}$ $\mathcal{A}$ **7362** centum] 100 $\mathcal{A}$ **7362** nummis] numis $\mathcal{B}$ **7363** tres] 3 $\mathcal{A}$ **7363** tres] 3 $\mathcal{A}$ **7364** centum] 100 $\mathcal{A}$ **7364** nummis] numis $\mathcal{B}$ **7365** centum] 100 $\mathcal{A}$ **7365** multiplicares] multiplucares $\mathcal{C}$ **7365** tres] 3 $\mathcal{A}$ **7365** tertiam] $\frac{am}{3}$ $\mathcal{A}$ **7366** duodecim] 12 $\mathcal{A}$ **7367** lucratur] lucratus $pr.\ scr.\ et\ corr.$ $\mathcal{C}$ **7367** ex] $bis\ scr.$ $\mathcal{B}$ **7367** centum] 100 $\mathcal{A}$ **7368** sex] 6 $\mathcal{A}$ **7368** nummis] numis $\mathcal{BC}$ **7368** quintam] $\frac{am}{5}$ $\mathcal{A}$ **7368** sex] 6 $\mathcal{A}$ **7369** quintam] $\frac{am}{5}$ $\mathcal{A}$ **7370** centum] 100 $\mathcal{A}$ **7370** caficios] capi $pr.\ scr.\ et\ exp.$ $\mathcal{B}$ **7371** centum] 100 $\mathcal{A}$ **7372** quereret] querereret $\mathcal{A}$ **7372** decem] 10 $\mathcal{A}$ **7373** nummis] numis $\mathcal{B}$ **7373** quintam] $\frac{am}{5}$ $\mathcal{A}$ **7374** sex] 6 $\mathcal{A}$ **7374** nummis] numis $\mathcal{B}$ **7375** sex] 6 $\mathcal{A}$ **7375** nummis] numis $\mathcal{BC}$ **7375** quintam] $\frac{am}{5}$ $\mathcal{A}$ **7376** decem] 10 $\mathcal{A}$ **7376** predocuimus] $corr.\ ex$ predocuius $\mathcal{B}$ **7376–7377** provenient] provenient $pr.\ scr.\ et\ corr.$ $\mathcal{A}$ **7377** nummorum] numorum $\mathcal{AB}$ **7378** quintam] $\frac{am}{5}$ $\mathcal{A}$ **7379** decem] 10 $\mathcal{A}$ **7379** est $(post\ predictum)$] om. $\mathcal{B}$ **7379** provenient] proveniet $\mathcal{B}$ **7381** tres] 3 $\mathcal{A}$ **7382** suo capitali] capitali suo $\mathcal{C}$ **7382** nummorum] numorum $\mathcal{B}$ **7383** nummorum] numorum $\mathcal{B}$

Ad maiorem tamen evidentiam de singulis quinque speciebus huius tertie speciei distincte exempla subiciemus.

[Hic capitale scitur et lucrum ignoratur.]

(**B.72**) Verbi gratia. Si quis querat: Cum quis emit tres caficios pro decem nummis et vendit quatuor pro viginti, tunc quot caficios lucrabitur ex centum nummis?

Sic facies. Dices enim: 'Cum quatuor pro viginti, tunc quot habebo pro decem?'. Scilicet, duos. Ex decem igitur nummis emit tres caficios, ex quibus duos vendidit pro decem nummis. In decem igitur nummis lucratus est unum caficium. Dices igitur: 'Cum in decem lucretur unum, tunc quot lucrabitur in centum?'. Scilicet, decem. [Hec species est prima quinque specierum que sunt in quarta de quatuor.] Experimentum autem huius questionis patet.

— Secunda vero species est hec.

[Hic capitale ignoratur et lucrum scitur.]

(**B.73**) Si quis dicat: Cum quis emit tres caficios pro decem nummis, vendit autem quatuor pro viginti, tunc centum caficios quos lucratus est ex quot nummis lucratus est?

Sic facies. Dices enim: 'Cum quatuor pro viginti, tunc quantum habebo pro decem?'. Scilicet, duos. Quos minue de tribus, et remanebit unum. Dices igitur: 'Cum in decem lucretur unum, tunc centum quos lucratus est, ex quot nummis lucratus est?'. Fac sicut predictum est, et exibit quesitum mille.

— Tertia vero species hec est.

[Hic per agregatum ex illis scitur utrumque.]

(**B.74**) Si quis querat: Cum quis emit tres caficios pro decem et vendit quatuor pro viginti, ex agregato autem lucro caficiorum cum suo capitali nummorum proveniunt centum.

7389–7439 Si quis querat ... radix de decem] 158^r, $10 - 32$ A; 84va, $5 - 84^{vb}$, 9 B; C deficit.

7386 tamen] autem B **7386** quinque] 5 A **7388** Hic ... ignoratur] marg. AB (fol. 84va, B), om. C **7389** Verbi gratia] post subiciemus hab. (v. adn. præced.) BC **7389** tres] 3 A **7389–7390** decem] 10 A **7390** nummis] numis B **7390** quatuor] 4 A **7390** viginti] 20 A **7391** centum] 100 A **7391** nummis] numis B **7392** quatuor] 4 A **7392** viginti] 20 A **7393** pro] p B **7393** decem] 10 A **7393** duos] 2 A **7393** decem] 10 A **7393** nummis] numis B **7393** tres] 3 A **7394** duos] 2 A, duobus B **7394** decem] 10 A **7394** nummis] numis B **7394** decem] 10 A **7394** nummis (post igitur)] numis B **7395** decem] 10 A **7395** unum] 1 A **7396** centum] 100 A **7396** decem] 10 A **7396** quinque] 5 A **7397** quatuor] 4 A **7400** Hic ... scitur] marg. AB **7401** tres] 3 A **7401** decem] 10 A **7401** nummis] numis B **7402** quatuor] 4 A **7402** viginti] 20 A **7402** centum] 100 A **7402** lucratus est] lucratur est B **7403** nummis] numis B **7404** quatuor] 4 A **7404** viginti] 20 A **7405** decem] 10 A **7405** duos] 2 A **7405** minue] mutue B **7405** tribus] 3 A **7405–7406** remanebit] remanet exibit B **7406** unum] 1 A **7406** decem] 10 A **7406** unum] 1 A **7406** centum] 100 A **7407** nummis] numis AB **7408** mille] 1000 A **7409** Tertia ... est] om. sed spat. hab. B **7410** Hic ... utrumque] marg. AB **7411** tres] 3 A **7411** decem] 10 A **7412** quatuor] 4 A **7412** viginti] 20 A **7413** nummorum] numorum B **7413** centum] 100 A

Sic facies. ⟨Dices enim:⟩ 'Cum quatuor pro viginti, tunc quot habebo pro decem?'. Scilicet, duos. Quos minue de tribus, et remanebit unum. Quasi ergo dicatur: 'Cum quis ex decem lucratur unum, agregato vero suo lucro cum suo capitali proveniunt centum'. Fac sicut predictum est, et exibit lucrum novem et una undecima, capitale vero nonaginta et decem undecime.

— Quarta autem species est hec.

[Hic per diminutionem scitur utrumque.]

(B.75) Si quis dicat: Cum quis emit tres caficios pro decem, vendit autem quatuor pro viginti, subtracto autem suo lucro caficiorum de suo capitali nummorum remanent centum.

Sic facies. Dices enim: 'Cum quatuor dentur pro viginti, tunc quot habebo pro decem?'. Scilicet, duos. Quos minue de tribus, et exibit unum. Quasi ergo dicatur: 'Cum quis in decem lucratur unum, subtracto vero suo lucro de suo capitali remanent centum'. Fac sicut predictum est, et exibit lucrum undecim et nona, capitale vero centum undecim et nona.

— Quinta vero species est hec.

[Hic per multiplicationem alterius in alterum scitur utrumque.]

(B.76) Si quis dicat: Cum quis emit tres caficios pro decem, vendit autem quatuor pro viginti, ex ductu autem sui lucri caficiorum in suum capitale nummorum proveniunt centum.

Sic facies. Dices enim: 'Cum quatuor pro viginti, tunc quot habebo pro decem?'. Scilicet, duos. Quos minue de tribus, et remanebit unum. Dices igitur: 'Cum in decem lucretur unum, ex ductu autem sui lucri in suum capitale proveniunt centum'. Fac sicut predictum est, et exibit suum capitale radix de mille, lucrum vero eius radix de decem.

(iv) Quarta vero species primarum quatuor est lucrum caficiorum ex caficiis.

7440–7460 Quarta vero species ... Verbi gratia] $158^r, 32 - 40$ $\mathcal{A}$; $37^{ra}, 3 - 24$ $\mathcal{B}$; $49^{ra}, 49 - 49^{rb}, 8$ C.

7414 quatuor] 4 $\mathcal{A}$ **7414** viginti] 20 $\mathcal{A}$ **7415** decem] 10 $\mathcal{A}$ **7415** duos] 2 $\mathcal{A}$ **7415** tribus] 3 $\mathcal{A}$ **7415** unum] 1 $\mathcal{A}$ **7416** decem] 10 $\mathcal{A}$ **7416** unum] 1 $\mathcal{A}$ **7416** vero] autem $\mathcal{A}$ **7417** centum] 100 $\mathcal{A}$ **7418** novem] 9 $\mathcal{A}$ **7418** una undecima] $\frac{1}{11}$ $\mathcal{A}$ **7418** nonaginta] 90 $\mathcal{A}$ **7418–7419** decem undecime] $\frac{10}{11}$ $\mathcal{A}$ **7421** Hic ... utrumque] marg. $\mathcal{AB}$ **7422** tres] 3 $\mathcal{A}$ **7422** decem] 10 $\mathcal{A}$ **7423** quatuor] 4 $\mathcal{A}$ **7423** viginti] 20 $\mathcal{A}$ **7424** nummorum] numorum $\mathcal{AB}$ **7424** centum] 100 $\mathcal{A}$ **7425** quatuor] 4 $\mathcal{A}$ **7425** viginti] 20 $\mathcal{A}$ **7426** decem] 10 $\mathcal{A}$ **7426** duos] 2 $\mathcal{A}$ **7426** tribus] 3 $\mathcal{A}$ **7426** unum] 1 $\mathcal{A}$ **7427** decem] 10 $\mathcal{A}$ **7427** unum] 1 $\mathcal{A}$ **7428** centum] 100 $\mathcal{A}$ **7429** undecim] 11 $\mathcal{A}$ **7429** nona] $\frac{a}{9}$ $\mathcal{A}$ **7429** centum undecim] 111 $\mathcal{A}$ **7429** nona] $\frac{a}{9}$ $\mathcal{A}$ **7430** Quinta ... hec] om. sed spat. hab. $\mathcal{B}$ **7430** Quinta] V^a $\mathcal{A}$ **7431** Hic ... utrumque] marg. $\mathcal{AB}$ **7431** multiplicationem] multiplicionem scr. hic $\mathcal{B}$ **7432** tres] 3 $\mathcal{A}$ **7432** decem] 10 $\mathcal{A}$ **7433** quatuor] 4 $\mathcal{A}$ **7433** viginti] 20 $\mathcal{A}$ **7434** nummorum] numorum $\mathcal{AB}$ **7434** centum] 100 $\mathcal{A}$ **7435** enim] eñ $\mathcal{B}$ **7435** quatuor] 4 $\mathcal{A}$ **7435** viginti] 20 $\mathcal{A}$ **7436** decem] 10 $\mathcal{A}$ **7436** duos] 2 $\mathcal{A}$ **7436** tribus] 3 $\mathcal{A}$ **7436** unum] 1 $\mathcal{A}$ **7437** decem] 10 $\mathcal{A}$ **7437** unum] 1 $\mathcal{A}$ **7438** centum] 100 $\mathcal{A}$ **7439** mille] 1000 $\mathcal{A}$ **7439** decem] 10 $\mathcal{A}$ **7440** quatuor] 4 $\mathcal{A}$, quattuor C

(**B.77**) Verbi gratia. Si quis querat: Cum caficium emptum pro sex nummis vendiderim pro septem nummis et dimidio, quot caficios lucrabor ex centum caficiis?

Iam nosti quoniam id quod lucratus est ex uno caficio est quinta caficii. Quasi ergo dicat: 'Cum in uno lucratus sim quintam, quantum lucrabor in centum?'. Fac sicut predictum est, et exibunt viginti caficii, quos lucratus est ex centum caficiis. Si autem centum essent almodis, viginti quoque essent almodis.

Si autem hic diceret 'Centum caficios quos lucratus sum ex quot caficiis lucratus sum?' vel 'Centum almodis quos lucratus sum ex quot almodis lucratus sum?', diceres tu: 'Cum ex uno lucratus sit quintam, tunc centum, quos lucratus est, ex quot lucratus est?'. Fac sicut predictum est, et exibit capitale caficiorum sive de almodis.

Similiter adaptabis tres predictos modos huic parti, vel agregando vel minuendo vel multiplicando.

Similiter hic etiam de singulis quinque huius quarte speciei subiciemus exempla.

[Hic capitale scitur sed lucrum ignoratur.]

(**B.78**) Verbi gratia. Si quis querat: Cum quis emit tres caficios pro decem nummis et vendit quatuor pro viginti, tunc quot caficios lucratur ex centum caficiis?

Hec species oritur ex questione de 'quantum habebo'. Dices igitur: 'Cum quatuor caficii dentur pro viginti nummis, tunc quot habebo pro decem nummis?'. Scilicet, duos. Emit igitur tres caficios pro decem et vendit duos pro decem, lucratur igitur in tribus caficiis unum. Dic igitur: 'Qui in tribus lucratur unum, quot lucrabitur in centum?'. Fac sicut supra docui, et exibunt triginta tres et tertia. Et hoc est quod voluisti. [Hec autem est prima species ex quinque speciebus que continentur sub unaquaque primarum quatuor.]

7460–7512 Si quis querat ... radix trescentorum] $158^r, 40 - 158^v, 21$ A; $84^{ra}, 38 - 84^{va}, 4$ B; C deficit.

7442 sex] 6 AC **7442–7443** nummis] numis B **7443** septem] 7 A **7443** nummis] numis B **7444** centum] 100 A **7445** quinta] $\frac{a}{5}$ A **7446** quintam] $\frac{am}{5}$ A **7447** centum] 100 A **7447** viginti] 20 A **7448** centum *(post* ex*)*] 100 A **7448** centum] 100 A **7448** almodis] *corr. ex* al B **7448** viginti] 20 A **7450** Centum] 100 A **7450** sum] sunt C **7451** Centum almodis quos lucratus sum] quos lucratus sum ex 100 almodis A, lucratus sum centum almodis quos B, quos lucratus *(exp.* lucratus*)* C **7451** almodis] almundis A, almudis BC **7452** sum] sunt vel lucratus sunt centum almodis *(v. supra)* C **7452** diceres] dicēs BC **7452** quintam] $\frac{am}{5}$ A **7452–7453** centum] 100 A, contum *scr. et corr. supra* C **7454** almodis] almudis *codd.*   **7455** adaptabis] aptabis A **7455** tres] 3 A **7457** hic etiam] etiam hic BC **7457** quinque] 5 A **7457** quarte] 4^e A **7459** Hic ... ignoratur] *marg. AB (fol. 84ra, B), om. C*   **7460** Verbi gratia] *post* exempla *hab. (v. adn. præced.) BC*   **7460** tres] 3 A **7460–7461** decem] 10 A **7461** nummis] numis B **7461** quatuor] 4 A **7461** viginti] 20 A **7461** lucratur] *bis scr.* B **7462** centum] 100 A **7464** quatuor] 4 A **7464** viginti] 20 A **7464** nummis] numis *bis scr.* B **7464–7465** decem] 10 A **7465** nummis] numis B **7465** duos] 2 A **7465** tres] 3 A **7465** decem] 10 A **7466** duos] 2 A **7466** decem] 10 A **7466** tribus] 3 A **7466** unum] 1 A **7467** unum] 1 A **7467** centum] 100 A **7468** triginta tres] 33 A **7468** tertia] $\frac{1}{3}$ A **7469** ex] et B **7469** quinque] 5 A **7470** quatuor] 4 A

— Secunda species est hec.
[Hic capitale ignoratur sed lucrum scitur.]

(**B.79**) Cum quis emit tres caficios pro decem nummis et vendit quatuor pro viginti, tunc centum caficios quos lucratus est ex quot caficiis lucratus est?

Fac sicut supra docui. Scilicet ut dicas: 'Cum quatuor pro viginti nummis, tunc quot caficios habebo pro decem?'. Scilicet, duos. Quos minue de tribus, et remanebit unum. Dices igitur: 'Cum in tribus lucretur unum, tunc centum quos lucratur ex quot caficiis lucratus est?'. Fac sicut supra ostensum est, et exibunt trescenti. Ex tot igitur caficiis lucratus est centum caficios. Experientia autem huius questionis patet ex precedenti, unde non est necesse hic repetere.

— Tertia vero species est hec.

(**B.80**) Cum quis emit tres caficios pro decem et vendit quatuor pro viginti, ex agregato autem suo lucro caficiorum cum suo capitali caficiorum proveniunt centum, tunc quantum est lucrum eius vel capitale?

Sic facies. Dices enim: 'Cum quatuor caficii pro viginti nummis, tunc quot habebo pro decem?'. Scilicet, duos. Quos minue de tribus, et remanebit unum. Dices igitur: 'Cum in tribus lucretur unum, agregato vero lucro caficiorum cum capitali proveniunt centum'. Fac sicut predocui, et exibit lucrum viginti quinque et capitale septuaginta quinque.

— Quarta vero species hec est.

(**B.81**) Si quis dicat: Cum quis emit tres caficios pro decem et vendit quatuor pro viginti, diminuto autem suo lucro caficiorum de suo capitali caficiorum remanent centum.

Fac sicut supra docui. Scilicet ut dicas: 'Cum quatuor dentur pro viginti, tunc quot habebo pro decem?'. Scilicet, duos. Quos minue de tribus, et remanebit unum. Dices igitur: 'Cum in tribus lucretur unum, diminuto autem lucro de capitali remanent centum'. Fac sicut supra docui, et exibit capitale centum quinquaginta, lucrum vero eius quinquaginta.

Si vero hic diceretur capitale caficiorum minui de lucro caficiorum [et remansit aliquid], esset questio falsa. Lucrum enim caficiorum minus est capitali caficiorum.

7471 Secunda ... hec] *om. sed spat. hab.* B **7472** Hic ... scitur] *marg.* AB **7473** tres] 3 A **7473** decem] 10 A **7473** nummis] numis AB **7473** quatuor] 4 A **7474** viginti] 20 A **7474** centum] 100 A **7476** quatuor] 4 A **7476–7477** viginti] 20 A **7477** nummis] numis B **7477** quot] quo A **7477** decem] 10 A **7477** duos] 2 A **7478** tribus] 3 A **7478** unum] 1 A **7479** unum *(post* lucretur*)*] 1 A **7479** centum] 100 A **7480** trescenti] 300 A **7481** centum] 100 A **7483** Tertia ... hec] *om. sed spat. (parvulum) hab.* B **7483** vero] *add. supra* A **7484** tres] 3 A **7484** decem] 10 A **7484** quatuor] 4 A **7484–7485** viginti] 20 A **7486** centum] 100 A **7487** quatuor] 4 A **7487** viginti] 20 A **7487** nummis] numis B **7488** decem] 10 A **7488** duos] 2 A **7488** tribus] 3 A **7489** unum] 1 A **7490** centum] 100 A **7491** viginti quinque] 25 A **7491** septuaginta quinque] 75 A **7493** tres] 3 A **7493** decem] 10 A **7494** quatuor] 4 A **7494** viginti] 20 A **7495** remanent] et remanent AB **7495** centum] 100 A **7496** quatuor] 4 A **7496–7497** viginti] 20 A **7497** decem] 10 A **7497** duos] 2 A **7497** tribus] 3 A **7498** unum] 1 A **7498** unum *(post* lucretur*)*] 1 A **7499** centum] 100 A **7500** centum quinquaginta] 150 A **7500** quinquaginta] 50 A

— Species quinta hec est.

7505 **(B.82)** Cum quis emit tres caficios pro decem, vendit autem quatuor pro viginti, multiplicato vero suo lucro caficiorum in suum capitale caficiorum proveniunt centum.

Sic facies. Dices enim: 'Cum quatuor pro viginti, tunc quot habebo pro decem?'. Scilicet, duos. Quos minue de tribus, et remanebit unum. Dices
7510 igitur: 'Cum in tribus lucretur unum, ex ductu autem sui lucri in suum capitale proveniunt centum'. Fac sicut predictum est, et exibit lucrum radix triginta trium et tertie, capitale vero radix trescentorum.

Hee sunt autem viginti species quas prediximus; et sunt origines omnium capitulorum de lucris que sequuntur. Quisquis igitur perfecte in-
7515 tellexerit et bene retinuerit eas, de questionibus lucrorum ⟨que sequuntur⟩ nichil latebit eum; quecumque enim questio de lucris sequitur ab istis oritur et in istas revolvitur et per istas probatur.

Aliud capitulum de lucris

(B.83) Si quis querat: Cum caficium emptum pro sex nummis vendiderim
7520 pro septem et dimidio, et ex alio capitali minus decem nummis lucratus sim sexaginta nummos, quantum est illud capitale?

Iam nosti quod lucrum eius ex sex nummis est nummus et dimidius. Unde dices: 'Cum ex sex nummis lucratus sit unum et dimidium, tunc sexaginta ex quanto lucratus est?'. Fac sicut predictum est, et exibunt du-
7525 centa quadraginta. Qui sunt capitale eius minus decem nummis. Cui adde decem demptos, et erit capitale eius integrum.

(B.83′) Si autem hic diceretur: 'Ex suo capitali et decem nummis additis lucratus est sexaginta, quantum est capitale eius?'. De ducentis quadraginta que provenerunt minue decem, et remanebit capitale eius.

7513–7517 Hee sunt autem ... per istas probatur] $158^v, 21 - 24$ $\mathcal{A}$; $84^{vb}, 10 - 16$ $\mathcal{B}$; $\mathcal{C}$ deficit.
7518–7572 Aliud capitulum ... omnes modos de lucris] $158^v, 24 - 159^r, 9$ $\mathcal{A}$; 37ra, 24-25 - $37^{rb}, 44$ $\mathcal{B}$; $49^{rb}, 9 - 49^{va}, 7$ $\mathcal{C}$.

7504 quinta] $\frac{a}{5}$ $\mathcal{A}$ **7505** tres] 3 $\mathcal{A}$ **7505** decem] 10 $\mathcal{A}$ **7505** quatuor] 4 $\mathcal{A}$ **7505**–**7506** viginti] 20 $\mathcal{A}$ **7507** centum] 100 $\mathcal{A}$ **7508** Cum] 4 *pr. scr. et exp.* $\mathcal{A}$ **7508** quatuor] 4 $\mathcal{A}$, quatuorum $\mathcal{B}$ **7508** viginti] 20 $\mathcal{A}$ **7509** decem] 10 $\mathcal{A}$ **7509** tribus] 3 $\mathcal{A}$ **7509** unum] 1 $\mathcal{A}$ **7510** tribus] 3 $\mathcal{A}$ **7510** unum] 1 $\mathcal{A}$ **7511** centum] 100 $\mathcal{A}$ **7512** triginta trium] 33 $\mathcal{A}$ **7512** tertie] $\frac{e}{3}$ $\mathcal{A}$ **7512** trescentorum] 300^{orum} $\mathcal{A}$ **7513** Hee] He *codd.* **7513** viginti] 20 $\mathcal{A}$ **7514** sequuntur] secuntur *codd.* **7516** quecumque] quemcumque $\mathcal{B}$ **7516** enim] autem *codd.* **7516** lucris] lucri $\mathcal{A}$ **7517** revolvitur] resolvitur *codd.* **7518** *tit.] om. sed spat. hab.* $\mathcal{B}$, *rubro col.* $\mathcal{C}$ **7519** sex] 6 $\mathcal{A}$ **7519** nummis] numis $\mathcal{B}$ **7520** septem] 7 $\mathcal{A}$ **7520** dimidio] $\frac{1}{2}$ $\mathcal{A}$ **7520** decem] 10 $\mathcal{A}$ **7520** nummis] numis $\mathcal{BC}$ **7521** sexaginta] 60 $\mathcal{A}$ **7521** nummos] numos *codd.* **7522** sex] 6 $\mathcal{A}$ **7522** nummis] numis $\mathcal{B}$ **7522** nummus] numus *codd.* **7522** dimidius] $\frac{1}{2}$ $\mathcal{A}$ **7523** sex] 6 $\mathcal{A}$ **7523** nummis] numis $\mathcal{AB}$ **7523** unum] 1 $\mathcal{A}$ **7523** dimidium] $\frac{1}{2}$ $\mathcal{A}$ **7524** sexaginta] 60 $\mathcal{A}$ **7524** est *(post predictum)] om.* $\mathcal{B}$ **7524**–**7525** ducenta quadraginta] 240 $\mathcal{A}$ **7525** decem] 10 $\mathcal{A}$ **7525** nummis] numis $\mathcal{B}$ **7526** decem] 10 $\mathcal{A}$ **7527** decem] 10 $\mathcal{A}$ **7527** nummis] numis $\mathcal{B}$ **7528** sexaginta] 60 $\mathcal{A}$ **7528**–**7529** ducenta quadraginta] 240 $\mathcal{A}$ **7529** provenerunt] proveniunt $\mathcal{AB}$ **7529** decem] 10 $\mathcal{A}$

(B.84) Si quis autem querat: Cum caficium emptum pro octo nummis vendiderim pro decem nummis, et emi caficios ignotos pro capitali ignoto, de quibus iterum tot vendidi quod tres quartas ignoti capitalis recuperavi et remanserunt quadraginta caficii. Tunc quantum fuit suum capitale nummorum?

Sic facies. Accipe tres quartas de octo pro quibus emit caficium, que sunt sex nummi, et, secundum quod caficius venditur pro decem nummis, vende de caficio pro sex, quod erit tres quinte eius. De caficio igitur empto pro octo nummis vendidit tres quintas eius pro tribus quartis octo nummorum et remanserunt due quinte. Dices igitur: 'Postquam remanserunt de octo nummis, qui sunt capitale eius, due quinte caficii, et remanserunt ei quadraginta, tunc quantum est capitale in quo remanserunt quadraginta?'. Multiplica tunc octo in quadraginta et productum divide per duas quintas, et exibit capitale nummorum, scilicet octingenti. Et hoc est quod scire voluisti.

Hic autem comparatio patet. Sic enim se habent octo nummi ad duas quintas caficii que remanserunt in eo sicut capitale quesitum ad quadraginta caficios qui remanserunt in eo. Tertius ergo est ignotus. Multiplica ergo primum, qui est octo, in quartum, qui est quadraginta, et productum divide per secundum, qui est due quinte, et exibit quod volueris.

Experientia autem huius questionis hec est. ⟨Videlicet⟩ ut, secundum quod caficius emitur pro octo, emat caficios pro octingentis nummis, et provenient centum caficii, postea de hiis caficiis vendat pro tribus quartis de octingentis, que sunt sexcenti nummi, secundum quod caficius venditur pro decem nummis; et provenient sexaginta caficii. Ergo remanebunt ⟨ei⟩, de centum, quadraginta caficii, sicut predictum est.

(B.84′) Si autem questio fuerit sic ut dicat: 'Cum ex eo quod vendidi recuperaverim tres quartas mei capitalis et insuper triginta nummos, ⟨et remanserunt quadraginta caficii,⟩ quantum fuit capitale?'. Quere quot

---

7530 octo] 8 $\mathcal{A}$ **7530** nummis] numis *codd.*   **7531** decem] 10 $\mathcal{A}$ **7531** nummis] numis $\mathcal{AB}$ **7532** tres quartas] $\frac{3}{4}$ $\mathcal{A}$ **7533** quadraginta] 40 $\mathcal{AC}$ **7533–7534** nummorum] numorum $\mathcal{BC}$ **7535** tres quartas] $\frac{3}{4}$ $\mathcal{A}$ **7535** octo] 8 $\mathcal{A}$ **7535** que] qui $\mathcal{A}$ **7536** sex] 6 $\mathcal{AC}$ **7536** nummi] numi $\mathcal{B}$ **7536** decem] 10 $\mathcal{A}$ **7536** nummis] numis $\mathcal{B}$ **7537** sex] 6 $\mathcal{A}$ **7537** tres quinte] $\frac{3}{5}$ $\mathcal{A}$ **7537** empto] *corr. ex* dempto $\mathcal{A}$, *corr. ex* empti $\mathcal{B}$ **7538** octo] 8 $\mathcal{A}$ **7538** tres quintas] $\frac{3}{5}$ $\mathcal{A}$ **7538** tribus quartis] $\frac{3}{4}$ $\mathcal{A}$ **7538** octo] 8 $\mathcal{A}$ **7538–7539** nummorum] numorum $\mathcal{B}$ **7539** due quinte] $\frac{2}{5}$ $\mathcal{A}$ **7539** igitur] igitur quod *codd.*   **7540** octo] 8 $\mathcal{A}$ **7540** nummis] numis $\mathcal{B}$ **7540** due quinte] $\frac{2}{5}$ $\mathcal{A}$ **7541** quadraginta *(post* ei*)*] 40 $\mathcal{A}$ **7541** quadraginta] 40 $\mathcal{AC}$ **7542** octo] 8 $\mathcal{A}$ **7542** quadraginta *(post* in*)*] 40 $\mathcal{AC}$ **7542** duas quintas] $\frac{2}{5}$ $\mathcal{A}$ **7543** nummorum] numorum $\mathcal{BC}$ **7543** octingenti] 800 $\mathcal{A}$ **7545** octo] 8 $\mathcal{A}$ **7545** nummi] numi $\mathcal{B}$ **7545–7546** duas quintas] $\frac{2}{5}$ $\mathcal{A}$ **7546–7547** quadraginta] 40 $\mathcal{AC}$ **7547** est ignotus] ignotus est $\mathcal{A}$ **7548** octo] 8 $\mathcal{A}$ **7548** quartum] 4^{m} $\mathcal{A}$ **7548** quadraginta] 40 $\mathcal{AC}$ **7549** due quinte] $\frac{2}{5}$ $\mathcal{A}$ **7550** autem] aut $\mathcal{C}$ **7550** huius questionis] questionis huius $\mathcal{AC}$ **7550** hec] *om.* $\mathcal{C}$ **7551** octo] 8 $\mathcal{A}$ **7551** emat] emas *codd.*   **7551** octingentis] 800 $\mathcal{A}$, octigentis $\mathcal{C}$ **7551** nummis] numis $\mathcal{BC}$ **7552** centum] 100 $\mathcal{A}$ **7552** hiis] his $\mathcal{BC}$ **7552** caficiis] caficis $\mathcal{B}$ **7552** tribus quartis] 3 quartis $\mathcal{A}$ **7553** de octingentis] de 800 $\mathcal{A}$, et octogentis $\mathcal{B}$ **7553** sexcenti] 600 $\mathcal{A}$ **7553** nummi] numi $\mathcal{B}$ **7554** decem] 10 $\mathcal{A}$ **7554** nummis] numis *codd.*   **7554** provenient] provenient ei *codd.* (*v. quod seq.*)   **7554** sexaginta] 60 $\mathcal{AC}$ **7555** centum] 100 $\mathcal{A}$ **7555** quadraginta] 40 $\mathcal{AC}$ **7557** tres quartas] $\frac{3}{4}$ $\mathcal{A}$ **7557** triginta] 30 $\mathcal{A}$ **7557** nummos] numos $\mathcal{B}$

caficii proveniunt pro triginta nummis; et invenies tres caficios. Quos adde quadraginta caficiis, et fient quadraginta tres. Cum ergo recuperaverit tres quartas sui capitalis, remanebunt ei quadraginta tres caficii. Forma ergo questionem sicut predictum est, et exibit capitale quod queritur.

(**B.84″**) Si vero hic dixerit se recuperasse tres quartas sui capitalis minus triginta nummis et remansisse sibi quadraginta caficios; tunc quantum fuit suum capitale nummorum?

Sic facies. Minue tres caficios, qui proveniunt pro triginta nummis, de quadraginta caficiis, et remanebunt triginta septem caficii; et hoc est quod remanet post recuperationem trium quartarum sui capitalis. Fac ergo secundum quod predictum est, et exibit suum capitale nummorum quod queritur.

Similiter etiam faciendum est secundum predictas regulas quotiens fuerit questio de dampnis secundum omnes modos de lucris.

ITEM DE LUCRIS.

(**B.85**) Si quis querat: Cum emantur tres caficii pro decem nummis et vendantur postea quatuor pro viginti, tunc qui cum duabus tertiis sui capitalis nummorum emendo et vendendo secundum positum forum lucratur decem caficios, quantum est eius capitale nummorum?

Sic facies. Dices enim: 'Cum quis ex caficiis multis emptis, sed tribus pro decem nummis, vendit autem quatuor pro viginti et lucratur decem caficios, tunc ex quanto capitali lucratus est eos?'. [Hec est secunda quinque specierum que sunt in quarta quatuor specierum.] Fac igitur sicut supra docui, et exibunt due tertie sui capitalis centum nummi. Quibus adde ipsorum medietatem, et fient centum quinquaginta. Et tantum est totum capitale.

(**B.85′**) Manente autem taliter questione si dixerit quod negotiando cum duabus tertiis sui capitalis minus duobus nummis lucratur decem caficios.

7573–7641 Item de lucris ... fieri possunt] 159^r, 9 – 41 A; 84vb, 17 – 85rb, 6 B; C deficit.

7559 triginta] 30 AC **7559** nummis] numis BC **7559** tres] 3 AC **7560** quadraginta] 40 A **7560** quadraginta tres] 43 A **7560–7561** tres quartas] $\frac{3}{4}$ A **7561** quadraginta tres] 43 AC **7563** recuperasse] recupasse A **7563** tres quartas] $\frac{3}{4}$ A **7563** capitalis] remanebunt e add. (v. supra) et del. A **7564** triginta] 30 A **7564** nummis] numis AB **7564** quadraginta] 40 AC **7565** nummorum] numorum AB **7566** tres] 3 A **7566** triginta] 30 AC **7566** nummis] numis B **7567** quadraginta] 40 AC **7567** triginta septem] 30 7 A, 37 C **7568** recuperationem] recuperatonem A **7568** trium quartarum] $\frac{3}{4}^{arum}$ A **7569** nummorum] numorum AB **7574** tres] 3 A **7574** decem] 10 A **7574** nummis] numis B **7575** quatuor] 4 A **7575** viginti] 20 A **7575** duabus tertiis] $\frac{2}{3}^{is}$ A; dubus pr. scr. et a add. supra B **7576** nummorum] om. (hic hab. positum forum quod del.) B **7576** secundum] m add. supra B **7576** positum] corr. in propositum B **7576** decem] 10 A **7577** nummorum] numorum B **7578** caficiis] quasi cafiens B **7578** tribus] 3^{bus} B **7579** decem] 10 A **7579** nummis] numis B **7579** quatuor] 4 A, IIII^{or} B **7579** viginti] 20 A **7579** decem] 10 A **7580–7581** quinque] 5 A **7581** quarta] $\frac{ta}{4}$ A **7581** quatuor specierum] 4 specierum A; quam specierum pr. scr. et del. B **7582** due tertie] $\frac{2}{3}$ A **7582** centum] 100 A **7582** nummi] numi B **7583** centum quinquaginta] 150 A **7586** duabus tertiis] $\frac{2}{3}^{is}$ A **7586** duobus] 2 A **7586** nummis] numis B **7586** decem] 10 A **7586** caficios] cás B

Fac sicut predictum est, et exibunt due tertie capitalis minus duobus nummis ⟨centum nummi⟩. Quibus adde duos nummos, et erunt due tertie capitalis.

(**B.85′′**) Si autem dixerit eum negotiando cum duabus tertiis capitalis et duobus nummis lucrari decem caficios. Fac sicut predictum est, et exibunt due tertie capitalis et duo nummi ⟨centum nummi⟩. Quibus duobus nummis sublatis remanebunt due tertie capitalis.

(**B.86**) Si vero dixerit quod aliquis ex caficiis tribus emptis pro decem vendit quatuor pro viginti et negotiando secundum predictum forum cum tribus quartis sui capitalis caficiorum lucratur nonaginta tres nummos. Fac sicut ostendimus in specie secunda quinque specierum que sunt in secunda specie ex quatuor, et exibunt tres quarte capitalis caficiorum. Quibus adde tertiam earum, et erit totum capitale.

(**B.86′**) Si vero dixerit quod negotiando cum tribus quartis sui capitalis caficiorum et cum quinque insuper additis caficiis lucratur tot vel tot nummos. Fac sicut ostensum est, et exibunt tres quarte sui capitalis caficiorum et insuper quinque alii caficii. De quibus sublatis quinque additis caficiis remanebunt tres quarte capitalis.

Contingunt autem in hoc capitulo quedam questiones false. De quibus visum est nobis unam apponere ex qua cetere perpendantur. Que est hec:

(**B.87**) Si quis dicat: Cum caficii tres emuntur pro decem nummis et venduntur quatuor pro viginti, et aliquis cum tribus quartis sui capitalis nummorum et insuper decem nummis negotiando secundum predictum forum lucratur unum caficium.

Hoc est impossibile. Cum solis enim decem nummis mercando secundum predictum forum lucrabitur unum caficium; unde si addantur tres quarte capitalis, amplius lucrabitur. Cum igitur huiusmodi questio proposita fuerit, scias eam esse falsam. Non enim erit vera nisi cum caficii quos lucratus fuerint plures caficiis lucratis cum nummis ⟨pro⟩positis cum quarta vel tertia vel qualicumque alia fractione sui capitalis proposita. Si

---

7587 due tertie] $\frac{2}{3}$ $\mathcal{A}$ **7587** duobus] 2 $\mathcal{A}$ **7587–7588** nummis] numis $\mathcal{B}$ **7588** duos] 2 $\mathcal{A}$ **7588** nummos] numos $\mathcal{B}$ **7588** due tertie] $\frac{2}{3}$ $\mathcal{A}$ **7590** duabus tertiis] $\frac{2}{3}$ $\mathcal{A}$ **7590–7591** et duobus] et 2^{bus} $\mathcal{A}$, om. $\mathcal{B}$ **7591** nummis] numis $\mathcal{B}$ **7591** decem] 100 $\mathcal{A}$, centum $\mathcal{B}$ **7592** due tertie] $\frac{2}{3}$ $\mathcal{A}$ **7592–7593** et duo ... capitalis] per homœotel. om. $\mathcal{A}$ **7592** nummi] numi $\mathcal{B}$ **7592–7593** nummis] numis $\mathcal{B}$ **7594** tribus] 3^{bus} $\mathcal{A}$ **7594** decem] 10 $\mathcal{A}$ **7595** quatuor] 4 $\mathcal{A}$ **7595** viginti] 20 $\mathcal{A}$ **7595** secundum predictum] iter. $\mathcal{A}$ **7595–7596** tribus quartis] $\frac{3}{4}$ (3 e corr.) $\mathcal{A}$ **7596** nonaginta tres] 93 $\mathcal{A}$ **7596** nummos] numos $\mathcal{B}$ **7596** Fac] Fac̄ $\mathcal{B}$ **7597** quinque] 5 $\mathcal{A}$ **7598** quatuor] 4 $\mathcal{A}$ **7598** tres quarte] $\frac{3}{4}$ $\mathcal{A}$ **7599** tertiam earum] $\frac{\text{am}}{3}$ $\mathcal{A}$, tertiarum $\mathcal{B}$ **7599** erit] ert̄ $\mathcal{A}$ **7600** tribus quartis] $\frac{3}{4}^{\text{is}}$ $\mathcal{A}$ **7601** quinque] 5 $\mathcal{A}$ **7601** lucratur] lucratus $\mathcal{B}$ **7601–7602** nummos] numos $\mathcal{B}$ **7602** tres quarte] $\frac{3}{4}$ $\mathcal{A}$ **7603** quinque (ante alii)] 5 $\mathcal{A}$ **7603** quinque] 5 $\mathcal{A}$ **7604** tres quarte] $\frac{3}{4}$ $\mathcal{A}$ **7605** Contingunt] Contigunt $\mathcal{A}$ **7605** in hoc capitulo quedam] quedam in hoc capitulo codd.   **7606** perpendantur] propendantur $\mathcal{B}$ **7607** tres] 3 $\mathcal{A}$ **7607** emuntur] emantur $\mathcal{A}$ **7607** decem] 10 $\mathcal{A}$ **7607** nummis] nummis $\mathcal{B}$ **7608** quatuor] 4 $\mathcal{A}$ **7608** viginti] 20 $\mathcal{A}$ **7608** tribus quartis] $\frac{3}{4}$ $\mathcal{A}$ **7608–7609** nummorum] numorum $\mathcal{B}$ **7609** decem] 10 $\mathcal{A}$ **7609** nummis] numis $\mathcal{B}$ **7610** lucratur] lucratus $\mathcal{B}$ **7611** impossibile] inpossibile $\mathcal{B}$ **7611** decem] 10 $\mathcal{A}$ **7611** nummis] numis $\mathcal{B}$ **7613** tres quarte] $\frac{3}{4}$ $\mathcal{A}$ **7614** erit] est codd.   **7615** fuerint] fiut̄ $\mathcal{A}$ **7615** nummis] numis $\mathcal{B}$ **7616** quarta] $\frac{a}{4}$ $\mathcal{A}$ **7616** tertia] $\frac{a}{3}$ $\mathcal{A}$ **7616** alia] corr. ex lia $\mathcal{B}$

vero fuerint pauciores vel equales caficiis lucratis ex nummis propositis, erit questio falsa. Intellige quod dico et cetera huiusmodi considera secundum hoc, et invenies ita esse.

(B.88) Si quis dicit: Cum ex caficiis tribus emptis pro decem nummis vendit quatuor pro viginti, cum duabus vero tertiis sui capitalis nummorum et cum decem nummis additis mercando lucratur centum nummos, tunc quantum fuit capitale?

Sic facies. Dices enim: 'Cum tres caficii emantur pro decem nummis et vendantur quatuor pro viginti, tunc centum nummos quos lucratus est ex quot nummis lucratus est?'. Fac sicut ostensum est in secunda quinque specierum que sunt in prima quatuor specierum, et exibunt ducenti, qui sunt due tertie capitalis et decem nummi. Due igitur tertie capitalis sunt centum nonaginta, capitale igitur totum est ducenti octoginta quinque.

Hanc autem questionem sic poteris experiri. Scilicet, duabus tertiis huius capitalis, que sunt centum nonaginta, agrega decem, et fient ducenti. Si igitur ex hiis ducentis emeris caficios secundum supra positum forum, scilicet tres pro decem, profecto emes sexaginta; quos si iterum vendideris secundum predictum forum, scilicet quatuor pro viginti, profecto vendes eos pro trescentis nummis. Lucrabitur tunc ex duabus tertiis sui capitalis et decem, que sunt ducenti nummi, centum nummos. Similiter poteris experiri predictas questiones.

Scias autem ⟨quod⟩ omnes questiones que contingere possunt in hoc capitulo reducuntur ad viginti species predictas. Iam autem ostendimus qualiter hee questiones ad illas possunt reduci, unde non est necesse apponere ⟨omnes⟩ quecumque fieri possunt.

Item de lucris.

(B.89) Cum aliquis emit sextarios ignotos, sed unumquemque pro tribus nummis, de quibus postea tot vendidit, sed unumquemque pro quinque

---

7642–7664 Item de lucris ... tot fuerunt sextarii] 159^r, $41 - 159^v$, 10 A; BC deficiunt.

7617 nummis] numis AB **7618** Intellige] ergo add. B **7620** tribus] 3 A **7620** decem] 10 A **7620** nummis] numis B **7621** quatuor] 4 A **7621** viginti] 20 A **7621** duabus vero tertiis] $\frac{2}{3}$ ^{is} vero A **7621–7622** nummorum] numorum B **7622** decem] 10 A **7622** nummis] numis B **7622** mercando] post nummorum hab. codd. **7622** centum] 100 A **7622** nummos] numos B **7624** tres] 3 A **7624** decem] 10 A **7624** nummis] numis B **7625** quatuor] 4 A **7625** viginti] 20 A **7625** centum] 100 A **7625** nummos] numos B **7626** nummis] numis B **7626** est (post ostensum)] om. A **7626** quinque] 5 A **7627** quatuor] 4 A **7627** ducenti] 200 A **7628** due tertie] $\frac{2}{3}$ A **7628** decem] 10 A **7628** nummi] numi B **7628** Due igitur tertie capitalis] post hæc iter. et decem numi. Due igitur tertie capitalis B **7629** centum nonaginta] 190 A **7629** ducenti octoginta quinque] 285 A **7630** duabus tertiis] $\frac{2}{3}$ ^{is} A **7631** centum nonaginta] 190 A **7631** decem] 10 A **7631** ducenti] 200 A **7632** hiis] his B **7632** ducentis] 200^{is} A **7633** tres] 3 (corr. ex 1) A **7633** decem] 10 A **7633** sexaginta] 60 A **7634** quatuor] 4 A **7634** viginti] 20 A **7634** vendes] vendetur B **7635** trescentis] 30 (sic) A **7635** nummis] numis B **7635** Lucrabitur] lucraberis AB (corr. A) **7635** duabus tertiis] $\frac{2}{3}$ ^{is} A **7636** decem] 10 A **7636** ducenti] 200 A **7636** nummi] numi B **7636** centum] 100 A **7636** nummos] numos B **7638** questiones] ques predictionis (hoc corr. ex predictiones) B **7638** que] quecumque codd. **7639** capitulo] quod omnes add. codd. **7639** viginti] 20 A **7640** non] nec B **7643** tribus] 3 A **7644** quinque] 5 A

nummis, quod capitale suum recuperavit et remanserunt ei viginti sextarii, quot fuerunt sextarii ignoti?

Multiplica quinque in viginti, et productum divide per differentiam que est inter tres et quinque, scilicet duo; et exibunt quinquaginta, et tot fuerunt sextarii quos emit.

(**B.89′**) Cum aliquis emit sextarios ignotos, sed unumquemque pro tribus nummis, de quibus postea vendidit tot, sed unumquemque pro quinque nummis, quod capitale suum et insuper decem nummos recuperavit et remanserunt ei viginti sextarii, quot fuerunt sextarii?

Multiplica quinque in viginti, et producto adde decem, quos supra lucratus est, et productum divide per differentiam que est inter tres et quinque, scilicet duo; et exibunt quinquaginta quinque, et tot fuerunt sextarii.

(**B.89″**) Cum aliquis emit sextarios ignotos unumquemque pro tribus nummis, de quibus tot postea vendidit, ⟨sed unumquemque pro quinque nummis,⟩ quod capitale suum minus decem nummis recuperavit [unumquemque autem vendidit pro quinque nummis] et remanserunt ei viginti sextarii, tunc quot fuerunt sextarii?

Multiplica quinque in viginti, et de producto minue decem, et quod remanet divide per differentiam que est inter quinque et tres; et exibunt quadraginta quinque, et tot fuerunt sextarii.

(**B.90**) Si quis ⟨querat⟩: Cum ex multis caficiis, sed tribus emptis pro decem, vendit quis quatuor pro viginti quousque recuperat tres quartas sui capitalis nummorum, et remanent sibi viginti caficii vendendi, tunc quot sunt caficii et quantum est capitale nummorum?

Sic facies. Accipe tres quartas de decem, que sunt septem et dimidium, et eme ex illis annonam secundum ⟨quod⟩ quatuor pro viginti; et habebis caficium et dimidium. Quem caficium et dimidium minue de tribus caficiis, et remanebit unus et dimidius. Si igitur volueris scire capitale totum nummorum, multiplica decem in viginti caficios qui remanserunt et productum divide per unum et dimidium remanentem, et exibit totum capitale nummorum, scilicet centum triginta tres et tertia. Si vero volueris scire caficios

---

7665–7814 Si quis ... demonstrare voluimus] 159^v, $10 - 160^v$, $8\,A$; 85rb, $7 - 86^{rb}$, $37\,B$; C deficit.

7645 viginti] 20 A **7647** quinque] 5 A **7647** viginti] 20 A **7648** tres] 3 A **7648** quinque] 5 A **7648** duo] 2 A **7648** quinquaginta] 50 A **7650–7651** tribus] 3 A **7651–7652** quinque] 5 A **7652** decem] 10 A **7653** viginti] 20 A **7654** quinque] 5 A **7654** viginti] 20 A **7654** decem] 10 A **7655** tres] 3 A **7655–7656** quinque] 5 A **7656** duo] 2 A **7656** quinquaginta quinque] 55 A **7657** tribus] 3 A **7659** decem] 10 A **7660** quinque] 5 A **7660** viginti] 20 A **7662** quinque] 5 A **7662** viginti] 20 A **7662** decem] 10 A **7663** quinque] 5 A **7663** tres] 3 A **7664** quadraginta quinque] 45 A **7665** tribus] $3^{\text{bus}}\,A$ **7665–7666** decem] 10 A **7666** quatuor] 4 A **7666** viginti] 20 A **7666** recuperat] recupat A **7666** tres quartas] $\frac{3}{4}\,A$ **7667** nummorum] numorum B **7667** viginti] 20 A **7668** nummorum] numorum B **7669** tres quartas] $\frac{3}{4}\,A$ **7669** decem] 10 A **7669** septem] 7 A **7669** dimidium] $\frac{m}{2}\,A$ **7670** eme] emi B **7670** quatuor] 4 A **7670** viginti] 20 A **7671** tribus] 3 A **7672** unus] $1^{\text{us}}\,A$ **7672–7673** nummorum] numorum B **7673** decem] 10 A **7673** viginti] 20 A **7674** unum] 1 A **7674–7675** nummorum] numorum B **7675** centum triginta tres] 133 A **7675** tertia] $\frac{a}{3}\,A$

ignotos quos emit ex istis nummis, multiplica tres caficios in viginti qui remanserunt et productum divide per unum et dimidium; et exibunt quadraginta, et tot sunt caficii ignoti quos emit pro predicto capitali.

Hoc autem sic poteris experiri. Ex suo capitali nummorum, quod erat centum triginta tres et tertia nummi, emit quadraginta caficios secundum quod tres pro decem. Deinde vendidit de illis secundum quod quatuor pro viginti tot quod recuperavit tres quartas sui capitalis, que sunt centum nummi; scilicet, viginti caficios vendidit et remanserunt alii viginti sicut predixit.

Huius autem regule probatio est hec. Sint tres caficii linea AB, pretium vero eorum, quod est decem, sit GD, quatuor vero caficii sint HZ, sed viginti nummi sint KT, caficii vero ignoti sint QL, capitale autem ignotum sit MN, tres vero quarte de MN sint ME, viginti vero caficii remanentes sint CL. Manifestum est igitur quod comparatio de AB ad GD est sicut comparatio de QL ad MN, comparatio vero de HZ ad KT est sicut comparatio de QC ad ME. Et quoniam comparatio de AB ad GD erat sicut comparatio de QL ad MN, ideo comparatio de AB ad tres quartas de GD erit sicut comparatio de QL ad tres quartas de MN. Sed tres quarte de MN sunt ME. Sint autem tres quarte de GD GF. Manifestum est igitur quod comparatio de AB ad GF est sicut comparatio de QL ad ME. [Comparatio autem de HZ ad KT est sicut comparatio de QC ad ME.] Sit autem comparatio de HZ ad KT sicut comparatio de AO ad GF. Sed comparatio de HZ ad KT est sicut comparatio de QC ad ME. ⟨Igitur comparatio de AO ad GF est sicut comparatio de QC ad ME.⟩ Iam autem erat comparatio de AB ad GF sicut comparatio de QL ad ME. Sequitur igitur ut comparatio de OB remanente ad GF sit sicut comparatio de CL remanente ad ME. Comparatio igitur de OB ad totum GD, quod est sesquitertium ad GF, est sicut comparatio de CL ad MN, quod est sesquitertium ad ME. Si igitur multiplicaveris GD, quod est decem, in CL, quod est viginti remanentes, et productum diviseris per OB, quod est unum et dimidium, exibit MN, quod est suum capitale nummorum. Similiter etiam comparatio de OB ad AB erit sicut comparatio de CL, quod est viginti, ad QL, quod est omnes caficii ignoti. Comparatio enim de OB ad GD est sicut comparatio de CL ad MN, comparatio vero de GD ad AB est sicut comparatio de MN ad QL. Igitur, secundum equam

---

7676 nummis] numis $\mathcal{B}$ **7676** tres] 3 $\mathcal{A}$ **7676** viginti] 20 $\mathcal{A}$ **7677** unum] 1 $\mathcal{A}$ **7677–7678** quadraginta] 40 $\mathcal{A}$ **7679** nummorum] numorum $\mathcal{B}$ **7680** centum triginta tres] 133 $\mathcal{A}$, centum et triginta tres $\mathcal{B}$ **7680** tertia] $\frac{a}{3}$ $\mathcal{A}$ **7680** nummi] numi $\mathcal{B}$ **7680** quadraginta] 40 $\mathcal{A}$ **7681** tres] 3 $\mathcal{A}$ **7681** decem] 10 $\mathcal{A}$ **7681** quatuor] 4 $\mathcal{A}$ **7682** viginti] 20 $\mathcal{A}$ **7682** recuperavit] recupavit $\mathcal{A}$ **7682** tres quartas] $\frac{3}{4}$ $\mathcal{A}$ **7682** centum] 100 $\mathcal{A}$ **7683** nummi] numi $\mathcal{B}$ **7683** viginti] 20 $\mathcal{A}$ **7683** viginti] 20 $\mathcal{A}$ **7685** tres] 3 $\mathcal{A}$ **7686** quod] que $\mathcal{B}$ **7686** decem] 10 $\mathcal{A}$ **7686** quatuor] 4 $\mathcal{A}$ **7686** sint] sit $\mathcal{B}$ **7686–7687** viginti] 20 $\mathcal{A}$ **7687** sint (ante: KT)] sunt $\mathcal{B}$ **7688** tres vero quarte] $\frac{3}{4}$ vero $\mathcal{A}$ **7688** viginti] 20 $\mathcal{A}$ **7692** tres quartas] $\frac{3}{4}$ $\mathcal{A}$ **7693** de QL] DL $\mathcal{B}$ **7693** tres quartas] $\frac{3}{4}$ $\mathcal{A}$ **7693–7694** tres quarte] $\frac{3}{4}$ $\mathcal{A}$ **7694** tres quarte (post autem)] $\frac{3}{4}$ $\mathcal{A}$ **7702** CL] pr. scr. QL ad ME (v. supra) mut. QL in CL et exp. ad ME $\mathcal{A}$ **7703** sesquitertium] sex quitertium $\mathcal{B}$ **7704** sesquitertium] sex quitertium $\mathcal{B}$ **7704** decem] 10 $\mathcal{A}$ **7705** viginti] 20 $\mathcal{A}$ **7706** unum] 1 $\mathcal{A}$ **7706** nummorum] numorum $\mathcal{B}$ **7707** de CL] d CL $\mathcal{B}$ **7708** viginti] 20 $\mathcal{A}$ **7709–7710** de CL ... sicut comparatio] per homœtel. om. $\mathcal{A}$ **7710** QL] CL (corr. ex: QL) $\mathcal{A}$

proportionalitatem, comparatio de OB ad AB erit sicut comparatio de CL ad QL. Si igitur multiplices AB, quod est tres, in CL, quod est viginti, et productum dividas per OB, quod est unum et dimidium, exibit QL, quod est caficii ignoti, scilicet quadraginta. Et hoc est quod demonstrare voluimus.

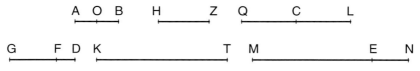

Ad B.90: *Figura inven. in $\mathcal{A}$ (159^v, marg.), om. sed spat. rel. (85va, 27 – 30) $\mathcal{B}$; lineæ omnes verticales in $\mathcal{A}$.*
Q] L *cod.* L] Q *cod.* M] N *cod.* N] M *cod.*

(**B.90′**) Si quis autem dicat: Cum quis emit caficios multos, sed tres pro decem nummis, deinde vendit de illis quatuor pro viginti donec recuperat tres quartas sui capitalis nummorum et insuper decem nummos et remanserunt ei decem et octo caficii, tunc quantum est capitale eius et quot sunt caficii?

Sic facies. Scimus quod duos caficios vendit pro decem nummis. Positum est autem quod recuperatis tribus quartis sui capitalis et decem nummis ex venditis caficiis remanent ei decem et octo caficii. Recuperatis igitur tantum tribus quartis capitalis remanent ei viginti caficii. Dices igitur: 'Cum ex multis caficiis, sed tribus emptis pro decem, vendit quatuor pro viginti, sed vendendo sic recuperat tres quartas sui capitalis et remanent sibi viginti caficii vendendi'. Fac sicut supra docui, et exibit quod voluisti.

ITEM.
(**B.90″**) Si quis querat: Cum quis emit multos caficios, sed tres pro decem nummis, et vendit eos quatuor pro viginti, et recuperatis tribus quartis sui capitalis minus viginti nummis remanent ei viginti quatuor caficii.

Iam scimus eum quatuor caficios vendere pro viginti nummis et quod post hanc venditionem, recuperatis tribus quartis capitalis minus viginti nummis, remanent ei viginti quatuor caficii. Igitur ex tali venditione recuperatis tantum tribus quartis sui capitalis, remanebunt ei viginti caficii.

7712 tres] 3 $\mathcal{A}$ **7712** viginti] 20 $\mathcal{A}$ **7713** unum] 1 $\mathcal{A}$ **7713** dimidium] $\frac{1}{2}$ $\mathcal{A}$ **7714** quadraginta] 40 $\mathcal{A}$ **7714** demonstrare] monstrare $\mathcal{B}$ **7716** tres] 3 $\mathcal{A}$ **7716–7717** decem] 10 $\mathcal{A}$ **7717** nummis] numis $\mathcal{B}$ **7717** quatuor] 4 $\mathcal{A}$ **7717** viginti] 20 $\mathcal{A}$ **7717–7718** tres quartas] $\frac{3}{4}$ $\mathcal{A}$ **7718** nummorum] numorum $\mathcal{B}$ **7718** insuper] insunt $\mathcal{B}$ **7718** decem] 10 $\mathcal{A}$ **7718** nummos] numos $\mathcal{B}$ **7719** decem et octo] 18 $\mathcal{A}$ **7720** duos] 2 $\mathcal{A}$ **7720** decem] 10 $\mathcal{A}$ **7720** nummis] numis $\mathcal{B}$ **7721** tribus quartis] $\frac{3\text{is}}{4}$ $\mathcal{A}$ **7721** decem] 10 $\mathcal{A}$ **7721–7722** nummis] numis $\mathcal{B}$ **7722** decem et octo] 18 *(corr. ex* 10*)* $\mathcal{A}$ **7723** tribus quartis] $\frac{3\text{is}}{4}$ $\mathcal{A}$ **7723** viginti] 20 $\mathcal{A}$ **7724** tribus] 3^{bus} tantum $\mathcal{A}$, tribus tantum $\mathcal{B}$ **7724** decem] 10 $\mathcal{A}$ **7724** quatuor] 4 $\mathcal{A}$ **7725** viginti] 20 $\mathcal{A}$ **7725** tres quartas] $\frac{3}{4}$ $\mathcal{A}$ **7726** viginti] 20 $\mathcal{A}$ **7728** caficios] cafizios $\mathcal{A}$ **7728** decem] 10 $\mathcal{A}$ **7729** nummis] numis $\mathcal{B}$ **7729** quatuor] 4 *(corr. ex* pro*)* $\mathcal{A}$ **7729** viginti] 20 $\mathcal{A}$ **7729** tribus quartis] $\frac{3}{4}$ $\mathcal{A}$ **7730** viginti] 20 $\mathcal{A}$ **7730** nummis] numis $\mathcal{B}$ **7730** viginti quatuor] 504 *(sic)* $\mathcal{A}$ **7731–7733** Iam scimus ... caficii] *per homœotel. om.* $\mathcal{A}$ **7731** eum] eam $\mathcal{B}$ **7731** nummis] numis $\mathcal{B}$ **7733** nummis] numis $\mathcal{B}$ **7734** tribus quartis] $\frac{3\text{is}}{4}$ $\mathcal{A}$ **7734** viginti] 20 $\mathcal{A}$

7735 Dices igitur: 'Cum aliquis emit tres caficios pro decem et postea vendit quatuor pro viginti, et vendendo recuperat tres quartas capitalis et remanent ei viginti caficii vendendi'. Fac sicut supra docui, et exibunt caficii ignoti quadraginta et capitale nummorum centum triginta tres et tertia.

  Hanc autem questionem sic poteris experiri. Scimus enim quod caficii
7740 empti sunt quadraginta, de quibus sexdecim vendidit secundum positum forum, et recuperavit tres quartas sui capitalis nummorum minus viginti nummis. Que sunt octoginta, et remanent ei viginti quatuor caficii.

  Secundum hoc autem considera cetera huiusmodi, et invenies ita esse.

  Est autem quedam alia questio peregrina de lucris quam visum fuit
7745 nobis ponere in hoc capitulo, que est huiusmodi.

  (B.91) Si quis dicat: Cum aliquis ex duodecim caficiis lucratur tres caficios, tunc quot nummos lucrabitur ex centum nummis?

  Sensus huius questionis hic est quod aliquis emerit duodecim caficios pro nummis aliquot ⟨in⟩cognitis deinde recipit totidem nummos pro novem
7750 ex illis caficiis venditis [in duodecim igitur caficiis lucratus est tres caficios], et vult scire, ex centum nummis datis pro caficiis secundum forum quo emit duodecim et iterum ex venditis caficiis illis secundum forum quo vendidit novem, tunc quot nummos lucrabitur?

  Sic facies. Minue tres caficios de duodecim, et remanebunt novem.
7755 Deinde multiplica centum in tres, et productum divide per novem; et exibit quod voluisti.

  Cuius probatio hec est. Sint duodecim caficii AB, pretium vero uniuscuiusque duodecim caficiorum GD. Et multiplicetur AB in GD et proveniat H; igitur H est nummi cum quibus emit duodecim caficios secundum
7760 pretium uniuscuiusque caficii pro GD. De hiis autem duodecim caficiis vendidit novem ⟨qui sint AQ⟩ pro H secundum pretium uniuscuiusque caficii pro GZ. Igitur pretium quo emitur unusquisque caficius est GD, pretium vero quo venditur unusquisque caficius est GZ. Centum autem nummi, cum quibus emit id quod emit [et pro quibus vendit id quod vendit] se-
7765 cundum positum forum, sint K, id vero quod queritur, scilicet lucrum quod lucratur ex illis, ⟨sit⟩ T. Patet ergo quod comparatio de DZ ad GD est

---

7735 emit] emerit *codd.*   **7735** tres] 3 A **7735** caficios] cafizios A **7735** decem] 10 A **7736** quatuor] 4 A **7736** viginti] 20 A **7736** tres quartas] $\frac{3}{4}$ A **7737** viginti] 20 A **7737** sicut] *bis scr. post. del.* B **7738** quadraginta] 40 A **7738** nummorum] numorum B **7738** centum triginta tres] 133 A **7738** tertia] $\frac{1}{3}$ A **7740** quadraginta] 40 A **7740** sexdecim] 16 A **7741** et] quod *codd.*   **7741** tres quartas] $\frac{3}{4}$ A **7741** nummorum] numorum B **7741** viginti] 20 A **7742** nummis] numis B **7742** octoginta] 80 A **7742** et] ergo *codd.*   **7742** viginti quatuor] 24 A **7746** duodecim] 12 A **7746** tres] 3 A **7747** nummos] numos B **7747** centum] 100 A **7747** nummis] numis B **7748** duodecim] 12 A **7749** nummis] numis B **7749** nummos] numos B **7749** novem] 9 A **7750** duodecim] 12 A **7750** tres] 3 A **7750–7751** caficios] secundum forum quo emit 12 *add. (v. infra) et del.* A **7751** centum] 100 A **7751** nummis] numis B **7752** duodecim] 12 A **7753** novem] 9 A **7753** nummos] numos B **7754** tres] 3 A **7754** duodecim] 12 A **7754** novem] 9 A **7755** centum] 100 A **7755** tres] 3 A **7755** novem] 9 A **7757** duodecim] 12 A **7758** duodecim] 12 A **7759** nummi] numi B **7759** duodecim] 12 A **7759** caficios] caficiis B **7760** hiis] his B **7760** duodecim] 12 A **7761** novem] 9 A **7763** Centum] 100 A **7763** nummi] numi B

sicut comparatio de T ad K. Scimus autem quod id quod fit ex ductu GZ in AQ, qui est novem, equum est ei quod fit ex ductu GD in AB. Igitur comparatio de GZ ad GD est sicut comparatio de AB ad AQ. Cum autem disiunxerimus, tunc comparatio de DZ ad GD erit sicut comparatio de QB ad AQ. Sed comparatio de DZ ad GD est sicut comparatio de T ad K. Igitur comparatio de QB, qui est tres, ad AQ, qui est novem, est sicut comparatio quesiti ad centum. Cum igitur multiplicaveris tres in centum et productum diviseris per novem, exibit id quod queritur. Et hoc est quod demonstrare voluimus.

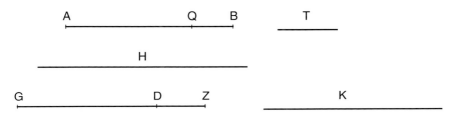

Ad B.91: *Figura inven. in* $\mathcal{A}$ *(160^r, 28 – 30), om. sed spat. rel. (86ra, 21 – 25)* $\mathcal{B}$.

Item. Capitulum de ignotis lucris

(**B.92**) Verbi gratia. Si quis querat: Cum quis emit tres caficios de tritico pro decem nummis et de ordeo emit nescio quot pro duodecim nummis, postea vendit unumquemque caficium de tritico pro pretio cuiusque caficii de ordeo, et unumquemque caficium ordei vendidit pro pretio cuiusque caficii de tritico, ⟨et⟩ ad ultimum lucratur quatuor nummos; tunc quot fuerunt caficii ignoti de ordeo?

Sic facies. Agrega decem cum duodecim, et fient viginti duo. Quibus agrega quatuor, et fient viginti sex. Deinde multiplica decem in duodecim, et provenient centum viginti. Deinde medietatem de viginti sex predictis, que est tredecim, multiplica in se, et provenient centum sexaginta novem. De quibus minue centum viginti, et remanebunt quadraginta novem. Quorum radicem, que est septem, si volueris agrega ad tredecim, et fient viginti. Dices igitur: 'Cum tres caficii dentur pro decem, quot habebo pro viginti?'. ⟨Et⟩ provenient sex, et tot sunt caficii de ordeo ignoti. Vel, si

---

7768 novem] 9 $\mathcal{A}$ **7770** erit] est $\mathcal{A}$ **7772** tres] 3 $\mathcal{A}$ **7772** novem] 9 $\mathcal{A}$ **7773** centum] 100 $\mathcal{A}$ **7773** tres] 3 $\mathcal{A}$ **7773** centum] 100 $\mathcal{A}$ **7774** novem] 9 $\mathcal{A}$ **7775** demonstrare] monstrare $\mathcal{B}$ **7777** tres] 3 $\mathcal{A}$ **7778** decem] 10 $\mathcal{A}$ **7778** nummis] numis $\mathcal{B}$ **7778** duodecim] 12 $\mathcal{A}$ **7778** nummis] numis $\mathcal{B}$ **7780–7781** ordeo ... caficii de] *per homœotel. om.* $\mathcal{A}$ **7780** ordeo] ordo $\mathcal{B}$ **7781** quatuor] 4 $\mathcal{A}$ **7781** nummos] numos $\mathcal{B}$ **7783** decem] 10 $\mathcal{A}$ **7783** duodecim] 12 $\mathcal{A}$ **7783** viginti duo] 22 $\mathcal{A}$ **7784** quatuor] 4 $\mathcal{A}$ **7784** viginti sex] 26 $\mathcal{A}$ **7784** decem] 10 $\mathcal{A}$ **7784** duodecim] 12 $\mathcal{A}$ **7785** centum viginti] 120 $\mathcal{A}$ **7785** viginti sex] 26 $\mathcal{A}$ **7786** tredecim] 13 $\mathcal{A}$ **7786–7787** centum sexaginta novem] 169 $\mathcal{A}$ **7787** centum viginti] 120 $\mathcal{A}$ **7787** quadraginta novem] 49 $\mathcal{A}$ **7788** radicem, que est] radix est $\mathcal{A}$ **7788** septem] 7 $\mathcal{A}$ **7788** tredecim] 13 $\mathcal{A}$ **7789** viginti] 20 $\mathcal{A}$ **7789** tres] 3 $\mathcal{A}$ **7789** decem] 10 $\mathcal{A}$ **7790** viginti] 20 $\mathcal{A}$ **7790** sex] *om.* $\mathcal{A}$

volueris, minue septem de tredecim, et remanebunt sex. Dices igitur: 'Cum tres pro decem, tunc quot habebo pro sex?'. Et exibunt unus et quatuor quinte. Igitur, si volueris, aut caficii ignoti de ordeo sint unus et quatuor quinte et pretium uniuscuiusque eorum sex et due tertie, aut, si volueris, predicti caficii sint sex, pretium vero uniuscuiusque eorum duo nummi.

Cuius probatio hec est. Tres caficii sint A, decem vero nummi B, ordeum autem sit D, duodecim autem nummi sint H. Dices igitur: 'Cum tres caficii pro decem nummis, tunc quantum est pretium caficiorum ignotorum de ordeo?'. Sint igitur etiam tres caficii Z, ordeum vero ignotum sit G, pretium vero de G sit KT, pretium vero de Z sit TQ. Et quoniam comparatio de A ad B est sicut comparatio de G ad KT, ideo, cum commutaverimus, erit comparatio de A ad G sicut comparatio de B ad KT. Sed A idem est quod Z et G idem quod D. Igitur comparatio de Z ad D est sicut comparatio de B ad KT. Scimus autem quod comparatio de TQ ad H est sicut comparatio de Z ad D. Igitur comparatio de B ad KT est sicut comparatio de TQ ad H. Quod igitur fit ex ductu B in H equum est ei quod fit ex ductu KT in TQ. Sed ex ductu B in H provenit centum viginti. Igitur id quod fit ex ductu KT in TQ est centum viginti. Constat autem quod KT et TQ est viginti sex. Igitur dividatur KQ per medium, scilicet vel per L vel per M. Si igitur diviseris per L, caficii de ordeo erunt sex, pretium vero uniuscuiusque eorum erit duo nummi; si vero diviseris per M, tunc caficii de ordeo erunt unus et quatuor quinte, pretium vero uniuscuiusque caficii erit sex et due tertie. Et hoc est quod demonstrare voluimus.

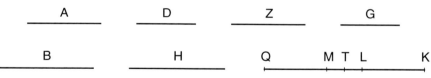

Ad B.92:   *om.* $\mathcal{A}$, *om. sed spat. rel.* $(86^{rb}, 32 - 37)$ $\mathcal{B}$.

(**B.93**) Cum aliquis in empto pro quinque lucratur tres, tunc quantum est capitale ex quo lucratur sex radices eius?

7815–7827 Cum aliquis ... quod voluisti] $160^v, 8 - 14$ $\mathcal{A}$; $\mathcal{BC}$ *deficiunt*.

7791 septem] 7 $\mathcal{A}$ **7791** tredecim] 13 $\mathcal{A}$ **7791** sex] 6 $\mathcal{A}$ **7792** tres] 3 $\mathcal{A}$ **7792** decem] 10 $\mathcal{A}$ **7792** pro] p $\mathcal{B}$ **7792** sex] 6 $\mathcal{A}$ **7792** unus] 1 $\mathcal{A}$ **7792–7793** quatuor quinte] $\frac{4}{5}$ $\mathcal{A}$ **7793** unus] 1 $\mathcal{A}$ **7793–7794** quatuor quinte] $\frac{4}{5}$ $\mathcal{A}$ **7794** sex] 6 $\mathcal{A}$ **7794** due tertie] $\frac{2}{3}$ $\mathcal{A}$ **7795** sex] 6 $\mathcal{A}$ **7795** duo] 2 $\mathcal{A}$ **7795** nummi] numi $\mathcal{B}$ **7796** Tres] 3 $\mathcal{A}$ **7796** decem] 10 $\mathcal{A}$ **7796** nummi] numi $\mathcal{B}$ **7797** duodecim] 12 $\mathcal{A}$ **7797** nummi] numi $\mathcal{B}$ **7798** tres] 3 $\mathcal{A}$ **7798** decem] 10 $\mathcal{A}$ **7798** nummis] numis $\mathcal{B}$ **7799** tres] 3 $\mathcal{A}$ **7803** idem *(post: G)*] id $\mathcal{B}$ **7807–7808** centum viginti] 120 $\mathcal{A}$ **7808** centum viginti] 120 $\mathcal{A}$ **7809** viginti sex] 26 $\mathcal{A}$ **7809** KQ] KT *codd.*   **7810** Si igitur] Igitur si *codd.*   **7811** sex] 6 $\mathcal{A}$ **7811** duo] 2 $\mathcal{A}$ **7811** nummi] numi $\mathcal{B}$ **7812** erunt] erit *codd.*   **7812** unus] 1 $\mathcal{A}$ **7812** quatuor quinte] $\frac{4}{5}$ $\mathcal{A}$ **7813** sex] 6 $\mathcal{A}$ **7813** due tertie] $\frac{2}{3}$ $\mathcal{A}$ **7813** demonstrare] monstrare $\mathcal{B}$ **7815** quinque] 5 $\mathcal{A}$ **7815** tres] 3 $\mathcal{A}$ **7816** sex] 6 $\mathcal{A}$

Sic facies. Divide numerum radicum per tres, quos lucratur, et quod exit multiplica in quinque, et productum multiplica in se; et provenient centum, et tantum fuit capitale.

(**B.94**) Cum aliquis in empto pro quinque lucratur tres, tunc quantum est capitale ex quo lucratur sex radices medietatis eius?

Quere numerum in quem multiplicata medietas fit unum; et hic est duo. Quos multiplica in tres, et provenient sex; quos retine. Deinde multiplica numerum radicum in quinque, et productum divide per sex retenta, et quod exit multiplica in se; et productum duplica, eo quod proposuit 'sex radices medietatis eius', et provenient quinquaginta. Et hoc est quod voluisti.

(**B.95**) Si quis dicat: Cum quis in empto pro quinque lucratur tres, ex ductu autem radicis cuiusdam sui lucri secundum positum forum in radicem cuiusdam sui capitalis proveniunt decem, tunc quantum est illud suum lucrum sive capitale?

Sic facies. Patet igitur quod ex ductu sui lucri in suum capitale proveniunt centum, nam numerum multiplicare in alium et producti accipere radicem idem est quod radicem multiplicati numeri multiplicare in radicem multiplicantis; cuius regule probatio iam assignata est in capitulo radicum. Hec igitur questio est quasi dicatur: 'Cum in quinque lucretur tres, et ex ductu lucri alterius in aliud capitale proveniunt centum'. Fac sicut supra ostendimus, et exibit quod voluisti.

(**B.96**) Si quis dicat: Cum quis emit tres caficios pro decem nummis et vendit quatuor pro viginti, ex ductu autem radicis cuiusdam sui lucri nummorum secundum positum forum in radicem sui capitalis caficiorum proveniunt viginti, tunc quantum est capitale caficiorum et quantum lucrum nummorum?

Sic facies. Scimus enim quod si suum lucrum nummorum multiplicetur in suum capitale caficiorum proveniunt quadringenti. Dices igitur: 'Cum quis emit tres pro decem et vendit quatuor pro viginti, ex ductu autem sui lucri nummorum in suum capitale caficiorum proveniunt quadringenti'. Fac sicut supra ostendimus in quinta specie quinque specierum que sunt in secunda specie quatuor specierum.

7828–7910 Si quis dicat ... suum lucrum ex] $160^v, 14 - 161^r, 17$ $\mathcal{A}$; $86^{rb}, 38 - 86^{vb}, 48$ (hic desinit) $\mathcal{B}$; $\mathcal{C}$ deficit.

7817 tres] 3 $\mathcal{A}$ **7817** quos] que $\mathcal{A}$ **7818** quinque] 5 $\mathcal{A}$ **7819** centum] 100 $\mathcal{A}$ **7820** quinque] 5 $\mathcal{A}$ **7820** tres] 3 $\mathcal{A}$ **7821** sex] 6 $\mathcal{A}$ **7823** duo] 2 $\mathcal{A}$ **7823** tres] 3 $\mathcal{A}$ **7823** sex] 6 $\mathcal{A}$ **7824** in quinque] in 5 (post Deinde hab.) $\mathcal{A}$ **7824** sex] 6 $\mathcal{A}$ **7826** sex] 6 $\mathcal{A}$ **7826** quinquaginta] 50 $\mathcal{A}$ **7828** quinque] 5 $\mathcal{A}$ **7828** tres] 3 $\mathcal{A}$ **7830** decem] 10 $\mathcal{A}$ **7833** centum] 100 $\mathcal{A}$ **7836** quinque] 5 $\mathcal{A}$ **7836** tres] 3 $\mathcal{A}$ **7837** centum] 100 $\mathcal{A}$ **7839** emit] emerit codd.   **7839** tres] 3 $\mathcal{A}$ **7839** decem] 10 $\mathcal{A}$ **7839** nummis] numis $\mathcal{B}$ **7840** quatuor] 4 $\mathcal{A}$ **7840** viginti] 20 $\mathcal{A}$ **7840–7841** nummorum] numorum $\mathcal{B}$ **7842** viginti] 20 $\mathcal{A}$ **7843** nummorum] numorum $\mathcal{B}$ **7844** nummorum] numorum $\mathcal{B}$ **7845** quadringenti] 400 $\mathcal{A}$ **7846** tres] 3 $\mathcal{A}$ **7846** decem] 10 $\mathcal{A}$ **7846** quatuor] 4 $\mathcal{A}$ **7846** pro (ante viginti)] corr. ex per $\mathcal{A}$ **7846** viginti] 20 $\mathcal{A}$ **7847** nummorum] numorum $\mathcal{B}$ **7847** quadringenti] 400 $\mathcal{A}$ **7848** quinta] 5^a $\mathcal{A}$ **7848** quinque] 5 $\mathcal{A}$ **7849** quatuor] 4 $\mathcal{A}$

7850 (**B.97**) Si quis dicat: Cum in empto pro novem aliquis lucratur quatuor, ex agregata autem radice sui lucri cum radice sui capitalis proveniunt viginti, tunc quantum est lucrum sive capitale eius?

Sic facies. Scimus quod comparatio unius capitalis ad suum lucrum est sicut comparatio alterius capitalis ad lucrum eius. Igitur comparatio radicis 7855 sui capitalis ad radicem sui lucri est sicut comparatio radicis capitalis ignoti ad radicem sui lucri ignoti. Cum autem composuerimus, tunc comparatio trium ad quinque erit sicut comparatio ⟨radicis⟩ capitalis ignoti ad viginti. Fac ergo sicut supra docui, et exibit radix sui capitalis ignoti duodecim. Capitale igitur eius ignotum est centum quadraginta quatuor. E converso 7860 autem comparatio duorum ad quinque erit sicut comparatio radicis sui lucri ad viginti. Fac ergo sicut supra dictum est, et erit radix sui lucri octo. Igitur lucrum eius est sexaginta quatuor.

Cetera autem hiis similia considera secundum hoc, et invenies ita esse.

(**B.97′**) Si autem dicat quod subtracta radice sui lucri de radice sui capitalis 7865 remanent quatuor, facies sicut in precedenti; sed fiet hoc dispergendo.

(**B.98**) Si quis dicat: Cum quis emit tres caficios pro decem et vendit quatuor pro viginti, agregata autem radice sui lucri caficiorum cum radice sui capitalis nummorum proveniunt quinquaginta.

Dices igitur: 'Cum quatuor pro viginti, tunc quantum habebo pro de-
7870 cem?'. Scilicet, duos. Cum igitur quis emit tres caficios pro decem et vendit duos caficios pro decem, tunc in decem nummis lucratur unum caficium. Dices igitur: 'Cum in decem lucratur unum, agregata autem radice sui lucri cum radice sui capitalis proveniunt quinquaginta'. Fac sicut predictum est. Scilicet, accipe radicem unius et radicem de decem, que sunt unum
7875 et radix de decem. Comparatio igitur unius ad radicem de decem erit sicut comparatio radicis sui lucri ad radicem sui capitalis. Cum autem composueris, tunc comparatio unius ad unum et radicem de decem erit sicut comparatio radicis sui lucri ad quinquaginta. Multiplica igitur unum in quinquaginta et productum divide per unum et radicem de decem; et
7880 quod exierit erit radix sui lucri. Similiter etiam erit comparatio radicis de

---

7850 novem] 9 𝐴 **7850** quatuor] 4 𝐴 **7851** viginti] 20 𝐴 **7855** sui capitalis] capitalis ignoti *(v. lin. seq.)* 𝐴 **7855** lucri] ignoti *add. et del.* *(v. lin. seq.)* 𝐴 **7857** trium] 3 𝐴 **7857** quinque] 5 𝐴 **7857** erit] est 𝐴 **7857** viginti] 20 𝐴 **7858** duodecim] 12 𝐴 **7859** centum quadraginta quatuor] 144 𝐴 **7860** duorum] 2^orum 𝐴 **7860** quinque] 5 𝐴 **7861** viginti] 20 𝐴 **7861** supra dictum] predictum 𝐵 **7862** octo] 8 𝐴 **7862** sexaginta quatuor] 64 𝐴 **7863** hiis] his 𝐵 **7865** quatuor] 4 𝐴 **7865** in precedenti] in precedentibus *codd.* **7866** tres] 3 𝐴 **7866** decem] 10 𝐴 **7866–7867** quatuor] 4 𝐴 **7867** viginti] 20 𝐴 **7868** nummorum] numorum 𝐵 **7868** quinquaginta] 500 *pr. scr. et post.* o *del.* 𝐴 **7869** quatuor] 4 𝐴 **7869** viginti] 20 𝐴 **7869–7870** decem] 10 𝐴 **7870** duos] 2 𝐴 **7870** tres] 3 𝐴 **7870** caficios] cafic̄ *(et infra sæpius)* 𝐴, cafic̄ 𝐵 **7870** decem] 10 𝐴 **7871** duos] 2 𝐴 **7871** caficios] caf' *(et infra saepius)* 𝐵 **7871** decem] 10 𝐴 **7871** decem] 10 𝐴 **7871** nummis] numis 𝐵 **7871** unum] 1 𝐴 **7871** caficium] cas̀ *(sic)* 𝐵 **7872** Dices igitur: 'Cum] Cum igitur *codd.* **7872** decem] 10 𝐴 **7872** unum] 1 𝐴 **7873** radice] radic̄ *(sc. radicem)* 𝐴 **7873** quinquaginta] 50 𝐴 **7874** unius] eius *pr. scr. et exp.* 𝐴 **7874** decem] 10 𝐴 **7874** sunt] est *codd.* **7874** unum] 1 𝐴 **7875** et *(post unum)*] *om.* 𝐵 **7875** decem] 10 𝐴 **7875** Comparatio] Conparatio 𝐵 **7875** decem] 10 𝐴 **7877** unum] 1 𝐴 **7877** decem] 10 𝐴 **7878** quinquaginta] 50 𝐴 **7878** unum] 1 𝐴 **7879** quinquaginta] 50 𝐴 **7879** unum] 1 𝐴 **7879** decem] 10 𝐴 **7880** lucri] capitalis *codd.*

decem ad unum et radicem de decem sicut comparatio radicis sui capitalis ad quinquaginta. Multiplica igitur radicem de decem in quinquaginta, et productum divide per unum et radicem de decem; et quod exierit erit radix sui capitalis.

(**B.99**) Si quis autem dicat: Cum quis emit tres pro decem et vendit quatuor pro viginti, diminuta autem radice sui lucri caficiorum de radice sui capitalis caficiorum remanent sexaginta. Fac sicut supra dictum est, et exibit quod voluisti.

(**B.100**) Si quis dicat: Cum quis caficios emptos tres pro decem vendit quatuor pro viginti, lucratur autem in nummis ignotis caficios tot quanta est radix ⟨eorum⟩, tunc quantum est suum capitale nummorum et quantum est lucrum caficiorum?

Sic facies. Dic: 'Cum quatuor pro viginti, tunc quot habebo pro decem?'. Et proveniunt duo. Cum igitur emit tres pro decem et vendit duos pro decem, tunc in decem nummis lucratur unum caficium. Deinde dic: 'Cum in decem lucratur unum et in nummis ignotis lucratur quantum est radix eorum, tunc quot sunt nummi et quanta est radix eorum?'. Tu scis quod comparatio de decem ad unum est sicut comparatio nummorum ignotorum ad radicem eorum. Decem autem decupli sunt unius; igitur nummi decupli sunt radicis sue. Nummi igitur sunt centum, qui sunt suum capitale nummorum; quorum radix est decem, quod est suum lucrum caficiorum.

(**B.101**) Si quis dicat: Cum quis emit caficios ignotos pro decem nummis, et vendit quatuor pro viginti, et in centum nummis lucratur decem caficios, tunc quot sunt caficii ignoti?

Sic facies. Dic, scilicet: 'Cum quatuor pro viginti, tunc quot habebo pro decem?'. Fac sicut supra dictum est, et provenient duo caficii. Emit igitur caficios ignotos pro decem nummis et ex eis vendit duos pro decem nummis. Manifestum est autem quod comparatio sui lucri caficiorum in de-

---

7881 decem] 10 𝒜   7881 unum] 1 𝒜   7881 decem] 10 𝒜   7882 quinquaginta] 50 𝒜   7882 decem] 10 𝒜   7882 quinquaginta] 50 𝒜   7883 unum] 1 𝒜   7883 decem] 10 𝒜   7885 tres] 3 𝒜   7885 decem] 10 𝒜   7885–7886 quatuor] 4 𝒜   7886 viginti] 20 𝒜   7886 radice] radici ℬ   7887 sexaginta] 60 𝒜   7889 tres] 3 𝒜   7889 decem] 10 𝒜   7890 quatuor] 4 𝒜   7890 viginti] 20 𝒜   7890 nummis] numis 𝒜ℬ   7891 radix] nummorum *add. et exp.* 𝒜   7891 nummorum] numorum ℬ   7893 quatuor] 4 𝒜   7893 viginti] 20 𝒜   7893–7894 decem] 10 𝒜   7894 Et proveniunt] proveniunt ℬ   7894 duo] 2 𝒜   7894 igitur emit] emit igitur *codd.*   7894 tres] 3 𝒜   7894 decem] 10 𝒜   7894 duos] 2 𝒜   7895 decem *(post* pro*)*] 10 𝒜   7895 decem *(post* in*)*] 10 𝒜   7895 nummis] numis ℬ   7895 lucratur] quantum est radix eorum *(v. infra) add. et del.* 𝒜   7895 unum] 1 𝒜   7895 caficium] cafic̄ 𝒜, caf· ℬ   7896 decem] 10 𝒜   7896 lucratur] *bis scr.* 𝒜   7896 unum] 1 𝒜   7896 nummis] numis ℬ   7897 nummi] numi ℬ   7898 decem] 10 𝒜   7898 unum] 1 𝒜   7898 nummorum] numorum 𝒜ℬ   7899 Decem] 10 𝒜   7899 nummi] numi ℬ   7900 radicis] radici *codd.*   7900 Nummi] numi ℬ   7900 centum] 100 𝒜   7900 suum] *om.* ℬ   7901 nummorum] numorum ℬ   7901 decem] 10 𝒜   7902 caficios] cafic 𝒜 *(et sæpe infra)*, caf· ℬ   7902 decem] 10 𝒜   7902 nummis] numis ℬ   7903 quatuor] 4 𝒜   7903 viginti] 20 𝒜   7903 centum] 100 𝒜   7903 nummis] numis ℬ   7903 decem] 10 𝒜   7903 caficios] caf' 𝒜 *(et sæpe infra)*, caf· ℬ   7905 quatuor] 4 𝒜   7905 viginti] 20 𝒜   7906 decem] 10 𝒜   7906 duo] 2 𝒜   7906 caficii] caf 𝒜, caf· ℬ   7907 decem] 10 𝒜   7907 nummis] numis ℬ   7907 ex] *corr. ex* exit 𝒜   7907 duos] 2 𝒜   7907 decem] 10 𝒜   7908 nummis] numis ℬ   7908–7909 decem] 10 𝒜

cem nummis ad decem nummos est sicut comparatio decem caficiorum ad centum nummos. Fac ergo sicut supra docui, et proveniet suum lucrum ex decem nummis unus caficius. Cum igitur quis emit ignotos caficios pro decem nummis, et ex eis vendit duos pro decem nummis et insuper remansit unus caficius, tunc caficii ignoti sunt tres. [Et hoc est quod monstrare voluimus.]

(B.102) Si quis autem dicat: Cum quis emit caficios ignotos pro triplo radicis eorum et vendit eosdem pro viginti nummis, ex centum autem caficiis lucratur trescentos quinquaginta nummos, tunc quot sunt caficii et que sunt tres radices eorum?

Sic facies. Iam scis quod qui ex centum caficiis lucratur trescentos quinquaginta nummos, in uno caficio lucratur tres et dimidium. Scis etiam quod comparatio trium et dimidii ad unum est sicut comparatio de viginti minus tribus radicibus caficiorum ad caficios. Si igitur multiplices caficios in tres et dimidium, id quod proveniet equum erit ad viginti minus tribus radicibus caficiorum. Iam igitur habemus tres census et dimidium, qui adequantur ad viginti minus tribus radicibus. Cum igitur compleveris, habebis tres census et dimidium et tres radices que adequantur viginti nummis. Reductis igitur omnibus censibus ad unum censum, et tribus radicibus et viginti ad idem proportionaliter, proveniet ad ultimum unus census et sex septime radicis, que equantur quinque nummis et quinque septimis nummi. Fac ergo sicut ostensum est in algebra. Scilicet, medietatem radicum, que est tres septime, multiplica in se, et proveniet septima et due septime unius septime. Quas agrega nummis, et fient quinque nummi et sex septime et due septime unius septime. De quorum omnium radice, que est duo et tres septime, minue tres septimas, et remanebunt duo. Qui sunt radix census. Census igitur est quatuor, et tot sunt caficii ignoti, pretium vero quo emit eos est sex nummi. [Et hoc est quod monstrare voluimus].

(B.103) Si quis dicat: Cum quis emit caficios multos pro triplo radicis eorum et vendit eosdem pro quincuplo radicis eorum, et in centum caficiis secundum idem forum venditis lucratur centum quinquaginta nummos.

7911–7956 decem nummis ... inveniet eam] $161^r, 17 - 41$ A; BC deficiunt.

7909 nummis] numis B **7909** decem *(post* ad*)*] 10 A **7909** nummos] numos B **7909** decem] 10 A **7910** centum] 100 A **7910** nummos] numos B **7911** decem] 10 A **7911–7912** decem] 10 A **7912** duos] 2 A **7912** decem] 10 A **7913** tres] 3 A **7916** viginti] 20 A **7916** centum] 100 A **7917** trescentos quinquaginta] 350 *(corr. ex* 300*)* A **7918** tres] 3 A **7919** centum] 100 A **7919–7920** trescentos quinquaginta] 350 A **7920** tres] 3 A **7920** dimidium] $\frac{m}{2}$ A **7921** trium] 3 A **7921** unum] 1 A **7921** viginti] 20 A **7922** tribus] 3^{bus} A **7922** ad caficios] ad cafic̄ *cod.* **7923** tres] 3 A **7923** viginti] 20 A **7923–7924** tribus] 3^{bus} A **7924** tres] 3 A **7925** qui] quem *(vel potius* qui *et* que *simul)* A **7925** viginti] 20 A **7925** tribus] 3 A **7926** tres] 3 A **7926** que] *corr. ex* qui A **7926** viginti] 20 A **7927–7928** tribus radicibus] 3 radices A **7928** viginti] 20 A **7928** sex septime] $\frac{6}{7}$ A **7929** quinque] 5 A **7929–7930** quinque septimis] $\frac{5}{7}$ A **7931** tres septime] 3 septime A **7931** septima] $\frac{1}{7}$ A **7931–7932** due septime unius septime] $\frac{2}{7}$ unius $\frac{e}{7}$ A **7932** quinque] 5 A **7933** sex septime] $\frac{6}{7}$ A **7933** due septime unius septime] $\frac{2}{7}$ unius $\frac{e}{7}$ A **7934** duo] 2 A **7934** tres septime] $\frac{3}{7}$ A **7934** tres septimas] $\frac{3}{7}$ A **7934** duo] 2 A **7935** quatuor] 4 A **7936** sex] 6 A **7938** centum] 100 A **7939** centum quinquaginta] 150 A

Sic facies. Constat quod, cum caficios emit pro triplo radicis eorum et vendit eos pro quincuplo radicis eorum, lucratur nummos [in caficiis] duplos radicis eorum. Positum est autem ipsum in centum caficiis lucrari centum quinquaginta nummos. Comparatio igitur de centum quinquaginta ad centum est sicut comparatio duarum radicum ad caficios. Sed centum quinquaginta ad centum sunt tantum et dimidium; igitur due radices sunt tantum et dimidium caficiorum. Igitur census et dimidius equatur duabus suis radicibus. Radix igitur est unum et tertia, census vero est unum et septem none; et tot sunt caficii ignoti, scilicet unus et septem none unius. [Et hoc est quod demonstrare voluimus].

Scias autem de ignotis lucris multas questiones alias posse fieri, innumerabiles, de quibus hic nichil agimus nisi quantum pertinet ad presens; non enim possunt omnes comprehendi.

Quisquis autem intellexit ea que dicta sunt de hiis et intellexit supra dicta de lucris in viginti modis et in aliis et ea que premisimus in principio libri, tunc quotiens evenerit questio huiusmodi quam ego pretermisi, cogitet supra eam, et per ea que supra dicta sunt facile inveniet eam.

7942 centum] 100 $\mathcal{A}$ **7943** centum quinquaginta] 150 *(corr. ex* 100*)* $\mathcal{A}$ **7943** centum quinquaginta *(post* de*)*] 150 $\mathcal{A}$ **7944** centum] 100 $\mathcal{A}$ **7944** duarum] 2^{arum} $\mathcal{A}$ **7944–7945** centum quinquaginta] 150 $\mathcal{A}$ **7945** centum] 100 $\mathcal{A}$ **7945** due] 2 $\mathcal{A}$ **7946** duabus] 2^{bus} $\mathcal{A}$ **7947** unum] 1 $\mathcal{A}$ **7947** tertia] $\frac{a}{3}$ $\mathcal{A}$ **7947** unum] 1 $\mathcal{A}$ **7948** septem none] $\frac{7}{9}$ $\mathcal{A}$ **7948** unus] 1 $\mathcal{A}$ **7948** septem none *(ante* unius*)*] $\frac{7}{9}$ $\mathcal{A}$ **7954** viginti] 20 $\mathcal{A}$ **7956** facile] fortasse *cod.*   **7956** inveniet eam] *post fin. ult. lin. add. cod.*

Capitulum de lucro participum

(B.104) Verbi gratia. Si volueris scire tres participes, quorum unus collatis octo nummis, secundus decem, tertius autem quatuordecim, negotiando lucrati sunt viginti duo, tunc quantum ex hoc lucro contingat unumquemque secundum quantitatem collati capitalis.

Sic facies. Agrega capitalia omnium, et agregati summa erit triginta duo, cum qua lucrati sunt viginti duo; que sit tibi prelatus. Deinde lucrum, quod est viginti duo, multiplica in capitale cuiusque et productum divide per prelatum; et quod exierit est lucrum eius in cuius capitale multiplicasti. Vel, si volueris, vide quota pars est octo de triginta duobus; scilicet, quarta. Quarta igitur pars de viginti duobus est lucrum eius qui contulit octo. Similiter vide quota pars est decem de triginta duobus; scilicet, due octave et dimidia octava. Tanta igitur pars de viginti duobus est lucrum eius qui apposuit decem. Similiter facies de quatuordecim. Vel, si volueris, denomina viginti duo de triginta duobus, et erunt quinque octave et dimidia octava. Quas multiplica in capitale cuiusque, et productum est id quod de lucro quemque contingit.

Regula autem sumpta est ex proportione. Sic enim se habet capitale ad lucrum sicut capitale ad lucrum, vel sic se habet lucrum ad capitale sicut lucrum ad capitale. Hic igitur talis est comparatio totius summe agregati, que est triginta duo, ad totum lucrum, quod est viginti duo, qualis est comparatio de octo ad partem lucri que sibi debetur. Unde quartus est incognitus. Multiplica ergo secundum in tertium et productum divide per primum, et exibit quod queris; vel divide unum se multiplicantium per dividentem, et quod exit multiplica in alterum, et productum erit quod queritur. Sic facies in decem et quatuordecim, et exibit quod queris.

Sic facies in omnibus participibus, sive sint multi sive pauci. Agrega semper capitalia omnium, et comparatio lucri omnium ad capitale omnium

---

7957–8033 Capitulum de lucro ... id quod queris] $161^v, 1 - 36$ $\mathcal{A}$; $37^{rb}, 44$-45 – $38^{ra}, 14$ $\mathcal{B}$; $49^{va}, 8 - 49^{vb}, 29$ $\mathcal{C}$.

7957–7958 Capitulum ... gratia] *om. (spat. parvulum hab.)* $\mathcal{B}$, *rubro col.* $\mathcal{C}$; *signa* (¶ *&* †) *ab al. m. in marg.* $\mathcal{A}$, *om.* $\mathcal{B}$, *in marg. add. et exp.* $\mathcal{C}$ **7959** octo] 8 $\mathcal{A}$ **7959** nummis] numis $\mathcal{BC}$ **7959** decem] 10 $\mathcal{A}$ **7959** quatuordecim] 14 $\mathcal{A}$, quattuordecim $\mathcal{C}$ **7960** viginti duo] 22 $\mathcal{A}$ **7960** ex] *bis (in fin. lin. et init. seq.)* $\mathcal{C}$ **7960** contingat] contingit *(sc. in cod.* contin$\bar{g}$*) pr. scr. et corr.* $\mathcal{C}$ **7962** Agrega] Al *pr. scr. et corr.* $\mathcal{C}$ **7962–7963** triginta duo] 32 $\mathcal{A}$ **7963** viginti duo] 22 $\mathcal{A}$ **7963** tibi] *om.* $\mathcal{C}$ **7964** viginti duo] 22 $\mathcal{AC}$ **7966** octo] 8 $\mathcal{A}$ **7966** triginta duobus] 32^{bus} *(corr. ex 30)* $\mathcal{A}$ **7966** quarta *(post scilicet)*] $\frac{ta}{4}$ $\mathcal{A}$ **7967** viginti duobus] 22^{bus} $\mathcal{A}$ **7967** octo] 8 $\mathcal{A}$ **7968** decem] 10 $\mathcal{A}$ **7968** de] *bis scr.* $\mathcal{C}$ **7968** triginta duobus] 32 $\mathcal{A}$ **7968–7969** due octave] $\frac{2}{8}$ $\mathcal{A}$ **7969** dimidia octava] dimidia $\frac{a}{8}$ $\mathcal{A}$ **7969** viginti duobus] 22 $\mathcal{A}$ **7970** decem] 10 $\mathcal{A}$ **7970** quatuordecim] 14 $\mathcal{A}$ **7971** viginti duo] 22 $\mathcal{A}$ **7971** triginta duobus] 32 $\mathcal{A}$ **7971** quinque octave] $\frac{5}{8}$ $\mathcal{A}$ **7971–7972** dimidia octava] dimidia $\frac{a}{8}$ $\mathcal{A}$ **7972** cuiusque] eius *pr. scr. et exp.* $\mathcal{C}$ **7974** est] *add. supra* $\mathcal{A}$ **7975** habet] *ad add. et exp.* $\mathcal{B}$ **7976** talis est comparatio] comparatio talis est $\mathcal{A}$ **7976** agregati] aggregati $\mathcal{C}$ **7977** triginta duo] 32 $\mathcal{A}$ **7977** totum lucrum] lucrum totum $\mathcal{C}$ **7977** viginti duo] 22 $\mathcal{AC}$ **7978** octo] 8 $\mathcal{A}$ **7978** quartus] $\frac{tus}{4}$ $\mathcal{A}$ **7982** decem] 10 $\mathcal{A}$ **7982** quatuordecim] 14 $\mathcal{A}$ **7984** semper] *om. sed spat. rel.* $\mathcal{B}$ **7984** capitalia] *corr. ex* capitale $\mathcal{B}$

erit sicut comparatio lucri uniuscuiusque ad capitale eius. Multiplica ergo capitale cuiusque in lucrum omnium et productum divide per agregatum ex omnibus capitalibus, et exibit sors cuiusque.

(**B.105**) Si autem volueris scire tres participes quorum unus collatis octo, secundus decem, tertius quatuordecim, negotiando lucrati sunt, et de lucro provenerunt quatuor ei qui decem apposuit, quantum debetur reliquis duobus.

Sic facies. Decem sit tibi prelatus. Lucrum autem eius, quod est quatuor, multiplica in capitale eius cuius lucrum quantum sit scire volueris, et productum divide per prelatum; et quod exierit est lucrum eius in cuius capitale multiplicasti. Vel divide per decem lucrum eius, et quod exit multiplica in capitale cuiusque, et productum erit lucrum eius in cuius capitale multiplicasti. Vel divide capitale cuius lucrum scire volueris per decem, et quod exit multiplica in quatuor, quod est lucrum eius, et productum est id quod queris.

Hec autem regula sumpta est ex comparatione. Talis est enim comparatio de decem ad suum lucrum, quod est quatuor, qualis comparatio capitalis ad suum lucrum, quod queritur. Unde quartus est incognitus; dividens ergo erit primus, qui est decem.

(**B.106**) Si autem questio fuerit sic ut dicat: Si utrique, qui contulit octo et qui contulit decem, de lucro provenerunt duodecim, tunc quantum lucratus est quisque per se trium?

Agrega octo ad decem, et fient decem et octo, qui sint tibi prelatus. Et lucrum eius, quod est duodecim, multiplica in capitale cuiusque, et productum divide per decem et octo, et exibit quod queris. Vel divide unum multiplicantium per decem et octo, qui est dividens, et quod exit multiplica in alterum multiplicantium, et proveniet quod queris. Regula ista patet ex comparatione, sicut predictum est.

(**B.107**) Si quis querit dicens: Tres consortes erant, quorum unus collatis octo, secundus decem, tertius quatuordecim, negotiando simul lucrati sunt, et, diviso lucro inter se, eo quod accidit conferenti octo subtracto de eo quod accidit conferenti quatuordecim remanent quatuor, tunc quantum accidit unicuique eorum?

7985 eius] cuiusque $\mathcal{AC}$, cuiuisque $\mathcal{B}$ **7988** tres] 3 $\mathcal{A}$ **7988–7989** octo] 8 $\mathcal{A}$ **7989** decem] 10 $\mathcal{A}$ **7989** quatuordecim] 14 $\mathcal{AC}$ **7990** provenerunt] proveniunt $\mathcal{B}$; ei add. et exp. $\mathcal{C}$ **7990** quatuor] 4 $\mathcal{AC}$ **7990** decem] 10 $\mathcal{A}$ **7990** quantum] ergo add. $\mathcal{A}$ **7991** duobus] 2^{bus} $\mathcal{A}$ **7992** Decem] 10 $\mathcal{A}$ **7992–7993** quatuor] 4 $\mathcal{A}$, quattuor $\mathcal{C}$ **7993** sit] si add. $\mathcal{B}$ **7995** decem] 10 $\mathcal{A}$ **7996** cuius] om. $\mathcal{B}$ **7997** cuius] cuiusque pr. scr. et corr. $\mathcal{A}$ **7997** decem] 10 $\mathcal{A}$ **7998** quatuor] 4 $\mathcal{AC}$ **8001** decem] 10 $\mathcal{A}$ **8001** quatuor] 4 $\mathcal{A}$, quattuor $\mathcal{C}$ **8002** quartus] 4^{tus} $\mathcal{A}$ **8003** decem] 10 $\mathcal{A}$ **8004** octo] 8 $\mathcal{A}$ **8005** decem] 10 $\mathcal{A}$ **8005** duodecim] 12 $\mathcal{A}$, corr. ex duodecem $\mathcal{B}$ **8007** Agrega] Aggrega $\mathcal{B}$ **8007** octo] 8 $\mathcal{A}$ **8007** decem] 10 $\mathcal{A}$ **8007** decem et octo] 18 $\mathcal{AC}$ **8008** duodecim] 12 $\mathcal{A}$ **8008** in capitale] in ca pr. scr. in fin. lin. del. et totum rescr. in init. seq. $\mathcal{B}$ **8009** decem et octo] 18 $\mathcal{A}$ **8010** decem et octo] 18 $\mathcal{A}$ **8012** comparatione] conparatione $\mathcal{B}$, coparatione $\mathcal{C}$ **8013** Tres] 3 $\mathcal{A}$ **8014** octo] 8 $\mathcal{AC}$ **8014** decem] 10 $\mathcal{AC}$ **8014** quatuordecim] 14 $\mathcal{AC}$ **8014** negotiando] in negotiando $\mathcal{B}$ **8015** conferenti] conferente $\mathcal{B}$ **8015** octo] 8 $\mathcal{A}$ **8016** quatuordecim] 14 $\mathcal{A}$, quattuordecim $\mathcal{C}$ **8016** quatuor] 4 $\mathcal{A}$, quattuor $\mathcal{C}$

Modus agendi patet hic ex predictis. Scilicet, minue octo de quatuordecim, et remanent sex. Patet ergo quod lucrum istorum sex sunt predicti quatuor. Quasi ergo querat: 'Cum in sex lucratus sit quatuor, quantum lucrabitur in octo, et in decem, et in quatuordecim?'. Tu, multiplica quatuor, qui sunt lucrum de sex, in capitale cuiusque eorum et productum divide per sex, et exibit quod queris.

(B.108) Si autem proposuerit sic dicens: Ei qui apposuit octo accidit de lucro tantum quo multiplicato in id quod accidit conferenti decem fiunt quadraginta quinque.

Modus agendi patet hic ex predictis in huiusmodi de ignotis in emendo et vendendo et lucris. Scilicet ut, cum volueris scire quantum sit lucrum eius qui apposuit octo, multiplices octo in quadraginta quinque; et productum divide per decem, et eius quod exit radix est lucrum eius qui apposuit octo. Si autem volueris scire quantum sit lucrum eius qui apposuit decem, multiplica decem in quadraginta quinque et productum divide per octo; et eius quod exit radix est id quod queris.

(B.109) Si quis querat dicens: Duo participes, unius eorum capitale decem, alterius vero viginti, negotiando lucrati sunt, et ei qui apposuit decem accidit radix eius quod accidit apponenti viginti, tunc quantum lucratus est unusquisque eorum?

Sic facies. Constat quod comparatio de decem ad viginti est sicut comparatio lucri apponentis decem ad lucrum apponentis viginti. Igitur lucrum apponentis decem medietas est lucri apponentis viginti. Habemus igitur dimidium censum, qui equatur radici census. Census igitur est quatuor, et eius radix est duo. Qui igitur apposuit decem lucratur duo, et qui viginti lucratur quatuor. Et hoc est quod scire voluisti.

ITEM.

(B.110) Cum sint tres participes quorum unius capitale est decem, secundi vero triginta, tertii autem quinquaginta, negotiando lucrati sunt tantum quod si lucrum primi et secundi minuatur de lucro tertii remanent tres, tunc quantum est lucrum cuiusque?

8034–8110 Si quis querat ... erit viginti] $161^v, 36 - 162^r, 31$ $\mathcal{A}$; $\mathcal{BC}$ deficiunt.

8018 octo] 8 $\mathcal{A}$ 8018–8019 quatuordecim] 14 $\mathcal{AC}$ 8019 sex] 6 $\mathcal{AC}$ 8019 istorum] eorum *pr. scr. et exp.* $\mathcal{B}$ 8019 sex *(post* istorum*)*] 6 $\mathcal{AC}$, om. $\mathcal{B}$ 8020 quatuor] 4 $\mathcal{AC}$ 8020 sex] 6 $\mathcal{A}$ 8020 quatuor *(post* sit*)*] 4 $\mathcal{A}$, quattuor $\mathcal{C}$ 8021 octo] 8 $\mathcal{A}$ 8021 decem] 10 $\mathcal{A}$ 8021 quatuordecim] 14 $\mathcal{A}$, quattuordecim $\mathcal{C}$ 8021–8022 quatuor] 4 $\mathcal{AC}$ 8022 sex] 6 $\mathcal{AC}$ 8023 sex] 6 $\mathcal{AC}$ 8024 sic ... apposuit] *om.* $\mathcal{B}$ 8024 octo] 8 $\mathcal{A}$ 8025 decem] 10 $\mathcal{A}$ 8025 fiunt] *corr. ex* fuerit $\mathcal{C}$ 8026 quadraginta quinque] 45 $\mathcal{AC}$ 8029 octo] 8 $\mathcal{A}$ 8029 multiplices] multiplica *codd.* 8029 octo *(ante* in*)*] 8 $\mathcal{AC}$ 8029 quadraginta quinque] 45 $\mathcal{AC}$ 8030–8032 decem ... divide per] *per homœotel. om.* $\mathcal{A}$ 8032 quadraginta quinque] 45 $\mathcal{C}$ 8032 octo] 8 $\mathcal{A}$ 8034–8035 decem] 10 $\mathcal{A}$ 8035 viginti] 20 $\mathcal{A}$ 8035 decem] 10 $\mathcal{A}$ 8036 viginti] 10 $\mathcal{A}$ 8038 decem] 10 $\mathcal{A}$ 8038 viginti] 20 $\mathcal{A}$ 8039 decem] 10 $\mathcal{A}$ 8039 viginti] 20 $\mathcal{A}$ 8040 decem] 10 $\mathcal{A}$ 8040 viginti] 20 $\mathcal{A}$ 8041 qui] quod *cod.* 8041–8042 quatuor] 4 $\mathcal{A}$ 8042 est] *om.* $\mathcal{A}$ 8042 duo] 2 $\mathcal{A}$ 8042 decem] 10 $\mathcal{A}$ 8042 duo] 2 $\mathcal{A}$ 8043 viginti] 20 $\mathcal{A}$ 8043 quatuor] 4 $\mathcal{A}$ 8045 Cum sint] si quis *pr. scr. et exp.* $\mathcal{A}$ 8045 tres] 3 $\mathcal{A}$ 8045 decem] 10 $\mathcal{A}$ 8046 triginta] 30 $\mathcal{A}$ 8046 quinquaginta] 50 $\mathcal{A}$ 8047 tres] 3 $\mathcal{A}$

Sic facies. Agrega decem et triginta, et fient quadraginta. Quos minue de capitali tertii, et remanebunt decem. De quibus denomina tres, scilicet tres decimas. Tantum igitur, scilicet tres decimas, sui capitalis lucratus est quisque eorum. Primus igitur lucratus est tres, secundus novem, tertius quindecim.

(**B.111**) Cum sint tres participes quorum unius capitale est viginti, secundi quinquaginta, tertii vero triginta, negotiando lucrati sunt tantum quod si de lucro primi et secundi minuatur lucrum tertii remanebunt quatuor.

Sic facies. Minue capitale tertii de capitali primi et secundi simul agregatorum, et remanebunt quadraginta. De quibus denomina quatuor, scilicet decimam. Decimam igitur sui capitalis lucratur quisque eorum. Primus igitur lucratur duo, secundus quinque, tertius tres.

(**B.112**) Cum sint tres participes, unius quorum capitale ⟨est⟩ decem, alterius viginti, tertii quadraginta, negotiando lucrati sunt tantum quod cum lucrum primi et secundi multiplicetur in lucrum tertii proveniunt quadraginta octo.

Sic facies. Agrega capitale primi cum capitali secundi et agregatum multiplica in capitale tertii, et provenient mille ducenta. De quibus denomina quadraginta octo, scilicet quintam quinte; cuius radix est quinta. Tantam ⟨igitur⟩ partem sui capitalis, scilicet quintam, lucratur quisque eorum. Primus ergo lucratur duo, secundus quatuor, tertius octo.

(**B.113**) Cum sint duo participes, unius quorum capitale est decem, alterius vero quinquaginta, negotiando lucrati sunt tantum quod lucrum primi est medietas radicis lucri secundi.

Sic facies. Divide quinquaginta per decem, et exibunt quinque. Quos multiplica in dimidium, et provenient duo et dimidium. Quos multiplica in se, et provenient sex et quarta. Et tantum lucratur secundus; primus vero lucratur dimidium radicis horum sex et quarte, quod est unum et quarta. Et hoc est quod voluisti.

(**B.114**) Cum sint duo participes, unius quorum capitale est octo, secundi vero decem et octo, negotiando lucrati sunt tantum quod cum radix lucri primi multiplicetur in radicem lucri secundi provenient sex.

8049 decem] 10 $\mathcal{A}$ **8049** triginta] 30 $\mathcal{A}$ **8049** quadraginta] 40 $\mathcal{A}$ **8050** decem] 10 $\mathcal{A}$ **8050** tres] 3 $\mathcal{A}$ **8051** tres decimas] $\frac{3}{10}$ $\mathcal{A}$ **8051** tres decimas *(post* scilicet*)*] $\frac{3}{10}$ $\mathcal{A}$ **8052** tres] 3 $\mathcal{A}$ **8052** novem] 9 $\mathcal{A}$ **8053** quindecim] 15 $\mathcal{A}$ **8054** tres] 3 $\mathcal{A}$ **8054** viginti] 20 $\mathcal{A}$ **8055** quinquaginta] 50 $\mathcal{A}$ **8055** triginta] 30 $\mathcal{A}$ **8056** quatuor] 4 $\mathcal{A}$ **8058** agregatorum] agregatis *cod.*   **8058** quadraginta] 40 $\mathcal{A}$ **8058** quatuor] 4 $\mathcal{A}$ **8059** decimam] $\frac{am}{10}$ $\mathcal{A}$ **8060** duo] 2 $\mathcal{A}$ **8060** quinque] 5 $\mathcal{A}$ **8060** tres] 3 $\mathcal{A}$ **8061** tres] 3 $\mathcal{A}$ **8061** decem] 10 $\mathcal{A}$ **8062** viginti] 20 $\mathcal{A}$ **8062** quadraginta] 40 $\mathcal{A}$ **8063–8064** quadraginta octo] 48 $\mathcal{A}$ **8066** mille ducenta] 1200 *(corr. ex* 1000*)* $\mathcal{A}$ **8067** quadraginta octo] 48 $\mathcal{A}$ **8067** quintam quinte] $\frac{e}{5}\frac{e}{5}$ $\mathcal{A}$ **8067** est] scilicet *add.* $\mathcal{A}$ **8067** quinta] $\frac{a}{5}$ $\mathcal{A}$ **8068** quintam] $\frac{am}{5}$ $\mathcal{A}$ **8069** duo] 2 $\mathcal{A}$ **8069** quatuor] 3 *(sic)* $\mathcal{A}$ **8069** octo] 8 $\mathcal{A}$ **8070** duo] 2 $\mathcal{A}$ **8070** decem] 10 $\mathcal{A}$ **8071** quinquaginta] 50 $\mathcal{A}$ **8073** quinquaginta] 50 $\mathcal{A}$ **8073** decem] 10 $\mathcal{A}$ **8073** quinque] 5 $\mathcal{A}$ **8074** duo] 2 $\mathcal{A}$ **8075** sex] 6 $\mathcal{A}$ **8075** quarta] $\frac{a}{4}$ $\mathcal{A}$ **8076** sex] 6 $\mathcal{A}$ **8076** quarte] $\frac{e}{4}$ $\mathcal{A}$ **8076** unum] 1 $\mathcal{A}$ **8076** quarta] $\frac{a}{4}$ $\mathcal{A}$ **8078** duo] 2 $\mathcal{A}$ **8078** octo] 8 $\mathcal{A}$ **8079** decem et octo] 18 $\mathcal{A}$ **8080** sex] 6 $\mathcal{A}$

(*a*) Sic facies. Multiplica sex in se, et provenient triginta sex. Deinde multiplica capitale primi in capitale secundi, et provenient centum quadraginta quatuor. Per quos divide triginta sex denominando, scilicet quartam. Cuius radicem, que est dimidium, multiplica in octo, et provenient quatuor, et tantum lucratur primus. Deinde multiplica illud dimidium in decem et octo, et provenient novem, et tantum lucratur secundus.

(*b*) Vel aliter. Divide decem et octo per octo, et exibunt duo et quarta. Per quorum radicem, que est unum et dimidium, divide sex; et exibunt quatuor, et tantum lucratur primus. Et multiplica quatuor in duo et quartam, et provenient novem, et tantum est lucrum secundi.

(**B.115**) Si quis querat: Cum sint tres participes, quorum unius capitale est decem, secundi vero viginti, et tertii centum, mercando lucrati sunt, et diviso lucro inter se id quod accidit ei qui apposuit decem et ei qui viginti si multiplicetur in id quod accidit apponenti centum proveniunt centum viginti.

Sic facies. Iam constat quod comparatio lucri apponentis decem et lucri apponentis viginti simul agregatorum ad triginta, qui fiunt ex agregatis decem et viginti, est ⟨sicut comparatio lucri apponentis centum ad centum. Igitur comparatio de triginta ad centum⟩ erit sicut comparatio lucri apponentis decem et lucri apponentis viginti simul agregatorum ad lucrum apponentis centum. Quasi ergo dicatur: 'Cum in centum lucretur triginta, multiplicato autem lucro eius in capitale eius proveniunt centum viginti'. Fac sicut predocui, et erit lucrum eius sex. Et hoc est quod lucratur in triginta. Dices igitur: 'Cum tres participes quorum unus apponit decem, alius viginti, tertius triginta, sed qui apponit triginta lucratur sex, tunc quantum lucratur unusquisque aliorum?'. Iam scis quod comparatio de sex ad triginta est sicut comparatio lucri uniuscuiusque aliorum ad capitale suum. Fac igitur sicut predocui, et lucrum apponentis decem erit duo, et apponentis viginti lucrum erit quatuor, lucrum vero eius qui apposuit centum erit viginti.

8081 sex] 6 𝒜   8081 triginta sex] 36 𝒜   8082–8083 centum quadraginta quatuor] 144 𝒜   8083 triginta sex] 36 𝒜   8083 quartam] $\frac{am}{4}$ 𝒜   8084 dimidium] $\frac{m}{2}$ 𝒜   8084 octo] 8 𝒜   8084 quatuor] 4 𝒜   8085–8086 decem et octo] 18 𝒜   8086 novem] 9 𝒜   8087 decem et octo] 18 𝒜   8087 octo] 8 𝒜   8087 duo] 2 𝒜   8087 quarta] $\frac{a}{4}$ 𝒜   8088 unum] 1 𝒜   8088 sex] 6 𝒜   8088–8089 quatuor] 4 𝒜   8089 quatuor] 4 𝒜   8089 duo] 2 𝒜   8089 quartam] $\frac{am}{4}$ 𝒜   8090 novem] 9 𝒜   8091 tres] 3 𝒜   8092 decem] 10 𝒜   8092 viginti] 20 𝒜   8092 centum] 100 𝒜   8093 decem] 10 𝒜   8093 viginti] 20 𝒜   8094 centum] 100 𝒜   8094–8095 centum viginti] 120 𝒜   8096 decem] 10 𝒜   8097 viginti] 20 𝒜   8097 triginta] 30 𝒜   8098 decem] 10 𝒜   8098 viginti] 20 𝒜   8098–8099 est ⟨sicut comparatio lucri apponentis centum ad centum. Igitur comparatio de triginta ad centum⟩ erit] est *pr. scr. & exp. et* erit *supra add. et verba* sicut ... centum *om. cod.*   8100 decem] 10 𝒜   8100 viginti] 20 𝒜   8101 centum] 100 𝒜   8101 centum (*post* in)] 100 𝒜   8102 triginta] 30 𝒜   8102–8103 centum viginti] 120 𝒜   8103 sex] 6 𝒜   8103 hoc] hic 𝒜   8104 triginta] 30 𝒜   8105 decem] 10 𝒜   8105 viginti] 20 𝒜   8105 triginta] 30 𝒜   8105 triginta (*post* apponit)] 30 𝒜   8105 sex] 6 𝒜   8107 sex] 6 𝒜   8107 triginta] 30 𝒜   8107 est] ei (*pro* eīt) *pr. scr. et corr.* 𝒜   8108 decem] 10 𝒜   8108 duo] 2 𝒜   8109 viginti] 20 𝒜   8109 quatuor] 4 𝒜   8110 centum] 100 𝒜   8110 viginti] 20 𝒜

Item de eodem.

(B.116) Si quis querat dicens: Centum oves habebant duo homines, unus sexaginta et alter quadraginta, qui receperunt tertium hominem in participium illarum ita ut centum oves fierent illorum trium equaliter; sed hic tertius pro tertia parte in quam receptus est dedit reliquis duobus sexaginta nummos; quomodo illi duo divident eos inter se?

Iam nosti illum cuius erant sexaginta descendisse usque ad triginta tres et tertiam et vendidisse recepto participi id quod est inter utrumque numerum, scilicet viginti sex et duas tertias; secundus vero cuius erant quadraginta descendit similiter usque ad triginta tres et tertiam et vendidit recepto participi id quod est inter utrumque numerum, scilicet sex et duas tertias. Quasi ergo querat dicens: 'Duo participes quorum unus collatis viginti sex et duabus tertiis, alter vero sex et duabus tertiis, lucrati sunt sexaginta nummos, quomodo divident eos inter se?'. Fac sicut predocuimus; et conferenti viginti sex et duas tertias accident quadraginta octo, et hoc est quod provenit domino sexaginta ovium, conferenti vero sex et duas tertias accident duodecim, et hoc est quod provenit domino quadraginta ovium.

Scias autem hic multas alias huiusmodi fieri questiones. Sed quoniam innumerabiles sunt, ideo quisquis ea que dicta sunt animadvertit, quotiens questio de ignoto in participatione evenerit, per ea que predicta sunt adinvenire poterit.

8111–8131 Item de eodem ... adinvenire poterit] 162^r, $31 - 41$ $\mathcal{A}$; 38ra, $15 - 38^{rb}$, 2 $\mathcal{B}$; 49vb, $30 - 48$ $\mathcal{E}$ (Scias ... poterit) marg. $\mathcal{C}$.

8111 Item de eodem] om. sed spat. rel. $\mathcal{B}$, rubro col. $\mathcal{C}$ 8112 querat] querit $\mathcal{BC}$ 8112 Centum] 100 $\mathcal{A}$ 8112 duo] 2 $\mathcal{A}$ 8113 sexaginta] 60 $\mathcal{A}$ 8113 quadraginta] 40 $\mathcal{A}$ 8114 centum] 100 $\mathcal{A}$ 8115 sexaginta] 60 $\mathcal{AC}$ 8116 nummos] numos $\mathcal{BC}$ 8116 illi duo] om. $\mathcal{C}$ 8116 eos] eas codd. 8117 sexaginta] 60 $\mathcal{A}$, LX^{ta} $\mathcal{C}$ 8117–8118 triginta tres] 33 $\mathcal{A}$; post triginta pr. scr. (partim) sex quod exp. et tres add. $\mathcal{B}$ 8118 tertiam] $\frac{am}{3}$ $\mathcal{A}$ 8119 viginti sex] 26 $\mathcal{AC}$ 8119 duas tertias] $\frac{2}{3}$ $\mathcal{A}$ 8120 quadraginta] 40 $\mathcal{AC}$ 8120 triginta tres] 33 $\mathcal{AC}$ 8120 tertiam] $\frac{am}{3}$ $\mathcal{A}$ 8121 sex] 6 $\mathcal{A}$ 8121–8122 duas tertias] $\frac{2}{3}$ $\mathcal{A}$ 8123 viginti sex] 26 $\mathcal{A}$ 8123 duabus tertiis] $\frac{2}{3}$ $\mathcal{A}$ 8123 sex] 6 $\mathcal{A}$ 8123 duabus tertiis] $\frac{2^{is}}{3}$ $\mathcal{A}$ 8124 sexaginta] 60 $\mathcal{AC}$ 8124 nummos] numos $\mathcal{B}$ 8125 viginti sex] 26 $\mathcal{AC}$ 8125 duas tertias] $\frac{2}{3}$ $\mathcal{A}$ 8125 quadraginta octo] 48 $\mathcal{AC}$ 8126 sexaginta] 60 $\mathcal{A}$ 8126 sex] 6 $\mathcal{A}$ 8126 duas tertias] $\frac{2}{3}$ $\mathcal{A}$ 8127 duodecim] 12 $\mathcal{A}$ 8127 quadraginta] 40 $\mathcal{A}$, corr. ex quadri $\mathcal{B}$ 8128–8131 Scias autem ... adinvenire poterit] marg. $\mathcal{C}$ 8128 Sed] Set $\mathcal{B}$ 8130 predicta] dicta $\mathcal{A}$, predicta $\mathcal{B}$, dicta in textu pre add. in marg. $\mathcal{C}$

Capitulum de divisione secundum portiones

(**B.117**) Si volueris dividere triginta nummos duobus hominibus, uni eorum medietatem, alteri vero tertiam.

Sensus horum verborum est ut, cum alter eorum acceperit medietatem, alter accipiat tertiam, donec nichil supersit de triginta.

Sic facies hic. Ex numeris denominationum, que sunt medietas et tertia, multiplicatis inter se proveniet sex. Quorum medietatem, que est tres, da domino medietatis; et eius tertiam, que est duo, da domino tertie partis. Quasi ergo querat dicens: 'Duo consortes quorum unus collatis tribus, alter vero duobus, lucrati sunt triginta, quomodo divident eos?'. Domino ergo trium provenient decem et octo, et hoc accidit domino medietatis; domino vero duorum accidunt duodecim, qui sunt domini tertie partis.

(**B.118**) Si volueris dividere decem nummos tribus hominibus ⟨uni eorum medietatem, alteri vero tertiam⟩.

(*a*) Sensus horum verborum est quod inter tres homines dividendi sunt decem nummi, et uni eorum debebatur medietas, alteri vero tertia, tertio vero reliquum eius, quod est sexta eius, scilicet de decem; hic vero tertius dederit partem suam, que est sexta, de decem duobus aliis sociis dividendam inter se secundum rationem suarum partium; constat igitur quod dominus medietatis debet accipere medietatem sexte, et dominus tertie tertiam partem sexte. Deinde de residuo sexte, quod est sexta sexte, dominus medietatis debet accipere medietatem, alter vero tertiam; et sic quousque nichil remaneat. Scimus autem quod cum hoc fecerimus in infinitum non potest esse nisi comparatio eius quod accipit dominus medietatis ad id quod accipit dominus tertie partis sit sicut comparatio medietatis ad tertiam. Comparatio autem medietatis ad tertiam est sicut comparatio medietatis cuiuslibet numeri habentis medietatem et tertiam ad eius tertiam. Sit igitur numerus sex; et ⟨est⟩ eius medietas tres, et eius tertia duo. Com-

---

8132–8144 Capitulum de divisione ... domini tertie partis] *A deficit (tit. tantum hab.,* 203^v, *1);* 38rb, *3-4 – 23 B;* 49vb, *49 – 50ra, 2 C*.
8145–8213 Si volueris dividere ... patet ex premissis] 203^v, *2 – 32 A; BC deficiunt*.

8132–8133 tit.] *om. sed spat. rel. B, rubro col. C* 8134 nummos] numos *BC* 8135 medietatem] medietate *B* 8136 Sensus] Snsus *C* 8137 nichil] *corr. ex* nichu *B* 8139 medietatem] medietate *C* 8140 eius] *om. C* 8142 triginta] 30 *C* 8143 domino *(post* accidit*)*] du *pr. scr. et corr. B* 8145 decem] 10 *A* 8145 tribus] 3 *(corr. ex* 2*) A* 8145–8146 uni eorum medietatem, alteri vero tertiam] *conieci, de adnotatione in marg. A (fol.* 203^v, *2-4) nunc pauca legi queunt* 8147 tres] 3 *A* 8148 decem] 10 *A* 8148 uni] 1 *A* 8148 medietas] $\frac{\text{tas}}{2}$ *A* 8148 tertia] $\frac{\text{a}}{3}$ *A* 8149 sexta] $\frac{\text{a}}{6}$ *A* 8149 decem] 10 *A* 8150 sexta] $\frac{\text{a}}{6}$ *A* 8150 decem] 10 *A* 8152 medietatem] *bis scr. pr. del. A* 8152 sexte] $\frac{\text{e}}{6}$ *A* 8153 tertiam] $\frac{\text{am}}{3}$ *A* 8153 sexte] $\frac{\text{e}}{6}$ *A* 8153 sexte] $\frac{\text{e}}{6}$ *A* 8153 sexta sexte] $\frac{\text{a e}}{6}$ *A* 8154 tertiam] $\frac{\text{am}}{3}$ *A* 8157 tertie] $\frac{\text{e}}{3}$ *A* 8158 tertiam] $\frac{\text{am}}{3}$ *A* 8158 tertiam] $\frac{\text{am}}{3}$ *A* 8159 medietatem] $\frac{\text{em}}{2}$ *A* 8159 tertiam] $\frac{\text{am}}{3}$ *A* 8159 tertiam] $\frac{\text{am}}{3}$ *A* 8160 sex] 6 *A* 8160 medietas] $\frac{\text{as}}{2}$ *A* 8160 tres] 3 *A* 8160 tertia] $\frac{\text{a}}{3}$ *A* 8160 duo] 2 *A*

paratio igitur medietatis ad tertiam est sicut comparatio ⟨trium ad duo. Sed comparatio medietatis ad tertiam est sicut comparatio⟩ eius quod accipit dominus medietatis de decem ad id quod accipit dominus tertie partis de decem. Comparatio igitur eius quod accipit dominus medietatis de decem ad id quod accipit dominus tertie partis de decem est sicut comparatio trium ad duo. Cum autem composuerimus, tunc erit comparatio eius quod accipit dominus medietatis de decem ad decem sicut comparatio trium ad quinque. Multiplica igitur tres in decem et productum divide per quinque, et exibunt sex, et tantum accipit dominus medietatis de decem. Patet etiam quod talis est comparatio duorum ad quinque qualis est comparatio eius quod accipit dominus tertie de decem ad decem. Multiplica igitur duo in decem et productum divide per quinque; et exibunt quatuor, et tantum convenit domino tertie partis de decem.

Propter hoc igitur ⟨modus agendi talis est:⟩ Querimus numerum qui habeat medietatem et tertiam, sicut sex. Cuius medietatem, que est tres, agrega tertie ipsius, que est duo; et fient quinque, quos pone prelatum. Cum igitur volueris scire quantum conveniat domino medietatis, vel domino tertie, multiplica dimidium de sex, vel tertiam, in decem, et productum divide per prelatum; et exibit quod volueris.

(*b*) Solvitur autem hec questio alio modo. Scilicet, agrega tertiam et medietatem, et fient quinque sexte. Per quas semper divide unum, et proveniet unum et quinta. Quem unum et quintam multiplica in decem, et provenient duodecim. Igitur domino medietatis convenit medietas de duodecim, que est sex, et domino tertie tertia de duodecim, que est quatuor.

Cuius probatio patet. Nos enim querere debemus numerum cuius tertia et medietate agregatis proveniant decem. Scimus enim quod comparatio unius ad quinque sextas est sicut comparatio eius quod queritur ad decem; unum autem est ⟨unum et quinta⟩ de quinque sextis; igitur id quod queritur est unum et quinta de decem, igitur quod queritur est duodecim. Patet etiam quod talis est comparatio tertie ad quinque sextas qualis ⟨est⟩ comparatio tertie de duodecim ad quinque sextas eorum, que sunt decem;

8161 tertiam] $\frac{am}{3}$ $\mathcal{A}$ **8163** decem] 10 $\mathcal{A}$ **8164** decem] 10 $\mathcal{A}$ **8164** dominus medietatis] medietatis dominus $\mathcal{A}$ **8164–8165** decem] 10 $\mathcal{A}$ **8165** tertie] $\frac{e}{3}$ $\mathcal{A}$ **8165** decem] 10 $\mathcal{A}$ **8166** trium] 3 $\mathcal{A}$ **8166** duo] 2 $\mathcal{A}$ **8167** decem] 10 $\mathcal{A}$ **8167** decem (*post* ad)] 10 $\mathcal{A}$ **8167** trium] 3 $\mathcal{A}$ **8168** quinque] 5 $\mathcal{A}$ **8168** tres] 3 $\mathcal{A}$ **8168** decem] 10 $\mathcal{A}$ **8168–8169** quinque] 5 $\mathcal{A}$ **8169** sex] 6 $\mathcal{A}$ **8169** medietatis] $\frac{tis}{2}$ $\mathcal{A}$ **8169** decem] 10 $\mathcal{A}$ **8170** quinque] 5 $\mathcal{A}$ **8171** tertie] $\frac{e}{3}$ $\mathcal{A}$ **8171** decem] 10 $\mathcal{A}$ **8171** decem (*post* ad)] 10 $\mathcal{A}$ **8171** duo] 2 $\mathcal{A}$ **8172** decem] 10 $\mathcal{A}$ **8172** quinque] 5 $\mathcal{A}$ **8172** quatuor] 4 $\mathcal{A}$ **8173** decem] 10 $\mathcal{A}$ **8175** medietatem] $\frac{em}{2}$ $\mathcal{A}$ **8175** tertiam] $\frac{am}{3}$ $\mathcal{A}$ **8175** sex] 6 $\mathcal{A}$ **8175** tres] 3 $\mathcal{A}$ **8176** tertie] $\frac{e}{3}$ $\mathcal{A}$ **8176** duo] 2 $\mathcal{A}$ **8176** quinque] 5 $\mathcal{A}$ **8177–8178** tertie] $\frac{e}{3}$ $\mathcal{A}$ **8178** dimidium] $\frac{m}{2}$ $\mathcal{A}$ **8178** sex] 6 $\mathcal{A}$ **8178** tertiam] $\frac{am}{3}$ $\mathcal{A}$ **8178** decem] 10 $\mathcal{A}$ **8180** (*b*)] *sign.* (() *scr. al. m. in textu* **8180** tertiam] $\frac{am}{3}$ $\mathcal{A}$ **8180–8181** medietatem] $\frac{em}{2}$ $\mathcal{A}$ **8181** quinque sexte] $\frac{5}{6}$ $\mathcal{A}$ **8181** unum] 1 $\mathcal{A}$ **8182** unum] 1 $\mathcal{A}$ **8182** quinta] $\frac{a}{5}$ $\mathcal{A}$ **8182** quintam] $\frac{am}{5}$ $\mathcal{A}$ **8182** decem] 10 $\mathcal{A}$ **8183** duodecim] 12 $\mathcal{A}$ **8183** duodecim (*post* de)] 12 $\mathcal{A}$ **8184** sex] 6 $\mathcal{A}$ **8184** tertie] $\frac{e}{3}$ $\mathcal{A}$ **8184** tertia] $\frac{a}{3}$ $\mathcal{A}$ **8184** duodecim] 12 $\mathcal{A}$ **8184** quatuor] 4 $\mathcal{A}$ **8185–8186** tertia] $\frac{a}{3}$ $\mathcal{A}$ **8186** medietate] $\frac{te}{2}$ $\mathcal{A}$ **8186** decem] 10 $\mathcal{A}$ **8187** quinque sextas] $\frac{5}{6}$ $\mathcal{A}$ **8187–8188** decem] 10 $\mathcal{A}$ **8188** est] *add. supra* $\mathcal{A}$ **8188** quinque sextis] $\frac{5}{6}$ $\mathcal{A}$ **8189** quinta] $\frac{a}{5}$ $\mathcal{A}$ **8189** decem] 10 $\mathcal{A}$ **8189** duodecim] 12 $\mathcal{A}$ **8190** tertie] $\frac{e}{3}$ $\mathcal{A}$ **8190** quinque sextas] $\frac{5}{6}$ $\mathcal{A}$ **8191** tertie] $\frac{e}{3}$ $\mathcal{A}$ **8191** duodecim] 12 $\mathcal{A}$ **8191** quinque sextas] $\frac{5}{6}$ $\mathcal{A}$ **8191** decem] 10 $\mathcal{A}$

comparatio autem tertie ad quinque sextas est sicut comparatio eius quod convenit domino tertie de decem ad decem; igitur comparatio eius quod convenit domino tertie de decem ad decem est sicut comparatio tertie de duodecim ad decem. Tertia igitur de duodecim equalis est ei quod convenit domino tertie de decem. Similiter etiam monstrabitur quod medietas de duodecim equalis est ei quod convenit domino medietatis de decem.

(*c*) Vel aliter, si volueris. Agrega medietatem et tertiam de decem, et agregatum pone prelatum. Cum autem volueris scire quantum conveniat domino medietatis, multiplica medietatem de decem in decem, et productum divide per prelatum, et exibit quod volueris. Similiter etiam, cum volueris scire quantum conveniat domino tertie, multiplica tertiam de decem in decem, et productum divide per prelatum, et exibit quod volueris.

Probatio autem huius modi consimilis est probationi prioris modi, nec differunt in aliquo. Manifestum est enim quod comparatio medietatis ad tertiam est sicut comparatio medietatis de decem ad eius tertiam.

(*d*) Similiter etiam facies si fuerint tres ⟨homines⟩, vel plures, inter quos est dividenda pecunia. Scilicet, quere numerum qui habeat tales partes secundum quas dividenda est pecunia inter eos. Cuius ipsas partes agrega, et agregatum pone prelatum. Cum igitur volueris scire quid conveniat de tota summa domino huius vel illius partis, accipe talem partem de numero quesito, et multiplica ⟨eam⟩ in ipsam, et productum divide per prelatum, et exibit quod volueris. Cuius probatio patet ex premissis.

(**B.119**) Si volueris dividere triginta nummos tribus hominibus quorum uni debentur due tertie ipsorum, et alteri quantum est totum, scilicet triginta, tertio vero tantum et dimidium.

Sic facies. Ex numeris denominationum fac numerum communem, qui est sex. Cuius duas tertias, que sunt quatuor, da domino duarum tertiarum; ei vero cui debetur quantum est totum da sex, sed ei cui tantum et dimidium da tantumdem quantum est sex et dimidium eius, scilicet tres, qui sunt novem. Quasi ergo querat dicens: 'Tres participes quorum unus

---

8214–8252 Si volueris dividere ... considera secundum hoc] $203^v, 32 - 204^r, 7$ (hic desinit cod.) $\mathcal{A}$; $38^{rb}, 24 - 38^{va}, 39$ $\mathcal{B}$; $50^{ra}, 3 - 43$ $\mathcal{C}$.

8192 tertie] $\frac{e}{3}$ $\mathcal{A}$ 8192 quinque sextas] $\frac{5}{6}$ $\mathcal{A}$ 8193 tertie] $\frac{e}{3}$ $\mathcal{A}$ 8193 decem] 10 $\mathcal{A}$ 8193 decem *(post* ad*)*] 10 $\mathcal{A}$ 8194 tertie] $\frac{e}{3}$ $\mathcal{A}$ 8194 decem] 10 $\mathcal{A}$ 8194 decem] 10 $\mathcal{A}$ 8194 tertie] $\frac{e}{3}$ $\mathcal{A}$ 8195 duodecim *(ante* ad*)*] 12 $\mathcal{A}$ 8195 decem] 10 $\mathcal{A}$ 8195 duodecim] 12 $\mathcal{A}$ 8196 tertie] $\frac{e}{3}$ $\mathcal{A}$ 8196 decem] 10 $\mathcal{A}$ 8196 Similiter] *ante hoc sign.* (() *ab al. m. in textu præb. cod.* 8196 medietas] $\frac{as}{2}$ $\mathcal{A}$ 8197 duodecim] 12 $\mathcal{A}$ 8197 decem] 10 $\mathcal{A}$ 8198 medietatem] $\frac{tem}{2}$ $\mathcal{A}$ 8198 tertiam] $\frac{am}{3}$ $\mathcal{A}$ 8198 decem] 10 $\mathcal{A}$ 8200 decem] 10 $\mathcal{A}$ 8200 decem *(post* in*)*] 10 $\mathcal{A}$ 8202 tertie] $\frac{e}{3}$ $\mathcal{A}$ 8202 tertiam] $\frac{am}{3}$ $\mathcal{A}$ 8202–8203 decem] 10 $\mathcal{A}$ 8203 decem] 10 $\mathcal{A}$ 8206 tertiam] $\frac{am}{3}$ $\mathcal{A}$ 8206 decem] 10 $\mathcal{A}$ 8206 tertiam] $\frac{am}{3}$ $\mathcal{A}$ 8207 tres] 3 $\mathcal{A}$ 8208 habeat] habebat $\mathcal{A}$ 8212 ipsam] ipsum *cod.* 8214 triginta] 30 $\mathcal{A}$ 8214 nummos] numos $\mathcal{B}$ 8214 tribus] 3 $\mathcal{A}$ 8215 due tertie] $\frac{2}{3}$ $\mathcal{A}$ 8215 triginta] 30 $\mathcal{A}$ 8216 tertio] tertie $\mathcal{B}$ 8217 Sic facies] *marg.* $\mathcal{B}$ 8218 sex] 6 $\mathcal{A}$ 8218 duas tertias] $\frac{2}{3}$ $\mathcal{A}$ 8218 quatuor] 4 $\mathcal{AC}$ 8218–8219 duarum tertiarum] $\frac{2}{3}^{arum}$ $\mathcal{A}$ 8219 sex] 6 $\mathcal{A}$ 8219 sed] Set $\mathcal{B}$ 8220 dimidium] eius *add. et exp.* $\mathcal{B}$ 8220 tantumdem] tantundem $\mathcal{B}$ 8220 sex] 6 $\mathcal{A}$ 8220 dimidium] $\frac{m}{2}$ $\mathcal{A}$ 8220 tres] 3 $\mathcal{A}$ 8221 novem] 9 $\mathcal{A}$ 8221 Tres] 3 $\mathcal{A}$

collatis quatuor, alter sex, alter vero novem, lucrati sunt triginta nummos, quomodo divident eos?'. Fac sicut predictum est, et quod accidit habenti quatuor est id quod accidit domino duarum tertiarum, et quod accidit habenti sex est id quod accidit ei cui debetur tantum, et quod accidit habenti novem est id quod accidit ei cui debetur tantum et dimidium.

(**B.120**) Cum volueris dividere triginta nummos tribus hominibus quorum uni debentur due tertie de triginta et tres nummi, alteri vero debentur tantum, scilicet triginta, et duo nummi, tertio vero duplum de triginta et quarta eorum et unus nummus [sic quousque de triginta nummis nichil supersit].

Predicti nummi duobus modis accipiuntur.

(*i*) Uno, scilicet, ut si velis eos de tota summa accipere et dare illis. Et tunc remanebunt viginti quatuor nummi, quos divides secundum quod debetur cuique; et ad id quod acciderit domino duarum tertiarum adde tres nummos quos sibi prius dedisti, ad id vero quod acciderit domino tanti adde duos nummos premissos, et ad id quod acciderit domino dupli et quarte adde nummum predictum.

(*ii*) Alio modo, quod si vis accipere nummos predictos in sortibus. Tunc sic facies. Duas tertias de triginta, que sunt viginti, et insuper tres nummos da domino duarum tertiarum et trium nummorum; deinde tantumdem quanta est tota summa et insuper duos nummos, qui fiunt triginta duo nummi, da domino tanti et duorum nummorum; deinde duplum eius et quartam cum addito nummo, qui sunt sexaginta octo et dimidius, da domino dupli et quarte et unius nummi. Quasi ergo queratur: 'Tres erant mercatores, quorum unius capitale ⟨erat⟩ viginti tres nummi, alterius triginta duo, tertii vero sexaginta octo et obolus; negotiando lucrati sunt

---

8222 quatuor] 4 $\mathcal{AC}$ **8222** sex] 6 $\mathcal{AC}$ **8222** novem] 9 $\mathcal{AC}$ **8222** triginta] 30 $\mathcal{A}$ **8222** nummos] numos $\mathcal{B}$ **8223** accidit] acciderit *codd.*   **8224** quatuor] 4 $\mathcal{AC}$, quatuor sex (*v. infra*) $\mathcal{B}$ **8224** accidit] ei cui debetur tantundem. Et quod accidit *add. et exp.* $\mathcal{B}$ **8224** duarum tertiarum] $\frac{2}{3}$arum $\mathcal{A}$ **8225** sex] 6 $\mathcal{AC}$ **8225** tantum] tantundem $\mathcal{BC}$ **8225–8226** et quod ... tantum] *per homœotel. om.* $\mathcal{A}$ **8226** novem] 9 $\mathcal{C}$ **8227** triginta] 30 $\mathcal{A}$ **8227** nummos] numos $\mathcal{BC}$ **8227** tribus] 3 $\mathcal{A}$ **8228** debentur] *corr. ex* den $\mathcal{A}$ **8228** due tertie] $\frac{2}{3}$ $\mathcal{A}$ **8228** triginta] 30 $\mathcal{A}$ **8228** tres] 3 $\mathcal{A}$ **8228** nummi] numi $\mathcal{B}$ **8229** triginta] 30 $\mathcal{A}$ **8229** duo] 2 $\mathcal{A}$ **8229** nummi] numi $\mathcal{B}$ **8229** duplum] dupplum $\mathcal{C}$ **8229** triginta] 30 $\mathcal{A}$ **8230** quarta] $\frac{a}{4}$ $\mathcal{A}$ **8230** et (*post* eorum)] est $\mathcal{C}$ **8230** unus] 1 $\mathcal{A}$ **8230** nummus] numus $\mathcal{B}$ **8230** triginta] 30 $\mathcal{A}$ **8230** nummis] numis $\mathcal{B}$ **8232** nummi] numi $\mathcal{B}$ **8232** duobus] 2 $\mathcal{A}$, debetur *pr. scr. et exp.* $\mathcal{C}$ **8234** viginti quatuor] 24 $\mathcal{AC}$ **8234** nummi] numi $\mathcal{B}$ **8235** tres] 3 $\mathcal{A}$ **8235–8236** nummos] numos $\mathcal{B}$ **8236** sibi] debetur *add. et del.* $\mathcal{C}$ **8237** duos] 2 $\mathcal{A}$ **8237** nummos] numos $\mathcal{BC}$ **8237** dupli] duppli $\mathcal{BC}$ **8237** quarte] $\frac{e}{4}$ $\mathcal{A}$ **8238** nummum] numum $\mathcal{B}$ **8239** vis] vos *pr. scr. et corr.* $\mathcal{C}$ **8239** nummos] numos $\mathcal{B}$ **8240** Duas tertias] $\frac{2}{3}$ $\mathcal{A}$ **8240** triginta] 30 $\mathcal{A}$ **8240** viginti] 20 $\mathcal{A}$ **8240** tres] 3 $\mathcal{A}$ **8240–8241** nummos] numos $\mathcal{BC}$ **8241** duarum tertiarum] $\frac{2}{3}$arum $\mathcal{A}$ **8241** nummorum] numorum $\mathcal{BC}$ **8241–8242** tantumdem] tantundem $\mathcal{B}$ **8242** duos] 2 $\mathcal{A}$ **8242** nummos] numos $\mathcal{B}$ **8242–8243** triginta duo] 32 $\mathcal{A}$ **8243** nummi] numi $\mathcal{B}$ **8243** duorum] 2 $\mathcal{A}$ **8243** nummorum] numorum $\mathcal{BC}$ **8243** duplum] dupplum $\mathcal{BC}$ **8244** quartam] $\frac{am}{4}$ $\mathcal{A}$ **8244** nummo] numo $\mathcal{BC}$ **8244** sexaginta octo] 68 (*corr. ex* 60) $\mathcal{A}$, sexaginta et octo $\mathcal{BC}$ **8244** dimidius] 2us (*sic*) $\mathcal{A}$ **8245** dupli] duppli $\mathcal{BC}$ **8245** quarte] $\frac{e}{4}$ $\mathcal{A}$ **8245** nummi] numi $\mathcal{BC}$ **8245** Tres] 3 $\mathcal{A}$ **8246** viginti tres] 23 $\mathcal{A}$ **8246** nummi] numi $\mathcal{B}$ **8246–8247** triginta duo] 32 (*corr. ex* 30) $\mathcal{A}$ **8247** sexaginta octo] 68 $\mathcal{A}$

triginta nummos; quomodo divident eos?'. Id quod accidit domino viginti trium est id quod accidit primo, et id quod accidit domino triginta duorum est id quod competit secundo, et id quod accidit domino sexaginta octo et dimidii est id quod competit tertio.

Cetera huiusmodi considera secundum hoc.

8248 triginta] 30 $\mathcal{AC}$ **8248** nummos] numos $\mathcal{B}$ **8248** Id] et id $\mathcal{B}$ **8248–8249** viginti trium] 23 $\mathcal{A}$ **8249** triginta duorum] 32^{orum} *(corr. ex* 30*)* $\mathcal{A}$, 30 *pr. scr. del. et* triginta duorum *scr.* $\mathcal{C}$ **8250** competit] conpetit $\mathcal{B}$ **8250** domino] triginta duorum *add. et exp.* $\mathcal{B}$ **8250** sexaginta octo] 68 $\mathcal{A}$ **8251** competit] conpetit $\mathcal{B}$

Capitulum de massis

Quod fit omnibus modis quibus predicta participatio. Proponam autem unam questionem de hoc in qua appareant omnes modi agendi in omnibus questionibus huius capituli. Que est hec.

(B.121) De una massa commixta ex auro decem unciarum et quatuordecim de argento et viginti de auricalco, accepta vero una parte ab ea ponderis duodecim unciarum, quantum est in parte illa de unoquoque metallo?

Hec questio est quasi dicatur: 'Tres consortes quorum unius capitale est decem nummi, secundi vero quatuordecim, tertii viginti, lucrati sunt duodecim, quomodo divident eos?'. Fac sicut predictum est. Et id quod acciderit capitali decem est id quod est in ea de auro; et id quod acciderit capitali quatuordecim est id quod est in ea de argento; et quod acciderit capitali de viginti est id quod est in ea de auricalco.

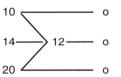

Ad B.121: *Figura inven. in* $\mathcal{A}$ *(162^v, 4 – 6 marg.),* $\mathcal{C}$ *(50ra, 53 – 56 marg.), om. sed spat. rel. (38vb, 4 – 6)* $\mathcal{B}$; *44 (sc. summam) add. alt. ut vid. m. in* $\mathcal{A}$.

(B.122) Cum sit una massa rotunda cuius diametrum est decem palmorum, quot masse rotunde possunt fieri ex ea ⟨si⟩ uniuscuiusque earum diametrum sit quinque palmorum?

Sic facies. Multiplica decem in se, et provenient centum; quos multiplica in decem, et fient mille. Deinde multiplica quinque in se, et provenient

---

8253–8265 Capitulum de massis ... de auricalco] 162^v, 1 – 6 $\mathcal{A}$; 38va, 40-41 – 38vb, 10 $\mathcal{B}$; 50ra, 44 – 58 $\mathcal{C}$.
8266–8370 Cum sit una massa ... demonstrare voluimus] 162^v, 6 – 163^r, 16 $\mathcal{A}$; $\mathcal{BC}$ *deficiunt*.

8253–8254 Capitulum ... participatio] *om. sed spat. rel.* $\mathcal{B}$; *ad tit. scr. signa* ¶ *&* † *al. m.* $\mathcal{A}$ **8253–8256** Capitulum ... est hec] *rubro col.* $\mathcal{C}$ **8255** unam] *om.* $\mathcal{A}$ **8255** qua] quo *codd.* **8257** commixta] conmixta $\mathcal{B}$ **8257** decem] 10 $\mathcal{A}$ **8257** quatuordecim] 14 $\mathcal{A}$, quattuordecim $\mathcal{C}$ **8258** viginti] 20 $\mathcal{A}$ **8258** parte ab ea] ab ea *(quæ exp.)* parte ab ea $\mathcal{A}$, ab ea parte $\mathcal{BC}$ **8259** duodecim] 12 $\mathcal{A}$ **8259** unoquoque] uno quoque $\mathcal{BC}$ **8260** questio est] est questio $\mathcal{B}$ **8260** Tres] 3 $\mathcal{A}$ **8260** consortes] confi *pr. scr. et corr.* $\mathcal{A}$ **8261** decem] 10 $\mathcal{A}$ **8261** nummi] numi $\mathcal{B}$ **8261** quatuordecim] 14 $\mathcal{A}$, quattuordecim $\mathcal{C}$ **8261** viginti] 20 $\mathcal{A}$ **8262** duodecim] 12 $\mathcal{AC}$, *om.* $\mathcal{B}$ **8262–8263** Et id ... auro] *marg.* $\mathcal{A}$ **8263** decem] 10 $\mathcal{A}$ **8263** et id quod] et quod $\mathcal{BC}$ **8264** capitali] pro capitali *codd.* **8264** quatuordecim] 14 $\mathcal{AC}$ **8264** est *(post* quod*)] om.* $\mathcal{B}$ **8265** viginti] 20 $\mathcal{AC}$ **8266** decem] 10 $\mathcal{A}$ **8268** quinque] 5 $\mathcal{A}$ **8269** decem] 10 $\mathcal{A}$ **8269** centum] 100 $\mathcal{A}$ **8270** decem] 10 $\mathcal{A}$ **8270** mille] 1000 $\mathcal{A}$ **8270** quinque] 5 $\mathcal{A}$

viginti quinque; quos multiplica in quinque, et provenient centum viginti quinque. Per quos divide mille, et exibunt octo; et tot masse possunt fieri ex illa supra posita.

Vel aliter. Divide decem per quinque, et exibunt duo. Quos multiplica in se, et provenient quatuor; quos iterum multiplica in duo, et fient octo, et tot masse possunt fieri ex illa.

(**B.123**) Cum sit una massa ⟨rotunda⟩ diametri decem palmorum et pretii centum nummorum, tunc quanti pretii est alia massa rotunda eiusdem substantie diametri quinque palmorum?

Sic facies. Denomina quinque de decem, scilicet dimidium. Quod multiplica in se, et fiet quarta; quam multiplica in dimidium, et fiet octava. Octava igitur de centum, que est duodecim et dimidium, est pretium illius minoris masse.

Vel aliter. Multiplica decem in se, et provenient centum; quos iterum multiplica in decem, et fient mille. Deinde multiplica quinque in se, et fient viginti quinque ⟨quos iterum multiplica in quinque, et provenient centum viginti quinque⟩. Quos denomina de mille, scilicet octavam. Octava ⟨igitur⟩ de centum, que est duodecim et dimidium, est pretium illius.

Item de alio

(**B.124**) Cum sit una massa permixta ex auro et argento ponderans quingentas uncias, et volueris scire quantum auri et argenti est in ea sine examinatione ignis, id est ut in igne non liquescat, nec pars de ea incidatur, nec iterum ponderetur.

(***a***) Sic facies. Scias prius pondus duum corporum, unius ex auro et alterius ex argento, sed equalium in magnitudine; et postea scies comparationem ponderis unius ad pondus alterius corporis, et per hoc scies quod queris.

Ars autem sciendi equalitatem eorum in magnitudine hec est. Pondera quodlibet frustum auri, et, cognito eius pondere, pone illud in vase. Deinde superpone tantum aque quousque cooperiatur ab aqua. Postea signa locum ad quem aqua pertingit. Postea inde extractum ⟨frustum⟩ iterum pondera; et si plus ponderaverit quam prius, quantum plus ponderaverit tantum de aqua adde aque. Deinde mitte in aqua quoddam frustum argenti ita magnum quod, cum missum fuerit in aqua, aqua pertingat ad locum signatum. Tunc igitur scies quod hec duo corpora, unum auri et alterum argenti, sunt equalia in magnitudine. Deinde pondera argentum, et cognosces compa-

---

8271 viginti quinque] 25 $\mathcal{A}$ **8271** quinque] 5 $\mathcal{A}$ **8271–8272** centum viginti quinque] 125 $\mathcal{A}$ **8272** mille] 100 *(sic)* $\mathcal{A}$ **8272** octo] 8 $\mathcal{A}$ **8274** decem] 10 $\mathcal{A}$ **8274** quinque] 5 $\mathcal{A}$ **8274** duo] 2 $\mathcal{A}$ **8275** quatuor] 4 $\mathcal{A}$ **8275** duo] 2 $\mathcal{A}$ **8275** octo] 8 $\mathcal{A}$ **8277** decem] 10 $\mathcal{A}$ **8278** centum] 100 $\mathcal{A}$ **8279** quinque] 5 $\mathcal{A}$ **8280** quinque] 5 $\mathcal{A}$ **8280** decem] 10 $\mathcal{A}$ **8281** quarta] $\frac{ta}{4}$ $\mathcal{A}$ **8281** in dimidium] in se $\mathcal{A}$ **8281–8282** octava] $\frac{a}{8}$ $\mathcal{A}$ **8282** Octava] $\frac{a}{8}$ $\mathcal{A}$ **8282** centum] 100 $\mathcal{A}$ **8282** duodecim] 12 $\mathcal{A}$ **8284** decem] 10 $\mathcal{A}$ **8284** centum] 100 *(pr. scr.* 100 *et del., postea* 125 *quod etiam del.)* $\mathcal{A}$ **8284** iterum] *corr. ex* iterium $\mathcal{A}$ **8285** decem] 10 $\mathcal{A}$ **8285** mille] 1000 $\mathcal{A}$ **8285** quinque] 5 $\mathcal{A}$ **8286** viginti quinque] 25 $\mathcal{A}$ **8287** mille] 1000 $\mathcal{A}$ **8287** octavam] $\frac{am}{8}$ $\mathcal{A}$ **8287** Octava] $\frac{a}{8}$ $\mathcal{A}$ **8288** centum] 10 *(sic)* $\mathcal{A}$ **8288** duodecim] 12 $\mathcal{A}$ **8289** Item de alio] *nota et signa* ¶ *& † add. in marg. et prius sign. iter. in textu al. m.* $\mathcal{A}$ **8290–8291** quingentas] 500 $\mathcal{A}$ **8298** frustum] frustrum $\mathcal{A}$ **8299** aqua] *corr. ex* ea $\mathcal{A}$ **8300** pondera] podera $\mathcal{A}$

rationem ponderis unius ad pondus alterius. Quasi ergo inveneris quod argentum ponderat quatuor quintas ponderis auri; quod non ideo dico quia expertus sim, sed gratia exempli, ut monstretur quod dico.

(*b*) Secundum igitur supra positam artem inveni aliquod corpus argenti equale proposite masse in magnitudine. Quod pondera. Quasi igitur inveneris pondus eius ⟨esse⟩ quadringentarum triginta duarum unciarum. Quodlibet igitur corpus auri equale huic erit ponderis quingentarum quadraginta unciarum, secundum quod positum est. Deinde accipe differentiam que est inter pondera horum duorum corporum, que est centum et octo, et retine. Deinde accipe differentiam que est inter pondera corporis argenti et masse permixte ⟨que est sexaginta octo, et etiam differentiam que est inter pondera masse permixte⟩ et masse ex auro, que est quadraginta. Hee igitur differentie due dividunt primam differentiam retentam secundum comparationem auri et argenti que sunt in massa permixta. Comparatio autem maioris earum ad illam differentiam retentam est sicut comparatio eius quod est in massa permixta de corpore propinquiore sibi in pondere ad pondus illius propinquioris. Sed quingente quadraginta propinquiores sunt ad quingentas quam quadringente triginta due. Sequitur ergo ut comparatio eius auri quod est in massa ad quingentas quadraginta sit sicut comparatio de sexaginta octo ad centum et octo. Sed sexaginta octo sunt quinque none et due tertie none de centum et octo. Igitur aurum quod est in massa est quinque none et due tertie unius none de quingentis quadraginta, que sunt trescente quadraginta. Comparatio etiam de quadraginta ad centum et octo est sicut comparatio argenti quod est in massa ad quadringentas triginta duas. Sed comparatio de quadraginta ad centum et octo est tres none et tertia none. Argentum ergo quod est in massa est tres none et tertia none de quadringentis triginta duabus, que sunt centum sexaginta. Et hoc est quod demonstrare voluimus.

[DE SCIENTIA COGNOSCENDI AN AURUM VEL ARGENTUM SIT PURISSIMUM AUT, SI PURUM NON EST, QUANTUM DE ALIO ILLI PERMIXTUM EST.]

(**B.125**) Quidam tradidit fabro aurum mille unciarum ad facienda vasa. Deinde, factis inde vasis et reportatis, vult scire dominus vasorum an faber amiscuerit aliquid auro et quantum.

8306 Quasi ergo inveneris] *signa* † *in marg. et* ꝗ *in textu add. al. m.* **8307** quatuor quintas] $\frac{4}{5}$ $\mathcal{A}$ **8311** quadringentarum triginta duarum] 432^{arum} $\mathcal{A}$ **8312–8313** quingentarum quadraginta] 540 $\mathcal{A}$ **8314–8315** centum et octo] 108 $\mathcal{A}$ **8317** quadraginta] 40 $\mathcal{A}$ **8318** due] 2 $\mathcal{A}$ **8319** et argenti] ad argentum *cod.* **8322** quingente quadraginta] 540 $\mathcal{A}$ **8323** quingentas] 500 $\mathcal{A}$ **8323** quadringente triginta due] 432 $\mathcal{A}$ **8324** quingentas quadraginta] 540 $\mathcal{A}$ **8325** sexaginta octo] 68 $\mathcal{A}$ **8325** centum et octo] 108 $\mathcal{A}$ **8325** sexaginta octo] 68 $\mathcal{A}$ **8326** quinque none] $\frac{5}{9}$ $\mathcal{A}$ **8326** due tertie none] $\frac{2}{3}\frac{e}{9}$ $\mathcal{A}$ **8326** centum et octo] 108 $\mathcal{A}$ **8327** quinque none] $\frac{5}{9}$ $\mathcal{A}$ **8327** due tertie unius none] $\frac{2}{3}$ unius $\frac{e}{9}$ $\mathcal{A}$ **8327–8328** quingentis quadraginta] 540 $\mathcal{A}$ **8328** trescente quadraginta] 340 *post quod* et tertia $\frac{e}{9}$ *add. et del.* $\mathcal{A}$ **8328** quadraginta] 40 $\mathcal{A}$ **8329** centum et octo] 108 $\mathcal{A}$ **8329–8330** quadringentas triginta duas] 432 $\mathcal{A}$ **8330** quadraginta] 40 $\mathcal{A}$ **8330–8331** centum et octo] 108 $\mathcal{A}$ **8331** tres none] $\frac{3}{9}$ $\mathcal{A}$ **8331** tertia none] $\frac{a\,e}{3\,9}$ $\mathcal{A}$ **8332** tres none] $\frac{3}{9}$ $\mathcal{A}$ **8332** tertia none] tertia $\frac{e}{9}$ $\mathcal{A}$ **8332** quadringentis triginta duabus] 432^{bus} $\mathcal{A}$ **8332–8333** centum sexaginta] 160 $\mathcal{A}$ **8333** voluimus] *al. m. repet.* 108 *in ima pag. cod.* **8334** De scientia] *signa* ꝗ *& * † *add. in marg. al. m.* **8336** mille] 1000 $\mathcal{A}$ **8338** aliquid] *de add. et exp.* $\mathcal{A}$

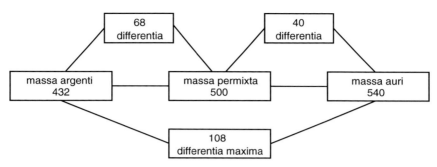

Ad B.124*b*:   *Figura inven. in* 𝒜 *(162ᵛ, ima pag.).*

Ars autem cognoscendi hoc est sicut illa que precessit. Quasi ergo inveneris aliquod corpus argenti equale corpori auri laborati ⟨in magnitudine⟩. Quo ponderato invenitur esse ponderis octingentarum sexaginta quatuor unciarum [nec causamus plus minusve ponderet, sed hoc dicimus gratia exempli]. Constat igitur ex hoc quod quodlibet corpus puri auri equale illi in magnitudine erit mille octoginta unciarum in pondere. Manifestum est igitur quod aurum laboratum non est purum; si enim esset purum, esset mille octoginta unciarum in pondere. Si vero argentum purum esset, ponderaret octingentas sexaginta quatuor uncias.

Hoc ergo comperto, volumus scire quantum argenti est permixtum illi vel quantum auri remansit. Accipe igitur differentiam que est inter duo corpora quorum unum est purum aurum, alterum vero purum argentum; que differentia est ducente sexdecim, et eam retine. Deinde accipe differentiam que est inter pondus corporis puri argenti et pondus vasorum, ⟨que est centum triginta sex, et differentiam que est inter pondus vasorum⟩ et pondus corporis auri puri, que est octoginta. Hee igitur due differentie dividunt differentiam retentam secundum comparationem auri et argenti que sunt in vasis elaboratis. Comparatio autem maioris earum differentiarum ad differentiam retentam est sicut comparatio eius quod est in vasis de corpore propinquiore vasis in pondere ad pondus ipsius corporis propinquioris. Sed mille octoginta sunt propinquiores ad mille quam octingente sexaginta quatuor. Sequitur ergo ut comparatio auri quod est in vasis ad mille octoginta sit sicut comparatio de centum triginta sex ad ducentas sexdecim. Comparatio autem de centum triginta sex ad ducentas sexdecim est quinque none et due tertie none. Igitur aurum quod est in vasis est quinque none et due tertie none de mille octoginta, que sunt sexcente octoginta. Similiter etiam comparatio eius quod est in vasis de argento ad octingentas

---

8341–8342 octingentarum sexaginta quatuor] 864 𝒜   **8344** mille octoginta] 1080 𝒜   **8346** mille octoginta] 180 *(sic)* 𝒜   **8347** octingentas sexaginta quatuor] 864 𝒜   **8351** ducente sexdecim] 216 𝒜   **8354** octingentas] 80 𝒜   **8354** Hee] He *cod.*   **8354** due] 2 𝒜   **8355–8356** que sunt] quod est *cod.*   **8359** mille octoginta] 1800 *(sic)* 𝒜   **8359** mille] 1000 𝒜   **8359–8360** octingente sexaginta quatuor] 864 𝒜   **8360–8361** mille octoginta] 1080 𝒜   **8361** centum triginta sex] 136 𝒜   **8361** ducentas sexdecim] 216 𝒜   **8362** centum triginta sex] 136 𝒜   **8362** ducentas sexdecim] 216 𝒜   **8362–8363** quinque none] $\frac{5}{9}$ 𝒜   **8363** due tertie none] $\frac{2}{3}\frac{e}{9}$ 𝒜   **8363–8364** quinque none] $\frac{5}{9}$ 𝒜   **8364** due tertie none] $\frac{2}{3}\frac{e}{9}$ *post quod* eorum *add. et exp.* 𝒜   **8364** mille octoginta] 1080 *(corr. ex* 1000*)* 𝒜   **8364** sexcente octoginta] 680 𝒜   **8365–8366** octingentas sexaginta quatuor] 864 𝒜

sexaginta quatuor est sicut comparatio de octoginta ad ducentas sexdecim. Comparatio autem de octoginta ad ducentas sexdecim est tres none et tertia none. ⟨Igitur argentum quod est in vasis est tres none et tertia none⟩ de octingentis sexaginta quatuor, que sunt trescente viginti. Et hoc est quod demonstrare voluimus.

8366 octoginta] 80 $\mathcal{A}$ **8366** ducentas sexdecim] 216 $\mathcal{A}$ **8367** octoginta] 80 $\mathcal{A}$
8367 ducentas sexdecim] 216 $\mathcal{A}$ **8367** tres none] $\frac{3}{9}$ $\mathcal{A}$ **8367–8368** tertia none]
$\frac{a}{3}\frac{e}{9}$ $\mathcal{A}$ **8369** octingentis sexaginta quatuor] 864 $\mathcal{A}$ **8369** trescente viginti] 320 $\mathcal{A}$

Capitulum de cortinis

(**B.126**) Verbi gratia. Si quis querat dicens: De cortina decem cubitorum in longum et octo cubitorum in latum et quinquaginta unciarum in pondere si fuerit pars abscisa sex cubitorum in longum et quatuor cubitorum in latum, quanti ponderis est?

Sic facies. Multiplica latitudinem eius in longitudinem eius, et provenient octoginta. Similiter etiam fac in parte abscisa, et provenient viginti quatuor. Quasi ergo querat: 'Cum octoginta dentur pro quinquaginta, tunc quantum est pretium de viginti quatuor, quod est magnitudo partis?'. Multiplica, tu, viginti quatuor in quinquaginta, qui numerus est ponderis cortine, et productum divide per octoginta; et exibunt quindecim, qui numerus est ponderis partis. Vel, si volueris, divide prius unum multiplicantium per dividentem et quod exit multiplica in alterum, et productum est quod queris. [Scias autem magnitudinem hic intelligi quicquid habetur in cortinis de partibus singulorum cubitorum in latum et longum quibus mensuratur totum.]

Hec autem regula sumpta est a proportione. Magnitudo enim cortine sic se habet ad suum pondus sicut magnitudo partis ad suum. Sic igitur se habent octoginta, que sunt magnitudo cortine, ad quinquaginta, quod est pondus eius, sicut viginti quatuor, qui sunt magnitudo partis, ad pondus suum, quod queritur. Est igitur quartus incognitus, primus autem, ⟨qui est⟩ dividens, est octoginta.

(**B.127**) Si quis dicat: De cortina decem cubitorum in longum et octo in latum et sexaginta unciarum in pondere si fuerit pars abscisa quindecim cubitorum in longum et novem in latum, quanti ponderis est?

Hec questio impossibilis est. Nam cortina est decem cubitorum ⟨in longum⟩ et ideo de decem non possunt abscindi quindecim. Si autem longitudo partis fuerit minor longitudine cortine et latitudo partis minor latitudine cortine, tunc questio erit vera. Et facies sic: Scilicet, multiplica longitudinem partis in latitudinem eius, et proveniet eius magnitudo. Deinde

---

8371–8392 Capitulum de cortinis ... est octoginta] 163^r, 17 – 27 A; 38vb, 10-11 – 43 B; 50ra, 58 – 50rb, 22 C.
8393–8407 Si quis dicat ... quod voluisti] 163^r, 27 – 35 A; BC deficiunt.

8371–8372 Capitulum ... gratia] om. (sed spat. parvulum hab.) B, rubro col. C **8372** decem] 10 A **8373** octo] 8 A **8373** quinquaginta] 50 A **8374** abscisa] abscisa BC **8374** sex] 6 A **8374** quatuor] 4 A, quattuor C **8377** octoginta] 80 A **8377** abscisa] abscisa ABC **8377–8378** viginti quatuor] 24 A, viginti quattuor C **8378** octoginta] 80 A **8378** quinquaginta] 50 (40 pr. scr. et exp.) A **8379** viginti quatuor] 24 A, viginti quattuor C **8380** viginti quatuor] 24 A, viginti quattuor C **8380** quinquaginta] 50 A **8380** numerus est] est numerus A **8381** octoginta] 80 AC **8381** quindecim] 15 AC **8384** Scias] Scies codd. **8384** magnitudinem] corr. ex magnitudo B **8387** Magnitudo] Magntudo B **8389** octoginta] 80 A **8389** quinquaginta] 50 A **8390** viginti quatuor] 24 A, viginti quattuor C **8391** quartus] $\frac{tus}{4}$ A **8392** octoginta] 80 A, incognita B **8393** decem] 10 A **8393** octo] 8 A **8394** sexaginta] 60 A **8394** quindecim] 15 A **8395** novem] 9 A **8396** decem] 10 A **8397** decem] 10 A **8397** quindecim] 15 A

multiplica similiter longitudinem cortine in suam latitudinem, et proveniet eius magnitudo. Comparatio igitur magnitudinis partis ad magnitudinem cortine erit sicut comparatio ponderis partis, quod queritur, ad pondus cortine. Igitur, si volueris, vel comparabis magnitudinem ad magnitudinem, et accipe tantam partem de pondere, vel multiplica magnitudinem partis in pondus cortine et productum divide per magnitudinem cortine, et exibit pondus partis. Et hoc est quod voluisti.

(**B.128**) Si quis querat dicens: De cortina decem cubitorum in longum et octo cubitorum in latum, quinquaginta vero unciarum in pondere, si fuerit pars abscisa quindecim unciarum in pondere et sex cubitorum in longum, quanta est tota eius magnitudo et latitudo?

Sic facies. Dic, scilicet: 'Postquam tota magnitudo maioris cortine, que est octoginta, est ponderis quinquaginta unciarum, tunc quot cubiti sunt in quindecim unciis?'. Et erunt viginti quatuor cubiti. Que est magnitudo partis. Quam divide per longitudinem eius, que est sex, et exibit latitudo eius, que est quatuor, quam scire voluisti. Si autem e converso esset latitudo cognita et longitudo ignota, divideres magnitudinem partis per latitudinem eius et exiret longitudo eius.

Hec etiam regula sumpta est a proportione. Magnitudo enim maioris cortine, que est octoginta, sic se habet ad suum pondus, quod est quinquaginta, sicut magnitudo partis, que queritur, ad suum pondus, quod est quindecim. Fit ergo tertius ignotus, et dividens est secundus, qui est quinquaginta, primus vero est unus multiplicantium, scilicet magnitudo maioris cortine, que est octoginta, alter vero multiplicantium est quindecim, qui est pondus partis. ⟨Facies ergo⟩ sicut predictum est.

(**B.129**) Si de cortina ignote longitudinis et latitudinis, ponderis vero sexaginta unciarum, fuerit pars abscisa similis cortine quinque cubitorum in longum et quatuor in latum, ponderis vero quindecim unciarum, tunc quanta est longitudo sive latitudo cortine?

Sic facies. Multiplica longitudinem partis in latitudinem eius, et provenient viginti. Deinde divide pondus cortine per pondus partis et quod exit multiplica in viginti, et provenient octoginta. Deinde denomina latitu-

---

8408–8425 Si quis querat ... sicut predictum est] $163^r, 35 - 163^v, 5$ $\mathcal{A}$; $38^{vb}, 44 - 39^{ra}, 18$ $\mathcal{B}$; $50^{rb}, 23 - 26$ (quanta est tota eius magnitudo) $\mathcal{C}$. Hic desinit $\mathcal{C}$.
8426–8450 Si de cortina ... est longitudo eius] $163^v, 5 - 18$ $\mathcal{A}$; $\mathcal{B}$ deficit.

8401 longitudinem] longituď (hic et sæpe) $\mathcal{A}$ **8401** latitudinem] latituď (hic et sæpe) $\mathcal{A}$ **8408** decem] 10 $\mathcal{A}$ **8409** octo] 8 $\mathcal{A}$ **8409** quinquaginta] 50 $\mathcal{A}$ **8409** fuerit] fuierit $\mathcal{B}$ **8410** abscisa] abcisa $\mathcal{BC}$ **8410** quindecim] 15 $\mathcal{A}$ **8410** sex] 6 $\mathcal{A}$ **8411** eius magnitudo] Reliquia desunt $\mathcal{C}$ **8412** Dic, scilicet] dicens codd. **8413** octoginta] 80 $\mathcal{A}$ **8413** quinquaginta] 50 $\mathcal{A}$ **8414** quindecim] 15 $\mathcal{A}$ **8414** viginti quatuor] 24 $\mathcal{A}$ **8415** sex] 6 $\mathcal{A}$ **8416** quatuor] 4 $\mathcal{A}$ **8417** longitudo] longiutudo $\mathcal{B}$ **8419** Hec] bis scr. pr. del. $\mathcal{A}$ **8420** octoginta] 80 $\mathcal{A}$ **8420–8421** quinquaginta] 50 $\mathcal{A}$ **8421** magnitudo] magtudo $\mathcal{B}$ **8422** quindecim] 15 $\mathcal{A}$ **8422** secundus] secundum $\mathcal{B}$ **8422–8423** quinquaginta] 50 $\mathcal{A}$ **8424** octoginta] 80 $\mathcal{A}$ **8424** quindecim] 15 $\mathcal{A}$, quindeci $\mathcal{B}$ **8426–8427** sexaginta] 60 $\mathcal{A}$ **8427** quinque] 5 $\mathcal{A}$ **8428** quatuor] 4 $\mathcal{A}$ **8428** quindecim] 15 $\mathcal{A}$ **8431** viginti] 20 $\mathcal{A}$ **8432** viginti] 20 $\mathcal{A}$ **8432** octoginta] 80 $\mathcal{A}$

dinem partis de longitudine eius, et tantam partem, scilicet quatuor quintas, accipe de octoginta; que est sexaginta quatuor. Quorum radix, que est octo, est latitudo cortine. Cum ergo volueris scire longitudinem cortine, divide longitudinem partis per latitudinem eius et quod exit multiplica in latitudinem cortine, et provenient decem, et tanta est longitudo cortine. Vel aliter. Divide longitudinem partis per latitudinem eius et quod exit multiplica in octoginta, et producti radix est longitudo cortine.

(**B.130**) Si de cortina cuius longitudo maior est eius latitudine duobus cubitis et ponderis sexaginta unciarum fuerit pars abscisa quinque cubitorum in longum et quatuor in latum, quindecim vero unciarum in pondere, tunc quanta est longitudo sive latitudo cortine?

Sic facies. Multiplica longitudinem partis in latitudinem eius, et provenient viginti. Deinde divide pondus cortine per pondus partis et quod exit multiplica in viginti, et provenient octoginta. Deinde dimidium duorum cubitorum multiplica in se, et productum adde ad octoginta, et fient octoginta unum. A quorum radice, que est novem, minue dimidium duorum cubitorum, et remanebunt octo, et tanta est latitudo cortine. Cui adde duos cubitos, et fient decem, et tanta est longitudo eius.

(**B.131**) Si quis querat dicens: De cortina decem cubitorum in longum et octo in latum, ponderis vero quinquaginta unciarum, si fuerit pars abscisa quadrata ponderis viginti duarum unciarum et dimidie, quante est magnitudinis, et latitudinis sive longitudinis?

Inveni magnitudinem partis secundum quod predocuimus; que est triginta sex. Cuius radix, que est sex, est eius longitudo sive latitudo. Si vero magnitudo eius esset numerus non habens radicem, tamen que est propinquior potest inveniri secundum quod docuimus in capitulo de radicibus; que quasi radix erit eius longitudo.

(**B.131′**) Si autem sic proposuerit dicens: Si pars abscisa fuerit ponderis viginti unciarum, habens longitudinem duplam latitudini, quanta est eius longitudo sive latitudo?

Sic facies. Inveni magnitudinem partis secundum quod predocuimus; que est triginta duo. Cum autem volueris scire longitudinem partis, inveni

---

8451–8491 Si quis querat ... est latitudo eius] 163^v, $18 - 39$ $\mathcal{A}$; 39ra, $19 - 39^{rb}$, 21 $\mathcal{B}$.

8433–8434 et tantam partem ... sexaginta quatuor] et tantam partem acceptam de 80, scilicet 64, que sunt $\frac{4}{5}$ *cod.* **8435** octo] 8 $\mathcal{A}$ **8435** cortine] cortinem $\mathcal{A}$ **8437** cortine] cortinem $\mathcal{A}$ **8437** decem] 10 $\mathcal{A}$ **8439** octoginta] 80 $\mathcal{A}$ **8440** duobus] 2 $\mathcal{A}$ **8441** sexaginta] 60 $\mathcal{A}$ **8441** quinque] 5 $\mathcal{A}$ **8442** quatuor] 4 $\mathcal{A}$ **8442** quindecim] 5 *(sic)* $\mathcal{A}$ **8445** viginti] 20 $\mathcal{A}$ **8445** exit] *corr. ex* erit $\mathcal{A}$ **8446** viginti] 20 $\mathcal{A}$ **8446** octoginta] 80 $\mathcal{A}$ **8447** octoginta] 80 $\mathcal{A}$ **8447–8448** octoginta unum] 81 $\mathcal{A}$ **8448** $\mathcal{A}$] *de pr. scr. et del. et* a *add. supra* $\mathcal{A}$ **8448** novem] 9 $\mathcal{A}$ **8449** octo] 8 $\mathcal{A}$ **8450** duos] 2 $\mathcal{A}$ **8450** decem] 10 $\mathcal{A}$ **8451** decem] 10 $\mathcal{A}$, decë $\mathcal{B}$ **8452** octo] 8 $\mathcal{A}$ **8452** quinquaginta] 50 $\mathcal{A}$ **8452–8453** abscisa] abcisa $\mathcal{B}$ **8453** viginti duarum] 22 $\mathcal{A}$ **8455–8456** triginta sex] 36 $\mathcal{A}$ **8456** sex] 6 $\mathcal{A}$ **8457** que est] que *codd.* (*v. adn. seq.*) **8459** que] que est *codd.* **8460** Si autem] Siatur $\mathcal{B}$ **8461** viginti] 20 $\mathcal{A}$ **8461** est] ei *(pro* eīt*) pr. scr. et corr.* $\mathcal{A}$ **8464** que] qui $\mathcal{A}$ **8464** triginta duo] 32 $\mathcal{A}$

radicem dupli triginta duobus; que est octo, et ipsa est eius longitudo. Radix vero medietatis magnitudinis, sive medietas predicte radicis, que est quatuor, est eius latitudo. Hoc autem ideo facimus quoniam longitudo dupla est latitudini et latitudo dimidium est longitudinis. Quasi ergo dicatur: 'Numerus qui multiplicatur in dimidium sui et proveniunt triginta duo'; si ⟨igitur⟩ multiplicetur in se proveniunt sexaginta quatuor, tunc ille numerus est radix de sexaginta quatuor.

(**B.131″**) Similiter si diceretur longitudo eius esse tripla latitudini: invenires radicem tripli magnitudinis et ipsa esset eius longitudo, radix vero tertie partis magnitudinis esset latitudo.

(**B.132**) Si quis vero querat dicens: De cortina decem cubitorum in longum et octo in latum, ponderis vero sexaginta unciarum, si fuerit pars abscisa consimilis illi, ponderis vero quindecim unciarum, quanta est eius longitudo sive latitudo?

['Consimilis' autem hic dicitur ut sic se habeat longitudo partis ad suam latitudinem sicut longitudo maioris ad latitudinem suam.]

(**a**) Sic facies. Scias magnitudinem partis secundum quod predocuimus; que est viginti. Quasi ergo queratur: 'Cum decem caficii dentur pro octo nummis, quot caficii ignoti multiplicati in suum pretium efficient viginti'. Vel quasi sic: 'Aliquis ex decem lucratus est octo, et multiplicato suo lucro in suum capitale provenerunt viginti'. Modum agendi in hiis omnibus iam supra docuimus. Si ergo volueris scire longitudinem partis, multiplica longitudinem cortine in magnitudinem partis et productum divide per latitudinem cortine; et eius quod exierit radix est longitudo partis. Si vero volueris scire latitudinem partis, multiplica latitudinem cortine in magnitudinem partis et productum divide per longitudinem cortine; et eius quod exit radix est latitudo eius.

(**b**) Vel aliter, si volueris. ⟨Denomina pondus partis de pondere cortine et eius quod exit radicem multiplica in longitudinem cortine, et productus erit longitudo partis. Si vero volueris scire latitudinem eius, in eandem radicem multiplica latitudinem cortine, et productus erit latitudo partis.

Quod sic probatur.⟩ Sit cortina superficies $ABGD$, pars vero abscisa sit superficies $HZKT$. Manifestum est igitur quod comparatio superficiei $HZKT$ ad superficiem $ABGD$ est sicut ⟨comparatio ponderis unius

---

8492–8505 Vel aliter ... de eodem aliter] 163^v, $39 - 164^r$, $2\ \mathcal{A}$; $\mathcal{B}$ deficit.

8465 dupli] duppli codd.   **8465** triginta duobus] $32\ \mathcal{A}$ **8465** octo] $8\ \mathcal{A}$ **8467** quatuor] $4\ \mathcal{A}$ **8467–8468** Hoc autem ... latitudo] per homœotel. om. $\mathcal{B}$ **8467–8468** dupla] duppla $\mathcal{A}$ **8468** dimidium] dimium $\mathcal{B}$ **8469** qui] quasi $\mathcal{B}$ **8469** triginta duo] $32\ \mathcal{A}$ **8470** sexaginta quatuor] $64\ \mathcal{A}$ **8471** sexaginta quatuor] $64\ \mathcal{A}$ **8472** diceretur] dicentur $\mathcal{B}$ **8472** latitudini] latititudini $\mathcal{B}$ **8474** esset] esse $\mathcal{B}$ **8475** querat] dicat $\mathcal{B}$ **8475** decem] $10\ \mathcal{A}$ **8476** octo] $8\ \mathcal{A}$ **8476** sexaginta] $60\ \mathcal{A}$ **8476** abscisa] abcisa $\mathcal{B}$ **8477** ponderis] cor pr. scr. et corr. $\mathcal{A}$ **8477** quindecim] $15\ \mathcal{A}$ **8479** habeat] habet pr. scr. et supra corr. $\mathcal{A}$, habet $\mathcal{B}$ **8481** Sic] autem add. codd.   **8482** viginti] $20\ \mathcal{A}$ **8482** decem] $10\ \mathcal{A}$ **8482** octo] $8\ \mathcal{A}$ **8483** nummis] numis $\mathcal{B}$ **8483–8484** viginti] $20\ \mathcal{A}$ **8484** decem] $10\ \mathcal{A}$ **8484** octo] $8\ \mathcal{A}$ **8485** capitale] capitatale $\mathcal{B}$ **8485** viginti] $20\ \mathcal{A}$ **8485** Modum] modeu $\mathcal{B}$ **8485** hiis] his $\mathcal{B}$ **8488** eius] e corr. $\mathcal{A}$ **8488** exierit] exigerit $\mathcal{B}$ **8489–8490** in magnitudinem ... cortine] per homœotel. om. $\mathcal{B}$

ad pondus alterius, quod est quarta eius. Comparatio autem superficiei
$HZKT$ ad superficiem $ABGD$ est sicut⟩ comparatio unius lateris eius ad
aliud latus alterius se respiciens bis repetita. Comparatio igitur de ZK ad
BG ⟨est medietas, igitur ZK de BG⟩ est medietas eius. Similiter etiam
ZH est medietas de AB. Igitur HZ est quatuor, que est latitudo, et ZK
est quinque, que est longitudo. Et hoc est quod demonstrare voluimus.

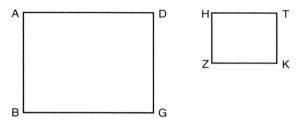

Ad B.132b: *Figura inven. in* $\mathcal{A}$ *(164^r, 1 – 5 & marg.).*

Item de eodem aliter

(B.133) Si quis querat dicens: De cortina multiplicis materie decem cubitorum in longum et octo in latum in qua sunt decem uncie de serico et quatuordecim de alcotone, de lino vero viginti, si fuerit pars abscisa quatuor cubitorum in latum et sex in longum, quantum est in ea de unaquaque materia et quantum est pondus eius?

Sic facies. Multiplica longitudinem partis in latitudinem eius, et provenient viginti quatuor. Similiter fac de magna cortina, et provenient octoginta. Deinde multiplica magnitudinem partis, que est viginti quatuor, in numerum uniuscuiusque materiarum predictarum et productum divide per magnitudinem maioris cortine, que est octoginta; et exibit quantum est in parte de materia in quam multiplicasti.

Regula autem sumpta est ex proportione. Sic enim se habet magnitudo cortine ad uncias serici quod est in ea sicut magnitudo partis ad uncias serici quod est in ea. Similiter etiam fit de alcotone et lino.

Si autem volueris scire pondus partis, agregabis quicquid est in ea de unaquaque materia et agregatum est pondus eius. Vel, si volueris illud scire per pondus maioris cortine, quod est quadraginta quatuor, fac secundum quod predictum est.

Item de eodem.

8506–8595 Si quis querat ... exibit quod volueris] 164^r, 2 – 164^v, 5 $\mathcal{A}$; 39rb, 22 – 39vb, 45 $\mathcal{B}$.

8503 quatuor] 4 $\mathcal{A}$ **8504** quinque] 5 $\mathcal{A}$ **8506** decem] 10 $\mathcal{A}$ **8507** octo] 8 $\mathcal{A}$ **8507** decem] 10 $\mathcal{A}$ **8508** quatuordecim] 14 $\mathcal{A}$ **8508** viginti] 20 $\mathcal{A}$ **8508–8509** quatuor] 4 $\mathcal{A}$ **8509** sex] 6 $\mathcal{A}$ **8510** pondus] podus $\mathcal{A}$ **8512** viginti quatuor] 24 $\mathcal{A}$, viginti quattuor $\mathcal{B}$ **8512–8513** octoginta] 80 $\mathcal{A}$ **8513** viginti quatuor] 24 $\mathcal{A}$ **8515** octoginta] 80 $\mathcal{A}$ **8520** scire] om. $\mathcal{A}$ **8522** quadraginta quatuor] 44 $\mathcal{A}$, quadraginta quattuor $\mathcal{B}$ **8524** Item de eodem] om. $\mathcal{B}$

(**B.134**) Si quis querat dicens: De cortina permixta decem cubitorum in longum et totidem in latum in qua sunt triginta uncie de serico et quadraginta de lino et quinquaginta de alcotone si fuerit pars abscisa ponderis quatuordecim unciarum, quantum est in ea de unaquaque materia et quanta est magnitudo eius?

Sic facies. Inveni eius magnitudinem ⟨sicut predictum est⟩. Scilicet, multiplicando decem in decem, ⟨et⟩ fient centum; deinde agrega omnium materiarum uncias, et fient centum viginti, qui est prelatus; deinde multiplica quatuordecim in centum, et provenient mille et quadringenta; quos divide per prelatum, et quod exierit est magnitudo partis, que est undecim et due tertie. Si vero volueris scire quantum est in parte de serico vel lino vel alcotone, multiplica quatuordecim in quam materiam volueris et productum divide per prelatum; et quod exierit est quantum habetur in ea de materia in quam multiplicasti.

(**B.135**) Si quis querat dicens: De cortina permixta decem cubitorum in longum et octo in latum in qua sunt de serico triginta uncie, et de alcotone quadraginta, de lino vero quinquaginta, si fuerit pars abscisa ponderis triginta unciarum et quinque cubitorum in longum, quanta est eius latitudo et quantum est in ea de unaquaque materia?

(***a***) Sic facies. Agrega omnes uncias, et fient centum viginti. Quas multiplica in quinque cubitos, que est longitudo partis, et provenient sexcenta; qui sint tibi prelatus. Deinde magnitudinem cortine, que est octoginta, multiplica in triginta, quod est pondus partis, et provenient duo milia et quadringenta. Quos divide per prelatum, et exibunt quatuor cubiti, qui sunt latitudo partis. Si autem volueris scire quantum est in ea de unaquaque materia, fac sicut predocuimus, et exibit quod volueris.

(***b***) Vel aliter. Denomina pondus partis de pondere cortine, scilicet quartam. Ergo quartam magnitudinis cortine, que est viginti, divide per quinque, que est longitudo partis, et exibunt quatuor, qui sunt latitudo partis.

(**B.135′**) Si vero proposuerit ita dicens quod: Si pars fuerit quatuor cubitorum in latum, quanta est eius longitudo? Facies sicut predocuimus. Scilicet ut multiplices pondus cortine in latitudinem partis, et productus erit prelatus; deinde multiplica pondus partis in magnitudinem cortine, et productum divide per prelatum; et exibunt quinque, qui sunt longitudo

---

8525 decem] 10 $\mathcal{A}$ 8526 triginta] 30 $\mathcal{A}$ 8526–8527 quadraginta] 40 $\mathcal{A}$ 8527 quinquaginta] 50 $\mathcal{A}$ 8527 abscisa] abcisa $\mathcal{B}$ 8528 quatuordecim] 14 $\mathcal{A}$ 8529 magnitudo eius] longitudo eius et latitudo codd. 8531 decem] 10 $\mathcal{A}$ 8531 decem] 10 $\mathcal{A}$ 8531 centum] 100 $\mathcal{A}$ 8532 centum viginti] 120 $\mathcal{A}$ 8532 deinde] de inde $\mathcal{B}$ 8533 quatuordecim] 14 $\mathcal{A}$ 8533 centum] 100 $\mathcal{A}$ 8533 mille et quadringenta] 1400 $\mathcal{A}$, mille et quadringenta $\mathcal{B}$ 8534 undecim] 11 $\mathcal{A}$ 8535 due tertie] $\frac{2}{3}$ $\mathcal{A}$ 8536 quatuordecim] 14 $\mathcal{A}$ 8539 decem] 10 $\mathcal{A}$ 8540 octo] 8 $\mathcal{A}$ 8540 triginta] 30 $\mathcal{A}$ 8541 quadraginta] 40 $\mathcal{A}$ 8541 quinquaginta] 50 $\mathcal{A}$ 8541–8542 triginta] 30 $\mathcal{A}$ 8542 quinque] 5 $\mathcal{A}$ 8544 centum viginti] 120 $\mathcal{A}$ 8545 quinque] 5 $\mathcal{A}$ 8545 sexcenta] 600 $\mathcal{A}$ 8546 octoginta] 80 $\mathcal{A}$ 8547 triginta] 30 $\mathcal{A}$ 8547–8548 duo milia et quadringenta] 2400 $\mathcal{A}$, duo milia et quadringenta $\mathcal{B}$ 8548 exibunt] exibuit $\mathcal{B}$ 8548 quatuor] 4 $\mathcal{A}$ 8551–8552 quartam *(ante Ergo)*] $\frac{am}{4}$ $\mathcal{A}$ 8552 viginti] 20 $\mathcal{A}$ 8552–8553 quinque] 5 $\mathcal{A}$ 8553 quatuor] 4 $\mathcal{A}$ 8554 fuerit] *quasi* fiunt $\mathcal{A}$ 8554 quatuor] 4 $\mathcal{A}$ 8555 longitudo] latitudo *pr. scr. et corr. in* lgtitudo *quod exp. et* longitudo *scr.* $\mathcal{A}$ 8557 in magnitudinem] magnitudine $\mathcal{B}$ 8558 quinque] 5 $\mathcal{A}$

quam queris. Vel, si diviseris quartam magnitudinis cortine per latitudinem partis, exibit longitudo quam queris.

(**B.136**) Si quis querat dicens: De cortina permixta decem cubitorum in longum et totidem in latum in qua sunt triginta uncie de serico et quadraginta de alcotone et quinquaginta de lino si pars abscisa fuerit quadrata ponderis triginta unciarum, quanta est eius longitudo vel latitudo?

Sic facies. Multiplica triginta, qui sunt pondus partis, in magnitudinem cortine, que est centum, et provenient tria milia. Quos divide per centum viginti, que sunt pondus cortine, et exibunt viginti quinque. Cuius radix, scilicet quinque, est latitudo et longitudo.

(**B.137**) Si quis querat dicens: De cortina permixta decem cubitorum in longum et octo in latum in qua sunt decem uncie de serico et de alcotone viginti et de lino triginta si fuerit pars abscisa ponderis quindecim unciarum consimilis cortine [in proportione sue longitudinis ad latitudinem], quanta est longitudo illius partis sive latitudo?

(*a*) Sic facies. Multiplica pondus partis in magnitudinem cortine, que est octoginta, et provenient mille ducenta. Quos divide per pondus cortine, quod est sexaginta, et exibunt viginti; qui sunt magnitudo partis. Si autem volueris scire longitudinem partis, multiplica longitudinem cortine, que est decem, in viginti, qui sunt magnitudo partis, et provenient ducenta; quos divide per octo, qui sunt latitudo cortine, et exibunt viginti quinque; cuius radix, que est quinque, est longitudo partis. Si vero volueris scire latitudinem eius, multiplica octo, qui sunt latitudo cortine, in magnitudinem partis, que est viginti, et provenient centum sexaginta; quos divide per longitudinem cortine, et exibunt sexdecim; cuius radix, que est quatuor, est latitudo partis.

(*b*) Vel divide magnitudinem cortine per magnitudinem partis, et exibunt quatuor; per quorum radicem, que est duo, divide longitudinem cortine, et exibunt quinque, qui sunt longitudo partis; et per eandem radicem divide latitudinem cortine, et exibunt quatuor, qui sunt latitudo partis. Vel divide pondus cortine per pondus partis, et per producti radicem divide longitudinem et latitudinem cortine; et exibit longitudo et latitudo partis.

8559 diviseris] divideris *B*   8561 decem] 10 *A*   8562 triginta] 30 *A*   8562 serico] sirico *codd.*   8562–8563 quadraginta] 40 *A*   8563 quinquaginta] 50 *A*   8563 abscisa] abscisa *B*   8564 triginta] 30 *A*   8565 triginta] 30 *A*   8565–8566 magnitudinem] magnitud (*ut hic*) *vel etiam* magnitud̄ (*infra*) *præb. B*   8566 centum] 100 *A*   8566 tria milia] 3000 *A*   8566–8567 Quos divide per centum viginti, que sunt pondus cortine] Quos divide per pondus cortine, que sunt (est *B*) centum viginti (120 *A*) uncie *codd.*   8567 viginti quinque] 25 *A*   8568 quinque] 5 *A*   8569 decem] 10 *A*   8570 octo] 8 *A*   8570 decem] 10 *A*   8571 viginti] 20 *A*   8571 triginta] 30 *A*   8571 abscisa] abscisa *B*   8571 quindecim] 15 *A*   8575 octoginta] 80 *A*   8575 provenient] provient *A*   8575 mille ducenta] 1200 *A*   8576 sexaginta] 60 *A*   8576 viginti] 20 *A*   8578 decem] 10 *A*   8578 viginti] 20 *A*   8578 ducenta] 200 *A*   8579 octo] 8 *A*   8579 viginti quinque] 25 *A*   8580 quinque] 5 *A*   8581 octo] 8 *A*   8582 viginti] 20 *A*   8582 centum sexaginta] 160 *A*   8583 sexdecim] 16 *A*   8583 quatuor] 4 *A*   8585 per magnitudinem] *bis scr. post. del. A*   8586 quatuor] 4 *A*   8586 duo] 2 *A*   8587–8588 quinque ... exibunt] *per homœotel. om. A*   8587 radicem] radice *B*   8588 quatuor] 4 *A*   8588–8590 Vel divide ... latitudo partis] *per homœotel. om. A*

Vel denomina magnitudinem partis de magnitudine cortine, et invenies quod est quarta. Cuius radix est medietas. Medietas igitur longitudinis cortine est longitudo partis, et medietas latitudinis cortine est latitudo partis. Similiter etiam, si denominaveris pondus partis de pondere cortine et producti radicem multiplicaveris sicut predictum est, exibit quod volueris.

(B.138) Si quis querat dicens: De cortina decem cubitorum in longum, octo vero in latum, ponderis vero sexaginta unciarum, si fuerit pars abscisa cuius longitudo vincit eius latitudinem duobus cubitis, ponderis vero decem et octo, quanta est eius longitudo, sive latitudo?

Constat quod comparatio de decem et octo ad sexaginta est sicut comparatio magnitudinis partis ad magnitudinem totius cortine, que est octoginta. Fac igitur sicut supra docui, et exibit magnitudo partis viginti quatuor. Scimus autem quod magnitudo exsurgit ex ductu longitudinis in latitudinem. Est igitur ⟨latitudo⟩ numerus qui multiplicatur in se et in duo et proveniunt viginti quatuor. Sit igitur longitudo AB, latitudo vero AG. Igitur BG est duo. Ex ductu autem AB in AG proveniunt viginti quatuor. Dividatur autem BG per medium in puncto D. Igitur quod fit ex ductu AB in AG et GD in se equum erit ei quod fit ex ductu AD in se. Ex ductu autem AB in AG id quod provenit est viginti quatuor. Quod autem fit ex ductu GD in se est unum. Igitur id quod fit ex ductu AD in se est viginti quinque. Igitur AD est quinque. Sed GD est unum. Igitur remanet AG quatuor; que est latitudo. Similiter etiam AD est quinque, et DB est unum. Igitur AB erit sex; que est longitudo. Et hoc est quod demonstrare voluimus.

```
A              G  D        B
├──────────────┼──┼────────┤
```

Ad B.138:   *Figura inven. in* $\mathcal{A}$ *(164^v, 14 marg.).*

8596–8614 Si quis querat ... demonstrare voluimus] $164^v, 5 - 14$ $\mathcal{A}$; $\mathcal{B}$ *deficit.*

8592 quarta] $\frac{a}{4}$ $\mathcal{A}$ **8595** predictum] supra dictum $\mathcal{A}$ **8596** decem] 10 $\mathcal{A}$ **8596–8597** octo] 8 $\mathcal{A}$ **8597** sexaginta] 60 $\mathcal{A}$ **8598** vincit] ūīc $\mathcal{A}$ **8598–8599** decem et octo] 18 $\mathcal{A}$ **8600** decem et octo] 18 $\mathcal{A}$ **8600** sexaginta] 60 $\mathcal{A}$ **8601–8602** magnitudinis partis ad magnitudinem totius cortine, que est octoginta] totius magnitudinis cortine ad 80 *cod.*   **8602–8603** viginti quatuor] 24 $\mathcal{A}$ **8604** duo] 2 $\mathcal{A}$ **8605** viginti quatuor] 24 $\mathcal{A}$ **8606** duo] 2 $\mathcal{A}$ **8606** viginti quatuor] 24 $\mathcal{A}$ **8609** viginti quatuor] 24 $\mathcal{A}$ **8610** GD] BD *cod.*   **8610** unum] 1 $\mathcal{A}$ **8611** viginti quinque] 25 $\mathcal{A}$ **8611** quinque] 5 $\mathcal{A}$ **8611** unum] 1 $\mathcal{A}$ **8612** quatuor] 4 $\mathcal{A}$ **8612** quinque] 5 $\mathcal{A}$ **8613** unum] 1 $\mathcal{A}$ **8613** sex] 6 $\mathcal{A}$

Capitulum de linteis

(**B.139**) Si volueris scire de linteo quindecim cubitorum in longum et octo in amplum quot gausapa quatuor cubitorum in longum et trium in latum possunt fieri.

Sic facies. Multiplica longitudinem lintei in suam latitudinem, et proveniet eius magnitudo, que est centum viginti. Quam divide per magnitudinem gausapis, que est duodecim, et exibit numerus gausapum. Vel divide longitudinem lintei per longitudinem unius gausapis, et exibunt tres et tres quarte; et divide latitudinem eius per latitudinem unius gausapis, et exibunt duo et due tertie. Deinde id quod exivit de una divisione multiplica in id quod exivit de alia, et provenient decem. Vel etiam, si volueris, divide longitudinem lintei per latitudinem gausapis et latitudinem eius per longitudinem huius; et alterum exeuntium multiplica in alterum, et proveniet quod queris.

(**B.140**) Si de linteo decem cubitorum in longum et octo in latum fuerit pars abscisa sex in longum et quinque in latum, tunc quantum est abscisum de linteo?

Sic facies. Multiplica longitudinem lintei in latitudinem eius, et provenient octoginta. Deinde longitudinem partis multiplica in latitudinem eius, et provenient triginta. Quos denomina de octoginta, scilicet tres octavas. Et tanta pars est abscisa de linteo, scilicet tres octave eius.

(**B.141**) Si quis querat dicens: De linteo quindecim cubitorum in longum et octo in amplum si fuerint incisa decem gausapa singula quatuor cubitorum in longum, unumquodque eorum quot cubitorum est in amplum?

Sic facies. Divide magnitudinem lintei per numerum gausapum, qui est decem, et exibunt duodecim; que est magnitudo uniuscuiusque gausapis. Quam divide per longitudinem eius, que est quatuor, et exibunt tres; que est latitudo cuiusque gausapis.

8615–8628 Capitulum de linteis ... proveniet quod queris] $164^v, 15 - 21$ $\mathcal{A}$; $39^{vb}, 45$-$46 - 40^{ra}, 13$ $\mathcal{B}$.
8629–8635 Si de linteo ... tres quinte eius] $164^v, 21 - 25$ $\mathcal{A}$; $\mathcal{B}$ deficit.
8636–8746 Si quis querat ... exit latitudo eius] $164^v, 25 - 165^r, 39$ $\mathcal{A}$; $40^{ra}, 14 - 40^{vb}, 8$ $\mathcal{B}$.

8615 tit.] om. sed spat. hab. $\mathcal{B}$ **8616** quindecim] 15 $\mathcal{A}$ **8616** octo] 8 $\mathcal{A}$ **8617** quatuor] 4 $\mathcal{A}$ **8620** centum viginti] 120 $\mathcal{A}$ **8621** duodecim] 12 $\mathcal{A}$ **8622** divide] dvide $\mathcal{B}$ **8622** tres] 3 $\mathcal{A}$ **8623** tres quarte] $\frac{3}{4}$ $\mathcal{A}$ **8623** latitudinem] latitud͡ hic et sæpius infra $\mathcal{A}$ **8624** duo] 2 $\mathcal{A}$ **8624** due tertie] $\frac{2}{3}$ $\mathcal{A}$ **8625** provenient] provient $\mathcal{A}$ **8625** decem] 10 $\mathcal{A}$ **8626** longitudinem] longitud͡ hic et sæpius infra $\mathcal{A}$ **8627–8628** proveniet] provenient $\mathcal{A}$ **8629** decem] 10 $\mathcal{A}$ **8629** octo] 8 $\mathcal{A}$ **8630** sex] 6 $\mathcal{A}$ **8630** quinque] 5 $\mathcal{A}$ **8632–8633** proveniet] provient $\mathcal{A}$ **8633** octoginta] 80 $\mathcal{A}$ **8634** triginta] 30 $\mathcal{A}$ **8634** octoginta] 80 $\mathcal{A}$ **8634** tres octavas] $\frac{3}{5}$ (sic) $\mathcal{A}$ **8635** tres octave] $\frac{3}{5}$ $\mathcal{A}$ **8636** quindecim] 15 $\mathcal{A}$ **8637** octo] 8 $\mathcal{A}$ **8637** decem] 10 $\mathcal{A}$ **8637** quatuor] 4 $\mathcal{A}$ **8638** quot] quod $\mathcal{B}$ **8638** amplum] aplum $\mathcal{A}$ **8640** decem] 10 $\mathcal{A}$ **8640** duodecim] 12 $\mathcal{A}$ **8641** quatuor] 4 $\mathcal{A}$ **8641** tres] 3 $\mathcal{A}$

Vel divide magnitudinem lintei per productum ex ductu longitudinis gausapis in numerum eorum; et productum est latitudo cuiusque gausapis.

Cuius probatio patet. Oportebat enim ut divideremus magnitudinem lintei per numerum gausapum et exiret magnitudo cuiusque gausapis, quam postea divideremus per longitudinem gausapis et exiret latitudo gausapis, ⟨quod quidem idem est quod dividere magnitudinem lintei per productum ex ductu numeri gausapum in longitudinem cuiusque gausapis⟩. Cum enim aliquis numerus dividitur per alium et id quod exit dividitur per alium tertium numerum, tunc idem est quod dividere primum dividendum per productum ex ductu unius dividentis in alium, sicut in principio dictum est.

(**B.141′**) Si autem cognita latitudine longitudo nesciretur, divideres magnitudinem gausapis, que est duodecim, per latitudinem eius, et exiret eius longitudo.

(**B.141″**) Si autem proponat dicens: De prefato linteo si fuerint incisa decem gausapa quadrata, tunc quanta est longitudo sive latitudo cuiusque? Secundum quod dictum est in cortinis, inveni radicem magnitudinis gausapis, et ipsa est eius longitudo vel latitudo.

(**B.141‴**) Si vero diceret longitudinem gausapis esse duplam vel triplam sue latitudini, invenires eius longitudinem vel latitudinem per magnitudinem eius, sicut predocuimus in cortinis.

(**B.141^{iv}**) Similiter si diceret gausape consimile esse linteo, invenires eius longitudinem et latitudinem per eius magnitudinem et per lintei longitudinem et latitudinem, sicut paulo ante docuimus.

ITEM DE EODEM.

(**B.142**) Si quis querat dicens: De linteo quindecim cubitorum in longum et octo in amplum et pretii viginti nummorum si fuerit incisum gausape octo cubitorum in longum et quatuor in amplum, quanti pretii est?

Sic facies. Inveni magnitudinem lintei, que est centum viginti, et magnitudinem gausapis, que est triginta duo. Quasi ergo querat: 'Cum centum viginti, que est magnitudo lintei, dentur pro viginti, tunc quantum est pretium triginta duorum, que est magnitudo gausapis?'. Facies sicut predocuimus in capitulo de 'quantum est pretium eius'.

Hec autem regula sumpta est a proportione. Magnitudo enim lintei sic se habet ad suum pretium sicut magnitudo gausapis ad suum pretium igno-

---

8644 gausapis *(ante* in*)*] causapis *codd.* **8644** numerum] *corr. ex* numerim *A*   **8645** probatio] peractio *B*   **8645** ut divideremus] dividi *codd.*   **8647** divideremus] dividemus *B*   **8650–8651** et id quod exit dividitur per alium tertium numerum] et per id quod exit dividitur alius tertius numerus *codd.*   **8654** nesciretur] nesciret *B*   **8655** duodecim] 12 *A*   **8655** et exiret eius] *per homœotel. om. B*   **8657–8658** decem] 10 *A*   **8659** quod] quam *B*   **8659** inveni] *bis scr. A*   **8661** diceret] *quasi* dicent *B*   **8664** si] *om. A*   **8664** diceret] dicent *B*   **8668** quindecim] 15 *A*   **8669** octo] 8 *A*   **8669** viginti] 20 *A*   **8669** nummorum] numorum *B*   **8670** octo] 8 *A*   **8670** quatuor] 4 *A*   **8671** centum viginti] 120 *A*   **8672** triginta duo] 32 *A*   **8672–8673** centum viginti] 120 *A*   **8673** viginti] 20 *A*   **8674** triginta duorum] 32^{orum} *A*   **8674** Facies] acies *in textu,* f *add. in marg. B*

tum. Fit ergo quartus ignotus; primus vero, qui est dividens, est magnitudo lintei.

8680 (**B.143**) Si quis querat dicens: Cum linteus sex cubitorum in longum et quatuor in amplum valeat decem, tunc quanti pretii est linteus eiusdem generis quindecim cubitorum in longum et quinque in amplum?

Sic facies hic sicut in precedenti. Iam enim scimus quod comparatio magnitudinis lintei ad magnitudinem lintei est sicut comparatio pretii ad
8685 pretium. Ergo invenias magnitudinem primi lintei, que est viginti quatuor, ⟨et⟩ similiter magnitudinem alterius lintei, que est septuaginta quinque. Quasi ergo querat: 'Cum viginti quatuor dentur pro decem, quanti pretii sunt septuaginta quinque?'. Fac secundum quod predictum est.

(**B.143′**) Vel, si volueris alterum tantum, vel utrumque, linteorum esse ro-
8690 tundum, inveni eorum magnitudines et fac secundum quod predictum est. Invenitur autem magnitudo rotundi cum multiplicatur dimidium diametri in dimidium sui circuli; vel cum multiplicatur diametrum in se et ex producto minuitur sexta et dimidia sexta eius; et quod remanet est magnitudo rotundi lintei.   Similiter etiam si essent triangulati vel aliusmodi. Scien-
8695 tia autem inveniendi magnitudinem harum figurarum habetur in libro de taccir [id est, inveniendi magnitudinem].

Cum autem inveneris magnitudinem utriusque lintei, cuiuscumque figure sint, [⟨vel magnitudinem unius lintei⟩ per magnitudinem alterius lintei,] modus agendi erit sicut in questione de 'quantum est pretium eius',
8700 et exibit quod volueris.

(**B.144**) Si quis vero querat dicens: Cum sit unus linteus viginti cubitorum in longum et octo in amplum et pretii viginti nummorum, tunc quot cubitos habebo pro duodecim nummis de linteo eiusdem generis et ⟨ignote⟩ longitudinis sed quatuor cubitorum in latum?

8705   Sic facies. Inveni magnitudinem primi lintei, scilicet centum sexaginta. Postea dices: 'Cum centum sexaginta dentur pro viginti nummis, tunc quot habebo pro duodecim de linteo quatuor cubitorum in latum?'. Divide magnitudinem primi per latitudinem secundi, et ⟨provenient quadraginta. Quos divide per viginti, quod est pretium primi, et quod exit multiplica

---

8680 querat] *om.* A **8680** sex] VI *pr. scr. et exp. et* 6 *scr. supra* A **8681** quatuor] 4 A **8681** decem] 10 A **8682** quindecim] 15 A **8682** quinque] 5 A **8684** magnitudinem lintei] *om. sed spat. rel.* B **8684** est] *et* B **8685** Ergo] Igitur *pr. scr. et corr.* A **8685** viginti quatuor] 24 A **8686** septuaginta quinque] 75 A **8687** viginti quatuor] 24 A **8687** decem] 10 A **8687** quanti] sunt *add. et exp.* B **8688** septuaginta quinque] 75 A **8689** (B.143′)] *in marg. scr. lector* B *(fol. 40rb): Rotundi triangulique magnitudo quo modo inveniatur. De mensura cuius superficiaria, vide in carta sequenti duo capitula unum post aliud, de convexa vero vide in carta 59 in fine primi capituli de foveis fodiendis et in carta 72 de urnis rotundis. Hæc ref. ad probl. 145-148 & 154 (B fol. 40va–41ra); 275 (B fol. 59^{rb-va}); 341 (B fol. 72^{ra-rb}).* **8691** magnitudo] magtudo B **8691** multiplicatur] multiplicatum B **8692** multiplicatur] multiplatur B **8693** sexta] $\frac{a}{6}$ A **8693** dimidia sexta] dimidia $\frac{a}{6}$ A, dimia sexta B **8696** id est ... magnitudinem] *om.* B **8697** utriusque] utrisque B **8701** viginti] 20 A **8702** octo] 8 A **8702** viginti] 20 A **8702** nummorum] numorum B **8703** pro] per B **8703** duodecim] 12 A **8703** nummis] numis B **8704** quatuor] 4 A **8705**–**8706** centum sexaginta] 160 A **8706** centum sexaginta] 160 A **8706** dentur] detur A **8706** viginti] 20 A **8706** nummis] numis B **8707** duodecim] 12 A **8707** quatuor] 4 A

in duodecim, quod est pretium secundi, et⟩ exibunt viginti quatuor; et tot cubiti proveniunt de longitudine predicti lintei quatuor cubitorum in latum.

Cetera huiusmodi questionum considera secundum quod predictum est [hic].

(B.145) Si quis querat dicens: De linteo viginti cubitorum in longum et octo in latum sex gausapa incisa unumquodque octo cubitorum in longum quot habent in latum?

Multiplica numerum gausapum in longitudinem eorum, scilicet sex in octo, et provenient quadraginta octo. Quos pone prelatum. Deinde accipe magnitudinem lintei, multiplicando longitudinem eius in latitudinem eius; et erit centum sexaginta. Quos divide per prelatum, et quod exierit est latitudo cuiusque gausapis, scilicet tres cubiti et tertia cubiti.

```
   H           T           A
   ─           ─           ─
   D           G           B
   ─           ─           ─
```

Ad B.145: *Figura inven. in* $\mathcal{A}$ *(165^r, 35 – 37 marg.), om. sed spat. rel. (40vb, 2 – 5)* $\mathcal{B}$.

[Cuius probatio hec est. Oportet ut dividas magnitudinem lintei per numerum gausapum ad sciendum magnitudinem cuiusque eorum; quam divide per longitudinem eorum, et exibit latitudo eorum. Scias autem quod dividere magnitudinem lintei per numerum gausapum et ⟨eius⟩ quod exierit numerum dividere per longitudinem gausapis idem est quod multiplicare longitudinem gausapis in numerum eorum et per productum dividere magnitudinem lintei, et exibit latitudo cuiusque gausapis. Quod ideo fit quoniam, cum unus numerus dividitur per alium et quod exit dividitur per tertium, tunc id quod de ultima divisione exit idem est quod provenit ex ductu duorum dividentium inter se et ex divisione primi per productum. Verbi gratia. Numerus A dividitur per numerum B, et exit numerus G; et numerus G dividitur per numerum D, et exit numerus H; sed et numerus B multiplicatur in numerum D et provenit numerus T. Dico ergo quia, cum dividitur numerus A per numerum T, exibit H. Quod sic probatur. Quoniam numerus D multiplicatus in numerum H efficit numerum G, et etiam numerus D multiplicatus in numerum B efficit numerum T, unde numerus D multiplicatur in duos numeros diversos, qui sunt H et B. Ergo proportio primi producti, quod est G, ad secundum productum, quod est T, talis est qualis proportio primi multiplicantis, quod est H, ad secundum multiplicans, quod est B. Ergo proportio de G ad T est sicut proportio de H ad B. Tantum ergo provenit ex ductu G in B quantum ex ductu H in

---

8710 viginti quatuor] 24 $\mathcal{A}$, viginti quattuor $\mathcal{B}$ **8711** quatuor] 4 $\mathcal{A}$ **8714** viginti] 20 $\mathcal{A}$ **8715** octo] 8 $\mathcal{A}$ **8715** sex] 6 $\mathcal{A}$ **8715** octo] 8 *e corr.* $\mathcal{A}$ **8717** sex] 6 $\mathcal{A}$ **8718** octo] 8 $\mathcal{A}$ **8718** quadraginta octo] 48 $\mathcal{A}$ **8719** magnitudinem] magnitudine $\mathcal{B}$ **8720** centum sexaginta] 160 $\mathcal{A}$ **8721** tres] 3 $\mathcal{A}$ **8721** tertia] $\frac{a}{3}$ $\mathcal{A}$ **8732** A] a *scr.* $\mathcal{A}$ **8732** exit] exibit *pr. scr. et corr.* $\mathcal{A}$, exibit $\mathcal{B}$ **8735** A] a *(corr. ex* aun*)* $\mathcal{A}$

T. Sed ex ductu G in B provenit A. Igitur cum diviseris A per T exibit H. Et hoc est quod probare voluimus. Constat igitur ex hiis quod, cum magnitudo lintei dividitur per productum ex ductu numeri gausapum in longitudinem gausapis, exit latitudo eius.]

(**B.145**′) Si autem diceret de linteo incisa esse decem gausapa quorum uniuscuiusque latitudo minor est eius longitudine tribus cubitis, divideres magnitudinem lintei per numerum gausapum, et exiret magnitudo cuiusque gausapis. Que provenit ex ductu latitudinis in se et in tres. Quam latitudinem cum invenire volueris, fac sicut in cortinis supra dictum est, et invenies.

ITEM DE EODEM.

(**B.146**) Si quis querat dicens: De linteo decem cubitorum in longum et octo in latum incisa quatuor gausapa ad similitudinem lintei [videlicet ut sic se habeat eorum latitudo ad suam longitudinem sicut se habet latitudo lintei ad suam longitudinem], quanta est eorum longitudo sive latitudo?

(*a*) Sic facies. Magnitudinem lintei, que est octoginta, divide per numerum gausapum, et provenient viginti, qui sunt magnitudo cuiusque gausapis. Cum ergo volueris scire quanta est longitudo cuiusque, multiplica longitudinem lintei in magnitudinem gausapis, et productum divide per latitudinem lintei, et radix eius quod exit, scilicet quinque, est longitudo gausapis. Si vero volueris scire quanta est latitudo, multiplica latitudinem lintei in magnitudinem gausapis, que est viginti, et productum divide per longitudinem lintei, et eius quod exit radix, scilicet quatuor, est latitudo gausapis.

(*b*) Vel, cum volueris scire longitudinem, multiplica longitudinem lintei in se et productum multiplica in viginti, et productum divide per magnitudinem lintei; et eius quod exit radix est longitudo gausapis. Si vero volueris scire latitudinem, multiplica latitudinem lintei in se et productum multiplica in viginti, et productum divide per magnitudinem lintei; et eius quod exit radix est latitudo gausapis. [Vel aliter, multiplica latitudinem lintei in magnitudinem gausapis et productum divide per longitudinem lintei; et eius quod exit radix est latitudo, scilicet quatuor.]

ITEM DE EODEM ALITER

8747–8752 Si autem diceret ... et invenies] $165^r, 39 - 165^v, 3$ A; B deficit.
8753–8797 Item de eodem ... quecumque rotunda sunt] $165^v, 3 - 25$ A; $40^{vb}, 8 - 41^{ra}, 15$ B.

8744 hoc] hic *ut vid.* A **8744** hiis] his B **8747** decem] 10 A **8748** minor] maior *cod.*   **8749** magnitudinem] *post. spat. vac. in init. pag.* A **8750** tres] 3 A **8754** decem] 10 A **8755** octo] 8 A **8755** quatuor] 4 A **8756** habeat] habet *codd.*   **8758** facies] *bis scr. post. exp.* B **8758** octoginta] 80 A **8759** viginti] 20 A **8762** exit] exig *pr. scr. et corr.* B **8762** quinque] 5 A **8762** est] et est B **8763** vero] ergo A **8763** latitudo] longitudo A **8763–8764** latitudinem] longitudinem *pr. scr. et exp.* A **8764** viginti] 20 A **8764** et] que B **8765** quatuor] 4 A **8768** in *(post* multiplica*)*] per *codd.*   **8768** viginti] 20 A **8770** latitudinem] latit A **8771** viginti] 20 A **8774** quatuor] 4 A **8775–8776** Item ... gratia] *om.* B

(**B.147**) Verbi gratia. Si quis querat dicens: Cum unius lintei rotundi cuius rotunditas est decem cubitorum sit pretium sexaginta nummorum, tunc quantum est pretium alterius lintei rotundi cuius rotunditas est quinque cubitorum?

Sic facies. Multiplica decem in se, et provenient centum. Quos pone prelatum. Deinde multiplica quinque in se, et provenient viginti quinque. Quos multiplica in sexaginta, et provenient mille quingenti. Quos divide per prelatum, et exibunt quindecim, qui sunt pretium quod queris. Vel aliter. Productum ex ductu de quinque in se denomina a producto ex ductu de decem in se; et hoc est quarta. Ergo quarta sexaginta nummorum, que est quindecim, est id quod queris.

ITEM DE EODEM.

(**B.148**) Si quis querat: Cum lintei ⟨rotundi⟩ cuius rotunditas est decem cubitorum sint pretium sexaginta nummi, tunc quanta est rotunditas lintei cuius pretium sunt quindecim nummi?

Multiplica decem in se, et fient centum. Quos multiplica in quindecim, et provenient mille quingenta. Quos divide per sexaginta nummos, et exibunt viginti quinque. Quorum radix, que est quinque, est rotunditas lintei cuius pretium sunt quindecim nummi. Vel aliter. Denomina quindecim de sexaginta, scilicet quartam; cuius radicem, scilicet dimidium, multiplica in decem, et provenient quinque, qui sunt rotunditas lintei.

Iste autem regule possunt fieri in omnibus, quecumque rotunda sunt.

(**B.149**) Si quis querat: De linteo rotundo cuius diameter est decem cubitorum, quot lintei rotundi possunt incidi quorum uniuscuiusque diameter sit duorum cubitorum?

Sic facies. Divide quadratum diametri maioris lintei per quadratum diametri minoris, et exibunt viginti quinque; et tot lintei possunt incidi.

Cuius rei probatio patet. Comparatio enim superficiei cuiusque circuli ad superficiem cuiusque circuli est sicut comparatio quadrati diametri unius ad quadratum diametri alterius. Sed quadratus diametri maioris vigies quinquies est maior quadrato diametri minoris. Igitur circulus maior vigies

---

8798–8883 Si quis querat ... ex premissis] *165^v, 25 – 166^r, 27 A; B deficit.*

8777 decem] 10 $\mathcal{A}$ **8777** sit] sicut $\mathcal{B}$ **8777** sexaginta] 60 $\mathcal{A}$ **8777** nummorum] numorum $\mathcal{B}$ **8778–8779** quinque] 5 $\mathcal{A}$ **8780** decem] 10 $\mathcal{A}$ **8780** provenient] pervenient $\mathcal{B}$ **8780** centum] 100 $\mathcal{A}$ **8781–8782** quinque ... multiplica] *per homœotel. om.* $\mathcal{A}$ **8782** sexaginta] 60 $\mathcal{A}$ **8782** mille quingenti] 1500 *(M pr. scr. et del.)* $\mathcal{A}$ **8783** quindecim] 15 $\mathcal{A}$ **8784** Productum] eius productum *scr. et corr.* $\mathcal{B}$ **8784** quinque] 5 $\mathcal{A}$ **8784–8785** de decem] de 10 $\mathcal{A}$, decem $\mathcal{B}$ **8785** quarta] $\frac{a}{4}$ $\mathcal{A}$ **8785** quarta *(post* Ergo*)*] $\frac{a}{4}$ $\mathcal{A}$ **8785** sexaginta] 60 $\mathcal{A}$ **8785** nummorum] numorum $\mathcal{B}$ **8786** quindecim] 15 $\mathcal{A}$ **8788** decem] 10 $\mathcal{A}$ **8789** sexaginta] 60 $\mathcal{A}$ **8790** quindecim] 15 $\mathcal{A}$ **8790** nummi] numi $\mathcal{B}$ **8791** Multiplica] Multipla $\mathcal{B}$ **8791** decem] 10 $\mathcal{A}$ **8791** centum] 100 $\mathcal{A}$ **8791** quindecim] 15 $\mathcal{A}$ **8792** mille quingenta] 1500 $\mathcal{A}$, mille quingeta $\mathcal{B}$ **8792** sexaginta] 60 $\mathcal{A}$ **8792** nummos] numos $\mathcal{B}$ **8793** viginti quinque] 25 $\mathcal{A}$ **8793** quinque] 5 $\mathcal{A}$ **8794** quindecim] 15 $\mathcal{A}$ **8794** quindecim *(ante de)*] 15 $\mathcal{A}$ **8795** sexaginta] 60 $\mathcal{A}$ **8795** quartam] $\frac{am}{4}$ $\mathcal{A}$, quasi tam $\mathcal{B}$ **8796** decem] 10 $\mathcal{A}$ **8796** quinque] 5 $\mathcal{A}$ **8798** decem] 10 $\mathcal{A}$ **8800** duorum] 2^{orum} $\mathcal{A}$ **8802** viginti quinque] 25 $\mathcal{A}$ **8806** maior] maio $\mathcal{A}$

quinquies est maior quam circulus minor. Manifestum est igitur quod de linteo maiore viginti quinque possunt incidi. Et hoc est quod demonstrare voluimus.

Scias autem quod questiones huiusmodi de rotundo nunquam possunt exire ad effectum.

ITEM DE LINTEIS.

(B.150) Si quis querat: De linteo rotundo cuius diameter est decem cubitorum, quot gausapa possunt incidi trium cubitorum in longum et duorum in latum?

Hec questio non potest deprehendi in effectu. Non enim potest sciri comparatio superficiei quadrati ad superficiem circuli eo quod certe non potest deprehendi mensura superficiei circuli. Non enim potest sciri comparatio diametri ad circumferentiam eo quod non potest sciri comparatio recte linee ad non rectam. Azemides autem invenit comparationem que propinquior esse potest, scilicet quod omnis circumferentia tripla est diametri sui et insuper septima pars. Postquam autem constat, sed non certe, quod omnis circumferentia tripla est sui diametri et insuper septima, magnitudo vero superficiei circuli non potest sciri nisi per circulum eius, tunc magnitudo circuli certissime non potest sciri. Cum igitur diviseris superficiem circuli ⟨lintei⟩ propinquiorem per magnitudinem gausapis, exibit numerus propinquior gausapum que possunt fieri ex eo. Hoc autem nunquam provenit certissime, igitur huiusmodi questiones non possunt deprehendi ⟨in⟩ effectu.

(B.151) Si quis querat: Cum unus linteus rotundus cuius diameter est octo cubitorum detur pro viginti nummis, tunc quanti pretii est alter linteus rotundus cuius diameter est duorum cubitorum?

Iam scis quod comparatio superficiei circuli ad superficiem circuli est sicut comparatio pretii ad pretium. Comparatio autem superficiei circuli ad superficiem circuli est sicut comparatio quadrati diametri ad quadratum diametri. Igitur comparatio quadrati diametri ad quadratum diametri est sicut comparatio pretii ad pretium. Quadratus autem maioris diametri est sexaginta quatuor, quadratus vero minoris est quatuor, pretium vero maioris lintei est viginti nummi. Que igitur comparatio est de sexaginta quatuor ad quatuor, eadem est de viginti ad pretium minoris lintei, quod queritur. Fac ergo sicut supra dictum est, et exibit quod queritur unum et quarta. Et hoc est quod voluisti.

(B.152) Si quis querat: Cum unus linteus rotundus cuius diameter est decem cubitorum, pretii vero centum nummorum, tunc quanti pretii est linteus cuius longitudo sit trium cubitorum, latitudo vero duorum?

8808 viginti quinque] 25 $\mathcal{A}$ **8813** decem] 10 $\mathcal{A}$ **8814** trium] 3 $\mathcal{A}$ **8814** duorum] 2^{orum} $\mathcal{A}$ **8816** potest *(post* enim*)*] possunt *pr. scr. et corr.* $\mathcal{A}$ **8822** septima] $\frac{a}{7}$ $\mathcal{A}$ **8823** septima] $\frac{a}{7}$ $\mathcal{A}$ **8830–8831** octo] 8 $\mathcal{A}$ **8831** viginti] 20 $\mathcal{A}$ **8832** duorum] 2 $\mathcal{A}$ **8834** pretium] *corr. ex* pretiu $\mathcal{A}$ **8838** sexaginta quatuor] 64 $\mathcal{A}$ **8838** quatuor] 4 $\mathcal{A}$ **8839** viginti] 20 $\mathcal{A}$ **8839–8840** sexaginta quatuor] 64 $\mathcal{A}$ **8840** quatuor] 4 $\mathcal{A}$ **8840** viginti] 20 $\mathcal{A}$ **8841** unum] 1 $\mathcal{A}$ **8842** quarta] $\frac{1}{4}$ $\mathcal{A}$ **8844** decem] 10 $\mathcal{A}$ **8844** centum] 100 $\mathcal{A}$ **8845** trium] 3 $\mathcal{A}$

Sic facies. Scis enim quod comparatio magnitudinis superficiei rotundi ad magnitudinem superficiei alterius lintei est sicut comparatio pretii ad pretium. Pretium igitur non erit certissimum. Inveni ergo magnitudinem rotundi. Videlicet, multiplica medietatem diametri in se et productum in tres et septimam; vel multiplica diametrum in tres et septimam et proveniet circulus, igitur multiplica dimidium diametri in dimidium circuli et proveniet magnitudo superficiei circuli; vel multiplica diametrum in se et de producto minue sextam eius et dimidiam sextam. Quocumque autem horum modorum feceris, proveniet superficies circuli propinquior septuaginta octo et quatuor septime. Comparatio igitur de septuaginta octo et quatuor septimis ad sex, qui sunt magnitudo alterius lintei, est sicut comparatio de centum ad id quod queritur. Fac ergo sicut supra dictum est, et exibit id quod queritur propinquius.

(**B.153**) Si quis dicat: Camera rotunda cuius pavimenti diameter est sex cubitorum quot tabulas similiter rotundas quarum uniuscuiusque diameter est trium cubitorum recipit?

Constat ex premissis quod quatuor recipit in potentia; si autem hoc ad effectum producere voluerimus, non poterimus.

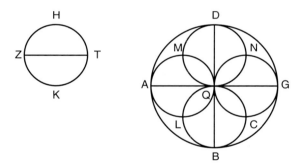

Ad B.153:   *Figura inven. in $\mathcal{A}$ (166^r, 21 – 36 & marg.).*
Z] A *cod.*

Quod sic ostenditur. Sit circumferentia superficiei pavimenti $ABGD$, circulus vero superficiei cuiusque tabule sit $HZKT$, diameter vero circuli pavimenti sit AG. Igitur AG est sex. Sed TZ est tres, et centrum circuli pavimenti ⟨sit⟩ Q; igitur AQ equalis est ad TZ. Sit autem una tabula $AMQL$, secunda vero $NQCG$; non enim plures recipere potest, et remanebit figura quam continent arcus ADG et due coste AMQ et QNG, equalis circulo tabule $HZKT$; altera etiam figura remanebit quam continent arcus ABG et due coste ALQ et QCG, equalis circulo tabule $HZKT$.

8850 tres] 3 $\mathcal{A}$ **8850** septimam] $\frac{am}{7}$ $\mathcal{A}$ **8850** tres] 3 $\mathcal{A}$ **8850** septimam] $\frac{am}{7}$ $\mathcal{A}$ **8853** sextam] $\frac{am}{6}$ $\mathcal{A}$ **8853** dimidiam sextam] dimidiam $\frac{am}{6}$ $\mathcal{A}$ **8854–8855** septuaginta octo] 78 $\mathcal{A}$ **8855** quatuor septime] $\frac{4}{7}$ $\mathcal{A}$ **8855** septuaginta octo] 78 $\mathcal{A}$ **8856** quatuor septimis] $\frac{4}{7}$ $\mathcal{A}$ **8856** sex] 6 $\mathcal{A}$ **8857** centum] 100 $\mathcal{A}$ **8859** Camera] Omnis camera *cod.*   **8859** sex] 6 $\mathcal{A}$ **8861** trium] 3 $\mathcal{A}$ **8862** quatuor] 4 $\mathcal{A}$ **8866** sex] 6 $\mathcal{A}$ **8866** tres] 3 $\mathcal{A}$ **8870–8871** quam continent] quod continet $\mathcal{A}$

Si igitur superponeretur illa tabula super unamquamque illarum figurarum et parificaretur, efficeretur quod dicimus; sed illa nunquam componetur, scilicet parificabitur, alicui illarum. Cum enim protraxerimus diametrum BD et inciderimus de eo tres cubitos et fecerimus in eo circulum equalem circulo $HZKT$, qui sit $DMQN$, secabit aliquid de circulo $QCGN$ et de circulo $AMQL$. Hec ergo questio nunquam venit ad effectum, scitur tamen in effectu. Similiter omnis questio huiusmodi nunquam potest fieri in actu.

(B.153′) Similiter si diceret: De linteo triginta cubitorum in longum et decem in latum quot lintei rotundi possunt incidi quorum uniuscuiusque diameter ⟨est⟩ trium cubitorum?

Hec questio similiter, sicut et premissa, nunquam venit ad actum, sicut manifestum est ex premissis.

Item de alio

(B.154) Si quis querat dicens: Palatium viginti cubitorum in longum et octo in latum quot tabulas marmoreas recipit in pavimento, unamquamque duorum cubitorum in longum et unius cubiti et dimidii in latum?

Sic facies. Inveni magnitudinem pavimenti, scilicet multiplicando longitudinem eius in latitudinem eius, et provenient centum sexaginta. Deinde inveni magnitudinem tabule, scilicet multiplicando longitudinem eius in latitudinem eius, et fient tres. Per quos divide centum sexaginta predicta, et exibunt quinquaginta tria et tertia, qui est numerus tabularum. Modus autem agendi hic est sicut in linteis. Et similiter in omnibus quadratis.

8884–8901 Item de alio ... prime partis est hic] 166^r, $27 - 38$ $\mathcal{A}$; 41ra, $16 - 36$ $\mathcal{B}$.

8872 superponeretur] superponatur *cod.* 8874 parificabitur] parificatur *cod.* 8875 tres] 3 $\mathcal{A}$ 8879 triginta] 30 $\mathcal{A}$ 8880 decem] 10 $\mathcal{A}$ 8881 trium] 3 $\mathcal{A}$ 8882 ad] *bis scr. 1us del. $\mathcal{A}$* 8885 viginti] 20 $\mathcal{A}$ 8886 octo] 8 $\mathcal{A}$ 8889 latitudinem] latitudine $\mathcal{B}$ 8889 centum sexaginta] 160 $\mathcal{A}$ 8891 tres] 3 $\mathcal{A}$ 8891 centum sexaginta] 160 $\mathcal{A}$ 8892 quinquaginta tria] 53 *(corr. ex 50)* $\mathcal{A}$ 8892 tertia] $\frac{a}{3}$ $\mathcal{A}$

Capitulum de molare

Hoc capitulum dividitur in duas partes, quarum una est conventio cum molendinario ut dicat se de unoquoque caficio accipere partem nominatam, altera est conventio cum molendinario accipiendi pro unoquoque, non de unoquoque, caficio aliquam partem, similiter quam tibi dicat. Unaqueque autem harum duarum partium fit iterum quatuor modis, de quibus singulis proponam singulas questiones.

PRIMUS AUTEM MODUS PRIME PARTIS EST HIC.

(B.155) Cum pro molendo unoquoque caficio detur quinta eius, tunc pro molendis centum caficiis quantum persolvetur de illis et quantum reportabitur?

Sic facies. Iam scis quod vult dividi caficium in quinque partes et dari unam earum pro molendis reliquis. Patet igitur quod comparatio unius ad quinque est sicut comparatio eius quod persolvitur de centum ad centum. Multiplica igitur unum in centum et productum divide per quinque, et exibunt viginti; et hoc est quod voluisti. Vel accipe quintam de centum, que est viginti. Et hec est id quod datur pro centum molendis, et remanent reportandi octoginta. Similiter etiam fiet si dicat dari pro unoquoque caficio sextam vel nonam, vel quotamlibet partem eius.

[**(B.155′)** Cum pro molendo caficio datur sexta eius, quantum dabitur pro centum molendis et quantum reportabitur?

Sic facies. Sexta pars de centum, que est sexdecim et due tertie, est id quod datur pro centum molendis. Et remanent reportandi octoginta tres et tertia. Similiter fit si dicat dari pro unoquoque caficio nonam, vel quotamlibet partem.]

MODUS VERO SECUNDUS HUIUS PARTIS EST HIC.

(B.156) Cum pro unoquoque caficio molendo dentur due none eius, quantum dabitur [de alia annona] pro molendis centum caficiis et reportandis integris?

8902–8912 Cum pro molendo ... quotamlibet partem eius] $166^r, 38 - 166^v, 3$ $\mathcal{A}$; $\mathcal{B}$ deficit.
8913–8918 Cum pro molendo ... vel quotamlibet partem] $\mathcal{A}$ deficit; $41^{ra}, 37 - 44$ $\mathcal{B}$.
8919–8966 Modus vero secundus ... quod supra docuimus] $166^v, 3 - 26$ $\mathcal{A}$; $41^{ra}, 44 - 41^{va}, 8$ $\mathcal{B}$.

8894 tit.] om. sed spat. hab. $\mathcal{B}$ 8895 in duas partes, quarum una] in 2 partes quarum una $\mathcal{A}$, in duos parentes quorum unus $\mathcal{B}$ 8897–8898 non de unoquoque] om. $\mathcal{B}$ 8898 similiter] similem $\mathcal{B}$ 8899 autem] om. $\mathcal{A}$ 8899 harum] horum $\mathcal{B}$ 8899 duarum] 2 $\mathcal{A}$ 8899 quatuor] 4 $\mathcal{A}$ 8901 prime] primi $\mathcal{B}$ 8901 est] om. $\mathcal{B}$ 8902 quinta] $\frac{a}{5}$ (corr. ex $\frac{a}{4}$) $\mathcal{A}$ 8903 centum] 100 $\mathcal{A}$ 8905 quinque] 5 $\mathcal{A}$ 8907 quinque] 5 $\mathcal{A}$ 8907 centum] 100 $\mathcal{A}$ 8907–8908 centum (post ad)] 100 $\mathcal{A}$ 8908 centum] 100 $\mathcal{A}$ 8908 quinque] 5 $\mathcal{A}$ 8909 viginti] 20 $\mathcal{A}$ 8909 quintam] $\frac{am}{5}$ $\mathcal{A}$ 8909–8910 centum] 100 $\mathcal{A}$ 8910 viginti] 20 $\mathcal{A}$ 8910 centum] 100 $\mathcal{A}$ 8911 octoginta] 80 $\mathcal{A}$ 8911–8912 unoquoque] unoquo $\mathcal{A}$ 8919 secundus] secundum $\mathcal{B}$ 8920 unoquoque] uno $\mathcal{A}$ 8920 due none] $\frac{2}{9}$ $\mathcal{A}$ 8921 centum] 100 $\mathcal{A}$

Sic facies. Novem est numerus unde denominatur nona. Sed pro molendis novem caficiis dantur due none, scilicet duo caficii, et remanent septem reportandi. Duo ergo caficii sunt persoluti de novem et pro septem. Quos septem pone prelatum. Duo autem multiplica in centum et productum divide per septem; et exibunt viginti octo et quatuor septime, et hoc est quod persolvitur pro centum molendis. [Agregati igitur caficii qui moluntur et alii qui pro illis molendis persolvuntur, fiunt centum viginti octo et quatuor septime caficii; quos ad molendum portavit, de quibus tantum centum reportavit.] Vel, si volueris, divide duo per septem et quod exit multiplica in centum. Vel divide centum per septem et quod exit multiplica in duo, secundum quod predictum est de prius dividendo et postea multiplicando.

TERTIUS VERO MODUS HUIUS PARTIS EST HIC.

(B.157) Cum pro molendo caficio dentur due septime eius, tunc quisquis reportat molitos octoginta quot portavit molendos?

Sic facies. Numerus a quo denominatur septima est septem. Pro quibus molendis dantur due septime eorum; qui sunt duo caficii, et remanent quinque. Quinque igitur sit tibi prelatus. Deinde multiplica septem in octoginta, quos reportavit, et productum divide per prelatum, et exibunt centum duodecim. Et hoc est quod portavit. Vel divide unum multiplicantium per dividentem et quod exit multiplica in alterum, sicut supra docuimus.

Hec autem regula sumpta est a proportione. Sic enim se habent septem, quos portavit, ad quinque, quos reportavit, sicut portatum, quod queritur, ad octoginta, quos reportavit. Unde ignoramus tertium, secundus vero est dividens, qui est quinque.

QUARTUS VERO MODUS HUIUS PARTIS EST HIC.

(B.158) Cum pro unoquoque caficio molendo dentur due none ⟨eius⟩, qui molendinario decem caficios dedit, quot portavit et reportavit?

Sic facies. Numerus a quo denominatur nona est novem. Sed pro

---

8923 Novem] 9 $\mathcal{A}$ 8923 nona] $\frac{a}{9}$ $\mathcal{A}$ 8924 novem] 9 $\mathcal{A}$ 8924 due none] $\frac{2}{9}$ $\mathcal{A}$ 8924 scilicet] secundum $\mathcal{B}$ 8924 duo] 2 $\mathcal{A}$ 8925 septem] 7 $\mathcal{A}$ 8925 novem] 9 $\mathcal{A}$ 8925 septem] 7 $\mathcal{A}$ 8926 septem] 7 $\mathcal{A}$ 8926 Duo] 2 $\mathcal{A}$ 8926 centum] 100 $\mathcal{A}$ 8927 septem] 7 $\mathcal{A}$ 8927 viginti octo] 28 $\mathcal{A}$ 8927 quatuor septime] 4 septime $\mathcal{A}$ 8928 centum] 100 $\mathcal{A}$ 8928 Agregati] Aggati $\mathcal{A}$, Agreganti *pr. scr.* n *exp.* $\mathcal{B}$ 8929 pro] p° $\mathcal{A}$ 8929 molendis persolvuntur] persolvuntur molendis $\mathcal{A}$, molendis molendis persolvuntur $\mathcal{B}$ 8929 centum viginti octo] 128 $\mathcal{A}$ 8930 quatuor septime] $\frac{4}{7}$ $\mathcal{A}$, quattuor septime $\mathcal{B}$ 8930 ad] *om.* $\mathcal{B}$ 8931 centum] 100 $\mathcal{A}$ 8931 duo] 2 $\mathcal{A}$ 8931 septem] 7 $\mathcal{A}$ 8932 centum] 100 $\mathcal{A}$ 8932 centum] 100 $\mathcal{A}$ 8932 septem] 7 $\mathcal{A}$ 8933 duo] 2 $\mathcal{A}$ 8933 est] *om.* $\mathcal{A}$ 8933 prius] quibus *pr. scr.* et *corr. supra* $\mathcal{A}$ 8936 dentur] detur $\mathcal{A}$ 8936 due septime] $\frac{2}{7}$ $\mathcal{A}$ 8937 octoginta] 80 $\mathcal{A}$ 8937 molendos] molendo $\mathcal{A}$, molendis $\mathcal{B}$ 8938 septima] $\frac{a}{7}$ $\mathcal{A}$ 8938 septem] 7 $\mathcal{A}$ 8939 due septime] $\frac{2}{7}$ $\mathcal{A}$ 8939 duo] 2 $\mathcal{A}$ 8940 quinque] 5 $\mathcal{A}$ 8940 Quinque] 5 $\mathcal{A}$ 8940 septem] 7 $\mathcal{A}$ 8941 octoginta] 80 $\mathcal{A}$ 8941 reportavit] reportanit $\mathcal{B}$ 8942 centum duodecim] 112 $\mathcal{A}$ 8943 quod] qui $\mathcal{B}$ 8943 multiplica] multipla $\mathcal{B}$ 8945 sumpta est] e $\mathcal{B}$ 8945–8946 septem] 7 $\mathcal{A}$ 8946 quinque] 5 $\mathcal{A}$ 8946 portatum] portaum $\mathcal{B}$ 8947 octoginta] 80 $\mathcal{A}$ 8947 quos] quo $\mathcal{A}$ 8948 quinque] 5 $\mathcal{A}$ 8949 Quartus ... est hic] *om. sed spat. rel.* $\mathcal{B}$ 8949 Quartus] 4^{tus} $\mathcal{A}$ 8950 unoquoque] uno $\mathcal{A}$ 8950 due none] $\frac{2}{9}$ $\mathcal{A}$ 8951 decem] 10 $\mathcal{A}$ 8952 Sic facies] *om.* $\mathcal{B}$ 8952 nona] $\frac{a}{9}$ $\mathcal{A}$ 8952 novem] 9 $\mathcal{A}$

molendis novem caficiis dantur due none; qui sunt duo caficii, et remanent septem. Duo ergo, quos de novem pro molendis septem persolvit, sint tibi prelatus. Cum autem volueris scire quantum portavit ad molendum, multiplica novem in decem et productum divide per prelatum; et exibunt quadraginta quinque, et hoc est quod portavit. Si vero volueris scire quantum reportavit, multiplica septem in decem, et quod exit divide per prelatum; et provenient triginta quinque, et tantum est quod reportavit. Vel prius divide et postea multiplica.

Hec autem regula sumpta est a proportione. Sicut enim se habent novem caficii, quos portavit, ad duos, quos persolvit, sic se habet ignotum portatum ad decem, quos persolvit. Similiter: sic septem, quos reportavit, ad duos, quos persolvit, sicut ignotum quod reportavit, ad decem, quos pro illo persolvit. In hiis ergo duobus modis tertius ignoratur et dividens est secundus, qui est duo caficii. Tu, fac secundum quod supra docuimus.

PRIMUS VERO MODUS SECUNDE PARTIS EST HIC.

(B.159) Cum pro molendo unoquoque caficio accipiatur de alio tantum quantum est quinta eius, tunc pro molendis centum caficiis quantum persolvetur de aliis?

Sic facies. Scimus autem quod, cum pro molendo unoquoque caficio accipiatur quinta alterius caficii, quod moluntur quinque partes et accipitur de alio quantum est una earum. Patet igitur quod comparatio unius partis, que est pretium pro molendis quinque partibus, ad quinque partes est sicut comparatio pretii quod datur pro molendis centum caficiis ad ipsos centum caficios. Comparatio igitur unius ad quinque est sicut comparatio quesiti ad centum. Fac igitur sicut supra dictum est, et quesitum erit viginti. Et secundum hoc erit modus agendi: Scilicet, ut accipias numerum unde denominatur quinta, scilicet quinque; quorum quintam, que est unum, multiplica in centum, et productum divide per quinque; et exibit quod volueris.

SECUNDUS VERO MODUS HUIUS PARTIS EST HIC.

8967–8981 Primus vero modus ... exibit quod volueris] 166^v, 26 – 33 $\mathcal{A}$; $\mathcal{B}$ deficit.
8982–8994 Secundus vero modus ... exibit quod volueris] 166^v, 33 – 39 $\mathcal{A}$; 41va, 9 – 13 (enuntiatio problematis B.160 tantum) $\mathcal{B}$.

8953 novem] 9 $\mathcal{A}$ **8953** due none] $\frac{2}{9}$ $\mathcal{A}$ **8953** duo] 2 $\mathcal{A}$ **8954** septem] 7 $\mathcal{A}$
8954 novem] 9 $\mathcal{A}$ **8954** pro] add. supra $\mathcal{A}$ **8954** septem] 7 $\mathcal{A}$ **8956** novem] 9 $\mathcal{A}$ **8956** decem] 10 $\mathcal{A}$ **8956–8957** quadraginta quinque] 45 $\mathcal{A}$ **8957** quantum] quatum $\mathcal{B}$ **8958** septem] 7 $\mathcal{A}$ **8958** decem] 10 $\mathcal{A}$ **8959** triginta quinque] 35 $\mathcal{A}$ **8961** autem] atur $\mathcal{B}$ **8961** proportione] pportione $\mathcal{B}$ **8962** novem] 9 $\mathcal{A}$ **8962** persolvit] portavit persolvit $\mathcal{B}$ **8963** portatum] quesitum codd.   **8963** decem] 10 $\mathcal{A}$ **8963** septem] 9 $\mathcal{A}$, novem $\mathcal{B}$ **8964** persolvit] In hiis (v. infra) add. et del. $\mathcal{A}$ **8964** decem] 10 $\mathcal{A}$ **8965** illo] illis codd.   **8965** hiis] his $\mathcal{B}$ **8965** tertius] ter eius $\mathcal{B}$ **8966** secundus] secundum $\mathcal{B}$ **8966** duo] 2 $\mathcal{A}$ **8968** unoquoque] uno pr. scr. et quoque add. supra $\mathcal{A}$ **8969** quinta] $\frac{a}{5}$ $\mathcal{A}$ **8969** centum] 100 $\mathcal{A}$ **8971** cum] add. supra $\mathcal{A}$ **8972** quinta] $\frac{a}{5}$ $\mathcal{A}$ **8972** quinque] 5 $\mathcal{A}$ **8974** quinque] 5 $\mathcal{A}$ **8974** quinque (post ad)] 5 $\mathcal{A}$ **8975** centum] 100 $\mathcal{A}$ **8976** centum] 100 $\mathcal{A}$ **8976** quinque] 5 $\mathcal{A}$ **8977** centum] 100 $\mathcal{A}$ **8977–8978** viginti] 20 $\mathcal{A}$ **8979** quinta] $\frac{a}{5}$ (corr. ex 5) $\mathcal{A}$ **8979** quinque] 5 $\mathcal{A}$ **8979** unum] 1 $\mathcal{A}$ **8980** centum] 100 $\mathcal{A}$ **8980** quinque] 5 $\mathcal{A}$ **8982** huius] corr. ex huis $\mathcal{B}$

(B.160) Cum pro unoquoque caficio molendo detur tantum de alio quantum sunt due septime eius, tunc portatis centum caficiis quantum de illis persolvitur molendinario et quantum reportatur?

Sic facies. Scimus quod moluntur septem partes et accipitur tantum de alio quantum sunt due partes illius. Comparatio igitur duorum ad septem est sicut comparatio eius quod persolvit de centum caficiis ad id quod remanet de ipsis. Cum autem composuerimus, tunc comparatio duorum ad novem erit sicut comparatio pretii ad centum. Et propter hoc est modus agendi ut accipiatur numerus unde denominatur septima, scilicet septem, quibus agrega duas septimas eorum, et fient novem, quos pone prelatum. Deinde multiplica duo in centum, et productum divide per prelatum, et exibit quod volueris.

TERTIUS VERO MODUS SECUNDE PARTIS EST HIC.

(B.161) Cum pro molendo uno caficio detur ⟨tantum quantum sunt⟩ due none eius, qui centum caficios molitos attulit, quot molendos portavit?

Sic facies. Numerus denominationis est novem. Cuius duas nonas, scilicet duo, agrega ipsis, et fient undecim. Quos multiplica in centum, et productum divide per novem, et exibit quod portavit. Vel prius divide unum multiplicantium per dividentem, et quod exit multiplica in alterum.

Hec etiam regula sumpta est a proportione. Quoniam cum portavit ad molendum novem portavit simul cum eis quod pro illis persolvet, scilicet duos. Sed agregati quos reportavit et persolvit fiunt undecim. Sic ergo se habent undecim, quos portavit, ad novem, quos reportavit, sicut caficii qui queruntur ad centum, quos reportavit. Divide ergo per novem, sicut predictum est.

QUARTUS MODUS SECUNDE PARTIS EST HIC.

(B.162) Cum pro molendo uno caficio detur tantum quantum sunt due none eius, tunc persolutis decem quantum portavit, vel reportavit?

Sic facies. Numerus denominationis est novem. Constat ergo quod, cum portaverit novem molendos, persolvet de aliis duos. Qui agregati ad novem fient undecim; quos portavit, et reportavit novem. Quasi ergo

---

8995–9018 Tertius vero modus ... considera secundum hoc] $166^v, 39 - 167^r, 9\ \mathcal{A}$; $41^{va}, 13 - 46\ \mathcal{B}$.

8983 caficio] cafiçio $\mathcal{B}$ 8984 due septime] $\frac{2}{7}\ \mathcal{A}$ 8984 portatis] pro molendis *codd.*   8984 centum] 100 $\mathcal{A}$ 8986–8994 Sic facies ... volueris] *desunt in* $\mathcal{B}$ 8986 septem] 7 $\mathcal{A}$ 8987 due] 2 $\mathcal{A}$ 8987–8988 septem] 7 $\mathcal{A}$ 8988 persolvit] persolvitur $\mathcal{A}$ 8988 centum] 100 $\mathcal{A}$ 8990 novem] 9 $\mathcal{A}$ 8990 centum] 100 $\mathcal{A}$ 8991 septima] $\frac{a}{7}\ \mathcal{A}$ 8991 septem] 7 $\mathcal{A}$ 8992 duas septimas] $\frac{2}{7}\ \mathcal{A}$ 8992 novem] 9 $\mathcal{A}$ 8993 duo] 2 $\mathcal{A}$ 8993 centum] 100 $\mathcal{A}$ 8996 detur] dentur $\mathcal{B}$ 8996–8997 due none] $\frac{2}{9}\ \mathcal{A}$ 8997 centum] 100 $\mathcal{A}$ 8998 novem] 9 $\mathcal{A}$ 8998 duas nonas] $\frac{2}{9}\ \mathcal{A}$, duas novas $\mathcal{B}$ 8999 duo] 2 $\mathcal{A}$ 8999 undecim] 11 $\mathcal{A}$ 8999 centum] 100 $\mathcal{A}$ 9000 novem] 9 $\mathcal{A}$ 9001 in] per *codd.*   9001 alterum] altum $\mathcal{A}$ 9003 novem] 9 $\mathcal{A}$ 9004 duos] 2 $\mathcal{A}$ 9004 reportavit] apportavit $\mathcal{B}$ 9004 et] *add. supra* $\mathcal{A}$, *om.* $\mathcal{B}$ 9004 undecim] 11 *(quasi* 21*)* $\mathcal{A}$ 9005 undecim] 11 $\mathcal{A}$ 9005 novem] 9 $\mathcal{A}$ 9006 centum] 100 $\mathcal{A}$ 9006 novem] 9 $\mathcal{A}$ 9009–9010 due none] $\frac{2}{9}\ \mathcal{A}$ 9010 decem] 10 $\mathcal{A}$ 9011 novem] 9 $\mathcal{A}$ 9012 novem] 9 $\mathcal{A}$ 9012 aliis] illis *codd.*   9012 duos] 2 $\mathcal{A}$ 9013 novem] 9 $\mathcal{A}$ 9013 undecim] 11 $\mathcal{A}$ 9013 quos] quot *codd.*   9013 reportavit] reportabit $\mathcal{A}$ 9013 novem] 9 $\mathcal{A}$

querat: 'Cum de undecim persolvantur duo et reportentur novem, tunc persolutis decem quot sunt quos portavit et reportavit?'. Fac sicut supra docuimus, et exibit quod reportavit, scilicet quadraginta quinque caficii; quos autem portavit sunt quinquaginta quinque.

Intellige hec, et cetera huiusmodi considera secundum hoc.

(**B.163**) Cum pro unoquoque caficio molendo detur quantum est quinta eius, tunc qui de caficiis ignotis persolvit et reportavit centum, quot portavit?

Scimus quod moluntur quinque partes et accipitur quantum est una illarum. Cum igitur portaverit sex, reportabit quinque. Comparatio autem eius quod portavit ad id quod reportavit est sicut comparatio eius quod portavit ad id quod reportavit. Comparatio igitur de sex ad quinque est sicut comparatio quesiti ad centum. Fac igitur sicut supra dictum est, et exibit quesitum centum viginti. Et ob hoc numerum unde denominatur quinta, scilicet quinque, ponis prelatum. Cui addis quintam eius, et fiunt sex. Quos multiplicas in centum et productum dividis per prelatum, et exit id quod queris. Vel, si volueris, adde uni caficiorum quantum est quinta eius et agregatum multiplica in centum, et exibit quod volueris.

(**B.164**) Cum pro molendo unoquoque caficio datur septima eius et dimidia septima, tunc qui de ignotis caficiis persolvit et reportavit centum, quantum persolvit et quot portavit?

Sic facies. Scimus quod qui portat caficium ad molendum dividit illum in septem partes, et data molendinario una illarum partium et dimidia reportat molitas quinque partes et dimidiam. Constat igitur quod portat septem et reportat quinque et dimidium. Comparatio autem eius quod portat ad id quod reportat est sicut comparatio eius quod portatur ad id quod reportatur. Comparatio igitur de septem ad quinque et dimidium est sicut comparatio quesiti ad centum. Et ob hoc est modus agendi talis ut de numero unde denominatur septima, scilicet septem, minuas septimam eius et dimidiam; et remanent quinque et dimidium, quos ponis prelatum. Deinde multiplicas septem in centum et productum dividis per prelatum; et exeunt centum viginti septem et tres undecime, et hoc est quod queris.

9019–9070 Cum pro unoquoque ... hoc est quod voluisti] 167^r, $9 - 35$ $\mathcal{A}$; $\mathcal{B}$ deficit.

9014 undecim] 11 $\mathcal{A}$ **9014** duo] 2 $\mathcal{A}$ **9014** novem] 9 $\mathcal{A}$ **9015** decem] 10 $\mathcal{A}$ **9016** quadraginta quinque] 45 $\mathcal{A}$ **9017** quinquaginta quinque] 55 $\mathcal{A}$ **9019** quinta] $\frac{a}{5}$ $\mathcal{A}$ **9020** centum] 100 $\mathcal{A}$ **9020–9021** portavit] persolvit *cod.*   **9022** quinque] 5 $\mathcal{A}$ **9023** sex] 6 $\mathcal{A}$ **9023** quinque] 5 $\mathcal{A}$ **9025** sex] 6 $\mathcal{A}$ **9025** quinque] 5 $\mathcal{A}$ **9026** centum] 100 $\mathcal{A}$ **9027** centum viginti] 120 $\mathcal{A}$ **9028** quinta] $\frac{a}{5}$ $\mathcal{A}$ **9028** quinque] 5 $\mathcal{A}$ **9028** quintam] $\frac{am}{5}$ $\mathcal{A}$ **9029** sex] 6 $\mathcal{A}$ **9029** centum] 100 $\mathcal{A}$ **9030** quinta] $\frac{a}{5}$ $\mathcal{A}$ **9031** centum] 100 $\mathcal{A}$ **9032** septima] $\frac{a}{7}$ $\mathcal{A}$ **9032–9033** dimidia septima] dimidia $\frac{a}{7}$ $\mathcal{A}$ **9033** centum] 100 $\mathcal{A}$ **9036** septem] 7 $\mathcal{A}$ **9036** dimidia] $\frac{a}{2}$ $\mathcal{A}$ **9037** quinque] 5 $\mathcal{A}$ **9037** dimidiam] $\frac{am}{2}$ $\mathcal{A}$ **9038** septem] 7 $\mathcal{A}$ **9038** quinque] 5 $\mathcal{A}$ **9040** septem] 7 $\mathcal{A}$ **9040** quinque] 5 $\mathcal{A}$ **9040** dimidium] $\frac{m}{2}$ $\mathcal{A}$ **9041** centum] 100 $\mathcal{A}$ **9042** septima] $\frac{a}{7}$ $\mathcal{A}$ **9042** septem] 7 $\mathcal{A}$ **9042** septimam] $\frac{am}{7}$ $\mathcal{A}$ **9043** quinque] 5 $\mathcal{A}$ **9043** dimidium] dimidia $\mathcal{A}$ **9044** septem] 7 $\mathcal{A}$ **9044** centum] 100 $\mathcal{A}$ **9045** centum viginti septem] 127 $\mathcal{A}$ **9045** tres undecime] $\frac{3}{11}$ $\mathcal{A}$

Vel, si volueris, minue de uno septimam eius et dimidiam et per id quod remanet divide centum, et exibit quod volueris.

(**B.165**) Cum pro unoquoque caficio molendo detur quinta eius, ⟨annona vero cum molitur decima parte sui augmentatur,⟩ tunc qui portat caficios nescio quot, et persolvit de illis et reportat centum, quot fuerunt caficii quos portavit?

(*a*) Iam scimus quod, cum portaverit quinque partes, persolvet de illis unam, et remanent quatuor. Que augmentantur decima parte sui; fiunt ⟨ergo⟩ quatuor et due quinte. Cum igitur portaverit quinque, reportabit quatuor et duas quintas. Comparatio autem eius quod portat ad id quod reportat est sicut comparatio eius quod portat ad id quod reportat. Comparatio igitur de quinque ad quatuor et duas quintas est sicut comparatio quesiti ad centum. Multiplica igitur quinque in centum et productum divide per quatuor et duas quintas, et exibit quod voluisti.   Vel aliter. Reduc quatuor in quintas, et, cum duabus, fient viginti due; et similiter quinque reduc in quintas, et fient viginti quinque. Et tunc comparatio viginti duorum ad viginti quinque erit sicut comparatio de centum ad quesitum. Fac ergo sicut supra ostensum est, et exibit quesitum centum tredecim et septem undecime. Et hoc est quod voluisti.

(*b*) Vel, si volueris: Iam scis quod, cum de unoquoque caficio datur quinta eius, tunc de caficiis ignotis debet accipi quinta eorum, et remanebunt quatuor quinte. Que augmentantur decima parte sui; fiunt ergo quatuor quinte et due quinte unius sue quinte. Quere ergo quis numerus est cuius quatuor quinte et due quinte unius sue quinte sunt centum. Et invenies centum tredecim et septem undecimas. Et hoc est quod voluisti.

(**B.166**) Si quis querit dicens: Cum pro caficio molendo detur quinta caficii, sed non de eodem, et ex caficiis portatis ad molendum multiplicatis in id quod persolvitur proveniunt centum quinquaginta, tunc quot sunt caficii ignoti?

9071–9140 Si quis querit ... quod scire voluisti] $167^r, 35 - 167^v, 25$ A; $42^{ra}, 48 - 42^{va}, 43$ B.

9046 septimam] $\frac{am}{7}$ A **9047** centum] 100 A **9048** unoquoque] uno *pr. scr.* quoque *add. supra* A **9048** quinta] $\frac{a}{5}$ A **9050** centum] 100 A **9052** quinque] 5 A **9053** quatuor] 4 A **9053** decima] $\frac{a}{10}$ A **9054** quatuor] 4 A **9054** due quinte] $\frac{2}{5}$ (2 *pr. scr. mut. in* $\frac{2}{5}$ *quod del. et totum rescr.*) A **9054** quinque] 5 A **9055** quatuor] 4 A **9055** duas quintas] $\frac{2}{5}$ A **9057** quinque] 5 A **9057** quatuor] 4 A **9057** duas quintas] $\frac{2}{5}$ A **9058** centum] 100 A **9058** quinque] 5 A **9058** centum] 100 A **9059** quatuor] 4 A **9059** duas quintas] $\frac{2}{5}$ A **9060** quatuor] 4 A **9060** quintas] $\frac{as}{5}$ A **9060** duabus] 2^{abus} A **9060** fient] *corr. ex* fiunt A **9060** viginti due] 22 A **9060** quinque] 5 A **9061** quintas] $\frac{as}{5}$ A **9061** viginti quinque] 25 A **9061–9062** viginti duorum] 22^{orum} A **9062** viginti quinque] 25 A **9062** centum] 100 A **9063** centum tredecim] 113 A **9063–9064** septem undecime] $\frac{7}{11}$ A **9065–9066** quinta] $\frac{a}{5}$ A **9066** quinta] $\frac{a}{5}$ A **9067** quatuor quinte] $\frac{4}{5}$ A **9067** decima] $\frac{a}{10}$ A **9067–9068** quatuor quinte] $\frac{4}{5}$ A **9068** due quinte] $\frac{2}{5}$ A **9068** quinte] $\frac{e}{5}$ A **9069** quatuor quinte] $\frac{4}{5}$ A **9069** due quinte] $\frac{2}{5}$ A **9069** quinte] $\frac{e}{5}$ A **9069** centum] 100 A **9070** centum tredecim] 113 A **9070** septem undecimas] $\frac{7}{11}$ A **9071** quinta] $\frac{a}{5}$ A **9073** centum quinquaginta] 150 A **9073** quot] ergo B

(*a*) Iam ostensum est [in supra dicto capitulo de molendo, scilicet] quod cum pro caficio molendo datur quinta caficii, tunc de annona quam molendam portavit persolvitur sexta eius. Unde hos caficios quos portavit multiplica in sextam eorum, et fient centum quinquaginta. Sequitur ergo ut, cum multiplicati fuerint in se, fiant nongenti. Quorum radix, scilicet triginta, est caficii ignoti quos molendos portavit.

(*b*) Vel aliter. Pone caficios ignotos rem. Cuius sexta, scilicet sexta rei, est id quod persolvitur pro re. Multiplica igitur sextam rei in rem, et proveniet sexta census, que adequatur ad centum quinquaginta. Igitur census adequatur ad nongenta, res autem est triginta. Qui triginta sunt caficii quos molendos portavit.

(*c*) Hoc autem si experiri volueris: Sextam de triginta, que est quinque, multiplica in triginta; et provenient centum quinquaginta, sicut supra dixit.

ITEM DE EODEM.

(**B.167**) Si quis querat dicens: Cum pro uno caficio molendo detur quinta caficii, de caficiis autem quos reportavit subtractis illis quos persolvit remanent viginti, tunc quot sunt caficii ignoti?

(*a*) Notum est quod de caficiis quos molendos portavit eorum sextam persolvit. Unde, cum de ignota annona eius sexta persolvitur, remanent quinque sexte eius, que sunt id quod molitum reportavit. De quibus subtracta sexta quam persolvit remanent quatuor sexte eius. Sequitur ergo ut viginti que remanent sint quatuor sexte illius annone quam molendam portavit. Inquire ergo quis est numerus cuius quatuor sexte sunt viginti; et invenies quod est triginta, et tot sunt caficii quos molendos portavit.

(*b*) Vel, si volueris, caficios quos molendos portavit pone rem. De qua re persoluta sexta eius, que est sexta rei, remanent quinque sexte rei, quas molitas reportavit. De quibus subtracta sexta rei persoluta remanent quatuor sexte rei; que adequantur ad viginti. Ergo illa res adequatur triginta caficiis.

(*c*) Si autem hoc experiri volueris: Persolve de hiis triginta caficiis sextam eorum, que est quinque caficii, et remanent viginti quinque, et tot sunt quos reportavit. Quod igitur subtraxit ex illis sunt quinque, quos persolvit

---

9076 quinta] $\frac{a}{5}$ *A* **9077** sexta] $\frac{a}{6}$ *A* **9078** sextam] $\frac{am}{6}$ *A* **9078** centum quinquaginta] 150 *A* **9079** nongenti] 900 *A* **9079** triginta] 30 *A* **9081** sexta] $\frac{a}{6}$ *A* **9081** sexta] $\frac{a}{6}$ *A* **9082** pro re] pro re *(sc.)* aliquo *B* **9082** sextam] $\frac{am}{6}$ *A* **9082** rei in rem] *spat. hab., post quod* in aliquid *scr. B* **9083** sexta] $\frac{a}{6}$ *A* **9083** centum quinquaginta] 150 *A* **9084** nongenta] 900 *A* **9084** res] *om. B* **9084** triginta] 30 *A* **9084** triginta *(post* Qui*)*] 30 *A* **9086** Sextam] $\frac{am}{6}$ *A* **9086** triginta] 30 *A* **9086** quinque] 5 *A* **9087** triginta] 30 *A* **9087** centum quinquaginta] 150 *A* **9087** sicut supra dixit] *add. post fin. ult. lin. A* **9089–9090** quinta] $\frac{a}{5}$ *A* **9090** quos] quo *A* **9091** viginti] 20 *A* **9091** sunt caficii] caficii sunt *A* **9092** sextam] $\frac{am}{6}$ *A* **9093–9094** quinque sexte] 5 sexte *A* **9095** sexta] $\frac{a}{6}$ *A* **9095** quatuor sexte] $\frac{4}{6}$ *A* **9095** viginti] 20 *A* **9096** quatuor sexte] $\frac{4}{6}$ *A* **9097** quatuor sexte] $\frac{4}{6}$ *A* **9097** viginti] 20 *A* **9098** triginta] 30 *A* **9099** qua] quo *B* **9100** sexta] $\frac{a}{6}$ *A* **9100** sexta *(post* est*)*] $\frac{a}{6}$ *A* **9100** quinque sexte] $\frac{5}{6}$ *A* **9101** sexta] $\frac{a}{6}$ *A* **9101–9102** quatuor sexte] $\frac{4}{6}$ *A* **9102** viginti] 20 *A* **9102** illa] illud *B* **9102** triginta] 30 *A* **9104** hiis] his *codd.* **9104** triginta] 30 *A* **9104** sextam] $\frac{\ }{6}$ *pr. scr. et del., post quod* sextam *scr. A* **9105** quinque] 5 *A* **9105** viginti quinque] 25 *A* **9106** quos *(post* sunt*)*] quo *A* **9106** quinque] 5 *A*

pro illis; ⟨et remanent viginti,⟩ sicut propositum fuit.

(**B.168**) Si quis querat dicens: Cum pro molendo caficio detur quinta caficii, sed caficiis quos reportavit multiplicatis in id quod persolvit pro illis proveniunt centum viginti quinque, tunc quot caficios molendos portavit?

(***a***) Iam notum est quod pro caficiis ignotis persolvitur eorum sexta et remanent quinque sexte eorum, que sunt id quod reportat molitum. Sed ex caficiis quos reportavit multiplicatis in id quod pro illis persolvitur proveniunt centum viginti quinque. ⟨Sequitur ergo ut caficii quos reportavit cum multiplicati fuerint in se fiant sexcenti et viginti quinque. Quorum radix⟩ [Horum igitur quinta] est caficii ignoti, scilicet viginti quinque.

(***b***) Vel, si volueris, pone quod portavit rem. De quo persoluta sexta eius, scilicet sexta rei, remanent quinque sexte rei, que sunt id quod molitum reportavit. Unde multiplica eas in id quod persolvitur pro illis, scilicet in sextam rei, et provenient quinque sexte sexte census; que adequantur ad centum viginti quinque. Ergo census est sexcenta et viginti quinque. Cuius radix, que est viginti quinque, sunt caficii quos molendos portavit.

ITEM DE EODEM

(**B.169**) Si quis querat dicens: Cum molendinum unum molat viginti caficios inter diem et noctem, et aliud triginta inter diem et noctem, aliud autem quadraginta inter diem et noctem, quisquis vult decem caficios molere in illis tribus eodem tempore quantum ponet in unoquoque?

(***a***) Hec autem questio omnino est similis questioni de participatione nec differt in aliquo ab ea. Unde agrega viginti et triginta et quadraginta, et agregatum pone prelatum. Cum autem volueris scire quantum ponitur in unoquoque molendino, multiplica decem caficios in id quod molitur molendino de quo vis scire, et productum divide per prelatum; et quod exierit est id quod queris.

(***b***) Vel aliter. Caficios quos ponit in molendino molente quadraginta pone aliquid; et quod ponitur in molente triginta erit tres quarte alicuius, quod autem ponitur in molente viginti erit dimidium alicuius. Agrega igitur hec omnia, et fient duo aliqua et quarta; que adequantur ad decem. Illud ergo aliquid adequatur ad quatuor et quatuor nonas, et est id quod molitur in molente quadraginta; cuius tres quarte ponuntur in molente triginta, dimidium vero eius in molente viginti. Et hoc est quod scire voluisti.

9107 sicut] sunt B **9108** quinta] $\frac{a}{5}$ A **9109** in id] id id B **9110** proveniunt] provenerunt B **9110** centum viginti quinque] 125 A **9111** sexta] $\frac{a}{6}$ A **9112** quinque sexte] $\frac{5}{6}$ A **9114** centum viginti quinque] 125 A **9116** quinta] $\frac{a}{5}$ A **9116** viginti quinque] 25 A **9117** sexta] $\frac{a}{6}$ A **9118** sexta] $\frac{a}{6}$ A **9118** quinque sexte] $\frac{5}{6}$ A **9120** sextam] $\frac{am}{6}$ A **9120** rei] rei alicuius B **9120** quinque sexte sexte] $\frac{5}{6}$ et $\frac{a}{6}$ A, quinque sexte et sexta B **9121** centum viginti quinque] 125 A **9121** census] census habitis (*sic*) B **9121** sexcenta et viginti quinque] 625 A **9122** viginti quinque] 25 A **9124** viginti] 20 A **9125** triginta] 30 A **9126** quadraginta] 40 A **9126** decem] 10 (d *pr. scr. et exp.*) A **9127** tribus] 3 A **9128** participatione] participione A **9129** differt] difert B **9129** ab] *bis scr.* B **9129** viginti] 20 A **9129** triginta] 30 A **9129** quadraginta] 40 A **9131** decem] 10 A **9132** per] *corr. ex* pre A, *spat. inter* divide *&* per *hab.* B **9134** quadraginta] 40 A **9135** triginta] 30 A **9135** tres quarte] $\frac{3}{4}$ A **9136** viginti] 20 A **9137** quarta] $\frac{a}{4}$ A **9137** decem] 10 A **9138** quatuor] 4 A **9138** quatuor nonas] $\frac{4}{9}$ A **9139** quadraginta] 40 A **9139** tres quarte] $\frac{3}{4}$ A **9139** triginta] 30 A **9140** viginti] 20 A

Item de eodem,
secundum augmentationem aliud capitulum

(B.170) Cum pro uno caficio molendo detur sexta eius, annona vero cum molitur tertia sui parte augmentatur, tunc qui centum caficios ad molendum portavit et persolvit de illis, quot reportavit?

Sic facies. Ex denominationibus, que sunt sexta et tertia, multiplicatis inter se fiunt decem et octo. Unde pro decem et octo molendis persoluta sexta, que est tres, remanent quindecim; qui moliti augmentantur tertia parte sui, et fient viginti moliti. Constat ergo quod, cum portaverit decem et octo molendos, reportabit viginti molitos. Ergo qui portavit centum molendos, quot reportabit molitos? Multiplica centum, quos portavit, in viginti, quos reportavit, et productum divide per decem et octo, et exibit quod queris. [Hoc quoque sumptum est ex proportione.]

(B.170′) Si vero proposuerit dicens: Qui reportavit centum molitos, quot portavit molendos?

Iam constat quod comparatio de decem et octo, quos portavit, ad viginti, quos attulit, est sicut comparatio ignoti, quod portavit, ad centum, quos reportavit. Dividens ergo est hic viginti, et fac secundum quod supra docuimus.

Item de eodem.

(B.171) Si quis querat dicens: Cum pro uno caficio molendo detur tantum quantum est sexta eius, annona autem cum molitur tertia parte sui augmentatur, tunc de triginta caficiis quos molitos reportavit quot molendos detulit?

(a) Sic facies. Numerus denominationis sexte est sex. Quibus adde tertiam eorum, que est duo; fient octo, quos pone prelatum. Deinde agrega ad sex quantum est sexta eorum, scilicet unum, et fiet septem. Quos multiplica in triginta et productum divide per prelatum; et exibunt viginti sex et quarta, et tantum est quod molendum portavit.

Quod ideo fit quoniam scimus quod, de annona quam molendam portavit, septimam, quam debebat, persolvit, quoniam pro omni quod molitur

---

9141–9216 Item de eodem ... est id quod voluisti] $167^v, 25 - 168^r, 16$ $\mathcal{A}$; $41^{va}, 47 - 42^{ra}, 48$ $\mathcal{B}$.

9141–9142 *tit.*] *om. sed spat. rel.* $\mathcal{B}$ **9143** sexta] $\frac{a}{6}$ $\mathcal{A}$ **9144** tertia] $\frac{a}{3}$ $\mathcal{A}$ **9144** centum] 100 $\mathcal{A}$ **9146** sexta] $\frac{a}{6}$ $\mathcal{A}$ **9146** tertia] $\frac{a}{3}$ $\mathcal{A}$ **9146** multiplicatis] multiplicantis *pr. scr. et corr.* $\mathcal{A}$ **9147** decem et octo] 18 $\mathcal{A}$ **9147** decem et octo *(post* pro*)*] 18 $\mathcal{A}$ **9148** sexta] $\frac{a}{6}$ $\mathcal{A}$ **9148** tres] 3 $\mathcal{A}$ **9148** quindecim] 15 $\mathcal{A}$ **9148** tertia] $\frac{a}{3}$ $\mathcal{A}$ **9149** viginti] 20 $\mathcal{A}$ **9149–9150** decem et octo] 18 $\mathcal{A}$ **9150** reportabit] reportavit $\mathcal{B}$ **9150** viginti] 20 $\mathcal{A}$ **9150** centum] 100 $\mathcal{A}$ **9151** centum] 100 $\mathcal{A}$ **9152** viginti] 20 $\mathcal{A}$ **9152** quos reportavit] reportavit et *post quæ spat. hab.* $\mathcal{B}$ **9152** decem et octo] 18 $\mathcal{A}$ **9154** centum] 100 $\mathcal{A}$ **9156** comparatio] ignoti quod portavit *add. et del.* (*v. infra*) $\mathcal{A}$ **9156** decem et octo] 18 $\mathcal{A}$ **9156–9157** viginti] 20 $\mathcal{A}$ **9157** centum] 100 $\mathcal{A}$ **9158** viginti] 20 $\mathcal{A}$ **9162** sexta] $\frac{a}{6}$ $\mathcal{A}$ **9163** triginta] 30 $\mathcal{A}$ **9163–9164** quos molitos reportavit quot molendos detulit] quos molendos detulit quot molitos reportavit *codd.* **9165** denominationis] denominanationis $\mathcal{B}$ **9165** sexte] $\frac{e}{6}$ $\mathcal{A}$ **9165** sex] 6 $\mathcal{A}$ **9166** duo] 2 $\mathcal{A}$ **9166** octo] 8 $\mathcal{A}$ **9166** sex] 6 $\mathcal{A}$ **9167** sexta] $\frac{a}{6}$ $\mathcal{A}$ **9167** unum] 1 $\mathcal{A}$ **9167** septem] 7 $\mathcal{A}$ **9168** triginta] 30 $\mathcal{A}$ **9168** viginti sex] 26 $\mathcal{A}$ **9169** quarta] $\frac{a}{4}$ $\mathcal{A}$ **9170** Quod ideo fit ...] *manum delin. in marg.* $\mathcal{B}$ **9171** septimam] $\frac{am}{7}$ $\mathcal{A}$

quantum est sexta eius persolvitur. Remanent ergo ei sex septime de annona quam molendam portavit. Que sex septime molite creverunt tertia parte sui, et fiunt octo septime. Que sunt triginta caficii quos reportavit. Manifestum est igitur quod talis est comparatio annone quam portavit, scilicet septem septimarum, ad annonam quam augmentatam reportavit, que est octo septime, qualis est comparatio annone que queritur ad annonam augmentatam usque ad triginta. Sunt igitur quatuor numeri proportionales. Unde multiplica septem in triginta et productum divide per octo, et exibit quantum portavit.

(**b**) Vel aliter. Cum ⟨pars remanens de⟩ annona quam molendam portavit, scilicet sex septime, augmentata tertia parte sui fiunt octo septime, sequitur ut octo septime sint sicut annona quam molendam portavit et eius septima. Vide ergo quid minuendum est de octo ut fiant septem; scilicet, octava eius. Minue ergo de triginta caficiis octavam eorum, et remanent viginti sex et quarta caficii, et tanta est annona quam molendam portavit.

(**c**) Vel aliter. Octo septime sunt sex septime augmentate tertia parte sui. Minue ergo de triginta, quos reportavit, quartam eorum, et remanebunt viginti duo et dimidium, que sunt sex septime quas molit. Quibus adde sextam, et fient viginti sex et quarta, et hoc est quod portavit.

(**d**) Vel aliter. Annona quam portavit sit res. De qua persoluta septima eius remanebunt sex septime rei. Quibus addita tertia earum, fiunt octo septime rei, que equivalent triginta. Ergo illa res est viginti sex et quarta. Et hoc est quod voluisti.

ITEM.

(**B.172**) Si quis querit dicens: Cum pro molendo caficio detur sexta caficii, annona vero cum molitur tertia sui parte augmentatur, tunc de triginta quos molendos portavit quot molitos reportabit?

(**a**) Sic facies. Numerus denominationis sexte est sex. Cui adde sextam eius, et fient septem, quos pone prelatum. Iterum adde ad sex tertiam eorum, et fient octo. Quos multiplica in triginta, et productum divide per prelatum; et quod exit est annona quam reportabit, scilicet triginta

---

9172 sexta] $\frac{a}{6}$ $\mathcal{A}$ **9172** sex septime] $\frac{6}{7}$ $\mathcal{A}$ **9173** sex septime] $\frac{6}{7}$ $\mathcal{A}$ **9173** tertia] $\frac{a}{3}$ $\mathcal{A}$ **9174** octo septime] $\frac{8}{7}$ $\mathcal{A}$ **9174** triginta] 30 $\mathcal{A}$ **9176** septem septimarum] $\frac{6}{7}^{arum}$ $\mathcal{A}$, sex septimarum $\mathcal{B}$ **9177** octo septime] $\frac{8}{7}$ $\mathcal{A}$ **9178** triginta] 30 $\mathcal{A}$; post quod hab. que est $\frac{6}{7}$ $\mathcal{A}$, que est sex septime $\mathcal{B}$ **9178** quatuor] 4 $\mathcal{A}$ **9179** septem] 7 $\mathcal{A}$ **9179** triginta] 30 $\mathcal{A}$ **9180** octo] 8 $\mathcal{A}$ **9182** sex septime] $\frac{6}{7}$ $\mathcal{A}$ **9182** tertia] $\frac{a}{3}$ $\mathcal{A}$ **9182** octo septime] $\frac{8}{7}$ $\mathcal{A}$ **9183** octo septime] $\frac{8}{7}$ $\mathcal{A}$ **9183–9184** septima] $\frac{a}{7}$ $\mathcal{A}$ **9184** octo] ^{8} (sic) $\mathcal{A}$ **9184** septem] 7 $\mathcal{A}$ **9184** octava] $\frac{a}{8}$ $\mathcal{A}$ **9185** triginta] 30 $\mathcal{A}$ **9185** octavam] $\frac{am}{8}$ $\mathcal{A}$ **9185–9186** viginti sex] 26 $\mathcal{A}$ **9186** quarta] $\frac{a}{4}$ $\mathcal{A}$ **9187** Octo septime] $\frac{8}{7}$ $\mathcal{A}$ **9187** sex septime] $\frac{6}{7}$ $\mathcal{A}$ **9187** tertia] $\frac{a}{3}$ $\mathcal{A}$ **9188** triginta] 30 $\mathcal{A}$ **9188** quartam] $\frac{am}{4}$ $\mathcal{A}$ **9189** viginti duo] 22 $\mathcal{A}$ **9189** dimidium] 2^m $\mathcal{A}$ **9189** sex septime] $\frac{6}{7}$ $\mathcal{A}$ **9190** sextam] $\frac{am}{6}$ $\mathcal{A}$ **9190** viginti sex] 26 $\mathcal{A}$ **9190** quarta] $\frac{a}{4}$ $\mathcal{A}$ **9191** qua] quo $\mathcal{B}$ **9191** septima] $\frac{a}{7}$ $\mathcal{A}$ **9192** sex septime] $\frac{6}{7}$ $\mathcal{A}$ **9192** tertia] $\frac{a}{3}$ $\mathcal{A}$ **9192–9193** octo septime] $\frac{8}{7}$ $\mathcal{A}$ **9193** equivalent] equi valent $\mathcal{B}$ **9193** triginta] 30 $\mathcal{A}$ **9193** illa res] illud aliquid $\mathcal{B}$ **9193** viginti sex] 26 $\mathcal{A}$ **9193** quarta] $\frac{a}{4}$ $\mathcal{A}$ **9194** quod] quidem $\mathcal{B}$ **9196** detur] corr. ex dentur $\mathcal{A}$ **9196** sexta] $\frac{a}{6}$ $\mathcal{A}$ **9197** annona] annono $\mathcal{B}$ **9197** tertia] $\frac{a}{3}$ $\mathcal{A}$ **9197** triginta] 30 $\mathcal{A}$ **9199** sexte] $\frac{e}{6}$ $\mathcal{A}$ **9199** sex] 6 $\mathcal{A}$ **9199** sextam] $\frac{am}{6}$ $\mathcal{A}$ **9200** septem] 7 $\mathcal{A}$ **9200** sex] 6 $\mathcal{A}$ **9200** tertiam] $\frac{am}{3}$ $\mathcal{A}$ **9201** octo] 8 $\mathcal{A}$ **9201** triginta] 30 $\mathcal{A}$ **9202–9203** triginta quatuor] 34 $\mathcal{A}$, triginta quattuor $\mathcal{B}$

quatuor caficii et due septime caficii.

Causa autem huius rei est hec. Scilicet, quoniam constat quod, cum de annona quam ad molendum portavit persolvitur eius septima, remanent ei sex septime eius. Hee igitur sex septime sunt caficii quos molivit, et quia augmentati sunt tertia parte sui, pervenerunt usque ad octo septimas. Constat igitur quod proportio annone quam portavit molendam, scilicet septem septimas, ad annonam cognitam quam portavit, scilicet triginta caficios, est sicut comparatio octo septimarum, que augmentate sunt, ad annonam ignotam, que accrevit. Sunt igitur hii quatuor numeri proportionales. Unde, cum multiplicaveris octo in triginta et productum diviseris per septem, exibit annona ignota, que est quartus.

(*b*) Est etiam alius modus. Scilicet, de triginta, quos portavit, minue septimam, et remanebunt viginti quinque et quinque septime. Quibus adde tertiam ipsorum, et quod provenit est id quod voluisti.

(**B.173**) Si quis querat: Aliquis emit sextarium pro tribus nummis et molit eum pro dimidio nummo et pistat eum pro nummo, tunc quantum est pretium decem sextariorum emptorum, molitorum et pistatorum?

Sic facies. Tu scis sextarium emi pro tribus nummis et moli pro dimidio et pistari pro nummo. Igitur sextarius unus emptus et molitus et pistatus constat quatuor nummorum et dimidii. Dices igitur: 'Cum unus sextarius detur pro quatuor nummis et dimidio, tunc quantum est pretium decem sextariorum?'. Fac sicut supra docuimus, et exibit quod queris.

(**B.174**) Si quis querat: Cum caficius emitur pro quinque et molitur pro tribus et pistatur pro uno et quarta, tunc pro centum nummis quot habebuntur sextarii empti et moliti et pistati?

Iam scis quod sextarius emptus, molitus, et pistatus constat novem nummorum et quarte. Dices igitur: 'Postquam unus sextarius datur pro novem nummis et quarta, tunc quot dabuntur pro centum nummis?'. Fac

---

9217–9233 Si quis querat ... invenies ita esse] *168^r, 17 – 25 A; 79ra, 29 – 79rb, 2 B*.

9203 due septime] $\frac{2}{7}$ A **9205** septima] $\frac{a}{7}$ A **9206** sex septime] $\frac{6}{7}$ A **9206** Hee] he *codd*. **9206** sex septime] 6 septime A **9207** tertia] $\frac{a}{3}$ A **9207** octo septimas] 8 septimas A **9208** annone] an none B **9209** septem septimas] $\frac{7}{7}$ A **9209** annonam] an nonam B **9209** triginta] 30 A **9210** comparatio] conparatio B **9210** octo septimarum] $\frac{8^{arum}}{7}$ A **9211** quatuor] 4 A, quattuor B **9212** octo] 8 A **9212** triginta] 30 A **9213** septem] 7 A **9213** quartus] 4^{tus} A **9214** triginta] 30 A **9214–9215** septimam] $\frac{am}{7}$ A **9215** viginti quinque] 25 A **9215** quinque septime] $\frac{5}{7}$ A **9216** tertiam] $\frac{am}{3}$ A **9217** tribus] 3 A **9217** nummis] numis B **9218** nummo] numo B **9218** pistat] pistit B **9218** eum *(post* pistat*)*] *om.* B **9218** nummo *(post* pro*)*] numo B **9219** decem] 10 A **9220** tribus] 3 A **9220** nummis] numis B **9221** nummo] numo B **9222** quatuor] 4 A **9222** nummorum] numorum B **9223** quatuor] 4 A **9223** nummis] numis B **9223** decem] 10 A **9225** quinque] 5 A, tribus B **9226** tribus] 3 A, quinque B **9226** uno] 1 A **9226** quarta] $\frac{a}{4}$ A **9226** centum] 100 A **9226** nummis] numis B **9227** et moliti] moliti B **9228** novem] 9 A **9229** nummorum] numorum *codd*. **9229** quarte] $\frac{e}{4}$ A **9229** unus] 1 A **9230** novem] 9 A, nonem B **9230** nummis] numis B **9230** quarta] $\frac{a}{4}$ A **9230** centum] 100 A **9230** nummis] numis B

sicut supra ostensum est, et exibit quod queris. Si autem sextarii fuerint multi, reduc eos ad unum.

Cetera huiusmodi considera secundum hoc, et invenies ita esse.

9231 quod] *corr. ex* que $\mathcal{B}$ **9232** unum] 1 $\mathcal{A}$

Capitulum de coquendo musto

(**B.175**) Verbi gratia. Cum volueris coquere decem mensuras musti usque ad consumptionem duarum tertiarum ita ut remaneat tertia, coctis autem illis usque ad consumptionem duarum mensurarum, et de remanenti effusis duabus mensuris, tunc residuum usque ad quantum coquendum est?

(***a***) Sic facies. Minue de decem mensuris duas mensuras consumptas, et remanent octo; quas pone prelatum. De quibus minue duas mensuras effusas, et remanent sex. Quas multiplica in tertiam de decem, et productum divide per prelatum; et exibunt due mensure et dimidia, in quas coquendo redigende sunt sex.

Causa autem huius est hec. Constat enim quod octo mensure si continue coquerentur et nichil de eis effunderetur, pervenirent usque ad tertiam partem de decem, que est tres mensure et tertia. Constat autem quod sex remanentes post effusionem duarum sic debent coqui sicut coquerentur octo. Constat igitur quod talis est mensura eius quod in coquendo consumitur de octo si nichil effunditur quousque redigantur in tertiam de decem, que est tres et tertia, qualis est mensura eius quod in coquendo consumitur de sex quousque redigantur in mensuras quas queris. Comparatio igitur octo mensurarum ad tres et tertiam est sicut comparatio sex mensurarum ad mensuras in quas redigere voluisti. Sunt igitur hic quatuor numeri proportionales. Quorum primus ductus in quartum tantum efficit quantum secundus in tertium. Cum ergo multiplicaveris tertium, qui est sex, in secundum, qui est tres et tertia, et productum diviseris per primum, qui est octo, exibit quartus, qui est mensure in quas redigende sunt sex. Vel, quia constat quod sic se habent octo ad tres et tertiam sicut sex ad mensuras ignotas quas requiris, tunc, si permutentur, sic se habebunt octo ad sex sicut tres et tertia ad mensuras ignotas quas scire voluisti. Sunt igitur

---

9234–9287 Capitulum de coquendo musto ... est quod voluisti] $168^r, 26 - 168^v, 8$ A; $42^{va}, 43\text{-}44 - 43^{ra}, 6\,B$.

9234–9235 Capitulum ... gratia] *om. (spat. parv. hab.)* B **9235** (B.175)] *manum delin. in marg.* B **9235** decem] 10 A **9236** consumptionem] cosumptionem B **9236** duarum tertiarum] $\frac{2^{arum}}{3} A$ **9236** tertia] $\frac{a}{3} A$ **9236** coctis] cogtis B **9237** consumptionem] consuptionem B **9237** duarum] $2^{arum} A$ **9237** remanenti] remanente *codd.* **9238** duabus] 2 A **9238** usque ad] ad A **9239** decem] 10 A **9239** duas] 2 A **9240** octo] 8 A **9240** duas] 2 A **9241** sex] 6 A **9241** tertiam] $\frac{am}{3} A$ **9241** decem] 10 A **9242** due] 2 A **9243** sex] 6 A **9244** est hec] hec est A **9244** enim] *add. supra* A **9244** octo] 8 A **9245** pervenirent] pervenire B **9245** tertiam] $\frac{a}{3}$ *(sic)* A **9246** decem] 10 A **9246** tres] 3 A **9246** tertia] $\frac{a}{3} A$ **9246** sex] 6 A **9247** duarum] $2^{arum} A$ **9247–9248** octo] 8 A **9249** octo] 8 A **9249** tertiam] $\frac{am}{3} A$ **9249** decem] 10 A **9250** tres] 3 A **9250** tertia] $\frac{a}{3} A$, *quasi* tertiam *(sc.* tertiā*)* B **9251** sex] 6 A **9251** igitur] autem *pr. scr. et del.* B **9251** octo] 8 A **9252** tres] 3 A **9252** tertiam] $\frac{am}{3} A$ **9252** sex] 6 A **9253** quatuor] 4 A **9254** quartum] $4^{tum} A$ **9255** secundus] secundum B **9255** tertium] $\frac{m}{3} A$ **9255** sex] 6 A **9256** tres] 3 A **9256** tertia] $\frac{a}{3} A$ **9257** octo] 8 A **9257** quartus] $4^{us} A$ **9257** sex] 6 A **9258** octo] 8 A **9258** tres] 3 A **9258** tertiam] $\frac{am}{3} A$ **9258** sex] 6 A **9259** octo] 8 A **9259** sex] 6 A **9260** tres] 3 A **9260** tertia] $\frac{a}{3} A$

quatuor numeri proportionales. Quorum si secundus ducatur in tertium et productus dividatur per primum, exibit quartus, qui queritur.

Est etiam alius modus, videlicet ut scias quota pars est sex de octo; et tanta pars de tribus et tertia est id quod queris.

9265 (*b*) Vel, quere numerum in quem multiplicantur octo ut fiant decem; et invenies unum et quartam. Quos multiplica in sex, et provenient septem et dimidium. Horum autem tertia, que est duo et dimidium, est id quod scire voluisti.

Causa autem huius est quoniam numerus quo addito octo fiunt tot
9270 quod eius tertia sunt tres et tertia sic se habet ad octo sicut numerus quo addito sex fiunt tot quod eius tertia est numerus qui queritur habet se ad sex, constat autem quod id quo addito octo fiunt decem est sicut quarta eius. Unde adde ad sex sicut quartam eius, et tertia totius summe erit id quod voluisti.

9275 (*c*) Vel aliter. Scias quo diminuto de octo fiunt sex; scilicet quarta eorum. Minue ergo de tribus et tertia quartam eorum, et remanebunt duo et dimidium. Et hoc est quod voluisti.

(*d*) Vel aliter. Vide quota pars est tres et tertia de octo; scilicet due sexte et dimidia. Due igitur sexte et dimidia de sex, que sunt duo et dimidium,
9280 est hoc quod voluisti.

(*e*) Vel aliter. Iam scis quod, postquam decem mensure decoquendo rediguntur in octo, quod origo istarum octo decoctarum sunt decem mensure. Duarum autem mensurarum effusarum origo sunt due mensure et dimidia non cocte. Quasi ergo effunderentur iste due mensure et dimidia de decem
9285 ante decoctionem et tunc residuum, quod est septem et dimidia, decoquendo esset redigendum in tertiam eius; que est due et dimidia, et hoc est quod voluisti.

(**B.176**) Si volueris coquere decem mensuras musti quousque redigantur in numerum ignotum, et eo decocto usque ad consumptionem duarum men-

---

9288–9297 Si volueris coquere ... decem mensuras] *168^v, 17 – 22 A; 43vb, 2 – 15 B.*

9261 quatuor] 4 $\mathcal{A}$ **9261** secundus] secundum $\mathcal{B}$ **9261** tertium] $\frac{m}{3}$ $\mathcal{A}$ **9262** quartus] 4^{tus} $\mathcal{A}$ **9263** sex] 6 $\mathcal{A}$ **9263** octo] 8 $\mathcal{A}$ **9264** tribus] 3 $\mathcal{A}$ **9264** tertia] $\frac{a}{3}$ $\mathcal{A}$ **9265** octo] 8 $\mathcal{A}$ **9265** decem] 10 $\mathcal{A}$ **9266** unum] 1 $\mathcal{A}$ **9266** quartam] $\frac{am}{4}$ $\mathcal{A}$ **9266** sex] 6 $\mathcal{A}$ **9266** septem] 7 $\mathcal{A}$ **9267** tertia] $\frac{a}{3}$ $\mathcal{A}$ **9267** duo] 2 $\mathcal{A}$ **9269** autem] 1 *pr. scr. et exp.* $\mathcal{A}$ **9269** est] est hec *codd.* **9269** octo] 8 $\mathcal{A}$ **9270** tertia] $\frac{a}{3}$ $\mathcal{A}$ **9270** sunt] sint *codd.* **9270** tres] 3 $\mathcal{A}$ **9270** tertia] $\frac{a}{3}$ $\mathcal{A}$ **9270** octo] 8 $\mathcal{A}$ **9271** sex] 6 $\mathcal{A}$ **9271** quod] quid $\mathcal{B}$ **9271** tertia] $\frac{a}{3}$ $\mathcal{A}$ **9271** ad] *om.* $\mathcal{A}$ **9272** sex] 6 $\mathcal{A}$ **9272** octo] 8 $\mathcal{A}$ **9272** decem] 10 $\mathcal{A}$ **9272** quarta] $\frac{a}{4}$ $\mathcal{A}$ **9273** sex] 6 $\mathcal{A}$ **9273** quartam] $\frac{am}{4}$ $\mathcal{A}$ **9273** tertia] $\frac{a}{3}$ $\mathcal{A}$ **9275** octo] 8 $\mathcal{A}$ **9275** sex] 6 $\mathcal{A}$ **9275** quarta] $\frac{a}{4}$ $\mathcal{A}$ **9276** tribus] 3 $\mathcal{A}$, quibus $\mathcal{B}$ **9276** tertia] $\frac{a}{3}$ $\mathcal{A}$ **9276** quartam] $\frac{am}{4}$ $\mathcal{A}$ **9276** duo] 2 $\mathcal{A}$ **9278** tres] 3 $\mathcal{A}$ **9278** tertia] $\frac{a}{3}$ $\mathcal{A}$ **9278** octo] 8 $\mathcal{A}$ **9278** due sexte] $\frac{2}{6}$ $\mathcal{A}$ **9279** sex] 6 $\mathcal{A}$ **9279** duo] 2 $\mathcal{A}$ **9281** decem] 10 $\mathcal{A}$ **9281** mensure] musure *pr. scr. et corr.* $\mathcal{B}$ **9281** decoquendo] coquendo $\mathcal{A}$ **9282** octo *(post* in*)*] 8 $\mathcal{A}$ **9282** octo] 8 $\mathcal{A}$ **9282** decem] 10 $\mathcal{A}$ **9283** autem] etiam *codd.* **9283** due] 2 $\mathcal{A}$ **9284** ergo] *bis scr. post. del.* $\mathcal{A}$ **9284** effunderentur] effundentur $\mathcal{AB}$ **9284** due] 2 $\mathcal{A}$ **9284** decem] 10 $\mathcal{A}$ **9285** septem] 7 $\mathcal{A}$ **9286** due] 2 $\mathcal{A}$ **9286** dimidia] dimia $\mathcal{B}$ **9287** voluisti] Item de eodem *et probl.* B.181 *hic hab.* $\mathcal{A}$ **9288** coquere] quoquere $\mathcal{B}$ **9288** decem] 10 $\mathcal{A}$ **9288** quousque] quosusque $\mathcal{A}$ **9289** et] postea *codd. (infra desideratur)* **9289** decocto] decogto $\mathcal{B}$

surarum de residuo effuse sunt due, et ⟨postea⟩ quod remansit decoquendo
redactum est in duas mensuras et dimidiam; que est portio ignota in quam
voluit redigere decem mensuras?

Sic facies. Minue de decem duas in igne consumptas, et remanent octo. De quibus minue duas effusas, et remanent sex. Quos pone prelatum.
Deinde multiplica duas et dimidiam in octo, et provenient viginti. Quos
divide per prelatum, et exibunt tres et tertia. Et hec est portio ignota in
quam voluisti redigere predictas decem mensuras.

(**B.177**) Si volueris coquere decem mensuras musti quousque redigantur
in quartam de decem, coquendo autem consumptum est nescio quantum et
de remanenti effuse sunt tres mensure et residuum redactum est in unam
mensuram et quatuor octavas et dimidiam octavam.

Sic facies. Iam scis quod comparatio de decem minus ignoto consumpto
ad duas et dimidiam est sicut comparatio de decem minus ignoto et minus
tribus mensuris ad unam et quatuor octavas et dimidiam. Cum autem
commutaverimus, tunc comparatio duarum et dimidie ad unam et quatuor
octavas et dimidiam octavam erit sicut comparatio de decem minus ignoto
ad decem minus ignoto et minus tribus mensuris. Sed due et dimidia ad
unam et quatuor octavas et dimidiam octavam est tantum et tres quinte
eius. Igitur decem minus ignoto sunt tantum et tres quinte de decem minus
ignoto et minus tribus mensuris. Sint igitur decem AB, ignotum vero BG,
tres autem mensure GD. Igitur AG est equale ad AD et tres quintas eius.
Cum autem disperserimus, tunc DG erit tres quinte de AD. Sed DG est
tres. Igitur AD est quinque. Totus igitur AG est octo. Sed AB est decem.
Remanet igitur GB duo. Et hoc est quod demonstrare voluimus.

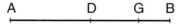

Ad B.177:   *Figura inven. in* $\mathcal{A}$ *(168^v, 30 marg.).*

9298–9350 Si volueris coquere ... in questione proposita] $168^v, 22 - 169^r, 3$ $\mathcal{A}$; $\mathcal{B}$ deficit.

9290 de residuo] et de residuo $\mathcal{A}$ **9290** due] 2 $\mathcal{A}$ **9291** redactum] reductum $\mathcal{B}$
9291 duas] 2 $\mathcal{A}$ **9292** decem] 10 $\mathcal{A}$ **9293** decem] 10 $\mathcal{A}$ **9293** duas] 2 $\mathcal{A}$ **9293–9294** octo] 8 $\mathcal{A}$ **9294** duas] 2 $\mathcal{A}$ **9294** sex] 6 $\mathcal{A}$ **9295** duas] 2 $\mathcal{A}$ **9295** octo] 8 $\mathcal{A}$
9295 viginti] 20 $\mathcal{A}$ **9296** tres] 3 $\mathcal{A}$ **9296** tertia] $\frac{a}{3}$ $\mathcal{A}$ **9296** Et hec est portio] *om.
sed spat. rel.* $\mathcal{B}$ **9296** ignota] ignotus $\mathcal{B}$ **9297** decem] 10 $\mathcal{A}$ **9298** decem] 10 $\mathcal{A}$
9299 quartam] $\frac{am}{4}$ $\mathcal{A}$ **9299** decem] 10 $\mathcal{A}$ **9300** tres] 3 $\mathcal{A}$ **9301** quatuor octavas]
$\frac{4}{8}$ $\mathcal{A}$ **9301** dimidiam octavam] dimidiam $\frac{am}{8}$ $\mathcal{A}$ **9302** decem] 10 $\mathcal{A}$ **9303** duas] 2
$\mathcal{A}$ **9303** decem] 10 $\mathcal{A}$ **9304** tribus] 3 $\mathcal{A}$ **9304** unam] 1 $\mathcal{A}$ **9304** quatuor octavas]
$\frac{4}{8}$ $\mathcal{A}$ **9305** duarum] 2^{arum} $\mathcal{A}$ **9305** unam] 1 $\mathcal{A}$ **9305–9306** quatuor octavas] $\frac{4}{8}$
$\mathcal{A}$ **9306** dimidiam octavam] dimidiam $\frac{am}{8}$ $\mathcal{A}$ **9306** decem] 10 $\mathcal{A}$ **9307** decem] 10
$\mathcal{A}$ **9307** tribus] 3 $\mathcal{A}$ **9307** due] 2 $\mathcal{A}$ **9308** unam] 1 $\mathcal{A}$ **9308** quatuor octavas]
$\frac{4}{8}$ $\mathcal{A}$ **9308** dimidiam octavam] dimidiam $\frac{am}{8}$ $\mathcal{A}$ **9308** tres quinte] $\frac{3}{5}$ $\mathcal{A}$ **9309** decem] 10 $\mathcal{A}$ **9309** tantum] 1 *(sic)* $\mathcal{A}$ **9309** tres quinte] $\frac{3}{5}$ $\mathcal{A}$ **9309** decem] 10
$\mathcal{A}$ **9310** tribus] 3 $\mathcal{A}$ **9310** decem] 10 $\mathcal{A}$ **9311** tres] 3 $\mathcal{A}$ **9311** tres quintas] $\frac{3}{5}$
(rescr. in marg.) $\mathcal{A}$ **9312** tres quinte] $\frac{3}{5}$ $\mathcal{A}$ **9313** tres] 3 $\mathcal{A}$ **9313** quinque] 5 $\mathcal{A}$
9313 octo] 8 $\mathcal{A}$ **9313** decem] 10 $\mathcal{A}$ **9314** duo] 2 $\mathcal{A}$

⁹³¹⁵ (**B.178**) Si volueris coquere decem mensuras musti quousque redigantur in quartam partem, decoquendo autem consumpte sunt due mensure et de remanenti effusum est nescio quantum, et residuum redactum est in unam et dimidiam et dimidiam octavam.

⁹³²⁰ Sic facies. Iam scis quod comparatio de decem minus duabus mensuris, qui sunt octo, ad quartam de decem, que est duo et dimidium, est sicut comparatio de octo minus effuso ignoto ad unum et dimidium et dimidiam octavam. Fac sicut supra ostensum est, et exibunt octo minus ignoto quinque. Ignotum igitur effusum est tres. [Et hoc est quod demonstrare voluimus.]

⁹³²⁵ (**B.179**) Si volueris coquere decem mensuras musti quousque redigantur in tertiam partem, coquendo autem consumpte sunt nescio quot et de remanenti effuse sunt totidem, et residuum redactum est in duas et dimidiam.

Sic facies. Iam scis quod comparatio trium et tertie, qui sunt tertia de decem, ad duo et dimidium est sicut comparatio de decem minus consumpto ⁹³³⁰ ignoto ad decem minus consumpto ignoto et effuso ignoto. Comparatio autem trium et tertie ad duo et dimidium est tantum et tertia. Igitur decem minus ignoto consumpto ad decem minus ignoto consumpto et effuso sunt tantumdem et tertia. Igitur decem minus consumpto et effuso sunt sex. Igitur mensure consumpte et effuse sunt quatuor. Sunt autem equales. ⁹³³⁵ Igitur consumpte sunt due et effuse due. [Et hoc est quod demonstrare voluimus.]

(**B.180**) Si volueris coquere sexaginta mensuras musti quousque redigantur in tertiam, coquendo autem consumuntur decem mensure, et de remanenti effunduntur quinque; deinde residuum decoquitur usque ad consumptionem ⁹³⁴⁰ novem mensurarum, et de residuo effunduntur sex mensure; tunc ultimum residuum in quantum coquendo est redigendum?

Hec questio composita est ex duabus questionibus. Quasi enim prius velis coquere sexaginta mensuras musti quousque redigantur in tertiam, et deinde coquendo consumuntur decem mensure et de remanenti effunduntur ⁹³⁴⁵ quinque; in quantum residuum est redigendum? Fac sicut predocuimus, et exibunt decem et octo. Deinde quasi velis coquere quadraginta quinque mensuras musti quousque redigantur in decem et octo, et coquendo consumuntur novem et de remanenti effunduntur sex mensure; in quantum

---

9315 decem] 10 A **9315** quousque] usquoque A **9316** quartam] $\frac{am}{4}$ A **9316** due] 2 A **9318** dimidiam octavam] dimidiam $\frac{am}{8}$ A **9319** decem] 10 A **9319** duabus] 2 A **9320** octo] 8 A **9320** quartam] $\frac{am}{4}$ A **9320** decem] 10 A **9320** duo] 2 A **9321** octo] 8 A **9321–9322** dimidiam octavam] dimidiam $\frac{am}{8}$ A **9322** octo] 8 A **9323** quinque] 5 A **9323** tres] 3 A **9325** tertiam] 10 A **9326** tertiam] $\frac{am}{3}$ A **9327** duas] 2 A **9328** trium] 3 A **9328** tertie] $\frac{e}{3}$ A **9328** tertia] $\frac{a}{3}$ A **9329** decem] 10 A **9329** duo] 2 A **9329** dimidium] 2ᵐ A **9329** decem] 10 A **9330** decem] 10 A **9331** trium] 3 A **9331** tertie] $\frac{e}{3}$ A **9331** duo] 2 A **9331** et tertia] $\frac{a}{3}$ A **9331–9332** decem] 10 A **9332** decem] 10 A **9333** tertia] $\frac{2}{3}$ *(sic)* A **9333** decem] 10 A **9334** sex] 6 A **9334** quatuor] 4 A **9335** due] 2 A **9335** due *(post* effuse*)*] 2 A **9337** sexaginta] 60 A **9338** tertiam] $\frac{am}{3}$ A **9338** decem] 10 A **9339** quinque] 5 A **9340** novem] 9 A **9340** sex] 6 A **9343** sexaginta] 60 A **9343** tertiam] $\frac{am}{3}$ A **9344** decem] 10 A **9345** quinque] 5 A **9346** decem et octo] 18 A **9346–9347** quadraginta quinque] 45 A **9347** decem et octo] 18 A **9348** novem] 9 A **9348** sex] 6 A

redigendum est residuum? Fac quoque sicut supra docuimus, et exibunt quindecim. Et hoc est quod voluisti scire in questione proposita.

ITEM DE EODEM.

(B.181) Si volueris decem mensuras musti coquere usque ad consumptionem duarum tertiarum, iam vero decocto eo usque ad consumptionem duarum mensurarum et de residuo effusis duabus, residuum vero postea decoctum est usque ad consumptionem duarum mensurarum et de reliquo effuse sunt due, in quantum redigendum est ultimum residuum secundum quod decoquere illud voluisti?

Et hec questio similiter composita est ex duabus ad modum precedentis. Igitur accipe tertiam de decem, que est tres et tertia. Deinde minue de decem duas mensuras consumptas, et remanebunt octo. De quibus etiam minue duas effusas, et remanebunt sex. De quibus minue iterum duas postea consumptas, et remanebunt quatuor. De quibus quatuor minue duas ad ultimum effusas, et remanebunt due. Postea multiplica octo in quatuor, et fient triginta duo. Quos pone prelatum. Deinde ultimas duas remanentes multiplica in sex, et provenient duodecim. Quos multiplica in tres et tertiam, et provenient quadraginta. Quos divide per prelatum, et exibit unum et quarta. Et hoc est in quod redigitur ultimum residuum.

(B.182) Si autem volueris coquere centum mensuras musti quousque redigantur in quintam partem, coquendo autem consumuntur decem mensure et de remanenti effunduntur novem; deinde residuum decoquitur usque ad consumptionem octo mensurarum, et de residuo effunduntur septem; et deinde residuum decoquitur usque ad consumptionem sex mensurarum, et de residuo effunduntur quinque mensure, tunc ultimum residuum in quantum coquendo est redigendum?

Hec questio composita est ex tribus questionibus; sed modus agendi in ea idem est qui et in precedenti, similiter etiam si ex pluribus. Videlicet ut in unaquaque coctione et effusione formes questionem quousque pervenias ad ultimam, et quod ad ultimum provenerit est id quod requiris.

9351–9367 Item de eodem ... ultimum residuum] 168^v, $9 - 16$ $\mathcal{A}$; 43va, $26 - 43^{vb}$, 1 $\mathcal{B}$.
9368–9396 Si autem volueris ... duo et due tertie] 169^r, $3 - 17$ $\mathcal{A}$; $\mathcal{B}$ deficit.

9350 quindecim] 15 $\mathcal{A}$ **9352** decem] 10 $\mathcal{A}$ **9352–9353** consumptionem] consuptionem $\mathcal{B}$ **9353** duarum tertiarum] $\frac{2}{3}^{arum}$ $\mathcal{A}$ **9353** consumptionem] consuptionem $\mathcal{B}$ **9354** duarum] 2^{arum} $\mathcal{A}$ **9354** duabus] 2^{abus} $\mathcal{A}$ **9355** consumptionem] consuptionem $\mathcal{B}$ **9355** duarum] 2^{arum} $\mathcal{A}$ **9356** due] 2 $\mathcal{A}$ **9357** voluisti] voluerit $\mathcal{B}$ **9358–9359** precedentis] precedetis $\mathcal{A}$ **9359** tertiam] $\frac{a}{3}$ (sic) $\mathcal{A}$ **9359** decem] 10 $\mathcal{A}$ **9359** tres] 3 $\mathcal{A}$ **9359** tertia] $\frac{a}{3}$ $\mathcal{A}$, tertiam $\mathcal{B}$ **9360** decem] 10 $\mathcal{A}$ **9360** consumptas] consuptas $\mathcal{B}$ **9360** octo] 8 $\mathcal{A}$ **9361** duas] 2 $\mathcal{A}$ **9361** sex] 6 $\mathcal{A}$ **9361** duas] 2 $\mathcal{A}$ **9362** quatuor] 4 $\mathcal{A}$ **9362** quatuor (post quibus)] 4 $\mathcal{A}$ **9363** duas] 2 $\mathcal{A}$ **9363** due] 2 $\mathcal{A}$ **9363** octo] 8 $\mathcal{A}$ **9364** quatuor] 4 $\mathcal{A}$ **9364** triginta duo] 32 $\mathcal{A}$ **9364** duas] 2 $\mathcal{A}$ **9365** sex] 6 $\mathcal{A}$ **9365** duodecim] 12 $\mathcal{A}$ **9366** tres] 3 $\mathcal{A}$ **9366** tertiam] $\frac{a}{3}$ (sic) $\mathcal{A}$ **9366** quadraginta] 40 $\mathcal{A}$ **9367** unum] 1 $\mathcal{A}$ **9367** quarta] $\frac{a}{4}$ $\mathcal{A}$ **9367** residuum] re in fine pag. residuum in initio seq. scr. $\mathcal{B}$ **9368** centum] 100 $\mathcal{A}$ **9369** quintam] $\frac{am}{5}$ $\mathcal{A}$ **9369** decem] 10 $\mathcal{A}$ **9370** novem] 9 $\mathcal{A}$ **9371** octo] 8 $\mathcal{A}$ **9371** septem] 7 $\mathcal{A}$ **9372** sex] 6 $\mathcal{A}$ **9373** quinque] 5 $\mathcal{A}$ **9374** redigendum] corr. ex redigendo $\mathcal{A}$ **9375** tribus] 3 $\mathcal{A}$

Contingunt autem in hoc capitulo de coquendo plures questiones impossibiles, quas oportet prescire ut, cum evenerint alique illarum similes prioribus que in hoc et in priore capitulo dicte sunt, scias esse falsas.

(**B.183**) Verbi gratia. Si volueris coquere decem mensuras musti quousque redigantur in tertiam, et coquendo consumuntur septem et de residuo effunduntur due, in quantum residuum est redigendum?

Hec questio falsa est. Nam positum est ut redigantur in tertiam, que est tres mensure et tertia; scilicet ut consumantur sex et due tertie. Iam ergo excessit terminum postquam coquendo consumuntur septem [que sunt plus quam sex et due tertie unius quas voluit consumi]. Est igitur impossibilis.

Que autem est similis huic et non est impossibilis est sicut hec.

(**B.184**) Verbi gratia. Si volueris coquere decem mensuras musti quousque redigantur in tertiam et effunduntur de eis due mensure, in quantum redigendum est residuum?

Manifestum est hic quod, si octo volueris coquere secundum quod positum est de decem, oportebit eas, scilicet octo, redigere in tertiam partem, que est duo et due tertie.

(**B.185**) Cum volueris coquere mustum ignotum usque ad consumptionem duarum tertiarum, iam autem in coquendo consumptis de illo duabus mensuris et de remanenti effusis duabus mensuris, residuum vero in coquendo redactum est in duas mensuras et dimidiam, tunc quantum est mustum ignotum?

(***a***) Sic facies. Numerum unde denominatur tertia, scilicet tres, multiplica in duas mensuras et dimidiam, et provenient septem et dimidia. Quibus adde duas consumptas et duas effusas, et fient undecim et dimidia. Deinde multiplica septem et dimidiam in duas consumptas, et fient quindecim. Deinde medietatem de undecim et dimidia, que est quinque et tres quarte, multiplica in se, et provenient triginta tres et dimidia octava. De quibus minue quindecim, et remanebunt decem et octo et dimidia octava. Cuius

---

9397–9456 Cum volueris coquere ... Vel aliter] $169^r, 17 - 169^v, 7$ $\mathcal{A}$; $43^{ra}, 6 - 43^{rb}, 40$ $\mathcal{B}$.

9382 decem] 10 $\mathcal{A}$ **9383** redigantur] rediguntur $\mathcal{A}$ **9383** tertiam] $\frac{am}{3}$ $\mathcal{A}$ **9383** septem] 7 $\mathcal{A}$ **9384** due] 2 $\mathcal{A}$ **9385** tertiam] $\frac{am}{3}$ $\mathcal{A}$ **9386** tres] 3 $\mathcal{A}$ **9386** tertia] $\frac{a}{3}$ $\mathcal{A}$ **9386** scilicet ut] et *cod.*   **9386** sex] 6 $\mathcal{A}$ **9386** due tertie] $\frac{2}{3}$ $\mathcal{A}$ **9387** septem] 7 $\mathcal{A}$ **9388** sex] 6 $\mathcal{A}$ **9388** due tertie] $\frac{2}{3}$ $\mathcal{A}$ **9391** decem] 10 $\mathcal{A}$ **9392** tertiam] $\frac{am}{3}$ $\mathcal{A}$ **9392** due] 2 $\mathcal{A}$ **9394** octo] 8 $\mathcal{A}$ **9395** decem] 10 $\mathcal{A}$ **9395** octo] 8 $\mathcal{A}$ **9395** tertiam] $\frac{am}{3}$ $\mathcal{A}$ **9396** duo] 2 $\mathcal{A}$ **9396** due tertie] $\frac{2}{3}$ $\mathcal{A}$ **9398** duarum tertiarum] $\frac{2}{3}^{arum}$ $\mathcal{A}$ **9398** duabus] 2 $\mathcal{A}$ **9399** duabus] 2 $\mathcal{A}$ **9399** residuum] residuam $\mathcal{B}$ **9400** redactum] reditum $\mathcal{B}$ **9400** duas] 2 $\mathcal{A}$ **9400** dimidiam] $\frac{am}{2}$ $\mathcal{A}$, dimiam $\mathcal{B}$ **9402** tertia] $\frac{a}{3}$ $\mathcal{A}$ **9402** tres] 3 $\mathcal{A}$ **9403** duas] 2 $\mathcal{A}$ **9403** dimidiam] $\frac{am}{2}$ $\mathcal{A}$ **9403** septem] 7 $\mathcal{A}$ **9403** dimidia] $\frac{a}{2}$ $\mathcal{A}$ **9404** duas] 2 $\mathcal{A}$ **9404** duas *(ante effusas)*] 2 $\mathcal{A}$ **9404** undecim] 11 $\mathcal{A}$ **9404** dimidia] $\frac{a}{2}$ $\mathcal{A}$ **9405** septem] 7 $\mathcal{A}$ **9405** dimidiam] $\frac{am}{2}$ $\mathcal{A}$, dimiam $\mathcal{B}$ **9405** duas] 2 $\mathcal{A}$ **9405** quindecim] 15 $\mathcal{A}$ **9406** undecim] 11 $\mathcal{A}$ **9406** dimidia] $\frac{a}{2}$ $\mathcal{A}$ **9406** quinque] 5 $\mathcal{A}$ **9406** tres quarte] $\frac{3}{4}$ $\mathcal{A}$ **9407** triginta tres] 33 $\mathcal{A}$ **9407** dimidia octava] dimidia $\frac{a}{8}$ $\mathcal{A}$ **9408** quindecim] 15 $\mathcal{A}$ **9408** decem et octo] 18 $\mathcal{A}$ **9408** dimidia octava] dimidia $\frac{a}{8}$ $\mathcal{A}$

radici, que est quatuor et quarta, adde quinque et tres quartas, et fient decem; et tantum fuit mustum ignotum.

Cuius probatio est hec. Sit mustum ignotum linea AB, que remanent de musto post consumptionem et effusionem pone lineam GB, duas vero mensuras in igne consumptas lineam AD, duas vero effusas lineam DG, duas vero et dimidiam in quas redigitur lineam KB. Iam autem diximus in eo quod precessit de musto cognito quod talis est comparatio eius quod additur remanenti de musto post consumptionem duarum mensurarum ad hoc ut illud remanens cum addito fiat tantum ut eius tertia sit tertia totius musti ad idem remanens qualis est comparatio eius quod additur secundo remanenti post consumptionem duarum et post effusionem duarum aliarum ad hoc ut hoc secundum remanens cum addito fiat tantum ut eius tertia sit equalis ei quod queritur ad idem secundum remanens. Constat igitur quia id quod additur linee BD quousque fiat linea AB sic se habet ad lineam BD sicut id quod additur linee GB quousque tertia totius sit duo et dimidium, quod est linea KB, ad BG. Lineam ergo additam linee GB ponemus lineam GH. Igitur linea KB est tertia linee BH. Igitur HB est septem et dimidium. Manifestum est igitur quod sic se habet linea AD ad lineam DB sicut se habet linea HG ad lineam GB. Componam autem proportionem; et talis erit comparatio linee AD ad lineam AB qualis est comparatio linee HG ad lineam HB. Quod igitur fit ex ductu linee AD in lineam HB equum est ei quod fit ex ductu linee AB in lineam HG. Ex ductu autem linee BH in lineam AD proveniunt quindecim, quoniam linea AD est duo, linea vero HB est septem et dimidium. Unde cum multiplicatur linea HG in lineam AB provenient quindecim. Deinde a puncto linee AB, scilicet a puncto A, protraham lineam equam linee HG; que est linea AT. Ex ductu igitur linee AT in lineam AB proveniunt quindecim. Manifestum est autem quod linea HT est quatuor. Sed linea HB est septem et dimidium. Ergo linea TB est undecim et dimidium. Faciam autem aliam lineam undecim et dimidii equalem linee TB; que est linea CQ. De qua incidam lineam equam linee TA; que est linea CP. Ex ductu igitur linee CP in lineam PQ proveniunt quindecim. Deinde dimidiabo lineam CQ in puncto L. Quod

---

9409 quatuor] 4 $\mathcal{A}$ **9409** quarta] $\frac{a}{4}$ $\mathcal{A}$ **9409** quinque] 5 $\mathcal{A}$ **9409** tres quartas] $\frac{3}{4}$ $\mathcal{A}$ **9410** decem] 10 $\mathcal{A}$ **9411–9412** que remanent ... lineam GB] post duas vero mensuras ... KB praeb. codd. **9411** remanent] remanet $\mathcal{B}$ **9412** GB] KB codd. **9412** duas] 2 $\mathcal{A}$ **9413** lineam] linea codd. **9413** duas] 2 $\mathcal{A}$ **9413** lineam] linea codd. **9414** duas] 2 $\mathcal{A}$ **9414** dimidiam] $\frac{am}{2}$ $\mathcal{A}$ **9414** lineam] linea codd. **9414** KB] GB codd. **9415** quod (post cognito)] quid $\mathcal{B}$ **9415** quod (post eius)] quidem $\mathcal{B}$ **9416** duarum] 2 $\mathcal{A}$ **9417** tertia] $\frac{a}{3}$ $\mathcal{A}$ **9417** tertia (post sit)] $\frac{a}{3}$ $\mathcal{A}$ **9418** quod] Idem $\mathcal{B}$ **9419** remanenti] remanent $\mathcal{B}$ **9419** consumptionem] consumptionem $\mathcal{B}$ **9419** duarum] 2^{arum} $\mathcal{A}$ **9419** duarum aliarum] 2^{arum} aliarum $\mathcal{A}$, aliarum duarum $\mathcal{B}$ **9420** hoc (post ut)] om. $\mathcal{A}$ **9420** ut eius] ad eius $\mathcal{B}$ **9420** tertia] $\frac{a}{3}$ $\mathcal{A}$ **9421** quod] quid $\mathcal{B}$ **9423** totius] ipsius pr. scr. et exp. $\mathcal{A}$ **9423** duo] 2 $\mathcal{A}$ **9423–9424** dimidium] 2^m $\mathcal{A}$ **9425** tertia] $\frac{a}{3}$ $\mathcal{A}$ **9425** septem] 7 $\mathcal{A}$ **9426** dimidium] 2^m $\mathcal{A}$ **9427** Componam] conponam $\mathcal{B}$ **9431** quindecim] 15 $\mathcal{A}$ **9431** duo] 2 $\mathcal{A}$ **9432** septem] 7 $\mathcal{A}$ **9432** dimidium] $\frac{m}{2}$ $\mathcal{A}$ **9433** provenient] proveniet $\mathcal{B}$ **9433** quindecim] 15 $\mathcal{A}$ **9434** protraham] protra am $\mathcal{B}$ **9435** quindecim] 15 $\mathcal{A}$ **9435** autem] igitur codd. **9436** quatuor] 4 $\mathcal{A}$, quattuor $\mathcal{B}$ **9436** est (post: HB)] et est $\mathcal{B}$ **9436** septem] 7 $\mathcal{A}$ **9436** dimidium] 2^m $\mathcal{A}$ **9437** TB] .t.ı $\mathcal{B}$ **9437** undecim] 11 $\mathcal{A}$ **9437** dimidium] $\frac{m}{2}$ (corr. ex 2^m) $\mathcal{A}$ **9437** undecim] 11 $\mathcal{A}$ **9438** CQ] EQ $\mathcal{B}$ **9439** linee (post igitur)] om. $\mathcal{A}$ **9440** quindecim] 15 $\mathcal{A}$ **9440** dimidiabo] dumdiabo ut vid. $\mathcal{B}$

igitur fit ex ductu linee CP in lineam PQ et linee PL in se equum est ei quod fit ex ductu linee CL in se, sicut dixit Euclides in libro secundo. Sed ex ductu linee CL in se proveniunt triginta tres et dimidia octava, et ex ductu linee CP in lineam PQ proveniunt quindecim. Ergo ex ductu linee PL in se proveniunt decem et octo et dimidia octava. Ergo linea PL est quatuor et quarta. Linea vero QL est quinque et tres quarte. Igitur linea PQ est decem, et hoc est mustum incognitum.

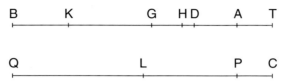

Ad B.185a: Figura inven. in $\mathcal{A}$ (169^r, ima pag.; lineatæ), om. sed spat. rel. (43rb, 30 – 31) $\mathcal{B}$.

(**b**) Vel aliter. Pone mustum ignotum rem. De qua re minutis duabus mensuris consumptis remanebit res minus duobus. De quo minue duas mensuras effusas, et remanebit res minus quatuor. Manifestum est igitur quod talis est comparatio rei minus duobus ad tertiam musti, que est tertia rei, qualis est comparatio rei minus quatuor ad duo et dimidium. Tantum igitur fit ex ductu rei minus duobus in duo et dimidium quantum ex ductu tertie rei in rem minus quatuor. Deinde fac sicut supra docuimus in algebra, et exit res decem.

(**c**) Vel aliter. Sit mustum ignotum AB, due vero mensure sint BG, alie due sint GD, tertia vero musti HZ, due autem et dimidia HK. Igitur comparatio de AG ad HZ est sicut comparatio de AD ad duo et dimidium, qui sunt HK. Comparatio autem de AG ad triplum de HZ, quod est AB, est sicut comparatio de AD ad triplum de HK, quod est septem et dimidium. Id igitur quod fit ex ductu AG in septem et dimidium equum est ei quod fit ex ductu AD in AB. Id autem quod fit ex ductu AB in AD equum est ei quod fit ex ductu AD in se et AD in DB quod est quatuor. Id igitur quod fit ex ductu AD in se et in quatuor equum est ei quod fit ex ductu AG in septem et dimidium. Id autem quod fit ex ductu AG in

9456–9486 Sit mustum ignotum ... demonstrare voluimus] 169^v, 7 – 25 $\mathcal{A}$; $\mathcal{B}$ deficit.

9441 lineam] linea $\mathcal{B}$ **9442** secundo] secunda *pr. scr. et exp.* $\mathcal{A}$ **9443** triginta tres] 33 $\mathcal{A}$ **9443** dimidia octava] dimidia $\frac{a}{8}$ $\mathcal{A}$ **9444** linee] line $\mathcal{B}$ **9444** PQ] PI $\mathcal{B}$ **9444** quindecim] 15 $\mathcal{A}$ **9445** decem et octo] 18 $\mathcal{A}$, et octo $\mathcal{B}$ **9445** dimidia octava] dimidia $\frac{a}{8}$ $\mathcal{A}$ **9446** quatuor] 4 $\mathcal{A}$ **9446** quarta] $\frac{a}{4}$ $\mathcal{A}$ **9446** quinque] 5 $\mathcal{A}$ **9446** tres quarte] $\frac{3}{4}$ $\mathcal{A}$ **9447** decem] 10 $\mathcal{A}$ **9448** qua] quo $\mathcal{B}$ **9448** duabus] 2 $\mathcal{A}$ **9449** duas] 2 $\mathcal{A}$ **9450** quatuor] 4 $\mathcal{A}$ **9451** duobus] 2^{bus} $\mathcal{A}$ **9451** tertia] $\frac{a}{3}$ $\mathcal{A}$ **9452** quatuor] 4 $\mathcal{A}$ **9452** duo] 2 $\mathcal{A}$ **9452** dimidium] $\frac{m}{2}$ $\mathcal{A}$ **9453** duobus] 2^{bus} $\mathcal{A}$ **9453** duo] 2 $\mathcal{A}$ **9453** dimidium] $\frac{m}{2}$ $\mathcal{A}$ **9453** ex] *corr. ex* est $\mathcal{A}$ **9454** quatuor] 4 $\mathcal{A}$ **9454** Deinde] de inde $\mathcal{B}$ **9454** algebra] agebla $\mathcal{B}$ **9455** decem] 10 $\mathcal{A}$ **9456** due] 2 $\mathcal{A}$ **9457** due] 2 $\mathcal{A}$ **9457** due *(post: HZ)*] 2 $\mathcal{A}$ **9457** dimidia] $\frac{a}{2}$ $\mathcal{A}$ **9458** duo] 2 $\mathcal{A}$ **9458–9459** dimidium] $\frac{m}{2}$ $\mathcal{A}$ **9459** Comparatio autem de AG] Igitur comparatio de AG ad HZ *pr. scr. (v. supra) postea* Igitur *et* ad HZ *del. autem add. supra* $\mathcal{A}$ **9460** septem] 7 $\mathcal{A}$ **9461** dimidium] $\frac{m}{2}$ $\mathcal{A}$ **9461** septem] 7 $\mathcal{A}$ **9461** dimidium] $\frac{m}{2}$ $\mathcal{A}$ **9463** quatuor] 4 $\mathcal{A}$ **9464** quatuor] 4 $\mathcal{A}$ **9465** septem] 7 $\mathcal{A}$ **9465** dimidium] $\frac{m}{2}$ $\mathcal{A}$

septem et dimidium equum est ei quod fit ex ductu AD in septem et dimidium et DG, qui est duo, in septem et dimidium. Ex ductu autem DG in septem et dimidium est quindecim. Id igitur quod fit ex ductu AD in se et in quatuor equum est ei quod fit ex ductu AD in septem et dimidium additis sibi quindecim. Id igitur quod fit ex ductu AD in quatuor minue de eo quod fit ex ductu eius in septem et dimidium, et remanebit id quod fit ex ductu AD in se equum ei quod fit ex ductu eiusdem in tres et dimidium additis sibi quindecim. Igitur AD plus est quam tres et dimidium. Sint igitur tres et dimidium AT. Et tunc id quod fit ex ductu AD in se equum erit ei quod fit ex ductu AD in AT additis sibi quindecim. Id autem quod fit ex ductu AD in se equum est ei quod fit ex ductu AD in AT et AD in DT. Id igitur quod fit ex ductu AD in AT et AD in DT equum est ei quod fit ex ductu AD in AT additis sibi quindecim. Si igitur reicias id quod fit ex ductu AD in AT, quod est commune, remanebit id quod fit ex ductu AD in DT quindecim. Dividatur autem $\langle AT \rangle$ per medium in puncto Q. Et tunc id quod fit ex ductu AD in DT et TQ in se equum erit ei quod fit ex ductu QD in se. Id autem quod fit ex ductu AD in DT est quindecim, et QT in se est tres et dimidia octava. Igitur id quod fit ex ductu QD in se est decem et octo et dimidia octava. Igitur QD est quatuor et quarta. Sed AQ est unum et tres quarte. Igitur AD est sex. Sed DB est quatuor. Igitur AB est decem. Et hoc est quod demonstrare voluimus.

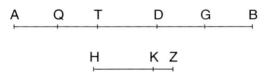

Ad B.185c: *Figura inven. in* $\mathcal{A}$ *(169^v, 26 – 27 & marg.).*

(B.186) Si volueris coquere mustum ignotum usque ad consumptionem duarum tertiarum, consumpta vero in coquendo quinta eius et de remanenti effusis duabus, residuum vero redactum est in duas et dimidiam, tunc quantum est mustum ignotum?

9487–9511 Si volueris coquere ... est mustum ignotum] *169^v, 25 – 37* $\mathcal{A}$; *43rb, 41 – 43va, 25* $\mathcal{B}$.

9466 septem] 7 $\mathcal{A}$ **9466** dimidium] $\frac{m}{2}$ $\mathcal{A}$ **9466** septem] 7 $\mathcal{A}$ **9466–9467** dimidium] $\frac{m}{2}$ *post quod est* 15 *add. (v. infra) et del.* $\mathcal{A}$ **9467** duo] 2 $\mathcal{A}$ **9467** septem] 7 $\mathcal{A}$ **9468** septem] 7 $\mathcal{A}$ **9468** dimidium] $\frac{m}{2}$ $\mathcal{A}$ **9468** quindecim] 15 $\mathcal{A}$ **9469** quatuor] 4 $\mathcal{A}$ **9469** ex] eit *(pro* eīt*) pr. scr., mut. in* fit, *et exp.* $\mathcal{A}$ **9469** septem] 7 $\mathcal{A}$ **9469** dimidium] $\frac{m}{2}$ $\mathcal{A}$ **9470** quindecim] 15 $\mathcal{A}$ **9470** quatuor] 4 $\mathcal{A}$ **9471** septem] 7 $\mathcal{A}$ **9471** dimidium] $\frac{m}{2}$ $\mathcal{A}$ **9472** tres] 3 $\mathcal{A}$ **9473** quindecim] 15 $\mathcal{A}$ **9473** tres] 3 $\mathcal{A}$ **9473** dimidium] $\frac{m}{2}$ $\mathcal{A}$ **9474** tres] 3 $\mathcal{A}$ **9475** quindecim] 15 $\mathcal{A}$ **9476–9477** ei quod fit ... equum est] *iter.* $\mathcal{A}$ **9477** Id] Iam *(1^a lect.)* $\mathcal{A}$ **9477** AT] *corr. ex* AD *(2^a lect.)* $\mathcal{A}$ **9478** quindecim] 15 $\mathcal{A}$ **9480** quindecim] 15 $\mathcal{A}$ **9482** quindecim] 15 $\mathcal{A}$ **9483** tres] 3 $\mathcal{A}$ **9483** dimidia octava] dimidia $\frac{a}{8}$ $\mathcal{A}$ **9484** decem et octo] 18 $\mathcal{A}$ **9484** dimidia octava] dimidia $\frac{a}{8}$ $\mathcal{A}$ **9484** quatuor] 4 $\mathcal{A}$ **9484** quarta] $\frac{a}{4}$ $\mathcal{A}$ **9485** unum] 1 $\mathcal{A}$ **9485** tres quarte] $\frac{3}{4}$ $\mathcal{A}$ **9485** sex] 6 $\mathcal{A}$ **9485** quatuor] 4 $\mathcal{A}$ **9486** decem] 10 $\mathcal{A}$ **9488** duarum tertiarum] $\frac{2}{3}$arum $\mathcal{A}$ **9488** quinta] $\frac{a}{5}$ $\mathcal{A}$ **9489** duabus] 2^{abus} $\mathcal{A}$ **9489** duas] 2 $\mathcal{A}$ **9489** dimidiam] $\frac{am}{2}$ $\mathcal{A}$, dimiam *pr. scr. et corr. supra* $\mathcal{B}$

(***a***) Sic facies. Iam scis quod comparatio quatuor quintarum musti ad tertiam musti est sicut comparatio quatuor quintarum musti minus duabus mensuris ad duas et dimidiam. Fac ergo sicut supra dictum est, et exibunt quatuor quinte musti minus duabus sex. Mustum igitur est decem. [Et hoc est quod demonstrare voluimus.]

(***b***) Vel aliter. Pone mustum ignotum rem. De qua re subtracta quinta eius remanebunt quatuor quinte rei. De quibus minue duas mensuras, et remanebunt quatuor quinte rei minus duabus mensuris. Manifestum est igitur ex premissis quod quatuor quinte rei sic se habent ad tertiam musti, que est tertia rei, sicut quatuor quinte rei minus duobus ad duo et dimidium. Sunt igitur isti quatuor numeri proportionales. Quod ergo fit ex ductu quatuor quintarum rei in duo et dimidium, quod est due res, equum est ei quod fit ex ductu tertie rei in quatuor quintas rei minus duobus, quod est quinta census et tertia quinte census minus duabus tertiis rei. Duas ergo tertias rei adde duabus rebus, et fient due res et due tertie rei; que equantur quinte census et tertie quinte census. Has ergo, scilicet quintam census et tertiam quinte census, restaura in integrum censum, videlicet multiplicando eas in tres et tres quartas; quas multiplica etiam in duas res et duas tertias rei, et provenient decem res, que equantur uni censui. Fac igitur sicut premonstratum est in algebra; et census erit centum, res vero erit decem, que est mustum ignotum.

(**B.187**) Si volueris coquere mustum ignotum quousque redigatur in tertiam partem, coquendo autem consumpte sunt due mensure, et de remanenti effusa est pars quarta, residuum vero redactum est in quartam partem totius musti.

Sic facies. Iam scis quod comparatio tertie musti ad quartam musti est sicut comparatio musti minus duabus mensuris ad tres quartas eius. Tertia autem musti ad quartam est tantum et tertia. Igitur mustum minus

---

9512–9549 Si volueris coquere ... Mustum igitur est decem] $169^v, 37 - 170^r, 12$ (ad duas et dimidiam) $\mathcal{A}$; $\mathcal{B}$ *deficit*.

9491 quatuor quintarum] $\frac{4}{5}$arum (*corr. ex* 4) $\mathcal{A}$ **9491–9492** tertiam] $\frac{am}{3}$ $\mathcal{A}$ **9492** quatuor quintarum] $\frac{4}{5}$arum $\mathcal{A}$ **9492** duabus] 2^{abus} $\mathcal{A}$ **9493** duas] 2 $\mathcal{A}$ **9493** dimidiam] $\frac{am}{2}$ $\mathcal{A}$ **9494** quatuor quinte] $\frac{4}{5}$ $\mathcal{A}$ **9494** duabus] 2 $\mathcal{A}$ **9494** igitur] ergo $\mathcal{B}$ **9494** decem] 10 $\mathcal{A}$ **9495** hoc] *corr. ex* hec $\mathcal{A}$ **9495** demonstrare] monstrare $\mathcal{B}$ **9496** quinta] $\frac{a}{5}$ $\mathcal{A}$ **9497** quatuor quinte] $\frac{4}{5}$ $\mathcal{A}$ **9497** duas] 2 $\mathcal{A}$ **9498** quatuor quinte] 4 *pr. scr. del. et scr.* $\frac{4}{5}$ $\mathcal{A}$ **9498** duabus] 2^{bus} $\mathcal{A}$ **9499** quatuor quinte] $\frac{4}{5}$ $\mathcal{A}$ **9499–9500** sic se habent ... quatuor quinte rei] *per homœotel. om.* $\mathcal{B}$ **9500** tertia] $\frac{a}{3}$ $\mathcal{A}$ **9500** quatuor quinte rei] comparatio (*quod del.*) $\frac{4}{5}$ (*sic*) $\mathcal{A}$ **9500** duobus] 2^{bus} $\mathcal{A}$ **9500** duo] 2 $\mathcal{A}$ **9500–9501** dimidium] $\frac{m}{2}$ $\mathcal{A}$ **9501** quatuor] 4 $\mathcal{A}$ **9502** quatuor quintarum] $\frac{4}{5}$arum $\mathcal{A}$ **9502** duo] 2 $\mathcal{A}$ **9502** dimidium] $\frac{m}{2}$ $\mathcal{A}$ **9502** due] 2 $\mathcal{A}$ **9503** quatuor quintas] $\frac{4}{5}$ $\mathcal{A}$ **9503** duobus] 2 $\mathcal{A}$ **9504** quinta] $\frac{a}{5}$ $\mathcal{A}$ **9504** tertia quinte] $\frac{a\,e}{3\,5}$ $\mathcal{A}$ **9504** duabus tertiis] $\frac{2}{3}$iis $\mathcal{A}$ **9505** duabus] 2^{bus} $\mathcal{A}$ **9505** due] 2 $\mathcal{A}$ **9505** due tertie] $\frac{2}{3}$ $\mathcal{A}$ **9506** quinte] $\frac{e}{5}$ $\mathcal{A}$ **9506–9507** et tertie ... quinte census] *per homœotel. om.* $\mathcal{A}$ **9507** in] ut $\mathcal{B}$ **9507** censum] census $\mathcal{B}$ **9508** tres] 3 $\mathcal{A}$ **9508** tres quartas] $\frac{3}{4}$ $\mathcal{A}$ **9508** quas] qua sibi $\mathcal{B}$ **9508** duas] 2 $\mathcal{A}$ **9508–9509** duas tertias] $\frac{2}{3}$ $\mathcal{A}$ **9509** decem] 10 $\mathcal{A}$ **9509** uni censui] unum (*sic*) censui habitu (*sic*) $\mathcal{B}$ **9510** est] *om.* $\mathcal{A}$ **9510** algebra] angebla $\mathcal{B}$ **9510** centum] 100 $\mathcal{A}$ **9510** decem] 10 $\mathcal{A}$ **9512–9513** tertiam] $\frac{am}{3}$ $\mathcal{A}$ **9513** due] 2 $\mathcal{A}$ **9514** quarta] $\frac{a}{4}$ $\mathcal{A}$ **9514** quartam] $\frac{am}{4}$ $\mathcal{A}$ **9516** quartam] $\frac{am}{4}$ $\mathcal{A}$ **9517** duabus] 2 $\mathcal{A}$ **9517** tres quartas] $\frac{3}{4}$ $\mathcal{A}$ **9518** quartam] $\frac{am}{4}$ $\mathcal{A}$ **9518** tertia] $\frac{a}{3}$ $\mathcal{A}$

duabus mensuris ad tres quartas eius est tantum et tertia. Questio igitur hec interminata est; omnis enim numerus ad tres quartas eius est tantum et tertia. Si autem diceretur residuum redactum esse in quintam partem musti, falsum esset; mustum enim minus duabus mensuris ad tres quartas eius esset tantum et due tertie, quod est impossibile. Non ergo potest fieri hec questio nisi dicatur mustum redactum esse in quartam eius. Cum igitur fuerit ita, manentibus duabus partibus erit questio interminata.

Sit ergo mustum ⟨numerus⟩ quilibet, verbi gratia triginta. Tunc mustum minus duabus mensuris erit viginti octo. Quod autem effunditur est septem, et remanebunt viginti una mensure. Quas redige in quartam musti, que est septem et dimidia.

Similiter facies in omnibus huiusmodi questionibus; et cum convenerit in duabus partibus positis erit ⟨questio vera, aliter erit⟩ falsa. Et hoc est quod ostendere voluimus.

(**B.188**) Si quis voluerit coquere mustum ignotum quousque redigatur in tertiam partem, coquendo autem consumitur quinta eius, et de remanenti effunditur quarta pars, et residuum redigitur in duas mensuras et dimidiam, tunc quantum est mustum ignotum?

Iam scis quod comparatio quatuor quintarum musti ad tres quintas eius est sicut comparatio tertie musti ad duas et dimidiam. Sed quatuor quinte musti ad tres quintas eius sunt tantum et tertia. Igitur tertia musti ad duo et dimidium est tantum et tertia. Igitur tertia musti est tres et tertia. Mustum igitur est decem.

(**B.189**) Si volueris coquere mustum ignotum quousque redigatur in tertiam partem, coquendo autem consumuntur due mensure, et de remanenti effunditur quarta pars eius, et residuum redigitur in duo et dimidium.

Iam scis quod comparatio musti minus duabus mensuris ad tres quartas eius est sicut comparatio tertie musti ad duas et dimidiam. ⟨Sed mustum minus duabus mensuris ad tres quartas eius est tantum et tertia. Igitur tertia musti ad duo et dimidium est tantum et tertia. Igitur tertia musti est tres et tertia. Mustum igitur est decem.⟩

9519 duabus] 2^{abus} $\mathcal{A}$ **9519** tres quartas] $\frac{3}{4}$ $\mathcal{A}$ **9519** tertia] $\frac{a}{3}$ $\mathcal{A}$ **9520** interminata] infinita $\mathcal{A}$ **9520** tres quartas] $\frac{3}{4}$ $\mathcal{A}$ **9521** tertia] $\frac{a}{3}$ $\mathcal{A}$ **9521** quintam] $\frac{am}{5}$ $\mathcal{A}$ **9522** tres quartas] $\frac{3}{4}$ $\mathcal{A}$ **9523** due tertie] $\frac{2}{3}$ $\mathcal{A}$ **9524** quartam] $\frac{am}{4}$ $\mathcal{A}$ **9525** duabus] 2 $\mathcal{A}$ **9526** triginta] 30 $\mathcal{A}$ **9527** duabus] 2 $\mathcal{A}$ **9527** viginti octo] 28 $\mathcal{A}$ **9528** septem] 7 $\mathcal{A}$ **9528** viginti una] 21 $\mathcal{A}$ **9528** quartam] $\frac{am}{4}$ $\mathcal{A}$ **9529** septem] 7 $\mathcal{A}$ **9529** dimidia] $\frac{a}{2}$ $\mathcal{A}$ **9530** convenerit] convenerint *pr. scr. et corr.* $\mathcal{A}$ **9531** duabus] 2 $\mathcal{A}$ **9534** tertiam] $\frac{am}{3}$ $\mathcal{A}$ **9534** quinta] $\frac{a}{5}$ $\mathcal{A}$ **9535** quarta] $\frac{a}{4}$ $\mathcal{A}$ **9535** duas] 2 $\mathcal{A}$ **9535** dimidiam] $\frac{am}{2}$ $\mathcal{A}$ **9537** quatuor quintarum] $\frac{4}{5}$ $\mathcal{A}$ **9537** tres quintas] $\frac{3}{5}$ $\mathcal{A}$ **9538** duas] 2 $\mathcal{A}$ **9538** dimidiam] $\frac{am}{2}$ $\mathcal{A}$ **9538–9539** quatuor quinte] $\frac{4}{5}$ $\mathcal{A}$ **9539** tres quintas] $\frac{3}{5}$ $\mathcal{A}$ **9539** tertia *(post* et*)*] $\frac{a}{3}$ $\mathcal{A}$ **9540** duo] 2 $\mathcal{A}$ **9540** tertia] $\frac{a}{3}$ $\mathcal{A}$ **9540** tertia] $\frac{a}{3}$ $\mathcal{A}$ **9540** tres] 3 $\mathcal{A}$ **9541** tertia] $\frac{a}{3}$ $\mathcal{A}$ **9541** decem] 10 $\mathcal{A}$ **9542–9543** tertiam] $\frac{am}{3}$ $\mathcal{A}$ **9543** due] 2 $\mathcal{A}$ **9544** quarta] $\frac{a}{4}$ $\mathcal{A}$ **9544** duo] 2 $\mathcal{A}$ **9545** duabus] 2^{abus} $\mathcal{A}$ **9545** tres quartas] $\frac{3}{4}$ $\mathcal{A}$ **9546** duas] 2 $\mathcal{A}$

Capitulum de mutuando

Tale est hoc capitulum quale illud de emendo et vendendo, nec differunt in aliquo. Manifestum est enim quod comparatio sextariorum persolutorum ad modium suum est sicut comparatio sextariorum mutuatorum ad modium suum. Ponam autem aliquas questiones et assignabo hic que predicta sunt.

(B.190) Verbi gratia. Si quis pro mutuatis sex sextariis annone, qui quatuordecim faciunt modium, vult persolvere de sextariis qui viginti faciunt modium, quot persolvet?

Hec questio est quasi dicatur: 'Cum quatuordecim dentur pro sex nummis, quanti pretii sunt viginti?'.

(a) Sic facies. Multiplica sex in viginti, et productum divide per quatuordecim; et exibunt octo sextarii et quatuor septime sextarii, et hoc est quod scire voluisti. Causa autem huius patet ex hiis que supra dicta sunt in emendo et vendendo.

Vel aliter. Denomina sex sextarios de quatuordecim, et tantumdem acceptum de viginti erit quod voluisti.

Vel, inquire in quem numerum multiplicati quatuordecim fiunt viginti, et ipsum multiplica in sex; et productum est id quod queris. Causa autem huius est hec. Scilicet, quoniam constat quod comparatio quatuordecim sextariorum ad viginti est sicut comparatio de sex, quos mutuavit, ad sextarios quos persolvit, ergo mensura per quam quatuordecim fiunt viginti est sicut mensura per quam sex fiunt sextarii persoluti.

(b) Vel aliter. Pone sextarios ignotos unam rem. Constat autem talem esse proportionem de sex ad quatuordecim qualis est sextariorum ignotorum, qui sunt res, ad viginti. Tantum ergo fit ex ductu primi in quartum quantum ex ductu secundi in tertium. Tantum ergo provenit ex ductu viginti in sex quantum ex ductu quatuordecim in rem. Unde centum viginti

---

9550–9865 Capitulum de mutuando ... qui sunt pretium rei] 170^r, 13 – 171^v, 35 $\mathcal{A}$; 43vb, 16 – 45vb, 5 $\mathcal{B}$.

9550 tit.] om. (spat. parv. hab.) $\mathcal{B}$ **9551–9556** Tale est ... Verbi gratia] post quod voluisti (B.190 in fine) add. $\mathcal{A}$, in ima pag. $\mathcal{B}$ **9556** mutuatis] mutuandis pr. scr. et corr. $\mathcal{A}$ **9556** sex] 6 $\mathcal{A}$ **9556–9557** quatuordecim] 14 $\mathcal{A}$ **9557** persolvere] per in fin. lin. persolvere in seq. scr. $\mathcal{A}$ **9557** viginti] 20 $\mathcal{A}$ **9559** quatuordecim] 14 $\mathcal{A}$ **9559** sex] 6 $\mathcal{A}$ **9560** nummis] numis $\mathcal{B}$ **9560** viginti] 20 $\mathcal{A}$ **9561** sex] 6 $\mathcal{A}$ **9561** viginti] 20 $\mathcal{A}$ **9561–9562** quatuordecim] 14 $\mathcal{A}$ **9562** octo] 8 $\mathcal{A}$ **9562** quatuor septime] $\frac{4}{7}$ $\mathcal{A}$ **9563** hiis] his codd. **9565** sex] 6 $\mathcal{A}$ **9565** quatuordecim] 14 $\mathcal{A}$ **9565–9566** tantumdem acceptum] tantum deacceptum $\mathcal{B}$ **9566** viginti] 20 $\mathcal{A}$ **9567** quatuordecim] 14 $\mathcal{A}$ **9567–9568** viginti] 20 $\mathcal{A}$ **9568** sex] 6 $\mathcal{A}$ **9569** est hec] hec est $\mathcal{A}$ **9569–9570** quatuordecim] 14 $\mathcal{A}$ **9570** viginti] 20 $\mathcal{A}$ **9570** sex] 6 $\mathcal{A}$ **9571** sextarios] sextar̄ (et sæpe infra) $\mathcal{A}$ **9571** ergo] et $\mathcal{A}$, Et $\mathcal{B}$ **9571** quatuordecim] 14 $\mathcal{A}$ **9572** viginti] 20 $\mathcal{A}$ **9574** sex] 6 $\mathcal{A}$ **9574** quatuordecim] 14 $\mathcal{A}$ **9575** qui] que codd. **9575** viginti] 20 $\mathcal{A}$ **9575** quartum] $\frac{m}{4}$ $\mathcal{A}$ **9576–9577** viginti] 20 $\mathcal{A}$ **9577** sex] 6 $\mathcal{A}$ **9577** ductu] ductum $\mathcal{B}$ **9577** quatuordecim] 14 $\mathcal{A}$ **9577** centum viginti] 120 $\mathcal{A}$, centum in viginti $\mathcal{B}$

equivalent ad quatuordecim res. Ergo res est octo et quatuor septime. Et hoc est quod voluisti.

ITEM DE EODEM.

(B.191) Si quis pro mutuatis sex sextariis annone, qui quatuordecim faciunt modium, persolvit novem sextarios, quot sextarii sunt in ⟨illo⟩ modio?

Hec etiam questio est quasi aliquis dicat: 'Cum quatuordecim modii dentur pro sex nummis, tunc quot habebo pro novem?'. Modum autem agendi hic et probationem iam prediximus in capitulo de emendo et vendendo.

(*a*) Videlicet ut multiplices novem in quatuordecim; et productum divide per sex, et quod exierit est id quod voluisti.

Causa autem huius est hec. Quoniam sex sextarii sic se habent ad quatuordecim sicut novem sextarii ad sextarios modii ignoti, sunt igitur quatuor numeri proportionales; ex ductu igitur secundi in tertium et ex producti ex eis divisione per primum exibit quartus.

Vel aliter. Inquire numerum in quem multiplicati sex fiant quatuordecim; et in ipsum multiplica novem, et proveniet quod queris.

(*b*) Vel, sextarios modii ignoti pone rem. Constat autem talem esse comparationem de sex ad quatuordecim qualis est de novem ad sextarios ignotos, qui sunt res. Sunt igitur quatuor numeri proportionales. Unde fac sicut supra docuimus in algebra, et exibit pretium rei.

(B.192) Si quis pro mutuatis sex sextariis annone quorum quatuordecim faciunt modium persolvit sextarios alterius modii quibus multiplicatis in sextarios ipsius modii proveniunt centum octoginta novem, tunc quot sextarii faciunt modium illum, aut quot persolvit?

Sic facies. Cum volueris scire sextarios modii de quo persolvit, multiplica quatuordecim in centum octoginta novem et productum divide per sex; et eius quod exit radix erit numerus sextariorum [scilicet quot faciunt modium]; qui sunt viginti unus. Si vero volueris scire de hiis sextariis quot persolvit, denomina sex de quatuordecim, et tanta pars de viginti uno erit id quod queris. Si vero volueris invenire hoc aliter, multiplica sex in

---

9578 quatuordecim] 14 *(4 pr. scr. et exp.)* 𝐴 9578 octo] 8 𝐴, *om.* 𝐵 9578 quatuor septime] $\frac{4}{7}$ 𝐴 9581 mutuatis] mutuandis 𝐴 9581 sex] 6 𝐴 9581 quatuordecim] 14 𝐴 9582 novem] 9 𝐴 9583 etiam] est etiam 𝐵 9583 quatuordecim] 14 𝐴 9584 sex] 6 𝐴 9584 nummis] numis 𝐵 9584 pro *(post* habebo*)*] per 𝐵 9584 novem] 9 𝐴 9587 novem] 9 𝐴 9587 quatuordecim] 14 𝐴 9588 sex] 6 𝐴 9589 Causa] Cum 𝐵 9589 est hec] hec est 𝐴 9589 sex] 6 𝐴 9590 quatuordecim] 14 𝐴 9590 novem] 9 𝐴 9591 quatuor] 4 𝐴 9592 ex eis] eius 𝐴 9592 per] *corr. ex* pro 𝐵 9592 quartus] 4^{tus} 𝐴 9593 sex] 6 𝐴 9593–9594 quatuordecim] 14 𝐴 9594 novem] 9 𝐴 9596 de *(ante* sex*)*] *om.* 𝐵 9596 sex] 6 𝐴 9596 quatuordecim] 14 𝐴 9596 novem] 9 𝐴 9597 quatuor] 4 𝐴 9598 algebra] agebla 𝐵 9599 mutuatis] mutuandis *pr. scr. et corr.* 𝐴 9599 sex] 6 𝐴 9599 quatuordecim] 14 𝐴 9601 sextarios] sextariis 𝐴𝐵 *(corr. ex* sextas 𝐵*)* 9601 centum octoginta novem] 189 𝐴 9601 tunc] ergo *codd.* 9603 modii de quo persolvit] quos persolvit *codd.* 9604 quatuordecim] 14 𝐴 9604 centum octoginta novem] 189 𝐴 9605 sex] 6 𝐴 9605 erit] erït 𝐵 9606 viginti unus] 21 𝐴 9606 hiis] his 𝐵 9607 sex] 6 𝐴 9607 quatuordecim] 14 𝐴 9607 viginti uno] 21 𝐴 9608 hoc] hic 𝐴 9608 sex] 6 𝐴

centum octoginta novem et productum divide per quatuordecim; et eius quod exit radix est id quod queris, scilicet novem.

(**B.193**) Si quis pro mutuatis sex sextariis annone quorum quatuordecim faciunt modium persolvit sextarios alterius modii quibus agregatis ad sextarios illius modii proveniunt triginta, tunc quot ⟨sextarii faciunt modium illum, vel quot⟩ sunt sextarii quos persolvit?

Hec questio est quasi diceretur: 'Cum quatuordecim modii dentur pro sex nummis, tunc quot sunt modii quorum numero agregato cum eorum pretio proveniunt triginta, et quantum est eorum pretium?'. Modum solvendi hanc questionem iam assignavimus in precedentibus.

(*a*) Scilicet ut agreges quatuordecim cum sex, et fient viginti, quos pone prelatum. Cum autem volueris scire quot sunt sextarii modii de quo persolvit, multiplica quatuordecim in triginta et productum divide per prelatum; et exibunt viginti unum, et tot sunt sextarii illius modii. Cum vero volueris scire quot sextarios persolvit, minue viginti unum de triginta, et remanent novem, et tot sunt sextarii quos persolvit. Si autem hoc alio modo adinvenire volueris, multiplica sex in triginta et productum divide per prelatum; et quod exit est id quod scire voluisti.

(*b*) Est etiam alius modus, scilicet ut sextarios modii de quo persolvit ponas rem. Cuius tres septimas, que sunt tres septime rei, agrega ipsi rei, et provenient res una et tres septime rei; que adequantur ad triginta. Ergo res est viginti unum [quot sunt sextarii illius modii].

(*c*) Vel, denomina quatuordecim de viginti, et tanta pars accepta de triginta erit numerus sextariorum illius modii [quot persolvit de illo]. Vel etiam, denomina sex de viginti, et tanta pars accepta de triginta erit numerus sextariorum quos persolvit.

Item de eodem.

(**B.194**) Si quis pro mutuatis sex sextariis annone quorum quatuordecim faciunt modium persolvit sextarios alterius modii quibus subtractis de numero sextariorum illius modii remanent duodecim, quot de illis sextarii faciunt modium, vel quot persolvit?

Hec questio est quasi dicatur: 'Cum quatuordecim modii dentur pro sex nummis, tunc quot sunt modii de quibus subtracto eorum pretio rema-

---

9609 centum octoginta novem] 189 A **9609** quatuordecim] 4 A, quatuor B **9610** novem] 9 A **9611** mutuatis] mutuandis *pr. scr. et corr.* A **9611** sex] 6 A **9611** quorum] quauor B **9611** quatuordecim] 14 A, quatuor decem B **9612** agregatis] *quasi* aggantis B **9613** triginta] 30 A **9614** sunt] *om.* A **9615** quatuordecim] 14 A **9616** sex] 6 A **9616** nummis] numis B **9616** agregato] *quasi* agganto B **9617** triginta] 30 A **9617** pretium] cuius *add.* B **9619** quatuordecim] 14 A **9619** sex] 6 A **9619** viginti] 20 A **9621** quatuordecim] 4 A, quatuor B **9621** triginta] 30 A **9622** viginti unum] 20 *pr. scr. in* 21 *mut.* A **9623** viginti unum] 21 A **9623** triginta] 30 A **9624** novem] 9 A **9625** adinvenire] advenire A **9625** sex] 6 A **9625** triginta] 30 A **9628** tres septimas] $\frac{3}{7}$ A **9628** tres septime] $\frac{3}{7}$ A **9628** ipsi rei] ipsi A **9629** una] 1 A **9629** tres septime] $\frac{3}{7}$ A **9629** triginta] 30 A **9630** viginti unum] 21 A **9631** quatuordecim] 14 A **9631** viginti] 20 A **9631–9632** triginta] 30 A **9632** Vel] Et *codd.*   **9633** sex] 6 *(corr. ex igitur)* A **9633** viginti] 20 A **9633** triginta] 30 A **9636** sex] 6 A **9636** quatuordecim] 14 A **9638** duodecim] 12 A **9640** quatuordecim] 14 A **9640** pro] per B **9641** sex] 6 A **9641** de quibus subtracto eorum pretio] quibus subtractis de eorum pretio *codd.*

nent duodecim?'. Iam assignavimus hoc in capitulo de emendo et vendendo. Unde secundum hoc considera ⟨hoc et⟩ cetera huiusmodi.

9642 duodecim] 12 $\mathcal{A}$

Capitulum de conductis

9645 Hoc capitulum non differt a capitulo vendendi et emendi. Manifestum est enim quod comparatio dierum quibus servitur ad dies quibus conducitur est sicut comparatio pretii dierum quos servit ad pretium dierum quibus conducitur. Contingunt autem hic questiones de ignoto dissimiles a questionibus de ignoto in emendo et vendendo; et ideo visum est ⟨nobis⟩
9650 apponere hic eas. Sed prius de illis agemus, et deinde de ipsis et de aliis que adherent eis.

(**B.195**) Verbi gratia. Si quis conductus per mensem pro decem nummis servit duodecim diebus, quanta est merces eius?

Hec questio per omnes modos eius talis est ac si dicatur: 'Cum triginta
9655 ta modii dentur pro decem nummis, tunc quantum est pretium duodecim modiorum?'.

(***a***) Sic facies. Multiplica duodecim dies, quibus servivit, in decem nummos, et productum divide per dies mensis, scilicet triginta; et exibunt quatuor, qui sunt merces eius. Causam autem huius iam assignavimus in capitulo
9660 de emendo et vendendo.

(***b***) Est etiam alius modus, scilicet ut quota pars sint duodecim de triginta, tanta pars de decem est merces eius. Cuius rei causa hec est. Constat enim quod quemadmodum se habent duodecim ad triginta, eodem modo se habet merces sibi debita ad decem.

9665 (***c***) Vel aliter. Considera quo numero subtracto de triginta fient decem; scilicet, duabus tertiis eius. Minue ergo de duodecim duas tertias eius, et remanebunt quatuor, qui sunt merces eius pro duodecim ⟨diebus⟩ quibus servivit.

[(***d***) Vel aliter. Quota pars sunt decem de triginta, tanta pars de duodecim
9670 est merces eius.]

(***e***) Vel aliter. Considera quo numero diminuto de triginta remanebunt duodecim; scilicet, tribus quintis eius. Minue ergo de decem tres quintas eius, et remanebit merces, scilicet quatuor.

Item de eodem.

9675 (**B.196**) Si quis conducitur pro decem nummis per mensem, pro acceptis quatuor nummis quot diebus servire debet?

9644 *tit.*] om. $\mathcal{B}$ **9645** Hoc] Hoc est $\mathcal{B}$ **9645–9652** Hoc capitulum ... gratia] add. in ima pag. $\mathcal{B}$ **9649** ideo] ita $\mathcal{A}$ **9650** illis] aliis *codd.* **9652** decem] 10 $\mathcal{A}$ **9652** nummis] numis $\mathcal{B}$ **9653** duodecim] 12 $\mathcal{A}$ **9654–9655** triginta] 30 $\mathcal{A}$ **9655** dentur] detur $\mathcal{A}$ **9655** decem] 10 $\mathcal{A}$ **9655** duodecim] 12 $\mathcal{A}$ **9657** duodecim] 12 $\mathcal{A}$ **9657** decem] 10 $\mathcal{A}$ **9657** nummos] numos $\mathcal{B}$ **9658** triginta] 30 $\mathcal{A}$ **9658** quatuor] 4 $\mathcal{A}$ **9659** autem] 1 *pr. scr.* $\mathcal{A}$ **9661** sint] sunt *codd.* **9661** duodecim] 12 $\mathcal{A}$ **9661–9662** triginta] 30 $\mathcal{A}$ **9662** decem] 10 $\mathcal{A}$ **9663** duodecim] 12 $\mathcal{A}$ **9663** triginta] 30 $\mathcal{A}$ **9664** decem] 10 $\mathcal{A}$ **9665** triginta] 30 $\mathcal{A}$ **9665** decem] 10 $\mathcal{A}$ **9666** duabus tertiis] $\frac{2}{3}$ is $\mathcal{A}$ **9666** duodecim] 12 $\mathcal{A}$ **9666** duas tertias] $\frac{2}{3}$ $\mathcal{A}$ **9667** quatuor] 4 $\mathcal{A}$ **9667** duodecim] 12 $\mathcal{A}$ **9669–9670** Vel aliter ... merces eius] om. $\mathcal{A}$ **9671** triginta] 30 $\mathcal{A}$ **9672** duodecim] 12 $\mathcal{A}$ **9672** tribus quintis] $\frac{3}{5}$is $\mathcal{A}$ **9672** decem] 10 $\mathcal{A}$ **9672** tres quintas] $\frac{3}{5}$ $\mathcal{A}$ **9673** quatuor] 4 $\mathcal{A}$ **9675** decem] 10 $\mathcal{A}$ **9675** nummis] numis $\mathcal{B}$ **9676** quatuor] 4 $\mathcal{A}$ **9676** nummis] numeris *codd.*

Hec etiam questio per omnes suos modos est ac si dicatur: 'Cum triginta modii dentur pro decem nummis, tunc quot habebo pro quatuor nummis?'.

(*a*) In qua sic facies. Multiplica quatuor in triginta, et productum divide per decem; et exibunt duodecim, et tot diebus servire debet.

(*b*) Vel aliter. Quota pars est quatuor de decem, scilicet due quinte eius, tanta pars de triginta, scilicet duodecim, sunt dies quibus servire debet. Causam autem huius iam assignavimus in capitulo de emendo et vendendo.

(*c*) Vel aliter. Inquire numerum in quem multiplicati decem fient triginta. Et hic est tres. Hos igitur multiplica in quatuor, et provenient similiter duodecim. Et hoc est quod voluisti.

ITEM DE EODEM.

(**B.197**) Si quis conducitur per mensem, sed prima die pro nummo uno, secunda autem pro duobus, et tertia pro tribus, et sic augmentando numerum nummorum iuxta numerum dierum usque ad finem mensis, tunc pro triginta diebus quantum est accepturus?

Sic facies. Adde unum summe dierum quibus servivit, et fiunt triginta unum. Quos multiplica in medietatem dierum, scilicet quindecim, et provenient quadringenta sexaginta quinque; et tot nummos est accepturus.

Similiter si servit quadraginta, vel plus, vel minus: adde numero dierum unum, et totam summam multiplica in medietatem numeri; et productus est id quod est accepturus.

CAPITULUM DE IGNOTO IN CONDUCENDO PRO REBUS

(**B.198**) Si quis conducitur per mensem pro decem nummis et re et pro duodecim diebus quos servit accipit rem, tunc quid valet illa res?

(*a*) Sic facies. Minue duodecim de triginta, et remanent decem et octo, quos pone prelatum. Deinde multiplica duodecim in decem, et productum divide per prelatum; et exibunt sex nummi et due tertie, et tantum valet res.

Causa autem huius est hec. Constat enim quod decem nummi remanent de pretio ⟨pro decem et octo diebus⟩. Quasi ergo dicatur: 'Postquam

---

9677 etiam] *om.* $\mathcal{A}$ **9677–9678** triginta] 30 $\mathcal{A}$ **9678** decem] 10 $\mathcal{A}$ **9678** nummis] modiis *pr. scr. et exp.* $\mathcal{A}$, numis $\mathcal{B}$ **9678** quatuor] 4 $\mathcal{A}$ **9679** nummis] numis $\mathcal{B}$ **9680** quatuor] 4 $\mathcal{A}$ **9680** triginta] 30 $\mathcal{A}$ **9681** decem] 10 $\mathcal{A}$ **9681** duodecim] 12 $\mathcal{A}$ **9681** et tot] quot *codd.* **9682** Quota] quanta $\mathcal{A}$ **9682** quatuor] 4 $\mathcal{A}$ **9682** decem] 10 $\mathcal{A}$ **9682** due quinte] $\frac{2}{5}$ $\mathcal{A}$ **9683** triginta] 30 $\mathcal{A}$ **9683** duodecim] 12 $\mathcal{A}$ **9684** assignavimus] ag *pr. scr. et del.* $\mathcal{B}$ **9685** decem] 10 $\mathcal{A}$ **9685** triginta] 30 $\mathcal{A}$ **9686** tres] 3 $\mathcal{A}$ **9686** quatuor] 4 $\mathcal{A}$ **9687** duodecim] 12 $\mathcal{A}$ **9689** nummo] numo $\mathcal{B}$ **9689** uno] 1 $\mathcal{A}$ **9690** duobus] 2^{bus} $\mathcal{A}$ **9690** tribus] 3 $\mathcal{A}$ **9691** nummorum] numorum $\mathcal{B}$ **9692** triginta] 30 $\mathcal{A}$ **9693** unum] 1 $\mathcal{A}$ **9693** summe] sume $\mathcal{B}$ **9693–9694** triginta unum] 31 *(corr. ex* 30*)* $\mathcal{A}$ **9694** quindecim] 15 $\mathcal{A}$ **9695** provenient] provient $\mathcal{A}$ **9695** quadringenta sexaginta quinque] 465 *(corr. ex* 460*)* $\mathcal{A}$, quadringenta et *(quod del.)* sexaginta quinque $\mathcal{B}$ **9695** nummos] numos $\mathcal{B}$ **9696** quadraginta] 40 $\mathcal{A}$ **9697** unum] 1 $\mathcal{A}$ **9697** in] per *codd.* **9698** est *(post* quod*)*] *add. supra* $\mathcal{A}$ **9699** *tit.*] *om.* $\mathcal{B}$ **9700** decem] 10 $\mathcal{A}$ **9700** nummis] numis $\mathcal{B}$ **9701** duodecim] 12 $\mathcal{A}$ **9701** tunc] *om. sed spat. rel.* $\mathcal{B}$ **9702** duodecim] 12 $\mathcal{A}$ **9702** triginta] 30 $\mathcal{A}$ **9702** decem et octo] 18 $\mathcal{A}$ **9703** duodecim] 12 $\mathcal{A}$ **9703** decem] 10 $\mathcal{A}$ **9704** sex] 6 $\mathcal{A}$ **9704** due tertie] $\frac{2}{3}$ $\mathcal{A}$ **9706** huius] *om.* $\mathcal{A}$ **9706** est hec] hec est $\mathcal{A}$ **9706** decem] 10 $\mathcal{A}$

decem et octo pro decem dantur, tunc quantum est pretium de duodecim?'. Multiplica decem in duodecim, et productum divide per decem et octo, et exibit quod queris.

Vel alia causa est hec. Comparatio enim dierum ad dies est sicut comparatio pretii ad pretium. Igitur comparatio de triginta ad duodecim est sicut comparatio de decem et re ad rem. Cum autem disperserimus, comparatio de decem et octo ad duodecim est sicut comparatio de decem ad rem. Igitur id quod fit ex ductu duodecim in decem equum est ei quod fit ex ductu decem et octo in rem. Multiplica ergo duodecim in decem, et productum divide per decem et octo; et exibit res sex et due tertie. Quisquis autem hanc probationem bene cognoverit, per eam omnes huiusmodi questiones probare poterit.

(*b*) Vel aliter. Divide dies mensis per dies quos servit, et exibunt duo et dimidius. Quos multiplica in rem, quam accepit, et provenient due res et dimidia; que adequantur ad decem et rem. Minue ergo rem de duabus rebus et dimidia, et remanebit res et dimidia; que adequatur ad decem. Res igitur est sex et due tertie.

De hoc autem quod dividimus dies mensis per dies quos servit et quod exit multiplicamus in rem et productum adequamus ad decem et rem, causa hec est. Constat enim quod, cum pro duodecim diebus accipitur res pretium, oportet ut pro triginta diebus accipiatur pretium due res et dimidia; triginta enim bis continent duodecim et eius medietatem. Constat etiam quod pretium triginta dierum est decem nummi et una res. Ergo due res et dimidia adequantur ad decem nummos et rem. Idcirco autem divisimus triginta per duodecim ut sciremus quotiens duodecim continentur in triginta, scilicet bis et dimidium. Ideo autem multiplicavimus duo et dimidium in rem ut sciremus pro triginta diebus quot res sunt pretium.

Similiter facies in sequentibus. Unde qui hec comprehenderit, ea que sequuntur facile intelligere poterit. Regula enim generalis ⟨huiusmodi⟩ questionum formatarum secundum algebra hec est. Scilicet ut semper dividas dies quos servire debet, scilicet mensis totius, per dies quos servit; et

---

9708 decem et octo] 18 A 9708 decem] 10 A 9708 duodecim] 12 A 9709 decem] 10 A 9709 duodecim] 12 A 9709 decem et octo] 18 A 9711 enim] *om.* B 9712 triginta] 30 A 9712 duodecim] 12 A 9713 decem] 10 A 9713 rem] Igitur id quod fit *add. et del. (v. infra)* A 9714 decem et octo] 18 A 9714 duodecim] 12 A 9714–9715 decem] 10 A 9715 duodecim] 12 A 9715 decem] 10 A 9716 ductu] *om.* B 9716 decem et octo] 18 A 9716 rem] re A 9716 ergo] *om.* B 9716 duodecim] 12 A 9717 decem] 10 A 9717 decem et octo] 18 A 9717 exibit] exibet B 9717–9718 sex et due tertie] 2 A, duo B 9719 poterit] 'regula generalis' (*v. infra*) *hic invenitur in codd.*   9720 duo] 2 A 9721 due] 2 A 9722 decem] 10 A 9723 dimidia] $\frac{a}{2}$ A 9723 decem] 10 A 9724 Res] Rex B 9724 sex] 6 A 9724 due tertie] $\frac{2}{3}$ A 9726 decem] 10 A 9727 duodecim] 12 A 9728 triginta] 30 A 9728 due] 2 A 9729 dimidia] $\frac{a}{2}$ A 9729 triginta] 30 A 9729 continent] continet B 9729 duodecim] 12 A 9730 triginta] 30 A 9730 decem] 10 A 9731 due] 2 A 9731 decem] 10 A 9731 nummos] numos B 9731 Idcirco] Iccirco B 9732 triginta] 30 A 9732 duodecim *(post per)*] 12 A 9732 duodecim] 12 A 9733 triginta] 30 A 9733 multiplicavimus] multiplicamus *codd.*   9733 duo] 2 A 9734 dimidium] $\frac{m}{2}$ A 9734 triginta] 30 A 9736 sequuntur] secuntur AB 9736–9742 Regula enim generalis ... exibit quod voluisti] *post* poterit *in fine partis (a) præbb. codd.*   9737 algebra] agebla B; Agebla *repet. in marg. lector* B 9737 semper] senper B 9738 scilicet mensis totius] *add. supra* A, *om.* B

quod exit multiplica in id quod accipit, et adequa productum pretio totius mensis. Deinde fac sicut predictum est in algebra, et exibit quod voluisti.

(*c*) Vel aliter. Constat enim quod sic se habent duodecim ad triginta sicut pretium de duodecim ad pretium de triginta. Duodecim autem sunt due quinte de triginta. Ergo pretium de duodecim est due quinte pretii de triginta. Ergo due quinte de decem et rei, que sunt quatuor et due quinte rei, adequantur rei, quam accepit pretium pro duodecim diebus quos servivit. Fac ergo sicut predocuimus in algebra. Scilicet, minue duas quintas rei de re, et remanebunt tres quinte rei; que adequantur ad quatuor. Res igitur est sex nummi et due tertie.

(*d*) Vel aliter. Constat quod talis est comparatio triginta dierum ad suum pretium, quod est decem nummi et res, qualis est comparatio duodecim dierum ad rem, que est pretium eorum. Sunt igitur quatuor numeri proportionales. Unde quod fit ex ductu primi in quartum equum est ei quod fit ex ductu secundi in tertium. Quod igitur fit ex triginta ductis in rem equum est ei quod fit ex duodecim ductis in decem et rem. Fac ergo sicut predocuimus in algebra.

(*e*) Si autem hoc experiri volueris: Scis quantum est pretium duodecim dierum; hoc est sex et due tertie. Quas adde ad decem, et summa erit pretium totius mensis, quod est sexdecim et due tertie. Constat autem illum servisse duas quintas mensis. Igitur debet accipere duas quintas de sexdecim et duabus tertiis, que sunt sex et due tertie, sicut supra exierat pretium rei.

ITEM DE EODEM.

(**B.199**) Si quis conductus per mensem pro decem nummis et re, servit autem duodecim dies et accipit rem et nummum unum, quid valet res illa?

(*a*) Sic facies. Minue duodecim de triginta, et remanent decem et octo; quos pone prelatum. Deinde nummum et rem, que acceperat, minue de decem et re, et remanent novem. Quos multiplica in duodecim et productum divide per prelatum, et exibunt sex. De quibus uno diminuto, quem accepit, remanent quinque. Et tantum valet res.

9739 pretio] pretium *B* **9740** algebra] agebla *B* **9741** duodecim] 12 *A* **9741** triginta] 30 *A* **9742** duodecim] 12 *A* **9742** triginta] 30 *A* **9742** Duodecim] 12 *A* **9742–9743** due quinte] $\frac{2}{5}$ *A* **9743** triginta] 30 *A* **9743** duodecim] 12 *A* **9743** due quinte] $\frac{2}{5}$ *A* **9743–9744** triginta] 30 *A* **9744** due quinte] $\frac{2}{5}$ *A* **9744** decem] 10 *A* **9744** quatuor] 4 *A* **9744** due quinte] $\frac{2}{5}$ *A* **9745** duodecim] 12 *A* **9746** algebra] agebla *B* **9746** duas quintas] $\frac{2}{5}$ *A* **9747** tres quinte] $\frac{3}{5}$ *A* **9747** quatuor] 4 *A* **9748** sex] 6 *A* **9748** nummi] numi *B* **9748** due tertie] $\frac{2}{3}$ *A* **9749** triginta] 30 *A*, trigita *B* **9750** decem] 10 *A* **9750** duodecim] 12 *A* **9751** eorum] eius *codd.* **9751** quatuor] 4 *A* **9752** quartum] 4^{tum} *A* **9753** tertium] 3^{m} *A* **9753** triginta] 30 *A* **9754** decem] 10 *A* **9755** algebra] agebla *B* **9756** Scis] scias *A*, Scias *B* **9756** duodecim] 12 *A* **9757** sex] 6 *A* **9757** due tertie] $\frac{2}{3}$ *A* **9757** decem] 10 *A* **9758** sexdecim] 16 *A* **9758** due tertie] $\frac{2}{3}$ *A* **9759** duas quintas] $\frac{2}{5}$ *A* **9759** duas quintas *(post* accipere*)*] $\frac{2}{5}$ *A* **9760** sexdecim] 16 *A* **9760** duabus tertiis] $\frac{2}{3}^{\text{is}}$ *A* **9760** sex] 6 *A* **9760** due tertie] $\frac{2}{3}$ *A* **9762** tit.] *manum delin. in marg.* *B* **9763** decem] 10 *A* **9763** nummis] numis *B* **9764** duodecim] 12 *A* **9764** nummum] numum *B* **9764** unum] *om.* *A* **9765** duodecim] 12 *A* **9765** triginta] 30 *A* **9765** decem et octo] 18 *A* **9766** nummum] numum *B* **9766–9767** decem] 10 *A* **9767** et re] *om. A, add. in marg. eadem m.* *B* **9767** novem] 9 *A* **9767** duodecim] 12 *A* **9768** sex] 6 *A* **9768** uno] 1 *A* **9769** quinque] 5 *A*

9770   Ideo autem prius minuimus nummum ⟨et rem⟩ ut sciremus quod, cum accipitur res et nummus pro duodecim diebus, remanebunt novem; et hoc est quod debetur ei pro residua parte mensis, scilicet decem et octo diebus. Quasi ergo dicatur: 'Cum decem et octo pro novem, quantum est pretium de duodecim?'. Multiplica novem in duodecim, et productum divide per
9775   decem et octo; et quod exit est pretium duodecim dierum, scilicet sex. Constat autem quod pretium duodecim dierum est res et nummus unus. Oportet ergo ut isti sex sint res et unus nummus. Sublato igitur nummo, remanet res tantum. Res igitur valet quinque nummos.

(*b*) Vel aliter. Divide dies mensis per dies quos servivit, et exibunt duo
9780   et dimidium. Quos multiplica in rem et nummum, et provenient due res et dimidia et duo nummi et dimidius; qui adequantur ad decem nummos et rem. Sublatis igitur duobus nummis et dimidio de decem, remanebunt septem et dimidius. Deinde sublata re de duabus rebus et dimidia, remanebunt res et dimidia; que adequantur ad septem nummos et dimidium.
9785   Res igitur valet quinque.

(*c*) Vel aliter. Constat autem quod duas quintas mensis servivit. Oportet ergo ut accipiat duas quintas pretii, que sunt quatuor et due quinte rei; que adequantur rei et nummo. Sublato igitur nummo de quatuor nummis, remanebunt tres. Deinde sublatis duabus quintis rei de re, remanebunt
9790   tres quinte rei; que adequantur tribus nummis. Res igitur valet quinque nummos.

(*d*) Vel aliter. Talis est proportio triginta dierum ad suum pretium, quod est decem et res, qualis est duodecim dierum ad suum pretium, quod est res et nummus unus. Sunt igitur quatuor numeri proportionales. Quod
9795   igitur fit ex triginta ductis in rem et nummum unum, scilicet triginta res et triginta nummi, equum est ei quod fit ex decem et re ductis in duodecim, quod est centum viginti et duodecim res. Fac ergo sicut premonstratum

---

9770 nummum] numum *B*   **9771** accipitur] accipur *A*   **9771** nummus] numus *B*   **9771** duodecim] 12 *A*   **9771** novem] 9 *A*   **9772** decem et octo] 18 *A*   **9772** diebus] dies *codd.*   **9773** decem et octo] 18 *A*   **9773** novem] 9 *A*   **9774** duodecim] 12 *A*   **9774** novem] 9 *A*   **9774** duodecim] 12 *A*   **9775** decem et octo] 18 *A*   **9775** duodecim] 12 *A*   **9775** sex] 6 *A*   **9776** duodecim] 12 *A*   **9776** nummus] numus *B*   **9776** unus] *om. A*   **9777** sex] 6 *A*   **9777** unus] 1 *A*   **9777** nummus] numus *B*   **9777** nummo] numo *B*   **9778** quinque] 5 *A*   **9778** nummos] numos *B*   **9779** duo] 2 *A*   **9780** dimidium] $\frac{m}{2}$ *A*   **9780** nummum] numum *B*   **9780** due] 2 *A*   **9781** dimidia] $\frac{a}{2}$ *A*   **9781** duo] 2 *A*   **9781** nummi] numi *B*   **9781** dimidius] $\frac{us}{2}$ *A*, dimius *B*   **9781** decem] 10 *A*   **9781** nummos] numos *B*   **9782** Sublatis] Sublatus *B*   **9782** duobus] 2^{bus} *A*   **9782** nummis] numis *B*   **9782** decem] 10 *A*   **9783** septem] 7 *A*   **9783** dimidius] $\frac{us}{2}$ *A*   **9783–9784** remanebunt] remanebit *B*   **9784** dimidia] dimia *B*   **9784** septem] 7 *A*   **9784** nummos] numos *B*   **9785** quinque] 5 *A*   **9786** duas quintas] $\frac{2}{5}$ *A*   **9787** duas quintas] $\frac{2}{5}$ *A*   **9787** quatuor] 4 *A*   **9787** due quinte] $\frac{2}{5}$ *A*   **9788** nummo *(post et)*] numo *B*   **9788** nummo] numo *B*   **9788** quatuor] 4 *A*   **9788** nummis] numis *B*   **9789** tres] 3 *A*   **9789** duabus quintis] 2 *pr. scr. mut. in* 5, *quod exp. et* $\frac{2\text{is}}{5}$ *scr. A*, duabus qntis *B*   **9790** tres quinte] $\frac{3}{5}$ *A*   **9790** tribus] 3^{bus} *A*   **9790** nummis] numis *B*   **9790** valet] velet *B*   **9790** quinque] 5 *A*   **9791** nummos] numos *B*   **9792** triginta] 30 *A*   **9793** decem] 10 *A*   **9793** duodecim] 12 *A*   **9794** nummus] numus *B*   **9794** unus] 1 *A*   **9794** quatuor] 4 *A*   **9794** proportionales] pro°nales *A*   **9795** triginta] 30 *A*   **9795** nummum] numum *B*   **9795** unum] 1 *A*   **9795** triginta] 30 *A*   **9796** triginta] 30 *A*   **9796** nummi] numi *B*   **9796** decem] 10 *A*   **9796** et re ductis] et reductis *pr. scr.* et re *exp.* et re *add. in marg. B*   **9796** duodecim] 12 *A*   **9797** centum viginti] 120 *A*   **9797** duodecim] 12 *A*

est in algebra, et exibit pretium rei, quod est quinque nummi.

ITEM DE EODEM.

(**B.200**) Si quis conductus per mensem pro decem nummis et re una, servivit autem duodecim dies et accepit rem minus uno nummo, quantum valet illa res?

(*a*) Iam constat quod, cum pro duodecim diebus quos servivit accipit rem minus uno nummo, oportet ut pretium decem et octo dierum, qui de mense remanent, sint undecim nummi [eo quod acceperit rem minus uno nummo]. Quasi ergo dicatur: 'Cum decem et octo dentur pro undecim, tunc quantum est pretium duodecim [dierum]?'. Multiplica ergo duodecim in undecim et productum divide per decem et octo, et exibunt septem et tertia; et hoc est pretium duodecim dierum. Sed quia constat quod pretium duodecim dierum est res minus uno nummo, oportet ut isti septem nummi et tertia sint res minus uno nummo. Addito igitur nummo fient octo et tertia; et hoc est pretium rei.

Modus autem agendi hic generalis est ut minuas duodecim de triginta, et remanebunt decem et octo; quos pone prelatum. Deinde nummum, demptum de re, adde ad decem, et fient undecim. Quos multiplica in duodecim, et productum divide per prelatum, et exibit pretium rei minus uno nummo.

(*b*) Vel aliter. Divide dies mensis per dies quos servivit, et quod exit multiplica in rem minus nummo, et provenient due res et dimidia minus duobus nummis et dimidio; que adequantur ad decem et rei. Minue ergo rem de duabus rebus et dimidia, et remanebit res et dimidia. Deinde agrega duos nummos et dimidium ad decem, et fient duodecim et dimidius; qui adequantur rei et dimidie. Ergo res valet octo et tertiam.

(*c*) Vel aliter. Cum duas quintas mensis servierit, oportet ut duas quintas pretii accipiat, que sunt quatuor nummi et due quinte rei; que adequantur rei minus nummo. Comple ergo rem additione nummi et nummum adde

---

9798 algebra] agebla B   9798 quinque] 5 A   9798 nummi] numi B   9800 decem] 10 A   9800 nummis] numis B   9801 duodecim] 12 A   9801 uno] 1 A   9801 nummo] numo B   9803 duodecim] 12 A   9804 uno] 1 A   9804 nummo] numo B   9804 decem et octo] 18 A   9804 qui de] quidem B   9805 undecim] 11 A   9805 nummi] numi B   9805 uno] 1 A   9805–9806 nummo] numo B   9806 decem et octo] 18 A   9806 undecim] ii (sic) A   9807 duodecim] 12 A   9807 duodecim (post ergo)] 12 A   9808 undecim] 11 A   9808 decem et octo] 18 A   9808 septem] 7 A   9808–9809 tertia] $\frac{1}{3}$ A   9809 est] om. A   9809 duodecim] 12 A   9810 duodecim (post pretium)] 12 A   9810 uno] 1 A   9810 nummo] numo B   9810 septem] 7 A   9810 nummi] numi B   9811 et] om. B   9811 tertia] $\frac{a}{3}$ A   9811 uno] 1 A   9811 nummo] numo B   9811 nummo] numo B   9811 octo] 8 A   9812 tertia] $\frac{a}{3}$ A   9812 pretium] pretiu scr. et corr. A   9813 duodecim] 12 A   9813–9814 triginta] 30 A   9814 decem et octo] 18 A   9814 nummum] numum B   9815 decem] 10 A   9815 undecim] 11 A   9815–9816 duodecim] 12 A   9816 uno] 1 A   9817 nummo] numo B   9819 nummo] numo B   9819 due] 2 A   9820 duobus] 2 A   9820 nummis] numis B   9820 dimidio] dimio B   9820 decem] 10 A   9822 duos] 2 A   9822 nummos] numos B   9822 decem] 10 A   9822 duodecim] 12 A   9823 octo] 8 A   9823 tertiam] $\frac{am}{3}$ A   9824 duas quintas] $\frac{2}{5}$ A   9824 duas quintas (post ut)] $\frac{2}{5}$ A   9825 quatuor] 4 A   9825 nummi] numi B   9825 due quinte] $\frac{2}{5}$ A   9826 nummo] numo B   9826 Comple] Conple B   9826 nummi] numi B   9826 nummum] numum B

quatuor nummis. Deinde minue duas quintas rei de re ipsa, et remanent tres quinte rei; que adequantur quinque nummis. Res igitur valet octo nummos et tertiam.

9830 (*d*) Vel aliter. Constat quod talis est comparatio triginta dierum ad suum pretium, quod est decem nummi et res, qualis est comparatio duodecim dierum ad rem minus uno nummo. Sunt igitur quatuor numeri proportionales. Quod igitur fit ex triginta ductis in rem minus nummo equum est ei quod fit ex decem et re ductis in duodecim. Fac ergo sicut premonstra-
9835 tum est in algebra, et pretium rei erit octo nummi et tertia.

ITEM DE EODEM.

(**B.201**) Si quis conductus per mensem pro decem nummis et re servit duodecim dies et accipit decem nummos, quantum valet res illa?

(*a*) Sic facies. Notum est quod, cum pro duodecim diebus quos servit
9840 accipit decem nummos, restat ut pro reliquis diebus mensis, qui sunt decem et octo, debeatur res, que est ignota. Quasi ergo dicatur: 'Postquam duodecim servit pro decem, quantum debetur ei pro decem et octo?'. Multiplica ergo decem et octo in decem et productum divide per duodecim, et exibunt quindecim; et tantum valet res.

9845 (*b*) Vel aliter. Inquire numerum in quem multiplicati duodecim fiunt decem et octo; et hic est unum et dimidium. Quos multiplica in decem, et fient quindecim. Et tantum valet res.

(*c*) Vel aliter. Divide dies mensis per dies quos servit, et exibunt duo et dimidium. Quos multiplica in decem, quos accepit, et provenient viginti
9850 quinque, qui sunt pretium totius mensis. [Quasi ergo dicatur: 'Conductus per mensem pro viginti quinque nummis servit duodecim, quantum est pretium eius?'. Fac sicut supra docuimus, et quod provenerit minue de viginti quinque; et quod remanet est id quod valet res.

Vel aliter. Multiplica duo et dimidium in decem, et provenient viginti
9855 quinque.] Qui adequantur decem nummis et rei. Diminutis ergo decem nummis de viginti quinque remanebunt quindecim, et tantum valet res.

9827 quatuor] 4 *A*   9827 nummis] numis *B*   9827 duas quintas] $\frac{2}{5}$ *A*   9828 tres quinte] $\frac{3}{5}$ *A*   9828 quinque] 5 *A*   9828 nummis] numis *B*   9828 octo] 8 *A*   9829 nummos] numos *B*   9829 tertiam] $\frac{am}{3}$ *A*, tertia *B*   9830 triginta] 30 *A*   9831 decem] 10 *A*   9831 nummi] numi *B*   9831 duodecim] 12 *A*   9832 uno] 1 *A*   9832 nummo] numo *B*   9832 quatuor] 4 *A*   9833 triginta] 30 *A*   9833 rem] re *A*   9833 nummo] numo *B*   9834 decem] 10 *A*   9834 duodecim] 12 *A*   9835 algebra] agebla *B*   9835 octo] 8 *A*   9835 nummi] numi *B*   9835 tertia] $\frac{a}{3}$ *A*   9837 decem] 10 *A*   9837 nummis] numis *B*   9838 duodecim] 12 *A*   9838 accipit] accepit *B*   9838 decem] 10 *A*   9838 nummos] numos *B*   9839 duodecim] 12 *A*   9840 decem] 10 *A*   9840 nummos] numos *B*   9840–9841 decem et octo] 18 *A*   9842 duodecim] 12 *A*   9842 decem] 10 *A*   9842 decem et octo] 18 *(corr. ex* 10*)* *A*   9842–9843 Multiplica] Mu'tiplica *B*   9843 decem et octo] 18 *A*   9843 decem] 10 *A*   9843 duodecim] 12 *A*   9844 quindecim] 15 *A*   9845 duodecim] 12 *A*   9845–9846 decem et octo] 18 *A*   9846 hic] hoc *B*   9846 unum] 1 *A*   9846 dimidium] $\frac{m}{2}$ *A*   9846 decem] 10 *A*   9847 quindecim] 15 *A*   9848 duo] 2 *A*   9849 dimidium] $\frac{m}{2}$ *A*   9849 decem] 10 *A*   9849–9850 viginti quinque] 25 *A*   9850–9851 Conductus] Conductis *pr. scr. et corr.* *A*   9851 viginti quinque] 25 *A*   9851 nummis] numis *B*   9851 duodecim] 12 *A*   9853 viginti quinque] 25 *A*   9854 duo] 2 *A*   9854 decem] 10 *A*   9854–9855 viginti quinque] 25 *A*   9855 Qui] que *A*   9855 decem] 10 *A*   9855 nummis] numis *B*   9855 decem] 10 *A*   9856 nummis] numis *B*   9856 viginti quinque] 25 *A*   9856 quindecim] 15 *A*

(*d*) Vel aliter. Scis quod, quia servit duas quintas mensis, debet accipere duas quintas pretii, que sunt quatuor nummi et due quinte rei; que adequantur decem nummis. Diminutis ergo quatuor de decem remanebunt sex, que adequantur duabus quintis rei. Res ergo valet quindecim.

(*e*) Vel aliter. Sic se habent triginta ad suum pretium, quod est decem et res, sicut duodecim dies ad eorum pretium, quod est decem. Sunt igitur quatuor numeri proportionales. Quod igitur fit ex triginta ductis in decem equum est ei quod fit ex decem et re ductis in duodecim. Fac ergo sicut predocuimus in algebra, et provenient quindecim, qui sunt pretium rei.

(**B.202**) Si quis conductus per mensem pro decem nummis minus re servit decem dies et accipit rem et duos nummos, quantum valet res illa?

Sic facies. Agrega decem ad triginta, et fient quadraginta, quos pone prelatum. Deinde agrega duos nummos decem nummis, et fient duodecim. Quos multiplica in decem, et productum divide per prelatum, et exibunt tres; qui sunt res et duo nummi. Sublatis autem duobus nummis remanet unum, quod est res.

Cuius probatio manifesta est, et fit per compositionem. Scimus enim quoniam comparatio de decem minus re ad rem et duos nummos est sicut comparatio de triginta ad decem; cum autem composuerimus, tunc erit comparatio de decem minus re additis sibi re et duobus nummis, quod est duodecim nummi, ad rem et duos nummos sicut comparatio de triginta additis decem, qui sunt quadraginta, ad decem. Ideo igitur agregamus decem ad triginta et agregatum facimus prelatum, deinde agregamus duo ad decem, et agregatum multiplicamus in decem et productum dividimus per prelatum; et exit id quod querimus.

(**B.202'**) Si autem in predicta questione serviret viginti dies et acciperet duas res et quatuor nummos, tu sic faceres. Iam scis quod, postquam viginti dies servit pro duabus rebus et quatuor nummis, serviet decem dies

---

9866–9900 Si quis conductus ... quod voluisti] $171^v, 40 - 172^r, 16$ $\mathcal{A}$; $\mathcal{B}$ deficit.

9857 duas quintas] $\frac{2}{5}$ $\mathcal{A}$ **9858** duas quintas] $\frac{2}{5}$ $\mathcal{A}$ **9858** quatuor] 4 $\mathcal{A}$ **9858** nummi] numi $\mathcal{B}$ **9858** due quinte] $\frac{2}{5}$ $\mathcal{A}$ **9859** decem] 10 $\mathcal{A}$ **9859** nummis] numis $\mathcal{B}$ **9859** quatuor] 4 $\mathcal{A}$ **9859** decem] 10 $\mathcal{A}$ **9860** sex] 6 $\mathcal{A}$ **9860** duabus quintis] $\frac{2}{5}^{is}$ $\mathcal{A}$ **9860** quindecim] 15 $\mathcal{A}$ **9861** triginta] 30 $\mathcal{A}$ **9861** decem] 10 $\mathcal{A}$ **9862** duodecim] 12 $\mathcal{A}$ **9862** decem] 10 $\mathcal{A}$ **9863** quatuor] 4 $\mathcal{A}$ **9863** numeri] nūmi $\mathcal{B}$ **9863** triginta] 30 $\mathcal{A}$ **9863** decem] 10 $\mathcal{A}$ **9864** decem] 10 $\mathcal{A}$ **9864** et re ductis] et reductis $\mathcal{B}$ **9864** duodecim] 12 $\mathcal{A}$ **9865** algebra] agebla $\mathcal{B}$ **9865** quindecim] 15 $\mathcal{A}$ **9865** pretium rei] *post hæc scr.* $\mathcal{A}$: Item de eodem. Si quis conductus per mensem; *postea* Item de eodem *et* per mensem *del., et* B.211 (q.v.) *præb.* **9866** (B.202)] B.202–203 *uncis secl.* $\mathcal{A}$ *et a scr. in marg. in initio* B.202 (B.211 *enim inter* B.201 *&* B.202–203 *exscriptum est; v. notam ad* B.204) **9866** decem] 10 $\mathcal{A}$ **9867** decem] 10 $\mathcal{A}$ **9867** duos] 2 $\mathcal{A}$ **9868** decem] 10 $\mathcal{A}$ **9868** triginta] 30 $\mathcal{A}$ **9868** quadraginta] 40 $\mathcal{A}$ **9869** decem] 10 $\mathcal{A}$ **9869** duodecim] 12 $\mathcal{A}$ **9870** decem] 10 $\mathcal{A}$ **9871** tres] 3 $\mathcal{A}$ **9871** duo] 2 $\mathcal{A}$ **9872** unum] 1 $\mathcal{A}$ **9873** Scimus enim] Scilicet *codd.* **9874** decem] 10 $\mathcal{A}$ **9874** duos] 2 $\mathcal{A}$ **9875** triginta] 30 $\mathcal{A}$ **9875** decem] 10 $\mathcal{A}$ **9876** decem] 10 $\mathcal{A}$ **9876** duobus] 2^{bus} $\mathcal{A}$ **9877** duodecim] 12 $\mathcal{A}$ **9877** duos] 2 $\mathcal{A}$ **9877** triginta] 30 $\mathcal{A}$ **9878** decem] 10 $\mathcal{A}$ **9878** quadraginta] 40 $\mathcal{A}$ **9878** decem] 10 $\mathcal{A}$ **9878–9879** decem] 10 $\mathcal{A}$ **9879** triginta] 30 $\mathcal{A}$ **9879** duo] 2 $\mathcal{A}$ **9880** decem] 10 $\mathcal{A}$ **9880** decem *(post* in*)*] 10 $\mathcal{A}$ **9882** viginti] 20 $\mathcal{A}$ **9883** duas] 2 $\mathcal{A}$ **9883** quatuor] 4 $\mathcal{A}$ **9883** faceres] *e corr.* $\mathcal{A}$ **9883–9884** viginti] 20 $\mathcal{A}$ **9884** duabus] 2 $\mathcal{A}$ **9884** quatuor] 4 $\mathcal{A}$ **9884** decem] 10 $\mathcal{A}$

9885 pro re et duobus nummis. Quasi ergo dicatur: 'Conductus per mensem pro decem nummis minus re servit decem dies et accipit rem et duos nummos'. Fac sicut supra est dictum, et exibit quod voluisti.

(B.202″) Similiter si serviret quinque dies et acciperet dimidiam rem et unum nummum, sic faceres quoniam iam scis quod pro decem diebus ac-
9890 cipiet rem et duos nummos.

Et sic in omnibus questionibus huius capituli, scilicet quod ⟨est id quod⟩ accipit minus re vel plus quam res, et in omnibus similibus: utcumque res ponitur, reduc semper ad unam rem.

(B.203) Verbi gratia. Si diceretur in prima questione: Conductus per
9895 mensem pro decem nummis et re servit tres dies et accipit medietatem rei, quantum valet res illa?

Iam scis quod, postquam pro tribus diebus accipit medietatem rei, serviet pro re sex dies. Quasi ergo dicatur: 'Conductus per mensem pro decem nummis et re servit sex dies et accipit rem, quantum valet res illa?'.
9900 Fac sicut premonstratum est, et exibit quod voluisti.

ITEM DE EODEM.

(B.204) Quisquis conductus per mensem pro sex nummis et re, servivit autem decem dies et accepit sex nummos minus dimidia re.

Sic facies. Agrega dies quos servivit medietati mensis, et fient viginti
9905 quinque; qui sunt prelatus. Deinde multiplica sex nummos in dies quibus non servivit, scilicet viginti, et provenient centum viginti. Quos divide per prelatum, et quod exit est id quod res valet, quod est quatuor nummi et quatuor quinte nummi.

(B.204′) Si autem acceperit nummos minus duabus tertiis rei: Agrega duas
9910 tertias mensis diebus quos servivit, et fient triginta; qui est prelatus. Deinde multiplica sex in dies quibus non servivit, scilicet viginti, et provenient centum viginti. Quos divide per prelatum, et quod exit est id quod res valet, scilicet quatuor nummi.

Et secundum hoc considera cetera huiusmodi.

9915 (B.204″) Si autem servierit decem dies et acceperit nummos minus re, tu sic facies. Agrega dies quibus servit diebus mensis, et fient quadraginta;

9901–9919 Item de eodem ... quod valet res] 172^r, 17 – 25 A; 46rb, 9 – 32 B.

9885 duobus] 2 A **9886** decem *(post* pro*)*] 10 A **9886** decem] 10 A **9886** duos] 2 A **9887** supra] ostensum est *add. (et* ostensum *exp.)* A **9888** quinque] 5 A **9889** decem] 10 A **9890** duos] 2 A **9895** decem] 10 A **9895** tres] 3 A **9895** medietatem] $\frac{\text{tem}}{2}$ A **9897** tribus] 3 A **9898** sex] 6 A **9899** decem] 10 A **9899** sex] 6 A **9902** (B.204)] b *scr. in marg. (ante* Item de eodem*)* A **9902** pro] per B **9902** sex] 6 A **9902** nummis] numis B **9903** decem] 10 A **9903** sex] 6 A **9903** nummos] numos B **9904** Sic facies] *add. supra* A, *om.* B **9904–9905** viginti quinque] 25 A **9905** sex] 6 A **9905** nummos] numos B **9906** viginti] 20 A **9906** provenient] provient A **9906** centum viginti] 120 A **9906** per] *om.* A **9907** quatuor] 4 A **9907** nummi] numi B **9908** quatuor quinte] $\frac{4}{5}$ A **9908** nummi] numi B **9909** nummos] numos B **9909** duabus tertiis] $\frac{2}{3}^{is}$ A **9909–9910** duas tertias] $\frac{2}{3}$ A **9910** triginta] 30 A **9911** sex] 6 A **9911** dies] diex B **9911** viginti] 20 A **9911–9912** centum viginti] 120 A **9913** quatuor] 4 A **9913** nummi] numi B **9915** decem] 10 A **9915** acceperit] accepit A **9915** nummos] numos B **9916** quadraginta] 40 A

qui est prelatus. Deinde multiplica sex in dies quibus non servivit, scilicet viginti, et provenient centum viginti. Quos divide per prelatum, et exibunt tres, et hoc est quod valet res.

ITEM DE EODEM.

(B.205) Si quis conductus per mensem pro tribus nummis et re, servit autem decem dies et accipit productum ex ductu trium in radicem pretii, tunc quantum est pretium rei?

(*a*) Sic facies. Constat quod, postquam pro decem diebus, qui sunt tertia mensis, accipit productum ex tribus ductis in radicem pretii, sequitur tunc ut productus sit tertia pretii; et sequitur ut productus ex triplo trium, qui est novem, ducto in radicem pretii sit triplus tertie pretii. Triplus autem tertie partis pretii est pretium integrum. Manifestum est igitur quod, postquam productus ex ductu novenarii in radicem pretii est integrum pretium, sequitur ut novem sit radix pretii. Pretium igitur est octoginta unum. Qui sunt tres nummi cum re. Subtractis autem tribus nummis, remanent septuaginta octo. Hoc igitur est pretium rei.

(*b*) Vel aliter. Constat quod proportio triginta dierum ad pretium eorum, quod est tres nummi et res, est sicut proportio decem dierum ad suum pretium, quod est radix de viginti septem nummis et novem rerum.

Dixit enim illum accepisse pro decem diebus productum ex tribus nummis ductis in radicem pretii, constat autem radicem pretii esse radicem trium nummorum et rei. Cum ergo volueris scire quantum provenit ex multiplicatione trium nummorum in radicem trium et rei ad sciendum quantum est pretium decem dierum, facies sicut docuit Abuquemil, dicens quod, cum volueris multiplicare unum numerum in radicem alterius numeri, multiplica ipsum numerum in se et productum multiplica in numerum cuius radicem nominasti; et producti radix est id quod scire voluisti. Multiplica igitur tres in se, et provenient novem. Quos multiplica in tres et rem, et provenient viginti septem et novem res; quorum radix est pretium decem dierum. Quod est productum ex ductu trium in radicem pretii, quod est radix viginti septem nummorum et novem rerum.

9920–10053 Item de eodem ... et radici pretii] *172ʳ, 25 – 173ʳ, 11* 𝐴; *47ᵛᵇ, 41 – 48ᵛᵇ, 35* 𝐵.

9917 sex] 6 𝐴 **9918** viginti] 20 𝐴 **9918** centum viginti] 120 𝐴 **9919** tres] $\frac{1}{3}$ 𝐴 **9919** hoc] hic 𝐴 **9921** tribus] 3 𝐴 **9921** nummis] numis 𝐵 **9922** decem] 10 𝐴 **9922** trium] 3um 𝐴 **9923** quantum] quantu 𝐵 **9924** decem] 10 𝐴 **9924** tertia] $\frac{a}{3}$ 𝐴 **9926** tertia] $\frac{a}{3}$ 𝐴 **9927** novem] 9 𝐴 **9927** triplus] *post hoc iter. verba ex triplo trium, qui est 9, ducto in radicem pretii sit triplus* 𝐴 **9930** novem] 9 𝐴 **9930** igitur] ġ 𝐵 **9931** octoginta unum] 81 𝐴 **9931** tres] 3 𝐴 **9931** nummi] numi 𝐵 **9932** nummis] numis 𝐵 **9932** septuaginta octo] 78 𝐴 **9933** triginta] 30 𝐴 **9934** tres] 3 𝐴 **9934** nummi] numi 𝐵 **9934** decem] 10 𝐴 **9935** viginti septem] 27 𝐴 **9935** nummis] numus *(sic)* 𝐵 **9935** novem] 9 𝐴 **9936** decem] 10 𝐴 **9936** productum] pductum *(corr. ex* pductus*)* 𝐵 **9936** tribus] 3 𝐴 **9936–9937** nummis] numis 𝐵 **9938** trium] 3 𝐴 **9938** nummorum] numorum 𝐵 **9939** trium] 3 𝐴 **9939** nummorum] numorum 𝐵 **9939** trium] 3 𝐴 **9940** decem] 10 𝐴 **9944** tres] 3 𝐴 **9944** novem] 9 𝐴 **9944** tres] 3 𝐴 **9945** viginti septem] 27 𝐴 **9945** novem] 9 𝐴 **9945** decem] 10 𝐴 **9946** ductu] ductum 𝐵 **9946** trium] 3 𝐴 **9946** quod quidem 𝐵 **9947** viginti septem] 27 𝐴 **9947** nummorum] numorum 𝐵 **9947** novem] 9 𝐴

Sunt igitur quatuor numeri proportionales. Unde quod fit ex ductu primi in quartum equum est ei quod fit ex ductu secundi in tertium. Multiplica igitur triginta in radicem de viginti septem et novem rerum, hoc modo. Scilicet, multiplica triginta in se, et provenient nongenta. Quos multiplica in viginti septem et novem res sicut supra docuimus, et provenient viginti quatuor milia et trescenta et octo milia rerum et centum res. Quorum radix est id quod fit ex ductu primi in quartum; quod est equum ei quod proveniet ex ductu trium nummorum et rei in decem, quod est triginta nummi et decem res. Constat autem quod, cum triginta nummi et decem res equalia fuerint radici de viginti quatuor milibus et trescentis nummis et de octo milibus rerum et centum rebus, oportebit ut id quod fit ex ductu triginta nummorum et decem rerum in se sit equum ei quod fit ex ductu radicis viginti quatuor milium et trescentorum nummorum et octo milium rerum et centum rerum in se, quod est viginti quatuor mille et trescenti nummi et octo mille res et centum res. Sed ex triginta nummis et decem rebus ductis in se proveniunt centum census et nongenti nummi et sexcente res; que sunt equalia ad viginti quatuor mille et trescentos nummos et octo mille res et centum res. Fac ergo sicut supra dictum est in algebra. Videlicet, dispone utrumque numerum in duobus ordinibus. Et deinde minue sex centum res de octo mille et centum rebus, et remanebunt septem milia rerum et quingente res. Deinde minue nongentos nummos de viginti quatuor milibus et trescentis nummis, et remanebunt viginti tria milia et quadringenti nummi. Et post hec omnia remanebunt centum census in uno ordine, qui equivalent viginti tribus milibus et quadringentis nummis et septem milibus rerum et quingentis rebus que remanent in alio

---

9948 quatuor] 4 A **9948** numeri] nūi B **9949** quartum] $\frac{m}{4}$ A **9949** equum] equm B **9950** triginta] 30 A **9950** viginti septem] 27 A **9950** novem] 9 A **9951** triginta] 30 A **9951** nongenta] 900 A **9952** viginti septem] 27 A **9952** novem] 9 A **9953** viginti quatuor milia et trescenta] 24300 *(corr. ex* 24000*)* A **9953** octo milia rerum et centum res] 8100 res *(corr. ex* 8000 rerum*)* A **9954** quartum] 4^m A **9954** est equum] equum est A **9955** trium] 3 A **9955** nummorum] numorum B **9955** decem] 10 A **9956** triginta] 30 A **9956** nummi] numi B **9956** decem] 10 A **9956** triginta] 30 A **9956** nummi] numi B **9957** decem] 10 A **9957** fuerint] fiunt A, fuerit B **9957** viginti quatuor milibus et trescentis] 24300^{is} *(corr. ex* 24000*)* A **9958** nummis] numis B **9958** octo milibus rerum et centum rebus] 8100 rebus A **9959** triginta] 30 A **9959** nummorum] numorum B **9959** decem] 10 A **9960** viginti quatuor milium et trescentorum] 24300^{orum} A **9960** nummorum] numorum B **9961** octo milium rerum et centum rerum] 8100 *(corr. ex* 8000*)* rerum A **9961**–**9962** viginti quatuor mille et trescenti] 24300 A **9962** nummi] numi B **9962** octo mille res et centum res] 8100 res A **9962** triginta] 30 A **9962** nummis] numis B **9963** decem] 10 *(corr. ex* 30*)* A **9963** centum] 100 A **9963** nongenti] 900 A **9963**–**9964** nummi] numi B **9964** sexcente] 600 A **9964** viginti quatuor mille et trescentos] 24300 A **9965** nummos] numos B **9965** octo mille res et centum res] 8100 res A **9966** algebra] agebla B **9967** sex centum] 600 A, sexcentum B **9967** octo mille et centum] 8100 A **9968** septem milia rerum et quingente res] 7500 res A, septemmilia rerum et quingente res B **9968** Deinde] de inde B **9968** nongentos] 900 A, nungetos B **9968** nummos] numos B **9969** viginti quatuor milibus et trescentis] 24300 A **9969** nummis] numis B **9969**–**9970** viginti tria milia et quadringenti] 23400 A, viginti tria milia et quadrinti B **9970** nummi] numi B **9970** centum] 100 A **9971** qui] que B **9971** equivalent] equiuivalent B **9971** viginti tribus milibus et quadringentis] 20 rebus *pr. scr. et del., post scr.* 23400 A, viginti tribus milibus et quadrigentis B **9972** nummis] numis B **9972** septem milibus rerum et quingentis rebus] 7500 rebus A, septemmilibus rebus *(sic)* et quingentis rebus B

ordine. Omnes igitur census quos habes reduc ad unum censum [et omnia que cum eis sunt in idem proportionaliter], et cetera alterius ordinis reduc in tantumdem proportionaliter, videlicet, accipies decimam sue decime. Proveniet igitur census, qui equivalet septuaginta quinque rebus et ducentis et triginta quatuor nummis. Dimidia ergo res, et medietatem multiplica in se, et provenient mille et quadringenta et sex et quarta. Quos agrega ducentis triginta quatuor nummis, et fient mille et sexcenta et quadraginta et quarta. Quorum radicem, que est quadraginta et dimidium, agrega medietati rerum, que est triginta septem et dimidium; et fient septuaginta octo, quod est pretium rei.

(*c*) Si autem hoc totum experiri volueris, scilicet ut scias quomodo accipitur pro servitio decem dierum productum ex ductu trium in radicem pretii: Agrega tres nummos rei, que est septuaginta octo, et fient octoginta unum, quod est pretium totius mensis. Sed quia constat eum servisse tertia parte mensis, debet accipere tertiam partem pretii, que est viginti septem nummi; et est equalis producto ex tribus ductis in radicem pretii totius mensis, que est novem [quod scilicet accepit pro decem diebus quos servivit].

[Omnes autem premisse questiones possunt proponi iuxta formam huius.]

ITEM DE EODEM.

(**B.206**) Si quis conductus per mensem pro triginta nummis et re, servit autem decem dies et accipit rem et radicem pretii, quantum valet illa res?

(*a*) Sic facies. Iam constat quod, cum servit tertia parte mensis, competit ei tertia pars pretii, que est decem nummi et tertia pars rei; quod totum equivalet rei et radici triginta nummorum et rei. Subtracta ergo re de decem nummis et tertia rei, remanebunt decem minus duabus tertiis rei, que equivalent radici triginta nummorum et rei. Multiplica ergo decem minus duabus tertiis rei in se, et provenient quatuor none census et centum nummi minus tredecim rebus et tertia rei; que equivalent triginta nummis et rei. Comple ergo quatuor nonas census et centum nummos adiectione

---

9973 reduc] reducit *B*   **9974** idem] id *B*   **9974** proportionaliter] ordinis accipe unum habitum *add. B*   **9974** cetera] centum *B*   **9975** tantumdem] tantundem *B* **9975** decimam] $\frac{am}{10}$ *A*   **9975** decime] $\frac{e}{10}$ *A*   **9976** septuaginta quinque] 75 *A*   **9976**–**9977** ducentis et triginta quatuor] 234 *A*   **9977** nummis] numis *B*   **9978** mille et quadringenta et sex] 1406 *A*   **9978** quarta] $\frac{a}{4}$ *A*   **9979** ducentis triginta quatuor] 234 *A* **9979** nummis] numis *B*   **9979** mille et sexcenta et quadraginta] 1640 *A*   **9980** quarta] $\frac{a}{4}$ *A*   **9980** quadraginta] 400 *(sic) A*   **9980** dimidium] $\frac{m}{2}$ *A*   **9981** triginta septem] 37 *A*   **9981** dimidium] $\frac{m}{2}$ *A*   **9981**–**9982** septuaginta octo] 78 *A*   **9983** quomodo] quo modo *(sæpe scr.) B*   **9984** decem] 10 *A*   **9984** trium] 3um *A*   **9985** tres] 3 *A*   **9985** nummos] numos *B*   **9985** septuaginta octo] 78 *A*   **9985** octoginta unum] 81 *A*   **9986** tertia] $\frac{a}{3}$ *A*   **9987** tertiam] $\frac{am}{3}$ *A*   **9987** viginti septem] 27 *A* **9987**–**9988** nummi] numi *B*   **9988** tribus] 3 *A*   **9989** novem] 9 *A*   **9989** decem] 10 *A*   **9990** premisse] pre *add. et del. B*   **9992** triginta] 30 *A*   **9992** nummis] numis *B*   **9993** decem] 10 *A*   **9993** illa] *om. B*   **9994** tertia] $\frac{a}{3}$ *A*   **9995** tertia] $\frac{a}{3}$ *A*   **9995** decem] 10 *A*   **9995** nummi] numi *B*   **9995** tertia] $\frac{a}{3}$ *A*   **9996** triginta] 30 *A*   **9996** nummorum] numorum *B*   **9997** decem] 10 *A*   **9997** nummis] numis *B* **9997** tertia] $\frac{a}{3}$ *A*   **9997** decem] 10 *A*   **9997** duabus tertiis] $\frac{2}{3}^{is}$ *A*   **9998** triginta] 30 *A*   **9998** nummorum] numorum *B*   **9998** decem] 10 *A*   **9999** duabus tertiis] $\frac{2}{3}$ *A*   **9999** quatuor none] 4 *scr., del. et scr.* $\frac{4}{9}$ *A*, quatuor novem *B*   **9999** census] censis *B*   **9999** centum] 100 *A*   **10000** nummi] numi *B*   **10000** tredecim] 13 *A* **10000** tertia] $\frac{a}{3}$ *A*   **10000** triginta] 30 *A*   **10000** nummis] numis *B*   **10001** quatuor nonas] 4 *scr., del. et scr.* $\frac{4}{9}$ *A*   **10001** centum] 100 *A*   **10001** nummos] numos *B*

tredecim rerum et tertie rei, tredecim autem res et tertiam rei agrega triginta nummis et rei; deinde minue triginta nummos de centum nummis, et remanebunt septuaginta. Post hec restant quatuor none census et septuaginta nummi, que equivalent quatuordecim rebus et tertie rei. Comple ergo quatuor nonas census ut fiant unus census, videlicet per multiplicationem sui in duo et quartam [et erit census], deinde duo et quartam multiplica in septuaginta et in quatuordecim res et tertiam rei. Et proveniet census unus et centum quinquaginta septem nummi et dimidius, que equivalent triginta duabus rebus et quarte rei. Dimidia ergo res, et erit medietas sexdecim et octava. Quos multiplica in se, et provenient ducenta et sexaginta et octava octave. De quibus minue nummos, et remanebunt centum et duo et quatuor octave et octava octave. Quorum radicem, que est decem et octava, minue de medietate rerum, scilicet de sexdecim et octava, et remanebunt sex. Et hoc valet res.

(*b*) Vel aliter. Quoniam talis est proportio triginta dierum ad suum pretium, ⟨quod est triginta nummi et res,⟩ sicut proportio decem dierum ad suum, quod est res et radix triginta nummorum et rei, unde sunt quatuor numeri proportionales. Quod igitur fit ex triginta ductis in rem et in radicem de triginta et rei equum est ei quod fit ex triginta et re ductis in decem. Productum autem unius multiplicationis est triginta res et radix de viginti septem milibus nummorum et nongentis rebus; que equivalent producto alterius multiplicationis, qui est trescenti nummi et decem res. Minue ergo triginta res de trescentis nummis et decem rebus, et remanebunt trescenti nummi minus viginti rebus, que equivalent radici de viginti septem milibus nummorum et nongentis rebus. Quod igitur fit ex trescen-

---

10002 tredecim] 13 $\mathcal{A}$ **10002** tertie] $\frac{e}{3}$ $\mathcal{A}$ **10002** tredecim] 13 $\mathcal{A}$ **10002** tertiam] $\frac{am}{3}$ $\mathcal{A}$ **10002–10003** triginta] 30 $\mathcal{A}$ **10003** nummis] numis $\mathcal{B}$ **10003** triginta] 30 $\mathcal{A}$ **10003** nummos] numos $\mathcal{B}$ **10003** centum] 100 $\mathcal{A}$ **10003** nummis] numis $\mathcal{B}$ **10004** septuaginta] 70 $\mathcal{A}$ **10004** quatuor none] $\frac{4}{9}$ $\mathcal{A}$ **10004–10005** septuaginta] 70 $\mathcal{A}$ **10005** nummi] numi $\mathcal{B}$ **10005** quatuordecim] 14 $\mathcal{A}$ **10005** tertie] $\frac{e}{3}$ $\mathcal{A}$ **10006** quatuor nonas] $\frac{4}{9}$ $\mathcal{A}$ **10006** fiant] fiat $\mathcal{B}$ **10006** unus] 1 $\mathcal{A}$ **10006** multiplicationem] multiplicatione $\mathcal{B}$ **10007** duo] 2 $\mathcal{A}$ **10007** quartam] $\frac{am}{4}$ $\mathcal{A}$, quarta $\mathcal{B}$ **10007** et erit] erit $\mathcal{B}$ **10007** duo] 2 $\mathcal{A}$ **10007** quartam] $\frac{am}{4}$ $\mathcal{A}$, qrtam $\mathcal{B}$ **10008** septuaginta] 70 $\mathcal{A}$ **10008** quatuordecim] 14 $\mathcal{A}$ **10008** tertiam] $\frac{am}{3}$ $\mathcal{A}$ **10008** unus] 1 $\mathcal{A}$ **10009** centum quinquaginta septem] 157 $\mathcal{A}$ **10009** nummi] numi $\mathcal{B}$ **10009** dimidius] $\frac{us}{2}$ $\mathcal{A}$ **10009–10010** triginta duabus] 32^{bus} $\mathcal{A}$ **10010** quarte] $\frac{e}{4}$ $\mathcal{A}$ **10010** medietas] medietatas $\mathcal{B}$ **10010** sexdecim] 16 $\mathcal{A}$ **10011** octava] $\frac{a}{8}$ $\mathcal{A}$ **10011** multiplica] multiplia $\mathcal{B}$ **10011** ducenta et sexaginta] 260 *(corr. ex 268)* $\mathcal{A}$ **10011–10012** octava octave] $\frac{a}{8}$ *(^{8} pr. scr. et exp.)* $\frac{e}{8}$ $\mathcal{A}$ **10012** nummos] numos $\mathcal{B}$ **10012** centum et duo] 102 $\mathcal{A}$ **10012–10013** quatuor octave] $\frac{4}{8}$ $\mathcal{A}$ **10013** octava octave] $\frac{a}{8}\frac{e}{8}$ $\mathcal{A}$ **10013** decem] 10 $\mathcal{A}$ **10013** octava] $\frac{a}{8}$ $\mathcal{A}$ **10014** sexdecim] 16 $\mathcal{A}$ **10014** octava] $\frac{a}{8}$ $\mathcal{A}$ **10015** sex] 6 $\mathcal{A}$ **10016** triginta] 30 $\mathcal{A}$ **10017** decem] 10 $\mathcal{A}$ **10018** triginta] 30 $\mathcal{A}$ **10018** nummorum] numorum $\mathcal{B}$ **10018–10019** quatuor] 4 $\mathcal{A}$, quatuorum $\mathcal{B}$ **10019** triginta] 30 $\mathcal{A}$ **10020** triginta] 30 $\mathcal{A}$ **10020** triginta] 30 $\mathcal{A}$ **10021** decem] 10 $\mathcal{A}$ **10021** triginta] 30 *(e corr.)* $\mathcal{A}$ **10022** viginti septem milibus] 27 milibus $\mathcal{A}$ **10022** nummorum] numorum $\mathcal{B}$ **10022** nongentis] 900 $\mathcal{A}$ **10022** que] *om.* $\mathcal{B}$ **10023** trescenti] 300 $\mathcal{A}$, trecente $\mathcal{B}$ **10023** nummi] numi $\mathcal{B}$ **10023** decem] 10 $\mathcal{A}$ **10024** triginta] 30 $\mathcal{A}$ **10024** trescentis] 300 $\mathcal{A}$, trecentis $\mathcal{B}$ **10024** nummis] numis $\mathcal{B}$ **10024** decem] 10 $\mathcal{A}$ **10025** trescenti] 300 $\mathcal{A}$ **10025** nummi] numi $\mathcal{B}$ **10025** viginti] 20 $\mathcal{A}$ **10025–10026** viginti septem milibus] 27000 $\mathcal{A}$ **10026** nummorum] rei *pr. scr. et mut. in* numorum *(unde* reumorum *in textu)* $\mathcal{B}$ **10026** nongentis] 900 $\mathcal{A}$ **10026–10027** trescentis] 300 $\mathcal{A}$

tis nummis minus viginti rebus ductis in se, quod est quadringenti census et nonaginta milia nummorum minus duodecim milibus rerum, equum est ei quod fit ex radice ducta in se, quod est viginti septem milia nummorum et nongente res. Comple ergo quadringentos census et nonaginta milia nummorum adiectis duodecim milibus rerum que desunt, agrega autem duodecim mille res ad viginti septem milia nummorum et nongentis rebus; deinde minue nummos de nummis, scilicet viginti septem milia de nonaginta milibus. Et remanebunt ad ultimum quadringenti census et sexaginta tria milia nummorum, que equivalent duodecim milibus rerum et nongentis rebus. Deinde omnes census quos habes reduc ad unum censum, et similiter omnia ea que cum eis sunt reduc in idem proportionaliter, et omnia alterius ordinis similiter in idem proportionaliter, scilicet in quartam decime eius decime. Erit igitur quod unus census et centum quinquaginta septem nummi et dimidius equivalent triginta duabus rebus et quarte rei. Dimidia ergo res, et fac cetera sicut supra docui, et proveniet pretium rei, scilicet sex. Et hoc est quod voluisti.

(*c*) Vel aliter. Divide dies mensis per dies quos servivit, et quod exit multiplica in id quod accepit, quod est res et radix de triginta et rei, et productum est equum triginta et rei. Fac igitur sicut supra docui, et exibit pretium rei sex.

(*d*) Si autem volueris scire quomodo pro servitio decem dierum accipitur res et radix pretii: Agrega sex, qui sunt res, ad triginta, et fient triginta sex, qui sunt pretium totius mensis. [Quasi ergo dicatur: 'Conductus per mensem pro triginta sex nummis, servit autem decem dies, quantum sibi competit?'.] Iam constat quod de mense servivit tertia parte eius, debet ergo accipere tertiam partem de triginta sex, que est duodecim; qui sunt equales rei et radici pretii.

10027 nummis] numis $\mathcal{B}$ **10027** viginti] 20 $\mathcal{A}$ **10027** quadringenti] 400 $\mathcal{A}$, quadringenta $\mathcal{B}$ **10028** nonaginta milia] 90000 $\mathcal{A}$ **10028** nummorum] numorum $\mathcal{B}$ **10028** duodecim milibus] 12000 milibus *(sic)* $\mathcal{A}$ **10029** viginti septem milia] 27000 $\mathcal{A}$ **10029** nummorum] numorum $\mathcal{B}$ **10030** nongente] 900 $\mathcal{A}$ **10030** quadringentos] 400 $\mathcal{A}$, quadringenta $\mathcal{B}$ **10030** nonaginta milia] 90000 $\mathcal{A}$ **10031** nummorum] numorum $\mathcal{AB}$ **10031** duodecim milibus] 12000^{bus} $\mathcal{A}$ **10031** rerum] rebus $\mathcal{B}$ **10032** duodecim mille] 12000 $\mathcal{A}$ **10032** viginti septem milia] 27000 $\mathcal{A}$, viginti septem millia $\mathcal{B}$ **10032** nummorum] numorum $\mathcal{B}$ **10032** nongentis] 900 $\mathcal{A}$ **10033** nummos] numos $\mathcal{B}$ **10033** nummis] numis $\mathcal{B}$ **10033** viginti septem milia] 27000 $\mathcal{A}$ **10033**–**10034** nonaginta milibus] 90000 milibus *(sic)* $\mathcal{A}$ **10034** quadringenti] 400 $\mathcal{A}$, quadringenta $\mathcal{B}$ **10034**–**10035** sexaginta tria milia] 63000 $\mathcal{A}$ **10035** nummorum] numorum $\mathcal{B}$ **10035**–**10036** duodecim milibus rerum et nongentis rebus] 12900 rebus $\mathcal{A}$, duodecim milibus et nongentis rebus $\mathcal{B}$ **10037** omnia ea ... reduc] *om.* $\mathcal{A}$ **10037** idem] id $\mathcal{B}$ **10037** proportionaliter] proportioaliter $\mathcal{A}$ **10038** idem] id $\mathcal{B}$ **10038**–**10039** quartam decime eius decime] $\frac{\text{am}}{4} \frac{\text{e}}{10}$ eius $\frac{\text{e}}{10}$ $\mathcal{A}$ **10039** unus] unum $\mathcal{B}$ **10039** centum quinquaginta septem] 157 $\mathcal{A}$ **10039**–**10040** nummi] numi $\mathcal{B}$ **10040** triginta duabus] 32^{bus} $\mathcal{A}$ **10040** quarte] $\frac{\text{e}}{4}$ $\mathcal{A}$ **10041** cetera] $\bar{c}$ *scr.* $\mathcal{A}$ **10041** sex] 60 *(sic)* $\mathcal{A}$ **10044** triginta] 30 $\mathcal{A}$ **10045** triginta] 30 $\mathcal{A}$ **10045** et rei] rei $\mathcal{B}$ **10046** sex] 6 $\mathcal{A}$ **10047** quomodo] quo modo $\mathcal{B}$ **10047** decem] 10 $\mathcal{A}$ **10048** sex] 6 $\mathcal{A}$ **10048** triginta] 30 $\mathcal{A}$ **10048**–**10049** triginta sex] 36 $\mathcal{A}$ **10049** totius] totium $\mathcal{B}$ **10050** triginta sex] 36 $\mathcal{A}$ **10050** nummis] numis $\mathcal{B}$ **10050** decem] 10 $\mathcal{A}$ **10051** competit] competitur $\mathcal{B}$ **10051** tertia] $\frac{\text{a}}{3}$ $\mathcal{A}$ **10052** tertiam] $\frac{\text{am}}{3}$ $\mathcal{A}$ **10052** triginta sex] 36 $\mathcal{A}$ **10052** duodecim] 12 $\mathcal{A}$ **10053** equales] equum *codd.*

Item de eodem aliter.

(B.207) Quisquis conductus per mensem pro decem nummis et re, servit autem duodecim dies et accipit tantum quantum nummi superexcellunt rem, tunc quantum valet res illa?

(*a*) Sic facies. Divide dies mensis per dies quos servivit, et exibunt duo et dimidium. Quos multiplica in id quo nummi superexcellunt rem, quod est decem minus re: nam significantur nummi precellere rem. [Cum autem volueris scire id quo nummi superexcellunt rem, minue rem de nummis, et quod remanet est id quo nummi superexcellunt rem.] Quod ergo ex predicta multiplicatione provenit est viginti quinque minus duabus rebus et dimidia; quod est pretium mensis, et adequatur decem nummis et rei. Comple ergo viginti quinque adiectis duabus rebus et dimidia, quas agrega decem nummis et rei; et deinde minue decem nummos, qui sunt cum re, de viginti quinque; et remanebunt quindecim nummi, qui adequantur tribus rebus et dimidie. Res igitur valet quatuor nummos et duas septimas.

Si autem volueris scire quomodo accepit pro duodecim diebus id in quo nummi superexcellunt rem, sic facies. Agrega quatuor nummos et duas septimas, quantum scilicet res valet, decem nummis, et fient quatuordecim nummi et due septime, quod est pretium mensis. [Quasi ergo dicatur: 'Conductus per mensem pro quatuordecim nummis et duabus septimis, servit autem duodecim dies, quantum sibi competit?'.] Constat quod duabus quintis mensis servivit. Unde debet accipere duas quintas pretii, que sunt quinque nummi et quinque septime nummi. Et hoc est in quo nummi superexcellunt rem; nam nummi sunt decem, res vero quatuor et due septime, tunc id quo superexcellunt nummi est quinque nummi et quinque septime nummi.

10054–10092 Item de eodem aliter … et duas septimas] 173^r, 11 – 31 A; 46rb, 33 – 46va, 38 B.

10054 Item de eodem aliter] *om. sed spat. rel.* B **10055** decem] 10 A **10055** nummis] numis B **10056** duodecim] 12 A **10056** nummi] numi B **10058** duo] 2 A **10059** dimidium] $\frac{m}{2}$ A **10059** quo] quod B **10059** nummi] numi B **10060** decem] 10 A **10060** significantur] signantur B **10060** nummi] numi B **10060** precellere] procellere B **10061** nummi] numi B **10061** nummis] numis B **10062** nummi] numi B **10063** predicta] p̄diti A **10063** viginti quinque] 25 A **10063** duabus] 2 A **10064** decem] 10 A **10064** nummis] numis B **10065** Comple] Comple B **10065** viginti quinque] 25 A **10065** duabus] 2 A **10065** quas] Quos B **10066** decem] 10 A **10066** nummis] numis B **10066** decem] 10 A **10066** nummos] numos B **10067** viginti quinque] 25 A **10067** quindecim] 15 A **10067** nummi] numi B **10068** quatuor] 4 A **10068** nummos] numos B **10068** duas septimas] $\frac{2}{7}$ A **10069** duodecim] 12 A **10070** nummi] numi B **10070** superexcellunt] supereccellunt B **10070** rem] re B **10070** Agrega] Agga B **10070** quatuor] 4 A **10070** nummos] numos B **10071** duas septimas] $\frac{2}{7}$ A **10071** decem] 10 A **10071** nummis] numis B **10071–10072** quatuordecim] 14 A **10072** nummi] numi B **10072** due septime] $\frac{2}{7}$ A **10073** quatuordecim] 14 A, qtuordecim B **10073** nummis] numis B **10073–10074** duabus septimis] $\frac{2}{7}^{is}$ A **10074** duodecim] 12 A **10075** duabus quintis] $\frac{2}{5}$ A **10075** duas quintas] $\frac{2}{5}$ A **10076** quinque] 5 A **10076** nummi] numi B **10076** quinque septime] $\frac{5}{7}$ A **10076** nummi] numi B **10077** nummi *(post* quo*)*] numi B **10077** nummi] numi B **10077** decem] 10 A **10077** quatuor] 4 A **10078** due septime] $\frac{2}{7}$ A **10078** nummi] numi B **10078** quinque] 5 A **10078** nummi] numi B **10078–10079** quinque septime] $\frac{5}{7}$ A **10079** nummi] numi B

(**b**) Vel aliter. Talis est proportio triginta dierum ad suum pretium, quod est decem nummi et res, qualis est proportio duodecim dierum ad pretium eorum, quod est decem nummi minus re. Sunt igitur quatuor numeri proportionales. Quod igitur fit ex ductu primi, qui est triginta, in quartum, qui est decem minus re, equum est ei quod fit ex ductu secundi, qui est decem et res, in tertium, qui est duodecim. Fac ergo sicut supra monstratum est in algebra, et exibit pretium rei quatuor et due septime.

(**c**) Vel aliter. Quoniam de mense servivit duas quintas eius, competunt ei due quinte pretii, que sunt quatuor nummi et due quinte rei; que adequantur decem nummis minus una re. Comple igitur decem nummos adiecta una re, quam agrega quatuor nummis et duabus quintis rei. Deinde minue quatuor nummos de decem, et remanebunt sex; qui adequantur rei et duabus quintis rei. Res igitur valet quatuor nummos et duas septimas.

ITEM DE EODEM.

(**B.208**) Si quis conductus per mensem pro decem nummis et re, servivit autem duodecim dies et accepit tantum in quanto nummi excellunt quartam partem rei, tunc quantum valet illa res?

(**a**) Sic facies. Divide dies mensis per dies quos servivit, et exibunt duo et dimidium. Quos multiplica in decem minus quarta rei, nam significatum est nummos excellere quartam rei; et provenient ex multiplicatione viginti quinque minus quinque octavis unius rei, que equivalent decem nummis et rei. Comple ergo viginti quinque adiectis quinque octavis rei, quinque vero octavas rei agrega decem nummis et rei; deinde minue decem de viginti quinque; et remanent quindecim nummi, qui equivalent rei et quinque octavis rei. Res igitur equivalet novem nummis et tribus tredecimis num-

---

10093–10129 Item de eodem ... est quod valet res] $173^r, 31 - 173^v, 6$ $\mathcal{A}$; $46^{vb}, 32 - 47^{ra}, 33$ $\mathcal{B}$.

10080 triginta] 30 $\mathcal{A}$ **10081** decem] 10 $\mathcal{A}$ **10081** nummi] numi $\mathcal{B}$ **10081** duodecim] 12 $\mathcal{A}$ **10082** decem] 10 $\mathcal{A}$ **10082** nummi] numi $\mathcal{B}$ **10082** quatuor] 4 $\mathcal{A}$ **10082** numeri] numi $\mathcal{B}$ **10083** triginta] 30 $\mathcal{A}$ **10083** quartum] $\frac{m}{4}$ $\mathcal{A}$ **10084** decem] 10 $\mathcal{A}$ **10084–10085** decem] 10 $\mathcal{A}$ **10085** duodecim] 12 $\mathcal{A}$ **10086** algebra] agebla $\mathcal{B}$ **10086** quatuor] 4 $\mathcal{A}$ **10086** due septime] $\frac{2}{7}$ $\mathcal{A}$ **10087** duas quintas] $\frac{2}{5}$ $\mathcal{A}$ **10088** due quinte] $\frac{2}{5}$ $\mathcal{A}$ **10088** quatuor] 4 $\mathcal{A}$ **10088** nummi] numi $\mathcal{B}$ **10088** due quinte] $\frac{2}{5}$ $\mathcal{A}$ **10089** decem] 10 $\mathcal{A}$ **10089** nummis] numis *codd.* **10089** decem] 10 $\mathcal{A}$ **10089** nummos] numos $\mathcal{B}$ **10090** agrega] agregata $\mathcal{A}$, aggata $\mathcal{B}$ **10090** quatuor] 4 $\mathcal{A}$ **10090** nummis] numis $\mathcal{B}$ **10090** duabus quintis] $\frac{2}{5}$ $\mathcal{A}$ **10091** quatuor] 4 $\mathcal{A}$ **10091** nummos] numos $\mathcal{B}$ **10091** decem] 10 $\mathcal{A}$ **10091** sex] 6 $\mathcal{A}$ **10091–10092** duabus quintis] $\frac{2}{5}^{\text{is}}$ $\mathcal{A}$ **10092** rei] reis *pr. scr. et corr.* $\mathcal{A}$ **10092** quatuor] 4 $\mathcal{A}$ **10092** nummos] numos $\mathcal{B}$ **10092** duas septimas] $\frac{2}{7}$ $\mathcal{A}$ **10094** decem] 10 $\mathcal{A}$ **10094** nummis] numis $\mathcal{B}$ **10095** duodecim] 12 $\mathcal{A}$ **10095** nummi] numi $\mathcal{B}$ **10095–10096** quartam] $\frac{am}{4}$ $\mathcal{A}$, quarta $\mathcal{B}$ **10097** duo] 2 $\mathcal{A}$ **10098** dimidium] $\frac{m}{2}$ $\mathcal{A}$ **10098** decem] 10 $\mathcal{A}$ **10098** quarta] $\frac{a}{4}$ $\mathcal{A}$ **10099** nummos] numos $\mathcal{AB}$ **10099** quartam] $\frac{am}{4}$ $\mathcal{A}$ **10099–10100** viginti quinque] 25 $\mathcal{A}$ **10100** quinque octavis] $\frac{5}{8}$ $\mathcal{A}$ **10100** decem] 10 $\mathcal{A}$ **10100** nummis] numis $\mathcal{B}$ **10101** ergo] autem *codd.* **10101** viginti quinque] 25 $\mathcal{A}$ **10101** quinque octavis] $\frac{5}{8}$ $\mathcal{A}$ **10101–10102** quinque vero octavas] $\frac{5}{8}$ vero $\mathcal{A}$ **10102** decem] 10 $\mathcal{A}$ **10102** nummis] numis $\mathcal{B}$ **10102** decem] 10 $\mathcal{A}$ **10102–10103** viginti quinque] 25 $\mathcal{A}$ **10103** et remanent] remanent $\mathcal{B}$ **10103** quindecim] 15 $\mathcal{A}$ **10103** nummi] numi $\mathcal{B}$ **10103** qui] qui *pr. scr. et corr. in* que $\mathcal{A}$, que $\mathcal{B}$ **10103–10104** quinque octavis] $\frac{5}{8}$ $\mathcal{A}$ **10104** novem] 9 $\mathcal{A}$ **10104** nummis] numis $\mathcal{B}$ **10104** tribus tredecimis] $\frac{3}{13}^{\text{is}}$ $\mathcal{A}$, tribus tredecimis $\mathcal{B}$ **10104–10105** nummi ... tredecimis] *per homœotel. om.* $\mathcal{A}$ **10104–10105** nummi] numi $\mathcal{B}$

mi. [Ideo autem res equivalet novem nummis et tribus tredecimis quoniam comparatio rei ad rem et quinque octavas rei est octo tredecime, octo vero tredecime de quindecim sunt novem et tres tredecime.]

Si autem volueris scire quomodo id in quo nummi excellunt quartam rei accipit pretium duodecim dierum quos servivit, sic facies. Agrega novem et tres tredecimas ad decem, et fient decem et novem et tres tredecime. Et quoniam duas quintas mensis servivit, accipiet duas quintas pretii, quod est decem et novem et tres tredecime nummi; que fiunt septem et novem tredecime. Et in hoc excellunt nummi quartam partem rei; quarta enim rei est duo et quatuor tredecime.

(*b*) Vel aliter. Quoniam de mense servivit duas quintas eius, oportet ut accipiat de pretio duas quintas eius, que sunt quatuor nummi et due quinte rei, que equivalent decem nummis minus quarta rei. Comple ergo decem nummos adiecta quarta rei, quam quartam adde duabus quintis rei; deinde minue quatuor de decem, et remanebunt sex, qui equivalent tredecim vicesimis rei. Considera ergo numerum in quem multiplicate tredecim vicesime rei fiant una res; qui est unum et septem tredecime. Quos multiplica in sex, et provenient novem et tres tredecime. Et hoc est quod res valet.

(*c*) Vel aliter. Iam scis quoniam talis est proportio triginta dierum ad pretium eorum, quod est decem nummi et res, qualis est duodecim dierum ad pretium eorum, quod est decem nummi minus quarta rei. Tunc sunt quatuor numeri proportionales. Quod igitur fit ex triginta ductis in decem nummos minus quarta rei equum est ei quod fit ex re et decem ductis in duodecim. Fac ergo sicut predictum est in algebra, et provenient novem et tres tredecime. Et hoc est quod valet res.

10105 nummis] numis $\mathcal{B}$ **10105** tribus tredecimis] tribus tredecimus $\mathcal{B}$ **10106** quinque octavas] $\frac{5}{8}$ $\mathcal{A}$ **10106** octo tredecime] $\frac{8}{13}$ eius $\mathcal{A}$ **10106–10107** octo vero tredecime] $\frac{8}{13}$ vero $\mathcal{A}$, octo tredecime $\mathcal{B}$ **10107** quindecim] 15 $\mathcal{A}$ **10107** novem] 9 $\mathcal{A}$ **10107** tres tredecime] $\frac{3}{13}$ $\mathcal{A}$ **10108** quomodo] quo modo $\mathcal{B}$ **10108** nummi] numi $\mathcal{B}$ **10108** quartam] $\frac{am}{4}$ $\mathcal{A}$ **10109** duodecim] 12 $\mathcal{A}$ **10109–10110** novem] 9 $\mathcal{A}$ **10110** tres tredecimas] $\frac{3}{13}$ $\mathcal{A}$ **10110** decem] 10 $\mathcal{A}$ **10110** decem et novem] 19 $\mathcal{A}$ **10110** tres tredecime] $\frac{3}{13}$ $\mathcal{A}$ **10111** duas quintas] $\frac{2}{5}$ $\mathcal{A}$ **10111** duas quintas *(post* accipiet*)*] $\frac{2}{5}$ $\mathcal{A}$ **10112** decem et novem] 19 $\mathcal{A}$ **10112** tres tredecime] $\frac{3}{13}$ $\mathcal{A}$ **10112** nummi] numi $\mathcal{B}$ **10112** que] qui *pr. scr. et corr. in* que $\mathcal{A}$, que $\mathcal{B}$ **10112** septem] 7 $\mathcal{A}$ **10112–10113** novem tredecime] $\frac{9}{13}$ *bis scr. (pr. del. et rescr. melius)* $\mathcal{A}$ **10113** nummi] numi $\mathcal{B}$ **10113** quartam] $\frac{am}{4}$ $\mathcal{A}$ **10114** duo] 2 $\mathcal{A}$ **10114** quatuor tredecime] $\frac{4}{13}$ $\mathcal{A}$ **10115** duas quintas] $\frac{2}{5}$ $\mathcal{A}$ **10116** duas quintas] $\frac{2}{5}$ $\mathcal{A}$ **10116** quatuor] 4 *(corr. ex* ^{4}*)* $\mathcal{A}$ **10116** nummi] numi $\mathcal{B}$ **10116** due quinte] $\frac{2}{5}$ $\mathcal{A}$ **10117** decem] 10 $\mathcal{A}$ **10117** nummis] numis $\mathcal{B}$ **10117** quarta] $\frac{a}{4}$ $\mathcal{A}$ **10117** decem] 10 $\mathcal{A}$ **10118** nummos] numos $\mathcal{B}$ **10118** quarta] $\frac{a}{4}$ $\mathcal{A}$ **10118** quartam] $\frac{am}{4}$ $\mathcal{A}$, quarta $\mathcal{B}$ **10118** duabus quintis] $\frac{2}{5}$is $\mathcal{A}$ **10119** quatuor] 4 $\mathcal{A}$ **10119** decem] 10 $\mathcal{A}$ **10119** sex] 6 $\mathcal{A}$ **10119–10120** tredecim vicesimis] 13 vicesimis $\mathcal{A}$ **10120** tredecim vicesime] 13 vicesime $\mathcal{A}$ **10121** una] 1 $\mathcal{A}$ **10121** qui] quod *codd.* **10121** unum] 1 $\mathcal{A}$ **10121** septem tredecime] $\frac{7}{13}$ $\mathcal{A}$ **10122** sex] 6 $\mathcal{A}$ **10122** novem] 9 $\mathcal{A}$ **10122** tres tredecime] $\frac{3}{13}$ rei $\mathcal{A}$, tres tredecime rei $\mathcal{B}$ **10123** Iam scis] *add. in marg. eadem m.* $\mathcal{A}$, *om.* $\mathcal{B}$ **10123** est proportio] proportio est $\mathcal{A}$ **10123** triginta] 30 $\mathcal{A}$ **10124** decem] 10 $\mathcal{A}$ **10124** nummi] numi $\mathcal{B}$ **10124** duodecim] 12 $\mathcal{A}$ **10125** decem] 10 $\mathcal{A}$ **10125** nummi] numi $\mathcal{B}$ **10125** quarta] $\frac{a}{4}$ $\mathcal{A}$ **10125** sunt] servit *pr. scr. et corr.* $\mathcal{A}$ **10126** quatuor] 4 $\mathcal{A}$ **10126** triginta] 30 $\mathcal{A}$ **10126** decem] 10 $\mathcal{A}$ **10127** nummos] numos $\mathcal{B}$ **10127** quarta] $\frac{a}{4}$ $\mathcal{A}$ **10127** decem] 10 $\mathcal{A}$ **10128** duodecim] 12 $\mathcal{A}$ **10128** algebra] agebla $\mathcal{B}$ **10128** novem] 9 $\mathcal{A}$ **10129** tres tredecime] $\frac{3}{13}$ $\mathcal{A}$ **10129** quod] quid $\mathcal{B}$

ITEM DE EODEM.

(**B.209**) Quisquis conductus per mensem pro decem nummis et re, servit autem decem dies et accipit tantum quanto res est maior tertia parte nummorum, quantum valet illa res?

(***a***) Sic facies. Divide dies mensis per dies quos servivit, et exibunt tres. Quos multiplica in id quo res excellit tertiam partem nummorum, quod est res minus tribus nummis et tertia, significatum est enim rem excellere tertiam partem nummorum; et quod ex multiplicatione provenit est tres res minus decem nummis, quod est pretium mensis; quod adequatur decem nummis et rei. Comple ergo tres res adiectis decem nummis, et agrega decem nummos decem nummis et rei; deinde minue rem de tribus rebus; et remanebunt due res, que valent viginti. Res igitur valet decem.

Si autem volueris scire quomodo id quo excellit res tertiam partem nummorum sit pretium decem dierum quos servit: Agrega decem nummos, quos res valet, decem nummis, et fient viginti, qui sunt pretium mensis. [Quasi ergo dicatur: 'Conductus per mensem pro viginti nummis, servit autem decem dies, quantum competit illi?'.] Scis autem eum servisse tertia parte mensis; unde competit illi tertia pars viginti nummorum, que est sex et due tertie. Et in hoc excellit res tertiam partem nummorum; res enim est decem nummi, tertia vero nummorum est tres et tertia, id ergo quo res excellit tertiam partem nummorum est sex et due tertie.

(***b***) Vel aliter. Iam scis quoniam talis est proportio triginta dierum ad suum pretium, quod est decem et res, qualis est decem dierum ad suum pretium, quod est res minus tribus et tertia. Tunc sunt quatuor numeri proportionales. Quod igitur fit ex triginta ductis in rem minus tribus et tertia equum est ei quod fit ex decem et re ductis in decem. Fac ergo sicut

---

10130–10161 Item de eodem ... et tantum valet res] $173^v, 6 - 21$ A; $46^{va}, 39 - 46^{vb}, 32$ B.

10131 decem] 10 A **10131** nummis] numis B **10132** decem] 10 A **10132** tertia] $\frac{a}{3}$ A **10132–10133** nummorum] numorum B **10134** tres] 3 A **10135** nummorum] numorum B **10136** tribus] 3 A **10136** nummis] numis B **10136** tertia] $\frac{a}{3}$ A **10137** nummorum] numorum *codd.*   **10137** tres] 3 A **10138** decem] 10 A **10138** nummis] numis B **10138** adequatur] ad equatur B **10138** decem] 10 A **10139** nummis] numis *post quod iter.* quod est pretium mensis quod adequatur *(sic hic)* decem numis B **10139–10140** Comple ergo ... et rei] *per homœotel. om.* A **10139** nummis] numis B **10139** agrega] agga B **10140** nummos] numos B **10140** nummis] numis B **10141** due] 2 A **10141** decem] 10 A **10142** quomodo] quo modo B **10142** tertiam] $\frac{am}{3}$ A **10143** nummorum] numorum B **10143** decem] 10 A **10143** decem *(ante* nummos*)*] 10 A **10143** nummos] numos B **10144** decem] 10 A **10144** nummis] numis B **10144** viginti] 20 A **10145** viginti] 20 A **10145** nummis] numis B **10146** decem] 10 A **10146** Scis] Sis B **10146–10147** tertia] $\frac{a}{3}$ A **10147** tertia] $\frac{a}{3}$ A **10147** viginti] 20 A **10147** nummorum] numorum B **10148** sex] 6 A **10148** due tertie] $\frac{2}{3}$ A **10148** tertiam] $\frac{am}{3}$ A **10148** nummorum] numorum B **10149** decem] 10 A **10149** nummi] numi B **10149** nummorum] numorum B **10149** tres] 3 A **10149** tertia] $\frac{a}{3}$ A **10150** nummorum] numorum B **10150** sex] 6 A **10150** due tertie] $\frac{2}{3}$ A **10151** triginta] 30 A **10152** decem] 10 A **10152** decem *(ante* dierum*)*] 10 A **10153** tribus] 3^{bus} A **10153** tertia] $\frac{a}{3}$ A **10153** quatuor] 4 A **10154** triginta] 30 A **10154** tribus] 3 A **10155** tertia] $\frac{a}{3}$ A **10155** decem] 10 A **10155** decem *(post* in*)*] 12 A, duodecim B

supra docuimus in algebra, et provenient decem nummi, et tantum valet res.

(*c*) Vel aliter. Quoniam de mense servivit tertia parte eius, unde competit illi tertia pars pretii, que est tres et tertia et tertia rei; que valent rem minus tribus nummis et tertia. Fac ergo sicut prediximus in algebra, et provenient decem, et tantum valet res.

ITEM DE EODEM.

(B.210) Si quis conductus per mensem pro decem nummis et una re, servivit autem duodecim dies et accepit quantum res valet ultra nummos, quantum valet res illa?

(*a*) Sic facies. Minue duodecim de triginta, et remanebunt decem et octo, quos pone prelatum. Deinde duplica decem, et fient viginti. Quos multiplica in duodecim, et provenient ducenta quadraginta. Quos divide per prelatum, ⟨et⟩ exibunt tredecim et tertia. Quos agrega ad decem, et fient viginti tres et tertia. Et tantum valet res.

Causa autem huius hec est. Constat enim quod pretium totius mensis est decem nummi et una res, et quod pro duodecim quos servivit accepit quantum res valet supra nummos, quod est res minus decem nummis. Scimus autem quod, si pro servitio duodecim dierum acciperet rem integram, oporteret ut relique partis mensis, que est decem et octo, esset pretium reliqua pars pretii, que est decem nummi. Cum ergo accipit rem minus decem nummis, restat ut pretium decem et octo dierum sint decem nummi dempti et decem qui erant cum re, qui sunt viginti nummi. Quasi ergo dicatur: 'Cum decem et octo pro viginti, tunc quantum est pretium duodecim [dierum]?'. Facies sicut supra monstratum est, et erit pretium duodecim ⟨dierum⟩ tredecim et tertia; qui sunt res minus decem nummis. Adde igitur illi decem nummos, et erunt viginti tres et tertia, et hoc est quod valet res.

10162–10215 Item de eodem ... viginti tres et tertia] 173^v, 21 – 174^r, 5 $\mathcal{A}$; 45vb, 33 – 46rb, 9 $\mathcal{B}$.

10156 algebra] agebla $\mathcal{B}$ 10156 decem] 10 $\mathcal{A}$ 10156 nummi] numi $\mathcal{B}$ 10158 tertia] $\frac{a}{3}$ $\mathcal{A}$ 10159 tertia] $\frac{a}{3}$ $\mathcal{A}$ 10159 tres] 3 $\mathcal{A}$ 10159 tertia] $\frac{a}{3}$ $\mathcal{A}$ 10159 tertia (ante rei)] $\frac{a}{3}$ $\mathcal{A}$ 10160 tribus] 3 $\mathcal{A}$ 10160 tertia] $\frac{a}{3}$ $\mathcal{A}$ 10160 algebra] agebla $\mathcal{B}$ 10161 decem] 10 $\mathcal{A}$ 10163 decem] 10 $\mathcal{A}$ 10163 nummis] numis $\mathcal{B}$ 10164 duodecim] 12 $\mathcal{A}$ 10164 ultra] *aliquid addere voluit in marg. eadem m.* $\mathcal{B}$ 10164 nummos] numos $\mathcal{B}$ 10166 duodecim] 12 $\mathcal{A}$ 10166 triginta] 30 $\mathcal{A}$ 10166–10167 decem et octo] 18 $\mathcal{A}$ 10167 decem] 10 $\mathcal{A}$ 10167 viginti] 20 $\mathcal{A}$ 10168 duodecim] 12 $\mathcal{A}$ 10168 ducenta quadraginta] 240 $\mathcal{A}$ 10169 tredecim] 13 $\mathcal{A}$ 10169 tertia] $\frac{a}{3}$ $\mathcal{A}$ 10169 Quos] quas *codd.*   10169 decem] 10 $\mathcal{A}$ 10170 viginti tres] 23 $\mathcal{A}$ 10170 tertia] $\frac{a}{3}$ $\mathcal{A}$ 10172 decem] 10 $\mathcal{A}$ 10172 nummi] numi $\mathcal{B}$ 10172 duodecim] 12 $\mathcal{A}$ 10173 nummos] numos $\mathcal{B}$ 10173 decem] 10 $\mathcal{A}$ 10173 nummis] numis $\mathcal{B}$ 10174 autem] enim $\mathcal{A}$ 10174 duodecim] 12 $\mathcal{A}$ 10174 acciperet] acciperes $\mathcal{A}$ 10175 oporteret] oportet $\mathcal{B}$ 10175 mensis] mentis $\mathcal{B}$ 10175 decem et octo] 18 $\mathcal{A}$ 10176 decem] 10 $\mathcal{A}$ 10176 nummi] numi $\mathcal{B}$ 10177 decem] 10 $\mathcal{A}$ 10177 nummis] numis $\mathcal{B}$ 10177 decem et octo] 18 $\mathcal{A}$ 10177 decem] 10 $\mathcal{A}$ 10178 nummi (*post* decem)] numi $\mathcal{B}$ 10178 decem] 10 $\mathcal{A}$ 10178 viginti] 20 $\mathcal{A}$ 10179 decem et octo] 18 $\mathcal{A}$ 10179 viginti] 20 $\mathcal{A}$ 10180 duodecim] 12 $\mathcal{A}$ 10181 duodecim] 12 $\mathcal{A}$ 10181 tredecim] 13 $\mathcal{A}$ 10181 tertia] $\frac{a}{3}$ $\mathcal{A}$ 10181 decem] 10 $\mathcal{A}$ 10181 nummis] numis $\mathcal{B}$ 10182 decem] 10 $\mathcal{A}$ 10182 nummos] numos $\mathcal{B}$ 10182 viginti tres] 23 $\mathcal{A}$ 10182 tertia] $\frac{a}{3}$ $\mathcal{A}$ 10182 hoc] hic $\mathcal{A}$

(**b**) Vel aliter. Divide dies mensis per dies quos servivit, et exibunt duo et dimidium. Quos multiplica in id quod res valet supra decem nummos, quod est res minus decem. [Cum enim accipitur id quod res valet ultra decem nummos, constat quod res plus est quam nummi; unde cum volueris scire quanto res excedit decem nummos, minue decem de re, et remanebit res minus decem nummis, et hoc est quo res excedit nummos. Post hec redeo ad complendam questionem, scilicet:] Quoniam ex multiplicatione proveniunt due res et dimidia minus viginti quinque nummis, quod est pretium mensis, quod equivalet decem nummis et rei, quod est etiam pretium mensis. Deinde comple duas res et dimidiam adiectis viginti quinque, et viginti quinque adde ad decem, et fient triginta quinque; deinde minue rem de duabus rebus et dimidia, et remanebit res et dimidia; que equivalet triginta quinque nummis. Res igitur valet viginti tres et tertiam.

(**c**) Si autem volueris scire quomodo id quo res excedit nummos debet esse pretium duodecim dierum: Adde pretium rei, quod est viginti tres et tertia, supra decem, et fient triginta tres et tertia; quod est pretium mensis. Et quoniam de mense servivit duas quintas eius, accipiet duas quintas pretii, que sunt tredecim et tertia. Et hoc est quo res excedit nummos. Nam res est viginti tres et tertia, nummi vero sunt decem, tunc id quo res excedit nummos est tredecim et tertia.

(**d**) Vel aliter. Postquam de mense servit duas quintas eius, oportet ut de pretio accipiat duas quintas eius, que sunt quatuor nummi et due quinte rei; que adequantur rei minus decem nummis. Comple ergo rem adiectis decem nummis, quos agrega quatuor nummis et duabus quintis rei; deinde minue duas quintas rei de ipsa re, et remanebunt tres quinte rei, que adequantur quatuordecim nummis. Res igitur valet viginti tres nummos et tertiam.

10184 duo] 2 *A*   **10185** dimidium] $\frac{m}{2}$ *A*   **10185–10186** id quod res ... id quod res valet] rem minus 10, et proveniet id quod res valet *(reliq. per homœotel. om.)* *A*, rem minus decem et proveniet id quod res valet supra decem numos. Cum enim accipitur id quod res valet *B*   **10186** decem] 10 *A*   **10187** nummos] numos *B*   **10187** nummi] numi *B*   **10188** decem] 10 *A*   **10188** nummos] numos *B*   **10188** decem] 10 *A*   **10189** decem] 10 *A*   **10189** nummis] numis *B*   **10189** nummos] numos *B*   **10190** complendam] *mut. in* complendum *B*   **10191** due] 2 *A*   **10191** dimidia] $\frac{a}{2}$ *A*   **10191** viginti quinque] 25 *A*   **10191** nummis] numis *B*   **10192** decem] 10 *A*   **10192** nummis] numis *B*   **10193** duas] 2 *A*   **10193** viginti quinque *(post* adiectis*)*] 25 *A*   **10193–10194** viginti quinque] 25 *A*   **10194** decem] 10 *A*   **10194** triginta quinque] 35 *A*   **10194–10195** duabus] 2 *A*   **10195** dimidiam] $\frac{a}{2}$ *A*   **10195** dimidia *(post* res et*)*] $\frac{a}{2}$ *A*   **10195–10196** triginta quinque] 35 *A*   **10196** nummis] numis *B*   **10196** viginti tres] 23 *A*   **10196** tertiam] $\frac{a}{3}$ *(sic)* *A*   **10197** nummos] numos *B*   **10198** duodecim] 12 *A*   **10198** viginti tres] 23 *A*   **10198** tertia] $\frac{a}{3}$ *A*   **10199** decem] 10 *A*   **10199** triginta tres] 33 *A*   **10199** tertia] $\frac{a}{3}$ *A*   **10200** duas quintas] $\frac{2}{5}$ *A*   **10200** duas quintas *(post* accipiet*)*] $\frac{2}{5}$ *A*   **10201** tredecim] 13 *A*   **10201** tertia] $\frac{a}{3}$ *A*   **10201** nummos] numos *B*   **10201** Nam] *ante hoc add.* Adde ergo pretium rei *codd.*   **10202** viginti tres] 23 *A*   **10202** tertia] $\frac{a}{3}$ *A*   **10202** nummi] Numi *B*   **10202** decem] 10 *A*   **10203** nummos] numos *B*   **10203** tredecim] 13 *A*   **10203** tertia] $\frac{a}{3}$ *A*   **10204** duas quintas] $\frac{2}{5}$ *A*   **10205** duas quintas] $\frac{2}{5}$ *A*   **10205** quatuor] 4 *A*   **10205** nummi] numi *B*   **10205** due quinte] $\frac{2}{5}$ *A*   **10206** decem] 10 *A*   **10206** nummis] numis *B*   **10206** decem] 10 *A*   **10207** nummis] numis *B*   **10207** quos] quam *codd.*   **10207** agrega] *ad add. et exp.* *A*   **10207** quatuor] 4 *A*   **10207** nummis] numis *B*   **10207** duabus quintis] $\frac{2}{5}$ⁱˢ *A*   **10207** rei] *e corr.* *A*   **10208** duas quintas] $\frac{2}{5}$ *A*   **10208** tres quinte] $\frac{3}{5}$ *A*   **10209** quatuordecim] 14 *A*   **10209** nummis] numis *B*   **10209** viginti tres] 23 *A*   **10209** nummos] numos *B*   **10209** tertiam] $\frac{am}{3}$ *A*

10210 (*e*) Vel aliter. Constat enim quod talis est proportio triginta dierum ad pretium eorum qualis est duodecim ad pretium suum. Sunt igitur quatuor numeri proportionales. Quod igitur fit ex ductu triginta in rem minus decem nummis equum est ei quod fit ex duodecim ductis in decem et rem. Fac ergo sicut predocuimus in algebra, et proveniet quantum res valet, scilicet
10215 viginti tres et tertia.

(**B.211**) Si quis querat: Conductus per mensem pro viginti nummis et re servit decem dies et accipit duodecim nummos minus re.

Hec questio solvitur per compositionem. Comparatio enim de triginta ad decem est sicut comparatio de viginti et re ad duodecim minus re.
10220 Cum autem composuerimus, tunc comparatio de quadraginta ad decem erit sicut comparatio de viginti et re additis duodecim minus re, que sunt triginta duo, ad duodecim minus re. Fac ergo sicut supra ostensum est. Et duodecim minus re erunt octo. Res igitur est quatuor.

Similiter ⟨facies⟩ in ⟨omnibus⟩ questionibus huiusmodi. Si res fuerint
10225 plures, reduc eas ad unam sicut fecisti in aliis.

ITEM DE EODEM.

(**B.212**) Si quis conductus per mensem pro decem nummis minus una re servit duodecim dies et accipit rem minus duobus nummis, quantum valet res illa?

10230 (*a*) Sic facies. Divide dies mensis per dies quos servit, et exibunt duo et dimidium. Quos multiplica in rem minus duobus nummis, et provenient due res et dimidia minus quinque nummis; qui adequantur pretio mensis, quod est decem nummi minus una re. Comple ergo decem nummos additione rei, ipsam autem rem adde duabus rebus et dimidie alterius lateris; deinde
10235 quinque demptos adde ad decem, et fient quindecim, qui adequantur tribus rebus et dimidie. Res igitur valet quatuor et duas septimas.

10216–10225 Si quis querat … sicut fecisti in aliis] $171^v, 35 - 40$ 𝒜 *(eadem m. in marg. scr.:* Hoc ponendum est infra, ubi est tale signum)—(, *quod revera invenitur fol.* 174^r, *5 in textu et etiam in marg.);* ℬ *deficit.*
10226–10248 Item de eodem … et due septime] $174^r, 5 - 15$ 𝒜; $45^{vb}, 5 - 33$ ℬ.

10210 triginta] 30 𝒜   **10211** duodecim] 12 𝒜   **10211** quatuor] 4 𝒜   **10212** triginta] 30 𝒜   **10212–10213** decem] 10 𝒜   **10213** nummis] numis ℬ   **10213** duodecim] 12 𝒜   **10213** decem] 10 𝒜   **10214** algebra] agebla ℬ   **10215** viginti tres] 23 𝒜   **10215** tertia] $\frac{a}{3}$ 𝒜   **10216** (B.211)] d *scr. in marg.* 𝒜   **10216** viginti] 20 𝒜   **10217** decem] 10 𝒜   **10217** duodecim] 12 𝒜   **10218** Comparatio] Comparatio 𝒜   **10218–10219** triginta] 30 𝒜   **10219** decem] 10 𝒜   **10219** sicut] s sicut 𝒜   **10219** comparatio] compatio 𝒜   **10219** viginti] 20 𝒜   **10219** duodecim] 12 𝒜   **10220** quadraginta] 40 𝒜   **10220** decem] 10 𝒜   **10221** viginti] 20 𝒜   **10221** duodecim] 12 𝒜   **10222** triginta duo] 32 𝒜   **10222** duodecim] 12 𝒜   **10223** duodecim] 12 𝒜   **10223** octo] 8 𝒜   **10223** quatuor] 4 𝒜   **10227** decem] 10 𝒜   **10227** nummis] numis ℬ   **10228** duodecim] 12 𝒜   **10228** duobus] 2^{obus} 𝒜   **10228** nummis] numis ℬ   **10230** duo] 2 𝒜   **10230–10231** dimidium] $\frac{m}{2}$ 𝒜   **10231** duobus] 2^{obus} 𝒜   **10231** nummis] numis ℬ   **10231** due] 2 𝒜   **10232** dimidia] $\frac{a}{2}$ 𝒜   **10232** quinque] 5 𝒜   **10232** nummis] numis ℬ   **10233** decem] 10 𝒜   **10233** nummi] numi ℬ   **10233** Comple] Conple ℬ   **10233** decem] 10 𝒜   **10233** nummos] numos ℬ   **10234** duabus] 2^{abus} 𝒜   **10235** quinque] 5 𝒜   **10235** decem] 10 𝒜   **10235** quindecim] 15 𝒜   **10236** dimidie] alterius lateris *add. et exp. (v. supra)* 𝒜   **10236** quatuor] 4 𝒜   **10236** duas septimas] 2 septimas 𝒜

(**b**) Vel aliter. Scis enim quod, postquam duas quintas mensis servivit, debet accipere duas quintas pretii, que sunt quatuor nummi minus duabus quintis rei; que adequantur uni rei minus duobus. Fac ergo sicut predocuimus in algebra, et proveniet id quod valet res quatuor nummi et due septime.

(**c**) Vel aliter. Quoniam sic se habent triginta dies ad suum pretium, quod est decem minus una re, sicut duodecim ad eorum pretium, quod est res minus duobus nummis, sunt igitur quatuor numeri proportionales. Quod igitur fit ex duodecim ductis in decem minus re equum est ei quod fit ex re minus duobus ducta in triginta. Fac ergo sicut premonstratum est in algebra, et proveniet quantum valet res, scilicet quatuor nummi et due septime.

(**B.213**) Si quis querat: Conductus per mensem pro decem nummis minus re, servit sex dies et accipit quatuor nummos minus re.

Hec questio solvitur dispergendo. Comparatio enim de triginta ad sex est sicut comparatio de decem minus re ad quatuor minus re. Cum autem disperserimus, tunc comparatio de viginti quatuor ad sex erit sicut comparatio de decem minus re sublatis quatuor minus re ad quatuor minus re. Fac igitur sicut supra ostensum ⟨est⟩, et exibunt quatuor minus re unum et dimidium. Res igitur est duo et dimidium.

ITEM DE EODEM ALITER.

(**B.214**) Si quis conductus per mensem pro re, servit autem decem dies et accipit rem minus decem nummis, quantum valet res illa?

(**a**) Sic facies. Divide dies mensis per dies quos servivit, et exibunt tres. Quos multiplica in rem minus decem nummis, et provenient tres res minus triginta nummis; que equivalent uni rei. Comple ergo tres res adiectis triginta nummis, triginta vero nummos agrega rei; quam minue de tribus

---

10249–10256 Si quis querat ... duo et dimidium] 174^r, $15 - 19$ $\mathcal{A}$; $\mathcal{B}$ deficit.
10257–10295 Item de eodem aliter ... qui sunt pretium rei] 174^r, $20 - 38$ $\mathcal{A}$; 47rb, $23 - 47^{va}$, 23 $\mathcal{B}$.

10237 Scis] Scias $\mathcal{AB}$ **10237** duas quintas] $\frac{2}{5}$ $\mathcal{A}$ **10237** servivit] corr. ex servire $\mathcal{A}$
10238 duas quintas] $\frac{2}{5}$ $\mathcal{A}$ **10238** quatuor] 4 $\mathcal{A}$ **10238** nummi] numi $\mathcal{B}$ **10238**–**10239** duabus quintis] $\frac{2}{5}$is $\mathcal{A}$, duabus quintas $\mathcal{B}$ **10239** duobus] 2 $\mathcal{A}$ **10240** algebra] agebla $\mathcal{B}$ **10240** quatuor] 4 $\mathcal{A}$ **10240** nummi] bis scr. $\mathcal{A}$, numi $\mathcal{B}$ **10240**–**10241** due septime] $\frac{2}{7}$ $\mathcal{A}$ **10242** triginta] 30 $\mathcal{A}$ **10243** decem] 10 $\mathcal{A}$ **10243** duodecim] 12 $\mathcal{A}$ **10244** duobus] 2^{bus} $\mathcal{A}$ **10244** nummis] numis $\mathcal{AB}$ **10244** quatuor] 4 $\mathcal{A}$ **10245** duodecim] 12 $\mathcal{A}$ **10245** decem] 10 $\mathcal{A}$ **10246** triginta] 30 $\mathcal{A}$ **10247** algebra] agebla $\mathcal{B}$ **10247** quatuor] 4 $\mathcal{A}$ **10247** nummi] numi $\mathcal{B}$ **10247**–**10248** due septime] $\frac{2}{7}$ $\mathcal{A}$ **10249** decem] 10 $\mathcal{A}$ **10250** sex] 6 $\mathcal{A}$ **10250** quatuor] 4 $\mathcal{A}$ **10250** nummos] numos $\mathcal{A}$ **10251** Hec] corr. ex b $\mathcal{A}$ **10251** triginta] 30 $\mathcal{A}$ **10252** sex] 6 $\mathcal{A}$ **10252** decem] 10 $\mathcal{A}$ **10252** quatuor] 4 $\mathcal{A}$ **10253** viginti quatuor] 24 $\mathcal{A}$ **10253** sex] 6 $\mathcal{A}$ **10254** decem] 10 $\mathcal{A}$ **10254** quatuor] 4 $\mathcal{A}$ **10254** quatuor (post ad)] 4 $\mathcal{A}$ **10255** quatuor] 4 $\mathcal{A}$ **10255** unum] 1 $\mathcal{A}$ **10256** dimidium] $\frac{m}{2}$ $\mathcal{A}$ **10256** duo] 2 $\mathcal{A}$ **10257** Item de eodem aliter] om. sed spat. hab. $\mathcal{B}$
10258 decem] 10 $\mathcal{A}$ **10259** decem] 10 $\mathcal{A}$ **10259** nummis] numis $\mathcal{B}$ **10260** tres] 3 $\mathcal{A}$ **10261** decem] 10 $\mathcal{A}$ **10261** nummis] numis $\mathcal{B}$ **10261** tres] 3 $\mathcal{A}$ **10262** triginta] 30 $\mathcal{A}$ **10262** nummis] numis $\mathcal{B}$ **10262**–**10263** que equivalent ... triginta nummis] per homœotel. om. $\mathcal{A}$ **10263** nummis] numis $\mathcal{B}$ **10263** triginta] 30 $\mathcal{A}$ **10263** nummos] numos $\mathcal{B}$ **10263** tribus] 3 $\mathcal{A}$

rebus, et remanebunt due res, que equivalent triginta nummis. Res igitur valet quindecim.

(**b**) Vel aliter. Quoniam de mense servivit tertiam eius, debet accipere tertiam pretii, que est tertia rei; que equivalet rei minus decem nummis. Comple ergo rem adiectis decem nummis, quos decem agrega tertie rei; quam tertiam rei minue de re, et remanebunt due tertie rei, que equivalent decem nummis. Res igitur valet quindecim.

(**c**) Vel aliter. Quoniam proportio triginta dierum ad suum pretium, quod est res, talis est qualis proportio decem dierum ad pretium eorum, quod est res minus decem nummis, tunc quod fit ex triginta ductis in rem minus decem nummis equum est ei quod fit ex re ducta in decem [nummos]. Fac ergo sicut ostensum est in algebra, et provenient quindecim; et hoc est quod res valet.

ITEM DE EODEM.

(**B.215**) Si quis conductus per mensem pro re una, servit autem decem dies et accipit quartam rei et duos nummos, quantum valet res?

(**a**) Sic facies. Divide dies mensis per dies quos servivit, et exibunt tres. Quos multiplica in id quod accepit, quod est quarta rei et duo nummi, et provenient tres quarte rei et sex nummi; quod est pretium mensis, quod equivalet rei. Minue ergo tres quartas rei de ipsa re, et remanebit quarta rei, que equivalet sex nummis. Res igitur valet viginti quatuor.

(**b**) Vel aliter. Quoniam de mense servivit tertiam eius, debet accipere de pretio tertiam eius; quod est tertia rei, que equivalet quarte rei et duobus nummis. Minue ergo quartam rei de tertia rei, et remanebit dimidia sexta rei, que valet duos nummos. Res igitur valet viginti quatuor.

(**c**) Vel aliter. Quoniam proportio triginta ad pretium eorum, quod est res, talis est qualis proportio decem dierum ad eorum pretium, quod est quarta rei et duo nummi, tunc sunt quatuor numeri proportionales. Quod igitur fit ex ductu primi, qui est triginta, in quartum, qui est quarta rei et duo

---

10264 due] 2 *A*   **10264** triginta] 30 *A*   **10264** nummis] numis *B*   **10265** quindecim] 15 *A*   **10266** Vel] r *add. et exp. A*   **10266** tertiam] $\frac{am}{3}$ *A*   **10267** tertiam] $\frac{a}{3}$ *(sic) A*   **10267** equivalet] equiutilet *B*   **10267** decem] 10 *A*   **10267** nummis] numis *B*   **10268** Comple] Conple *B*   **10268** decem] 10 *A*   **10268** nummis] numis *B*   **10268** decem] 10 *A*   **10269** due tertie] $\frac{2}{3}$ *A*   **10270** decem] 10 *A*   **10270** nummis] numis *B*   **10270** quindecim] 15 *A*   **10271** triginta] 30 *A*   **10272–10273** talis est … est res] *per homœotel. om. A*   **10273** decem] 10 *A*   **10273** nummis] numis *B*   **10273** triginta] 30 *A*   **10273–10274** rem minus decem nummis] 12 *A*, duodecim *B*   **10274** decem] 10 *A*   **10274** nummos] numos *B*   **10275** algebra] agebla *B*   **10275** quindecim] 15 *A*   **10278** decem] 10 *A*   **10279** quartam] $\frac{am}{4}$ *A*   **10279** duos] 2 *A*   **10279** nummos] numos *B*   **10280** tres] 3 *A*   **10281** quarta] $\frac{a}{4}$ *A*   **10281** duo] 2 *A*   **10281** nummi] numi *B*   **10282** tres quarte] $\frac{3}{4}$ *A*   **10282** sex] 6 *A*   **10282** nummi] numi *B*   **10283** tres quartas] 3 res *(quod exp.)* quartas *A*   **10283** quarta] $\frac{a}{4}$ *A*   **10284** sex] 6 *A*   **10284** nummis] numis *B*   **10284** viginti quatuor] 24 *A*   **10285** tertiam] $\frac{am}{3}$ *A*   **10286** tertia] $\frac{a}{3}$ *A*   **10286** quarte] $\frac{e}{4}$ *A*   **10287** nummis] numis *B*   **10287** quartam] $\frac{am}{4}$ *A*   **10287** tertia] $\frac{a}{3}$ *A*   **10287** dimidia sexta] dimidia $\frac{a}{6}$ *A*   **10288** duos] 2 *A*   **10288** nummos] numos *B*   **10288** viginti quatuor] 24 *A*   **10289** triginta] 30 *A*   **10290** decem] 10 *A*   **10290** quarta] $\frac{a}{4}$ *A*   **10291** duo] 2 *A*   **10291** nummi] numi *B*   **10291** quatuor] 4 *A*   **10292** triginta] 30 *A*   **10292** quartum] 4^{tum} *A*   **10292** quarta] $\frac{a}{4}$ *A*   **10292** duo] 2 *A*

nummi, equum est ei quod fit ex ductu secundi, qui est res, in tertium, qui est decem. Fac ergo secundum quod dictum est in algebra, et provenient viginti quatuor, qui sunt pretium rei.

ITEM DE EODEM.

(B.216) Si quis conductus per mensem pro re minus decem, servit autem duodecim dies et accipit quartam rei et duos nummos, tunc quantum valet res illa?

(*a*) Sic facies. Divide dies mensis per id quod servivit, et exibunt duo et dimidius. Quos multiplica in quartam rei et duos nummos, et provenient quinque octave rei et quinque nummi; que valent rem minus decem nummis. Comple ergo rem adiectis decem nummis, quos decem agrega quinque nummis et quinque octavis rei; quas quinque octavas rei minue de ipsa re, et remanebunt tres octave rei, que valent quindecim nummos. Res igitur valet quadraginta nummos.

Si autem experiri volueris hoc: Minue decem de quadraginta, et remanebunt triginta; nam predictum est illum conductum esse pro re minus decem nummis, scis autem rem valere quadraginta, res igitur minus decem nummis valet triginta. [Quasi ergo queratur: 'Conductus per mensem pro triginta nummis, servit autem duodecim, tunc quantum est eius pretium?'.] Quoniam scis quod de mense servivit duas quintas eius, oportet ut de pretio accipiat duas quintas eius, que sunt duodecim nummi. Qui sunt quasi quarta rei et duo nummi; quarta enim rei est decem nummi, quibus additis duobus fiunt duodecim.

(*b*) Vel aliter. Constat enim quod, quia de mense servivit duas quintas eius, debet accipere de pretio duas quintas eius, que sunt due quinte rei minus quatuor nummis; que equivalent quarte rei et duobus nummis. Comple ergo duas quintas rei adiectis quatuor nummis, et totidem alios adde duobus nummis, et fient sex nummi; deinde minue quartam rei de duabus quintis rei, et remanebunt tres quarte quinte rei; que equivalent sex nummis. Inquire ergo numerum in quem multiplicate tres quarte quinte rei fiunt una res; et hic est sex et due tertie. Quos multiplica in sex, et provenient quadraginta, quod est pretium rei.

(*c*) Vel aliter. Quoniam talis est proportio triginta dierum ad eorum pretium, quod est res minus decem nummis, qualis est proportio duodecim dierum ad eorum pretium, quod est quarta rei et duo nummi, unde sunt

---

10296–10346 Item de eodem ... quod est triginta quinque] *A deficit; 47va, 24 – 47vb, 40 B.*

10293 nummi] numi *B* **10294** decem] 10 *A* **10294** algebra] agebla *B* **10295** viginti quatuor] 24 *A* **10298** nummos] numos *B* **10301** nummos] numos *B* **10302** nummi] numi *B* **10302–10303** nummis] numos *(sic) B* **10303** nummis *(post decem)*] numis *B* **10304** nummis] numis *B* **10305** nummos] numos *B* **10306** nummos] numos *B* **10309** nummis] numis *B* **10310** nummis] numis *B* **10311** nummis] numis *B* **10313** nummi] numi *B* **10314** nummi *(post decem)*] numi *B* **10318** nummis] numi *(sic) B* **10318** nummis *(post duobus)*] numis *B* **10319** nummis] numis *B* **10320** nummis] numis *B* **10320** nummi] numi *B* **10321–10322** nummis] numis *B* **10325** proportio] pportio *B* **10326** nummis] numis *B* **10327** nummi] numi *B*

⟨quatuor⟩ numeri proportionales. Quod igitur fit ex triginta ductis in quartam rei et duos nummos equum est ei quod fit ex ductu rei minus decem nummis in duodecim. Fac ergo sicut precessit in algebra, et proveniet pretium rei, quod est quadraginta nummi.

ITEM DE EODEM.

(**B.217**) Si quis conductus per mensem pro re minus decem nummis servivit duodecim dies et accepit decem nummos, tunc quantum est pretium rei?

(*a*) Sic facies. Divide dies mensis per dies quos servivit, et exibunt duo et dimidius. Quos multiplica in decem, et provenient viginti quinque; qui equivalent rei minus decem nummis. Comple ergo rem adiectis decem nummis, et totidem alios adde ad viginti quinque, et fient triginta quinque, qui equivalent rei.

(*b*) Vel aliter. Constat quod proportio triginta dierum ad eorum pretium, quod est res minus decem nummis, est sicut proportio duodecim dierum ad eorum pretium, quod est decem nummi. Unde sunt quatuor numeri proportionales. Quod igitur fit ex triginta ductis in decem equum est ei quod fit ex ductu rei minus decem nummis in duodecim. Fac igitur sicut docuimus in algebra, et proveniet pretium rei, quod est triginta quinque.

ITEM DE EODEM.

(**B.218**) Si quis conductus per mensem pro re, servit autem aliquot dies mensis qui, cum multiplicantur in id quod sibi competit de pretio, proveniunt sex, et cum residuum mensis multiplicatur in residuum rei, proveniunt viginti quatuor, tunc quantum valet res illa?

Sic facies. Multiplica sex in viginti quatuor, et provenient centum et quadraginta quatuor. Quorum radicem, que est duodecim, duplica, et provenient viginti quatuor. Quos agrega cum sex et viginti quatuor simul agregatis, et fient quinquaginta quatuor. Quos divide per triginta, et exibit unum et quatuor quinte. Et hoc est quod res valet. Si autem volueris scire quot dies non servivit, agrega duodecim ad viginti quatuor, et agregatum divide per pretium rei; et quod exit est numerus dierum quos non servivit. Si autem volueris scire numerum dierum quos servivit, agrega duodecim ad sex, et agregatum divide per pretium rei; et exibit numerus dierum quos servivit.

Cuius probatio hec est. Sint triginta dies linea AB, quod autem servivit de mense sit linea AG, quod autem non servivit sit linea GB, res

---

10347–10392 Item de eodem ... subiecta figura declarat] A *deficit; $48^{vb}, 36 - 49^{ra}$, 48 B.*

10329 nummos] numos B **10330** nummis] numis B **10330** algebra] agebla B **10331** nummi] numi B **10333** nummis] numis B **10333–10334** servivit] servivit B **10334** nummos] numos B **10338** nummis] numis B **10338–10339** nummis] numis B **10341** Vel aliter] *sign. lectoris (+) in marg.* B **10342** quod] que B **10342** nummis] numis B **10343** nummi] numi B **10345** nummis] numis B **10346** algebra] agebla B **10349** cum] est B **10349–10350** proveniunt] provenient *cod.*   **10354** provenient] proveniet B **10355** quinquaginta quatuor] quinquaginta B

autem sit linea DT, quod vero pro servitio competit ei de re sit linea DG. Linea autem AG multiplicata in lineam DG provenit superficies AD, que est sex. Quod autem non servivit, quod est linea BG, multiplicatum in residuum rei, quod est linea GT, provenit superficies BT, que est viginti quatuor. Complebo autem figuram, et fiet superficies $ZKLM$. Talis est autem proportio eius quod servivit, quod est linea AG, ad id quod accepit de re, quod est linea DG, qualis est proportio eius quod non servivit, quod est linea GB, ad residuum rei, quod est GT. Unde sunt quatuor numeri proportionales. Si autem transmutentur, proportio linee AG ad GB erit talis qualis est proportio linee DG ad GT. Latera igitur superficiei AT et latera superficiei DB sunt mutequefia. Superficies igitur AT talis est qualis superficies DB. Proportio autem de AG ad GB est sicut proportio superficiei AD ad superficiem DB, proportio vero de DG ad GT est sicut proportio superficiei DB ad superficiem GM. Proportio autem de AG ad GB est sicut proportio de DG ad GT. Proportio igitur superficiei AD ad superficiem DB est sicut proportio superficiei DB ad superficiem GM. Unde sunt tres termini proportionales. Quod igitur fit ex ductu superficiei AD, que est sex, in superficiem BT, que est viginti quatuor, equum est ei quod fit ex ductu superficiei BD in se. Ex ductu autem AD in BT provenient centum quadraginta quatuor. Ergo ex ductu BD in se proveniunt totidem. Superficies igitur DB est duodecim. Et est talis qualis superficies AT; superficies igitur AT est duodecim. Tota igitur superficies $ZKLM$ est quinquaginta quatuor. Quos cum diviseris per lineam ZK, que est triginta, exibit linea KM cognita, que est pretium rei nam KM talis est qualis DT. ⟨Cum autem diviseris superficiem DM, que est triginta sex, per lineam DT,⟩ exibit linea DK; et hoc est quod non servivit, et est equum ad GB. Cum autem diviseris etiam superficiem ZT, que est decem et octo, per lineam DT, exibit ZD; et hoc est quod servivit, quoniam tale est quale AG. Quod subiecta figura declarat.

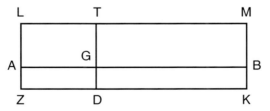

Ad B.218: *Figura def. in $\mathcal{A}$, om. sed spat. rel. (49rb, 1 – 4)* $\mathcal{B}$.

(B.219) Si quis querat: Conductus per mensem pro re, servit dies mensis

---

10393–10436 Si quis querat ... demonstrare voluimus] $174^r, 38 - 174^v, 21$ $\mathcal{A}$; $\mathcal{B}$ *deficit*.

10365 multiplicata] multiplica $\mathcal{B}$ **10368** figuram] figura $\mathcal{B}$ **10372** proportio] pportio $\mathcal{B}$ **10374** mutequefia] equalia *cod.* **10377–10378** Proportio autem de AG ad GB est sicut proportio de DG ad GT] *post* ad superficiem DB (v. supra) hab. cod. **10382** superficiei] superficie $\mathcal{B}$ **10388–10389** Cum autem ... lineam DT] *per homœotel. om.* $\mathcal{B}$ **10391** ZD] ZT *scr.* $\mathcal{B}$

tot quibus multiplicatis in id quod competit ei de pretio proveniunt viginti septem, multiplicatis vero diebus quos non servivit in id quod competit ei de pretio pro illis proveniunt centum quadraginta septem, tunc quanta est res et quot dies servit et quot pretermittit?

Sic facies. Multiplica viginti septem in centum quadraginta septem, et producti radicem, que est sexaginta tres, retine. Cum igitur volueris scire quot dies servivit: Agrega predicte radici viginti septem, et agregatum divide per triginta; et exibunt tres, et tantum competit ei de re pro eo quod servivit. Per hos igitur tres divide viginti septem, et exibunt novem, et tot dies servivit. Cum autem volueris scire quos non servivit: Agrega predicte radici centum quadraginta septem, et agregatum divide per triginta; et exibunt septem, qui sunt pretium dierum quos non servivit. Per quos divide centum quadraginta septem, et exibunt viginti unum, et tot dies non servivit. Cum autem volueris scire rem, agrega tres et septem, et fient decem, et hoc est res.

Quorum omnium probatio hec est. Sit res AB, triginta autem dies DH, quos servivit DZ, quod competit ei de re AG, quos autem non servivit ZH, et quod competit ei de pretio pro illis GB. Multiplicetur autem AG in DZ et proveniat K; igitur K est viginti septem. Et multiplicetur GB in ZH et proveniat T; igitur T est centum quadraginta septem. Manifestum est igitur quod comparatio de AG ad DZ est sicut comparatio de GB ad ZH. Id igitur quod fit ex ductu AG in ZH equum est ei quod fit ex ductu GB in DZ. Patet autem ex premissis quod omnium quatuor numerorum id quod fit ex ductu primi in secundum et tertii in quartum et producti in productum equum est ei quod fit ex ductu primi in tertium et secundi in quartum et producti in productum. Quod igitur fit ex ductu AG in DZ et GB in ZH et producti in productum, quod est id quod fit ex ductu K in T, equum est ei quod fit ex ductu AG in ZH et GB in DZ et producti in productum. Et quoniam id quod fit ex ductu AG in HZ equum est ei quod fit ex ductu GB in DZ, tunc radix producti ex ductu K in T est equalis ei quod fit ex ductu AG in ZH, et GB in DZ; que est sexaginta tres. Cum igitur volueris scire quantum est AG et quantum est DZ, sic facies. Iam scis quod id quod fit ex ductu AG in ZH est sexaginta tres. Id autem quod fit ex ductu de AG in DZ, quod est viginti septem, pone commune; et tunc id quod fit ex ductu AG in totum DH erit nonaginta. Quos divide per DH, quod est triginta, et exibit AG tres. Per quos divide

---

10394–10395 viginti septem] 27 A **10396** centum quadraginta septem] 147 A **10398** viginti septem] 27 A **10398** centum quadraginta septem] 147 A **10399** sexaginta tres] 63 A **10400** viginti septem] 27 A **10401** triginta] 30 A **10401** tres] 3 A **10402** tres] 3 A **10402** viginti septem] 27 A **10402** novem] 9 A **10404** centum quadraginta septem] 147 A **10404** agregatum] agregratum A **10404–10405** triginta] 30 A **10405** septem] 7 A **10406** centum quadraginta septem] 147 A **10406** viginti unum] 21 A **10407** servivit] servivivit A **10407** tres] 3 A **10407** septem] 7 A **10408** decem] 10 A **10409** triginta] 30 A **10412** viginti septem] 27 A **10413** centum quadraginta septem] 147 A **10416** quatuor] 4 A **10417** quartum] 4^m A **10419** quartum] 4^{tum} A **10420** GB] GH A **10420–10421** K in T] AG in DZ (v. supra) pr. scr. et corr. (K add. supra, AG & DZ exp.) A **10424–10425** sexaginta tres] 63 A **10426** sexaginta tres] 63 A **10427** viginti septem] 27 A **10428** nonaginta] 90 A **10429** triginta] 30 A **10429** tres] 3 A

viginti septem, et exibit DZ, quod est novem. Cum autem volueris scire quantum est ⟨ZH et quantum est⟩ GB, similiter sic facies. Iam scis quod id quod fit ex ductu DZ in GB est sexaginta tres. Id vero quod fit ex ductu HZ in GB, quod est centum quadraginta septem, pone commune. Deinde prosequere cetera secundum quod docuimus in sciendo AG et DZ, et exibit GB septem et ZH viginti unum. Et hoc est quod demonstrare voluimus.

A ⊢ Pretium pro quo servivit G Pretium pro eo quod non servivit B ⊣

D ⊢ Quod servivit Z Quod non servivit H ⊣

M e n s i s

K ⊢────────────── T ──────────────⊣

Ad B.219: *Figura inven. in* 𝐴 *(174^v, 13 – 27 marg.); lineæ verticales in cod.; eadem m. add. numeros, sc. 27 (ad* K*) & 147 (ad* T*).*

ITEM DE EODEM.

(**B.220**) Si quis conductus per triginta dies pro re minus decem nummis, servit autem viginti dies et accipit octo nummos, quantum valet res?

(***a***) Sic facies. Agrega octo nummos rei minus decem nummis, et fient res minus duobus nummis. Deinde viginti dies agrega triginta diebus, et fient quinquaginta dies. Quos multiplica in octo, et productum divide per viginti dies; et quod exit est pretium rei minus duobus nummis. Cui agregatis duobus nummis erit pretium rei. Causa autem huius patet.

(***b***) Vel aliter. Multiplica octo nummos in triginta dies, et productum divide per viginti dies, et ei quod exit adde decem nummos qui desunt rei; et quod provenerit erit pretium rei.

Cuius probatio hec est. Sint triginta dies linea AB, viginti autem dies sint linea BG, res autem sit linea TQ. De qua minue decem nummos, qui

---

10437–10457 Item de eodem ... figura hec est] 174^v, 21 – 31 𝐴; 49rb, 1 – 27-29 𝐵.

10430 viginti septem] 27 𝐴 **10430** novem] 9 𝐴 **10432** sexaginta tres] 63 𝐴 **10433** centum quadraginta septem] 147 𝐴 **10435** septem] 7 𝐴 **10435** viginti unum] 21 𝐴 **10438** triginta] 30 𝐴 **10438** decem] 10 𝐴 **10438** nummis] numis 𝐵 **10439** viginti] 20 𝐴 **10439** octo] 8 𝐴 **10439** nummos] numos 𝐵 **10440** octo] 8 𝐴 **10440** nummos] numos 𝐵 **10440** decem] 10 𝐴 **10440** nummis] numis 𝐵 **10441** duobus] 2^{bus} 𝐴 **10441** nummis] numis 𝐵 **10441** viginti] 20 𝐴 **10441** triginta] 30 𝐴 **10442** quinquaginta] 50 𝐴 **10442** octo] 8 𝐴 **10442–10443** viginti] 20 𝐴 **10443** duobus] 2^{bus} 𝐴 **10443** nummis] numis 𝐵 **10444** duobus] 2^{bus} 𝐴 **10444** nummis] numis *codd.* **10444** huius] hic *codd.* **10445** octo] 8 𝐴 **10445** nummos] numos 𝐵 **10445** triginta] 30 𝐴 **10446** viginti] 20 𝐴 **10446** decem] 10 𝐴 **10446** nummos] numos 𝐵 **10447** provenerit] pervenerit 𝐵 **10448** triginta] 30 𝐴 **10448** viginti] 20 𝐴 **10449** sit] sint 𝐵 **10449** decem] 10 𝐴 **10449** nummos] numos 𝐵 sint linea DQ, et remanebit linea DT pretium linee AB. Pretium autem linee GB est octo; sit autem linea DL octo. Talis autem est proportio linee AB ad lineam BG qualis est proportio linee DT ad lineam DL. Unde sunt quatuor numeri proportionales. Quod igitur fit ex ductu primi, qui est triginta, in quartum, qui est octo, si dividatur per secundum, qui est viginti, exibit DT; que est duodecim. Cui agregata DQ, que est decem, fiet linea TQ, scilicet viginti duo. Et hoc est quod res valet. Cuius figura hec est.

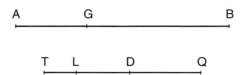

Ad B.220*b*: *Figura inven. in* $\mathcal{A}$ *(174^v, 28 – 36 marg.; lineæ verticales), om. sed spat. rel. (49rb, 28 – 29)* $\mathcal{B}$.

T] Q *cod.* Q] T *cod.*

(B.221) Si quis querat: Conductus per mensem pro re minus decem, servit quadraginta dies et accipit rem tantum, quantum valet res illa?

Hec questio vera est, nam dies quos servit plures sunt diebus mensis. In qua sic facies. Tu scis quod comparatio de triginta ad quadraginta est sicut comparatio rei minus decem ad rem. Cum autem disperseris, tunc erit comparatio de triginta ad decem sicut comparatio rei minus decem ad decem. Fac igitur sicut supra ostensum est, et exibit res minus decem triginta. Res igitur est quadraginta.

(B.221′) Si autem conductus servisset viginti dies et accepisset medietatem rei, sic faceres.

Numerum unde denominatur medietas, qui est duo, multiplica in viginti, et fient quadraginta. De quibus subtractis triginta diebus remanebunt decem; quos pone prelatum. Deinde multiplica decem, qui desunt rei, in triginta, et productum divide per prelatum, et ei quod exit adde decem nummos; et quod inde fit est id quod valet res.

10458–10465 Si quis querat ... est quadraginta] 174^v, 32 – 35 $\mathcal{A}$; $\mathcal{B}$ *deficit*.
10466–10507 Si autem conductus ... est pretium rei] 174^v, 35 – 175^r, 15 $\mathcal{A}$; 49rb, 30 – 49va, 41-43 $\mathcal{B}$.

10451 octo] 8 $\mathcal{A}$ **10451** octo *(post: DL)*] 8 $\mathcal{A}$ **10453** quatuor] 4 $\mathcal{A}$ **10453** ex ductu] ex proportionales *pr. scr. et del.* $\mathcal{B}$ **10454** triginta] 30 $\mathcal{A}$, trigita $\mathcal{B}$ **10454** quartum] 4^m $\mathcal{A}$, quantum $\mathcal{B}$ **10454** octo] 8 $\mathcal{A}$ **10455** viginti] 20 $\mathcal{A}$ **10455** duodecim] 12 $\mathcal{A}$ **10455** decem] 10 $\mathcal{A}$ **10456** viginti duo] 22 $\mathcal{A}$ **10458** decem] 10 $\mathcal{A}$ **10458** servit] serviv *pr. scr. et corr.* $\mathcal{A}$ **10459** quadraginta] 40 $\mathcal{A}$ **10461** triginta] 30 $\mathcal{A}$ **10461** quadraginta] 40 $\mathcal{A}$ **10462** decem] 10 $\mathcal{A}$ **10463** triginta] 30 $\mathcal{A}$ **10463** decem] 10 $\mathcal{A}$ **10463** decem *(post* minus*)*] 10 $\mathcal{A}$ **10464** ad] rem *add. (v. supra) et exp.* $\mathcal{A}$ **10464** decem] 10 $\mathcal{A}$ **10464** exibit] quod *add. et exp.* $\mathcal{A}$ **10464** decem] 10 $\mathcal{A}$ **10465** triginta] 30 $\mathcal{A}$ **10465** quadraginta] 40 $\mathcal{A}$ **10466** viginti] 20 $\mathcal{A}$ **10468** duo] 2 $\mathcal{A}$ **10468–10469** viginti] 20 $\mathcal{A}$ **10469** quadraginta] 40 $\mathcal{A}$ **10469** triginta] 30 $\mathcal{A}$ **10470** decem *(post* multiplica*)*] 10 $\mathcal{A}$ **10470** desunt] sunt *pr. scr. de add. supra* $\mathcal{A}$ **10471** triginta] 30 $\mathcal{A}$ **10471** decem] 10 $\mathcal{A}$ **10472** nummos] numos $\mathcal{B}$

Cuius probatio hec est. Constat quod, postquam viginti dies servit pro medietate rei, tunc quadraginta serviret pro integra re; et idcirco multiplicamus viginti in duo. Sint ergo quadraginta dies linea GB, et triginta sint linea AB, pretium autem linee GB sit linea DT, que est res. Pretium autem linee AB est res minus decem nummis; incidam ergo de linea DT decem, qui sint linea QT, et remanebit linea DQ pretium linee AB. Talis est autem proportio linee GB ad AB qualis est proportio DT ad DQ. Deinde, cum disiunxerimus, proportio linee AG, que est decem, ad AB, que est triginta, erit talis qualis est proportio linee QT, que est decem, ad DQ. Unde sunt quatuor numeri proportionales. Quod igitur fit ex ductu linee AB, que est triginta, in QT, que est decem, si dividatur per AG, exibit DQ; que est triginta. Cui agregata linea QT fiet DT, que est quadraginta, scilicet quantum res valet. Et hoc est quod demonstrare voluimus.

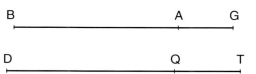

Ad B.221′: *Figura def. in* $\mathcal{A}$ *(fig. seq. tantum hab.), om. sed spat. rel. (49va, 8 – 9)* $\mathcal{B}$.

(**B.221″**) Si autem accepit medietatem rei et nummum, sic facies.

Numerum unde denominatur medietas, qui est duo, multiplica in viginti, et provenient quadraginta. Deinde medietatem rei et nummum multiplica in duo, et provenient res et duo nummi. Deinde minue triginta dies de quadraginta, et remanebunt decem; quos pone prelatum. Deinde agrega duos nummos ad decem, qui desunt, et fient duodecim. Quos multiplica in triginta, et provenient trescenta et sexaginta. Quos divide per prelatum, et ei quod exit adde decem. Et id quod fit est pretium rei, scilicet quadraginta sex.

Cuius probatio hec est. Constat quod, postquam viginti dies servivit pro medietate rei et uno nummo, serviret etiam quadraginta dies pro re integra et duobus nummis. Sint ergo quadraginta dies linea BG, res vero

---

10473 hec est] est hec $\mathcal{A}$ 10473 viginti] 20 $\mathcal{A}$ 10474 quadraginta] 40 $\mathcal{A}$ 10474 idcirco] iccirco $\mathcal{B}$ 10475 viginti] 20 $\mathcal{A}$ 10475 duo] 2 $\mathcal{A}$ 10475 quadraginta] 40 $\mathcal{A}$ 10475 triginta] 30 $\mathcal{A}$ 10477 decem] 10 $\mathcal{A}$ 10477 nummis] numis $\mathcal{B}$ 10477–10478 decem] 10 $\mathcal{A}$ 10480 disiunxerimus, proportio] *om. sed spat. rel.* $\mathcal{B}$ 10480 decem] 10 $\mathcal{A}$ 10481 triginta] 30 $\mathcal{A}$ 10481 qualis] *bis scr.* $\mathcal{B}$ 10481 decem] 10 $\mathcal{A}$ 10482 quatuor] 4 $\mathcal{A}$ 10483 triginta] 30 $\mathcal{A}$ 10483 decem] 10 $\mathcal{A}$ 10484 triginta ... que est] *per homœotel. om.* $\mathcal{B}$ 10484 triginta] 30 $\mathcal{A}$ 10484 fiet] fient *pr. scr. et corr.* $\mathcal{A}$ 10484 quadraginta] 40 $\mathcal{A}$ 10485 demonstrare] monstrare $\mathcal{B}$ 10486 nummum] numum $\mathcal{B}$ 10487 duo] 2 $\mathcal{A}$ 10487–10488 viginti] 20 $\mathcal{A}$ 10488 quadraginta] 40 $\mathcal{A}$ 10488 nummum] numum $\mathcal{B}$ 10489 duo] 2 $\mathcal{A}$ 10489 provenient] proveniet $\mathcal{B}$ 10489 duo] 2 $\mathcal{A}$ 10489 nummi] numi $\mathcal{B}$ 10489 triginta] 30 $\mathcal{A}$ 10490 quadraginta] 40 $\mathcal{A}$ 10490 decem] 10 $\mathcal{A}$ 10491 duos] 2 $\mathcal{A}$ 10491 nummos] numos $\mathcal{B}$ 10491 decem] 10 $\mathcal{A}$ 10491 duodecim] 12 $\mathcal{A}$ 10492 triginta] 30 $\mathcal{A}$ 10492 trescenta et sexaginta] 360 $\mathcal{A}$ 10493 decem] 10 $\mathcal{A}$ 10493–10494 quadraginta sex] 46 $\mathcal{A}$, quadraginta res $\mathcal{B}$ 10495 viginti] 20 $\mathcal{A}$ 10496 nummo] numo $\mathcal{B}$ 10496 quadraginta] 40 $\mathcal{A}$ 10497 duobus] 2^{bus} $\mathcal{A}$ 10497 nummis] numis $\mathcal{B}$ 10497 quadraginta] 40 $\mathcal{A}$

et duo nummi sint linea DL, res vero DT, sed duo nummi sint linea TL, triginta vero dies sint linea AB. Cuius pretium est res minus decem nummis, incide ergo de linea DT decem; qui sunt linea QT, et remanebit linea DQ, scilicet pretium linee AB. Talis est autem proportio linee BG ad AB qualis est proportio linee DL ad QD. Cum autem disiunxerimus, tunc proportio linee AG ad AB erit sicut proportio linee QL ad QD. Unde sunt quatuor numeri proportionales. Quod igitur fit ex ductu linee AB, que est triginta, in QL, que est duodecim, si dividatur per AG, exibit DQ; cui addita linea QT, que est decem, erit linea DT, que est quadraginta sex, quod est pretium rei.

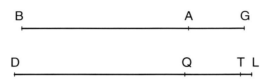

Ad B.221″:   *Figura inven. in* $\mathcal{A}$ *(175^r, 15; lineatæ), om. sed spat. rel. (49va, 42 – 43)* $\mathcal{B}$.

(**B.222**) Si quis querat: Conductus per mensem pro re minus viginti servit quinquaginta dies et accipit rem et decem, quantum valet res?

Iam scis quod comparatio de triginta ad quinquaginta est sicut comparatio rei minus viginti ad rem et decem. Cum autem disperseris, tunc comparatio de triginta ad viginti erit sicut comparatio rei minus viginti ad triginta. Fac ergo sicut supra ostendimus, et erit res minus viginti quadraginta quinque. Res igitur est sexaginta quinque.

(**B.223**) Si quis querat: Conductus per mensem pro viginti censibus servit sex dies et accipit octo radices unius census, quantum est census et quantum est radix eius?

Modus agendi in hac questione et in consimilibus secundum algebra et secundum multiplicationem idem est. Dicam igitur modum agendi in ea secundum algebra, ex quo apparebit modus agendi secundum multiplicationem. Scilicet, divide triginta per sex, et exibunt quinque. Quos multiplica in octo res, et provenient quadraginta res; que adequantur vi-

---

10508–10550 Si quis querat ... diebus mensis] 175^r, 16 – 35 $\mathcal{A}$; $\mathcal{B}$ *deficit*.

10498 duo] 2 $\mathcal{A}$ **10498** nummi] numi $\mathcal{B}$ **10498** duo] 2 $\mathcal{A}$ **10498** nummi] numi $\mathcal{B}$
10499 triginta] 30 $\mathcal{A}$ **10499** decem] 10 $\mathcal{A}$ **10499–10500** nummis] numis $\mathcal{B}$ **10500** decem] 10 $\mathcal{A}$ **10500** qui] *corr. ex* que $\mathcal{A}$ **10502** disiunxerimus] dixiuncxerimus $\mathcal{B}$ **10504** quatuor] 4 $\mathcal{A}$ **10505** triginta] 30 $\mathcal{A}$ **10505** duodecim] 12 $\mathcal{A}$ **10506** decem] 10 $\mathcal{A}$ **10506** quadraginta sex] 46 $\mathcal{A}$ **10508** viginti] 20 $\mathcal{A}$ **10508** servit] serviv *pr. scr. et corr.* $\mathcal{A}$ **10509** quinquaginta] 40 *(sic)* $\mathcal{A}$ **10509** decem] 10 $\mathcal{A}$ **10510** triginta] 30 $\mathcal{A}$ **10510** quinquaginta] 50 $\mathcal{A}$ **10511** viginti] 20 $\mathcal{A}$ **10511** decem] 10 $\mathcal{A}$ **10512** triginta] 30 $\mathcal{A}$ **10512** viginti] 20 $\mathcal{A}$ **10512** viginti *(post* minus*)*] 20 $\mathcal{A}$ **10513** triginta] 30 $\mathcal{A}$ **10513** viginti] 20 $\mathcal{A}$ **10513–10514** quadraginta quinque] 45 *(corr. ex* 40*)* $\mathcal{A}$ **10514** sexaginta quinque] 65 $\mathcal{A}$ **10515** viginti] 20 $\mathcal{A}$ **10516** sex] 6 $\mathcal{A}$ **10516** octo] 8 $\mathcal{A}$ **10520** quo] qua $\mathcal{A}$ **10521** triginta] 36 *pr. scr. mut. in* 30 $\mathcal{A}$ **10521** sex] 6 *(corr. ex* 60*)* $\mathcal{A}$ **10521** quinque] 5 $\mathcal{A}$ **10522** octo] 8 $\mathcal{A}$ **10522** quadraginta] 40 $\mathcal{A}$ **10522–10523** viginti] 20 $\mathcal{A}$

ginti censibus. Postquam igitur viginti census equantur quadraginta rebus, tunc unus census equalis est duabus rebus ⟨et res est duo⟩. Census igitur est quatuor.

Similiter facies in omnibus questionibus consimilibus.

(**B.224**) Si quis querat: Conductus per mensem pro re minus viginti servit quinque dies et accipit rem minus quadraginta quinque.

Iam scis quod comparatio de triginta ad quinque est sicut comparatio rei minus viginti ad rem minus quadraginta quinque. Cum autem disperserimus et permutaverimus, tunc comparatio de viginti quinque ad viginti quinque, que sunt differentia inter rem minus quadraginta quinque et rem minus viginti, erit sicut comparatio de quinque ad rem minus quadraginta quinque. Erit igitur res minus quadraginta quinque quinque. Res igitur est quinquaginta. Et hoc est quod voluisti.

(**B.225**) Si quis querat: Conductus per mensem pro re minus viginti servit tres dies et accipit medietatem rei minus viginti.

Iam scis quod si serviret sex dies, acciperet rem minus quadraginta. Quasi ergo dicatur: 'Conductus per mensem pro re minus viginti servit sex dies et accipit rem minus quadraginta'. Fac sicut premonstratum est, et exibit quod voluisti.

(**B.226**) Si quis querat: Conductus per mensem pro re minus viginti servit decem dies et accipit rem minus quinque.

Hec questio falsa est. Nam res minus viginti minus est quam res minus quinque; accepit igitur plus pro parte mensis quam pro toto mense, quod est falsum. Si autem dies quos servit essent plures diebus mensis, tunc esset vera.

(**B.226'**) Similiter si quis querat: Conductus per mensem pro re minus decem servit quinque dies et accipit rem tantum, aut accipit rem et nummum unum; hec est falsa, nisi dies quos servit fuerint plures diebus mensis.

Item de eodem aliter

(**B.227**) Si quis querat: Conductus per mensem pro decem nummis et tribus sextariis annone inequalis pretii, quorum primi pretium vincat se-

---

10551–10768 Item de eodem aliter ... nichilque persolvens] $175^r, 35 - 176^v, 19$ $\mathcal{A}$; $49^{va}, 43\text{-}44 - 51^{ra}, 43$ $\mathcal{B}$.

10523 viginti] 20 $\mathcal{A}$ **10523** quadraginta] 40 $\mathcal{A}$ **10524** equalis] equale $\mathcal{A}$ **10524** duabus] 2 $\mathcal{A}$ **10525** quatuor] 4 $\mathcal{A}$ **10527** viginti] 20 $\mathcal{A}$ **10528** quinque] 5 $\mathcal{A}$ **10528** quadraginta quinque] 45 $\mathcal{A}$ **10529** triginta] 30 $\mathcal{A}$ **10529** quinque] 5 $\mathcal{A}$ **10530** viginti] 20 $\mathcal{A}$ **10530** quadraginta quinque] 45 $\mathcal{A}$ **10531** permutaverimus] ad 25 *add. et del.* $\mathcal{A}$ **10531** viginti quinque] 25 *(corr. ex* 20*)* $\mathcal{A}$ **10531–10532** viginti quinque] 25 $\mathcal{A}$ **10532** sunt] est $\mathcal{A}$ **10532** quadraginta quinque] 45 $\mathcal{A}$ **10533** viginti] 20 $\mathcal{A}$ **10533** quinque] 5 $\mathcal{A}$ **10533–10534** quadraginta quinque] 45 $\mathcal{A}$ **10534** quadraginta quinque] 45 $\mathcal{A}$ **10534** quinque] 5 $\mathcal{A}$ **10535** quinquaginta] 50 $\mathcal{A}$ **10536** viginti] 20 $\mathcal{A}$ **10537** tres] 3 $\mathcal{A}$ **10537** viginti] 20 $\mathcal{A}$ **10538** sex] 6 $\mathcal{A}$ **10538** quadraginta] 40 $\mathcal{A}$ **10539** viginti] 20 $\mathcal{A}$ **10539** sex] 6 $\mathcal{A}$ **10540** quadraginta] 40 $\mathcal{A}$ **10542** viginti] 20 $\mathcal{A}$ **10543** decem] 10 $\mathcal{A}$ **10543** quinque] 5 $\mathcal{A}$ **10544** viginti] 20 $\mathcal{A}$ **10545** quinque] 5 $\mathcal{A}$ **10548–10549** decem] 10 $\mathcal{A}$ **10549** quinque] 5 $\mathcal{A}$ **10550** unum] 1 $\mathcal{A}$ **10550** plures] ples $\mathcal{A}$ **10551** *tit.*] *om. sed spat. hab.* $\mathcal{B}$ **10552** decem] 10 $\mathcal{A}$ **10552** nummis] numis $\mathcal{B}$ **10553** tribus] 3 $\mathcal{A}$

cundum duobus nummis, secundus quoque vincit tertium duobus nummis, servit autem decem dies et accipit medietatem tertii et tertiam secundi et quartam primi, et insuper reddit conductori quinque nummos, tunc quantum valet unusquisque sextarius?

Sic facies. Sit res pretium tertii; pretium vero secundi erit res et duo nummi, pretium vero primi erit res et quatuor nummi. Pretium igitur trium sextariorum est tres res et sex nummi. Quibus adde decem nummos, et fient tres res et sexdecim nummi, quod est pretium totius mensis. [Dictum est enim pretium mensis esse decem nummos et tres sextarios, et manifestum est pretium trium sextariorum esse tres res et sex nummos, constat igitur quod pretium mensis est tres res et sexdecim nummi.] Servivit autem decem dies, et accipit medietatem tertii et tertiam secundi et quartam primi. Sed agregate medietas tertii et tertia secundi et quarta primi fiunt res una et dimidia sexta rei et unus nummus et due tertie nummi; de quibus subtractis quinque nummis quos persolvit remanet res et dimidia sexta rei minus tribus nummis et minus tertia nummi. Quod est pretium decem dierum. Oportet igitur ut pretium totius mensis sint tres res et quarta rei minus decem nummis; que equivalent pretio mensis quod est tres res et sexdecim nummi. Fac igitur sicut supra docui in algebra. Scilicet ut compleas tres res et quartam rei adiectis decem nummis, et adde totidem tribus rebus et sexdecim nummis; deinde minue tres res de tribus rebus et quarta rei; et remanebit quarta rei, que equivalet viginti sex nummis. Res igitur valet centum et quatuor nummos. Quod est pretium tertii sextarii, pretium vero secundi est centum et sex, primi vero centum et octo.

Si autem volueris hoc experiri, id est scire quomodo pro servitio decem dierum accipit medietatem tertii et tertiam secundi et quartam primi et

10554 duobus] 2 $\mathcal{A}$ 10554 nummis] numis $\mathcal{B}$ 10554 duobus] 2 $\mathcal{A}$ 10554 nummis] numis $\mathcal{B}$ 10555 decem] 10 $\mathcal{A}$ 10556 quartam] $\frac{am}{4}$ $\mathcal{A}$ 10556 quinque] 5 $\mathcal{A}$ 10556 nummos] numos $\mathcal{B}$ 10558 Sic] Et sic $\mathcal{B}$ 10558 erit] sit codd.   10558 duo] 2 $\mathcal{A}$ 10559 nummi] numi $\mathcal{B}$ 10559 erit] sit codd.   10559 quatuor] 4 $\mathcal{A}$ 10559 nummi] numi $\mathcal{B}$ 10560 trium] 3 $\mathcal{A}$ 10560 tres] 3 $\mathcal{A}$ 10560 sex] 6 $\mathcal{A}$ 10560 nummi] numi $\mathcal{B}$ 10560 decem] 10 $\mathcal{A}$ 10560–10561 nummos] numos $\mathcal{B}$ 10561 sexdecim] 16 $\mathcal{A}$ 10561 nummi] numi $\mathcal{B}$ 10562 decem] 10 $\mathcal{A}$ 10562 nummos] numos $\mathcal{B}$ 10562 tres] 3 $\mathcal{A}$ 10563 trium] 3 $\mathcal{A}$ 10563 tres] 3 $\mathcal{A}$ 10563 sex] 6 $\mathcal{A}$ 10563–10564 nummos] numos $\mathcal{B}$ 10564 tres] 3 $\mathcal{A}$ 10564 sexdecim] 16 $\mathcal{A}$ 10564 nummi] numis (s exp.) $\mathcal{B}$ 10565 decem] 10 $\mathcal{A}$ 10565 tertiam] $\frac{a}{3}$ (sic) $\mathcal{A}$ 10566 quartam] $\frac{a}{4}$ (sic) $\mathcal{A}$ 10566 tertia] $\frac{a}{3}$ $\mathcal{A}$ 10566–10567 quarta] $\frac{a}{4}$ $\mathcal{A}$ 10567 nummus] numus $\mathcal{B}$ 10567 due tertie] $\frac{2}{3}$ $\mathcal{A}$ 10568 nummi] numi $\mathcal{B}$ 10568 quinque] 5 $\mathcal{A}$ 10568 nummis] numis $\mathcal{B}$ 10569 dimidia sexta] dimidia $\frac{a}{6}$ $\mathcal{A}$ 10569 tribus] 3 $\mathcal{A}$ 10569 nummis] numis $\mathcal{B}$ 10569 et minus] minus et $\mathcal{B}$ 10569 tertia] $\frac{a}{3}$ $\mathcal{A}$ 10569 nummi] numi $\mathcal{B}$ 10570 decem] 10 $\mathcal{A}$ 10570 dierum] rerum $\mathcal{A}$ 10570 Oportet igitur] sign. lectoris (+) in marg. $\mathcal{B}$ 10571 tres] 3 $\mathcal{A}$ 10571 quarta] $\frac{a}{4}$ $\mathcal{A}$ 10571 decem] 10 $\mathcal{A}$ 10571 nummis] numis $\mathcal{B}$ 10572 tres] 3 $\mathcal{A}$ 10572 sexdecim] 16 $\mathcal{A}$ 10572 nummi] numi $\mathcal{B}$ 10572–10573 algebra] agebla $\mathcal{B}$ 10573 tres] 3 $\mathcal{A}$ 10573 quartam] $\frac{am}{4}$ $\mathcal{A}$ 10573 decem] 10 $\mathcal{A}$ 10573 nummis] numis $\mathcal{B}$ 10574 sexdecim] 16 $\mathcal{A}$ 10574 nummi] numis $\mathcal{B}$ 10574 tres] 3 $\mathcal{A}$ 10575 tribus] 3 $\mathcal{A}$ 10575 quarta] $\frac{a}{4}$ $\mathcal{A}$ 10575 quarta] $\frac{a}{4}$ $\mathcal{A}$ 10575 viginti sex] 26 $\mathcal{A}$ 10576 nummis] numis $\mathcal{B}$ 10576 centum et quatuor] 104 $\mathcal{A}$ 10576 nummos] numos $\mathcal{B}$ 10577 centum et sex] 106 $\mathcal{A}$ 10577–10578 centum et octo] 108 $\mathcal{A}$ 10579 quomodo] quo modo $\mathcal{B}$ 10579 decem] 10 $\mathcal{A}$ 10580 tertiam] $\frac{am}{3}$ $\mathcal{A}$ 10580 quartam] $\frac{am}{4}$ $\mathcal{A}$

insuper reddit quinque nummos: Agrega pretia trium sextariorum decem nummis, et fient trescenti viginti octo nummi, qui sunt pretium mensis. Constat autem eum servisse tertia parte mensis. Unde debetur ei tertia pars pretii, que est centum et novem et tertia. Sed quia pro servitio decem dierum accipit medietatem tertii et tertiam secundi et quartam primi, tu, agrega medietatem de centum et quatuor ad tertiam de centum et sex et ad quartam de centum et octo, et fient centum et quatuordecim et tertia; de quibus subtractis quinque nummis quos persolvit remanent centum et novem et tertia; que equivalent ei quod accepit pro servitio decem dierum.

ITEM DE EODEM.

(B.228) Si quis conductus per mensem pro decem nummis et tribus sextariis inequalis pretii, quorum primus prevalet secundo tribus nummis, secundus quoque prevalet tertio tribus nummis, servit autem decem dies et accipit medietatem tertii et tertiam secundi et quartam primi, tunc quantum est pretium uniuscuiusque sextarii?

Sic facies. Pretium tertii sit una res; ergo pretium secundi erit res et tres nummi, et pretium primi erit res et sex nummi. Pretium igitur trium sextariorum est tres res ⟨et novem nummi. Quibus adde decem nummos, et fient tres res⟩ et decem et novem nummi; quod est pretium mensis. Et quia pro servitio decem dierum accipit medietatem tertii et tertiam secundi et quartam primi, tunc agrega medietatem tertii et tertiam secundi et quartam primi, et fient res et dimidia ⟨sexta⟩ et duo nummi et dimidius. Quod est pretium tertie partis mensis. Unde oportet ut pretium totius mensis sit tres res et quarta rei et septem nummi et dimidius; que equivalent tribus rebus et decem et novem nummis. Minue igitur res de rebus et nummos de nummis, et remanebit ad ultimum quarta rei, que equivalet undecim nummis et dimidio. Res igitur equivalet quadraginta sex nummis. Qui sunt pretium tertii sextarii; pretium igitur medii sunt quadraginta novem,

---

10581 quinque] 5 $\mathcal{A}$ 10581 nummos] numos $\mathcal{B}$ 10581 trium] 3 $\mathcal{A}$ 10581 decem] 10 $\mathcal{A}$ 10582 nummis] numis $\mathcal{B}$ 10582 trescenti viginti octo] 328 $\mathcal{A}$ 10582 nummi] numi $\mathcal{B}$ 10583 tertia] $\frac{a}{3}$ $\mathcal{A}$ 10583 tertia (post ei)] $\frac{a}{3}$ $\mathcal{A}$ 10584 centum et novem] 109 $\mathcal{A}$ 10584 tertia] $\frac{a}{3}$ $\mathcal{A}$ 10584 decem] 10 $\mathcal{A}$ 10585 tertiam] $\frac{a}{3}$ (sic) $\mathcal{A}$ 10585 quartam] $\frac{a}{4}$ (sic) $\mathcal{A}$ 10586 medietatem] $\frac{tem}{2}$ $\mathcal{A}$ 10586 centum et quatuor] 104 $\mathcal{A}$ 10586 tertiam] $\frac{a}{3}$ (sic) $\mathcal{A}$ 10586 centum et sex] 106 $\mathcal{A}$ 10587 quartam] $\frac{am}{4}$ $\mathcal{A}$ 10587 centum et octo] 108 $\mathcal{A}$ 10587 centum et quatuordecim] 114 $\mathcal{A}$ 10587 tertia] $\frac{a}{3}$ $\mathcal{A}$ 10588 quinque] 5 $\mathcal{A}$ 10588 nummis] numis $\mathcal{B}$ 10588–10589 centum et novem] 109 $\mathcal{A}$ 10589 tertia] $\frac{a}{3}$ $\mathcal{A}$ 10589 decem] 10 $\mathcal{A}$ 10591 decem] 10 $\mathcal{A}$ 10591 nummis] numis $\mathcal{B}$ 10591 tribus] 3 $\mathcal{A}$ 10592 prevalet] valet pr. scr. et pre add. supra $\mathcal{A}$ 10592 nummis] numis $\mathcal{B}$ 10593 tribus (post tertio)] 3 $\mathcal{A}$ 10593 nummis] numis $\mathcal{B}$ 10593 decem] 10 $\mathcal{A}$ 10594 medietatem] $\frac{em}{2}$ $\mathcal{A}$ 10594 tertiam] $\frac{am}{3}$ $\mathcal{A}$ 10594 quartam] $\frac{am}{4}$ $\mathcal{A}$ 10596 una] 1 $\mathcal{A}$ 10597 tres] 3 $\mathcal{A}$ 10597 nummi] numi $\mathcal{B}$ 10597 sex] 6 $\mathcal{A}$ 10597 nummi] numi $\mathcal{B}$ 10597 trium] 3 $\mathcal{A}$ 10598 tres] 3 $\mathcal{A}$ 10599 decem et novem] 19 $\mathcal{A}$ 10599 nummi] numi $\mathcal{B}$ 10599 mensis] numis $\mathcal{B}$ 10600 decem] 10 $\mathcal{A}$ 10600 medietatem] $\frac{em}{2}$ $\mathcal{A}$ 10600 tertiam] $\frac{am}{4}$ $\mathcal{A}$ 10601 quartam] $\frac{am}{4}$ $\mathcal{A}$ 10601 tertii] corr. ex tertiu $\mathcal{A}$ 10601 tertiam] $\frac{am}{3}$ $\mathcal{A}$ 10601–10602 quartam] $\frac{am}{4}$ $\mathcal{A}$ 10602 duo] 2 $\mathcal{A}$ 10602 nummi] numi $\mathcal{B}$ 10602 Quod] quedam $\mathcal{B}$ 10604 tres] 3 $\mathcal{A}$ 10604 quarta] $\frac{a}{4}$ $\mathcal{A}$ 10604 septem] 7 $\mathcal{A}$ 10604 nummi] numi $\mathcal{B}$ 10604 dimidius] $\frac{us}{2}$ $\mathcal{A}$ 10604 tribus] 3^{bus} $\mathcal{A}$ 10605 decem et novem] 19 $\mathcal{A}$ 10605 nummis] numis $\mathcal{B}$ 10605 nummos] numos $\mathcal{B}$ 10606 nummis] numis $\mathcal{B}$ 10606 quarta] $\frac{a}{4}$ $\mathcal{A}$ 10606 undecim] 11 $\mathcal{A}$ 10607 nummis] numis $\mathcal{B}$ 10607 quadraginta sex] 46 $\mathcal{A}$ 10607 nummis] numis $\mathcal{B}$ 10608 quadraginta novem] 49 $\mathcal{A}$

primi vero quinquaginta duo.

Si autem hoc volueris experiri: Agrega pretia trium sextariorum decem nummis, et fient centum et quinquaginta septem, qui sunt pretium mensis. Constat autem eum servisse tertia parte mensis, debet ergo accipere tertiam partem pretii, que est quinquaginta duo et tertia. Sed quia pro servitio decem dierum accipit medietatem tertii et tertiam secundi et quartam primi, tunc agrega medietatem de quadraginta sex et tertiam de quadraginta novem et quartam quinquaginta duorum; et fient quinquaginta duo et tertia, qui equivalent pretio decem dierum.

ITEM DE EODEM.

(B.229) Si quis conductus per mensem pro tribus sextariis inequalis pretii, quorum primus prevalet secundo tribus nummis, secundus vero prevalet tertio duobus nummis, servit autem decem dies et accipit medietatem tertii et tertiam secundi et quartam primi, tunc quantum est pretium uniuscuiusque sextarii?

Sic facies. Sit pretium tertii una res; secundi igitur pretium erit res et tres nummi, et pretium primi erit res et quinque nummi. Agrega igitur pretia omnium sextariorum, et fient tres res et octo nummi; quod est pretium mensis. Sed quia pro servitio decem dierum accipit medietatem tertii et tertiam secundi et quartam primi, tu, agrega medietatem tertii, que est dimidia res, cum tertia secundi, que est tertia pars rei et unus nummus, et cum quarta primi, que est quarta rei et nummus unus et quarta nummi, et fient simul omnia una res et dimidia sexta rei et duo nummi et quarta; que omnia sunt pretium tertie partis mensis. Triplica igitur illa, et fient tres res et quarta rei et sex nummi et tres quarte nummi, quod est pretium mensis; et equivalet etiam pretio mensis quod est tres res et octo nummi. Minue ergo res de rebus et nummos de nummis, et remanebit ad ultimum quarta rei, que equivalet uni et quarte unius. Res igitur est quinque. Qui sunt pretium tertii sextarii; secundi vero pretium ⟨est⟩ septem nummi, primi

---

10609 quinquaginta duo] 52 $\mathcal{A}$, quadraginta duo $\mathcal{B}$ **10610** trium] $\frac{um}{3}$ $\mathcal{A}$ **10610** decem] 10 $\mathcal{A}$ **10611** nummis] numis $\mathcal{B}$ **10611** centum et quinquaginta septem] 157 $\mathcal{A}$ **10612** tertia] $\frac{a}{3}$ $\mathcal{A}$ **10612** tertiam] $\frac{am}{3}$ $\mathcal{A}$ **10613** quinquaginta duo] 52 $\mathcal{A}$ **10613** tertia] $\frac{a}{3}$ $\mathcal{A}$ **10613–10614** decem] 10 $\mathcal{A}$ **10614** tertiam] $\frac{am}{3}$ $\mathcal{A}$ **10614** quartam] $\frac{am}{4}$ $\mathcal{A}$ **10615** medietatem] $\frac{tem}{2}$ $\mathcal{A}$ **10615** quadraginta sex] 64 $\mathcal{A}$, sexaginta quatuor $\mathcal{B}$ **10615** tertiam] $\frac{a}{3}$ (sic) $\mathcal{A}$ **10615–10616** quadraginta novem] 49 $\mathcal{A}$ **10616** quartam] $\frac{am}{4}$ $\mathcal{A}$ **10616** quinquaginta duorum] 50 duorum $\mathcal{A}$ **10616** quinquaginta duo] 52 $\mathcal{A}$ **10616** tertia] $\frac{a}{3}$ $\mathcal{A}$ **10617** qui] que $\mathcal{B}$ **10617** decem] 10 $\mathcal{A}$ **10619** tribus] 3 $\mathcal{A}$ **10620** nummis] numis $\mathcal{B}$ **10621** duobus] 2^{bus} $\mathcal{A}$ **10621** nummis] numis $\mathcal{B}$ **10621** decem] 10 $\mathcal{A}$ **10622** tertiam] $\frac{am}{3}$ $\mathcal{A}$ **10622** quartam] $\frac{am}{4}$ $\mathcal{A}$ **10624** tertii] primi codd. **10624** una] 1 $\mathcal{A}$ **10625** tres] 3 $\mathcal{A}$ **10625** nummi] numi $\mathcal{B}$ **10625** quinque] 5 $\mathcal{A}$ **10625** nummi] numi $\mathcal{B}$ **10626** tres] 3 $\mathcal{A}$ **10626** octo] 8 $\mathcal{A}$ **10627** decem] 10 $\mathcal{A}$ **10628** quartam] $\frac{am}{4}$ $\mathcal{A}$ **10629** dimidia] $\frac{a}{2}$ $\mathcal{A}$, dimia $\mathcal{B}$ **10629** tertia] $\frac{a}{3}$ $\mathcal{A}$ **10629** tertia (post est)] $\frac{a}{3}$ $\mathcal{A}$ **10629** unus] 1 $\mathcal{A}$ **10629** nummus] numus $\mathcal{B}$ **10630** quarta] $\frac{a}{4}$ $\mathcal{A}$ **10630** quarta (post est)] $\frac{a}{4}$ $\mathcal{A}$ **10630** nummus] numus $\mathcal{B}$ **10630** unus] 1 $\mathcal{A}$ **10630** quarta] $\frac{a}{4}$ $\mathcal{A}$ **10630** nummi] numi $\mathcal{B}$ **10631** dimidia sexta] dimidia $\frac{a}{6}$ $\mathcal{A}$ **10631** duo] 2 $\mathcal{A}$ **10631** nummi] numi $\mathcal{B}$ **10631** quarta] $\frac{a}{4}$ $\mathcal{A}$ **10632** tres] 3 $\mathcal{A}$ **10633** quarta] $\frac{a}{4}$ $\mathcal{A}$ **10633** sex] 6 $\mathcal{A}$ **10633** nummi] numi $\mathcal{B}$ **10633** tres quarte] $\frac{3}{4}$ $\mathcal{A}$ **10633** nummi] numi $\mathcal{B}$ **10634** tres] 3 $\mathcal{A}$ **10634** octo] 8 $\mathcal{A}$ **10634** nummi] numi $\mathcal{B}$ **10635** nummos] numos $\mathcal{B}$ **10635** nummis] numis $\mathcal{B}$ **10635** quarta] $\frac{a}{4}$ $\mathcal{A}$ **10636** quarte] $\frac{e}{4}$ $\mathcal{A}$ **10636** quinque] 5 $\mathcal{A}$ **10637** septem] 7 $\mathcal{A}$ **10637** nummi] numi $\mathcal{B}$

vero pretium est decem nummi.

Item de eodem aliter

(**B.230**) Aliquis conductus per mensem pro decem nummis, si servit toto mense accipit ⟨illos⟩ decem nummos, aut si nulla die mensis servit amittit illos decem nummos et insuper persolvit conductori duos nummos; si partim servit partim non et evadit nichil accipiens nichilque persolvens, tunc quot dies servit et quot pretermittit?

(***a***) Sic facies. Agrega duos nummos, quos persolveret, decem nummis, et fient duodecim, pro quibus conduceretur aliquis alius. Deinde multiplica duo in dies mensis et productum divide per duodecim; et exibunt quinque dies, et tot diebus servivit [ceteris autem diebus mensis nichil servivit]. Si autem volueris scire quot diebus non servivit, multiplica decem in triginta, et provenient trescenti. Quos divide per duodecim, et exibunt viginti quinque, et tot sunt dies quos non servivit.

Cuius rei causa hec est. Constat enim quod comparatio dierum quos servivit ad dies mensis, qui sunt triginta, est sicut comparatio pretii dierum quos servivit ad pretium totius mensis, quod est decem. Unde sunt quatuor numeri proportionales. Quod igitur fit ex ductu primi, qui est id quod servit de mense, in decem nummos equum est ei quod fit ex triginta ductis in pretium dierum quos servit. Constat etiam quod comparatio dierum quos non servivit ad triginta dies est sicut comparatio eius quod debet persolvere de duobus nummis ad duos nummos. Unde sunt quatuor numeri proportionales. Quod igitur fit ex ductu dierum quos non servit in duos nummos equum est ei quod fit ex triginta ductis in id quod debet persolvere. Constat autem quod id quod debet accipere pro eo quod servivit equum est ei quod debet persolvere pro eo quod non servivit; dictum est enim quod nec accepit aliquid nec persolvit aliquid. Manifestum est igitur quod id quod fit ex triginta ductis in id quod debet accipere equum est ei quod fit ex triginta ductis in id quod debet persolvere pro diebus quos non servivit. Monstratum est autem quod id quod fit ex triginta ductis in id quod debet accipere equum est ei quod fit ex ductu dierum quos servivit in pretium mensis, quod est decem nummi. Monstratum est etiam quod id quod fit ex

---

10638 decem] 10 *A*   **10638** nummi] numi *B*   **10639** Item de eodem aliter] *om. sed spat. rel.* *B*   **10640** decem] 10 *A*   **10640** nummis] numis *B*   **10641** decem] 10 *A*   **10641** nummos] numos *B*   **10642** decem] 10 *A*   **10642** nummos] numos *B*   **10642** duos] 2 *A*   **10642** nummos] numos *B*   **10642** si] set *B*   **10643** quot] quod *B*   **10644** servit] solvit *B*   **10645** duos] 2 *A*   **10645** nummos] numos *B*   **10645** decem] 10 *A*   **10645** nummis] numis *B*   **10646** duodecim] 12 *A*   **10647** duo] 2 *A*   **10647** duodecim] 12 *A*   **10647** quinque] 5 *A*   **10648** diebus *(post* autem*)*] dio *pr. scr. et corr.* *B*   **10649** decem] 10 *A*   **10649**–**10650** triginta] 30 *A*   **10650** trescenti] 300 *A*   **10650** duodecim] 12 *A*   **10650**–**10651** viginti quinque] 25 *A*   **10653** qui sunt triginta] *sign. lectoris (+) in marg.* *B*   **10653** triginta] 30 *A*   **10654** decem] 10 *A*   **10654**–**10655** quatuor] 4 *A*   **10656** decem] 10 *A*   **10656** nummos] numos *B*   **10656** triginta] 30 *A*   **10658** non servivit] nam servit *B*   **10658** triginta] 30 *A*   **10659** nummis] numis *B*   **10659** duos nummos] pretium dierum quos non servivit *codd.*   **10659** quatuor] 4 *A*   **10660** duos] 2 *A*   **10661** nummos] numos *B*   **10661** triginta] 30 *A*   **10663** pro] per *B*   **10665** triginta] 30 *A*   **10666** triginta] 30 *A*   **10667** Monstratum est autem] Manifestum est etiam *codd.*   **10667** triginta] 30 *A*   **10668** equum] ēquum *B*   **10669** decem] 10 *A*   **10669** nummi] numi *B*   **10669** Monstratum est etiam] Manifestum est etiam *codd.*

10670 ductu triginta dierum in id quod debet persolvere equum est ei quod fit ex ductu dierum quos non servivit in duos nummos. Oportet igitur ut id quod fit ex ductu dierum quos servivit de mense in decem nummos sit equum ei quod fit ex ductu dierum mensis quos non servivit in duos nummos. Unde sunt quatuor numeri proportionales. Talis est igitur proportio dierum quos
10675 servivit de mense ad eos quos non servivit de mense qualis est proportio duorum nummorum ad decem nummos. Cum autem composuerimus, tunc proportio dierum quos servivit ad eos quos servivit et pretermisit simul agregatos est sicut proportio duorum nummorum ad duos et decem simul agregatos. Constat autem quod id quod servivit et pretermisit est mensis
10680 integer. Unde proportio eius quod servivit ad triginta dies, qui sunt ipse mensis, est sicut proportio duorum [dierum] ad duodecim, qui sunt duo et decem simul agregati. Unde sunt quatuor numeri proportionales. Quod igitur fit ex ductu duorum nummorum in triginta si dividatur per duodecim exibit numerus dierum quos servivit. Causa autem inveniendi quantum
10685 ⟨non⟩ servivit de mense est sicut hec predicta, sed mutetur proportio.

Et manifestabitur veritas in hac figura. Ubi triginta sint linea AB, id autem quod servivit de mense sit linea AG, quod autem de mense non servivit sit linea GB. Deinde a puncto G protraham lineam duorum, que sit GD; quam multiplicabo in lineam GB, et proveniet superficies DB.
10690 Deinde a puncto G protraham lineam de decem; que est linea GH. Quam multiplicabo in lineam AG, et proveniet superficies AH. Superficies igitur AH equalis est superficiei DB; constat enim ex premissis quod id quod fit ex ductu eius quod servivit de mense in decem nummos equum est ei quod fit ex ductu eius quod non servivit in duos nummos. Dixit autem Euclides
10695 in sexto libro quod duarum equalium superficierum duum laterum equidistantium si duo anguli fuerint equales, tunc latera illos continentia erunt mutequefia [id est coalterna]. Sed superficies AH et BD sunt equales, et earum latera equidistantia sunt, angulus autem AGH equalis est angulo DGB; latera igitur AG et GB et DG et GH sunt mutequefia. Scilicet,
10700 talis est proportio de AG ad GB qualis est proportio de DG ad GH. Componam autem proportionem, et talis erit proportio linee AG ad lineam AB

10670 triginta] 30 $\mathcal{A}$ 10671 duos] 2 $\mathcal{A}$ 10671 nummos] numos $\mathcal{B}$ 10672 quos] qñ pr. scr. et corr. supra $\mathcal{A}$ 10672 decem] 10 $\mathcal{A}$ 10672 nummos] numos $\mathcal{B}$ 10673 duos] 2 $\mathcal{A}$ 10673 nummos] numos $\mathcal{B}$ 10674 quatuor] 4 $\mathcal{A}$ 10676 nummorum] numorum $\mathcal{B}$ 10676 decem] 10 $\mathcal{A}$ 10676 nummos] numos $\mathcal{B}$ 10677 eos] reliquos codd.   10677 pretermisit] preter misit $\mathcal{B}$ 10678 nummorum] numorum $\mathcal{B}$ 10678 duos] 2 $\mathcal{A}$ 10678 decem] 10 $\mathcal{A}$ 10679 agregatos] est sicut proportio add. (v. supra) et exp. $\mathcal{A}$ 10679 pretermisit] preter misit $\mathcal{B}$ 10680 triginta] 30 $\mathcal{A}$ 10681 duodecim] 12 $\mathcal{A}$ 10681 duo] 2 $\mathcal{A}$ 10682 decem] 10 $\mathcal{A}$ 10682 quatuor] 4 $\mathcal{A}$ 10683 duorum] 2 $\mathcal{A}$ 10683 nummorum] numorum $\mathcal{B}$ 10683 triginta] 30 $\mathcal{A}$ 10683 duodecim] 12 $\mathcal{A}$ 10684 Causa] Cum $\mathcal{B}$ 10686 Ubi] Unde codd.   10686 triginta] 30 $\mathcal{A}$ 10690 decem] 10 $\mathcal{A}$ 10691 superficies] super $\mathcal{B}$ 10692 id] ad ut vid. $\mathcal{A}$ 10693 servivit] corr. ex servit $\mathcal{A}$ 10693 decem] 10 $\mathcal{A}$ 10693 nummos] numos $\mathcal{B}$ 10694 duos] 2 $\mathcal{A}$ 10694 nummos] numos $\mathcal{B}$ 10695 sexto] 6to $\mathcal{A}$ 10695 superficierum] superfierum $\mathcal{B}$ 10695–10696 equidistantium] equistantium $\mathcal{B}$ 10696 tunc] et codd.   10697 mutequefia] mutiquefia $\mathcal{B}$ 10697 id est coalterna] id est coalterna add. supra lin. $\mathcal{A}$, id est coalterna in textu $\mathcal{B}$ 10698 equidistantia] equistantia $\mathcal{B}$ 10699 GB] BG $\mathcal{B}$ 10699 mutequefia] multe quefia $\mathcal{B}$ 10700 qualis est proportio de DG ad GH] om. $\mathcal{B}$ 10700–10701 Componam] Conponam $\mathcal{B}$

qualis est proportio linee DG ad lineam DH. Sed DG est sexta de DH, ergo AG est sexta de AB. Sed linea AB est triginta. Linea igitur AG est quinque, et tantum est quod de mense servivit. Si autem volueris hoc adinvenire per multiplicationem: Tunc quod fit ex ductu linee AG in DH equum est ei quod fit ex ductu linee DG in AB; quod igitur fit ex ductu linee DG in AB si dividatur per DH exibit AG. Et hoc est quod voluisti, sicut subiecta figura declarat.

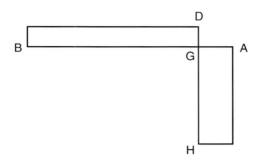

Ad B.230a: Figura inven. in $\mathcal{A}$ $(176^r, 30 - 32$ marg.$)$, om. sed spat. rel. $(50^{vb}, 15 - 19)$ $\mathcal{B}$.

(**b**) Vel aliter, ⟨scilicet⟩ ut triginta dividantur in duo quorum uno multiplicato in decem et altero in duo provenient inde equalia. Sic facies. Videlicet, sit una pars res, et hoc est quod de mense servivit, altera vero pars sit triginta minus re, et hoc est quod de mense non servivit. Multiplica igitur rem in decem, et provenient decem res. Deinde multiplica triginta minus re in duo, et provenient sexaginta nummi minus duabus rebus; que equivalent decem rebus. Comple autem sexaginta nummos adiectis duabus rebus que desunt, et adde duas res decem rebus; et fient duodecim res, que equivalent sexaginta nummis. Res igitur est quinque, et tantum est quod de mense servivit.

Ideo autem triginta dividuntur in duo quorum uno multiplicato in decem et altero in duo que proveniunt sunt equalia: quoniam constat quod id quod fit ex ductu eius quod servivit de mense in decem equum est ei quod fit ex ductu eius quod non servivit de mense in duo; constat autem, quoniam mensis est dies quos servivit et quos non servivit, quod parte mensis servivit et parte non servivit.

10702 ad lineam DH] ad lineam de DH $\mathcal{A}$, de DH $\mathcal{B}$ **10702** sexta] $\frac{a}{6}$ $\mathcal{A}$ **10703** sexta] $\frac{a}{6}$ $\mathcal{A}$ **10703** triginta] 30 $\mathcal{A}$ **10704** quinque] 5 $\mathcal{A}$ **10708** sicut] Sicur $\mathcal{B}$ **10709** triginta] 30 $\mathcal{A}$ **10709** duo] 2 $\mathcal{A}$ **10709** quorum] quarum $\mathcal{B}$ **10710** decem] 10 $\mathcal{A}$ **10710** duo] 2 $\mathcal{A}$ **10711–10712** triginta] 30 $\mathcal{A}$ **10713** decem] 10 $\mathcal{A}$ **10713** decem (ante res)] 10 $\mathcal{A}$ **10713** triginta] 30 $\mathcal{A}$ **10714** duo] 2 $\mathcal{A}$ **10714** sexaginta] 60 $\mathcal{A}$ **10714** nummi] numi $\mathcal{B}$ **10714** duabus] 2^{bus} $\mathcal{A}$ **10715** decem] 10 $\mathcal{A}$ **10715** sexaginta] 60 $\mathcal{A}$ **10715** nummos] numos $\mathcal{B}$ **10715** duabus] 2 $\mathcal{A}$ **10715** que] equivalet (sic) 10 rebus add. (v. supra) et del. $\mathcal{A}$ **10716** desunt] sunt pr. scr. et exp. $\mathcal{B}$ **10716** duas] 2 $\mathcal{A}$ **10716** decem] 10 $\mathcal{A}$ **10716** duodecim] 12 $\mathcal{A}$ **10717** sexaginta] 60 $\mathcal{A}$, LX $\mathcal{B}$ **10717** nummis] numis $\mathcal{B}$ **10717** quinque] 5 $\mathcal{A}$ **10719** triginta] 30 $\mathcal{A}$ **10719** duo] 2 $\mathcal{A}$ **10719–10720** decem] 10 (X pr. scr. et del.) $\mathcal{A}$, X $\mathcal{B}$ **10720** duo] 2 $\mathcal{A}$ **10721** decem] 10 $\mathcal{A}$ **10722** duo] 2 $\mathcal{A}$ **10723** quod] quoniam codd.

10725 (*c*) Vel aliter. Sit res id quod de mense servivit. Constat autem quod si toto mense serviret decem nummos acciperet. Manifestum est igitur quod proportio triginta dierum ad suum pretium, quod est decem, est sicut proportio dierum quos servivit, qui sunt res, ad suum pretium. Quasi ergo dicatur: 'Postquam triginta pro decem, tunc quantum est pretium
10730 rei?'. Multiplica, tu, rem in decem et productum divide per triginta, sicut diximus in capitulo de emendo et vendendo; et quod exierit est pretium rei, quod est tertia rei, et tantum est quod ⟨debebat accipere pro eo quod⟩ servivit de mense. Supra dictum est autem quod, si toto mense non servit, duos nummos persolvit. Id autem quod non servivit est triginta minus
10735 re; nam de mense servivit rem, et quod non servivit est triginta minus re. Manifestum est igitur quod proportio dierum mensis ad duos nummos quos persolvit est sicut proportio de triginta minus re ad suum pretium. Quasi ergo dicatur: 'Postquam triginta dantur pro duobus nummis, tunc quantum est pretium de triginta minus re?'. Sic facies. Multiplica triginta
10740 minus re in duos nummos, et productum divide per triginta, et exibunt duo nummi minus duabus tertiis decime rei. Qui sunt pretium de triginta minus re, qui sunt dies quos non servivit. Que equivalent tertie rei. Ideo autem equivalent tertie rei nam dictum est quod id quod debebat accipere pro eo quod servivit equum est ei quod debebat persolvere pro eo quod non
10745 servivit. Fac ergo sicut docuimus in algebra. Videlicet, comple duos nummos adiectis duabus tertiis decime rei, duas autem tertias decime rei adde tertie rei; et fient due quinte rei, que equivalent duobus nummis. Res igitur valet quinque, et tantum est quod servivit. Id autem quod non servivit est residuum mensis.

10750 (*d*) Vel aliter. Pone rem id quod de mense servivit, et erit id quod non servivit quinque res. In principio enim questionis ostendimus quod comparatio eius quod servivit ad id quod non servivit est sicut comparatio duorum, quos persolvit, ad decem, qui sunt pretium mensis; cum autem commutaverimus, comparatio decem ad duos erit sicut comparatio dierum
10755 quos non servivit ad dies quos servivit; constat autem quod decem quincupli sunt duorum; cum ergo id quod servivit de mense posuerimus rem,

---

10726 serviret] servire *B*   **10726** decem] 10 *A*   **10726** nummos] numos *B*   **10727** triginta] 30 *A*, XXX *B*   **10727** decem] 10 *A*   **10729** triginta] 30 *A*   **10729** decem] 10 *A*   **10730** rei] rerum *B*   **10730** decem] 10 *A*   **10730** triginta] 30 *A*   **10732** tertia] $\frac{a}{3}$ *A*   **10733** si] quoniam *codd.*   **10734** duos] 2 *A*   **10734** nummos] numos *B*   **10734** servivit] servit *A*   **10734** triginta] 30 *A*   **10735** triginta] 30 *A*   **10736–10737** mensis … proportio] *om. B*   **10736** duos] 2 *A*   **10737** triginta] 30 *A*   **10738** triginta] 30 *A*   **10738** duobus] 2^{bus} *A*   **10738** nummis] numis *B*   **10739** triginta] 30 *A*   **10739** Sic facies] *om. B*   **10739** triginta] 30 *A*   **10740** duos] 2 *A*   **10740** nummos] numos *B*   **10740** triginta] 30 *A*   **10740** exibunt] exibitat *B*   **10741** duo] 2 *A*   **10741** nummi] numi *B*   **10741** duabus tertiis decime] $\frac{2}{3}\text{is}\frac{e}{10}$ *A*   **10741** triginta] 30 *A*   **10742** Que equivalent tertie rei] *post* duabus tertiis decime rei *(v. supra)* habb. *codd.*   **10742** tertie] $\frac{e}{3}$ *A*   **10743** nam dictum est] *sign. lectoris (+) in marg. B*   **10744** pro] per *B*   **10745** algebra] agebla *B*   **10745** duos] 2 *A*   **10745–10746** nummos] numos *B*   **10746** duabus tertiis decime] $\frac{2}{3}\frac{e}{10}$ *A*   **10746** duas autem tertias decime] duas autem $\frac{\text{as}}{3}\frac{e}{10}$ *A*   **10747** tertie] $\frac{e}{3}$ *A*   **10747** due quinte] $\frac{2}{5}$ *A*   **10747** duobus] 2 *A*   **10747** nummis] numis *B*   **10748** quinque] 5 *A*   **10748** quod] quid *B*   **10751** quinque] 5 *A*   **10753** duorum] duos *B*   **10753** decem] 10 *A*   **10754** commutaverimus] cummutaverimus *B*   **10754** decem] 10 *A*   **10755** servivit *(post* quos*)*] non servivit *B*   **10755** decem] 10 *A*   **10756** duorum] 2^{orum} *A*   **10756** mense] men se *B* erit necesse ut id quod de mense non servivit sit quinque res. Addita ergo re cum quinque rebus fient sex res; que equivalent triginta. Res igitur est quinque, et hoc est quod servivit.

(e) Si autem experiri volueris qualiter evasit nichil accipiens nichilque persolvens, sic facies. Constat quia pretium mensis est decem nummi, id autem quod pro mense persolvit sunt duo nummi. Constat autem eum servisse sexta parte mensis; debet igitur accipere sextam partem pretii, que est nummus et due tertie nummi. Id autem quod non servivit est quinque sexte; debet ergo persolvere quinque sextas duorum nummorum, que sunt nummus et due tertie. Debet ergo accipere nummum et duas tertias, et debet persolvere nummum et duas tertias. Hiis ergo persolutis pro illis evasit immunis, nichil accipiens nichilque persolvens.

(B.231) Si autem quis querat: Conductus per mensem pro decem nummis si servierit, sin autem conducetur alius pro eo pro octo nummis, servit autem dies aliquot et pretermisit aliquos, et evadit nichil accipiens nichilque persolvens.

Hec questio falsa est. Nam si nichil de mense serviret, remanerent ei duo nummi; postquam autem aliquantulum de mense servivit, sequitur ut plus sibi remaneat. Constat igitur hanc questionem esse falsam, nisi id quod sibi remanet fuerit amplius quam differentia que est inter duo pretia.

(B.231′) Sicut si quis querat: Conductus per mensem pro decem nummis si servierit, sin autem conducetur alius pro eo pro octo nummis, partim autem servit partim non, et exit cum tribus nummis.

Patet autem quod si nichil de mense serviret, remanerent ei duo nummi. Sed quoniam exivit cum tribus nummis, tunc non servivit de mense nisi quantum convenit pro nummo uno secundum quod conducitur per mensem pro octo nummis. Comparatio igitur unius ad octo est sicut comparatio eius quod servit ad triginta. Fac igitur sicut supra dictum est, et exibit quod servivit tres et tres quarte. Manifestum est etiam quod, postquam de decem nummis quos accipit non remanent ei nisi tres, quod pro septem nummis conducitur alius pro eo secundum quod conducitur per mensem pro octo nummis. Igitur comparatio de septem ad octo est sicut comparatio

---

10769–10791 Si autem quis querat ... invenies ita esse] *176ᵛ, 19 – 30 A; B deficit.*

10757 quinque] ₅ A **10758** quinque] ₅ A, quicumque B **10758** sex] 6 A **10758** triginta] 30 A **10759** quinque] ₅ A **10760** accipiens] accipies B **10761** decem] 10 A **10761** nummi] numi B **10762** pro] per B **10762** duo] 2 A **10762** nummi] numi B **10763** sexta] $\frac{a}{6}$ A **10763** sextam] $\frac{a}{6}$ *(sic)* A **10764** nummus] numus AB **10764** due tertie] $\frac{2}{3}$ A **10764** nummi] numi B **10764–10765** quinque sexte] $\frac{5}{6}$ A **10765** quinque sextas] $\frac{5}{6}$ A **10765** nummorum] numorum B **10766** nummus] numus B **10766** due tertie] $\frac{2}{3}$ A **10766** nummum] numum B **10766** duas tertias] $\frac{2}{3}$ A **10767** nummum] numum B **10767** duas tertias] $\frac{2}{3}$ A **10767** Hiis] his B **10768** immunis] in numis B **10769** mensem] mense A **10769** decem] 10 A **10770** octo] 8 A **10774** duo] 2 A **10776** remanet] remaneat *pr. scr. et a exp.* A **10777** decem] 10 A **10778** octo] 8 A **10779** tribus] 3 A **10780** remanerent] remaneret *cod.* **10780** duo] 2 A **10781** tribus] 3 A **10783** octo] 8 A **10783** octo *(post* ad*)*] 8 A **10784** triginta] 30 A **10785** tres] 3 A **10785** tres quarte] $\frac{3}{4}$ A **10786** decem] 10 A **10786** tres] 3 A **10786** septem] 7 A **10788** octo] 8 A **10788** septem] 7 A **10788** octo] 8 A

eius quod non servivit de mense ad triginta. Id igitur quod non servivit de mense est viginti sex et quarta.

Cetera huiusmodi considera secundum hoc, et invenies ita esse.

ITEM DE EODEM.

(**B.232**) Si quis conductus per mensem pro decem nummis si servierit toto mense, sin autem conducitur alius vice eius pro duodecim, servit autem aliquot dies, et pretermittit aliquos, et accipit nummum unum.

(*a*) Sic facies. Minue ⟨unum⟩ nummum de decem, et remanebunt novem. Deinde differentiam que est inter novem et duodecim, scilicet tres, multiplica in triginta, et productum divide per duodecim; et exibunt septem et dimidius, et hoc est quod de mense servivit. Quod autem non servivit sunt viginti duo et dimidius.

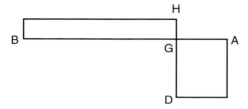

Ad B.232*a*: *Figura inven. in* $\mathcal{A}$ *(177^r, 19 – 22 & marg.), om. sed spat. rel. (51va, 29 – 32)* $\mathcal{B}$.

Cuius rei causa est illa quam in precedentibus ostendimus. Videlicet, quoniam id quod fit ex ductu eius quod servivit de mense in decem nummos equum est ei quod fit ex ductu eius quod non servivit de mense in duos nummos; nam id quod fit ex triginta ductis in pretium eius quod servivit equum est ei quod fit ex ductis triginta in id quod debet persolvere, sicut supra diximus in principio questionis hanc precedentis. Supra dictum est autem quod conductus evasit cum uno nummo. Quorum verborum sensus hic est. Scilicet, quod pretium eius quod servivit maius est eo quod debet persolvere pro eo quod non servivit uno nummo. Manifestum est igitur quia id quod fit ex triginta ductis in id quod debet accipere de decem nummis maius est eo quod fit ex triginta ductis in id quod debet persolvere

---

10792–10980 Item de eodem ... et tantum valet res] 176^v, *30 – 177^v, 40* $\mathcal{A}$*; 51ra, 44 – 52va, 12* $\mathcal{B}$.

10789 triginta] 30 $\mathcal{A}$ **10790** viginti sex] 26 $\mathcal{A}$ **10790** quarta] $\frac{a}{4}$ $\mathcal{A}$ **10793** decem] 10 $\mathcal{A}$ **10793** nummis] numis $\mathcal{B}$ **10794** duodecim] 12 $\mathcal{A}$ **10795** aliquot] aliquos $\mathcal{B}$ **10795** nummum] numum $\mathcal{B}$ **10795** unum] 1 $\mathcal{A}$ **10796** nummum] nū m̄ $\mathcal{A}$, numum $\mathcal{B}$ **10796** decem] 10 $\mathcal{A}$ **10796–10797** novem] 9 $\mathcal{A}$ **10797** novem] 9 $\mathcal{A}$ **10797** duodecim] 12 $\mathcal{A}$ **10797** tres] 3 $\mathcal{A}$ **10798** triginta] 30 $\mathcal{A}$ **10798** duodecim] 12 $\mathcal{A}$ **10798–10799** septem] 7 $\mathcal{A}$ **10800** viginti duo] 22 $\mathcal{A}$ **10802** servivit] servituri *ut vid.* $\mathcal{B}$ **10802** decem] 10 $\mathcal{A}$ **10802** nummos] numos $\mathcal{B}$ **10803** duos] 2 $\mathcal{A}$ **10804** nummos] numos $\mathcal{B}$ **10804** triginta] 30 $\mathcal{A}$ **10805** triginta] 30 $\mathcal{A}$ **10807** nummo] numo $\mathcal{B}$ **10809** nummo] numo $\mathcal{B}$ **10810** triginta] 30 $\mathcal{A}$ **10810** decem] 10 $\mathcal{A}$ **10810–10811** nummis] numis $\mathcal{B}$ **10811** maius est eo] *sign. lectoris (+) in marg.* $\mathcal{B}$ **10811** triginta] 30 $\mathcal{A}$

de duobus nummis tanto quantum fit ex ductu unius nummi in triginta. Manifestum est etiam quod id quod fit ex triginta ductis in id quod sibi debetur de decem nummis equum est ei quod fit ex ductu eius quod servivit de triginta in decem. Quod igitur fit ex ductu eius quod servivit in decem maius est eo quod fit ex ductu triginta in id quod debet persolvere tanto quantum fit ex ductis triginta in unum nummum. Constat autem quia id quod fit ex ductu eius quod non servivit in duos nummos equum est ei quod fit ex ductu triginta in id quod debet persolvere de duobus nummis. Manifestum est igitur quod id quod fit ex ductu eius quod non servivit de mense in duo cum addito eo quod fit ex triginta ductis in unum equum est ei quod fit ex ductu eius quod servivit de mense in decem.   Ponam igitur lineam ⟨de⟩ triginta, que sit linea AB; quod autem servivit sit linea AG, quod autem non servivit sit linea GB. Quod igitur fit ex ductu linee AG in decem equum est ei quod fit ex ductu linee GB in duo cum addito sibi eo quod fit ex ductu linee AB in unum. Quod autem fit ex ductu AB in unum equum est et ei quod fit ex ductu AG in unum et ei quod fit ex ductu GB in unum; nam quod fit ex ductu totius linee AB in aliquem numerum equum est ei quod fit ex ductu omnium suarum partium in ipsum. Quod igitur fit ex ductu AG in decem equum est ei quod fit ex ductu GB in tres addito sibi eo quod fit ex ductu AG in unum. Minue ergo id quod fit ex ductu AG in unum de eo quod fit ex ductu eius in decem, et remanebit id quod fit ex ductu AG in novem, equum ei quod fit ex ductu GB in tres. Manifestum est igitur quod linea AB, que est triginta, divisa est in duo inequalia in puncto G, et id quod fit ex ductu AG in novem equum ⟨est⟩ ei quod fit ex ductu GB in tres. Protraham autem a puncto G lineam de novem, que est linea GD, et lineam de tribus, que est linea GH. Multiplicata autem linea AG in lineam GD proveniet superficies AD, et multiplicata etiam linea GH in lineam GB proveniet superficies HB. Superficies igitur AD equalis est superficiei HB. Manifestum est igitur quod proportio linee HG ad GD est sicut proportio linee AG ad GB, sicut Euclides dixit in sexto libro. Si autem composuerimus, proportio linee HG ad lineam HD erit sicut proportio linee AG ad lineam AB. Sunt igitur isti quatuor numeri proportionales. Quod igitur fit ex ductu linee HG, que est primus, in AB, que est quartus, si dividatur per HD, que est secundus, exibit tertius, qui est AG. Et hoc est quod servivit de mense, quod vero non servivit est linea

---

10812 nummis] numis $\mathcal{B}$ **10812** nummi] numi $\mathcal{B}$ **10812** triginta] 30 $\mathcal{A}$ **10813** triginta] 30 $\mathcal{A}$ **10814** decem] 10 $\mathcal{A}$ **10814** nummis] numis $\mathcal{B}$ **10815** triginta] 30 $\mathcal{A}$ **10815** decem] 10 $\mathcal{A}$ **10815** decem *(ante maius)*] 10 $\mathcal{A}$ **10816** triginta] 30 $\mathcal{A}$ **10817** quantum] quanto *pr. scr. et corr.* $\mathcal{B}$ **10817** triginta] 30 $\mathcal{A}$ **10817** nummum] numum $\mathcal{B}$ **10818** quod *(post id)*] quid $\mathcal{B}$ **10818** quod *(post eius)*] quid $\mathcal{B}$ **10818** duos] 2 $\mathcal{A}$ **10818** nummos] numos $\mathcal{B}$ **10819** quod *(post ei)*] quid $\mathcal{B}$ **10819** triginta] 30 $\mathcal{A}$ **10819** quod *(post id)*] quid $\mathcal{B}$ **10819** nummis] numis $\mathcal{B}$ **10821** duo] 2 $\mathcal{A}$ **10821** triginta] 30 $\mathcal{A}$ **10821** unum] nummum $\mathcal{A}$, numum $\mathcal{B}$ **10822** decem] 10 $\mathcal{A}$ **10823** triginta] 30 $\mathcal{A}$ **10825** decem] 10 $\mathcal{A}$ **10825** duo] 2 $\mathcal{A}$ **10826** unum] 1 $\mathcal{A}$ **10826** unum *(ante equum)*] 1 $\mathcal{A}$ **10827** unum] 1 $\mathcal{A}$ **10827** GB] AB *codd.* **10828** unum] 1 $\mathcal{A}$ **10829** igitur] autem *codd.* **10830** decem] 10 $\mathcal{A}$ **10831** ex ductu] *bis scr.* $\mathcal{A}$ **10831** unum] 1 $\mathcal{A}$ **10832** unum] 1 $\mathcal{A}$ **10832** decem] 10 $\mathcal{A}$ **10833** novem] 9 $\mathcal{A}$ **10833** equum] est *add. (quod deest infra) codd.* **10833** tres] 3 $\mathcal{A}$ **10834** triginta] 30 $\mathcal{A}$ **10834** duo] 2 $\mathcal{A}$ **10835** novem] 9 $\mathcal{A}$ **10836** tres] 3 $\mathcal{A}$ **10836** novem] 9 $\mathcal{A}$ **10837** tribus] 3 $\mathcal{A}$ **10841** sexto] 6° $\mathcal{A}$ **10843** quatuor] 4 $\mathcal{A}$ **10845** quartus] 4^{tus} $\mathcal{A}$

GB. Et hoc est quod demonstrare proposuimus.

(*b*) Vel aliter. Id quod de mense servivit sit res. Id ergo quod non servivit erit triginta minus re. Deinde multiplica rem in novem, et provenient novem res. Postea multiplica triginta minus re in tria, et provenient nonaginta minus tribus rebus; que equivalent novem rebus. Comple ergo nonaginta adiectis tribus rebus, et agrega tres res novem rebus; et fient duodecim res, que equivalent nonaginta. Res igitur equivalet septem et dimidio, et tantum est quod de mense servivit, reliquum vero est id quod de mense non servivit.

(*c*) Vel aliter. Differentiam que est inter novem et duodecim, scilicet tres, denomina de duodecim, scilicet quartam. Tanta igitur pars de triginta, que est septem et dimidium, est id quod de mense servivit.

(*d*) Vel aliter. Conductus servivit de mense rem et tres dies; pro eo enim quod servivit accepit nummum unum, et nummus hic competit ei secundum pretium servitii totius mensis pro servitio trium dierum. Quod autem non servivit est quinque res; nam pretium eius quod servivit quincuplum est ei quod persolvet pro eo quod non servivit, sicut ostendimus. Agrega igitur rem et quinque res et tres dies, et fient sex res et tres dies; que equivalent triginta. Fac igitur sicut predocuimus, et res erit quatuor et dimidium. Constat autem quod servivit de mense rem et tres dies. Servivit igitur de mense septem dies et dimidium, et pretermisit viginti duos et dimidium.

(*e*) Si autem hoc volueris experiri, scilicet ut scias quomodo evasit cum uno nummo, sic facies. Iam constat quod de mense servivit quartam partem eius; unde debet accipere quartam partem pretii, quod est decem, que est duo et dimidium. Pretermisit autem tres quartas mensis, unde debet persolvere tres quartas duorum nummorum, que sunt nummus et dimidius. Debet ergo persolvere nummum et dimidium, et debet accipere duos nummos et dimidium. De quibus persoluto ⟨eo⟩ quod debet, remanet sibi nummus unus tantum.

ITEM DE EODEM.

10847 demonstrare] monstrare *B* **10849** triginta] 30 *A* **10849** novem *(post* in*)*] 9 *A* **10849–10850** novem] 9 *A* **10850** triginta] 30 *A* **10850** tria] 3 *A* **10850** nonaginta] 90 *A* **10851** novem] 9 *A* **10851** nonaginta] 90 *A* **10852** tribus] 3 *A* **10852** tres] 3 *A* **10852** novem] 9 *A* **10852** duodecim] 12 *A* **10853** nonaginta] 90 *A* **10853** septem] 7 *A* **10856** novem] 9 *A* **10856** duodecim] 12 *A* **10856** tres] 3 *A* **10857** duodecim] 12 *A* **10857** quartam] $\frac{am}{4}$ *A* **10857** Tanta] tantam *B* **10857** triginta] 30 *A* **10858** septem] 7 *A* **10859** tres] 3 *A* **10860** nummum] numum *B* **10860** unum] 1 *A* **10860** nummus] numum *(sic) B* **10860** hic] *om. sed spat. rel. B* **10860** secundum] scilicet *B* **10861** trium] 3 *A* **10862** quinque] 5 *A* **10862** quincuplum] quincupulum *B* **10863** persolvet] *corr. ex* persolvit *A*, solvet *B* **10864** quinque] 5 *A* **10864** tres] 3 *A* **10864** sex] 6 *A* **10864** tres] 3 *A* **10865** triginta] 30 *A* **10865** quatuor] 4 *A* **10865** dimidium] $\frac{m}{2}$ *A* **10866** tres] 3 *A* **10867** septem] 7 *A* **10867** dimidium] $\frac{m}{2}$ *A* **10867** viginti duos] 22 *A* **10867** dimidium] 2^m *A* **10868** quomodo] quo modo *(ut sæpe) B* **10869** nummo] numo *B* **10869** quartam] $\frac{am}{4}$ *A* **10870** quartam] $\frac{am}{4}$ *A* **10870** decem] 10 *A* **10871** duo] 2 *A* **10871** dimidium] $\frac{m}{2}$ *A* **10871** tres quartas] 3 quartas *A* **10872** tres quartas] $\frac{3}{4}$ *A* **10872** nummorum] numorum *B* **10872** nummus] numus *B* **10872–10873** dimidius] $\frac{us}{2}$ *A* **10873** nummum] numum *B* **10873** duos] 2 *A* **10874** nummos] numos *B* **10874** dimidium] $\frac{m}{2}$ *A*, dimium *B* **10875** nummus] numus *B* **10875** unus] 1 *A*

LIBER MAHAMELETH 403

(**B.233**) Si quis conducitur per mensem pro decem nummis, si vero non servierit conducetur alius pro eo pro duodecim, ille autem partim servit partim non, et persolvit nummum unum; quantum servit et quantum non?

(***a***) Sic facies. Adde nummum illum decem nummis, et fient undecim. Deinde multiplica differentiam que est inter undecim et duodecim, que est unum, in triginta, et productum divide per duodecim; et exibunt duo et dimidius, et tantum est quod servivit.

Causa autem huius est sicut diximus in precedentibus, sed addes nummum quem persolvit decem nummis; nam id quod competit ei de decem nummis minus est eo quod debet persolvere de duobus nummis uno nummo: sic enim propositum est quod conductus persolvit nummum unum, oportet igitur ut id quod persolvit sit maius eo quod debet accipere uno nummo. Fac ergo sicut supra docuimus, et habebis post assignatam proportionem lineam de triginta divisam in duo inequalia quorum id quod fit ex ductu unius partis in undecim equum est ei quod fit ex ductu alterius in unum. Quod igitur servivit de mense est duo et dimidius; quod autem pretermisit est viginti septem et dimidius.

(***b***) Solutio autem huius questionis secundum algebra fit eodem modo quo precedens.

(***c***) Experientia autem huius hec est. Quoniam de mense servivit dimidiam partem sexte eius, unde debet accipere dimidiam sextam decem nummorum, que est quinque sexte unius nummi. Pretermisit autem quinque sextas mensis et dimidiam sextam; debet ergo persolvere quinque sextas et dimidiam ⟨sextam⟩ duorum nummorum, que sunt nummus unus et quinque sexte eius. Servivit ergo et persolvit nummum unum.

(***d***) Vel aliter. Minue unum de differentia que est inter decem et duodecim, et remanebit unum; quem denomina de duodecim, scilicet dimidiam sex-

---

10877 decem] 10 𝒜   **10877** nummis] numis ℬ   **10878** duodecim] 12 𝒜   **10879** nummum] numum ℬ   **10879** unum] 1 𝒜   **10880** nummum] numum ℬ   **10880** decem] 10 𝒜   **10880** nummis] numis ℬ   **10880** undecim] 11 𝒜   **10881** undecim] 11 𝒜   **10881** duodecim] 12 𝒜   **10882** unum] 1 𝒜   **10882** triginta] 30 𝒜   **10882** duodecim] 12 𝒜   **10882** duo] 2 𝒜   **10884** Causa] Cum ℬ   **10884–10885** nummum] numum ℬ   **10885** decem] 10 𝒜   **10885** nummis] numis ℬ   **10885** decem] 10 𝒜   **10886** nummis] numis ℬ   **10886** duobus] 2 𝒜   **10886** nummis] numis ℬ   **10886** uno] 1 𝒜   **10886** nummo] numo ℬ   **10887–10888** sic enim ... uno nummo] *per homœotel. iter.* 𝒜   **10887** propositum] propoitum 𝒜 *(1ᵃ lect.)*   **10887** nummum] numum ℬ   **10887** unum] 1 𝒜   **10888** persolvit] persolvitur 𝒜 *(1ᵃ lect.)*   **10888** uno] 1 𝒜 *(2ᵃ lect.)*   **10888** nummo] numo ℬ   **10890** triginta] 30 𝒜   **10890** duo] 2 𝒜   **10890** quorum id quod] quod igitur *codd.*   **10891** undecim] 11 𝒜, duodecim ℬ   **10892** duo] 2 𝒜   **10892** dimidius] dimius ℬ   **10893** viginti septem] 27 𝒜   **10893** dimidius] dimius ℬ   **10894** algebra] agebla ℬ   **10894** eodem] *eod pr. scr. et mut. in eo* 𝒜, *eo* ℬ   **10896** Experientia] *manum delin. in marg., & sign. lectoris (+) hab. in marg.* ℬ   **10896–10897** dimidiam partem] dimidia parte *codd.*   **10897** sexte] $\frac{e}{6}$ 𝒜   **10897** dimidiam sextam] dimidiam $\frac{am}{6}$ 𝒜   **10897** decem] 10 𝒜   **10897–10898** nummorum] numorum ℬ   **10898** quinque sexte] $\frac{5}{6}$ 𝒜   **10898** nummi] numi ℬ   **10898–10899** quinque sextas] $\frac{5}{6}$ *(5 pr. scr. mut. in $\frac{5}{6}$ quod. exp. et rescr.)* 𝒜   **10899** dimidiam sextam] dimidiam sextam 𝒜, dimidiam ℬ   **10899** quinque sextas] $\frac{5}{6}$ 𝒜   **10900** nummorum] numorum ℬ   **10900** nummus] numus ℬ   **10900** unus] 1 𝒜   **10900–10901** quinque sexte] $\frac{5}{6}$ 𝒜   **10901** nummum] nu *in fin. lin. numum in seq. scr.* ℬ   **10901** unum] 1 𝒜   **10902** unum] 1 𝒜   **10902** decem] 10 𝒜   **10902** duodecim] 12 𝒜   **10903** unum] 1 𝒜   **10903** duodecim] 12 𝒜   **10903–10904** dimidiam sextam] $\frac{am}{2}\frac{am}{6}$ 𝒜 tam. Et tantum est quod de mense servivit, scilicet duo dies et dimidius; reliquum autem mensis est id quod non servivit.

ITEM DE EODEM.

(B.234) Si quis conducitur per decem dies, in unoquoque autem die accepturus tres nummos si servierit, sin autem pro unoquoque die quo non servierit persolvet quinque nummos, servit autem partem decem dierum et partem non, et evadit nichil accipiens nichilque debens.

(*a*) Sic facies. Agrega quinque tribus, et fient octo, quos pone prelatum. Cum autem volueris scire quantum servivit, multiplica quinque in decem, et productum divide per prelatum; et quod exierit est id quod servivit. Si autem volueris scire quantum non servivit, multiplica tres in decem, et productum divide per prelatum; et quod exierit est id quod non servivit.

(*b*) Vel aliter. Manifestum est quod, postquam conducitur per decem dies, unoquoque autem die pro tribus nummis, tunc pro servitio decem dierum proveniunt ei triginta nummi; si vero non servierit decem dies, debet persolvere quinquaginta. Igitur debentur ei triginta, ipse vero debet quinquaginta. Agregatis igitur triginta cum quinquaginta, fient octoginta. Quasi ergo querat: 'Si quis conducitur per decem dies accepturus si servierit triginta nummos, sin autem conducitur alius pro eo pro octoginta nummis, ipse vero partim servit partim non, et exit nichil accipiens nichilque persolvens'. Fac sicut supra docuimus, et exibit quod scire volueris.

ITEM DE EODEM.

(B.235) Si quis conducitur per mensem, si servierit accepturus rem sin autem conducitur alius vice eius pro re et duobus nummis, ipse vero partim servit partim non, et exit nichil accipiens nichilque persolvens, dies autem quos servit multiplicati in pretium suum fient quinquaginta.

Sic facies. Divide quinquaginta per duos nummos, et quod exierit est id quod de mense non servivit. Quod minue de mense, et remanebit id quod de mense servivit. Si autem volueris scire pretium rei, denomina dies quos non servivit de diebus quos servivit, et tanta pars duorum nummorum erit pretium rei. [Cuius probatio manifesta est consideranti questionem.]

(B.235′) Taliter autem manente questione si dixerit quod conductus exivit cum uno nummo.

10904 duo] 2 𝓐 **10904** dimidius] $\frac{us}{2}$ 𝓐 **10907** decem] 10 𝓐 **10908** tres] 3 𝓐 **10908** nummos] numos 𝓑 **10909** quinque] 5 𝓐 **10909** nummos] numos 𝓑 **10909** autem] decem numos *add. et exp.* 𝓑 **10909** decem] 10 𝓐 **10911** quinque] 5 𝓐 **10911** octo] 8 𝓐 **10912** quinque] 5 𝓐 **10912** decem] 10 𝓐 **10914** tres] 3 𝓐 **10914** decem] 10 𝓐 **10916** quod] quidem 𝓑 **10916** decem] 10 𝓐 **10917** tribus] 3 𝓐 **10917** nummis] numis 𝓑 **10917** decem] 10 𝓐 **10918** triginta] 30 𝓐 **10918** nummi] numi 𝓑 **10918** decem] 10 𝓐 **10919** quinquaginta] 50 𝓐 **10919** triginta] 30 𝓐 **10919–10920** quinquaginta] 50 𝓐 **10920** triginta] 30 𝓐 **10920** quinquaginta] 50 𝓐 **10920** octoginta] 80 𝓐 **10921** decem] 10 𝓐 **10922** triginta] 30 (*corr. ex* 40) 𝓐 **10922** nummos] numos 𝓑 **10922** sin] Si 𝓑 **10922** octoginta] 80 𝓐 **10922–10923** nummis] numis 𝓑 **10927** nummis] numis 𝓑 **10929** servit] *corr. ex* servivit 𝓐 **10929** quinquaginta] 50 𝓐 **10930** quinquaginta] 50 𝓐 **10930** duos] 2 𝓐 **10930** nummos] numos 𝓑 **10931** duos] *exp.* 𝓐 (*v. adnn. seq.*) **10931–10932** Quod minue ... de mense servivit] *om.* 𝓐 **10932** servivit] non servivit 𝓑 **10933** nummorum] numorum 𝓑 **10935** questione] qstione 𝓑 **10936** nummo] numo 𝓑

Sic facies. Agrega nummum unum duobus, et fient tres. Quos multiplica in triginta, et provenient nonaginta. De quibus minue quinquaginta, et remanebunt quadraginta. Quos divide per duos nummos, et quod exierit est quod servivit, scilicet viginti dies, quod autem non servivit ⟨est⟩ decem dies. Si autem volueris scire pretium rei, denomina id quod non servivit ab eo quod servivit, et tante parti trium nummorum, agregatorum ex duobus et uno, que est nummus et dimidius, agrega unum nummum; et fient duo et dimidius, et tantum valet res.

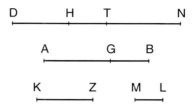

Ad B.235': *Figura inven. in* 𝒜 *(177ᵛ, 30 – 33 marg.), om. sed spat. rel. (52ʳᵇ, 41 – 44)* ℬ.
K] Q 𝒜.

Cuius probatio hec est. Sit res linea DT, duo autem nummi sint linea TN; quod autem servivit de mense sit linea AG, quod autem non servivit sit linea GB, pretium autem eius quod servivit linea KZ, quod autem persolvit pro eo quod non servivit linea ML. Linea autem ML sit minor quam linea KZ uno nummo. Deinde linee TN agrega unum nummum, qui sit linea TH. Quod igitur fit ex ductu linee AG in DH equum est ei quod fit ex ductu GB in HN. Quod autem fit ex ductu AG in HN sit commune. Quod igitur fit ex ductu HN in AB erit equum ei quod fit ex ductu AG in DN. Quod autem fit ex ductu linee AB in HN est nonaginta. Quod igitur fit ex ductu linee AG in DN est nonaginta. Quod autem fit ex ductu linee AG in DT est quinquaginta; remanent igitur quadraginta. Qui proveniunt ex ductu linee AG in TN qui est duo nummi. Si igitur diviseris quadraginta per duo, exibit linea AG, que est viginti. Et hoc est quod servivit; et remanebit linea GB decem, et hoc est quod non servivit. Si autem volueris scire pretium rei: Iam constat quod comparatio linee GB ad AG est sicut comparatio linee DH ad HN. Linea autem GB est medietas linee AG. Igitur linea DH est unum et dimidium; nam est medietas linee

---
10937 nummum] *corr. ex* numerum 𝒜, numum ℬ   **10937** duobus] 2ᵇᵘˢ 𝒜   **10937** tres] 3 𝒜   **10938** triginta] 30 𝒜   **10938** nonaginta] 90 𝒜   **10938** quinquaginta] 50 𝒜   **10939** quadraginta] 40 𝒜   **10939** duos] 2 𝒜   **10939** nummos] numos ℬ   **10940** est] tantum est *codd.*   **10940** viginti] 20 𝒜   **10941** decem] 10 𝒜   **10942** trium] 3 𝒜   **10942** nummorum] numorum ℬ   **10943** duobus] 2ᵇᵘˢ 𝒜   **10943** nummus] numus ℬ   **10943** dimidius] dimius ℬ   **10943** unum] 1 𝒜   **10943** nummum] numum ℬ   **10944** duo] 2 𝒜   **10944** dimidius] $\frac{us}{2}$ 𝒜, dimius ℬ   **10945** duo] 2 𝒜   **10945** nummi] numi ℬ   **10946** servivit] servit 𝒜   **10949** nummo] numo ℬ   **10949** unum] 1 𝒜   **10949** nummum] numum ℬ   **10952** igitur] f *pr. scr. et corr.* ℬ   **10953** nonaginta] 90 𝒜   **10954** nonaginta *(post: DN est)*] 90 𝒜   **10955** quinquaginta] 50 𝒜   **10955** quadraginta] 40 𝒜   **10956** duo] 2 𝒜   **10956** nummi] numi ℬ   **10956** igitur] autem *codd.*   **10957** quadraginta] 40 𝒜   **10957** duo] 2 𝒜   **10957** viginti] 20 𝒜   **10958** decem] 10 𝒜   **10960** medietas] $\frac{as}{2}$ 𝒜   **10961** unum] 1 𝒜   **10961** dimidium] dimium ℬ

HN. Linea autem HT est unum. Igitur linea DT est duo et dimidium; et hoc est pretium rei. Et hoc est quod probare voluimus.

(**B.235″**) Si autem dicitur quod conductus persolvit nummum unum sed eo quod servit multiplicato in pretium suum proveniunt quinquaginta nummi, erit questio falsa. [Cuius rei causa manifesta est consideranti hanc figuram.]

Ceteras autem questiones considera secundum hoc nisi dicatur quod conductus servit tot dies quibus multiplicatis in suum pretium proveniunt ⟨plus quam triginta, quod quidem falsum est. Si vero provenirent minus quam triginta, esset questio vera.

(**B.235‴**) Verbi gratia. Si dicatur quod conductus persolvit nummum unum et eo quod servit multiplicato in suum pretium proveniunt⟩ viginti quinque, erit tunc questio vera. [Et causa quare sit, manifesta est.] In qua sic facies. Multiplica unum in triginta, et producto agrega viginti quinque, et fient quinquaginta quinque. Quos divide per duos nummos, et exibunt viginti septem et dimidius. Et tantum est quod non servivit de mense. Reliquum autem mensis, scilicet duo dies et dimidius, est id quod servivit. Si autem volueris scire pretium rei, divide viginti quinque per id quod servivit de mense; et exibunt decem, et tantum valet res.

ITEM DE EODEM ALITER.

(**B.236**) Si quis querat: Conducitur aliquis per viginti dies accepturus pro unoquoque die quo servierit tres nummos, sed pro unoquoque die quo non servierit persolvet conductori duos nummos; partim autem servivit partim non, et exivit nichil accipiens nichilque persolvens; quantum ergo servivit et quantum non?

Sensus huius questionis est hic. Scilicet, quod die quo servierit accipiet tres nummos, quo vero die non servierit amittet illos tres et insuper persolvet duos. Ipse vero servivit una parte mensis et alia non, et exivit nichil accipiens nichilque persolvens; scilicet, id quod debet persolvere pro eo quod non servivit equale est ei quod debet accipere pro eo quod servivit.

Manifestum est igitur quod viginti dividuntur in duo ex ductu unius quorum, scilicet eius quod servivit, in tres id quod provenit equum est ei quod fit ex ductu alterius, scilicet eius quod non servivit, in duo. Sint

---

10981–11108 Item de eodem aliter ... exibit quod voluisti] $177^v, 40 - 178^v, 22$ $\mathcal{A}$; $\mathcal{B}$ deficit.

10962 unum] 1 $\mathcal{A}$ **10962** duo] 2 $\mathcal{A}$ **10962** dimidium] $\frac{\text{ius}}{2}$ $\mathcal{A}$, dimius $\mathcal{B}$ **10964** quod] quid est $\mathcal{B}$ **10964** nummum] numum $\mathcal{B}$ **10964** unum] 1 $\mathcal{A}$ **10965** quinquaginta] 50 $\mathcal{A}$ **10965–10966** nummi] numi $\mathcal{B}$ **10968** autem] om. $\mathcal{A}$ **10973–10974** viginti quinque] 25 $\mathcal{A}$ **10975** unum] 1 $\mathcal{A}$ **10975** triginta] 30 $\mathcal{A}$ **10975** viginti quinque] 25 $\mathcal{A}$ **10976** quinquaginta quinque] 55 $\mathcal{A}$ **10976** duos] 2 $\mathcal{A}$ **10976** nummos] numos $\mathcal{B}$ **10977** viginti septem] 27 $\mathcal{A}$ **10977** dimidius] $\frac{\text{us}}{2}$ $\mathcal{A}$ **10977** quod] quid $\mathcal{B}$ **10977–10978** Reliquum] Reliquu $\mathcal{B}$ **10978–10980** Si autem ... servivit] iter. $\mathcal{A}$ **10979** viginti quinque] 25 (etiam in iter.) $\mathcal{A}$ **10980** decem] 10 $\mathcal{A}$ **10982** viginti] 20 $\mathcal{A}$ **10983** tres] 3 $\mathcal{A}$ **10984** duos] 2 $\mathcal{A}$ **10984–10985** partim non] partem non $\mathcal{A}$ **10988** tres] 3 $\mathcal{A}$ **10988** tres (post illos)] 3 $\mathcal{A}$ **10989** duos] 2 $\mathcal{A}$ **10992** viginti] 20 $\mathcal{A}$ **10992** duo] 2 $\mathcal{A}$ **10993** tres] 3 $\mathcal{A}$ **10993** provenit] provenerit cod.   **10994** duo] 2 $\mathcal{A}$

igitur ⟨viginti dies⟩ AB, quod autem servivit de eis AG, quod autem non servivit GB, tres vero nummi DH, duo autem nummi HZ. Id igitur quod fit ex ductu DH in AG equum est ei quod fit ex ductu HZ in GB. Comparatio igitur de DH ad HZ est sicut comparatio de GB ad AG. Cum autem composuerimus, tunc comparatio totius DZ ad HZ erit sicut comparatio totius AB ad AG. Igitur comparatio de DZ, qui est quinque, ad HZ, qui est duo, est sicut comparatio de AB, qui est viginti, ad id quod servivit, quod est AG. Id igitur quod fit ex ductu AG in DZ equum est ei quod fit ex ductu HZ in AB. Igitur productum ex ductu HZ in AB si diviseris per DZ exibit AG, octo; et hoc est quod servivit. Manifestum est etiam, conversa comparatione, quod comparatio de DZ ad DH est sicut comparatio de AB ad GB [qui est id quod non servivit]. Si igitur multiplicaveris DH in AB et productum diviseris per DZ, exibit GB, qui est id quod non servivit.

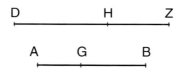

Ad B.236: *Figura inven. in* $\mathcal{A}$ *(178^r, $14 - 15$).*

Et ob hoc modus agendi talis est ut agreges duo et tres, et fient quinque, quos pone prelatum. Cum igitur volueris scire id quod non servivit, multiplica tres, qui sunt pretium unius diei, in viginti, et productum divide per prelatum, et exibit quod voluisti. Cum autem volueris scire id quod servivit, multiplica duo, quos persolvit pro unoquoque die quo non servivit, in viginti, et productum divide per prelatum. Et exibit id quod servivit octo, quod autem non servivit duodecim. Et hoc est quod demonstrare voluimus.

(B.237) Si quis querat dicens: Conducitur aliquis per triginta dies accepturus unoquoque die quo servierit tres nummos, sed pro unoquoque quo non servierit persoluturus duos; partim autem servivit partim non, et exit cum decem nummis.

Sic facies. Agrega duo cum tribus, et fient quinque, quos pone prelatum. Cum igitur volueris scire quantum servivit, multiplica id quod debet persolvere pro eo quod non servivit, scilicet duo, in triginta dies, et provenient sexaginta. Quibus agrega decem nummos, et fient septuaginta. Quos divide per prelatum, et exibunt quatuordecim, et tot dies servivit. Cum autem volueris scire quantum non servivit, multiplica id quod accipit pro

---

10996 tres] 3 $\mathcal{A}$ **10996** duo] 2 $\mathcal{A}$ **11000** AG] totum AG *cod.* **11000** quinque] 5 $\mathcal{A}$ **11001** duo] 2 $\mathcal{A}$ **11001** est] e $\mathcal{A}$ **11001** viginti] 20 $\mathcal{A}$ **11003** AB] AH $\mathcal{A}$ **11004** octo] 8 $\mathcal{A}$ **11009** duo] 2 $\mathcal{A}$ **11009** tres] 3 $\mathcal{A}$ **11009–11010** quinque] 5 $\mathcal{A}$ **11011** tres] 3 $\mathcal{A}$ **11011** viginti] 20 $\mathcal{A}$ **11013** duo] 2 $\mathcal{A}$ **11014** viginti] 20 $\mathcal{A}$ **11015** octo] 8 $\mathcal{A}$ **11015** duodecim] 12 $\mathcal{A}$ **11015** hoc] hic *ut vid.* $\mathcal{A}$ **11017** triginta] 30 $\mathcal{A}$ **11018** tres] 3 $\mathcal{A}$ **11019** duos] 2 $\mathcal{A}$ **11020** decem] 10 $\mathcal{A}$ **11021** duo] 2 $\mathcal{A}$ **11021** tribus] 3 $\mathcal{A}$ **11021** quinque] 5 $\mathcal{A}$ **11023** servivit] servit $\mathcal{A}$ **11023** duo] 2 $\mathcal{A}$ **11023** triginta] 30 $\mathcal{A}$ **11024** sexaginta] 60 $\mathcal{A}$ **11024** decem] 10 $\mathcal{A}$ **11024** septuaginta] 70 $\mathcal{A}$ **11025** quatuordecim] 14 $\mathcal{A}$

unoquoque die quo servit, scilicet tres, in triginta, et provenient nonaginta. De quibus minue decem nummos, et remanebunt octoginta. Quos divide per prelatum, et exibunt sexdecim, et tot dies non servivit.

$$A \qquad G \qquad B$$

Ad B.237: *Figura inven. in A (178^r, 37).*

11030   Cuius probatio hec est. Sint triginta dies AB, id autem quo servivit AG, id autem quo non servivit GB. Constat igitur quod, postquam lucratur decem nummos, quod cum multiplicaveris id quo servivit de mense in tres, id quod proveniet erit maius eo quod provenit ex ductu eius quo non servivit in duo tanto quantum est decem. Igitur cum volueris scire id
11035   quod servivit, pone commune id quod provenit ex ductu eius quo servivit in duo. Igitur id quod fit ex ductu AG, qui est id quo servivit, in tres et in duo erit maius eo quod fit ex ductu eius quo non servivit, qui est GB, in duo et AG in duo, decem. Scimus autem quoniam id quod fit ex ductu AG in duo et in tres equum est ei quod fit ex ductu AG in quinque. Id igitur quod
11040   fit ex ductu AG in quinque maius est eo quod fit ex ductu duorum in AG et in GB, decem. Ex ductu autem duorum in AG et in GB quod provenit equum est ei quod fit ex ductu duorum in totum AB. Igitur id quod fit ex ductu quinque in AG, qui est id quod servivit, maius est eo quod fit ex ductu duorum in AB, quod est sexaginta, decem. Id igitur quod fit ex
11045   ductu AG in quinque est septuaginta. Igitur AG est quatuordecim, et est id quod servivit. Cum autem volueris scire id quod non servivit, sic facies ut supra. Scilicet, quoniam id quod fit ex ductu trium in AG maius est eo quod fit ex ductu duorum in GB decem, tunc id quod fit ex ductu GB, qui est id quod queritur, in tres, pone commune. Id igitur quod fit ex ductu
11050 AG in tres et GB in tres maius est eo quod fit ex ductu GB in duo et in tres decem. Id autem quod fit ex ductu GB in duo et in tres equum est ei quod fit ex ductu GB in quinque, id vero quod fit ex ductu AG et GB in tres equum est ei quod fit ex ductu totius AB in tres. Id igitur quod fit ex ductu GB in quinque minus est eo quod fit ex ductu AB in tres, quod est
11055   nonaginta, decem. Minue igitur decem de nonaginta, et remanebit id quod

11027 tres] 3 $\mathcal{A}$ 11027 triginta] 30 $\mathcal{A}$ 11027 nonaginta] 90 $\mathcal{A}$ 11028 decem] 10 $\mathcal{A}$ 11028 octoginta] 80 $\mathcal{A}$ 11029 sexdecim] 16 $\mathcal{A}$ 11030 probatio] comp *pr. scr. et corr.* $\mathcal{A}$ 11030 triginta] 30 $\mathcal{A}$ 11030–11031 servivit] servit $\mathcal{A}$ 11031 servivit] *corr. ex* servit $\mathcal{A}$ 11032 decem] 10 $\mathcal{A}$ 11033 tres] 3 $\mathcal{A}$ 11034 decem] 10 $\mathcal{A}$ 11036 duo] 2 $\mathcal{A}$ 11036 servivit] non servivit *pr. scr. et corr.* $\mathcal{A}$ 11036 tres] 3 $\mathcal{A}$ 11036 duo *(ante* erit*)*] 2 $\mathcal{A}$ 11037 duo] 2 $\mathcal{A}$ 11038 duo] 20 *(sic)* $\mathcal{A}$ 11038 decem] 10 *(hic signum ':' convenienter ref. ad* 'maius' *supra)* $\mathcal{A}$ 11038 duo] 2 $\mathcal{A}$ 11039 tres] 3 $\mathcal{A}$ 11039 quinque] 5 $\mathcal{A}$ 11040 quinque] 5 $\mathcal{A}$ 11041 decem] 10 $\mathcal{A}$ 11041 duorum] 2^{orum} $\mathcal{A}$ 11042 in] AG et in GB 10 *add. (v. supra) et exp.* $\mathcal{A}$ 11042 AB] quod est 60 *add. (v. infra) et exp.* $\mathcal{A}$ 11043 quinque] 5 $\mathcal{A}$ 11044 duorum] 2^{orum} $\mathcal{A}$ 11044 sexaginta] 60 $\mathcal{A}$ 11044 decem] 10 $\mathcal{A}$ 11045 quinque] 5 $\mathcal{A}$ 11045 septuaginta] 70 $\mathcal{A}$ 11045 quatuordecim] 14 $\mathcal{A}$ 11047 trium] 3 $\mathcal{A}$ 11048 decem] 10 $\mathcal{A}$ 11048 tunc id] Id autem *cod.*   11049 tres] 3 $\mathcal{A}$ 11050 tres] 3 $\mathcal{A}$ 11050 tres *(ante* maius*)*] 3 $\mathcal{A}$ 11050 duo] 2 $\mathcal{A}$ 11051 tres] 3 $\mathcal{A}$ 11051 decem] 10 $\mathcal{A}$ 11051 duo] 2 $\mathcal{A}$ 11051 tres] 3 $\mathcal{A}$ 11052 quinque] 5 $\mathcal{A}$ 11053 tres *(ante* equum*)*] 3 $\mathcal{A}$ 11053 tres] 3 $\mathcal{A}$ 11054 quinque] 5 $\mathcal{A}$ 11054 tres] 3 $\mathcal{A}$ 11055 nonaginta] 90 $\mathcal{A}$ 11055 decem] 10 $\mathcal{A}$ 11055 decem *(post* igitur*)*] 10 $\mathcal{A}$ 11055 nonaginta] 90 $\mathcal{A}$

fit ex ductu quinque in BG octoginta. Igitur GB est sexdecim. Et hoc est quod demonstrare voluimus.

(**B.238**) Si quis querat: Conductus per triginta dies accepturus pro unoquoque die quo servit tres nummos, pro unoquoque vero quo non servit persoluturus duos; partim vero servit partim non, et persolvit decem nummos; quantum ergo servivit et quantum non?

Sic facies. Agrega duos nummos tribus, et fient quinque, quos pone prelatum. Cum igitur volueris scire quantum servivit, multiplica duo, quos debet persolvere pro unoquoque die quo non servit, in triginta, et fient sexaginta. De quibus minue decem nummos, et remanebunt quinquaginta. Quos divide per prelatum, et exibunt decem, et tot diebus servivit. Cum autem volueris scire quot dies non servivit, multiplica tres, quos accipit pro unoquoque die quo servit, in triginta, et provenient nonaginta. Quibus agrega decem, et fient centum. Quos divide per prelatum, et exibunt viginti, et tot dies non servivit.

Ad B.238:   *Figura inven. in* $\mathcal{A}$ *(178^v, 11)*.

Cuius probatio manifesta est. Nam sint triginta dies AB, dies vero quos servivit AG, quos vero non servivit GB. Id igitur quod fit ex ductu GB in duo superat id quod fit ex ductu AG in tres in decem. Cum igitur volueris scire quantum est AG, qui est dies quos servivit, tunc id quod fit ex ductu AG in duo pone commune. Id igitur quod fit ex ductu AG in tres et in duo minus est eo quod fit ex ductu AG et GB in duo decem. Id autem quod fit ex ductu AG in tres et in duo equum est ei quod fit ex ductu eiusdem in quinque, et id quod fit ex ductu AG et BG in duo equum est ei quod fit ex ductu AB in duo. Igitur id quod fit ex ductu AB in duo, quod est sexaginta, superat id quod fit ex ductu AG in quinque in decem. Id igitur quod fit ex ductu AG in quinque est quinquaginta. Igitur AG est decem, et tot dies servivit. Cum autem volueris scire quantum non servivit: Id quod fit ex ductu eius quod non servivit, quod est BG, in tres, pone commune; et prosequere cetera sicut supra docuimus, et exibit quod voluisti.

Cetera autem huiusmodi considera secundum hoc, et invenies ita esse.

11056 quinque] 5 $\mathcal{A}$ **11056** octoginta] 80 $\mathcal{A}$ **11056** sexdecim] 16 $\mathcal{A}$ **11058** triginta] 30 $\mathcal{A}$ **11059** tres] 3 $\mathcal{A}$ **11060** duos] 2 $\mathcal{A}$ **11060** decem] 10 $\mathcal{A}$ **11062** duos] 2 $\mathcal{A}$ **11062** quinque] 5 $\mathcal{A}$ **11063** duo] 2 $\mathcal{A}$ **11064** triginta] 30 $\mathcal{A}$ **11065** sexaginta] 60 $\mathcal{A}$ **11065** decem] 10 $\mathcal{A}$ **11065–11066** quinquaginta] 50 $\mathcal{A}$ **11066** decem] 10 $\mathcal{A}$ **11067** tres] 3 $\mathcal{A}$ **11068** triginta] 30 $\mathcal{A}$ **11068** nonaginta] 90 $\mathcal{A}$ **11069** decem] 10 $\mathcal{A}$ **11069** centum] 100 $\mathcal{A}$ **11070** viginti] 20 $\mathcal{A}$ **11071** triginta] 30 $\mathcal{A}$ **11073** duo] 2 $\mathcal{A}$ **11073** tres] 3 $\mathcal{A}$ **11073** decem] 10 $\mathcal{A}$ **11075** duo] 2 $\mathcal{A}$ **11076** tres] 3 $\mathcal{A}$ **11076** duo] 2 $\mathcal{A}$ **11076** minus] mi1 *in fin. lin. pr. scr. et* 1 *exp.* $\mathcal{A}$ **11076** duo] 2 $\mathcal{A}$ **11077** decem] in 10 $\mathcal{A}$ **11077** tres] 3 $\mathcal{A}$ **11078** duo] 2 $\mathcal{A}$ **11078** quinque] 5 $\mathcal{A}$ **11078** duo] 2 $\mathcal{A}$ **11079** duo *(ante* Igitur*)*] 2 $\mathcal{A}$ **11079** duo] 2 $\mathcal{A}$ **11080** sexaginta] 60 $\mathcal{A}$ **11080** quinque] 5 $\mathcal{A}$ **11080** decem] 10 $\mathcal{A}$ **11081** quinque] 5 $\mathcal{A}$ **11081** quinquaginta] 50 *(5 pr. scr. et corr.)* $\mathcal{A}$ **11082** decem] 10 $\mathcal{A}$ **11083** tres] 3 $\mathcal{A}$

Scias quod, cum questiones huius capituli volueris adaptare questionibus precedentis capituli, oportebit ut ita facias.

(B.239) Verbi gratia. Si quis querat: Conducitur aliquis per viginti dies accepturus pro unoquoque die quo servit duos nummos, et pro unoquoque quo non servierit persoluturus nummum et dimidium; partim autem servit et partim non, nec accipit aliquid nec persolvit.

Constat quod conductus per diem pro duobus nummis si non servierit persolvet nummum et dimidium. Quasi ergo acceperit duos nummos per diem, si servierit retinebit eos sin autem conducetur alius pro eo pro tribus nummis et dimidio quos ipse persolvet, scilicet duos quos receperat et nummum et dimidium quem persolvere debebat. Cum igitur alius conducitur pro eo pro tribus nummis et dimidio, tunc si nullo viginti dierum servit conducetur alius pro eo per viginti dies pro septuaginta nummis; si autem serviret cunctis viginti diebus haberet quadraginta nummos, secundum quod conducitur unaquaque die pro duobus nummis. Quasi ergo dicatur: 'Conducitur aliquis per viginti dies pro quadraginta nummis si per omnes illos servierit, si autem nullo illorum servierit conducetur alius pro eo pro septuaginta nummis; partim autem servivit et partim non, nec accepit aliquid nec persolvit'. Fac ergo sicut supra ostensum est, et exibit quod volueris.

Similiter etiam si dicatur exire cum lucro unius nummi vel dampno unius nummi, fac sicut predictum est, et exibit quod voluisti.

Item de eodem aliter

(B.240) Si tres operarii conducantur quorum unus per triginta dies pro tribus nummis, secundus vero per triginta dies pro quinque nummis, tertius vero per triginta dies pro sex nummis, ipsi vero tres inter se complent mensem unum et accipiunt equalia pretia, tunc quantum servivit unusquisque eorum?

(*a*) Sic facies. Divide triginta dies per tres ut scias quot dies debet servire pro uno nummo, scilicet decem; deinde divide etiam triginta dies per sex et per quinque ut scias quot dies servire debet pro unoquoque eorum, et

---

11109–11176 Item de eodem aliter ... quod scire voluisti] $178^v, 22 - 179^r, 10$ $\mathcal{A}$; $52^{va}, 13 - 53^{ra}, 5$ $\mathcal{B}$.

11088 facias] *corr. ut vid. ex* facies $\mathcal{A}$ **11089** viginti] 20 $\mathcal{A}$ **11090** duos] 2 $\mathcal{A}$ **11091** persoluturus] persoluiturus $\mathcal{A}$ **11091** dimidium] $\frac{m}{2}$ $\mathcal{A}$ **11094** dimidium] $\frac{m}{2}$ $\mathcal{A}$ **11094** duos] 2 $\mathcal{A}$ **11095–11096** tribus] 3 $\mathcal{A}$ **11096** dimidio] $\frac{o}{2}$ $\mathcal{A}$ **11096** duos] 2 $\mathcal{A}$ **11097** dimidium] $\frac{m}{2}$ $\mathcal{A}$ **11098** tribus] 3 $\mathcal{A}$ **11098** dimidio] $\frac{o}{2}$ $\mathcal{A}$ **11098** viginti] 20 $\mathcal{A}$ **11099** viginti] 20 $\mathcal{A}$ **11099** septuaginta] 70 $\mathcal{A}$ **11100** viginti] 20 $\mathcal{A}$ **11100** quadraginta] 40 $\mathcal{A}$ **11101** duobus] 2^{bus} $\mathcal{A}$ **11102** viginti] 20 $\mathcal{A}$ **11102** quadraginta] 40 $\mathcal{A}$ **11104** septuaginta] 70 $\mathcal{A}$ **11109** Item de eodem aliter] *om. sed spat. rel.* $\mathcal{B}$ **11110** tres] 3 $\mathcal{A}$ **11110** operarii] operari $\mathcal{B}$ **11110** conducantur] conducatur $\mathcal{A}$ **11110** triginta] 30 $\mathcal{A}$ **11111** tribus] 3 $\mathcal{A}$ **11111** nummis] numis $\mathcal{B}$ **11111** triginta] 30 $\mathcal{A}$ **11111** quinque] 5 $\mathcal{A}$ **11111** nummis] nummis $\mathcal{B}$ **11112** triginta] 30 $\mathcal{A}$ **11112** sex] 6 $\mathcal{A}$ **11112** nummis] nuīs $\mathcal{B}$ **11112** tres] 3 $\mathcal{A}$ **11113** unum] 1 $\mathcal{A}$ **11113** servivit] servit $\mathcal{A}$ **11115** triginta] 30 $\mathcal{A}$ **11115** tres] 3 $\mathcal{A}$ **11115** debet] debeat *codd.* **11116** nummo] numo $\mathcal{B}$ **11116** decem] 10 $\mathcal{A}$ **11116** deinde] Divide *pr. scr. et exp.* $\mathcal{B}$ **11116** triginta] 30 $\mathcal{A}$ **11116** sex] 6 $\mathcal{A}$ **11117** per] *om.* $\mathcal{B}$ **11117** quinque] 5 $\mathcal{A}$ **11117** debet] debeat *codd.*

exibunt quinque dies pro unoquoque sex nummorum, et sex dies pro unoquoque quinque nummorum. Quasi ergo dicatur: 'Tres participes unius quorum capitale est decem, secundi vero sex, tertii vero quinque, negotiando lucrati sunt triginta, quomodo divident eos inter se secundum capitale cuiusque?'. Fac sicut predocuimus; et capitali quod est decem provenient quatuordecim et due septime, et tot dies servit ille qui per mensem conducitur pro tribus nummis; capitali vero quod est quinque proveniunt septem et septima, et tot dies servit ille qui per mensem conducitur pro quinque; capitali vero quod est sex proveniunt octo et quatuor septime, et tot dies servit ille qui pro sex nummis conducitur per mensem.

Si autem volueris experiri quomodo equalia pretia acceperunt, dices: 'Si quis conducitur per mensem pro tribus nummis, servit autem quatuordecim dies et duas septimas diei, quantum est pretium eius?'. Facies sicut predocui, et exibit unus nummus et tres septime, et hoc est pretium servientis quatuordecim dies et duas septimas diei. Deinde dices: 'Conductus per mensem pro quinque nummis, servivit autem octo dies et quatuor septimas diei, quantum debetur ei?'. Facies sicut predocui, et exibit quod debetur ei, scilicet nummus et tres septime. Deinde dices: 'Conductus per mensem pro sex nummis, servivit autem septem dies et septimam diei, quantum debetur ei?'. Fac sicut supra docui, et exibit quod debetur ei, scilicet nummus et tres septime. Manifestum est igitur quod equaliter acceperunt.

(*b*) Vel aliter. Inquire numerum qui dividatur per tres et per quinque et per sex, et invenies sexaginta. Quos divide per tres, et exibunt viginti; deinde divide per quinque, et exibunt duodecim; divide etiam per sex, et exibunt decem. Postea propones ita: 'Tres participes, capitale unius viginti, alterius duodecim, tertii vero decem, negotiando lucrati sunt triginta nummos, quomodo divident eos secundum capitale cuiusque?'. Fac sicut supra docui, et exibit quod volueris.

(*c*) Vel aliter. Id quod servivit de mense conductus pro tribus nummis sit una res, quod autem servivit conductus pro sex sit dimidia res, nam

---

11118 quinque] 5 $\mathcal{A}$ **11118** sex] 6 $\mathcal{A}$ **11118** nummorum] numorum $\mathcal{B}$ **11118** sex] 6 $\mathcal{A}$ **11119** quinque] 5 $\mathcal{A}$ **11119** nummorum] numorum $\mathcal{B}$ **11119** Tres] 3 $\mathcal{A}$ **11120** decem] 10 $\mathcal{A}$ **11120** sex] 6 $\mathcal{A}$ **11120** quinque] 5 $\mathcal{A}$ **11121** triginta] 30 $\mathcal{A}$ **11122** decem] 10 $\mathcal{A}$ **11123** quatuordecim] 14 $\mathcal{A}$ **11123** due septime] $\frac{2}{7}$ $\mathcal{A}$ **11124** tribus] 3 $\mathcal{A}$ **11124** nummis] numis $\mathcal{B}$ **11124** quinque] 6 $\mathcal{A}$, sex $\mathcal{B}$ **11125** septem] 7 $\mathcal{A}$ **11125** septima] $\frac{a}{7}$ $\mathcal{A}$ **11125–11127** per mensem ... ille qui] *per homœotel. om.* $\mathcal{A}$ **11126** sex] quique *(sic)* $\mathcal{B}$ **11127** servit] servivit $\mathcal{B}$ **11127** sex] 6 $\mathcal{A}$ **11127** nummis] numis $\mathcal{B}$ **11128** quomodo] quo modo $\mathcal{B}$ **11129** tribus] 3 $\mathcal{A}$ **11129** nummis] numis $\mathcal{B}$ **11129–11130** quatuordecim] 14 $\mathcal{A}$ **11130** duas septimas] $\frac{2}{7}$ $\mathcal{A}$ **11131** nummus] numus $\mathcal{B}$ **11131** tres septime] $\frac{3}{7}$ $\mathcal{A}$ **11131–11132** servientis] servicturis $\mathcal{B}$ **11132** quatuordecim] 14 $\mathcal{A}$ **11132** duas septimas] $\frac{2}{7}$ $\mathcal{A}$ **11133** quinque] 5 $\mathcal{A}$ **11133** nummis] numis $\mathcal{B}$ **11133** autem] ad $\mathcal{B}$ **11133** octo] 8 $\mathcal{A}$ **11133** quatuor septimas] $\frac{4}{7}$ $\mathcal{A}$ **11134** debetur] debent $\mathcal{B}$ **11135** nummus] numus $\mathcal{B}$ **11135** tres septime] $\frac{3}{7}$ $\mathcal{A}$ **11136** sex] 6 $\mathcal{A}$ **11136** nummis] numis $\mathcal{B}$ **11136** septem] 7 $\mathcal{A}$ **11136** septimam] $\frac{am}{7}$ $\mathcal{A}$ **11137** nummus] numus $\mathcal{B}$ **11138** tres septime] $\frac{3}{7}$ $\mathcal{A}$ **11139** tres] 3 $\mathcal{A}$ **11139** quinque] 5 $\mathcal{A}$ **11140** sex] 6 $\mathcal{A}$ **11140** sexaginta] 60 $\mathcal{A}$ **11140** tres] 3 $\mathcal{A}$ **11140** viginti] 20 $\mathcal{A}$ **11141** quinque] 5 $\mathcal{A}$ **11141** duodecim] 12 $\mathcal{A}$ **11141** etiam] est $\mathcal{B}$ **11141** sex] 6 $\mathcal{A}$ **11142** decem] 10 $\mathcal{A}$ **11142–11143** viginti] 20 $\mathcal{A}$ **11143** duodecim] 12 $\mathcal{A}$ **11143** decem] 10 $\mathcal{A}$ **11143** triginta] 30 $\mathcal{A}$ **11144** nummos] numos $\mathcal{B}$ **11146** tribus] 3 $\mathcal{A}$ **11146** nummis] numis $\mathcal{B}$ **11147** una] 1 $\mathcal{A}$ **11147** sex] 6 $\mathcal{A}$ **11147** dimidia] $\frac{a}{2}$ $\mathcal{A}$, dimia *pr. scr.* id *add. supra* $\mathcal{B}$

tres medietas sunt de sex, quod vero servivit conductus pro quinque sit tres quinte rei. Deinde agrega ipsas res, et fient due res et decima rei; que adequantur ad triginta. Res igitur equatur ad quatuordecim et duas septimas, et tantum servit conductus pro tribus; conductus vero pro sex servit dimidium, scilicet septem dies et septimam diei; conductus vero pro quinque servit tres quintas de quatuordecim et duabus septimis, que sunt octo et quatuor septime. Pretium autem uniuscuiusque eorum pro eo quod servivit est unus nummus et quatuor decime et due septime unius decime que sunt tres septime.

(*d*) Vel aliter. Pone pretium eius quod unusquisque servivit unam rem; equale enim pretium habuerunt. Deinde considera conductus pro tribus quantum debebat servire de mense pro re. Quasi ergo dicas: 'Cum triginta pro tribus, tunc quantum habebo pro una re?'; et invenies decem res. Deinde considera conductus pro sex quantum debebat servire de mense pro re; et invenies quinque res. Considera etiam quantum de mense servire debet pro re conductus pro quinque; et invenies sex res. Totum igitur quod omnes servierunt est viginti una res; que adequantur ad triginta. Res igitur adequatur uni et tribus septimis; que est pretium eius quod quisque de mense servivit. Cum autem volueris scire quantum de mense unusquisque eorum servivit: Iam autem nosti pretium uniuscuiusque eorum. Dices: 'Postquam triginta pro tribus nummis, tunc quantum habebo pro uno nummo et tribus septimis?'. Fac sicut supra docui in capitulo de emendo et vendendo, et exibunt quatuordecim dies et due septime diei, et tantum servivit de mense conductus pro tribus nummis. Deinde dices: 'Postquam triginta dies pro quinque nummis, tunc quantum debebo pro nummo et tribus septimis?'. Fac sicut supra docui, et exibunt octo dies et quatuor septime diei, et tantum servivit de mense conductus pro quinque. Similiter facies de sex, et exibit quantum servivit de mense conductus pro sex, scilicet septem dies et septima diei. Et hoc est quod scire voluisti.

11148 tres] 3 $\mathcal{A}$ 11148 sex] 6 $\mathcal{A}$, tres *pr. scr. et* sex *add. supra* $\mathcal{B}$ 11148 vero] ergo *pr. scr. et corr.* $\mathcal{A}$ 11148 quinque] 5 $\mathcal{A}$ 11149 tres quinte] $\frac{3}{7}$ $\mathcal{A}$ 11149 due] 2 $\mathcal{A}$ 11149 decima] $\frac{a}{10}$ *(10 pr. scr. mut. in* $\frac{a}{10}$ *quod del. et rescr.)* $\mathcal{A}$ 11150 triginta] 30 $\mathcal{A}$ 11150 quatuordecim] 14 $\mathcal{A}$ 11150–11151 duas septimas] $\frac{2}{7}$ $\mathcal{A}$ 11151 tribus] 3 $\mathcal{A}$ 11151 sex] 6 $\mathcal{A}$ 11152 dimidium] $\frac{m}{2}$ $\mathcal{A}$ 11152 septem] 7 $\mathcal{A}$ 11152 septimam] $\frac{am}{7}$ $\mathcal{A}$ 11153 quinque] 5 $\mathcal{A}$ 11153 tres quintas] $\frac{3}{5}$ $\mathcal{A}$ 11153 quatuordecim] 14 $\mathcal{A}$ 11153 duabus septimis] $\frac{2}{7}^{is}$ $\mathcal{A}$ 11154 octo] 8 $\mathcal{A}$ 11154 quatuor septime] $\frac{4}{7}$ $\mathcal{A}$ 11155 unus] 1 $\mathcal{A}$ 11155 nummus] numus $\mathcal{B}$ 11155 quatuor decime] $\frac{4}{10}$ $\mathcal{A}$ 11155 due septime unius decime] $\frac{2}{7}$ unius $\frac{e}{10}$ $\mathcal{A}$ 11156 tres septime] $\frac{3}{7}$ $\mathcal{A}$ 11158 tribus] 3 $\mathcal{A}$ 11159 debebat] debeat $\mathcal{B}$ 11159–11160 triginta] 30 $\mathcal{A}$ 11160 tribus] 3^{bus} *(corr. ex* 30*)* $\mathcal{A}$ 11160 decem] 10 $\mathcal{A}$ 11161 sex] 6 $\mathcal{A}$ 11161 debebat] debeat $\mathcal{B}$ 11162 quinque] 5 $\mathcal{A}$ 11163 quinque] 5 $\mathcal{A}$ 11163 sex] 6 $\mathcal{A}$ 11164 viginti una] 21 $\mathcal{A}$ 11164 triginta] 30 $\mathcal{A}$ 11165 tribus septimis] $\frac{3}{7}^{is}$ $\mathcal{A}$ 11166–11167 Cum ... servivit] *per homœotel. om.* $\mathcal{A}$ 11168 triginta] 30 $\mathcal{A}$ 11168 tribus] 3 $\mathcal{A}$ 11168 nummis] numis $\mathcal{B}$ 11168 uno] 1 $\mathcal{A}$, *om.* $\mathcal{B}$ 11168–11169 nummo] numo $\mathcal{B}$ 11169 tribus septimis] $\frac{3}{7}^{is}$ $\mathcal{A}$ 11170 quatuordecim] 14 $\mathcal{A}$ 11170 due septime] $\frac{2}{7}$ $\mathcal{A}$ 11171 tribus] 3 $\mathcal{A}$ 11171 nummis] numis $\mathcal{B}$ 11172 triginta] 30 $\mathcal{A}$ 11172 quinque] 5 $\mathcal{A}$ 11172 nummis] numis $\mathcal{B}$ 11172 nummo] numo $\mathcal{B}$ 11173 tribus septimis] $\frac{3}{7}^{is}$ $\mathcal{A}$ 11173 octo] 8 $\mathcal{A}$ 11173–11174 quatuor septime] $\frac{4}{7}$ $\mathcal{A}$ 11174 servivit] servit $\mathcal{A}$ 11174 quinque] 5 $\mathcal{A}$ 11175 sex] 6 $\mathcal{A}$ 11175 sex] 6 $\mathcal{A}$ 11176 septem] 7 $\mathcal{A}$ 11176 septima] $\frac{a}{7}$ $\mathcal{A}$

(B.241) Si quis querat: Conducuntur tres operarii per mensem, primus pro quatuor nummis, secundus pro sex, tertius pro duodecim, inter se autem compleverunt mensem, sed nullus eorum per se, et exierunt cum equali pretio; tunc quantum de mense servivit unusquisque?

Sic facies. Quere numerum minorem quem omnes isti numeri numerant, et invenies duodecim. Quem divide per duodecim et exibit unum, et divide per sex et exibunt duo, et divide per quatuor et exibunt tres. Agrega autem unum et duo et tres, et fient sex, quos pone prelatum. Cum igitur volueris scire quot dies servivit conductus pro duodecim, multiplica unum, qui exivit de divisione duodecim per se, in triginta, et productum divide per prelatum; et exibunt quinque, et tot dies servivit conductus pro duodecim. Cum autem volueris scire quot dies servivit conductus pro sex, multiplica duo, qui exierunt ex dividendo duodecim per sex, in triginta, et productum divide per prelatum; et exibunt decem, et tot dies servivit conductus pro sex. Cum autem volueris scire quot dies servivit conductus pro quatuor, multiplica tres in triginta, et productum divide per prelatum; et exibunt quindecim, et tot dies servivit conductus pro quatuor. Cum autem volueris scire cum quanto pretio exivit unusquisque eorum, divide duodecim per prelatum; et exibunt duo, et tantum accepit unusquisque eorum pro eo quod servivit.

Horum autem omnium probatio est hec. Sint triginta dies AB, quatuor vero nummi QL, id autem quod servivit conductus pro quatuor AG, sex vero LM, quod autem servivit conductus pro sex GD, duodecim vero MN, quod autem servivit conductus pro duodecim DB. Constat igitur quod comparatio de AG ad AB est sicut comparatio pretii uniuscuiusque eorum ad QL, comparatio autem de GD ad AB est sicut comparatio pretii quod habuit quisque eorum ad LM, similiter etiam comparatio de DB ad AB est sicut comparatio pretii quod habuit quisque eorum ad MN. Igitur, postquam comparatio de AG ad AB est sicut comparatio pretii cuiusque eorum ad QL, tunc id quod fit ex ductu QL in AG equum est ei quod fit ex ductu pretii in AB; si igitur multiplices QL in AG et productum diviseris per AB, exibit pretium. Similiter etiam, si multiplices LM in GD et productum diviseris per AB, exibit idem pretium. Similiter etiam, si multiplices MN in DB et productum diviseris per AB, exibit idem

---

11177–11270 Si quis querat ... quod demonstrare voluimus] 179^r, $11 - 179^v$, 16 $\mathcal{A}$; $\mathcal{B}$ deficit.

11177 tres] 3 $\mathcal{A}$ **11178** quatuor] 4 $\mathcal{A}$ **11178** sex] 6 $\mathcal{A}$ **11178** duodecim] 12 $\mathcal{A}$ **11179** sed] et cod.   **11182** duodecim] 12 $\mathcal{A}$ **11182** duodecim (post per)] 12 $\mathcal{A}$ **11182** unum] 1 $\mathcal{A}$ **11183** sex] 6 $\mathcal{A}$ **11183** duo] 2 $\mathcal{A}$ **11183** quatuor] 4 $\mathcal{A}$ **11183** tres] 3 $\mathcal{A}$ **11184** unum] 1 $\mathcal{A}$ **11184** duo] 2 $\mathcal{A}$ **11184** tres] 3 $\mathcal{A}$ **11184** sex] 6 $\mathcal{A}$ **11185** duodecim] 12 $\mathcal{A}$ **11185** unum] 1 $\mathcal{A}$ **11186** duodecim] 12 $\mathcal{A}$ **11186** triginta] 30 $\mathcal{A}$ **11187** quinque] 5 $\mathcal{A}$ **11187–11188** duodecim] 12 $\mathcal{A}$ **11188** sex] 6 $\mathcal{A}$ **11189** duo] 2 $\mathcal{A}$ **11189** duodecim] 12 $\mathcal{A}$ **11189** sex] 6 $\mathcal{A}$ **11189** triginta] 30 $\mathcal{A}$ **11190** decem] 10 $\mathcal{A}$ **11191** sex] 6 $\mathcal{A}$ **11192** quatuor] 4 $\mathcal{A}$ **11192** tres] 3 $\mathcal{A}$ **11192** triginta] 30 $\mathcal{A}$ **11193** quindecim] 15 $\mathcal{A}$ **11193** quatuor] 4 $\mathcal{A}$ **11195** duodecim] 12 $\mathcal{A}$ **11195** duo] 2 $\mathcal{A}$ **11197** triginta] 30 $\mathcal{A}$ **11197–11198** quatuor] 4 $\mathcal{A}$ **11198–11199** quatuor ... conductus pro] per homœotel. om. $\mathcal{A}$ **11199** sex] 6 $\mathcal{A}$ **11199** duodecim] 12 $\mathcal{A}$ **11200** duodecim] 12 $\mathcal{A}$ **11202** pretii] uniuscuiusque eorum add. (v. supra) et exp. $\mathcal{A}$

pretium. Sequitur ergo ex hoc necessario ut id quod fit ex ductu AG in QL sit equum ei quod fit ex ductu GD in LM, et ei quod fit ex ductu DB in MN. Postquam autem ita est, tunc comparatio de QL ad LM est sicut comparatio de GD ad AG, comparatio autem de LM ad MN est sicut comparatio de DB ad GD. Deinde inquiram tres numeros ex quorum primi ductu in QL id quod fit sit equum ei quod fit ex ductu secundi eorum in LM, et ei quod fit ex ductu tertii in MN. Videlicet, accipe quemlibet numerum, et divide eum per QL et exeat HZ, et dividatur per LM et exeat ZK, et dividatur per MN et exeat KT. Id igitur quod fit ex ductu HZ in QL erit numerus ille, et id quod fit ex ductu ZK in LM est numerus ille, et id quod fit ex ductu MN in KT est etiam numerus ille. Id igitur quod fit ex ductu HZ in QL equum est ei quod fit ex ductu ZK in LM, et ei quod fit ex ductu KT in MN. Comparatio igitur de ZK ad KT est sicut comparatio de MN ad ML. Comparatio autem de MN ad ML est sicut comparatio de GD ad DB. Igitur comparatio de GD ad DB est sicut comparatio de ZK ad KT. Similiter etiam monstrabo quod comparatio de HZ ad ZK est sicut comparatio de AG ad GD.

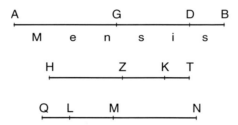

Ad B.241: *Figura inven. in* $\mathcal{A}$ *($179^v, 17 - 19$); eadem m. add. numeros supra, sc.* 15 *(supra* HZ*),* 10 *(*ZK*),* 5 *(*KT*),* 4 *(*QL*),* 6 *(*LM*),* 12 *(*MN*).*

Ideo autem quesivimus minorem numerum quem numerarent quatuor, sex, et duodecim, ut de divisione integri numeri tantum exirent, sine fractione, nam sic facilius fit. Si autem alium numerum preter duodecim inveniremus, bene similiter esset. Accipiamus igitur alium numerum preter duodecim, scilicet sexaginta, qui sit C. Igitur HZ erit quindecim, et ZK erit decem, et KT erit quinque, totus autem HT erit triginta.

Iam autem ostendimus quod comparatio de ZH ad ZK est sicut comparatio de AG ⟨ad GD; cum autem composuerimus, tunc comparatio de ZH ad HK erit sicut comparatio de AG ad AD. Scimus autem quod comparatio de ZK ad KT est sicut comparatio de GD ad DB et quod comparatio de HZ ad ZK est sicut comparatio de AG ad GD; igitur, secundum equam proportionalitatem, comparatio de HZ ad KT erit sicut

---

11212 LM] IM *pr. scr. et del.* $\mathcal{A}$ **11215** tres] 3 $\mathcal{A}$ **11221** MN] MM *pr. scr. et corr.* $\mathcal{A}$ **11224** MN *(post* autem de*)*] MM *pr. scr. et corr.* $\mathcal{A}$ **11226** monstrabo] monstratum est *cod.* **11228** quatuor] 4 $\mathcal{A}$ **11229** sex] 6 $\mathcal{A}$ **11229** duodecim] 12 $\mathcal{A}$ **11230** duodecim] 12 $\mathcal{A}$ **11231** esset] *corr. ex* erit $\mathcal{A}$ **11232** duodecim] 12 $\mathcal{A}$ **11232** sexaginta] 60 $\mathcal{A}$ **11232** quindecim] 15 $\mathcal{A}$ **11233** decem] 10 $\mathcal{A}$ **11233** quinque] 5 $\mathcal{A}$ **11233** triginta] 30 $\mathcal{A}$

comparatio de AG ad DB; cum autem commutaverimus, tunc comparatio de TK ad ZH erit sicut comparatio de BD ad AG. Scis autem quod comparatio de HK ad HZ est sicut comparatio de DA ad AG. Manifestum est igitur ex premissis quod comparatio totius HT ad ZH est sicut comparatio totius AB ad AG. Cum autem commutaverimus, tunc comparatio de HZ ad totum HT erit sicut comparatio de AG⟩ ad totum AB; cum igitur multiplicaveris HZ in AB et productum diviseris per HT, exibit AG. Similiter etiam ostendetur quod comparatio de ZK ad HT est sicut comparatio de GD ad AB; cum igitur multiplicaveris ZK in AB et productum diviseris per HT, exibit GD. Similiter etiam ostendetur quod comparatio de KT ad HT est sicut comparatio de DB ad AB; cum igitur multiplicaveris KT in AB et productum diviseris per HT, exibit DB. ⟨Igitur DB est⟩ quinque, et GD decem, et AG quindecim. Si autem alium numerum preter sexaginta posuisses, similiter faceres sicut predictum est, et exiret quod velles.

Dico etiam quod, si diviseris numerum quem inveneris per agregatum ex eis que exeunt ex omnibus divisionibus, exibit pretium uniuscuiusque. Sit igitur numerus ille sexaginta, et tunc agregatum ex hiis que exeunt de divisionibus erit triginta. Dico igitur quod cum diviseris sexaginta per triginta, exibunt duo, et hoc est quod accipit unusquisque eorum. Cuius probatio hec est. Scimus enim quod comparatio unius numerorum exeuntium ex sexaginta divisis per aliquod pretiorum ad omnia exeuntia simul est sicut comparatio pretii cum quo exit unusquisque ad pretium per quod dividuntur sexaginta. Quod sic probatur. Unus igitur illorum numerorum sit ZK; et tunc comparatio de ZK ad HT erit sicut comparatio de GD ad AB. Comparatio autem de GD ad AB est sicut comparatio pretii ad LM. Igitur comparatio pretii ad LM est sicut comparatio de ZK ad HT. Id igitur quod fit ex ductu ZK in LM equum est ei quod fit ex ductu pretii in HT. Id autem quod fit ex ductu ZK in LM est sexaginta. Si igitur diviseris sexaginta per HT, exibit pretium. Et hoc est quod demonstrare voluimus.

ITEM DE EODEM.

(B.242) Si quis dicat: Cum tres operarii conducuntur, unus per mensem pro sex nummis, alius pro quinque, tertius pro tribus, complent autem mensem inter se, et conductus pro sex nummis accipit pretium maius pretio

---

11271–11371 Item de eodem ... quod invenire voluimus] $179^v, 16 - 180^r, 31$ 𝐴; $53^{ra}, 6\text{-}7 - 53^{va}, 46$ ℬ.

11252 quinque] 5 𝐴 **11252** decem] 10 𝐴 **11252** quindecim] 15 𝐴 **11253** sexaginta] 60 𝐴 **11256** divisionibus] dīolbus *(pro* dīoibus*)* 𝐴 **11257** sexaginta] 60 𝐴 **11258** triginta] 30 𝐴 **11258** sexaginta] 60 𝐴 **11259** triginta] 30 𝐴 **11259** duo] 2 𝐴 **11261** sexaginta] 60 𝐴 **11261** ad omnia exeuntia simul] simul ad omnia pretia *cod.* **11263** sexaginta] 60 𝐴 **11267** equum] eqm *pr. scr. et corr.* 𝐴 **11268** sexaginta] 60 𝐴 **11269** sexaginta] 60 𝐴 **11271–11272** Item ... dicat] *om. sed spat. rel.* ℬ **11272** tres] 3 𝐴 **11272** operarii] operari *(et sæpe infra)* ℬ **11272** conducuntur] conducitur ℬ **11273** sex] 6 𝐴 **11273** nummis] numis ℬ **11273** pro quinque] pro 5 𝐴, propinque ℬ **11273** tertius] 3us *(e corr.)* 𝐴 **11273** complent] complever *pr. scr. et corr.* 𝐴, Conplent ℬ **11274** sex] 6 𝐴 **11274** nummis] numis ℬ

conducti pro quinque uno nummo, conductus vero pro quinque accipit pretium maius pretio conducti pro tribus uno nummo; tunc quot dies servit unusquisque eorum?

(*a*) Sic facies. Divide triginta dies mensis per sex nummos ut scias quot dies servire debet pro unoquoque nummo, et exibunt quinque dies. Quos duplica, et fient decem, et tot dies servire debet pro duobus nummis. Deinde divide triginta dies per tres et per quinque ut scias quot dies servire debet pro unoquoque nummo; et ex divisione facta per quinque exibunt sex dies, ex ea vero que fit per tres exibunt decem dies. Supra dictum est autem quod pretium conducti pro sex maius est pretio conducti pro quinque uno nummo, pretium vero conducti pro quinque maius est pretio conducti pro tribus uno nummo; sequitur ergo ut pretium conducti pro sex sit maius pretio conducti pro tribus duobus nummis. Supra dictum est etiam quod pro hiis duobus nummis debet decem dies, pro nummo autem quo conductus secundus vincit tertium debet sex dies; decem ergo dies et sex dies de mense servierunt conductus pro sex et conductus pro quinque, et residuum mensis debent servire ⟨tres conducti⟩ inter se et accipere pretium equale. Minue ergo hos sexdecim dies de triginta diebus, et remanebunt quatuordecim, et totidem dies servierunt inter se tres conducti et acceperunt equale pretium. Quasi ergo dicatur: 'Tres operarii conducuntur per mensem, unus pro sex nummis, alter pro quinque, tertius pro tribus, servierunt autem inter se quatuordecim dies et acceperunt equale pretium, tunc quantum servivit unusquisque eorum?'. Fac sicut ostensum est in eo quod precessit. Videlicet, divide triginta per sex et per quinque et per tres, et producta ex illis agrega, et agregatum, scilicet viginti unum, pone prelatum. Deinde multiplica quinque, provenientes ex divisione facta per sex, in quatuordecim, et productum divide per prelatum, et exibunt tres et tertia, et tot dies de predictis quatuordecim servivit conductus pro sex. Deinde tribus diebus et tertie agrega decem dies supra dictos, et fient tredecim et tertia,

---

11275 conducti] conductu *B* **11275** quinque] 5 *A* **11275** nummo] numo *B* **11275** quinque] 5 *A* **11276** nummo] numo *B* **11278** triginta] 30 *A* **11278** per] pro *pr. scr. et corr. A* **11278** sex] 6 *A* **11278** nummos] numos *B* **11279** nummo] nummo *in fin. lin.* mo *del. et scr. in init. seq. A*, numo *B* **11279** quinque] 5 *A* **11280** decem] 10 *A* **11280** duobus] 2 *A* **11280** nummis] numis *B* **11281** triginta] 30 *A* **11281** tres] 3 *A* **11281** quinque] 5 *A* **11282** nummo] numo *B* **11282** quinque] 5 *A* **11282** sex] 6 *A* **11283** tres] 3 *A* **11283** decem] 10 *A* **11284** sex] 6 *A* **11284** quinque] 5 *A* **11284** uno] 1 *A* **11285** nummo] numo *B* **11285** pretium] *corr. ex* pretiu *A* **11285** quinque] 5 *A* **11286** tribus] 3 *A* **11286** uno] 1 *A* **11286** nummo] numo *B* **11286** sex] 6 *A* **11287** tribus] 3 *A* **11287** duobus] 2 *A* **11287** nummis] numis *B* **11287** est] *om. A* **11288** pro hiis] has pro *B* **11288** duobus] 2 *A* **11288** nummis] numis *B* **11288** decem] 10 *(corr. ut vid. ex* 10^{em}*) A* **11288** nummo] numo *B* **11289** tertium] 3^m *A* **11289** sex] 6 *A* **11289** decem] 10 *A* **11289** sex *(post et)*] 6 *A* **11290** sex] 6 *A* **11290** quinque] 5 *A* **11292** sexdecim] 16 *A* **11292** triginta] 30 *A* **11292–11293** quatuordecim] 14 *A* **11293** tres] 3 *A* **11294** Tres] 3 *A* **11294** operarii] operari *B* **11295** sex] 6 *A* **11295** nummis] numis *B* **11295** quinque] 5 *A* **11295** tribus] 3 *A* **11296** quatuordecim] 14 *A* **11298** triginta] 30 *A* **11298** sex] 6 *A* **11298** quinque] 5 *A* **11298** tres] 3 *A* **11299** viginti unum] 21 *A* **11300** quinque] 5 *A* **11300** sex] 6 *A* **11300–11301** quatuordecim] 14 *A* **11301** tres] 3 *A* **11301** tertia] $\frac{a}{3}$ *A* **11302** quatuordecim] 14 *A* **11302** conductus] coductus *B* **11302** sex] 6 *A* **11303** tertie] $\frac{e}{3}$ *A* **11303** decem] 10 *A* **11303** tredecim] 13 *A* **11303** tertia] $\frac{a}{3}$ *A*

et tantum servivit de triginta diebus conductus pro sex. Deinde facies [hic] sicut supra docui, et provenient quatuor dies quos servivit de quatuordecim conductus pro quinque nummis; quos quatuor agrega sex diebus predictis, et fient decem, et totidem dies servivit de mense. Quod autem servivit de quatuordecim conductus pro tribus est sex dies et due tertie diei, et totidem etiam dies servivit de mense.

(*b*) Vel aliter. Id quod servivit conductus pro sex nummis pone rem. Quod ergo servivit conductus pro quinque erit res et quinta rei minus sex diebus. Nam pretium eius quod servivit conductus per mensem pro sex nummis nisi esset maius uno nummo pretio eius quod servit conductus pro quinque, tunc tot essent dies quos servit conductus pro quinque quot sunt dies quos servit conductus pro sex et insuper quinta eorum. Si ergo ponimus rem dies quos servivit conductus pro sex, tunc dies quos servivit conductus pro quinque sunt res et quinta rei, et est eorum pretium equale. Scimus autem quod pretium eius quod servit de mense conductus pro sex maius est uno nummo pretio eius quod servit de mense conductus pro quinque. Sequitur ergo ut id quod servit de mense conductus pro quinque sit res et quinta rei minus sex diebus; nam pro nummo quo pretium unius excedit pretium alterius convenit ut conductus pro quinque serviat sex dies, et ita tunc adequabuntur pretia eorum que de mense servivit uterque. Hoc etiam modo ostendetur quia id quod servivit de mense conductus pro tribus nummis est due res minus viginti diebus. Totum igitur quod omnes servierunt est quatuor res et quinta rei minus viginti sex diebus; que adequantur triginta diebus. Fac ergo sicut premonstratum est in algebra; et erit res tredecim et tertia, et tantum servivit conductus pro sex; conductus vero pro quinque servit tantumdem et quintam eius minus sex diebus, quod est decem dies; tertius vero servit duplum eius minus viginti diebus, quod est sex dies et due tertie diei. Conductus autem pro sex habebit pro pretio tredecim dierum et tertie duos nummos et duas tertias nummi; conductus

---

11304 triginta] 30 $\mathcal{A}$ **11304** sex] 6 $\mathcal{A}$ **11305** provenient] proveniet $\mathcal{B}$ **11305** quatuor] 4 $\mathcal{A}$ **11305–11306** quatuordecim] 14 $\mathcal{A}$ **11306** quinque] 5 $\mathcal{A}$ **11306** nummis] numis $\mathcal{B}$ **11306** quatuor] 4 $\mathcal{A}$ **11306** sex] 6 $\mathcal{A}$ **11307** decem] 10 $\mathcal{A}$ **11308** quatuordecim] 14 $\mathcal{A}$ **11308** tribus] 3 $\mathcal{A}$ **11308** sex] 6 $\mathcal{A}$ **11308** dies] *e corr.* $\mathcal{A}$ **11308** due tertie] $\frac{2}{3}$ $\mathcal{A}$ **11310** sex] 6 $\mathcal{A}$ **11310** nummis] numis $\mathcal{B}$ **11311** quinque] 5 $\mathcal{A}$ **11311** quinta] $\frac{a}{5}$ $\mathcal{A}$ **11311** sex] 6 $\mathcal{A}$ **11312** servivit] servit $\mathcal{B}$ **11312** sex] 6 $\mathcal{A}$ **11312** nummis] numis $\mathcal{B}$ **11313** uno] 1 $\mathcal{A}$ **11313** nummo] numo $\mathcal{B}$ **11313–11314** quinque] 5 $\mathcal{A}$ **11314** quinque] 5 $\mathcal{A}$, quique $\mathcal{B}$ **11315** sex] 6 $\mathcal{A}$ **11315** quinta] $\frac{a}{5}$ $\mathcal{A}$ **11316** servivit] servit $\mathcal{B}$ **11316** sex] 6 $\mathcal{A}$ **11316** servivit] servit $\mathcal{B}$ **11317** quinque] 5 $\mathcal{A}$ **11317** quinta] $\frac{a}{5}$ $\mathcal{A}$ **11318** mense] mse $\mathcal{B}$ **11318** sex] 6 $\mathcal{A}$ **11318** uno] 1 $\mathcal{A}$ **11319** nummo] numo $\mathcal{B}$ **11319** quinque] 5 $\mathcal{A}$ **11320** quinque] 5 $\mathcal{A}$ **11320** quinta] $\frac{a}{5}$ $\mathcal{A}$ **11321** sex] 6 $\mathcal{A}$ **11321** nummo] numo $\mathcal{B}$ **11321** excedit] excidit $\mathcal{B}$ **11322** quinque] 5 $\mathcal{A}$ **11322** sex] 6 $\mathcal{A}$ **11324** ostendetur] *e corr.* $\mathcal{A}$ **11324** tribus] 3 $\mathcal{A}$ **11324–11325** nummis] numis $\mathcal{B}$ **11325** due] 2 $\mathcal{A}$ **11325** viginti] 20 $\mathcal{A}$ **11326** quatuor] 4 $\mathcal{A}$ **11326** quinta] $\frac{a}{5}$ $\mathcal{A}$ **11326** viginti sex] 26 $\mathcal{A}$ **11327** triginta] 30 $\mathcal{A}$ **11327** algebra] agebla $\mathcal{B}$ **11328** tredecim] 13 $\mathcal{A}$ **11328** tertia] $\frac{a}{3}$ $\mathcal{A}$ **11328** sex] 6 $\mathcal{A}$ **11329** quinque] 5 $\mathcal{A}$ **11329** tantumdem] tantumdem $\mathcal{B}$ **11329** quintam] $\frac{am}{5}$ $\mathcal{A}$ **11329** minus] *om.* $\mathcal{B}$ **11329** sex] 6 $\mathcal{A}$ **11330** decem] 10 $\mathcal{A}$ **11330** viginti] 20 $\mathcal{A}$ **11330** diebus] dies *codd.* **11331** sex] 6 $\mathcal{A}$ **11331** due tertie] $\frac{2}{3}$ $\mathcal{A}$ **11331** sex] 6 $\mathcal{A}$ **11332** tredecim] 13 $\mathcal{A}$ **11332** tertie] $\frac{e}{3}$ $\mathcal{A}$ **11332** duos] 2 $\mathcal{A}$ **11332** nummos] numos $\mathcal{B}$ **11332** duas tertias] $\frac{2}{3}$ $\mathcal{A}$ **11332** nummi] numi $\mathcal{B}$

vero pro quinque pro diebus quos servivit habebit nummum et duas tertias; conductus vero pro tribus habebit duas tertias nummi.

11335 (*c*) Vel aliter. Id quod servivit conductus pro sex pone dimidiam rem; quod autem servivit conductus pro quinque erit tres quinte rei minus sex diebus, quod vero servivit conductus pro tribus erit res minus viginti diebus. Agrega autem quicquid servierunt, et erit due res et decima rei minus viginti sex diebus; que adequantur triginta diebus. Fac ergo sicut premonstratum
11340 est in algebra, et erit res viginti sex et due tertie; et tantum servivit, minus viginti diebus, conductus pro tribus nummis, quod est sex dies et due tertie diei; conductus vero pro quinque servivit tres quintas eorum minus sex diebus, que sunt decem dies; conductus vero pro sex servivit dimidium eorum, quod est tredecim dies et tertia diei.

11345 (*d*) Vel aliter. Pretium eius quod servivit de mense conductus pro tribus pone rem; pretium autem eius quod servivit conductus pro quinque erit res et unus nummus, pretium vero eius quod servivit conductus pro sex erit una res et duo nummi. Deinde considera conductus pro sex quantum debet servire de mense pro re et duobus nummis, et invenies quod quinque res et
11350 decem dies; considera etiam conductus pro quinque quantum debet servire de mense pro re et nummo, et invenies sex res et sex dies; deinde considera conductus pro tribus quantum debet servire de mense pro re, et invenies decem res. Totum igitur quod tres operarii servierunt est viginti una res et sexdecim dies; que adequantur triginta diebus. Fac ergo sicut premon-
11355 stratum est in algebra, et exibit pretium eius quod servivit conductus pro tribus nummis, scilicet due tertie nummi; pretium vero eius quod servivit conductus pro quinque erit nummus et due tertie nummi, pretium vero tertii duo nummi et due tertie. Si ergo volueris scire quantum unusquisque eorum de mense servivit, dices: 'Conductus operarius per mensem pro sex
11360 nummis, quantum serviet de mense pro duobus nummis et duabus tertiis nummi?'. Sic facies. Multiplica duos nummos et duas tertias in triginta, et

---

11333 quinque] $_5$ $\mathcal{A}$ **11333** nummum] numum $\mathcal{B}$ **11333** duas tertias] $\frac{2}{3}$ $\mathcal{A}$ **11334** tribus] 3 $\mathcal{A}$ **11334** duas tertias] $\frac{2}{3}$ $\mathcal{A}$ **11334** nummi] numi $\mathcal{B}$ **11335** sex] 6 $\mathcal{A}$ **11336** quod] Idem $\mathcal{B}$ **11336** quinque] $_5$ $\mathcal{A}$ **11336** erit] sit *codd.* **11336** tres quinte] $\frac{3}{5}$ $\mathcal{A}$ **11336** sex] 6 $\mathcal{A}$ **11337** tribus] 3 $\mathcal{A}$ **11337** erit] sit *codd.* **11337** viginti] 20 $\mathcal{A}$ **11338** due] 2 $\mathcal{A}$ **11338** decima] $\frac{a}{10}$ $\mathcal{A}$ **11338–11339** viginti sex] 26 $\mathcal{A}$ **11339** triginta] 30 $\mathcal{A}$ **11340** algebra] agebla $\mathcal{B}$ **11340** res] tres $\mathcal{B}$ **11340** viginti sex] 26 $\mathcal{A}$ **11340** due tertie] $\frac{2}{3}$ $\mathcal{A}$ **11341** viginti] 20 $\mathcal{A}$ **11341** tribus] 3 $\mathcal{A}$ **11341** nummis] numis $\mathcal{B}$ **11341** sex] 6 $\mathcal{A}$ **11341–11342** due tertie] $\frac{2}{3}$ $\mathcal{A}$ **11342** diei] die $\mathcal{B}$ **11342** quinque] $_5$ $\mathcal{A}$ **11342** tres quintas] 3 *pr. scr. et mut. in* $\frac{3}{5}$ $\mathcal{A}$ **11342** sex] 6 $\mathcal{A}$ **11343** decem] 10 $\mathcal{A}$ **11343** sex] 6 $\mathcal{A}$ **11344** tredecim] 13 $\mathcal{A}$ **11344** tertia] $\frac{a}{3}$ $\mathcal{A}$ **11345** tribus] 3 $\mathcal{A}$ **11346** quinque] 5 *(corr. ex 6)* $\mathcal{A}$ **11346** res] tres $\mathcal{B}$ **11347** unus] 1 $\mathcal{A}$ **11347** nummus] numus $\mathcal{B}$ **11347** sex] 6 $\mathcal{A}$ **11348** duo] 2 $\mathcal{A}$ **11348** nummi] numi $\mathcal{B}$ **11348** sex] 6 $\mathcal{A}$ **11349** duobus] 2 $\mathcal{A}$ **11349** nummis] numis $\mathcal{B}$ **11349** quinque] $_5$ $\mathcal{A}$ **11350** decem] 10 $\mathcal{A}$ **11350** quinque] $_5$ $\mathcal{A}$ **11351** nummo] numo $\mathcal{B}$ **11351** sex] 6 $\mathcal{A}$ **11351** sex *(ante dies)*] 6 $\mathcal{A}$ **11352** tribus] 3 $\mathcal{A}$ **11353** decem] 10 $\mathcal{A}$ **11353** tres] 3 $\mathcal{A}$ **11353** viginti una] 21 $\mathcal{A}$ **11354** sexdecim] 16 $\mathcal{A}$ **11354** triginta] 30 $\mathcal{A}$ **11355** algebra] agebla $\mathcal{B}$ **11356** tribus] 3 $\mathcal{A}$ **11356** nummis] numis $\mathcal{B}$ **11356** due tertie] $\frac{2}{3}$ $\mathcal{A}$ **11356** nummi] numi $\mathcal{B}$ **11357** quinque] $_5$ $\mathcal{A}$ **11357** nummus] numus $\mathcal{B}$ **11357** due tertie] $\frac{2}{3}$ $\mathcal{A}$ **11357** nummi] *om.* $\mathcal{B}$ **11358** duo] 2 $\mathcal{A}$ **11358** nummi] numi $\mathcal{B}$ **11358** due tertie] $\frac{2}{3}$ $\mathcal{A}$ **11359** sex] 6 $\mathcal{A}$ **11360** nummis] numis $\mathcal{B}$ **11360** duobus] 2^{bus} $\mathcal{A}$ **11360** nummis] numis $\mathcal{B}$ **11360** duabus tertiis] $\frac{2}{3}$ $\mathcal{A}$ **11361** nummi] numi $\mathcal{B}$ **11361** duos] 2 $\mathcal{A}$ **11361** nummos] numos $\mathcal{B}$ **11361** duas tertias] $\frac{2}{3}$ $\mathcal{A}$ **11361** triginta] 30 $\mathcal{A}$

productum divide per sex; et exibunt tredecim et tertia, et tantum servivit de mense conductus pro sex. Deinde dices: 'Conductus per mensem pro quinque nummis, quantum serviet de mense pro nummo et duabus tertiis?'. Multiplica nummum et duas tertias in triginta, et productum divide per quinque; et exibunt decem, et tantum servivit de mense conductus pro quinque. Postea etiam dices: 'Conductus per mensem pro tribus nummis, quantum serviet de mense pro duabus tertiis nummi?'. Multiplica duas tertias in triginta, et productum divide per tres; et exibunt sex dies et due tertie diei, et tantum servivit de mense conductus pro tribus nummis. Et hoc est quod invenire voluimus.

(B.243) Si quis dicat: Conducuntur tres operarii per mensem, sed unus eorum pro re, secundus vero pro dimidia re, tertius vero pro tertia rei parte, qui inter se compleverunt mensem, sed nullus eorum per se, et unusquisque eorum exivit cum duobus nummis; tunc quantum valet res et quantum servivit unusquisque eorum?

Sic facies. Scimus enim quod cum diviseris quemlibet numerum per rem et ⟨per⟩ dimidium rei et per tertiam rei, et exeuntia agregata multiplicaveris in duo, proveniet numerus ille quem divisisti. Sit igitur numerus ille res. Cum igitur diviseris rem per rem, exibit unum, et cum diviseris rem per dimidiam rem, exibunt duo, cum autem per tertiam rei, exibunt tres. Que exeuntia de divisionibus cum agregaveris fient sex. Quos ⟨cum⟩ multiplicaveris in duo, qui sunt pretium cum quo exit unusquisque operariorum, fient duodecim; qui sunt res. Deinde prosequere cetera questionis sicut supra docuimus, et exibit id quod voluisti.

11372–11385 Si quis dicat ... id quod voluisti] 180^r, $31 - 40$ $\mathcal{A}$; $\mathcal{B}$ deficit.

11362 sex] 6 $\mathcal{A}$ **11362** tredecim] 13 $\mathcal{A}$ **11362** tertia] $\frac{a}{3}$ $\mathcal{A}$ **11363** sex] 6 $\mathcal{A}$ **11364** quinque] 5 $\mathcal{A}$ **11364** nummis] numis $\mathcal{B}$ **11364** nummo] numo $\mathcal{B}$ **11364–11365** duabus tertiis] $\frac{2}{3}$ $\mathcal{A}$ **11365** nummum] numum $\mathcal{B}$ **11365** duas tertias] $\frac{2}{3}$ $\mathcal{A}$ **11365** triginta] 30 $\mathcal{A}$ **11366** quinque] 5 $\mathcal{A}$ **11366** decem] 10 $\mathcal{A}$ **11367** quinque] 5 $\mathcal{A}$ **11367** tribus] 3 $\mathcal{A}$ **11367** nummis] numis $\mathcal{B}$ **11368** duabus tertiis] $\frac{2^{is}}{3}$ $\mathcal{A}$ **11368** nummi] numi $\mathcal{B}$ **11368–11369** duas tertias] $\frac{2}{3}$ $\mathcal{A}$ **11369** triginta] 30 $\mathcal{A}$ **11369** tres] 3 $\mathcal{A}$ **11369** sex] 6 $\mathcal{A}$ **11369–11370** due tertie] $\frac{2}{3}$ $\mathcal{A}$ **11370** diei] die $\mathcal{B}$ **11370** tribus] 3 $\mathcal{A}$ **11371** voluimus] vol *(ut saepe)* $\mathcal{A}$ *(voluimus $\mathcal{B}$); post hoc add. in lin. seq.* $\mathcal{A}$ *(v. B.244)* Capitulum de varietate mercedis operariorum. Si quis querat: 10 operarii conducuntur sed unus eorum accipit minus ceteris, scilicet 3 nummos, quidam vero ex illis accipit *que verbo* 'vacat' *delenda significavit*   **11372** tres] 3 $\mathcal{A}$ **11373** tertia] $\frac{a}{3}$ $\mathcal{A}$ **11375** duobus] 2^{bus} $\mathcal{A}$ **11379** duo] 2 $\mathcal{A}$ **11380** unum] 1 $\mathcal{A}$ **11381** exibunt] *corr. ex* exibit $\mathcal{A}$ **11381** duo] 2 $\mathcal{A}$ **11381** tertiam] $\frac{am}{3}$ $\mathcal{A}$ **11382** tres] 3 res $\mathcal{A}$ **11382** sex] 6 $\mathcal{A}$ **11383** duo] 2 $\mathcal{A}$ **11384** duodecim] 12 $\mathcal{A}$

Capitulum de varietate mercedis operariorum

(B.244) Si quis querat: Decem operarii conducuntur, sed unus eorum accipit minus ceteris, scilicet tres nummos, quidam vero ex illis accipit plus ceteris, scilicet viginti unum, et superant se equali differentia; tunc quanta est differentia inter omnes et quot sunt nummi?

Sic facies ad sciendum quot sunt omnes nummi. Agrega pretium minoris, quod est tres, ad pretium maioris, quod est viginti unum, et fient viginti quatuor. Quos multiplica in dimidium hominum, scilicet quinque, et provenient centum viginti; et tot sunt omnes nummi. Cum autem volueris scire differentiam mercedis cuiusque, sic facies. De pretio maioris, quod est viginti unum, minue pretium minoris, quod est tres, et remanebunt decem et octo. Quos divide per numerum hominum minus uno semper, sicut hic per novem, et exibunt duo; et hoc numero se superant.

Quod sic probatur. Manifestum est enim quod pretium primi et ultimi simul equale est pretio secundi et noni simul, et quod pretium secundi et noni simul equale est pretio tertii et octavi simul, et quod pretium tertii et octavi equale est pretio quarti et septimi, et horum pretium equale est pretio quinti et sexti. Et ita pretium quorumcumque duorum ⟨sibi oppositorum⟩ simul equale est pretio aliorum duorum sibi oppositorum.

⟨ Sit enim numerus operariorum linea AB, primus autem sit linea AT et pretium eius linea TG, secundus vero linea TZ et pretium eius linea ZQ, tertius vero linea ZL et pretium eius linea LN, et sic deinceps usque ad decimum, qui sit linea FB et pretium eius linea BK.⟩ Protraham de puncto G lineam equistantem linee AB, que sit linea GI; de puncto vero Q protraham lineam equistantem linee GI, que sit linea QR; de puncto vero N protraham lineam equistantem linee QR, que sit linea NE. Igitur linea TG equalis est linee BI, sicut Euclides testatur in primo libro, dicens: 'Cum fuerit superficies ex lineis equistantibus, opposita latera erunt equalia'. Scis autem lineam TG esse pretium primi; igitur linea BI est pretium eiusdem.

11386–11626 Capitulum de varietate ... et tot sunt operarii] *180^r, 41 – 181^v, 7 (et marg.)* $\mathcal{A}$ *(probat. in B.244 & B.246 om.)*; *66ra, 2-3 – 67rb, 26* $\mathcal{B}$ *(B.251a om.)*.

11386–11387 tit.] *om. sed spat. rel.* $\mathcal{B}$; *tit. scr. lector* $\mathcal{B}$: Operariorum pretia ignota quomodo per progressionem inveniantur   **11388** Decem] 10 $\mathcal{A}$ **11389** tres] 3 $\mathcal{A}$ **11389** nummos] numos $\mathcal{B}$ **11390** viginti unum] 21 $\mathcal{A}$ **11390** et superant se equali differentia] *om.* $\mathcal{B}$ **11390** quanta] quarta $\mathcal{B}$ **11391** nummi] numi $\mathcal{B}$ **11392** nummi] numi $\mathcal{B}$ **11393** tres] 3 $\mathcal{A}$ **11393** viginti unum] 21 $\mathcal{A}$ **11394** viginti quatuor] 24 $\mathcal{A}$ **11394** dimidium] $\frac{m}{2}$ $\mathcal{A}$ **11394** quinque] 5 $\mathcal{A}$ **11395** centum viginti] 120 $\mathcal{A}$ **11395** nummi] numi $\mathcal{B}$ **11397** viginti unum] 21 $\mathcal{A}$ **11397** tres] 3 $\mathcal{A}$ **11397–11398** decem et octo] 18 $\mathcal{A}$ **11398** semper] senper $\mathcal{B}$ **11399** novem] 9 $\mathcal{A}$ **11399** duo] 2 $\mathcal{A}$ **11399** superant] superatur $\mathcal{B}$ **11400** enim] *om.* $\mathcal{B}$ **11401–11402** secundi et ... pretium] *per homœotel. om.* $\mathcal{A}$ **11403** septimi] $\frac{1}{7}$ $\mathcal{A}$ **11404** quinti] $\frac{ti}{5}$ *(corr. ex $\frac{ti}{7}$)* $\mathcal{A}$ **11404** sexti] $\frac{1}{6}$ *(corr. ex $\frac{1}{7}$)* $\mathcal{A}$ **11404** pretium] pretia *codd.*   **11404** quorumcumque] quorumque $\mathcal{B}$ **11409–11429** Protraham ... oppositorum duorum] *desunt in* $\mathcal{A}$ **11410** Q] que $\mathcal{B}$ **11414** fuerit superficies] fuerint due superficies *cod.*

Linea etiam ZQ equalis est linee BR, et linea LN equalis est linee BE. Manifestum est igitur quod linea GT et BK equalis est linee ZQ et FO; nam linea FO equalis est linee BC, et linea TG equalis est linee ZP, linea vero PQ equalis est linee CK nam differentia qua se superant equalis est; igitur linea BC et TG addita sibi linea CK equalis est linee FO et ZP addita sibi linea PQ; manifestum est igitur quod linea TG et BK equalis est linee ZQ et FO. Secundum hoc etiam monstrabitur quod linea FO et ZQ equalis est linee DH et LN; nam linea DH equalis est linee FS, et linea ZQ equalis est linee LX, et linea XN equalis est linee SO; igitur linea FS et ZQ addita sibi linea SO equalis est linee DH et LX addita sibi linea XN. Secundum hoc etiam monstrabitur quod pretium quorumlibet duorum reliquorum equale est pretio aliorum duorum oppositorum. Manifestum est igitur quod duo pretia aliorum duorum equalia sunt pretiis aliorum oppositorum duorum. Si igitur agregaveris pretium primi cum pretio ultimi, proveniet pretium duorum, si vero multiplicaveris in numerum hominum, proveniet duplum pretii omnium hominum; unde si multiplicaveris in dimidium hominum, proveniet pretium hominum.

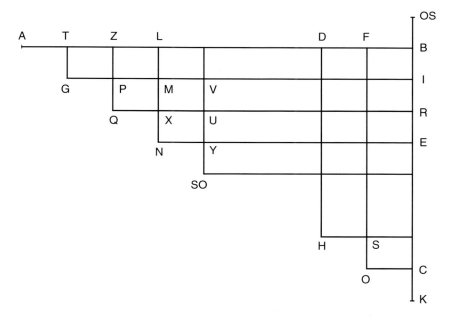

Ad B.244: *Figura def. in $\mathcal{A}$, om. sed spat. rel. (66rb, 44 – ima pag.) $\mathcal{B}$.*

Probatio autem regule de invenienda differentia hec est. Tu scis quod pretium ultimi est viginti unum, et pretium primi est tres. Qui neminem su-

---

11419 qua] que $\mathcal{B}$ **11422** etiam] omne *cod.* **11423** linea DH] linea etiam DH hab. $\mathcal{B}$ **11424** LX] HC $\mathcal{B}$ **11424** XN] ZN $\mathcal{B}$ **11425** LX] HC $\mathcal{B}$ **11427** pretio] pretium $\mathcal{B}$ **11433–11453** Probatio ... monstrare voluimus] *desunt in* $\mathcal{A}$

perat, sed superatur a secundo, et superatur a tertio duplo eius quo superatur a secundo, et superatur a quarto in triplo, a quinto vero in quadruplo, sed a sexto in quincuplo, a septimo in sexcuplo, ab octavo in septemcuplo, a nono autem in octuplo. Decimus ergo est tantum quantum primus et novies tantum quantum est differentia. Et idcirco minues primum de ultimo ut remaneant omnes differentie simul, et hoc quod remanet divides per numerum hominum minus uno; et id quod exit est differentia eorum.

Scis enim ⟨quod primus est⟩ linea AT, pretium vero eius est TG, quod nullum excedit. Scis etiam quod id in quo secundus superat est linea QP. Id vero in quo superat tertius est linea NM, quod est duplum ei in quo superat secundus; nam linea MX est equalis linee PQ, linea etiam XN est equalis linee PQ, igitur linea NM duplum est differentie qua se excedunt. Et linea V, SO tripla est eiusdem; nam linea VU equalis est linee PQ; et linea UY equalis est linee XN, linea vero XN equalis est linee QP, ⟨igitur linea QP⟩ equalis est linee UY; linea autem Y, SO equalis est linee QP; igitur linea SO,V tripla est differentie. Per hoc etiam monstrabitur quod linea IK nocupla est differentie, que est QP. Si igitur diviseris lineam IK, que est nocupla differentie, per novem, exibit differentia qua unus excedit alium. Et hoc est quod monstrare voluimus.

ITEM DE EODEM.

(B.245) Si quis querat: Decem operarii conducuntur, quorum primus pro tribus nummis, sed pretium uniuscuiusque excedit pretium alterius binario, tunc quantum est pretium ultimi et quantum est pretium omnium simul?

(*a*) Sic facies. De numero operariorum semper minue unum, et remanebunt sicut hic novem. Quos multiplica in differentiam, et provenient decem et octo. Quibus adde pretium primi, quod est tres, et fient viginti unum. Et hoc est pretium ultimi.   Si autem volueris scire pretium omnium, fac sicut supra docui. Scilicet, agrega pretium primi cum pretio ultimi, et agregatum multiplica in dimidium operariorum, quod est quinque, sicut in precedenti ostendimus.

Causa autem inveniendi pretium ultimi hec est. Iam enim ostendimus in precedenti questione quod, cum volueris scire id in quo unus operariorum superat alium, minue pretium primi de pretio ultimi, et quod remanserit divide per numerum operariorum minus uno; et exibit differentia quam habet unus super alium.   Sequitur igitur ex hoc quod si multiplicaveris differentiam, que est duo, in numerum operariorum minus uno, proveniet pretium maioris subtracto de eo pretio minoris. Unde si addideris ei quod provenit pretium minoris, id quod fiet erit pretium maioris.

11435 duplo] dupplo $\mathcal{B}$ 11436 triplo] tripplo $\mathcal{B}$ 11436 quadruplo] quadrupplo $\mathcal{B}$ 11439 idcirco] iccirco $\mathcal{B}$ 11441 id quod exit] exit id quod $\mathcal{B}$ 11442 quod] in quo $\mathcal{B}$ 11447 V, SO] $N SOBU$ $\mathcal{B}$ 11447 VU] KF $\mathcal{B}$ 11448 UY] FUX $\mathcal{B}$ 11448 QP] QR $\mathcal{B}$ 11449 UY] FUX $\mathcal{B}$ 11449 Y, SO] YSO $\mathcal{B}$ 11449 QP] QR $\mathcal{B}$ 11450 linea SO,V] *om. sed spat. rel.* $\mathcal{B}$ 11451 QP] QR $\mathcal{B}$ 11451 lineam] linea $\mathcal{B}$ 11455 Decem] 10 $\mathcal{A}$ 11456 tribus] 3 $\mathcal{A}$ 11456 nummis] numis $\mathcal{B}$ 11458 semper] senper $\mathcal{B}$ 11458 unum] 1 $\mathcal{A}$ 11459 hic] *om.* $\mathcal{A}$ 11459 novem] 9 $\mathcal{A}$ 11459–11460 decem et octo] 18 $\mathcal{A}$ 11460 tres] 3 $\mathcal{A}$ 11460 viginti unum] 21 $\mathcal{A}$ 11462 agregatum] aggatum $\mathcal{B}$ 11463 dimidium] $\frac{m}{2}$ $\mathcal{A}$ 11463 quinque] 5 $\mathcal{A}$ 11468 uno] 1 $\mathcal{A}$ 11470 duo] 2 $\mathcal{A}$ 11470 uno] 1 nummo $\mathcal{A}$, uno nummo $\mathcal{B}$

(*b*) Vel aliter. Pone pretium maioris rem. Igitur minue de ea pretium minoris, et remanebit res minus tribus. Que est pretium maioris subtracto de eo pretio minoris. Si igitur diviseris rem minus tribus per numerum operariorum minus uno, exibit differentia. Sequitur ergo ut ex ductu differentie in numerum operariorum minus uno id quod fit sit equum rei minus tribus nummis. Multiplica igitur differentiam in novem, et provenient decem et octo; que sunt equalia rei minus tribus nummis. Fac ergo sicut predocui in algebra, et erit pretium rei viginti unum; qui sunt pretium maioris. Cognito autem pretio maioris si volueris scire summam pretii omnium operariorum facies sicut predocui, et exibit quod voluisti.

ITEM DE EODEM.

(B.246) Si quis querat: Conducuntur decem operarii pro centum viginti nummis, superant se autem binario; tunc quantum est pretium primi et ultimi?

(*a*) Sic facies. Divide centum viginti per dimidium operariorum, et fient viginti quatuor, et tantum sunt primus et ultimus agregati. Deinde minue unum de operariis, et remanebunt novem. Quos multiplica in differentiam, et provenient decem et octo. Quos minue de viginti quatuor, et remanebunt sex, qui sunt duplum ⟨pretii⟩ primi. Horum igitur medietas, scilicet tres, est pretium primi. Si autem volueris scire pretium ultimi, adde tres ad decem et octo, et fient viginti unum; et hoc est pretium ultimi.

Quod sic probatur. Manifestum est enim ex premissis quod, si multiplicaveris agregatum ex primo et ultimo in dimidium hominum, proveniet summa pretii omnium; ergo si diviseris centum viginti, qui sunt totum pretium omnium, per dimidium operariorum, exibunt viginti quatuor, qui sunt pretia primi et ultimi agregata. Et manifestum est etiam quod, si minueris pretium primi de pretio ultimi et quod remanet diviseris per numerum hominum minus uno, exibit differentia qua se superant; ergo si multiplicaveris differentiam in numerum hominum minus uno, proveniet pretium ultimi minus pretio primi. Ergo si minueris de viginti quatuor productum ex ductu differentie in numerum hominum minus uno, remanebit duplum pretii primi. Dimidium igitur eius est pretium primi.

11474 tribus] 3 𝐴 **11475** tribus] 3 𝐴 **11476** uno] 1 𝐴 **11477** uno] 1 𝐴 **11477** fit] fuit *pr. scr. et del.* ℬ **11477** rei] ei rei *codd.* **11477** tribus] 3 𝐴 **11478** nummis] numis ℬ **11478** novem] 9 𝐴 **11478–11479** decem et octo] 18 𝐴 **11479** tribus] 3 𝐴 **11479** nummis] numis ℬ **11480** algebra] agebla *(sic)* ℬ **11480** viginti unum] 21 𝐴 **11480** qui] que ℬ **11481** summam] sumam ℬ **11483** Item de eodem] *om. sed spat. hab.* ℬ **11484** decem] 10 𝐴 **11484** centum viginti] 120 𝐴 **11485** nummis] numis ℬ **11487** centum viginti] 120 𝐴 **11488** viginti quatuor] 24 𝐴 **11489** unum] 1 𝐴 **11489** novem] 9 𝐴 **11490** decem et octo] 18 𝐴 **11490** viginti quatuor] 24 𝐴 **11491** sex] 6 𝐴 **11491** tres] 3 𝐴 **11492** tres] 3 𝐴 **11493** decem et octo] 18 𝐴 **11493** viginti unum] 21 𝐴 **11494** enim] *om.* ℬ **11496** ergo] quod *add.* ℬ **11496** centum viginti] 120 𝐴 **11497** viginti quatuor] 24 𝐴 **11499** diviseris] de nu *pr. scr. et exp.* ℬ **11500** uno] 1 𝐴 **11501** differentiam] differentia ℬ **11501** uno] 1 𝐴 **11502** viginti quatuor] 24 𝐴 **11503** uno] 1 𝐴 **11504** igitur] ergo ℬ

11505   Hoc etiam monstrabitur per precedentem figuram. Scilicet, protrahe lineam de puncto B equalem linee TG, que sit linea B, OS. Scis autem lineam BI equalem esse linee TG. Manifestum est igitur quod linea OS, I dupla est linee TG. Sed linea BK est pretium maioris, linea vero B, OS est pretium minoris. Igitur linea OS, K est pretium primi et ultimi agre-
11510   gatorum; que est viginti quatuor. Scimus autem lineam IK nocuplam esse differentie, que est decem et octo. Sed linea OS, K est viginti quatuor. Igitur linea OS, I est sex. Que est dupla linee TG. Igitur TG est tres, et hoc est pretium primi. Et hoc est quod scire voluimus.

(**b**) Vel aliter. Pone pretium primi rem. Deinde semper ⟨minue⟩ unum de
11515   numero operariorum, propter id quod supra diximus, et remanebunt novem. Quos multiplica in differentiam, que est duo, et provenient decem et octo. Quibus adde pretium primi, quod est res, et fient decem et octo et res; que sunt pretium ultimi. Quibus adde pretium primi, et fient decem et octo et due res. Quos multiplica in dimidium operariorum, et fient
11520   nonaginta nummi et decem res; que adequantur centum viginti nummis. De quibus centum viginti minue nonaginta, et remanebunt triginta; que adequantur decem rebus. Res igitur adequatur tribus, qui sunt pretium primi.

ITEM DE EODEM.

11525   (**B.247**) Si quis querat: Cum conducuntur decem operarii, sed ultimus pro viginti uno, et excedunt se binario, tunc quantum est pretium primi, et quantum est pretium omnium?

Sic facies. Multiplica differentiam in numerum hominum minus uno, scilicet duo in novem, et fient decem et octo. Quos minue de viginti uno, et
11530   remanebunt tres, qui sunt pretium primi. Si autem volueris scire pretium omnium, adde pretio primi pretium ultimi, et agregatum multiplica in dimidium operariorum; et quod provenerit est id quod scire voluisti.

ITEM DE EODEM.

11505–11513 Hoc etiam ... pretium primi] *desunt in* $\mathcal{A}$; $\mathcal{B}$ *hab. sic (fol. 66vb, 19 – 30):* et hoc est quod scire voluimus; est pretium maioris, linea vero B^eOS est pretium minoris. Igitur linea $OS.K$ est pretium primi et ultimi agregatorum; que est viginti quatuor. Scimus autem lineam IK nocuplam (nocupllam *pr. scr. et pr.* 1 *del.*) esse differentie, que est decem et octo. Hoc autem *(sic)* monstrabitur per precedentem figuram. Scilicet, protrahe lineam de puncto B equalem linee TG, que sit linea B^eOS. Scis autem lineam BI equalem esse linee TG. Manifestum est igitur quod linea OSI dupla, linea quoque OSK est viginti quatuor. Igitur linea OSI est sex, que est dupla linee TG. Igitur TG est tres, et hoc est pretium primi. **11513** Et hoc est quod scire voluimus] *desunt hic in* $\mathcal{B}$ **11515–11516** novem] 9 $\mathcal{A}$ **11516** differentiam] diffriā *(sic, pro* diffriā *vel* diffiā*, et sæpe infra)* $\mathcal{A}$ **11516** duo] 2 $\mathcal{A}$ **11516** provenient] provient $\mathcal{A}$ **11516–11517** decem et octo] 18 $\mathcal{A}$ **11517–11518** quod est ... pretium primi] *per homœotel. om.* $\mathcal{A}$ **11518–11519** decem et octo] 18 $\mathcal{A}$ **11519** due] 2 $\mathcal{A}$ **11520** nonaginta] 90 $\mathcal{A}$ **11520** nummi] numi $\mathcal{B}$ **11520** decem] 10 $\mathcal{A}$ **11520** adequantur] adequatur $\mathcal{B}$ **11520** centum viginti] 120 $\mathcal{A}$ **11520** nummis] numis $\mathcal{B}$ **11521** centum viginti] 120 $\mathcal{A}$ **11521** nonaginta] 90 $\mathcal{A}$ **11521** triginta] 30 $\mathcal{A}$ **11522** decem] 10 $\mathcal{A}$ **11522** tribus] 3^{bus} $\mathcal{A}$ **11522** qui] *corr. ex* que $\mathcal{A}$ **11524** Item de eodem] *om. sed spat. rel.* $\mathcal{B}$ **11525** decem] 10 $\mathcal{A}$ **11526** viginti uno] 21 *(corr. ex* 20*)* $\mathcal{A}$ **11528** uno] 1 $\mathcal{A}$ **11529** duo] 2 $\mathcal{A}$ **11529** novem] 9 $\mathcal{A}$ **11529** decem et octo] 18 $\mathcal{A}$ **11529** viginti uno] 21 *(corr. ex* 20*)* $\mathcal{A}$ **11530** tres] 3 $\mathcal{A}$ **11531–11532** dimidium] $\frac{m}{2}$ $\mathcal{A}$ **11533** Item de eodem] *om. sed spat. rel.* $\mathcal{B}$

(**B.248**) Si quis querat: Cum decem operarii conducuntur pro centum viginti nummis, sed primus pro tribus, et superant se equali differentia, tunc quantum est pretium ultimi et que est differentia illorum?

(***a***) Sic facies. Divide centum viginti per dimidium operariorum, et exibunt viginti quatuor. De quibus minue pretium primi, quod est tres, et remanebit pretium ultimi, quod est viginti unum. Si autem volueris scire differentiam qua se excedunt, minue tres de viginti uno, et quod remanet divide per numerum operariorum minus uno.

Cuius rei causa hec est. Scimus enim quod pretium omnium, quod est centum viginti, provenit ex agregatione pretii primi cum pretio ultimi et agregati multiplicatione in dimidium operariorum. Si igitur diviseris pretium omnium per dimidium operariorum, exibit pretium primi et ultimi simul agregatorum; de quo minue pretium primi, et remanebit pretium ultimi.

(***b***) Vel aliter. Pone rem pretium ultimi. Cui adde pretium primi, quod est tres nummi, et erit res et tres nummi; que multiplica in dimidium operariorum, quod est quinque, et provenient quinque res et quindecim nummi; que adequantur centum viginti nummis. De quibus centum viginti minue quindecim nummos, et remanebunt centum et quinque, que adequantur quinque rebus. Res igitur equatur viginti uni, qui sunt pretium ultimi.

(**B.249**) Similiter etiam si dixerit pretium omnium esse centum viginti, sed pretium ultimi esse viginti unum; tunc quantum est pretium primi?

Divide centum viginti per dimidium operariorum, et de eo quod exit minue pretium ultimi; et id quod remanet est pretium primi.

Item de eodem aliter

(**B.250**) Si quis querat: Conducuntur operarii nescio quot, sed primus pro tribus et ultimus pro viginti uno, et excedunt se duobus, tunc quot sunt operarii?

(***a***) Sic facies. Minue pretium primi de pretio ultimi, et quod remanet divide per differentiam, que est duo, et ei quod exit semper adde unum; et quod fuerit erit numerus operariorum.

Causa autem huius hec est. Scimus enim quod, cum vis scire differentiam aliquorum operariorum notorum, minuis pretium primi de pretio

---

11534 decem] 10 $\mathcal{A}$ **11534–11535** centum viginti] 120 $\mathcal{A}$ **11535** nummis] numis $\mathcal{B}$ **11535** tribus] 3 $\mathcal{A}$ **11537** centum viginti] 120 $\mathcal{A}$ **11538** viginti quatuor] 24 $\mathcal{A}$ **11538** tres] 3 $\mathcal{A}$ **11539** viginti unum] 21 $\mathcal{A}$ **11540** tres] 3 $\mathcal{A}$ **11540** viginti uno] 21 $\mathcal{A}$ **11541** uno] 1 $\mathcal{A}$ **11543** centum viginti] 120 $\mathcal{A}$ **11544** dimidium] $\frac{m}{2}$ $\mathcal{A}$ **11546** agregatorum] agregata *codd.* **11549** tres] 3 $\mathcal{A}$ **11549** tres *(post* et*)*] 3 $\mathcal{A}$ **11549** dimidium] $\frac{m}{2}$ $\mathcal{A}$ **11550** quod] que *codd.* **11550** quinque] 5 $\mathcal{A}$ **11550** quinque *(ante* res*)*] 5 $\mathcal{A}$ **11550** quindecim] 15 $\mathcal{A}$ **11550** nummi] numi $\mathcal{B}$ **11551** centum viginti] 120 $\mathcal{A}$ **11551** nummis] numis $\mathcal{B}$ **11551** centum viginti *(post* quibus*)*] 120 $\mathcal{A}$ **11552** quindecim] 15 $\mathcal{A}$ **11552** nummos] numos $\mathcal{B}$ **11552** centum et quinque] 105 $\mathcal{A}$ **11553** quinque] 5 $\mathcal{A}$ **11553** viginti uni] 21 $\mathcal{A}$, viginti uno $\mathcal{B}$ **11554** centum viginti] 120 $\mathcal{A}$ **11555** viginti unum] 21 $\mathcal{A}$ **11556** centum viginti] 120 $\mathcal{A}$ **11558** Item de eodem aliter] *om. sed spat. rel.* $\mathcal{B}$ **11559** quot] q *pr. scr. et eras.* *(spat. enim pro tit. rel. voluit)* $\mathcal{B}$ **11560** tribus] 3 $\mathcal{A}$ **11560** viginti uno] 21 $\mathcal{A}$ **11563** duo] 2 $\mathcal{A}$ **11563** unum] 1 $\mathcal{A}$ **11564** quod] quidem $\mathcal{B}$ **11564** fuerit] fiunt $\mathcal{B}$ **11566** minuis] minus *pr. scr. et corr. supra* $\mathcal{A}$, minus $\mathcal{B}$

ultimi et quod remanet dividis per numerum operariorum minus uno; et quod exit est differentia. Sequitur igitur ut id quod fit ex ductu numeri operariorum minus uno in differentiam sit pretium ultimi, sed subtracto de eo pretio primi. Si igitur diviseris pretium ultimi minus pretium primi per differentiam, exibit numerus operariorum minus uno. Cui adde unum, et fit numerus operariorum.

(**b**) Vel aliter. Pone operarios rem. De qua minue unum, et remanebit res minus uno. Quam multiplica in differentiam, que est duo, et provenient due res minus duobus nummis. Quibus adde pretium primi, quod est tres, et fient due res et nummus. Que sunt pretium ultimi; et equantur ad viginti unum, qui sunt pretium ultimi. Fac ergo sicut ostensum est in algebra, et res erit decem. Et tot sunt operarii.

ITEM DE EODEM.

(**B.251**) Si quis querat: Operarii nescio quot conducuntur omnes pro centum viginti, sed primus pro tribus, excedunt se autem duobus, tunc quantum est pretium ultimi et quot sunt operarii?

(**a**) Sic facies. Et prius ad sciendum pretium ultimi. Scimus enim quod de numero hominum subtracto uno id quod remanet si multiplicaveris in differentiam qua se superant et summe addideris pretium primi sive minimi, proveniet pretium ultimi sive maximi.

Ad sciendum vero numerum operariorum sic facies. Sint operarii AB. Scimus autem quod de numero hominum subtracto uno quod remanet si multiplicaveris in differentiam qua se superant et summe addideris pretium primi, proveniet pretium ultimi. Sit igitur unus BG. Cum igitur multiplicaveris duo in AG et producto addideris tres, proveniet pretium ultimi. Id autem quod fit ex ductu AB in duo est duplum AB; igitur duplum de AB minus duobus est id quod fit ex ductu differentie in numerum hominum minus uno. Duplum igitur de AB sit DZ, duo vero sint HZ. Igitur DH est id quod fit ex ductu differentie in numerum hominum minus uno. Scimus autem quod, cum pretium primi addideris ei quod fit ex ductu differentie in numerum hominum minus uno, fiet pretium maximi. Sit igitur pretium minimi HK. Totus igitur DK est pretium maximi, et est duplum numero hominum et insuper unum. Scimus autem quod, cum addideris pretio maximi pretium minimi et agregatum multiplicaveris in dimidium hominum, proveniet summa pretii omnium. Adde igitur ad DK tres, qui sint KT; et tunc totus DT erit duplus numero hominum et insuper quatuor. Manifes-

---

11567 uno] 1 $\mathcal{A}$ 11569 uno] 1 $\mathcal{A}$ 11570 pretio] pretii $\mathcal{B}$ 11571 uno] 1 $\mathcal{A}$
11571 unum] 1 $\mathcal{A}$ 11573 unum] 1 $\mathcal{A}$ 11574 uno] 1 $\mathcal{A}$ 11574 duo] 2 $\mathcal{A}$ 11575
due] 2 $\mathcal{A}$ 11575 duobus] 2 $\mathcal{A}$ 11575 nummis] numis $\mathcal{B}$ 11575 tres] 3 $\mathcal{A}$ 11576
due] 2 $\mathcal{A}$ 11576 nummus] numus $\mathcal{B}$ 11576–11577 viginti unum] 21 $\mathcal{A}$ 11577 ostensum] supra ostensum *pr. scr. et corr.* $\mathcal{A}$ 11577 algebra] agebla $\mathcal{B}$ 11578 decem] 10 $\mathcal{A}$ 11579 Item de eodem] *om. sed spat. hab.* $\mathcal{B}$ 11580–11581 centum viginti] 120 (100 *pr. scr. et del.*) $\mathcal{A}$ 11581 tribus] 3 $\mathcal{A}$ 11581 duobus] 2 $\mathcal{A}$ 11583–11617 Sic facies ... Vel aliter] *desunt in* $\mathcal{B}$ 11584 uno] 1 $\mathcal{A}$ 11584 id] et *cod.*
11588 uno] 1 $\mathcal{A}$ 11591 duo] 2 $\mathcal{A}$ 11591 tres] 3 $\mathcal{A}$ 11592 duo] 2 $\mathcal{A}$ 11593 duobus] 2 $\mathcal{A}$ 11594 uno] 1 $\mathcal{A}$ 11594 duo] 2 $\mathcal{A}$ 11595 uno] 1 $\mathcal{A}$ 11597 uno] 1 $\mathcal{A}$ 11598 est] e $\mathcal{A}$ 11599 unum] 1 $\mathcal{A}$ 11601 tres] 3 $\mathcal{A}$ 11601 sint] sunt *codd.*
11602 quatuor] 4 $\mathcal{A}$

tum est igitur quod id quod fit ex ductu DT in dimidium AB est centum viginti. Id autem quod fit ex ductu DT in dimidium AB est equum ei quod fit ex ductu DZ in dimidium AB et ZT in dimidium AB. Id autem quod fit ex ductu DZ in dimidium AB equum est ei quod fit ex ductu AB in se, nam DZ duplus est ad AB. Id autem quod fit ex ductu ZT in dimidium AB equum est ei quod fit ex ductu dimidii ZT in AB. Id igitur quod fit ex ductu AB in se et in dimidium ZT, quod est duo, est centum viginti. Sint igitur duo AQ. Id igitur quod fit ex ductu AQ in AB et AB in se equum est ei quod fit ex ductu totius QB in AB, sed AQ est duo. Igitur AQ dividatur per medium in puncto L. Et perfice questionem secundum quod ostendimus; et exibit AB decem, qui est numerus hominum.

Scias autem quod hec probatio sufficit tibi in omnibus consimilibus questionibus, sive differentia sit equalis pretio minimi, sive maior, sive minor.

Ad B.251a: *Figura inven. in* $\mathcal{A}$ *(181^v, 8 – 9); positionem litteræ* H *posterius mut.*

(**b**) Vel aliter. Pone numerum operariorum rem. De qua minue unum [qui est operarius ille qui nullum alium excedit]; et remanebit res minus uno. Quam multiplica in differentiam, et provenient due res minus duobus. Quibus adde pretium primi, quod est tres, et provenient due res ⟨et nummus; quibus adde pretium primi, et provenient due res⟩ et quatuor nummi; que sunt pretium primi et ultimi agregatorum. Que multiplicata in dimidium operariorum, quod est dimidia res, provenient unus census et due res; que adequantur toti pretio operariorum, quod est centum viginti. Fac ergo sicut ostensum est in algebra, et erit pretium rei decem; et tot sunt operarii.

(**B.252**) Si quis querat: Cum conducuntur homines nescio quot, quorum ultimi pretium est viginti unum, et superant se duobus, summa autem

---

11627–11661 Si quis querat ... quod demonstrare voluimus] 181^v, 7 – 25-27 $\mathcal{A}$; $\mathcal{B}$ *deficit.*

11603–11604 centum viginti] 120 $\mathcal{A}$ **11604** est] 120 *add. et exp.* $\mathcal{A}$ **11605** dimidium] $\frac{m}{2}$ $\mathcal{A}$ **11605–11606** et ZT ... DZ in dimidium AB] *per homœotel. om.* *(tantum et ZT scr. et del.)* $\mathcal{A}$ **11607** dimidium] $\frac{m}{2}$ $\mathcal{A}$ **11609** dimidium] $\frac{m}{2}$ $\mathcal{A}$ **11609** duo] 2 $\mathcal{A}$ **11609** centum viginti] 120 $\mathcal{A}$ **11610** duo] 2 $\mathcal{A}$ **11610** fit] *om.* $\mathcal{A}$ **11611** duo] 2 $\mathcal{A}$ **11613** decem] 10 $\mathcal{A}$ **11617–11626** Vel aliter ... tot sunt operarii] *add. in marg.* $\mathcal{A}$ **11617** unum] 1 $\mathcal{A}$ **11619** uno] 1 $\mathcal{A}$ **11619** due] 2 $\mathcal{A}$ **11619** res] et quatuor numi *add. (v. infra) et exp.* $\mathcal{B}$ **11619–11620** duobus] 2 $\mathcal{A}$ **11620** tres] 3 $\mathcal{A}$ **11620** due] 2 $\mathcal{A}$ **11620** res] minus 2 *add. (v. supra) et del.* $\mathcal{A}$ **11621** quatuor] 4 $\mathcal{A}$ **11622** nummi] numi $\mathcal{B}$ **11622** que] qui $\mathcal{A}$ **11622** multiplicata] multiplica $\mathcal{A}$ **11623** dimidium] $\frac{m}{2}$ $\mathcal{A}$ **11623** unus] 1 $\mathcal{A}$ **11624** due] 2 $\mathcal{A}$ **11624** operariorum] opariorum $\mathcal{A}$ **11624** centum viginti] 120 $\mathcal{A}$ **11625** algebra] agebla $\mathcal{B}$ **11625** decem] 10 $\mathcal{A}$ **11628** viginti unum] 21 $\mathcal{A}$ **11628** duobus] 2 $\mathcal{A}$

pretii omnium est centum viginti, tunc quantum est pretium minimi et quot sunt operarii?

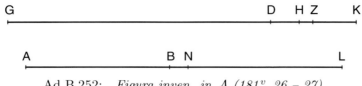

Ad B.252:   *Figura inven. in* 𝒜 *(181ᵛ, 26 – 27)*.

Sic facies. Sit numerus hominum AB. Scimus autem quod subtracto uno de AB si id quod remanet multiplicaveris in differentiam et producto addideris pretium minimi fient viginti unum. Multiplica igitur duo, qui sunt differentia, in numerum hominum minus uno, et productus sit GD. Igitur GD duplus est AB minus duobus. Sint igitur duo DH. Igitur GH duplus est AB. Scimus autem quod cum ad GD addideris pretium minimi fient viginti unum. Igitur pretium minimi sit DZ [quod est amplius quam duo, non enim potest esse equale nec minus]. Igitur GZ est viginti unum, qui sunt pretium maximi. Scimus autem quod cum agregaveris pretium primi cum pretio ultimi et agregatum multiplicaveris in dimidium hominum, proveniet summa pretii omnium. Sit autem pretium minimi ZK. Id igitur quod fit ex ductu GK in dimidium AB est centum viginti. Id igitur quod fit ex ductu GK in AB est ducenta quadraginta. Scimus autem quod GH duplus est ad AB. Sed GZ est viginti unum. Igitur HZ est viginti unum minus duplo AB. Sed DH est duo. Igitur DZ est viginti tres minus duplo AB. Et hoc est pretium minimi. Sed ZK similiter est tantus. Totus igitur DK est quadraginta sex minus quadruplo AB. Scimus autem quod GD duplus est ad AB minus duobus. Igitur totus GK est quadraginta quatuor minus duplo AB. Scimus autem quod id quod fit ex ductu eius in AB est ducenta quadraginta. Quod igitur fit ex ductu AB in quadraginta quatuor minus duplo eius est ducenta quadraginta. Ex ductu igitur eius in viginti duo minus tanto quantus est ipse est centum viginti. Sint igitur viginti duo AL. Quod igitur fit ex ductu AB in BL est centum viginti. Dividatur autem AL per medium in puncto N [nam non potest esse aliter, cuius probatio manifesta est]. Quod igitur fit ex ductu AB in BL et NB in se equum erit ei quod fit ex ductu AN in se. Quod autem fit ex ductu AN in se est centum viginti unum, et quod fit

---

11629 centum viginti] 120 𝒜   **11632** uno] 1 𝒜   **11633** viginti unum] 21 𝒜   **11633** duo] 2 𝒜   **11634** uno] 1 𝒜   **11635** duobus] 2ᵇᵘˢ 𝒜   **11635** duo] 2 𝒜   **11637** fient] fiet 𝒜   **11637** viginti unum] 21 𝒜   **11637** quod] qui 𝒜   **11638** duo] 2 𝒜   **11638–11639** viginti unum] 21 𝒜   **11641** Sit] Sin *pr. scr. et corr.* 𝒜   **11642** dimidium] $\frac{m}{2}$ 𝒜   **11642** centum viginti] 120 𝒜   **11643** ducenta quadraginta] 240 𝒜   **11644** viginti unum] 21 𝒜   **11645** viginti unum] 21 𝒜   **11645** duo] 2 𝒜   **11645–11646** viginti tres] 23 𝒜   **11646** similiter] simile *cod.*   **11647** quadraginta sex] 46 𝒜   **11648** duobus] 2ᵇᵘˢ 𝒜   **11649** quadraginta quatuor] 44 𝒜   **11649** id quod] *bis scr.* 𝒜   **11650** ducenta quadraginta] 240 𝒜   **11651** quadraginta quatuor] 44 𝒜   **11651** ducenta quadraginta] 240 𝒜   **11652** viginti duo] 22 𝒜   **11652–11653** centum viginti] 120 *(corr. ex 22)* 𝒜   **11653** viginti duo] 22 𝒜   **11654** centum viginti] 120 𝒜   **11657** centum viginti unum] 121 𝒜

ex ductu AB in BL est centum viginti, igitur id quod fit ex ductu NB in se remanebit unum. Igitur NB est unum. Sed AN est undecim. Igitur AB est decem, qui sunt numerus hominum. Et hoc est quod demonstrare voluimus.

(**B.253**) Si quis querat: Conducuntur operarii ignoti quorum omnium pretium est centum viginti ⟨et superant se equali differentia⟩, primi vero pretium est tres, ultimi vero viginti unum; tunc quot sunt operarii?

(***a***) Sic facies. Agrega pretia primi et ultimi, et per agregatum divide centum viginti; et quod erit, dupla. Et quod fit est numerus hominum.

Cuius rei causa hec est. Scimus enim quod si agregaveris primum et ultimum et agregatum multiplicaveris in dimidium hominum, exibit summa pretii omnium. Si igitur diviseris summam pretii omnium per agregatum ex pretio primi et ultimi, exibit medietas hominum. Si ergo duplaveris, erit numerus hominum.

(***b***) Vel aliter. Pone operarios rem. Deinde agrega pretium primi et ultimi, et fient viginti quatuor. Quos multiplica in dimidium operariorum, quod est dimidia res, et provenient duodecim res, que adequantur ad centum viginti. Res igitur equatur ad decem. Et tot sunt operarii.

11662–11675 Si quis querat ... tot sunt operarii] $\mathcal{AB}$ *deficiunt;* 57^v, $22 - 58^r$, $7\,\mathcal{D}$.

11658 centum viginti] 120 $\mathcal{A}$ **11659** unum] 1 $\mathcal{A}$ **11659** unum *(post* est*)*] 1 $\mathcal{A}$ **11659** undecim] 11 $\mathcal{A}$ **11660** decem] 10 $\mathcal{A}$ **11662** (B.253)] *tit. hab. in marg.* Capitulum de conductione $\mathcal{D}$ **11663** centum viginti] 120 $\mathcal{D}$ **11664** tres] 3 $\mathcal{D}$ **11664** viginti unum] 21 $\mathcal{D}$ **11666** centum viginti] 120 $\mathcal{D}$ **11666** et] *add. supra lin.* $\mathcal{D}$ **11673** viginti quatuor] 24 $\mathcal{D}$ **11674** duodecim] 12 $\mathcal{D}$ **11674–11675** centum viginti] 120 $\mathcal{D}$ **11675** decem] 10 $\mathcal{D}$

Capitulum de conducendis vectoribus

(B.254) Si quis conducitur ad vehendum duodecim sextarios triginta miliariis pro sexaginta nummis, portat autem tres sextarios decem miliariis, tunc quantum est pretium eius?

(*a*) Sic facies. Multiplica duodecim sextarios in triginta miliaria, et provenient tres centum sexaginta, quos pone prelatum. Deinde multiplica tres sextarios, quos vexit, in decem miliaria, et productum multiplica in sexaginta nummos; et productum divide per prelatum, et exibunt quinque nummi. Et hoc est quod sibi debetur.

Quod ideo fit quoniam scimus quod, cum conducitur ad vehendum duodecim sextarios triginta miliariis, tale est ac si portaret sextarium unum trescentis sexaginta miliariis, pro sexaginta nummis. Quod autem ob hoc evenit quoniam comparatio unius sextarii ad duodecim sextarios est sicut comparatio triginta miliariorum quibus portavit duodecim sextarios ad miliaria quibus portavit unum sextarium; constat autem quod comparatio unius ad duodecim est dimidia sexta eius; sequitur ergo ut triginta miliaria sint dimidia sexta miliariorum quibus portavit sextarium unum; manifestum est igitur quod miliaria sunt trescenta sexaginta, id autem quod sibi debetur de pretio est sexaginta nummi. Constat etiam quod, cum portaverit tres sextarios decem miliariis, debet portare unum sextarium triginta miliariis. Manifestum est igitur quod comparatio trescentorum sexaginta miliariorum ad suum pretium, quod est sexaginta nummi, est sicut comparatio triginta miliariorum ad suum pretium. Unde sunt quatuor numeri proportionales. Quod igitur fit ex ductu primi in quartum equum est ei quod fit ex ductu secundi in tertium. Quod igitur fit ex triginta ductis in sexaginta si dividatur per primum, qui est trescenta sexaginta, exibunt quinque nummi.

11676–11741 Capitulum de conducendis vectoribus ... quod probare voluimus] 181^v, $28 - 182^r$, 19 $\mathcal{A}$; 53va, 46-48 – 54ra, 35 $\mathcal{B}$.

11676–11677 *tit.*] *om. sed spat. rel.* $\mathcal{B}$ **11678** duodecim] 12 $\mathcal{A}$ **11678** triginta] 30 $\mathcal{A}$ **11679** sexaginta] 60 $\mathcal{A}$ **11679** nummis] numis $\mathcal{B}$ **11679** tres] 3 $\mathcal{A}$ **11679** decem] 10 $\mathcal{A}$ **11681** duodecim] 12 $\mathcal{A}$ **11681** triginta] 30 $\mathcal{A}$ **11682** tres centum sexaginta] 360 $\mathcal{A}$, trescentum *(sic quasi semper)* sexaginta $\mathcal{B}$ **11682** tres] 3 $\mathcal{A}$ **11683** quos] quo $\mathcal{A}$ **11683** decem] 10 $\mathcal{A}$ **11683–11684** sexaginta] 60 $\mathcal{A}$ **11684** nummos] numos $\mathcal{B}$ **11684** quinque] 5 $\mathcal{A}$ **11685** nummi] numi $\mathcal{B}$ **11686–11687** duodecim] 12 $\mathcal{A}$ **11687** triginta] 30 $\mathcal{A}$ **11687** unum] 1 $\mathcal{A}$ **11688** trescentis sexaginta] 360 $\mathcal{A}$ **11688** sexaginta] 60 $\mathcal{A}$ **11688** nummis] numis $\mathcal{B}$ **11688** autem] etiam *codd.*   **11689** comparatio] operatio $\mathcal{B}$ **11689** duodecim] 12 $\mathcal{A}$ **11690** comparatio] operatio $\mathcal{B}$ **11690** triginta] 30 $\mathcal{A}$ **11690** duodecim] 12 $\mathcal{A}$ **11691** unum] 1 $\mathcal{A}$ **11692** duodecim] 12 $\mathcal{A}$ **11692** dimidia sexta] dimidia $\frac{a}{6}$ $\mathcal{A}$ **11692** triginta] 30 $\mathcal{A}$ **11693** dimidia sexta] dimidia $\frac{a}{6}$ $\mathcal{A}$ **11693** unum] 1 $\mathcal{A}$ **11694** trescenta sexaginta] 360 $\mathcal{A}$ **11695** sexaginta] 60 $\mathcal{A}$ **11695** nummi] numi $\mathcal{B}$ **11696** tres] 3 $\mathcal{A}$ **11696** decem] 10 $\mathcal{A}$ **11696** unum] 1 $\mathcal{A}$ **11697** triginta] 30 $\mathcal{A}$ **11697–11698** trescentorum sexaginta] 360 $\mathcal{A}$ **11698** sexaginta] 60 $\mathcal{A}$ **11698** nummi] numi $\mathcal{B}$ **11699** comparatio] operatio $\mathcal{B}$ **11699** triginta] 30 $\mathcal{A}$ **11699** quatuor] 4 $\mathcal{A}$ **11700** quartum] 4^m $\mathcal{A}$ **11701** triginta] 30 $\mathcal{A}$ **11702** sexaginta] 60 $\mathcal{A}$ **11702** trescenta sexaginta] 360 *(corr. ex 300)* $\mathcal{A}$ **11703** quinque] 5 $\mathcal{A}$ **11703** nummi] numi $\mathcal{B}$

(**b**) Vel aliter. Denomina tres sextarios de duodecim, scilicet quartam eorum. Quartam igitur de sexaginta, que est quindecim, retine. Deinde denomina decem miliaria de triginta miliariis, scilicet eorum tertiam; tertia igitur de quindecim, que est quinque, est id quod scire voluisti.

Cuius rei causa est ⟨hec. Scilicet,⟩ quoniam scimus quod conductus, si portaret tres sextarios triginta miliariis sicut debebat duodecim portare, deberentur ei quindecim nummi; nam tres sextarii quarta sunt de duodecim sextariis, debet igitur accipere quartam partem pretii. Manifestum est igitur quod, cum tres sextarios portaverit decem miliariis, que sunt tertia de triginta miliariis, tunc debet accipere tertiam quindecim nummorum, que est quinque nummi.

(**c**) Vel aliter. Si vector portaverit duodecim sextarios triginta miliariis pro sexaginta nummis, tunc pro unoquoque sextario portando triginta miliariis deberentur ei quinque nummi; quia enim portavit dimidiam sextam sextariorum, debetur ei dimidia sexta nummorum, que est quinque nummi. Constat autem quod portare unum sextarium triginta miliariis tale est quale est portare tres sextarios decem miliariis. [Quod ex hoc ostenditur quia, postquam portavit tres sextarios decem miliariis, tunc unumquemque trium sextariorum portare decem miliariis idem est quod portare unum sextarium triginta miliariis; constat autem quod pro portando unoquoque duodecim sextariorum triginta miliariis debentur ei quinque nummi.] Pro portandis igitur tribus sextariis decem miliariis debetur ei pretium quinque nummi.

(**d**) Vel aliter. Denomina decem miliaria de triginta miliariis, scilicet tertiam; tertiam igitur de sexaginta, que est viginti, accipe. Et deinde denomina tres sextarios de duodecim, scilicet quartam eorum; quarta igitur de viginti, que est quinque, est id quod scire voluisti.

Vel multiplica quartam in tertiam, et proveniet dimidia sexta. Dimidia ergo sexta de sexaginta, que est quinque, est id quod scire voluisti.

11704 tres] 3 A **11704** duodecim] 12 A, duocim B **11704** quartam] $\frac{am}{4}$ A **11705** sexaginta] 60 A **11705** quindecim] 15 A **11706** decem] 10 A **11706** triginta] 30 A **11706** tertiam] $\frac{am}{3}$ A **11706** tertia] $\frac{a}{3}$ A **11707** quindecim] 15 A **11707** quinque] 5 A **11709** tres] 3 A **11709** triginta] 30 A **11709** duodecim] 12 A **11710** quindecim] 15 A **11710** nummi] numi B **11710** tres] 3 A **11710** quarta] $\frac{a}{4}$ A **11710–11711** duodecim] 12 A **11711** quartam] $\frac{am}{4}$ A **11712** cum] est B **11712** tres] 3 A **11712** decem] 10 A **11712** tertia] $\frac{a}{3}$ A **11713** triginta] 30 A **11713** tertiam] tertia B **11713** quindecim] 15 A **11713** nummorum] numorum B **11714** quinque] 5 A **11714** nummi] numi B **11715** duodecim] 12 A **11715** triginta] 30 A **11716** sexaginta] 60 A, xexaginta B **11716** nummis] numis B **11716** triginta] 30 A **11716–11717** miliariis] miliaris B **11717** deberentur] debentur *codd.* **11717** quinque] 5 A **11717** nummi] numi B **11718** dimidia sexta] dimidia $\frac{a}{6}$ A **11718** nummorum] numorum B **11718** quinque] 5 A **11718–11719** nummi] numi B **11719** unum] 1 A **11719** triginta] 30 A **11720** tres] 3 A **11720** decem] 10 A **11721** tres] 3 A **11721** decem] 10 A **11722** decem] 10 A **11723** triginta] 30 A **11724** duodecim] 12 A **11724** triginta] 30 A **11724** quinque] 5 A **11724** nummi] numi B **11725** tribus] 3 A **11725** decem] 10 A **11725** quinque] 5 A **11726** nummi] numi B **11727** decem] 10 A **11727** triginta] 30 A **11728** sexaginta] 60 A **11728** viginti] 20 A **11729** tres] 3 A **11729** duodecim] 12 A **11729** quartam] $\frac{am}{4}$ A **11729** quarta] $\frac{a}{4}$ A **11730** viginti] 20 A **11730** quinque] 5 A **11731** quartam] $\frac{am}{4}$ A **11731** tertiam] $\frac{am}{3}$ A **11731** dimidia sexta] $\frac{a\,a}{2\,6}$ A **11732** sexta] $\frac{a}{6}$ A **11732** sexaginta] 60 A **11732** quinque] 5 A

Cuius rei causa est hec. Oportebat enim ut multiplicares tres sextarios in decem, et productum quota pars est producti ex duodecim sextariis ductis in triginta miliaria, tanta pars de sexaginta est id quod voluisti. Constat autem quod id quod fit ex ductu trium in decem denominare de producto ex duodecim ductis in triginta ⟨et tantam partem accipere de sexaginta⟩ idem est quod denominare tres sextarios de duodecim, scilicet quartam, et denominare decem miliaria de triginta, scilicet tertiam, et multiplicare tertiam in quartam, et quota pars fuerit productum, scilicet dimidia sexta, tantam partem de sexaginta accipere. [Et hoc est quod probare voluimus.]

ITEM ALIUD EXEMPLUM.

(B.255) Si quis querat: Cum aliquis conducitur ad portandum quinque sextarios decem miliariis pro centum nummis, portat autem tres sextarios quatuor miliariis, quantum debetur ei?

(*a*) Iam scimus quod comparatio sextariorum multiplicatorum in miliaria ad productum ex sextariis ductis in miliaria est sicut comparatio pretii ad pretium. Multiplica igitur quinque in decem, et fient quinquaginta. Deinde multiplica tres in quatuor, et fient duodecim. Comparatio igitur de quinquaginta ad duodecim est sicut comparatio de centum ad id quod queritur. Fac igitur sicut supra dictum est, et exibit id quod queritur viginti quatuor.

Cuius probatio hec est. Sint quinque sextarii A, decem vero miliaria G, tres vero sextarii B, quatuor autem miliaria D, centum vero nummi H. Si igitur portaret quinque sextarios decem miliariis, deberentur ei centum nummi; si autem portaret eos quatuor miliariis, que sunt due quinte totius vie, deberentur ei due quinte pretii, que sunt quadraginta. Sint igitur quadraginta Z. Comparatio igitur de D ad G est sicut comparatio de Z ad H. Manifestum est igitur quod, si portaret hos quinque sextarios quatuor miliariis, deberetur ei Z, qui est quadraginta. Ipse autem non portavit nisi tres sextarios; tunc debentur ei tres quinte totius pretii. Tres igitur quinte de quadraginta, que sunt viginti quatuor, sunt id quod

---

11742–11791 Item aliud exemplum ... patet ex premissis] $182^r, 19 - 182^v, 5$ $\mathcal{A}$; $\mathcal{B}$ deficit.

11733 tres] 3 $\mathcal{A}$ **11733** sextarios] sex *in fin. lin. pr. scr. et del.*, sextarios *in lin. seq.* $\mathcal{B}$ **11734** decem] 10 $\mathcal{A}$ **11734** duodecim] 12 $\mathcal{A}$ **11735** triginta] 30 $\mathcal{A}$ **11735** sexaginta] 60 $\mathcal{A}$ **11736** trium] 3 $\mathcal{A}$ **11736** decem] 10 $\mathcal{A}$ **11736** denominare] et productum denominare *codd.*   **11737** duodecim] 12 $\mathcal{A}$ **11737** triginta] 30 $\mathcal{A}$ **11738** denominare] de nominare $\mathcal{B}$ **11738** tres] 3 $\mathcal{A}$ **11738** duodecim] 12 $\mathcal{A}$ **11738** quartam] $\frac{am}{4}$ $\mathcal{A}$ **11739** decem] 10 $\mathcal{A}$ **11739** triginta] 30 $\mathcal{A}$ **11739** tertiam] $\frac{am}{3}$ $\mathcal{A}$ **11740** tertiam] $\frac{am}{3}$ $\mathcal{A}$ **11740** quartam] $\frac{am}{4}$ $\mathcal{A}$ **11740** dimidia sexta] dimidia $\frac{a}{6}$ $\mathcal{A}$ **11741** sexaginta] 60 $\mathcal{A}$ **11743** quinque] 5 $\mathcal{A}$ **11744** decem] 10 $\mathcal{A}$ **11744** centum] 100 $\mathcal{A}$ **11744** tres] 3 $\mathcal{A}$ **11745** quatuor] 4 $\mathcal{A}$ **11748** quinque] 5 $\mathcal{A}$ **11748** decem] 10 $\mathcal{A}$ **11748** quinquaginta] 50 $\mathcal{A}$ **11749** tres] 3 $\mathcal{A}$ **11749** quatuor] 4 $\mathcal{A}$ **11749** duodecim] 12 $\mathcal{A}$ **11749–11750** quinquaginta] 50 $\mathcal{A}$ **11750** duodecim] 12 $\mathcal{A}$ **11750** centum] 100 $\mathcal{A}$ **11751** viginti quatuor] 24 $\mathcal{A}$ **11752** quinque] 5 $\mathcal{A}$ **11752** decem] 10 $\mathcal{A}$ **11753** tres] 3 $\mathcal{A}$ **11753** quatuor] 4 $\mathcal{A}$ **11753** centum] 100 $\mathcal{A}$ **11754** quinque] 5 $\mathcal{A}$ **11754** decem] 10 $\mathcal{A}$ **11754–11755** centum] 100 $\mathcal{A}$ **11755** quatuor] 4 $\mathcal{A}$ **11755** due quinte] $\frac{2}{5}$ $\mathcal{A}$ **11756** due quinte] $\frac{2}{5}$ $\mathcal{A}$ **11756** quadraginta] 40 $\mathcal{A}$ **11757** quadraginta] 40 $\mathcal{A}$ **11758** de Z] de z $\mathcal{A}$ **11758** quinque] 5 $\mathcal{A}$ **11759** quatuor] 4 $\mathcal{A}$ **11759** quadraginta] 40 $\mathcal{A}$ **11760** tres] 3 $\mathcal{A}$ **11760** ei] *e corr.* $\mathcal{A}$ **11760** tres quinte] $\frac{3}{5}$ $\mathcal{A}$ **11761** Tres igitur quinte] $\frac{3}{5}$ igitur $\mathcal{A}$ **11761** quadraginta] 40 $\mathcal{A}$ **11761** viginti quatuor] 24 $\mathcal{A}$

debetur ei. Sit igitur illud K. Comparatio igitur de K ad Z est sicut comparatio de B ad A. [Satis igitur congruum esset si hoc modo faceremus, videlicet ut compararemus miliaria miliariis et acciperemus tantam partem de prius retento; et ipsa esset id quod voluimus.] Modus igitur agendi secundum multiplicationem ita est ut prediximus. Comparatio enim de D ad G est sicut comparatio de Z ad H, comparatio autem de B ad A est sicut comparatio de K ad Z. Scimus autem quod omnium trium numerorum ⟨proportionalium⟩ talis est comparatio primi ad tertium qualis ⟨est⟩ comparatio primi ad secundum geminata comparatione secundi ad tertium. Comparatio igitur de K ad H est sicut comparatio de K ad Z geminata comparatione de Z ad H. Comparatio autem de K ad Z est sicut comparatio de B ad A, et comparatio de Z ad H est sicut comparatio de D ad G. Igitur comparatio de K ad H est sicut comparatio de D ad G geminata per comparationem de B ad A. Comparatio autem de D ad G geminata per comparationem de B ad A est sicut comparatio producti ex multiplicatione ⟨de⟩ D in B ad productum ex ductu G in A. Igitur comparatio producti ex ductu G, qui est miliaria, in A, qui est sextarii, ad productum ex ductu D, qui est miliaria que ivit, in B, qui est sextarii quos portavit, est sicut comparatio de H, qui est pretium, ad K, qui est id quod debetur ei de pretio. Comparatio igitur producti ex ductu sextariorum in miliaria ad productum ex ductu sextariorum in miliaria est sicut comparatio pretii ad pretium. Et hoc ⟨est⟩ quod demonstrare voluimus.

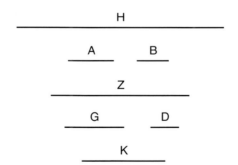

Ad B.255a: *Figura inven. in* $\mathcal{A}$ *(182^r, ima pag.)*.

(***b***) Vel aliter. Divide sextarios quos portavit per sextarios quos portare debuit, et divide miliaria que ivit per miliaria que ire debuit; et alterum de divisionibus exeuntium multiplica in alterum, et productum multiplica in pretium. Veluti in proposita questione divide tres sextarios per quinque sextarios, et exibunt tres quinte; et divide miliaria per miliaria, et exibunt due quinte; quas multiplica in tres quintas, et provenient quinta et

---

11766–11767 D ad G] G ad D $\mathcal{A}$ **11768** trium] 3um $\mathcal{A}$ **11770** tertium] $\frac{m}{3}$ $\mathcal{A}$ **11772** de Z] de 3 ut vid. $\mathcal{A}$ **11780–11781** H, qui est pretium ... ei de pretio] K qui est id quod debetur ei de pretio ad H, qui est pretium *cod.*   **11787** tres] 3 $\mathcal{A}$ **11787–11788** quinque] 5 $\mathcal{A}$ **11788** tres quinte] $\frac{3}{5}$ *(post corr.:* 5 *pr. scr.,* 3 *add. supra et totum del.)* $\mathcal{A}$ **11789** due quinte] $\frac{2}{5}$ $\mathcal{A}$ **11789** tres quintas] $\frac{3}{5}$ $\mathcal{A}$ **11789** quinta] $\frac{1}{5}$ $\mathcal{A}$

11790 quinta quinte; quam quintam et quintam quinte multiplica in centum, et provenient viginti quatuor. Horum autem probatio patet ex premissis.

ITEM DE EODEM.

(B.256) Si quis conducitur ad portandum duodecim sextarios triginta mi11795 liariis pro sexaginta nummis, tunc pro quinque nummis quot miliariis portabit tres sextarios?

(*a*) Sic facies. Multiplica tres sextarios in sexaginta nummos, et provenient centum octoginta; quos pone prelatum. Deinde multiplica duodecim in triginta, et productum multiplica in quinque, et provenient mille octingenta. Quos divide per prelatum, et exibunt decem, miliaria. Et hoc est quod
11800 scire voluisti.

Cuius rei causa est hoc quod ostendimus in precedenti questione, scilicet quoniam comparatio producti ex duodecim ⟨sextariis⟩ ductis in miliaria sua ad nummos eorum est sicut comparatio producti ex tribus sextariis ductis in miliaria sua ad nummos eorum. Constat autem quod ex duodecim
11805 sextariis ductis in miliaria sua proveniunt trescenta sexaginta. Manifestum est igitur quod comparatio eorum ad sexaginta est sicut comparatio producti ex tribus sextariis ductis in miliaria sua ad quinque. Unde sunt quatuor numeri proportionales. Quod igitur fit ex trescentis sexaginta ductis in quinque nummos equum est ei quod fit ex sexaginta ductis in tres
11810 sextarios et producto inde ducto in miliaria sua. Ex sexaginta autem ductis in tres sextarios proveniunt centum octoginta. Quod igitur fit ex centum octoginta ductis in miliaria ignota equum est ei quod fit ex trescentis sexaginta ductis in quinque, quod est mille octingenta. Quos divide per centum octoginta, et exibunt decem, et tot sunt miliaria ignota.

11815 (*b*) Vel aliter. Pone rem miliaria ignota. Quam multiplica in tres sextarios, et provenient tres res. Dictum est autem quod comparatio producti ex ⟨duodecim⟩ sextariis ductis in miliaria sua ad suos nummos est sicut comparatio producti ex tribus sextariis ductis in sua miliaria ignota ad nummos eorum. Manifestum est igitur quod comparatio trescentorum se-

---

11792–12177 Item de eodem ... sunt sextarii] *182ᵛ, 5 - 184ᵛ, 25 A; 54ʳᵃ, 36 - 56ᵛᵇ, 27 B*.

11790 quinta quinte] $\frac{a}{5}\frac{e}{5}$ *A*   **11790** centum] 100 *A*   **11791** viginti quatuor] 24 *A*   **11793** duodecim] 12 *A*   **11793** triginta] 30 *A*   **11794** sexaginta] 60 *A*   **11794** nummis] numis *B*   **11794** quinque] 5 *A*   **11794** nummis] numis *B*   **11795** tres] 3 *A*   **11796** tres] 3 *A*   **11796** sexaginta] 60 *A*   **11796** nummos] numos *B*   **11797** centum octoginta] 180 *A*   **11797** duodecim] 12 *A*   **11797–11798** triginta] 30 *A*   **11798** quinque] 5 *A*   **11798** mille octingenta] 180 *(sic) A*   **11799** decem] 10 *A*   **11802** duodecim] 12 *A*   **11803** nummos] numos *B*   **11803** tribus] 3ᵇᵘˢ *A*   **11804** miliaria] ria *add. et exp. B*   **11804** nummos] numos *B*   **11804** duodecim] 12 *A*   **11805** trescenta sexaginta] 360 *A*   **11806** sexaginta] 60 *A*   **11807** tribus] 3ᵇᵘˢ *A*   **11807** quinque] 5 *A*   **11808** quatuor] 4 *A*   **11808** trescentis sexaginta] 360 *A*   **11809** quinque] 5 *A*   **11809** nummos] numos *B*   **11809** sexaginta] 60 *A*   **11809** tres] 3 *A*   **11810** miliaria] milia *A*   **11810** sexaginta] 60 *A*   **11811** tres] 3 *A*   **11811** centum octoginta] 18 *(sic) A*   **11811–11812** centum octoginta] 180 *A*   **11812** quod fit] *om. A*   **11812–11813** trescentis sexaginta] 360 *A*   **11813** quinque] 5 *A*   **11813** mille octingenta] 180 *(sic) A*   **11813–11814** centum octoginta] 180 *A*   **11814** decem] 10 *A*   **11815** tres] 3 *A*   **11816** tres] 3 *A*   **11817** nummos] numos *B*   **11818** tribus] 3 *A*   **11819** nummos] numos *B*   **11819–11820** trescentorum sexaginta] 360 (300ᵒʳᵘᵐ *pr. scr. et del.) A*

xaginta ad sexaginta nummos est sicut comparatio trium rerum ad quinque nummos. Unde sunt quatuor numeri proportionales. Quod igitur fit ex quinque ductis in trescenta sexaginta equum est ei quod fit ex sexaginta ductis in tres res. Fac ergo sicut predocui, et ad ultimum erunt centum octoginta res que adequantur mille octingentis. Res ergo adequatur ad decem, et tot sunt miliaria ignota.

(*c*) Vel aliter. Denomina quinque de sexaginta, scilicet dimidiam sextam; dimidiam ergo sextam miliariorum, que est duo et dimidium, multiplica in numerum in quem multiplicati tres fiunt duodecim, qui est quatuor, et provenient decem; et tot sunt miliaria ignota.

Cuius rei causa est hec. Scilicet, quia scimus quod, cum vector conducitur ad portandum duodecim sextarios triginta miliariis pro sexaginta nummis, tunc si accipit quinque nummos pro portandis duodecim sextariis, debet eos portare duobus miliariis et dimidio; nam ipse pro portandis duodecim sextariis accepit dimidiam sextam eius quod accipere debebat pro portandis illis duodecim triginta miliariis, quod est quinque nummi; ob hoc igitur portabit duodecim sextarios dimidia sexta triginta miliariorum, que est duo miliaria et dimidium. Constat autem quod non accepit quinque nummos nisi pro portandis tribus sextariis. Manifestum ⟨est⟩ igitur quod portare duodecim sextarios duobus miliariis et dimidio idem est quod portare tres sextarios decem miliariis. Nam talis est comparatio trium sextariorum ad duodecim qualis est comparatio duorum miliariorum et dimidii ad miliaria trium sextariorum, tres autem quarta sunt de duodecim, duo igitur miliaria et dimidium quarta sunt miliariorum trium sextariorum; sequitur ergo ut miliaria trium sextariorum sint decem.

(*d*) Vel aliter. Denomina tres de duodecim, scilicet quartam. Tunc accipe quartam de sexaginta, que est quindecim. De quibus denomina quinque, scilicet tertiam. Tertia igitur triginta miliariorum, scilicet decem, est id

---

11820 sexaginta] 60 $\mathcal{A}$ **11820** nummos] numos $\mathcal{B}$ **11820** trium] 3 $\mathcal{A}$ **11820** quinque] 5 $\mathcal{A}$ **11821** nummus] numos $\mathcal{B}$ **11821** quatuor] 4 $\mathcal{A}$ **11822** quinque] 5 $\mathcal{A}$ **11822** trescenta sexaginta] 360 $\mathcal{A}$ **11822** sexaginta] 60 $\mathcal{A}$ **11823** tres] 3 $\mathcal{A}$ **11823–11824** centum octoginta] 180 $\mathcal{A}$ **11824** mille octingentis] 1800^{tis} $\mathcal{A}$ **11824** adequatur] adequantur $\mathcal{B}$ **11825** decem] 10 $\mathcal{A}$ **11826** quinque] 5 $\mathcal{A}$ **11826** sexaginta] 60 $\mathcal{A}$ **11826** dimidiam sextam] dimidiam $\frac{am}{6}$ $\mathcal{A}$ **11827** duo] 2 $\mathcal{A}$ **11828** quem] que $\mathcal{B}$ **11828** tres] 3 $\mathcal{A}$ **11828** duodecim] 12 $\mathcal{A}$ **11828** quatuor] 4 $\mathcal{A}$ **11829** decem] 10 $\mathcal{A}$ **11830** hec] hoc $\mathcal{AB}$ **11831** duodecim] 12 $\mathcal{A}$ **11831** triginta] 30 $\mathcal{A}$ **11831** sexaginta] 60 $\mathcal{A}$, xexaginta $\mathcal{B}$ **11832** nummis] numis $\mathcal{B}$ **11832** quinque] 5 $\mathcal{A}$ **11832** nummos] numos $\mathcal{B}$ **11832** duodecim] 12 $\mathcal{A}$ **11833** duobus] 2^{bus} $\mathcal{A}$ **11833–11834** duodecim] 12 $\mathcal{A}$ **11834** accepit] *quasi* accipit $\mathcal{A}$ **11834** dimidiam sextam] $\frac{am}{2}$ sextam $\mathcal{A}$ **11834** accipere] acceperat $\mathcal{B}$ **11835** duodecim] 12 $\mathcal{A}$ **11835** triginta] 30 $\mathcal{A}$ **11835** quod] quid $\mathcal{B}$ **11835** quinque] 5 $\mathcal{A}$ **11835** nummi] numi $\mathcal{B}$ **11835** ob] ab *ut vid.* $\mathcal{A}$ **11836** duodecim] 12 $\mathcal{A}$ **11836** dimidia sexta] dimidia $\frac{a}{6}$ $\mathcal{A}$ **11836** triginta] 30 $\mathcal{A}$ **11837** duo] 2 $\mathcal{A}$ **11837–11838** quinque] 5 $\mathcal{A}$ **11838** nummos] numos $\mathcal{B}$ **11838** tribus] 3 $\mathcal{A}$ **11839** duodecim] 12 $\mathcal{A}$ **11839** duobus] 2 $\mathcal{A}$ **11840** tres] 3 $\mathcal{A}$ **11840** decem] 10 $\mathcal{A}$ **11840** Nam] tam *pr. scr. et del.* $\mathcal{B}$ **11840** trium] 3 $\mathcal{A}$ **11841** duodecim] 12 $\mathcal{A}$ **11841** duorum] 2 $\mathcal{A}$ **11842** trium] 3 $\mathcal{A}$ **11842** tres] 3 $\mathcal{A}$ **11842** quarta] $\frac{a}{4}$ $\mathcal{A}$ **11842** duodecim] 12 $\mathcal{A}$ **11842** duo] 2 $\mathcal{A}$ **11843** dimidium] $\frac{m}{2}$ $\mathcal{A}$ **11843** quarta] $\frac{a}{4}$ $\mathcal{A}$ **11843** trium] 3 $\mathcal{A}$ **11844** trium] 3 $\mathcal{A}$ **11844** decem] 10 $\mathcal{A}$ **11845** tres] 3 $\mathcal{A}$ **11845** duodecim] 12 $\mathcal{A}$ **11845** quartam] $\frac{a}{4}$ $\mathcal{A}$ **11846** quartam] $\frac{a}{4}$ *(sic)* $\mathcal{A}$ **11846** sexaginta] 60 $\mathcal{A}$, xexaginta *(corr. ex* xel *pr. scr.)* $\mathcal{B}$ **11846** quindecim] 15 $\mathcal{A}$ **11846** quinque] 5 $\mathcal{A}$, quique $\mathcal{B}$ **11847** tertiam] $\frac{am}{3}$ $\mathcal{A}$ **11847** Tertia] $\frac{a}{3}$ $\mathcal{A}$ **11847** triginta] 30 $\mathcal{A}$ **11847** decem] 10 $\mathcal{A}$

quod voluisti.

Cuius rei causa est hec. Scilicet, quia scimus quod, postquam portat tres sextarios triginta miliariis, debet accipere quartam sexaginta nummorum, que est quindecim nummi; quartam enim duodecim sextariorum ipse portavit. Constat etiam quod pro portandis tribus sextariis accepit quinque nummos, qui sunt tertia quindecim nummorum. Debet igitur eos portare tertia parte triginta miliariorum, que est decem miliaria.

ITEM DE EODEM.

(B.257) Si quis conducitur ad portandum duodecim sextarios triginta miliariis pro sexaginta nummis, portat autem tres sextarios nescio quot miliariis quibus multiplicatis in id quod competit ei de pretio proveniunt quinquaginta, tunc quot sunt ipsa miliaria?

(*a*) Sic facies. Multiplica tres sextarios in sexaginta nummos, et provenient centum octoginta, quos pone prelatum. Cum autem volueris scire miliaria, multiplica duodecim in triginta et productum multiplica in quinquaginta, et productum divide per prelatum; et eius quod exit radix sunt miliaria, scilicet decem. Cum autem volueris scire quantum sibi competit de pretio, divide per predictam radicem, que est decem, quinquaginta, et exibunt quinque. Et hoc est pretium.

Cuius rei causa est hec. Scilicet, quia scimus quod talis est comparatio producti ex sextariis ductis in miliaria sua ad nummos eorum qualis est comparatio producti ex tribus sextariis ductis in miliaria sua ad nummos eorum. Manifestum est igitur quod comparatio trescentorum et sexaginta ad sexaginta nummos est sicut comparatio producti ex tribus sextariis ductis in sua miliaria ad nummos eorum. Unde sunt quatuor numeri proportionales. Quod igitur fit ex trescentis sexaginta ductis in nummos trium sextariorum equum est producto ex sexaginta ductis in tres sextarios ducto in miliaria eorum, scilicet trium sextariorum. Miliaria autem trium sextariorum pone commune in multiplicatione. Quod igitur fit ex trescentis sexaginta ductis in nummos miliariorum trium sextariorum et producto

11848 quod] quid *B* 11849 hec] hoc *AB* 11850 tres] 3 *A* 11850 triginta] 30 *A* 11850 quartam] $\frac{am}{4}$ *A* 11850 sexaginta] 60 *A* 11850–11851 nummorum] numorum *B* 11851 quindecim] 15 *A* 11851 nummi] numi *B* 11851 quartam] $\frac{am}{4}$ *A* 11851 duodecim] 12 *A* 11852 tribus] 3 *A* 11852 quinque] 5 *A* 11853 nummos] numos *B* 11853 tertia] $\frac{a}{3}$ *A* 11853 quindecim] 15 *A* 11853 nummorum] numorum *B* 11854 tertia parte] $\frac{am}{3}$ partem *A*, tertiam partem *B*; de *add. et exp. A* 11854 triginta] 30 *A* 11854 decem] 10 *A* 11856 duodecim] 12 *A* 11856 triginta] 30 *A* 11857 sexaginta] 60 *A* 11857 nummis] numis *B* 11857 tres] 3 *A* 11858–11859 quinquaginta] 50 *A* 11859 miliaria] milialiaria *(mili in fin. lin.) B* 11860 tres] 3 *A* 11860 sexaginta] 60 *A* 11860 nummos] numos *B* 11861 centum octoginta] 180 *A* 11862 duodecim] 12 *A* 11862 triginta] 30 *A* 11862–11863 quinquaginta] 50 *A* 11864 miliaria] miliariam *(quod corr.) B* 11864 decem] 10 *A* 11864 sibi] *add. supra lin. B* 11865 decem] 10 *A* 11865 quinquaginta] 50 *A* 11866 quinque] 5 *A* 11867 hec] hoc *AB* 11868 nummos] numos *B* 11869 tribus] 3 *A* 11869 nummos] numos *B* 11870–11871 trescentorum et sexaginta] 360 *A* 11871 sexaginta] 60 *A* 11871 nummos] numis *B* 11871 producti] *corr. ex* producto *A* 11872 nummos] numos *B* 11872 quatuor] 4 *A* 11873 trescentis sexaginta] 360 *A* 11873 nummos] numos *B* 11873 trium] 3 *A* 11874 sexaginta] 60 *A* 11874 tres] 3 *A* 11875 trium] 3 *A* 11876 in] *om. B* 11876–11877 trescentis sexaginta] 360 *A* 11877 nummos] numos *B* 11877 miliariorum trium] 3 miliariorum *pr. scr. et corr. A*, trium miliariorum *B*

inde multiplicato in miliaria eorum equum est ei quod fit ex sexaginta ductis in tres sextarios et producto inde multiplicato in productum ex ductu miliariorum in se, scilicet miliariorum trium sextariorum. Scimus autem quod idem est trescenta sexaginta ducere in nummos miliariorum trium sextariorum et productum inde ducere in miliaria trium sextariorum quod miliaria ducere in nummos et productum inde ducere in trescenta sexaginta [sive postpositum sive prepositum]. Ex ductu autem miliariorum trium sextariorum in nummos eorum proveniunt quinquaginta. Quod igitur fit ex quinquaginta ductis in trescenta et sexaginta equum est ei quod fit ex sexaginta nummis ductis in tres sextarios et inde producto multiplicato in id quod provenit ex ductu miliariorum in se. Ex quinquaginta autem ductis in trescenta sexaginta proveniunt decem et octo milia. Que si dividantur per productum ex sexaginta ductis in tres sextarios, quod est centum octoginta, exibunt centum. Qui proveniunt ex ductu miliariorum in se; quorum radix, que est decem, sunt miliaria trium sextariorum que queris.

Si autem eorum pretium scire volueris: Multiplica duodecim in triginta, et provenient trescenta et sexaginta; quos pone prelatum. Deinde multiplica sexaginta nummos in tres sextarios, et productum multiplica in quinquaginta, et inde productum divide per prelatum; et eius quod exit radix, scilicet quinque, est pretium quod queris. Cuius rei causa nota est ei qui intelligit antecedentia, pones autem nummos trium sextariorum commune in multiplicatione; et complebis sicut supra docui, et invenies quod queris.

(*b*) Vel aliter. Pone miliaria rem; et tunc erunt nummi quinquaginta divisa per rem; ideo autem nummi fiunt quinquaginta divisa per rem quoniam dictum est quod ex miliariis ductis in nummos eorum proveniunt quinquaginta, ex quinquaginta igitur divisis per miliaria exibunt nummi. Deinde multiplica tres sextarios in miliaria eorum, que sunt res, et provenient tres res. Scimus autem quod comparatio producti ex sextariis ductis in miliaria eorum ad nummos eorum est sicut comparatio producti ex sextariis ductis in miliaria eorum ad nummos eorum. Manifestum est igitur quod talis est comparatio trescentorum sexaginta ad sexaginta nummos qualis est

---

11878 sexaginta] 60 𝒜   **11879** tres] 3 𝒜   **11880** trium] 3 𝒜   **11881** trescenta sexaginta] 360 𝒜   **11881** nummos] numos ℬ   **11881** trium] 3 𝒜   **11882** trium] 3 𝒜   **11883** nummos] numos ℬ   **11883–11884** trescenta sexaginta] 360 𝒜   **11884** trium] 3 𝒜   **11885** nummos] numos ℬ   **11885** quinquaginta] 50 𝒜   **11886** quinquaginta] 50 𝒜   **11886** in] se *add. et exp.* 𝒜   **11886** trescenta et sexaginta] 360 𝒜   **11887** sexaginta] 60 𝒜   **11887** nummis] numis ℬ   **11887** tres] 3 𝒜   **11888** quinquaginta] 50 𝒜   **11889** trescenta sexaginta] 360 𝒜   **11889** decem et octo milia] 18000 𝒜   **11889** Que si] quasi 𝒜   **11890** sexaginta] 60 𝒜   **11890** tres] 3 𝒜   **11890–11891** centum octoginta] 180 𝒜   **11891** centum] 100 𝒜   **11892** decem] 10 𝒜   **11892** trium] 3 𝒜   **11893** duodecim] 12 𝒜   **11893–11894** triginta] 30 𝒜   **11894** trescenta et sexaginta] 360 𝒜   **11895** sexaginta] 60 𝒜   **11895** nummos] numos ℬ   **11895** tres] 3 𝒜   **11896** quinquaginta] 50 𝒜   **11897** quinque] 5 𝒜   **11897** pretium] per pretium ℬ   **11898** nummos] numos ℬ   **11898** trium] 3 𝒜   **11899** complebis] comparabis *codd.*   **11901** nummi] numi ℬ   **11901** quinquaginta] 50 𝒜   **11902** nummi] numi ℬ   **11902** quinquaginta] 50 𝒜   **11903** quod] *om.* ℬ   **11903** miliariis] *corr. ex* miliaris ℬ   **11903** nummos] numos ℬ   **11903–11904** quinquaginta] 50 𝒜   **11904** quinquaginta] 50 𝒜   **11904** nummi] numi ℬ   **11905** tres] 3 𝒜   **11905** tres *(post* provenient*)*] 3 𝒜   **11907** nummos] numos ℬ   **11908** nummos] numos ℬ   **11909** trescentorum sexaginta] 360 𝒜   **11909** sexaginta] 60 𝒜   **11909** nummos] numos ℬ

comparatio trium rerum ad quinquaginta divisa per rem. Unde sunt quatuor numeri proportionales. Quod igitur fit ex trescentis sexaginta ductis in quinquaginta divisa per rem equum ⟨est⟩ ei quod fit ex sexaginta ductis in tres res. Scimus autem quod id quod fit ex trescentis sexaginta ductis in quinquaginta divisa per rem equum est ei quod fit ex quinquaginta ductis in trescenta et sexaginta divisum per rem; quotiens enim aliquis numerus dividitur per alium et quod exit multiplicatur in tertium, tunc id quod provenit equum est ei quod exit de divisione producti ex ductu divisi in multiplicantem per dividentem; iam autem hoc probatum est alias. Scimus autem quod ex quinquaginta ductis in trescenta et sexaginta proveniunt decem et octo milia. Quod igitur provenit est decem et octo milia divisa per rem; que adequantur centum et octoginta rebus. Multiplica igitur centum et octoginta res in rem, et provenient centum et octoginta census; qui adequantur decem et octo milibus. Reduc igitur omnes census ad unum censum, et decem et octo milia reduc ad tantum proportionaliter. Erit igitur ad ultimum census qui adequatur ad centum. Cuius radix, que est decem, est pretium rei; et tot sunt miliaria que queruntur. Nummi vero sunt id quod exit ex divisis quinquaginta per decem, quod est quinque.

(*c*) Vel aliter facies ad sciendum miliaria. Scimus enim quod talis est comparatio trescentorum sexaginta ad suum pretium, quod est sexaginta nummi, qualis est comparatio trium rerum ad quinquaginta divisa per rem. Cum autem commutaverimus, comparatio sexaginta nummorum ad tres centum sexaginta talis erit qualis est comparatio quinquaginta divisorum per rem ad tres res. Comparatio autem de sexaginta ad trescenta sexaginta est sexta eorum. Sequitur ergo ut comparatio eius quod exit ex divisis quinquaginta per rem ⟨ad tres res sit sexta. Sequitur ergo ut id quod exit ex divisis quinquaginta per rem⟩ sit sexta trium rerum, que est dimidia res; et adequatur ei quod exit ex divisis quinquaginta per rem. Multiplica igitur dimidiam rem in rem, et proveniet dimidius census; qui adequatur

---

11910 trium] 3 *A*   **11910** quinquaginta] 50 *A*   **11910–11911** quatuor] 4 *A*   **11911** trescentis sexaginta] 360 *A*   **11912** quinquaginta] 50 *A*   **11912** sexaginta] 60 *A*   **11913** tres] 3 *A*   **11913** trescentis sexaginta] 360 *A*   **11914** quinquaginta] 50 *A*   **11914** quinquaginta *(post* ex*)*] 50 *A*   **11915** trescenta et sexaginta] 360 *A*   **11919** quinquaginta] 50 *A*   **11919** trescenta et sexaginta] 360 *A*, tresceta et sexagenta *(hoc corr.) B*   **11920** decem et octo milia] 18000 *A*   **11920** provenit] pervenit *B*   **11920** decem et octo milia *(post* est*)*] 18000 *A*   **11920–11921** divisa ... octoginta] *om. B*   **11921** centum et octoginta] 180 *A*   **11921–11922** centum et octoginta] 180 *A*   **11922** centum et octoginta *(ante* census*)*] 180 *A*   **11922** qui] que *codd.*   **11923** decem et octo milibus] 18000 *A*   **11923** unum] 1 *A*   **11924** censum] *om. sed spat. rel. B; add. lector in marg. B*: ex rei ductu in rem profluunt census   **11924** decem et octo milia] 18000 *A*   **11925** qui] quod *codd.*   **11925** adequatur] ad *in fin. lin.* adequatur *in seq. B*   **11925** centum] 100 *A*   **11926** decem] 10 *A*   **11926** Nummi] Numi *B*   **11927** divisis] duus *B*   **11927** quinquaginta] 50 *A*   **11927** decem] 10 *A*   **11927** quinque] 5 *A*   **11929** trescentorum sexaginta] 360 *A*   **11929** sexaginta] 60 *A*   **11930** nummi] numi *B*   **11930** trium] 3 *A*   **11930** quinquaginta] 50 *A*   **11931** sexaginta] 60 *A*   **11931** nummorum] numorum *B*   **11931–11932** tres centum sexaginta] 360 *A*, trescenta sexaginta *B*   **11932** quinquaginta] 50 *A*   **11933** tres] 3 *A*   **11933** sexaginta] 60 *A*   **11933–11934** trescenta sexaginta] 360 *A*   **11934** sexta] $\frac{a}{6}$ *A*   **11935** quinquaginta] 50 *A*, quiquaginta *B*   **11936** sit] *om. sed spat. rel. B*   **11936** sexta] $\frac{a}{6}$ *A*   **11936** trium] 3 *A*   **11936** dimidia] $\frac{a}{2}$ *A*   **11937** quinquaginta] 50 *A*   **11938** dimidius census] dimidium census *B*   **11938** qui] quod *codd.*

ad quinquaginta. Census igitur adequatur ad centum, et res adequatur ad decem, et tot sunt miliaria. Nummi vero sunt id quod exit ex divisis quinquaginta per decem, scilicet quinque. Et hoc est quod voluisti.

ITEM DE EODEM.

(**B.258**) Si quis conducitur ad portandum duodecim sextarios triginta miliariis pro sexaginta nummis, portat autem tres sextarios nescio quot miliariis quibus agregatis ad id quod debetur sibi de pretio proveniunt quindecim, tunc quot sunt miliaria et quot sunt nummi sive pretium?

(***a***) Sic facies. Multiplica duodecim in triginta, et provenient trescenta sexaginta. Deinde multiplica tres sextarios in sexaginta nummos, et fient centum octoginta; quos agrega ad trescenta sexaginta, et fient quingenta et quadraginta, quos pone prelatum. Cum autem volueris scire miliaria, multiplica trescenta sexaginta in quindecim et productum divide per prelatum; et quod exierit, scilicet decem, sunt miliaria. Cum autem volueris scire pretium, multiplica centum octoginta in quindecim et productum divide per prelatum; et quod exierit est pretium, scilicet quinque nummi.

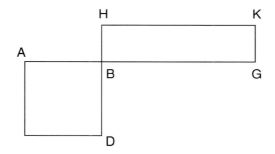

Ad B.258a: *Figura inven. in $\mathcal{A}$ (183^v, 18 – 22 marg.), om. sed spat. rel. (55va, 10 – 14) $\mathcal{B}$.*
H] K $\mathcal{A}$. K] H $\mathcal{A}$.

11942–11954 (Item de eodem) ... scilicet quinque nummi] *hab. etiam* $\mathcal{D}$, 58^r, 8 – 16.

11939 quinquaginta] 50 $\mathcal{A}$ **11939** igitur] ergo $\mathcal{B}$ **11939** centum] 100 $\mathcal{A}$ **11940** decem] 10 $\mathcal{A}$ **11940** exit] erit *pr. scr. et exp.* $\mathcal{B}$ **11941** quinquaginta] 50 $\mathcal{A}$ **11941** decem] 10 $\mathcal{A}$ **11941** quinque] 5 $\mathcal{A}$ **11942** Item de eodem] Capitulum aliud de eodem *marg.* $\mathcal{D}$ **11943** quis] *add. supra* $\mathcal{D}$ **11943** duodecim] 12 $\mathcal{AD}$ **11943** triginta] 30 $\mathcal{AD}$ **11944** sexaginta] 60 $\mathcal{A}$, xexaginta $\mathcal{B}$, 6 o *(sc. in cod.: 6.0)* $\mathcal{D}$ **11944** nummis] numis $\mathcal{B}$ **11944** tres] 3 $\mathcal{AD}$ **11945** quod] quo $\mathcal{B}$ **11945–11946** quindecim] 15 $\mathcal{AD}$ **11946** quot] quod $\mathcal{B}$ **11946** sunt *(ante* miliaria*)*] *om.* $\mathcal{A}$ **11946** sunt *(ante* nummi*)*] *om.* $\mathcal{D}$ **11946** nummi] numi $\mathcal{B}$ **11947** duodecim] 12 $\mathcal{AD}$ **11947** triginta] 30 $\mathcal{AD}$ **11947** provenient] provenietur $\mathcal{B}$ **11947–11948** trescenta sexaginta] 360 $\mathcal{A}$, 3^{ta}60 $\mathcal{D}$ **11948** tres] 3 $\mathcal{A}$ **11948** sexaginta] 60 $\mathcal{AD}$ **11948** nummos] numos $\mathcal{B}$ **11949** centum octoginta] 180 $\mathcal{AD}$ **11949** trescenta sexaginta] 360 $\mathcal{A}$, 3^{ta}60 *post que add. (v. supra) et del.* deinde multiplica tres sextarios $\mathcal{D}$ **11949–11950** quingenta et quadraginta] 540 $\mathcal{AD}$ **11951** trescenta sexaginta] 360 $\mathcal{A}$, 36 o *(sc. in cod.: 36.0)* $\mathcal{D}$ **11951** quindecim] 15 $\mathcal{AD}$ **11951** per] *om.* $\mathcal{A}$ **11952** decem] 10 $\mathcal{AD}$ **11953** centum octoginta] 180 *(corr. ex* 100*)* $\mathcal{A}$, 180 $\mathcal{D}$ **11953** quindecim] 15 $\mathcal{AD}$ **11954** quinque] 5 $\mathcal{A}$ **11954** nummi] numi $\mathcal{B}$

11955   Quod sic probatur. Quindecim, qui fiunt ex agregatione miliariorum et pretii, sint linea AG; pars autem huius linee sint miliaria, scilicet linea BG, pretium autem erit linea AB. Manifestum est autem ex premissis quod talis est comparatio producti ex sextariis ductis in sua miliaria ad nummos eorum qualis est comparatio producti ex sextariis secundis ductis
11960   in miliaria sua ad suos nummos. Quod igitur fit ex trescentis sexaginta ductis in pretium miliariorum trium sextariorum equum ⟨est⟩ ei quod fit ex sexaginta ductis in tres sextarios et deinde producto ex eis multiplicato in miliaria eorum. Manifestum est igitur quod id quod fit ex ductu unius partis de quindecim, que est pretium, in trescenta sexaginta equum est
11965   ei quod fit ex ductu alterius partis, que est miliaria, in id quod provenit ex sexaginta ductis in tres sextarios, quod est centum octoginta. Quod igitur fit ex ductu linee AB in trescenta sexaginta equum est ei quod fit ex ductu linee BG in centum octoginta. Protraham autem de puncto B duas lineas altrinsecus in directum, unam earum lineam de centum octo-
11970   ginta, que sit linea BH, alteram vero de trescentis sexaginta, que sit linea BD. Manifestum est igitur quod id quod fit ex ductu linee AB in BD, quod est superficies AD, equum est ei quod fit ex ductu linee BH in BG, quod est superficies HG. Sed et latera earum sunt equidistantia et duo anguli earum equales, qui sunt angulus ABD et angulus HBG. Latera
11975   igitur superficiei AD et superficiei HG sunt mutequefia [id est coalterna], sicut Euclides dixit in sexto libro. Talis est igitur comparatio linee DB ad lineam BH qualis est comparatio linee GB ad lineam BA. Composita autem comparatione, talis erit comparatio linee DB ad lineam DH qualis est comparatio linee GB ad GA. Quod igitur fit ex ductu linee DB in GA
11980   equum est ei quod fit ex ductu linee DH in BG. Quod igitur fit ex ductu linee DB in GA si dividatur per DH exibit linea BG, que est miliaria. Similiter etiam poteris scire de pretio, et tunc talis erit comparatio linee HB ad BD qualis est comparatio linee AB ad BG. Composita autem comparatione, tunc talis erit comparatio linee HB ad HD qualis est comparatio
11985   linee AB ad AG. Quod igitur fit ex ductu linee HB in AG equum est ei quod fit ex ductu linee HD in AB. Cum igitur multiplicaveris HB in AG et productum diviseris per HD, exibit AB, quod est pretium. Et hoc est quod probare voluimus.

         (**b**) Cum autem volueris scire miliaria et pretium alio modo: Denomina cen-
11990   tum et octoginta de quingentis quadraginta, scilicet tertiam eorum; tertia

---

11955 Quindecim] 15 A **11957** erit] sit *codd.*   **11959** nummos] numos B **11960** nummos] numos B **11960** trescentis sexaginta] 360 A **11961** trium] *om. A*   **11962** sexaginta] 60 A **11962** tres] 3 A **11964** quindecim] 15 A **11964** trescenta sexaginta] 360 A **11965** id] *om. B*   **11966** sexaginta] 60 A **11966** tres] 3 A **11966** centum octoginta] 180 A **11967** trescentis sexaginta] 360 A **11968** centum octoginta] 180 A **11969** duas] 2 A **11969–11970** centum octoginta] 180 A **11970** trescentis sexaginta] 360 A **11973** Sed] set B **11973** sunt] sint *pr. scr. et corr. A*   **11973** equidistantia] equistantia B **11973** duo] 2 A **11975** mutequefia] multe quefia B **11976** sexto] $\frac{o}{6}$ A **11977** BA] BH *pr. scr. H exp. et A add. A*   **11977** Composita] Composita B **11979** DB in GA] DBI AG B **11980–11981** equum est ... in GA] *per homœotel. om. A*   **11983** Composita] Compositio B **11983–11984** comparatione] comparationem B **11986** ductu] ducte B **11986** igitur] ergo B **11987** diviseris] divis' A **11989–11990** centum et octoginta] 180 A **11990** quingentis quadraginta] 540 A **11990** tertiam] $\frac{am}{3}$ A

igitur de quindecim, scilicet quinque, est pretium. Cum autem volueris scire miliaria, denomina trescenta sexaginta de quingentis quadraginta, scilicet duas tertias eorum; quas multiplica in quindecim, et exibunt decem, et tot sunt miliaria.

(*c*) Vel aliter. Pone miliaria rem. Nummi autem erunt quindecim minus una re. Deinde multiplica rem in tres sextarios, et provenient tres res. Iam autem nosti quod comparatio trescentorum sexaginta, que proveniunt ex ductu sextariorum in miliaria eorum, ad sexaginta nummos est sicut comparatio trium rerum ad nummos earum, qui sunt quindecim minus re. Unde sunt quatuor numeri proportionales. Quod igitur fit ex ductu trescentorum sexaginta in quindecim minus re equum est ei quod fit ex sexaginta ductis in tres res. Id autem quod fit ex ductu trescentorum sexaginta in quindecim minus re est quinque milia nummorum et quadringenti minus trescentis sexaginta rebus; quod est equum ei quod fit ex sexaginta ductis in tres res, quod est centum octoginta res. Comple ergo quinque milia et quadringentos nummos adiectis trescentis sexaginta rebus, et adde totidem ad centum octoginta res, et fient quingente et quadraginta res; que adequantur ad quinque milia et quadringentos nummos. Res igitur adequatur ad decem, et tot sunt miliaria. Nummi vero sunt id quod remanet de quindecim, scilicet quinque.

(*d*) Si autem volueris adinvenire pretium secundum algebra: Pone illud rem. Et tunc miliaria erunt quindecim minus re. Quos multiplica in tres sextarios, et fient quadraginta quinque minus tribus rebus. Deinde comparabis ea inter se sicut in antecedenti factum est. Et tunc id quod fit ex ductu primi, qui est trescenta sexaginta, in quartum, qui est res, quod est tres centum sexaginta res, equum erit ei quod fit ex ductu secundi, qui est sexaginta, in tertium, qui est quadraginta quinque minus tribus rebus, quod scilicet est duo milia nummorum et septingenti minus centum

---

11991 quindecim] 15 $\mathcal{A}$ **11991** quinque] 5 $\mathcal{A}$ **11992** trescenta sexaginta] 360 $\mathcal{A}$ **11992** quingentis quadraginta] 540 $\mathcal{A}$ **11993** duas tertias] $\frac{2}{3}$ $\mathcal{A}$ **11993** quindecim] 15 $\mathcal{A}$ **11993** decem] 10 $\mathcal{A}$ **11995** Nummi] Numi $\mathcal{B}$ **11995** quindecim] 15 $\mathcal{A}$ **11996** tres] 3 $\mathcal{A}$ **11996** tres *(ante* res*)*] 3 $\mathcal{A}$ **11997** trescentorum sexaginta] 360 $\mathcal{A}$ **11998** sexaginta] 60 $\mathcal{A}$ **11998** nummos] numos $\mathcal{B}$ **11999** trium] 3 $\mathcal{A}$ **11999** nummos] numos $\mathcal{B}$ **11999** quindecim] 15 $\mathcal{A}$ **11999** minus] nummus *pr. scr. et corr.* $\mathcal{A}$ **12000** quatuor] 4 $\mathcal{A}$ **12000–12001** trescentorum sexaginta] 360 $\mathcal{A}$ **12001** quindecim] 15 $\mathcal{A}$ **12001** equum] est *pr. scr. et del.* $\mathcal{B}$ **12001** sexaginta] 60 $\mathcal{A}$ **12002** tres] 3 $\mathcal{A}$ **12002** trescentorum sexaginta] 360 $\mathcal{A}$ **12003** quindecim] 15 $\mathcal{A}$ **12003** quinque milia nummorum et quadringenti] 5000 nummorum et 400 *pr. scr. et* 5000 *mut. in* 5400 *& et* 400 *del.* $\mathcal{A}$, quinque milia numorum et quadringenti $\mathcal{B}$ **12004** trescentis sexaginta] 360 $\mathcal{A}$ **12004** equum] equm $\mathcal{B}$ **12004** sexaginta] 60 $\mathcal{A}$ **12005** tres] 3 $\mathcal{A}$ **12005** centum octoginta] 180 *(corr. ex* 100*)* $\mathcal{A}$ **12005–12006** quinque milia et quadringentos] 5400 $\mathcal{A}$ **12006** nummos] numos $\mathcal{B}$ **12006** trescentis sexaginta] 360 $\mathcal{A}$ **12007** centum octoginta] 180 $\mathcal{A}$ **12007** quingente et quadraginta] 540 $\mathcal{A}$ **12007** res] *om.* $\mathcal{A}$ **12008** quinque milia et quadringentos] 5400 $\mathcal{A}$ **12008** nummos] numos $\mathcal{B}$ **12008–12009** decem] 10 $\mathcal{A}$ **12009** Nummi] numi $\mathcal{B}$ **12009** de] *corr. ex* ad $\mathcal{B}$ **12009** quindecim] 15 $\mathcal{A}$ **12010** quinque] 5 $\mathcal{A}$ **12011** algebra] agebla $\mathcal{B}$ **12012** quindecim] 15 $\mathcal{A}$ **12012** tres] 3 $\mathcal{A}$ **12013** fient] fuerat $\mathcal{B}$ **12013** quadraginta quinque] 45 *(corr. ex* 40*)* $\mathcal{A}$ **12013** tribus] 3 $\mathcal{A}$ **12015** trescenta sexaginta] 360 $\mathcal{A}$ **12015** quartum] $\frac{m}{4}$ $\mathcal{A}$ **12016** tres centum sexaginta] 360 $\mathcal{A}$, trescentum sexaginta $\mathcal{B}$ **12016** equum] equm $\mathcal{B}$ **12016** erit] est *codd.*   **12017** sexaginta] 60 $\mathcal{A}$ **12017** quadraginta quinque] 45 $\mathcal{A}$ **12017** tribus] 3 $\mathcal{A}$ **12018** duo milia nummorum et septingenti] 2600 nummorum $\mathcal{A}$, duo milia et sexcenta numorum $\mathcal{B}$ **12018–12019** centum octoginta] 180 $\mathcal{A}$

octoginta rebus. Deinde fac sicut supra docuimus in algebra, et exibit res quinque, qui sunt nummi.

ITEM DE EODEM.

(B.259) Si quis conducitur ad portandum decem sextarios quinquaginta miliariis pro centum nummis, portat autem tres sextarios nescio quot miliariis, de quibus subtracto pretio quod sibi debetur remanent quatuor, tunc quot sunt miliaria, vel quantum est pretium eorum?

(*a*) Sic facies. Multiplica decem sextarios in quinquaginta miliaria, et fient quingenti; de quibus minue id quod provenit ex ductu trium sextariorum in centum, et remanebunt ducenta, quos pone prelatum. Cum autem volueris scire miliaria, multiplica quatuor in quingenta et productum divide per prelatum, cum vero pretium, multiplica quatuor in trescenta et productum divide per prelatum, et quod exierit est id quod voluisti.

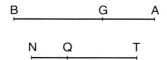

Ad B.259*a*: *Figura inven. in* $\mathcal{A}$ *(184^r, 13 – 15 marg.), om. sed spat. rel. (56ra, 9–12)* $\mathcal{B}$.

Hoc autem demonstrabitur sic. Scilicet, miliaria ignota sint linea AB, pretium autem ignotum sit linea GB. Manifestum est igitur quod linea AG est quatuor. In precedentibus autem ostendimus quod comparatio primorum sextariorum multiplicatorum in miliaria sua ad nummos eorum est sicut comparatio sextariorum apportatorum multiplicatorum in sua miliaria ad nummos eorum. Unde sunt quatuor numeri proportionales. Quod igitur fit ex quingentis ductis in pretium miliariorum quibus portat tres sextarios, quod scilicet est linea GB, equum est ei quod fit ex centum ductis in tres sextarios et inde producto multiplicato in lineam AB. Deinde protraham lineam TN, que est quingenta; de qua incidatur linea trescentorum, que sit linea QT. Manifestum est igitur quod id quod fit ex ductu linee NT in lineam GB equum est ei quod fit ex ductu linee QT in lineam AB. Comparatio igitur linee NT ad lineam TQ est sicut comparatio linee AB ad BG. Cum autem converterimus, tunc comparatio linee QT ad TN erit sicut comparatio linee GB ad AB. Cum vero disperserimus,

---

12019 algebra] agebla $\mathcal{B}$ 12020 quinque] $_5\,\mathcal{A}$ 12020 nummi] numi $\mathcal{B}$ 12022 decem] 10 $\mathcal{A}$ 12022 quinquaginta] 50 $\mathcal{A}$ 12023 centum] 100 $\mathcal{A}$ 12023 nummis] numis $\mathcal{B}$ 12023 tres] 3 $\mathcal{A}$ 12024 quatuor] 4 $\mathcal{A}$ 12026 decem] 10 $\mathcal{A}$ 12026 quinquaginta] 50 $\mathcal{A}$ 12027 quingenti] 500 $\mathcal{A}$ 12028 centum] 100 $\mathcal{A}$ 12028 ducenta] 200 $\mathcal{A}$ 12029 quatuor] 4 $\mathcal{A}$ 12029 quingenta] 500 $\mathcal{A}$ 12030 quatuor] 4 $\mathcal{A}$ 12030 trescenta] 300 $\mathcal{A}$ 12034 quatuor] 4 $\mathcal{A}$ 12035 sextariorum] sex *in fin. lin.* sextariorum *in seq. scr.* $\mathcal{B}$ 12035 nummos] numos $\mathcal{B}$ 12036 apportatorum] aportatorum $\mathcal{A}$, aportatarum $\mathcal{B}$ 12037 nummos] numos $\mathcal{B}$ 12037 quatuor] 4 $\mathcal{A}$ 12038 quingentis] 500 $\mathcal{A}$ 12038 tres] 3 $\mathcal{A}$ 12039 centum] 100 $\mathcal{A}$ 12040 tres] 3 $\mathcal{A}$ 12041 quingenta] 500 $\mathcal{A}$ 12041–12042 trescentorum] $300^{\text{orum}}\,\mathcal{A}$ 12042 sit] sint $\mathcal{B}$ 12044 Comparatio] Conparatio $\mathcal{B}$ 12045–12047 QT ad … sicut comparatio linee] *per homœotel. om.* $\mathcal{B}$

tunc comparatio linee QT ad QN erit sicut comparatio linee BG ad GA. Id ergo quod fit ex ductu linee QT in AG equum est ei quod fit ex ductu linee NQ in GB. Id igitur quod fit ex ductu linee QT in AG si dividatur per NQ exibit linea GB, que est pretium miliariorum ignotorum.

Causa autem inveniendi miliaria hec est. Scimus enim quod cum comparatio linee QT ad QN fuerit sicut comparatio linee BG ad GA, oportebit tunc, cum converterimus, ut comparatio linee NQ ad QT sit sicut comparatio linee AG ad GB. Cum autem composuerimus, tunc comparatio linee NQ ad NT erit sicut comparatio linee AG ad AB. Id igitur quod fit ex ductu linee NQ in AB equum est ei quod fit ex ductu linee NT in AG. Si igitur id quod fit ex ductu linee NT in AG dividatur per NQ, exibit AB, que est miliaria. Et hoc est quod scire voluisti.

(*b*) Vel aliter. Inquire numerum in quem multiplicata ducenta fiunt quingenta, et invenies duo et dimidium; quod, scilicet duo et dimidium, multiplica in quatuor, et fient decem, et tot sunt miliaria. Si autem volueris scire pretium, scias quota pars sunt ducenta de trescentis, scilicet due tertie. Sequitur igitur ut quatuor sint due tertie pretii. Pretium ergo est sex.

(*c*) Vel aliter. Pone miliaria ignota rem, et tunc pretium ignotum erit res minus quatuor nummis; supra dictum est enim quod subtracto pretio de miliariis remanent quatuor, sequitur igitur ex hoc ut pretium additum ad quatuor fiat equale miliariis, pretium igitur est res minus quatuor. Deinde multiplica miliaria, que sunt res, in tres sextarios, et fient tres res; quas multiplica in centum, et fient trescente res. Deinde quingenta, que proveniunt ex ductu decem sextariorum in miliaria eorum, multiplica in rem minus quatuor, et provenient quingente res minus duobus milibus nummorum; que equantur trescentis rebus. Comple ergo quingentas res adiectis duobus milibus nummorum, et totidem nummos agrega ad trescentas res. Deinde minue trescentas res de quingentis rebus, et remanebunt ducente res; que adequantur duobus milibus nummorum. Res igitur est decem, et tot sunt miliaria. Et hoc est quod scire voluisti. Si autem volueris scire pretium, minue quatuor de decem, et remanebunt sex, qui sunt pretium.

12049 Id] In B **12051** cum] est *pr. scr., exp.,* et cum *add. supra* A, est B **12052** fuerit] fiunt B **12052** oportebit] quod oportebit A **12055** quod] qudď B **12056** NQ in ... ductu linee] *per homœotel. om.* B **12059** ducenta] 200 A **12059–12060** quingenta] 500 A **12060** duo] 2 A **12060** dimidium] $\frac{m}{2}$ A **12060** duo] 2 A, uno B **12060** dimidium] $\frac{m}{2}$ A **12061** quatuor] 4 A **12061** decem] 10 A **12061** volueris] voluis B **12062** ducenta] 200 A **12062** trescentis] 300 A **12062–12063** due tertie] $\frac{2}{3}$ A **12063** quatuor] 4 A **12063** due tertie] $\frac{2}{3}$ A **12064** sex] 6 A **12066** quatuor] 4 A **12066** nummis] numis B **12067** quatuor] 4 A **12068** quatuor] 4 A **12068** quatuor *(post minus)*] 4 A **12069** tres] 3 A **12069** tres] 3 A **12070** centum] 100 A **12070** trescente] 300 A **12070** quingenta] 500 A **12071** decem] 10 A **12071** sextariorum in miliaria] miliariorum in nummos *(numos B) codd.*   **12072** quatuor] 4 A **12072** quingente] 500 A, quingentem B **12072** duobus milibus] 2000^{bus} A **12072–12073** nummorum] numorum B **12073** trescentis] 300 A **12073** quingentas] 50 *(sic)* A **12074** duobus milibus] 2000^{bus} A **12074** nummorum] numorum B **12074** nummos] numos B **12074** trescentas] 300 A, trescentis B **12075** trescentas] 300 A, trescentis B **12075** quingentis] 500 A **12075** ducente] 200 A **12076** duobus milibus] 2000^{bus} A **12076** nummorum] numorum B **12076** decem] 10 A **12078** quatuor] 4 A **12078** decem] 10 A **12078** sex] 6 A

(*d*) Si autem volueris, pretium pone rem, et tunc miliaria erunt res et quatuor. Deinde multiplica rem in quingenta, et fient quingente res. Deinde multiplica centum in tres sextarios, et productum multiplica in rem et quatuor, et provenient trescente res et mille ducenti nummi; que adequantur quingentis rebus. Minue ergo trescentas res de quingentis rebus, et remanebunt ducente res, que adequantur mille ducentis nummis. Res igitur equivalet sex nummis, et tantum est pretium ignotum.

ITEM DE EODEM.

(**B.260**) Si quis conducit aliquem ad portandum duodecim sextarios triginta miliariis pro sexaginta nummis, dat autem ei sex nummos ut secundum rationem pretii tot portet sextarios quot ierit miliaria, tunc quot sunt sextarii vel miliaria?

(*a*) Sic facies. Multiplica duodecim in triginta, et provenient tres centum sexaginta; quos multiplica in sex, et fient duo milia et centum sexaginta. Quos divide per sexaginta, et exibunt triginta sex. Quorum radix, scilicet sex, sunt sextarii, et tot sunt miliaria.

Causa autem ⟨huius⟩ hec est. Quoniam constat ex hiis que dicta sunt in conducendis vectoribus quod comparatio sextariorum multiplicatorum in sua miliaria ad nummos eorum est sicut comparatio sextariorum multiplicatorum in sua miliaria ad nummos eorum, comparatio igitur duodecim sextariorum multiplicatorum in triginta miliaria ad sexaginta nummos est sicut comparatio sextariorum ignotorum multiplicatorum in sua miliaria ad nummos eorum, qui sunt sex. Multiplicare igitur sex in trescentos sexaginta idem est quod multiplicare sextarios ignotos in sua miliaria et productum inde in sexaginta. Id igitur quod fit ex sex ductis in trescentos sexaginta, si dividatur per sexaginta, eius quod exit radix est sextarii; et tot sunt miliaria.

(*b*) Vel aliter ad sciendum sextarios et miliaria. Scilicet, multiplica duodecim in triginta, et provenient trescenta sexaginta. Quos divide per sexa-

---

12079–12080 quatuor] 4 *A* **12080** quingenta] 500 *A* **12080** quingente] 500 *A* **12081** centum] 100 *A* **12081** tres] 3 *A* **12081–12082** quatuor] 4 *A* **12082** trescente] 300 *A* **12082** mille ducenti] 1200 *A* **12082** nummi] numi *B* **12083** quingentis] 500 *A* **12083** trescentas] 300 *A*, trescentes *B* **12083** quingentis] 500 *A* **12084** ducente] 200 *A* **12084** mille ducentis] 1200 *A* **12084** nummis] numis *B* **12085** sex] 6 *A* **12085** nummis] numis *B* **12085** tantum] pretium *add. et exp.* *B* **12087** duodecim] 12 *A* **12087–12088** triginta] 30 *A* **12088** sexaginta] 60 *A*, xexaginta *B* **12088** nummis] numis *B* **12088** sex] 6 *A* **12088** nummos] numos *B* **12091** duodecim] 12 *A* **12091** triginta] 30 *A* **12091–12092** tres centum sexaginta] 360 *A*, trescentum sexaginta *B* **12092** quos multiplica in sex, et fient duo milia et centum sexaginta] quos multiplica in 6 et fient 2160 *bis scr. A* **12093** sexaginta] 60 *A* **12093** triginta sex] 36 *A* **12094** sex] 6 *A* **12095** hiis] his *B* **12097** nummos] numos *B* **12097–12098** est sicut ... nummos eorum] *per homœotel. om. A* **12098** nummos] numos *B* **12098** duodecim] 12 *A* **12099** triginta] 30 *A* **12099** sexaginta] 60 *A* **12099** nummos] numos *B* **12101** nummos] numos *B* **12101** sex] 6 *A* **12101** sex *(post igitur)*] 6 *A* **12101** trescentos sexaginta] 360 *(corr. ex 300) A* **12102** idem est] est idem *A* **12103** sexaginta] 60 *A* **12103** igitur] autem *codd.* **12103** sex] 6 *A* **12103** trescentos sexaginta] 360 *(corr. ex 300) A* **12104** sexaginta] 60 *A* **12106–12107** duodecim] 12 *A* **12107** triginta] 30 *A* **12107** trescenta sexaginta] 360 *A* **12107–12108** sexaginta] 60 *A*

ginta, et quod exit multiplica in sex, et producti radix est sextarii; et tot sunt miliaria.

Causa autem huius est hec. Scimus enim quod oportebat multiplicare trescentos sexaginta in sex et productum dividere per sexaginta, et eius quod exiret radix esset id quod voluisti. Scimus autem ex hiis que predicta sunt quod multiplicare tres centum sexaginta in sex et productum dividere per sexaginta et eius quod exit accipere radicem idem est quod dividere tres centum sexaginta per sexaginta et quod exit multiplicare in sex et producti radicem accipere.

(*c*) Vel aliter. Vide quota pars sunt sex de sexaginta, scilicet decima; tantam igitur partem, scilicet decimam, de triginta, que est tres, multiplica in duodecim, et fient triginta sex; quorum radix, scilicet sex, sunt sextarii sive miliaria.

Causa huius ⟨hec⟩ est. Scimus enim quod oportebat denominare sex nummos de sexaginta et tantam partem accipere de trescentis sexaginta, que proveniunt ex ductu duodecim sextariorum in triginta miliaria, et producti radicem accipere. Scis autem quod denominare sex de sexaginta et tantam partem accipere de producto ex duodecim ductis in triginta ⟨et eius quod exit radicem accipere⟩ idem est quod denominare sex de sexaginta et tantam partem accipere de triginta et multiplicare eam in duodecim et producti accipere radicem.

Vel, si volueris, accipe talem denominationem de duodecim et multiplica eam in triginta et producti accipe radicem. Et ipsa erit quod voluisti.

(*d*) Vel aliter. Pone sextarios rem; et tunc miliaria etiam erunt res. Deinde multiplica duodecim in triginta, et provenient tres centum sexaginta. Quos multiplica in sex nummos. Et id quod provenit equum est sexaginta censibus, qui proveniunt ex sexaginta ductis in rem et inde producto multiplicato in rem secundam. Fac ergo sicut ostensum est in algebra, et erit pretium rei sex, et tot sunt sextarii sive miliaria.

ITEM DE EODEM.

(**B.261**) Si quis conducit aliquem ad portandum duodecim sextarios triginta miliariis pro centum nummis, dedit autem ei prius decem nummos pro

---

12108 sex] 6 $\mathcal{A}$ **12111** trescentos sexaginta] 360 $\mathcal{A}$ **12111** sex] 6 $\mathcal{A}$ **12111** sexaginta] 60 $\mathcal{A}$ **12112–12114** exiret ... et eius quod] *per homœotel. om.* $\mathcal{A}$ **12112** hiis] his $\mathcal{B}$ **12113** tres centum sexaginta] trescentum sexaginta $\mathcal{B}$ **12114–12115** tres centum sexaginta] 360 $\mathcal{A}$, trescentum sexaginta $\mathcal{B}$ **12115** sexaginta] 60 $\mathcal{A}$ **12115** sex] 6 $\mathcal{A}$ **12117** sex] 6 $\mathcal{A}$ **12117** sexaginta] 60 $\mathcal{A}$ **12117** decima] $\frac{a}{10}$ $\mathcal{A}$ **12118** decimam] $\frac{am}{10}$ $\mathcal{A}$ **12118** triginta] 30 $\mathcal{A}$ **12118** tres] 3 $\mathcal{A}$ **12119** duodecim] 12 $\mathcal{A}$ **12119** triginta sex] 36 $\mathcal{A}$ **12119** sex] 6 $\mathcal{A}$ **12121** sex] 6 $\mathcal{A}$ **12122** nummos] numos $\mathcal{B}$ **12122** sexaginta] 60 $\mathcal{A}$ **12122** trescentis sexaginta] 360 $\mathcal{A}$ **12123** duodecim] 12 $\mathcal{A}$ **12123** triginta] 30 $\mathcal{A}$ **12124** Scis autem] Scisatur $\mathcal{B}$ **12124** denominare] denomire $\mathcal{B}$ **12124** sex] 6 $\mathcal{A}$ **12124** sexaginta] 60 $\mathcal{A}$ **12125** duodecim] 12 $\mathcal{A}$ **12125** triginta] 30 $\mathcal{A}$ **12126** sex] 6 $\mathcal{A}$ **12126** sexaginta] 60 $\mathcal{A}$ **12127** triginta] 30 $\mathcal{A}$ **12127** duodecim] 12 $\mathcal{A}$ **12129** duodecim] 12 $\mathcal{A}$ **12130** triginta] 30 $\mathcal{A}$ **12132** duodecim] 12 $\mathcal{A}$ **12132** triginta] 30 $\mathcal{A}$ **12132** tres centum sexaginta] 360 $\mathcal{A}$, trescentum sexaginta $\mathcal{B}$ **12133** sex] 6 $\mathcal{A}$ **12133** nummos] numos $\mathcal{B}$ **12133** sexaginta] 60 $\mathcal{A}$ **12134** qui] que *codd.* **12134** sexaginta] 60 $\mathcal{A}$ **12135** ostensum] ostensam $\mathcal{B}$ **12135** algebra] agebla $\mathcal{B}$ **12138** aliquem] aliquam $\mathcal{B}$ **12138** duodecim] 12 $\mathcal{A}$ **12138–12139** triginta] 30 $\mathcal{A}$ **12139** centum] 10 *(sic)* $\mathcal{A}$ **12139** nummis] numis $\mathcal{B}$ **12139** decem] 10 $\mathcal{A}$ **12139** nummos] numos $\mathcal{B}$

portandis sextariis qui sint tres quarte miliariorum quibus debet portare; tunc quot sunt sextarii vel quot miliaria?

(*a*) Sic facies hic. Multiplica duodecim in triginta miliaria, et fient tres centum sexaginta. Quos multiplica in decem nummos, et fient tria milia sexcenta. Deinde accipe tres quartas de centum, quoniam supra dixit quod portaret de sextariis tot quot sunt tres quarte miliariorum quibus iret, que sunt septuaginta quinque; per quos divide tria milia sex centum, et exibunt quadraginta octo. Quorum radix propinquior, que est septem minus dimidia septima, est miliaria; cuius tres quarte sunt sextarii. Causa autem huius est sicut prediximus in hiis que precesserunt de conducendis vectoribus; que quisquis intellexit, facile poterit hec probare.

(*b*) Vel aliter. Divide tria milia sex centum per centum, et exibunt triginta sex. Deinde inquire numerum in quem multiplicate tres quarte fiunt unum; qui est unum et tertia. Quem et tertiam multiplica in triginta sex, et provenient quadraginta octo. Quorum radix est numerus miliariorum; cuius tres quarte sunt sextarii. Causa autem huius patet ex hiis que paulo ante dicta sunt.

(*c*) Vel aliter. Vide quota pars sunt decem de centum, scilicet decima; tantam igitur partem de triginta, que est tres, multiplica in duodecim, et fient triginta sex. Deinde inquire numerum in quem multiplicate tres quarte fiant unum; et invenies unum et tertiam. Quem et tertiam multiplica in triginta sex, et fient quadraginta octo. Quorum radix est numerus miliariorum; cuius tres quarte sunt numerus sextariorum.

Vel, si volueris, accipe decimam de duodecim, que est unum et quinta, quam multiplica in triginta; et provenient triginta sex. Cetera autem fac sicut supra ostensum est, et invenies quod volueris.

(*d*) Vel aliter. Pone miliaria rem, sextarios vero tres quartas rei quoniam supra dixit quod portaret de sextariis tot quot sunt tres quarte miliariorum quibus iret. Deinde multiplica duodecim in triginta, et fient tres centum sexaginta. Quos multiplica in decem, et fient tria milia sex centum. Deinde

12140 tres quarte] $\frac{3}{4}$ $\mathcal{A}$ **12142** duodecim] 12 $\mathcal{A}$ **12142** triginta] 30 $\mathcal{A}$ **12142–12143** tres centum sexaginta] 360 $\mathcal{A}$, trescentum sexaginta $\mathcal{B}$ **12143** decem] 10 $\mathcal{A}$ **12143** nummos] numos $\mathcal{B}$ **12143–12144** tria milia sexcenta] 360 (*sic*) $\mathcal{A}$ **12144** Deinde] de inde $\mathcal{B}$ **12144** tres quartas] $\frac{3}{4}$ $\mathcal{A}$, tres quas $\mathcal{B}$ **12144** centum] 100 $\mathcal{A}$ **12145** quot] quod $\mathcal{A}$ **12145** tres quarte] $\frac{3}{4}$ $\mathcal{A}$ **12146** septuaginta quinque] 75 $\mathcal{A}$ **12146** tria milia sex centum] 3600 $\mathcal{A}$, tria milia sexcentum $\mathcal{B}$ **12147** quadraginta octo] 48 $\mathcal{A}$ **12147** septem] 7 $\mathcal{A}$ **12148** dimidia septima] dimidia $\frac{a}{7}$ $\mathcal{A}$ **12148** tres quarte] $\frac{3}{4}$ $\mathcal{A}$ **12149** hiis] his $\mathcal{B}$ **12150** quisquis] quis quis $\mathcal{B}$ **12151** tria milia sex centum] 3600 $\mathcal{A}$, tria milia sexcentum $\mathcal{B}$ **12151** centum] 100 $\mathcal{A}$ **12151–12152** triginta sex] 36 $\mathcal{A}$ **12152** multiplicate] multiplicare $\mathcal{B}$ **12152** tres quarte] $\frac{3}{4}$ $\mathcal{A}$ **12153** unum] 1 $\mathcal{A}$ **12153** unum (*post* est)] 1 $\mathcal{A}$ **12153** tertia] $\frac{a}{3}$ $\mathcal{A}$ **12153** tertiam] $\frac{am}{3}$ $\mathcal{A}$ **12153** triginta sex] 36 $\mathcal{A}$ **12154** quadraginta octo] 48 $\mathcal{A}$ **12155** tres quarte] $\frac{3}{4}$ $\mathcal{A}$ **12155** hiis] his $\mathcal{B}$ **12157** decem] 10 $\mathcal{A}$ **12157** centum] 100 $\mathcal{A}$ **12157** decima] $\frac{a}{10}$ $\mathcal{A}$ **12158** triginta] 30 $\mathcal{A}$ **12158** tres] 3 $\mathcal{A}$ **12158** duodecim] 12 $\mathcal{A}$ **12159** triginta sex] 36 $\mathcal{A}$ **12159–12160** tres quarte] $\frac{3}{4}$ $\mathcal{A}$, tres querte $\mathcal{B}$ **12160** unum] 1 $\mathcal{A}$ **12160** unum] 1 $\mathcal{A}$ **12160** tertiam] $\frac{am}{3}$ $\mathcal{A}$ **12160** tertiam] $\frac{am}{3}$ $\mathcal{A}$ **12161** triginta sex] 36 $\mathcal{A}$ **12161** quadraginta octo] 48 $\mathcal{A}$ **12162** tres quarte] $\frac{3}{4}$ $\mathcal{A}$ **12163** decimam] $\frac{a}{10}$ $\mathcal{A}$ **12163** duodecim] 12 $\mathcal{A}$ **12163** unum] 1 $\mathcal{A}$ **12163** quinta] $\frac{a}{5}$ $\mathcal{A}$ **12164** triginta] 30 $\mathcal{A}$ **12164** triginta sex] 36 $\mathcal{A}$ **12166** tres quartas] $\frac{3}{4}$ $\mathcal{A}$ **12167** tres quarte] $\frac{3}{4}$ $\mathcal{A}$ **12168** duodecim] 12 $\mathcal{A}$ **12168** triginta] 30 $\mathcal{A}$ **12168–12169** tres centum sexaginta] 360 $\mathcal{A}$ **12169** decem] 10 $\mathcal{A}$ **12169** tria milia sex centum] 3600 $\mathcal{A}$, tria milia sexcentum $\mathcal{B}$

multiplica rem in tres quartas rei, et fient tres quarte census. Quas multiplica in centum, et fient septuaginta quinque census; qui adequantur ad tria milia sex centum. Accipe igitur de omnibus censibus unum, et, iuxta eandem proportionem quam habet unus ad septuaginta quinque census, accipe tantumdem de tribus milibus sexcentis, quod est quadraginta octo. Habes igitur quod unus census adequatur quadraginta octo nummis. Radix igitur census est septem minus dimidia septima. Et tot sunt miliaria; cuius tres quarte sunt sextarii.

(B.262) Cum aliquis conducitur ad portandum quindecim sextarios quadraginta miliariis pro uno censu et radice eius, portat autem decem sextarios decem miliariis et accipit radicem, tunc quantus est census?

Sic facies. Multiplica quindecim in quadraginta, et provenient sexcenta. Deinde multiplica decem in decem, et provenient centum. Per quos divide sexcenta, et exibunt sex. Quos multiplica in unum, eo quod unam radicem proposuit, si vero proposuisset duas multiplicares in duo, et de producto minue numerum radicum que sunt cum censu, et remanebunt sicut hic quinque; et tanta est radix. Igitur census est viginti quinque.

(B.263) Cum aliquis conducitur ad portandum sex sextarios decem miliariis pro cubo et censu eius, portat autem quatuor sextarios quinque miliariis et accepit censum, tunc quantus est census, sive cubus?

Sic facies. Multiplica sex in decem, et fient sexaginta. Deinde multiplica quatuor in quinque, et provenient viginti. Per quos divide sexaginta, et exibunt tres. Quos multiplica in unum, eo quod proposuit unum censum accepisse, et de producto minue unum, eo quod premisit unum censum cum cubo; et quod remanserit erit radix census, que est duo. Igitur census est quatuor; cubus vero est id quod fit ex ductu census in suam radicem, qui est octo.

12178–12196 Cum aliquis conducitur ... qui est octo] 184^v, 25 – 35 $\mathcal{A}$; $\mathcal{B}$ deficit.

12170 tres quartas] $\frac{3}{4}$ $\mathcal{A}$ **12170** tres quarte] $\frac{3}{4}$ $\mathcal{A}$ **12171** centum] 100 $\mathcal{A}$ **12171** septuaginta quinque] 75 $\mathcal{A}$ **12171** qui] que *codd.* **12172** tria milia sex centum] 3600 $\mathcal{A}$, tria milia sexcentum $\mathcal{B}$ **12172** unum] 1 $\mathcal{A}$ **12173** eandem] eadem $\mathcal{A}$ **12173** unus] 1 $\mathcal{A}$, unum $\mathcal{B}$ **12173** septuaginta quinque] 75 $\mathcal{A}$ **12174** tribus milibus sexcentis] 3600 $\mathcal{A}$ **12174** quadraginta octo] 48 $\mathcal{A}$ **12175** unus] unum $\mathcal{B}$ **12175** adequatur] adequantur $\mathcal{B}$ **12175** quadraginta octo] 48 $\mathcal{A}$ **12175** nummis] numis $\mathcal{B}$ **12176** septem] 7 $\mathcal{A}$ **12176** dimidia septima] dimidia $\frac{a}{7}$ $\mathcal{A}$ **12177** tres quarte] $\frac{3}{4}$ *(post corr.:* 4 *pr. scr.,* 3 *supra add., totum del. et rescr.)* $\mathcal{A}$ **12178** quindecim] 15 $\mathcal{A}$ **12178–12179** quadraginta] 40 $\mathcal{A}$ **12179** miliariis] *corr. ex* miliaria $\mathcal{A}$ **12179** decem] 10 $\mathcal{A}$ **12180** decem] 10 $\mathcal{A}$ **12180** miliariis] pro *add. et del.* $\mathcal{A}$ **12181** quindecim] 15 $\mathcal{A}$ **12181** quadraginta] 40 $\mathcal{A}$ **12181–12182** sexcenta] 600 $\mathcal{A}$ **12182** decem] 10 $\mathcal{A}$ **12182** decem] 10 $\mathcal{A}$ **12182** centum] 100 $\mathcal{A}$ **12183** sexcenta] 600 $\mathcal{A}$ **12183** sex] 6 $\mathcal{A}$ **12183** unum] 1 $\mathcal{A}$ **12184** proposuisset] pposuisset $\mathcal{A}$ **12184** duas] 2 $\mathcal{A}$ **12184** duo] 2 $\mathcal{A}$ **12185** censu] *corr. ex* censum $\mathcal{A}$ **12186** quinque] 5 $\mathcal{A}$ **12186** viginti quinque] 25 $\mathcal{A}$ **12187** sex] 6 $\mathcal{A}$ **12187** decem] 10 $\mathcal{A}$ **12188** quatuor] 4 $\mathcal{A}$ **12188** quinque] 5 $\mathcal{A}$ **12190** sex] 6 $\mathcal{A}$ **12190** decem] 10 $\mathcal{A}$ **12190** sexaginta] 60 $\mathcal{A}$ **12191** quatuor] 4 $\mathcal{A}$ **12191** quinque] 5 $\mathcal{A}$ **12191** viginti] 20 $\mathcal{A}$ **12191** sexaginta] 60 $\mathcal{A}$ **12192** tres] 3 $\mathcal{A}$ **12192** unum] 1 $\mathcal{A}$ **12193** unum] 1 $\mathcal{A}$ **12193** unum] 1 $\mathcal{A}$ **12194** duo] 2 $\mathcal{A}$ **12195** quatuor] 4 $\mathcal{A}$ **12195** qui] que $\mathcal{A}$ **12196** octo] 8 $\mathcal{A}$

Capitulum de conducendis incisoribus lapidum

(**B.264**) Si quis conducit tres operarios ad operandum quatuor lapides in triginta diebus pro sexaginta nummis, duo autem operantur duos lapides in decem diebus, tunc quantum debetur eis?

Hec questio habet se ad duos sensus, quorum unus est quod duo operarii tantum operantur in quatuor lapidibus quantum tres in eisdem, alter quod duo operantur duas tertias eius quod operantur tres.

(*i*) Si autem volueris agere secundum primum sensum, sic facies. Quasi igitur dicatur: 'Aliquis conducit operarium ad portandum quatuor sextarios triginta miliariis pro sexaginta nummis, portat autem duos sextarios decem miliariis, tunc quantum competit ei?'. Facies per omnes modos huius questionis sicut supra docuimus, et exibit decem. Et hoc est quod voluisti.

(*ii*) Sed iuxta secundum modum sic facies:

(***a***) Multiplica numerum trium operariorum in numerum quatuor lapidum, et productum multiplicabis in triginta dies, et provenient tres centum et sexaginta; quos pone prelatum. Deinde multiplica duos operarios in duos lapides quos operati sunt, et fient quatuor; quos multiplica in decem dies, et fient quadraginta. Hos autem multiplica in sexaginta, et provenient duo milia et quadringenta. Quos divide per prelatum, et exibunt sex et due tertie.

Causa autem huius ⟨hec⟩ est. Scimus enim quod tres operarios operari quatuor lapides triginta diebus idem est quod unum ⟨operarium⟩ ope-

---

12197–12977 Capitulum de conducendis ... in triginta noctibus] $184^v, 36 - 189^r, 1$ $\mathcal{A}$ (*probat. in* B.277b *om.*); $56^{vb}, 27\text{-}29 - 62^{ra}, 9$ $\mathcal{B}$ ('Item alia causa' *in* B.264 *(ii)* a *om.*).
12199–12230 Si quis conducit ... pro duobus lapidibus] *hab. etiam* $\mathcal{D}$ $58^r, 17 - 58^v, 15$.

12197–12198 *tit.*] *om. sed spat. rel.* $\mathcal{B}$ **12199** (B.264)] *tit. hab. in marg.* Capitulum aliud de eodem $\mathcal{D}$ **12199** tres] 3 $\mathcal{AD}$ **12199** quatuor] 4 $\mathcal{AD}$ **12200** triginta] 30 $\mathcal{AD}$ **12200** sexaginta] 60 $\mathcal{AD}$, xexaginta $\mathcal{B}$ **12200** nummis] numis $\mathcal{B}$ **12200** duo] 2 $\mathcal{A}$ **12201** decem] 10 $\mathcal{AD}$ **12201** quantum] quatum $\mathcal{B}$ **12202** habet se] se habet $\mathcal{D}$ **12202** duos sensus] sensus duos $\mathcal{D}$ **12202** quorum] Qorum *pr. scr. add. u supra* $\mathcal{D}$ **12202** duo] 2 $\mathcal{A}$ **12203** quatuor] 4 $\mathcal{AD}$ **12203** tres] 3 $\mathcal{AD}$ **12203** alter] Alius $\mathcal{D}$ **12204** duas tertias] $\frac{2}{3}$ $\mathcal{A}$ **12204** tres] 3 $\mathcal{AD}$ **12206** quatuor] 4 $\mathcal{AD}$ **12207** triginta] 30 $\mathcal{AD}$ **12207** sexaginta] 60 $\mathcal{AD}$, xexaginta $\mathcal{B}$ **12207** nummis] numis $\mathcal{B}$ **12207** duos] 2 $\mathcal{AD}$ **12207–12208** decem] 10 $\mathcal{AD}$ **12208** tunc] tuc $\mathcal{D}$ **12209** decem] 10 $\mathcal{AD}$ **12209** est] etiam $\mathcal{B}$ **12209** quod] quidem $\mathcal{B}$ **12211** trium ... numerum] *per homœotel. om.* $\mathcal{B}$ **12211** trium] 3 $\mathcal{A}$ **12211** quatuor] 4 $\mathcal{AD}$ **12212** triginta] 30 $\mathcal{AD}$ **12212–12213** tres centum et sexaginta] 360 $\mathcal{AD}$, trescentum et sexaginta $\mathcal{B}$ **12213** pone] ponc *pr. scr., corr., et rescr. supra* $\mathcal{D}$ **12213** duos] 2 $\mathcal{A}$ **12213** duos *(ante* lapides*)*] 2 $\mathcal{A}$ **12214** quatuor] 4 $\mathcal{AD}$ **12214** decem] 10 $\mathcal{AD}$ **12215** quadraginta] 40 $\mathcal{AD}$ **12215** autem] *cit* $\mathcal{B}$ **12215** sexaginta] 60 $\mathcal{AD}$ **12215–12216** duo milia et quadringenta] 2400 $\mathcal{AD}$ **12216** exibunt] exi *in fin. lin. prius scr. et exp.* $\mathcal{A}$, exibit $\mathcal{D}$ **12216** sex] 6 $\mathcal{AD}$ **12216–12217** due tertie] $\frac{2}{3}$ $\mathcal{A}$ **12218** tres operarios] 3 operarii $\mathcal{A}$ **12219** quatuor] 4 $\mathcal{AD}$ **12219** triginta] 30 $\mathcal{AD}$

rari duodecim lapides triginta diebus; nosti autem quod unum operarium operari duodecim lapides triginta diebus idem est quod unum operarium operari unum lapidem in trescentis sexaginta diebus. Manifestum est igitur quod unus operarius operatur unum lapidem in trescentis sexaginta diebus pro sexaginta nummis. Nosti etiam quod duos operarios operari duos lapides decem diebus idem est quod unum operarium operari unum lapidem quadraginta diebus. Quasi ergo dicatur: 'Postquam trescenti sexaginta sextarii dantur pro sexaginta nummis, tunc quantum est pretium quadraginta sextariorum?'. Multiplica igitur quadraginta in sexaginta, et productum divide per trescentos sexaginta. Et id quod exit est id quod debetur duobus operariis pro duobus lapidibus.

Item alia causa. Comparatio enim producti ex ductu trium operariorum in quatuor lapides et producti in triginta ad id quod fit ex ductu duorum operariorum in duos lapides et producti in decem dies est sicut comparatio sexaginta nummorum ad pretium quod queritur. Cuius probatio hec est. Sint tres operarii A, quatuor vero lapides B, triginta vero dies sint G, duo vero operarii sint D, duo lapides H, decem dies Z, sed sexaginta nummi sint K. Si igitur tres operarii operarentur quatuor lapides triginta diebus, tunc deberentur eis sexaginta nummi; unde si duo operarentur quantum est [due tertie eius] quod operantur tres, deberentur eis due tertie de sexaginta, que sunt quadraginta. Sint igitur quadraginta T. Comparatio igitur de D ad A est sicut comparatio de T ad K. Si igitur duo operarii operarentur quatuor lapides triginta diebus, deberentur eis quadraginta nummi. Ipsi autem non sunt operati nisi dimidiam ⟨partem⟩ lapidum; igitur debetur eis dimidium de quadraginta, quod est viginti. [Si igitur duo operarii operarentur duos lapides triginta diebus, deberentur eis viginti nummi.] Sint autem viginti nummi Q. Comparatio igitur de H ad B est sicut comparatio de Q ad T. Ipsi autem non sunt operati nisi decem diebus. Igitur competit eis tertia pars de viginti, que est sex et due tertie. Isti igitur sex et due tertie sint L. Comparatio igitur de L ad Q

12220 duodecim] 12 A **12220** lapides] om. D **12220** triginta] 30 AD **12220–12221** nosti ... diebus] per homœotel. om. A **12221** duodecim] 12 D **12221** triginta] 30 D **12221** unum] 1 A **12222** trescentis sexaginta] 360 A, 3^{tis}60 D **12223** unum] 1 A **12223** trescentis sexaginta] 360 AD **12224** sexaginta] 60 AD, xexaginta B **12224** nummis] numis B, add. in marg. D **12225** duos (post operari)] 2 AD **12225** decem] 10 AD **12225** unum (post operari)] 1 A **12226** quadraginta] 40 AD **12226–12227** trescentis sexaginta] 360 A, 3^{ti}60 D **12227** sexaginta] 60 AD **12227** nummis] numis B **12228** quadraginta] 40 AD **12228** quadraginta (post igitur)] 40 A, 40ta D **12228** sexaginta] 60 A, 60ta D **12229** trescentos sexaginta] 360 A, 3^{tos}60 D **12230** pro] in A **12231–12268** Item alia causa ... monstrare voluimus] desunt in B **12231** trium] 3 A **12232** quatuor] 4 A **12232** triginta] 30 A **12233** duos] 2 A **12233** decem] 10 A **12234** sexaginta] 60 A **12235** tres] 3 A **12235** quatuor] 4 A **12235** triginta] 30 A **12236** decem] 10 A **12236–12237** sexaginta] 60 A **12237** tres] 3 A **12237** quatuor] 4 A **12238** triginta] 30 A **12238** sexaginta] 60 A **12239** due tertie] $\frac{2}{3}$ cod. **12239** tres] 3 A **12240** due tertie] $\frac{2}{3}$ A **12240** sexaginta] 60 A **12240** quadraginta] 40 A **12240** quadraginta (post igitur)] 40 A **12242** duo] 2 A **12242** quatuor] 4 A **12242** triginta] 30 A **12243** quadraginta] 40 A **12243** non] add. supra lin. A **12244** quadraginta] 40 A **12244** viginti] 20 A **12245** duos] 2 A **12245** triginta] 30 A **12246** viginti] 20 A **12246** viginti (post autem)] 20 A **12247–12248** decem] 10 A **12248** diebus] dies cod. **12248** tertia] $\frac{a}{3}$ A **12248** viginti] 20 A **12248** sex] 6 A **12248–12249** due tertie] $\frac{2}{3}$ A **12249** sex] 6 A **12249** due tertie] $\frac{2}{3}$ A

12250 est sicut comparatio de Z ad G. Habemus igitur quod comparatio de D ad A est sicut comparatio de T ad K, et comparatio de H ad B est sicut comparatio de Q ad T, comparatio vero de Z ad G est sicut comparatio de L ad Q. Scimus autem quod omnium quatuor numerorum proportionalium comparatio primi ad quartum est sicut comparatio primi ad secundum
12255 geminata comparatione secundi ad tertium triplicata comparatione tertii ad quartum. Comparatio igitur de L ad K est sicut comparatio de L ad Q duplicata comparatione de Q ad T triplicata comparatione de T ad K. Comparatio autem de L ad Q est sicut comparatio de Z ad G, et comparatio de Q ad T est sicut comparatio de H ad B, et comparatio de T ad K est
12260 sicut comparatio de D ad A. Igitur comparatio de L ad K est sicut comparatio de Z ad G geminata comparatione de H ad B triplicata comparatione de D ad A. Comparatio autem de Z ad G geminata comparatione de H ad B triplicata comparatione de D ad A est sicut comparatio producti ex multiplicatione Z in H et producti in D ad id quod fit ex ductu G in B
12265 et producti in A. Comparatio igitur eius quod fit ex ductu numeri operariorum in numerum lapidum et producti in dies ad id quod fit ex ductu aliorum lapidum in operarios et producti in dies est sicut comparatio pretii ad pretium. Et hoc est quod monstrare voluimus.

$$\begin{array}{c} \underline{K} \\[2pt] \underline{A}\quad\underline{D} \\[2pt] \underline{T} \\[2pt] \underline{B}\quad\underline{Q}\quad\underline{H} \\[2pt] \underline{G}\quad\underline{L}\quad\underline{Z} \end{array}$$

Ad B.264a: *Figura inven. in $\mathcal{A}$ (185^r, 30 – 35 & marg.).*

(**b**) Vel aliter. Vide quota pars sunt sexaginta de trescentis sexaginta, sci
12270 licet sexta; et tanta pars de quadraginta, que est sex et due tertie, est id quod voluisti.

(**c**) Vel aliter. Denomina duos lapides quos operati sunt de quatuor, scilicet dimidium, et tantum de sexaginta, scilicet dimidium, quod est triginta, accipe. Deinde denomina decem dies de triginta, scilicet tertiam, et tantam
12275 partem de triginta, scilicet tertiam, que est decem, accipe. Deinde deno-

---

12253 quatuor] 4 $\mathcal{A}$ **12254** quartum] $\frac{m}{4}$ $\mathcal{A}$ **12256** quartum] $\frac{m}{4}$ $\mathcal{A}$ **12266** lapidum] in operarios *add. (v. infra) et exp.* $\mathcal{A}$ **12269** sexaginta] 60 $\mathcal{A}$ **12269** trescentis sexaginta] 360 $\mathcal{A}$ **12270** sexta] $\frac{a}{6}$ $\mathcal{A}$ **12270** quadraginta] 40 $\mathcal{A}$ **12270** sex] 6 $\mathcal{A}$ **12270** due tertie] $\frac{2}{3}$ $\mathcal{A}$ **12272** duos] 2 $\mathcal{A}$ **12272** operati] operari $\mathcal{B}$ **12272** quatuor] 4 $\mathcal{A}$ **12273** sexaginta] 60 $\mathcal{A}$ **12273** triginta] 30 $\mathcal{A}$ **12274** decem] 10 $\mathcal{A}$ **12274** triginta] 30 $\mathcal{A}$ **12274** tertiam] $\frac{am}{3}$ $\mathcal{A}$ **12275** partem de triginta, scilicet tertiam] scilicet $\frac{am}{3}$ partem de 30 $\mathcal{A}$, scilicet tertiam partem de triginta $\mathcal{B}$ **12275** decem] 10 $\mathcal{A}$

mina duos operarios de tribus, scilicet duas tertias; due igitur tertie decem nummorum, que sunt sex et due tertie, est id quod voluisti.

Causa autem huius patet. Nam si tres operarii operantur duos lapides in triginta diebus, debetur eis medietas sexaginta nummorum, que est triginta, si vero in decem predictis diebus, debetur eis tertia triginta nummorum, que est decem nummi. Scimus autem quod duos lapides operati sunt duo tantum operarii decem diebus; qui sunt due tertie trium operariorum, igitur debentur illis due tertie decem nummorum, que sunt sex et due tertie.

(*d*) Vel aliter. Vide quota pars sunt duo operarii trium, scilicet due tertie; accipe igitur duas tertias de sexaginta nummis, que sunt quadraginta. Deinde vide quota pars sunt duo lapides de quatuor lapidibus, scilicet dimidium; accipe igitur dimidium de quadraginta, quod est viginti. Deinde vide quota pars sunt decem de triginta, scilicet tertia; accipe igitur tertiam de viginti, que est sex et due tertie. Et hoc est quod voluisti.

Causa autem huius patet. Nam duo operarii si operarentur quatuor lapides in triginta diebus, deberentur eis quadraginta nummi; opus enim duorum operariorum due tertie est operis trium operariorum. Iam etiam nosti quod si duo operarii operarentur duos lapides in triginta diebus, deberetur eis dimidium quadraginta nummorum, quod est viginti. Scis autem quod non sunt operati duos lapides nisi in tertia triginta dierum, que est decem dies. Debetur igitur eis tertia viginti nummorum, que est sex et due tertie.

(*e*) Vel aliter. Denomina duos ⟨operarios⟩ de tribus operariis, scilicet duas tertias. Deinde denomina duos lapides de quatuor lapidibus, scilicet dimidium. Deinde denomina decem dies de triginta diebus, scilicet tertiam. Deinde multiplica duas tertias in dimidium, et productum inde multiplica in tertiam, et provenient ad ultimum due tertie unius sexte. Accipe igitur duas tertias sexte de sexaginta; que sunt sex et due tertie. Causa autem huius est sicut supra docui in capitulo de portando.

ITEM DE EODEM.

(B.265) Si quis conducit tres operarios ad operandum quatuor lapides in triginta diebus pro sexaginta nummis, dedit autem duobus operariis sex nummos et duas tertias nummi ut operentur duos lapides, tunc quot dies servient ei?

(*a*) Sic facies. Multiplica duos lapides in duos operarios, et fient quatuor, quos multiplica in sexaginta, et fient ducenti et quadraginta; quos pone prelatum. Deinde multiplica tres operarios in quatuor lapides, et fient duodecim. Quos multiplica in triginta, et fient trescenta sexaginta. Quos multiplica in sex et duas tertias, et fient duo milia et quadringenta. Quos divide per prelatum, et exibunt decem; et tot sunt dies.

Causa autem huius est hec. Scimus enim quod comparatio trium operariorum in quatuor lapides multiplicatorum et inde producti in dies eorum ad nummos eorum est sicut comparatio duorum lapidum in duos operarios multiplicatorum et producti inde in dies eorum ad nummos eorum. Manifestum est igitur quod comparatio trescentorum sexaginta ad sexaginta nummos est sicut comparatio quatuor provenientium ex ductu duorum operariorum in duos lapides multiplicatorum in dies eorum ad nummos eorum, qui sunt sex et due tertie. Unde sunt quatuor numeri proportionales. Quod igitur fit ex trescentis sexaginta ductis in sex et duas tertias equum est ei quod fit ex sexaginta ductis in quatuor et inde producto in dies ignotos. Manifestum est igitur quod, si multiplicentur tres centum sexaginta in sex et duas tertias et productum dividatur per id quod fit ex sexaginta ductis in quatuor, exibunt dies ignoti.

(*b*) Vel aliter. Vide quota pars sunt, de sexaginta, sex et due tertie, et invenies quod sunt due tertie sexte. Accipe igitur duas tertias sexte de

---

12303 tertiam] $\frac{am}{3}$ $\mathcal{A}$ **12303** due tertie unius sexte] $\frac{2}{3}$ unius $\frac{e}{6}$ $\mathcal{A}$ **12304** duas tertias sexte] $\frac{2}{3}\frac{e}{6}$ $\mathcal{A}$ **12304** sexaginta] 60 $\mathcal{A}$ **12304** sex] 6 $\mathcal{A}$ **12304** due tertie] $\frac{2}{3}$ $\mathcal{A}$ **12307** tres] 3 $\mathcal{A}$ **12307** quatuor] 4 $\mathcal{A}$ **12308** triginta] 30 $\mathcal{A}$ **12308** sexaginta] 60 $\mathcal{A}$ **12308** nummis] numis $\mathcal{B}$ **12308** sex] 6 $\mathcal{A}$ **12309** nummos] numos $\mathcal{B}$ **12309** duas tertias] $\frac{2}{3}$ $\mathcal{A}$ **12309** nummi] numi $\mathcal{B}$ **12309** duos] 2 $\mathcal{A}$ **12310** servient] servietur *codd.*   **12311** duos] 2 $\mathcal{A}$ **12311** duos] 2 $\mathcal{A}$ **12311** quatuor] 4 $\mathcal{A}$ **12312** sexaginta] 60 $\mathcal{A}$ **12312** ducenti et quadraginta] 240 $\mathcal{A}$ **12313** tres] 3 $\mathcal{A}$ **12313** quatuor] 4 $\mathcal{A}$ **12314** duodecim] 12 $\mathcal{A}$ **12314** triginta] 30 $\mathcal{A}$ **12314** trescenta sexaginta] 360 $\mathcal{A}$ **12315** sex] 6 $\mathcal{A}$ **12315** duas tertias] $\frac{2}{3}$ $\mathcal{A}$ **12315** fient] fiet $\mathcal{B}$ **12315** duo milia et quadringenta] 2400 $\mathcal{A}$, duo milia et quandringenta $\mathcal{B}$ **12316** decem] 10 $\mathcal{A}$ **12317** trium] 3 $\mathcal{A}$ **12318** quatuor] 4 $\mathcal{A}$ **12319** nummos] numos $\mathcal{B}$ **12319** duorum] 2 $\mathcal{A}$ **12319** duos] 2 $\mathcal{A}$ **12320** nummos] numos $\mathcal{B}$ **12321** trescentorum sexaginta] 360 $\mathcal{A}$ **12321** sexaginta] 60 $\mathcal{A}$ **12322** nummos] numos $\mathcal{B}$ **12322** quatuor] 4 $\mathcal{A}$ **12322** provenientium] provenietium $\mathcal{AB}$ **12322** duorum] 2 $\mathcal{A}$ **12323** duos] 2 $\mathcal{A}$ **12323** nummos] numos $\mathcal{B}$ **12324** sex] 6 $\mathcal{A}$ **12324** due tertie] $\frac{2}{3}$ $\mathcal{A}$ **12324** quatuor] 4 $\mathcal{A}$ **12325** trescenta sexaginta] 360 $\mathcal{A}$ **12325** sex] 6 $\mathcal{A}$ **12325** duas tertias] $\frac{2}{3}$ $\mathcal{A}$ **12326** sexaginta] 60 $\mathcal{A}$ **12326** quatuor] 4 $\mathcal{A}$ **12327** tres centum sexaginta] 360 $\mathcal{A}$, trescentum sexaginta $\mathcal{B}$ **12327** sex] 6 $\mathcal{A}$ **12328** duas tertias] $\frac{2}{3}$ $\mathcal{A}$ **12328** sexaginta] 60 $\mathcal{A}$ **12329** quatuor] 4 $\mathcal{A}$ **12330** sexaginta] 60 $\mathcal{A}$ **12330** sex] 6 $\mathcal{A}$ **12330** due tertie] $\frac{2}{3}$ $\mathcal{A}$ **12331** due tertie sexte] $\frac{2}{3}\frac{e}{6}$ $\mathcal{A}$ **12331** duas tertias sexte] $\frac{2}{3}\frac{e}{6}$ $\mathcal{A}$

trescentis sexaginta, que sunt quadraginta. Quos divide per quatuor, et exibunt decem; et tot sunt dies.

Causa autem huius est hec. Iam enim monstravimus in capitulo precedenti quod tres operarios operari quatuor lapides in triginta diebus pro sexaginta nummis idem est quod unum operarium operari unum lapidem trescentis sexaginta diebus pro sexaginta nummis. ⟨Iam autem nosti sex nummos et duas tertias datos esse duobus operariis ad operandum duos lapides.⟩ Nosti etiam quod duos operarios operari duos lapides idem est quod unum operari quatuor lapides. Manifestum est igitur quod, cum denominaveris sex et duas tertias de sexaginta et acceperis tantam partem de trescentis sexaginta, scilicet quadraginta [dies], tot diebus operatur unus operarius quatuor lapides pro sex nummis et duabus tertiis. [Iam autem nosti sex nummos et duas tertias datos esse duobus operariis ad operandum quatuor lapides.] Divide igitur quadraginta per quatuor lapides ut scias quot dies competunt uni lapidi, scilicet decem dies.

(c) Vel aliter. Multiplica tres operarios in quatuor lapides, et fient duodecim. Deinde multiplica duos operarios in duos lapides, et fient quatuor. Deinde vide quota pars sunt sex et due tertie de sexaginta, et invenies quod sunt due tertie sexte. Accipe igitur duas tertias sexte triginta dierum, que sunt tres et tertia. Deinde inquire numerum in quem multiplicati quatuor fiunt duodecim. Et hic est tres. Hos igitur multiplica in tres et tertiam, et provenient decem, et tot sunt dies.

Causa autem huius patet. Iam enim ostendimus quod tres operarios operari quatuor lapides triginta diebus idem est quod unum operarium operari duodecim lapides triginta diebus, duos vero operarios operari duos lapides diebus ignotis pro sex nummis et duabus tertiis idem est quod unum operarium operari quatuor lapides diebus ignotis pro sex nummis et duabus tertiis. Manifestum est igitur quod si operanti duodecim lapides

---

12332 trescentis sexaginta] 360 $\mathcal{A}$, trecentis sexaginta $\mathcal{B}$ **12332** quadraginta] 40 $\mathcal{A}$ **12332** quatuor] 4 $\mathcal{A}$ **12333** decem] 10 $\mathcal{A}$ **12335** tres] 3 $\mathcal{A}$ **12335** operari] opari $\mathcal{A}$ **12335** quatuor] 4 $\mathcal{A}$ **12335** triginta] 30 $\mathcal{A}$ **12336** sexaginta] 60 $\mathcal{A}$ **12336** nummis] numis $\mathcal{B}$ **12336** operari] opari $\mathcal{A}$ **12337** trescentis sexaginta] 360 $\mathcal{A}$ **12337** sexaginta] 60 $\mathcal{A}$ **12339** duos] 2 $\mathcal{A}$ **12339** duos] 2 $\mathcal{A}$ **12340** unum] 1 $\mathcal{A}$ **12340** quatuor] 4 $\mathcal{A}$ **12340** cum] est $\mathcal{B}$ **12341** sex] 6 $\mathcal{A}$ **12341** duas tertias] $\frac{2}{3}$ $\mathcal{A}$ **12341** sexaginta] 60 $\mathcal{A}$ **12342** trescentis sexaginta] 360 $\mathcal{A}$ **12342** quadraginta] 40 $\mathcal{A}$ **12342** operatur] operatus $\mathcal{B}$ **12342** unus] 1 $\mathcal{A}$ **12343** quatuor lapides] 1 lapidem $\mathcal{A}$, unum lapidem $\mathcal{B}$ **12343** sex] 6 $\mathcal{A}$ **12343** nummis] numis $\mathcal{B}$ **12343** duabus tertiis] $\frac{2}{3}$ $\mathcal{A}$ **12344** sex] 6 $\mathcal{A}$ **12344** nummos] numos $\mathcal{B}$ **12344** duas tertias] $\frac{2}{3}$ $\mathcal{A}$ **12344** datos] datas $\mathcal{B}$ **12344** duobus] 2 $\mathcal{A}$ **12345** quatuor] 4 $\mathcal{A}$ **12345** quadraginta] 40 $\mathcal{A}$ **12345** quatuor] 4 $\mathcal{A}$ **12346** decem] 10 $\mathcal{A}$ **12347** tres] 3 $\mathcal{A}$ **12347** quatuor] 4 $\mathcal{A}$ **12347–12348** duodecim] 12 $\mathcal{A}$ **12348** duos] 2 $\mathcal{A}$ **12348** duos] 2 $\mathcal{A}$ **12348** quatuor] 4 $\mathcal{A}$ **12349** sex] 6 $\mathcal{A}$ **12349** due tertie] $\frac{2}{3}$ $\mathcal{A}$ **12349** sexaginta] 60 $\mathcal{A}$ **12350** due tertie sexte] $\frac{2}{3}\frac{e}{6}$ $\mathcal{A}$ **12350** duas tertias sexte] $\frac{2}{3}\frac{e}{6}$ $\mathcal{A}$ **12350** triginta] 30 $\mathcal{A}$ **12351** tres] 3 $\mathcal{A}$ **12351** tertia] $\frac{a}{3}$ $\mathcal{A}$ **12351** quatuor] 4 $\mathcal{A}$ **12352** duodecim] 12 $\mathcal{A}$ **12352** tres] 3 $\mathcal{A}$ **12352** tres] 3 $\mathcal{A}$ **12352** tertiam] $\frac{am}{3}$ $\mathcal{A}$ **12353** decem] 10 $\mathcal{A}$ **12354** enim] om. $\mathcal{B}$ **12354** tres] 3 $\mathcal{A}$ **12355** quatuor] 4 $\mathcal{A}$ **12355** triginta] 30 $\mathcal{A}$ **12355** unum] 1 $\mathcal{A}$ **12356** duodecim] 12 $\mathcal{A}$ **12356** triginta] 30 $\mathcal{A}$ **12356** duos] 2 $\mathcal{A}$ **12356** duos] 2 $\mathcal{A}$ **12357** sex] 6 $\mathcal{A}$ **12357** nummis] numis $\mathcal{B}$ **12357** duabus tertiis] $\frac{2}{3}$ $\mathcal{A}$ **12357–12359** idem est ... duabus tertiis] *per homœotel.* om. $\mathcal{A}$ **12358** nummis] numis $\mathcal{B}$ **12359** duodecim] 12 $\mathcal{A}$

triginta diebus debentur sexaginta nummi, tunc hic, si acciperet sex nummos et duas tertias pro operandis duodecim lapidibus, operaretur eos tribus diebus et tertia diei; nam comparatio sex nummorum et duarum tertiarum ad sexaginta nummos est sicut comparatio trium et tertie ad triginta dies. Unum autem operarium operari duodecim lapides tribus diebus et tertia idem est quod unum operarium operari quatuor lapides in triplo trium dierum et tertie, quod est decem dies; nam duodecim tripli sunt quatuor. Manifestum est igitur quod idem est numerus in quem multiplicati quatuor lapides fiunt duodecim qui est in quem tres et tertia multiplicate fiunt dies incogniti, qui est tres. Et hoc est quod monstrare voluimus.

(***d***) Vel aliter. Vide sex et due tertie quota pars sunt de sexaginta nummis, et invenies quod sunt due tertie sexte. Accipe igitur duas tertias sexte triginta dierum, que sunt tres et tertia. Deinde considera numerum in quem multiplicati duo lapides fient quatuor; et hic est duo. Quos multiplica in tres et tertiam, et fient sex et due tertie. Deinde etiam considera numerum in quem multiplicati duo operarii fiunt tres; et hic est unus et dimidius. Multiplica igitur unum et dimidium in sex et duas tertias, et fient decem, et tot sunt dies. Causa autem huius patet ex hiis que paulo ante dicta sunt. Et qui illa intellexit, intelliget hec.

Item de eodem aliter

(**B.266**) Si quis conducit quinque operarios triginta diebus pro sexaginta nummis, duo autem ex illis serviunt decem diebus, tunc quantum debetur illis?

Sic facies hic per omnes modos sicut in primo capitulo de portando.

(***a***) Scilicet, multiplica quinque operarios in triginta dies, et provenient centum quinquaginta, quos pone prelatum. Deinde multiplica duos operarios in decem, et provenient viginti; quos multiplica in sexaginta, et fient mille ducenta. Quos divide per prelatum, et exibunt octo, et tot debentur eis.

12360 triginta] 30 $\mathcal{A}$ **12360** sexaginta] 60 $\mathcal{A}$ **12360** nummi] numi $\mathcal{B}$ **12360** si] om. $\mathcal{B}$ **12360** sex] 6 $\mathcal{A}$ **12360–12361** nummos] numos $\mathcal{B}$ **12361** duas tertias] $\frac{2}{3}$ $\mathcal{A}$ **12361** operandis] opandis $\mathcal{A}$ **12361** duodecim] 12 $\mathcal{A}$ **12361** tribus] 3 $\mathcal{A}$ **12362** tertia] $\frac{a}{3}$ $\mathcal{A}$ **12362** sex] 6 $\mathcal{A}$ **12362** nummorum] numorum $\mathcal{B}$ **12362** duarum tertiarum] $\frac{2}{3}^{\text{arum}}$ $\mathcal{A}$ **12363** sexaginta] 60 $\mathcal{A}$ **12363** nummos] numos $\mathcal{B}$ **12363** trium] 3 $\mathcal{A}$ **12363** triginta] 30 $\mathcal{A}$ **12364** duodecim] 12 $\mathcal{A}$ **12364** tribus] 3 $\mathcal{A}$ **12364** tertia] $\frac{a}{3}$ $\mathcal{A}$ **12365** quatuor] 4 $\mathcal{A}$ **12365–12366** trium dierum] dierum 3 $\mathcal{A}$ **12366** tertie] $\frac{e}{3}$ $\mathcal{A}$, tertia $\mathcal{B}$ **12366** decem] 10 $\mathcal{A}$ **12366** duodecim] 12 $\mathcal{A}$ **12366** quatuor] 4 $\mathcal{A}$ **12367** quatuor] 4 $\mathcal{A}$ **12368** duodecim] 12 $\mathcal{A}$ **12368** tres] 3 $\mathcal{A}$ **12368** tertia] $\frac{a}{3}$ $\mathcal{A}$ **12369** tres] 3 $\mathcal{A}$ **12370** sex] 6 $\mathcal{A}$ **12370** due tertie] $\frac{2}{3}$ $\mathcal{A}$ **12370** sexaginta] 60 $\mathcal{A}$ **12370** nummis] numis $\mathcal{B}$ **12371** due tertie sexte] $\frac{2}{3}\frac{e}{6}$ $\mathcal{A}$ **12371** duas tertias sexte] $\frac{2}{3}\frac{e}{6}$ $\mathcal{A}$ **12371–12372** triginta] 30 $\mathcal{A}$ **12372** tres] 3 $\mathcal{A}$ **12372** tertia] $\frac{a}{3}$ $\mathcal{A}$ **12373** duo] 2 $\mathcal{A}$ **12373** quatuor] 4 $\mathcal{A}$ **12373** duo] 2 $\mathcal{A}$ **12374** tres] 3 $\mathcal{A}$ **12374** tertiam] $\frac{am}{3}$ $\mathcal{A}$ **12374** sex] 6 $\mathcal{A}$ **12374** due tertie] $\frac{2}{3}$ $\mathcal{A}$ **12375** duo] 2 $\mathcal{A}$ **12375** tres] 3 $\mathcal{A}$ **12375** unus] 1 $\mathcal{A}$ **12376** unum] 1 $\mathcal{A}$ **12376** sex] 6 $\mathcal{A}$ **12376** duas tertias] $\frac{2}{3}$ $\mathcal{A}$ **12376** decem] 10 $\mathcal{A}$ **12377** hiis] his $\mathcal{B}$ **12379** tit.] om. sed spat. hab. $\mathcal{B}$ **12380** quinque] 5 $\mathcal{A}$ **12380** triginta] 30 $\mathcal{A}$ **12380** sexaginta] 60 $\mathcal{A}$ **12381** nummis] numis $\mathcal{B}$ **12381** duo] 2 $\mathcal{A}$ **12381** decem] 10 $\mathcal{A}$ **12384** quinque] 5 $\mathcal{A}$ **12384** triginta] 30 $\mathcal{A}$ **12385** centum quinquaginta] 150 $\mathcal{A}$ **12385** duos] 2 $\mathcal{A}$ **12386** decem] 10 $\mathcal{A}$ **12386** viginti] 20 $\mathcal{A}$ **12386** sexaginta] 60 $\mathcal{A}$ **12387** mille ducenta] 120 *(sic)* $\mathcal{A}$ **12387** octo] 8 $\mathcal{A}$

Causa autem huius patet ex predictis, scilicet quoniam quinque operarios operari triginta diebus idem est quod unum operarium operari centum quinquaginta diebus, duos autem operari decem diebus idem est quod unum operari viginti diebus. Quasi ergo dicatur: 'Postquam centum quinquaginta sextarii dantur pro sexaginta nummis, tunc quantum est pretium viginti sextariorum?'. Multiplica igitur viginti in sexaginta et productum divide per centum et quinquaginta, sicut ostendimus in capitulo de emendo et vendendo.

(*b*) Vel, si volueris, denomina duos operarios de quinque, scilicet duas quintas. Accipe igitur duas quintas de sexaginta nummis, que sunt viginti quatuor. Deinde denomina decem dies de triginta diebus, scilicet tertiam; tanta igitur pars, scilicet tertia, de viginti quatuor, que est octo, est id quod voluisti.

(*c*) Vel aliter. Denomina decem dies de triginta diebus, scilicet tertiam eorum. Accipe igitur tertiam de sexaginta, que est viginti. Deinde denomina duos operarios de quinque, scilicet duas quintas; due igitur quinte de viginti, que sunt octo, est id quod scire voluisti.

(*d*) Vel aliter. Denomina duos operarios de quinque, et denomina decem de triginta diebus, et multiplica unam denominationem in aliam. Et quale fuerit productum, talis pars accepta de sexaginta erit id quod voluisti.

Omnes autem modi huius questionis fiunt sicut ostendimus in capitulo de portando.

ITEM DE EODEM.

(**B.267**) Si quis conducit quinque operarios per triginta dies pro sexaginta nummis, dedit autem duobus octo nummos, tunc quot dies debent ei servire?

Sic facies hic sicut in secundo capitulo de portando.

(*a*) Videlicet, multiplica duos operarios in sexaginta nummos, et fient centum viginti, quos pone prelatum. Deinde multiplica quinque operarios in

---

12389 quinque] 5 $\mathcal{A}$ **12390** triginta] 30 $\mathcal{A}$ **12390–12391** centum quinquaginta] 150 $\mathcal{A}$ **12391** decem] 10 $\mathcal{A}$ **12391** diebus] dies *codd.* **12391** unum] 1 $\mathcal{A}$ **12392** viginti] 20 $\mathcal{A}$ **12392** diebus] dies *codd.* **12392–12393** centum quinquaginta] 150 $\mathcal{A}$ **12393** sexaginta] 60 $\mathcal{A}$, xexaginta $\mathcal{B}$ **12393** nummis] numis $\mathcal{AB}$ **12393** viginti] 20 $\mathcal{A}$ **12394** viginti] 20 $\mathcal{A}$ **12394** sexaginta] 60 $\mathcal{A}$ **12395** centum et quinquaginta] 100 et 50 *(sic)* $\mathcal{A}$ **12397** duos] 2 $\mathcal{A}$ **12397** quinque] 5 $\mathcal{A}$ **12397–12398** duas quintas] $\frac{2}{5}$ $\mathcal{A}$ **12398** duas quintas] $\frac{2}{5}$ $\mathcal{A}$ **12398** sexaginta] 60 $\mathcal{A}$ **12398** nummis] numis $\mathcal{B}$ **12398–12399** viginti quatuor] 24 $\mathcal{A}$ **12399** denomina] d'e nomina $\mathcal{B}$ **12399** decem] 10 $\mathcal{A}$ **12399** triginta] 30 $\mathcal{A}$ **12399** tertiam] $\frac{am}{3}$ $\mathcal{A}$ **12400** tanta] tota $\mathcal{B}$ **12400** tertia] $\frac{a}{3}$ $\mathcal{A}$ **12400** viginti quatuor] 24 $\mathcal{A}$ **12400** octo] 8 $\mathcal{A}$ **12402** decem] 10 $\mathcal{A}$ **12402** triginta] 30 $\mathcal{A}$ **12402** tertiam] $\frac{am}{3}$ $\mathcal{A}$ **12403** tertiam] $\frac{am}{3}$ $\mathcal{A}$ **12403** sexaginta] 60 $\mathcal{A}$ **12403** viginti] 20 $\mathcal{A}$ **12404** duos] 2 $\mathcal{A}$ **12404** quinque] 5 $\mathcal{A}$ **12404** duas quintas] $\frac{2}{5}$ $\mathcal{A}$ **12404** due igitur quinte] $\frac{2}{5}$ igitur $\mathcal{A}$ **12405** viginti] 20 $\mathcal{A}$ **12405** octo] 8 $\mathcal{A}$ **12406** duos] 2 $\mathcal{A}$ **12406** quinque] 5 $\mathcal{A}$ **12406** decem] 10 $\mathcal{A}$ **12407** triginta] 30 $\mathcal{A}$ **12407** unam] 1 $\mathcal{A}$ **12408** fuerit] fiunt $\mathcal{B}$ **12408** sexaginta] 60 $\mathcal{A}$ **12408** id] *om.* $\mathcal{A}$ **12412** quinque] 5 (q, *init.* 'quinque', *pr. scr. et del.*) $\mathcal{A}$ **12412** triginta] 30 $\mathcal{A}$ **12412–12413** sexaginta] 60 $\mathcal{A}$, xexaginta $\mathcal{B}$ **12413** nummis] numis $\mathcal{B}$ **12413** duobus] 2^{bus} $\mathcal{A}$ **12413** octo] 8 $\mathcal{A}$ **12413** nummos] numos $\mathcal{B}$ **12415** in secundo capitulo] in capitulo in secundo capitulo *(pr. verbum* capitulo *tantum exp.)* $\mathcal{B}$ **12416** duos] 2 $\mathcal{A}$ **12416** sexaginta] 60 $\mathcal{A}$ **12416** nummos] numos $\mathcal{B}$ **12416–12417** centum viginti] 120 $\mathcal{A}$ **12417** quinque] 5 $\mathcal{A}$ **12417** operarios] operario $\mathcal{A}$

triginta, et productum multiplica in octo; et productum divide per prelatum, et exibunt decem, et tot sunt dies quos requiris.

12420 (*b*) Vel aliter. Denomina duos operarios de quinque, scilicet duas quintas. Accipe igitur duas quintas de sexaginta, que sunt viginti quatuor; et quota pars sunt octo de viginti quatuor, tanta pars accepta de triginta erit id quod voluisti.

(*c*) Vel aliter. Denomina octo nummos de sexaginta nummis, scilicet de-
12425 cimam et tertiam decime. Deinde tantam partem, scilicet decimam et tertiam decime, accipe de triginta; que est quatuor. Deinde inquire numerum in quem multiplicati duo operarii fiant quinque, et invenies duo et dimidium. In quos multiplica quatuor, et provenient decem. Et hoc est quod voluisti.

12430 Omnes autem modi huius questionis fiunt sicut ostensum est in capitulo de portando.

ITEM DE EODEM.

(B.268) Si quis conducit quinque operarios per triginta dies pro sexaginta nummis, duo autem ex illis serviunt dies tot quibus multiplicatis in pretium
12435 quod illis debebatur proveniunt octoginta, tunc quot sunt dies et quantum est pretium?

Sic facies. Multiplica duos operarios in sexaginta, et provenient centum viginti; quos pone prelatum. Deinde multiplica quinque operarios in triginta dies, et provenient centum quinquaginta. Quos multiplica in octo-
12440 ginta, et productum divide per prelatum; et radix eius quod exit est dies quos queris, scilicet decem.

Causa autem huius est hec. Scimus enim quod comparatio quinque operariorum multiplicatorum in triginta dies ad nummos eorum est sicut comparatio duorum operariorum multiplicatorum in dies suos ad nummos
12445 eorum. Unde sunt quatuor proportionalia. Quod igitur fit ex centum quinquaginta ductis in nummos ignotos equum est ei quod fit ex sexaginta ductis in duos operarios et ⟨ex⟩ inde producto in dies eorum. Id autem quod fit ex sexaginta ductis in duos operarios est centum viginti. Dies autem

---

12418 triginta] 30 $\mathcal{A}$ **12418** octo] 8 $\mathcal{A}$ **12419** decem] 10 $\mathcal{A}$ **12420** duos] 2 $\mathcal{A}$ **12420** quinque] 5 $\mathcal{A}$ **12420** duas quintas] $\frac{2}{5}$ $\mathcal{A}$ **12421** duas quintas] $\frac{2}{5}$ $\mathcal{A}$ **12421** sexaginta] 60 $\mathcal{A}$ **12421** viginti quatuor] 24 $\mathcal{A}$ **12422** octo] 8 $\mathcal{A}$ **12422** viginti quatuor] 24 $\mathcal{A}$ **12422** triginta] 30 $\mathcal{A}$ **12424** octo] 8 $\mathcal{A}$ **12424** nummos] numeros *codd.*   **12424** sexaginta] 60 $\mathcal{A}$ **12424** nummis] numis $\mathcal{B}$ **12424–12425** decimam] $\frac{am}{10}$ $\mathcal{A}$ **12425** tertiam decime] $\frac{am}{3}\frac{e}{10}$ $\mathcal{A}$ **12425** decimam] $\frac{am}{10}$ $\mathcal{A}$ **12425–12426** tertiam decime] $\frac{am}{3}\frac{e}{10}$ $\mathcal{A}$ **12426** triginta] 30 $\mathcal{A}$ **12426** quatuor] 4 $\mathcal{A}$ **12427** duo] 2 $\mathcal{A}$ **12427** quinque] 5 $\mathcal{A}$ **12427** duo] 2 $\mathcal{A}$ **12427–12428** dimidium] $\frac{m}{2}$ $\mathcal{A}$ **12428** quatuor] 4 $\mathcal{A}$ **12428** decem] 10 $\mathcal{A}$ **12433** quinque] 5 $\mathcal{A}$ **12433** triginta] 30 $\mathcal{A}$ **12433** sexaginta] 60 $\mathcal{A}$ **12434** nummis] numis $\mathcal{B}$ **12434** duo] 2 $\mathcal{A}$ **12435** illis] illi *codd.*   **12435** octoginta] 80 $\mathcal{A}$ **12435** quot] quod $\mathcal{B}$ **12437** duos] 2 $\mathcal{A}$ **12437** sexaginta] 60 $\mathcal{A}$ **12437–12438** centum viginti] 120 $\mathcal{A}$ **12438** quinque] 5 $\mathcal{A}$ **12439** triginta] 30 $\mathcal{A}$ **12439** centum quinquaginta] 150 $\mathcal{A}$ **12439–12440** octoginta] 80 $\mathcal{A}$ **12440** exit] *corr. ex* erit $\mathcal{B}$ **12441** decem] 10 $\mathcal{A}$ **12442** quinque] 5 $\mathcal{A}$ **12443** triginta] 30 $\mathcal{A}$ **12443** nummos] numos $\mathcal{B}$ **12444** duorum] 2^{orum} $\mathcal{A}$ **12444** nummos] numos $\mathcal{B}$ **12445** quatuor] 4 $\mathcal{A}$ **12445–12446** centum quinquaginta] 150 $\mathcal{A}$ **12446** nummos] numos $\mathcal{B}$ **12446** sexaginta] 60 $\mathcal{A}$ **12447** duos] 2 $\mathcal{A}$ **12448** sexaginta] 60 $\mathcal{A}$ **12448** duos] 2 $\mathcal{A}$ **12448** operarios] oparios $\mathcal{A}$ **12448** centum viginti] 120 $\mathcal{A}$

duorum operariorum sint commune in multiplicando. Id ergo quod fit ex centum quinquaginta ductis in nummos duorum operariorum et ex inde producto in dies eorum equum est ei quod fit ex centum viginti ductis in dies duorum operariorum ductos in se. Id autem quod fit ex centum quinquaginta ductis in nummos duorum operariorum et ex inde producto in dies eorum equum est ei quod fit ex diebus eorum ductis in nummos eorum et ex inde producto in centum quinquaginta. Ex diebus autem ductis in nummos eorum proveniunt octoginta. Igitur id quod fit ex octoginta ductis in centum quinquaginta equum est ei quod fit ex centum viginti ductis in dies ⟨duorum⟩ operariorum in se ductos. Manifestum est igitur quod si multiplicentur centum quinquaginta in octoginta et productum dividatur per centum viginti, exibit productum ex diebus ductis in se. Quod est centum. Horum igitur radix, que est decem, sunt dies.

Si autem volueris scire pretium, divide octoginta per decem, et exibunt octo, et tantum est pretium. Vel, si volueris alio modo adinvenire pretium, multiplica octoginta in centum viginti et productum divide per centum quinquaginta, et eius quod exit radix est id quod voluisti. Causa autem huius est sicut illa que paulo ante precessit.

ITEM DE EODEM.

(B.269) Si quis conducit quinque operarios per triginta dies pro sexaginta nummis, duo autem ex illis operati sunt tot diebus quibus agregatis ad pretium debitum proveniunt decem et octo, tunc quot sunt dies et quantum est pretium?

Sic facies hic sicut in capitulo de portando, et huius prolatio est sicut prolatio illius. Videtur autem nobis eam hic iterum ponere ne lector putet esse dissimilem. Que est hec: 'Conducitur aliquis ad portandum duodecim sextarios triginta miliariis pro sexaginta nummis, portavit autem tres sextarios miliariis nescio quot quibus agregatis cum pretio sibi debito fiunt quindecim'.

Sic facies hic ut in conducendis.

(*a*) Multiplica quinque operarios in triginta dies, et fient centum quin-

---

12449 duorum] 2ᵒʳᵘᵐ 𝐴   **12450** centum quinquaginta] 150 𝐴   **12450** nummos] numos 𝐴𝐵   **12450** duorum] 2 𝐴   **12450** ex] *add. supra lin.* 𝐴   **12451** centum viginti] 120 𝐴   **12452–12453** centum quinquaginta] 150 𝐴   **12453** nummos] numos 𝐵   **12454** nummos] numos 𝐵   **12455** centum quinquaginta] 150 𝐴   **12456** nummos] numos 𝐵   **12456** octoginta] 80 𝐴   **12456** octoginta ductis] 80 ductis 𝐴, ductis octoginta 𝐵   **12457** centum quinquaginta] 150 𝐴   **12457** centum viginti] 120 *(corr. ex* 100*)* 𝐴   **12459** multiplicentur] multiplicetur 𝐴   **12459** centum quinquaginta] 150 𝐴, centum quinquaginginta 𝐵   **12459** octoginta] 80 𝐴   **12460** centum viginti] 120 𝐴   **12461** centum] 100 𝐴   **12461** decem] 10 𝐴   **12462** autem] igitur 𝐴   **12462** octoginta] 80 𝐴   **12462** decem] 10 𝐴   **12463** octo] 8 𝐴   **12463** adinvenire] invenire 𝐴, ad invenire 𝐵   **12464** octoginta] 80 𝐴   **12464** centum viginti] 120 𝐴   **12464–12465** centum quinquaginta] 150 *(corr. ex* 100*)* 𝐴, centum quiquaginta 𝐵   **12468** quinque] 5 𝐴   **12468** triginta] 30 𝐴   **12468–12469** sexaginta] 60 𝐴   **12469** nummis] numis 𝐵   **12470** decem et octo] 18 𝐴   **12470** quot] quod 𝐵   **12472** prolatio] probatio *codd.*   **12473** prolatio] probatio *codd.*   **12474–12475** duodecim] 12 𝐴   **12475–12476** triginta miliariis . . . tres sextarios] *per homœotel. om.* 𝐴   **12475** nummis] numis *(bis, v. adn. seq.)* 𝐵   **12475–12476** tres sextarios] *post hec iter.* triginta miliariis pro . . . autem tres sex *et del.* pro . . . tres sex 𝐵   **12477** quindecim] 15 𝐴   **12479** quinque] 5 𝐴   **12479** triginta] 30 𝐴   **12479–12480** centum quinquaginta] 150 𝐴

12480 quaginta. Deinde multiplica sexaginta nummos in duos operarios, et fient centum viginti. Quos agrega ad centum quinquaginta, et fient ducenta septuaginta; quos pone prelatum. Cum autem volueris scire dies, multiplica centum quinquaginta in decem et octo et productum divide per prelatum, et exibunt decem; et tot sunt dies. Si autem volueris scire pretium, multiplica centum viginti in decem et octo et productum divide per prelatum, et exibunt octo; et tantum est pretium. Causa autem huius est sicut in capitulo de portando.

(*b*) Modus autem agendi secundum algebra est hic. Pone dies rem, et tunc pretium erit decem et octo minus re. Deinde multiplica rem in centum viginti, et provenient centum viginti res. Deinde multiplica decem et octo minus re in centum quinquaginta, et fient duo milia septingenta minus centum quinquaginta rebus; que adequantur ad centum viginti res. Comple ergo duo milia et septingenta adiectis centum quinquaginta rebus et adde totidem res centum viginti rebus, et fient ducente et septuaginta res; que adequantur ad duo milia septingenta. Res igitur valet decem, et tot sunt dies.

(*c*) Si autem volueris invenire pretium: Pone illud rem, et tunc dies erunt decem et octo minus re. Deinde multiplica rem in centum quinquaginta; et productum est equum ei quod fit ex decem et octo minus re ductis in centum viginti. Deinde facies sicut docuimus in algebra, et proveniet res octo; et tantum est pretium.

ITEM DE EODEM.

(**B.270**) Cum aliquis conducit quinque operarios per triginta dies pro sexaginta nummis, et duo ex illis operantur diebus aliquot de quibus subtracto eo quod illis competit de pretio remanent duo, tunc quot sunt dies et quantum est pretium eorum?

Omnibus illis modis facies hic quibus fecisti in capitulo de vehendo. Et quisquis illa intellexit, intelliget hoc.

12502–12516 (Item de eodem) ... quod debetur ei] *hab. etiam* $\mathcal{D}$ 58^v, $16 - 59^r$, 1.

12480 sexaginta] 60 $\mathcal{A}$ **12480** nummos] numos $\mathcal{B}$ **12480** duos] 2 $\mathcal{A}$ **12481** centum viginti] 120 $\mathcal{A}$ **12481** centum quinquaginta] 150 $\mathcal{A}$ **12481–12482** ducenta septuaginta] 270 $\mathcal{A}$ **12483** centum quinquaginta] 150 $\mathcal{A}$ **12483** decem et octo] 18 $\mathcal{A}$ **12484** decem] 10 $\mathcal{A}$ **12484–12485** multiplica] muṫtiplica $\mathcal{B}$ **12485** centum viginti] 120 $\mathcal{A}$ **12485** decem et octo] 18 $\mathcal{A}$ **12486** octo] 8 $\mathcal{A}$ **12488** algebra] agebla $\mathcal{B}$ **12489** decem et octo] 18 *(corr. ex 10)* $\mathcal{A}$ **12489–12490** centum viginti] 120 $\mathcal{A}$ **12490** centum viginti] 120 $\mathcal{A}$ **12490** decem et octo] 18 $\mathcal{A}$ **12491** centum quinquaginta] 150 $\mathcal{A}$ **12491** duo milia septingenta] 270 *(sic)* $\mathcal{A}$, duo milia septingente $\mathcal{B}$ **12491–12492** centum quinquaginta] 150 $\mathcal{A}$ **12492** centum viginti] 120 $\mathcal{A}$ **12493** duo milia septingenta] 2700 $\mathcal{A}$, duo milia et septigenta $\mathcal{B}$ **12493** centum quinquaginta] 150 *(100 pr. scr. et exp.)* $\mathcal{A}$ **12494** centum viginti] 120 $\mathcal{A}$ **12494** ducente et septuaginta] 270 $\mathcal{A}$ **12495** duo milia septingenta] 2700 $\mathcal{A}$ **12495** decem] 10 $\mathcal{A}$ **12498** decem et octo] 18 $\mathcal{A}$ **12498** centum quinquaginta] 150 $\mathcal{A}$ **12499** decem et octo] 18 $\mathcal{A}$ **12500** centum viginti] 120 $\mathcal{A}$ **12500** algebra] agebla $\mathcal{B}$ **12501** octo] 8 $\mathcal{A}$ **12502** Item de eodem] de eodem *marg.* $\mathcal{D}$ **12503** quinque] 5 $\mathcal{AD}$ **12503** per] pro $\mathcal{D}$ **12503** triginta] 30 $\mathcal{AD}$ **12503–12504** sexaginta] 60 $\mathcal{AD}$, xexaginta $\mathcal{B}$ **12504** nummis] numis $\mathcal{B}$ **12504** duo] 2 $\mathcal{A}$ **12504** operantur] operatur $\mathcal{A}$ **12505** duo] 2 $\mathcal{A}$ **12508** intellexit] intllexit $\mathcal{D}$ **12508** hoc] hec $\mathcal{D}$

Capitulum de alio

(**B.271**) Si quis conducit pastorem ad custodiendum centum oves triginta diebus pro decem nummis, custodit autem sexaginta ex illis viginti diebus, tunc quantum debetur illi?

(*a*) Sic facies. Multiplica centum in triginta, et fient tria milia; quos pone prelatum. Deinde multiplica decem in sexaginta et productum inde multiplica in viginti, et productum divide per prelatum; et exibunt quatuor, et tantum est quod debetur ei.

Causa autem huius est hec. Scimus enim quod comparatio centum ovium multiplicatarum in dies suos, qui sunt triginta, ad nummos earum est sicut comparatio sexaginta ovium multiplicatarum in dies suos ad nummos earum. Unde sunt quatuor numeri proportionales. Si igitur decem multiplicentur in sexaginta et productum in viginti, et id quod provenit dividatur per productum ex centum ductis in triginta, exibunt quatuor, et hoc est quod voluisti.

(*b*) Vel aliter. Denomina sexaginta oves de centum, scilicet tres quintas eius. Accipe igitur tres quintas de decem, que sunt sex. Deinde denomina viginti dies de triginta diebus, scilicet duas tertias; due igitur tertie de sex, que sunt quatuor, est id quod voluisti.

Causa autem huius est hec. Si enim pastor custodiret sexaginta oves triginta diebus, deberentur ei tres quinte decem nummorum, que sunt sex nummi, nam ipse custodit tres quintas centum ovium. Scis autem eum non custodisse nisi viginti diebus, qui sunt due tertie triginta dierum. Due igitur tertie de sex, que sunt quatuor, debentur ei.

(*c*) Vel aliter. Denomina viginti dies de triginta diebus, scilicet duas tertias. Accipe igitur duas tertias decem nummorum, que sunt sex et due tertie. Deinde denomina sexaginta de centum, scilicet tres quintas eorum;

12509 Capitulum de alio] *om. sed spat. rel.* B, *de eodem marg.* D; *tit. add. lector* B: De custodia ovium pro numero dierum et pretio **12510** centum] 100 AD **12510** triginta] 30 AD **12511** decem] 10 AD **12511** nummis] numis B **12511** sexaginta] 60 AD **12511** viginti] 20 AD **12513** centum] 100 *(e corr.)* A, 100 D **12513** triginta] 30 AD **12513** tria milia] 3000 AD **12514** decem] 10 AD **12514** sexaginta] 60 AD **12515** viginti] 20 AD **12515** quatuor] 4 AD **12517** centum] 100 A **12518** triginta] 30 A **12518** nummos] numos B **12519** sexaginta] 60 A **12519** ovium] *corr. ex omnium* A **12519**–**12520** nummos] numos B **12520** quatuor] 4 A **12520** proportionales] proportioales A **12520** decem] 10 A **12521** sexaginta] 60 A **12521** viginti] 20 A **12522** per] pro B **12522** centum] 100 A **12522** triginta] 30 A **12522** quatuor] 4 A **12524** sexaginta] 60 A **12524** centum] 100 A **12524** tres quintas] $\frac{3}{5}$ A **12525** tres quintas] $\frac{3}{5}$ A **12525** decem] 10 A **12525** sex] 6 A **12526** viginti] 20 A **12526** triginta] 30 A **12526** duas tertias] $\frac{2}{3}$ A **12526** due igitur tertie] $\frac{2}{3}$ igitur A **12526** sex] 6 A **12527** quatuor] 4 A **12528** sexaginta] 60 A **12529** triginta] 30 A **12529** tres quinte] $\frac{3}{5}$ A **12529** decem] 10 A **12529** nummorum] numorum B **12529** sex] 6 A **12530** nummi] numi B **12530** tres quintas] $\frac{3}{5}$ A **12530** centum] 100 A **12530** Scis] Scias B **12531** viginti] 20 A **12531** qui] que *codd.* **12531** due tertie] $\frac{2}{3}$ A **12531** triginta] 30 A **12531**–**12532** Due igitur tertie] $\frac{2}{3}$ igitur A **12532** sex] 6 A **12532** quatuor] 4 A **12533** viginti] 20 A **12533** triginta] 30 A **12533**–**12534** duas tertias] $\frac{2}{3}$ A **12534** duas tertias] $\frac{2}{3}$ A **12534** decem] 10 A **12534** nummorum] numorum B **12534** sex] 6 A **12534**–**12535** due tertie] $\frac{2}{3}$ A **12535** sexaginta] 60 A **12535** centum] 100 A **12535** tres quintas] $\frac{3}{5}$ A

tres igitur quinte de sex et duabus tertiis, que sunt quatuor, est id quod debetur ei.

(**B.271′**) Taliter autem manente questione si dixerit quod, postquam pastor accipit quatuor nummos pro custodiendis sexaginta ovibus, tunc quot dies debet eas custodire.

(**a**) Sic facies. Multiplica sexaginta in decem, et productum pone prelatum. Deinde multiplica quatuor nummos in triginta dies et productum in centum, et productum inde divide per prelatum, et exibunt viginti. Et hoc est quod voluisti. Causa autem huius manifesta est ei qui novit ea que predicta sunt in questionibus de portando.

(**b**) Vel aliter. Denomina sexaginta de centum, scilicet tres quintas; de tribus igitur quintis decem nummorum, que sunt sex, denomina quatuor nummos, scilicet duas tertias eorum. Et totidem partes de triginta, scilicet due tertie, que sunt viginti, sunt id quod voluisti.

(**c**) Vel, si volueris, denomina quatuor nummos de decem nummis, scilicet duas quintas. Accipe igitur totidem, scilicet duas quintas, de triginta, que sunt duodecim. Deinde vide in quem numerum multiplicantur sexaginta ut fiant centum, scilicet unum et duas tertias. Multiplica igitur duodecim in unum et duas tertias, et provenient viginti, et tot sunt dies.

Capitulum de alio.

(**B.272**) Si quis conducitur ad fodiendum foveam decem cubitorum in longum et octo in latum et sex in altum pro octoginta nummis, fodit autem foveam quatuor cubitorum in longum et trium in latum et quinque in altum, tunc quantum debetur ei?

(**a**) Sic facies. Multiplica decem in octo, et fient octoginta. Quos multiplica in sex, et fient quadringenta octoginta; quos pone prelatum. Deinde multiplica tres in quatuor et productum in quinque, et provenient sexagin-

---

12555–12564 (Capitulum de alio) ... tantum debetur ei] *hab. etiam* $\mathcal{D}$ $59^r, 2-8$.

12536 tres igitur quinte] $\frac{3}{5}$ igitur $\mathcal{A}$ **12536** sex] 6 $\mathcal{A}$ **12536** duabus tertiis] $\frac{2}{3}^{\text{is}}$ $\mathcal{A}$ **12536** quatuor] 4 $\mathcal{A}$ **12539** quatuor] 4 $\mathcal{A}$ **12539** nummos] numos $\mathcal{B}$ **12539** sexaginta] 60 $\mathcal{A}$ **12541** sexaginta] 60 $\mathcal{A}$ **12541** decem] 10 $\mathcal{A}$ **12542** quatuor] 4 $\mathcal{A}$ **12542** nummos] numos $\mathcal{B}$ **12542** triginta] 30 $\mathcal{A}$ **12542–12543** centum] 100 $\mathcal{A}$ **12543** viginti] 20 $\mathcal{A}$ **12546** sexaginta] 60 $\mathcal{A}$ **12546** centum] 100 $\mathcal{A}$ **12546** tres quintas] $\frac{3}{5}$ $\mathcal{A}$ **12547** tribus igitur quintis] $\frac{3}{5}$ igitur $\mathcal{A}$ **12547** decem] 10 $\mathcal{A}$ **12547** nummorum] numorum $\mathcal{B}$ **12547** sex] 6 $\mathcal{A}$ **12547** quatuor] 4 $\mathcal{A}$ **12548** nummos] numos $\mathcal{B}$ **12548** duas tertias] $\frac{2}{3}$ $\mathcal{A}$ **12548** triginta] 30 $\mathcal{A}$ **12549** due tertie] $\frac{2}{3}$ $\mathcal{A}$ **12549** viginti] 20 $\mathcal{A}$ **12550** quatuor] 4 $\mathcal{A}$ **12550** nummos] numos $\mathcal{B}$ **12550** decem] 10 $\mathcal{A}$ **12550** nummis] numis $\mathcal{B}$ **12551** duas quintas] $\frac{2}{5}$ $\mathcal{A}$ **12551** duas quintas] $\frac{2}{5}$ $\mathcal{A}$ **12551** triginta] 30 $\mathcal{A}$ **12552** duodecim] 12 $\mathcal{A}$ **12552** in quem] inquam $\mathcal{B}$ **12552** sexaginta] 60 $\mathcal{A}$ **12553** fiant] *corr. ex* fiet $\mathcal{A}$, fient $\mathcal{B}$ **12553** centum] 100 $\mathcal{A}$ **12553** duas tertias] $\frac{2}{3}$ $\mathcal{A}$ **12553** duodecim] 12 $\mathcal{A}$ **12554** unum] 1 $\mathcal{A}$ **12554** duas tertias] $\frac{2}{3}$ $\mathcal{A}$ **12554** viginti] 20 $\mathcal{A}$ **12555** Capitulum de alio] *om. sed spat. hab.* $\mathcal{B}$, *de eodem marg.* $\mathcal{D}$; *add. lector in marg.* $\mathcal{B}$: De foveis et earum conversione in alias   **12556** fodiendum] faciendum $\mathcal{D}$ **12556** decem] 10 $\mathcal{AD}$ **12557** octo] 8 $\mathcal{AD}$ **12557** sex] 6 $\mathcal{AD}$ **12557** octoginta] 80 $\mathcal{AD}$ **12557** nummis] numis $\mathcal{B}$ **12558** quatuor] 4 $\mathcal{AD}$ **12558** trium] 3 $\mathcal{A}$ **12558** latum] altum *pr. scr. et corr.* $\mathcal{D}$ **12558** quinque] 5 $\mathcal{AD}$ **12560** decem] 10 $\mathcal{AD}$ **12560** octo] 8 $\mathcal{AD}$ **12560** octoginta] 80 $\mathcal{AD}$ **12561** sex] 6 $\mathcal{AD}$ **12561** quadringenta octoginta] 480 $\mathcal{AD}$ **12562** tres] 3 $\mathcal{AD}$ **12562** quatuor] 4 $\mathcal{AD}$ **12562** quinque] 5 $\mathcal{AD}$ **12562–12563** sexaginta] 60 $\mathcal{AD}$

ta. Quos multiplica in octoginta, et fient quatuor milia octingenta. Quos divide per prelatum, et exibunt decem. Et tantum debetur ei.

Causa autem huius patet. Scimus enim quod spatium totius concavitatis maioris fovee, que est quadringentorum et octoginta cubitorum, sic se habet ad suum pretium, quod est octoginta nummi, sicut spatium concavitatis minoris fovee, que est sexaginta cubitorum, ad pretium suum. Unde sunt quatuor numeri proportionales. Quod igitur fit ex sexaginta ductis in octoginta si dividatur per quadringenta octoginta exibit pretium.

(*b*) Vel aliter. Vide sexaginta quota pars sunt de quadringentis octoginta, scilicet octava; tanta igitur pars de octoginta, scilicet octava, que est decem, est id quod voluisti. Causa autem huius est hec quam diximus, scilicet quod tota concavitas minoris fovee sic se habet ad totam concavitatem maioris sicut pretium illius ad pretium istius. Vel aliter. Denomina octoginta de tota magnitudine maioris fovee, scilicet sextam eius; sexta igitur totius magnitudinis minoris fovee est pretium eius.

(**B.272′**) Si autem rotunde fuerint fovee, inveni spatium totius concavitatis utriusque hoc modo: Multiplica, scilicet, dimidium circumferentie utriusque fovee in dimidium diametri utriusque, et productum multiplica in altitudinem suam; et productum est mensura spatii totius concavitatis utriusque fovee. Deinde denomina sicut supra docui in foveis quadratis, et proveniet quod queris.

(**B.273**) Si quis querat: Cum aliquis conducitur ad fodiendum foveam decem cubitorum in longum et sex in latum et quinque in profundum pro centum nummis, accipit autem decem nummos pro fodienda fovea duorum in latum et trium in longum; quot habebit in profundum?

Scimus quod comparatio magnitudinis unius fovee ad magnitudinem alterius est sicut comparatio pretii unius ad pretium alterius. Magnitudo autem maioris fovee provenit ex ductu decem in sex et producti in quinque, qui fiunt tres centum. Magnitudo quoque minoris fovee provenit ex ductu duorum in tria et producti in profundum eius ignotum. Comparatio igitur trescentorum ad id quod fit ex ductu duorum in tria et producti in profundum ignotum est sicut comparatio de centum ad decem. Ex ductu

---

12563 octoginta] 80 $\mathcal{AD}$ **12563** quatuor milia octingenta] 4800 $\mathcal{AD}$, quatuor milia octigenta $\mathcal{B}$ **12564** decem] 10 $\mathcal{AD}$ **12566** quadringentorum et octoginta] 480 $\mathcal{A}$, quadringetorum et octoginta $\mathcal{B}$ **12567** octoginta] 80 $\mathcal{A}$ **12567** nummi] numi $\mathcal{B}$ **12568** sexaginta] 60 $\mathcal{A}$ **12569** quatuor] 4 $\mathcal{A}$ **12569** sexaginta] 60 $\mathcal{A}$ **12570** octoginta] 80 $\mathcal{A}$ **12570** quadringenta octoginta] 480 $\mathcal{A}$ **12571** sexaginta] 60 $\mathcal{A}$ **12571** de] om. $\mathcal{B}$ **12571–12572** quadringentis octoginta] 480 $\mathcal{A}$ **12572** octava] $\frac{a}{8}$ $\mathcal{A}$ **12572** octoginta] 80 $\mathcal{A}$ **12572** octava] $\frac{a}{8}$ $\mathcal{A}$ **12573** decem] 10 $\mathcal{A}$ **12573** huius] om. $\mathcal{B}$ **12575** illius] illus $\mathcal{B}$ **12575–12576** octoginta] 80 $\mathcal{A}$ **12576** sextam] $\frac{am}{6}$ $\mathcal{A}$ **12576** sexta] $\frac{a}{6}$ $\mathcal{A}$ **12577** minoris] maioris *pr. scr. et corr.* $\mathcal{A}$ **12578** (B.272′)] *tit. add. lector in marg.* $\mathcal{B}$: Foveę rotundę mensura   **12579** dimidium] 2^m $\mathcal{A}$ **12584** Si quis querat] Si querat quis $\mathcal{A}$ **12584–12585** decem] 10 $\mathcal{A}$ **12585** sex] 6 $\mathcal{A}$ **12585** quinque] 5 $\mathcal{A}$ **12586** centum] 10 *(sic)* $\mathcal{A}$ **12586** nummis] numis $\mathcal{B}$ **12586** decem] 10 $\mathcal{A}$ **12586** nummos] numos $\mathcal{B}$ **12586** duorum] 2^{orum} $\mathcal{A}$ **12587** trium] 3 $\mathcal{A}$ **12588** magnitudinem] magnitudine $\mathcal{B}$ **12590** ductu] ductum $\mathcal{B}$ **12590** decem] 10 $\mathcal{A}$ **12590** sex] 6 $\mathcal{A}$ **12590–12591** quinque] 5 $\mathcal{A}$ **12591** tres centum] 300 $\mathcal{A}$, trescentum $\mathcal{B}$ **12592** tria] 3 $\mathcal{A}$ **12592** Comparatio] Conparatio $\mathcal{B}$ **12593** trescentorum] 300^{orum} $\mathcal{A}$ **12593** tria] 3 $\mathcal{A}$ **12594** centum] 100 $\mathcal{A}$ **12594** decem] 10 $\mathcal{A}$

12595 autem duorum in tria proveniunt sex. Comparatio igitur trescentorum ad productum ex ductu profundi in sex est sicut comparatio de centum ad decem. Multiplica igitur tres centum in decem et productum divide per centum, et exibunt triginta. Qui sunt id quod fit ex ductu profundi in sex; profundum igitur est quinque.

12600 **(B.274)** Si quis querat: Cum aliquis conducitur ad fodiendum foveam trium cubitorum in longum et duorum in latum et quinque in profundum pro sexaginta nummis, accipit autem decem nummos pro fodienda fovea equali in longitudine et latitudine, in profundum autem unius cubiti et quarte, quanta erit eius longitudo et latitudo?

12605 Sic facies. Scimus autem quod comparatio de triginta, qui sunt magnitudo unius fovee, ad magnitudinem alterius fovee est sicut comparatio de sexaginta ad decem. Fac sicut supra docuimus, et exibit magnitudo secunde fovee quinque. Scimus autem quod magnitudo secunde fovee provenit ex ductu sue longitudinis in suam latitudinem et inde producti in profundi-
12610 tatem eius. Cum igitur diviseris quinque per unum et quartam, exibunt quatuor, qui sunt id quod fit ex ductu longitudinis in latitudinem. Longitudo autem equalis est latitudini. Igitur longitudo est duo, et latitudo similiter. [Et hoc est quod monstrare voluimus.]

(B.275) Si quis querat: Cum aliquis carpentarius conducitur pro facienda
12615 archa decem cubitorum in longum et quinque in latum et octo in altum pro centum et septuaginta nummis, fecit autem archam duorum cubitorum in longum et trium in latum et quatuor in altum, quantum debetur ei?

Multi putant hanc questionem similem esse questionibus de foveis. Putant enim quod comparatio magnitudinis prioris arche ad magnitudinem
12620 secunde arche sit sicut comparatio pretii unius ad pretium alterius, quod quidem falsum est. Non enim venditur concavitas arche, sed parietes archam concludentes.

12614–12647 Si quis querat ... quod monstrare voluimus] *hab. etiam* $\mathcal{D}$ 59^r, 9 – 59^v, 11.

12595 tria] 3 $\mathcal{A}$ 12595 sex] 6 $\mathcal{A}$ 12595 Comparatio] Conparatio $\mathcal{B}$ 12595 trescentorum] 300^{orum} $\mathcal{A}$ 12595 ad] a $\mathcal{B}$ 12596 sex] 6 $\mathcal{A}$ 12596 centum] 100 $\mathcal{A}$ 12597 decem] 10 $\mathcal{A}$ 12597 tres centum] 300 $\mathcal{A}$, trescentum $\mathcal{B}$ 12597 decem] 10 $\mathcal{A}$ 12598 centum] 100 $\mathcal{A}$ 12598 triginta] 30 $\mathcal{A}$ 12598 sex] 6 *(corr. ex* 60*)* $\mathcal{A}$ 12599 quinque] 5 $\mathcal{A}$ 12601 trium] 3 $\mathcal{A}$ 12601 duorum] 2^{orum} $\mathcal{A}$ 12601 quinque] 5 $\mathcal{A}$ 12602 pro] *add. supra* $\mathcal{A}$ 12602 sexaginta] 60 $\mathcal{A}$ 12602 nummis] numis $\mathcal{B}$ 12602 decem] 10 $\mathcal{A}$ 12602 nummos] numos $\mathcal{B}$ 12603 equali] equalis *codd.*   12604 quarte] $\frac{e}{4}$ $\mathcal{A}$ 12605 triginta] 30 $\mathcal{A}$ 12605 qui sunt] que est *codd.*   12607 sexaginta] 60 $\mathcal{A}$ 12607 decem] 10 $\mathcal{A}$ 12608 quinque] 5 $\mathcal{A}$ 12610 quinque] 5 $\mathcal{A}$ 12610 unum] 1 $\mathcal{A}$ 12610 quartam] $\frac{\text{am}}{4}$ $\mathcal{A}$ 12610 exibunt] exibīt $\mathcal{B}$ 12611 quatuor] 4 $\mathcal{A}$ 12612 est] et $\mathcal{B}$ 12612 duo] 2 $\mathcal{A}$ 12614 (B.275)] *tit. hab. in marg.* Capitulum aliud $\mathcal{D}$; *tit. add. lector in marg.* $\mathcal{B}$: De archarum pretio, secundum tabulas et non secundum vacuitatem   12614 pro facienda] perfodienda $\mathcal{D}$ 12615 archa] arca $\mathcal{A}$ 12615 decem] 10 $\mathcal{AD}$ 12615 cubitorum] *om.* $\mathcal{AB}$ 12615 quinque] 5 $\mathcal{AD}$ 12615 octo] totidem *pr. scr. del. et* 8 *add. supra* $\mathcal{A}$, 8 $\mathcal{D}$ 12615 altum] latum *add. et exp.* $\mathcal{A}$ 12616 centum et septuaginta] 170 $\mathcal{AD}$ 12616 nummis] numis $\mathcal{B}$ 12616 archam] arcam $\mathcal{A}$ 12616 duorum] 2 $\mathcal{A}$ 12616 cubitorum] *om.* $\mathcal{AB}$ 12617 trium] totidem *codd.*   12617 quatuor] 4 $\mathcal{AD}$ 12618 questionibus de foveis] questioni de fovea *(recte, unam tantum hab.)* $\mathcal{D}$ 12621 falsum est] est falsum $\mathcal{A}$ 12621–12622 archam] arche *codd.*

Modus autem agendi in ea talis est. Scimus enim quod sex parietes comprehendunt archam. Superior, scilicet cuius longitudo est decem et latitudo quinque, igitur magnitudo eius ⟨est⟩ quinquaginta, et alia inferior illi opposita, que est equalis ei, magnitudo igitur utriusque earum simul est centum; et alius paries, octo in longum et quinque in latum, magnitudo igitur illius est quadraginta, que est equalis suo opposito, magnitudo igitur utriusque simul est octoginta; et alius, decem in longum et octo in latum, qui est equalis suo opposito, cuius magnitudo est octoginta, igitur magnitudo utriusque simul est centum sexaginta. Magnitudo igitur omnium parietum prioris arche est trescentorum quadraginta. Similiter possumus scire magnitudinem parietum minoris arche. Scimus enim eam similiter contineri sex parietibus. Superiore, scilicet qui est trium in longum et duorum in latum, magnitudo igitur eius est sex, et est equalis suo opposito, magnitudo igitur utriusque est duodecim; et alio, quatuor in longum et duorum in latum, igitur magnitudo eius est octo, qui est equalis suo opposito, magnitudo igitur utriusque est sexdecim; et alio, quatuor in longum et trium in latum, magnitudo igitur eius est duodecim, qui est equalis suo opposito, magnitudo igitur utriusque est viginti quatuor. Magnitudo igitur omnium parietum secunde arche est quinquaginta duo. Manifestum est igitur quod comparatio magnitudinis omnium parietum unius arche ad magnitudinem parietum alterius est sicut comparatio pretii unius ad pretium alterius. Comparatio igitur trescentorum quadraginta ad quinquaginta duo erit sicut comparatio de centum septuaginta ad pretium omnium parietum secunde arche. Igitur debentur ei viginti sex nummi. [Et hoc est quod monstrare voluimus.]

12623 enim] ei *pr. scr. i exp.* 𝒜   **12623** sex] 6 𝒜𝒟   **12624** comprehendunt] comprehedunt 𝒟   **12624** archam] arcam 𝒜   **12624** scilicet cuius] *om. sed spat. rel.* ℬ   **12624** decem] 10 𝒜𝒟   **12625** quinque] 5 𝒜𝒟   **12625** quinquaginta] 50 𝒜𝒟   **12626** earum simul] simul earum 𝒜ℬ *(bis* 𝒜, *v. infra)*   **12627** centum] 100 𝒜𝒟 *(bis* 𝒜*)*   **12627** alius] alias ℬ   **12627** octo] 8 𝒜𝒟 *(bis* 𝒜*)*   **12627** quinque] 5 𝒜𝒟 *(bis* 𝒜*)*   **12628** igitur] *post hoc iter.* utriusque simul earum ... magnitudo igitur 𝒜   **12628** quadraginta] 40 𝒜𝒟   **12628** est *(post* que*)*] etiam ℬ   **12628** opposito] oppositio *pr. scr. et corr.* 𝒜   **12629** est] et ℬ   **12629** octoginta] 80 𝒜𝒟   **12629** decem] 10 𝒜𝒟   **12629** octo] 8 𝒜𝒟   **12630** est *(post* magnitudo*)*] etiam ℬ   **12630** octoginta] 80 𝒜𝒟   **12631** centum sexaginta] 160 𝒜𝒟   **12632** arche] archee ℬ   **12632** trescentorum quadraginta] 340 𝒜, 3^{torum}40 𝒟   **12632** possumus] posumus ℬ   **12634** sex] 6 𝒜   **12634** Superiore] Superiores ℬ   **12634** est *(post* qui*)*] et ℬ   **12634** trium] 3 𝒜   **12634–12635** duorum] 2^{orum} 𝒜   **12635** sex] 6 𝒜𝒟   **12636** duodecim] 12 𝒜𝒟   **12636** quatuor] 4 𝒜𝒟   **12637** duorum] 2 𝒜   **12637** est *(post* eius*)*] et ℬ   **12637** octo] 8 𝒜𝒟   **12637** est] et ℬ   **12638** est] et ℬ   **12638** sexdecim] 16 𝒜𝒟   **12638** quatuor] 4 𝒜𝒟   **12639** trium] 3 𝒜   **12639** duodecim] 12 𝒜𝒟   **12640** viginti quatuor] 24 𝒜𝒟   **12641** quinquaginta duo] 52 𝒜𝒟, quinquaginta et duo ℬ   **12642** magnitudinis] *corr. ex* magnitū ℬ   **12644** Comparatio] Conparatio ℬ   **12644** trescentorum quadraginta] 340 𝒜, trecentorum quadraginta 𝒟   **12644** quinquaginta duo] 52 𝒜   **12645** centum septuaginta] 170 𝒜   **12646** viginti sex] 26 𝒜𝒟   **12647** monstrare voluimus] *m. v. scr.* 𝒟

Capitulum de impensa olei lampadarum

Nota quia in hoc capitulo per omnes questiones eius tria ponuntur: numerus, scilicet, lampadarum, numerus noctium, numerus mensurarum. Unde fiunt multe species questionum. Aut enim ponitur numerus noctium et lampadarum et queritur de numero mensurarum, sicut in prima questione; aut ponitur numerus noctium et mensurarum et queritur de numero lampadarum, sicut in secunda; aut ponitur numerus lampadarum et mensurarum et queritur de numero noctium, sicut in quarta. Item hee tres species variantur secundum pluralitatem et singularitatem istorum trium, et secundum fractiones.

— Prima ergo questio est hec.

(**B.276**) Si quis querat: Cum una lampas consumat in una nocte de oleo quartam octave unius arrove, tunc quot arrovas de oleo consumunt trescente lampades in viginti noctibus?

(*a*) Sic facies. Numeros a quibus denominantur quarta et octava multiplica inter se, et provenient triginta duo; quos pone prelatum. Deinde multiplica tres centum in viginti, et provenient sex milia; quos divide per prelatum, et exibunt centum et octoginta et septem et dimidia. Et hic est numerus arrovarum.

Causa autem huius est hec. Positum est quod id quod consumit ⟨una⟩ lampas est una pars de triginta duabus partibus arrove; sequitur ergo ut triginta due lampades consumant arrovam in una nocte. Scis autem quod si multiplicentur trescente lampades in viginti noctes, provenient sex milia lampadum. Quas divide per triginta duas lampades ut singulis [simul] triginta duabus attribuas arrovam. Competunt igitur eis centum octoginta septem arrove et dimidia.

(*b*) Vel aliter. Positum est unam lampadem in una nocte consumere unam quartam octave unius arrove de oleo. Sequitur ergo ut trescente lampa-

---

12648–12649 *tit.*] *om. sed spat. hab.* B; *tit. add. lector* B: De lampadibus oleum consummentibus *(sic)* secundum tempus et mensuras **12650** quia] quod A **12651** lampadarum] lanpandarum *(corr. ex* lanpantarum*)* B **12653** lampadarum] lanpandarum B **12655** lampadarum *(post* numero*)*] lanpandarum B **12655** lampadarum] lanpandarum B **12656** quarta] $\frac{a}{4}$ A **12656** hee] he B **12656** tres] 3 A **12657** trium] 3 A **12661** quartam octave] $\frac{am}{4}\frac{e}{8}$ A **12661** unius] *om.* B **12661** arrove] arove *pr. scr. et corr. supra* A, andue B **12661–12662** trescente] 300 A **12662** viginti] 20 A **12663** denominantur] denominatur AB **12663** quarta] $\frac{a}{4}$ A **12663** octava] $\frac{a}{8}$ A **12664** triginta duo] 32 A **12665** tres centum] 300 A, trescentum B **12665** viginti] 20 A **12665** sex milia] 6000 A **12666** centum et octoginta et septem] 187 *(corr. ex* 180*)* A **12667** arrovarum] arovarum A **12669** una] 1 A **12669** triginta duabus] 32 A **12670** triginta due] 32 A **12670** lampades] lapades B **12670** una] 1 A **12671** trescente] 300 A **12671** viginti] 20 A **12671** sex milia] 6000 A, sexmilia B **12672** triginta duas] 32 A **12672** lampades] lampadas A **12672** simul] *om.* B **12672–12673** triginta duabus] 32 *(corr. ex* 30*)* A **12673** Competunt] Conpetunt B **12673–12674** centum octoginta septem] 187 A, centum occtoginta septem B **12674** dimidia] $\frac{a}{2}$ A **12675** lampadem] lapadem B **12675** una] 1 A **12675–12676** unam quartam octave] $\frac{1}{4}\frac{e}{8}$ A **12676** trescente] 300 A **12676–12677** lampades] lapades B

des consumant trescentas quartas octave in una nocte. Et quoniam nos intendimus scire quot arrovas olei consumunt trescente lampades in viginti noctibus, ideo trescentas quartas octave multiplica in viginti, et provenient sex mille quarte octave arrove. Quas divide per numerum qui fit ex denominationibus, scilicet quarta et octava, inter se ductis, qui est triginta duo, et exibunt centum et octoginta septem arrove et dimidia.   Vel aliter. Iam scis trescentas lampades in una nocte consumere trescentas quartas octave, que sunt novem arrove et tres octave. Igitur multiplica eas in viginti noctes, et provenient centum octoginta septem et dimidia. Et hoc est quod voluisti.

(*c*) Vel aliter. Una lampas consumit in viginti noctibus viginti quartas octave, que sunt quinque octave arrove. Has igitur multiplica in trescentas lampades, nam unaqueque illarum consumit in viginti noctibus quinque octavas arrove; et proveniunt centum octoginta septem arrove et dimidia. Et hoc est quod voluisti.

ITEM DE EODEM.

(**B.277**) Si quis querat dicens: Cum una lampas in una nocte consumit dimidiam octavam arrove, tunc quot lampades consumunt centum arrovas in triginta noctibus?

(*a*) Sic facies. Numeros a quibus denominantur dimidia et octava, qui sunt duo et octo, multiplica inter se, et provenient sexdecim. Quos multiplica in centum, et provenient mille sexcenta. Quos divide per triginta, et exibunt quinquaginta tres lampades et tertia.

Causa autem huius ⟨hec⟩ est. Scimus enim ex positione quod una lampas consumit in una nocte dimidiam octavam; sequitur ergo ut sexdecim lampades consumant arrovam unam, que est sexdecim partes, in una nocte. Quas sexdecim partes si multiplicaveris in centum arrovas provenient mille sexcente partes; quarum unamquamque consumit una lampas in una nocte, has igitur mille sexcentas partes consumunt mille sexcente lampades in una nocte. Scis autem quod hee mille sexcente partes, que sunt centum

---

12677 trescentas quartas octave] 300 $\frac{as}{4}\frac{e}{8}$ *A*   **12678** trescente] 300 *A*   **12678** viginti] 20 *A*   **12679** trescentas quartas octave] $\frac{300}{4}\frac{e}{8}$ *A*   **12679** viginti] 20 *A*   **12680** sex mille quarte octave] 6000 $\frac{e}{4}\frac{e}{8}$ *A*   **12680** arrove] *om. B*   **12681** quarta] $\frac{a}{4}$ *A*   **12681** octava] $\frac{a}{8}$ *A*   **12681** triginta duo] 32 *A*   **12682** centum et octoginta septem] 187 *A*   **12683** trescentas] 300 *A*   **12683** una] 1 *A*   **12683** trescentas quartas octave] 300 $\frac{as}{4}\frac{e}{8}$ *A*   **12684** novem] 9 *A*   **12684** tres octave] $\frac{3}{4}\frac{e}{8}$ *A*, tres quarte *B*   **12684** viginti] 20 *A*   **12685** centum octoginta septem] 187 *A*   **12685** dimidia] $\frac{a}{2}$ *A*   **12686** viginti] 20 *A*   **12686**–**12687** viginti quartas octave] 20 $\frac{as}{4}\frac{e}{8}$ *A*   **12687** quinque octave] $\frac{5}{8}$ *A*   **12687** trescentas] 300 *A*   **12688** viginti] 20 *A*   **12688**–**12689** quinque octavas] $\frac{5}{8}$ *A*   **12689** centum octoginta septem] 187 *A*   **12692** una *(post* in*)*] 1 *A*   **12693** dimidiam octavam] dimidiam $\frac{am}{8}$ *A*   **12693** centum] 100 *A*   **12694** triginta] 30 *A*   **12695** denominantur] denominatur *A*   **12695** et] *add. supra A*   **12695** octava] $\frac{a}{8}$ *A*   **12696** duo] 2 *A*   **12696** octo] 8 *A*   **12696** sexdecim] 16 *A*   **12697** centum] 100 *A*   **12697** mille sexcenta] 1600 *A*   **12697** triginta] 30 *A*   **12698** quinquaginta tres] 50 *pr. scr. et corr. in* 53 *A*   **12698** tertia] $\frac{a}{3}$ *A*   **12699** ex positione] exponere *B*   **12700** una] 1 *A*   **12700** dimidiam octavam] dimidiam $\frac{am}{8}$ *A*   **12700**–**12701** sexdecim] 16 *A*   **12701** unam] 1 *A*   **12701** sexdecim *(post* est*)*] 16 *A*   **12702** sexdecim] 16 *A*   **12702** multiplicaveris] multiplicaverit *B*   **12702** centum] 100 *A*   **12703** mille sexcente] 160 *(sic) A*   **12703** unamquamque] unaquamque *A*   **12704** mille sexcentas] 1600 *A*   **12704** mille sexcente] 1600 *A*   **12705** una] 1 *A*   **12705** hee] hec *A*, he *B*   **12705** mille sexcente] 1600 *(corr. ex* 1000*) A*   **12705** centum] 100 *A*

arrove, consumuntur in triginta noctibus. Si igitur diviseris mille sexcentas lampades per triginta noctes, exibit numerus lampadarum que consumunt centum arrovas in triginta noctibus. Et hoc est quod voluisti.

(**b**) Vel aliter. Divide centum arrovas per triginta noctes, et quod exit multiplica in sexdecim, qui fit ex numeris, in se ductis, a quibus denominantur dimidia et octava; et productum est quinquaginta tres et tertia, et tot sunt lampades.

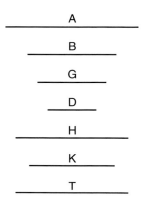

Ad B.277*b*:   *Figura def. in* $\mathcal{A}$, *om. sed spat. rel. (60rb, 16 – 24)* $\mathcal{B}$.

Causa autem huius est hec. Scimus enim ex premissis quod modus agendi erat hic multiplicare sexdecim in centum arrovas et productum dividere per triginta, quod idem est quod dividere centum per triginta et quod exit multiplicare in sexdecim. [Cum enim aliquis numerus multiplicatur in alium et productum dividitur per tertium alium, tunc id quod exit de divisione idem est ei quod exit ex divisione secundi per tertium et eius quod exit ductu in primum [sicut dictum est in prepositione sexta]. Cuius probatio hec est. Exempli gratia, numerus G multiplicetur in numerum B, et proveniat numerus A; et numerus A dividatur per D, et exeat H; dividatur etiam B per D, et exeat K; et multiplicetur K in G, et proveniat T. Dico igitur quod T equum est ad H. Quod sic probatur. Ex ductu enim G in B provenit A. Et ex divisione A per D exit H; si igitur multiplicetur D in H exibit A. Idem est igitur multiplicare G in B quod est multiplicare D in H. Ex divisione etiam linee B per D exit K; igitur si multiplicetur K in D, exibit B. Ex ductu autem K in G provenit T. Igitur linea K

12706 triginta] 30 $\mathcal{A}$ **12706** mille sexcentas] 1600 $\mathcal{A}$, mille sexcetas $\mathcal{B}$ **12707** triginta] 30 $\mathcal{A}$ **12707** consumunt] consumuntur $\mathcal{B}$ **12708** centum] 100 $\mathcal{A}$ **12708** triginta] 30 $\mathcal{A}$ **12709** centum] 100 $\mathcal{A}$ **12709** triginta] 30 $\mathcal{A}$ **12710** sexdecim] 16 $\mathcal{A}$ **12710–12711** denominantur] denominatur *codd.*   **12711** et *(post* dimidia*)*] *add. supra* $\mathcal{A}$ **12711** octava] $\frac{a}{8}$ $\mathcal{A}$ **12711** quinquaginta tres] 53 $\mathcal{A}$ **12711** tertia] $\frac{a}{3}$ $\mathcal{A}$ **12713** premissis] pri *pr. scr. et corr.* $\mathcal{A}$ **12714** sexdecim] 16 $\mathcal{A}$ **12714** centum] 100 $\mathcal{A}$ **12715** triginta] 30 $\mathcal{A}$ **12715** centum] 100 $\mathcal{A}$ **12715** triginta] 30 $\mathcal{A}$ **12716** sexdecim] 16 $\mathcal{A}$ **12719** ductu in] ex ductum in *(exp.* ex, in *e corr.)* $\mathcal{A}$ **12719** prepositione] propositione $\mathcal{A}$, propone $\mathcal{B}$ **12719** sexta] $\frac{a}{6}$ $\mathcal{A}$ **12719–12736** Cuius probatio ... in sexdecim] *om.* $\mathcal{A}$ **12723** Quod] Sd *cod.*

multiplicatur in duos numeros, qui sunt D et G. Comparatio igitur linee B ad T est sicut comparatio linee D ad G. Quod igitur fit ex ductu G in B equum est ei quod fit ex ductu T in D. Quod autem fit ex ductu G in B equum est ei quod fit ex ductu H in D. Ergo id quod fit ex ductu T in D equum est ei quod fit ex ductu H in D. Igitur linea T equalis est linee H. Et hoc est quod monstrare voluimus. Manifestum ⟨est⟩ igitur ex predictis quod multiplicare sexdecim in centum et productum dividere per triginta ⟨idem est quod dividere centum per triginta⟩ et quod exit multiplicare in sexdecim.]

(*c*) Vel aliter. Scimus quod una lampas in triginta noctibus consumit triginta dimidias octavas, que sunt arrova et septem octave. Divide igitur per illas centum arrovas, et exibunt quinquaginta tres et tertia, et tot sunt lampades.

Causa autem huius hec est. Scimus enim quod una lampas consumit in triginta noctibus triginta dimidias octavas, que sunt arrova et septem octave unius arrove. Comparatio autem unius lampadis ad unam arrovam et septem octavas arrove est sicut comparatio lampadarum ignotarum ad centum arrovas quas consumunt lampades ignote. Unde sunt quatuor numeri proportionales. Quod igitur fit ex ductu unius lampadis in centum arrovas equum est ei quod fit ex ductu unius et septem octavarum in lampades ignotas. Si igitur multiplicetur una lampas in centum et productum dividatur per unum et septem octavas, exibunt lampades ignote.

(**B.278**) Similiter si quis querat dicens: Cum una lampas consumit de oleo duas nonas octave unius arrove in una nocte, tunc quot lampades consumunt centum arrovas in triginta noctibus?

(*a*) Sic facies. Numeros denominantes nonam et octavam, qui sunt novem et octo, multiplica inter se, et provenient septuaginta duo. Quos multiplica in centum arrovas, et productum divide per triginta; et eius quod exit medietas est numerus lampadarum, qui est centum viginti.

Causa autem propter quam accipimus medietatem eius quod exit hec est. Scimus enim quod una lampas si consumeret in una nocte nonam octave unius arrove, que est una pars ex septuaginta duabus partibus arrove,

---

12734 multiplicare] voluimus *add. cod.*   **12737** una] 1 $\mathcal{A}$ **12737** triginta] 30 $\mathcal{A}$ **12737–12738** consumit triginta] consumit 30 *bis scr.* $\mathcal{A}$ **12738** dimidias octavas] dimidias $\frac{\text{as}}{8}$ $\mathcal{A}$ **12738** septem octave] $\frac{7}{8}$ $\mathcal{A}$ **12739** centum] 100 $\mathcal{A}$ **12739** quinquaginta tres] 53 $\mathcal{A}$ **12739** tertia] $\frac{a}{3}$ $\mathcal{A}$ **12741** enim] *om.* $\mathcal{B}$ **12741** una] 1 $\mathcal{A}$ **12742** in] *add. in marg.* $\mathcal{A}$ **12742** triginta *(post* in*)*] 30 $\mathcal{A}$ **12742** triginta] 30 $\mathcal{A}$ **12742** dimidias octavas] dimidias $\frac{\text{as}}{8}$ $\mathcal{A}$ **12742–12743** septem octave] $\frac{7}{8}$ $\mathcal{A}$ **12743** arrove] arinue $\mathcal{B}$ **12743** Comparatio] Conparatio $\mathcal{B}$ **12743** unam] 1 $\mathcal{A}$ **12744** septem octavas] $\frac{7}{8}$ $\mathcal{A}$ **12745** centum] 100 $\mathcal{A}$ **12745** quatuor] 4 $\mathcal{A}$ **12746** centum] 100 $\mathcal{A}$ **12747** septem octavarum] $\frac{7}{8}^{\text{arum}}$ $\mathcal{A}$ **12748** centum] 100 $\mathcal{A}$ **12749** unum] 1 $\mathcal{A}$ **12749** septem octavas] $\frac{7}{8}$ $\mathcal{A}$ **12750** Similiter] Si *post quod spat. rel.* $\mathcal{B}$ **12750** consumit] consumunt *codd.*   **12751** duas nonas octave] $\frac{2}{9}\frac{e}{8}$ $\mathcal{A}$ **12752** centum] 100 $\mathcal{A}$ **12752** triginta] 30 $\mathcal{A}$ **12753** nonam] $\frac{\text{am}}{9}$ $\mathcal{A}$ **12753** octavam] $\frac{\text{am}}{8}$ $\mathcal{A}$ **12753** novem] 9 $\mathcal{A}$ **12754** octo] 8 $\mathcal{A}$ **12754** septuaginta duo] 72 $\mathcal{A}$ **12755** centum] 100 $\mathcal{A}$ **12755** arrovas] arovas *pr. scr. et corr. supra* $\mathcal{A}$ **12755** triginta] 30 $\mathcal{A}$ **12756** est numerus lampadarum] *bis scr.* $\mathcal{A}$ **12756** centum viginti] 120 $\mathcal{A}$ **12758** una *(post* in*)*] 1 $\mathcal{A}$ **12758–12759** nonam octave] $\frac{\text{am}}{9}\frac{e}{8}$ $\mathcal{A}$ **12759** una pars] pars 1 $\mathcal{A}$ **12759** septuaginta duabus] 72 $\mathcal{A}$

sequeretur ut ducente quadraginta lampades consumerent centum arrovas in triginta noctibus. Et quoniam supra dictum est quod una lampas in una nocte consumit duas nonas octave, que sunt due partes de septuaginta duabus, sequitur ut centum viginti lampades consumant centum arrovas in triginta noctibus; consumptio enim geminatur.

Similiter etiam si dicatur quod 'una lampas in una nocte consumit tres quartas octave, tunc quot lampades consumunt centum arrovas in triginta noctibus?', facies sicut predocui; et eius quod exit accipe tertiam, quoniam sic proposuit: 'tres quartas octave'. Similiter etiam fiet si proposuerit quotlibet fractiones.

(**b**) Vel aliter. Multiplica medietatem septuaginta duorum, que est triginta sex, in centum arrovas et productum divide per triginta noctes; et exibunt centum viginti, et hoc est quod voluisti.

(**c**) Vel aliter. Duplica triginta, quoniam dixit 'duas nonas octave', et fient sexaginta noctes; in unaquaque igitur harum noctium consumit una lampas nonam octave unius arrove. Quasi ergo dicatur: 'Cum una lampas consumit nonam octave in una nocte, tunc quot lampades consumunt centum arrovas in sexaginta noctibus?'. Sic facies. Multiplica septuaginta duo in centum et productum divide per sexaginta; et exibunt centum viginti, et hoc est quod voluisti.

(**d**) Vel aliter. Scimus enim quod, postquam una lampas in una nocte consumit duas nonas octave, sequitur ut in triginta noctibus consumat quinque sextas arrove; nam consumit sexaginta partes de septuaginta duabus. Divide ergo centum arrovas per quinque sextas sicut predocuimus in libro primo [capitulo dividendi], et exibunt centum viginti, et tot sunt lampades. Causa autem huius est sicut ostendimus in capitulo precedenti.

ITEM DE EODEM.

(**B.279**) Si quis querat dicens: Cum una lampas consumit in una nocte nonam octave, tunc in quot noctibus consument quadraginta lampades viginti arrovas?

12760 ducente quadraginta] 240 $\mathcal{A}$ **12760** centum] 100 $\mathcal{A}$ **12761** triginta] 30 $\mathcal{A}$ **12762** una *(post* in*)*] 1 $\mathcal{A}$ **12762** duas nonas octave] $\frac{2}{9}\frac{e}{8}$ $\mathcal{A}$ **12762** due] 2 $\mathcal{A}$ **12762–12763** septuaginta duabus] 72^{bus} $\mathcal{A}$ **12763** centum viginti] 120 $\mathcal{A}$ **12763** centum] 100 $\mathcal{A}$ **12764** triginta] 30 $\mathcal{A}$ **12765** una *(post* quod*)*] 1 $\mathcal{A}$ **12765–12766** tres quartas octave] $\frac{3}{4}\frac{e}{8}$ $\mathcal{A}$ **12766** centum] 100 $\mathcal{A}$ **12766** triginta] 30 $\mathcal{A}$ **12767** predocui] supra docui *pr. scr. et corr.* $\mathcal{A}$ **12767** tertiam] $\frac{\text{am}}{3}$ $\mathcal{A}$ **12768** proposuit] *post hoc spat. rel.* $\mathcal{A}$ **12768** tres quartas octave] $\frac{3}{4}\frac{e}{8}$ $\mathcal{A}$ **12768** proposuerit] multiplicaverit *codd.* **12769** quotlibet] quolibet *pr. scr. et del.* $\mathcal{B}$ **12770** septuaginta duorum] 72^{orum} *(corr. ex* 70*)* $\mathcal{A}$ **12770–12771** triginta sex] 36 $\mathcal{A}$ **12771** centum] 100 $\mathcal{A}$ **12771** triginta] 30 $\mathcal{A}$ **12772** centum viginti] 120 $\mathcal{A}$ **12773** triginta] 30 $\mathcal{A}$ **12773** duas nonas octave] $\frac{2}{9}\frac{e}{8}$ $\mathcal{A}$ **12774** sexaginta] 60 $\mathcal{A}$ **12774–12775** lampas] lapas $\mathcal{B}$ **12775** nonam octave] $\frac{\text{am}}{9}\frac{e}{8}$ $\mathcal{A}$ **12776** nonam octave] $\frac{\text{am}}{9}\frac{e}{8}$ $\mathcal{A}$ **12776–12777** centum] 100 $\mathcal{A}$ **12777** sexaginta] 60 $\mathcal{A}$ **12777** septuaginta duo] 72 $\mathcal{A}$ **12778** centum] 100 $\mathcal{A}$ **12778** sexaginta] 60 $\mathcal{A}$ **12778** centum viginti] 120 $\mathcal{A}$ **12780** una] 1 $\mathcal{A}$ **12780** una] 1 $\mathcal{A}$ **12781** duas nonas octave] $\frac{2}{9}\frac{e}{8}$ $\mathcal{A}$ **12781** triginta] 30 $\mathcal{A}$ **12782** quinque sextas] $\frac{5}{6}$ $\mathcal{A}$ **12782** sexaginta] 60 $\mathcal{A}$ **12782–12783** septuaginta duabus] 72 $\mathcal{A}$ **12783** centum] 100 $\mathcal{A}$ **12783** quinque sextas] $\frac{5}{6}$ $\mathcal{A}$ **12784** centum viginti] 120 $\mathcal{A}$ **12787** una *(post* in*)*] 1 $\mathcal{A}$ **12787–12788** nonam octave] $\frac{\text{am}}{9}\frac{e}{8}$ $\mathcal{A}$ **12788** quadraginta] 40 $\mathcal{A}$ **12788** lampades] lapades $\mathcal{B}$ **12788** viginti] 20 $\mathcal{A}$

(**a**) Sic facies. Numeros denominantes nonam et octavam multiplica inter se, et provenient septuaginta duo. Quos multiplica in viginti arrovas et productum divide per quadraginta; et exibunt triginta sex, et tot sunt noctes.

Cuius probatio hec est. Scimus enim quod in arrova sunt septuaginta due partes quarum unamquamque consumit una lampas in una nocte. ⟨Sequitur ergo ut septuaginta due lampades consumant septuaginta duas nonas octavarum, que sunt una arrova, in una nocte.⟩ Si igitur multiplicaveris septuaginta duas partes in viginti arrovas, exibunt mille quadringente quadraginta none octavarum; has igitur consumunt mille quadringente quadraginta lampades in una nocte. Scis etiam ex proposito questionis quod idem consumunt quadraginta lampades in noctibus ignotis. Si igitur mille quadringentas quadraginta lampades diviseris per quadraginta lampades, exibunt noctes in quibus consumunt quadraginta lampades mille quadringentas et quadraginta partes, que sunt viginti arrove.

(**b**) Vel aliter. Quadraginta lampades consumunt in una nocte quadraginta nonas octavarum, que sunt quinque none arrove. Per has igitur divide viginti arrovas, et exibunt triginta sex, et tot sunt noctes.

Causa autem huius hec est. Scimus enim quod quadraginta lampades consumunt in una nocte quadraginta nonas octavarum, que sunt quinque none arrove. Manifestum est igitur quod comparatio ⟨unius⟩ noctis ad quinque nonas, quas consumunt in ipsa nocte quadraginta lampades, est sicut comparatio noctium ignotarum, in quibus viginti arrovas consumunt quadraginta lampades, ad viginti arrovas. Unde sunt quatuor numeri proportionales. Quod igitur fit ex ductu unius noctis in viginti arrovas si dividatur per quinque nonas exibunt noctes ignote.

(**c**) Vel aliter. Pone noctes ignotas rem. Iam autem scis quod quadraginta lampades consumunt in una nocte quinque nonas arrove. Manifestum est igitur quod comparatio unius noctis ad quinque nonas est sicut comparatio noctium ignotarum, in quibus quadraginta lampades consumunt viginti arrovas, ad viginti arrovas. Unde sunt quatuor numeri proportionales. Quod igitur fit ex ductu unius noctis in viginti arrovas, quod scilicet est viginti, equum est ei quod fit ex ductu rei in quinque nonas, quod est quinque none rei. Res igitur est triginta sex, et tot sunt noctes ignote.

ITEM DE EODEM.

(**B.280**) Cum una lampas consumit duas nonas octave in una nocte, tunc in quot noctibus quadraginta lampades consument viginti arrovas?

(***a***) Sic facies. Numeros a quibus denominantur nona et octava inter se multiplica, et provenient septuaginta duo. Quos multiplica in viginti arrovas, et provenient mille quadringenta et quadraginta. Quos divide per quadraginta [et exibunt triginta sex], et eius quod exit medietas, que est decem et octo [quoniam dixit 'duas nonas octave'], est numerus noctium ignotarum.

Causa autem quare accipimus medietatem eius quod exit de divisione hec est. Scis enim quod arrova est septuaginta due none octave, et quod una lampas in una nocte consumit de illis duas nonas octave [que sunt due partes septuaginta duarum nonarum octave]. Has igitur septuaginta duas nonas octave si multiplicaveris in viginti arrovas provenient [none octavarum scilicet] mille quadringente et quadraginta none octavarum; has igitur consumunt in una nocte septingente viginti lampades, nam unaqueque earum consumit in una nocte duas nonas octave. Scis etiam quod hee partes septingente viginti duplate consumuntur a quadraginta lampadibus. Quas si diviseris per quadraginta exibunt noctes ignote in quibus quadraginta lampades consumunt viginti arrovas.

(***b***) Vel aliter. Medietatem septuaginta duorum, que est triginta sex, multiplica in viginti, et productum divide per quadraginta, et exibunt decem et octo, et tot sunt noctes ignote.

(***c***) Vel aliter. Quadraginta lampades consumunt in una nocte octoginta nonas octave, que sunt arrova una et nona unius arrove. Per unum igitur et nonam divide viginti, et exibunt decem et octo, et tot sunt noctes.

12821 viginti] 20 $\mathcal{A}$ **12821** viginti *(post* est*)*] 20 $\mathcal{A}$ **12822** quinque nonas] $\frac{5}{9}$ $\mathcal{A}$ **12822** quinque none] $\frac{5}{9}$ $\mathcal{A}$ **12823** triginta sex] 36 $\mathcal{A}$ **12825** duas nonas octave] $\frac{2}{9}\frac{e}{8}$ $\mathcal{A}$ **12826** quadraginta] 40 $\mathcal{A}$ **12826** viginti] 20 $\mathcal{A}$ **12827** denominantur] denominatur *codd.* **12827** nona] $\frac{a}{9}$ $\mathcal{A}$ **12827** octava] $\frac{a}{8}$ $\mathcal{A}$ **12828** septuaginta duo] 72 $\mathcal{A}$ **12828** viginti] 20 $\mathcal{A}$ **12828**–**12829** arrovas] artovas *ut vid.* $\mathcal{B}$ **12829** mille quadringenta et quadraginta] 1440 $\mathcal{A}$ **12829**–**12830** per quadraginta et exibunt] per *in textu* 40 et exibunt *add. in marg. eadem m.* $\mathcal{A}$, quadraginta et exibunt per $\mathcal{B}$ **12830** triginta sex] 36 $\mathcal{A}$ **12831** decem et octo] 18 $\mathcal{A}$ **12831** duas nonas octave] $\frac{2}{9}\frac{e}{8}$ $\mathcal{A}$ **12834** septuaginta due none octave] 72 $\frac{e}{9}\frac{e}{8}$ $\mathcal{A}$ **12835** una *(post* in*)*] 1 $\mathcal{A}$ **12835** duas nonas octave] $\frac{2}{9}\frac{e}{8}$ $\mathcal{A}$ **12835** due] 2 $\mathcal{A}$ **12836** septuaginta duarum nonarum octave] 72^{arum} $\frac{a}{9}$rum$\frac{e}{8}$ $\mathcal{A}$ **12836**–**12837** septuaginta duas nonas octave] 72 $\frac{\text{as}}{9}\frac{e}{8}$ $\mathcal{A}$, septuginta duas nonas octave *pr. scr. et corr. supra* $\mathcal{B}$ **12837** viginti] 20 $\mathcal{A}$ **12837**–**12838** none octavarum] $\frac{e}{9}\frac{a}{8}$rum $\mathcal{A}$ **12838** mille quadringente et quadraginta none octavarum] 1440 $\frac{e}{9}\frac{a}{8}$rum $\mathcal{A}$, mille quadrigente et quadraginta none octavarum $\mathcal{B}$ **12839** septingente viginti] 720 $\mathcal{A}$ **12840** duas nonas octave] $\frac{2}{9}\frac{e}{8}$ $\mathcal{A}$ **12840** hee] he $\mathcal{A}$ **12841** septingente viginti] 720 $\mathcal{A}$ **12841** quadraginta] 40 $\mathcal{A}$ **12842** quadraginta] 40 $\mathcal{A}$ **12842**–**12843** quadraginta] 40 $\mathcal{A}$ **12843** viginti] 20 $\mathcal{A}$ **12844** septuaginta duorum] 72^{orum} $\mathcal{A}$ **12844** triginta sex] 36 $\mathcal{A}$ **12845** viginti] 20 $\mathcal{A}$ **12845** quadraginta] 40 $\mathcal{A}$ **12845**–**12846** decem et octo] 18 $\mathcal{A}$ **12847** Quadraginta] 40 $\mathcal{A}$ **12847** una] 1 $\mathcal{A}$ **12847**–**12848** octoginta nonas octave] $\frac{80}{9}\frac{e}{8}$ $\mathcal{A}$ **12848** arrova] arova $\mathcal{A}$ **12848** una] 1 $\mathcal{A}$ **12848** nona] $\frac{a}{9}$ $\mathcal{A}$ **12848** arrove] arove $\mathcal{A}$ **12848** unum] 1 $\mathcal{A}$ **12849** nonam] $\frac{\text{am}}{9}$ $\mathcal{A}$ **12849** viginti] 20 $\mathcal{A}$ **12849** decem et octo] 18 $\mathcal{A}$

Item de eodem

(B.281) Si quis querat: Cum sex lampades consumunt tres octavas in una nocte, tunc quot arrovas consumunt in triginta noctibus?

Sic facies. Positum est sex lampades consumere ⟨in una nocte⟩ tres octavas. Has igitur multiplica in triginta noctes, et provenient undecim arrove et quarta arrove; et hoc est quod voluisti.

Item de eodem.

(B.282) Si quis querat: Cum tres lampades consumant octavam arrove in una nocte, tunc quot arrovas consument decem lampades in triginta noctibus?

(a) Sic facies. Numerum a quo denominatur octava, qui est octo, multiplica in tres lampades; et provenient viginti quatuor, quos pone prelatum. Deinde multiplica decem lampades in triginta noctes, et productum divide per prelatum; et exibunt duodecim et dimidium, et tot sunt arrove ignote.

Cuius probatio talis est. Si enim octavam consumeret una lampas in una nocte, sequeretur ut decem lampades consumerent in triginta noctibus triginta septem arrovas et dimidiam secundum quod diximus in primo capitulo de lampadibus; scilicet ut multiplices decem lampades in triginta noctes et productum dividas per numerum a quo denominatur octava, qui est octo. Postquam igitur positum est tres lampades consumere octavam in una nocte, sequitur ut accipias tertiam partem harum triginta septem arrovarum et dimidie que exierunt de divisione, hoc modo, videlicet divide eas per tres. Scis autem quod multiplicare decem in triginta et productum dividere per octo et quod exit dividere per tres idem est quod multiplicare decem in triginta et productum dividere per productum ex octo ductis in tres.

(b) Vel aliter. Scis quod, postquam tres lampades consumunt in una nocte octavam, sequitur ut unaqueque illarum consumat in una nocte tertiam octave. Quasi ergo dicatur: 'Cum una lampas consumat in una nocte tertiam octave, tunc quot arrovas consument decem lampades in triginta noctibus?'. Fac sicut supra dictum est. Scilicet, multiplica decem in triginta et pro-

12851 sex] 6 $\mathcal{A}$ **12851** tres octavas] $\frac{3}{8}$ $\mathcal{A}$ **12852** triginta] 30 $\mathcal{A}$ **12853** sex] 6 $\mathcal{A}$ **12853–12854** tres octavas] $\frac{3}{8}$ $\mathcal{A}$ **12854** triginta] 30 $\mathcal{A}$ **12854** undecim] 11 $\mathcal{A}$ **12855** quarta] $\frac{a}{4}$ $\mathcal{A}$ **12857** tres] 3 $\mathcal{A}$ **12857** octavam] $\frac{am}{8}$ $\mathcal{A}$ **12857** arrove] arove *pr. scr. et corr. supra* $\mathcal{A}$ **12858** decem] 10 $\mathcal{A}$ **12858** triginta] 30 $\mathcal{A}$ **12860** octava] $\frac{a}{8}$ $\mathcal{A}$ **12860** octo] $\frac{}{8}$ *pr. scr. et corr.* $\mathcal{A}$ **12861** tres] 3 $\mathcal{A}$ **12861** viginti quatuor] 24 $\mathcal{A}$ **12862** decem] 10 $\mathcal{A}$ **12862** triginta] 30 $\mathcal{A}$ **12862** noctes] noctibus *codd.*   **12863** duodecim] 12 $\mathcal{A}$ **12864** octavam] $\frac{am}{8}$ $\mathcal{A}$ **12864** consumeret] consument $\mathcal{B}$ **12865** decem] 10 $\mathcal{A}$ **12865** consumerent] consument $\mathcal{B}$ **12865** triginta] 30 $\mathcal{A}$ **12866** triginta septem] 37 $\mathcal{A}$ **12867** decem] 10 $\mathcal{A}$ **12867** triginta] 30 $\mathcal{A}$ **12868** noctes] noctibus *codd.*   **12868** octava] $\frac{a}{8}$ $\mathcal{A}$ **12869** octo] 8 $\mathcal{A}$ **12869** tres] 3 $\mathcal{A}$ **12869** octavam] $\frac{am}{8}$ $\mathcal{A}$ **12870** triginta septem] 37 $\mathcal{A}$ **12872** tres] 3 $\mathcal{A}$ **12872** decem] 10 $\mathcal{A}$ **12872** triginta] 30 $\mathcal{A}$ **12873** dividere] divide $\mathcal{B}$ **12873** octo] 8 $\mathcal{A}$ **12873** tres] 3 $\mathcal{A}$ **12874** decem] 10 $\mathcal{A}$ **12874** triginta] 30 $\mathcal{A}$ **12874** octo] 8 $\mathcal{A}$ **12875** tres] 3 $\mathcal{A}$ **12876** tres] 3 $\mathcal{A}$ **12876** una] 1 $\mathcal{A}$ **12877** octavam] $\frac{am}{8}$ $\mathcal{A}$ **12877** nocte] $\frac{am}{8}$ *sequitur ... una nocte per homœotel. iter.* $\mathcal{A}$ **12877–12878** tertiam octave] $\frac{am}{3}\frac{e}{8}$ $\mathcal{A}$ **12878** una *(post* in*)*] 1 $\mathcal{A}$ **12878–12879** tertiam octave] $\frac{am}{3}\frac{e}{8}$ $\mathcal{A}$ **12879** consument] consumunt $\mathcal{B}$ **12879** decem] 10 $\mathcal{A}$ **12879** lampades] lapades $\mathcal{B}$ **12879** triginta] 30 $\mathcal{A}$ **12880** decem] 10 $\mathcal{A}$ **12880** triginta] 30 $\mathcal{A}$

ductum divide per viginti quatuor, qui fit ex numeris denominationum, scilicet tertie et octave; et quod exierit est id quod voluisti. Deinde prosequere hanc questionem per omnes modos eius sicut ostensum est in primo capitulo lampadarum.

(**c**) Vel aliter. Postquam tres lampades consumunt octavam in una nocte, sequitur ut decem lampades consumant in una nocte tres octavas et tertiam octave; nam trium lampadarum decem lampades triplum sunt et insuper tertia. Multiplica igitur tres octavas et tertiam ⟨octave⟩ in triginta, et proveniet quod queris, scilicet duodecim arrove et dimidia.

ITEM DE EODEM.

(**B.283**) Si quis querat: Cum sex lampades consumant tres octavas in una nocte, tunc quot arrovas consumunt decem lampades in triginta noctibus?

(**a**) Sic facies. Numerum a quo denominatur octava, scilicet octo, multiplica in sex, et provenient quadraginta octo; quos pone prelatum. Deinde tres, qui est numerus octavarum, multiplica in decem lampades, et provenient triginta. Quos multiplica in triginta noctes, et provenient nongenta. Quos divide per prelatum, et exibunt decem et octo arrove et tres quarte unius arrove.

Cuius rei causa patet. Nam si una lampas consumeret tres octavas in una nocte, sequeretur ut decem lampades consumerent centum et duodecim arrovas et dimidiam in triginta noctibus secundum quod dictum est [in secundo capitulo candelarum], scilicet ut multiplices tres octavas in decem, et proveniet triginta octave, quas multiplica in triginta noctes, et provenient nongente octave, quas divide per octo unde denominatur octava.

Et quoniam supra dictum est sex lampades consumere tres octavas in una nocte, oportet accipere sextam de centum duodecim et dimidia, hoc modo, videlicet ut dividas centum et duodecim et dimidiam per sex. Notum est autem quod multiplicare tres in decem et productum multiplicare in triginta et productum dividere per octo et quod exit dividere per sex idem est quod multiplicare tres in decem et productum in triginta et productum

---

12881 viginti quatuor] 24 $\mathcal{A}$ **12882** tertie] $\frac{a}{3}$ $\mathcal{A}$, tertia $\mathcal{B}$ **12882** octave] $\frac{a}{8}$ $\mathcal{A}$, octava $\mathcal{B}$ **12882–12883** prosequere] persequere $\mathcal{B}$ **12885** tres] 3 $\mathcal{A}$ **12885** octavam] $\frac{am}{8}$ $\mathcal{A}$ **12886** decem] 10 $\mathcal{A}$ **12886** tres octavas] $\frac{3}{8}$ $\mathcal{A}$ **12886–12887** tertiam octave] $\frac{am\ e}{3\ 8}$ $\mathcal{A}$ **12887** trium] 3 $\mathcal{A}$ **12887** decem] 10 $\mathcal{A}$ **12888** tertia] $\frac{a}{3}$ $\mathcal{A}$ **12888** tres octavas] $\frac{3}{8}$ $\mathcal{A}$ **12888** tertiam] $\frac{am}{3}$ $\mathcal{A}$ **12888** triginta] 30 $\mathcal{A}$ **12889** duodecim] 12 $\mathcal{A}$ **12891** sex] 6 $\mathcal{A}$ **12891** tres octavas] $\frac{3}{8}$ $\mathcal{A}$ **12892** decem] 10 $\mathcal{A}$ **12892** triginta] 30 $\mathcal{A}$ **12893** octava] $\frac{a}{8}$ $\mathcal{A}$ **12893** octo] 8 $\mathcal{A}$ **12894** sex] 6 $\mathcal{A}$ **12894** quadraginta octo] 48 $\mathcal{A}$ **12895** tres] 3 $\mathcal{A}$ **12895** octavarum] $\frac{a\,rum}{8}$ $\mathcal{A}$ **12895** decem] 10 $\mathcal{A}$ **12896** triginta] 30 $\mathcal{A}$ **12896** triginta *(post* in*)*] 30 $\mathcal{A}$ **12896** nongenta] 900 $\mathcal{A}$ **12897** divide] di *scr. in fin. lin. &* divide *in seq.* $\mathcal{B}$ **12897** decem et octo] 18 $\mathcal{A}$ **12897** tres quarte] $\frac{3}{4}$ $\mathcal{A}$ **12899** consumeret] consument $\mathcal{B}$ **12899** tres octavas] $\frac{3}{8}$ $\mathcal{A}$ **12900** decem] 10 $\mathcal{A}$ **12900–12901** centum et duodecim] 112 *(*12 *pr. scr. et corr.) $\mathcal{A}$* **12901** dimidiam] $\frac{am}{2}$ $\mathcal{A}$ **12901** triginta] 30 $\mathcal{A}$ **12902** tres octavas] $\frac{3}{8}$ $\mathcal{A}$ **12903** decem] 10 $\mathcal{A}$ **12903** triginta octave] 30 $\frac{e}{8}$ $\mathcal{A}$ **12903** triginta] 30 $\mathcal{A}$ **12904** nongente octave] 900 $\frac{e}{8}$ $\mathcal{A}$ **12904** octo] 8 $\mathcal{A}$ **12904** octava] $\frac{a}{8}$ $\mathcal{A}$ **12905** sex] 6 $\mathcal{A}$ **12905** tres octavas] $\frac{3}{8}$ $\mathcal{A}$ **12906** sextam] $\frac{am}{6}$ $\mathcal{A}$ **12906** centum duodecim] 112 $\mathcal{A}$ **12906** dimidia] $\frac{a}{2}$ $\mathcal{A}$ **12907** centum et duodecim] 112 *(*100 *pr. scr. et del.) $\mathcal{A}$* **12907** dimidiam] $\frac{am}{2}$ $\mathcal{A}$ **12908** tres] 3 $\mathcal{A}$ **12908** decem] 10 $\mathcal{A}$ **12908–12909** triginta] 30 $\mathcal{A}$ **12909** octo] 8 $\mathcal{A}$ **12909** sex] 6 $\mathcal{A}$ **12910** tres] 3 $\mathcal{A}$ **12910** decem] 10 $\mathcal{A}$ **12910** triginta] 30 $\mathcal{A}$

dividere per productum ex octo ductis in sex. Et hoc est quod monstrare voluimus.

(*b*) Vel aliter. Postquam sex lampades consumunt tres octavas in una nocte, sequitur ut unaqueque illarum consumat in una nocte dimidiam octave. Quasi ergo dicatur: 'Cum una lampas consumat dimidiam octave in una nocte, tunc quot arrovas consumunt decem lampades in triginta noctibus?'. Fac sicut supra monstratum est per omnes modos eius, et exibunt decem et octo et tres quarte.

ITEM DE EODEM.

(**B.284**) Si quis querat: Cum sex lampades consumant tres octavas in una nocte, tunc quot lampades consumunt viginti arrovas in triginta noctibus?

(*a*) Sic facies. Multiplica numerum octavarum in triginta, et provenient nonaginta, quos pone prelatum. Deinde numerum a quo denominatur octava, scilicet octo, multiplica in sex lampades, et provenient quadraginta octo. Quos multiplica in viginti, et provenient nongenta sexaginta. Quos divide per prelatum, et exibunt decem lampades et due tertie unius lampadis. Et hoc est quod voluisti.

Cuius rei causa hec est. Postquam enim sex lampades consumunt tres octavas in una nocte, sequitur ut in triginta noctibus consumant nonaginta octavas. Positum est autem quod lampades ignote consumunt in triginta noctibus viginti arrovas, que sunt centum sexaginta octave. Manifestum est igitur quod comparatio sex lampadum ad id quod consumunt in triginta noctibus, quod est nonaginta octave, est sicut comparatio lampadum ignotarum ad id quod consumunt in triginta noctibus, quod est centum sexaginta octave. Unde sunt quatuor numeri proportionales. Si igitur multiplices sex in centum sexaginta et productum dividas per nonaginta, exibit numerus lampadarum ignotarum. Vel aliter. Inquire numerum in quem multiplicate nonaginta octave fiunt centum sexaginta octave, et invenies unum et septem nonas. Unum igitur et septem nonas multiplica in sex, et provenient decem et due tertie, qui est numerus lampadarum.

(*b*) Vel aliter. Iam scis quod sex lampades consumunt in triginta noctibus

---

12911 octo] 8 𝒜   **12911** sex] 6 𝒜   **12913** sex] 6 𝒜   **12913** tres octavas] $\frac{3}{8}$ 𝒜   **12914** una *(post* consumat in*)*] 1 𝒜   **12914–12915** dimidiam octave] $\frac{am\ e}{2\ 8}$ 𝒜   **12915** dimidiam octave] $\frac{am\ e}{2\ 8}$ 𝒜   **12916** decem] 10 𝒜   **12916** triginta] 30 𝒜   **12918** decem et octo] 18 𝒜   **12918** tres quarte] $\frac{3}{4}$ 𝒜   **12920** sex] 6 𝒜   **12920** tres octavas] $\frac{3}{8}$ 𝒜   **12921** viginti] 20 𝒜   **12921** triginta] 30 𝒜   **12922** octavarum] $\frac{a\,\mathrm{rum}}{8}$ 𝒜   **12922** triginta] 30 𝒜   **12923** nonaginta] 90 𝒜   **12923–12924** octava] $\frac{a}{8}$ 𝒜   **12924** octo] 8 𝒜   **12924** sex] 6 𝒜   **12924–12925** quadraginta octo] 48 𝒜   **12925** viginti] 20 𝒜   **12925** nongenta sexaginta] 990 𝒜, nongenta nonaginta *B*   **12926** decem] 10 𝒜   **12926** due tertie] $\frac{2}{3}$ 𝒜   **12928** hec est] est hec 𝒜   **12928** sex] 6 𝒜   **12928–12929** tres octavas] $\frac{3}{8}$ 𝒜   **12929** triginta] 30 𝒜   **12929–12930** nonaginta octavas] 90 $\frac{as}{8}$ 𝒜   **12930** triginta] 30 𝒜   **12931** viginti] 20 𝒜   **12931** centum sexaginta octave] 160 $\frac{e}{8}$ 𝒜   **12932** sex] 6 𝒜   **12932–12933** triginta] 30 𝒜   **12933** quod est] que sunt *codd.*   **12933** nonaginta octave] 90 $\frac{e}{8}$ 𝒜   **12934** triginta] 30 𝒜   **12934–12935** centum sexaginta octave] 168 $\frac{e}{8}$ *(sic)* 𝒜   **12935** quatuor] 4 𝒜   **12936** sex] 6 𝒜   **12936** centum sexaginta] 160 𝒜   **12936** nonaginta] 90 𝒜   **12938** multiplicate] multiplicare *B*   **12938** nonaginta octave] 90 $\frac{e}{8}$ 𝒜   **12938** centum sexaginta octave] 160 $\frac{e}{8}$ 𝒜   **12939** unum] 1 𝒜   **12939** septem nonas] $\frac{7}{9}$ 𝒜   **12939** septem nonas *(ante* multiplica*)*] $\frac{7}{9}$ 𝒜   **12939** sex] 6 𝒜   **12940** decem] 10 𝒜   **12940** due tertie] $\frac{2}{3}$ 𝒜   **12941** sex] 6 𝒜   **12941** triginta] 30 𝒜

nonaginta octavas, que sunt undecim arrove et quarta arrove; quas pone prelatum. Deinde multiplica sex in viginti et productum divide per prelatum, et exibunt decem et due tertie.

12945   Cuius rei causa hec est. Scimus enim quod nonaginta octave, quas consumunt sex lampades in triginta noctibus, sunt undecim arrove et quarta arrove. Manifestum est igitur quod comparatio sex lampadarum ad undecim arrovas et quartam est sicut comparatio lampadarum ignotarum ad viginti arrovas quas consumunt in triginta noctibus. Unde sunt quatuor
12950   numeri proportionales. Si igitur multiplicaveris sex in viginti et productum diviseris per undecim et quartam, exibit numerus lampadarum ignotarum.

(*c*) Vel aliter. Scis enim quod sex lampades postquam consumunt tres octavas in una nocte, sequitur ut una lampas consumat dimidiam octavam in una nocte. Quasi ergo dicatur: 'Postquam una lampas consumit dimidiam
12955   octavam in una nocte, tunc quot lampades consumunt viginti arrovas in triginta noctibus?'. Fac sicut supra ostensum est, et exibunt decem et due tertie; qui est numerus lampadarum.

ITEM DE EODEM.

(**B.285**) Si quis querat: Cum sex lampades consumunt tres octavas in una
12960   nocte, tunc in quot noctibus decem lampades consument viginti arrovas?

(*a*) Sic facies. Multiplica numerum octavarum, qui est tres, in decem, et provenient triginta; quos pone prelatum. Deinde numerum a quo denominatur octava, qui est octo, multiplica in sex, et provenient quadraginta octo. Quos multiplica in viginti arrovas, et productum divide per prelatum, et
12965   exibunt triginta duo; qui est numerus noctium ignotarum.   Cuius rei causa patet ex premissis.

(*b*) Vel aliter. Postquam sex lampades consumunt in una nocte tres octavas, sequitur ut unaqueque illarum consumat in nocte dimidiam octavam. Quasi ergo dicatur: 'Cum una lampas consumat in nocte dimidiam oc-
12970   tavam, tunc decem lampades in quot noctibus consument viginti arrovas?'. Fac sicut predocuimus, et exibit quod voluisti.

12942 nonaginta octavas] 90 $\frac{as}{8}$ $\mathcal{A}$ **12942** undecim] 11 $\mathcal{A}$ **12942** quarta] $\frac{a}{4}$ $\mathcal{A}$ **12943** sex] 6 $\mathcal{A}$ **12943** viginti] 20 $\mathcal{A}$ **12944** decem] 10 $\mathcal{A}$ **12944** due tertie] $\frac{2}{3}$ $\mathcal{A}$ **12945** hec est] est hec $\mathcal{A}$ **12945** nonaginta octave] 90 $\frac{e}{8}$ $\mathcal{A}$ **12946** sex] 6 $\mathcal{A}$ **12946** triginta] 30 $\mathcal{A}$ **12946** undecim] 11 $\mathcal{A}$ **12946–12947** quarta] $\frac{a}{4}$ $\mathcal{A}$ **12947** sex] 6 $\mathcal{A}$ **12948** undecim] 11 $\mathcal{A}$ **12948** quartam] $\frac{am}{4}$ $\mathcal{A}$ **12949** viginti] 20 $\mathcal{A}$ **12949** triginta] 30 $\mathcal{A}$ **12949** quatuor] 4 $\mathcal{A}$ **12950** sex] 6 $\mathcal{A}$ **12950** viginti] 20 $\mathcal{A}$ **12951** undecim] 11 $\mathcal{A}$ **12951** quartam] $\frac{am}{4}$ $\mathcal{A}$ **12952** sex] 6 $\mathcal{A}$ **12952–12953** tres octavas] $\frac{3}{8}$ $\mathcal{A}$ **12953** dimidiam octavam] dimidiam $\frac{am}{8}$ $\mathcal{A}$ **12954–12955** dimidiam octavam] $\frac{am}{2}\frac{am}{8}$ $\mathcal{A}$ **12955** viginti] 20 $\mathcal{A}$ **12956** triginta] 30 $\mathcal{A}$ **12956** decem] 10 $\mathcal{A}$ **12956–12957** due tertie] $\frac{2}{3}$ $\mathcal{A}$ **12959** sex] 6 $\mathcal{A}$ **12959** lampades] lampadex $\mathcal{B}$ **12959** tres octavas] $\frac{3}{8}$ $\mathcal{A}$ **12960** decem] 10 $\mathcal{A}$ **12960** viginti] 20 $\mathcal{A}$ **12961** octavarum] $\frac{a}{8}$rum $\mathcal{A}$ **12961** tres] 3 $\mathcal{A}$ **12961** decem] 10 $\mathcal{A}$ **12962** triginta] 30 $\mathcal{A}$ **12963** octava] $\frac{a}{8}$ $\mathcal{A}$ **12963** octo] 8 $\mathcal{A}$ **12963** sex] 6 $\mathcal{A}$ **12963** quadraginta octo] 48 $\mathcal{A}$ **12964** viginti] 20 $\mathcal{A}$ **12965** triginta duo] 32 $\mathcal{A}$ **12967** sex] 6 $\mathcal{A}$ **12967** una] 1 $\mathcal{A}$ **12967–12968** tres octavas] $\frac{3}{8}$ $\mathcal{A}$ **12968** dimidiam octavam] dimidiam $\frac{am}{8}$ $\mathcal{A}$; *post hæc add.* (*v. infra*) *et exp.* tunc decem lampades in quot noctibus $\mathcal{B}$ **12969–12970** dimidiam octavam] dimidiam $\frac{am}{8}$ $\mathcal{A}$ **12970** decem] 10 $\mathcal{A}$ **12970** viginti] 20 $\mathcal{A}$ **12971** quod] quis $\mathcal{B}$

Capitulum de impensa animalium

Hoc capitulum non differt a capitulo lampadarum per omnes questiones suas, preter hoc quod sequitur capitulum, scilicet, de ignotis animalibus.

(**B.286**) Si quis querat: Cum unum animal comedat quartam caficii in una nocte, tunc quot caficios comedent viginti animalia in triginta noctibus?

(***a***) Numerum a quo denominatur quarta, scilicet quatuor, pone prelatum. Deinde multiplica viginti in triginta, et fient sexcenta. Quos divide per prelatum, et exibunt centum quinquaginta; et tot sunt caficii.

Causa autem huius hec est. Postquam enim unum animal comedit quartam caficii in una nocte, sequitur ut viginti animalia comedant in una nocte viginti quartas. Quas si multiplicaveris in triginta, provenient sexcente quarte caficii, quas comedunt viginti animalia in triginta noctibus. Has igitur divide per denominationem quarte ut scias quot caficii sunt in eis. Vel aliter. Tu scis quod viginti quarte quas comedunt viginti animalia in una nocte sunt quinque caficii. Sequitur ergo ut in triginta noctibus comedant centum quinquaginta caficios; videlicet, multiplica quinque caficios in triginta noctibus, et proveniet quod queris.

(***b***) Vel aliter. Tu scis quod, postquam unum animal comedit in nocte unam quartam caficii, sequitur ut in triginta noctibus comedat triginta quartas caficii, que sunt septem caficii et dimidius. Quos multiplica in numerum animalium, et provenient centum quinquaginta. Et hoc est quod scire voluisti.

(***c***) Scias quod idem est numerus caficiorum quos comedit unum animal in mense et numerus de almodis quos comedit in anno. Cum enim unum animal comederit septem caficios et dimidium in mense, sequitur necessario ut comedat septem almodis et dimidium in anno. Et sic semper numerus de almodis in anno idem erit qui numerus caficiorum in mense.

Cuius rei causa patet. Quoniam, cum unum animal comederit in mense septem caficios et dimidium et volueris scire quot almodis comedit in anno, multiplica septem caficios et dimidium in numerum mensium totius anni, qui est duodecim, et productum divide per numerum caficiorum qui faciunt

---

12978–13219 Numerum a quo ... est quod voluisti] A *deficit;* 62ra, *10 –* 63va, *43* B.

12972 *tit.*] *om. sed spat. rel.* B; *hic scr. lector* B: *De animalium pastu et impensa* **12972** impensa] *corr. ex* expensa A **12973–12975** Hoc capitulum ... de ignotis animalibus] *in fine propositi probl. B.286 (post* in triginta noctibus*) praeb. codd.* **12974** hoc] *quasi* hic A **12974–12975** capitulum ... animalibus] *om. sed spat. rel. (quasi pro tit.)* B **12976** comedat] commedat A, *corr. ex* comedet B **12976** quartam] $\frac{am}{4}$ A **12977** viginti] 20 A **12977** triginta] 30 A **12980** centum quinquaginta] centum quiquaginta B **12981** comedit] commedit B **12984** comedunt] comedut B **12985** ut scias] inscias B **12986** comedunt] commedunt B **12987–12988** comedant] commedant B **12990** comedit] commedit B **12991** comedat] commedat B **12993** centum quinquaginta] centum quinquagita B **12995** comedit] commedit B **12996** comedit] commedit B **12997** sequitur] sequetur B **12998** comedat] commedat B **13001** dimidium] dimidio B **13001** comedit] commedit B

unum almodi, scilicet duodecim. Scis autem quoniam si multiplicaveris septem et dimidium in duodecim et productum diviseris per duodecim, exibunt septem et dimidium. Et ob hoc contingit illud.

(*d*) Vel aliter. Scis enim quoniam, cum unum animal comedit in una nocte quartam caficii, sequitur ut in quatuor noctibus comedat caficium. Inquire ergo numerum in quem multiplicate quatuor noctes fiant triginta; et invenies septem et dimidium. Multiplica igitur caficium in septem et dimidium et productum multiplica in viginti; et provenient centum quinquaginta caficii. Et hoc est quod voluisti.

ITEM DE EODEM.

(**B.287**) Si quis querat: Cum unum animal comedat in una nocte duas quintas caficii, tunc quot caficios comedent viginti animalia in triginta noctibus?

Sic facies. Numerum a quo denominatur quinta, scilicet quinque, pone prelatum. Deinde multiplica viginti in triginta, et provenient sexcenta. Quos divide per prelatum, et exibunt centum viginti. Quos duplica, et fient ducenta quadraginta. Et hoc est quod voluisti.

Causa autem duplandi id quod de divisione exivit hec est. Scis enim quod, cum unum animal in una nocte comedit duas quintas caficii, sequitur ut in triginta noctibus comedat sexaginta quintas caficii. Quas si multiplices in numerum animalium et productum diviseris per numerum denominantem quintam, exibunt ducenta quadraginta. Quod idem est quod multiplicare viginti in triginta et productum dividere per numerum denominantem quintam et duplare quod exit; nam comestio duplicatur. Omnes modi huius questionis fiunt secundum modos precedentis.

ITEM DE EODEM.

(**B.288**) Si quis querat: Cum unum animal in una nocte comedat tertiam caficii, tunc quot animalia comedent quadraginta caficios in triginta noctibus?

(*a*) Sic facies. Numerum a quo denominatur tertia, qui est tres, multiplica in quadraginta, et provenient centum viginti. Quos divide per triginta, et exibunt quatuor, animalia.

Cuius rei causa hec est. Scimus enim quod, cum unum animal comedit tertiam caficii in una nocte, sequitur ut centum viginti animalia comedant quadraginta caficios in una nocte. Divide igitur centum viginti per triginta noctes ut scias quot animalia competunt unicuique nocti.

(*b*) Vel aliter. Postquam unum animal comedit tertiam caficii in una nocte, sequitur ut comedat decem caficios in triginta noctibus. Divide igitur quadraginta caficios per decem, et exibunt quatuor, et tot sunt animalia.

Cuius rei causa hec est. Scimus enim quod comparatio unius animalis ad id quod expendit in mense, quod est decem caficii, est sicut comparatio

---

13004 autem] enim *cod.* **13007** comedit] commedit *B* **13008** comedat] commedat *B* **13015** comedent] commedent *B* **13027** comestio] commestio *B* **13030** comedat] commedat *B* **13031** comedent] conmedent *B* **13036** comedit] commedit *B* **13037** comedant] commedant *B* **13040** comedit] commedit *B*

animalium ignotorum ad id quod comedunt ⟨in mense⟩, quod est quadraginta caficii. Unde sunt quatuor numeri proportionales. Quod igitur fit ex ductu ⟨unius⟩ animalis in quadraginta caficios si dividatur per decem exibunt animalia ignota. Et hoc est quod voluisti.

ITEM DE EODEM.

(B.289) Si quis querat: Cum unum animal comedat quartam caficii in una nocte, tunc in quot noctibus comedunt quinquaginta animalia centum caficios?

(*a*) Sic facies. Numerum a quo denominatur quarta multiplica in centum, et fient quadringenta. Quos divide per quinquaginta, et exibunt octo, et tot sunt noctes.

Cuius rei causa hec est. Postquam enim unum animal comedit quartam caficii in nocte, sequitur ut in quadringentis noctibus comedat centum caficios. Scis autem quod centum caficios comedunt quinquaginta animalia. Si igitur diviseris quadringenta per quinquaginta, exibit numerus noctium.

(*b*) Vel aliter. Scimus enim quod, postquam unum animal comedit quartam caficii in nocte, sequitur ut quinquaginta animalia comedant duodecim caficios et dimidium in una nocte. Divide igitur centum caficios per duodecim et dimidium, et exibunt octo, qui est numerus noctium ignotarum. Causa autem huius patet intelligenti precedentia.

ITEM DE EODEM.

(B.290) Si quis querat: Cum unum animal comedat tres octavas caficii ⟨in⟩ una nocte, tunc in quot noctibus comedent viginti animalia centum caficios?

Sic facies. Numerum a quo denominatur octava multiplica in centum et productum divide per viginti, et exibunt quadraginta. Quorum tertia, quoniam dictum est tres octavas comedi in nocte, que est tredecim et tertia, est id quod voluisti.

Causa autem propter quam accipimus tertiam eius quod de divisione exit hec est. Scimus enim quod si unum animal expenderet in nocte octavam caficii, sequitur ut expenderet centum caficios in octingentis noctibus. Postquam autem positum est unum animal expendere in nocte tres octavas caficii, sequitur ut expendat centum caficios in ducentis et sexaginta sex noctibus et duabus tertiis noctis. Has igitur si diviseris per numerum animalium, que sunt viginti, exibit numerus noctium. Scis autem quod multiplicare octo in centum et producti dividere tertiam per viginti idem est quod multiplicare octo in centum et productum dividere per viginti et accipere tertiam eius quod exit. Similiter etiam facies per omnes modos huius questionis sicut predocuimus.

13045 comedunt] commedunt *B*   13051 comedunt] commedunt *B*   13054 quadringenta] quadraginta *B*   13056 comedit] commedit *B*   13057 comedat] commedat *B*   13058 comedunt] commedunt *B*   13059 noctium] nocium *B*   13060 comedit] commedit *B*   13061 comedant] commedant *B*   13066 comedat] commedat *B*   13067 comedent] commedent *B*   13071 comedi] commedi *B*   13075 ut] et quod *B*   13075 octingentis] octigentis *B*   13077 octavas] octatavas *B*

ITEM DE EODEM.

(**B.291**) Si quis querat: Cum quinque animalia comedant octo caficios in sex noctibus, tunc quot caficios comedent viginti animalia in triginta noctibus?

(***a***) Sic facies. Quinque animalia multiplica in sex noctes, ⟨et⟩ provenient triginta, quos pone prelatum. Deinde multiplica octo caficios in viginti animalia et productum multiplica in triginta noctes, et productum divide per prelatum, et exibunt centum et sexaginta caficii. Et hoc est quod voluisti.

Causa autem huius hec est. Scimus enim quod comparatio quinque animalium ad octo caficios, quos comedunt in sex noctibus, est sicut comparatio viginti animalium ad id quod expendunt in sex noctibus. Unde sunt quatuor numeri proportionales. Quod igitur fit ex octo ductis in viginti si diviseris per quinque exibit numerus caficiorum quos expendunt viginti animalia in sex noctibus, qui est triginta duo. Manifestum est etiam quod comparatio sex noctium ad triginta noctes est sicut comparatio caficiorum sex noctium, qui sunt triginta duo, ad caficios triginta noctium. Unde sunt quatuor numeri proportionales. Quod igitur fit ex triginta ductis in triginta duo si dividatur per sex exibit numerus caficiorum quos comedunt viginti animalia in triginta noctibus. Manifestum est igitur quod si multiplices octo in viginti et productum dividas per quinque et quod exit multiplices in triginta et productum dividas per sex, exibit numerus caficiorum quos comedunt viginti animalia in triginta noctibus. Iam autem ostendimus in precedentibus quod multiplicare octo in viginti et productum dividere per quinque et quod exit multiplicare in triginta et productum dividere per sex idem est quod multiplicare octo in viginti et productum in triginta et hoc productum dividere per productum ex sex ductis in quinque. Et hoc est quod monstrare voluimus.

(***b***) Vel aliter. Scimus enim quod, postquam quinque animalia comedunt octo caficios in sex noctibus, sequitur ut comedant quadraginta caficios in triginta noctibus. ⟨Quasi ergo queratur: 'Cum quinque animalia comedant quadraginta caficios in triginta noctibus, tunc quot caficios comedent viginti animalia etiam in triginta noctibus?'.⟩ Unde sunt quatuor numeri proportionales. Si igitur multiplices viginti in quadraginta et productum dividas per quinque, exibunt centum sexaginta, et tot sunt caficii quos expendunt viginti animalia. Vel aliter. Inquire numerum in quem multiplicata quinque animalia fiunt quadraginta, qui sunt eorum caficii, et invenies octo. Quos multiplica in viginti, et provenient centum sexaginta. Et hoc est quod voluisti. [Cuius rei causa patet consideranti predicta.]

(***c***) Vel aliter. Scis enim quod, cum quinque animalia comedunt octo caficios in sex noctibus, sequitur ut unum ex illis comedat in una nocte quin-

---

13085 comedant] commedant B **13086** comedent] commedent B **13090** divide] dividere B **13094** comedunt] commedunt B **13102** numerus caficiorum] caficiorum numerus B **13102** comedunt] commedunt B **13106** comedunt] commedunt B **13112** comedunt] commedunt B **13113** comedant] commedant B **13120** qui] quod B **13121** multiplica] multiplica B **13124** comedat] commedant (sic) B **13124–13125** quintam] quitam B

tam caficii et tertiam quinte eius. Quasi ergo queratur: 'Cum unum animal comedat quintam caficii et tertiam quinte caficii in una nocte, tunc quot caficios comedent viginti animalia in triginta noctibus?'. Fac sicut supra docuimus. Scilicet, numerum a quo denominatur quinta pone prelatum. Deinde multiplica viginti in triginta, et provenient sexcenta. Quos divide per prelatum, et exibunt centum viginti. Deinde inquire numerum in quem multiplicata quinta fiat quinta et tertia quinte; et invenies unum et tertiam. Unum igitur et tertiam multiplica in centum viginti, et provenient centum sexaginta. Et hoc est quod voluisti.   Vel aliter. Tu scis quod, cum unum animal expenderit in nocte quintam et tertiam quinte, sequitur ut viginti animalia expendant in una nocte quinque caficios et tertiam. Multiplica igitur quinque caficios et tertiam in triginta noctes, et provenient centum sexaginta caficii.

ITEM DE EODEM.

(B.292) Si quis querat: Cum quinque animalia comedant sex caficios in octo noctibus, tunc quot animalia comedent quinquaginta caficios in triginta noctibus?

(*a*) Sic facies. Multiplica triginta in sex caficios, et provenient centum octoginta; quos pone prelatum. Deinde multiplica quinque animalia in octo noctes et productum multiplica in quinquaginta, et productum divide per prelatum; et exibunt undecim animalia et nona eius quod expendit unum animal.

Causa autem huius hec est. Scimus enim quod quinquaginta caficios expendunt animalia ⟨ignota in triginta noctibus. Scimus autem quod sex caficios expendunt quinque animalia⟩ in octo noctibus. Manifestum est igitur quod comparatio quinque animalium ad id quod expendunt in octo noctibus, quod est sex caficii, est sicut comparatio animalium ignotorum ad id quod expendunt etiam in octo noctibus, quod est quinquaginta caficii. Unde sunt quatuor numeri proportionales. Quod igitur fit ex quinque animalibus ductis in quinquaginta si dividatur per sex caficios exibit numerus animalium quinquaginta caficios in octo noctibus comedentium, qui est quadraginta unum et due tertie. Manifestum est etiam quod comparatio triginta noctium ad octo noctes est sicut comparatio animalium octo noctium, que sunt quadraginta unum et due tertie, ad animalia triginta noctium; animalia etenim comedentia quinquaginta caficios in octo noctibus plura sunt quam animalia comedentia quinquaginta caficios in triginta noctibus, ob hoc igitur fit comparatio taliter. Si igitur multiplices octo in quadraginta unum et duas tertias et productum dividas per triginta, exibit numerus animalium comedentium quinquaginta caficios ⟨in⟩ triginta noctibus. Scis autem quod multiplicare quinque in quinquaginta et productum dividere per sex et quod exit multiplicare in octo et productum dividere per triginta idem est quod multiplicare quinque in quinquaginta

---

13125 eius] caficii *pr. scr. et exp.* B   **13126** comedat] commedat B   **13127** comedent] commedent B   **13131** et *(ante* invenies*)*] *bis scr., pr. in fin. lin.* B   **13139** comedant] commedant B   **13140** comedent] commedent B   **13158**–**13159** triginta] trigin *(in fin. lin.)* B   **13159** comedentia] commedentia B   **13160** comedentia] commedentia B   **13164** quinquaginta] quinquagita B

et productum multiplicare in octo et productum dividere per productum ex sex ductis in triginta.

(*b*) Vel aliter. Scimus enim quod, cum quinque animalia comedunt sex caficios in octo noctibus, sequitur ut in una nocte comedant tres quartas caficii. Quasi ergo dicatur: 'Cum quinque animalia comedant tres quartas caficii in una nocte, tunc quot animalia comedunt quinquaginta caficios in triginta noctibus?'. Fac sicut ostensum est [in primo capitulo]. Scilicet, multiplica numerum quartarum, qui est tres, in triginta noctes, et fient nonaginta; quos pone prelatum. Deinde numerum unde denominatur quarta multiplica in quinque animalia, et provenient viginti. Quos multiplica in quinquaginta caficios, et fient mille. Quos divide per prelatum, et exibunt undecim et nona.

(*c*) Vel aliter. Tu scis quod, cum quinque animalia comedunt tres quartas caficii in una nocte, sequitur ut unum ex illis comedat quintam trium quartarum caficii. Quasi ergo dicatur: 'Cum unum animal comedat in nocte tres quartas quinte caficii, tunc quot animalia comedunt quinquaginta caficios in triginta noctibus?'. Sic facies ut supra docui. Scilicet, numerum qui fit ex denominationibus, que sunt quarta et quinta, ductis in se, scilicet viginti, multiplica in quinquaginta, et fient mille. Deinde multiplica numerum quartarum, scilicet tres, in triginta, et fient nonaginta; per quos divide mille, et exibunt undecim et nona. Et hoc est quod scire voluisti. Vel aliter. Divide mille per triginta, et exibunt triginta tres et tertia. Quorum tertiam accipe, que est undecim et nona, nam supra dixit 'tres quartas quinte'; causam autem huius iam supra ostendimus.

ITEM DE EODEM.

(**B.293**) Si quis querat: Cum sex animalia comedant octo caficios in decem noctibus, tunc in quot noctibus comedent quadraginta animalia centum caficios?

(*a*) Sic facies. Multiplica octo in quadraginta, et fient tres centum viginti; quos pone prelatum. Deinde multiplica sex animalia in decem noctes, et productum multiplica in centum caficios, et productum divide per prelatum; et exibunt decem et octo et tres quarte, et tot sunt noctes. Causa autem huius patet intelligenti precedentia.

(*b*) Vel aliter. Postquam sex animalia comedunt octo caficios in decem noctibus, sequitur ut comedant octo decimas caficii in una nocte. Quasi ergo dicatur: 'Cum sex animalia comedant octo decimas caficii in una nocte, tunc ⟨in⟩ quot noctibus comedent quadraginta animalia centum caficios?'. Fac sicut supra ostensum est. Scilicet, multiplica octo in quadraginta animalia, et fient tres centum viginti, quos pone prelatum. Deinde numerum unde denominatur decima, qui est decem, multiplica in sex, et

---

13172 comedunt] commedunt *B* **13181** animal] animalis *B* **13182** comedunt] commedunt *B* **13186** quartarum] quar *in fin. lin.* quartarum *in seq. B* **13192** comedant] commedant *B* **13193** quot] quod *B* **13193** comedent] commedent *B* **13196** noctes] noctibus *B* **13200** comedunt] commedunt *B* **13201** comedant] commedant *B* **13202** comedant] commedant *B* **13203** comedent] commedent *B*

productum ⟨multiplica in centum, et productum⟩ divide per prelatum; et exibunt decem et octo et tres quarte.

(*c*) Vel aliter. Vide quota pars est unum animal de sex animalibus, scilicet sexta. Accipe igitur sextam de octo decimis, que est decima et tertia decime. Quasi ergo dicatur: 'Cum unum animal comedat decimam caficii et tertiam decime in una nocte, tunc in quot noctibus comedent quadraginta animalia centum caficios?'. Fac sicut premonstratum est. Scilicet, de numero qui fit ex denominationibus, que sunt tertia et decima, multiplicatis inter se, scilicet triginta, accipe decimam et tertiam decime eius, que sunt quatuor. Quos multiplica in quadraginta, et fient centum sexaginta; quos pone prelatum. Deinde multiplica triginta in centum, et fient tria milia. Quos divide per prelatum, et exibunt decem et octo et tres quarte. Et hoc est quod voluisti.

⟨Capitulum de ignotis animalibus⟩

(**B.294**) Verbi gratia. Si quis querat: Cum animalia nescio quot comedunt in mense quincuplum numeri sui ex quibus sex comedunt in decem noctibus quantum est quarta numeri animalium ignotorum, tunc quot sunt animalia illa ignota?

(*a*) Sic facies. Tu scis quod, postquam animalia nescio quot comedunt quincuplum sui numeri in mense, sequitur ut sex ex illis comedant quincuplum sui numeri, quod est triginta, caficii. Scis etiam quod, postquam sex animalia comedunt in mense triginta caficios, sequitur ut in decem diebus comedant tertiam partem triginta caficiorum, que est decem caficii; nam decem dies tertia sunt triginta dierum, et competit eis tertia impense. Supra dictum est autem quod sex animalia comedunt in decem diebus quantum est quarta numeri animalium ignotorum; oportet ergo ut numerus decem caficiorum sit quarta numeri animalium. Igitur animalia ignota sunt quadraginta. Et hoc est quod voluisti.

(*b*) Vel aliter. Pone animalia ignota rem. Id ergo quod comedunt in mense erit quinque res; et id quod comedunt etiam sex animalia in decem diebus erit quarta rei, nam supra positum est quod id quod comedunt sex animalia

---

13221–13312 Verbi gratia ... fieri in lampadibus] $189^r, 1 - 189^v, 2$ $\mathcal{A}$; $63^{va}, 43$-$44 - 64^{rb}, 19$ $\mathcal{B}$.

13210 decima] et quarta *add.* $\mathcal{B}$ **13211** comedat] commedat $\mathcal{B}$ **13218** Quos] quas $\mathcal{B}$ **13220** tit.] *addidi (sine spat.* $\mathcal{B}$*)* **13221** Verbi gratia] *om. sed spat. hab.* $\mathcal{B}$ **13221** comedunt] commedunt $\mathcal{A}$, commedunt $\mathcal{B}$ **13222** sex] 6 $\mathcal{A}$ **13222** comedunt] commedunt $\mathcal{B}$ **13222** decem] 10 $\mathcal{A}$ **13223** quarta] $\frac{a}{4}$ $\mathcal{A}$ **13223** numeri] unum $\mathcal{B}$ **13223** ignotorum] ignotarum $\mathcal{B}$ **13225** comedunt] commedunt $\mathcal{B}$ **13226** sex] 6 $\mathcal{A}$ **13226** comedant] commedant $\mathcal{A}\mathcal{B}$ **13227** triginta] 30 $\mathcal{A}$ **13227** sex] 6 $\mathcal{A}$ **13228** comedunt] commedunt $\mathcal{B}$ **13228** triginta] 30 $\mathcal{A}$ **13228** decem] 10 $\mathcal{A}$ **13229** comedant] commedant $\mathcal{A}\mathcal{B}$ **13229** tertiam] $\frac{am}{3}$ $\mathcal{A}$ **13229** triginta] 30 $\mathcal{A}$ **13229** decem] 10 $\mathcal{A}$ **13229–13230** decem *(post* nam*)*] 10 $\mathcal{A}$ **13230** tertia] $\frac{a}{3}$ $\mathcal{A}$ **13230** triginta] 30 $\mathcal{A}$ **13230** tertia] $\frac{a}{3}$ $\mathcal{A}$ **13231** sex] 6 $\mathcal{A}$ **13231** comedunt] commedunt $\mathcal{B}$ **13231** decem] 10 $\mathcal{A}$ **13231** quantum] quatum $\mathcal{B}$ **13232** quarta] $\frac{a}{4}$ $\mathcal{A}$ **13232** decem] 10 $\mathcal{A}$ **13233** quarta] $\frac{a}{4}$ $\mathcal{A}$ **13233–13234** quadraginta] 40 $\mathcal{A}$ **13234** quod] est *add. et del.* $\mathcal{B}$ **13235** comedunt] commedunt $\mathcal{B}$ **13236** quinque] 5 $\mathcal{A}$ **13236** comedunt] commedunt $\mathcal{B}$ **13236** sex] 6 $\mathcal{A}$ **13236** decem] 10 $\mathcal{A}$ **13237** quarta] $\frac{a}{4}$ $\mathcal{A}$ **13237** comedunt] commedunt $\mathcal{B}$ **13237** sex] 6 $\mathcal{A}$

in decem diebus tantum est quantum quarta numeri animalium ignotorum. Scis autem quod, cum sex animalia expendunt in decem diebus quartam rei, sequitur necessario ut in mense expendant tres quartas rei. Manifestum est igitur quod comparatio animalium ignotorum, que sunt res, ad id quod expendunt in mense, quod scilicet est quinque res, est sicut comparatio sex animalium ad id quod expendunt in mense, quod est tres quarte rei. Unde sunt quatuor numeri proportionales. Quod igitur fit ex ductu rei in tres quartas rei equum est ei quod fit ex quinque rebus ductis in sex. Deinde igitur provenient tres quarte census que adequantur triginta rebus. Census igitur adequatur quadraginta rebus. Res igitur est quadraginta; qui est numerus animalium ignotorum.

ITEM DE EODEM.

(B.295) Si quis querat: Cum animalia nescio quot comedunt in mense sexaginta caficios, sex autem ex illis comedunt in quinque diebus quantum sunt tres quinte numeri animalium ignotorum, tunc quot sunt animalia illa?

(*a*) Sic facies. Iam scis quod, postquam animalia nescio quot expendunt in mense sexaginta caficios, sequitur ut in quinque diebus expendant decem caficios. Scis etiam quod sex animalia in quinque diebus expendunt quantum est tres quinte numeri animalium ignotorum. Manifestum est igitur quod comparatio animalium ignotorum ad id quod expendunt in quinque diebus, quod est decem caficii, est sicut comparatio sex animalium ad id quod expendunt in quinque diebus, quod est tres quinte numeri animalium ignotorum. Unde sunt quatuor numeri proportionales. Quod igitur fit ex ductu animalium ignotorum in tres quintas eorum, que sunt id quod expendunt sex animalia, equum est ei quod fit ex ductu sex animalium in decem caficios. Id autem quod fit ex sex ductis in decem est sexaginta. Igitur quod fit ex ductu numeri animalium ignotorum in tres quintas eorum est sexaginta. Ex ductu igitur huius numeri in tres quintas eius proveniunt sexaginta. Sequitur ergo ut ex ductu sui in se proveniant centum. Numerus ergo animalium ignotorum est radix de centum, que est decem.

Brevis autem solutio huius questionis est ut denomines quinque dies

---

13238 decem] 10 $\mathcal{A}$ **13239** sex] 6 $\mathcal{A}$ **13239** decem] 10 $\mathcal{A}$ **13239** quartam] $\frac{am}{4}$ $\mathcal{A}$, quarta $\mathcal{B}$ **13240** tres quartas] $\frac{3}{4}$ $\mathcal{A}$ **13242** quinque] 5 $\mathcal{A}$ **13242** est] igitur add. (v. supra) et del. $\mathcal{A}$ **13242** sex] 6 $\mathcal{A}$ **13243** tres quarte] $\frac{3}{4}$ $\mathcal{A}$, tres quarta $\mathcal{B}$ **13244** quatuor] 4 $\mathcal{A}$ **13244–13245** tres quartas] $\frac{3}{4}$ $\mathcal{A}$ **13245** quinque] 5 $\mathcal{A}$ **13245** sex] 6 $\mathcal{A}$ **13246** tres quarte] $\frac{3}{4}$ $\mathcal{A}$ **13246** triginta] 30 $\mathcal{A}$ **13247** quadraginta] 40 $\mathcal{A}$ **13247** quadraginta (*post* est)] 40 $\mathcal{A}$; *post* quadraginta add. et del. rebus $\mathcal{B}$ **13248** ignotorum] ignotarum $\mathcal{B}$ **13250** comedunt] commedunt $\mathcal{AB}$ **13251** sexaginta] 60 $\mathcal{A}$ **13251** sex] 6 $\mathcal{A}$ **13251** comedunt] commedunt $\mathcal{B}$ **13251** quinque] 5 $\mathcal{A}$ **13252** tres quinte] $\frac{3}{5}$ $\mathcal{A}$ **13255** sexaginta] 60 $\mathcal{A}$ **13255** quinque] 5 $\mathcal{A}$ **13255** decem] 10 $\mathcal{A}$ **13256** sex] 6 $\mathcal{A}$ **13256** quinque] 5 $\mathcal{A}$ **13257** tres quinte] $\frac{3}{5}$ $\mathcal{A}$ **13258** quinque] 5 $\mathcal{A}$ **13259** quod] qui $\mathcal{B}$ **13259** decem] 10 $\mathcal{A}$ **13259** comparatio] coparatio $\mathcal{B}$ **13259** sex] 6 $\mathcal{A}$ **13260** quinque] 5 $\mathcal{A}$ **13260** tres quinte] $\frac{3}{5}$ $\mathcal{A}$ **13261** quatuor] 4 $\mathcal{A}$ **13262** tres quintas] $\frac{3}{5}$ $\mathcal{A}$ **13263** sex] 6 $\mathcal{A}$ **13263** equum] equm $\mathcal{B}$ **13263** sex] 6 $\mathcal{A}$ **13264** decem] 10 $\mathcal{A}$ **13264** sex] 6 $\mathcal{A}$ **13264** decem] 10 $\mathcal{A}$ **13264** sexaginta] 60 $\mathcal{A}$ **13265** tres quintas] $\frac{3}{5}$ $\mathcal{A}$ **13266** sexaginta] 60 $\mathcal{A}$ **13266** tres quintas] $\frac{3}{5}$ $\mathcal{A}$ **13267** sexaginta] 60 $\mathcal{A}$ **13267** centum] 100 $\mathcal{A}$ **13268** centum] 100 $\mathcal{A}$ **13268** decem] 10 $\mathcal{A}$ **13269** quinque] 5 $\mathcal{A}$

de toto mense, scilicet sextam; sextam igitur de sexaginta caficiis, que est decem, multiplica in sex animalia, et fient sexaginta, et productum divide per tres quintas. Et eius quod exit radix est numerus animalium.

(*b*) Vel aliter. Pone animalia ignota rem. Constat autem ea comedere in mense sexaginta caficios, et sex animalia in quinque diebus comedere tres quintas numeri animalium ignotorum, que sunt tres quinte rei, oportet igitur ut comedant in mense tres res et tres quintas rei. Manifestum est igitur quod comparatio animalium ignotorum, que sunt res, ad sexaginta caficios, quos comedunt in mense, est sicut comparatio sex animalium ad id quod comedunt in mense, quod est tres res et tres quinte rei. Quod igitur fit ex ductu rei in tres res et tres quintas rei, quod est tres census et tres quinte unius census, equum est ei quod fit ex ductu sexaginta caficiorum in sex animalia, quod est tres centum sexaginta. Reduc igitur omnes census ad unum censum, et quicquid equum est omnibus censibus reduc ad tantumdem proportionaliter. Ad ultimum remanebit census, qui est equus centum nummis. Radix igitur census est decem; et tantum valet res, et tot sunt animalia ignota. [Et hoc est quod monstrare voluimus.]

ITEM.

(B.296) Si quis querat: Postquam animalia nescio quot expendunt in mense decuplum sui numeri, quinque autem ex illis in sex diebus expendunt quantum est radix numeri animalium ignotorum, tunc quot sunt animalia?

(*a*) Sic facies. Constat siquidem quod, postquam animalia ignota expendunt in mense decuplum sui numeri, tunc necesse est ut quinque ex illis expendant in mense decuplum sui numeri, scilicet quinquaginta. Ergo est necesse ut in sex diebus expendant quintam de quinquaginta, que est decem caficii. Propositum est autem quod expendunt in sex diebus quantum est radix numeri animalium ignotorum; necesse est igitur ut isti decem sint radix numeri animalium. Igitur animalia sunt centum.

(*b*) Vel aliter. Pone animalia ignota unum censum. Id igitur quod expendunt in mense erit decem census, quod vero expendunt quinque animalia in mense est quinque res. Manifestum est igitur quod comparatio census, qui est animalia ignota, ad decem census, qui sunt id quod expendunt ipsa

---

13270 mense] menses *pr. scr. et corr.* B **13270** sextam] $\frac{am}{6}$ A **13270** sextam *(ante* igitur*)*] $\frac{a}{6}$ A, Sexta B **13270** sexaginta] 60 A **13271** decem] 10 A **13271** sex] 6 A **13271** sexaginta] 60 A **13272** tres quintas] $\frac{3}{5}$ A **13274** sexaginta] 60 A, xexaginta B **13274** sex] 6 A **13274** quinque] 5 A **13275** tres quintas] $\frac{3}{5}$ A **13275** tres quinte] $\frac{3}{5}$ A **13276** tres] 3 A **13276** tres quintas] $\frac{3}{5}$ A **13277** quod] ut *codd.* **13277** sexaginta] 60 A **13278** comedunt] commedunt B **13278** sex] 6 A **13279** tres] 3 A **13279** tres quinte] $\frac{3}{5}$ A **13280** tres] 3 A **13280** tres quintas] $\frac{3}{5}$ A **13280** tres] 3 A **13280–13281** tres quinte] $\frac{3}{5}$ A **13281** census] habiti *add.* B **13281** sexaginta] 60 A **13282** sex] 6 A **13282** tres centum sexaginta] 360 A, trescentum sexaginta B **13282–13283** census] habita *add.* B **13283** censum] habitum *add.* B **13283** censibus] habitis *add.* B **13284** qui est equus] quod est equum *codd.* **13285** centum] 100 A **13285** nummis] numis B **13285** decem] 10 A **13286** monstrare] mostrare B **13289** quinque] 5 A **13289** sex] 6 A **13292** quinque] 5 A **13293** sui] su B **13293** quinquaginta] 50 A **13294** sex] 6 A **13294** quintam] $\frac{am}{5}$ A **13294** quinquaginta] 50 A **13294–13295** decem] 10 A **13295** sex diebus] 6 mensibus A **13296** decem] 10 A **13297** sunt centum] sunt 100 A, sintecentum B **13299** decem] 10 A **13299** quinque] 5 A **13300** quinque *(post* est*)*] 5 A **13301** qui est] quod est A, quod B **13301** decem] 10 A **13301** qui] que *codd.*

animalia in mense, est sicut comparatio quinque animalium ad quinque res, quas expendunt in mense. Unde sunt quatuor numeri proportionales. Quod igitur fit ex ductu census in quinque res equum est ei quod fit ex ductu decem censuum in quinque animalia. Provenient igitur ad ultimum ex multiplicatione quinque cubi, qui adequantur quinquaginta censibus. Hec igitur omnia divide per unum censum, et exibunt quinque res, que adequantur quinquaginta nummis. Res igitur equivalet decem, qui sunt radix numeri animalium; animalia igitur sunt centum. Et hoc est quod scire voluisti.

Similiter hee questiones de animalibus ignotis possunt fieri in lampadibus.

(B.297) Cum triginta anseres expendant in mense sex sextarios, prima autem die mensis post perceptum cibum occiditur unus, secunda die similiter alius, et sic singulis diebus usque ad finem mensis, tunc quantum remanet ad ultimum de sex sextariis?

Sic facies. Divide triginta per sex, et exibunt quinque; quos multiplica in triginta, et provenient centum quinquaginta, quos pone prelatum. Deinde ad triginta semper adde unum, et fient triginta unum. Quos multiplica in dimidium de triginta; et proveniunt quadringenti et sexaginta quinque. Quos divide per prelatum, et exibunt tres sextarii et decima unius sextarii, et tantum expendunt in mense secundum quod proposuit; residuum vero sex sextariorum est id quod remanet, scilicet tres sextarii minus decima.

Ideo autem dividimus triginta per sex quoniam, cum triginta anseres expendant in mense sex sextarios, sequitur ut quinque expendant in mense unum sextarium. Quorum unusquisque expendit in die centesimam quinquagesimam partem sextarii; comedit enim quintam tertie unius decime unius sextarii, que est una centesima quinquagesima pars sextarii. Quasi ergo dicatur: 'Cum sint triginta operarii quorum primi pretium sit una

---

13313–13342 Cum triginta anseres ... illis remanet] *189^v, 2 (*Cum 30 anseres expendant*) & 190^r (fragmentum) A; 74rb, 8 – 47 B.*

13302 sicut] animalia *add. et exp.* B   **13302** quinque] 5 A   **13302** quinque *(post ad)*] 5 A   **13303** quatuor] 4 A   **13304** quinque] 5 A   **13305** decem] 10 A   **13305** quinque] 5 A, quique B   **13306** quinque] 5 A   **13306** quinquaginta] 50 A   **13307** quinque] 5 A   **13308** quinquaginta] 50 A   **13308** nummis] numis B   **13308** decem] 10 A   **13309** centum] 100 A   **13309** Et] *add. supra* A   **13311–13312** Similiter ... lampadibus] *om.* B   **13311** hee] he *cod.*   **13313** (B.297)] *tit. scr. lector* B: De anserum singillatim quotidie occisorum impensa   **13313** triginta] 30 A   **13313** Cum triginta anseres expendant] *iter. in fragm.* A   **13313** sex] 6 A   **13314–13315** autem die ... singulis diebus] *desunt in* A   **13316** remanet] remanent A   **13316–13318** extariis ... et provenient] *desunt in* A   **13318** centum quinquaginta] 150 A   **13319** triginta] 30 A   **13319** unum] 1 A   **13319–13321** ient ... et exi] *desunt in* A   **13321** tres] 3 A   **13321** et *(ante* decima*)*] *om.* B   **13321** decima] $\frac{a}{10}$ A   **13322** unius] *om.* A   **13322–13323** pendunt in mense ... scilicet] *desunt in* A   **13322** proposuit] pposuit B   **13323** tres] 3 A   **13324** decima] $\frac{a}{10}$ A   **13325–13326** imus triginta ... sequitur ut] *desunt in* A   **13326** quinque] 5 A   **13326** expendant] expendatur B   **13327** unum] 1 A   **13327–13328** tarium. Quorum ... tertie unius de] *desunt in* A   **13328** comedit] Commedit B   **13329–13330** una centesima ... primi pretium] *desunt in* A   **13330–13331** una centesima quinquagesima] $\frac{1}{150}$ A

centesima quinquagesima, et superant se hac eadem differentia'. Fac sicut supra dictum est in capitulo operariorum. Scilicet, multiplica differentiam, que est una centesima quinquagesima, in numerum operariorum minus uno, et producto adde pretium minimi vel primi, quod est centesima quinquagesima, ⟨et fient triginta centesime quinquagesime; que sunt pretium maximi vel ultimi. Quibus adde pretium primi, quod est centesima quinquagesima;⟩ et fient triginta unus, qui sunt pretium primi et ultimi simul agregatorum. Quos multiplica in dimidium operariorum, et provenient quadringente sexaginta quinque centesime quinquagesime partes sextarii. Quas divide per numerum a quo denominantur, qui est centum quinquaginta, et exibunt tres sextarii et decima. Et tantum est quod comedunt; residuum vero sex sextariorum est id quod ⟨de⟩ illis remanet.

Capitulum de alio

(B.298) Verbi gratia. Cum modius et quarta Secobiensis sit equalis caficio et duabus tertiis de Toleto, tunc quot modii equantur viginti caficiis?

Hec questio est quasi dicatur: 'Postquam modius et quarta datur pro nummo et duabus tertiis, tunc quantum habebo pro viginti nummis?'. Per omnes modos huius questionis facies sicut docui in capitulo de emendo et vendendo.

(***a***) Scilicet, multiplica modium et quartam in viginti, et provenient viginti quinque. Quos divide per caficium et duas tertias, et exibunt quindecim. Et tot modii adequantur viginti caficiis.

Cuius probatio hec est. Scimus enim quod comparatio modii et quarte ad caficium et duas tertias est sicut comparatio modiorum ignotorum ad viginti caficios. Unde sunt quatuor numeri proportionales. Quod igitur fit ex ductu modii et quarte in viginti si dividatur per caficium et duas tertias exibunt modii ignoti.

(***b***) Vel aliter. Numeros denominationum, que sunt tertia et quarta, multiplica inter se, et provenient duodecim. Quos multiplica in caficium et

---

13343–13424 Capitulum de alio ... est quod voluisti] 189^v, $3 - 42$ $\mathcal{A}$; 64va, 41-42 – 65ra, 40 $\mathcal{B}$.
13343–13364 Capitulum de alio ... est quod voluisti] hab. etiam $\mathcal{D}$ 59^v, $12 - 60^r$, 4.

13331–13333 e hac eadem ... in numerum] *desunt in* $\mathcal{A}$ **13333–13337** uno, et ... ultimi simul] *desunt in* $\mathcal{A}$ **13337–13342** orum. Quos ... remanet] *desunt in* $\mathcal{A}$ **13338** operariorum] operaariorum $\mathcal{B}$ **13343–13344** Capitulum ... gratia] *om. sed spat. hab.* $\mathcal{B}$; *tit. scr. lector* $\mathcal{B}$: Mensurarum diversarum equalitas **13344** Verbi gratia] *om.* $\mathcal{D}$ **13344** quarta] $\frac{a}{4}$ $\mathcal{A}$ **13344** Secobiensis] segobiensis $\mathcal{D}$ **13344** caficio] kaficio $\mathcal{D}$ **13345** et duabus tertiis] et $\frac{2^{is}}{3}$ $\mathcal{A}$, duabus et tertiis $\mathcal{B}$ **13345** Toleto] tolleto $\mathcal{A}$ **13345** quot] quod $\mathcal{B}$ **13345** viginti] 20 $\mathcal{A}$, 20^{ti} $\mathcal{D}$ **13345** caficiis] kaficiis $\mathcal{D}$ **13346** quarta] $\frac{a}{4}$ $\mathcal{A}$ **13347** nummo] numo $\mathcal{B}$ **13347** duabus tertiis] $\frac{2^{is}}{3}$ $\mathcal{A}$ **13347** habebo] habeo *pr. scr. et supra corr.* $\mathcal{D}$ **13347** viginti] 20 $\mathcal{AD}$ **13347** nummis] numis $\mathcal{B}$ **13350** modium] modum $\mathcal{D}$ **13350** quartam] $\frac{am}{4}$ $\mathcal{A}$ **13350** viginti] 20 $\mathcal{AD}$ **13350–13351** viginti quinque] 25 $\mathcal{AD}$ **13351** caficium] *corr. ex* caficios $\mathcal{A}$, kaficium $\mathcal{D}$ **13351** duas tertias] $\frac{2}{3}$ $\mathcal{A}$ **13351** quindecim] 15 $\mathcal{AD}$ **13352** modii] modi $\mathcal{D}$ **13352** viginti] 20 $\mathcal{AD}$ **13352** caficiis] kaficiis $\mathcal{D}$ **13353** quarte] $\frac{e}{4}$ $\mathcal{A}$ **13354** caficium] kaficium $\mathcal{D}$ **13354** duas tertias] $\frac{2}{3}$ $\mathcal{A}$ **13355** viginti] 20 $\mathcal{A}$, 20^{ti} $\mathcal{D}$ **13355** caficios] kaficios $\mathcal{D}$ **13355** quatuor] 4 $\mathcal{AD}$ **13356** quarte] $\frac{e}{4}$ $\mathcal{A}$ **13356** viginti] 20 $\mathcal{A}$, 20^{ti} $\mathcal{D}$ **13356** caficium] kaficium $\mathcal{D}$ **13356** duas tertias] $\frac{2}{3}$ $\mathcal{A}$ **13358** que] qui $\mathcal{D}$ **13358** tertia] $\frac{a}{3}$ $\mathcal{A}$ **13358** quarta] $\frac{a}{4}$ $\mathcal{A}$ **13359** duodecim] 12 $\mathcal{AD}$ **13359** caficium] kaficium $\mathcal{D}$

13360 duas tertias, et provenient viginti; quos pone prelatum. Deinde multiplica duodecim in modium et quartam, et provenient quindecim. Quasi ergo queratur: 'Postquam quindecim pro viginti, tunc quot habebo pro viginti nummis?'. Fac ergo per omnes modos sicut supra docui, et provenient quindecim. Et hoc est quod voluisti.

13365 ITEM DE EODEM.

(B.299) Postquam modius et quarta modii de Secobia equatur caficio et duabus tertiis caficii de Toleto, tunc quot caficii de Toleto equantur quindecim modiis?

13370 Per omnes autem modos huius questionis fac sicut supra docui in capitulo de emendo et vendendo.

Non autem induximus has questiones nisi ut scires eas esse similes illis que sunt de emendo et vendendo.

13360 duas tertias] $\frac{2}{3}$ $\mathcal{A}$ **13360** provenient] proveniet $\mathcal{D}$ **13360** viginti] 20 $\mathcal{A}$, 20^{ti} $\mathcal{D}$ **13361** duodecim] 12 $\mathcal{AD}$ **13361** quartam] $\frac{am}{4}$ $\mathcal{A}$ **13361** quindecim] 15 $\mathcal{AD}$ **13361–13362** Quasi ... quindecim] *per homœotel. om.* $\mathcal{B}$ **13362** quindecim] 15 $\mathcal{AD}$ **13362** viginti] 20 $\mathcal{A}$, 20^{ti} $\mathcal{D}$ **13362** quot] quod $\mathcal{D}$ **13362–13363** viginti *(ante* nummis*)*] 20 $\mathcal{AD}$ **13363** nummis] numis $\mathcal{B}$ **13363** provenient] proveniunt $\mathcal{A}$ **13364** quindecim] 15 $\mathcal{AD}$ **13366** quarta] $\frac{a}{4}$ $\mathcal{A}$ **13366** equatur] equantur $\mathcal{B}$ **13367** duabus tertiis] $\frac{2\,\text{is}}{3}$ $\mathcal{A}$ **13367** Toleto *(ante* tunc*)*] tolleto $\mathcal{A}$ **13367–13368** quindecim] 15 $\mathcal{A}$ **13371** Non] nunc $\mathcal{B}$

Capitulum de expensa hominum in pane

Nota similiter quia hic quatuor ponuntur, scilicet: numerus arrovarum, et numerus panum qui ex eis fiunt, et numerus hominum qui eos comedunt, et numerus dierum in quibus comedunt. Ex quibus quatuor species questionum fiunt: aut enim ponitur in questione numerus panum et hominum et dierum, et queritur de numero arrovarum; aut ponitur numerus arrovarum et hominum et dierum, et queritur de numero panum; aut ponitur numerus arrovarum et panum et hominum, et queritur de numero dierum; aut ponitur numerus arrovarum et panum et dierum, et queritur de numero hominum. Et hee species variantur secundum pluralitatem et singularitatem istorum et fractiones.

(**B.300**) Verbi gratia. Si quis querat dicens: Cum ex una arrova fiant viginti panes quorum unum comedat unus homo per diem, tunc quot arrovas comedent quadraginta homines in triginta diebus?

(***a***) Sic facies. Multiplica triginta in quadraginta et productum divide per viginti; et exibunt sexaginta, et tot sunt arrove.

Cuius rei causa hec est. Scimus enim quod ex arrova fiunt viginti panes, quadraginta autem homines comedunt in die quadraginta panes. Si igitur multiplices quadraginta panes in triginta dies, provenient panes [triginta dierum] quos comedunt quadraginta homines in triginta diebus, qui sunt mille et ducenti panes. Hos ergo divide per panes arrove, qui sunt viginti, ut scias quot arrove continentur in illis.

(***b***) Vel aliter. Tu scis quod quadraginta homines comedunt una die quadraginta panes; qui sunt due arrove, nam ex arrova fiunt viginti panes. Multiplica igitur duas arrovas in triginta dies, et provenient sexaginta arrove. Et hoc est quod scire voluisti.

(***c***) Vel aliter. Unus homo comedit in triginta diebus triginta panes. Qui sunt arrova et dimidia. Multiplica igitur arrovam et dimidiam in quadraginta homines, et provenient sexaginta. Et hoc est quod voluisti.

Item de eodem.

13373–13374 *tit.*] *om. sed spat. rel.* B; *tit. scr. lector* B: De hominum pastu et impensis **13375** quatuor] 4 A **13375–13376** arrovarum] annuarum B **13377** quatuor] 4 A **13379** arrovarum *(post* numero*)*] anovarum B **13382** aut] ait B **13383** hee] he *codd.* **13383** pluralitatem] psalitatem B **13385** Verbi gratia] *om.* B **13385–13386** viginti] 20 A **13387** quadraginta] 40 A **13387** triginta] 30 A **13388** triginta] 30 A **13388** quadraginta] 40 A **13389** viginti] 20 A **13389** sexaginta] 60 A **13390** viginti] 20 A **13391** quadraginta] 40 A **13391** quadraginta] 40 A **13392** quadraginta] 40 A **13392** triginta] 30 A **13392** dies] diebus *codd.* **13392** provenient] provenies A **13392** triginta] 30 A **13393** quadraginta] 40 A **13393** triginta] 30 A **13394** mille et ducenti] 120 *(sic)* A **13394** viginti] 20 A **13396** quadraginta] 40 A **13396** una] 1 A **13396–13397** quadraginta] 40 A **13397** due] 2 A **13397** viginti] 20 A **13398** duas] 2 A **13398** triginta] 30 A **13398** provenient] provient A **13398** sexaginta] 60 A **13400** triginta] 30 A **13400** triginta *(ante* panes*)*] 30 A **13401–13402** quadraginta] 40 A **13402** sexaginta] 60 A

(**B.301**) Cum ex una arrova fiant quadraginta panes ex quibus duos comedit unus homo per diem, tunc quot arrovas comedunt viginti homines in triginta diebus?

(*a*) Sic facies. Multiplica viginti in triginta, et fient sex centum. Quos divide per quadraginta, et exibunt quindecim. Quos dupla, et fient triginta. Et hoc est quod scire voluisti.

Causa autem duplandi hec est. Tu scis quod viginti homines comedunt una die quadraginta panes; nam unusquisque eorum comedit duos. Si igitur multiplices quadraginta in triginta et productum diviseris per panes unius arrove, exibit quod voluisti. Scis autem quod multiplicare duos panes in viginti et productum in triginta et productum dividere per quadraginta idem est quod multiplicare viginti in triginta et productum dividere per quadraginta et duplicare quod exit.

(*b*) Vel aliter. Positum est unum hominem duos panes comedere; sequitur ergo ut viginti homines una die comedant quadraginta panes, qui sunt una arrova. Multiplica igitur unam arrovam in triginta dies, et fient triginta arrove. Et hoc est quod voluisti.

(*c*) Vel aliter. Positum est duos panes una die ab uno comedi; sequitur ergo ut in triginta diebus comedat sexaginta panes, qui sunt arrova et dimidia. Hanc igitur arrovam et dimidiam multiplica in numerum hominum, qui sunt viginti, et provenient triginta arrove. Et hoc est quod voluisti.

(**B.302**) Si quis querat: Cum duo homines comedant decem panes in tribus noctibus, qui quadraginta fiunt de caficio, tunc viginti homines quot comedent in quadraginta quinque noctibus?

(*a*) Constat ex predictis in conducendis vectoribus quod comparatio eius quod fit ex ductu hominum in noctes ad id quod fit ex ductu aliorum hominum in alias noctes est sicut comparatio panum ad panes; hoc enim quod diximus: 'duos homines comedere decem panes in tribus noctibus, tunc viginti homines quot comedent in quadraginta quinque noctibus?' tale est ac si diceremus: 'Conducitur aliquis ad portandum duos sextarios tribus

---

13425–13482 Si quis querat ... et tres quarte] $189^v, 42 - 191^r, 28$ $\mathcal{A}$; $\mathcal{B}$ deficit.

13404 quadraginta] 40 $\mathcal{A}$ **13404** duos] 2 $\mathcal{A}$, duobus $\mathcal{B}$ **13405** comedunt] commedunt $\mathcal{A}$ **13405** viginti] 20 $\mathcal{A}$ **13406** triginta] 30 $\mathcal{A}$ **13407** viginti] 20 $\mathcal{A}$ **13407** triginta] 30 $\mathcal{A}$ **13407** sex centum] 600 $\mathcal{A}$, sexcentum $\mathcal{B}$ **13408** quadraginta] 40 $\mathcal{A}$ **13408** quindecim] 15 $\mathcal{A}$ **13408–13409** triginta] 30 $\mathcal{A}$ **13410** Causa] Cum $\mathcal{B}$ **13410** viginti] 20 $\mathcal{A}$ **13411** una] 1 $\mathcal{A}$ **13411** quadraginta] 40 $\mathcal{A}$ **13411** panes] pane $\mathcal{B}$ **13411** duos] 2 $\mathcal{A}$ **13412** quadraginta] 40 $\mathcal{A}$ **13412** triginta] 30 $\mathcal{A}$ **13413** duos] 2 $\mathcal{A}$ **13414** viginti] 20 $\mathcal{A}$ **13414** triginta] 30 $\mathcal{A}$ **13414** quadraginta] 40 $\mathcal{A}$ **13415** viginti] 20 *(corr. ex 23)* $\mathcal{A}$ **13415** triginta] 3 *(sic)* $\mathcal{A}$, corr. ex triganta $\mathcal{B}$ **13416** quadraginta] 40 $\mathcal{A}$ **13417** unum hominem] hominem unum $\mathcal{A}$ **13417** duos] 2 $\mathcal{A}$ **13418** ut] *bis scr.* $\mathcal{B}$ **13418** viginti] 20 $\mathcal{A}$ **13418** quadraginta] 40 $\mathcal{A}$ **13418–13419** una arrova] *corr. ex* unaarrova $\mathcal{B}$ **13419** triginta *(post* in*)*] 30 $\mathcal{A}$ **13419** triginta] 30 $\mathcal{A}$ **13421** duos] 2 $\mathcal{A}$ **13421** comedi] commedi $\mathcal{B}$ **13422** triginta] 30 $\mathcal{A}$ **13422** sexaginta] 60 $\mathcal{A}$ **13422–13423** dimidia] $\frac{a}{2}$ $\mathcal{A}$ **13423** dimidiam] $\frac{am}{2}$ $\mathcal{A}$ **13424** viginti] 20 $\mathcal{A}$ **13424** triginta] 30 $\mathcal{A}$ **13425** duo] 2 $\mathcal{A}$ **13425** decem] 10 $\mathcal{A}$ **13425–13426** tribus] 3 $\mathcal{A}$ **13426** quadraginta] 40 $\mathcal{A}$ **13426** viginti] 20 $\mathcal{A}$ **13427** quadraginta quinque] 45 $\mathcal{A}$ **13431** duos] 2 $\mathcal{A}$ **13431** decem] 10 $\mathcal{A}$ **13431** tribus] 3 $\mathcal{A}$ **13432** viginti] 20 $\mathcal{A}$ **13432** quadraginta quinque] 45 *(corr. ex* 40*)* $\mathcal{A}$ **13433** duos] 2 $\mathcal{A}$ **13433** tribus] 3 $\mathcal{A}$

miliariis pro decem nummis, portavit autem viginti sextarios quadraginta quinque miliariis; quantum debetur ei?'. Oportet igitur ut faciamus in hac questione sicut in alia. Videlicet, multiplica duos homines in tres noctes, et productum pone prelatum. Deinde multiplica viginti homines in quadraginta quinque noctes et productum in decem, et provenient novem milia. Quos divide per prelatum, et exibit numerus panum. Volumus autem scire ex quot caficiis fiant. Scimus autem quod ex uno caficio fiunt quadraginta panes; igitur numerum panum divide per quadraginta. Quod idem est quod dividere novem milia per productum ex sex ductis in quadraginta. Ob hoc igitur multiplicamus homines in noctes et productum in numerum panum qui fiunt ex caficio, et productum ponimus prelatum. Deinde multiplicamus homines secundos in noctes secundas, et productum in numerum panum. Et productum divide per prelatum, et exibit quod voluisti.

(*b*) Vel aliter. Iam scis quod, cum duo homines in tribus noctibus comedunt decem panes, tunc unus homo in tribus noctibus comedet quinque panes. Postquam autem unus homo in tribus noctibus comedit quinque panes, tunc in una nocte comedet unum panem et duas tertias unius panis. Igitur viginti homines comedunt in una nocte triginta tres panes et tertiam. Igitur in quadraginta quinque noctibus comedunt mille quingentos panes. Divide igitur mille quingentos panes per quadraginta, et exibit numerus caficiorum, scilicet triginta septem et dimidius. Et hoc est quod scire voluisti.

(**B.303**) Si quis querat: Cum duo homines comedant quatuor panes, qui triginta fiunt ex caficio, in una nocte, tunc quadraginta homines quot noctibus expendent quinquaginta caficios?

(*a*) Iam scimus quod comparatio eius quod fit ex ductu hominum in noctes ad id quod fit ex ductu secundorum hominum in secundas noctes est sicut comparatio panum ad panes. Converte igitur quinquaginta caficios in panes; scilicet, multiplica eos in numerum panum qui fiunt ex uno caficio, et provenient mille quingenta. Comparatio igitur eius quod fit ex ductu duorum hominum in unam noctem, quod est duo, ad id quod fit ex ductu quadraginta hominum in noctes ignotas est sicut comparatio de quatuor ad mille quingenta. Cum igitur multiplicaveris duo in mille quingenta et

---

13434 decem] 10 $\mathcal{A}$ **13434** viginti] 20 $\mathcal{A}$ **13434–13435** quadraginta quinque] 45 $\mathcal{A}$ **13436** duos] 2 $\mathcal{A}$ **13436** tres] 3 $\mathcal{A}$ **13437** viginti] 20 $\mathcal{A}$ **13437–13438** quadraginta quinque] 45 $\mathcal{A}$ **13438** decem] 10 $\mathcal{A}$ **13438** novem milia] 9000 $\mathcal{A}$ **13440** ex quot caficiis fiant] quot caficii fiant ex illis *cod.* **13440** uno] 1 $\mathcal{A}$ **13440–13441** quadraginta] 40 $\mathcal{A}$ **13441** quadraginta] 40 $\mathcal{A}$ **13442** novem milia] 9000 $\mathcal{A}$ **13442–13443** quadraginta] 40 $\mathcal{A}$ **13448** duo] 2 $\mathcal{A}$ **13448** tribus] 3 $\mathcal{A}$ **13449** decem] 10 $\mathcal{A}$ **13449** tribus] 3 $\mathcal{A}$ **13449** comedet] comederet $\mathcal{A}$ **13449** quinque] 5 $\mathcal{A}$ **13450** tribus] 3 $\mathcal{A}$ **13450** comedit] commedit $\mathcal{A}$ **13450** quinque] 5 $\mathcal{A}$ **13451** unum] 1 $\mathcal{A}$ **13451** duas tertias] $\frac{2}{3}$ $\mathcal{A}$ **13452** viginti] 20 $\mathcal{A}$ **13452** una] 1 $\mathcal{A}$ **13452** triginta tres] 33 $\mathcal{A}$ **13452** tertiam] $\frac{am}{3}$ $\mathcal{A}$ **13453** quadraginta quinque] 45 $\mathcal{A}$ **13453** mille quingentos] 1500 $\mathcal{A}$ **13454** mille quingentos] 1500 $\mathcal{A}$ **13454** quadraginta] 40 $\mathcal{A}$ **13455** triginta septem] 37 $\mathcal{A}$ **13456** duo] 2 $\mathcal{A}$ **13456** quatuor] 4 $\mathcal{A}$ **13457** triginta] 30 $\mathcal{A}$ **13457** una] 1 $\mathcal{A}$ **13457** quadraginta] 40 $\mathcal{A}$ **13458** quinquaginta] 50 $\mathcal{A}$ **13461** quinquaginta] 50 $\mathcal{A}$ **13463** mille quingenta] 1500 $\mathcal{A}$ **13464** duo] 2 $\mathcal{A}$ **13465** quadraginta] 40 $\mathcal{A}$ **13465** quatuor] 4 $\mathcal{A}$ **13466** mille quingenta] 1500 $\mathcal{A}$ **13466** duo] 2 $\mathcal{A}$ **13466** mille quingenta] 1500 $\mathcal{A}$

productum diviseris per quatuor, exibit id quod fit ex ductu quadraginta hominum in noctes ignotas; si igitur diviseris hoc per quadraginta, exibit numerus noctium ignotarum. Quod idem est veluti si id quod fit ex ductu duorum in mille quingenta divideremus per id quod fit ex ductu quatuor in quadraginta. Ob hoc igitur multiplicamus triginta, qui est numerus panum unius caficii, in quinquaginta caficios et productum in duos homines et productum in unam noctem, et ultimum productum dividimus per id quod fit ex ductu panum in homines secundos; et exit quod volumus.

(*b*) Vel aliter. Scimus enim quod, postquam duo homines comedunt quatuor panes in una nocte, tunc unus homo in una nocte comedit duos. Igitur quadraginta homines comedunt in una nocte octoginta panes, qui sunt duo caficii et due tertie caficii. ⟨Scimus etiam quod quadraginta homines comedunt quinquaginta caficios.⟩ Cum igitur diviseris quinquaginta caficios per duo et duas tertias, exibit numerus noctium ignotarum in quibus quadraginta homines consumunt quinquaginta caficios, qui est decem et octo et tres quarte.

ITEM DE EODEM.

(**B.304**) Si quis querat: Cum ex una arrova fiant quadraginta panes, unum autem ex illis comedit unus homo una die, tunc quot diebus viginti homines comedent sexaginta arrovas?

(*a*) Sic facies. Multiplica quadraginta panes in sexaginta arrovas, et productum divide per viginti homines, et exibunt centum viginti. Et hoc est quod voluisti.

Causa autem huius patet. Nam quia ex arrova fiunt quadraginta panes, unus autem homo comedit unum in una die, tunc si multiplicentur quadraginta panes, qui fiunt ex arrova, in sexaginta arrovas, proveniunt duo milia panum et quadringenti, et tot panes ⟨comedit unus homo in duobus milibus dierum et quadringentis. Scis autem quod tot panes⟩ comedunt viginti homines in diebus ignotis. Si igitur dividas eos per viginti homines, exibit

---

13483–13603 Item de eodem ... erat unius regionis] $191^r, 28 - 192^r, 1$ $\mathcal{A}$; $65^{ra}, 41 - 66^{ra}, 2$ $\mathcal{B}$.

13467 quatuor] 4 $\mathcal{A}$ **13467** quadraginta] 40 $\mathcal{A}$ **13468** quadraginta] 40 $\mathcal{A}$ **13470** duorum] 2^{orum} $\mathcal{A}$ **13470** mille quingenta] 1500 $\mathcal{A}$ **13470** quatuor] 4 $\mathcal{A}$ **13471** quadraginta] 40 $\mathcal{A}$ **13471** triginta] 30 $\mathcal{A}$ **13472** quinquaginta] 50 $\mathcal{A}$ **13472** caficiis] s *pr. scr. et exp.* $\mathcal{A}$ **13472** duos] 2 $\mathcal{A}$ **13473** unam] 1 $\mathcal{A}$ **13475** duo] 2 $\mathcal{A}$ **13475–13476** quatuor] 4 $\mathcal{A}$ **13476** una *(post* panes in*)*] 1 $\mathcal{A}$ **13476** unus] 1 $\mathcal{A}$ **13476** duos] 2 $\mathcal{A}$ **13477** quinquaginta] 50 $\mathcal{A}$ **13477** una] 1 $\mathcal{A}$ **13477** octoginta] 80 $\mathcal{A}$ **13477** duo] 2 $\mathcal{A}$ **13478** due tertie] $\frac{2}{3}$ $\mathcal{A}$ **13479** quinquaginta] 50 $\mathcal{A}$ **13479** caficios] caf̄ *et sæpe infra* $\mathcal{A}$ **13480** duo] 2 $\mathcal{A}$ **13480** duas tertias] $\frac{2}{3}$ $\mathcal{A}$ **13480–13481** quadraginta] 40 $\mathcal{A}$ **13481** quinquaginta] 50 $\mathcal{A}$ **13481** decem et octo] 18 $\mathcal{A}$ **13482** tres quarte] $\frac{3}{4}$ $\mathcal{A}$ **13484** una] 1 $\mathcal{A}$ **13484** quadraginta] 40 $\mathcal{A}$ **13484** unum] 1 $\mathcal{A}$ **13485** unus] 1 $\mathcal{A}$ **13485** una] 1 $\mathcal{A}$ **13485** viginti] 20 $\mathcal{A}$ **13486** sexaginta] 60 $\mathcal{A}$ **13487** quadraginta] 40 $\mathcal{A}$ **13487** sexaginta] 60 $\mathcal{A}$ **13488** viginti] 20 $\mathcal{A}$ **13488** centum viginti] 120 $\mathcal{A}$ **13490** Causa] Cum $\mathcal{B}$ **13490** quadraginta] 40 $\mathcal{A}$ **13491** unus] 1 $\mathcal{A}$ **13491** unum] 1 $\mathcal{A}$ **13491** una] 1 $\mathcal{A}$ **13491–13492** quadraginta] 40 $\mathcal{A}$ **13492** panes] *post hoc iter. et del.* unus *(sic)* autem homo comedit 1 in 1 die $\mathcal{A}$ **13492** sexaginta] 60 $\mathcal{A}$ **13492–13493** duo milia panum et quadringenti] 2400 *(corr. ex* 2000*)* panum $\mathcal{A}$, duo milia panum et quadrigenti $\mathcal{B}$ **13494** viginti] 20 $\mathcal{A}$ **13495** viginti] 20 $\mathcal{A}$

numerus dierum ignotarum [nam viginti homines unaquaque die comedunt viginti panes, debes igitur scire quotiens viginti est in duobus milibus et quadringentis panibus, et quod fiunt sunt dies].

(**b**) Vel aliter. Positum est viginti homines unaquaque die comedere viginti panes, qui sunt dimidia arrova. Divide igitur sexaginta arrovas per dimidiam arrovam, et exibunt centum viginti. Et hoc est quod voluisti.

Causa autem huius est illa quam assignavimus in capitulo de lampadibus; nam questio eadem est.

(**B.304′**) Si autem dixerit unum hominem comedere duos panes:

(**a**) Facies sicut in precedenti, et eius quod exit medietas erit id quod voluisti, quoniam dixit: 'duos panes'. Si vero dixerit tres panes vel quatuor comedere unum hominem, vel duos et dimidium, eius quod exibit tertia vel quarta vel due quinte, scilicet tanta pars quanta pars fuerit unum denominatum a numero panum, qualiscumque primum positus fuerit, erit id quod voluisti.

Causa autem accipiendi medietatem eius quod exit hec est. Scis enim quod ex una arrova fiunt quadraginta panes; sequitur ergo ut ex sexaginta arrovis fiant duo milia et quadringenti panes. Si igitur viginti homines comederent una die viginti panes, tunc duo milia et quadringentos comederent in centum viginti diebus, sicut in precedenti ostendimus. Postquam autem geminatur comestio, quia unaquaque die comedunt quadraginta panes, oportet ut duo milia quadringentos panes comedant in sexaginta diebus. Et ob hoc accipitur medietas. Cetera autem huiusmodi considera secundum hanc rationem.

(**b**) Vel aliter. Scimus quod viginti homines comedunt quadraginta panes in una die, qui sunt arrova. Sequitur igitur ut in sexaginta diebus comedant sexaginta arrovas.

ITEM DE EODEM.

(**B.305**) Cum ex arrova fiant viginti panes, ex quibus unum in die comedit unus homo, tunc quot homines comedent quadraginta arrovas in triginta

---

13496 viginti] 20 $\mathcal{A}$ **13497** viginti] 20 $\mathcal{A}$ **13497** viginti] 20 $\mathcal{A}$ **13497–13498** duobus milibus et quadringentis] 2400 $\mathcal{A}$, duobus milibus et quadrigentis $\mathcal{B}$ **13499** viginti] 20 $\mathcal{A}$ **13499–13500** viginti] 20 $\mathcal{A}$ **13500** sexaginta] 60 $\mathcal{A}$ **13501** centum viginti] 120 $\mathcal{A}$ **13504** unum] 1 $\mathcal{A}$ **13504** duos] 2 $\mathcal{A}$ **13506** duos] 2 $\mathcal{A}$ **13506** tres] 3 $\mathcal{A}$ **13506–13507** quatuor] 4 $\mathcal{A}$ **13507** unum] 1 $\mathcal{A}$ **13507** duos] 2 $\mathcal{A}$ **13507** dimidium] $\frac{m}{2}$ $\mathcal{A}$ **13507–13509** eius quod exibit ... a numero panum] vel due quinte, scilicet tanta pars quanta pars fuerit eius quod exibit tertia vel quarta vel denominata unum numerum apanum $\mathcal{B}$ **13507–13508** tertia] $\frac{a}{3}$ $\mathcal{A}$ **13508** quarta] $\frac{a}{4}$ $\mathcal{A}$ **13508** due quinte] $\frac{2}{5}$ $\mathcal{A}$ **13508–13509** unum denominatum] 1 denominata $\mathcal{A}$ **13512** quadraginta] 40 $\mathcal{A}$ **13512** sexaginta] 60 $\mathcal{A}$ **13513** duo milia et quadringenti] 2400 $\mathcal{A}$ **13513–13514** Si igitur ... viginti panes, tunc] tunc 2400 comederent 1 die 20 panes tunc $\mathcal{A}$ **13514** duo milia et quadringentos] 2400 $\mathcal{A}$ **13514–13515** comederent] commederent $\mathcal{A}$, comedent $\mathcal{B}$ **13515** centum viginti] 120 $\mathcal{A}$ **13516** geminatur] geinatur $\mathcal{A}$ **13516** comestio] commestio $\mathcal{B}$ **13516** quia] q̃uia $\mathcal{B}$ **13516** comedunt] commedunt $\mathcal{B}$ **13516** quadraginta] 40 $\mathcal{A}$ **13517** duo milia quadringentos] 2400 $\mathcal{A}$ **13517** comedant] commedant $\mathcal{B}$ **13517** sexaginta] 60 $\mathcal{A}$, quadraginta $\mathcal{B}$ **13520** viginti] 20 $\mathcal{A}$ **13520** quadraginta] 40 $\mathcal{A}$ **13521** una] 1 $\mathcal{A}$ **13521** sexaginta] 60 $\mathcal{A}$ **13521** comedant] commedant $\mathcal{B}$ **13522** sexaginta *(ante* arrovas*)*] 60 $\mathcal{A}$ **13524** viginti] 20 $\mathcal{A}$ **13524** unum] 1 $\mathcal{A}$ **13525** unus] 1 $\mathcal{A}$ **13525** quadraginta] 40 $\mathcal{A}$ **13525** triginta] 30 $\mathcal{A}$

diebus?

(*a*) Sic facies. Multiplica viginti in quadraginta, et fient octingenta. Quos divide per triginta, et exibunt viginti sex et due tertie; et tot sunt homines.

Causa autem huius hec est. Positum est quod ex unaquaque quadraginta arrovarum fiunt viginti panes; sequitur ergo ut ex quadraginta arrovis fiant octingenti panes. Positum est etiam unum hominem in die comedere unum panem; sequitur ergo ut octingenti homines una die comedant octingentos panes. Scis autem octingentos panes comedi in triginta diebus. Si igitur diviseris octingentos homines per triginta dies, exibit numerus hominum unaquaque die comedentium, scilicet viginti sex et due tertie impense unius hominis.

(*b*) Vel aliter. Tu scis quod, postquam unus homo una die comedit unum panem, sequitur ut in triginta diebus comedat triginta panes, qui sunt arrova et dimidia. Divide igitur quadraginta arrovas per arrovam et dimidiam, et exibunt viginti sex et due tertie. Et hoc est quod voluisti.

(**B.305′**) Si autem questio fuerit sic ut dicatur unus homo comedere duos panes:

(*a*) Facies sicut supra docui, et eius quod exierit accipies medietatem quoniam dixit 'duos panes'; si vero dixerit 'tres panes', accipies eius quod exit tertiam.

Cuius rei causa patet. Nam in quadraginta arrovis sunt octingenti panes. Si igitur unus homo comederit unum panem, tunc illos octingentos panes in triginta diebus comedent viginti sex homines et due tertie, sicut in precedentibus ostendimus. Positum est autem unum comedere duos panes una die. Sequitur ergo ut octingentos panes consumant in triginta diebus tredecim homines et tertia; nam comestio geminatur. Et ob hoc accipitur medietas.

(*b*) Vel aliter. Positum est unum hominem in triginta diebus comedere sexaginta panes, qui sunt tres arrove. Divide igitur quadraginta per tres, et exibunt tredecim et tertia. Et hoc est quod voluisti.

13527 viginti] 20 A, in viginti B **13527** quadraginta] 40 A **13527** octingenta] 800 A **13528** triginta] 30 A **13528** viginti sex] 26 A **13528** due tertie] $\frac{2}{3}$ A **13529–13530** quadraginta] 40 A **13530** viginti] 20 A **13530** quadraginta] 40 A **13531** octingenti] 80 *(sic)* A **13532** unum] 1 A **13532** octingenti] 800 A, octigenti B **13532–13533** octingentos] 800 A, octigentas B **13533** octingentos *(post autem)*] 800 A, octigentos B **13533** triginta] 30 A **13534** octingentos] 800 A, octigentos B **13534** triginta] 30 A **13535** viginti sex] 26 A **13535** due tertie] $\frac{2}{3}$ A **13537** unus] 1 A **13537** una] 1 A **13537** unum] 1 A **13538** triginta] 30 A **13538** comedat] commedat B **13538** triginta] 30 A **13539** dimidia] $\frac{a}{2}$ A **13539** quadraginta] 40 A **13539–13540** dimidiam] $\frac{am}{2}$ A **13540** viginti sex] 26 A **13540** due tertie] $\frac{2}{3}$ A **13541** unum] 1 A **13541** duos] 2 A **13543** medietatem] $\frac{tem}{2}$ A **13544** duos] 2 A **13544** tres] 3 A **13545** tertiam] $\frac{am}{3}$ A **13546** quadraginta] 40 A **13546** arrovis] arrovas B **13546** octingenti] 800 A **13547** unus] 1 A **13547** unum] 1 A **13547** octingentos] 800 A **13548** triginta] 30 A **13548** viginti sex] 26 A **13548** due tertie] $\frac{2}{3}$ A **13549** unum] 1 A **13549** duos] 2 A **13550** octingentos] 800 A, octigentos B **13550** triginta] 30 A **13551** tredecim] 13 A **13551** tertia] $\frac{a}{3}$ A **13551** comestio] commestio B **13553** unum] 1 A **13553** triginta] 30 A **13554** sexaginta] 60 A **13554** tres] 3 A **13554** quadraginta] 40 A **13554** per tres] partes *pr. scr. mut. in* per tres *poster. exp. et scr.* 3 A **13555** tredecim] 13 A **13555** tertia] $\frac{a}{3}$ A

Item de eodem aliter,
ubi ponuntur mensure diversarum terrarum

(B.306) Verbi gratia. Si quis querat: Cum arrova et dimidia de Toleto sit equalis emine et quarte de Secobia, ex arrova autem fiunt viginti panes ex quibus unum comedit unus homo per diem, tunc quot eminas comedent quadraginta homines in triginta diebus?

(*a*) Sic facies. Scias quot arrovas comedunt quadraginta homines in triginta diebus sicut supra docuimus, et quod fuerit converte in eminas de Secobia. Invenire autem quot arrovas comedunt quadraginta homines in triginta diebus fit hoc modo, scilicet ut dicas: 'Cum ex una arrova fiunt viginti panes quorum unum comedit unus homo, tunc quot arrovas comedent quadraginta homines in triginta diebus?'. Facies sicut supra docui; scilicet, multiplica triginta in quadraginta et productum divide per viginti, et exibunt sexaginta arrove; et tot arrovas de Toleto comedunt quadraginta homines in triginta diebus. Converte eas igitur in eminas; scilicet ut dicas: 'Cum una arrova et dimidia Toletana sit equalis emine et quarte Secobiensi, tunc quot emine sunt equales sexaginta arrovis?'. Facies hic sicut supra docui; scilicet, multiplica sexaginta in eminam et quartam et productum divide per arrovam et dimidiam; et quod exit sunt emine Secobienses, scilicet quinquaginta emine. Et tot comedunt quadraginta homines triginta diebus.

(*b*) Vel aliter. Positum est eminam et quartam equalem esse arrove et dimidie; sequitur ergo ut arrova sit equalis quinque sextis emine. Ex arrova autem fiunt viginti panes; sequitur ergo ut ex tota emina fiant viginti quatuor panes. Dices igitur: 'Cum ex emina fiant viginti quatuor panes quorum unum comedit unus homo per diem, tunc quot eminas comedent quadraginta homines triginta diebus?'. Fac sicut predocui; scilicet, multiplica triginta in quadraginta et productum divide per viginti quatuor, et exibunt quinquaginta, emine. Et hoc est quod voluisti.

(*c*) Vel aliter. Comparatio emine et quarte ad arrovam et dimidiam est sicut comparatio unius panum qui fiunt ex emina ad unum panum qui fiunt

---

13556 Item de eodem] *om. sed spat. hab.* B; *tit. add. lector* B: Diversarum mensurarum ad unam redactio **13559** quarte] $\frac{e}{4}$ A **13559** viginti] 20 A **13560** unum] 1 A **13560** comedit] commedit B **13560** unus] 1 A **13560** comedent] commedent B **13561** quadraginta] 40 A **13561** triginta] 30 A **13562** comedunt] commedunt B **13562** quadraginta] 40 A **13562–13563** triginta] 30 A **13564** arrovas] *quasi* artovas A **13564** quadraginta] 40 A **13565** triginta] 30 A **13566** viginti] 20 A **13566** unum] 1 A **13566** unus] 1 A **13566–13567** comedent] commedent B **13567** quadraginta] 40 A **13567** triginta] 30 A **13568** triginta] 30 A **13568** quadraginta] 40 A **13568** viginti] 20 A **13569** sexaginta] 60 A **13569–13570** quadraginta] 40 A, quagi *pr. scr. et del.* B **13570** triginta] 30 A **13571** Toletana] *corr. ex* toletona A **13571–13572** quarte] $\frac{e}{4}$ A **13572** sexaginta] 60 A **13573** sexaginta] 60 A **13573** quartam] $\frac{am}{4}$ A **13575** quinquaginta] 50 A **13575** quadraginta] 40 A **13576** triginta] 30 A **13577** quartam] $\frac{am}{4}$ A **13578** quinque sextis] 5 $\frac{tis}{6}$ A **13579** viginti] 20 A **13579–13580** viginti quatuor] 24 A **13580** viginti quatuor] 24 A **13581** comedit] commedit B **13581** comedent] commedent B **13581–13582** quadraginta] 40 A **13582** triginta] 30 A **13583** triginta] 30 A **13583** quadraginta] 40 A **13583** viginti quatuor] 24 A **13584** quinquaginta] 50 A **13585** Comparatio] Conparatio B **13585** quarte] $\frac{e}{4}$ A **13586** fiunt ex] *om. sed spat. rel.* B **13586** unum] 1 A

ex arrova; sed emina et quarta est quinque sexte arrove et dimidie. Oportet igitur ut quinque sexte unius panum qui fiunt de emina sint equales uni panum qui fiunt de arrova. Quasi ergo dicatur: 'Cum unus homo comedat quinque sextas unius panis qui sit vicesima pars emine, tunc quot eminas comedent quadraginta homines in triginta noctibus?'. Fac sicut supra docui. Scilicet, multiplica triginta in quadraginta et productum divide per viginti, et de eo quod exit accipe quinque sextas quoniam dixit 'quinque sextas unius panis qui est vicesima pars emine'; et quod fuerit erit id quod voluisti, scilicet quinquaginta emine.

(*d*) Vel aliter. Iam scis quod, postquam aliquis comedit quinque sextas unius panis, oportet ut in triginta diebus comedat viginti quinque panes; qui sunt emina et quarta. Multiplica igitur eminam et quartam in numerum hominum, qui est quadraginta, et fient quinquaginta. Et hoc est quod voluisti.

Similiter facies [hic] in omnibus questionibus ubi arrove sunt diversarum regionum [sicut in precedentibus questionibus ubi arrova erat unius regionis].

13587 arrova; sed] arrova et. Sed $\mathcal{B}$ **13587** quarta] $\frac{a}{4}$ $\mathcal{A}$ **13587** quinque sexte] $\frac{5}{6}$ $\mathcal{A}$ **13588** quinque sexte *(post* ut*)*] $\frac{5}{6}$ $\mathcal{A}$ **13588** fiunt de] *om. sed spat. rel.* $\mathcal{B}$ **13589** fiunt] sunt $\mathcal{B}$ **13589** comedat] commedat $\mathcal{B}$ **13590** quinque sextas] 5 *pr. scr. mut. in* $\frac{5}{6}$ *quod del. et iter.* $\frac{5}{6}$ $\mathcal{A}$ **13590** vicesima] $\frac{a}{20}$ $\mathcal{A}$, vicesima $\mathcal{B}$ **13590** emine] arrove *codd.* **13591** quadraginta] 40 $\mathcal{A}$ **13591** triginta] 30 $\mathcal{A}$ **13592** triginta] 30 $\mathcal{A}$ **13592** quadraginta] 40 $\mathcal{A}$, quadragita $\mathcal{B}$ **13593** viginti] 20 $\mathcal{A}$ **13593** quinque sextas] $\frac{5}{6}$ $\mathcal{A}$ **13593–13594** quinque sextas *(post* dixit*)*] $\frac{5}{6}$ $\mathcal{A}$ **13594** vicesima] $\frac{a}{20}$ $\mathcal{A}$ **13594** fuerit] fiunt *codd.* **13595** quinquaginta] 50 $\mathcal{A}$ **13596** quinque sextas] $\frac{5}{6}$ $\mathcal{A}$ **13597** triginta] 30 $\mathcal{A}$ **13597** viginti quinque] 25 *(corr. ex* 20*)* $\mathcal{A}$ **13597** panes] panis $\mathcal{B}$ **13598** quarta] $\frac{a}{4}$ $\mathcal{A}$ **13598** quartam] $\frac{am}{4}$ $\mathcal{A}$, *corr. ex* quatam $\mathcal{B}$ **13599** quadraginta] 40 $\mathcal{A}$ **13599** quinquaginta] 50 $\mathcal{A}$

Capitulum de cambio morabitinorum

(B.307) Verbi gratia. Si quis querat: Decem nummi de quibus triginta dantur pro morabitino, quot valent de illis de quibus quadraginta dantur pro morabitino?

Sic facies. Constat quod, postquam habet quis decem nummos, habet tertiam partem morabitini qui cambitur pro triginta. Tertia autem pars morabitini qui cambitur pro quadraginta sunt tredecim et tertia. Igitur illi decem valent istos tredecim et tertiam.

Manifestum est enim quod comparatio de decem ad triginta est sicut comparatio quesiti ad quadraginta. Fac igitur secundum quod dictum est in quatuor numeris proportionalibus, et exibit id quod vis.

(B.308) Si quis querat: Decem nummos de quibus viginti quinque dantur pro morabitino cambit quis pro quindecim nummis alterius monete; quot de illis dantur pro morabitino?

Ex predictis patet quod comparatio de decem ad viginti quinque est sicut comparatio de quindecim ad quesitum. Fac ergo sicut predictum est, et exibit quod queris, scilicet triginta septem et dimidius.

Cetera hiis similia considera secundum hoc, et ita invenies.

Item.

(B.309) Si quis querat: Cum centum morabitini cambiantur, unusquisque pro quatuordecim nummis, tunc quot solidi provenient pro centum morabitinis?

(a) Sic facies. Converte centum morabitinos in nummos, hoc modo; videlicet, multiplica centum in nummos unius morabitini, qui sunt quatuorde-

---

13604–13622 Capitulum ... et ita invenies] $192^r, 2 - 9$ $\mathcal{A}$; $\mathcal{B}$ deficit.
13623–13815 Item ... est quod voluisti] $192^r, 9 - 193^r, 13$ $\mathcal{A}$; $67^{rb}, 26\text{-}27 - 68^{va}, 36$ $\mathcal{B}$.

13604–13605 tit.] sign. (¶) ab al. m. in marg. $\mathcal{A}$; morabotinorum scr. $\mathcal{A}$ (in seq. sæpissime morabitinus abbr. scr., ut morabtinus, morabs, morabs) **13606** Verbi gratia] add. supra lin. $\mathcal{A}$ **13606** Decem] 10 $\mathcal{A}$ **13606** triginta] 30 $\mathcal{A}$ **13607** quadraginta] 40 $\mathcal{A}$ **13609** decem] 10 $\mathcal{A}$ **13610** tertiam] $\frac{am}{3}$ $\mathcal{A}$ **13610** triginta] 30 $\mathcal{A}$ **13610** Tertia] $\frac{a}{3}$ $\mathcal{A}$ **13611** quadraginta] 40 $\mathcal{A}$ **13611** tredecim] 13 $\mathcal{A}$ **13611** tertia] $\frac{a}{3}$ $\mathcal{A}$ **13612** decem] 10 $\mathcal{A}$ **13612** tredecim] 13 $\mathcal{A}$ **13612** tertiam] $\frac{am}{3}$ $\mathcal{A}$ **13613** decem] 10 $\mathcal{A}$ **13613** triginta] 30 $\mathcal{A}$ **13614** quadraginta] 40 $\mathcal{A}$ **13615** quatuor] 4 $\mathcal{A}$ **13616** Decem] 10 $\mathcal{A}$ **13616** viginti quinque] 25 $\mathcal{A}$ **13617** quindecim] 15 $\mathcal{A}$ **13618** dantur] datur $\mathcal{A}$ **13619** decem] 10 $\mathcal{A}$ **13619** viginti quinque] 25 (corr. ex 20) $\mathcal{A}$ **13620** quindecim] 15 $\mathcal{A}$ **13621** triginta septem] 36 (sic) $\mathcal{A}$ **13623** Item] om. sed spat. (pro tit. maiore) rel. $\mathcal{B}$; lector scr. Monetarum in monetas conversio $\mathcal{B}$ **13624** centum] 100 $\mathcal{A}$ **13624** cambiantur] canbiantur $\mathcal{B}$ **13625** quatuordecim] 14 $\mathcal{A}$ **13625** nummis] numis $\mathcal{B}$ **13625** solidi] solidi scr. hic, sed sol̄ vel soli̇ aliquando hab. infra $\mathcal{A}$ **13626** centum] 100 $\mathcal{A}$ **13626** morabitinos] morbos (sæpissime, una cum morabtos) abbr. $\mathcal{B}$ **13627** in] i in et pr. exp. $\mathcal{B}$ **13627** nummos] numos $\mathcal{B}$ **13628** centum] 100 $\mathcal{A}$ **13628** nummos] numos $\mathcal{AB}$ **13628–13629** quatuordecim] 14 $\mathcal{A}$

cim, et provenient mille quadringenti. Quos divide per nummos unius solidi, qui sunt duodecim, et exibit numerus solidorum pro centum morabitinis, qui sunt centum et sexdecim solidi et due tertie solidi. Et hoc est quod voluisti.

(*b*) Vel aliter. Scias quoniam quot fuerint nummi unius morabitini, sive cambitur pro nummis tantum integris, sive pro integris et fractionibus, si acceperis tot solidos semper provenient duodecim morabitini. Verbi gratia. Cum enim cambitur morabitinus pro quatuordecim nummis, tunc pro totidem solidis provenient duodecim morabitini, et e converso pro duodecim morabitinis quatuordecim solidi; cum vero cambitur morabitinus pro quinque solidis, in quibus sunt sexaginta nummi, tunc pro sexaginta solidis proveniunt duodecim morabitini; si vero cambitur pro sexaginta nummis et dimidio, tunc pro sexaginta solidis et dimidio proveniunt duodecim morabitini. [Retine hoc tantillum.]

Causa autem huius patet. Si enim dicat quod 'Cum duodecim morabitini cambiuntur, unusquisque pro quatuordecim nummis, tunc quot solidi proveniunt pro duodecim morabitinis?', deberes hoc invenire sicut docuimus; scilicet, multiplicando duodecim morabitinos in nummos unius, qui sunt quatuordecim, ad convertendum eos in nummos, et deinde summam dividendo per duodecim, qui est numerus nummorum unius solidi, ad convertendum eos in solidos. Scis autem quod ex ductu duodecim in quatuordecim id quod fit si dividatur per duodecim semper exibunt quatuordecim.

Postquam autem hoc manifestum est, tunc divide centum morabitinos per duodecim ut scias quotiens duodecim est in illis; deinde quod exit multiplica in quatuordecim [solidos], et quod provenerit est id quod voluisti. Si autem divideris centum per duodecim, exibunt octo et tertia. Multiplica igitur octo et tertiam in quatuordecim, et provenient centum sexdecim solidi et due tertie solidi. Sic facies semper in omnibus aliis ⟨questionibus⟩

13629 mille quadringenti] 1400 *A* **13629** nummos] numos *B* **13630** duodecim] 12 et $\frac{2}{3}$ soli *pr. scr. (v. infra) et superfl. del. A* **13630** centum] 100 *A* **13631** centum et sexdecim] 116 *A* **13631** due tertie] $\frac{2}{3}$ *A* **13633** fuerint] fuerit *A*, fiunt *B* **13633** nummi] numi *B* **13634** cambitur] cambiantur *codd.* **13634** nummis] numis *B* **13634** sive pro integris] *per homœotel. om. B* **13635** duodecim] 12 *A* **13635** morabitini] morabitim *B* **13636** cambitur] canbitur *B* **13636** quatuordecim] 14 *A* **13636** nummis] numis *B* **13637** solidis] solidisis *B* **13637** duodecim] 12 *A* **13637** duodecim *(post* pro)] 12 *A* **13638** quatuordecim] 14 *A* **13638**–**13639** quinque] 5 *A* **13639** sexaginta] 60 *A* **13639** nummi] numi *B* **13639** sexaginta] 60 *A* **13640** duodecim] 12 *A* **13640** sexaginta] 60 *A*, xexaginta *B* **13640** nummis] *add. supra A*, numis *B* **13641** sexaginta] 60 *A* **13641** duodecim] 12 *A* **13642** Retine hoc] Retinet ergo *B* **13643** huius patet] patet huius *pr. scr. et corr. A* **13643** duodecim] 12 *A* **13644** quatuordecim] 14 *A* **13644** nummis] numis *B* **13645** duodecim] 12 *A* **13646** duodecim] 12 *A, om. B* **13646** nummos] numos *B* **13647** quatuordecim] 14 *A* **13647** nummos] numos *B* **13647** summam] sumam *B* **13648** duodecim] 12 *A* **13648** nummorum] numorum *B* **13649** duodecim] 12 *A* **13649**–**13650** quatuordecim] 14 *A* **13650** duodecim] 12 *A* **13650** semper] senper *B* **13650** quatuordecim] 14 *A* **13651** centum] 100 *A* **13652** duodecim] 12 *A* **13652** duodecim *(post* quotiens)] 12 *A* **13652** quod] *add. supra B* **13653** quatuordecim] 14 *A* **13653** quod *(post* et)] quidem *B* **13653** provenerit] provenit *B* **13654** centum] 100 *A* **13654** duodecim] 12 *A* **13654** octo] 8 *A* **13655** tertia] $\frac{a}{3}$ *A* **13655** igitur] ergo *A* **13655** octo] 8 *A* **13655** tertiam] $\frac{am}{3}$ *A* **13655** quatuordecim] 14 *A* **13655** centum sexdecim] 116 *(sic) A* **13656** due tertie] $\frac{2}{3}$ *A* **13656** semper] senper *B*

huius capituli; scilicet, divide morabitinos semper per duodecim et quod exit multiplica in nummos unius morabitini, et quod provenerit est numerus solidorum quos voluisti.

(*c*) Vel aliter. Inquire numerum in quem multiplicati duodecim fiant tot quot fuerint nummi unius morabitini, et ipsum multiplica in numerum propositorum morabitinorum, et proveniet numerus solidorum quos voluisti. Sicut in hac questione: quere numerum in quem multiplicati duodecim fiant quatuordecim, tot enim sunt nummi unius morabitini, et invenies quod est unum et sexta. Multiplica igitur unum et sextam in centum, et provenient centum sexdecim et due tertie. Et hoc est quod voluisti.

Cuius rei causa hec est. Iam enim ostendimus quod pro quatuordecim solidis proveniunt duodecim morabitini. Manifestum est igitur quod comparatio duodecim ad quatuordecim est sicut comparatio centum morabitinorum ad ignotos solidos eorum. Scis autem quod numerus in quem multiplicati duodecim fiunt quatuordecim est ille numerus in quem multiplicati centum fiunt solidi ignoti. Ob hoc igitur fecimus sic.

(*d*) Vel aliter. Scis enim quoniam, si centum morabitini cambirentur unusquisque pro duobus solidis, tunc pro centum morabitinis provenirent ducenti solidi. Positum est autem morabitinum cambiri pro quatuordecim nummis. Scis ergo quod in ducentis solidis sunt mille nummi additi, nam preter pretium uniuscuiusque horum centum morabitinorum sunt insuper decem nummi additi. Scias igitur quot solidi sunt in mille nummis, dividendo eos scilicet per duodecim, et invenies octoginta tres et tertiam. Quos minue de ducentis, et remanebunt centum et sexdecim solidi et due tertie unius solidi.

Similiter etiam facies si fuerint nummi cum fractione.

ITEM DE EODEM.

(**B.310**) Verbi gratia. Si quis querat: Cum morabitinus cambiatur pro quindecim nummis, tunc quot morabitini provenient pro quingentis solidis?

13657 duodecim] 12 $\mathcal{A}$ **13658** nummos] numos $\mathcal{B}$ **13660** quem] quam $\mathcal{B}$ **13660** duodecim] 12 $\mathcal{A}$ **13661** quot] quod $\mathcal{B}$ **13661** nummi] numi $\mathcal{B}$ **13661–13662** propositorum] prepositorum $\mathcal{B}$ **13662** morabitinorum] morabtorum *et sæpe infra hab.* $\mathcal{A}$ **13663** in quem] quam $\mathcal{B}$ **13663** duodecim] 12 $\mathcal{A}$ **13664** quatuordecim] 14 $\mathcal{A}$ **13664** nummi] numi $\mathcal{B}$ **13665** unum] 1 $\mathcal{A}$ **13665** sexta] $\frac{a}{6}$ $\mathcal{A}$ **13665** unum] 1 $\mathcal{A}$ **13665** sextam] $\frac{am}{6}$ $\mathcal{A}$ **13665** centum] 100 $\mathcal{A}$ **13666** centum sexdecim] 116 $\mathcal{A}$ **13666** due tertie] $\frac{2}{3}$ $\mathcal{A}$ **13667–13668** quatuordecim] 14 $\mathcal{A}$ **13668** duodecim] 12 $\mathcal{A}$ **13669** duodecim] 12 $\mathcal{A}$ **13669** quatuordecim] 14 $\mathcal{A}$ **13669** centum] 100 $\mathcal{A}$ **13671** duodecim] 12 $\mathcal{A}$ **13671** quatuordecim] 14 $\mathcal{A}$ **13671** in quem] in quam $\mathcal{B}$ **13672** centum] 100 $\mathcal{A}$ **13673** centum] 100 $\mathcal{A}$ **13673** cambirentur] cabirentur $\mathcal{B}$ **13674** duobus] 2^{bus} $\mathcal{A}$ **13674** centum] 100 $\mathcal{A}$ **13674–13675** ducenti] 200 $\mathcal{A}$ **13675** morabitinum] morabtm $\mathcal{B}$ **13675** cambiri] cambitrei $\mathcal{B}$ **13675** quatuordecim] 14 $\mathcal{A}$ **13675–13676** nummis] numis $\mathcal{B}$ **13676** ducentis] 200 $\mathcal{A}$ **13676** mille] 1000 $\mathcal{A}$ **13676** nummis] numi $\mathcal{B}$ **13677** centum] 100 $\mathcal{A}$ **13677** decem] 10 $\mathcal{A}$ **13678** nummi] numi $\mathcal{B}$ **13678** mille] 1000 $\mathcal{A}$ **13678** nummis] numis $\mathcal{B}$ **13679** duodecim] 12 $\mathcal{A}$ **13679** octoginta tres] 83 $\mathcal{A}$ **13679** tertiam] $\frac{am}{3}$ $\mathcal{A}$ **13680** ducentis] 200 $\mathcal{A}$ **13680** centum et sexdecim] 116 $\mathcal{A}$ **13680** due tertie] $\frac{2}{3}$ $\mathcal{A}$ **13682** nummi] numi $\mathcal{B}$ **13683–13684** Item ... gratia] *om. sed spat. hab.* $\mathcal{B}$ **13684** cambiatur] *corr. ex* cambiantur $\mathcal{A}$ **13685** quindecim] 15 $\mathcal{A}$ **13685** nummis] numis $\mathcal{B}$ **13685** quingentis] 500 $\mathcal{A}$

(*a*) Sic facies. Reduc omnes solidos in nummos, scilicet multiplicando eos in duodecim, et productum divide per quindecim; et exibit quod voluisti.

(*b*) Vel denomina semper unum de numero, quicumque fuerit numerus, nummorum unius morabitini, et tanta pars accepta de tota summa nummorum omnium solidorum erit numerus morabitinorum quem voluisti. Scis autem quod unum de quindecim est tertia quinte; tertia igitur quinte omnium nummorum erit id quod voluisti.

(*c*) Vel aliter. Divide semper solidos per numerum nummorum unius morabitini et quod exit multiplica in duodecim, et proveniet quod queris. Divide igitur quingentos solidos per quindecim, et exibunt triginta tres et tertia. Quos multiplica in duodecim, et provenient quadringenti. Et hoc est quod voluisti.

Causa autem huius patet. Iam enim ostendimus quod, pro tot solidis quot nummi fuerint unius morabitini, duodecim semper morabitini proveniunt. Positum est autem morabitinum cambiri pro quindecim nummis, pro quindecim igitur solidis proveniunt duodecim morabitini [et e converso pro duodecim morabitinis quindecim solidi, sicut supra dictum est]. Ob hoc igitur divisimus quingentos solidos per quindecim solidos, ut sciremus quotiens quindecim solidi sunt in quingentis solidis, ⟨et quod exit multiplicavimus in duodecim morabitinos,⟩ ut singulis quindenariis solidorum attribueremus duodecim morabitinos. Et invenimus in quingentis contineri eos quindecim triginta tribus vicibus et tertia parte vicis; attributis igitur unicuique vici duodecim morabitinis, fiunt quadringenti morabitini.

Vel aliter. Scis quod modus agendi erat reducere quingentos solidos in nummos multiplicando eos in duodecim, deinde summam nummorum dividere per numerum nummorum unius morabitini, scilicet quindecim. Sed manifestum est quod multiplicare quingentos in duodecim et productum dividere per quindecim idem est quod dividere quingentos per quindecim et quod exit multiplicare in duodecim, sicut in precedentibus ostendimus.

(*d*) Vel aliter. Scias quot morabitini competunt pro decem solidis secun-

13686 solidos] solinos *B*   13686 nummos] numos *B*   13686 eos] *bis scr. pr. del. A*   13687 duodecim] 12 *A*   13687 quindecim] 15 *A*   13688 semper] senper *B*   13688 unum] 1 *A*   13689 nummorum] numorum *B*   13689–13690 nummorum] numorum *B*   13690 morabitinorum] morabitorum *B*   13691 unum] 1 *A*   13691 quindecim] 15 *A*   13691 tertia quinte] $\frac{a}{3}\frac{e}{5}$ *A*   13691 tertia igitur quinte] $\frac{a}{3}$ igitur $\frac{e}{5}$ *A*   13692 nummorum] numorum *B*   13693 semper] senper *B*   13693 nummorum] numorum *B*   13694 duodecim] 12 *A*   13695 quingentos] 500 *A*   13695 quindecim] 15 *A*   13695 triginta tres] 33 (*corr. ex* 30) *A*   13695 tertia] $\frac{a}{3}$ *A*   13696 duodecim] 12 *A*   13696 quadringenti] 400 *A*   13698 enim] igitur *pr. scr. et exp. A*   13699 nummi] numi *B*   13699 duodecim] 12 *A*   13699 semper] senper *B*   13700 morabitinum] morabit^m *A*, morabīm *B*   13700 quindecim] 15 *A*   13700 nummis] numis *B*   13701 quindecim] 15 *A*   13701 duodecim] 12 *A*   13702 duodecim (*post* pro)] 12 *A*   13702 quindecim] 15 *A*   13703 quingentos] 500 *A*   13703 quindecim] 15 *A*   13704 quindecim] 15 *A*   13704 quingentis] 500 *A*   13705 ut] in *B*   13706 duodecim] 12 *A*   13706 quingentis] 500 *A*   13707 quindecim] 15 *A*   13707 triginta tribus] 33 *A*   13707 tertia] $\frac{a}{3}$ *A*   13708 duodecim] 12 *A*   13708 quadringenti] 400 *A*   13709 quingentos] 500 *A*   13710 nummos] numos *B*   13710 duodecim] 12 *A*   13710 summam] sumam *AB*   13710 nummorum] numorum *B*   13711 nummorum] numorum *B*   13711 quindecim] 15 *A*   13712 quingentos] 500 *A*   13712 duodecim] 12 *A*   13713 quindecim] 15 *A*   13713 quingentos] 500 *A*   13713 quindecim] 15 *A*   13714 duodecim] 12 *A*   13715 decem] 10 *A*

dum supra positum cambium; scilicet, octo. Quos multiplica in decimam quingentorum, que est quinquaginta, et provenient quadringenti. Et hoc est quod voluisti. Similiter si scieris quot morabitini competunt pro duodecim solidis; scilicet, novem et tres quinte morabitini: multiplicabis ipsos novem et tres quintas in duodecimam, vel dimidiam sextam, quingentorum solidorum, et proveniet quod volueris.

(*e*) Vel aliter. Denomina semper nummos solidi de nummis unius morabitini, et tanta pars accepta de summa propositorum solidorum erit id quod queris. Sicut in predicta questione: denomina duodecim de quindecim, scilicet quatuor quintas; tot igitur partes quingentorum, que sunt quadringenti, sunt id quod scire voluisti.

Causa autem huius hec est. Iam enim ostendimus quod pro quindecim solidis proveniunt duodecim morabitini. Manifestum est igitur quod comparatio duodecim morabitinorum ad quindecim solidos est sicut comparatio morabitinorum ignotorum ad quingentos solidos. Sed duodecim de quindecim sunt quatuor quinte. Igitur morabitini ignoti sunt quatuor quinte quingentorum; sed quadringenti sunt quatuor quinte quingentorum, igitur sunt quadringenti. Et hoc est quod voluisti.

(*f*) Vel aliter. Tu scis quod pro quingentis solidis, cum morabitinus cambitur pro duobus solidis, proveniunt ducenti quinquaginta morabitini. Sed positum est morabitinum cambiri pro quindecim nummis. Igitur in unoquoque ducentorum quinquaginta morabitinorum sunt novem nummi additi, qui simul agregati sunt duo milia et ducenti quinquaginta. Scias igitur quot morabitini sunt in eis secundum quod cambitur pro quindecim nummis, hoc modo: divide predictos nummos per quindecim, et exibunt centum quinquaginta. Quos agrega ad ducentos quinquaginta, et fient quadringenti. Et hoc est quod voluisti.

(*g*) Vel semper denomina additionem que est in unoquoque morabitino,

---

13716 cambium] *om.* B **13716** octo] 8 A **13716** decimam] $\frac{am}{10}$ A **13717** quingentorum] 500^{orum} A **13717** quinquaginta] 50 A **13717** provenient] *corr. ex* proveniunt A, proveniunt B **13717** quadringenti] 400 A **13718** quot] quod B **13718-13719** duodecim] 12 A **13719** novem] 9 A **13719** tres quinte] $\frac{3}{5}$ A **13720** novem] 9 A **13720** tres quintas] $\frac{3}{5}$ A **13720** duodecimam] $\frac{am}{12}$ A **13720** dimidiam sextam] $\frac{am}{2}\frac{am}{6}$ A **13720** quingentorum] 500^{orum} A **13721** proveniet] *corr. ex* provenient A, provenient B **13722** nummos] numos B **13722** nummis] numis B **13723** propositorum] ppositorum A **13724** duodecim] 12 A **13724** quindecim] 15 A **13725** quatuor quintas] $\frac{4}{5}$ A **13725** quingentorum] 500^{orum} A **13725-13726** quadringenti] 400 A **13727-13728** quindecim] 15 A **13728** duodecim] 12 A **13729** duodecim] 12 A **13729** quindecim] 15 A **13730** quingentos] 500 A **13730** solidos] *est sicut add. (v. supra) et del.* A **13730** duodecim] 12 A **13731** de] *ad pr. scr. et corr.* B **13731** quindecim] 15 A **13731** quatuor quinte] $\frac{4}{5}$ A **13731-13732** quatuor quinte] $\frac{4}{5}$ A **13732** quingentorum] 500^{orum} A **13732** quadringenti] 400 A, quadrigenti B **13732** quatuor quinte] 4 $\frac{e}{5}$ A **13732** quingentorum] 500^{orum} A **13733** quadringenti] 400 A **13734** quingentis] 500 A **13734-13735** cambitur] canbitur B **13735** duobus] 2 A **13735** ducenti quinquaginta] 250 A **13736** quindecim] 15 A **13736** nummis] numis B **13737** ducentorum quinquaginta] 250 *(corr. ex 200)* A **13737** novem] 9 A **13737** nummi] numi B **13738** duo milia et ducenti quinquaginta] 2250 A **13739** quindecim] 15 A **13740** nummis] numis B **13740** nummos] numos B **13740** quindecim] 15 A **13741** centum quinquaginta] 150 A **13741** ducentos quinquaginta] 250 A **13741-13742** quadringenti] 400 A **13742** hoc] b *pr. scr. et corr.* A

sicut hic novem, de nummis morabitini, qui sunt quindecim, scilicet tres quintas. Tot igitur partes de ducentis quinquaginta, que sunt centum quinquaginta, agrega ad ducentos quinquaginta, et provenient quadringenti, et hoc est quod voluisti.

(**B.310′**) Si autem fractiones fuerint cum nummis, veluti cum quis querit: Cum morabitinus cambiatur pro quatuordecim nummis et tribus quartis unius nummi, tunc pro quingentis solidis quot morabitini proveniunt? Fac secundum omnes modos preposite questionis, que fuit de integris tantum, et proveniet quod queris.

ITEM DE EODEM

(**B.311**) Verbi gratia. Si quis querit: Cum morabitinus cambiatur pro decem nummis unius monete et pro viginti alterius, cambitur autem unus pro nummis utriusque monete, tunc acceptis duobus nummis monete decem nummorum pro morabitino quot debentur ei de reliqua moneta ad complendum pretium morabitini?

(***a***) Sic facies. Minue duos de decem, et remanebunt octo. Quos multiplica in viginti, et provenient centum sexaginta. Quos divide per decem, et exibunt sexdecim, et tot nummi debentur ei de reliqua moneta.

Causa autem huius hec est. Positum est eum accepisse duos nummos de moneta decem nummorum pro morabitino. Accepit igitur duas decimas illius, et de toto pretio morabitini remanserunt octo decime. Has igitur octo decimas debet accipere de viginti alterius monete. [Talis igitur est comparatio de octo ad decem qualis est comparatio quesiti ad viginti. Sunt igitur quatuor numeri proportionales.] Si igitur multiplicaveris octo in viginti, et productum diviseris per decem, exibit quod queris. [⟨Multiplicare enim fractionem in⟩ alium numerum idem est quod multiplicare numerum partium in illum et productum dividere per numerum cuius partes sunt, sicut supra docuimus; manifestum est igitur quod multiplicare octo partes de decem in viginti idem est quod multiplicare octo in viginti et productum dividere per decem.]

13744 sicut] sic $\mathcal{B}$ **13744** novem] 9 $\mathcal{A}$ **13744** nummis] numis $\mathcal{B}$ **13744** morabitini] ma *pr. scr. et exp.* $\mathcal{B}$ **13744** quindecim] 15 $\mathcal{A}$ **13744–13745** tres quintas] $\frac{3}{5}$ $\mathcal{A}$ **13745** ducentis quinquaginta] 250 $\mathcal{A}$ **13745–13746** centum quinquaginta] 150 $\mathcal{A}$ **13746** ducentos quinquaginta] 250 $\mathcal{A}$ **13746** quadringenti] 400 $\mathcal{A}$ **13748** nummis] numis $\mathcal{AB}$ **13749** morabitinus] pro morabitinis *pr. scr. et corr.* $\mathcal{A}$ **13749** quatuordecim] 14 $\mathcal{A}$ **13749** nummis] numis $\mathcal{B}$ **13749** tribus quartis] $\frac{3}{4}$ $\mathcal{A}$ **13750** nummi] numi $\mathcal{B}$ **13750** quingentis] 500 $\mathcal{A}$ **13753–13754** Item ... gratia] *om. sed spat. rel.* $\mathcal{B}$ **13755** decem] 10 $\mathcal{A}$ **13755** nummis] numis $\mathcal{B}$ **13755** viginti] 20 $\mathcal{A}$ **13755** unus] 1 $\mathcal{A}$ **13756** nummis] numis $\mathcal{B}$ **13756** duobus] 2 $\mathcal{A}$ **13756** nummis] numis $\mathcal{B}$ **13756–13757** decem] 10 $\mathcal{A}$ **13757** nummorum] numorum $\mathcal{B}$ **13757** ad] *om.* $\mathcal{B}$ **13759** duos] 2 $\mathcal{A}$ **13759** decem] 10 $\mathcal{A}$ **13759** octo] 8 $\mathcal{A}$ **13760** viginti] 20 $\mathcal{A}$ **13760** centum sexaginta] 160 $\mathcal{A}$ **13760** decem] 10 $\mathcal{A}$ **13761** sexdecim] 16 $\mathcal{A}$ **13761** nummi] numi $\mathcal{B}$ **13762** duos] 2 $\mathcal{A}$ **13762** nummos] numos $\mathcal{B}$ **13763** decem] 10 $\mathcal{A}$ **13763** nummorum] numorum $\mathcal{B}$ **13763** duas decimas] $\frac{2}{10}$ $\mathcal{A}$ **13764** octo decime] $\frac{8}{10}$ *(8 pr. scr. et del.)* $\mathcal{A}$ **13765** octo decimas] $\frac{8}{10}$ $\mathcal{A}$ **13765** viginti] 20 $\mathcal{A}$ **13766** octo] 8 $\mathcal{A}$ **13766** decem] 10 $\mathcal{A}$ **13766** viginti] 20 $\mathcal{A}$ **13767** quatuor] 4 $\mathcal{A}$ **13767** octo] 8 $\mathcal{A}$ **13767–13768** viginti] 20 $\mathcal{A}$ **13768** decem] 10 $\mathcal{A}$ **13768** quod] quidem $\mathcal{B}$ **13769–13773** alium numerum ... per decem] *desunt in* $\mathcal{A}$

(**b**) Vel aliter. Tu scis quod, cum accipiuntur duo de moneta decem nummorum pro morabitino, accipitur quinta morabitini et remanent accipiende quatuor quinte morabitini. Quatuor igitur quinte de viginti, que sunt sexdecim, sunt id quod voluisti.

ITEM DE EODEM.

(**B.312**) Verbi gratia. Si quis querat: Cum morabitinus cambiatur pro decem nummis unius monete et pro viginti alterius monete et pro triginta alterius, cambit autem aliquis morabitinum pro nummis harum trium monetarum et accipit duos nummos de moneta decem nummorum pro morabitino et quatuor de moneta viginti nummorum pro morabitino, tunc, ad supplendum totum pretium morabitini, quot sibi restant nummi de tertia moneta accipiendi?

(**a**) Sic facies. Multiplica duos in triginta et productum divide per decem, et exibunt sex. Deinde multiplica quatuor in triginta et productum divide per viginti, et exibunt quoque sex. Quos agrega prioribus sex, et fient duodecim. Quos minue de triginta, et remanent decem et octo; et tot nummos accipit de moneta triginta nummorum pro morabitino.

Causa autem huius hec est. Scimus enim quod, cum de decem accipiuntur duo, accipitur quinta eorum, et, cum de viginti accipiuntur quatuor, accipitur eorum quinta. De toto igitur pretio morabitini restant tres quinte accipiende, sed de moneta triginta nummorum pro morabitino. Scis autem quod accipere tres quintas de triginta idem est quod minuere duas quintas eius. Scis etiam quod accipere quintam de triginta idem est quod multiplicare duo in triginta et productum dividere per decem, et etiam quod multiplicare quatuor in triginta et productum dividere per viginti. [Scimus enim quod comparatio duorum ad decem est sicut comparatio quinte de triginta ad triginta; unde sunt quatuor numeri proportionales; si igitur multiplicetur primus, qui est duo, in quartum, qui est triginta,

---

13774 duo] 2 𝐴   **13774** decem] 10 𝐴   **13774–13775** nummorum] numorum 𝐵   **13775** morabitino] morabetino 𝐵   **13775** quinta] $\frac{a}{5}$ 𝐴   **13776** quatuor quinte] $\frac{4}{5}$ 𝐴   **13776** Quatuor igitur quinte] $\frac{4}{5}$ igitur 𝐴   **13776** viginti] 20 𝐴   **13776–13777** sexdecim] 16 𝐴   **13778–13779** Item … gratia] *om. sed spat. hab.* 𝐵   **13779–13780** decem] 10 𝐴   **13780** nummis] numis 𝐵   **13780** viginti] 20 𝐴   **13780** triginta] 30 𝐴   **13781** nummis] numis 𝐵   **13781** trium] 3 *(add. in marg.)* 𝐴   **13782** duos] 2 𝐴   **13782** nummos] numos 𝐵   **13782** decem] 10 𝐴   **13782** nummorum] numorum 𝐵   **13783** quatuor] 4 𝐴   **13783** viginti] 20 𝐴   **13783** nummorum] numorum 𝐵   **13784** supplendum] suplendum 𝐵   **13784** nummi] numi 𝐵   **13784** tertia] $\frac{a}{3}$ 𝐴   **13786** duos] 2 𝐴   **13786** triginta] 30 𝐴   **13786** decem] 10 𝐴   **13787** sex] 6 𝐴   **13787** quatuor] 4 𝐴   **13787** triginta] 30 𝐴   **13788** viginti] 20 𝐴   **13788** sex] 6 𝐴   **13788** sex] 6 𝐴   **13788–13789** duodecim] 12 𝐴   **13789** triginta] 30 𝐴   **13789** remanent] remanebunt *pr. scr. et corr.* 𝐴   **13789** decem et octo] 18 𝐴   **13789** nummos] numos 𝐵   **13790** triginta] 30 𝐴   **13790** nummorum] numorum 𝐵   **13791** decem] 10 𝐴   **13792** duo] 2 𝐴   **13792** quinta] $\frac{a}{5}$ 𝐴   **13792** viginti] 20 𝐴   **13792–13793** quatuor] 4 𝐴   **13793** quinta] $\frac{a}{5}$ 𝐴   **13793** morabitini] morabī 𝐴, morabīti 𝐵   **13793–13794** tres quinte] $\frac{3}{5}$ 𝐴   **13794** triginta] 30 𝐴   **13794** nummorum] numorum 𝐵   **13794** morabitino] morabīto 𝐵   **13795** tres quintas] $\frac{3}{5}$ 𝐴   **13795** triginta] 30 𝐴   **13795–13796** duas quintas] $\frac{2}{5}$ 𝐴   **13796** quintam] $\frac{am}{5}$ 𝐴   **13796** triginta] 30 𝐴   **13797** duo] 2 𝐴   **13797** triginta] 30 𝐴   **13797** decem] 10 𝐴   **13798** quatuor] 4 𝐴   **13798** triginta] 30 𝐴   **13798** viginti] 20 𝐴   **13799** duorum] 2 𝐴   **13799** decem] 10 𝐴   **13800** quinte] $\frac{e}{5}$ 𝐴   **13800** triginta] 30 𝐴   **13800** triginta] 30 𝐴   **13800** quatuor] 4 𝐴   **13801** duo] 2 𝐴   **13801** quartum] $\frac{m}{4}$ 𝐴   **13801** triginta] 30 𝐴

et productum dividatur per secundum, qui est decem, exibit tertius, qui est quinta de triginta. Comparatio etiam de quatuor ad viginti est sicut comparatio quinte de triginta ad triginta; unde sunt quatuor numeri proportionales; quod igitur fit ex ductis quatuor in triginta si dividatur per viginti exibit quinta de triginta.] Propter hoc igitur multiplicavimus duo in triginta et productum divisimus per decem, item etiam multiplicavimus quatuor in triginta et productum divisimus per viginti, et que de utraque divisione exeunt agregavimus, et agregatum minuimus de triginta ut remanerent tres quinte eius; et hoc est quod debet accipere de triginta. Et hoc est quod voluisti.

(*b*) Vel aliter. Tu scis quod, cum de decem accipiuntur duo, accipitur quinta eorum, et, cum accipiuntur quatuor de viginti, accipitur eorum quinta, restant autem tres quinte morabitini accipiende. Tres igitur quinte de triginta, que sunt decem et octo, restant accipiende. Et hoc est quod voluisti.

(*c*) Vel aliter. Converte nummos unius monete acceptos in nummos alterius monete, veluti hic duos quos accepit de moneta decem pro morabitino in nummos monete viginti pro morabitino, et fient quatuor. Quos agrega aliis quatuor quos accepit de moneta viginti pro morabitino, et fient octo. Quasi ergo querat: 'Cum de una moneta dentur viginti pro morabitino et de alia triginta, cambit autem quis morabitinum pro nummis utriusque monete et accipit octo de nummis viginti pro morabitino, quot debet accipere de nummis alterius monete?'. Fac sicut predictum est, et exibit quod volueris.

Si autem nummi agregati post conversionem fuerint plures quam nummi morabitini in quos convertantur, falsa erit questio. Ipse enim voluit accipere de tribus monetis quantum valet morabitinus, accepit autem, de duabus illarum tantum, plus quam valet morabitinus. Hoc autem esse non potest. Si autem fuerint equales, tunc de tertia nichil accipiet; ex nummis enim duarum monetarum completur morabitinus.

Scias autem quod, cum cambitur morabitinus pro nummis trium monetarum et nominatur tantum quod accipit de una illarum, tunc questio est interminata nisi aliqua alia additione terminetur. Similiter etiam si fuerint

---

13816–13889 Vel aliter ... Vel aliter] *193^r, 13 – 193^v, 8 A; B deficit.*

13802 dividatur] *corr. ex* dividitur *A*   **13802** decem] 10 *A*   **13803** quinta] $\frac{a}{5}$ *A*   **13803** triginta] $\frac{a}{30}$ *(sic) A*   **13803** Comparatio] Conparatio *B*   **13803** quatuor] 4 *A*   **13803** viginti] 20 *A*   **13804** quinte] $\frac{e}{5}$ *A*   **13804** triginta] 30 *A*   **13804** triginta *(post* ad*)*] 30 *A*   **13804** quatuor] 4 *A*   **13805** quatuor] 4 *A*   **13805** triginta] 30 *A*   **13806** viginti] 20 *A*   **13806** quinta] $\frac{a}{5}$ *A*   **13806** triginta] 30 *A*   **13806** duo] 2 *A*   **13807** triginta] 30 *A*   **13807** decem] 10 *A*   **13808** quatuor] 4 *A*   **13808** triginta] 30 *A*   **13808** viginti] 20 *A*   **13808** utraque] utrumque *B*   **13809** minuimus] minus *B*   **13809** triginta] 30 *A*   **13809–13810** remanerent] remanent *B*   **13810** tres quinte] $\frac{3}{5}$ *A*   **13810** triginta] 30 *A*   **13812** de decem] 10 *pr. scr. de add. supra A*   **13812** duo] 2 *A*   **13812–13813** quinta] $\frac{a}{5}$ *A*   **13813** cum] *add. supra A*   **13813** quatuor] 4 *A*   **13813** viginti] 20 *A*   **13813** quinta] $\frac{a}{5}$ *A*   **13814** tres quinte] $\frac{3}{5}$ *A*   **13814** Tres igitur quinte] $\frac{3}{5}$ igitur *A*   **13814–13815** triginta] 30 *A*   **13815** decem et octo] 18 *A*   **13817** hic] si *A*   **13817** duos] 2 *A*   **13817** decem] 10 *A*   **13818** viginti] 20 *A*   **13818** quatuor] 4 *A*   **13819** quatuor *(post* aliis*)*] 4 *A*   **13819** viginti] 20 *A*   **13819** octo] 8 *A*   **13820** viginti] 20 *A*   **13821** triginta] 30 *A*   **13822** octo] 8 *A*   **13822** viginti] 20 *A*   **13826** accipere] accipe *A*   **13826** tribus] 3 *A*   **13827** duabus] 2^{bus} *A*   **13828** tertia] tertio *A*   **13830** trium] 3 *A*

plures monete quam tres non terminabitur questio nisi nominetur quantum accipit de unaquaque excepta una, vel nisi terminetur aliquo alio modo. Cetera autem hiis similia considera secundum hoc, et invenies ita esse.

ITEM DE EODEM.

(B.313) Si quis querat: Cum de una moneta dentur viginti nummi pro morabitino et de alia triginta, cambit autem quis morabitinum pro nummis utriusque monete et accipit viginti quatuor, quot accipit de unaquaque?

(*a*) Hic sic est agendum ut minuamus nummos pauciores pro morabitino de nummis pluribus pro morabitino; et remanebunt decem, quos retine. Cum igitur volueris scire quot accipit de triginta: Minue viginti de viginti quatuor, et remanebunt quatuor. Quos denomina de decem, scilicet duas quintas. Due igitur quinte de triginta, que sunt duodecim, sunt id quod accepit ⟨de triginta⟩. Cum autem volueris scire quot accepit de viginti: Minue viginti quatuor de triginta, et remanebunt sex. Quos denomina de decem, scilicet tres quintas. Tres igitur quintas de viginti, que sunt duodecim, accipit de viginti.

Cuius probatio hec est. Sit morabitinus AB; quod autem eius accipit de nummis viginti pro morabitino sit AG, quod autem eius accipit de nummis triginta pro morabitino sit BG. Quod igitur fit ex ductu viginti in AG agregatum cum eo quod fit ex ductu triginta in GB est viginti quatuor.

Qui numerus si esset maior quam triginta, esset questio falsa. Scimus enim quod ex ductu AG in triginta et GB in triginta id quod fit est triginta; quod igitur fieret ex ductu GB in triginta et AG in minus quam triginta esset plus quam triginta, quod est impossibile. Similiter etiam esset impossibile si esset minus quam viginti. Scimus enim quod ex ductu AG in viginti et GB in viginti proveniunt viginti; quod igitur fieret ex ductu AG in viginti et GB in plus quam viginti esset minus quam viginti, quod est impossibile. Manifestum est etiam quod si id quod accepit esset viginti ⟨aut triginta⟩ [aut minus quam viginti], esset questio falsa. Non igitur erit vera nisi cum id quod accipit de utraque moneta sit minus maiore et maius minore, sicut hic est viginti quatuor.

Quod igitur fit ex ductu AG in viginti et GB in triginta est viginti

---

13833 tres] 3 𝒜   **13834** una] 1 𝒜   **13835** hiis] his 𝒜   **13837** viginti] 20 𝒜   **13838** triginta] 30 𝒜   **13839** viginti quatuor] 24 *(corr. ex 20)* 𝒜   **13839** quot] quos 𝒜   **13841** decem] 10 𝒜   **13842** triginta] 30 𝒜   **13842** viginti] 20 𝒜   **13842–13843** viginti quatuor] 24 𝒜   **13843** quatuor] 4 𝒜   **13843** decem] 10 𝒜   **13843–13844** duas quintas] $\frac{2}{5}$ 𝒜   **13844** Due igitur quinte] $\frac{2}{5}$ igitur 𝒜   **13844** triginta] 30 𝒜   **13844** duodecim] 12 𝒜   **13845** viginti] 20 𝒜   **13846** viginti quatuor] 24 𝒜   **13846** triginta] 30 𝒜   **13846** sex] 6 𝒜   **13847** decem] 10 𝒜   **13847** tres quintas] $\frac{3}{5}$ 𝒜   **13847** Tres igitur quintas] $\frac{3}{5}$ igitur 𝒜   **13847** viginti] 20 𝒜   **13847–13848** duodecim] 12 𝒜   **13848** viginti] 20 𝒜   **13850** viginti] 20 𝒜   **13851** triginta] 30 𝒜   **13851** viginti] 20 𝒜   **13852** triginta] 30 𝒜   **13852** viginti quatuor] 24 𝒜   **13853** triginta] 30 𝒜   **13854** triginta] 30 𝒜   **13854** triginta *(ante* id*)*] 30 𝒜   **13854–13855** triginta] 30 𝒜   **13855** triginta] 30 𝒜   **13855** *AG*] *AB* cod.   **13856** triginta] 30 𝒜   **13856** triginta *(ante* quod*)*] 30 𝒜   **13857** viginti] 20 𝒜   **13858** viginti *(post: AG* in*)*] 20 𝒜   **13858** viginti] 20 𝒜   **13858** viginti *(ante* quod*)*] 20 𝒜   **13859** viginti] 20 𝒜   **13859** viginti *(post* plus quam*)*] 20 𝒜   **13859** viginti] 20 𝒜   **13861** viginti] 20 𝒜   **13861** viginti *(post* minus quam*)*] 20 (30 *pr. scr. exp. et corr. supra*) 𝒜   **13861** esset] esse 𝒜   **13863** viginti quatuor] 24 𝒜   **13864** viginti] 20 𝒜   **13864** triginta] 30 𝒜   **13864–13865** viginti quatuor] 24 𝒜

13865 quatuor. Id autem quod fit ex ductu GB in triginta equum est ei quod fit ex ductu GB in decem et GB in viginti. Id igitur quod fit ex ductu AG in viginti et GB in viginti et GB in decem est viginti quatuor. Quod autem fit ex ductu AG et GB in viginti est viginti, nam AB est unum. Restat igitur ut id quod fit ex ductu decem in GB sit quatuor. Igitur GB est due 13870 quinte morabitini. Comparatio autem de GB ad AB est sicut comparatio pretii eius ad triginta. Sed GB est due quinte de AB. Igitur pretium eius est due quinte de triginta, que sunt duodecim.

Cum autem volueris scire pretium de AG, hac probatione invenies. Scimus enim quod id quod fit ex ductu AG in viginti et GB in triginta est 13875 viginti quatuor. Id autem quod fit ex ductu AG in triginta sit commune. Id igitur quod fit ex ductu AG in viginti et id quod fit ex ductu GB in triginta et AG in triginta erit viginti quatuor addito sibi eo quod fit ex ductu AG in triginta. Id autem quod fit ex ductu AG in triginta et GB in triginta est triginta. Igitur quod fit ex viginti ductis in AG additis sibi triginta equum 13880 erit ei quod fit ex ductu triginta in AG ⟨additis sibi viginti quatuor. Minue igitur id quod fit ex ductu viginti in AG⟩ de eo quod fit ex ductu triginta in AG, et remanebit id quod fit ex decem ductis in AG. Minue quoque viginti quatuor de triginta, et remanebunt sex. Quod igitur fit ex ductis decem in AG est sex. Igitur AG est tres quinte. Comparatio autem de AG 13885 ad AB est sicut comparatio pretii eius ad pretium morabitini. Sed AG est tres quinte de AB. Igitur debet accipere tres quintas de viginti, que sunt duodecim.

Secundum hoc autem considera cetera huiusmodi, et ita invenies.

Ad B.313a: *Figura inven. in* $\mathcal{A}$ *(193^v, 9 marg.).*

(*b*) Vel aliter. Id quod accipit de moneta viginti nummorum pro morabitino 13890 pone rem. Id ergo quod debet accipere de moneta triginta nummorum

---

13889–13905 Id quod accipit ... que sunt duodecim] $193^v, 8 - 17$ $\mathcal{A}$; $68^{va}, 42 - 68^{vb}, 16$ $\mathcal{B}$.

13865 triginta] 30 $\mathcal{A}$ **13866** decem] 10 $\mathcal{A}$ **13866** viginti *(post: GB* in*)*] 20 $\mathcal{A}$ **13867** viginti] 20 $\mathcal{A}$ **13867** viginti] 20 $\mathcal{A}$ **13867** decem] 10 $\mathcal{A}$ **13867** viginti quatuor] 24 $\mathcal{A}$ **13868** viginti] 20 $\mathcal{A}$ **13868** viginti *(post* est*)*] 20 $\mathcal{A}$ **13868** unum] 1 $\mathcal{A}$ **13869** decem] 10 $\mathcal{A}$ **13869** quatuor] 4 $\mathcal{A}$ **13869–13870** due quinte] $\frac{2}{5}$ $\mathcal{A}$ **13871** triginta] 30 $\mathcal{A}$ **13871** due quinte] $\frac{2}{5}$ $\mathcal{A}$ **13872** due quinte] $\frac{2}{5}$ $\mathcal{A}$ **13872** triginta] 30 $\mathcal{A}$ **13872** duodecim] 12 $\mathcal{A}$ **13874** viginti] 20 $\mathcal{A}$ **13874** triginta] 30 $\mathcal{A}$ **13875** viginti quatuor] 24 $\mathcal{A}$ **13875** triginta *(post: AG* in*)*] 30 $\mathcal{A}$ **13876** viginti] 20 $\mathcal{A}$ **13876** triginta] 30 $\mathcal{A}$ **13877** triginta *(post: AG* in*)*] 30 $\mathcal{A}$ **13877** viginti quatuor] 24 $\mathcal{A}$ **13878** triginta] 30 $\mathcal{A}$ **13878** triginta *(post: AG* in*)*] 30 $\mathcal{A}$ **13878** triginta] 30 $\mathcal{A}$ **13879** triginta *(post* est*)*] 30 $\mathcal{A}$ **13879** viginti] 20 $\mathcal{A}$ **13879** triginta] 30 $\mathcal{A}$ **13880** triginta *(post* ductu*)*] 30 $\mathcal{A}$ **13881** triginta] 30 $\mathcal{A}$ **13882** decem] 10 $\mathcal{A}$ **13883** viginti quatuor] 24 $\mathcal{A}$ **13883** triginta] 30 $\mathcal{A}$ **13883** sex] 6 $\mathcal{A}$ **13884** decem] 10 $\mathcal{A}$ **13884** sex] 6 $\mathcal{A}$ **13884** tres quinte] $\frac{3}{5}$ $\mathcal{A}$ **13886** tres quinte] $\frac{3}{5}$ $\mathcal{A}$ **13886** tres quintas] $\frac{3}{5}$ $\mathcal{A}$ **13886** viginti] 20 $\mathcal{A}$ **13887** duodecim] 12 $\mathcal{A}$ **13889** Vel aliter] *post hæc marginalia (v. infra, probl. B.314) ponenda indic.* $\mathcal{A}$ **13889** viginti] 20 $\mathcal{A}$ **13889** nummorum] numorum $\mathcal{B}$ **13890** triginta] 30 $\mathcal{A}$ **13890** nummorum] numorum $\mathcal{B}$

pro morabitino est morabitinus minus re. Scis autem quod in morabitino, qui est viginti quatuor nummi, sunt due partes quarum una sumpta est de moneta viginti nummorum pro morabitino et alia de moneta triginta nummorum pro morabitino. Manifestum est igitur quoniam id quod fit ex ductu unius duarum partium [pretii] morabitini in viginti et alterius in triginta si agregentur fient viginti quatuor. Multiplica igitur rem in viginti, et provenient viginti res. Deinde morabitinum minus re multiplica in triginta, et provenient triginta minus triginta rebus. Quos agrega viginti rebus, et fient triginta minus decem rebus; que adequantur ad viginti quatuor. Comple ergo triginta adiectis decem rebus et totidem agrega ad viginti quatuor, et postea minue viginti quatuor de triginta, et remanebunt sex; que adequantur decem rebus. Res igitur equalis est tribus quintis, et tantum accepit de moneta viginti nummorum pro morabitino, scilicet duodecim. Restat autem accipere duas quintas de moneta triginta nummorum, que sunt duodecim.

(B.314) Si quis querat: Cum morabitinus cambiatur pro decem nummis unius monete et pro viginti alterius, cambit autem aliquis morabitinum pro nummis utriusque monete et pro toto pretio morabitini non accipit nisi quindecim nummos de utraque, tunc quot accipit de unaquaque?

Sic facies. Differentiam que est inter decem et viginti, scilicet decem, pone prelatum. Deinde quindecim ⟨de nummis⟩ utriusque monete, quos accepit, minue de viginti, et remanebunt quinque; quos denomina de decem, scilicet medietatem. Et tantum accepit de moneta decem nummorum pro morabitino. Et similiter medietatem accepit de moneta viginti nummorum pro morabitino.

Monstrabitur autem hoc tali modo. Scilicet, sit morabitinus linea AB, prima vero pars morabitini [que accipitur de moneta viginti nummorum pro

---

13906–13977 Si quis querat ... accipit de alia] 193^v, marg. & 193^v, $17 - 194^r$, 5 A (B.314: propositum & probat. tantum hab.); 68va, $37 - 42$ (propositum probl. B.314) & 68vb, $17 - 69^{rb}$, 21 B.

13892 viginti quatuor] 24 A **13892** nummi] numi B **13892** due] 2 (^{2} pr. scr. et del.) A **13893** viginti nummorum] nummorum 20 A, numorum viginti B **13893** triginta] 20 (sic) A **13894** nummorum] numerum B **13895** viginti] 20 A **13896** triginta] 30 A **13896** viginti quatuor] 24 A **13896–13897** viginti] 20 A **13897** viginti (ante res)] 20 A **13898** triginta] 30 A **13898** provenient] proveniet B **13898** triginta] 30 (corr. ex 20) A, viginti B **13898** triginta (post minus)] 30 A **13898** Quos] Quas A, quas B **13898–13899** viginti] 20 A **13899** triginta] 30 A **13899** decem] 10 A, om. B **13899–13900** viginti quatuor] 24 A **13900** triginta] 30 A **13900** decem] 10 A, om. B **13901** viginti quatuor] 24 A **13901** viginti quatuor (post minue)] 24 A **13901** triginta] 30 A, viginti B **13902** sex] 6 A **13902** decem] 10 A **13902** tribus quintis] $\frac{3}{5}$ is A **13903** viginti] 20 A **13903** nummorum] numorum B **13903–13904** duodecim] 12 A **13904** duas quintas] $\frac{2}{5}$ A **13904** triginta] 30 A **13904** nummorum] numorum B **13905** duodecim] 12 A **13906** Si quis querat] om. A **13906–13910** Cum morabitinus ... Sic facies] add. in marg. A **13906** decem] 10 A **13906** nummis] numis B **13907** viginti] 20 A **13907** aliquis] quis A **13908** nummis] numis B **13909** quindecim] 15 A **13909** nummos] numos B **13909** accipit] accepit B **13909** unaquaque] unam pr. scr. et corr. A **13910** Sic facies] Vel aliter B **13910–13915** Differentiam ... pro morabitino] om. A **13913** nummorum] numorum B **13914** nummorum] numorum B **13916** Monstrabitur] Monstrabur A **13916** autem] etiam cod. **13916** AB] AG codd. **13917** viginti] 20 A **13917** nummorum] numorum B

morabitino] sit linea AG, altera vero pars sit linea GB. Deinde de puncto G protrahatur linea de decem, que sit linea GD. Que multiplicetur in lineam AG, et proveniat superficies $AGQD$. Sit autem linea GK viginti. Que multiplicetur in lineam GB, et proveniat superficies GH. Compleatur autem superficies. Manifestum est igitur quod superficies AD et GH sunt quindecim. Scimus autem quod linea AB est unum, nam ipsa est unus morabitinus, linea vero BH est viginti; superficies igitur AH est viginti. Sed due superficies AD et GH sunt quindecim. Igitur superficies QK est quinque. Linea vero DK est decem. Igitur linea QD est dimidium. Et est equalis linee AG; linea igitur AG est dimidius morabitini. Et hoc est quod accipit de moneta decem nummorum pro morabitino, linea vero GB est reliqua medietas [scilicet id quod accipit de moneta viginti nummorum pro morabitino]. Et hoc est quod demonstrare voluimus.

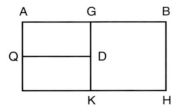

Ad B.314: *Figura inven. in* $\mathcal{A}$ *(193^v, 26 – 29 marg.), om. sed spat. rel. (68vb, 46 – ima pag.)* $\mathcal{B}$.

ITEM DE EODEM.

(**B.315**) Si quis querat: Cum sint due diverse monete de quarum una dantur decem nummi pro morabitino, de altera vero triginta, cambit autem morabitinum aliquis pro nummis utriusque monete, sed subtractis hiis quos accipit de moneta decem nummorum pro morabitino de reliquis remanent viginti, tunc quot nummos accipit de utraque moneta?

(**a**) Sic facies. Agrega decem cum triginta, et fient quadraginta, quos pone prelatum. Deinde minue viginti de triginta, et remanebunt decem; quos divide per prelatum, et exibit quarta, morabitini. Et hoc est quod accipit de moneta decem nummorum pro morabitino; sed tres quartas morabitini que remanent accipit de nummis alterius monete.

13919 decem] 10 $\mathcal{A}$ **13920** $AGQD$] $AG\ QD$ $\mathcal{B}$ **13920** viginti] 20 $\mathcal{A}$ **13923** quindecim] 15 $\mathcal{A}$ **13923** unum] 1 $\mathcal{A}$ **13923** unus] 1 $\mathcal{A}$ **13924** vero] *bis scr.* $\mathcal{A}$ **13924** viginti] 20 $\mathcal{A}$ **13924** viginti *(post: AH est)*] 20 $\mathcal{A}$ **13925** quindecim] 15 $\mathcal{A}$ **13926** quinque] 5 $\mathcal{A}$ **13926** decem] 10 $\mathcal{A}$ **13927** morabitini] morab $\mathcal{A}$ **13928** decem] 10 $\mathcal{A}$ **13928** nummorum] numorum $\mathcal{B}$ **13928** GB] GD *codd.* **13929** viginti] 20 $\mathcal{A}$ **13929** nummorum] numorum $\mathcal{B}$ **13930** demonstrare] monstrare $\mathcal{B}$ **13931** Item de eodem] *om. sed spat. hab.* $\mathcal{B}$ **13932** due] 2 $\mathcal{A}$ **13933** decem] 10 $\mathcal{A}$ **13933** nummi] numi $\mathcal{B}$ **13933** triginta] 30 $\mathcal{A}$ **13934** nummis] numis $\mathcal{B}$ **13934** hiis] his *codd.* **13935** decem] 10 $\mathcal{A}$ **13935** nummorum] numorum $\mathcal{B}$ **13936** viginti] 20 $\mathcal{A}$ **13936** nummos] numos $\mathcal{B}$ **13937** decem] 10 $\mathcal{A}$ **13937** triginta] 30 $\mathcal{A}$ **13937** quadraginta] 40 $\mathcal{A}$ **13938** viginti] 20 $\mathcal{A}$ **13938** triginta] 30 $\mathcal{A}$ **13938** decem] 10 $\mathcal{A}$ **13939** quarta] $\frac{a}{4}$ $\mathcal{A}$ **13940** decem] 10 $\mathcal{A}$ **13940** nummorum] numorum $\mathcal{B}$ **13940** tres quartas] $\frac{3}{4}$ $\mathcal{A}$ **13941** nummis] numis $\mathcal{B}$

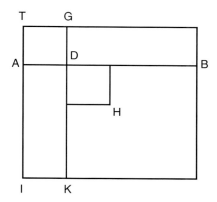

Ad B.315a: *Figura inven. in* 𝒜 *(193^v, 40 - 45 & marg.), om. sed spat. rel. (69ra, 41 - 47)* ℬ.
K] *om.* 𝒜.

Monstrabitur autem hoc tali figura. Sit morabitinus linea AB, pars autem quam accipit de moneta decem nummorum pro morabitino sit linea AD, reliqua vero pars sit linea DB. Deinde de puncto D protrahatur linea de decem, que sit linea DG. Que multiplicetur in lineam DA, et proveniat superficies AG. Deinde de puncto D protrahatur linea de triginta, que sit linea DK. Que multiplicetur in lineam DB, et proveniat superficies KB. Deinde de superficie KB incidatur superficies equalis superficiei AG, que sit superficies DH [nam dixit quod subtractis nummis acceptis de nummis decem pro morabitino de nummis alterius monete remanent viginti]. Igitur superficies KBH, que remanet de maiore post incisionem superficiei DH, est viginti. Compleatur autem superficies IB. Scimus autem quod linea AB est unum, nam ipsa est morabitinus, linea vero AI est triginta. Igitur superficies IB est triginta. Monstratum est autem superficiem KBH esse viginti. Igitur restat ut due superficies DH et DI sint decem. Sed superficies DT equalis est superficiei DH. Igitur superficies IG est decem. Linea vero GK est quadraginta. Igitur per GK dividatur superficies IG, que est decem, et tunc linea TG erit quarta, que est equalis linee AD. Et hoc est quod accipit de moneta decem nummorum pro morabitino; et remanet DB tres quarte morabitini accipiende de nummis alterius monete. Et hoc est quod monstrare voluimus.

(**b**) Vel aliter. Id quod accipit de moneta decem nummorum pro morabitino

13945

13950

13955

13960

13943 decem] 10 𝒜 **13943** nummorum] numorum ℬ **13945** decem] 10 𝒜 **13946** triginta] 30 𝒜 **13947** superficies] *add. et del.:* AG, que sit superficies DH *et in marg., quæ etiam del.:* equalis superficiei 𝒜 **13948** Deinde de superficie KB] *per homœotel. om.* ℬ **13949** nummis] numis ℬ **13949–13950** nummis] numis ℬ **13950** decem] 10 𝒜 **13950** nummis] numis ℬ **13950** viginti] 20 𝒜 **13952** viginti] 20 𝒜 **13953** unum] 1 𝒜 **13953** triginta] 30 𝒜 **13954** IB] *quasi:* AB 𝒜 **13954** triginta] 30 𝒜 **13954** Monstratum est] Manifestum est *codd.* **13955** viginti] 20 𝒜 **13955** due] 2 𝒜 **13955** decem] 10 𝒜 **13956** decem] 10 𝒜 **13957** quadraginta] 40 𝒜 **13958** decem] 10 𝒜 **13958** quarta] $\frac{a}{4}$ 𝒜 **13959** decem] 10 𝒜 **13959** nummorum] numorum ℬ **13960** tres quarte] $\frac{3}{4}$ 𝒜 **13960** nummis] numis ℬ **13961** quod] quidem ℬ **13962** decem] 10 𝒜 **13962** nummorum] numorum ℬ

sit res. Id ergo quod accipit de moneta triginta nummorum pro morabitino est morabitinus minus re. Multiplica igitur rem in decem, et provenient decem res. Deinde multiplica morabitinum minus re in triginta, et provenient triginta minus triginta rebus; de quibus minue decem res, et remanebunt triginta minus quadraginta rebus; que adequantur ad viginti. Comple ergo triginta adiectis quadraginta rebus que desunt, et agrega totidem ad viginti, et fient triginta; que adequantur ad viginti et quadraginta rebus. Minue igitur viginti de triginta, et remanebunt decem; que adequantur quadraginta rebus. Res igitur est quarta. Et hoc est quod accipit de moneta decem nummorum pro morabitino, reliquum vero [quod remanet] accipit de nummis alterius monete. Vel, si volueris, agrega decem res ad viginti, et fient viginti et decem res; que adequantur ad triginta minus triginta rebus. Fac igitur sicut supra docui in algebra, et erit res quarta. Et hoc est quod accipit de moneta decem nummorum pro morabitino, reliquum vero accipit de alia.

Item de eodem

(B.316) Si quis querat: Cum de una moneta dentur decem nummi pro morabitino et de alia viginti et de alia triginta, cambit autem morabitinum quis pro nummis trium monetarum et accipit viginti quinque, quot accipit de unaquaque?

In questionibus huiusmodi, cum fuerint monete plures quam due, questio tunc interminata erit nisi aliqua adiectione terminetur. Veluti si dicatur de nummis decem pro morabitino tantum accepisse quantum de nummis viginti pro morabitino, aut de qualibet monetarum dicatur accepisse tantam vel tantam partem sui morabitini; vel aliquid aliud huiusmodi.

13978–14017 Item de eodem ... Vel aliter] *194^r, 5 - 24 A; 69rb, 22 - 28 (propositum tantum, v. infra) B.*

13979–14017 Si quis ... Vel aliter] *lect. alt. initii hab. B:* Si quis querat: Cum *(post hoc invenitur spat. pro tit.)* sunt tres monete de quarum una dantur decem numi pro morabitino et de altera viginti et ⟨de⟩ tertia triginta, cambit autem aliquis morabitinum pro numis trium monetarum et accipit de omnibus monetis viginti quinque tantum numos, tunc quot accipit de unaquaque illarum? Hec questio est multipl⟨ex⟩ *(spat. hab.).*

13963 triginta] 30 *A* **13963** nummorum] numorum *B* **13964** decem] 10 *A* **13964–13965** decem *(ante* res)] 10 *A* **13965** triginta] 30 *(e corr.) A* **13966** triginta] 30 *A* **13966** triginta *(ante* rebus)] 30 *A*, quadraginta *B* **13966** decem] 10 *A* **13967** triginta] 30 *A* **13967** quadraginta] 40 *A* **13967** viginti] 20 *A* **13968** triginta] 30 *A* **13968** quadraginta] 40 *A* **13968** viginti] 20 *A* **13969** triginta] 30 *A* **13969** viginti] 20 *A* **13969** quadraginta] 40 *A* **13970** viginti] 20 *A* **13970** triginta] 30 *A* **13970** decem] 10 *A* **13970** adequantur] ad *add. et exp. A* **13970–13971** quadraginta] 40 *A* **13971** quarta] $\frac{a}{4}$ *A* **13972** decem] 10 *A* **13972** nummorum] numorum *B* **13973** nummis] numis *B* **13973** decem] 10 *A* **13973** viginti] 20 *A* **13974** viginti *(post* fient)] 20 *A* **13974** et decem] et 10 *A*, decem *B* **13974** triginta] 30 *A* **13974** triginta *(post* minus)] 30 *A* **13975** algebra] agebla *B* **13975** quarta] $\frac{a}{4}$ *A* **13976** decem] 10 *A* **13976** nummorum] numorum *B* **13977** accipit] quod accipit *B* **13978** tit.] *om. A, in textu B (sed insuper spat. rel. post* Cum, *v. lect. alt.).* **13979** (B.316)] *sign.* (¶) *scr. al. m. in marg. A* **13979** decem] 10 *A* **13980** viginti] 20 *A* **13980** triginta] 30 *A* **13981** trium] 3 *A* **13981** viginti quinque] 25 *A* **13983** due] 2 *A* **13985** decem] 10 *A* **13985–13986** viginti] 20 *A*

(**a**) Si igitur in hac questione diceretur accepisse de nummis decem pro morabitino quantum de nummis viginti pro morabitino, sic faceres. Agregabis enim decem ad viginti, et fient triginta. ⟨Nummi autem ultime monete sunt triginta.⟩ Quos duplica, et fient sexaginta. Deinde duplica viginti quinque, et fient quinquaginta. Quasi ergo dicatur: 'Cum de una moneta dentur triginta nummi pro morabitino et de alia sexaginta, cambit autem quis morabitinum pro nummis utriusque monete et accipit quinquaginta, quot accipit de unaquaque moneta?'. Illa ergo questio vera est quoniam hec vera est. Fac ergo sicut supra docuimus, et exibit id quod accipit de nummis triginta tertia pars morabitini. Quod est equale ei quod accipit de nummis decem pro morabitino et de nummis viginti pro morabitino. Igitur accepit de nummis decem pro morabitino sextam morabitini et de viginti similiter sextam morabitini. Igitur de triginta accipit id quod remanet de morabitino, scilicet duas tertias.

Cuius probatio hec est. Sit morabitinus AB, quod vero accipit de nummis decem pro morabitino AD, quod vero accipit de viginti DG, quod vero de triginta GB. Igitur AD tantus est quantus GD. Manifestum est igitur ex predictis quod id quod fit ex ductu AD in decem et DG in viginti et GB in triginta est viginti quinque. Quod autem fit ex ductu AD in decem et DG in viginti equum est ei quod fit ex ductu AD in triginta, nam AD tantus est quantus DG. Igitur quod fit ex ductu AD in triginta et GB in triginta est viginti quinque. Quod igitur fit ex ductu dupli de AD in triginta et dupli de GB in triginta est duplum de viginti quinque, quod est quinquaginta. Quod autem fit ex ductu dupli de GB in triginta equum est ei quod fit ex ductu GB in duplum de triginta, quod est sexaginta. Quod igitur fit ex ductu dupli de AD in triginta et GB in sexaginta est quinquaginta. Fac igitur sicut supra ostensum est, et exibit AG tertia de AB. Cuius medietas est AD, et tantus est DG, remanet autem GB ⟨due tertie⟩. Et hoc est quod demonstrare voluimus.

Ad B.316a: *Figura inven. in* $\mathcal{A}$ *(194ʳ, 24).*

13988 decem] 10 $\mathcal{A}$ **13989** viginti] 20 *supra lin.* $\mathcal{A}$ **13990** decem] 10 $\mathcal{A}$ **13990** viginti] 20 $\mathcal{A}$ **13990** triginta] 30 $\mathcal{A}$ **13991** sexaginta] 60 $\mathcal{A}$ **13991–13992** viginti quinque] 25 $\mathcal{A}$ **13992** quinquaginta] 50 $\mathcal{A}$ **13993** triginta] 30 $\mathcal{A}$ **13993** sexaginta] 60 $\mathcal{A}$ **13994** quinquaginta] 50 $\mathcal{A}$ **13995** ergo questio] questio ergo *pr. scr. et corr.* $\mathcal{A}$ **13997** triginta] 30 $\mathcal{A}$ **13997** tertia] $\frac{a}{3}$ $\mathcal{A}$ **13998** decem] 10 $\mathcal{A}$ **13998** viginti] 20 $\mathcal{A}$ **13999** accepit] *corr. ex* accipet $\mathcal{A}$ **13999** decem] 10 $\mathcal{A}$ **13999** sextam] $\frac{am}{6}$ $\mathcal{A}$ **13999** viginti] 20 $\mathcal{A}$ **14000** sextam] $\frac{am}{6}$ $\mathcal{A}$ **14000** triginta] 30 $\mathcal{A}$ **14001** duas tertias] $\frac{2}{3}$ $\mathcal{A}$ **14003** decem] 10 $\mathcal{A}$ **14003** viginti] 20 $\mathcal{A}$ **14004** triginta] 30 $\mathcal{A}$ **14005** AD] ad $\mathcal{A}$ **14005** decem] 10 $\mathcal{A}$ **14005** viginti] 20 $\mathcal{A}$ **14006** triginta] 30 $\mathcal{A}$ **14006** viginti quinque] 25 $\mathcal{A}$ **14007** decem] 10 $\mathcal{A}$ **14007** viginti] 20 $\mathcal{A}$ **14007** triginta] 30 $\mathcal{A}$ **14008** triginta] 30 $\mathcal{A}$ **14009** triginta *(ante* est*)*] 30 $\mathcal{A}$ **14009** viginti quinque] 25 $\mathcal{A}$ **14010** triginta] 30 $\mathcal{A}$ **14010** triginta *(ante* est*)*] 30 $\mathcal{A}$ **14010** viginti quinque] 25 $\mathcal{A}$ **14011** quinquaginta] 50 $\mathcal{A}$ **14011** triginta] 30 $\mathcal{A}$ **14012** triginta] 30 $\mathcal{A}$ **14012** sexaginta] 60 $\mathcal{A}$ **14013** triginta] 30 $\mathcal{A}$ **14013** sexaginta] 60 $\mathcal{A}$ **14014** quinquaginta] 50 $\mathcal{A}$ **14014** tertia] $\frac{a}{3}$ $\mathcal{A}$ **14015** remanet] *corr. ex* Remanent $\mathcal{A}$

(**b**) Vel aliter. Id quod accipit de moneta decem nummorum pro morabitino pone rem; id vero quod accipit de moneta viginti nummorum pro morabitino pone similiter rem; id ergo quod accipit de tertia est morabitinus minus duabus rebus. Deinde dices: 'Morabitinus unus dividitur in tres partes quarum prima multiplicatur in decem et secunda in viginti et tertia in triginta et agregatis productis singularum multiplicationum proveniunt viginti quinque'. Multiplica igitur rem in decem, et provenient decem res. Deinde multiplica rem in viginti, et provenient viginti res. Deinde multiplica morabitinum minus duabus rebus in triginta, et provenient triginta minus sexaginta rebus. Deinde agrega producta horum omnium, et provenient triginta nummi minus triginta rebus; que adequantur viginti quinque nummis. Comple igitur triginta nummos adiectis triginta rebus que desunt, et adde totidem res ad viginti quinque, et fient triginta nummi; qui adequantur viginti quinque nummis et triginta rebus. Minue igitur viginti quinque de triginta, et remanebunt quinque; qui adequantur triginta rebus. Res igitur equalis est sexte unius, et hoc est quod accipit de moneta decem nummorum pro morabitino, et tantumdem etiam accipit de moneta viginti nummorum pro morabitino. Id vero quod remanet de morabitino, scilicet due tertie eius, accipietur de tertia moneta.

(**c**) Vel aliter. Agrega decem ad viginti, et fient triginta. Deinde nummos morabitini ultime monete multiplica semper in numerum monetarum precedentium, sicut hic in duo, et fient sexaginta; si vero ante ultimam monetam fuerint tres, vel quatuor, vel plures monete, tunc numerum nummorum morabitini de ultima moneta semper multiplicabis in numerum monetarum precedentium, scilicet in tres, vel quatuor, vel amplius si fuerint. Deinde de producto minues agregatum ex nummis omnium precedentium monetarum, sicut hic de sexaginta minues triginta qui agregantur ex decem et viginti, et remanebunt triginta; quos pone prelatum. Deinde minue viginti quinque

---

14017–14049 Id quod accipit ... de ultima moneta] $194^r, 24 - 42$ $\mathcal{A}$; $69^{rb}, 28 - 69^{va}, 25$ $\mathcal{B}$.

14017 quod] vero $\mathcal{B}$ 14017 decem] 10 $\mathcal{A}$ 14017 nummorum] numorum $\mathcal{B}$ 14018 viginti] 20 $\mathcal{A}$ 14018 nummorum] numorum $\mathcal{B}$ 14019 tertia] $\frac{a}{3}$ $\mathcal{A}$ 14020 duabus] 2 $\mathcal{A}$ 14020 unus] 1 $\mathcal{A}$ 14020 dividitur] datur *pr. scr. et exp.* $\mathcal{A}$ 14020 tres] 3 $\mathcal{A}$ 14021 decem] 10 $\mathcal{A}$ 14021 viginti] 20 $\mathcal{A}$ 14021 tertia] $\frac{a}{3}$ $\mathcal{A}$ 14022 triginta] 30 $\mathcal{A}$ 14022 singularum] *corr. ex* singulariter $\mathcal{A}$ 14023 viginti quinque] 25 $\mathcal{A}$ 14023 decem] 10 $\mathcal{A}$ 14023 decem *(ante* res*)*] 10 $\mathcal{A}$ 14024 viginti] 20 $\mathcal{A}$ 14024 viginti *(ante* res*)*] 20 $\mathcal{A}$ 14025 duabus] 2 $\mathcal{A}$ 14025 triginta] 30 $\mathcal{A}$ 14025 triginta *(ante* minus*)*] 30 $\mathcal{A}$ 14026 sexaginta] 60 $\mathcal{A}$ 14027 triginta] 30 $\mathcal{A}$ 14027 nummi] numi $\mathcal{B}$ 14027 triginta] 30 $\mathcal{A}$ 14027 viginti quinque] 25 $\mathcal{A}$ 14028 nummis] numis $\mathcal{B}$ 14028 triginta] 30 $\mathcal{A}$ 14028 nummos] numos $\mathcal{B}$ 14028 triginta] 30 $\mathcal{A}$ 14029 viginti quinque] 25 $\mathcal{A}$ 14029 triginta] 30 $\mathcal{A}$ 14029 nummi] numi $\mathcal{B}$ 14030 viginti quinque] 25 $\mathcal{A}$ 14030 nummis] numis $\mathcal{B}$ 14030 triginta] 30 $\mathcal{A}$ 14030–14031 viginti quinque] 25 $\mathcal{A}$ 14031 triginta] 30 $\mathcal{A}$ 14031 quinque] 50 *(sic)* $\mathcal{A}$ 14031 triginta] 30 $\mathcal{A}$ 14032 sexte] $\frac{e}{6}$ $\mathcal{A}$ 14033 decem] 10 $\mathcal{A}$ 14033 nummorum] numorum $\mathcal{B}$ 14033 tantumdem] tantundem $\mathcal{B}$ 14034 viginti] 20 $\mathcal{A}$ 14034 nummorum] numorum $\mathcal{B}$ 14035 due tertie] $\frac{2}{3}$ $\mathcal{A}$ 14035 tertia] $\frac{a}{3}$ $\mathcal{A}$ 14036 decem] 10 $\mathcal{A}$ 14036 viginti] 20 $\mathcal{A}$ 14036 triginta] 30 $\mathcal{A}$ 14036 nummos] numos $\mathcal{B}$ 14038 in duo] duarum *codd.* 14038 sexaginta] 60 $\mathcal{A}$ 14039 tres] 3 $\mathcal{A}$ 14039 quatuor] 4 $\mathcal{A}$ 14039 nummorum] numorum $\mathcal{B}$ 14041 tres] 3 $\mathcal{A}$ 14041 quatuor] 4 $\mathcal{A}$ 14042 nummis] numis $\mathcal{B}$ 14043 sexaginta] 60 $\mathcal{A}$ 14043 triginta] 30 $\mathcal{A}$ 14043 decem] 10 $\mathcal{A}$ 14043 viginti] 20 $\mathcal{A}$ 14044 triginta] 30 $\mathcal{A}$ 14044 viginti quinque] 25 $\mathcal{A}$

de nummis ultime monete, qui sunt triginta, et remanebunt quinque. Quos divide per prelatum, et exibit sexta. Et tantum accipit de moneta decem nummorum pro morabitino, tantum etiam de moneta viginti nummorum pro morabitino; id vero quod remanet de morabitino accipietur de ultima moneta.

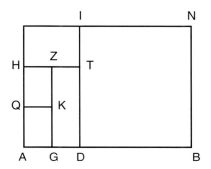

Ad B.316c: *Figura def. in $\mathcal{A}$, om. sed spat. rel. (69vb, 23 – 31) $\mathcal{B}$.*

Quod monstratur hac figura. Sit morabitinus linea AB, id vero quod accipitur de prima moneta decem nummorum pro morabitino sit linea AG, quod vero de secunda sit linea GD, equalis linee AG; id ergo quod remanet accipiendum de ultima moneta sit linea DB. Deinde de puncto G protrahatur linea de decem, que sit linea GK; que multiplicetur in lineam AG, et proveniat superficies $AGQK$. Deinde inclinabo lineam GK usque ad punctum Z ita ut sit de viginti; deinde multiplicetur linea GZ in lineam GD, et proveniat superficies GT. Postea inclinabo lineam DT usque ad punctum I ita ut sit ⟨de⟩ triginta; deinde multiplicetur linea DI in lineam DB, et proveniat superficies BI. Manifestum est igitur quod superficies AK et GT et BI sunt viginti quinque. ⟨Compleatur autem superficies AN.⟩ Scis autem quod linea AB unum est, quoniam ipsa est morabitinus, linea autem BN est triginta. Igitur superficies AN est triginta. Sed ostensum est quod superficies AK et GT et BI sunt viginti quinque. Igitur superficies QZ et HI sunt quinque. Scis autem quod magnitudo superficierum que sunt QZ et HI provenit ex ductu linee KZ in ZH et ex ductu IT in TH. [Scis etiam quod linea IT equalis est linee KZ, et linea HZ equalis est linee ZT. Igitur ex ductu linee IT in TH et in ZH proveniunt due superficies que sunt QZ et HI.] Scis etiam quoniam id quod fit ex ductu linee IT in

---

14050–14080 Quod monstratur ... quod monstrare voluimus] $\mathcal{A}$ *deficit; 69va, 26 – 69vb, 22-31 $\mathcal{B}$.*

14045 nummis] numis $\mathcal{B}$ 14045 triginta] 30 $\mathcal{A}$ 14045 quinque] 5 $\mathcal{A}$ 14046 sexta] $\frac{a}{6}$ $\mathcal{A}$ 14046 decem] 10 $\mathcal{A}$ 14047 nummorum] numorum $\mathcal{B}$ 14047 viginti] 20 $\mathcal{A}$ 14047 nummorum] numorum $\mathcal{B}$ 14050 linea AB] AB *pr. scr. et del.* $\mathcal{B}$ 14051 nummorum] numorum $\mathcal{B}$ 14051 morabitino] moī $\mathcal{B}$ 14053 de] *vel cod.*   14059 BI] DI $\mathcal{B}$ 14059 superficies AK] *super AK hab.* $\mathcal{B}$ 14064 superficierum] superficietur $\mathcal{B}$ 14065 KZ in ZH] KZ IZH *hab. (partim in marg.)* $\mathcal{B}$ 14066 linea HZ] line HZ $\mathcal{B}$ 14067 ductu] ductum $\mathcal{B}$

TH equum est ei quod fit ex ductu linee IT in TZ et in ZH [sive coniuncta sive disiuncta, idem provenit]. Sed id quod fit ex ductu linee IT in TZ equum est ei quod fit ex ductu linee IT in ZH. Igitur id quod fit ex ductu linee IT in TH equum est ei quod fit ex ductu IT in ZH bis. Scis autem quod linea IT equalis est linee ZK. Igitur ex ductu linee ZK in ZH ter proveniunt due superficies que sunt quinque. Sed id quod fit ex ductu linee ZK in ZH ter equum est ei quod fit ex ductu linee ZH in triplam linee KZ, que est triginta. Igitur ex ductu linee HZ in triginta proveniunt quinque. Si igitur dividantur quinque per triginta, exibit sexta, que est linea ZH. Que est equalis linee AG; ⟨igitur linea AG⟩ sexta est morabitini. Linea quoque GD est sexta. Igitur linea DB est due tertie. Et hoc est quod monstrare voluimus.

(***d***) Si autem diceretur tantum accepisse de nummis decem pro morabitino quantum de triginta, tunc questio esset falsa. Nam cum converterimus eam ad duas monetas, hoc modo, videlicet ut agregaverimus decem ad triginta, fient quadraginta, et duplicaverimus viginti, fient quadraginta, et duplicaverimus viginti quinque, fient quinquaginta; dices igitur: 'Cum de una moneta dentur quadraginta pro morabitino et de alia similiter quadraginta, cambit autem quis morabitinum pro nummis utriusque monete et accipit quinquaginta'; hec questio falsa est, igitur et illa.

(**B.316′**) Si autem diceretur: Cum de una moneta dentur decem nummi pro morabitino et de alia viginti quatuor et de tertia triginta, cambit autem quis morabitinum pro nummis trium monetarum et accipit viginti tres.

Hec questio vera est secundum utramque appositionem.

Scilicet, si tantum accipit de decem quantum de viginti quatuor, erit vera. Cum enim converterimus eam ad duas monetas, scilicet cum agregaverimus decem ad viginti quatuor fient triginta quatuor, duplentur autem triginta et fient sexaginta, et duplati viginti tres fient quadraginta sex; quasi ergo dicatur: 'Cum de una moneta dentur triginta quatuor nummi pro morabitino et de alia sexaginta, cambit autem quis morabitinum pro nummis utriusque monete et accipit quadraginta sex'. Hec questio vera est, igitur et illa.

14081–14334 Si autem diceretur … et invenies ita esse] $194^r, 42 - 195^v, 40$ $\mathcal{A}$; $\mathcal{B}$ deficit.

14071–14072 Igitur … in ZH bis] bis et eiusdem in eandem tertio, proveniunt due superficies que sunt quinque $\mathcal{B}$ **14074** id] idem $\mathcal{B}$ **14076** KZ] HZ $\mathcal{B}$ **14079** sexta] sext $\mathcal{B}$ **14081** decem] 10 $\mathcal{A}$ **14082** triginta] 30 $\mathcal{A}$ **14083** duas] 2 $\mathcal{A}$ **14083** agregaverimus] agrege $\mathcal{A}$ **14083** decem] 10 $\mathcal{A}$ **14083** triginta] 30 $\mathcal{A}$ **14084** quadraginta] 40 $\mathcal{A}$ **14084** viginti] 20 $\mathcal{A}$ **14084** quadraginta] 40 $\mathcal{A}$ **14085** viginti quinque] 25 $\mathcal{A}$ **14085** quinquaginta] 50 $\mathcal{A}$ **14086** quadraginta] 40 $\mathcal{A}$ **14086** quadraginta (*post* similiter*)*] 40 $\mathcal{A}$ **14088** quinquaginta] 50 $\mathcal{A}$ **14089** decem] 10 $\mathcal{A}$ **14090** viginti quatuor] 24 $\mathcal{A}$ **14090** tertia] $\frac{a}{3}$ $\mathcal{A}$ **14090** triginta] 30 $\mathcal{A}$ **14091** trium] 3 $\mathcal{A}$ **14091** viginti tres] 23 $\mathcal{A}$ **14093** Scilicet] silicet $\mathcal{A}$ **14093** decem] 10 $\mathcal{A}$ **14093** viginti quatuor] 24 $\mathcal{A}$ **14095** decem] 10 $\mathcal{A}$ **14095** viginti quatuor] 24 *post hoc add.* (*v. supra*) *et exp.*: erit vera. Cum enim converterimus $\mathcal{A}$ **14095** triginta quatuor] 34 $\mathcal{A}$ **14096** triginta] 30 $\mathcal{A}$ **14096** sexaginta] 60 $\mathcal{A}$ **14096** viginti tres] 23 $\mathcal{A}$ **14096** quadraginta sex] 46 $\mathcal{A}$ **14097** triginta quatuor] 34 $\mathcal{A}$ **14098** sexaginta] 60 $\mathcal{A}$ **14099** quadraginta sex] 46 $\mathcal{A}$

Similiter etiam si diceretur tantum accepisse de nummis decem pro morabitino quantum de triginta, esset questio vera. Nam si agregaveris decem ad triginta fient quadraginta, et duplaveris viginti quatuor fient quadraginta octo, et duplaveris viginti tres fient quadraginta sex; dices igitur: 'Cum de una moneta dentur quadraginta nummi pro morabitino et de alia quadraginta octo, cambit autem quis morabitinum pro nummis utriusque monete et accipit quadraginta sex'. Hec questio vera est, igitur et illa.

Adhuc etiam esset vera si apponeretur tertia determinatio, scilicet si diceretur tantum accepisse de viginti quatuor quantum de triginta. Cum enim agregaveris viginti quatuor et triginta fient quinquaginta quatuor, et duplaveris decem fient viginti, et duplaveris viginti tres fient quadraginta sex. Quasi ergo dicatur: 'Cum de una moneta dentur viginti pro morabitino et de alia quinquaginta quatuor, cambit autem quis morabitinum pro nummis utriusque monete et accipit quadraginta sex'. Hec questio vera est, igitur et illa.

(e) Si autem diceretur de aliqua trium monetarum accepisse tantam vel tantam partem morabitini et fuerit vera postquam reduxeris questionem ad duas monetas, esset illa vera. Veluti si dicatur: 'Cum de una moneta dentur decem nummi pro uno morabitino et de alia viginti et de tertia triginta, cambit autem morabitinum quis pro nummis trium monetarum et accipit viginti quinque', et accipiat de una trium monetarum quantamlibet partem morabitini postquam ⟨vera⟩ fuerit questio in remanenti. Veluti si de nummis decem pro morabitino dicatur accepisse quintam morabitini, que est duo nummi. Ergo remanebunt quatuor quinte morabitini, et remanebunt viginti tres nummi. Dices igitur: 'Cum de una moneta dentur viginti pro morabitino et de alia triginta, et accipit pro quatuor quintis morabitini viginti tres nummos'. Accipe igitur quatuor quintas de viginti, que sunt sexdecim, et quatuor quintas de triginta, que sunt viginti quatuor. Quasi ergo dicatur: 'Cum de una moneta dentur pro morabitino sexdecim nummi et de alia viginti quatuor, cambit autem quis morabitinum pro nummis utriusque monete et accipit viginti tres'. Fac ergo sicut supra docui, et exibit id quod accipit de nummis sexdecim octava morabitini, scilicet

---

14101 decem] 10 A **14102** triginta] 30 A **14103** decem] 10 A **14103** triginta] 30 A **14103** quadraginta] 40 A **14103** viginti quatuor] 24 A **14103–14104** quadraginta octo] 48 *(corr. ex 40)* A **14104** viginti tres] 23 *(pr. scr. et del. 33)* A **14104** quadraginta sex] 46 A **14105** quadraginta] 40 A **14106** quadraginta octo] 48 A **14107** quadraginta sex] 46 A **14108** determinatio] denominatio *cod.* **14109** viginti quatuor] 24 A **14109** triginta] 30 A **14110** viginti quatuor] 24 A **14110** triginta] 30 A **14110** quinquaginta quatuor] 54 A **14111** decem] 10 A **14111** viginti] 20 A **14111** viginti tres] 23 A **14111–14112** quadraginta sex] 46 A **14112** viginti] 20 A **14113** quinquaginta quatuor] 54 A **14114** quadraginta sex] 46 A **14116** trium] 3 A **14117** et fuerit] esset *cod.* **14118** duas] 2 A **14118** esset] et fiunt A **14119** decem] 10 A **14119** uno] 1 A **14119** viginti] 20 A **14119–14120** triginta] 30 A **14120** nummis] nub *pr. scr. et corr.* A **14120** trium] 3 A **14121** viginti quinque] 25 A **14121** una] 1 A **14121** trium] 3 A **14123** decem] 10 A **14123** quintam] $\frac{am}{5}$ A **14124** duo] 2 A **14124** quatuor quinte] $\frac{4}{5}$ A **14125** viginti tres] 23 A **14126** viginti] 20 A **14126** triginta] 30 A **14126** quatuor quintis] $\frac{4}{5}$ *(4 pr. scr. et exp.)* A **14127** viginti tres] 23 A **14127** quatuor quintas] $\frac{4}{5}$ A **14127** viginti] 20 A **14128** sexdecim] 16 A **14128** quatuor quintas] $\frac{4}{5}$ A **14128** triginta] 30 A **14128** viginti quatuor] 24 A **14129** sexdecim] 16 A **14130** viginti quatuor] 24 A **14131** viginti tres] 23 A **14132** sexdecim] 16 A **14132** octava] $\frac{a}{8}$ A

octava quatuor quintarum morabitini predicti, que est decima; et tantum debet accipere de moneta viginti nummorum pro morabitino. Et exibit id quod accipit de viginti quatuor septem octave morabitini, que sunt septem octave quatuor quintarum predicti morabitini, que sunt septem decime; et tantum debet accipere de moneta triginta nummorum pro morabitino. Accepit ergo de decem nummis pro quinta morabitini duos nummos, et de viginti pro decima morabitini accepit similiter duos nummos, et de triginta pro septem decimis morabitini accepit viginti unum nummos; et completo morabitino completi sunt nummi quos acceperat.   Probatio autem horum patet ex antecedenti.

(*f*) Si autem diceretur accepisse de triginta pro morabitino quintam morabitini, scilicet sex nummos, falsa esset. Nam remanerent quatuor quinte morabitini et remanerent decem et novem nummi. Diceres igitur: 'Cum de una moneta dentur decem pro morabitino et de alia viginti, accipit autem quis pro quatuor quintis morabitini decem et novem nummos'. Hec questio falsa est, igitur et illa. Nam cum acceperis quatuor quintas de decem, que sunt octo, et quatuor quintas de viginti, que sunt sexdecim, et dixeris: 'Cum de una moneta dentur octo nummi pro morabitino et de alia sexdecim, pro morabitino autem accipit quis decem et novem', erit questio falsa; igitur et hec determinatio falsa est.

(*g*) Si autem diceretur de nummis viginti pro morabitino accepisse quartam morabitini, esset questio vera.

Determinationes autem huiusmodi questionum multe sunt, sed principia ex quibus omnes perpendi possunt hec sunt que dicta sunt. [Si autem monete fuerint plures quam tres, questio erit interminata nisi aliqua adiectione determinetur.] Videlicet, vel dicatur accipere, de unaquaque monetarum minus una, quamcumque partem morabitini voluerit et quod remanserit de morabitino accipiat de reliqua moneta, postquam vera fuerit questio reducta ad duas monetas; vel accipiat, de unaquaque monetarum minus duabus, quascumque partes morabitini voluerit, sive equales sive inequales, et quod remanet de morabitino accipiat de reliquis monetis, postquam vera fuerit questio ⟨in remanenti⟩.   Proponam igitur de hiis omnibus questiones in quibus monstrentur ea que dicta sunt.

14133 octava quatuor quintarum] $\frac{a}{8}\frac{4}{5}$ *(post* $\frac{a}{8}$ *pr. scr. et exp. 4)* $\mathcal{A}$ **14133** decima] $\frac{a}{10}$ $\mathcal{A}$ **14134** viginti] 20 $\mathcal{A}$ **14135** viginti quatuor] 24 $\mathcal{A}$ **14135** septem octave] $\frac{7}{8}$ $\mathcal{A}$ **14135–14136** septem octave quatuor quintarum] $\frac{7}{8}$ *(7 pr. scr. et corr.)* $\frac{4}{5}^{arum}$ $\mathcal{A}$ **14136** septem decime] $\frac{7}{10}$ $\mathcal{A}$ **14137** triginta] 30 $\mathcal{A}$ **14138** decem] 10 $\mathcal{A}$ **14138** quinta] $\frac{a}{5}$ $\mathcal{A}$ **14138** duos] 2 $\mathcal{A}$ **14139** viginti] 20 $\mathcal{A}$ **14139** decima] $\frac{a}{10}$ *(corr. ex* 10*)* $\mathcal{A}$ **14139** duos] 2 $\mathcal{A}$ **14139** triginta] 30 $\mathcal{A}$ **14140** septem decimis] $\frac{7}{10}$ $\mathcal{A}$ **14140** viginti unum] 21 $\mathcal{A}$ **14141** acceperat] acceperet *(corr. ex* accepit*)* $\mathcal{A}$ **14141** autem] $\bar{a}$ *pr. scr. et corr.* $\mathcal{A}$ **14143** triginta] 30 $\mathcal{A}$ **14143** quintam] $\frac{am}{5}$ $\mathcal{A}$ **14144** sex] 6 $\mathcal{A}$ **14144** quatuor quinte] $\frac{4}{5}$ $\mathcal{A}$ **14145** decem et novem] 19 $\mathcal{A}$ **14146** decem] 10 $\mathcal{A}$ **14146** viginti] 20 $\mathcal{A}$ **14146** accipit] *corr. ex* accepit $\mathcal{A}$ **14147** quatuor quintis] 4 quintis $\mathcal{A}$ **14147** decem et novem] 19 $\mathcal{A}$ **14148** quatuor quintas] $\frac{4}{5}$ $\mathcal{A}$ **14148** decem] 10 $\mathcal{A}$ **14149** octo] 8 $\mathcal{A}$ **14149** quatuor quintas] $\frac{4}{5}$ $\mathcal{A}$ **14149** viginti] 20 $\mathcal{A}$ **14149** sexdecim] 16 $\mathcal{A}$ **14150** octo] 8 $\mathcal{A}$ **14150–14151** sexdecim] 16 $\mathcal{A}$ **14151** decem et novem] 19 $\mathcal{A}$ **14152** determinatio] determiminatio $\mathcal{A}$ **14153** viginti] 20 $\mathcal{A}$ **14153** quartam] $\frac{am}{4}$ $\mathcal{A}$ **14157** tres] 3 $\mathcal{A}$ **14159** una] 1 $\mathcal{A}$ **14159** quamcumque] quam $\mathcal{A}$ **14161** duas] 2 $\mathcal{A}$ **14162** duabus] 2^{bus} $\mathcal{A}$

(B.317) Si quis querat: Cum de una moneta dentur decem nummi pro morabitino et de alia viginti et de alia triginta et de quarta quadraginta, cambit autem quis morabitinum pro nummis omnium monetarum et accipit viginti quinque.

(*a*) Si hic tantum accipit de prima moneta quantum de secunda et quantum de tertia et residuum accipiat de quarta, erit questio vera. Nam si agregaveris decem et viginti et triginta fient sexaginta, et triplicaveris quadraginta fient centum viginti, et triplicaveris viginti quinque fient septuaginta quinque; dices igitur: 'Cum de una moneta dentur sexaginta nummi pro morabitino et de alia centum viginti, cambit autem quis morabitinum pro nummis utriusque monete et accipit septuaginta quinque'. Hec questio vera est. Fac ergo sicut supra docui, et exibit id quod accipit de sexaginta pro tribus quartis morabitini, qui sexaginta fiunt ex agregatis decem et viginti et triginta; igitur de unaquaque trium monetarum accipit quartam morabitini, de quadraginta vero accipit id quod remanet de morabitino.

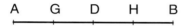

Ad B.317*a*: *Figura inven. in* 𝒜 *(195^r, 14)*.

Quorum omnium probatio hec est. Sit morabitinus AB, quod vero accipit de prima moneta sit AG et quod de secunda GD, et quod de tertia sit DH, quod vero de quarta sit HB. Quod igitur fit ex decem ductis in AG et viginti in GD et triginta in DH et quadraginta in HB est viginti quinque. Quod autem fit ex ductis decem in AG et viginti in GD et triginta in DH equum est ei quod fit ex ductis decem et viginti et triginta in AG; nam AG et GD et DH equalia sunt. Quod igitur fit ex ductu AG in sexaginta et HB in quadraginta est viginti quinque. Igitur quod fit ex ductu tripli de AG in sexaginta et HB in triplum de quadraginta est triplum de viginti quinque, quod est septuaginta quinque. Quod igitur fit ex ductu AH in sexaginta et HB in centum viginti est septuaginta quinque. Fac ergo sicut supra docui, et exibit AH tres quarte. Sed AG est tertia de AH.

14166 decem] 10 𝒜   14167 viginti] 20 𝒜   14167 triginta] 30 𝒜   14167 quarta] $\frac{a}{4}$ 𝒜   14167 quadraginta] 40 𝒜   14169 viginti quinque] 25 𝒜   14171 quarta] $\frac{a}{4}$ 𝒜   14172 decem] 10 𝒜   14172 viginti] 20 𝒜   14172 triginta] 30 𝒜   14172 sexaginta] 60 𝒜   14172–14173 quadraginta] 40 𝒜   14173 centum viginti] 120 𝒜   14173 viginti quinque] 25 𝒜   14173–14174 septuaginta quinque] 75 𝒜   14174 sexaginta] 60 𝒜   14175 centum viginti] 120 𝒜   14176 septuaginta quinque] 75 𝒜   14177 sexaginta] 60 𝒜   14177 tribus quartis] $\frac{3}{4}$ *(corr. ex 3)* 𝒜   14178 sexaginta] 60 𝒜   14178 agregatis] agregantis *pr. scr., corr., corr. in marg., postea totum del. et rescr. in textu* 𝒜   14178 decem] 10 𝒜   14179 viginti] 20 𝒜   14179 triginta] 30 𝒜   14179 trium] 3 𝒜   14179 quartam] $\frac{am}{4}$ 𝒜   14180 quadraginta] 40 *(corr. ex $\frac{}{40}$)* 𝒜   14183 quarta] $\frac{a}{4}$ 𝒜   14183 decem] 10 𝒜   14184 viginti] 20 𝒜   14184 triginta] 30 𝒜   14184 quadraginta] 40 𝒜   14184–14185 viginti quinque] 25 𝒜   14185 decem] 10 𝒜   14185 viginti] 20 𝒜   14185 triginta] 30 𝒜   14186 decem] 10 𝒜   14186 viginti] 20 𝒜   14186 triginta] 30 𝒜   14187–14188 sexaginta] 60 𝒜   14188 quadraginta] 40 𝒜   14188 viginti quinque] 25 𝒜   14189 sexaginta] 60 𝒜   14189 quadraginta] 40 𝒜   14190 viginti quinque] 25 *(corr. ex 20)* 𝒜   14190 septuaginta quinque] 75 𝒜   14191 sexaginta] 60 𝒜   14191 centum viginti] 120 𝒜   14191 septuaginta quinque] 75 𝒜   14192 tres quarte] $\frac{3}{4}$ 𝒜   14192 tertia] $\frac{a}{3}$ 𝒜

Igitur AG est quarta, et tantum est GD, et DH, et remanebit HB etiam quarta. Et hoc est quod demonstrare voluimus.

(**b**) Si autem diceretur accepisse tantum de prima moneta quantum de secunda et quantum de quarta, et residuum accepit de tertia, erit etiam vera.

(**c**) Si autem diceretur accepisse ⟨tantum⟩ de secunda quantum de tertia et quantum de quarta, et residuum accepit de prima, erit etiam vera.

(**d**) Si autem diceretur tantum accepisse de prima quantum de secunda et tantum accepisse de tertia quantum de quarta, erit etiam vera. Agrega igitur decem et viginti, et fient triginta, et agrega triginta et quadraginta, et fient septuaginta. Duplica autem viginti quinque, et fient quinquaginta. Quasi ergo dicatur: 'Cum de una moneta dentur triginta pro morabitino et de alia septuaginta, cambit autem aliquis morabitinum pro nummis utriusque monete et accipit quinquaginta, quot accipit de unaquaque?'. Fac sicut supra dictum est, et exibit id quod accipit de triginta pro dimidio morabitini; igitur accipit de decem pro quarta morabitini, et de viginti pro quarta morabitini. De septuaginta quoque accipit pro dimidio morabitini; igitur accipit de triginta pro quarta morabitini, et de quadraginta pro quarta morabitini.

Cuius probatio hec est. Sit morabitinus AB, quod vero accipit de decem AG, quod accipit de viginti GD, et quod accipit de triginta DH, de quadraginta vero HB. Quod igitur fit ex ductu AG in decem et GD in viginti et DH in triginta et HB in quadraginta est viginti quinque. Quod autem fit ex ductu DH in triginta et HB in quadraginta equum est ei quod fit ex ductu HB in septuaginta; et quod fit ex ductu AG in decem et GD in viginti equum est ⟨ei⟩ quod fit ex ductu AG in triginta. Quod igitur fit ex ductu AG in triginta et HB in septuaginta est viginti quinque. Quod igitur fit ex ductu dupli AG, qui est AD, in triginta, et dupli HB, qui est DB, in septuaginta, est duplum ad viginti quinque, scilicet, est quinquaginta. Quod igitur fit ex ductu AD in triginta et DB in septuaginta est quinquaginta. Deinde prosequere cetera questionis secundum quod docuimus, et exibit AD dimidium morabitini. Igitur AG erit quarta, et tantum etiam

---

14193 quarta] $\frac{a}{4}$ $\mathcal{A}$ **14194** quarta] $\frac{a}{4}$ $\mathcal{A}$ **14196** quarta] $\frac{a}{4}$ $\mathcal{A}$ **14196** tertia] $\frac{a}{3}$ $\mathcal{A}$ **14198** tertia] $\frac{a}{3}$ $\mathcal{A}$ **14199** quarta] $\frac{a}{4}$ $\mathcal{A}$ **14201** tertia] $\frac{a}{3}$ $\mathcal{A}$ **14201** quarta] $\frac{a}{4}$ $\mathcal{A}$ **14202** decem] 10 $\mathcal{A}$ **14202** viginti] 20 $\mathcal{A}$ **14202** triginta] 30 $\mathcal{A}$ **14202** triginta] 30 $\mathcal{A}$ **14202** quadraginta] 40 $\mathcal{A}$ **14203** septuaginta] 70 $\mathcal{A}$ **14203** viginti quinque] 25 $\mathcal{A}$ **14203** quinquaginta] 50 $\mathcal{A}$ **14204** triginta] 30 $\mathcal{A}$ **14204** pro] add. supra $\mathcal{A}$ **14205** septuaginta] 70 $\mathcal{A}$ **14206** quinquaginta] 50 $\mathcal{A}$ **14207** exibit] exibit $\mathcal{A}$ **14207** triginta] 30 $\mathcal{A}$ **14208** decem] 10 $\mathcal{A}$ **14208** quarta] $\frac{a}{4}$ $\mathcal{A}$ **14208** viginti] 20 $\mathcal{A}$ **14209** quarta] $\frac{a}{4}$ $\mathcal{A}$ **14209** septuaginta] 70 $\mathcal{A}$ **14209** dimidio] dimio $\mathcal{A}$ **14210** triginta] 30 $\mathcal{A}$ **14210** quarta] $\frac{a}{4}$ $\mathcal{A}$ **14210** quadraginta] 40 ($\frac{a}{4}$ pr. scr. et del.) $\mathcal{A}$ **14211** quarta] $\frac{a}{4}$ $\mathcal{A}$ **14212** accipit] corr. ex accepit $\mathcal{A}$ **14212–14213** decem] 10 $\mathcal{A}$ **14213** viginti] 20 $\mathcal{A}$ **14213** triginta] 30 $\mathcal{A}$ **14214** quadraginta] 40 $\mathcal{A}$ **14214** decem] 10 $\mathcal{A}$ **14215** viginti] 20 $\mathcal{A}$ **14215** triginta] 30 $\mathcal{A}$ **14215** quadraginta] 40 $\mathcal{A}$ **14215** viginti quinque] 25 $\mathcal{A}$ **14216** DH] corr. ex DB $\mathcal{A}$ **14216** triginta] 30 $\mathcal{A}$ **14216** quadraginta] 40 $\mathcal{A}$ **14217** septuaginta] 70 $\mathcal{A}$ **14217** decem] 10 $\mathcal{A}$ **14218** viginti] 20 $\mathcal{A}$ **14218** triginta] 30 $\mathcal{A}$ **14219** triginta] 30 $\mathcal{A}$ **14219** septuaginta] 70 $\mathcal{A}$ **14219** viginti quinque] 25 $\mathcal{A}$ **14220** triginta] 30 $\mathcal{A}$ **14221** septuaginta] 70 $\mathcal{A}$ **14221** viginti quinque] 25 $\mathcal{A}$ **14221** quinquaginta] 50 $\mathcal{A}$ **14222** triginta] 30 $\mathcal{A}$ **14222** septuaginta] 70 $\mathcal{A}$ **14222–14223** quinquaginta] 50 $\mathcal{A}$

est GD. Similiter etiam erit DB dimidium. Igitur DH erit quarta, et HB similiter quarta. Et hoc est quod demonstrare voluimus.

```
A     G    D    H         B
├─────┼────┼────┼─────────┤
```

Ad B.317d: *Figura inven. in* $\mathcal{A}$ *(195^r, 28); eadem m. add. numeros supra, sc.* 10 *(supra* AG*),* 20 *(*GD*),* 30 *(*DH*),* 40 *(*HB*)*.

D] *om. cod.*   H] *om. cod.*

(**e**) Si autem dicatur accepisse de quibuslibet duabus monetis quamlibet partem morabitini et residuum de reliquis duabus; veluti si dicatur accepisse de decem et de viginti quamlibet partem morabitini, scilicet de decem tres decimas morabitini, que sunt tres nummi, et de viginti decimam, que est duo nummi; igitur remanebunt viginti nummi et de morabitino tres quinte. Quasi ergo dicatur: 'Cum de una moneta dentur triginta pro morabitino et de alia quadraginta, cambit autem morabitinum pro nummis utriusque monete et pro tribus quintis morabitini accipit viginti nummos, tunc quot accipit de unaquaque?'. Fac sicut supra docui, scilicet accipe tres quintas de triginta, que sunt decem et octo, et tres quintas de quadraginta, que sunt viginti quatuor. Quasi ergo dicatur: 'Cum de una moneta dentur nummi decem et octo pro morabitino et de alia viginti quatuor, cambit autem morabitinum pro nummis utriusque monete et accipit viginti, tunc quot accipit de unaquaque?'. Fac ergo sicut supra docui, et erit id quod accipit de viginti quatuor pro tertia parte morabitini, scilicet tertia trium quintarum predictarum, que est una quinta, et tantumdem accipit de quadraginta, scilicet octo, qui sunt quinta eorum; quod autem accipit de decem et octo ⟨erit⟩ pro duabus tertiis morabitini, que sunt due tertie trium quintarum predictarum, scilicet due quinte predicti morabitini, et tantumdem etiam, scilicet duodecim, accipit de triginta, qui sunt due quinte eorum. Secundum hoc considera cetera omnia hiis similia, et invenies ita esse.

Scias autem quod, cum monete fuerint plures quam due, possunt recipere determinationes infinitas. Sed que magis necessaria sunt duo principia sunt. Quorum unum est ut dicatur accipere, de singulis mo-

---

14225 quarta *(post* erit*)*] $\frac{a}{4}\mathcal{A}$ **14226** quarta] $\frac{a}{4}\mathcal{A}$ **14229** decem] 10 $\mathcal{A}$ **14229** viginti] 20 $\mathcal{A}$ **14229–14230** decem] 10 $\mathcal{A}$ **14230** tres decimas] $\frac{3}{10}\mathcal{A}$ **14230** tres] 3 $\mathcal{A}$ **14230** viginti] 20 $\mathcal{A}$ **14230** decimam] $\frac{am}{10}\mathcal{A}$ **14231** duo] 2 $\mathcal{A}$ **14231** viginti] 20 $\mathcal{A}$ **14231** et] *post* de morabitino *cod.* **14232** tres quinte] $\frac{3}{5}\mathcal{A}$ **14232** triginta] 30 $\mathcal{A}$ **14233** quadraginta] 40 $\mathcal{A}$ **14234** tribus quintis] $\frac{3}{5}\mathcal{A}$ **14234** viginti] 20 $\mathcal{A}$ **14235–14236** tres quintas] $\frac{3}{5}\mathcal{A}$ **14236** triginta] 30 $\mathcal{A}$ **14236** decem et octo] 18 *post quod* pro *pr. scr. (v. infra) et del.* $\mathcal{A}$ **14236** tres quintas] $\frac{3}{5}\mathcal{A}$ **14236** quadraginta] 40 $\mathcal{A}$ **14237** viginti quatuor] 24 $\mathcal{A}$ **14238** decem et octo] 18 $\mathcal{A}$ **14238** viginti quatuor] 24 $\mathcal{A}$ **14239** viginti] 20 $\mathcal{A}$ **14241** viginti quatuor] 24 $\mathcal{A}$ **14241** tertia] $\frac{a}{3}\mathcal{A}$ **14241–14242** tertia trium quintarum] $\frac{am}{3}$ *(sic)* 3 quintarum $\mathcal{A}$ **14242** una quinta] $\frac{a}{5}$ *(corr. ex* 1*)* $\mathcal{A}$ **14242–14243** quadraginta] 40 $\mathcal{A}$ **14243** octo] 8 $\mathcal{A}$ **14243** quinta] $\frac{a}{5}\mathcal{A}$ **14243–14244** decem et octo] 18 $\mathcal{A}$ **14244** pro] est *pr. scr. et corr.* $\mathcal{A}$ **14244** duabus tertiis] $\frac{2}{3}$^{is} *(8 pr. scr. et exp.)* $\mathcal{A}$ **14244–14245** due tertie trium quintarum] $\frac{2}{3}\frac{3}{5}$^{arum} *(corr. ex* $\frac{2}{3}$ 3*)* $\mathcal{A}$ **14245** due quinte] $\frac{2}{5}\mathcal{A}$ **14246** duodecim] 12 $\mathcal{A}$ **14246** triginta] 30 $\mathcal{A}$ **14246** due quinte] $\frac{2}{5}\mathcal{A}$ **14248** due] 2 $\mathcal{A}$ **14249** necessaria] necessarie *cod.* **14249** duo] 2 $\mathcal{A}$

netis minus unaqualibet moneta, quamcumque partem morabitini voluerit, residuum vero morabitini accipiat de moneta pretermissa postquam questio fuerit vera reducta ad duas monetas. Aliud vero est ut dicatur accipere, de singulis monetis exceptis duabus, et de unaquaque, quamcumque partem morabitini voluerit postquam questio fuerit vera que remanet in duabus monetis. [Scilicet ut accipiat quamlibet partem morabitini de singulis monetis exceptis duabus; cum autem remanserint accipiendi nummi et remanserit accipienda aliqua pars morabitini, et acceperit talem partem de duabus monetis exceptis, remanebunt nummi accipiendi de duabus monetis.]

Iste igitur determinationes sunt origines huius capituli. Unde visum est nobis inducere questionem unam in qua assignentur iste determinationes, et sufficiet ad omnia cum eis que supra dicta sunt.

(**B.318**) Si quis querat: Cum de una moneta dentur octo nummi pro morabitino et de alia duodecim et de tertia quindecim et de quarta decem et octo et de quinta viginti, cambit autem quis morabitinum pro nummis omnium monetarum et accipit sexdecim, quot accipit de unaquaque?

(*a*) Si in hac questione determinatio esset ut tantum acciperet de prima quantum de secunda moneta et tantum de quarta et tantum de quinta, residuum vero morabitini accipiat de tertia, esset falsa. Cum enim reduxeris ad duas, scilicet cum agregaveris octo, et duodecim, et decem et octo, et viginti, fient quinquaginta octo, et quadruplaveris quindecim fient sexaginta, et quadruplaveris sexdecim fient sexaginta quatuor; quasi ergo dicatur: 'Cum de una moneta dentur pro morabitino quinquaginta octo nummi et de alia sexaginta, cambit autem quis morabitinum pro nummis utriusque monete, et accipit sexaginta quatuor, quot accipit de unaquaque?'. Hec autem questio est falsa, illa igitur determinatio falsa est.

(*b*) Appone ergo determinationes quibus fiat vera. Veluti si dicatur quod de quatuor prioribus monetis accipit equaliter, residuum autem morabitini accipit de quinta, de qua dantur pro morabitino viginti nummi, tunc esset vera. Agrega igitur octo, et duodecim, et quindecim, et decem et octo, et fient quinquaginta tres, et quadrupla viginti fient octoginta, et quadrupla sexdecim fient sexaginta quatuor. Quasi ergo dicatur: 'Cum de una moneta dentur pro morabitino quinquaginta tres nummi et de alia octoginta,

---

14251 unaqualibet] 1 qualibet A **14254** duabus] 2 A **14255** duabus] 2^{bus} A **14257** duabus] 2^{bus} A **14259** duabus *(post* accipiendi de*)*] 2^{bus} A **14264** (B.318)] *sign.* (⁊) *scr. in marg. al. m.* A **14264** una] 1 A **14264** octo] 8 A **14265** duodecim] 12 A **14265** quindecim] 15 A **14265** quarta] $\frac{a}{4}$ A **14265** decem et octo] 18 A **14266** quinta] $\frac{a}{5}$ A **14266** viginti] 20 A **14267** sexdecim] 16 A **14269** quarta] $\frac{a}{4}$ A **14269** et tantum] quantum A **14269** quinta] $\frac{a}{5}$ A **14270** tertia] $\frac{a}{3}$ A **14271** octo] 8 A **14271** duodecim] 12 A **14271** decem et octo] 18 A **14272** viginti] 20 A **14272** quinquaginta octo] 58 A **14272** quindecim] 15 A **14272–14273** sexaginta] 60 A **14273** sexdecim] 16 A **14273** sexaginta quatuor] 64 A **14274** quinquaginta octo] 58 A **14275** sexaginta] 60 A **14276** sexaginta quatuor, quot accipit] 64 quot accipit *bis scr.* A **14279** quatuor] 4 A **14280** quinta] $\frac{a}{5}$ A **14280** viginti] 20 A **14281** Agrega] Agregr *pr. scr. et corr.* A **14281** octo] 8 A **14281** duodecim] 12 A **14281** quindecim] 15 A **14281** decem et octo] 18 A **14282** quinquaginta tres] 53 A **14282** viginti] 20 A **14282** octoginta] 80 A **14283** sexdecim] 16 A **14283** sexaginta quatuor] 64 A **14284** quinquaginta tres] 53 A **14284** octoginta] 80 A

cambit autem quis morabitinum pro nummis utriusque monete et accipit sexaginta quatuor, tunc quot accipit de unaquaque?'. Fac sicut supra docui, et exibit id quod accipit de quinquaginta tribus pro quinque nonis et tertia none morabitini. Quarum quarta, que est nona et tertia none, est id quod accipit de octo, scilicet nummus unus et nona nummi et due tertie none nummi; et tantumdem accipit de duodecim, scilicet nonam morabitini et tertiam none, que est nummus unus et septem none nummi; et tantum de quindecim, scilicet nonam et tertiam none morabitini, que est duo nummi et due none; et de decem et octo tantumdem, scilicet nonam et tertiam none morabitini, que est duo nummi et due tertie nummi. Remanent autem accipiende de viginti tres none et due tertie none, que sunt octo nummi et nona et tertia none nummi. Et sic complentur sexdecim nummi pro morabitino.

(**c**) Si autem dicatur accepisse de quatuor monetis posterioribus equaliter, residuum vero de prima, de qua dantur octo pro morabitino, hec etiam questio esset vera. Fac ergo sicut supra docui, et exibit quod voluisti. De hiis autem omnibus modis que dicta sunt sufficiant.

(**d**) Modus autem secundus est hic cum de unaquaque monetarum trium accipit quamlibet partem morabitini postquam questio fuerit vera in eo quod remanet; ideo autem accipimus de tribus monetis ut remaneant due, si autem essent sex acciperemus de quatuor ut semper remaneant due. Veluti si de prima, de qua dantur octo, accipiat octavam morabitini, scilicet unum nummum, et de quindecim quartam morabitini, scilicet tres nummos et tres quartas, et de decem et octo octavam morabitini, ⟨scilicet⟩ duos nummos et quartam; omne igitur quod accipit de hiis tribus monetis est dimidius morabitinus et septem nummi, et remanent novem nummi et dimidius morabitinus, et restant due monete, de duodecim et de viginti. Quasi ergo dicatur: 'Cum de una moneta dentur duodecim nummi pro morabitino et de alia viginti, cambit autem ⟨dimidium⟩ morabitini pro nummis utriusque monete et accipit novem, quot accipit de unaquaque?'.

14286 sexaginta quatuor] 64 $\mathcal{A}$ **14287** quinquaginta tribus] 53 *(corr. ex 50)* $\mathcal{A}$ **14287** quinque nonis] $\frac{5}{9}$ $\mathcal{A}$ **14287–14288** tertia none] $\frac{a}{3}\frac{e}{9}$ $\mathcal{A}$ **14288** quarta] $\frac{a}{4}$ $\mathcal{A}$ **14288** nona] $\frac{a}{9}$ $\mathcal{A}$ **14288** tertia none] $\frac{a}{3}\frac{e}{9}$ $\mathcal{A}$ **14289** octo] 8 $\mathcal{A}$ **14289** unus] 1 $\mathcal{A}$ **14289** nona] $\frac{a}{9}$ $\mathcal{A}$ **14289** due tertie none] $\frac{a}{3}\frac{e}{9}$ *(sic)* $\mathcal{A}$ **14290** duodecim] 12 $\mathcal{A}$ **14290** nonam] $\frac{am}{9}$ $\mathcal{A}$ **14291** tertiam none] $\frac{a}{3}\frac{e}{9}$ $\mathcal{A}$ **14291** unus] 1 $\mathcal{A}$ **14291** septem none] $\frac{7}{9}$ *(corr. ex 7)* $\mathcal{A}$ **14292** quindecim] 15 $\mathcal{A}$ **14292** nonam] $\frac{am}{9}$ $\mathcal{A}$ **14292** tertiam none] $\frac{a}{3}\frac{e}{9}$ $\mathcal{A}$ **14292** duo] 2 $\mathcal{A}$ **14293** due none] $\frac{2}{9}$ $\mathcal{A}$ **14293** decem et octo] 18 $\mathcal{A}$ **14293** nonam] $\frac{am}{9}$ $\mathcal{A}$ **14293–14294** tertiam none] $\frac{am}{3}\frac{e}{9}$ $\mathcal{A}$ **14294** duo] 2 $\mathcal{A}$ **14294** due tertie] $\frac{2}{3}$ $\mathcal{A}$ **14295** viginti] 23 *pr. scr. (v. verbum seq.) et corr.* $\mathcal{A}$ **14295** tres none] $\frac{3}{9}$ $\mathcal{A}$ **14295** due tertie none] $\frac{2}{3}\frac{e}{9}$ $\mathcal{A}$ **14295** octo] 8 $\mathcal{A}$ **14296** nona] $\frac{a}{9}$ $\mathcal{A}$ **14296** tertia none] $\frac{a}{3}\frac{e}{9}$ $\mathcal{A}$ **14296** sexdecim] 16 $\mathcal{A}$ **14298** quatuor] 4 $\mathcal{A}$ **14299** octo] 8 $\mathcal{A}$ **14302** trium] 3 $\mathcal{A}$ **14304** tribus] 3 $\mathcal{A}$ **14304** due] 2 $\mathcal{A}$ **14305** sex] 6 $\mathcal{A}$ **14305** quatuor] 4 $\mathcal{A}$ **14305** due] 2 $\mathcal{A}$ **14306** octo] 8 $\mathcal{A}$ **14306** octavam] $\frac{am}{8}$ $\mathcal{A}$ **14307** unum] 1 $\mathcal{A}$ **14307** de] *add. supra* $\mathcal{A}$ **14307** quindecim] 15 $\mathcal{A}$ **14307** quartam] $\frac{am}{4}$ $\mathcal{A}$ **14307** tres] 3 $\mathcal{A}$ **14308** tres quartas] $\frac{3}{4}$ $\mathcal{A}$ **14308** de decem et octo] 18 *pr. scr., de add. supra* $\mathcal{A}$ **14308** octavam] $\frac{am}{8}$ $\mathcal{A}$ **14308** duos] 2 $\mathcal{A}$ **14309** quartam] $\frac{am}{4}$ $\mathcal{A}$ **14309** tribus] 3 $\mathcal{A}$ **14310** dimidius] $\frac{us}{2}$ $\mathcal{A}$ **14310** morabitinus] morabitini $\mathcal{A}$ **14310** septem] 7 $\mathcal{A}$ **14310** novem] 9 $\mathcal{A}$ **14310–14311** dimidius] $\frac{us}{2}$ $\mathcal{A}$ **14311** morabitinus] morabitini $\mathcal{A}$ **14311** due] 2 $\mathcal{A}$ **14311** duodecim] 12 $\mathcal{A}$ **14311** viginti] 20 $\mathcal{A}$ **14312** duodecim] 12 $\mathcal{A}$ **14313** viginti] 20 $\mathcal{A}$ **14313** morabitini] morabt $\mathcal{A}$ **14314** novem] 9 $\mathcal{A}$

14315 Fac ergo sicut supra docui. Scilicet, accipe medietatem de viginti, scilicet decem, et medietatem de duodecim, que est sex. Quasi ergo dicatur: 'Cum de una moneta dentur pro morabitino decem nummi et de alia sex, cambit autem quis morabitinum pro nummis utriusque monete et accipit novem, quot accipit de unaquaque?'. Fac ergo sicut supra docui, et erit id quod
14320 accipit de sex pro quarta morabitini, scilicet quarta predicte medietatis, que est octava morabitini; et tantumdem accipit de duodecim, scilicet nummum et dimidium; et de decem accipit pro tribus quartis, que sunt tres quarte predicte medietatis, scilicet tres octave morabitini, et tantumdem accipit de viginti, scilicet tres octavas eorum, que sunt septem nummi et dimidius.
14325 Accipit igitur de octo pro octava morabitini nummum unum, et de duodecim pro octava morabitini nummum ⟨et⟩ dimidium, et de quindecim pro quarta morabitini tres nummos et tres quartas, et de decem et octo pro octava morabitini duos nummos et quartam, et de viginti pro tribus octavis morabitini septem nummos et dimidium. Completo igitur morabitino
14330 complentur sexdecim nummi.

Si autem diceretur accepisse de aliis monetis has vel alias partes, postquam questio reduceretur ad duas monetas et esset vera, esset etiam vera questio ⟨illa⟩.

Cetera omnia hiis similia considera secundum hoc, et invenies ita esse.

14335 **(B.319)** Si quis querit: Cum sint due monete de una quarum dantur pro morabitino decem nummi et de altera viginti, cambit autem morabitinum pro nummis utriusque monete et accipit tot nummos de una quot de alia, tunc quot nummos accipit de nummis utriusque?

(***a***) Sic facies. Divide viginti per decem, et exibunt duo. Deinde divide
14340 viginti per se, et exibit unum. Quem agrega duobus, et fient tres. Per quos divide viginti, et exibunt sex nummi et due tertie; et tantum accepit de nummis decem pro morabitino, et tantumdem similiter de nummis viginti pro morabitino.

14335–14371 Si quis querit ... et completur morabitinus] $\mathcal{A}$ *deficit; 69vb, 32 – 70ra, 29 $\mathcal{B}$.*

14315 medietatem] $\frac{\text{tem}}{2}$ $\mathcal{A}$ **14315** viginti] 20 $\mathcal{A}$ **14316** decem] 10 $\mathcal{A}$ **14316** duodecim] 12 $\mathcal{A}$ **14316** sex] 6 $\mathcal{A}$ **14317** decem] 10 $\mathcal{A}$ **14317** sex] 6 $\mathcal{A}$ **14318** novem] 9 $\mathcal{A}$ **14320** sex] 6 $\mathcal{A}$ **14320** quarta] $\frac{a}{4}$ $\mathcal{A}$ **14320** quarta] $\frac{a}{4}$ $\mathcal{A}$ **14321** octava] $\frac{a}{8}$ $\mathcal{A}$ **14321** duodecim] 12 $\mathcal{A}$ **14322** decem] 10 $\mathcal{A}$ **14322** pro] per $\mathcal{A}$ **14322** tribus quartis] $\frac{3}{4}$ $\mathcal{A}$ **14322** tres quarte] $\frac{3}{4}$ $\mathcal{A}$ **14323** tres octave] $\frac{3}{8}$ $\mathcal{A}$ **14324** viginti] 20 $\mathcal{A}$ **14324** tres octavas] $\frac{3}{8}$ $\mathcal{A}$ **14324** que] qui $\mathcal{A}$ **14324** septem] 7 $\mathcal{A}$ **14325** octo] 8 $\mathcal{A}$ **14325** octava] $\frac{a}{8}$ $\mathcal{A}$ **14325** unum] 1 $\mathcal{A}$ **14325–14326** duodecim] 12 $\mathcal{A}$ **14326** octava] $\frac{a}{8}$ $\mathcal{A}$ **14326** dimidium] $\frac{m}{2}$ $\mathcal{A}$ **14326** quindecim] 15 $\mathcal{A}$ **14327** quarta] $\frac{a}{4}$ $\mathcal{A}$ **14327** tres] 3 $\mathcal{A}$ **14327** tres quartas] $\frac{3}{4}$ $\mathcal{A}$ **14327** decem et octo] 18 $\mathcal{A}$ **14328** octava] $\frac{a}{8}$ $\mathcal{A}$ **14328** duos] 2 $\mathcal{A}$ **14328** quartam] $\frac{am}{4}$ $\mathcal{A}$ **14328** viginti] 20 $\mathcal{A}$ **14328–14329** tribus octavis] $\frac{3}{8}$ $\mathcal{A}$ **14329** septem] 7 $\mathcal{A}$ **14329** dimidium] $\frac{m}{2}$ $\mathcal{A}$ **14330** sexdecim] 16 $\mathcal{A}$ **14331** aliis] s *scr. supra* $\mathcal{A}$ **14332** duas] 2 $\mathcal{A}$ **14332** esset etiam] posset esse *cod.* **14333** questio] *add. supra* $\mathcal{A}$ **14336** morabitino] morabetino $\mathcal{B}$ **14336** nummi] numi $\mathcal{B}$ **14337** nummis] numis $\mathcal{B}$ **14337** utriusque] utri usque $\mathcal{B}$ **14337** nummos] numos $\mathcal{B}$ **14338** nummos] numos $\mathcal{B}$ **14338** nummis] numis $\mathcal{B}$ **14341** nummi] numi $\mathcal{B}$ **14342** nummis] numis $\mathcal{B}$ **14342** nummis] numis $\mathcal{B}$

Causa autem huius hec est. Scimus enim quod viginti dupli sunt ad decem; sequitur ergo ut pars quam accipit de nummis viginti pro morabitino sit dimidium partis quam accipit de nummis decem pro morabitino, et tunc adequabuntur nummi. Scimus autem quod, cum de decem accipiuntur due partes et de viginti una pars, complebitur pretium morabitini. Manifestum est igitur quod comparatio duarum partium ad morabitinum, qui est tres partes, est sicut comparatio eius quod accipit de nummis decem pro morabitino ad ipsos decem. Unde sunt quatuor numeri proportionales. Si igitur id quod fit ex ductu duarum partium in decem dividatur per tres partes, exibit id quod accipit de nummis decem pro morabitino. Manifestum est etiam quod comparatio partis ad tres partes est sicut comparatio eius quod accipit de nummis viginti pro morabitino ad ipsos viginti. Quod igitur fit ex ductu ⟨unius⟩ partis in viginti si dividatur per tres ⟨partes⟩ exibit id quod accipit de nummis viginti pro morabitino.

(**b**) Vel aliter. Duas partes, quas accipit de nummis decem pro morabitino, denomina de tribus, et tanta pars accepta de decem erit id quod voluisti. Deinde denomina unam de tribus, et tanta pars accepta de viginti erit id quod voluisti.

(**c**) Vel aliter. Inquire numerum qui dividatur per decem et per viginti et que exierint de utraque divisione sint sine fractione; et hic est quadraginta. Quem divide per decem, et exibunt quatuor, et divide per viginti, et exibunt duo. Quos agrega, et fient sex. Per quos divide quadraginta, et exibunt sex et due tertie. Et tantum accipit de nummis viginti pro morabitino, et tantumdem similiter de nummis decem pro morabitino.

(**d**) Vel aliter. Tu scis quod in morabitino sunt due partes ex una quarum ducta in decem id quod fit equum est ei quod fit ex ductu alterius in viginti [et quod tot sunt nummi quos accipit de una moneta quot de alia, et completur morabitinus].

ITEM DE EODEM.

(**B.320**) Si quis querat: Cum de una moneta dentur viginti nummi pro morabitino et de alia triginta, cambit autem morabitinum pro nummis utriusque monete et accipit de utraque equaliter, scilicet quantum ad nummos tantum; tunc quot partes morabitini accipit de unaquaque?

(**a**) Sic facies. Accipe quemlibet numerum et divide eum per viginti et per triginta, et exeuntia agrega. Verbi gratia, divide triginta per triginta et exibit unum, et divide per viginti et exibit unum et dimidium; quibus

---

14372–14414 Item de eodem ... Vel aliter] $195^v, 40 - 196^r, 17$ $\mathcal{A}$; $\mathcal{B}$ deficit.

14344 dupli] duppli $\mathcal{B}$ **14345** nummis] numis $\mathcal{B}$ **14346** nummis] numis $\mathcal{B}$ **14347** nummi] numi $\mathcal{B}$ **14350** nummis] numis $\mathcal{B}$ **14353** nummis] numis $\mathcal{B}$ **14355** nummis] numis $\mathcal{B}$ **14357** nummis] numis $\mathcal{B}$ **14358** nummis] numis $\mathcal{B}$ **14360** unam] unum cod. **14362** numerum] numum $\mathcal{B}$ **14366** nummis] numis $\mathcal{B}$ **14367** nummis] numis $\mathcal{B}$ **14370** nummi] numi $\mathcal{B}$ **14373** viginti] 20 $\mathcal{A}$ **14374** triginta] 30 $\mathcal{A}$ **14375** scilicet] et cod. **14377** viginti] 20 $\mathcal{A}$ **14378** triginta] 30 $\mathcal{A}$ **14378** triginta] 30 $\mathcal{A}$ **14378** triginta] 30 $\mathcal{A}$ **14379** unum] 1 $\mathcal{A}$ **14379** viginti] 20 $\mathcal{A}$ **14379** unum] 1 post quod iter. et divide per 20, et exibit 1 $\mathcal{A}$ **14379** dimidium] $\frac{m}{2}$ $\mathcal{A}$

14380 agrega primum unum, et fient duo et dimidium. Per quos divide triginta, et exibunt duodecim; et tantum accipit de unaquaque moneta. De viginti igitur accipit duodecim pro tribus quintis morabitini, et de triginta duodecim pro duabus quintis morabitini. Accipit igitur de unaquaque moneta equaliter.

$$\text{A} \quad\quad\quad \text{G} \quad\quad \text{B}$$

Ad B.320a: *Figura inven. in* $\mathcal{A}$ *(196^r, 17)*.

14385   Cuius probatio hec est. Sit morabitinus AB, quod autem accipit de viginti [pro parte morabitini] sit AG, quod autem accipit de triginta GB. Manifestum est igitur quia id quod fit ex ductu AG in viginti equum est ei quod fit ex ductu GB in triginta. Comparatio igitur de viginti ad triginta est sicut comparatio de GB ad AG. Queram autem duos numeros
14390 quorum unius comparatio ad alium sit sicut comparatio de viginti ad triginta; scilicet queram duos numeros ita ut id quod fit ex ductu viginti in unum eorum equum sit ei quod fit ex ductu triginta in alterum eorum, hoc modo: Videlicet, quere quemlibet numerum, verbi gratia triginta, quem divide per triginta, et exibit unum, et divide per viginti, et exibit unum et
14395 dimidium. Quod igitur fit ex ductu unius in triginta equum est ei quod fit ex ductu unius et dimidii in viginti. Comparatio igitur unius ad unum et dimidium est sicut comparatio de viginti ad triginta. Comparatio autem de viginti ad triginta est sicut comparatio de GB ad AG. Igitur comparatio de GB ad AG est sicut comparatio unius ad unum et dimidium. Cum autem
14400 composuerimus, tunc comparatio de GB ad AB erit sicut comparatio unius ad duo et dimidium. Comparatio autem de GB ad AB est sicut comparatio eius quod accipit de triginta pro GB ad triginta. Igitur comparatio unius ad duo et dimidium est sicut comparatio eius quod accipit de triginta pro GB ad triginta. Quod igitur fit ex ductu unius in triginta equum est ei
14405 quod fit ex ductu eius quod accipit in duo et dimidium. Quod autem fit ex ductu unius in triginta est numerus ille quem quesivimus et divisimus per viginti et per triginta, scilicet triginta. Igitur id quod fit ex ductu eius quod

---

14380 unum] 1 $\mathcal{A}$ **14380** duo] 2 $\mathcal{A}$ **14380** dimidium] $\frac{m}{2}$ $\mathcal{A}$ **14380** triginta] 30 $\mathcal{A}$ **14381** duodecim] 12 $\mathcal{A}$ **14381** viginti] 20 $\mathcal{A}$ **14382** duodecim] 12 $\mathcal{A}$ **14382** tribus quintis] $\frac{3}{5}$ $\mathcal{A}$ **14382** triginta] 30 $\mathcal{A}$ **14382–14383** duodecim] 12 $\mathcal{A}$ **14383** duabus quintis] $\frac{2}{5}$ $\mathcal{A}$ **14386** viginti] 20 $\mathcal{A}$ **14386** triginta] 30 $\mathcal{A}$ **14387** viginti] 20 $\mathcal{A}$ **14388** triginta] 30 $\mathcal{A}$ **14388** viginti] 20 $\mathcal{A}$ **14388–14389** triginta] 30 $\mathcal{A}$ **14389** duos] 2 $\mathcal{A}$ **14390** viginti] 20 $\mathcal{A}$ **14390–14391** triginta] 30 $\mathcal{A}$ **14391** duos numeros ita]   numeros 2 *cod.*   **14391** viginti] 20 $\mathcal{A}$ **14392** unum] 1 $\mathcal{A}$ **14392** triginta] 30 $\mathcal{A}$ **14393** triginta] 30 $\mathcal{A}$ **14394** triginta *(post* per*)*] 30 $\mathcal{A}$ **14394** unum] 1 $\mathcal{A}$ **14394** viginti] 20 $\mathcal{A}$ **14394** unum] 1 $\mathcal{A}$ **14395** dimidium] $\frac{m}{2}$ $\mathcal{A}$ **14395** triginta] 30 $\mathcal{A}$ **14396** viginti] 20 $\mathcal{A}$ **14396** unum] 1 $\mathcal{A}$ **14397** viginti] 20 $\mathcal{A}$ **14397** triginta] 30 $\mathcal{A}$ **14398** viginti] 20 $\mathcal{A}$ **14398** triginta] 30 $\mathcal{A}$ **14399** unum] 1 $\mathcal{A}$ **14400** AB] AG *pr. scr.* G *exp. et* B *add.* $\mathcal{A}$ **14401** duo] 2 $\mathcal{A}$ **14401** dimidium] $\frac{m}{2}$ $\mathcal{A}$ **14402** triginta] 30 $\mathcal{A}$ **14402** triginta *(post* ad*)*] 30 $\mathcal{A}$ **14403** duo] 2 $\mathcal{A}$ **14403** dimidium] $\frac{m}{2}$ $\mathcal{A}$ **14403** triginta] 30 $\mathcal{A}$ **14404** triginta *(post* ad*)*] 30 $\mathcal{A}$ **14404** triginta] 30 $\mathcal{A}$ **14405** duo] 2 $\mathcal{A}$ **14405** dimidium] $\frac{m}{2}$ $\mathcal{A}$ **14406** triginta] 30 $\mathcal{A}$ **14407** viginti] 20 $\mathcal{A}$ **14407** triginta *(post* per*)*] 30 $\mathcal{A}$ **14407** triginta] 30 $\mathcal{A}$ **14407** id] *add. supra* $\mathcal{A}$

accipit in duo et dimidium est triginta. Divide igitur triginta per duo et dimidium, et exibunt duodecim, et tantum accipit de triginta; et tantumdem accipit de viginti, nam sic positum fuit quod de utraque moneta equaliter accipit. Et hoc est quod demonstrare voluimus.

Scias quod, cum monete fuerint plures quam due, modus agendi et probatio eadem sunt, nec differunt in aliquo.

(*b*) Vel aliter. Id quod accipit de nummis viginti pro morabitino sit res. Id ergo quod accipit de nummis triginta pro morabitino est morabitinus minus re. Multiplicetur igitur res in viginti, et provenient viginti res. Deinde multiplicetur morabitinus minus re in triginta, et provenient triginta minus triginta rebus; que equantur viginti rebus, nam dixit eum tot accepisse de una moneta quot de alia. Deinde fac sicut docui in algebra, et exibit id quod valet res tres quinte; et tantum accipit de nummis viginti pro morabitino, scilicet duodecim, et id quod remanet de morabitino accipit de altera moneta, scilicet duas quintas.

(*c*) Vel aliter. Id quod accipit de unaquaque moneta pone rem. Deinde denomina primam rem de viginti, scilicet dimidiam decimam rei; deinde denomina secundam rem de triginta, scilicet tertiam decime rei. Quas agrega, et fient quinque sexte decime rei. De utraque igitur moneta accipit quinque sextas decime rei; que equantur morabitino. Inquire ergo numerum in quem multiplicate quinque sexte decime rei fiant una res; et invenies duodecim. Multiplica igitur unum in duodecim, et provenient duodecim. Et hoc est quod accipit de nummis viginti pro morabitino, et tantumdem similiter ⟨accipit⟩ de nummis triginta pro morabitino.

ITEM DE EODEM.

(**B.321**) Si quis querit: Cum sint tres monete de quarum una dantur decem nummi pro morabitino et de alia viginti et de tertia triginta, cambit

---

14414–14472 Id quod accipit ... et equantur nummi] $196^r, 17 - 44$ $\mathcal{A}$; $70^{ra}, 30 - 70^{va}, 11$ $\mathcal{B}$.

14408 duo] 2 $\mathcal{A}$ **14408** dimidium] $\frac{m}{2}$ $\mathcal{A}$ **14408** triginta *(post* est*)*] 30 $\mathcal{A}$ **14408** triginta] 30 $\mathcal{A}$ **14408** duo] 2 $\mathcal{A}$ **14408–14409** dimidium] $\frac{m}{2}$ $\mathcal{A}$ **14409** duodecim] 12 $\mathcal{A}$ **14409** triginta] 30 $\mathcal{A}$ **14410** viginti] 20 $\mathcal{A}$ **14412** quod] autem *pr. scr. et corr.* $\mathcal{A}$ **14412** due] 2 $\mathcal{A}$ **14413** sunt] est *cod.* **14414** Vel aliter] *add. supra* $\mathcal{A}$ **14414** Id] Idem igitur $\mathcal{B}$ **14414** nummis] numis $\mathcal{B}$ **14414** viginti] 20 $\mathcal{A}$, *om. sed spat. rel.* $\mathcal{B}$ **14414** pro] p $\mathcal{B}$ **14414** res] Vel aliter *add. supra et del.* $\mathcal{A}$ **14415** nummis] numis $\mathcal{B}$ **14415** triginta] 30 $\mathcal{A}$, viginti $\mathcal{B}$ **14416** viginti *(post* in*)*] 20 $\mathcal{A}$, *om. sed spat. rel.* $\mathcal{B}$ **14416** viginti] 20 $\mathcal{A}$ **14417** triginta *(post* in*)*] 20 $\mathcal{A}$, viginti $\mathcal{B}$ **14417** triginta] 20 $\mathcal{A}$, viginti $\mathcal{B}$ **14418** triginta] 30 $\mathcal{A}$ **14418** viginti] 20 $\mathcal{A}$ **14419** una] 1 $\mathcal{A}$ **14419** quot] quod *codd.* **14419** algebra] agebla $\mathcal{B}$ **14420** tres quinte] $\frac{3}{5}$ $\mathcal{A}$ **14420** nummis] numis $\mathcal{B}$ **14420** viginti] 20 $\mathcal{A}$, decem in viginti $\mathcal{B}$ **14420** pro] p $\mathcal{B}$ **14421** duodecim] 12 $\mathcal{A}$ **14422** duas quintas] $\frac{2}{5}$ $\mathcal{A}$ **14424** viginti] 20 $\mathcal{A}$ **14424** scilicet dimidiam decimam] scilicet dimidiam $\frac{am}{10}$ $\mathcal{A}$, in decem dimidiam scilicet decimam $\mathcal{B}$ **14425** triginta] 30 $\mathcal{A}$, viginti $\mathcal{B}$ **14425** tertiam decime] $\frac{am}{3} \frac{e}{10}$ $\mathcal{A}$ **14426** quinque sexte decime] $\frac{5}{6} \frac{e}{10}$ $\mathcal{A}$, quinque sexte decima $\mathcal{B}$ **14427** quinque sextas decime] $\frac{5}{6} \frac{e}{10}$ $\mathcal{A}$ **14428** quinque sexte decime] $\frac{5}{6} \frac{e}{10}$ $\mathcal{A}$ **14428** rei] *om.* $\mathcal{B}$ **14428** una] 1 $\mathcal{A}$ **14429** duodecim] 12 $\mathcal{A}$ **14429** unum] 1 $\mathcal{A}$ **14429** duodecim *(post* in*)*] 12 $\mathcal{A}$ **14429** duodecim] 12 $\mathcal{A}$ **14430** nummis] numis $\mathcal{B}$ **14430** viginti] 20 $\mathcal{A}$ **14431** nummis] numis $\mathcal{B}$ **14431** triginta] 30 $\mathcal{A}$ **14432** Item de eodem] *om. sed spat. hab.* $\mathcal{B}$ **14433** tres] 3 $\mathcal{A}$ **14433–14434** decem] 10 $\mathcal{A}$ **14434** nummi] numi $\mathcal{B}$ **14434** viginti] 20 $\mathcal{A}$ **14434** tertia] $\frac{a}{3}$ $\mathcal{A}$ **14434** triginta] 30 $\mathcal{A}$

14435 autem morabitinum pro nummis omnium monetarum et de singulis accipit nummos equaliter; tunc quot accipit de unaquaque?

(*a*) Sic facies. Divide triginta per decem, et exibunt tres. Deinde divide triginta per viginti, et exibit unum et dimidium; quem agrega tribus, et fient quatuor et dimidium. Deinde divide triginta per se, et exibit unum; quem adde quatuor et dimidio, et fient quinque et dimidium. Per quos divide triginta, et exibunt quinque et quinque undecime. Et tantum accipit de unaquaque moneta. Causa autem huius est illa quam in precedenti capitulo assignavimus.

(*b*) Vel aliter. Tres partes quas accipit de nummis decem pro morabitino denomina de quinque partibus et dimidia; et tanta pars accepta de decem est quinque et quinque undecime, et tantum accipit de nummis decem pro morabitino. Deinde partem et dimidiam denomina de quinque et dimidia, et tanta pars accepta de viginti est id quod accipit de nummis viginti pro morabitino. Deinde partem denomina de quinque et dimidia, et tanta pars accepta de triginta est id quod accepit de nummis triginta pro morabitino.

(*c*) Vel aliter. Inquire numerum qui dividatur per decem et per viginti et per triginta et que de singulis divisionibus exeunt sint sine fractione. Et hic est sexaginta. Quos divide per decem, et exibunt sex; et iterum divide per viginti, et exibunt tres; et iterum divide per triginta, et exibunt duo. Omnia autem que exeunt agrega, et fient undecim. Per quos divide sexaginta, et exibunt quinque et quinque undecime. Et tantum accipit de singulis monetis. Causa autem huius est illa quam assignavimus in capitulo dividendi secundum portiones.

(*d*) Vel aliter. Id quod accipit de unaquaque moneta sit res. Deinde denomina rem de decem, scilicet decimam rei. Deinde denomina etiam rem de viginti, scilicet dimidiam decimam ⟨rei⟩. Deinde denomina etiam rem de triginta, scilicet tertiam decime unius rei. De omnibus igitur monetis accipit decimam rei et quinque sextas unius decime unius rei; que equantur morabitino. Quere igitur numerum in quem multiplicate decima rei et

---

14435 nummis] numis B **14436** nummos] numos B **14437** triginta] 30 A **14437** decem] 10 A **14437** tres] 30 *pr. scr.* o *exp.* A **14438** triginta] 30 A **14438** viginti] 20 A **14438** unum] 1 A **14438** dimidium] $\frac{m}{2}$ A **14439** quatuor] 4 A **14439** dimidium] $\frac{m}{2}$ A **14439** triginta] 30 A **14439** unum] 1 A **14440** quatuor] 4 A **14440** dimidio] $\frac{o}{2}$ A **14440** quinque] 5 A **14440** dimidium] $\frac{m}{2}$ A **14441** triginta] 30 A **14441** quinque] 5 A **14441** quinque undecime] $\frac{5}{11}$ A **14444** Tres] 3 A **14444** nummis] numis B **14444** decem] 10 A **14445** quinque] 5 A **14445** dimidia] $\frac{a}{2}$ A **14445** decem] 10 *(corr. ex* 20*)* A **14446** est] que est (que *add. supra*) A, que est B; *post* est *scr. et del.* id quod accipit A **14446** quinque] 5 A **14446** quinque undecime] $\frac{5}{11}$ A **14446** nummis] numis B **14446** decem] 10 A **14447** dimidiam] $\frac{am}{2}$ A **14447** quinque] 5 A **14447** dimidia] $\frac{o}{2}$ A, dimidio B **14448** viginti] 20 A **14448** nummis] numis B **14448** viginti] 20 A **14449** quinque] 5 A **14449** dimidia] $\frac{a}{2}$ A **14450** triginta] 30 A **14450** nummis] numis B **14450** triginta] 30 A **14451** decem] 10 A **14451** viginti] 20 A **14452** triginta] 30 A **14453** sexaginta] 60 A **14453** decem] 10 A **14453** sex] 6 A **14454** viginti] 20 A, vigin B **14454** tres] 3 A **14454** triginta] 30 A **14455** duo] 2 A **14455** undecim] 11 A **14456** sexaginta] 60 A **14456** quinque] 5 A **14456** quinque undecime] $\frac{5}{11}$ A **14460** decem] 10 A **14460** decimam] $\frac{am}{10}$ A **14461**–**14462** viginti ... rem de] *per homœotel. om.* B **14461** viginti] 20 A **14461** dimidiam decimam] $\frac{am}{2}\frac{am}{10}$ A **14462** triginta] 30 A **14462** tertiam decime] $\frac{am}{3}\frac{e}{10}$ A **14463** decimam] $\frac{am}{10}$ A **14463** quinque sextas unius decime] $\frac{5}{6}$ unius $\frac{e}{10}$ A **14464** decima] $\frac{a}{10}$ A

quinque sexte decime rei fiant res integra; et invenies quinque et quinque undecimas. Quas multiplica in unum, et provenient quinque et quinque undecime, et tantum accipit de unaquaque moneta.

(*e*) Si autem volueris experiri hanc questionem: Iam scis eum accepisse de moneta decem nummorum pro morabitino sex undecimas eius, de moneta vero viginti nummorum pro morabitino accipit tres undecimas eius, de moneta vero triginta nummorum pro morabitino accipit duas undecimas ⟨eius⟩. Et completur pretium morabitini, et equantur nummi.

(**B.322**) Si quis querat: Cum de una moneta dentur decem nummi pro morabitino et de alia viginti et de tertia triginta, cambit autem morabitinum aliquis pro nummis trium monetarum ita ut quod accipit de secunda duplum sit ei quod accipit de prima, et quod accipit de tertia sit triplum eius quod accipit de secunda.

Sic facies. Accipe dimidium de viginti, quod est decem, quoniam dixit duplum esse id quod accipit de viginti ad id quod accipit de decem. Scimus autem quod, cum id quod accipitur de viginti duplum est ad id quod accipitur de decem, quod autem accipitur de triginta triplum est ad id quod accipitur de viginti, tunc id quod accipitur de triginta sexcuplum est ad id quod accipitur de decem; accipe igitur sextam de triginta, que est quinque. Quasi ergo dicatur: 'Cum de una moneta dentur decem nummi pro morabitino et de alia decem et de alia quinque, cambit autem quis morabitinum pro nummis utriusque monete et accipit de utraque equaliter'. Fac sicut supra ostensum est, et erit quod accipit de decem duo et dimidius; et duplum huius accipit de viginti, quod est quinque, triplum vero huius accipit de triginta, quod est quindecim. Accipit igitur de decem pro quarta morabitini, et de viginti pro quarta similiter, et de triginta pro dimidio morabitini. Completo ergo morabitino completur determinatio.

14473–14556 Si quis querat ... facile intelliges] $196^r, 44 - 196^v, 36$ $\mathcal{A}$; $\mathcal{B}$ deficit.

14465 quinque sexte decime rei] $\frac{5}{6}\frac{e}{10}$ rei $\mathcal{A}$, quinque sexte rei decime $\mathcal{B}$ **14465** quinque] 5 $\mathcal{A}$ **14465–14466** quinque undecimas] $\frac{5}{11}$ $\mathcal{A}$ **14466** unum] 1 $\mathcal{A}$ **14466** quinque] 5 $\mathcal{A}$ **14466–14467** quinque undecime] $\frac{5}{11}$ $\mathcal{A}$ **14467** moneta] 10 nummorum pro morabitino *add. (v. infra) et del.* $\mathcal{A}$ **14468** Iam scis eum] tu scis eum iam *codd.*   **14469** decem] 10 $\mathcal{A}$ **14469** nummorum] numorum $\mathcal{B}$ **14469** sex undecimas] $\frac{6}{11}$ $\mathcal{A}$ **14470** viginti] 20 $\mathcal{A}$ **14470** nummorum] numorum $\mathcal{B}$ **14470** tres undecimas] $\frac{3}{11}$ $\mathcal{A}$ **14471** vero] eius *(quod deest infra)* $\mathcal{B}$ **14471** triginta] 30 $\mathcal{A}$ **14471** nummorum] numorum $\mathcal{B}$ **14471** duas undecimas] $\frac{2}{11}$ *(corr. ex $\frac{e}{11}$)* $\mathcal{A}$ **14472** morabitini] tunc quot num *add. et del.* $\mathcal{A}$ *(v. B.325 in init., post* 'completur pretium morabitini'*)*   **14472** nummi] numi $\mathcal{B}$ **14473** decem] 10 $\mathcal{A}$ **14474** viginti] 20 $\mathcal{A}$ **14474** triginta] 30 $\mathcal{A}$ **14475** trium] 3 $\mathcal{A}$ **14476** tertia] $\frac{a}{3}$ $\mathcal{A}$ **14478** viginti] 20 $\mathcal{A}$ **14478** decem] 10 $\mathcal{A}$ **14479** viginti] 20 $\mathcal{A}$ **14479** accipit] accepit *cod.*   **14479** decem] 10 $\mathcal{A}$ **14480** viginti] 20 $\mathcal{A}$ **14480–14481** accipitur *(ante* de decem*)*] accipur $\mathcal{A}$ **14481** decem] 10 $\mathcal{A}$ **14481** triginta] 30 $\mathcal{A}$ **14482** accipitur *(ante* de viginti*)*] accipit $\mathcal{A}$ **14482** viginti] 20 $\mathcal{A}$ **14482** triginta] 30 $\mathcal{A}$ **14483** decem] 10 $\mathcal{A}$ **14483** accipe] tunc id quod accipitur *pr. scr. (v. supra)* tunc id quod *del. et* accipitur *corr.* $\mathcal{A}$ **14483** sextam] $\frac{am}{6}$ $\mathcal{A}$ **14483** triginta] 30 $\mathcal{A}$ **14483–14484** quinque] 5 $\mathcal{A}$ **14484** decem] 10 $\mathcal{A}$ **14485** decem] 10 $\mathcal{A}$ **14485** quinque] 5 $\mathcal{A}$ **14487** decem] 10 $\mathcal{A}$ **14487** duo] 2 $\mathcal{A}$ **14488** viginti] 20 $\mathcal{A}$ **14488** quinque] 5 $\mathcal{A}$ **14488** huius] *corr. ex* eius $\mathcal{A}$ **14489** triginta] 30 $\mathcal{A}$ **14489** quindecim] 15 $\mathcal{A}$ **14489** decem] 10 $\mathcal{A}$ **14489** quarta] $\frac{a}{4}$ $\mathcal{A}$ **14490** viginti] 20 $\mathcal{A}$ **14490** quarta] $\frac{a}{4}$ $\mathcal{A}$ **14490** triginta] 30 $\mathcal{A}$ **14491** morabitini] morabitino *cod.*

Cuius probatio hec est. Sit morabitinus AB, quod autem accipit de decem sit AG, quod vero de viginti sit GD, quod vero de triginta DB. Quod igitur fit ex viginti ductis in GD duplum est ei quod fit ex ductu decem in AG. Quod igitur fit ex ductu medietatis de viginti in GD equum est ei quod fit ex ductu decem in AG; accipe igitur dimidium de viginti, scilicet decem. Similiter etiam id quod fit ex ductu de triginta in DB sexcuplum est ei quod fit ex ductu decem in AG. Quod igitur fit ex ductu sexte de triginta in DB equum est ei quod fit ex decem ductis in AG; sexta autem de triginta est quinque. Quod igitur fit ex decem ductis in AG equum est ei quod fit ex ductu decem in GD, et quinque in DB. Comple ergo secundum quod docuimus, et exibit quod voluisti.

Et secundum hoc fac in omnibus consimilibus.

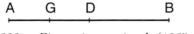

Ad B.322:   *Figura inven. in $\mathcal{A}$ (196^v, 12).*

(**B.323**) Si quis querat: Cum de una moneta dentur decem nummi ⟨pro morabitino⟩ et de alia viginti et de tertia triginta, cambit autem quis morabitinum pro nummis omnium monetarum ita ut de decem accipiat duos nummos et de triginta tantum quantum de viginti, tunc quot accipit de utraque?

Sic facies. Iam scimus quod, cum de decem accipiuntur duo nummi, accipitur quinta morabitini, et remanent quatuor quinte morabitini, quas debet accipere de viginti et de triginta equaliter. Quasi ergo dicatur: 'Cum de una moneta dentur viginti nummi pro morabitino et de alia triginta, cambit autem quis morabitinum pro nummis utriusque monete et accipit pro quatuor quintis morabitini equaliter'. Fac ergo sicut supra docui, et exibit quod voluisti.

(**B.324**) Si quis querat: Cum de una moneta dentur quindecim nummi pro morabitino et de alia sexaginta, cambit autem quis morabitinum pro nummis utriusque monete, et accipit de quindecim radicem eius quod accipit de sexaginta, quot accipit de utraque?

Sic facies. Sit morabitinus AB. Constat ergo morabitinum dividi in duas partes ex quarum unius ductu in quindecim et producti in se id

---

14492–14493 decem] 10 $\mathcal{A}$ **14493** viginti] 20 $\mathcal{A}$ **14493** triginta] 30 $\mathcal{A}$ **14494** viginti] 20 $\mathcal{A}$ **14494** decem] 10 $\mathcal{A}$ **14495** viginti] 20 $\mathcal{A}$ **14496** decem] 10 $\mathcal{A}$ **14496** viginti] 20 $\mathcal{A}$ **14497** decem] 10 $\mathcal{A}$ **14497** triginta] 30 $\mathcal{A}$ **14498** decem] 10 $\mathcal{A}$ **14498** sexte] $\frac{e}{6}$ $\mathcal{A}$ **14499** triginta] 30 $\mathcal{A}$ **14499** decem] 10 $\mathcal{A}$ **14499** sexta] $\frac{a}{6}$ $\mathcal{A}$ **14500** triginta] 30 $\mathcal{A}$ **14500** quinque] 5 $\mathcal{A}$ **14500** decem] 10 $\mathcal{A}$ **14501** decem *(post* ductu*)*] 10 $\mathcal{A}$ **14501** quinque] 5 $\mathcal{A}$ **14504** decem] 10 $\mathcal{A}$ **14505** viginti] 20 $\mathcal{A}$ **14505** tertia] $\frac{a}{3}$ $\mathcal{A}$ **14505** triginta] 30 $\mathcal{A}$ **14506** decem] 10 $\mathcal{A}$ **14506** duos] 2 $\mathcal{A}$ **14507** triginta] 30 $\mathcal{A}$ **14507** viginti] 20 *(corr. ex* 30*)* $\mathcal{A}$ **14509** de decem] 10 *pr. scr. et de add. supra* $\mathcal{A}$ **14509** duo] 2 $\mathcal{A}$ **14510** quinta] $\frac{a}{5}$ $\mathcal{A}$ **14510** quatuor quinte] $\frac{4}{5}$ $\mathcal{A}$ **14511** viginti] 20 $\mathcal{A}$ **14511** triginta] 30 $\mathcal{A}$ **14512** viginti] 20 $\mathcal{A}$ **14512** triginta] 30 $\mathcal{A}$ **14514** quatuor quintis] $\frac{4}{5}$ $\mathcal{A}$ **14516** quindecim] 15 $\mathcal{A}$ **14517** sexaginta] 60 $\mathcal{A}$ **14518** quindecim] 15 $\mathcal{A}$ **14519** sexaginta] 60 $\mathcal{A}$ **14519** utraque] unoquoque $\mathcal{A}$ **14521** duas] 2 $\mathcal{A}$ **14521** quindecim] 15 $\mathcal{A}$

quod fit equum est ei quod fit ex ductu alterius in sexaginta. Sit ergo una partium AG, altera vero GB. Quod igitur fit ex ductu quindecim in AG et producti in se equum est ei quod fit ex ductu sexaginta in GB. Quod autem fit ex ductu quindecim in AG et producti in se equum est ei quod fit ex ductu quadrati de quindecim in quadratum de AG. Quadratus autem de quindecim est ducenti viginti quinque. Quod igitur fit ex ductu ducentorum viginti quinque in quadratum de AG equum est ei quod fit ex ductu GB in sexaginta. Quod autem fit ex ductu GB in sexaginta equum est ei quod fit ex ductu AB in sexaginta subtracto eo quod fit ex ductu AG in sexaginta. Quod autem fit ex ductu AB in sexaginta est sexaginta, nam AB est unum. Igitur sexaginta subtracto de eis eo quod fit ex ductu AG in sexaginta sunt equalia ei quod fit ex ductu AG in se ducenties vicies quinquies. Constat igitur quia id quod fit ex ductu AG in se ducenties vicies quinquies et eiusdem in sexaginta est sexaginta. Sequitur ergo necessario ut id quod fit ex ductu AG in se semel et in quintam et tertiam quinte sit quinta et tertia quinte. Protraham autem lineam AD que sit quinta unius et tertia quinte unius. Quod igitur fit ex ductu AG in se et DA in AG est quinta et tertia quinte. Quod autem fit ex ductu AG in se et AG in DA equum est ei quod fit ex ductu DG in AG. Quod igitur fit ex ductu DG in AG est quinta et tertia quinte, sed DA est quinta et tertia quinte. Igitur dividatur DA per medium in puncto H. Igitur id quod fit ex ductu DG in AG et HA in se equum erit ei quod fit ex ductu HG in se. Quod autem fit ex ductu DG in AG est quinta et tertia ⟨quinte⟩, et id quod fit ex ductu HA in se est quatuor none quinte quinte. Igitur quod fit ex ductu HG in se est quinta et tertia quinte et quatuor none quinte unius quinte. Igitur HG est due quinte et due tertie quinte. Sed HA est due tertie quinte. Remanet igitur AG due quinte, et tantum accipit de moneta quindecim nummorum pro morabitino. Accipit igitur de quindecim duas quintas morabitini, scilicet sex, et de sexaginta accipit tres quintas morabitini, scilicet triginta sex. Accipit igitur de quindecim radicem eius quod accipit de sexaginta, et completur morabitinus. Et hoc est quod demonstrare voluimus.

14522 sexaginta] 60 $\mathcal{A}$ **14523** quindecim] 15 $\mathcal{A}$ **14524** sexaginta] 60 $\mathcal{A}$ **14525** quindecim] 15 $\mathcal{A}$ **14526** quindecim] 15 $\mathcal{A}$ **14527** quindecim *(ante est)*] 15 $\mathcal{A}$ **14527** ducenti viginti quinque] 225 $\mathcal{A}$ **14527–14528** ducentorum viginti quinque] 225 $\mathcal{A}$ **14529** sexaginta] 60 $\mathcal{A}$ **14529** sexaginta *(post: GB in)*] 60 $\mathcal{A}$ **14530** sexaginta] 60 $\mathcal{A}$ **14531** sexaginta] 60 $\mathcal{A}$ **14531** sexaginta *(post: AB in)*] 60 $\mathcal{A}$ **14531–14532** sexaginta] 60 $\mathcal{A}$ **14532** unum] 1 $\mathcal{A}$ **14532** sexaginta] 60 $\mathcal{A}$ **14533** sexaginta *(post in)*] 60 $\mathcal{A}$ **14533–14534** ducenties vicies quinquies] 225^{es} $\mathcal{A}$ **14535** ducenties vicies quinquies] 225^{es} $\mathcal{A}$ **14535** sexaginta] 60 $\mathcal{A}$ **14535** sexaginta *(post est)*] 60 $\mathcal{A}$ **14536** quintam] $\frac{am}{5}$ $\mathcal{A}$ **14537** tertiam quinte] $\frac{am}{3}\frac{e}{5}$ $\mathcal{A}$ **14537** quinta] $\frac{a}{5}$ $\mathcal{A}$ **14537** tertia quinte] $\frac{a}{3}\frac{e}{5}$ $\mathcal{A}$ **14537** lineam AD] AD lineam *cod.* **14538** quinta] $\frac{a}{5}$ $\mathcal{A}$ **14538** tertia quinte] $\frac{a}{3}\frac{e}{5}$ $\mathcal{A}$ **14539** quinta] $\frac{a}{5}$ $\mathcal{A}$ **14539** tertia quinte] $\frac{a}{3}\frac{e}{5}$ $\mathcal{A}$ **14541** quinta] $\frac{a}{5}$ $\mathcal{A}$ **14541** tertia quinte] $\frac{a}{3}\frac{e}{5}$ $\mathcal{A}$ **14541** quinta] $\frac{a}{5}$ $\mathcal{A}$ **14542** tertia quinte] $\frac{a}{3}\frac{e}{5}$ $\mathcal{A}$ **14543** id quod fit ex ductu DG in AG] ex ductu DG in AG id quod fit $\mathcal{A}$ **14544** quinta] $\frac{a}{5}$ $\mathcal{A}$ **14544** tertia] $\frac{a}{3}$ $\mathcal{A}$ **14545** quatuor none quinte quinte] 4 $\frac{e}{9}\frac{e}{5}\frac{e}{5}$ $\mathcal{A}$ **14546** quinta] $\frac{a}{5}$ $\mathcal{A}$ **14546** tertia quinte] $\frac{a}{3}\frac{e}{5}$ $\mathcal{A}$ **14546–14547** quatuor none quinte unius quinte] $\frac{4}{9}\frac{e}{5}$ unius $\frac{e}{5}$ $\mathcal{A}$ **14547** due quinte] $\frac{2}{5}$ $\mathcal{A}$ **14547** due tertie quinte] $\frac{2}{3}\frac{e}{5}$ $\mathcal{A}$ **14548** due tertie quinte] $\frac{2}{3}\frac{e}{5}$ $\mathcal{A}$ **14548** due quinte] $\frac{2}{5}$ $\mathcal{A}$ **14549** quindecim] 15 $\mathcal{A}$ **14550** quindecim] 15 $\mathcal{A}$ **14550** duas quintas] $\frac{2}{5}$ $\mathcal{A}$ **14550** sex] 6 $\mathcal{A}$ **14550** sexaginta] 60 $\mathcal{A}$ **14551** tres quintas] $\frac{3}{5}$ $\mathcal{A}$ **14551** triginta sex] 36 $\mathcal{A}$ **14551** quindecim] 15 $\mathcal{A}$ **14552** sexaginta] 60 $\mathcal{A}$

Secundum hoc autem considera multas alias questiones que possunt fieri et quas ego non apposui. Sed si ea que premissa sunt bene retinueris, quicquid potuerit obici facile intelliges.

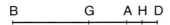

Ad B.324:   *Figura inven. in $\mathcal{A}$ (196^v, 36).*

ITEM DE EODEM.

(**B.325**) Cum sint due monete de quarum una dantur decem nummi pro morabitino, de altera vero nescio quot, cambit autem morabitinum pro nummis utriusque monete, et de moneta decem nummorum pro morabitino accipit duos nummos et de reliqua viginti, et completur pretium morabitini, tunc quot nummi ignoti dantur pro morabitino?

(**a**) Sic facies. Positum est de moneta decem nummorum pro morabitino accepisse duos. Igitur accepit quintam morabitini, et remanent quatuor quinte morabitini accipiende de nummis ignotis. Scis autem quod acceptis duobus de decem pro morabitino accipitur quinta morabitini et remanent quatuor quinte morabitini pro decem nummis, que sunt octo nummi. Manifestum est igitur quod comparatio de octo ad decem est sicut comparatio de viginti ad monetam ignotam. Unde sunt quatuor numeri proportionales. Quod igitur fit ex ductu primi in quartum equum est ei quod fit ex ductu secundi in tertium. Si igitur multiplicentur decem in viginti et productum dividatur per octo, exibunt nummi ignoti. Vel aliter. Quere numerum in quem multiplicati octo fiunt decem; et hic est unum et quarta. Quem multiplica in viginti, et provenient viginti quinque, et tot sunt nummi ignoti.

(**b**) Vel aliter. Pone nummos ignotos rem. Cuius quatuor quinte, que sunt quatuor quinte rei, equantur ad viginti. Res igitur adequatur ad viginti quinque, et tot sunt nummi ignoti.

14557–14617 Item de eodem ... nummi ignoti] 196^v, 36 – 197^r, 19 $\mathcal{A}$; 70va, 11-12 – 70vb, 39 $\mathcal{B}$.

14557 Item de eodem] om. sed spat. hab. $\mathcal{B}$ **14558** due] 2 $\mathcal{A}$ **14558** decem] 10 $\mathcal{A}$ **14558** nummi] numi $\mathcal{B}$ **14560** nummis] numis $\mathcal{B}$ **14560** decem] 10 $\mathcal{A}$ **14560** nummorum] numorum $\mathcal{B}$ **14561** duos] 2 $\mathcal{A}$ **14561** nummos] numos $\mathcal{B}$ **14561** viginti] 20 $\mathcal{A}$ **14562** nummi] numi $\mathcal{B}$ **14562** dantur] pro ea *in fin. lin.* add. et del. $\mathcal{B}$ **14563** decem] 10 $\mathcal{A}$ **14563** nummorum] numorum $\mathcal{B}$ **14564** duos] 2 $\mathcal{A}$ **14564** quintam] $\frac{am}{5}$ $\mathcal{A}$ **14564–14565** quatuor quinte] $\frac{4}{5}$ $\mathcal{A}$ **14565** nummis] numis $\mathcal{B}$ **14566** duobus] 2^{bus} $\mathcal{A}$ **14566** decem] 10 $\mathcal{A}$ **14566** quinta] $\frac{a}{5}$ $\mathcal{A}$ **14567** quatuor quinte] $4 \frac{e}{5}$ $\mathcal{A}$ **14567** decem] 10 $\mathcal{A}$ **14567** nummis] numis $\mathcal{B}$ **14567** octo] 8 $\mathcal{A}$ **14567** nummi] numi $\mathcal{B}$ **14568** octo] 8 $\mathcal{A}$ **14568** decem] 10 $\mathcal{A}$ **14569** viginti] 20 $\mathcal{A}$ **14569** quatuor] 4 $\mathcal{A}$ **14569–14570** proportionales] pportionales $\mathcal{B}$ **14570** quartum] $\frac{m}{4}$ $\mathcal{A}$ **14571** decem] 10 $\mathcal{A}$ **14571** viginti] 20 $\mathcal{A}$ **14572** octo] 8 $\mathcal{A}$ **14572** nummi] numi $\mathcal{B}$ **14573** octo] 8 $\mathcal{A}$ **14573** decem] 10 $\mathcal{A}$ **14573** unum] 1 $\mathcal{A}$ **14573–14574** quarta] $\frac{a}{4}$ $\mathcal{A}$ **14574** viginti] 20 $\mathcal{A}$ **14574** viginti quinque] 25 $\mathcal{A}$ **14575** nummi] numi $\mathcal{B}$ **14576** nummos] numos $\mathcal{B}$ **14576** quatuor quinte] $\frac{4}{5}$ $\mathcal{A}$ **14577** quatuor quinte] $\frac{4}{5}$ $\mathcal{A}$ **14577** viginti] 20 $\mathcal{A}$ **14577** adequatur] adequantur $\mathcal{B}$ **14577–14578** viginti quinque] 25 $\mathcal{A}$ **14578** nummi] numi $\mathcal{B}$

ITEM DE EODEM.

(**B.326**) Si quis querat: Cum sint tres monete de una quarum dantur decem nummi pro morabitino, de altera vero viginti, et de tertia nescio quot, cambit autem aliquis morabitinum pro nummis trium monetarum, et accipit duos de nummis decem pro morabitino et, de viginti, quatuor, de ignotis vero nummis triginta; tunc quot ignoti nummi dantur pro morabitino?

(**a**) Sic facies. Multiplica duos acceptos de decem pro morabitino in viginti, et provenient quadraginta. Quos divide per decem, et exibunt quatuor. Quos agrega illis quos accepit de viginti pro morabitino, et fient octo. Quasi ergo dicatur: 'Cum de una moneta dentur viginti nummi pro morabitino et de alia nescio quot, cambit autem morabitinum pro nummis utriusque monete, et de nummis viginti pro morabitino accipit octo et de ignotis accipit triginta'. Fac sicut docui in capitulo precedenti. Scilicet, minue octo de viginti, et remanent duodecim, quos pone prelatum. Deinde multiplica viginti in triginta, et fient sexcenti. Quos divide per prelatum, et exibunt quinquaginta, et tot nummi ignoti dantur pro morabitino.

Causa autem de hoc quod multiplicamus duo in viginti et productum dividimus per decem hec est. Scis enim ⟨quod⟩ duo, quos accipit de nummis decem pro morabitino, sunt quinta eorum; et similiter quatuor, accepti de viginti pro morabitino, sunt quinta eorum. Manifestum est igitur quod idem est accipere duos de decem quod accipere quatuor de viginti. Nam talis est comparatio duorum ad decem qualis est de quatuor ad viginti; id igitur quod fit ex ductu duorum in viginti si dividatur per decem, exibunt quatuor. [Probatum est igitur quod idem est accipere duos de decem quod quatuor de viginti, duo enim sunt quinta morabitini et quatuor similiter; manifestum est igitur quod accipere duos de decem et quatuor de viginti idem est quod accipere duas quintas de viginti, que sunt octo.]

Vel aliter. Inquire numerum in quem multiplicati duodecim fiant viginti; et invenies unum et duas tertias. Unum igitur et duas tertias multiplica in triginta, et provenient quinquaginta, et tot sunt nummi ignoti.

(*b*) Vel aliter. Tu scis quod, cum duo accipiuntur de decem pro morabitino, accipitur quinta morabitini. Similiter etiam, cum accipiuntur quatuor de viginti pro morabitino, accipitur quinta morabitini. Et remanent accipiende tres quinte morabitini. Sequitur ergo ut triginta sint tres quinte nummorum ignotorum. Igitur de nummis ignotis dantur quinquaginta pro morabitino.

(*c*) Vel aliter. Nummi ignoti sint res. Cuius tres quinte, que sunt tres quinte rei, equantur ad triginta. Res igitur adequatur ad quinquaginta, et tot sunt nummi ignoti.

(**B.327**) Si quis querat: Cum morabitini nescio quot cambitur unusquisque pro tribus solidis et totidem alii morabitini cambitur unusquisque pro quatuor solidis et iterum alii ignoti totidem quot primi cambitur unusquisque pro quinque solidis, et ad ultimum ex cambio omnium provenit summa sexaginta solidorum, tunc quot sunt omnes morabitini?

Sic facies. Agrega tres et quatuor et quinque, et fient duodecim. Per quos divide sexaginta, et exibunt quinque, et tot sunt morabitini primi incogniti, et totidem secundi vel tertii.

Quod sic probatur. Sint morabitini omnes AB. Quod igitur fit ex ductu AB in tres et quatuor et quinque est sexaginta. Quod autem fit ex ductu AB in tres et quatuor et quinque equum est ei quod fit ex ductu AB in duodecim, sicut in capitulo prepositionum assignavimus. Igitur id quod fit ex ductu AB in duodecim est sexaginta. Divide igitur sexaginta per duodecim, et exibit AB quinque. Et hoc est quod demonstrare voluimus.

A   B

Ad B.327:   *Figura inven. in* $\mathcal{A}$ *(197^v, 13)*.

14618–14651 Si quis querat ... ex premissis] 197^v, 5 – 21 $\mathcal{A}$; $\mathcal{B}$ *deficit*.

14607 unum] 1 $\mathcal{A}$ **14607** duas tertias] $\frac{2}{3}$ $\mathcal{A}$ **14607** duas tertias] $\frac{2}{3}$ $\mathcal{A}$ **14608** triginta] 30 $\mathcal{A}$ **14608** quinquaginta] 50 $\mathcal{A}$ **14608** nummi] numi $\mathcal{B}$ **14609** decem] 10 $\mathcal{A}$ **14610** quinta] $\frac{a}{5}$ $\mathcal{A}$ **14610** quatuor] 4 $\mathcal{A}$ **14611** viginti] 20 $\mathcal{A}$ **14611** quinta] $\frac{a}{5}$ $\mathcal{A}$ **14612** tres quinte] $\frac{3}{5}$ *(corr. ex 3)* $\mathcal{A}$ **14612** triginta] 30 $\mathcal{A}$ **14612** tres quinte] $\frac{3}{5}$ $\mathcal{A}$ **14613** nummorum] numorum $\mathcal{B}$ **14613** ignotorum] ignorum $\mathcal{B}$ **14613** nummis] numis $\mathcal{B}$ **14613** quinquaginta] 50 $\mathcal{A}$ **14615** Nummi] numi $\mathcal{B}$ **14615** tres quinte] $\frac{3}{5}$ $\mathcal{A}$ **14615–14616** tres quinte *(post* sunt*)*] $\frac{3}{5}$ $\mathcal{A}$ **14616** triginta] 30 $\mathcal{A}$ **14616** adequatur] adequantur $\mathcal{B}$ **14616** quinquaginta] 50 $\mathcal{A}$ **14617** tot sunt nummi ignoti] a *scr. hic in textu et in marg. eadem m. (v. infra)* $\mathcal{A}$ **14617** nummi] numi $\mathcal{B}$ **14618** (B.327)] b *scr. eadem m. in textu et in marg., et a hab. in textu et in marg. in fine B.326 (ordinem enim B.326-329-327-328-330 præb. cod.)* $\mathcal{A}$ **14619** tribus] 3 $\mathcal{A}$ **14619–14620** quatuor] 4 $\mathcal{A}$ **14621** quinque] 5 $\mathcal{A}$ **14622** sexaginta] 60 $\mathcal{A}$ **14623** tres] 3 $\mathcal{A}$ **14623** quatuor] 4 $\mathcal{A}$ **14623** quinque] 5 $\mathcal{A}$ **14623** duodecim] 12 $\mathcal{A}$ **14624** sexaginta] 60 $\mathcal{A}$ **14624** quinque] 5 $\mathcal{A}$ **14627** tres] 3 $\mathcal{A}$ **14627** quatuor] 4 $\mathcal{A}$ **14627** quinque] 5 $\mathcal{A}$ **14627** sexaginta] 60 $\mathcal{A}$ **14628** tres] 3 $\mathcal{A}$ **14628** quatuor] 4 $\mathcal{A}$ **14628** quinque] 5 $\mathcal{A}$ **14629** duodecim] 12 $\mathcal{A}$ **14630** duodecim] 12 $\mathcal{A}$ **14630** sexaginta] 60 $\mathcal{A}$ **14630** sexaginta] 60 $\mathcal{A}$ **14631** duodecim] 12 $\mathcal{A}$ **14631** quinque] 5 $\mathcal{A}$

(**B.328**) Si quis querat: Cum morabitini ignoti cambitur unusquisque pro tribus solidis et alii totidem ignoti, sed insuper quatuor, cambitur unusquisque pro quatuor solidis, et alii ignoti totidem quot secundi et insuper quinque, cambitur unusquisque pro quinque solidis, et provenit ex cambio omnium summa centum solidorum; tunc quot sunt morabitini ignoti?

Sic facies. Manifestum est quod, postquam tertii vincunt secundos quinario et secundi superant primos quaternario, tunc tertii transcendunt primos novenario. Scias ergo quantum competat novem morabitinis secundum quod cambitur unusquisque pro quinque solidis; scilicet, quadraginta quinque solidi; et similiter quid conveniat quatuor morabitinis secundum quod unusquisque cambitur pro quatuor solidis; scilicet, sexdecim solidi. Quos agrega ad quadraginta quinque, et fient sexaginta unus. Quos minue de centum, et remanebunt triginta novem. Quasi ergo dicatur: 'Cum morabitini nescio quot cambitur unusquisque pro tribus solidis et alii ignoti totidem cambitur unusquisque pro quatuor solidis, et alii totidem ignoti cambitur unusquisque pro quinque solidis, ex cambio autem omnium provenit summa triginta novem solidorum'. Fac ergo sicut supra docui, et exibunt primi. Quibus adde quatuor, et fient secundi. Quibus adde quinque, et exibunt tertii. Quorum omnium probatio manifesta est ex premissis.

ITEM DE EODEM.

(**B.329**) Si quis querat: Cum centum morabitinos, partim melequinos partim baetes, cambiat quis, sed melequinum pro quindecim solidis, baetem vero cambiat pro decem solidis, et ex centum predictis morabitinis proveniunt mille ducenti solidi; tunc quot fuerunt melequini et quot baetes?

Si autem provenirent solidi plures quam mille quingenti vel pauciores quam mille, esset questio falsa. Non enim erit vera unquam nisi cum numerum pretii minoris morabitini, veluti decem, multiplicaveris in numerum morabitinorum, veluti hic centum, et pretium maioris morabitini, veluti quindecim, multiplicaveris in numerum morabitinorum, et inter utrumque

---

14652–14713 Item de eodem ... aliqua adiectione] 197^r, $19 - 197^v$, 5 $\mathcal{A}$; $\mathcal{B}$ deficit.
14652–14675 (Item de eodem) ... tot fuerunt melequini] hab. etiam $\mathcal{D}$, 60^r, $5 - 23$.

14632 (B.328)] c hab. in textu et in marg. $\mathcal{A}$ **14633** tribus] $_3$ $\mathcal{A}$ **14633** quatuor] $_4$ $\mathcal{A}$ **14634** quatuor] $_4$ $\mathcal{A}$ **14635** quinque] $_5$ $\mathcal{A}$ **14635** quinque] $_5$ $\mathcal{A}$ **14636** centum] 100 $\mathcal{A}$ **14638** quinario] $_5$ $\mathcal{A}$ **14639** novem] $_9$ $\mathcal{A}$ **14640** quinque] $_5$ $\mathcal{A}$ **14640–14641** quadraginta quinque] $_{45}$ $\mathcal{A}$ **14641** quatuor] $_4$ $\mathcal{A}$ **14642** quatuor] $_4$ $\mathcal{A}$ **14642** sexdecim] 16 (45 pr. scr. (v. supra) exp. et corr. supra) $\mathcal{A}$ **14643** quadraginta quinque] $_{45}$ $\mathcal{A}$ **14643** sexaginta unus] $_{61}$ $\mathcal{A}$ **14644** centum] 100 $\mathcal{A}$ **14644** triginta novem] $_{39}$ $\mathcal{A}$ **14644–14645** morabitini] morabitinorum cod. **14645** tribus] $_3$ $\mathcal{A}$ **14646** quatuor] $_4$ $\mathcal{A}$ **14647** quinque] $_5$ $\mathcal{A}$ **14648** triginta novem] $_{39}$ $\mathcal{A}$ **14649** quatuor] $_4$ $\mathcal{A}$ **14650** quinque] $_5$ $\mathcal{A}$ **14652** Item de eodem] Capitulum de alio $\mathcal{D}$; d hab. in textu et in marg. $\mathcal{A}$ **14653** centum] 100 $\mathcal{AD}$ **14653** morabitinos] morabnos (et sæpius mutatis mutandis) $\mathcal{D}$ **14653** melequinos] melichinos $\mathcal{D}$ **14654** baetes] corr. ex baeteties $\mathcal{A}$ **14654** melequinum] melequinu pr. scr. et corr. $\mathcal{A}$, melichinum $\mathcal{D}$ **14654** quindecim] 15 $\mathcal{AD}$ **14654** baetem] baetium $\mathcal{D}$ **14655** decem] 10 $\mathcal{AD}$ **14655** centum] 100 $\mathcal{AD}$ **14656** mille ducenti] 120 (sic) $\mathcal{A}$, 1200^{ti} $\mathcal{D}$ **14656** solidi] plures quam add. (v. infra) et del. $\mathcal{D}$ **14656** melequini] melichini $\mathcal{D}$ **14657** mille quingenti] 1500 corr. ex 1000 $\mathcal{AD}$ (corr. $\mathcal{A}$, totum del. et scr. supra $\mathcal{D}$) **14658** mille] 1000 $\mathcal{AD}$ **14659** decem] 10 $\mathcal{AD}$ **14660** centum] 100 $\mathcal{AD}$ **14661** quindecim] 15 $\mathcal{AD}$ **14661** in] om. $\mathcal{A}$

productum fuerit tota summa solidorum ex centum morabitinis provenientium. Quod monstrabitur per probationem.

(*a*) Sic autem facies. Minue decem de quindecim, et remanent quinque, quos pone prelatum. Cum igitur volueris scire quot fuerint baetes: Multiplica pretium unius melequini, quod est quindecim, in numerum morabitinorum, qui est centum; et tunc proveniet numerus maior numero solidorum ex omnibus morabitinis provenientium. Minue igitur numerum solidorum de producto illo, et quod remanserit divide per prelatum; et exibunt sexaginta, qui est numerus baetium. Cum vero volueris scire quot fuerint melequini: Multiplica pretium unius baetium, quod est decem, in numerum morabitinorum, qui est centum; et tunc proveniet numerus minor numero omnium solidorum ex centum morabitinis provenientium. Quem minue ex eo, et quod remanserit divide per prelatum, et exibunt quadraginta, et tot fuerunt melequini.

Cuius rei probatio hec est. Centum morabitini sint AB, baetes autem sint AG, et melequini GB. Quod igitur fit ex ductu AG in decem et GB in quindecim est mille ducenta. Quod autem fit ex ductu GB in quindecim equum est ei quod fit ex ductu GB in decem et in quinque. Igitur id quod fit ex ductu GB in decem et AG in decem et GB in quinque est mille ducenta. Quod autem fit ex ductu GB in decem et AG in decem equum est ei quod fit ex ductu totius AB in decem. Igitur quod fit ex ductu totius AB in decem et GB in quinque est mille ducenta. Quod autem fit ex ductu totius AB in decem est mille. Minue igitur mille de mille ducentis, et remanebit id quod fit ex ductu GB in quinque ducenta. Divide ergo ducenta per quinque, et exibit GB quadraginta. Cum autem volueris scire AG, sic facies. Scis quod id quod fit ex ductu AG in decem et GB in quindecim est mille ducenta. Id autem quod fit ex ductu AG in quindecim pone commune. Quod igitur fit ex ductu AG in decem et in quindecim et GB in quindecim erit mille ducenta addito sibi eo quod fit ex ductu AG in quindecim. Quod autem fit ex ductu AG in quindecim et GB in quindecim equum est ei quod fit ex ductu totius AB in quindecim.

14662 centum] 100 AD **14663** monstrabitur] demonstrabitur A **14664** decem] 10 AD **14664** quindecim] 15 AD **14664** quinque] 5 AD **14665** pone prelatum] prelatum pone D **14665** fuerint] *add. supra* D **14666** melequini] melichini D **14666** quindecim] 15 AD *(corr. ex* 12 A)   **14667** centum] 100 AD **14669**–**14670** sexaginta] 60 AD **14670** quot] quod D **14671** melequini] melichini D **14671** decem] 10 AD **14672** centum] 100 AD **14673** centum] 100 AD **14674** quadraginta] 40 AD **14675** melequini] melichini D **14676** Centum] 100 A **14676** baetes] melequini *cod.*   **14677** melequini] baetes *cod.*   **14677** AG in decem] GB in 10 A **14678** quindecim] 15 A **14678** mille ducenta] 1200 A **14678**–**14679** quindecim] 15 A **14679** decem] 10 A **14679** quinque] 5 A **14680** decem] 10 A **14680** decem] 10 A **14680** quinque] 5 A **14681** mille ducenta] 1200 A **14681** decem] 10 A **14681** decem] 10 A **14682** decem] 10 A **14683** decem] 10 A **14683** quinque] 5 A **14683** mille ducenta] 1200 A **14684** decem] 10 A **14684** mille] 1000 A **14684** mille] 1000 A **14685** mille ducentis] 1200 A **14685** quinque] 5 A **14685** ducenta] 200 A **14686** ducenta *(post* ergo*)*] 200 A **14686** quinque] 5 A **14686** quadraginta] 40 A **14687** decem] 10 A **14688** quindecim] 15 A **14688** mille ducenta] 1200 A **14689** quindecim] 15 A **14689** in decem] in 10 A *(add. supra lin.)* A **14690** quindecim] 15 A **14690** quindecim] 15 A **14690** mille ducenta] 120 *(sic)* A **14691** quindecim] 15 A **14691** quindecim] 15 A **14692** quindecim] 15 A **14692** quindecim] 15 A

Quod igitur fit ex ductu totius AB in quindecim et AG in decem est mille ducenta addito sibi eo quod fit ex ductu AG in quindecim. Quod autem fit ex ductu AB in quindecim est mille quingenta. Igitur mille quingenta addito eo quod fit ex ductu AG in decem est mille ducenta addito eo quod fit ex ductu AG in quindecim. Minue igitur id quod fit ex ductu AG in decem de producto ex ductu ipsius in quindecim, et remanebit id quod fit ex ductu AG in quinque, additis mille ducentis, equum mille quingentis. Minue igitur mille ducenta de mille quingentis, ⟨et⟩ remanebit id quod fit ex ductu quinque in AG trescenta. Divide igitur trescenta per quinque, et exibit AG sexaginta. Et hoc est quod demonstrare voluimus.

$$\text{A} \quad\quad\quad \text{G} \quad\quad \text{B}$$

Ad B.329a: *Figura inven. in $\mathcal{A}$ (197^r, ima pag.).*

(**b**) Vel aliter. Multiplica decem in centum, et provenient mille, et multiplica quindecim in centum, et provenient mille quingenta. Quasi ergo dicatur: 'Cum de una moneta dentur mille nummi pro morabitino et de alia mille quingenti, cambit autem quis morabitinum pro nummis utriusque monete et accipit mille ducentos'. Fac sicut supra docui, et exibit id quod accipit de mille quingentis quadraginta, et tot sunt melequini; quod autem accipit de mille exibit sexaginta, et tot sunt baetes. Cuius rei probatio manifesta est.

Si autem species morabitinorum fuerint plures quam due, similiter facies sicut predictum est; et erunt questiones interminate quousque determinentur aliqua adiectione.

ITEM DE EODEM.

(**B.330**) Si quis querat: De morabitino qui cambitur pro quatuordecim nummis si pars incidatur que cum nummis quos valet secundum positum cambium ponderat quatuor nummos, tunc quantum ponderat pars illa?

14714–14908 Item de eodem ... sicut supra ostendimus] $197^v, 21 - 198^v, 24$ $\mathcal{A}$; $70^{vb}, 39\text{-}40 - 72^{ra}, 45$ $\mathcal{B}$.

14693 quindecim] 15 $\mathcal{A}$ **14693** decem] 10 $\mathcal{A}$ **14693–14694** mille ducenta] 1200 $\mathcal{A}$ **14694** quindecim] 15 $\mathcal{A}$ **14695** quindecim] 15 $\mathcal{A}$ **14695** mille quingenta] 1500 $\mathcal{A}$ **14695** mille quingenta *(post* Igitur*)*] 1500 $\mathcal{A}$ **14696** decem] 10 $\mathcal{A}$ **14696** mille ducenta] 1200 $\mathcal{A}$ **14697** quindecim] 15 $\mathcal{A}$ **14698** decem] 10 $\mathcal{A}$ **14698** quindecim] 15 $\mathcal{A}$ **14699** quinque] 5 $\mathcal{A}$ **14699** mille ducentis] 1200 $\mathcal{A}$ **14699** mille quingentis] 1500 $\mathcal{A}$ **14700** mille ducenta] 1200 $\mathcal{A}$ **14700** mille quingentis] 1500 *(e corr.)* $\mathcal{A}$ **14701** quinque] 5 $\mathcal{A}$ **14701** trescenta] 300 $\mathcal{A}$ **14701** trescenta] 300 $\mathcal{A}$ **14701** quinque] 5 $\mathcal{A}$ **14702** sexaginta] 60 $\mathcal{A}$ **14703** decem] 10 $\mathcal{A}$ **14703** centum] 100 $\mathcal{A}$ **14703** mille] 1000 $\mathcal{A}$ **14704** quindecim] 15 $\mathcal{A}$ **14704** centum] 100 $\mathcal{A}$ **14704** mille quingenta] 1500 *(corr. ex* 1000*)* $\mathcal{A}$ **14705** mille] 1000 $\mathcal{A}$ **14706** mille quingenti] 1500 $\mathcal{A}$ **14707** mille ducentos] 1500 *(sic)* $\mathcal{A}$ **14708** mille quingentis] 1000 *(sic)* $\mathcal{A}$ **14708** quadraginta] 40 $\mathcal{A}$ **14709** mille] 1500 *(sic)* $\mathcal{A}$ **14709** sexaginta] 60 $\mathcal{A}$ **14711** due] 2 $\mathcal{A}$ **14714** Item de eodem] *om. sed spat. hab.* $\mathcal{B}$ **14715** (B.330)] *e scr. in textu et in marg.* $\mathcal{A}$ **14715** quatuordecim] 14 $\mathcal{A}$ **14716** nummis] numis $\mathcal{B}$ **14716** nummis] numis $\mathcal{B}$ **14717** quatuor] 4 $\mathcal{A}$ **14717** nummos] numos $\mathcal{B}$

Sit positum morabitinum ponderare duos nummos.

(*a*) Cambitur autem pro quatuordecim nummis. Sequitur ergo ut morabitinus cum pretio suo simul ponderent sexdecim nummos. Positum erat autem partem cum suis nummis ponderare quatuor nummos. Manifestum est igitur quod comparatio partis ad se et suos nummos est sicut comparatio morabitini ad se et suos nummos simul. Comparatio autem morabitini ad se et suos nummos est octava, nam ipse ponderat duos nummos. Sequitur igitur ut pars sit octava quatuor nummorum, scilicet dimidius nummus; et hic est pondus partis. Et hoc est quod scire voluisti. Vel aliter. Multiplica duo in quatuor et productum divide per sexdecim, et exibit dimidius nummus; et tantum ponderat pars.

(*b*) Vel aliter. Pone rem pondus partis; et tunc remanebit ut eius pretium sit quatuor nummi minus re. Positum est autem morabitinum ponderare duos nummos et cambiri pro quatuordecim nummis. Manifestum est igitur quod comparatio partis, que est res, ad eius pretium, quod est quatuor minus re, est sicut comparatio morabitini, cuius pondus sunt duo nummi, ad eius pretium, quod est quatuordecim. Quod igitur fit ex ductu rei in quatuordecim equum est ei quod fit ex quatuor minus re ductis in duos nummos. Ad ultimum igitur ex multiplicatione proveniunt quatuordecim res que equantur octo nummis minus duabus rebus. Comple ergo octo adiectis duabus rebus que desunt, et adde totidem ad quatuordecim res, et fient sexdecim res que equantur octo nummis. Res igitur equatur dimidio nummo, qui est pondus partis.

(*c*) Si autem volueris experiri ⟨hanc⟩ questionem: Tu scis quod pars est quarta morabitini, pretium ergo eius est quarta de quatuordecim, que est tres nummi et dimidius. Scis autem pondus partis esse dimidium nummum. Igitur pars et eius pretium sunt quatuor nummi.

14718 duos] 2 *A* 14718 nummos] numos *B* 14719 quatuordecim] 14 *A* 14719 nummis] numis *B* 14720 pretio] ptio *A* 14720 sexdecim] 16 *A* 14720 nummos] numos *B* 14721 cum suis] cursuis *B* 14721 nummis] numis *B* 14721 ponderare] poderare *A* 14721 quatuor] 4 *A* 14721 nummos] numos *B* 14722 nummos] numos *B* 14722 comparatio *(post* sicut*)*] compatio *A* 14723 morabitini] morabetini *B* 14723 nummos] numos *B* 14724 nummos] numos *B* 14724 octava] $\frac{a}{8}$ *A* 14724–14725 nam ipse ... octava] *per homœotel. om. A* 14724 nummos] numos *B* 14725 quatuor] 4 *A* 14725 nummorum] numorum *B* 14725 nummus] numus *B* 14726 hic] hoc *B* 14727 duo] 2 *A* 14727 quatuor] 4 *A* 14727 sexdecim] 16 *A* 14728 nummus] numus *B* 14730 quatuor] 4 *A* 14730 nummi] numi *B* 14730 Positum] po̅tu̅ *B* 14730 ponderare] pondare *A* 14731 duos] 2 *A* 14731 nummos] numos *B* 14731 cambiri] *quasi* carbiri *B* 14731 quatuordecim] 14 *A* 14731 nummis] numis *B* 14732 quatuor] 4 *A* 14733 comparatio] comparati *B* 14733 duo] 2 *A* 14733 nummi] numi *B* 14734 quatuordecim] 14 *A* 14735 quatuordecim] 14 (4 *pr. scr. et del.) A* 14735 quatuor] 4 *A* 14735 duos] 2 *A* 14736 nummos] numos *B* 14736 quatuordecim] 14 *A* 14737 octo] 8 *A* 14737 nummis] numis *B* 14737 duabus] 2 *A* 14737 octo] 8 *A* 14738 duabus] 2 *A* 14738 quatuordecim] 14 *A* 14738 res] sex *B* 14739 sexdecim] 16 *A* 14739 octo] 8 *A* 14739 nummis] numis *B* 14740 nummo] numo *B* 14741 Tu] tunc *B* 14741 pars] que *add. et exp. A* 14742 quarta] $\frac{a}{4}$ *A* 14742 quarta] $\frac{a}{4}$ *A* 14742 quatuordecim] 14 *A* 14743 tres] 3 *A* 14743 nummi] numi *B* 14743 nummum] numum *B* 14744 quatuor] 4 *A* 14744 nummi] numi *B*

Capitulum de cisternis

(**B.331**) Verbi gratia. Cum tres canales defluant in cisternam unam quorum unus implet eam una die, secundus vero medietate diei, tertius tertia parte diei, si una hora incipiant tres influere, tunc quanta parte diei implebunt eam?

Sic facies. Tu scis quod unus canalis non implet unam cisternam nisi una die, et alius canalis qui implet cisternam in medietate diei implet duas una die, qui vero implet eam tertia parte diei implet tres una die. Sequitur ergo ut tres canales simul influentes impleant sex cisternas una die. Sequitur ergo ut impleant unam cisternam sexta parte diei. Una enim cisterna sexta pars est de sex. Omnes igitur canales implent cisternam unam sexta diei.

(**B.332**) Si autem querat dicens quod unus canalis implet cisternam una die et alius medietate diei et tertius tertia parte diei, sed subtus est foramen per quod ipsa dum est plena evacuatur tertia parte diei, tunc foramine aperto et tribus canalibus simul influentibus quanta parte diei implebitur?

Iam scis quod tres canales simul influentes implent sex cisternas ⟨una die⟩ et quod foramen subtus apertum, postquam unam plenam evacuat tertia parte diei, una die evacuabit tres plenas. Minue igitur tres cisternas de sex, et remanebunt tres. De quibus denomina unam cisternam, scilicet tertiam. [Nam tres cisterne vacuate relinquuntur pro tribus plenis et insuper remanent tres plene, sequitur ergo ut unamquamque illarum trium impleant tres simul ⟨influentes⟩ canales tertia diei.] Et hoc est quod voluisti.

(**B.333**) Si quis querat dicens: Cum super unam cisternam sint tres canales quorum unus implet eam duobus diebus, alius in tribus, tertius vero in quatuor, tunc, si simul tres influant, quot diebus implebunt eam?

14745–14767 (Capitulum de cisternis) ... est quod voluisti] *hab. etiam* $\mathcal{D}$, 60^r, *marg. (tit.)* & 60^v, 1 – 17.

14745 Capitulum de cisternis] *add. litteris minutis* 1^a *m.* (*v. infra*) $\mathcal{B}$, Aliud capitulo *(sic)* de alio $\mathcal{A}$, de alio *marg.* $\mathcal{D}$; *tit. scr. lector* $\mathcal{B}$: Cisternorum mensuræ; *sign.* (⁊) *ab al. m. in marg.* $\mathcal{A}$ **14745–14746** Capitulum ... gratia] *om. sed spat. rel.* $\mathcal{B}$ **14746** Verbi gratia] *om.* $\mathcal{D}$ (& $\mathcal{B}$) **14746** tres] 3 $\mathcal{AD}$ **14746** unam] 1 $\mathcal{A}$ **14747** una] 1 $\mathcal{A}$ **14747** tertia] $\frac{a}{3}$ $\mathcal{A}$ **14748** tres] 3 $\mathcal{AD}$ **14748** influere] fluere $\mathcal{A}$ **14750** unus] 1 $\mathcal{A}$ **14750** unam] 1 $\mathcal{A}$ **14751** una] 1 $\mathcal{A}$ **14751** duas] 2 $\mathcal{A}$ **14752** una] 1 $\mathcal{A}$ **14752** tertia] $\frac{a}{3}$ $\mathcal{A}$ **14752** tres] 3 $\mathcal{AD}$ **14752** una] 1 $\mathcal{A}$ **14752–14753** Sequitur ergo ... una die] *per homœotel. om. add. in marg.* $\mathcal{D}$ **14753** tres] 3 $\mathcal{AD}$ **14753** sex] 6 $\mathcal{AD}$ **14753** una] 1 $\mathcal{A}$ **14754** unam] 1 $\mathcal{A}$ **14754** sexta] $\frac{a}{6}$ $\mathcal{A}$ **14754–14755** cisterna] cisternam $\mathcal{B}$ **14755** sexta] $\frac{a}{6}$ $\mathcal{A}$ **14755** sex] 6 $\mathcal{A}$ **14755** Omnes] *corr. ex* omnis $\mathcal{A}$, Oms $\mathcal{B}$ **14755** unam] 1 $\mathcal{A}$ **14756** sexta] $\frac{a}{6}$ $\mathcal{A}$ **14757** (B.332)] *sign.* (⁊) *scr. al. m. in marg.* $\mathcal{A}$ **14757** una] 1 $\mathcal{A}$ **14758** tertia] $\frac{a}{3}$ $\mathcal{A}$ **14758** parte] medietate $\mathcal{B}$ **14759** tertia] $\frac{a}{3}$ $\mathcal{A}$ **14760** tribus] 3 $\mathcal{A}$ **14761** tres] 3 $\mathcal{AD}$ **14761** sex] 6 $\mathcal{AD}$ **14762** unam] 1 $\mathcal{A}$ **14762–14763** tertia] $\frac{a}{3}$ $\mathcal{A}$ **14763** tres *(ante* plenas*)*] 3 $\mathcal{AD}$ **14763** tres *(post* igitur*)*] 3 $\mathcal{AD}$ **14764** sex] 6 $\mathcal{AD}$ **14764** tres] 3 $\mathcal{AD}$ **14764** unam] 1 $\mathcal{A}$ **14764–14765** tertiam] $\frac{am}{3}$ $\mathcal{A}$ **14765** tres] 3 $\mathcal{AD}$ **14765** relinquuntur] reliquuntur $\mathcal{A}$, relinqnntur $\mathcal{BD}$ **14765** tribus] 3 $\mathcal{AD}$ **14766** remanent] remanebunt $\mathcal{B}$ **14766** tres] 3 $\mathcal{AD}$ **14767** tres] 3 $\mathcal{AD}$ **14767** tertia] $\frac{a}{3}$ $\mathcal{A}$ **14768** (B.333)] *sign.* (⁊) *scr. al. m. in marg.* $\mathcal{A}$ **14768** tres] 3 $\mathcal{A}$ **14769** implet] impleat *pr. scr. et corr.* $\mathcal{A}$, impleat $\mathcal{B}$ **14769** tribus] 3 $\mathcal{A}$ **14769–14770** quatuor] 4 $\mathcal{A}$ **14770** influant] influatur $\mathcal{B}$

Sic facies. Tu scis quod canalis qui implet cisternam duobus diebus dimidiam implet una die, et alius qui implet eam tribus diebus implet tertiam partem cisterne una die, qui vero implet cisternam quatuor diebus implet quartam partem cisterne una die. Igitur illi tres canales simul influentes implent una die unam cisternam et dimidiam sextam partem cisterne. Vide ergo una cisterna quota pars sit cisterne et dimidie sexte cisterne; scilicet, duodecim tredecime. Tot igitur partibus diei, scilicet duodecim tredecimis diei, tres canales implent cisternam unam.

Item de eodem

(**B.334**) Si quis in cisterna decem cubitorum in longum et octo in latum et sex in profundum continente mille mensuras aque prohiciat lapidem quatuor cubitorum in longum et trium in latum et quinque in spissum, tunc quantum aque effluit de ea?

(*a*) Sic facies. Inveni magnitudinem cisterne, hoc modo. Scilicet, multiplica longitudinem eius in latitudinem eius et productum in profunditatem ipsius, et provenient quadringenti octoginta. Quos pone prelatum. Deinde inveni similiter magnitudinem lapidis, multiplicando scilicet eius longitudinem in suam latitudinem et productum in spissum eius; et provenient sexaginta. Quos multiplica in mille mensuras, et provenient sexaginta milia mensurarum. Quas divide per prelatum, et exibunt centum viginti quinque. Et tot mensure aque effunduntur de ea.

Causa autem huius hec est. Scimus enim quod comparatio magnitudinis cisterne, que est quadringenti octoginta, ad mille mensuras, quas continet, est sicut comparatio magnitudinis lapidis ad id de aqua quod effunditur de ea. Unde sunt quatuor numeri proportionales. Quod igitur fit ex ductu primi, qui est quadringenti octoginta, in quartum, qui est aqua effusa incognita, equum est ei quod fit ex ductu secundi, qui est mille mensure, in tertium, qui est sexaginta. Si igitur id quod fit ex mille ductis in sexaginta dividatur per quadringentos octoginta, exibit quartus, qui est aqua incognita.

(*b*) Vel aliter. Tu scis quod comparatio magnitudinis lapidis ad magni-

---

14772 una] 1 𝒜   **14772** tribus] 3 𝒜   **14773–14774** qui vero ... una die] *per homœotel. om.* **14773** implet] inplet ℬ   **14774** tres] 3 𝒜   **14775** implent] inpletur ℬ   **14775** una] 1 𝒜   **14775** dimidiam sextam] dimidiam $\frac{am}{6}$ 𝒜   **14776** dimidie sexte] dimidie $\frac{e}{6}$ 𝒜   **14777** duodecim tredecime] $\frac{12}{13}$ 𝒜   **14777–14778** duodecim tredecimis] $\frac{12}{13}$ 𝒜   **14778** tres] 3 𝒜   **14778** implent] inplent ℬ   **14778** cisternam unam] unam cisternam ℬ   **14779** Item de eodem] *om. sed spat. hab.* ℬ   **14780** (B.334)] *sign.* (†) *scr. al. m. in marg.* 𝒜   **14780** cisterna] *corr. ex* cisternam 𝒜   **14780** decem] 10 𝒜   **14780** octo] 8 𝒜   **14781** sex] 6 𝒜   **14781** mille] 1000 𝒜   **14781** aque] aqua ℬ   **14781** prohiciat] proiciat ℬ   **14781–14782** quatuor] 4 𝒜   **14782** trium] 3 𝒜   **14782** quinque] 5 𝒜   **14783** aque] aqua ℬ   **14785** latitudinem] latitud *(et sæpius infra)* ℬ   **14786** quadringenti octoginta] *480, corr. ut vid. ex* 40 *et rescr. in marg.* 𝒜   **14789** sexaginta] 60 𝒜   **14789** mille] 1000 𝒜   **14789–14790** sexaginta milia] 60000 𝒜   **14790–14791** centum viginti quinque] 125 𝒜   **14793** quadringenti octoginta] 480 𝒜   **14793** mille] 1000 𝒜   **14794** de aqua] aque 𝒜, aqua ℬ   **14795** quatuor] 4 𝒜   **14795** proportionales] proportonales 𝒜   **14796** quadringenti octoginta] 480 𝒜   **14796** quartum] $\frac{m}{4}$ 𝒜   **14797** mille] 1000 𝒜   **14798** sexaginta] 60 𝒜, sexagita ℬ   **14798** mille] 1000 𝒜   **14799** sexaginta] 60 𝒜   **14799** quadringentos octoginta] 480 𝒜   **14799** quartus] $\frac{us}{4}$ 𝒜   **14801** magnitudinis] magnitudiris ℬ   **14801–14802** magnitudinem] magnitud ℬ

tudinem cisterne est sicut comparatio aque effuse ad totam aquam quam continet cisterna. Sed comparatio magnitudinis lapidis ad magnitudinem cisterne est octava. Igitur aqua effusa est octava de mille, que est centum viginti quinque.

(*c*) Vel aliter. Inquire numerum in quem multiplicata quadringenta octoginta fiunt mille; et invenies duo et dimidiam sextam. Multiplica igitur sexaginta in duo et dimidiam sextam, et provenient centum viginti quinque. Et hoc est quod voluisti.

ITEM DE EODEM.

(B.335) Si quis in cisterna decem cubitorum in longum et octo in latum et sex in profundum continente mille mensuras aque prohiciat lapidem trium cubitorum in latum et quatuor in longum, et effunduntur de aqua centum viginti quinque mensure, tunc quantum habet lapis in spissum?

(*a*) Sic facies. Multiplica tres in quatuor, et fient duodecim. Quos multiplica in mille, et provenient duodecim milia; quos pone prelatum. Deinde magnitudinem cisterne, que est quadringenti octoginta cubiti, multiplica in centum viginti quinque, et productum divide per prelatum; et exibunt quinque cubiti. Et tot cubitorum est lapis in spissum.

Cuius rei causa hec est. Scimus enim quod comparatio magnitudinis cisterne ⟨que est quadringenti octoginta⟩ ad mille mensuras aque quas continet est sicut comparatio magnitudinis lapidis ad id quod effunditur de aqua, quod est centum viginti quinque mensure. Unde sunt quatuor numeri proportionales. Quod igitur fit ex ductu quadringentorum octoginta in centum viginti quinque equum est ei quod fit ex mille ductis in magnitudinem lapidis. Scis autem quod tota magnitudo lapidis provenit ex ductu sue longitudinis in eius latitudinem, scilicet quatuor in tres, et producti in spissitudinem eius. Manifestum est igitur quod id quod fit ex ductu quatuor in tres et producti in spissitudinem lapidis et inde producti in mille equum est ei quod fit ex ductu quadringentorum octoginta in centum viginti quinque. Sequitur ergo ut, si id quod fit ex ductu quadringentorum octoginta in centum viginti quinque dividatur per productum ex mille ductis in tres

---

14803 magnitudinem] magnitu *in fin. lin.* tudinem *in lin. seq.* B **14804** octava] $\frac{a}{8}$ A **14804** octava] $\frac{a}{8}$ A **14804** mille] 1000 A **14804–14805** centum viginti quinque] 125 A **14806–14807** quadringenta octoginta] 480 A **14807** mille] 1000 A **14807** duo] 2 A **14807** dimidiam sextam] $\frac{am}{2}$ sextam A **14808** sexaginta] 60 A **14808** duo] 2 A **14808** dimidiam sextam] dimidiam $\frac{am}{6}$ A **14808** centum viginti quinque] 125 A **14810** Item de eodem] *om. sed spat. hab.* B **14811** (B.335)] *sign.* (¶) *scr. al. m. in marg.* A **14811** decem] 10 A **14811** octo] 8 A **14812** sex] 6 A **14812** mille] 1000 A **14812** trium] 3 A **14813** quatuor] 4 A **14813–14814** centum viginti quinque] 125 A **14815** tres] 3 A **14815** quatuor] 4 A **14815** duodecim] 12 A **14816** mille] 1000 A **14816** duodecim milia] 12000 A **14817** quadringenti octoginta] 480 A **14818** centum viginti quinque] 125 A **14819** quinque] 5 A **14821** mille] 1000 A **14822** magnitudinis] cisterne ad 1000 mensuras *add. (v. supra) et del.* A **14823** centum viginti quinque] 125 *(corr. ex* 100*)* A **14823** quatuor] 4 A **14824** Quod] qd B **14824** quadringentorum octoginta] 480 A **14825** centum viginti quinque] 125 A **14825** mille] 1000 A **14827** quatuor] 4 A **14827** tres] 3 A **14827** producti] producte B **14828** quatuor] 4 A **14829** tres] 3 A **14829** in] *bis scr.* B **14829** mille] 1000 A **14830** quadringentorum octoginta] 480 A **14830–14831** centum viginti quinque] 125 A **14832** centum viginti quinque] 125 A **14832** mille] 1000 *(*12 *pr. scr. et corr.)* A **14832** tres] 3 A

et producti in quatuor, exeat spissitudo lapidis.

(*b*) Vel aliter. Denomina centum viginti quinque de mille, scilicet octavam; tantam igitur partem, scilicet octavam, acceptam de magnitudine cisterne, que est quadringenti octoginta, scilicet sexaginta, divide per magnitudinem superficiei lapidis, que est duodecim, et exibit spissitudo lapidis, que est quinque.

(*c*) Vel aliter. Denomina quadringentos octoginta de mille, scilicet duas quintas et duas quintas quinte; tantas igitur partes acceptas de centum viginti quinque, que sunt sexaginta, divide per duodecim, et exibunt quinque. Et hoc est quod voluisti.

Item de eodem.

(**B.336**) Si quis in cisterna decem cubitorum in longum et octo in latum et sex in profundum continente mille mensuras aque prohiciat lapidem [quadratum] consimilem illi, scilicet ut, qualis est comparatio latitudinis cisterne ad longitudinem eius, talis sit comparatio latitudinis lapidis ad longitudinem eius, et sit trium in spissitudinem, et effunduntur de ea centum viginti quinque mensure de aqua, tunc quanta est longitudo et latitudo lapidis?

(*a*) Sic facies. Multiplica mille in spissitudinem lapidis, que est tres, et provenient tria milia; quos pone prelatum. Deinde multiplica magnitudinem cisterne ⟨que est quadringenti octoginta⟩ in centum viginti quinque, et provenient sexaginta milia. Quos divide per prelatum; et exibunt viginti, qui sunt magnitudo superficiei lapidis. Si autem volueris scire eius longitudinem, multiplica longitudinem cisterne, que est decem, in magnitudinem superficiei lapidis, que est viginti, et productum divide per latitudinem cisterne; et exibunt viginti quinque. Quorum radix, que est quinque, est longitudo lapidis. Si vero volueris scire eius latitudinem, multiplica latitudinem cisterne in viginti, et productum divide per longitudinem cisterne. Et producti radix, que est quatuor, est latitudo lapidis.

(*b*) Vel aliter. Vide quota pars sunt centum viginti quinque effuse mensure de mille mensuris, scilicet octava; tanta igitur pars, scilicet octava, accepta de magnitudine cisterne, est magnitudo lapidis; que est sexaginta.

14833 quatuor] 4 $\mathcal{A}$ **14833** exeat] exibit *codd.* **14834** centum viginti quinque] 125 *(corr. ex* 120*)* $\mathcal{A}$ **14834** mille] 1000 $\mathcal{A}$ **14834** octavam] $\frac{am}{8}$ $\mathcal{A}$ **14835** octavam] $\frac{am}{8}$ $\mathcal{A}$ **14836** quadringenti octoginta] 480 $\mathcal{A}$ **14836** sexaginta] 60 $\mathcal{A}$ **14836–14837** magnitudinem] magnitud $\mathcal{B}$ **14837** duodecim] 12 $\mathcal{A}$ **14838** quinque] 5 $\mathcal{A}$ **14839** quadringentos octoginta] 480 $\mathcal{A}$ **14839** mille] 1000 $\mathcal{A}$ **14839–14840** duas quintas] $\frac{2}{5}$ $\mathcal{A}$ **14840** duas quintas quinte] $\frac{2}{5}\frac{e}{5}$ $\mathcal{A}$ **14840–14841** centum viginti quinque] 125 *(corr. ex* 120*)* $\mathcal{A}$ **14841** sexaginta] 60 $\mathcal{A}$ **14841** duodecim] 12 $\mathcal{A}$, dudecim *pr. scr. et corr. supra* $\mathcal{B}$ **14841** quinque] 5 $\mathcal{A}$ **14843** Item de eodem] *om. sed spat. hab.* $\mathcal{B}$ **14844** decem] 10 $\mathcal{A}$ **14844** octo] 8 $\mathcal{A}$ **14845** sex] 6 $\mathcal{A}$ **14845** mille] 1000 $\mathcal{A}$ **14847** lapidis] *om.* $\mathcal{B}$ **14848** et sit trium] et sit 3 $\mathcal{A}$, trium sit et $\mathcal{B}$ **14848–14849** centum viginti quinque] 125 $\mathcal{A}$ **14851** mille] 1000 $\mathcal{A}$ **14851** tres] 3 $\mathcal{A}$ **14852** tria milia] 3000 $\mathcal{A}$ **14853–14854** centum viginti quinque] 125 $\mathcal{A}$ **14854** sexaginta milia] 60000 $\mathcal{A}$ **14855** viginti] 20 $\mathcal{A}$ **14856** decem] 10 $\mathcal{A}$ **14857** viginti] 20 $\mathcal{A}$ **14858** viginti quinque] 25 $\mathcal{A}$ **14858–14859** quinque] 5 $\mathcal{A}$ **14860** viginti] 20 $\mathcal{A}$ **14860** longitudinem] longitudine $\mathcal{B}$ **14861** quatuor] 4 $\mathcal{A}$ **14862** centum viginti quinque] 125 $\mathcal{A}$ **14863** mille] 1000 $\mathcal{A}$, nulle $\mathcal{B}$ **14863** octava *(post* scilicet*)*] $\frac{a}{8}$ $\mathcal{A}$ **14863** octava] $\frac{a}{8}$ $\mathcal{A}$ **14864** que est sexaginta] *post* magnitudine cisterne *codd.* **14864** sexaginta] 60 $\mathcal{A}$

Tu scis autem quod magnitudo lapidis provenit ex ductu sue longitudinis in latitudinem eius et producti in spissitudinem eius. Divide igitur sexaginta per spissitudinem lapidis, et exibunt viginti; qui sunt magnitudo superficiei lapidis. Que provenit ex ductu sue longitudinis in latitudinem eius. [Scis autem quod magnitudo superficiei cisterne est octoginta.] Positum est etiam quod comparatio latitudinis cisterne ad longitudinem eius est sicut comparatio latitudinis lapidis ad longitudinem eius. Sed comparatio latitudinis cisterne ad eius longitudinem est quatuor quinte. Igitur ex ductu longitudinis lapidis in quatuor quintas eius proveniunt viginti. Si igitur multiplicetur in se, provenient viginti quinque. Sequitur ergo ut radix de viginti quinque sit longitudo lapidis, que est quinque, et latitudo sit quatuor quinte radicis, que sunt quatuor.

Causa autem horum omnium modorum est illa que assignata est in cortinis. Unde quisquis intellexerit illa facile intelliget hec.

ITEM DE EODEM.

(**B.337**) Si quis in cisterna quadrata, decem cubitorum undique et in profundo similiter decem, continente centum mensuras aque, prohiciat lapidem similiter quadratum, quatuor cubitorum undique et in spisso similiter, tunc quot mensure aque effunduntur de ea?

(***a***) Sic facies. Inveni magnitudinem cisterne sicut supra dictum est, multiplicando longum eius in latum eius et productum in profundum eius, et provenient mille; quos pone prelatum. Deinde magnitudinem lapidis eodem modo inventam, que est sexaginta quatuor, multiplica in centum, et productum divide per prelatum; et exibit quantum effunditur de aqua, scilicet sex mensure et due quinte unius mensure. Causa autem huius est illa quam assignavimus in precedenti.

(***b***) Vel aliter. Vide quota pars sunt centum de mille, scilicet decima; et tanta pars, scilicet decima, accepta de sexaginta quatuor erit id quod voluisti.

ITEM DE EODEM.

(**B.338**) Si quis in cisterna quadrata, ex omni latere decem cubitorum et in profundo totidem, continente ducentas mensuras aque prohiciat lapidem quadratum equalium laterum, profunditas vero eius sit quatuor cubitorum,

---

14866 latitudinem] latitudine B 14866–14867 sexaginta] 60 A 14867 viginti] 20 A 14868 longitudinis] logitudinis A 14869 octoginta] 80 A 14870 longitudinem] longitud̄ B 14871 lapidis] lapid̄is B 14872 quatuor quinte] $\frac{4}{5}$ *(pr. scr. 4 et del.)* A 14873 quatuor quintas] $\frac{4}{5}$ *(pr. scr. 4 et del.)* A 14873 proveniunt] pveniunt B 14873 viginti] 20 A 14874 viginti quinque] 25 A 14875 viginti quinque] 25 A 14875 quinque] 5 A 14876 quatuor quinte] $\frac{4}{5}$ *(pr. scr. 4 et del.)* A 14876 quatuor] 4 A 14879 Item de eodem] *om. sed spat. hab.* B 14880 decem] 10 A 14881 decem] 10 A 14881 centum] 100 A 14881 prohiciat] proiciat B 14882 quatuor] 4 A 14886 mille] 1000 A 14887 sexaginta quatuor] 64 A 14887 centum] *corr. ex* 1000 A 14889 sex] 6 A 14889 due quinte] $\frac{2}{5}$ A, due quite B 14890 precedenti] precedeti A 14891 Vide] quidem B 14891 centum] 100 A 14891 mille] 1000 A 14891 decima] $\frac{a}{10}$ A 14892 tanta] tan A 14892 decima] $\frac{a}{10}$ *(corr. ex* 10*)* A 14892 sexaginta quatuor] 64 A 14894 Item de eodem] *om. sed spat. hab.* B 14895 decem] 10 A 14896 ducentas] 200 A 14896 prohiciat] proiciat B 14897 quatuor] 4 A

et effunduntur viginti mensure aque, quot cubitorum est lapis in unoquoque latere?

(*a*) Sic facies. Multiplica ducenta in quatuor, et fient octingenta; quos pone prelatum. Deinde magnitudinem cisterne, inventam sicut supra ostensum est, que est mille, multiplica in viginti; et productum divide per prelatum, et exibunt viginti quinque. Quorum radix, que est quinque, est mensura uniuscuiusque lateris lapidis.

(*b*) Vel aliter. Inveni numerum in quem multiplicati ducenti fiant mille, et hic est quinque. Quos multiplica in viginti, et fient centum. Quos divide per quatuor, et exibunt viginti quinque. Quorum radix est mensura uniuscuiusque lateris lapidis. Causa autem huius est sicut supra ostendimus.

(**B.339**) Cum in una cisterna decem in longum et octo in latum et quinque in profundum continente mille mensuras aque prohicitur lapis et effunduntur centum mensure, tunc extracto lapide quantum descendit aqua?

Sic facies. Multiplica centum effusas in altitudinem cisterne, que est quinque, et productum divide per id quod capit cisterna, scilicet mille, et exibit quantum aqua descendit.

Cuius probatio est hec. Scimus enim quod extracto lapide aliquis in cisterna remanet sine aqua, redactus in formam cisterne. Quasi ergo superficies aque dividat cisternam in duas partes quarum una, inferior, est cum aqua et altera, superior, sine aqua. Euclides autem dixit quod cum aliquod corpus dividitur sic per superficiem sicut hic, tunc comparatio unius partis ad aliam erit sicut comparatio basis unius ad basim alterius. Basis autem partis sine aqua est superficies, et similiter basis partis cum aqua est superficies; cuius altitudo equalis est altitudini superficiei que est basis partis sine aqua. Comparatio igitur superficiei ad superficiem est sicut comparatio basis unius ad basim alterius. Basis autem superficiei que est basis partis sine aqua est superior pars altitudinis cisterne, et basis superficiei que est basis partis cum aqua est inferior pars altitudinis cisterne. [Altitudo enim cisterne est una de quatuor angularibus lineis rectis; latera enim cisterne equidistantia sunt et superficies continentes eam sunt recte, sic enim proposita fuit questio.] Cisterna igitur divisa est in duas ⟨partes⟩ quarum unius, que est sine aqua, comparatio ad aliam, cum aqua, est sicut comparatio eius quod apparet de angulari linea super aquam ad id quod latet sub aqua de ea. Cum autem composueris, tunc comparatio partis sine

---

14909–14953 Cum in una cisterna ... et exibit quod voluisti] $198^v, 24 - 199^r, 2$ A; B deficit.

14898 viginti] 20 A **14898** unoquoque] unaquaque B **14900** ducenta] 200 A **14900** quatuor] 4 A **14900** octingenta] 800 A **14901–14902** supra ostensum est] supra docuimus A **14902** mille] 1000 A **14902** viginti] 20 A **14903** viginti quinque] 25 A **14903** quinque] 5 A **14905** ducenti] 200 A **14905** mille] 1000 A **14906** quinque] 5 A **14906** viginti] 20 A **14906** centum] 100 A **14907** quatuor] 4 A **14907** viginti quinque] 25 A **14908** Causa] cum B **14909** decem] 10 A **14909** octo] 8 A **14909** quinque] 5 A **14910** mille] 1000 A **14911** centum] 100 A **14912** centum] 100 A **14913** quinque] 5 A **14915** enim] autem *cod.* **14917** duas] 2 A **14927** una] 1 A **14927** quatuor] 4 A **14929** duas] 2 A **14930** aqua] *corr. ex* alia A

aqua ad totam cisternam est sicut comparatio apparentis linee angularis ad altitudinem totius cisterne. ⟨Comparatio autem magnitudinis partis ad magnitudinem cisterne est sicut comparatio aque effuse ad aquam totius cisterne.⟩ [Pars autem sine aqua equalis est ei quod effusum est de aqua, cisterna autem equalis est omni ei quod capit.] Igitur comparatio totius quod capit tota cisterna ad id quod effusum est de aqua est sicut comparatio totius altitudinis cisterne ad lineam apparentem, que est id quod queritur. Ideo sic agendum fuit ut multiplices secundum, qui est centum, in tertium, qui est quinque, et productum dividas per primum, qui est mille; et exit quartus, qui est quantum aqua descendit post extractionem lapidis.

(**B.340**) Si quis querat: Cum in una cisterna decem cubitorum in longum et octo in latum et quinque in altum continente mille mensuras aque prohiciatur lapis trium in longum et duorum in latum et unius in altum, extracto lapide quantum descendit aqua?

Sic facies. Scias per id quod supra diximus quantum effunditur de aqua; scilicet, quindecim mensure. Quasi ergo dicatur: 'Cum in una cisterna decem in longum et octo in latum et quinque in profundum prohiciatur lapis et effunduntur de aqua quindecim mensure, post extractum lapidem quantum descendet aqua?'. Fac sicut supra docui, et exibit quod voluisti.

ITEM

(**B.341**) Si quis querat: Cupa cuius diametrum est decem cubitorum, et octo in profundum, tunc quot mensuras vini continet?

Sic facies. Multiplica diametrum cupe in se, et de producto minue septimam eius et dimidiam septime; et quod remanet est magnitudo superficiei interioris totius cupe. Quam multiplica in profunditatem eius, et productum duplica: dicitur enim in vase unius cubiti in longum et latum et altum duas mensuras contineri. Et quod provenit est id quod cupa capit.

Vel aliter [ad inveniendum magnitudinem interioris superficiei cupe]. Multiplica semper diametrum in tres et septimam, et productus erit ma-

---

14944–14953 Si quis querat ... et exibit quod voluisti] *hab. etiam* $\mathcal{D}$, 60^v, $18 - 24$.
14954–15057 Item ... scale et parietis] 199^r, $2 - 199^v$, 10 $\mathcal{A}$; 72ra, $46 - 72^{vb}$, 44 $\mathcal{B}$.
14954–14978 (Item) ... a summo parietis] *hab. etiam* $\mathcal{D}$, 61^r, $1 - 19$.

14940 centum] 100 $\mathcal{A}$ **14941** quinque] 5 $\mathcal{A}$ **14941** dividas] divide *cod.*   **14942** mille] 1000 $\mathcal{A}$ **14942** quartus] $\frac{\text{tus}}{4}$ $\mathcal{A}$ **14942** quantum] id quantum *(id quod pr. scr.)* $\mathcal{A}$ **14942** extractionem] extractonem $\mathcal{A}$ **14944** (B.340)] *ad hoc hab. tit. in marg.* Item de alio $\mathcal{D}$ **14944** decem] 10 $\mathcal{AD}$ **14944** cubitorum] *om.* $\mathcal{A}$ **14945** octo] 8 $\mathcal{AD}$ **14945** quinque] 5 $\mathcal{AD}$ **14945** mille] 1000 $\mathcal{AD}$ **14946** trium] 3 $\mathcal{A}$ **14949** quindecim] 15 $\mathcal{AD}$ **14949** in] *add. supra* $\mathcal{D}$ **14950** decem] 10 $\mathcal{AD}$ **14950** octo] 8 $\mathcal{AD}$ **14950** quinque] 5 $\mathcal{AD}$ **14951** effunduntur] effunditur *pr. scr. et corr. supra* $\mathcal{D}$ **14951** quindecim] 15 $\mathcal{AD}$ **14954** Item] Capitulum de alio *marg.* $\mathcal{D}$; *tit. add. lector* $\mathcal{B}$: De urnis rotundis   **14955** Cupa] Cuppa $\mathcal{A}$ **14955** decem] 10 $\mathcal{AD}$ **14956** octo] 8 $\mathcal{AD}$ **14956** vini] *corr. ex uni* $\mathcal{B}$ **14957** cupe] cuppe $\mathcal{A}$ **14958** septimam] $\frac{\text{am}}{7}$ $\mathcal{A}$ **14958** dimidiam septime] $\frac{\text{am e}}{2\ 7}$ $\mathcal{A}$ **14958–14959** superficiei] superior $\mathcal{D}$ **14959** cupe] cuppe $\mathcal{A}$ **14961** altum] alium $\mathcal{D}$ **14961** duas] 2 $\mathcal{A}$ **14961** cupa] cuppa $\mathcal{A}$ **14962** superficiei] superiori $\mathcal{D}$ **14962** cupe] cuppe $\mathcal{A}$ **14963** tres] 3 $\mathcal{A}$, tres *(e supra rescr.)* $\mathcal{D}$ **14963** septimam] $\frac{\text{am}}{7}$ $\mathcal{A}$

gnitudo circumferentie; ideo autem ex ductu diametri in tres et septimam provenit magnitudo circumferentie quoniam ab Antiquis iam probatum est circumferentiam omnem triplam esse sui diametri et insuper partem septimam diametri. Inventa autem circumferentia, dimidium eius multiplica in dimidium diametri, et productus est superficies eius fundi. Quam multiplica in profunditatem cupe et productum duplica, et proveniet quod queris.

Si vero quadrata fuerit, inveni magnitudinem eius sicut supra ostendimus, et duplata erit id quod voluisti.

14964 tres] 3 $\mathcal{AD}$ **14964** et] *add. in marg.* $\mathcal{B}$ **14964** septimam] $\frac{am}{7}$ $\mathcal{A}$ **14965** quoniam ...] *'notandum' manu delineata signif.* $\mathcal{B}$ **14966** sui diametri] diametri sui $\mathcal{D}$ **14966–14967** septimam] $\frac{am}{7}$ $\mathcal{A}$, septem $\mathcal{D}$ **14968** dimidium] dimium $\mathcal{B}$ **14968** eius] unius *codd.* **14970** vero] *add. supra* $\mathcal{D}$

Capitulum de scalis

(B.342) Si scala decem cubitorum in longum adiuncta parieti sibi equali retrahitur ab imo parietis sex cubitis, tunc quantum descendit in summo?

(**a**) Sic facies. Multiplica sex in se, et multiplica decem in se, et minus productum minue de maiore producto; et eius quod remanet radicem, que est octo, minue de decem, et remanebunt duo. Et tantum descendit scala a summo parietis.

Quod monstrabitur hac figura. Sit paries linea AB, scala autem sit linea DG. Igitur linea DG est decem. Linea vero GB est sex. Constat autem quod trianguli qui est DBG angulus rectus est. Quod igitur fit ex ductu linee DB in se et BG in se equum est ei quod fit ex ductu DG in se. Manifestum est igitur quoniam si id quod fit ex ductu linee BG in se minuatur de producto ex ductu GD in se, remanebit id quod fit ex ductu DB in se sexaginta quatuor. Igitur linea DB est radix de sexaginta quatuor, que est octo. Sed linea AB est decem. Igitur linea AD est duo, et tot cubitos scala descendit a summo parietis. Et hoc est quod monstrare voluimus.

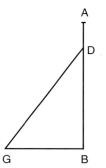

Ad B.342 a-b: *Figura inven. in* $\mathcal{A}$ *(199^r, 17 – 21 marg.), om. sed spat. rel. (72rb, 43 – 48)* $\mathcal{B}$.

(**b**) Vel aliter. Pone lineam AD unam rem, et remanebit linea DB decem minus re. Quos decem minus re multiplica in se, et provenient centum

---

14972 Capitulum de scalis] *in textu (et add. etiam litteris minutis in marg.)* $\mathcal{B}$, *in marg.* $\mathcal{D}$; *lector scr.* $\mathcal{B}$: De scalis. Huic capitulo adde quę habes in paragr. 'et tantum retrahitur scala' infra in carta 74 cum quinque capitulis sequentibus *(sc. B.346 (pars post.)–B.349). Sign.* (⸿) *scr. al. m. in marg.* $\mathcal{A}$ **14973** decem] 10 $\mathcal{AD}$ **14974** imo] unius *add. et exp.* $\mathcal{A}$, *corr. ex* uno $\mathcal{B}$ **14974** sex] 6 $\mathcal{AD}$ **14974** quantum] quauntum $\mathcal{B}$ **14974** summo] suṁo $\mathcal{B}$ **14975** sex] 6 $\mathcal{AD}$ **14975** decem] 10 $\mathcal{AD}$ **14977** octo] 8 $\mathcal{AD}$ **14977** decem] 10 $\mathcal{AD}$ **14977** remanebunt] remahebunt *ut vid.* $\mathcal{B}$ **14977** duo] 2 $\mathcal{A}$ **14978** summo] scumo $\mathcal{B}$ **14980** decem] 10 $\mathcal{A}$ **14980** sex] 6 $\mathcal{A}$ **14982** et BG in se] *per homœotel. om.* $\mathcal{B}$ **14985** sexaginta quatuor] 64 $\mathcal{A}$ **14985–14986** radix de sexaginta quatuor, que est octo] 8 que est radix de 64 $\mathcal{A}$, octo que est radix de sexaginta quatuor $\mathcal{B}$ **14986** decem] 10 $\mathcal{A}$ **14986** duo] 2 $\mathcal{A}$ **14987** scala descendit] scalades cendit $\mathcal{B}$ **14987** quod] qd $\mathcal{B}$ **14989** Vel aliter] *ante hæc sign. ab al. m. in textu (*⸿*)* $\mathcal{A}$ **14989** decem] 10 $\mathcal{A}$ **14990** decem *(post* Quos*)*] 10 $\mathcal{A}$ **14990** centum] 100 $\mathcal{A}$

et unus census minus viginti rebus; deinde multiplica lineam BG in se, et provenient triginta sex. Quorum duo producta agrega, et fient unus census et centum triginta sex minus viginti rebus; que equantur ei quod provenit ex ductu DG in se, quod est centum. Comple igitur centum triginta sex et censum adiectis viginti rebus que desunt, et adde totidem res ad centum; deinde relinque centum pro centum, et remanebit census et triginta sex, que adequantur viginti rebus. Medietatem igitur rerum, que est decem, multiplica in se, et provenient centum; de quibus minue triginta sex, et remanebunt sexaginta quatuor. Quorum radicem, que est octo, minue de medietate rerum, et remanebunt duo, qui sunt id quod valet res, et sunt linea AD. Et hoc est quod voluisti.

Item.

(**B.343**) Si scala decem cubitorum in longum, adiuncta parieti eiusdem altitudinis, retracta descendit a summo parietis duobus cubitis, tunc quantum retrahitur ab imo parietis?

(***a***) Sic facies. Minue duos de decem, et remanebunt octo. Quos multiplica in se, et decem in se, et minus productum minue de maiore, et remanebunt triginta sex. Quorum radix, que est sex, est mensura spatii quo discedit scala ab imo parietis.

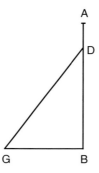

Ad B.343*a-b*: *Figura inven. in* $\mathcal{A}$ *($199^r, 28 - 33$ marg.), om. sed spat. rel. ($72^{va}, 37 - 41$)* $\mathcal{B}$.

15003–15009 Si scala ... ab imo parietis] *hab. etiam* $\mathcal{D}$, $61^r, 20 - 61^v, 1$.

14991 unus] unius $\mathcal{B}$ **14991** viginti] 20 $\mathcal{A}$ **14992** triginta sex] 36 *(corr. ex* 30*)* $\mathcal{A}$ **14992** unus] 1 $\mathcal{A}$ **14993** centum triginta sex] 136 $\mathcal{A}$ **14993** viginti] 20 $\mathcal{A}$ **14994** centum] 100 $\mathcal{A}$ **14994** centum triginta sex] 136 $\mathcal{A}$ **14995** viginti] 20 $\mathcal{A}$ **14995** centum] 100 $\mathcal{A}$ **14996** centum] 100 $\mathcal{A}$ **14996** triginta sex] 36 $\mathcal{A}$ **14997** viginti] 20 $\mathcal{A}$ **14997** decem] 10 $\mathcal{A}$ **14998** centum] 100 $\mathcal{A}$ **14998** triginta sex] 36 *(corr. ex* 30*)* $\mathcal{A}$ **14999** sexaginta quatuor] 64 $\mathcal{A}$ **14999** octo] 8 $\mathcal{A}$ **15000** duo] 2 $\mathcal{A}$ **15002** Item] *om.* $\mathcal{D}$ **15003** (B.343)] *sign. (¶) ab al. m. in marg.* $\mathcal{A}$ **15003** decem] 10 $\mathcal{AD}$ **15004** a summo] assumo $\mathcal{B}$ **15005** imo] uno, *vel quasi* uno, *hic & sæpe infra* $\mathcal{B}$ **15006** duos] 2 $\mathcal{A}$ **15006** decem] 10 $\mathcal{AD}$ **15006** remanebunt] remanent $\mathcal{AB}$ **15006** octo] 8 $\mathcal{AD}$ **15007** decem] 10 $\mathcal{AD}$ **15008** triginta sex] 36 $\mathcal{AD}$ **15008** sex] 6 $\mathcal{AD}$ **15008** spatii] *corr. ex* spatiu $\mathcal{D}$ **15008** discedit] *corr. ex* descendit $\mathcal{A}$, descendit $\mathcal{D}$ **15009** $\mathcal{D}$ *fol.* 61^v] salutem in domino *scr. al. m. in summa pag.*

Quod monstratur tali figura. Sit paries AB, scala vero DG, et AD sit duo. Igitur DB est octo. Trianguli autem qui est DBG angulus rectus est. Quod igitur fit ex ductu DB in se et GB in se equum est ei quod fit ex ductu DG in se [sicut Euclides testatur in primo libro]. Igitur id quod fit ex ductu DB in se si minuatur de producto ex ductu DG in se remanebit id quod fit ex ductu linee BG in se triginta sex. Igitur linea BG est radix de triginta sex. Igitur est sex, et tot cubitis retrahitur scala ab imo parietis. Et hoc est quod monstrare voluimus.

(**b**) Vel aliter. Linea BG sit res; quod est id quo retrahitur scala ab imo parietis. Scis autem quod DB est octo. Multiplica ergo illam in se, et multiplica BG in se, et utrorumque producta agrega; et fient unus census et sexaginta quatuor nummi; que adequantur ad centum. Comple igitur sicut premonstratum est in algebra; et erit id quod res valet sex, et tot cubitis retrahitur scala a pede parietis.

ITEM DE EODEM.

(**B.344**) Si scala nescio quam longa adiuncta parieti eiusdem altitudinis, et retracta sex cubitis a radice parietis descendit a summo parietis duobus cubitis, tunc quante longitudinis est?

(**a**) Sic facies. Multiplica sex in se, et duo in se, et minus productum minue de maiore; et remanebunt triginta duo. Quorum dimidium, quod est sexdecim, divide per duos cubitos, et exibunt octo. Quibus adde duos cubitos, et fient decem, et tanta est altitudo scale sive parietis.

Quod sic monstratur. Sit paries AB, scala vero DG. Patet igitur quod linea AB dividitur in duo inequalia in puncto D. Igitur quod fit ex ductu AD in se et DB in se et AD in DB bis equum est ei quod fit ex ductu AB in se, sicut Euclides dixit in secundo libro. Scis autem quod linea AB equalis est linee DG. Quod igitur fit ex ductu DG in se equum est ei quod fit ex ductu AD in se et DB in se et AD in DB bis. Iam vero scis quoniam id quod fit ex ductu DG in se equum est ei quod fit ex ductu DB in se et BG in se. Ostensum est igitur quoniam id quod fit ex ductu AD in se et DB in se et AD in DB bis equum est ei quod fit ex ductu DB in se et BG in se. Reiecto igitur communi, quod ⟨est id quod⟩ fit ex ductu DB in se, remanet id quod fit ex ductu AD in se et AD in DB bis equum ei

---

15024–15031 (Item de eodem) ... scale sive parietis] *hab. etiam* $\mathcal{D}$, 61^v, $2-7$.

15011 duo] 2 $\mathcal{A}$ **15011** octo] 8 $\mathcal{A}$ **15015** triginta sex] 36 $\mathcal{A}$ **15016** triginta sex] 36 $\mathcal{A}$ **15016** sex] 6 $\mathcal{A}$ **15018** quo] quod *codd.* **15019** octo] 8 $\mathcal{A}$ **15020** unus] 1 $\mathcal{A}$, unum $\mathcal{B}$ **15021** sexaginta quatuor] 64 $\mathcal{A}$ **15021** nummi] numi $\mathcal{B}$ **15021** adequantur] equantur $\mathcal{B}$ **15021** centum] 100 $\mathcal{A}$ **15022** algebra] agebla $\mathcal{B}$ **15022** sex] 6 $\mathcal{A}$ **15024** Item de eodem] *om. sed spat. hab.* $\mathcal{B}$, *aliud in marg.* $\mathcal{D}$ **15025** (B.344)] *sign.* (¶) *ab al. m. in marg.* $\mathcal{A}$ **15026** sex] 6 $\mathcal{AD}$ **15026** summo] sumo $\mathcal{B}$ **15026** parietis] descendit *add. (v. supra) et del.* $\mathcal{D}$ **15027** est] *om.* $\mathcal{B}$ **15028** sex] 6 $\mathcal{AD}$ **15028** duo] 2 $\mathcal{A}$ **15029** triginta duo] 32 $\mathcal{AD}$ *(corr. ex* 30 $\mathcal{A}$) **15030** sexdecim] 16 $\mathcal{AD}$ **15030** duos] 2 $\mathcal{A}$ **15030** octo] 8 $\mathcal{AD}$ **15030** duos] 2 $\mathcal{A}$ **15031** decem] 10 $\mathcal{AD}$ **15033** duo] 2 $\mathcal{A}$ **15034** DB in se] DH in se $\mathcal{B}$ **15034** in DB] in DH *hab.* $\mathcal{AB}$ **15037** et DB] *bis scr. post. (in init. fol.) eras.* $\mathcal{A}$ **15038** DB in se] DB $\mathcal{A}$ **15040** ex ductu DB] ex ductu DH *hab.* $\mathcal{AB}$ **15041** DB] BD $\mathcal{A}$ **15042–15043** et AD ... AD in se] *per homœotel. om.* $\mathcal{A}$ **15042** equum] est *add.* $\mathcal{B}$

quod fit ex ductu GB in se. Id igitur quod fit ex ductu AD in se, quod est quatuor, minue de producto ex ductu BG in se, quod est triginta sex, et remanebit id quod fit ex ductu AD in DB bis triginta duo. Id igitur quod fit ex ductu AD in DB semel est sexdecim. Si igitur diviseris sexdecim per lineam AD, que est duo, exibit linea DB octo. Linea autem AD est duo. Igitur linea AB est decem, et tanta est altitudo scale et parietis. Et hoc est quod scire voluisti.

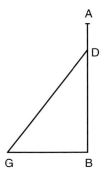

Ad B.344a-b: Figura inven. (præpostera) in $\mathcal{A}$ (199^v, 5 – 9 marg.), om. sed spat. rel. (72vb, 31 – 36) $\mathcal{B}$.

(**b**) Vel aliter. Linea AB sit res. Positum est autem lineam AD esse duo. Igitur linea DB est res minus duobus. Igitur rem minus duobus multiplica in se, et proveniet unus census et quatuor minus quatuor rebus; multiplica etiam lineam BG in se, et provenient triginta sex. Quorum duo producta agrega, et fient unus census et quadraginta minus quatuor rebus; que adequantur ei quod fit ex ductu DG in se, quod est census. Deinde fac sicut supra docuimus in algebra; et id quod valet res erit decem. Et tanta est altitudo scale et parietis.

(**B.345**) Si quis querat: Cum una scala decem cubitorum in longum adiuncta parieti sibi equali, retracta vero a radice parietis tantum quod si agregaveris ei quod descendit a summo parietis fiunt octo, quantum retrahitur et quantum descendit?

Sic facies. Minue octo de longitudine parietis, et remanent duo. Quos multiplica in se, et fient quatuor. Quos minue de eo quod fit ex ductu

---

15058–15118 Si quis querat ... et remanebunt sex] 199^v, 10 – 43 $\mathcal{A}$; $\mathcal{B}$ deficit.

15044 quatuor] 4 $\mathcal{A}$ **15044** minue] igitur add. et exp. $\mathcal{A}$ **15044** triginta sex] 36 $\mathcal{A}$ **15045** triginta duo] 32 $\mathcal{A}$ **15046** sexdecim] 16 $\mathcal{A}$ **15046** sexdecim (ante per)] 16 $\mathcal{A}$ **15047** que est ... DB] bis scr. $\mathcal{B}$ **15047** duo] 2 $\mathcal{A}$ **15047** octo] 8 $\mathcal{A}$ **15047** duo] 2 $\mathcal{A}$ **15048** decem] 10 $\mathcal{A}$ **15051** duo] 2 $\mathcal{A}$ **15051** duobus] 2 $\mathcal{A}$ **15051** duobus] 2 $\mathcal{A}$ **15052** proveniet] corr. ex provenient $\mathcal{A}$ **15052** unus] 1 $\mathcal{A}$ **15052** quatuor] 4 $\mathcal{A}$ **15052** quatuor] 4 $\mathcal{A}$ **15053** triginta sex] 36 $\mathcal{A}$ **15054** unus] 1 $\mathcal{A}$, unum $\mathcal{B}$ **15054** quadraginta] 40 $\mathcal{A}$ **15054** quatuor] 4 $\mathcal{A}$ **15056** algebra] algebla (sic) $\mathcal{B}$ **15056** decem] 10 $\mathcal{A}$ **15058** decem] 10 $\mathcal{A}$ **15060** octo] 8 $\mathcal{A}$ **15062** octo] 8 $\mathcal{A}$ **15062** duo] 2 $\mathcal{A}$ **15063** quatuor] 4 $\mathcal{A}$

longitudinis scale in se, et remanebunt nonaginta sex. Quorum medietatem, que est quadraginta octo, retine. Deinde dimidium duorum multiplica in se, et proveniet unum; quem agrega ad quadraginta octo, et fient quadraginta novem. Quorum radicem, que est septem, retine. Cum ergo volueris scire quantum descendit caput scale a summo parietis: Agrega septem dimidio duorum, et fient octo. Quos minue de longitudine parietis, et remanebunt duo; et tantum descendit summitas scale a summo parietis. Cum autem volueris scire quantum retrahitur ab imo parietis: Minue dimidium duorum de septem, et remanebunt sex; et tantum retrahitur scala a radice parietis.

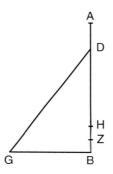

Ad B.345:   *Figura inven. in A (199^v, 23 – 29 marg.)*.

Cuius probatio hec est. Maneat precedens figura sicut erat. Cum igitur agregaveris AD et BG, fient octo. Incidatur igitur de DB equale ad BG, quod sit DH. Totus igitur AH est octo. Iam autem AB erat decem. Igitur remanet HB duo. Scimus autem quoniam id quod fit ex ductu DB in se et HD in se est centum; est enim equale ei quod fit ex ductu DG in se, sed DG est decem. Quod autem fit ex ductu BD in se et HD in se equum est ei quod fit ex ductu BD in DH bis et BH in se. Minue igitur id quod fit ex ductu BH in se de centum, et remanebit id quod fit ex ductu BD in DH bis nonaginta sex. Quod igitur fit ex ductu BD in DH semel est quadraginta octo. Dividatur igitur BH per medium in puncto Z; et tunc BH erit linea divisa per medium cuius longitudini additum est aliquid, quod est DH. Quod igitur fit ex ductu BD in DH et HZ in se erit equum ei quod fit ex ductu ZD in se, sicut Euclides dixit in secundo. Igitur ZD est septem. Sed ZB est unum. Igitur totus BD est octo. Sed AB est decem. Remanet igitur AD duo, et tantum descendit

---

15064 nonaginta sex] 96 *(corr. ex 90)* 𝐴   **15065** quadraginta octo] 48 𝐴   **15066** unum] 1 𝐴   **15066** quadraginta octo] 48 𝐴   **15066–15067** quadraginta novem] 49 𝐴   **15067** septem] 7 𝐴   **15068** caput] capud 𝐴   **15068** septem] 7 𝐴   **15069** octo] 8 𝐴   **15070** duo] 2 𝐴   **15070** summitas] sumitas *(ut semper infra) cod.*   **15071** duorum] 2^{orum} 𝐴   **15072** septem] 7 𝐴   **15072** sex] 6 𝐴   **15074** octo] 8 𝐴   **15075** octo] 8 𝐴   **15076** decem] 10 𝐴   **15076** duo] 2 𝐴   **15077** DB] *corr. ex DG (G exp. & B add. ante D)* 𝐴   **15077** centum] 100 𝐴   **15077** est] sunt 𝐴   **15078** decem] 10 𝐴   **15080** centum] 100 𝐴   **15081** nonaginta sex] 96 𝐴   **15082** quadraginta octo] 48 𝐴   **15086** Igitur] *corr. ex* Iḡ 𝐴   **15086** septem] 7 𝐴   **15086** unum] 1 𝐴   **15087** octo] 8 𝐴   **15087** decem] 10 𝐴

summitas scale a summo parietis. Et quoniam DZ est septem et HZ est unum, remanet HD, qui est equalis ad BG, sex. Et tantum retrahitur scala a radice parietis. Et hoc est quod probare voluimus.

(B.346) Si quis querat: Cum una scala decem in longum adiuncta parieti sibi equali retrahitur a radice parietis tantum de quo diminuto eo quod descendit a summo remanent quatuor.

Si autem diceretur hic quod retrahitur a radice parietis tantum quo diminuto de eo quod descendit a summo remanent quatuor, aut tres, aut quodlibet alii, falsa erit questio. Id enim quod descendit a summo semper minus est eo quo retrahitur ab imo.

Quod sic probatur. Maneat figura eadem. Dico igitur quod BG semper longius est quam AD. Quod sic probatur. Scimus quoniam id quod fit ex ductu BD in se et BG in se equum est ei quod fit ex ductu DG in se. Sed DG equalis est ad AB. Quod igitur fit ex ductu BD in se et BG in se equum est ei quod fit ex ductu ⟨AB in se. Quod autem fit ex ductu AB in se equum est ei quod fit ex ductu⟩ AD in se et DB in se et AD in DB bis. Quod igitur fit ex ductu DB in se et BG in se equum est ei quod fit ex ductu DB in se et AD in se et AD in DB bis. Reiecto igitur communi, scilicet eo quod fit ex ductu DB in se, remanebit id quod fit ex ductu AD in se et in DB bis equum ei quod fit ex ductu BG in se. Igitur id quod fit ex ductu BG in se maius est eo quod fit ex ductu AD in se tantum quantum est id quod fit ex ductu AD in DB bis. Quadratus igitur de BG semper maior est quadrato de AD. Igitur BG semper maius est quam AD. Et hoc est quod monstrare voluimus.

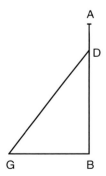

Ad B.346:   *Figura inven. in* $\mathcal{A}$ *(199^v, 36 – 40 marg.).*

Postquam autem hoc monstratum est, redeamus ad questionem propositam et assignabimus modum agendi in ea. Sic igitur facies. Multiplica

---

15088 summitas] sumitas *cod.* **15088** septem] 7 $\mathcal{A}$ **15089** unum] 1 $\mathcal{A}$ **15089** sex] 6 $\mathcal{A}$ **15090** voluimus] volu $\mathcal{A}$ **15091** decem] 10 $\mathcal{A}$ **15092** retrahitur] *corr. ex* retrac $\mathcal{A}$ **15093** quatuor] 4 $\mathcal{A}$ **15095** quatuor] 4 $\mathcal{A}$ **15095** tres] 3 $\mathcal{A}$ **15096** quodlibet] quolibet $\mathcal{A}$ **15105** DB in se] remanebit id *add. (v. infra) et del.* $\mathcal{A}$ **15113** modum agendi in ea] in ea modum agendi *cod.*

quatuor in se, et fient sexdecim. Quorum medietatem, que est octo, retine. Deinde minue quatuor de decem, et remanebunt sex. Quorum medietatem, que est tres, multiplica in se, et fient novem. De quibus minue octo retentos, et remanebit unum. Cuius radicem, que est unum, agrega tribus, et fient quatuor. Quos minue de longitudine parietis, et remanebunt sex, et tantum retrahitur scala a radice parietis. Cum autem volueris scire quantum descendit summitas scale a summo parietis, minue quatuor, quos in questione posuit remanere, de sex; et remanebunt duo, et tantum descendit scala a summo parietis.

Quod sic probatur. Maneat autem preposita figura eadem. Cum igitur minueris AD de BG, remanebunt quatuor. Sit autem AH equalis ad BG. Igitur DH est quatuor. Iam autem monstravimus quod id quod fit ex ductu BG in se equum est ei quod fit ex ductu AD in se et in DB bis. Sed BG est equalis ad AH. Igitur id quod fit ex ductu AH in se equum est ei quod fit ex ductu AD in se et in DB bis. Id autem quod fit ex ductu AH in se equum est ei quod fit ex ductu AD in se et DH in se et AD in DH bis. Igitur quod fit ex ductu AD in se et DH in se et AD in DH bis equum est ei quod fit ex ductu AD in se et in DB bis. Reiecto igitur communi, quod est id quod fit ex ductu AD in se, remanebit id quod fit ex ductu AD in DH bis et DH in se equum ei quod fit ex ductu AD in DB bis. Quod autem fit ex ductu AD in DB bis equum est ei ⟨quod fit⟩ ex ductu AD in DH bis et in HB bis. Igitur quod fit ex ductu AD in DH bis et in HB bis equum est ei quod fit ex ductu AD in DH bis et DH in se. Reiecto igitur communi, quod est id quod fit ex ductu AD in DH bis, remanebit id quod fit ex ductu AD in HB bis equum ei quod fit ex ductu HD in se. Quod autem fit ex ductu HD in se est sexdecim. Igitur id quod fit ex ductu AD in HB bis est sexdecim. Igitur quod fit ex ductu AD in HB semel est octo. Sit autem BZ equalis ad AD, et BD sit communis. Igitur totus ZD equalis est ad AB. Sed AB est decem. Igitur ZD est decem. Sed HD est quatuor. Igitur remanet HZ sex. Hic autem HZ divisus est in duas ⟨inequales⟩ partes in puncto B ex quarum unius ductu in alteram

---

15118–15230 et tantum retrahitur ... et invenies quod queris] $199^v, 43 - 200^v, 13$ A; $74^{rb}, 47 - 75^{rb}, 12$ B (post probl. B.297; v. adn. lectoris infra).

15114 quatuor] 4 A **15114** sexdecim] 16 A **15114** octo] 8 A **15115** quatuor] 4 A **15115** decem] 10 A **15115** sex] 6 A **15116** tres] 3 A **15116** novem] 9 A **15116** octo] 8 A **15117** unum] 1 A **15117** unum] 1 A **15118** quatuor] 4 A **15118** sex] 6 A **15118–15119** et tantum] *hic (post lacunam) scr. lector in marg.* B: Hic vitio scriptoris erratum est, factumque ut quod de scalis defuit hic inutiliter adderetur **15119** a] *ab* B **15120** summitas] *sumitas codd.* **15120** summo] *sumo* B **15120** quatuor] 4 A **15121** sex] 6 A **15121** duo] 2 A **15122** summo] *sumo* B **15124** BG] DB *codd.* **15124** quatuor] 4 A **15125** quatuor] 4 A **15126–15128** Sed BG ... in DB bis] *per homœotel. om.* A **15128** AH] AB B **15130** DH in se] DH A **15131** DB] DH *codd.* **15132** remanebit] et remanebit AB **15133** et *(ante DH)*] *e corr.* A **15135** et in HB bis] *per homœotel. om.* A **15135–15136** in HB bis] et DH in se *add. (v. infra) et del.* A **15137** in DH bis] in HB bis, *post quæ add. et del.* equum ei quod fit ex ductu HD in se *(v. infra)* A **15137** remanebit] et remanebit AB **15138** ex *(post ei quod fit)*] *e corr.* A **15139** sexdecim] 16 A **15140** sexdecim] 16 A **15141** octo] 8 A **15141** Sit] *corr. ex* Si A **15142** decem] 10 A **15142** decem] 10 A **15143** quatuor] 4 A **15143** sex] 6 A **15144** duas] 2 A

id quod fit est octo. Dividatur igitur ZH per medium in puncto K. Et tunc id quod fit ex ductu HB in BZ et KB in se erit equum ei quod fit ex ductu KZ in se. Id autem quod fit ex ductu KZ in se est novem. De quibus minue id quod fit ex ductu HB in BZ, quod est octo, et remanebit id quod fit ex ductu KB in se unum. Igitur KB est unum. Sed KZ est tres. Igitur BZ est duo. Qui est equalis ad AD. Igitur AD est duo. Sed DH est quatuor. Igitur AH est sex. Sed AH est equalis ad BG. Igitur BG est sex. Et hoc est quod demonstrare voluimus.

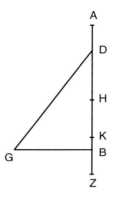

Ad B.346 iterum: *Figura inven. in* $\mathcal{A}$ *(200^r, 15 – 21 marg.), om. sed spat. rel. (74vb, 1 – 9)* $\mathcal{B}$*; male* $\mathcal{A}$*: Z in angulo recto & B inter Z et K.*

(**B.347**) Si quis querat: Cum una scala decem in longum adiuncta parieti sibi equali retrahitur a radice parietis triplo ad id quod descendit a summo, quantum retrahitur et quantum descendit?

Maneat figura supra posita eadem. Igitur BG erit triplum ad AD. Iam autem monstravimus quod id quod fit ex ductu AD in se et in DB bis equum est ei quod fit ex ductu BG in se. Quod autem fit ex ductu BG in se est nocuplum ad id quod fit ex ductu AD in se. Quod autem fit ex ductu AD in se semel sit commune. Quod igitur fit ex ductu AD in se bis et AD in DB bis erit equum ei quod fit ex ductu AD in se decies. ⟨Id autem quod fit ex ductu AD in se et in DB equum est ei quod fit ex ductu AD in AB.⟩ Igitur quod fit ex ductu AD in se bis et AD in DB bis equum erit ei quod fit ex ductu totius AB in AD bis. ⟨Quod igitur fit ex ductu AD in se decies equum erit ei quod fit ex ductu AB in AD bis.⟩ Quod

---

15145 octo] 8 $\mathcal{A}$ **15146** HB] KB $\mathcal{B}$ **15146** et KB in se] et id quod fit ex ductu KB in se *codd.*   **15146** quod *(post* ei*)*] *e corr.* $\mathcal{A}$ **15147** novem] 9 $\mathcal{A}$ **15148** octo] 8 $\mathcal{A}$ **15149** unum] 1 $\mathcal{A}$ **15149** unum] 1 $\mathcal{A}$ **15150** tres] 3 $\mathcal{A}$ **15150** duo] 2 $\mathcal{A}$ **15150** duo] 2 $\mathcal{A}$ **15151** quatuor] 4 $\mathcal{A}$ **15151** sex] 6 $\mathcal{A}$ **15152** sex] 6 $\mathcal{A}$ **15152** demonstrare] monstrare $\mathcal{B}$ **15153** Si quis] *corr. ex* Item $\mathcal{A}$ **15153** decem] 10 $\mathcal{A}$ **15154** triplo] tripplo $\mathcal{B}$ **15154** descendit] discendit $\mathcal{B}$ **15156** supra posita] supposita $\mathcal{B}$ **15160** sit] *quasi* fit $\mathcal{B}$ **15163** AD in se] in se $\mathcal{A}$

autem fit ex ductu AB in AD bis equum est ei quod fit ex ductu AD in viginti, nam AB est decem. Quod igitur fit ex ductu AD in viginti equum est ei quod fit ex ductu eiusdem in se decies. Quod igitur fit ex ductu AD in duo equum erit ei quod fit ex ductu eiusdem in se semel. Igitur AD est duo. Et hoc est quod demonstrare voluimus.

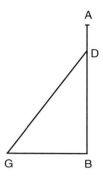

Ad B.347: *Figura inven. in* $\mathcal{A}$ *(200^r, 25 – 28 marg.), om. sed spat. rel. (74vb, 23 – 32)* $\mathcal{B}$.

Ideo autem talis est modus agendi in hac questione et in consimilibus: Videlicet, ut multiplices tres in se, et fient novem; quibus semper adde unum, et fient decem, quos retine. Deinde dupla longitudinem scale semper, et duplatam divide per decem retentos. Et quod exierit est id quod a summo parietis scala descendit. Hoc autem triplica, et fiet id quo distat radix scale a radice parietis.

Si autem in hac questione diceretur quod id quo distat radix scale a radice parietis est due tertie, vel tres quarte, vel aliquid minus uno, eius quod descendit a summo, vel equale ei, esset questio falsa. Iam enim ostendimus quod id quod descendit scala a summo semper minus est eo quo retrahitur ab imo.

[**(B.347′)** Si quis querat: Cum una scala ignote longitudinis adiuncta parieti sibi equali retrahitur a radice parietis sex cubitis et descendit a summo duobus cubitis, quanta est longitudo scale?

Sic facies. Multiplica sex in se, et provenient triginta sex, et multiplica duo in se, et fient quatuor. Quos minue de triginta sex, et remanebunt

---

15166 est] *e corr.* $\mathcal{A}$ **15166–15167** AD in viginti] eiusdem in se decies *pr. scr.* (*v. infra*) *se exp.,* eiusdem *et* decies *del.,* AD *et* 20 *add. supra* $\mathcal{A}$ **15167** decem] 10 $\mathcal{A}$ **15167** viginti] 20 $\mathcal{A}$ **15168–15169** est ei … duo equum] *om.* $\mathcal{A}$ **15170** duo] 2 $\mathcal{A}$ **15170** demonstrare] monstrare $\mathcal{B}$ **15172** tres] 3 $\mathcal{A}$ **15172** novem] 9 $\mathcal{A}$ **15173** unum] 1 $\mathcal{A}$ **15173** decem] 10 $\mathcal{A}$ **15173** Deinde] fac *add. et del.* $\mathcal{A}$ **15173** dupla] duppla $\mathcal{B}$ **15174** decem] 10 $\mathcal{A}$ **15174–15175** summo] sumo $\mathcal{B}$ **15175** triplica] tripla $\mathcal{B}$ **15175** quo] *corr. ex* quod *codd.*   **15175** radix] *om.* $\mathcal{B}$ **15177** diceretur] *corr. ex* diceti $\mathcal{A}$ **15178** due tertie] $\frac{2}{3}$ $\mathcal{A}$ **15178** tres quarte] $\frac{3}{4}$ $\mathcal{A}$ **15178** uno] 1 $\mathcal{A}$ **15180** summo] sumo $\mathcal{B}$ **15181** imo] *quasi* uno $\mathcal{A}$ **15183** sex] 6 $\mathcal{A}$ **15183** summo] sumo $\mathcal{B}$ **15185** sex] 6 $\mathcal{A}$ **15185** triginta sex] 36 $\mathcal{A}$ **15186** duo] 2 $\mathcal{A}$ **15186** quatuor] 4 $\mathcal{A}$ **15186** triginta sex] 36 *(corr. ex* 30*)* $\mathcal{A}$

triginta duo. Quorum medietatem, que est sexdecim, divide per duo, et exibunt octo. Quibus adde duo, et fient decem, et tot cubitorum est scala.

Cuius probatio hec est. Maneat autem figura supra posita eadem. Iam ostendimus quod id quod fit ex ductu AD in se et AD in DB bis equum est ei quod fit ex ductu BG in se. Quod autem fit ex ductu AD in se ⟨est quatuor, et quod fit ex ductu BG in se est triginta sex. Id igitur quod fit ex ductu AD in se⟩ minue de eo quod fit ex ductu BG in se, et remanebit id quod fit ex ductu AD in DB bis triginta duo. Quod igitur fit ex ductu AD in DB semel est sexdecim. Sed AD est duo. Igitur DB est octo. Sed AD est duo. Igitur totus AB est decem. Et hoc est quod monstrare voluimus.]

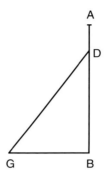

Ad B.347′: *Figura inven. in* $\mathcal{A}$ *(200^r, 32 – 37 marg.), om. sed spat. rel. (75ra, 10 – 17)* $\mathcal{B}$.

(B.348) Si quis autem querat: Cum una scala ignote longitudinis adiuncta parieti sibi equali retrahitur a radice parietis tantum quod si agregaveris ei quod descendit a summo parietis fient octo, cum vero multiplicaveris unum in aliud fient duodecim, tunc quanta est longitudo eius?

Maneat figura supra posita eadem. Si igitur agreges AD ad GB, fient octo. Sit igitur GH equalis ad AD. Totus igitur BH est octo. Positum erat autem quod ex ductu BG in GH id quod fit est duodecim. Dividatur igitur BH per medium in puncto Z. Quod igitur fit ex ductu BG in GH et ZG in se equum est ei quod fit ex ductu ZB in se. Quod autem fit ex ductu ZB in se est sexdecim. De quibus minue id quod fit ex ductu BG in GH, et remanebit id quod fit ex ductu ZG in se quatuor. Igitur ZG est duo. Sed BZ est quatuor. Igitur BG est sex, et GH erit duo, et est equalis ad AD. Quasi ergo dicatur: 'Cum una scala ignote longitudinis ad-

---

15187 triginta duo] 32 $\mathcal{A}$ **15187** sexdecim] 16 $\mathcal{A}$ **15187** duo] 2 $\mathcal{A}$ **15188** octo] 8 $\mathcal{A}$ **15188** duo] 2 $\mathcal{A}$ **15188** decem] 10 $\mathcal{A}$ **15189** autem] igitur *pr. scr. et exp.* $\mathcal{A}$ **15193** BG] KG $\mathcal{B}$ **15194** triginta duo] 32 $\mathcal{A}$ **15195** sexdecim] 16 $\mathcal{A}$ **15195** duo] 2 $\mathcal{A}$ **15195** octo] 8 $\mathcal{A}$ **15196** duo] 2 $\mathcal{A}$ **15196** decem] 10 $\mathcal{A}$ **15199** summo] sumo $\mathcal{B}$ **15199** octo] 8 $\mathcal{A}$ **15199** unum] 1 *(sic)* $\mathcal{A}$ **15200** duodecim] 12 $\mathcal{A}$ **15202** octo] 8 $\mathcal{A}$ **15202** octo] 8 $\mathcal{A}$ **15202** Positum] poitum $\mathcal{A}$ **15203** duodecim] 12 $\mathcal{A}$ **15206** sexdecim] 16 $\mathcal{A}$ **15207** quatuor] 4 $\mathcal{A}$ **15208** duo] 2 $\mathcal{A}$ **15208** quatuor] 4 $\mathcal{A}$ **15208** sex] 6 $\mathcal{A}$ **15208** duo] 2 $\mathcal{A}$

iuncta parieti sibi equali retrahitur ab imo parietis sex cubitis et descendit a summo duobus cubitis, quanta est longitudo scale?'. Fac ergo sicut supra docui, et exibit quod voluisti.

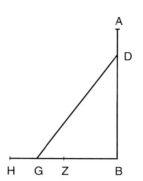

Ad B.348: *Figura inven. in $\mathcal{A}$ (200^r, ima pag.), om. sed spat. rel. (75ra, 28 – 35) $\mathcal{B}$.*

(**B.349**) Si quis querat: Cum una scala ignote longitudinis adiuncta parieti sibi equali retrahitur ab imo parietis tantum de quo subtracto eo quod descendit a summo parietis remanent quatuor, ex ductu autem unius in aliud proveniunt duodecim, quanta est longitudo eius?

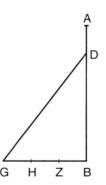

Ad B.349: *Figura inven. (præpostera) in $\mathcal{A}$ (200^v, 12 – 16 marg.), om. sed spat. rel. (75rb, 7 – 14) $\mathcal{B}$.*

Maneat figura eadem. Quod igitur fit ex ductu AD in BG est duodecim; cum igitur minueris AD de BG remanebunt quatuor. Incide igitur de BG equale ad AD, quod sit HG. Igitur BH est quatuor. Quod autem fit ex ductu BG in HG est duodecim. Dividatur igitur BH per medium

---

15210 retrahitur] et retrahitur $\mathcal{A}$ **15210** sex] 6 $\mathcal{A}$ **15211** summo] sumo $\mathcal{B}$ **15211** duobus] 2 $\mathcal{A}$ **15215** quatuor] 4 $\mathcal{A}$ **15215** autem] AT (sc. $.\overline{at}.$ pro $\overline{at}$ in cod.) $\mathcal{B}$ **15216** duodecim] 12 $\mathcal{A}$ **15217–15218** duodecim] 12 $\mathcal{A}$ **15218** de BG] in BG hab. $\mathcal{B}$ **15218** quatuor] 4 $\mathcal{A}$ **15219** de BG] DBG $\mathcal{B}$ **15219** quatuor] 4 $\mathcal{A}$ **15220** fit ex] 6 *('sex' pr. lect.) exp. et corr. supra* $\mathcal{A}$ **15220** ex ductu] *bis scr.* $\mathcal{B}$ **15220** duodecim] 12 $\mathcal{A}$

in puncto Z. Quod igitur fit ex ductu BG in HG et HZ in se equum est ei quod fit ex ductu ZG in se, sicut Euclides dixit. Quod autem fit ex ductu BG in GH est duodecim. Quibus adde id quod fit ex ductu ZH in se, quod est quatuor, et erit id quod fit ex ductu ZG ⟨in se⟩ sexdecim. Igitur ZG est quatuor. Sed BZ est duo. Igitur totus BG est sex. Similiter etiam: ZG est quatuor, et ZH est duo, remanet igitur HG duo. Qui est equalis ad AD, igitur AD est duo. Quasi ergo dicatur: 'Cum scala ignote longitudinis adiuncta parieti sibi equali retrahitur ab imo parietis sex cubitis et descendit a summo duobus'. Fac sicut supra docui, et invenies quod queris.

Item de alio

(B.350) Si quis querat: Cum arbor triginta cubitorum in altum a decem cubitis supra incurvatur ad terram, tunc quantum distat cacumen eius fixum in plano a radice ipsius?

Sic facies. Minue decem de triginta, et remanebunt viginti. Quos multiplica in se, et decem in se, et utrorumque productorum minue minus de maiore, et remanebunt trescenti. Quorum radix propinquior, que est decem et septem et undecim tricesime quarte, est id quod voluisti.

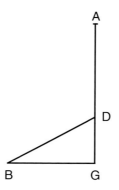

Ad B.350: *Figura inven. (præpostera) in* A *(200^v, $20 - 24$ marg.), om. sed spat. rel. (73ra, $13 - 20$)* B.

15231–15311 Item de alio ... quod monstrare voluimus] 200^v, $14 - 201^r$, 8 A; 72vb, 44-$45 - 73^{va}$, 27 B.
15231–15238 (Item) de alio ... id quod voluisti] hab. etiam D, 61^v, $8 - 13$.

15221 HZ] *e corr.* A **15223** duodecim] 12 A **15224** quatuor] 4 A **15224** id] *om.* B **15224–15225** sexdecim] 16 A **15225** ZG est ... Igitur] *per homœotel. om.* A **15225** sex] 6 A **15226** quatuor] 4 A **15226** duo] 2 A **15226** duo] 2 A **15227** est duo] 2 A **15229** sex] 6 A **15229** summo] sumo B **15229** duobus] 2^{bus} A **15231** Item de alio] *om. sed spat. hab.* B, de alio *marg.* D; *tit. scr. lector* B: De distantia cacuminis arboris in reflexę *(sic)* a suo trunco **15232** triginta] 30 AD **15233** incurvatur] incuniatur B **15235** decem] 10 AD **15235** triginta] 30 A, 30ta D **15235** viginti] 20 A, 20^{ti} D **15236** decem] 10 A, o *pr. scr.* 1 *add. supra lin.* D **15237** trescenti] 300 AD **15238** decem et septem] 17 AD **15238** undecim tricesime quarte] $\frac{11}{34}$ A

Quod monstratur tali figura. Sit arbor linea AG, decem vero a quibus supra incurvatur sint linea DG, locus autem unde incurvatur sit punctus D. Remanet igitur linea AD viginti. ⟨Que est⟩ equalis linee DB. Igitur linea DB est viginti. Constat autem quod trianguli qui est BGD angulus rectus est, qui est angulus DGB. Quod igitur fit ex ductu DG in se et GB in se equum est ei quod fit ex ductu DB in se. Si igitur id quod fit ex ductu DG in se minueris de eo quod fit ex ductu DB in se, remanebit id quod fit ex ductu GB in se trescenti. Igitur GB est radix trescentorum. Et hoc est quod monstrare voluimus.

Modus autem agendi secundum algebra est sicut ostendimus in capitulo scalarum.

ITEM.

(B.351) Si arbor triginta cubitorum in altum incurvatur quousque cacumen eius distat a radice ipsius decem cubitis, tunc quantum remansit in ea rectum unde incurvatur?

(a) Sic facies. Multiplica triginta in se et decem in se, et utrorumque productorum minue minus de maiore, et remanebunt octingenti. Quorum medietatem, que est quadringenti, divide per triginta; et exibunt tredecim et tertia, et tantum est in ea rectum a quo supra incurvatur.

Quod taliter demonstratur. Sit arbor linea AG, decem vero sint linea GB, id vero supra quod incurvatur sit linea GD, locus vero unde incurvatur sit punctus D. Patet igitur lineam AG divisam esse in duas inequales partes in puncto D. Id ergo quod fit ex ductu AD in se et DG in se et AD in DG bis equum est ei quod fit ex ductu AG in se. Scis autem quod linea AD equalis est linee DB. Id igitur quod fit ex ductu DB in se et DG in se et GD in DA bis equum est ei quod fit ex ductu linee AG in se. Id autem quod fit ex ductu DB in se equum est ei quod fit ex ductu DG in se et GB in se. Manifestum est igitur quia id quod fit ex ductu GB in se et GD in se bis, addito sibi eo quod fit ex ductu GD in DA bis, equum est ei quod fit ex ductu AG in se. Id igitur quod fit ex ductu GB in se, quod est centum, minue de eo quod fit ex ductu AG in se, quod est nongenti, et remanebit id quod fit ex ductu DG in se bis et id quod fit ex ductu GD

15250–15257 Item ... supra incurvatur] *lect. alt. huius quæstionis præb.* B, *fol.* 73ra, 19 – 27: Cum arbor triginta cubitorum in altum incurvatur tantum quod cacumen ei *(sic)* fixum in plano distat a radice eius decem cubitis, tunc quantum remanet rectum unde incurvatur? Sic facies. Multiplica decem in se et triginta in se, et utrorum *(sic)* productorum minue minus de maiore, et remanebunt octingenti. Quorum medietatem, que est quadringenti, divide per triginta, et exibunt tredecim et tertia, et tantum remansit rectum a quo supra incurvatur. Et hoc est quod voluisti. *(post hæc hab. lect. ut supra, sc.* 'Item. Si arbor triginta cubitorum ... ').

15239 decem] 10 A 15241 viginti] 20 A 15242 viginti] 20 A 15244 Si] Sit *pr. scr. et corr.* B 15245 minueris] minuens B 15246 trescenti] 300 A 15246 trescentorum] 300 A 15248 algebra] agebla B 15251 triginta] 30 A 15252 decem] 10 A 15254 triginta] 30 A 15254 decem] 10 A 15255 octingenti] 800 A 15256 quadringenti] 400 A 15256 triginta] 30 A 15256 tredecim] 13 A 15257 tertia] $\frac{a}{3}$ A 15258 decem] 10 A 15260 duas] 2 A 15261 puncto] puncta B 15264 est] *bis scr. (in fin. lin. et in init. seq.)* B 15264 ex ductu *(ante* linee AG)] DG in se *add. et del.* A 15269 centum] 100 A 15269 nongenti] 900 A

in DA bis octingenti. Id igitur quod fit ex ductu DG in se semel, addito sibi eo quod fit ex ductu eiusdem in DA semel, est quadringenti. Id autem quod fit ex ductu GD in se et in DA equum est ei quod fit ex ductu DG in GA. [Omnis enim linea cum dividitur in duo inequalia id quod fit ex ductu unius partium in se et deinde in alteram equum est ei quod fit ex ductu eiusdem partis in totam lineam, sicut Euclides testatur in secundo libro.] Manifestum est igitur quia id quod fit ex ductu DG in GA est quadringenti. Si igitur divideris quadringentos per lineam AG, que est triginta, exibit linea DG tredecim et tertia, et tantum est rectum super quod incurvatur arbor. Et hoc est quod demonstrare voluimus.

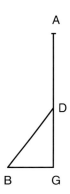

Ad B.351a & c: Figura inven. (præpostera) in $\mathcal{A}$ (200^v, 35 – 39 marg.), om. sed spat. rel. (73rb, 19 – 23) $\mathcal{B}$.

(*b*) Vel aliter. Multiplica decem in se, et provenient centum. Quos divide per triginta, et exibunt tres et tertia. Quos agrega ad triginta, et fient triginta tres et tertia. De quorum medietate, que est sexdecim et due tertie, minue tres et tertiam; et remanebunt tredecim et tertia, et tantum est super quod incurvatur.

Quod demonstratur hoc modo. Sit arbor linea AG, id vero super quod inclinatur sit linea DG, locus vero super quem incurvatur sit punctus D, decem vero sint linea GB. Deinde iungatur B cum D. Igitur linea AD

15271 octingenti] 800 $\mathcal{A}$ **15271** addito] addita $\mathcal{B}$ **15272** quadringenti] 400 $\mathcal{A}$ **15274** duo] 2 $\mathcal{A}$ **15275–15276** ex ductu eiusdem partis in] ex ductu unius partium in se et deinde in alteram *pr. scr. (v. supra) et partim corr. (*partium*) partim del. et eiusdem add. supra* $\mathcal{A}$ **15277–15278** quadringenti] 400 $\mathcal{A}$ **15278** quadringentos] 400 $\mathcal{A}$ **15278** triginta] 30 $\mathcal{A}$ **15279** tredecim] 13 $\mathcal{A}$, tredece *pr. scr. et corr.* $\mathcal{B}$ **15279** tertia] $\frac{a}{3}$ $\mathcal{A}$ **15280** demonstrare] monstrare $\mathcal{B}$ **15280** voluimus] *ad hanc dem. scr. al. m. in marg.* $\mathcal{A}$: Nota istam demonstrationem que principaliter in hoc consistit quod id quod fit ex GD in GA est 400. Et ideo, cum linea AG nota sit 30, necessarium est quod linea DG sit numerus qui multiplicatus in 30 reddat 400. Et propter hoc dividend 400 per 30, et predictus numerus per numerum questionis invenitur.   **15281** decem] 10 $\mathcal{A}$ **15281** centum] 100 $\mathcal{A}$ **15282** triginta] 30 $\mathcal{A}$ **15282** tres] 3 $\mathcal{A}$ **15282** tertia] $\frac{a}{3}$ $\mathcal{A}$ **15282** triginta] 30 $\mathcal{A}$ **15283** triginta tres] 33 $\mathcal{A}$ **15283** tertia] $\frac{a}{3}$ $\mathcal{A}$ **15283** sexdecim] 16 $\mathcal{A}$ **15283–15284** due tertie] $\frac{2}{3}$ $\mathcal{A}$ **15284** tres] 3 $\mathcal{A}$ **15284** tertiam] $\frac{am}{3}$ $\mathcal{A}$ **15284** tredecim] 13 $\mathcal{A}$ **15284** tertia] $\frac{a}{3}$ $\mathcal{A}$ **15286** demonstratur] monstratur $\mathcal{B}$ **15287** inclinatur] inolivatur $\mathcal{B}$ **15287** quem] quod *codd.*   **15288** decem] 10 $\mathcal{A}$

equalis est linee DB. Deinde ponam punctum D centrum circuli occupantis spatium quod est inter D et A et D et B, et sit circulus ABH. Deinde iungatur G cum H et G cum K. Igitur AK est diametrum circuli. Constat igitur quia id quod fit ex ductu KG in GA equum est ei quod fit ex ductu BG in GH, sicut Euclides dixit in tertio libro, hoc modo: 'Si intra circulum due recte linee se invicem secent, tunc id quod sub duabus partibus unius continetur equum est ei quod sub duabus partibus alterius linee continetur'. Ex ductu autem GB in GH proveniunt centum, nam linea BG equalis est linee GH; Euclides enim dixit quod 'si una linea intra circulum preter centrum ceciderit, aliaque a centro exiens ei orthogonaliter insistet, eamque per equalia dividet'; scis autem quod angulus DGB est rectus, igitur linea BG equalis est linee GH. Si igitur dividantur centum per lineam AG, que est triginta, exibit GK tres et tertia. ⟨Igitur totus AK est triginta tres et tertia.⟩ Scis autem quod linea AD equalis est linee DK. Igitur linea DK est sexdecim et due tertie. Linea vero KG est tres et tertia. Igitur linea GD est tredecim et tertia, et tantum est super quod inclinatur. Et hoc est quod demonstrare voluimus.

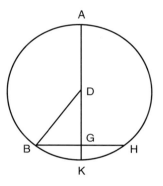

Ad B.351b: *Figura inven. in $\mathcal{A}$ (200^v, ima pag.), om. sed spat. rel. (73va, 7 – 18) $\mathcal{B}$.*

(**c**) Vel aliter. Id unde incurvatur arbor sit res, et est linea DG. Remanet igitur linea AD triginta minus re equalis linee DB. Multiplica igitur eam in se, et proveniet unus census et nongenti minus sexaginta rebus, que adequantur ei quod fit ex ductu DG in se et GB in se, quod est unus census et centum. Fac ergo sicut ostensum est in algebra, et exibit res tredecim et tertia. Et hoc est quod monstrare voluimus.

15290 et *(post* et *B)*] *add. supra* $\mathcal{A}$ **15291** et G] *om.* $\mathcal{B}$ **15293** tertio] $\frac{o}{3}$ *pr. scr. et mut. in* tertio $\mathcal{A}$ **15294** due] 2 $\mathcal{A}$ **15294** secent] sexcent $\mathcal{B}$ **15296** centum] 100 $\mathcal{A}$ **15298** orthogonaliter] ortogonaliter $\mathcal{B}$ **15299** est rectus] rectus est $\mathcal{B}$ **15300** dividantur] dividatur $\mathcal{A}$ **15300** centum] 100 $\mathcal{A}$ **15301** triginta] 30 $\mathcal{A}$ **15301** tres] 3 $\mathcal{A}$ **15301** tertia] $\frac{a}{3}$ $\mathcal{A}$ **15303** sexdecim] 16 $\mathcal{A}$ **15303** due tertie] $\frac{2}{3}$ $\mathcal{A}$ **15303** tres] 3 $\mathcal{A}$ **15303** tertia] $\frac{a}{3}$ $\mathcal{A}$ **15304** tredecim] 13 $\mathcal{A}$ **15304** tertia] $\frac{a}{3}$ $\mathcal{A}$ **15305** demonstrare] monstrare $\mathcal{B}$ **15307** AD] AB $\mathcal{B}$ **15307** triginta] 30 $\mathcal{A}$ **15307** DB] DH $\mathcal{B}$ **15308** unus] 1 $\mathcal{A}$ **15308** nongenti] 900 $\mathcal{A}$ **15308** sexaginta] 60 $\mathcal{A}$ **15309** unus] 1 $\mathcal{A}$ **15310** et *(ante* centum*)*] *om.* $\mathcal{B}$ **15310** centum] 100 $\mathcal{A}$ **15310** algebra] agebla $\mathcal{B}$ **15311** tredecim] 13 $\mathcal{A}$ **15311** tertia] $\frac{a}{3}$ $\mathcal{A}$

(B.352) Si quis querat: Cum una arbor ignote longitudinis incurvatur a sex cubitis supra, distat cacumen eius fixum in terra a radice ipsius octo cubitis; quanta est eius longitudo?

Sic facies. Multiplica octo in se, et fient sexaginta quatuor. Deinde multiplica sex in se, et fient triginta sex. Agrega utrumque productum, et fient centum. Quorum radici agrega sex, et ⟨quod⟩ erit est id quod voluisti, scilicet sexdecim, et tanta est longitudo arboris.

Quod sic probatur. Maneat figura sicut erat. Igitur BD erit sex, et BG erit octo. Quod autem fit ex ductu BD in se et BG in se equum est ei quod fit ex ductu DG in se. Cum igitur multiplicaveris DB in se, et producto agregaveris id quod fit ex ductu BG in se, radix summe que inde provenit erit DG. Que est equalis ad AD. Adde igitur ad AD DB, et fiet totus AB, qui est longitudo arboris.

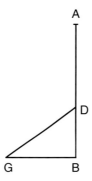

Ad B.352: *Figura inven. in $\mathcal{A}$ (201^r, $11 - 16$ marg.), om. sed spat. rel. (75rb, $27 - 31$) $\mathcal{B}$.*

(B.353) Si quis querat: Cum arbor ignote longitudinis a tribus octavis eius supra incurvatur, locus ubi cacumen eius decidit distat a radice eius octo cubitis; quanta est eius longitudo et super quantum incurvatur?

Si autem diceretur incurvari super duas tertias eius, vel super tres quartas eius, vel super medietatem eius, vel amplius quam sit medietas, tunc questio falsa esset quoniam caput eius non decideret in terram.

15312–15345 Si quis querat ... quod demonstrare voluimus] 201^r, $9 - 24$ $\mathcal{A}$; 75rb, $13 - 75^{va}$, 12 $\mathcal{B}$.
15312–15318 Si quis querat ... longitudo arboris] *hab. etiam* $\mathcal{D}$, 61^v, $14 - 19$.

15312 (B.352)] *ad hoc præb. tit. in marg.* $\mathcal{D}$: *de eodem; tit. add. lector* $\mathcal{B}$: De arborum flexarum longitudine per distantiam cacuminis a trunco noscenda **15313** sex] 6 $\mathcal{AD}$ **15313** octo] 8 $\mathcal{AD}$ **15314** est] *add. supra* $\mathcal{D}$ **15315** octo] 8 $\mathcal{AD}$ **15315** sexaginta quatuor] 64 $\mathcal{AD}$ **15316** sex] 6 $\mathcal{AD}$ **15316** triginta sex] 36 $\mathcal{AD}$ **15317** centum] 100 $\mathcal{AD}$ **15317** sex] 6 $\mathcal{AD}$ **15317** erit est id] erit id $\mathcal{A}$, erit $\mathcal{D}$ **15318** sexdecim] 16 $\mathcal{AD}$ **15319** sex] 6 $\mathcal{A}$ **15320** octo] 8 $\mathcal{A}$ **15322** summe] sum *in fin. lin.* summe *in init. seq.* $\mathcal{B}$ **15325** tribus octavis] $\frac{3}{8}$ $\mathcal{A}$ **15326** supra] *et supra* $\mathcal{A}$ **15327** octo] 8 $\mathcal{A}$ **15328** duas tertias] $\frac{2}{3}$ $\mathcal{A}$ **15328–15329** tres quartas] $\frac{3}{4}$ $\mathcal{A}$ **15329** medietatem] $\frac{em}{2}$ $\mathcal{A}$ **15330** esset] *est* $\mathcal{AB}$ **15330** caput] capṭ $\mathcal{B}$

Sit igitur arbor AB, incurvetur autem in puncto D. Igitur BD est tres octave de AB. Remansit autem AD quinque octave de AB. Incurvatur autem quasi DG; igitur ⟨DG est quinque octave de AB. Locus vero ubi decidit cacumen eius est punctus G, igitur⟩ BG est octo. Quod autem fit ex ductu BG in se et BD in se equum est ei quod fit ex ductu DG in se. Quod autem fit ex ductu DG in se est tres octave quadrati de AB et octava octave eius. Quod etiam fit ex ductu BD in se est octava quadrati de AB et octava octave eius. Remanet igitur id quod fit ex ductu BG in se quarta quadrati de AB. Igitur quarta quadrati de AB est sexaginta quatuor. Igitur AB est sexdecim. Et hoc est quod monstrare voluimus.

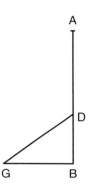

Ad B.353: *Figura inven. in* $\mathcal{A}$ *(201^r, 19 – 23 marg.), om. sed spat. rel. (75va, 4 – 12)* $\mathcal{B}$.

(**B.353′**) Si autem diceretur incurvari super tres octavas eius, et locus ubi decidit cacumen eius distat a radice eius quantum est medietas eius, esset questio multiplex. Omnis enim numeri id quod fit ex ductu trium octavarum eius in se et sue medietatis in se equum est ei quod fit ex ductu quinque octavarum eius in se. [Et hoc est quod demonstrare voluimus.]

ITEM

(**B.354**) Si arbor triginta cubitorum in altum inclinat cacumen suum unaquaque die unum cubitum, tunc post quot dies decidet in terram?

15346–15367 Item ... prout proposuerit] 201^r, 24 – 34 $\mathcal{A}$; 73va, 28 – 73vb, 14 $\mathcal{B}$.

15331 incurvetur] incurvatur $\mathcal{B}$ **15331–15332** tres octave] $\frac{3}{8}$ *(corr. ex 3)* $\mathcal{A}$ **15332** quinque octave] $\frac{5}{8}$ $\mathcal{A}$ **15334** octo] 8 $\mathcal{A}$ **15336** tres octave] $\frac{3}{8}$ $\mathcal{A}$ **15337** octava octave] $\frac{a\,e}{8\,8}$ $\mathcal{A}$ **15337** octava] $\frac{a}{8}$ $\mathcal{A}$ **15338** octava octave] $\frac{a\,e}{8\,8}$ $\mathcal{A}$ **15339** quarta] $\frac{a}{4}$ $\mathcal{A}$ **15339** quarta] $\frac{a}{4}$ $\mathcal{A}$ **15339–15340** sexaginta quatuor] 64 $\mathcal{A}$ **15340** sexdecim] 16 $\mathcal{A}$ **15341** tres octavas] $\frac{3}{8}$ $\mathcal{A}$ **15343–15344** trium octavarum] $\frac{3}{8}$arum $\mathcal{A}$ **15345** quinque octavarum] $\frac{5}{8}$arum $\mathcal{A}$ **15345** demonstrare] monstrare $\mathcal{B}$ **15346** Item] *tit. add. lector* $\mathcal{B}$: De arborum equaliter se quotidie inclina⟨n⟩tium casu *et notam* Huic capitulo adde que habes infra in carta 75, paragr. 'Si quis queret' *(B.352) et paragr. sequenti (B.353)* **15347** triginta] 30 $\mathcal{A}$ **15348** unum] 1 $\mathcal{A}$ **15348** terram] *corr. ex* terrat $\mathcal{A}$

15350 Sic facies. Multiplica dimidium de triginta in tres et septimam, et productum divide per id quo inclinatur una die; et exibit numerus dierum post quos decidet ad terram, qui sunt quadraginta septem dies et septima.

15355 Cuius rei causa hec est. Scimus enim quod arbor non inclinatur nisi quarta parte circuli. [Quod sic monstratur.] Sit altitudo arboris linea AG. Constat igitur quod linea AG inclinatur quousque fiat ut linea BG. Deinde punctus G fiat centrum super quod fiat circulus occupans extremitates linearum GA et GB, qui sit circulus ABT. Manifestum est igitur quod figura ABG est quarta circuli, arcus vero AB est quarta circumferentie circuli. Si igitur volueris scire totam circumferentiam, duplica lineam AG, et proveniet linea AK, que est diametrum circuli. Deinde multiplica eam in 15360 tres et septimam, et proveniet totus circulus. Si autem volueris scire arcum AB, accipe quartam totius circumferentie. Scis autem quod duplicare AG et productum multiplicare in tres et septimam et producti accipere quartam idem est quod multiplicare dimidium linee AG in tres et septimam. Et hoc est quod demonstrare voluimus.

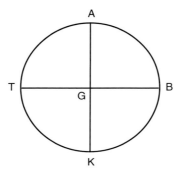

Ad B.354: *Figura def. in $\mathcal{A}$, om. sed spat. rel. (73vb, 5 – 17) $\mathcal{B}$.*

15365 Si autem diceretur unaquaque die inclinari duobus, aut tribus, cubitis: accipies dimidium de quadraginta septem et septima, vel eorum tertiam, vel amplius, prout proposuerit.

(B.355) Cum una arbor septuaginta cubitorum in altum inclinat quaque

---

15368–15387 Cum una arbor ... in altum] 201^r, $34 - 43$ $\mathcal{A}$; $\mathcal{B}$ deficit.

15349 facies] invenies $\mathcal{B}$ **15349** triginta] 30 $\mathcal{A}$ **15349** tres] 3 $\mathcal{A}$ **15349** septimam] $\frac{am}{7}$ $\mathcal{A}$ **15350** quo] quod *codd.* **15350** una] 1 $\mathcal{A}$ **15351** ad] *corr. ex* in $\mathcal{A}$ **15351** quadraginta septem] 47 $\mathcal{A}$, quadraginta et septem $\mathcal{B}$ **15351** septima] $\frac{a}{7}$ $\mathcal{A}$ **15352** inclinatur] inca *pr. scr. et corr.* $\mathcal{B}$ **15353** quarta] $\frac{a}{4}$ $\mathcal{A}$ **15355** quod] quem $\mathcal{AB}$ **15356** circulus] circululus $\mathcal{B}$ **15357** quarta] $\frac{a}{4}$ $\mathcal{A}$ **15357–15358** est quarta circumferentie circuli] $\frac{a}{4}$ circuli est circumferentie $\mathcal{A}$, quarta circumferentie circuli $\mathcal{B}$ **15358** duplica] dupplica $\mathcal{B}$ **15360** tres] 3 $\mathcal{A}$ **15360** septimam] $\frac{am}{7}$ $\mathcal{A}$ **15360** scire] *om.* $\mathcal{B}$ **15361** quartam] $\frac{am}{4}$ $\mathcal{A}$ **15361** duplicare] dupplicare $\mathcal{B}$ **15362** tres] 3 $\mathcal{A}$ **15362** septimam] $\frac{am}{7}$ $\mathcal{A}$ **15362–15363** quartam] $\frac{am}{4}$ $\mathcal{A}$ **15363** tres] 3 $\mathcal{A}$ **15363** septimam] $\frac{am}{7}$ $\mathcal{A}$ **15364** demonstrare] monstrare $\mathcal{B}$ **15365** duobus] 2 $\mathcal{A}$ **15365** tribus] 3 $\mathcal{A}$ **15366** quadraginta septem] 47 $\mathcal{A}$ **15366** septima] $\frac{a}{7}$ $\mathcal{A}$ **15366** tertiam] $\frac{am}{3}$ $\mathcal{A}$ **15367** prout] *quasi propter ut* $\mathcal{A}$ **15367** proposuerit] pposuerit $\mathcal{B}$ **15368** septuaginta] 7 *(sic)* $\mathcal{A}$

die verticem suum tribus cubitis, et quaque die erigitur uno cubito, tunc usque ad quot dies decidet in terram?

Sic facies. Dimidium sue altitudinis, quod est triginta quinque, multiplica in tres et septimam, et provenient centum et decem. Deinde agrega unum cubitum tribus cubitis, et fient quatuor cubiti; quos retine. Deinde minue unum de tribus cubitis, et remanebunt duo. Deinde minue unum cubitum de centum et decem, et remanebunt centum et novem. Quos divide per duo, et exibunt quinquaginta quatuor et remanebit unum; quem adde uni cubito quo erigitur arbor quaque die, et erunt duo. Quos denomina de quatuor retentis, scilicet dimidium. Quod agrega ad quinquaginta quatuor exeuntia de divisione, et erunt quinquaginta quatuor et dimidium, et usque ad tot dies arbor decidet in terram.

(B.356) Cum una arbor ignote altitudinis inclinatur quaque die duobus cubitis, et usque ad quadraginta quatuor dies decidit in terram, tunc quante altitudinis est?

Multiplica duos cubitos in quadraginta quatuor, et provenient octoginta octo. Quos semper divide per tres et septimam, et exibunt viginti octo. Quos duplica semper, et provenient sicut hic quinquaginta sex, et tot cubitorum est arbor in altum.

Aliud

(B.357) In terra viginti cubitorum in longum et decem in latum quot arbores plantari possunt distantes a se duobus cubitis?

Divide longitudinem terre per duos cubitos et ei quod exit semper adde unum; et provenient sicut hic undecim. Deinde divide latitudinem terre per duos cubitos, et ei quod exit semper adde unum; et fient sicut hic sex. Quos multiplica in undecim, et provenient sexaginta sex. Et tot arbores plantari possunt.

Item.

(B.358) In longitudine cuiusdam terre plantantur undecim arbores et in eius latitudine sex arbores, omnes distantes a se duobus cubitis; tunc predicta terra quot cubitorum est in longum et in latum?

15388–15403 Aliud ... tot habet in latum] *hab. D tantum, 61^v, 20 – 62^r, 8.*

15369 tribus] $3\,\mathcal{A}$ **15369** uno] $1\,\mathcal{A}$ **15370** quot] *quo* $\mathcal{A}$ **15371** triginta quinque] $35\,\mathcal{A}$ **15372** tres] $3\,\mathcal{A}$ **15372** septimam] $\frac{am}{7}\,\mathcal{A}$ **15372** centum et decem] 110 *(corr. ex 100)* $\mathcal{A}$ **15373** unum] $1\,\mathcal{A}$ **15373** quatuor] $4\,\mathcal{A}$ **15374** unum] $1\,\mathcal{A}$ **15374** tribus] $3\,\mathcal{A}$ **15374** duo] $2\,\mathcal{A}$ **15374** unum] $1\,\mathcal{A}$ **15375** centum et decem] $110\,\mathcal{A}$ **15375** centum et novem] 109 *(corr. ex 100)* $\mathcal{A}$ **15376** duo] $2\,\mathcal{A}$ **15376** quinquaginta quatuor] $54\,\mathcal{A}$ **15376** unum] $1\,\mathcal{A}$ **15377** duo] $2\,\mathcal{A}$ **15378** quatuor] $4\,\mathcal{A}$ **15378** dimidium] $\frac{m}{2}\,\mathcal{A}$ **15378** quinquaginta quatuor] $54\,\mathcal{A}$ **15379** quinquaginta quatuor] $54\,\mathcal{A}$ **15382** quadraginta quatuor] $44\,\mathcal{A}$ **15384** duos] $2\,\mathcal{A}$ **15384** quadraginta quatuor] $44\,\mathcal{A}$ **15384–15385** octoginta octo] $88\,\mathcal{A}$ **15385** tres] $3\,\mathcal{A}$ **15385** septimam] $\frac{am}{7}\,\mathcal{A}$ **15385–15386** viginti octo] $28\,\mathcal{A}$ **15386** quinquaginta sex] $56\,\mathcal{A}$ **15388** Aliud] *marg. D* **15389** viginti] $20^{ti}\,\mathcal{D}$ **15389** decem] $10\,\mathcal{D}$ **15392** undecim] $11^{cim}\,\mathcal{D}$ **15392** divide] *bis scr. poster. del. D* **15394** sex] $6\,\mathcal{D}$ **15394** undecim] $11^{cim}\,\mathcal{D}$ **15394** sexaginta sex] $66\,\mathcal{D}$ **15395** arbores] *abores pr. scr. corr. supra D* **15396** Item] *marg. D* **15397** longitudine] *corr. ex longitudinem cod.* **15397** undecim] $11^{cim}\,\mathcal{D}$ **15398** latitudine] *longitudinem pr. scr. et del., latitudine add. supra D* **15398** sex] $6\,\mathcal{D}$ **15399** latum] *altum pr. scr. et corr. supra cod.*

Minue unum de undecim et quod remanet multiplica in duo, et fient viginti; et tot habet in longum. Similiter minue unum de sex, et remanebunt quinque. Quos multiplica in duos cubitos, et provenient decem; et tot habet in latum.

ITEM

(**B.359**) Si duarum turrium, quarum una sit triginta cubitorum in altum, altera vero viginti, bases autem earum distant inter se octo cubitis, tunc quantum distant cacumina earum?

Sic invenies. Differentiam que est inter viginti et triginta, que est decem, multiplica in se, et octo multiplica in se; et producta utriusque agrega, et fient centum sexaginta quatuor. Quorum radix, que est duodecim et quinque sexte, est numerus cubitorum quibus distant cacumina earum.

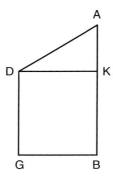

Ad B.359: *Figura inven. in* $\mathcal{A}$ *(201^v, 5 – 11 marg.), om. sed spat. rel. (73vb, 39 – 46)* $\mathcal{B}$.

Quod monstrabitur sic. Sit una turris linea AB, altera linea DG, octo vero sit linea GB. Deinde a puncto D protraham lineam equidistantem linee BG, que sit linea DK. Igitur linea DG equalis est linee KB. Linea autem DG est viginti. Igitur linea KB est viginti. Sed linea ⟨AB est triginta. Igitur linea⟩ AK est decem. Et linea BG equalis est linee DK.

15404–15421 Item ... demonstrare voluimus] 201^v, 1 – 7 $\mathcal{A}$; 73vb, 15 – 38 $\mathcal{B}$.
15404–15412 (Item) ... cacumina earum] hab. etiam $\mathcal{D}$, 62^r, 9 – 14.

15400 undecim] 11^{cim} $\mathcal{D}$ **15400–15401** viginti] 20^{ti} $\mathcal{D}$ **15401** sex] 6 $\mathcal{D}$ **15402** quinque] 5 $\mathcal{D}$ **15402** decem] 10 $\mathcal{D}$ **15404** Item] de alio *marg.* $\mathcal{D}$; *tit. scr. lector* $\mathcal{B}$: De turrium inęqualium mensurarum cacuminibus ab se invicem distantibus *et notam* cui adde quę habes in carta 75, capitula 'Si quis querat' *(B.361, i)* cum duobus sequentibus *(B.361, ii & iii)* **15405** triginta] 30 $\mathcal{AD}$ **15406** vero] in *add. et del.* $\mathcal{D}$ **15406** viginti] 20 $\mathcal{A}$, in *(quod del.)* 20^{ti} $\mathcal{D}$ **15406** autem] *del. ut vid.* $\mathcal{A}$ **15406** octo] 8 $\mathcal{AD}$ **15408** invenies] facies *pr. scr. et exp.* $\mathcal{A}$ **15408** viginti] 20 $\mathcal{A}$, 20^{ti} $\mathcal{D}$ **15408** et] *add. supra* $\mathcal{D}$ **15408** triginta] 30 $\mathcal{A}$, 30ta $\mathcal{D}$ **15409** decem] 10 $\mathcal{AD}$ **15409** octo] 8 $\mathcal{A}$, 8 *(4 pr. scr. et corr. supra)* $\mathcal{D}$ **15410** centum sexaginta quatuor] 164 $\mathcal{AD}$ **15410–15411** duodecim] 12 $\mathcal{A}$, XII $\mathcal{D}$ **15411** quinque sexte] $\frac{5}{6}$ $\mathcal{A}$ **15411** numerus] *corr. ex* nu $\mathcal{B}$ **15413** octo] 8 $\mathcal{A}$ **15414** GB] *quasi* GH $\mathcal{B}$ **15414** equidistantem] equistante $\mathcal{B}$ **15415** linea DG] KB *add. et exp.* $\mathcal{A}$ **15415** KB] KH $\mathcal{B}$ **15416** viginti] 20 $\mathcal{A}$ **15416** viginti] 20 $\mathcal{A}$ **15417** decem] 10 $\mathcal{A}$

Patet autem quod angulus trianguli AKD rectus est. Igitur id quod fit ex ductu AK in se et KD in se equum est ei quod fit ex ductu AD in se. Id igitur quod fit ex ductu AD in se est centum sexaginta quatuor, quorum ipse est radix. Et hoc est quod demonstrare voluimus.

ITEM.

(**B.360**) Si duarum turrium, quarum una est triginta cubitorum in altum et altera viginti, cacumina distent duodecim cubitis et quinque sextis unius cubiti, tunc quantum distant bases earum?

Sic invenies. Differentiam que est inter triginta et viginti, scilicet decem, multiplica in se, et productum minue de eo quod fit ex ductu duodecim et quinque sextarum in se. Et eius quod remanserit radix est id quo distant bases earum.

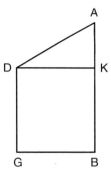

Ad B.360: *Figura inven. in* $\mathcal{A}$ *(201^v, 13 – 17 marg.), om.* $\mathcal{B}$.

Cuius rei causa consimilis est illi quam assignavimus in precedenti. Scilicet, maneat figura qualis erat. Igitur linea AB est triginta, et linea DG est viginti, et linea AD est duodecim et quinque sexte. Volumus autem scire quanta est linea GB. Protraham autem a puncto D lineam DK equidistantem linee GB. Igitur KB est viginti. Sed AB est triginta. Igitur AK est decem. Quod autem fit ex ductu AK in se et DK in se equum est

---

15422–15439 Item ... quod scire voluisti] *201^v, 8 – 15* $\mathcal{A}$; *74ra, 6 – 15* (assignavimus in precedenti) & *73vb, 39* (Scilicet) – *74ra, 5* $\mathcal{B}$.
15422–15430 Item ... in precedenti] *hab. etiam* $\mathcal{D}$, *62^r, 15 – 20*.

15418 rectus] rectis $\mathcal{B}$ **15420** centum sexaginta quatuor] 164 $\mathcal{A}$ **15421** demonstrare] monstrare $\mathcal{B}$ **15422** Item] Scilicet remaneat *pr. scr. (v. infra) et del.* $\mathcal{A}$, Item *scr. in marg.* $\mathcal{D}$ **15423** est] *om.* $\mathcal{D}$ **15423** triginta] 30 $\mathcal{AD}$ **15424** viginti] 20 $\mathcal{AD}$ **15424** duodecim] 12 $\mathcal{AD}$ **15424** quinque sextis] $\frac{5}{6}$ $\mathcal{A}$, 5 sextis $\mathcal{D}$ **15426** Differentiam] distringam $\mathcal{B}$ **15426** inter] intra $\mathcal{B}$ **15426** triginta] 30 $\mathcal{AD}$ **15426** viginti] 20 $\mathcal{AD}$ **15426–15427** decem] 10 $\mathcal{AD}$ **15427** duodecim] 12 $\mathcal{AD}$ **15428** quinque sextarum] $\frac{5}{6}^{arum}$ $\mathcal{A}$ **15431** maneat] remaneat $\mathcal{A}$, si remanet $\mathcal{B}$ **15431** est] *om.* $\mathcal{B}$ **15431** triginta] 30 $\mathcal{A}$ **15432** viginti] 20 $\mathcal{A}$ **15432** duodecim] 12 $\mathcal{A}$ **15432** quinque sexte] $\frac{5}{6}$ $\mathcal{A}$ **15433** est *(post* quanta*)*] *om.* $\mathcal{A}$ **15434** viginti] 20 $\mathcal{A}$ **15434** triginta] 30 $\mathcal{A}$ **15435** decem] 10 $\mathcal{A}$ **15435** fit] sit *ut vid.* $\mathcal{B}$

ei quod fit ex ductu AD in se. Igitur subtracto eo quod fit ex ductu AK in se [que est decem] de eo quod fit ex ductu DA in se, remanebit id quod fit ex ductu DK in se. Ergo radix eius quod remanet est DK, que est equalis GB. Et hoc est quod scire voluisti.

(B.361) Si quis querat: Cum due turres quarum una sit ignote longitudinis, altera vero decem et octo cubitorum in longum, cacumina earum distant decem cubitis, bases vero sex distant cubitis, quanta est longitudo turris ignota?

Huius questionis sensus duplex est: aut ut turris ignote longitudinis sit maior alia, aut minor.

(*i*) Ponamus autem quod sit maior. Sic igitur facies. Multiplica distantiam basium in se, et productum minue de eo quod fit ex ductu distantie cacuminum suorum in se; et eius quod remanet radicem agrega longitudini turris cognite. Et quod provenerit est ignota longitudo turris.

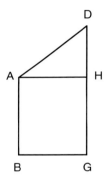

Ad B.361,*i*: *Figura inven. in* $\mathcal{A}$ *(201^v, $20 - 24$ marg.), om. sed spat. rel. (75va, $30 - 41$)* $\mathcal{B}$.

Cuius probatio hec est. Sit turris cognita AB, ignota vero sit DG. Igitur BG est sex, et AD est decem, et AB est decem et octo. Protraham autem perpendicularem, que sit AH, equidistantem ad BG. Et tunc HG erit equalis ad AB. Sed AB est decem et octo. Igitur HG est decem et octo. Sed BG est equalis ad AH. Igitur AH est sex. Sed AD est decem,

---

15440–15479 Si quis querat ... manifesta est] 201^v, $16 - 33$ $\mathcal{A}$; 75va, $13 - 75^{vb}$, 22 $\mathcal{B}$; hab. etiam $\mathcal{D}$ (sine probat. in i & ii omnino) 62^r, $21 - 62^v$, 15.

15437 decem] 10 $\mathcal{A}$ **15437** DA] DK $\mathcal{A}$ **15439** voluisti] v̄ *(sic etiam pro* voluimus*)* $\mathcal{A}$ **15440** (B.361)] *tit. hab. in marg. de eodem* $\mathcal{D}$; *tit. scr. lector* $\mathcal{B}$: De turribus ab se invicem distantibus magis a cacumine quam a fundamento **15440** due] 2 $\mathcal{A}$ **15440** una] *om.* $\mathcal{D}$ **15441** decem et octo] 18 $\mathcal{AD}$ **15442** decem] 10 $\mathcal{AD}$ **15442** bases] basex $\mathcal{B}$ **15442** sex] 6 $\mathcal{AD}$ **15442** cubitis *(post* distant*)*] cubtis $\mathcal{B}$ **15442** turris] e *(pro* eius*) scr. inc. et del.* $\mathcal{A}$ **15444** duplex] dupplex $\mathcal{BD}$ **15444** aut] n *pr. scr. et exp.* $\mathcal{D}$ **15448** agrega] hacgrega $\mathcal{D}$ **15449** cognite] *corr. ex* incognite $\mathcal{A}$ **15449** provenerit] provīt' $\mathcal{A}$ **15450** turris] arbor *pr. scr. et corr. supra* $\mathcal{A}$, arbor $\mathcal{B}$ **15451** sex] 6 $\mathcal{A}$ **15451** decem] 10 $\mathcal{A}$ **15451** decem et octo] 18 $\mathcal{A}$ **15452** equidistantem] equistantem $\mathcal{B}$ **15453** decem et octo] 18 $\mathcal{A}$ **15453–15454** decem et octo] 18 $\mathcal{A}$ **15454** sex] 6 $\mathcal{A}$ **15454** decem] 10 $\mathcal{A}$

et angulus AHD rectus est. Igitur ⟨id quod fit ex ductu AH in se et DH in se equum est ei quod fit ex ductu AD in se. Si igitur id quod fit ex ductu AH in se minueris de eo quod fit ex ductu AD in se remanebit id quod fit ex ductu DH in se sexaginta quatuor. Igitur⟩ DH est octo. Sed HG erat decem et octo. Igitur totus DG est viginti sex. Et hoc est quod demonstrare voluimus.

(*ii*) Si vero fuerit minor: Multiplica distantiam suorum cacuminum in se, et de producto minue id quod fit ex ductu distantie basium in se. Et eius quod remanet radicem minue de longitudine turris cognite; et quod remanet est incognita longitudo alterius turris.

Cuius probatio hec est. Maneat figura eadem. Sit turris cognita DG, incognita vero AB. Igitur AD est decem, et BG est sex ⟨et DG est decem et octo⟩. De puncto autem A protraham lineam equidistantem ad BG ⟨que sit AH⟩. Igitur AH est sex. Manifestum est autem quod id quod fit ex ductu AH in se et HD in se equum est ei quod fit ex ductu AD in se. Igitur multiplica AD in se, qui est decem, et de producto minue id quod fit ex ductu AH in se, qui est sex, et remanebit id quod fit ex ductu DH in se sexaginta quatuor. Igitur DH est octo. Sed DG erat decem et octo, remanet igitur HG decem. Sed est equalis ad AB. Igitur AB est decem, et tanta est longitudo ignota turris. Et hoc est quod monstrare voluimus.

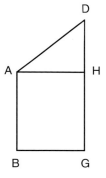

Ad B.361,*ii*: *Figura inven. in $\mathcal{A}$ (201^v, 28 – 33 marg.), om. sed spat. rel. (75vb, 11 – 17) $\mathcal{B}$.*

(*iii*) Si autem diceretur in aliqua harum questionum distantia basium maior esse distantia cacuminum, falsum esset. Similiter etiam distantia cacuminum non potest dici equalis ⟨esse⟩ distantie basium cum una turrium fuerit

---

15455 angulus] anguli $\mathcal{B}$ **15458** octo] 8 $\mathcal{A}$ **15458–15459** Sed HG erat decem et octo] *per homœotel. om.* $\mathcal{A}$ **15459** viginti sex] 26 $\mathcal{A}$ **15460** demonstrare] monstrare $\mathcal{B}$ **15465** turris] arbor *codd.*   **15466** decem] 10 $\mathcal{A}$ **15466** sex] 6 $\mathcal{A}$ **15467** equidistantem] equistantem $\mathcal{B}$ **15468** sex] 6 $\mathcal{A}$ **15470** decem] 10 $\mathcal{A}$ **15471** sex] 6 $\mathcal{A}$ **15472** sexaginta quatuor] 64 $\mathcal{A}$ **15472** octo] 8 $\mathcal{A}$ **15472** decem et octo] 18 $\mathcal{A}$ **15473** decem] 10 $\mathcal{A}$ **15473** decem] 10 $\mathcal{A}$ **15475** autem] tunc *pr. scr. et del.* $\mathcal{D}$ **15475** in] *add. supra* $\mathcal{A}$ **15475** basium] baseum *pr. scr. et supra corr.* $\mathcal{D}$ **15477** equalis] hequalis $\mathcal{D}$ **15477** fuerit] *corr. ex* fiunt $\mathcal{A}$, fiunt $\mathcal{B}$

altior alia; cum enim distantie fuerint equales, necessario turres equales erunt. Quorum omnium probatio manifesta est.

ITEM. DE SCIENTIA INVENIENDI ALTITUDINEM TURRIS VEL ARBORIS

(**B.362**) Cum volueris scire altitudinem turris vel arboris, accipe duos fustes, unum maiorem alio uno cubito vel duobus. Deinde constitue utrumque eorum super terram equalem perpendiculariter, et sint equidistantes inter se, et ad turrem vel arborem faciant lineam rectam. Deinde aspice eos ita ut radius oculi incipiens a summitate minoris fustis et transiens per summitatem maioris perveniat usque ad summitatem turris. Quo facto minue longitudinem minoris fustis de longitudine maioris et residuum denomina de spatio distantie que est inter duos fustes, et ipsam denominationem multiplica in spatium quod est inter minorem fustem et arborem vel turrem, et productum adde longitudini minoris fustis. Et quod provenerit longitudo turris vel arboris erit.

15480–15491 Item ... vel arboris erit] *hab.* $\mathcal{D}$ *tantum*, 62^v, $16 - 63^r$, 7.

15478 altior] longior $\mathcal{AB}$ **15478** turres] tres *pr. scr. et corr.* $\mathcal{D}$ **15480** *tit.*] *marg.* $\mathcal{D}$ **15481** Cum volueris scire] Similiter diceretur *pr. scr. et del.* $\mathcal{D}$ **15482–15483** utrumque] quemque *cod.*   **15483** equidistantes] equi distantes $\mathcal{D}$ **15487** residuum] re *add. supra* $\mathcal{D}$

Item de alio

(B.363) Si corda quatuor cubitorum circumdat fasciculum centum virgarum, tunc quot virge consimiles circumdantur a corda decem cubitorum?

(a) Sic invenies. Multiplica quatuor in se, et provenient sexdecim; quos pone prelatum. Deinde multiplica decem in se, et provenient centum. Quos multiplica in numerum virgarum, qui est centum, et provenient decem milia. Quos divide per prelatum, et exibunt sex centum viginti quinque. Et tot sunt virge quesite.

(b) Vel aliter. Multiplica decem in se, et provenient centum. Quos divide per sexdecim, et exibunt sex et quarta. Quos multiplica in numerum virgarum, qui est centum, et provenient sex centum viginti quinque. Et hoc est quod voluisti.

Causa huius hec est. Talis est enim comparatio virgarum ad virgas qualis est comparatio quadrati unius corde ad quadratum alterius corde.

ITEM.

(B.364) Si corda quatuor cubitorum circumdat fasciculum unum et alia corda duodecim cubitorum circumdat alium fasciculum, tunc quotiens minor fasciculus continetur in maiore?

Sic invenies. Multiplica quatuor in se, et provenient sexdecim. Deinde multiplica duodecim in se, et fient centum quadraginta quatuor. Quos divide per sexdecim, et exibunt novem. Et totiens minor continetur in maiore, scilicet novies.

(B.365) Similiter etiam si diceretur quod: Cum corda quatuor palmorum circumdat fasciculum messis cuius pretium est dimidius nummus, tunc fasciculus circumdatus corda duodecim palmorum quanti pretii erit?

15492–15525 Item de alio ... in duodecimo libro] $201^v, 33 - 202^r, 5$ $\mathcal{A}$; $74^{ra}, 15{-}16 - 74^{rb}, 7$ $\mathcal{B}$; $63^r, 8 - 63^v, 12$ $\mathcal{D}$.

15492 Item de alio] *om. sed spat. hab.* $\mathcal{B}$, *marg.* $\mathcal{D}$; *tit. add. lector* $\mathcal{B}$: De fascium diversorum circumferentiis *(sic) et notam:* Huic capitulo adde que habes in carta 75, capitula duo *(B.366 & B.367)* **15493** quatuor] 4 $\mathcal{AD}$ **15493** fasciculum] fascil *pr. scr. et corr.* $\mathcal{B}$ **15493** centum] 100 $\mathcal{AD}$ **15494** decem] 10 $\mathcal{AD}$ **15495** quatuor] 4 $\mathcal{AD}$ **15495** sexdecim] 16 $\mathcal{AD}$ **15496** decem] 10 $\mathcal{AD}$ **15496** centum] 100 $\mathcal{AD}$ **15497** centum] 100 $\mathcal{AD}$ **15497–15498** decem milia] 1000 *(sic)* $\mathcal{AD}$ **15498** sex centum viginti quinque] 625 $\mathcal{AD}$, sexcentum viginti quinque $\mathcal{B}$ **15500** decem] 10 $\mathcal{AD}$ **15500** centum] 100 $\mathcal{AD}$ **15501** sexdecim] 16 $\mathcal{AD}$ **15501** exibunt] provenient $\mathcal{D}$ **15501** sex] 6 $\mathcal{AD}$ **15501** quarta] $\frac{a}{4}$ $\mathcal{A}$ **15502** centum] 100 $\mathcal{AD}$ **15502** sex centum viginti quinque] 625 $\mathcal{AD}$, sexcentum virginti *(sic)* quinque $\mathcal{B}$ **15504** Causa] *autem add. et exp.* $\mathcal{B}$ **15506** Item] Item de eodem *marg.* $\mathcal{D}$ **15507** quatuor] 4 $\mathcal{AD}$ **15507** unum] 1 $\mathcal{A}$ **15508** duodecim] 12 $\mathcal{AD}$ **15508** circumdat] circumdat $\mathcal{B}$ **15510** quatuor] 4 $\mathcal{AD}$, quatuorum $\mathcal{B}$ **15510** sexdecim] 16 $\mathcal{AD}$ **15510–15512** Deinde ... divide per] *add. in ima pag.* (16 *om.*) $\mathcal{D}$ **15511** duodecim] 12 $\mathcal{AD}$ **15511** fient] fiant $\mathcal{B}$ **15511** centum quadraginta quatuor] 144 $\mathcal{AD}$ **15512** sexdecim] 16 $\mathcal{A}$, *hic om.* $\mathcal{D}$ **15512** novem] 9 $\mathcal{AD}$ **15513** novies] nonies $\mathcal{B}$ **15514** (B.365)] *tit. hab. in marg.* Item aliud $\mathcal{D}$ **15514** quatuor] 4 $\mathcal{AD}$ **15514** palmorum] cubitorum *pr. scr. et del.* $\mathcal{D}$ **15515** nummus] numus $\mathcal{B}$ **15515–15516** fasciculus] fasciculum $\mathcal{B}$ **15516** duodecim] 12 $\mathcal{AD}$

Sic invenies. Multiplica quatuor in se, et productum pone prelatum. Deinde multiplica duodecim in se, et provenient centum quadraginta quatuor. Quos divide per prelatum, et exibunt novem. Quos multiplica in dimidium, et provenient quatuor et dimidium. Et tantum est pretium eius.

Ideo autem multiplicavimus novem in dimidium quoniam non voluimus scire nisi fasciculus corde quatuor palmorum quotiens continetur in fasciculo corde duodecim palmorum, et invenimus novies, et dedimus unicuique fasciculo dimidium nummum. Unde competunt eis quatuor nummi et dimidius. [Cuius rei causa est id quod Euclides dixit in duodecimo libro.]

(B.366) Si quis querat: Cum corda decem cubitorum in longum circumdet mille virgas, tunc quante longitudinis est corda circumdans ducentas quinquaginta?

Scimus autem quod comparatio de mille ad ducentos quinquaginta est sicut comparatio quadrati de decem ad quadratum quesiti. Fac ergo sicut supra dictum est, et exibit quadratus quesiti viginti quinque. Igitur quesitum est quinque.

(B.367) Si quis querat: Cum corda trium cubitorum circumdet fasciculum pretii decem et octo nummorum, tunc quante longitudinis est corda circumdans fasciculum pretii duorum nummorum?

Scimus quod comparatio quadrati trium, qui est novem, ad quadratum quesiti est sicut comparatio de decem et octo ad duo. Fac ergo sicut supra docui, et exibit id quod queritur unum.

Secundum hoc autem considera omnia hiis similia, et invenies ita esse.

15526–15539 Si quis querat ... invenies ita esse] $202^r, 5 - 11$ A; $75^{vb}, 23 - 39$ B; $63^v, 13 - 64^r, 1$ D.

15517 Sic invenies] Sic facies *pr. scr.* faci *exp.* et inveni *add. supra* A, *om.* B **15517** quatuor] 4 AD **15518** multiplica] multipł *hic et infra* D **15518** duodecim] 12 AD **15518–15519** centum quadraginta quatuor] 144 AD **15519** Quos] Qos D **15519** novem] 9 AD **15520** dimidium] $\frac{m}{2}$ A **15520** quatuor] 4 A **15520** dimidium] $\frac{m}{2}$ A **15521** multiplicavimus] multiplicamus *codd.* **15521** novem] 9 AD **15521** dimidium] $\frac{m}{2}$ A **15522** fasciculus] fasciculum A, fasciculos D **15522** quatuor] 4 AD **15523** duodecim] 12 AD **15523** dedimus] *corr. ex* dicimus D **15524** dimidium] dimididium B **15524** nummum] numum B **15524** quatuor] 4 AD **15524** nummi] numi B **15525** duodecimo] 12 A, 12° D **15526** (B.366)] *tit. hab. in marg.* Item D; *tit. add.* lector B: De fascium diversorum circunferentiis *(sic)* **15526** decem] 10 AD **15526** cubitorum] ci *scr. in fin. lin. et exp.* A **15526** in longum] *om.* D **15526–15527** circumdet] circundet B **15527** mille] 1000 A **15527–15528** ducentas quinquaginta] 250 A, ducentas L^a D **15529** Scimus ... quinquaginta] *bis scr.* B **15529** mille] 1000 A **15529** ad] *a in fin. lin. scr. et del.* A **15529** ducentos quinquaginta] 250 A **15530** decem] 10 AD **15531** viginti quinque] 25 A **15532** quinque] 5 A **15533** (B.367)] *tit. praeb. in marg.* Item aliud de eodem D **15533** trium] 3 A **15533** circumdet] circundet B **15534** decem et octo] 18 A, 10 et octo D **15534** nummorum] numorum B **15534–15535** circumdans] circumdas A **15535** nummorum] numorum B **15536** quod] qua *add.* B **15536** trium] 3 A **15536** novem] 9 AD **15537** decem et octo] 18 AD **15537** duo] 2 A **15538** unum] 1 A **15539** hoc] hec A **15539** hiis] his BD **15539** esse] effe *pr. scr. et exp.* B

Capitulum de nuntiis

(**B.368**) Verbi gratia. Cum unus nuntius mittatur ad unam civitatem sic ut in unaquaque die eat viginti miliaria, deinde post quinque dies missus est alter ut eat in unaquaque die triginta miliaria, in quot diebus consequetur eum?

(***a***) Sic facies. Differentiam que est inter viginti et triginta, scilicet decem, pone prelatum. Deinde multiplica quinque in viginti, et productum divide per prelatum, et exibunt decem, et tot dies incedit secundus nuntius. Primus autem ivit totidem et insuper quinque dies, qui sunt quindecim, et consecutus est eum ⟨secundus nuntius⟩.

Ad B.368*a-b*: *Figura inven. in* $\mathcal{A}$ *(202^r, 29)*.

Quod monstrabitur hac probatione. Dies quos ivit primus sint linea *AB*. Scis autem quod dies quos ivit primus excedunt dies quos ivit secundus quinario. De linea igitur *AB* incidatur linea de quinque, que sit linea *GB*. Restat ergo ut linea *AG* sit dies quos ivit secundus nuntius. Scis autem miliaria utriusque nuntii esse equalia, et quod id quod fit ex ductu dierum quos ivit unusquisque nuntius in miliaria que vadit unaquaque die est omnia miliaria que uterque eorum vadit donec sese consequuntur. Manifestum est igitur quod id quod fit ex ductu linee *AG* in triginta equum est ei quod fit ex ductu linee *AB* in viginti. Id autem quod fit ex ductu *AB* in viginti equum est ei quod fit ex ductu *AG* et *GB* uniuscuiusque in viginti. Scis autem ex ductu linee *GB* in viginti provenire centum; nam linea *GB* est quinque. Igitur quod fit ex ductu *AG* in viginti insuper additis centum equum est ei quod fit ex ductu *AG* in triginta. Id igitur quod fit ex ductu *AG* in viginti minue de eo quod fit ex ductu eiusdem in triginta, et remanebit id quod fit

---

15540–15587 Capitulum de nuntiis ... consequitur primum] 202^r, $12 - 36$ $\mathcal{A}$; 64rb, $19 - 64^{va}$, 41 $\mathcal{B}$ *(reliquia desunt)*.
15540–15549 Capitulum de nuntiis ... est eum] *hab. etiam* $\mathcal{D}$, 64^r, $2 - 7$.

15540 *tit.*] *om. sed spat. rel. post* Verbi gratia $\mathcal{B}$, *in marg.* $\mathcal{D}$; *lector scr.* $\mathcal{B}$: De nuntiorum itineribus **15541** Verbi gratia] *om.* $\mathcal{D}$ **15541** mittatur] inittatur *ut vid.* $\mathcal{D}$ **15542** die] *corr. ex* diei $\mathcal{A}$ **15542** viginti] 20 $\mathcal{A}$, 20^{ti} $\mathcal{D}$ **15542** quinque] 5 $\mathcal{AD}$ **15543** triginta] 30 $\mathcal{A}$, 30^a $\mathcal{D}$ **15543** quot] quo $\mathcal{B}$ **15543** consequetur] consequitur $\mathcal{D}$ **15545** viginti] 20 $\mathcal{A}$, 20^{ti} $\mathcal{D}$ **15545** triginta] 30 $\mathcal{A}$, 30^a $\mathcal{D}$ **15545–15546** decem] 10 $\mathcal{AD}$ **15546** quinque] 5 $\mathcal{AD}$ **15546** viginti] 20 $\mathcal{A}$, 20^{ti} $\mathcal{D}$ **15547** decem] 10 $\mathcal{AD}$ **15548** quinque] 5 $\mathcal{AD}$ **15548** quindecim] 15 $\mathcal{AD}$ **15549** consecutus] consequtus $\mathcal{D}$ **15552** quinque] 5 $\mathcal{A}$ **15553** autem] quod *add. et exp.* $\mathcal{A}$ **15555** nuntius] *om.* $\mathcal{B}$ **15556** consequuntur] consecuntur $\mathcal{A}$, consequntur $\mathcal{B}$ **15557** triginta] 30 $\mathcal{A}$ **15557–15559** ei quod fit ... equum est] *per homœotel. iter.* $\mathcal{A}$ **15558** viginti] 20 $\mathcal{A}$ **15558** viginti] 20 $\mathcal{A}$ **15559** ex ductu *AG*] ex ductu linee *AB pr. scr. (v. supra)* linee *exp. et AB corr.* $\mathcal{A}$ **15559** viginti] 20 $\mathcal{A}$ **15560** viginti] 20 $\mathcal{A}$ **15560** centum] 100 $\mathcal{A}$ **15560** quinque] 5 $\mathcal{A}$ **15561** viginti] 20 $\mathcal{A}$ **15561** centum] 100 $\mathcal{A}$, *bis scr.* $\mathcal{B}$ **15561** equum] equm $\mathcal{B}$ **15562** triginta] 30 $\mathcal{A}$ **15562** viginti] 20 $\mathcal{A}$ **15563** triginta] 30 $\mathcal{A}$

ex ductu AG in decem centum. Divide igitur centum per decem, et exibit linea AG, que est decem.

(**b**) Vel aliter. Iam scis [monstratum esse] quod id quod fit ex ductu linee AG in triginta equum est ei quod fit ex ductu AB in viginti. Igitur comparatio de AG ad AB est sicut comparatio de viginti ad triginta. Viginti autem sunt due tertie de triginta. Igitur AG est due tertie de AB. Postquam autem linea AG est due tertie linee AB, necesse est ut linea AB sit tripla linee GB. Igitur linea AB est quindecim, et linea AG est decem, et tot sunt dies quos ivit secundus nuntius, et consecutus est alium. Primus autem ivit quindecim dies. Et hoc est quod demonstrare voluimus.

(**c**) Vel aliter. Pone dies in quibus convenerunt rem, et isti sunt dies quos ivit secundus nuntius. Quam multiplica in numerum miliariorum que ivit unaquaque die. Numerus igitur miliariorum que ivit est triginta res. Dies autem quos ivit primus nuntius erunt res et quinque dies. Que multiplica in miliaria que ivit in unaquaque die, que sunt viginti, et fient viginti res et centum miliaria; que adequantur triginta rebus. Fac igitur secundum algebra; et erit id quod res valet decem, et tot sunt dies in quibus consecutus est secundus nuntius primum.

(**d**) Si autem hoc volueris experiri: Iam scis quod nuntius primus ivit quindecim dies et in unaquaque die viginti miliaria. Igitur miliaria que ivit sunt trescenta; nam si multiplices quindecim in viginti, provenient tot. Secundus autem nuntius ivit decem dies et in unaquaque die triginta miliaria. Igitur miliaria que ivit sunt tres centum. Adequantur igitur miliaria, et secundus consequitur primum.

(**B.369**) Cum unus nuntius mittitur de una civitate ad aliam distantem quadringentis miliariis ita ut in unaquaque die eat viginti miliaria, post quindecim autem dies mittitur alius post eum ut consequatur eum in introitu civitatis, ita ut simul ingrediantur, tunc quot miliaria debet ire unaquaque die?

15588–15783 Cum unus nuntius ... multe alie questiones] $202^r, 37 - 203^v, 1$ A; $64^r, 8 - 66^v, 13$ $\mathcal{D}$.

15564 decem] 10 A **15564** centum] 100 A **15564** centum] 100 A **15564** decem] 10 A **15565** decem] 10 A **15567** triginta] 30 A **15567** viginti] 20 A **15568** ad (post AG)] bis scr., pr. (in fin. lin.) exp. A **15568** viginti] 20 A **15568** triginta] 30 A **15568–15569** Viginti] 20 (corr. ex 10) A **15569** due tertie] $\frac{2}{3}$ A **15569** triginta] 30 A **15569** due tertie] $\frac{2}{3}$ A **15570** due tertie] $\frac{2}{3}$ A **15570** linea AB] linea GB codd. **15571** linee GB] linee BA codd. **15571** quindecim] 15 A **15571** decem] 10 A **15572–15573** quos ivit ... dies] per homœotel. om. A **15573** demonstrare] monstrare B **15576** unaquaque] unaqueque B **15576** triginta] 30 A **15577** quinque] 5 A **15578** unaquaque] unaqueque B **15578** viginti] 20 A **15578** et fient viginti] et fient 20 A, per homœotel. om. B **15579** centum] 100 A **15579** adequantur] ad add. et exp. A **15579** triginta] 30 A **15579–15580** algebra] agebla B **15580** decem] 10 A **15582–15583** quindecim] 15 A **15583** unaquaque] unaqueque ut vid. B **15583** viginti] 20 A **15584** trescenta] 300 A **15584** quindecim] 15 A **15584** viginti] 20 A **15585** ivit] corr. ex iū A **15585** triginta] 30 A **15586** tres centum] 300 A, trescentum B **15588** (B.369)] tit. scr. in marg. Capitulum de eodem aliud $\mathcal{D}$ **15589** quadringentis] 400 A, 400^{tis} $\mathcal{D}$ **15589** viginti] 20 $A\mathcal{D}$ **15590** quindecim] 15 $A\mathcal{D}$

Sic facies. Multiplica quindecim in viginti, et provenient trescenti. Quos minue de quadringentis, et remanebunt centum. Quos divide per viginti, et exibunt quinque. Per quos divide quadringentos, et exibunt octoginta, et tot miliaria debet ire quaque die ut consequatur primum secundus in quinque diebus.

(B.370) Cum una navis moveatur ab uno loco ad alium distantem trescentis miliariis, currit autem quaque die viginti miliaria, et quaque die a vento repercussa redit quinque miliaria, tunc quot diebus perveniet ad locum distantem trescentis miliariis?

Sic facies. Agrega quinque ad viginti, et fient viginti quinque. Deinde minue quinque de trescentis, et remanebunt ducenta nonaginta quinque. Quos divide per differentiam que est inter quinque, quibus redit, et viginti, que currit, scilicet quindecim, et exibunt decem et novem et remanebunt decem. Quos adde ad quinque miliaria, et fient quindecim. Quos denomina de viginti quinque, scilicet tres quintas diei. Quas tres quintas diei agrega ad decem et novem, et fient decem et novem et tres quinte diei; et tot diebus pervenit ad locum propositum.

(B.371) Cum unus serpens egrediatur de cavea tertia parte sue longitudinis in die et quaque die redeat quarta parte sue longitudinis, tunc quot diebus egredietur totus?

Sic facies. Numeros denominantes tertiam et quartam inter se multiplica, et provenient duodecim. Quorum tertiam et quartam, que sunt tres et quatuor, agrega, et fient septem; quos retine. Deinde minue de duodecim tres, et remanebunt novem. Quos divide per differentiam que est inter tres et quatuor, que est unum, et exibunt novem. Deinde denomina tres de septem, scilicet tres septimas. Quas agrega ad novem, et provenient novem et tres septime, et tot diebus et partibus diei egreditur totus.

15593 quindecim] 15 $\mathcal{AD}$ **15593** viginti] 20 $\mathcal{A}$, 20^{ti} $\mathcal{D}$ **15593** trescenti] 30 *(sic; e corr.)* $\mathcal{A}$, 300^{ti} $\mathcal{D}$ **15594** quadringentis] 400 $\mathcal{A}$, 400^{tis} $\mathcal{D}$ **15594** centum] 10 *(sic)* $\mathcal{A}$, 100 $\mathcal{D}$ **15594–15595** viginti] 20 $\mathcal{A}$, 20^{ti} $\mathcal{D}$ **15595** quinque] 5 $\mathcal{AD}$ **15595** quadringentos] 400 $\mathcal{A}$, 400^{tos} $\mathcal{D}$ **15595–15596** octoginta] 80 $\mathcal{A}$, 80ta $\mathcal{D}$ **15596** die] diei $\mathcal{A}$ **15597** quinque] 5 $\mathcal{AD}$ **15598** (B.370)] *tit. praeb. in marg.* Capitulum de alio $\mathcal{D}$ **15598–15599** trescentis] 300 $\mathcal{A}$, 300^{tis} $\mathcal{D}$ **15599** viginti] 20 $\mathcal{A}$, 20^{ti} $\mathcal{D}$ **15600** repercussa] repercusssa $\mathcal{D}$ **15600** quinque] 5 $\mathcal{AD}$ **15601** trescentis] 300 $\mathcal{A}$, 300^{tis} $\mathcal{D}$ **15602** quinque] 5 $\mathcal{AD}$ **15602** viginti] 20 $\mathcal{AD}$ **15602** viginti quinque] 25 $\mathcal{AD}$ **15603** quinque] 5 $\mathcal{AD}$ **15603** trescentis] 300 $\mathcal{A}$, 300^{tis} $\mathcal{D}$ **15603** ducenta nonaginta quinque] 295 $\mathcal{A}$, 2^{ta}o *(ta tantum del.)* et 95 $\mathcal{D}$ **15604** quinque] 5 $\mathcal{AD}$ **15604** viginti] 20 $\mathcal{A}$, 20^{ti} $\mathcal{D}$ **15605** quindecim] 15 $\mathcal{AD}$ **15605** decem et novem] 19 $\mathcal{AD}$ **15606** decem] 10 $\mathcal{AD}$ **15606** Quos] Qos $\mathcal{D}$ **15606** quinque] 5 $\mathcal{AD}$ **15606** quindecim] 15 $\mathcal{AD}$ **15607** viginti quinque] 25 $\mathcal{AD}$ **15607** tres quintas] $\frac{3}{5}$ $\mathcal{A}$, 3 quintas $\mathcal{D}$ **15607** tres quintas *(post* Quas*)*] $\frac{3}{5}$ $\mathcal{A}$, 3 quintas $\mathcal{D}$ **15608** decem et novem] 19 $\mathcal{AD}$ **15608** decem et novem] 19 $\mathcal{AD}$ **15608** tres quinte] $\frac{3}{5}$ $\mathcal{A}$, 3 quinte $\mathcal{D}$ **15610** (B.371)] *tit. præb. in marg.* De eodem $\mathcal{D}$ **15610** egrediatur] *corr. ex* egrediantur $\mathcal{A}$ **15610** cavea] caverna $\mathcal{A}$ **15610** sue] *add. supra* $\mathcal{D}$ **15611** redeat] *corr. ex* redi $\mathcal{D}$ **15611** quarta] $\frac{a}{4}$ $\mathcal{A}$ **15612** egredietur] egreditur $\mathcal{D}$ **15613** tertiam] $\frac{am}{3}$ $\mathcal{A}$ **15613** quartam] $\frac{am}{4}$ $\mathcal{A}$ **15614** duodecim] 12 $\mathcal{AD}$ **15614** tertiam] $\frac{am}{3}$ $\mathcal{A}$ **15614** quartam] $\frac{am}{4}$ $\mathcal{A}$ **15614** tres] 3 $\mathcal{AD}$ **15615** quatuor] 4 $\mathcal{AD}$ **15615** septem] 7 $\mathcal{AD}$ **15615–15616** duodecim] 12 $\mathcal{AD}$ **15616** tres] 3 $\mathcal{A}$ **15616** novem] 9 $\mathcal{AD}$ **15617** tres] 3 $\mathcal{AD}$ **15617** quatuor] 4 $\mathcal{AD}$ **15617** unum] 1 $\mathcal{A}$ **15617** novem] 9 $\mathcal{AD}$ **15617** tres] 3 $\mathcal{AD}$ **15618** septem] 7 $\mathcal{AD}$ **15618** tres septimas] $\frac{3}{7}$ $\mathcal{A}$, 3 septimas $\mathcal{D}$ **15618** novem] 9 $\mathcal{AD}$ **15618** novem] 9 $\mathcal{AD}$ **15619** tres septime] $\frac{3}{7}$ $\mathcal{A}$, 3 septime $\mathcal{D}$

(B.372) Cum serpens septem cubitorum in longum quaque die egreditur de cavea uno cubito et quaque die redit tertia parte cubiti, quot diebus egreditur totus?

Sic facies. Agrega tertiam ad unum, et fiet unum et tertia; que retine. Deinde minue tertiam de septem cubitis, et remanebunt sex et due tertie. Quos divide per differentiam que est inter tertiam et cubitum, et exibunt decem. Deinde denomina tertiam de uno et tertia, scilicet quartam. Quam agrega ad decem, et fient decem et quarta, et tot diebus et tanta parte diei egreditur totus.

(B.373) Cum unus serpens quaque die egrediatur quantum est tertia parte sui, et redit nescio quantum, et egreditur totus novem diebus et tribus septimis diei, tunc quanta est pars ignota qua redit?

Sic facies. De tertia parte de novem ⟨diebus⟩ et trium septimarum diei semper minue unum, et remanebunt duo et septima. Deinde minue tres septimas de novem, et remanebunt octo et quatuor septime. De quibus denomina duos et septimam, scilicet quartam, et tanta est pars ignota, scilicet quarta.

(B.374) Cum serpens septem cubitorum in longum quaque die egreditur uno cubito et quaque die redit quadam parte cubiti ignota, egreditur autem totus decem diebus et quarta, tunc quanta est pars illa?

Sic facies. Multiplica cubitum in decem et quartam, et erunt decem cubiti et quarta. De quibus minue longitudinem serpentis, que est septem, et remanebunt tres et quarta. Deinde quartam additam decem diebus minue de decem, et remanebunt novem et tres quarte. De quibus denomina tres et quartam, scilicet tertiam. Igitur tertia parte cubiti redit quaque die.

15620 (B.372)] *tit. præb. in marg.* Aliud $\mathcal{D}$ 15620 septem] 7 $\mathcal{AD}$ 15621 tertia] $\frac{a}{3}$ $\mathcal{A}$ 15623 tertiam] $\frac{a}{3}$ *(sic)* $\mathcal{A}$ 15623 unum *(post* fiet*)*] 1 $\mathcal{A}$ 15623 tertia] $\frac{a}{3}$ $\mathcal{A}$ 15624 tertiam] $\frac{am}{3}$ $\mathcal{A}$ 15624 septem] 7 $\mathcal{AD}$ 15624 sex] 6 $\mathcal{AD}$ 15624 due tertie] $\frac{2}{3}$ $\mathcal{A}$ 15625 tertiam] $\frac{am}{3}$ $\mathcal{A}$ 15626 decem] 10 $\mathcal{AD}$ 15626 tertiam] $\frac{am}{3}$ $\mathcal{A}$ 15626 tertia] $\frac{a}{3}$ $\mathcal{A}$ 15626 quartam] $\frac{am}{3}$ $\mathcal{A}$ 15627 decem *(post* ad*)*] 10 $\mathcal{AD}$ 15627 decem] 10 $\mathcal{AD}$ 15627 quarta] $\frac{a}{4}$ $\mathcal{A}$ 15629 quaque die egrediatur] egrediatur quaque die $\mathcal{D}$ 15629–15630 quantum … sui] *om.* $\mathcal{A}$ 15630 novem] 9 $\mathcal{AD}$ 15630–15631 tribus septimis] $\frac{3}{7}$ $\mathcal{A}$ 15631 qua] que $\mathcal{D}$ 15632 tertia] $\frac{a}{3}$ $\mathcal{A}$ 15632 novem] 9 $\mathcal{AD}$ 15632 trium septimarum] $\frac{3}{7}$ $\mathcal{A}$ 15633 unum] 1 $\mathcal{A}$ 15633 duo] 2 $\mathcal{A}$ 15633 septima] $\frac{a}{7}$ $\mathcal{A}$ 15633–15634 tres septimas] $\frac{3}{7}$ $\mathcal{A}$, 3 septimas $\mathcal{D}$ 15634 novem] 9 $\mathcal{AD}$ 15634 octo] 8 $\mathcal{AD}$ 15634 quatuor septime] $\frac{4}{7}$ $\mathcal{A}$, 4 septime $\mathcal{D}$ 15635 duos] 2 $\mathcal{A}$ 15635 septimam] $\frac{am}{7}$ $\mathcal{A}$ 15635 quartam] $\frac{am}{4}$ $\mathcal{A}$ 15636 quarta] $\frac{a}{4}$ $\mathcal{A}$; *in ima pag. hab.* In no⟨m⟩i⟨ne⟩ $\mathcal{D}$ 15637 septem] 7 $\mathcal{AD}$ 15638 uno] 1 $\mathcal{A}$ 15639 decem] 10 $\mathcal{AD}$ 15639 quarta] $\frac{a}{4}$ $\mathcal{A}$ 15640 decem *(post* in*)*] 10 $\mathcal{AD}$ 15640 quartam] $\frac{a}{4}$ *(sic)* $\mathcal{A}$ 15640 decem] 10 $\mathcal{AD}$ 15641 quarta] $\frac{a}{4}$ $\mathcal{A}$ 15641–15642 septem] 7 $\mathcal{AD}$ 15642 tres] 3 $\mathcal{AD}$ 15642 quarta] $\frac{a}{4}$ $\mathcal{A}$ 15642 quartam] $\frac{am}{4}$ $\mathcal{A}$ 15642 decem] 10 $\mathcal{AD}$ 15643 decem] 10 $\mathcal{AD}$ 15643 novem] 9 $\mathcal{AD}$ 15643 tres quarte] $\frac{3}{4}$ $\mathcal{A}$, 3 quarte $\mathcal{D}$ 15644 tres] 3 $\mathcal{AD}$ 15644 quartam] $\frac{am}{4}$ $\mathcal{A}$ 15644 tertiam] $\frac{am}{3}$ $\mathcal{A}$ 15644 tertia] $\frac{a}{3}$ $\mathcal{A}$

Capitulum de alio

(**B.375**) Erant tres homines. Quorum primus dixit ⟨reliquis⟩ duobus: 'Accipite tantum de meo quantum habet unusquisque vestrum'. Secundus similiter dixit primo et tertio: 'Unusquisque vestrum accipiat tantum de meo quantum habet quisque vestrum'. Tertius similiter dixit primo et secundo. Quo facto inventi sunt habere equaliter. Tunc quantum habebat unusquisque eorum?

Sic facies. Semper adde unum numero hominum, et fient sicut hic quatuor; et tantum habebat tertius. Quos duplica, et de duplato minue unum, et remanebunt septem; et tantum habebat secundus. Quos duplica, et de duplato minue unum, et remanebunt tredecim; et tantum habebat primus. Ita fiet quotquot sint homines.

(**B.376**) Quatuor homines erant. Quorum primus dixit reliquis tribus: 'Unusquisque vestrum accipiat tantum de meo quantum habet de proprio'. Et factum est ita. Secundus similiter dixit reliquis tribus: 'Accipiat tantum de meo unusquisque vestrum quantum habet de proprio'. Et factum est ita. Similiter tertius dixit reliquis tribus, et quartus similiter dixit. Quo facto inventi sunt habere equaliter. Quantum habebat unusquisque eorum?

Semper adde unum numero hominum, et fient sicut hic quinque; et tantum habebat quartus. Quos duplica, et de duplato minue unum, et fient novem; et tantum habebat tertius. Quos iterum duplica, et de duplato minue unum, et fient decem et septem; et tantum habebat secundus. Quos duplica, et de duplato minue unum, et fient triginta tres; et tantum habebat primus.

(**B.377**) Tres homines habebant inter se septuaginta duos nummos. Quorum primus dixit reliquis duobus: 'Accipiat unusquisque vestrum tantum de meo quantum habet de proprio'. Similiter secundus reliquis duobus, similiter tertius reliquis duobus dixit. Et factum est ita, et inventi sunt habere equaliter tantum de predictis septuaginta duobus. Quot habebat unusquisque eorum?

15645 Capitulum de alio] *marg.* $\mathcal{D}$; In capitulo participum $\mathcal{A}$ *(subter tit. lin. dux. & sign. (⁊) scr. al. m. in marg.)* **15646** tres] 3 $\mathcal{AD}$ **15648** accipiat] accipite $\mathcal{D}$ **15649** quisque] unus *pr. scr. et del.* $\mathcal{D}$ **15650** habebat] habet *codd.* **15652** unum] 1 $\mathcal{A}$ **15653** quatuor] 4 $\mathcal{AD}$ **15653** duplica] dupplica $\mathcal{D}$ **15653** duplato] dupplicato $\mathcal{D}$ **15654** unum] 1 $\mathcal{A}$ **15654** septem] 7 $\mathcal{AD}$ **15654** duplica] dupplica $\mathcal{D}$ **15655** unum] 1 $\mathcal{A}$ **15655** tredecim] 13 $\mathcal{AD}$ **15656** Ita] Itera *pr. scr. et corr.* $\mathcal{A}$ **15657** Quatuor] 4 $\mathcal{A}$ **15657** (B.376)] *tit. scr. in marg.* Item $\mathcal{D}$ **15657** tribus] 3 $\mathcal{A}$ **15659** reliquis] aliis $\mathcal{D}$ **15659** tribus] 3 $\mathcal{A}$ **15659** tantum] *om.* $\mathcal{D}$ **15661** tribus] 3 $\mathcal{A}$ **15661** quartus] 4us $\mathcal{A}$ **15663** unum] 1 $\mathcal{A}$ **15663** quinque] 5 $\mathcal{AD}$ **15664** quartus] 4^{tus} $\mathcal{A}$ **15664** duplica] dupplica $\mathcal{D}$ **15664** duplato] dupplato $\mathcal{D}$ **15664** unum] 1 $\mathcal{A}$ **15665** novem] 9 $\mathcal{AD}$ **15665** duplica] dupplica $\mathcal{D}$ **15665–15666** duplato] dupplato $\mathcal{D}$ **15666** unum] 1 $\mathcal{A}$ **15666** decem et septem] 17 $\mathcal{AD}$ **15667** duplica] dupplica $\mathcal{D}$ **15667** duplato] dupplato $\mathcal{D}$ **15667** unum] 1 $\mathcal{A}$ **15667** triginta tres] 33 $\mathcal{AD}$ **15669** Tres] 3 $\mathcal{A}$ **15669** septuaginta duos] 7 dies *pr. scr. et corr. in* 72 $\mathcal{A}$, 72 $\mathcal{D}$ **15670** duobus] 2 $\mathcal{A}$ **15670** vestrum] $v^{u}\bar{r}m$ $\mathcal{D}$ **15671** duobus] 2 $\mathcal{A}$ **15672** tertius] 3us $\mathcal{A}$ **15672** duobus] 2 $\mathcal{A}$ **15673** septuaginta duobus] 72 $\mathcal{A}$, 72^{bus} $\mathcal{D}$

Inveni per predictam regulam quantum habebat quisque eorum; et invenies quod tertius habebat quatuor, secundus septem, primus tredecim. Quos omnes agrega, et fient viginti quatuor. Per quos divide septuaginta duos, et exibunt tres. Quos multiplica in id quod habet unusquisque eorum, et invenies quod queris. Primus igitur habebat triginta novem, secundus viginti unum, tertius vero duodecim.

(B.378) Tres homines erant. Quorum primus dixit reliquis duobus: 'Accipite, unusquisque vestrum, tantum de meo quantum habetis de proprio'. Similiter secundus dixit. Tertius similiter dixit. Quo facto inventus est primus habere quantum secundus et insuper duos nummos, et secundus inventus est habere quantum tertius et insuper nummum unum. Tunc quantum habebat unusquisque eorum?

Post omnem acceptionem id quod habebat quilibet eorum pone quemlibet numerum. Verbi gratia, tertius ponatur habere quinque; secundus igitur habebit sex, et primus octo. Inveniam autem quantum habet quisque eorum secundum almencuz, id est 'converso', quod est incipere converso a superius. Adde ei quod habet tertius dimidium eius quod habet secundus et dimidium eius quod habet primus, et fient duodecim; et quod habet secundus fiet tres, et primus quatuor. Deinde ei quod habet secundus adde dimidium de duodecim et dimidium de quatuor; quod igitur habet secundus fiet undecim, et quod habet tertius fiet sex, et quod ⟨habet⟩ primus fiet duo. Deinde ei quod habet primus adde dimidium de sex et dimidium de undecim. Primus igitur habebit decem et dimidium, et secundus quinque et dimidium, tertius vero tres; et tantum habebat quisque eorum ante participationem.

In hoc autem capitulo infinite possunt fieri questiones.

(B.379) Tres homines volebant emere quemdam equum, sed quisque sibi. Quorum primus dixit secundo: 'Si dederis michi dimidium eorum que habes, agregatum cum eo quod habeo proveniet pretium equi'. Secundus vero dixit tertio: 'Si dederis michi tertiam partem eorum que habes,

---

15676 tertius] 3us *pr. scr. mut. in* tertius A **15676** quatuor] 4 AD **15676** septem] 7 AD **15676** tredecim] 13 AD **15677** agrega] aggrega D **15677** viginti quatuor] 24 AD **15677–15678** septuaginta duos] 72 A, 72os D **15678** tres] 3 AD **15679** habebat] habebit A **15679** triginta novem] 39 AD **15679** secundus] secundus vero D **15680** viginti unum] 21 AD **15680** tertius vero] tertius *(v. adn. supra)* D **15680** duodecim] 12 A, *corr. (ut vid.) ex* 13 D **15681** (B.378)] *tit. præb. in marg.* Item D **15681** Tres] 3 A **15681** duobus] 2 A **15684** primus habere] habere primus D **15684** quantum] quantum et D **15684** duos] 2 A **15685** unum] 1 A **15686** unusquisque] quisque A **15688** quinque] 5 AD **15689** habebit] habebat D **15689** sex] 6 AD **15689** et] *add. supra* D **15689** octo] 8 AD **15689** quantum] 4 *pr. scr. et eras.* D **15690–15691** id est 'converso', quod est incipere converso a superius] id est converso *(hæc supra* almencuz*)* quod est incipere a superius A, quod est incipere id est converso a superius D **15692** duodecim] 12 AD **15692–15693** habet secundus] secundus habet D **15693** tres] 3 AD **15693** quatuor] 4 AD **15694** duodecim] 12 AD **15694** quatuor] 4 AD **15695** undecim] 11 A, 11^{cim} D **15695** sex] 6 AD **15696** duo] 2 AD **15696** dimidium] 2^m A **15696** sex] 6 AD **15697** undecim] 11 A, 11^{cim} D **15697** habebit] habebat D **15697** decem] 10 AD **15697–15698** quinque] 5 AD **15698** tres] 3 AD **15700** possunt] posssunt D **15701** (B.379)] *tit. præb. in marg.* Item aliud D **15701** Tres] 3 A **15701** quemdam equum] equum quemdam A, quendam equum D

agregatum cum eo quod habeo habebo pretium huius equi'. Tertius dixit primo: 'Si dederis michi quartam partem eorum que habes, agregatum cum eo quod habeo habebo pretium huius equi'. Tunc quantum habebat quisque eorum, et quantum erat pretium equi?

Hec questio interminata est. In qua sic facies. Ex numeris denominantibus dimidium, tertiam et quartam multiplicatis inter se provenient viginti quatuor. Quibus semper adde unum si impar fuerit numerus hominum, si vero par semper minue unum [de numero denominationum]; et quod provenerit post additionem vel diminutionem unius, hoc erit pretium equi, sicut hic viginti quinque. Cum autem volueris scire quantum habet primus, de numero denominante dimidium, qui est duo, minue unum, et remanebit unum. Quem multiplica in numerum denominantem tertiam, qui est tres, et provenient tres. Quibus adde unum, et fient quatuor. Quos multiplica in numerum denominantem quartam, qui est quatuor, et fient sexdecim; et tantum habet primus. Quos minue de pretio equi, et quod remanet multiplica in numerum denominantem dimidium, qui est duo, et fient decem et octo; et tantum habet secundus. Quos iterum minue de pretio equi, et quod remanet multiplica in numerum denominantem tertiam, qui est tres, et provenient viginti unus; et tantum habet tertius.

(B.380) Quatuor homines convenerunt ad emendum quemdam equum, sed quisque sibi. Quorum primus dixit secundo: 'Si dederis michi dimidium eius quod habes, agregatum cum eo quod habeo habebo pretium huius equi'. Secundus vero dixit tertio: 'Si dederis michi tertiam eius quod habes et agregavero cum eo quod habeo habebo pretium huius equi'. Tertius vero dixit quarto: 'Si dederis michi quartam eius quod habes et agregavero cum eo quod habeo, habebo pretium huius equi'. Quartus vero dixit primo: 'Si dederis michi quintam eius quod habes, et agregavero cum eo quod habeo, habebo pretium huius equi'. Tunc quantum habebat quisque eorum et quantum erat pretium huius equi?

Hec questio interminata est. In qua sic facies. Multiplica numeros denominantes omnes fractiones propositas, nulla pretermissa, et provenient centum viginti. De quibus minue unum, par est enim numerus hominum, et remanebunt centum et decem et novem. Et tantum est pretium equi.

15705 agregatum] aggregatum $\mathcal{D}$ **15706** quartam partem] $\frac{am}{4}$ $\mathcal{A}$ **15710** dimidium] $\frac{m}{2}$ $\mathcal{A}$ **15710** tertiam] $\frac{am}{3}$ $\mathcal{A}$ **15710** quartam] $\frac{am}{4}$ $\mathcal{A}$ **15710–15711** viginti quatuor] 24 $\mathcal{AD}$ **15711** unum] 1 $\mathcal{A}$ **15712** par] *corr. ex* pari $\mathcal{A}$ **15712** unum] 1 $\mathcal{A}$ **15714** viginti quinque] 25 $\mathcal{AD}$ *(corr. ex* 24 $\mathcal{D}$) **15715** dimidium] $\frac{m}{2}$ *(primum pr. scr. et del.)* $\mathcal{A}$ **15715** duo] 2 $\mathcal{A}$ **15715** unum] 1 $\mathcal{A}$ **15716** unum] 1 $\mathcal{A}$ **15716** tertiam] $\frac{am}{3}$ $\mathcal{A}$ **15717** tres] 3 $\mathcal{AD}$ **15717** tres] 3 $\mathcal{AD}$ **15717** unum] 1 $\mathcal{A}$ **15717** quatuor] 4 $\mathcal{AD}$ **15718** quartam] $\frac{am}{4}$ $\mathcal{A}$ **15718** quatuor] 4 $\mathcal{AD}$ **15719** sexdecim] 16 $\mathcal{AD}$ **15720** dimidium] $\frac{m}{2}$ $\mathcal{A}$ **15720** duo] 2 $\mathcal{A}$ **15721** decem et octo] 18 $\mathcal{AD}$ **15722** tertiam] $\frac{am}{3}$ $\mathcal{A}$ **15723** qui] que *pr. scr. et corr.* $\mathcal{A}$ **15723** tres] 3 $\mathcal{AD}$ **15723** viginti unus] 21 $\mathcal{A}$, 21us $\mathcal{D}$ **15724** Quatuor] 4 $\mathcal{A}$ **15724** quemdam] quendam $\mathcal{D}$ **15725** dixit] dicit $\mathcal{A}$ **15726** agregatum] agregratum $\mathcal{D}$ **15726** habebo] *corr. ex* habebo $\mathcal{D}$ **15727** michi] *add. supra* $\mathcal{A}$ **15728** habeo] *corr. ex* habebo $\mathcal{D}$ **15729** quarto] $\frac{to}{4}$ $\mathcal{A}$ **15729** quartam] $\frac{am}{4}$ $\mathcal{A}$ **15730** Quartus] $\frac{tus}{4}$ $\mathcal{A}$ **15731** quintam] $\frac{am}{5}$ $\mathcal{A}$ **15731** agregavero] agregravero $\mathcal{D}$ **15733** huius] *om.* $\mathcal{A}$ **15734** numeros] *om.* $\mathcal{D}$ **15734–15735** denominantes] denominates $\mathcal{D}$ **15736** centum viginti] 120 $\mathcal{AD}$ **15736** unum] 1 $\mathcal{A}$ **15736** par] *corr. ex* per *(quod abbr. scr.)* $\mathcal{A}$ **15737** centum et decem et novem] 119 $\mathcal{AD}$

Cum autem volueris scire quantum habet primus: De numero denominante dimidium minue unum, et remanebit unum. Quem multiplica in numerum denominantem tertiam, et producto adde unum, et fient quatuor. Quos multiplica in denominationem quarte, et de producto minue unum, et remanebunt quindecim. Quos multiplica in denominationem quinte, et provenient septuaginta quinque. Et tantum habet primus. Quos minue de pretio equi, et quod remanet multiplica in denominationem dimidii, et fient octoginta octo. Et tantum habet secundus. Quos minue de pretio equi, et quod remanet multiplica in denominationem tertie, et fient nonaginta tres. Et tantum habet tertius. Quos minue de pretio equi, et quod remanet multiplica in denominationem quarte, et provenient centum et quatuor. Et tantum habet quartus. Et hoc est quod scire voluisti.

(B.381) Quatuor homines convenerunt super emendo quodam equo, sed quisque sibi. Quorum primus dixit reliquis tribus: 'Si dederitis michi dimidium eius quod habetis et agregavero cum eo quod habeo, habebo pretium huius equi'. Secundus vero dixit reliquis tribus: 'Si dederitis michi tertiam eius quod habetis et agregavero cum eo quod habeo, habebo pretium huius equi'. Tertius vero similiter petit sibi dari quartam, et quartus quintam. Tunc quantum habet quisque eorum, et quantum est pretium equi?

Hec questio interminata est. Assignabo autem in illa modum agendi secundum algebra, non tamen secundum Avoquemel.

Sit id quod habet primus unum, quod vero habent tres sit res. Deinde medietati rei adde unum, et fiet unum et dimidia res; et tantum est pretium equi. Quod multiplica in denominationem tertie, et provenient tres et res et dimidia res. De quibus minue unum et rem, qui est census omnium, et remanebunt duo et dimidia res. Quorum medietas est unum et quarta rei. Et tantum habet secundus. Deinde multiplica pretium equi in denominationem quarte, et provenient quatuor et due res. De quibus minue unum et rem, qui est census omnium, et remanebunt tres et una res. Quorum tertia est tertia rei et unum. Et tantum habet tertius. Deinde multiplica pretium equi in denominationem quinte, et provenient quinque et due res et dimidia. De quibus minue unum et rem, et remanebunt quatuor et res

---

15739 unum] 1 $\mathcal{A}$ **15739** unum *(post* remanebit*)*] 1 $\mathcal{A}$ **15740** tertiam] $\frac{am}{3}$ $\mathcal{A}$ **15740** unum] 1 $\mathcal{A}$ **15740** quatuor] 4 $\mathcal{AD}$ **15741** quarte] $\frac{e}{4}$ $\mathcal{A}$ **15741** unum] 1 $\mathcal{A}$ **15742** quindecim] 15 $\mathcal{AD}$ **15742** quinte] $\frac{e}{5}$ $\mathcal{A}$ **15743** septuaginta quinque] 75 $\mathcal{AD}$ **15745** octoginta octo] 88 $\mathcal{AD}$ **15746** tertie] $\frac{e}{3}$ $\mathcal{A}$ **15746** nonaginta tres] 93 $\mathcal{AD}$ **15747** remanet] remanserit $\mathcal{A}$ **15748** quarte] $\frac{e}{4}$ $\mathcal{A}$ **15748** centum et quatuor] 104 $\mathcal{AD}$ **15749** quartus] 4^{tus} $\mathcal{A}$ **15750** Quatuor] 4 $\mathcal{A}$ **15750** homines] *corr. ex* hominis $\mathcal{D}$ **15750** convenerunt] conveniunt $\mathcal{D}$ **15751** tribus] 3 $\mathcal{A}$ **15751–15752** dimidium] $\frac{m}{2}$ $\mathcal{A}$ **15752** agregavero] aggregravero $\mathcal{D}$ **15753** tribus] 3 $\mathcal{A}$ **15753** tertiam] $\frac{a}{3}$ *(sic)* $\mathcal{A}$ **15754** agregavero] aggregravero $\mathcal{D}$ **15755** quartam] $\frac{am}{4}$ $\mathcal{A}$ **15755** quartus] *corr. ex* quod $\mathcal{A}$ **15755** quintam] $\frac{am}{5}$ $\mathcal{A}$ **15757** interminata est] est interminata $\mathcal{D}$ **15758** algebra] gebla $\mathcal{D}$ **15759** unum] 1 $\mathcal{A}$ **15759** tres] 3 $\mathcal{AD}$ **15760** unum] 1 $\mathcal{A}$ **15760** unum] 1 $\mathcal{A}$ **15761** tres et res] 3 res $\mathcal{AD}$, *corr. al. m.* $\mathcal{A}$ *supra:* 3^{n} et *(sc.* '3 nummi et'*)*   **15762** unum] 1 $\mathcal{A}$ **15762** omnium] hoi *(pro* 'hominum'*) pr. scr. et del.* $\mathcal{D}$ **15763** duo] 2 $\mathcal{A}$ **15763** est] que est $\mathcal{AD}$ **15763** unum] 1 $\mathcal{A}$ **15763** quarta] $\frac{a}{4}$ $\mathcal{A}$ **15765** quarte] $\frac{e}{4}$ $\mathcal{A}$ **15765** quatuor] 4 $\mathcal{AD}$ **15765** due] 2 $\mathcal{A}$ **15765** unum] 1 $\mathcal{A}$ **15766** tres] 3 $\mathcal{AD}$ **15767** tertia *(post* est*)*] $\frac{a}{3}$ $\mathcal{A}$ **15767** unum] 1 $\mathcal{A}$ **15768** quinte] $\frac{e}{5}$ $\mathcal{A}$ **15768** quinque] 5 $\mathcal{AD}$ **15768** due] 2 $\mathcal{A}$ **15769** unum] 1 $\mathcal{A}$ **15769** quatuor] 4 $\mathcal{AD}$

et dimidia. Quorum quarta est unum et tres octave rei. Et tantum habet quartus. Deinde agrega id quod habent secundus et tertius et quartus, et fient tres et quinque sexte rei et tres quarte sexte rei; que adequantur ei quod habent secundus et tertius et quartus ex alia parte, quod est res. Deinde fac sicut predictum est in mucabala, scilicet ut reicias quod commune est, id est, quod in utroque latere repetitur; et remanebit quarta sexte rei, que adequatur tribus. Res igitur equatur septuaginta duobus. Pretium autem equi erat unum et dimidia res; igitur pretium equi erit triginta septem. Secundus autem habebat unum et quartam rei; igitur habebit decem et novem. Tertius vero habebat unum et tertiam rei, igitur habebit viginti quinque. Quartus autem habebat unum et tres octavas rei, igitur habebit viginti octo. Primus autem habebat unum. Igitur scimus quod habebat quisque eorum.

In hoc autem capitulo possunt fieri multe alie questiones.

15781 unum] *sign. (†) in marg. scr. et valores in ima pag. scr. al. m.* $\mathcal{A}$:

1us	2us	3us	4us
1	19	25	28

15770 dimidia] $\frac{a}{2}$ $\mathcal{A}$ **15770** quarta] $\frac{a}{4}$ $\mathcal{A}$ **15770** est] *bis scr.* $\mathcal{D}$ **15770** unum] 1 $\mathcal{A}$ **15770** tres octave] $\frac{3}{8}$ $\mathcal{A}$, 3 octave $\mathcal{D}$ **15771** agrega] aggrega $\mathcal{D}$ **15771** habent] habet $\mathcal{AD}$ **15771** quartus] $\frac{1}{4}^{tus}$ *(sic)* $\mathcal{A}$ **15772** tres] 3 $\mathcal{AD}$ **15772** quinque sexte] $\frac{5}{6}$ $\mathcal{A}$, 5 sexte $\mathcal{D}$ **15772** tres quarte sexte] $\frac{2}{4}\frac{e}{6}$ $\mathcal{A}$ **15773** ei] *corr. ex* rei $\mathcal{D}$ **15773** habent] habet $\mathcal{AD}$ **15774–15775** commune] *bis scr. pr. (in fin. lin.) del.* $\mathcal{A}$ **15775** repetitur] reperitur *pr. scr. et del.* $\mathcal{A}$ **15775** quarta sexte] $\frac{a}{4}$ sexte $\mathcal{A}$ **15776** adequatur] adequantur $\mathcal{A}$ **15776** tribus] 3^{bus} $\mathcal{A}$ **15776** septuaginta duobus] 72 $\mathcal{A}$, 72^{bus} $\mathcal{D}$ **15777** unum] 1 $\mathcal{A}$ **15777–15778** triginta septem] 37 $\mathcal{AD}$ **15778** unum] 1 $\mathcal{A}$ **15778** quartam] $\frac{am}{4}$ $\mathcal{A}$ **15778** habebit] habebat $\mathcal{A}$ **15778–15779** decem et novem] 19 $\mathcal{AD}$ **15779** vero] *quoque codd.*   **15779** unum] 1 $\mathcal{A}$ **15779** tertiam] $\frac{am}{3}$ $\mathcal{A}$ **15779–15780** viginti quinque] 25 $\mathcal{AD}$ **15780** unum] 1 $\mathcal{A}$ **15780** tres octavas] 3 octavas *(3 8 pr. scr., 8 exp. et add.* octavas*)* $\mathcal{A}$, 3 octavas $\mathcal{D}$ **15781** viginti octo] 28 $\mathcal{AD}$ **15781** unum] 1 $\mathcal{A}$ **15781** quod habebat] qui habebat $\mathcal{A}$, iam quid habeat $\mathcal{D}$ **15783** possunt] posssunt $\mathcal{D}$ **15783** alie questiones] questiones alie $\mathcal{A}$

Printed by Books on Demand, Germany